Ausgeschieden
öffentl. Bücherei

Lexikon der Geowissenschaften
3

Lexikon der Geowissenschaften

in sechs Bänden

Dritter Band
Instr bis Nor

Spektrum Akademischer Verlag Heidelberg · Berlin

Die Deutsche Bibliothek-CIP-Einheitsaufnahme
Lexikon der Geowissenschaften / Red.: Landscape GmbH – Heidelberg: Spektrum, Akad. Verl.

Bd. 3. – (2001)
ISBN 3-8274-0422-3

© 2001 Spektrum Akademischer Verlag GmbH Heidelberg Berlin

Alle Rechte, auch die der Übersetzung in fremde Sprachen, vorbehalten. Kein Teil dieses Werkes darf ohne schriftliche Einwilligung des Verlages in irgendeiner Form (Fotokopie, Mikrofilm oder ein anderes Verfahren), auch nicht für Zwecke der Unterrichtsgestaltung, reproduziert oder unter Verwendung elektronischer Systeme verarbeitet, vervielfältigt oder verbreitet werden.
Es konnten nicht sämtliche Rechteinhaber von Abbildungen ermittelt werden. Sollte dem Verlag gegenüber der Nachweis der Rechteinhaberschaft geführt werden, wird das branchenübliche Honorar nachträglich gezahlt.
Die Wiedergabe von Warenbezeichnungen, Handelsnamen, Gebrauchsnamen usw. in diesem Buch berechtigt auch ohne Kennzeichnung nicht zu der Annahme, daß diese von jedermann frei benutzt werden dürfen.

Redaktion: LANDSCAPE Gesellschaft für Geo-Kommunikation mbH, Köln
Produktion: Daniela Brandt
Innengestaltung: Gorbach Büro für Gestaltung und Realisierung, Gauting Buchendorf
Außengestaltung: WSP Design, Heidelberg
Graphik: Matthias Niemeyer (Leitung), Ulrike Lohoff-Erlenbach, Stephan Meyer, Ralf Taubenreuther, Hans-Martin Julius
Satz: Greiner & Reichel, Köln
Druck und Verarbeitung: Franz Spiegel Buch GmbH, Ulm

Mitarbeiter des dritten Bandes

Redaktion
Dipl.-Geogr. Christiane Martin (Gesamtleitung)
Dipl.-Geol. Manfred Eiblmaier (Bandkoordination)
Dipl.-Geogr. Lothar Kreutzwald
Nicole Bischof
Hélène Pretsch

Fachberatung
Prof. Dr. Wladyslaw Altermann (Geochemie)
Prof. Dr. Wolfgang Andres (Geomorphologie)
Prof. Dr. Hans-Rudolf Bork (Bodenkunde)
Prof. Dr. Manfred F. Buchroithner (Fernerkundung)
Prof. Dr. Peter Giese (Geophysik)
Prof. Dr. Günter Groß (Meteorologie)
Prof. Dr. Hans-Georg Herbig (Paläontologie/Hist. Geol.)
Dr. Rolf Hollerbach (Petrologie)
Prof. Dr. Heinz Hötzl (Angewandte Geologie)
Prof. Dr. Kurt Hümmer (Kristallographie)
Prof. Dr. Karl-Heinz Ilk (Geodäsie)
Prof. Dr. Dr. h. c. Volker Jacobshagen (Allgmeine Geologie)
Prof. Dr. Wolf Günther Koch (Kartographie)
Prof. Dr. Hans-Jürgen Liebscher (Hydrologie)
Prof. Dr. Jens Meincke (Ozeanographie)
PD Dr. Daniel Schaub (Landschaftsökologie)
Prof. Dr. Christian-Dietrich Schönwiese (Klimatologie)
Prof. Dr. Günter Strübel (Mineralogie)

Autorinnen und Autoren
Dipl.-Geol. Dirk Adelmann, Berlin [DA]
Dipl.-Geogr. Klaus D. Albert, Frankfurt a. M. [KDA]
Prof. Dr. Werner Alpers, Hamburg [WAlp]
Prof. Dr. Alexander Altenbach, München [AA]
Prof. Dr. Wladyslaw Altermann, München [WAl]
Prof. Dr. Wolfgang Andres, Frankfurt a. M. [WA]
Dr. Jürgen Augustin, Müncheberg [JA]
Dipl.-Met. Konrad Balzer, Potsdam [KB]
Dr. Stefan Becker, Wiesbaden [SB]
Dr. Raimo Becker-Haumann, Köln [RBH]
Dr. Axel Behrendt, Paulinenaue [AB]
Dipl.-Ing. Undine Behrendt, Müncheberg [UB]
Prof. Dr. Raimond Below, Köln [RB]
Dipl.-Met. Wolfgang Benesch, Offenbach [WBe]
Dr. Helge Bergmann, Koblenz [HB]
Dr. Michaela Bernecker, Erlangen [MBe]
Dr. Markus Bertling, Münster [MB]
PD Dr. Christian Betzler, Frankfurt a. M. [ChB]
Nicole Bischof, Köln [NB]
Prof. Dr. Dr. h. c. Hans-Peter Blume, Kiel [HPB]
Dr. Günter Bock, Potsdam [GüBo]
Dr.-Ing. Gerd Boedecker, München [GBo]
Prof. Dr. Wolfgang Boenigk, Köln [WBo]
Dr. Andreas Bohleber, Stutensee [ABo]
Prof. Dr. Jürgen Bollmann, Trier [JB]
Prof. Dr. Hans-Rudolf Bork, Potsdam [HRB]
Dr. Wolfgang Bosch, München [WoBo]
Dr. Heinrich Brasse, Berlin [HBr]
Dipl.-Geogr. Till Bräuninger, Trier [TB]
Dr. Wolfgang Breh, Karlsruhe [WB]
Prof. Dr. Christoph Breitkreuz, Freiberg [CB]
Prof. Dr. Manfred F. Buchroithner, Dresden [MFB]
Dr.-Ing. Dr. sc. techn. Ernst Buschmann, Potsdam [EB]
Dr. Gerd Buziek, Hannover [GB]
Dr. Andreas Clausing, Halle/S. [AC]
Prof. Dr. Elmar Csaplovics, Dresden [EC]
Prof. Dr. Dr. Kurt Czurda, Karlsruhe [KC]
Dr. Claus Dalchow, Müncheberg [CD]
Prof. Dr. Wolfgang Denk, Karlsruhe [WD]
Dr. Detlef Deumlich, Müncheberg [DDe]
Prof. Dr. Reinhard Dietrich, Dresden [RD]
Prof. Dr. Richard Dikau, Bonn [RDi]
Dipl.-Geoök. Markus Dotterweich, Potsdam [MD]
Dr. Doris Dransch, Berlin [DD]
Prof. Dr. Hermann Drewes, München [HD]
Prof. Dr. Michel Durand-Delga, Avon (Frankreich) [MDD]
Dr. Dieter Egger, München [DEg]
Dipl.-Geol. Manfred Eiblmaier, Köln [MEi]
Dr. Klaus Eichhorn, Karlsruhe [KE]
Dr. Hajo Eicken, Fairbanks (USA) [HE]
Dr. Matthias Eiswirth, Karlsruhe [ME]
Dr. Ruth H. Ellerbrock, Müncheberg [RE]
Dr. Heinz-Hermann Essen, Hamburg [HHE]
Prof. Dr. Dieter Etling, Hannover [DE]
Dipl.-Geogr. Holger Faby, Trier [HFa]
Dr. Eberhard Fahrbach, Bremerhaven [EF]
Dipl.-Geol. Tina Fauser, Karlsruhe [TF]
Prof. Dr.-Ing. Edwin Fecker, Ettlingen [EFe]
Dipl.-Geol. Kerstin Fiedler, Berlin [KF]
Dr. Ulrich Finke, Hannover [UF]
Prof. Dr. Herbert Fischer, Karlsruhe [HF]
Prof. Dr. Heiner Flick, Marktoberdorf [HFl]
Prof. Dr. Monika Frielinghaus, Müncheberg [MFr]
Dr. Roger Funk, Müncheberg [RF]
Dr. Thomas Gayk, Köln [TG]
Prof. Dr. Manfred Geb, Berlin [MGe]
Dipl.-Ing. Karl Geldmacher, Potsdam [KGe]
Dr. Horst Herbert Gerke, Müncheberg [HG]
Prof. Dr. Peter Giese, Berlin [PG]
Prof. Dr. Cornelia Gläßer, Halle/S. [CG]
Dr. Michael Grigo, Köln [MG]
Dr. Kirsten Grimm, Mainz [KGr]
Prof. Dr. Günter Groß, Hannover [GG]
Dr. Konrad Großer, Leipzig [KG]
Prof. Dr. Hans-Jürgen Gursky, Clausthal-Zellerfeld [HJG]
Prof. Dr. Volker Haak, Potsdam [VH]
Dipl.-Geol. Elisabeth Haaß, Köln [EHa]
Prof. Dr. Thomas Hauf, Hannover [TH]
Prof. Dr.-Ing. Bernhard Heck, Karlsruhe [BH]
Dr. Angelika Hehn-Wohnlich, Ottobrunn [AHW]
Dr. Frank Heidmann, Stuttgart [FH]
Dr. Dietrich Heimann, Weßling [DH]
Dr. Katharina Helming, Müncheberg [KHe]
Prof. Dr. Hans-Georg Herbig, Köln [HGH]
Dr. Wilfried Hierold, Müncheberg [WHi]
Prof. Dr. Ingelore Hinz-Schallreuter, Greifswald [IHS]
Dr. Wolfgang Hirdes, Burgdorf-Ehlershausen [WH]
Prof. Dr. Karl Hofius, Boppard [KHo]
Dr. Axel Höhn, Müncheberg [AH]
Dr. Rolf Hollerbach, Köln [RH]
PD Dr. Stefan Hölzl, München [SH]
Prof. Dr. Heinz Hötzl, Karlsruhe [HH]
Dipl.-Geogr. Peter Houben, Frankfurt a. M. [PH]
Prof. Dr. Kurt Hümmer, Karlsruhe [KH]

Prof. Dr. Eckart Hurtig, Potsdam [EH]
Prof. Dr. Karl-Heinz Ilk, Bonn [KHI]
Prof. Dr. Dr. h. c. Volker Jacobshagen, Berlin [VJ]
Dr. Werner Jaritz, Burgwedel [WJ]
Dr. Monika Joschko, Müncheberg [MJo]
Prof. Dr. Heinrich Kallenbach, Berlin [HK]
Dr. Daniela C. Kalthoff, Bonn [DK]
Dipl.-Geol. Wolf Kassebeer, Karlsruhe [WK]
Dr. Kurt-Christian Kersebaum, Müncheberg [KCK]
Dipl.-Geol. Alexander Kienzle, Karlsruhe [AK]
Dr. Thomas Kirnbauer, Darmstadt [TKi]
Prof. Dr. Wilfrid E. Klee, Karlsruhe [WEK]
Prof. Dr.-Ing. Karl-Hans Klein, Wuppertal [KHK]
Dr. Reiner Kleinschrodt, Köln [RK]
Prof. Dr. Reiner Klemd, Würzburg [RKl]
Dr. Jonas Kley, Karlsruhe [JK]
Prof. Dr. Wolf Günther Koch, Dresden [WGK]
Dr. Rolf Kohring, Berlin [RKo]
Dr. Martina Kölbl-Ebert, München [MKE]
Prof. Dr. Wighart von Koenigswald, Bonn [WvK]
Dr. Sylvia Koszinski, Müncheberg [SK]
Dipl.-Geol. Bernd Krauthausen, Berg/Pfalz [BK]
Dr. Klaus Kremling, Kiel [KK]
Dipl.-Geogr. Lothar Kreutzwald, Köln [LK]
PD Dr. Thomas Kunzmann, München [TK]
Dr. Alexander Langosch, Köln [AL]
Prof. Dr. Marcel Lemoine, Marli-le-Roi (Frankreich) [ML]
Dr. Peter Lentzsch, Müncheberg [PL]
Prof. Dr. Hans-Jürgen Liebscher, Koblenz [HJL]
Prof. Dr. Johannes Liedholz, Berlin [JL]
Dipl.-Geol. Tanja Liesch, Karlsruhe [TL]
Prof. Dr. Werner Loske, Drolshagen [WL]
Dr. Cornelia Lüdecke, München [CL]
Dipl.-Geogr. Christiane Martin, Köln [CM]
Prof. Dr. Siegfried Meier, Dresden [SM]
Dipl.-Geogr. Stefan Meier-Zielinski, Basel (Schweiz) [SMZ]
Prof. Dr. Jens Meincke, Hamburg [JM]
Dr. Gotthard Meinel, Dresden [GMe]
Prof. Dr. Bernd Meissner, Berlin [BM]
Prof. Dr. Rolf Meißner, Kiel [RM]
Dr. Dorothee Mertmann, Berlin [DM]
Prof. Dr. Karl Millahn, Leoben (Österreich) [KM]
Dipl.-Geol. Elke Minwegen, Köln [EM]
Dr. Klaus-Martin Moldenhauer, Frankfurt a. M. [KMM]
Dipl.-Geogr. Andreas Müller, Trier [AMü]
Dipl.-Geol. Joachim Müller, Berlin [JMü]
Dr.-Ing. Jürgen Müller, München [JüMü]
Dr. Lothar Müller, Müncheberg [LM]
Dr. Marina Müller, Müncheberg [MM]
Dr. Thomas Müller, Müncheberg [TM]
Dr. Peter Müller-Haude, Frankfurt a. M. [PMH]
Dr. German Müller-Vogt, Karlsruhe [GMV]
Dr. Babette Münzenberger, Müncheberg [BMü]
Dr. Andreas Murr, München [AM]
Prof. Dr. Jörg F. W. Negendank, Potsdam [JNe]
Dr. Maik Netzband, Leipzig [MN]
Prof. Dr. Joachim Neumann, Karlsruhe [JN]
Dipl.-Met. Helmut Neumeister, Potsdam [HN]
Dr. Fritz Neuweiler, Göttingen [FN]
Dr. Sabine Nolte, Frankfurt a. M. [SN]
Dr. Sheila Nöth, Köln [ShN]
Dr. Axel Nothnagel, Bonn [AN]
Prof. Dr. Klemens Oekentorp, Münster [KOe]
Dr. Renke Ohlenbusch, Karlsruhe [RO]
Dr. Renate Pechnig, Aachen [RP]

Dr. Hans-Peter Piorr, Müncheberg [HPP]
Dr. Susanne Pohler, Köln [SP]
Dr. Thomas Pohlmann, Hamburg [TP]
Hélène Pretsch, Bonn [HP]
Prof. Dr. Walter Prochaska, Leoben (Österreich) [WP]
Prof. Dr. Heinrich Quenzel, München [HQ]
Prof. Dr. Karl Regensburger, Dresden [KR]
Prof. Dr. Bettina Reichenbacher, München [BR]
Prof. Dr. Claus-Dieter Reuther, Hamburg [CDR]
Prof. Dr. Klaus-Joachim Reutter, Berlin [KJR]
Dr. Holger Riedel, Wetter [HRi]
Dr. Johannes B. Ries, Frankfurt a. M. [JBR]
Dr. Karl Ernst Roehl, Karlsruhe [KER]
Dr. Helmut Rogasik, Müncheberg [HR]
Dipl.-Geol. Silke Rogge, Karlsruhe [SRo]
Dr. Joachim Rohn, Karlsruhe [JR]
Dipl.-Geogr. Simon Rolli, Basel (Schweiz) [SR]
Dipl.-Geol. Eva Ruckert, Au (Österreich) [ERu]
Dr. Thomas R. Rüde, München [TR]
Dipl.-Biol. Daniel Rüetschi, Basel (Schweiz) [DR]
Dipl.-Ing. Christine Rülke, Dresden [CR]
PD Dr. Daniel Schaub, Aarau (Schweiz) [DS]
Dr. Mirko Scheinert, Dresden [MSc]
PD Dr. Ekkehard Scheuber, Berlin [ES]
PD Dr. habil. Frank Rüdiger Schilling, Berlin [FRS]
Dr. Uwe Schindler, Müncheberg [US]
Prof. Dr. Manfred Schliestedt, Hannover [MS]
Dr.-Ing. Wolfgang Schlüter, Wetzell [WoSch]
Dipl.-Geogr. Markus Schmid, Basel (Schweiz) [MSch]
Prof. Dr. Ulrich Schmidt, Frankfurt a. M. [USch]
Dipl.-Geoök. Gabriele Schmidtchen, Potsdam [GS]
Dr. Christine Schnatmeyer, Trier [CSch]
Prof. Dr. Christian-Dietrich Schönwiese, Frankfurt a. M. [CDS]
Dr.-Ing. Harald Schuh, Wien (Österreich) [HS]
Prof. Dr. Günter Seeber, Hannover [GSe]
Dr. Wolfgang Seyfarth, Müncheberg [WS]
Prof. Dr. Heinrich C. Soffel, München [HCS]
Prof. Dr. Michael H. Soffel, Dresden [MHS]
Dr. sc. Werner Stams, Radebeul [WSt]
Prof. Dr. Klaus-Günter Steinert, Dresden [KGS]
Prof. Dr. Heinz-Günter Stosch, Karlsruhe [HGS]
Prof. Dr. Günter Strübel, Reiskirchen-Ettingshausen [GST]
Prof. Dr. Eugen F. Stumpfl, Leoben (Österreich) [EFS]
Dr. Peter Tainz, Trier [PT]
Dr. Marion Tauschke, Müncheberg [MT]
Prof. Dr. Oskar Thalhammer, Leoben (Österreich) [OT]
Dr. Harald Tragelehn, Köln [HT]
Prof. Dr. Rudolf Trümpy, Zürich (Schweiz) [RT]
Dr. Andreas Ulrich, Müncheberg [AU]
Dipl.-Geol. Nicole Umlauf, Darmstadt [NU]
Dr. Anne-Dore Uthe, Berlin [ADU]
Dr. Silke Voigt, Köln [SV]
Dr. Thomas Voigt, Jena [TV]
Holger Voss, Bonn [HV]
Prof. Dr. Eckhard Wallbrecher, Graz (Österreich) [EWa]
Dipl.-Geogr. Wilfried Weber, Trier [WWb]
Dr. Wigor Webers, Potsdam [WWe]
Dr. Edgar Weckert, Karlsruhe [EW]
Dr. Annette Wefer-Roehl, Karlsruhe [AWR]
Prof. Dr. Werner Wehry, Berlin [WW]
Dr. Ole Wendroth, Müncheberg [OW]
Dr. Eberhardt Wildenhahn, Vallendar [EWi]
Prof. Dr. Ingeborg Wilfert, Dresden [IW]
Dr. Hagen Will, Halle/S. [HW]
Dr. Stephan Wirth, Müncheberg [SW]

Dipl.-Geogr. Kai Witthüser, Karlsruhe [KW]
Prof. Dr. Jürgen Wohlenberg, Aachen [JWo]
Dipl.-Ing. Detlef Wolff, Leverkusen [DW]
Prof. Dr. Helmut Wopfner, Köln [HWo]
Dr. Michael Wunderlich, Brey [MW]

Prof. Dr. Wilfried Zahel, Hamburg [WZ]
Prof. Dr. Helmuth W. Zimmermann, Erlangen [HWZ]
Dipl.-Geol. Roman Zorn, Karlsruhe [RZo]
Prof. Dr. Gernold Zulauf, Erlangen [GZ]

Hinweise für den Benutzer

Reihenfolge der Stichwortbeiträge
Die Einträge im Lexikon sind streng alphabetisch geordnet, d. h. in Einträgen, die aus mehreren Begriffen bestehen, werden Leerzeichen, Bindestriche und Klammern ignoriert. Kleinbuchstaben liegen in der Folge vor Großbuchstaben. Umlaute (ö, ä, ü) und Akzente (é, è, etc.) werden wie die entsprechenden Grundvokale behandelt, ß wie ss. Griechische Buchstaben werden nach ihrem ausgeschriebenen Namen sortiert (α = alpha). Zahlen sind bei der Sortierung nicht berücksichtigt (^{14}C-Methode = C-Methode, 3D-Analyse = D-Analyse), und auch mathematische Zeichen werden ignoriert (C/N-Verhältnis = C-N-Verhältnis). Chemische Formeln erscheinen entsprechend ihrer Buchstabenfolge ($CaCO_3$ = CaCO). Bei den Namen von Forschern, die Adelsprädikate (von, de, van u. a.) enthalten, sind diese nachgestellt und ohne Wirkung auf die Alphabetisierung.

Typen und Aufbau der Beiträge
Alle Artikel des Lexikons beginnen mit dem Stichwort in fetter Schrift. Nach dem Stichwort, getrennt durch ein Komma, folgen mögliche Synonyme (kursiv gesetzt), die Herleitung des Wortes aus einem anderen Sprachraum (in eckigen Klammern) oder die Übersetzung aus einer anderen Sprache (in runden Klammern). Danach wird – wieder durch ein Komma getrennt – eine kurze Definition des Stichwortes gegeben und anschließend folgt, falls notwendig, eine ausführliche Beschreibung. Bei reinen Verweisstichworten schließt an Stelle einer Definition direkt der Verweis an.
Geht die Länge eines Artikels über ca. 20 Zeilen hinaus, so können am Ende des Artikels in eckigen Klammern das Autorenkürzel (siehe Verzeichnis der Autorinnen und Autoren) sowie weiterführende Literaturangaben stehen.
Bei unterschiedlicher Bedeutung eines Begriffes in zwei oder mehr Fachbereichen erfolgt die Beschreibung entsprechend der Bedeutungen separat durch die Nennung der Fachbereiche (kursiv gesetzt) und deren Durchnummerierung mit fett gesetzten Zahlen (z. B.: **1)** *Geologie*: ... **2)** *Hydrologie*: ...). Die Fachbereiche sind alphabetisch sortiert; das Stichwort selbst wird nur ein Mal genannt. Bei unterschiedlichen Bedeutungen innerhalb eines Fachbereiches erfolgt die Trennung der Erläuterungen durch eine Nummerierung mit nicht-fett-gesetzten Zahlen.
Das Lexikon enthält neben den üblichen Lexikonartikeln längere, inhaltlich und gestalterisch hervorgehobene Essays. Diese gehen über eine Definition und Beschreibung des Stichwortes hinaus und berücksichtigen spannende, aktuelle Einzelthemen, integrieren interdisziplinäre Sachverhalte oder stellen aktuelle Forschungszweige vor. Im Layout werden sie von den übrigen Artikeln abgegrenzt durch Balken vor und nach dem Beitrag, die vollständige Namensnennung des Autoren, deutlich abgesetzte Überschrift und ggf. einer weiteren Untergliederung durch Zwischenüberschriften.

Verweise
Kennzeichen eines Verweises ist der schräge Pfeil vor dem Stichwort, auf das verwiesen wird. Im Falle des Direktverweises erfolgt eine Definition des Stichwortes erst bei dem angegebenen Zielstichwort, wobei das gesuchte Wort in dem Beitrag, auf den verwiesen wird, zur schnelleren Auffindung kursiv gedruckt ist. Verweise, die innerhalb eines Text oder an dessen Ende erscheinen, sind als weiterführende Verweise (im Sinne von »siehe-auch-unter«) zu verstehen.

Schreibweisen
Kursiv geschrieben werden Synonyme, Art- und Gattungsnamen, griechische Buchstaben sowie Formeln und alle darin vorkommenden Variablen, Konstanten und mathematischen Zeichen, die Vornamen von Personen sowie die Fachbereichszuordnung bei Stichworten mit Doppelbedeutung. Wird ein Akronym als Stichwort verwendet, so wird das ausgeschriebene Wort wie ein Synonym kursiv geschrieben und die Buchstaben unterstrichen, die das Akronym bilden (z. B. **ESA**, *European Space Agency*).
Für chemische Elemente wird durchgehend die von der International Union of Pure and Applied Chemistry (IUPAC) empfohlene Schreibweise verwendet (also Iod anstatt früher Jod, Bismut anstatt früher Wismut, usw.).
Für Namen und Begriffe gilt die in neueren deutschen Lehrbüchern am häufigsten vorgefundene fachwissenschaftliche Schreibweise unter weitgehender Berücksichtigung der vorliegenden wissenschaftlichen Nomenklaturen – mit der Tendenz, sich der internationalen Schreibweise anzupassen: z. B. Calcium statt Kalzium, Carbonat statt Karbonat.
Englische Begriffe werden klein geschrieben, sofern es sich nicht um Eigennamen oder Institutionen handelt; ebenso werden adjektivische Stichworte klein geschrieben, soweit es keine feststehenden Ausdrücke sind.

Abkürzungen/Sonderzeichen/Einheiten
Die im Lexikon verwendeten Abkürzungen und Sonderzeichen erklären sich weitgehend von selbst oder werden im jeweiligen Textzusammenhang erläutert. Zudem befindet sich auf der nächsten Seite ein Abkürzungsverzeichnis.
Bei den verwendeten Einheiten handelt es sich fast durchgehend um SI-Einheiten. In Fällen, bei denen aus inhaltlichen Gründen andere Einheiten vorgezogen werden mußten, erschließt sich deren Bedeutung aus dem Text.

Abbildungen

Abbildungen und Tabellen stehen in der Regel auf derselben Seite wie das dazugehörige Stichwort. Aus dem Stichworttext heraus wird auf die jeweilige Abbildung hingewiesen. Farbige Bilder befinden sich im Farbtafelteil und werden dort entsprechend des Stichwortes alphabetisch aufgeführt.

Abkürzungen

↗ = siehe (bei Verweisen)
* = geboren
† = gestorben
a = Jahr
Abb. = Abbildung
afrikan. = afrikanisch
amerikan. = amerikanisch
arab. = arabisch
bzw. = beziehungsweise
ca. = circa
d. h. = das heißt
E = Ost
engl. = englisch
etc. = et cetera
evtl. = eventuell
franz. = französisch
Frh. = Freiherr
ggf. = gegebenenfalls
griech. = griechisch
grönländ. = grönländisch
h = Stunde
Hrsg. = Herausgeber
i. a. = im allgemeinen
i. d. R. = in der Regel
i. e. S. = im engeren Sinne
Inst. = Institut
island. = isländisch
ital. = italienisch
i. w. S. = im weiteren Sinne
jap. = japanisch
Jh. = Jahrhundert
Jt. = Jahrtausend
kuban. = kubanisch

lat. = lateinisch
min. = Minute
Mio. = Millionen
Mrd. = Milliarden
N = Nord
n. Br. = nördlicher Breite
n. Chr. = nach Christi Geburt
österr. = österreichisch
pl. = plural
port. = portugiesisch
Prof. = Professor
russ. = russisch
S = Süd
s = Sekunde
s. Br. = südlicher Breite
schwed. = schwedisch
schweizer. = schweizerisch
sing. = singular
slow. = slowenisch
sog. = sogenannt
span. = spanisch
Tab. = Tabelle
u. a. = und andere, unter anderem
Univ. = Universität
usw. = und so weiter
u. U. = unter Umständen
v. a. = vor allem
v. Chr. = vor Christi Geburt
vgl. = vergleiche
v. h. = vor heute
W = West
z. B. = zum Beispiel
z. T. = zum Teil

Instrumentenfehler, Abweichungen mechanischer, optischer und elektronischer Bauteile von ihrem Sollzustand. Die Bauteile müssen in geodätischen Instrumenten (z. B. ↗Theodolit) aufeinander abgestimmt, justiert werden.

Instrumentengangkorrektur, Behebung des Instrumentengangs, welcher durch langsame Veränderung der Gleichgewichtslage der Feder zustande kommt. Das Gravimeter z. B. kann dann eine Änderung der ↗Schwere anzeigen, ohne daß sich die Schwerebeschleunigung tatsächlich geändert hat. Durch Wiederholungsmessungen am Basispunkt kann ein möglicher Instrumentengang gemeinsam mit dem Gezeiteneinfluß eliminiert werden.

Instrumentenhöhe, Höhe der Kippachse des ↗Theodolits über der ↗Vermessungsmarke.

Instrumentenstandpunkt ↗Standpunkt.

Integrated Global Ocean System ↗Weltwetterüberwachung.

integrativer Ansatz, in der ↗Landschaftsökologie angestrebte ganzheitliche Betrachtung des Gesamtkomplexes einer ↗Landschaft oder des Systems Landschaft-Mensch. Im Gegensatz zum ↗separativen Ansatz, in dem Einzelelemente des Systems wie Boden oder Vegetation betrachtet werden, zielt der integrative Ansatz auf eine systemtheoretische Betrachtung der »Einzelelemente« in ihrem Zusammenhang ab. Der integrative Ansatz geht von einem eng vernetzten System aus (↗Rückkopplungssystem). Insbesondere Probleme der Ressourcennutzung, der Ernährung und des Naturschutzes sollten unter dem integrativen Blickwinkel betrachtet werden. ↗holistischer Ansatz.

Integrierte Geodäsie ↗Geodäsie.

integrierte Landwirtschaft, *integrierte Produktion (IP)*, extensivere Form der ↗konventionellen Landwirtschaft, wie sie heute in Mitteleuropa von Seiten des Staates gefördert wird. Eingehalten werden muß dabei ein ökologischer Leistungsnachweis, der eine ausgeglichene Düngerbilanz umfaßt, eine Beschränkung des Viehbesatzes pro Flächeneinheit, einen Mindestanteil an ↗ökologischen Ausgleichsflächen an der Betriebsfläche und besondere Anforderungen in der Tierhaltung (z. B. angemessener Auslauf). Diese Richtlinien sind jedoch weniger weitreichend als in der ↗biologischen Landwirtschaft, insbesondere was den Einsatz von Pflanzenschutzmitteln oder Kunstdünger anbelangt.

integrierte Navigation, (Echtzeit-)Positionsbestimmung und Führung eines Verkehrsmittels, hier insbesondere Positionsbestimmung, durch Kombination der Beobachtungen verschiedener Sensoren und evtl. Daten in einem Rechner. Vorteile der Integration sind z. B. eine bessere Ausfallsicherheit, die höhere Genauigkeit und Komplementarität verschiedener Sensoreigenschaften, z. B. der speziellen Fehlercharakteristik, sowie allgemeine Synergieeffekte. Erforderlich sind eine Homogenisierung und Synchronisierung der Signale sowie ein einheitliches Auswertemodell. Beispiele sind die GPS-INS-Integration (↗Trägheitsnavigationssystem) und die ↗Fahrzeugnavigation.

Integrierter Pflanzenbau, landwirtschaftliches Nutzungssystem, in dem die verschiedenen Standorteinflüsse und produktionstechnischen Verfahrenselemente integriert werden, um potentielle umweltbelastende Schadwirkungen der Anbauverfahren ohne ökonomische Einbußen zu minimieren, um dauerhaft stabile Agrarökosysteme zu gewährleisten. Als zentrales Steuerungselement dienen die Schadschwelle bezüglich des Auftretens von Schaderregern und verschiedene Verfahren der Bemessung der Düngeraufwandmengen.

integrierter Pflanzenschutz, der ↗integrierten Landwirtschaft nahestehende, umfassende Bekämpfung von ↗Schädlingen mittels einer zeitlich und örtlich optimalen Kombination (»Integration«) von ökologischen, toxikologischen und technischen Methoden. Dazu gehören die gezielte Auswahl von Sorten, die standortangepaßte Zusammenstellung von ↗Fruchtfolgen und eine schonende Bodenbearbeitung. Kernpunkt dieser Strategie ist das Tolerieren eines gewissen Schädlingsbefalls, solange dieser unterhalb der wirtschaftlichen Schadensschwelle liegt.

Intensitätsfunktion, ↗Bildfunktion, in der Photogrammetrie und Fernerkundung die zweidimensionale analoge kontinuierliche Intensitätsverteilung (Grauwertverteilung) $I = f(x', y')$ in einem analogen Bild.

Intensitätsskala ↗Helldunkelskala.

intensity, *Intensität*, ist eine Komponente des ↗IHS-Farbraumes und beschreibt die relative Helligkeit.

Intensity-Hue-Saturation ↗IHS-Farbraum.

Intensivbrache, Begriff aus der Agroforstwirtschaft. Zur Bodenverbesserung werden für einige Jahre düngende Pflanzen wie z. B. Leguminosen angebaut, die durch ihre ober- und unterirdische Biomasse den Boden verbessern.

Intensivkulturen, Pflanzenbau, der durch hohen Maschinen-, Arbeits- sowie Düngemittel- und Pflanzenschutzmitteleinsatz gekennzeichnet ist. Der hohe Einsatz von Kapital und Arbeit bringt maximale Erträge und hat dazu beigetragen, daß auf immer weniger landwirtschaftlicher Fläche immer mehr produziert werden kann. Der Anbau von ↗Hackfrüchten, der Gemüsebau aber teilweise auch der Getreideanbau zählen zu den Intensivkulturen. Zur langfristigen Erzielung der Maximalerträge müssen die Düngerapplikationen, Pestizideinsätze und Bearbeitungsschritte optimal aufeinander abgestimmt sein, weil die eingesetzten Hochertragssorten sehr krankheitsanfällig sind (↗Monokulturen). Mit gentechnisch veränderten Sorten wird versucht, dem entgegen zu wirken. Intensivkulturen führen zu erhöhten Gefahren für die ↗Bodenfruchtbarkeit und die ↗Gewässergüte, aber auch für den Konsumenten, z. B. in Form von Schadstoff-Rückständen an den Produkten und die Problematik gentechnisch veränderter Produkte. [SR]

Interaktionsobjekt, Elemente einer Benutzeroberfläche, die auf Benutzereingaben reagieren und ihren Zustand entsprechend einer Reaktion auf die Eingabe verändern. Im Bereich der Konzeption und Entwicklung von graphischen Benutzeroberflächen erfüllen Interaktionsobjekte die Bedingungen der ∕direkten Manipulation zur Abbildung von Systemfunktionen am Bildschirm. Aus Sicht des Programmierers übernimmt ein Steuerelement die Aufgaben eines Interaktionsobjektes.

interaktive Bildlaufleiste, *Scrollbar*, ein Steuerelement zur Gestaltung von graphischen Benutzeroberflächen, das der Steuerung der Lage eines Bildes innerhalb eines Bildschirmfensters durch den Nutzer dient. In Raumbezogenen Informationssystemen (∕Geoinformationssystem) werden Bildlaufleisten zur interaktiven Verschiebung von Karten eingesetzt, die aufgrund ihrer Darstellungsgröße die mögliche Darstellungsfläche des Bildschirmfensters überschreiten.

interaktive Graphik, die Verbindung der graphischen Darstellung mit der Führung des Nutzers am Bildschirm. Durch die Umsetzung des Prinzips der ∕direkten Manipulation bildet dieses Teilgebiet der Informatik die Grundlage zur Realisierung von graphisch-interaktiven Steuerelementen innerhalb von ∕graphischen Benutzeroberflächen. Zur Programmierung interaktiver Graphik werden in der Regel Werkzeuge (Toolkits) eingesetzt, die in Form von Funktions- und Objektbibliotheken Eingabe- und Ausgabefunktionen für Graphik zur Verfügung stellen. Diese Bibliotheken unterscheiden sich durch den Grad der Abstraktion zu den benötigten Eingabe- und Ausgabegeräten und der Spezialisierung auf spezielle Anwendungsgebiete. In raumbezogenen Informationssystemen (∕Geoinformationssystem) und der ∕Kartographie bildet interaktive Graphik die Grundlage zur Herstellung von ∕interaktiven Karten. Speziell auf die Anforderungen einer kartographischen Präsentation angepaßte Toolkits werden zur Softwareentwicklung u. a. in den Bereichen ∕Datenerfassung, ∕Datenanalyse und Datenexploration sowie im Rahmen hypermedialer kartographischer Präsentationen (∕hypermediales Kartensystem) eingesetzt. [AMü]

interaktive Karte, eine spezielle Form der Bildschirmkarte, die nach den Prinzipien ∕interaktiver Graphik auf Eingaben des Nutzers reagieren kann (∕Interaktionsobjekt). Ziel des Einsatzes interaktiver Techniken ist die Verbesserung und Ausweitung der Nutzungsmöglichkeiten kartographischer Medien durch eine Unterstützung der visuell-kognitiven Prozesse der ∕Kartennutzung. Typen solcher Interaktionen mit Karten beziehen sich auf die ∕Präsentationsgraphik bzw. auf die zugrundeliegenden Sachdaten und ∕Geometriedaten. Typische Funktionen sind die Veränderung des Maßstabs (Zoomen), des Ausschnitts (Panning) oder der Perspektive. Sie ermöglichen die Selektion von Kartenobjekten (∕interaktive Selektion), das ∕interaktive Messen in der Karte (∕Kartometrie) oder den Aufruf verknüpfter Informationen und Medien (verweissensitive Karte) etwa in Form von Tabellen, Bildern oder Graphiken. Eine besondere Bedeutung kommt auch dem Zusammenspiel mit einer ∕interaktiven Legende oder mit ∕interaktiven Diagrammen zu. In einigen Fällen werden Bildschirmkarten als interaktiv bezeichnet, wenn sich deren Inhalt von außen, durch andere Elemente einer Benutzeroberfläche steuern lassen. Ein Einsatz von interaktiven Karten ist allgemein in raumbezogenen Informationssystemen (GIS) üblich, spezieller aber vor allem in ∕elektronischen Atlanten, Navigationssystemen, Kartiersystemen und Systemen zur Datenexploration. [AMü]

interaktive Legende, Legende einer Bildschirmkarte, die nach den Prinzipien ∕interaktiver Graphik auf Eingaben des Nutzers reagieren kann (∕Interaktionsobjekt). Von der interaktiven Legende aus lassen sich Zustand und Inhalt der Karte steuern; sie ermöglicht die ∕interaktive Selektion von Kartenobjekten und den Aufruf verknüpfter Informationen und Medien (∕View-Only-Verfahren, ∕interaktive Karte).

interaktiver Atlas ∕Elektronischer Atlas.

interaktiver Schiebregler, ein Steuerelement zur Gestaltung von ∕graphischen Benutzeroberflächen über das Parameterwerte abgelesen und verändert werden können.

interaktive Schaltfläche, ein Steuerelement zur Gestaltung von ∕graphischen Benutzeroberflächen über das Kommandos ausgelöst werden können.

interaktives Diagramm, Steuerelement, das eine Verknüpfung von Rechen- und Präsentationsfunktionen an ein ∕Diagramm beinhaltet. Die Funktionen beeinflussen die Darstellung des Diagrammes selbst oder manipulieren die zugrundeliegenden ∕Daten bzw. mit dem Diagramm verknüpfte ∕Medien. In der Kartographie werden interaktive Diagramme im Rahmen von ∕interaktiven Karten eingesetzt: Sind interaktive Diagramme Teil der Karte, so können auf diese Weise verbundene Dialoge und Medien aufgerufen oder Datenwerte verändert werden (z. B. Einflußgrößen von Modellrechnungen, ∕Simulation). Bezieht sich ein interaktives Diagramm auf die ganze Karte, etwa innerhalb der Legende (∕interaktive Legende), so können Verteilungen und Häufigkeiten dargestellter Sachverhalte präsentiert und beeinflußt werden (z. B. Steuerung von numerischen Klassifizierungen oder ∕interaktiven Selektionen). In diesem Zusammenhang dienen interaktive Diagramme der explorativen Datenanalyse in Karten und werden als eine Form der ∕Arbeitsgraphik zur Unterstützung des Nutzers bei der Karteninterpretation eingesetzt. Spezielle Formen interaktiver Diagramme finden bereits heute Verwendung, etwa in Form eines Häufigkeitsdiagramms zur Steuerung der Klassengrenzen einer ∕Choroplethenkarte oder eines Scatterplots zur Auswahl von Objekten in multivariater Darstellung. In Zukunft ist mit einer zunehmenden Vielzahl an Formen interaktiver Diagramme zu rechnen. [AMü]

interaktive Selektion, umfaßt alle Formen der Unterstützung des Nutzers zur ∕Identifizierung von Teilmengen von Daten bzw. Objekten in Steuerelementen einer ∕graphischen Benutzeroberfläche über die Maus oder ein anderes Zeigergerät des Computers. Speziell in ∕interakti-

Interferenzbilder 1: Interferenzbilder optisch einachsiger Kristalle verschiedener Schnittlage, Dicke und Doppelbrechung im monochromatischen Licht: a) kristalloptische Achse ca. 45° zur Präparatebene geneigt, b) kristalloptische Achse ca. 70° zur Präparatebene geneigt, c) kristalloptische Achse parallel zur Präparationsebene.

ven Karten können Kartenobjekte durch den Nutzer identifiziert und ausgewählt werden, wobei die Selektion mit geometrischen oder inhaltlichen Kriterien kombiniert werden kann. Häufig anzutreffen ist z. B. die Möglichkeit zur Selektion von Kartenobjekten innerhalb eines durch den Benutzer aufzuspannenden Rechtecks oder Kreises in der Karte.

interaktives Messen, Übertragung der Verfahren der ↗Kartometrie auf ↗interaktive Karten durch graphisch-interaktive Verfahren. In den meisten raumbezogenen Informationssystemen (↗Geoinformationssytem) wird das Messen von Distanzen, Winkeln und Flächengrößen durch die Möglichkeiten zur ↗geometrischen Analyse ergänzt.

Interferenz, Überlagerung kohärenter, d. h. mit konstanter Phasendifferenz, harmonischer Wellen oder Schwingungen. Der resultierende momentane Ausschlag ergibt sich aus der Summe der Momentanausschläge der einzelnen Wellen unter Berücksichtigung ihrer Phasenlagen. Die zeitliche ($f(t)$) und räumliche Änderung ($f(x)$) des Ausschlages A einer ebenen harmonischen Welle wird beschrieben durch:

$$A = A_0 \sin 2\pi(vt + x/\lambda) = A_0 \sin(\omega t + k x).$$

Dabei ist A_0 die Amplitude, d. h. der maximale Ausschlag, $\omega = 2\pi v$ die (Kreis-) Frequenz, $k = 2\pi/\lambda$ die Wellenzahl und λ die Wellenlänge. Die Überlagerung zweier Wellen A_1 und A_2 gleicher Amplitude, gleicher Frequenz, jedoch einer Phasendifferenz von $\Delta\alpha$ ergibt die resultierende Welle A_r:

$$A_1 + A_2 = A_0 \sin(\omega t + k x) + A_0 \sin(\omega t + k x + \Delta\alpha)$$
$$A_r = 2A_0 \cos\left(\frac{\Delta\alpha}{2}\right) \sin\left(\omega t + k x + \frac{\Delta\alpha}{2}\right),$$

da $\sin\alpha + \sin\beta = 2\cos(^1/_2(\alpha-\beta))\sin(^1/_2(\alpha+\beta))$. Die resultierende Welle hat also unveränderte Frequenz und Wellenlänge, jedoch eine neue, resultierende Amplitude $2 A_0 \cdot \cos(\Delta\alpha/2)$ und eine neue Phasenlage $\Delta\alpha/2$. Hätten die beiden Wellen verschiedene Frequenzen, so wäre die resultierende Amplitude zeitabhängig, da sich die gegenseitige Phasenlage dauernd ändert, d. h. es bildet sich kein zeitunabhängiges Interferenzmuster aus. Solche Wellen sind zueinander inkohärent.

Sind die beiden Wellen gleichphasig, d. h. ist die Phasendifferenz $\Delta\alpha$ ein ganzzahliges Vielfaches von 2π, z. B. hervorgerufen durch einen Gangunterschied von einem ganzzahligen Vielfachen der Wellenlänge $\Delta x = n\lambda$, dann hat die resultierende Welle die doppelte Amplitude $2 A_0$ und die gleiche Phasenlage (konstruktive Interferenz). Sind die beiden Wellen gegenphasig, d. h. ist die Phasendifferenz $\Delta\alpha$ ein ungeradzahliges Vielfaches von π, z. B. hervorgerufen durch einen Gangunterschied von einem ungeradzahligen Vielfachen der halben Wellenlänge $\Delta x = [(2n+1)/2] \cdot \lambda$, dann ist die Amplitude der resultierenden Welle null (destruktive Interferenz). Die Amplitudenverdopplung bei der Phasendifferenz 0 bzw. Auslöschung bei der Phasendifferenz π widersprechen nicht dem Energieerhaltungssatz. Wenn beide Wellenzüge nicht die gleiche Richtung haben, so sind diese speziellen Phasendifferenzen immer nur in bestimmten Flächen möglich. Die Interferenz veranlaßt nur eine Umsteuerung der Energie, die Gesamtenergie bleibt erhalten.

Die resultierende Amplitude und den Momentanausschlag durch Interferenz zweier Wellen oder Schwingungen kann man sehr einfach mit Hilfe eines Zeigerdiagramms (Abb.) geometrisch konstruieren. Jede Welle wird durch einen rotierenden Zeiger dargestellt. Die Länge der Zeiger entspricht den Amplituden, die Rotationsgeschwindigkeit der Kreisfrequenz ω. Die gegenseitige Phasenlage wird durch den Winkel zwischen den Zeigern berücksichtigt, den Momentanschlag erhält man aus der Projektion auf eine Gerade, z. B. auf die horizontale Achse. Die resultierende Amplitude ergibt sich aus der vektoriellen Addition der Zeiger, der resultierende Momentanausschlag aus der Projektion des resultierenden Zeigers auf die Bezugsachse. [KH]

Interferenzbilder, modifizierte Bilder (Abb. 1 u. 2) der Lichtquelle bei der ↗Polarisationsmikroskopie bei indirekter konoskopischer Betrachtungsweise. ↗Konoskopie, ↗Indikatrix.

Interferenzfarben, *Polarisationsfarben*, entstehen bei der polarisationsmikroskopischen Untersuchung mit Tages- oder polychromatischem Glühlicht. Dadurch erfahren die verschiedenen Lichtwellen unterschiedlich große Gangunterschiede, wodurch doppelbrechende Kristalle im Gesichtsfeld farbig erscheinen. Diese Farben sind im allgemeinen keine reinen Spektralfarben, sondern Mischfarben. Sie entstehen durch Interfe-

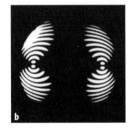

Interferenzbilder 2: Interferenzbilder optisch zweiachsiger Kristalle, Schnitte senkrecht zur spitzen Bisektrix: a) Achsenwinkel ca. 50°, dünnes Präparat oder Präparat geringer Doppelbrechung, b) Achsenwinkel ca. 50°, dickes Präparat (Normallage).

Interferenz: Zeigerdiagramm zur Interferenz zweier Wellen mit den Amplituden A_{01} und A_{02} und der Phasendifferenz $\Delta\alpha$. Die resultierende Amplitude A_{0r} erhält man aus der Vektoraddition der beiden Zeiger ebenso, wie die Phasendifferenzen zu den Ausgangswellen. Die Zeiger rotieren mit der Kreisfrequenz ω der Wellen. Die Momentanausschläge zur Zeit t ergeben sich aus den Projektionen der Zeiger, die sich um den Winkel ωt gedreht haben, auf die Bezugsachse.

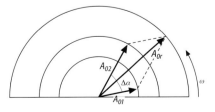

renz der Phasendifferenzen, also der optischen Weg- oder Gangunterschiede, die von der Differenz der Brechungsquotienten und von der Dicke der Kristallplatte bestimmt werden. Eine keilförmige, parallel zur optischen Achse geschnittene Quarzplatte zeigt zwischen gekreuzten Polarisatoren die Abhängigkeit der Interferenzfarben von der Keildicke. In bestimmten Intervallen, die als Ordnungen bezeichnet werden, wiederholen sich ähnliche Farben. Dabei reicht die 1. Ordnung vom Gangunterschied 0–550 nm. Nach der bei 550 nm auftretenden roten Farbe lassen sich nacheinanderfolgende Farbordnungen einteilen. Man spricht vom Rot 1. Ordnung, Rot 2. Ordnung usw. (Abb. im Farbtafelteil). Mit zunehmender Ordnungszahl werden die Farben immer blasser und gehen schließlich in weißes Licht über. Die Interferenzfarben lassen sich dazu benutzen, bei bekannter Dicke einer Kristallplatte die Doppelbrechung oder bei bekannter Doppelbrechung die Dicke eines Mineral- oder Gesteinsdünnschliffes zu bestimmen. Zahlreiche Minerale lassen sich so in Dünnschliffen, die eine Dicke von 20–30 μm besitzen, sofort an ihrer Interferenzfarbe erkennen. Bei Verwendung von monochromatischem Licht treten keine Interferenzfarben auf. Statt dessen erhält man beim Vielfachen der verwendeten Wellenlänge dunkle Streifen, die bei rotem Licht gemäß der größeren Wellenlänge weiter auseinander liegen als bei grünem Licht. [GST]

Interferometer, Meßaufbau zur Zusammenführung zweier kohärenter Wellenerscheinungen nach Durchlaufen verschieden langer Wege. Je nach relativer Phasenlage führt die Überlagerung der Signale zu einer Verstärkung oder Abschwächung des Ausgangssignals. Versetzt man die Signalquellen in relative Bewegungen zum Interferometer oder das Interferometer relativ zu den Signalquellen, durchläuft das Ausgangssignal Maxima und Minima, so daß sich die Interferometerphase bestimmen läßt. Bei der ↗Radiointerferometrie mit ↗Radioteleskopen macht man sich die Tatsache zunutze, daß die Rotation der Erde die relative Bewegung der Empfangseinrichtungen erzeugt. Interferometer werden in der Radiointerferometrie genutzt, um die Empfindlichkeit astronomischer Beobachtungen zu steigern. Dabei werden die mit den Radioteleskopen empfangenen Signale entweder mit direkter Kabelverbindung oder, wo die Entfernungen zu groß sind, nach Zwischenspeicherung auf Magnetbändern zusammengeführt. In der ↗Geodäsie werden Radio-Interferometer eingesetzt, um große Entfernungen und geophysikalische Vorgänge zu messen. Mit Labor-Interferometrie werden kurze Strecken mit extremer Genauigkeit gemessen. [AN]

Interglazial ↗Warmzeit.

Interglazialböden, in den Interglazialen (Warmzeiten) des ↗Pleistozäns über viele Jahrtausende gebildete intensive Böden. Bei etwas wärmerem Klima als heute bildeten sich in Mitteleuropa in der letzten Warmzeit, dem Eem, u. a. intensive ↗Parabraunerden.

Intergovernmental Oceanographic Commission, *IOC*, zwischenstaatliche Kommission für Meereskunde. Selbständiges Fachorgan innerhalb der United Nations Educational Scientific and Cultural Organisation (UNESCO). Dient der Entwicklung und Koordination von meereswissenschaftlichen Programmen, die nur in internationaler Zusammenarbeit bewältigt werden können. Die IOC wurde 1960 mit Sitz in Paris gegründet, finanziert aus Beiträgen der Mitgliedsstaaten.

Intergovernmental Panel on Climate Change, *IPCC*, von den Vereinten Nationen unter Federführung der ↗Weltorganisation für Meteorologie und ↗UNEP 1988 begründetes Gremium mit der Aufgabe, in mehreren Arbeitsgruppen den Sachstand zur Klimaproblematik, insbesondere der ↗anthropogenen Klimabeeinflussung, wissenschaftlich zu erfassen, zusammenfassend zu berichten und Maßnahmenempfehlungen auszuarbeiten.

intergranularer Druck ↗geostatischer Druck.

Intergranularfilm, nur wenige Atomdimensionen breiter Bereich zwischen Korngrenzflächen, der von anderen Phasen (Fluide, Schmelze) eingenommen wird.

Intergranularraum, Bereich zwischen Mineralen oder Mineralkomponenten (z. B. Geröllen), der von anderen Phasen (Schmelze, Fluide) oder Luft (↗Porosität) gefüllt ist.

interkristallin, den Bereich zwischen Kristallen betreffend oder Wechselwirkung zwischen Kristallen betreffend.

intermediäre Gesteine, ↗Magmatite, die 52–65 Gew.-% SiO_2 enthalten und damit zwischen den ↗basischen Gesteinen und ↗sauren Gesteinen liegen. Häufige Vertreter sind ↗Andesite und ↗Diorite. ↗Gesteine.

intermittierende Quelle, ↗Quelle mit einem mehr oder weniger regelmäßigen Wechsel von unterschiedlicher Schüttung und völligem Versiegen. Intermittierende Quellen können durch unterirdische Hohlraumsysteme mit einem heberartigen Mechanismus erklärt werden (Abb.).

intermittierender Fluß, *Fiumar, periodischer Fluß*, Bezeichnung für ein ↗Fließgewässer mit klimatisch bedingtem Wechsel der Wasserführung. Fiumare liegen in den Subtropen und deren Randgebiete mit einem regelmäßigen Wechsel von Regen- und Trockenzeit. Fiumare sind in der Trockenzeit fast abflußlos, in der feuchten Jahreszeit hingegen durch einen hohen ↗Abfluß gekennzeichnet. Ihr Gerinnebett ist i. d. R. schottererfüllt. Den intermittierenden Flüssen werden die ↗kontinuierlichen Flüsse und die Flüsse mit nur ↗episodischer Wasserführung gegenübergestellt. ↗Fluß.

International Association for Hydrological Sciences, *IAHS, Internationale Assoziation für hydrologische Wissenschaften*, zur Internationalen Union für Geophysik und Geodäsie (IUGG) gehörende, nichtstaatliche wissenschaftliche Vereinigung. Sie wurde im Jahre 1922 innerhalb der IUGG als »Section of Scientific Hydrology« gegründet und entwickelte sich später zur IAHS. Ihr Ziel ist es, die Hydrologen aus aller Welt zusammenzubringen und die hydrologischen Wissenschaften zu

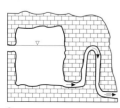
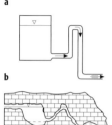

intermittierende Quelle:
a) Schema einer intermittierenden Quelle, b) eines Hebersystems und c) eines modifizierten Systems.

fördern. Sie besteht derzeit aus den Kommissionen für Oberflächenwasser, Grundwasser, kontinentale Erosion, Schnee und Eis, Wasserbeschaffenheit, wasserwirtschaftliche Systeme, Fernerkundung und Datenfernübertragung, Wechselbeziehungen Atmosphäre-Boden-Vegetation und Tracer. Organ ist das im zweimonatigen Tournus erscheinende »Hydrological Science Journal«.

International Association of Meteorology and Atmospheric Physics ↗IAMAP.

International Civil Aviation Organization ↗ICAO.

International Council for the Exploration of the Sea, ICES, Internationaler Rat für Meeresforschung. Zusammenschluß von heute 18 Staaten mit dem Ziel, die Veränderungen der Fischbestände in Nordatlantik, Nordsee und Ostsee als Folge von natürlichen und anthropogenen Veränderungen des marinen Ökosystems zu verstehen und daraus Beratungen für die Festlegung von Fangquoten der Fischerei bzw. Grenzen der Belastbarkeit von Küstengewässern durchzuführen. Der ICES wurde 1902 gegründet, hat seinen Sitz in Kopenhagen und wird finanziert aus Beiträgen der Mitgliedsstaaten.

International Council of Scientific Unions, ICSU, *Internationaler Rat wissenschaftlicher Unionen*, 1931 gegründeter internationaler Dachverband nichtstaatlicher wissenschaftlicher Organisationen. Sein Ziel ist die Förderung internationaler wissenschaftlicher Aktivitäten zum Wohle der Menschheit. Zu ihm gehören 23 Unionen, davon die folgenden mit geowissenschaftlichem Bezug: Internationale Geographische Union (IGU), Internationale Union für biologische Wissenschaften (IUBS), Internationale Union für Geodäsie und Geophysik (IUGG), Internationale Union für geologische Wissenschaften (IUGS), Internationale Union für reine und angewandte Biologie (IUPAB), Internationale Union für reine und angewandte Chemie (IUPAC). Er unterhält weiterhin eine Reihe wissenschaftlicher Spezialausschüsse wie z. B. die Internationale Kommission für die Lithosphäre (ICL), das Wissenschaftliche Komitee für die Antarktis Forschung (SCAR), das Wissenschaftliche Komitee für das Internationale Geosphären-Biosphären Programm (↗IGBP), das Wissenschaftliche Komitee für Ozean-Forschung (SCOR), das Wissenschaftliche Komitee für Umweltprobleme (SCOPE), das Spezielle Komitee für die Internationale Dekade für Naturkatastrophenvorbeugung (SC-IDNDR).

Internationale Assoziation für Geodäsie, *International Association of Geodesy*, IAG, internationale wissenschaftliche Vereinigung innerhalb der ↗Internationalen Union für Geodäsie und Geophysik (IUGG) mit etwa 80 Mitgliedsländern. Sie wird von einem auf vier Jahre gewählten Präsidenten geleitet und gliedert sich in fünf Sektionen: I. Positionierung, II. moderne Raumverfahren, III. Schwerefeldbestimmung, IV. Theorie und Methodologie, V. Geodynamik. Für ausgewählte Forschungsthemen gibt es wissenschaftliche Kommissionen. Außerdem betreibt die IAG Dienste (Services) für die internationale wissenschaftliche Gemeinschaft (z. B. ↗Internationaler Erdrotationsdienst, ↗Internationaler GPS Dienst). Die IAG führt alle vier Jahre im Rahmen der IUGG-Generalversammlungen wissenschaftliche (auch interdisziplinäre) Symposien und in der Mitte dieser Periode eine wissenschaftliche Versammlung mit geodätischen Themen durch. [HD]

Internationale Astronomische Union, IAU, internationale wissenschaftliche Vereinigung mit etwa 60 Mitgliedsländern, die von einem Präsidenten geleitet wird und in elf wissenschaftliche Divisionen sowie 40 Kommissionen gegliedert ist. Die IAU führt alle drei Jahre Generalversammlungen mit wissenschaftlichen Symposien durch.

Internationale Bodenkundliche Gesellschaft, IBG, mit Sitz in Wien. Die gemeinnützige IBG wurde am 19. Mai 1924 gegründet. Angeschlossen sind etwa 65 nationale und regionale Gesellschaften und ca. 7000 persönliche Mitglieder. Hauptaufgaben sind die Stimulierung, Koordination und Abstimmung von Forschung und Anwendung auf dem Fachgebiet der Bodenkunde im internationalen Rahmen.

internationale erdmagnetische Charakterzahlen, veraltetes Maß für die erdmagnetische Aktivität (neues Maß: ↗Kennziffern).

Internationale Gesellschaft für Photogrammetrie und Fernerkundung, *International Society of Photogrammetry and Remote Sensing*, ISPRS, 1910 als Internationale Gesellschaft für Photogrammetrie in Wien gegründet; 1976 Umbenennung in International Society of Photogrammetry and Remote Sensing. Der Auftrag der ISPRS ist die internationale Zusammenarbeit zur Förderung von Wissen, Forschung, Entwicklung und Ausbildung in ↗Photogrammetrie, ↗Fernerkundung, der raumbezogenen Informationswissenschaften sowie ihrer Integration und Anwendung zur Unterstützung des Wohlseins der Menschheit und dem dauerhaften Schutz der Umwelt. Die wissenschaftlichen und technischen Aktivitäten werden durch 7 Kommissionen mit einer Vielzahl von Arbeitsgruppen geleitet. Sie umfassen alle Aspekte der Bilderfassung, -analyse und -anwendung. Die Leitung der Kommission erfolgt für jeweils vier Jahre durch führende Wissenschaftler gewählter Mitgliedsgesellschaften. Höhepunkte der Arbeit der ISPRS sind die im Turnus von vier Jahren jeweils durch eine gewählte Mitgliedsgesellschaft organisierten internationalen Kongresse. Organ der ISPRS sind die International Archives of Photogrammetry and Remote Sensing, in denen neben den offiziellen Beschlüssen der Generalversammlung die auf den Kommissionssymposien und den Kongressen veröffentlichten wissenschaftlich-technischen Beiträge publiziert werden. [KR]

Internationale Hydrologische Dekade, IHD, ein von der UNESCO von 1965 bis 1974 durchgeführtes Programm zur weltweiten Förderung der ↗Hydrologie. Mehr als 100 Mitgliedsländer der UNESCO richteten IHD-Nationalkomitees ein, welche die nationalen Beiträge und Einzelprojekte in diesem Programm betreuen sollten. Mehrere andere UN-Organisationen, wie die Food- and Agricultural Organization (FAO), die Weltorganisation für Meteorologie (WMO), die Internationale Atomenergiebehörde (IAEA) und die Weltorganisation für Gesundheit (WHO) haben wesentliche Teile des Programms ausgetragen. Darüber hinaus beteiligten sich internationale Nicht-Regierungsorganisationen wie die Internationale Assoziation für hydrologische Wissenschaften (IAHS) zusammen mit der UNESCO. Im Anschluß an die IHD richtete die UNESCO das ↗Internationale Hydrologische Programm ein. [KHo]

Internationale Kartographische Vereinigung, *IKV,* in Bern 1959 gegründeter Weltverband der kartographischen Gesellschaften, oder anderer Einrichtungen mit dem ausschließlichen Recht der Außenvertretung für die Kartographen eines Landes, mit Englisch und Französisch als den satzungsgemäßen Verhandlungssprachen. Die Gründung der IKV geht zurück auf Bemühungen der Schwedischen Kartographischen Gesellschaft. Die IKV veranstaltet an weltweit wechselnden Orten, internationale Kartographentage. Der wissenschaftlichen Zusammenarbeit außerhalb der internationalen Kartographentage dienen Commissions und Working Groups. Zweimal jährlich gibt die IKV seit 1983 einen ICA Newsletter heraus.

Internationale Organisation für Meteorologie, *IMO, International Meteorological Organization,* Vorläuferorganisation der ↗Weltorganisation für Meteorologie von 1873–1951.

Internationale Phänologische Gärten, *IPG,* ↗Phänologie.

internationale Polarjahre, *Geophysikalisches Jahr,* internationale Bestrebung zur weltweiten und gemeinsamen Beobachtung verschiedener geophysikalischer Erscheinungen und Parameter. Als Beispiele für derartige Aktivitäten gelten folgende Gebiete: Erdmagnetismus, Polarlicht, Ionosphäre, Sonnenaktivität, Erdbeben, Schwerefeld der Erde, Glaziologie, Meteorologie und Ozeanographie. Die Aktivitäten des Geophysikalischen Jahres erstreckten sich über einen Zeitraum vom 1.7.1957–31.12.1958. Vorgänger des Geophysikalischen Jahres waren die mit ähnlichen Aufgaben und Zielen durchgeführten Internationalen Polarjahre (8.1882–8.1883 und 8.1932–8.1933). Heute ist die globale Beobachtung geophysikalischer Erscheinungen und Parameter eine Selbstverständlichkeit, so daß es keiner besonderen Vereinbarungen und Aktivitäten bedarf.

internationale Polbewegungsmessungen, systematische Beobachtungen zur Messung der Polbewegung. Erstmals organisiert wurden sie von der Internationalen Kommission für Geodäsie (ICG), auf deren Initiative ab Januar 1889 in Berlin, Potsdam und Prag gleichzeitig Breitenbeobachtungen durchgeführt wurden. Die endgültige Bestätigung der Existenz von Polschwankungen brachten im Jahr 1891 Breitenmessungen in Honolulu, dessen Länge um ungefähr 180° von den europäischen Stationen verschieden ist. Man erhielt in Honolulu dieselben Breitenvariationen wie in Europa, allerdings mit entgegengesetztem Vorzeichen. Dies war der Beweis, daß die gemessenen Breitenvariationen auf eine Bewegung des Pols und nicht auf lokale Effekte zurückzuführen sind. Als Folge dieser ersten Polbewegungsmessungen wurde der International Latitude Service (↗ILS) eingerichtet. Ab 1962 wurden die ↗Polkoordinaten vom International Polar Motion Service (↗IPMS) und dem ↗Bureau International de l'Heure (BIH) bestimmt und veröffentlicht. Diese beiden Einrichtungen mündeten am 1. Januar 1988 in den International Earth Rotation Service (↗IERS) ein. Während die Polbewegungsmessungen über viele Jahrzehnte mit astronomischen Methoden erfolgten, werden sie heute beinahe ausschließlich mit modernen ↗geodätischen Weltraumverfahren, wie z.B. ↗Radiointerferometrie, SLR, LLR, GPS u.a. durchgeführt. [HS]

Internationaler Breitendienst, *International Latitude Service,* ↗ILS.

Internationaler Erdrotationsdienst, *International Earth Rotation Service,* ↗IERS.

Internationaler GPS-Dienst, *International GPS Service, IGS,* internationaler wissenschaftlicher Dienst der ↗Internationalen Assoziation für Geodäsie (IAG), der ein weltweites Netz von GPS-Beobachtungsstationen betreibt und daraus Parameter ableitet, die den Nutzern über elektronischen Zugang (Internet) direkt zur Verfügung gestellt werden. Die GPS-Beobachtungsdaten werden in regionalen (RDC) und globalen Datenzentren (GDC) gesammelt und dort von mehreren globalen Analysenzentren (AC) abgerufen und verarbeitet. Ergebnisse (Produkte) sind v.a. die Bahnparameter der GPS-Satelliten und die Koordinaten der Beobachtungsstationen im vereinbarten erdfesten Bezugssystem ↗ITRF. Zwischenergebnisse (Normalgleichungen) werden von den AC an die GDC zurückgeliefert. Parallel zu den AC prozessieren assoziierte Analysenzentren für regionale Netze (RNAAC) die Daten von GPS-Beobachtungsstationen in einzelnen geographischen Regionen (z.B. Europa, Südamerika) und liefern die Zwischenergebnisse ebenfalls an die GDC. Von assoziierten Analysenzentren des globalen Netzes (GNAAC) werden die Zwischenergebnisse der AC und RNAAC kombiniert und als einheitliche Lösung vom Zentralbüro (CB) den Nutzern weltweit zur Verfügung gestellt. [HD]

Internationaler Polbewegungsdienst ↗IPMS.

Internationaler Zeitdienst ↗Bureau International de l'Heure.

Internationales Einheitensystem ↗SI-Einheiten.

internationales Ellipsoid, *Hayford-Ellipsoid,* von ↗Hayford 1909 mittels einer ↗translativen Lotabweichungsausgleichung bestimmtes ↗Referenzellipsoid. Die große Halbachse des Ellipsoides beträgt 6378,388 m, die reziproke Abplattung 297,0 (↗Rotationsellipsoid). Das Referenzellipsoid von Hayford wurde auf der 2. Vollversammlung der IUGG 1924 in Madrid als internationales Ellipsoid eingeführt. Es wurde zahlreichen Landesvermessungen zugrunde gelegt und als Bezugsfläche für das europäische Dreiecksnetz verwendet.

Internationales Geosphären-Biosphären Programm ↗ IGBP.

Internationales Gravimetrisches Bureau ↗ *Bureau Gravimetrique International.*

Internationales Hydrologisches Programm, IHP, ein im Anschluß an die ↗ Internationale Hydrologische Dekade von der UNESCO 1975 eingerichtetes Langzeitprogramm zur weltweiten Förderung der ↗ Hydrologie. Das IHP wird in Phasen von jeweils sechs Jahren ausgetragen und entwickelte sich von einem, lediglich quantitative Aspekte behandelndem Programm, zu einer nachhaltigen Betrachtungsweise der Hydrologie. Das IHP wird in enger Abstimmung mit dem Operationellen Hydrologischen Programm (OHP) der World Meteorological Organization durchgeführt. Über 120 Staaten, so auch Deutschland, haben IHP-Nationalkomitees eingerichtet, die den Beitrag eines Staates betreuen. Im IHP-Jahrbuch werden jährlich umfassende tabellarische Zusammenstellungen des meteorologischen Geschehens (Niederschlag, Temperatur, Verdunstung) für die BRD veröffentlicht. Im Hauptteil werden Abflußspende, Durchfluß, Schwebstoffgehalt und Wasserbeschaffenheit von oberirdischen Fließgewässern und die Grundwasserstände und -beschaffenheit über einen Zeitraum von einem Kalenderjahr im Vergleich zu langjährigen Reihen dargestellt. [KHo]

Internationales Jahrbuch für Kartographie, IJK, *International Yearbook of Cartography, Annuaire International de Cartographie,* eine von 1961 bis 1990 bestehende Publikationsreihe, die für die moderne Kartographie von prägender Bedeutung war. Vom ersten Präsidenten der ↗ Internationalen Kartographischen Vereinigung E. ↗ Imhof begründet und herausgegeben mit dem Ziel des internationalen Erfahrungsaustausches über Fortschritte und Neuerungen auf allen Gebieten theoretischer und praktischer Kartographie, die Kartographenausbildung eingeschlossen.

internationale Symbole, *Hermann-Mauguin-Symbole,* Symbole zur Bezeichnung zwei- und dreidimensionaler Kristallklassen und Raumgruppentypen, die in den dreißiger Jahren von C.H. ↗ Hermann und C. Mauguin erarbeitet wurden. Die internationalen Symbole haben die älteren Schoenflies-Symbole bei den Kristallklassen weitgehend und bei den Raumgruppen fast vollständig abgelöst.

In den Punktgruppen-Symbolen mit ihren maximal drei und den Raumgruppen-Symbolen mit ihren maximal vier Stellen stehen Bezeichnungen für Symmetrieoperationen, die ein System von Erzeugenden für die betreffende Gruppe bilden. Aus der Stellung der Bezeichnungen im Symbol läßt sich die räumliche Orientierung der dazugehörigen Symmetrieelemente ablesen. Die Symmetrieoperationen in den Punktgruppen-Symbolen für den dreidimensionalen Raum sind entweder Drehungen ($1, 2, 3, 4, 6$) oder Drehinversionen ($\bar{1}, m = \bar{2}, \bar{3}, \bar{4}, \bar{6}$). In den Raumgruppen-Symbolen tritt an die erste Stelle ein Buchstabe, der (zusammen mit der Information aus dem restlichen Teil des Symbols) den Gittertyp und damit die Art der Translationen bestimmt. In den nachfolgenden Stellen können statt Drehungen ($2, 3, 4, 6$) auch Schraubungen ($2_1, 3_1, 3_2, 4_1, 4_2, 4_3, 6_1 \ldots 6_5$) und statt Spiegelungen (m) auch Gleitspiegelungen (a, b, c, n, d) stehen. Die Symbole für den zweidimensionalen Raum sind nach dem gleichen Muster aufgebaut, nur daß sich hier die Symmetrieoperationen auf Translationen, Drehungen ($1, 2, 3, 4, 6$), Spiegelungen (m) und Gleitspiegelungen (g) beschränken.

In Gebrauch sind sowohl kurze als auch vollständige Symbole, die sich aber nicht in allen Fällen unterscheiden. Beispiele für vollständige Symbole dreidimensionaler Raumgruppen (genauer: Raumgruppentypen) sind: *P1 2/c 1*, *P3m1* und *F $4_1/d\ \bar{3}\ 2/m$*. Die Bezeichnungen für die entsprechenden gekürzten Symbole sind *P2/c*, *P3m1* und *Fd$\bar{3}$m*. ↗ Kristallklassen, ↗ Raumgruppen. [WEK]

Internationale Tagung für alpine Meteorologie ↗ ITAM.

Internationale Union für Geodäsie und Geophysik ↗ IUGG.

Internationale Weltkarte, IWK, deutsche Bezeichnung für das von A. ↗ Penck auf dem Internationalen Geographenkongreß in Bern 1891 vorgeschlagene Weltkartenwerk im Maßstab 1 : 1.000.000. Nach langer Anlaufzeit konnte auf den Weltkartenkonferenzen 1909 in London (8 Staaten) und 1913 in Paris (33 Staaten beteiligt) in grundlegenden Fragen hinreichende Übereinstimmung (Nullmeridian Greenwich, metrisches System) erzielt werden und erste Blätter erscheinen. Nach Unterbrechung im ersten Weltkrieg übernahm 1922 die Internationale Geographische Union (IGU) die Leitung; eine weitere Konferenz 1928 klärte strittige Fragen. Während nur wenige offizielle Blätter erschienen, gaben einige Staaten nationale Kartenwerke 1 : 1.000.000 heraus (z. B. Brasilien und seit 1928 die UdSSR). Vor und während des zweiten Weltkrieges wurde von Deutschland, Frankreich, Großbritannien und den USA eine große Anzahl Blätter als militärische Operationskarten bearbeitet. 1953 wurde die Betreuung des Kartenwerkes vom Kartographischen Büro der UNO übernommen (ECOSOC). Eine Dokumentation für 1962, zur Technischen Konferenz in Bonn, ergab ca. 750 fertige Blätter, von denen aber nur ca. 1/3 voll den Richtlinien entspricht. Dem Kartenwerk liegt ein polykonischer Entwurf zugrunde. Jedes Gradabteilungsblatt umfaßt 4° in der Breite und 6° in der Länge, in höheren Breiten auch 12° und mehr. Insgesamt decken 2212 Blätter die Erde vollständig ab; auf etwa 750 Blättern sind Festland und Inseln abgebildet, der Rest sind reine Meeresblätter, von denen bisher nur wenige veröffentlicht wurden. Der Karteninhalt entspricht einer geographischen ↗ Übersichtskarte mit ↗ Höhenschichten und ist in Acht- bis Zehnfarbendruck ausgeführt. Die Blattbeschriftung ist französisch, die Blattbezeichnung besteht aus dem Namen eines topographischen Objektes und einer Kennzeichnung aus Großbuchstaben und Ziffern, wobei die Buchstaben die Breitenzonen, am Äquator beginnend (A bis W für 22 Streifen), und die

Ziffern die Meridianstreifen, beginnend bei 180° von West nach Ost zählend, angeben. Seit 1991 liegt eine Gesamtkarte des vereinigten Deutschlands vor, auch als digitale Datenbank. Die IWK wird voraussichtlich nie als homogenes Kartenwerk nach einheitlichem Zeichenschlüssel und Bearbeitungsgrundsätzen vollständig vorliegen, zumal sie seit Anfang der 1990er Jahre mehr und mehr durch die ↗ Weltluftfahrtkarte in ihrer Funktion ersetzt wird. Die Prinzipien der Blatteinteilung und Blattbezifferung fanden über das Kartenwerk hinaus auch anderweitig für nationale Kartenwerke (z. B. Sowjetunion, Ostblockstaaten) sowie für die ↗ Karta mira – World Map Anwendung. Auf der Grundlage der Blätter der IWK wurden auch verschiedene thematische Kartenwerke begonnen, z. B. die »Tabula Imperii Romani«. Im Hydrologischen Institut Monaco werden im Blattschnitt der IWK die Arbeitsblätter der ↗ General Bathymetric Chart of the Oceans (GEBCO) geführt. [WSt]

International Geomagnetic Reference Field, IGRF, von der IAGA (International Association of Geomagnetism and Aeronomy) autorisiertes, globales Modell des geomagnetischen Innenfeldes, das aus den Feldmessungen an den weltweit verteilten geomagnetischen Observatorien, Säkularpunkten sowie weiteren Meßpunkten berechnet wird. Dabei wird für das geomagnetische Potential V eine Reihenentwicklung nach Kugelfunktionen (Sphärisch-Harmonische-Analyse, SHA) nach C. F. ↗ Gauß zugrunde gelegt:

$$V = a \sum_{n=1}^{N} \sum_{m=0}^{n} \left(\frac{a}{r}\right)^{n+1} (g_n^m \cos m\lambda + h_n^m \sin m\lambda) P_n^m (\cos\theta),$$

wobei $a = 6371{,}2$ km den mittleren Erdradius bezeichnet, r = radialer Abstand vom Erdzentrum, λ = geographische Länge östlich von Greenwich und θ = geozentrischer Polabstand ($\lambda = 90°\text{-}\varphi$, φ = geographische Breite). P_n^m ist die zugeordnete Kugelfunktion (associated legendre function) vom Grad n und der Ordnung m in der Quasinormierung nach A. Schmidt. Als IGRF zu einer bestimmten Epoche stehen die Gaußschen Koeffizienten g_n^m, h_n^m sowie deren säkulare Änderungen/Jahr zur Verfügung. Diese Koeffizienten beziehen sich auf die Erdoberfläche, die als Rotationsellipsoid mit einem äquatorialen Radius von 6378,160 km und einer Abplattung von 1/298,25 angenommen ist. Die Säkularvariationskoeffizienten dienen der linearen Vorwärtsinterpolation bis zum nächsten IGRF. Die Neuberechnung des Referenzfeldes (tatsächliche Säkularvariation) wird mit DGRF (definite) bezeichnet. Ab 1900 stehen in Intervallen von je fünf Jahren autorisierte IGRF bzw. DGRF zur Verfügung, auf die u. a. globale bzw. regionale Anomalienfelder bezogen werden. Mit den publizierten Gaußschen Koeffizienten lassen sich die Vektorfeldkomponenten für jeden Punkt der Erdoberfläche berechnen und beispielsweise in einer Isolinienkarten darstellen. [VH, WWe]

International Meteorological Organization, IMO, ↗ Internationale Organisation für Meteorologie.

International Organization for Standardization ↗ ISO.

International Seismological Centre, ISC, ein seit 1964 existierendes und von zahlreichen Ländern finanziertes seismologisches Datenzentrum mit Sitz in Thatcham bei Reading (England). Weltweit mehr als 3000 seismologische Observatorien übermitteln ihre Ablesungen von Laufzeiten und Amplituden seismischer ↗ Raumwellen an das ISC, wo aus diesen Daten die ↗ Hypozentren und Magnituden von Erdbeben bestimmt und globale Erdbebenkataloge erstellt werden. Das ISC soll eine möglichst vollständige Datenbasis erstellen, deshalb vergehen bis zur jeweiligen Veröffentlichung der Kataloge bis zu zwei Jahre. Zur Zeit verfügt das ISC über eine Datenbasis von mehr als 8 Mio. Ankunftszeiten von Raumwellen die z. B. in der ↗ seismischen Tomographie für die Erstellung von dreidimensionalen Modellen der Verteilung seismischer Geschwindigkeiten im Erdinnern genutzt wird.

International Society of Biometeorology ↗ ISB.

International Training Center, ITC, 1951 an der Technischen Hochschule Delft gegründete und seit 1971 in Enschede ansässige, unter Beibehaltung des Kürzels ITC in ↗ International Institute for Aerial Survey and Earth Sciences umbenannte hochangesehene Einrichtung zur mittleren und höheren Ausbildung in den für Entwicklungsländer wichtigen Geowissenschaften.

International VLBI Service for Geodesy and Astrometry, IVS, weltweite Organisation zur Durchführung geodätischer und astrometrischer ↗ Radiointerferometrie-Messungen sowie zur Veröffentlichung von Ergebnissen. Zu diesen gehören Referenzkataloge der ↗ Radioquellen, Beiträge zum internationalen terrestrischen Referenzsystem und hochgenaue ↗ Erdrotationsparameter.

Internet, internationales Rechnernetz, zu dem sich viele kleinere Rechnernetze verschiedener Betreiber zusammengeschlossen haben. Im Internet werden Dienste angeboten, die sowohl kommerziell als auch privat von Interesse sind, z. B. Informationen auf elektronischem Wege weltweit zugänglich machen, etwa im World Wide Web, Post elektronisch weltweit senden und empfangen (e-mail), digitale Dokumente bis hin zu Softwareprodukten über das Netz als Dateien transportieren sowie weltweit Probleme diskutieren und Informationen austauschen (News).

Internetkarte, eine ↗ Bildschirmkarte, die auf einem Internetserver fertig gespeichert ist oder nach Daten einer ↗ Datenbank bei Bedarf erzeugt wird. Neben den Eigenschaften der Bildschirmkarte besitzt sie eine Internetadresse, über die sie angefordert werden kann. Die Internetkarte ist entweder ein selbständiges Internetdokument oder Bestandteil eines Internetdokuments (In-line-Karte). Das gesamte ↗ Kartenbild oder beliebig viele Teile des Kartenbildes können mit Verweisen zu weiteren Internetdokumenten versehen werden. Die Richtlinien der graphischen Gestaltung der Internetkarte entsprechen der

Bildschirmkarte, zu beachten sind aber folgende Besonderheiten: Die Internetkarte wird über das Netz transportiert und soll so schnell wie möglich ankommen. Sie muß deshalb eine möglichst kleine Datei sein. Dies erreicht man durch geringe Farbtiefe und Komprimierung. Eine Komprimierung der Daten führt zusätzlich zu einer Verringerung der Dateigröße. Eine Karte großen Formates kann auf dem Bildschirm nur durch Scrollen betrachtet werden, d. h. es ist nur ein Ausschnitt der Karte sichtbar. Günstiger ist, nur denjenigen Kartenausschnitt zu laden, der am Bildschirm sichtbar ist. Dies kann z. B. durch die Verwaltung der Kartenausschnitte in einer Tabelle erreicht werden. Der Nutzer des Internets akzeptiert nur wenige Sekunden Wartezeit für den Aufbau der Karte am Bildschirm. Deshalb sollte man dem Nutzer entgegenkommen und durch eine Textzeile die Karte ankündigen, eine Schwarz-Weiß-Karte der Farbkarte vorschalten und/oder die endgültige Karte streifenweise aufgebauen. Die tatsächliche Ladezeit wird dadurch nicht verkürzt, der Nutzer erkennt aber bald, ob die Karte für ihn interessant ist oder ob er den Ladevorgang abbrechen sollte. Derzeitig werden von den gängigen Browsern vor allem die Rasterdatenformate gif und jpeg unterstützt und keine Vektorgraphikformate. Karten müssen deshalb als Rastergraphiken vorliegen. Den Linienelementen einer Karte wird das gif-Format besser als das jpeg-Format gerecht, erlaubt außerdem durch Interlacing einen streifenweisen Aufbau der Bildschirmkarte. Für einige andere Rasterdatenformate und für Vektorgraphikformate werden derzeitig noch Plug-Ins benötigt, die vom Nutzer installiert werden müssen und deshalb vermieden werden sollten. Außerdem sollte beachtet werden, daß die Browser eine eigene Farbpalette, die sog. Browser Safe Color Table, zur Wiedergabe der Farben benutzen. Farben einer Karte, die nicht in dieser Farbpalette vorhanden sind, werden aus den Farben dieser Farbpalette rasterartig nachgebildet, was zu einer Unschärfe der Zeichnung der Karten führt. [IW]

interne Wellen, ähnlich wie an der Meeresoberfläche treten auch an der Grenzfläche zwischen zwei Wasserschichten unterschiedlicher Dichte Wellen auf. Genauso wie bei Oberflächenwellen unterscheidet man auch bei internen Wellen zwischen langen und kurzen Wellen. Im zweigeschichteten Medium ist der auffälligste Unterschied, daß für interne Wellen in der Wellengleichung und den daraus abgeleiteten Lösungen die Gravitationsbeschleunigung g durch die reduzierte Schwere g' ersetzt wird:

$$g' = \frac{\varrho_2 - \varrho_1}{\varrho_2} \cdot g .$$

Hierbei stehen ϱ_1 und ϱ_2 für die Dichte der oberen bzw. unteren Schicht. Interne Wellen treten insbesondere im Bereich thermischer oder haliner Sprungschichten auf. Die Auslenkung ist im Bereich der Sprungschicht maximal und nimmt mit zunehmender Entfernung zur Sprungschicht ab (Abb.). Amplituden liegen in der Größenordnung zwischen 10–100 m. Auch im kontinuierlich geschichteten Medium wirkt auf ein aus der Ruhelage ausgelenktes Teilchen eine Rückstellkraft (↗Stabilität der Schichtung). Damit ist auch hier die Voraussetzung für die Ausbreitung interner Wellen gegeben. Als Erzeugungsmechanismen kommen Wind- und Luftdruckschwankungen sowie Gezeiten in Frage. [TP]

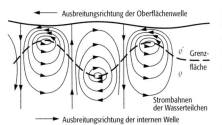

interne Wellen: Bewegung der Wasserteilchen bei einer internen Welle (gestrichelte Linie stellt die interne Grenzfläche dar).

Interpluvial, gelegentlich benutzter klimatologischer Begriff zur Bezeichnung einer relativ niederschlagsarmen Klimaepoche im Gegensatz zu ↗Pluvial. ↗Klimageschichte.

Interpolation, umfaßt alle Verfahren zur Schätzung von neuen Daten aus hinreichend genauen Primär- oder Eingangsdaten durch eine mathematische Funktion. In raumbezogenen Informationssystemen (↗Geoinformationssysteme) werden Interpolationsverfahren zur Glättung des Verlaufs von Linien und Kurven oder zur Schätzung von Z-Werten einer Oberfläche eingesetzt. Die Auswahl einer geeigneten Funktion beruht auf Annahmen zum Verlauf der Werte. Bei der Interpolation von Oberflächen gelten darüberhinaus min. vier Qualitätskriterien: a) Erhaltung der Formmerkmale der Oberfläche, b) Erhaltung des Volumenwertes, c) Stetigkeit der Oberfläche und d) gutes visuelles Erscheinungsbild. Die Basis zur Ableitung von Kurven bilden in der Regel digitalisierte Stützpunkte, die über Spline- oder Bézier-Funktionen in ihrem Verlauf geglättet werden. Die Basis zur Ableitung von Oberflächen bilden regelmäßig und unregelmäßig verteilte Punkte auf der Oberfläche, die durch eine dreiecksartige Vermaschung (↗Triangulation) strukturiert werden. Prinzipiell lassen sich die Ansätze der Kurvenglättung auf die Interpolation von Daten einer Oberfläche anwenden, es existieren jedoch eine Vielzahl von spezialisierten Ansätzen. Neben zahlreichen geowissenschaftlichen Anwendungen dient die Interpolation vor allem zur kartographischen Darstellung von Geländedaten in Form von ↗Isolinien, ↗Profilen und ↗Blockbildern (↗3D-Analyse). [AMü]

Interpretation, 1) *Allgemein*: Wertung eines Dechiffrierergebnisses unter Berücksichtigung von Theorie und empirischer Erfahrung sowie Nutzung der gewonnenen Information.
2) *Fernerkundung* und *Kartographie*: Ableitung von Sekundärinformation aus Karten oder Fernerkundungsabbildungen durch logische Verknüpfungen, Gebiets- und Literaturkenntnisse sowie Interpretationserfahrungen. Die Interpretation einer Karte entspricht dem Kartenlesen. Die visuelle Interpretation von Fernerkundungsbildern entspricht dagegen einer Selektion von

Information aus Mustern von Signalen. Die Interpretation erfolgt immer in zwei Schritten. Der Entdeckung von Information und der Identifikation. Im ersten Schritt werden Bildinhalte mehr oder weniger objektiv und präzise erfaßt, während sie im zweiten bestimmten Objekten und Objektqualitäten zugeordnet werden. Informationen hierfür liefern die Bilddatenkanäle, graphische Kanäle (Karten) und Sachinformationen aus der Literatur (Kollateralinformation). Sobald eine Rückkopplung mit Geländebefunden erfolgt ist, wird aus der Interpretation topographische und/oder thematische Bildauswertung.

3) *Meteorologie*: bezeichnet in der ↗Wettervorhersage die Gesamtheit der Methoden und Verfahren zur Transformation »roher« (Zwischen-)Produkte der ↗numerischen Wettervorhersage in Angaben zum »wirklich interessierenden« Wetter. Anfangs geschah diese Interpretationsarbeit ausschließlich durch den Experten (subjektive Interpretation). In der zweiten Hälfte der 1960er Jahre entwickelte man automatisierbare Methoden der statistischen Interpretation. Sie stellt die Umkehroperation zur ↗Parametrisierung dar, indem von größerskaligen Ergebnisfeldern der Numerik auf kleinerskaliges und praxisrelevantes Wetter mit Hilfe geeigneter statistischer Methoden geschlossen wird. Dadurch gelingt es z. B. von numerisch vorhergesagten Luftdruckverteilungen in Europa auf die Höchsttemperatur in Leverkusen, die Sonnenscheindauer in Potsdam oder die Gewitterwahrscheinlichkeit in München zu schließen. Methodisch bewährte Ansätze sind v. a. multivariate ↗Regressionsanalyse und ↗Klusteranalysen, Mustererkennung (pattern recognition) und Entscheidungsbäume (decision trees). Nach dem Typ der Prediktoren unterscheidet man Perfect-prog-Ansatz und MOS-Ansatz. Ersterer bedient sich bei der Modellentwicklung diagnostischer, letzterer prognostizierter Prediktorendaten. Jeder Typ hat seine Vor- und Nachteile. Die statistische Interpretation stellt den wichtigsten Teil des statistischen ↗Postprocessing dar und ist wesentlich an der Erhöhung der ↗Vorhersageleistung beteiligt. [MFB, KB]

Interpretationsschlüssel, in der visuellen ↗Bildinterpretation die systematische Zuordnung von Objektmerkmalen in der Natur zu den entsprechenden Erscheinungsformen dieser Objekte im Bild. Vornehmlich erfolgt eine beschreibende Zuordnung nach den im Bild lesbaren Merkmalen Farbe (colour), Grauwert (tone) und Textur (texture). Weitere Merkmale in der Reihenfolge zunehmender Komplexität sind Größe (size) und Form (shape) von Objekten, Bildmuster (pattern) als Wiederholungen mehr oder weniger großräumiger naturbedingter und/oder anthropogen induzierter Strukturen, Höhenverhältnisse (height) und Schatten (shadow) sowie schlußendlich kontextuelle Informationen im Bild, also die Lage spezifischer Objekte und Objektgruppen im geographischen Raum (site) und deren Beziehungen zueinander (association). Die Heterogenität der Bildinhalte übersteigt im allgemeinen die Fähigkeit des Interpreten, Objekte oder Objektgrupppen sofort zu bestimmen. Referenzangaben durch Interpretationsschlüssel erlauben die Identifikation spezifischer Bildinhalte durch Vergleich, Trennung oder Elimination. In Abhängigkeit vom themenspezifisch geforderten und/oder durch den Bildmaßstab vorgegebenen Detaillierungsgrad der Interpretation unterscheidet man (Einzel-)Objektschlüssel (item key), Themenschlüssel (subject key), Regionalschlüssel (regional key) und Gebietsschlüssel (analogous area key). Nach der Methode der Informationsextraktion unterscheidet man Beispielschlüssel oder Selektionsschlüssel (selective key) und Eliminationsschlüssel (elimination key). Beispielschlüssel beschreiben Phänomene, die der Interpret bei Betrachung des Bildes in mehr oder weniger signifikanter Übereinstimmung zur Abgrenzung von Klassen nutzt. Der Vergleich von terrestrisch verifizierten Photographien, Stereogrammen oder Grundrißskizzen der zu bestimmenden Bildinhalte, wie z. B. art- und schadspezifisch verifizierte und dokumentierte Baumkronen oder Gewässernetztypen, ist gebräuchlich. Eliminationsschlüssel beruhen auf dem stufenweisen Vergleich von Bildinhalten mit einer Reihe möglicher Zuordnungen und auf der Streichung nicht zutreffender Varianten. Gebräuchlich sind sogenannte Gabelungsschlüssel (dichotomous key), die einen Interpretationspfad mit stufenweiser Gegenüberstellung von Paaren kontrastierender Charakteristika bis zur schlußendlichen Deduktion des Interpretationszieles nutzen. In der forstlichen Luftbildinterpretation werden Gabelungsschlüssel sowohl für physiologische als auch für morphologische Schadensinterpretation an Einzelbäumen (dichotomous item key) eingesetzt. Spezielle Interpretationsschlüssel sind z. B. phänologische Schlüssel, die artspezifische Zeitpunkte des Beginns des Blattaustriebs, der Blütezeit und der Laubverfärbung zur systematischen Baumarteninterpretation heranziehen. Assoziationsschlüssel erlauben die Synthese von Bildinhalten zu mehr oder weniger abstrakten, nicht direkt aus dem Bild deduzierbaren Klassen. Analogschlüssel extrapolieren verifizierte Interpretationsergebnisse auf analoge Bildinhalte fernerkundlich erfaßter unzugänglicher Gebiete. [EC]

Interpretoskop, analoges optisches Gerät zur stereoskopischen Auswertung von Luftbildern mit Zoomfunktion. Das Interpretoskop verfügt über einen Doppeleinblick. Die Teilbilder lassen sich hinsichtlich der Orientierung, des Maßstabes und der Helligkeit einzeln verändern. Damit wird es möglich, auch aus Luftbildern unterschiedlicher Befliegungen Stereopaare zu betrachten. Die Vergrößerung kann wechselweise bis 6fach oder 15fach gezoomt werden. Mittels der Meßmarken können die Parallaxendifferenzen direkt abgelesen und Höhenberechnungen vorgenommen werden. In den Strahlengang können sowohl Farbfilter als auch Meßkeile eingefügt werden, wodurch sowohl die qualitative als auch die quantitative Auswertung deutlich verbessert werden kann. Ein weiterer Vorzug gegenüber einfachen ↗Spiegelstereoskopen besteht darin, daß ein Meßwagen über das justierte Stereobildpaar gefahren und somit der gesamte Bildinhalt fortlaufend stereokopisch betrachtet werden kann. [CG]

intersertal, Gefügebegriff für magmatische Gesteine, bei denen auskristallisierte Phasen (z. B. Feldspäte, Pyroxene) ein Gerüst bilden, in dessen Porenraum die Restschmelze, meist mit deutlichem Korngrößenhiatus, erstarrt.

interspezifische Konkurrenz, Wettbewerb zwischen Individuen verschiedener ↗Arten um die gleichen Ressourcen, d. h. ↗Lebensraum, Licht, Nährstoffe oder Beute. Die Art mit der größeren ↗Konkurrenzkraft kann andere aus dem gemeinsamen Lebensraum verdrängen. In vielen Fällen kommen aber beide zusammen vor (↗Koexistenz), da beide Arten die Ressourcen auf etwas unterschiedliche Weise nutzen und sich die Lebensgrundlagen gegenseitig nur teilweise streitig machen. Bei größerer räumlicher und zeitlicher Heterogenität der Umweltbedingungen können auch konkurrenzschwache Arten im Vorteil sein, wenn sie neu entstandene Lebensräume besser bzw. schneller erschließen können. Wettbewerb zwischen Individuen der selben Art wird hingegen als ↗intraspezifische Konkurrenz bezeichnet.

Interstadial ↗Eiszeit.

Interstadialböden, in den Interstadialen (kurze Warmphasen in den Kaltzeiten) des ↗Pleistozäns über einige Jahrzehnte bis Jahrtunderte gebildete initiale Böden. Bei kühlerem Klima als heute bildeten sich in Mitteleuropa in den Interstadialen der letzten Kaltzeit, dem Würm oder Weichsel, u. a. geringmächtige, schwach humose oder schwach verbraunte Böden.

Interstitial, *hyporheisches Interstitial, Interstitialraum*, mit Luft oder Wasser gefülltes Hohlraumsystem im sedimentären Untergrund (Kies und Geröll) von ↗Fließgewässern. Das Lückensystem dient als ↗Lebensraum (↗Biotop) für eine besonders adaptierte Fauna (Interstitialfauna). Vertreten sind hauptsächlich ↗Protozoen und mikroskopisch kleine Vielzeller wie Fadenwürmer (Nemadoda), Bauchhärlinge (Gastrotricha), Bärtierchen (Tardigrada). Im Kieslückensystem von Gewässern werden auch Jugendstadien (Eier, Brut, Larven) von Makroinvertebraten und Fischen angetroffen. Zum Beispiel legen Bachforelle, Äsche und Barbe ihre Eier im stark durchströmten, sauerstoffreichen Kiesbett ab, so daß sich die ersten Stadien im Interstitial entwickeln. Der wassergefüllte Porenraum ist ein wichtiger Bereich für Fällungs-, Lösungs- und Austauschvorgänge, z. B. der Übergang des Phosphors aus schwerlöslichen Eisen- und Manganverbindungen in gelöste Formen, welche aus dem System wieder in das freie Wasser diffundieren können. Bei Durchströmung wirkt das Interstitial als Filter. Die mineralischen Partikel bilden mit ihrer grossen Oberfläche das Substrat für eine bakterielle Besiedlung. Hier findet ein biochemischer ↗Abbau organischer Stoffe statt. Aus dem Eiweißabbau wird Ammoniumstickstoff frei, so daß im Porenwasser meist erheblich höhere Konzentrationen als im freien Wasser angetroffen werden.

Intertidal, *Eulitoral*, Bereich der Gezeitenzone, zwischen extremem Niedrigwasser und extremem Hochwasser.

Intervallgeschwindigkeit, *Schichtgeschwindigkeit*, stellt eine Durchschnittsgeschwindigkeit über ein Tiefenintervall dar. Die Intervallgeschwindigkeit wird z. B. aus der Stapelgeschwindigkeit berechnet. Die Werte sind unsinnig, sobald Neigungen oder laterale Geschwindigkeitsänderungen auftreten.

Intervallzündung ↗Verzögerungszündung.

Interzeption, *Interception*, 1) Vorgang, bei dem Niederschlag durch den Benetzungseffekt von

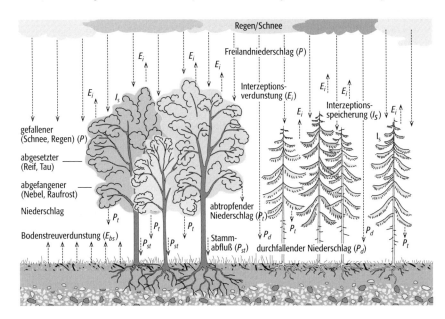

Interzeption: Niederschlagsbilanz von Vegetationsdecken.

der Vegetation (Kronendach, Streuschicht) aufgefangen und vorübergehend gespeichert wird. Dieser Niederschlagsanteil gelangt zum größten Teil durch Verdunstung (↗Interzeptionsverdunstung) in die Atmosphäre zurück, ohne den Erdboden zu erreichen. In Relation zur gesamten Niederschlagshöhe kann der Anteil der Interzeption stark variieren von fast 100 %, bei wenig ergiebigem Nieselregen, bis zu verschwindend geringen Anteilen bei Starkniederschlägen. Der an den Pflanzenflächen stattfindende Interzeptionsprozeß kann quantitativ durch die Niederschlagsbilanzgleichung beschrieben werden:

$$P_d + P_t + P_{st} = P + P_a - E_i - I_s.$$

Dabei ist P der ↗Freilandniederschlag, P_d der ↗durchfallende Niederschlag, P_t der ↗abtropfende Niederschlag, P_a der ↗abgesetzte Niederschlag, P_{st} der ↗Stammabfluß, E_i die Interzeptionsverdunstung und I_s die Interzeptionsspeicherhöhe (Abb.). Allgemein wird auch die Bodenstreuspeicherung bzw. die Bodenstreuverdunstung mit zur Interzeption gerechnet. 2) Vorgang, bei dem Niederschlag an Oberflächen aller Art (Böden, Vegetation, bebaute Flächen) aufgefangen, vorübergehend gespeichert und anschließend verdunstet wird. ↗Landschaftswasserhaushalt. [HJL]

Interzeptionsverdunstung, *Interzeptionsverlust*, 1) ↗Verdunstung des auf den Pflanzenoberflächen einschließlich Bodenstreu nach Niederschlägen oder Tau, bzw. Reifbildung gespeicherten Wassers. 2) Differenz der Niederschlagshöhen zwischen ↗Freilandniederschlag und ↗Bestandsniederschlag in einer Zeitspanne (DIN 4049). 3) Verdunstung des auf Boden-, Pflanzen- u. a. Oberflächen nach Niederschlägen Tau bzw. Reifbildung gespeicherten Wassers.

Interzeptzeit, Laufzeit, die durch Extrapolation der Laufzeitkurve einer refraktierten Welle zum Schußpunkt (Abstand null) berechnet wird. Aus diesem Wert kann bei söhliger Lagerung die Tiefe des Refraktors unter dem Schußpunkt bestimmt werden (↗Refraktionsseismik).

Intraklasten ↗Lithoklasten.
intrakratonisches Orogen ↗Orogen.
intrakristallin, den Bereich oder Prozesse innerhalb eines Kristalls betreffend.
intramagmatische Lagerstätten ↗liquidmagmatische Lagerstätten.
intramontane Becken, tektonische Becken, die sich innerhalb eines ↗Orogens bei dessen Heraushebung bilden. ↗Orogenese.
Intraplattenbasalt ↗Within-Plate-Basalt.
Intraplattenmagmatismus ↗Magmatite.
intraspezifische Konkurrenz, Wettbewerb zwischen Individuen derselben ↗Art, im Gegensatz zur ↗interspezifischen Konkurrenz, um Ressourcen, d. h. ↗Lebensraum, Licht, Nährstoffe oder Beute. Gerade Individuen derselben Art haben sehr ähnliche Bedürfnisse für ihr Überleben, Wachstum und Reproduktion. Da der gemeinsame Bedarf das momentane Angebot übersteigen kann, konkurrieren die Individuen um Ressourcen und zumindest einige werden benachteiligt. Daher erreicht jede ↗Population eine maximal mögliche Zahl an überlebensfähigen Individuen. Diese Zahl entspricht der ↗Tragfähigkeit des entsprechenden Lebensraumes. Wie gut sich ein Individuum gegen andere durchsetzen kann, beschreibt die Evolutionsbiologie mit der ↗Fitneß.

intrastratal solution ↗Schwerminerale.
intrazonale Böden, nur wenig vom Klima beeinflußte Böden, d. h. sie können in vielen verschiedenen Klimazonen auftreten.
intrinsische Permeabilität ↗*Permeabilitätskoeffizient*.
Intrusion, [von lat. *intrudere* = hineindrängen], das Eindringen von ↗Magma in der ↗Lithosphäre in Form von ↗Plutonen oder Gängen. Dringt das Magma in aktive Bewegungszonen der Lithosphäre ein, so spricht man von *synkinematischer Intrusion*. Für die Platznahme von Magmen kommen unterschiedliche ↗Intrusionsmechanismen in Betracht.
Intrusionsalter, Alterswert, welcher die Platznahme eines Magmas erfaßt. Dieser Vorgang ist geochronometrisch (↗Geochronometrie) nicht direkt datierbar. Gemeinhin werden ↗Kristallisationsalter oder Hochtemperatur-Abkühlalter (↗Schließtemperatur) bestimmter Minerale als Intrusionsalter interpretiert.
Intrusionsmechanismen, unterschiedliche Mechanismen, die beim Aufstieg und bei der Platznahme von Magmen (↗Intrusion) in der Erdkruste in Betracht kommen: a) *stoping*: Einbrechen von ↗Nebengestein in die ↗Magmakammer; b) *Diapirismus*: Aufdringen plastischen oder weniger dichten Materials aus tiefen Bereichen und Durchbrechen des ↗Hangenden; c) *ballooning*: Deformation der äußeren Bereiche einer bereits abgekühlten Magmenkammer durch nachfolgende Magmen; d) *diking*: Eindringen des Magmas entlang einer Schar von steil verlaufenden Gängen (↗Dike).
Intrusionsniveau, Tiefenlage des Intrusionskörpers (↗Pluton) in der Erdkruste. ↗Lithosphäre, ↗Intrusion.
Intrusivgesteine, ↗Magmatite, die als Schmelze ins Festgestein eindringen und erstarren. Der Begriff umfaßt die ↗Plutonite und die ↗Ganggesteine.
Invar, eine Legierung aus ca. 36 % Nickel und ca. 64 % Stahl, deren Ausdehnungskoeffizient ($\alpha = 2-5 \cdot 10^{-7}$ K^{-1}) gegenüber von Stahl sehr gering ist. Man verwendet ihn in Form von Meßstäben, -bändern und -drähten.
Invarmeßband ↗Meßband.
Invasion, in der ↗Ökologie das Eindringen von Organismen in ↗Lebensräume, die von ihnen zuvor noch nicht besiedelt waren. Ursachen für eine Invasion sind Konkurrenzdruck von anderen Arten (↗interspezifische Konkurrenz), Nahrungsverknappung durch Übervölkerung (↗intraspezifische Konkurrenz) oder veränderte Umweltbedingungen.
Inventar, insbesondere in der ↗Landschaftsforschung und im ↗Naturschutz verbreitete, systematische Bestandsaufnahme und Auflistung von

biologischen, geowissenschaftlichen und ökologischen Einzelelementen. Bezogen auf das ↗Landschaftsgefüge und die ↗Arealstruktur kommt dem Inventar nach E. ↗Neef neben dem Flächenmosaik und der Mensur eine entscheidende Bedeutung zur Charakterisierung von naturräumlichen Einheiten zu. Es bezeichnet die Anzahl landschaftlicher Grundeinheiten (z. B. ↗Tope), aber auch die Anzahl der Typen dieser Grundeinheiten (Leit- und Begleittypen). Kriterien für die Inventarisierung von Landschaftseinheiten sind einheitliche oder zumindest weitgehend ähnliche Bedingungen bezüglich Menge und Verteilung von Typen der ↗Landschaftselemente, klarer Begrenzung durch ein oder mehrere Merkmale der Naturraumausstattung, Nutzbarkeit und Nutzungsartenverteilung, Vorhandensein landschaftsverändernder Prozesse und ↗Landschaftsschäden. [SMZ]

inverse Aufgabe, *Inversionsproblem*, auf inverse Aufgaben wird man in der Geophysik überall dort geführt, wo beispielsweise aus den gemessenen physikalischen Feldern (magnetische, elektromagnetische, gravimetrische Felder etc.) auf physikalische und geometrische Eigenschaften von deren Quellen geschlossen werden soll. Im Gegensatz dazu lautet die ↗direkte Aufgabe, für die in Geometrie und Physik bekannte Quelle ein physikalisches Feld im Raum zu bestimmen. Da der mathematische Zusammenhang zwischen Feld und Quelle i. a. durch partielle Differentialgleichungen (↗Laplace-Gleichung, ↗Wellengleichung, ↗Wärmeleitungsgleichung, ↗Maxwellsche Gleichungen etc.) gegeben ist, lassen sich je nach Art des Typs der partiellen Differentialgleichung inverse Aufgaben z. T. nur sehr kompliziert und fast immer nicht eindeutig lösen. Das bedeutet, es gibt zum Feld mehrere, oft unendlich viele äquivalente Lösungen, d. h. im physikalischen Sinne viele gleichwertige mögliche Quellen mit sehr unterschiedlichen physikalischen und geometrischen Eigenschaften. Unter Hinzunahme von Rand- und Anfangsbedingungen, Zusatzbedingungen, Theorien und Plausibilitätsdiskussionen wird man somit bemüht sein, die Lösungsvielfalt einzuschränken, um etwa für Anomalien des geomagnetischen Feldes ↗Störkörper für deren Quellen zu konstruieren und mathematisch zu modellieren. Die Anpassung des mathematischen Modells an das gemessene Feld bzw. Anomalienfeld im Sinne der Minimierung beispielsweise der Summe der Quadrate der Abweichungen wird als ↗indirekte Aufgabe bezeichnet. [VH, WWe]

inverse Gradierung, *inverse Schichtung*, ↗gradierte Schichtung.

inverse Lagerung, *Überkippung*, Aufrichtung von Schichten über 90° hinaus.

inverser Barometereffekt, hydrostatischer Ausgleich der Luftdruckschwankungen durch den Meeresspiegel. Der Meeresspiegel hebt (senkt) sich, wenn der Luftdruck abnimmt (zunimmt). Dieser barometrische Effekt wird mit etwa −10 mm/hP abgeschätzt. Es ist umstritten, ob dieser Effekt unmittelbar eintritt oder ob der Meeresspiegel auf Anregungen durch atmosphärischen Druck (wie auf andere Anregungen, z. B. durch Winddruck) dynamisch reagiert.

inverser piezoelektrischer Effekt, ↗piezoelektrischer Effekt.

Inversion, 1) *Geophysik*: Ermittlung eines Modells aus gemessenen Daten mittels verschiedener Strategien. Direkte Verfahren bestimmen das Modell unmittelbar. Z. B. ergibt sich aus dem Produkt der halben Reflexionszeit und der seismischen Geschwindigkeit die Tiefe eines reflektierenden Horizontes oder einer Diskontinuität. Häufiger sind jedoch indirekte Verfahren, die von einem angenommenen oder durch grobe Abschätzung gewonnenen Startmodell ausgehen, um daraus das zugehörige Feld zu berechnen. Das Modell wird, interaktiv oder automatisch so lange systematisch variiert, bis die Differenz zwischen den Werten der Messung und des Modells eine vorgegebene Grenze unterschreitet. Da i. a. mehrere Parameter unabhängig voneinander variiert werden können, sind Vorabinformationen nützlich und erleichtern die Auffindung einer stabilen Lösung. **2)** *Kristallographie*: Spiegelung an einem Punkt, dem ↗Inversionszentrum. In der Hermann-Mauguin-Nomenklatur (↗internationale Symbole) wird die Inversion mit $\bar{1}$ bezeichnet, in der Schoenflies-Nomenklatur meist mit i. **3)** *Meteorologie*: der Zustand der ↗Atmosphäre, bei dem die Temperatur mit der Höhe zunimmt, was einen Ausnahmezustand in der Troposphäre darstellt (Abb.). Die betreffende Schicht heißt Inversionsschicht. In abgeschwächter Form kann sich auch eine isotherme Schicht mit konstanter Temperatur oder eine Inversion zweiter Art ausbilden, bei der die Temperaturabnahme mit der Höhe geringer als in der benachbarten Schicht ist. Inversionen können bodennah als *Bodeninversion* oder von der Erdoberfläche abgehoben als *Höheninversion* auftreten. Die häufigsten Arten von Inversionen sind je nach Entstehungsmechanismus die ↗Strahlungsinversion, die ↗Absinkinversion und die ↗Frontinversion. Daneben gibt es die Turbulenz- und Berginversion. Auch die Stratosphäre kann als Inversion aufgefaßt werden.

Inversionsdrehachse, Symmetrieelement einer ↗Inversionsdrehung; es ist diejenige Achse, die bei der Inversionsdrehung als ganzes fest bleibt.

Inversionsdrehung, Abbildung, in der die Drehung um eine Achse und die Inversion an einem Punkt auf der Achse miteinander gekoppelt sind, also das Produkt einer Drehung und einer Inversion auf der Achse. Da die beiden Operationen miteinander vertauschbar sind, ist die Reihenfol-

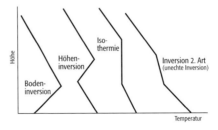

Inversion: Schema einer Bodeninversion, Höheninversion, Isothermie und Inversion zweiter Art.

ge ihrer Ausführung für das Ergebnis unerheblich. In der Hermann-Mauguin-Nomenklatur (↗internationale Symbole) wird eine n-zählige Inversionsdrehung mit $\bar{n}$ bezeichnet. In der Nomenklatur nach Schoenflies werden diese Abbildungen als Drehspiegelungen angesehen und S_n genannt. Es gilt dann $S_3 = \bar{6}$, $S_4 = \bar{4}$ und $S_6 = \bar{3}$.

Inversionszentrum, *Symmetriezentrum*, Symmetrieelement der Symmetrieoperation ↗Inversion. Das Inversionszentrum ist der Fixpunkt der Inversion. Die Anwesenheit eines Inversionszentrums schließt das Auftreten vieler physikalischer Effekte wie ↗Piezoelektrizität oder ↗optische Aktivität aus. Allgemein kann eine Kristallstruktur mit Inversionssymmetrie keine physikalischen Effekte zeigen, die durch einen polaren Tensor ungerader Stufe (wie Piezoelektrizität) oder einen axialen ↗Tensor gerader Stufe (wie optische Aktivität) beschrieben werden. Das Vorhandensein von Inversionssymmetrie ist auch von Bedeutung bei der röntgenographischen Strukturbestimmung, da sich dann das sog. ↗Phasenproblem auf ein Vorzeichenproblem reduziert, sofern als Bezugspunkt ein Inversionszentrum gewählt wird.

Inversionszwilling ↗Zwilling.

Inversprofil, entsteht, wenn ↗Bodenerosion am Ober- und Mittelhang zunächst den Oberboden, dann den Unterboden und schließlich das oberste des C-Horizontes abträgt und das Material in umgekehrter Reihenfolge, d. h. invers oder auf den Kopf gestellt, am Unterhang als ↗Kolluvien ablagert.

Inversschenkel ↗Falte.

Invertebraten, [von lat. in = nicht und vertebra = Wirbel], *Wirbellose*, 1) i. w. S. alle tierischen Organismen, einschließlich der Einzeller, ohne Wirbelsäule. 2) i. e. S. nur als Sammelbezeichnung für entsprechende Vielzeller. Den Gegensatz dazu bilden die ↗Vertebraten. Den Invertebraten fehlt i. d. R. ein Innenskelett, dagegen ist oft ein Außenskelett ausgebildet, das durch seine Schwere einen begrenzenden Faktor hinsichtlich der Körpergröße darstellt, daher sind Invertebraten meist kleiner als Vertebraten und meist einfacher organisiert (z. B. Schwämme, Hohltiere, Platt- und Ringelwürmer). Die höchstenwickelten Invertebraten sind die Kopffüßer (z. B. Tintenfische), sowie Spinnen und Insekten. Letztere sind die mit Abstand erfolg- und artenreichste Tiergruppe überhaupt. Die zu den Chordatieren zählenden Manteltiere und Schädellose leiten zu den Vertebraten über. Die Invertebraten umfassen etwa 95 % aller bekannten Tierarten. [DR]

IOC ↗*I*ntergovernmental *O*ceanographic *C*ommission.

Iod, Nichtmetall aus der VII. Hauptgruppe des Periodensystems (↗Halogene) mit dem chemischen Symbol I und der Ordnungszahl 53; Atommasse: 126,9045; Wertigkeiten: -I, +I, +II, +III, +IV, +V, +VII; Dichte: 4,942 g/cm³. Iod ist ein schon bei Raumtemperatur flüchtiger Stoff, dessen toxisches Gas einen stechenden Geruch besitzt. Festes Iod bildet grauschwarze, metallisch glänzende, rhombisch kristallisierende Schuppen aus. In der Natur kommt Iod nur in gebundener Form vor und ist mit nur $6{,}1 \cdot 10^{-5}$ % am Aufbau der ↗Erdkruste beteiligt. Die technisch wichtigsten Iodvorkommen sind die Salpeterlager in Chile, es findet sich aber auch in natürlichen Wässern (Meerwasser: 0,0002 % Iod). Iod ist ein wichtiges Bioelement. Für den Menschen ist es unentbehrlich (Tagesbedarf: 0,002 g) und wird daher in erheblichen Mengen in der Medizin eingesetzt.

Iodargyrit, *Jodargyrit*, *Iodoargyrit*, *Iodsilber*, *Iodit*, Mineral mit der chemischen Formel β-AgI; frisch farblose, an Luft grau, gelb oder bräunlich werdende, dünne, biegsame, fettartig glänzende, leicht schmelzende blättchenförmige Kristalle oder schuppige Aggregate; Härte nach Mohs: 1–1,5; Dichte: 5,7 g/cm³; kristallisiert hexagonal, wandelt sich bei 146°C in kubisches, rotes α-AgI um; Vorkommen: in Oxidationszonen von Silberlagerstätten in ariden Gebieten als sekundäres Mineral, z. B. Mexiko, Chile, Broken Hill (Australien), Nevada und Arizona (USA).

Iodate, in der Mineralklasse der ↗Halogenide auftretende Iodverbindungen der Elemente. Wichtigster Vertreter ist ↗Iodargyrit.

Iodit ↗Iodargyrit.

ionare Bindung, veraltete Bezeichnung für ↗heteropolare Bindung.

Ionenaktivität, Anteil der tatsächlich aktiven Ionen. Entsprechend wird in Reaktionsgleichungen nicht immer die Konzentration der Ionen berücksichtigt, sondern deren Aktivität. Dieses Phänomen läßt sich u. a. auf unterschiedlich stark ausgeprägte Hydrathüllen (abhängig von pH-Wert, Ionenstärke) zurückführen, aber auch auf Wechselwirkungen untereinander sowie mit anderen, an der eigentlichen Reaktion nicht unmittelbar beteiligten, Teilchen.

Ionenaktivitätsprodukt, *IAP*, bezeichnet das Produkt der aus gemessenen Konzentrationen abgeleiteten Aktivitäten gelöster Ionen (↗Ionenaktivität), die an einer möglichen Fällungsreaktion als Edukte beteiligt sind. Seine Bestimmung ist Voraussetzung für die Berechnung von ↗Sättigungsindizes.

Ionenäquivalent, gibt das Ladungsäquivalent der betreffenden Ionen an: z. B. $^1/_1$ für Na^+, $^1/_2$ für Ca^{2+} und $^1/_3$ für Al^{3+}.

Ionenaustausch, hydrogeochemischer Prozeß, bei dem Ionen aus der Lösung an bzw. in Sorbenten eingebunden werden und dafür äquivalente Ionenmengen frei gegeben werden. Sind diese Ionen positiv geladen, nennt man diesen Prozeß ↗Kationenaustausch, bei negativ geladenen Ionen spricht man vom ↗Anionenaustausch. Die Austauschvorgänge zwischen dem im Wasser gelösten (A) und den im Austauscher (R) gebundenen Ionen (B) sind umkehrbar:

$$A^+ + B^+R^- \leftrightarrow A^+R^- + B^+$$

Art und Umfang eines Ionenaustausch-Vorganges hängen von Art und Beschaffenheit der beteiligten Substanzen, deren Ionenbelegung, von der Art und Konzentration des gelösten Ions und den

begleitenden Komplimentär-Ionen ab. In den Wasser-Gesteins-Systemen konkurrieren vor allem H^+, K^+, Na^+, Ca^{2+} und Mg^{2+} um die Austauschplätze. Als Austauscher wirken im Untergrund v. a. Tonminerale, Zeolithe, Eisen- und Manganhydroxide bzw. -oxidhydrate sowie Huminstoffe.
Bei Tonmineralen stehen neben den Mineraloberflächen auch Zwischenschichtplätze für den Ionenaustausch zur Verfügung. Art und Zahl der eingetauschten Ionen bestimmen daher auch die Aufweitung der Zwischenschichten. Dies ist bei ↗Smektiten besonders ausgeprägt. Während ein Ca-gesättigter Smektit durch Einlagerung von Wasserschichten bis zu 10 Å aufweitet, kann bei einem Na-gesättigten Smektit die Aufweitung durch Einlagerung von Hydratwasser bis zum völligen Aufblättern des Schichtminerals führen (Verschlämmungsgefahr in Na-smektitreichen Böden).

Ionenaustauschkapazität ↗Austauschkapazität

Ionenbilanz, nach der Analyse einer Wasserprobe getrennte Aufsummierung der Äquivalentkonzentrationen der hauptsächlichen Kationen eq^+ und Anionen eq^- (in mmol/l) und Vergleich dieser beiden Summen. Die Ionenbilanz dient im Wesentlichen zur Kontrolle der Analyse der ionischen Hauptbestandteile.

Ionenbindung ↗heteropolare Bindung.

Ionenradius, Radius eines kugelförmig gedachten Ions in einer ionischen Verbindung; empirisches, aber bewährtes Konzept zur Interpretation und Bestimmung von Kristallstrukturen. Die große Bedeutung von Ionenradien für die Strukturchemie beruht auf dem Konzept, daß Ionen sich wie starre Kugeln verhalten und in Ionenkristallen für die einzelnen Ionen typische und übertragbare Radien haben. Die ersten Ionenradien wurden von Wasastjerna (1923) berechnet, darunter die für F^- und O^{2-}. Diese hatte ↗Goldschmidt (1926) verwendet, um aus interatomaren Abständen bekannter Kristallstrukturen eine umfangreiche Tabelle von Ionenradien aufzustellen, die später von anderen Autoren verbessert wurde, u. a. von ↗Pauling (↗unitäre Ionenradien), Ahrens (1952) und Shannon & Prewitt (↗effektive Ionenradien).
Folgende Regeln lassen sich aufstellen: a) Kationen sind generell kleiner, Anionen größer als die neutralen Atome; Kationen sind meist kleiner als Anionen. b) Innerhalb einer Gruppe des Periodensystems nimmt bei gleichbleibender Ladung der Ionenradius zu. c) Entlang einer Reihe des Periodensystems nimmt der Ionenradius bei gleichbleibender Ionenladung ab. d) In einer Reihe isoelektronischer Kationen wie Na^+, Mg^{2+} oder Al^{3+} nimmt der Radius mit zunehmender Ladung stark ab. e) In einer Reihe isoelektronischer Anionen wie O^{2-} oder F^- nimmt der Radius mit zunehmender Ladung zu. f) Bei Elementen, die in mehreren Oxidationsstufen vorliegen können (z. B. Fe^{2+}, Fe^{3+}), nimmt der Radius mit zunehmender Ladung ab. g) Der Ionenradius hängt von der Koordinationszahl ab, er nimmt mit wachsender Koordinationszahl zu. h) Der Ionenradius hängt, insbesondere für Übergangselemente, auch vom Spinzustand der Valenzschale ab. Er ist bei ein und demselben Element für eine High-Spin-Konfiguration größer als für die Low-Spin-Konfiguration. [KE]

Ionensonde ↗analytische Methoden.

Ionisation, Erzeugung geladener Teilchen aus neutralen Atome oder Molekülen durch Abtrennung oder Anlagerung von Elektronen. Zur Abtrennung von Elektronen muß eine Ionisationsenergie E_i zugeführt werden, die der Bindungsenergie des Elektrons entspricht. Stoßionisation erfolgt beim Zusammenstoß mit freien Elektronen oder anderen Teilchen, deren kinetische Energie größer als die erforderliche Ionisationsenergie ist. Photoionisation durch elektromagnetische Strahlung mit der Frequenz v tritt auf, wenn die Energie $E = hv$ der Strahlungsquanten E_i überschreitet. Bei der thermischen Ionisation wird den gebundenen Elektronen die erforderliche kinetische Energie durch Erhitzen zugeführt. Die Ionisation der Luftmoleküle in der Atmosphäre erfolgt im wesentlichen durch die kosmische Strahlung, die Strahlung radioaktiver Elemente über dem Festland in Bodennähe und durch kurzwellige solare Strahlung in der oberen Atmosphäre. Daneben kommt es zur Ionisation in starken elektrischen Feldern bei lokaler Erhöhung der Feldstärke (↗Koronaentladung) und in der Umgebung intensiver elektrischer Entladungen. Die verschiedenen ionisierenden Prozesse in der Atmosphäre variieren mit dem Sonnenstand, der geographischen Breite und der Höhe. Sie erzeugen somit eine zeitlich und räumlich variable Ionenverteilung in der Atmosphäre. [UF]

ionische Bindung ↗heteropolare Bindung.

Ionisches Meer, Teil des ↗Europäischen Mittelmeers zwischen Süditalien und Griechenland.

ionisches Potential ↗High-Field-Strength-Elemente.

Ionisierung, Bildung von Ionen durch Aufnahme oder Abgabe von einem oder mehreren Elektronen. Positiv geladene Ionen nennt man Kationen, negativ geladene Anionen. Elemente, die im Periodensystem auf die Edelgase folgen, erreichen durch Abgabe von Elektronen eine Edelgaskonfiguration und bilden bevorzugt positiv geladene Kationen der Ladungszahl $Z-Z_e$ (Z = Ordnungszahl; Z_e = Ordnungszahl des im Periodensystem vorangehenden Edelgases). Elemente, die im Periodensystem den Edelgasen vorausgehen, erreichen eine Edelgaskonfiguration durch Aufnahme von Elektronen und bilden negativ geladene Anionen der Ladungszahl $Z-Z_e'$ (Z_e' = Ordnungszahl des im Periodensystem folgenden Edelgases). Bei den Übergangselementen ist die Situation etwas komplizierter: wegen der Beteiligung von d- und f-Elektronen können die meisten dieser Elemente in mehreren Oxidationsstufen auftreten. Die maßgeblichen thermodynamischen Parameter sind ↗Ionisierungsenergie (Bildung von Kationen) bzw. Elektronenaffinität (Bildung von Anionen) der beteiligten Elemente. [KE]

Ionisierungsenergie, Energie, die benötigt wird, um ein Elektron e^- aus einem Atom oder Molekül

X zu entfernen (gemessen in eV). Dabei bleibt ein positiv geladener Atom- bzw. Molekülteil übrig:

$$X + Energie \rightarrow X^+ + e^-$$

Ionizität, Anteil einer ionischer Bindungskomponente an einer kovalenten Bindung (↗homöopolare Bindung). Der Ionizitätsgrad Q_{xy} berechnet sich nach Pauling aus der Differenz der Elektronegativitäten $\Delta\chi_{xy}$ der beteiligten Atome X und Y:

$$Q_{xy} = 1 - \exp[-0{,}25(\Delta\chi_{xy})^2].$$

Für NaCl, KCl und LiF findet man $Q_{xy} = 77\%$, 80% bzw. 90% ionischen Bindungsanteil, für Al-O erhält man 64%, für Si-O 53% und für C-O 22%.

Ionogramm, Aufzeichnung eines dem Radarverfahren ähnlichen Echolotverfahrens, mit dem die Existenz und Höhenverteilung der einzelnen ↗Ionosphärenschichten bestimmt wird.

Ionosphäre, Bereich der oberen ↗Atmosphäre, in dem infolge der Existenz freier Elektronen und Ionen eine erhöhte Leitfähigkeit herrscht, welche die Ausbreitung von Radiowellen beeinflußt. Die freien Ladungsträger in der Ionosphäre werden überwiegend durch Photoionisation der kurzwelligen Sonnenstrahlung vom ultravioletten bis zum Röntgenbereich erzeugt. Während die Elektronenkonzentration allgemein mit der Höhe ansteigt und ihr Maximum etwa bei 300 km erreicht, treten charakteristische Nebenmaxima und Anstiegsänderungen auf, die als Ionosphärenschichten klassifiziert werden (↗D-Schicht, ↗E-Schicht, ↗F-Schicht). Die Profile der Elektronen- und Ionenkonzentration sind abhängig vom Sonnenstand (Tages- und Jahreszeit) und von der ↗solaren Aktivität. So geht nachts durch Rekombination der Ladungsträger die Elektronenkonzentration um 1–2 Größenordnungen zurück. Die Ionosphäre ist von großer Bedeutung für die Ausbreitung von Radiowellen, die in Abhängigkeit von Frequenz und Einfallswinkel der Wellen durch verschiedene Prozesse wie Brechung, Reflexion und Dämpfung beeinflußt wird. [UF]

Ionosphärenschichten, Schichten der Ionosphäre. Man unterscheidet in die D-Schicht, unterhalb von 100 km, die E-Schicht in 100–150 km Höhe (existieren nur auf der sonnenzugewandten Seite der Erdatmosphäre) sowie die Folge von F1-, F2-Schichten bis in ca. 400 km, die auch nachts existieren. Die Schichtung kommt aufgrund unterschiedlicher Häufigkeitsverteilungen von Molekülarten der Luft, wie Sauerstoff, Stickstoff etc., zustande.

Ionosphärensturm, zeitlich-räumliche Unregelmäßigkeiten in Zusammenhang mit ↗magnetischen Stürmen innerhalb der F-Schicht der ↗Ionosphäre. Sie wandern von ihren Entstehungsgebieten in auroralen Breiten äquatorwärts.

ionosphärische Laufzeitkorrektur, Radaraltimetrie, die Verzögerung des Radarimpulses durch die ↗Ionosphäre ist abhängig von der Frequenz f und proportional zum Gesamtelektronengehalt TEC (Total Electron Content). Die Längenkorrektur (in mm) beträgt in erster Näherung:

$$-40\,250\,TEC/f^2$$

wobei TEC in e/m² und f in Hz anzugeben. Sie kann bei Frequenzen im Ku-Band (13,5–13,8 GHz) bis zu 0,15 m betragen. TEC-Werte schwanken erheblich in Abhängigkeit von Tageszeit, Jahreszeit und geomagnetischer Aktivität. Sie sind entsprechend schwer vorherzusagen. Altimeter, die mit zwei deutlich getrennten Frequenzen messen, erlauben mit hoher Genauigkeit eine In-situ-Abschätzung des TEC. Das erste Zwei-Frequenz-Altimeter war TOPEX. Envisat und Jason werden ebenfalls mit zwei Frequenzen betrieben.

ionosphärische Refraktion ↗Refraktion.

IP ↗Induzierte Polarisation.

IPMS, *International Polar Motion Service*, Internationaler Polbewegungsdienst, ehemaliger internationaler wissenschaftlicher Dienst, angesiedelt am Astronomischen Observatorium in Mizusawa (Japan). Der IPMS hat von 1962 bis 1987 die ↗Polbewegung aus astronomischen Beobachtungen ermittelt, die an über 50 weltweit verteilten Stationen durchgeführt wurden. Darin integriert war auch die auf nur fünf Stationen basierende Reihe des ↗ILS, die vom IPMS fortgeführt wurde. Die Aufgaben des IPMS wurden 1988 vom ↗IERS übernommen.

Irische See, ↗Randmeer des ↗Atlantischen Ozeans zwischen Großbritannien und Irland.

irisierende Wolken, [von griech. iris = Regenbogen], Wolken oder Wolkenteile, die in perlmuttartigen Farbtönen (vorherrschende Farben grün und rot) leuchten (Abb. im Farbtafelteil), insbesondere dünne Cirruswolken oder die Randgebiete von Altocumuluswolken (↗Wolkenklassifikation). Irisierende Wolkenteile in weniger als 20° Winkelabstand von der Sonne sind Teil eines ↗Kranzes, in größerem Abstand von der Sonne sind sie meist Teile eines ↗Halos. Wolkenteile irisieren dann, wenn die Wolkenelemente (Wassertropfen oder Eiskristalle) einheitliche Größe haben. Das Irisieren entsteht durch ↗Beugung der Sonnenstrahlung an den Wolkenelementen (↗Mie-Streuung).

IRM, **1)** *Geodäsie*: ↗IERS Reference Meridian, **2)** *Geophysik*: ↗remanente Magnetisierung.

IRM-Erwerbskurven, der Erwerb einer isothermalen ↗remanenten Magnetisierung (IRM) in immer größeren Magnetfeldern führt schließlich zu einem Sättigungswert, der ↗Sättigungsremanenz (IRM$_S$). Die dazu notwendigen Feldstärken hängen von der maximalen ↗Koerzitivfeldstärke H_C der einzelnen Minerale ab. Gesteine mit den Mineralen Magnetit, Maghemit, Titanomagnetit oder Magnetkies werden eher gesättigt (≤ 300 mT) als solche mit Hämatit (≤ 1000 mT). Für das Mineral Goethit sind besonders starke Felder von einigen Tesla (T) bis zur Sättigung der IRM erforderlich (Abb.).

Irmingerstrom, ↗Meeresströmung, Stromzweig des ↗Nordatlantischen Stromes, der die Irmin-

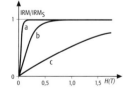

IRM-Erwerbskurven: auf den Wert der Sättigungsremanenz IRM$_S$ normierte IRM als Funktion des äußeren Feldes H: a) Probe mit weichmagnetischen Mineralen wie z. B. Magnetit, Maghemit, Titanomagnetit, b) Probe mit Hämatit, c) Probe mit Goethit.

gersee westlich umfließt und in einem Arm warmes atlantisches Wasser in die Gewässer nördlich Islands transportiert.

Ironstone, nach den gebänderten Eisenformationen (↗Banded Iron Formation) bis vor wenigen Jahrzehnten weltweit der zweitwichtigste Eisenlieferant. Inzwischen sind die meisten Lagerstätten unwirtschaftlich geworden (unter anderem in Deutschland die ↗oolithischen Eisenerzlagerstätten von Salzgitter). Im Gegensatz zu den gebänderten Eisenformationen sind Ironstones überwiegend phanerozoischen Alters, einige proterozoische Vorkommen sind jedoch bekannt. Berühmt sind die jurassischen Minette-Eisenerze in Lothringen sowie die silurischen Clinton-Eisenerze der USA. ↗Oolithe statt Bänderung sind die charakteristische sedimentäre Textur der Ironstones. Sie sind häufig mit klastischen Sedimenten assoziiert. Die für gebänderte Eisenformationen typischen ↗Cherts fehlen fast vollständig. Die Aluminiumgehalte der Ironstones sind deutlich höher als die der Banded Iron Formation. Wie diese können auch Ironstones in ↗Oxidfazies, ↗Carbonatfazies, ↗Silicatfazies und ↗Sulfidfazies vorliegen. Auch die bei gebänderten Eisenformationen beobachtete Zonierung dieser Faziestypen in Abhängigkeit von der Entfernung zur Paläoküste und von der Wassertiefe tritt auf. Mineralogisch spielen lediglich die Oxide ↗Hämatit und ↗Goethit, die Carbonate ↗Siderit und gelegentlich Ankerit, das Silicat Chamosit sowie als Sulfid ↗Pyrit eine Rolle. Der Absatz der Erze erfolgte in küstennahem Flachwassermilieu. Die Genese der Ironstones wird kontrovers diskutiert, und zwar sowohl die Herkunft des Eisens als auch der Bildungsmechanismus der oolithischen Texturen. Für die Herkunft des Eisens wird überwiegend fluviatile Anlieferung als klastische Partikel aus tiefgründig verwitterten tropischen Terrains angenommen. Die oolithischen Texturen könnten sich aus diesen Eisenpartikeln entweder als Mikrokonkretionen in flachen Schlammzonen (in Form von überwiegend Chamosit) oder als echte Oolithe in bewegtem Wasser (in Form von überwiegend ↗Goethit) gebildet haben. [HFl]

IR-OSL, *Infrarot-Optisch-Stimulierte Lumineszenz*, ↗Optisch-Stimulierte Lumineszenz-Datierung.

IRP, *IERS Reference Pol*, mittlere Richtung des Erdrotationspols, definiert durch den Internationalen Erdrotationsdienst ↗IERS. Der IRP ist konsistent mit dem ↗CTP des BTS (BIH Terrestrial Systems) mit einer Genauigkeit von ± 0″,005, bzw. dem ↗CIO mit einer Genauigkeit von ± 0″,03. Der IRP legt die z-Achse des IERS Terrestrial Reference Frames (↗ITRF) fest.

Irradiation, *irradiance*, 1) Bestrahlungsstärke, in Abhängigkeit von der Wellenlänge auf eine Flächeneinheit (auf der Erdoberfläche) auftreffender elektromagnetischer Strahlungsfluß, gemessen in Watt pro m² pro μm. Die spektrale Bestrahlungsstärke eines Flächenelementes setzt sich aus direkter Sonnenstrahlung und indirekter Himmelsstrahlung zusammen (↗Globalstrahlung). Das Verhältnis der Anteile verändert sich in Funktion abnehmender Wellenlänge zugunsten des Anteiles von Himmelsstrahlung (↗Streuung). Das Ausmaß der spektralen Bestrahlungsstärke variiert ebenso in Abhängigkeit des Sonnenstandes und der Distanz Erde-Sonne. 2) Überstrahlung, bei der der visuelle Kontrast zwischen hellen und dunklen Flächen eine verstärkte Wahrnehmung von Weiß bzw. Schwarz bewirkt. Dieses Phänomen wird als Ergebnis gegenseitiger Beeinflussung der Erregungsvorgänge benachbarter Sinneszellen über laterale Nervenverbindungen gedeutet. Physikalische Leuchtdichteunterschiede werden durch physiologische Prozesse der Kontrastwahrnehmung gesteigert. [EC]

irreversible Prozesse, Zustandsänderungen eines Systems, die ohne Einwirkung von außen nicht rückgängig gemacht werden können. Beispiele sind der Temperaturausgleich zweier Massen unterschiedlicher Temperatur durch Wärmeleitung oder die Reduktion der Geschwindigkeit einer Masse durch Reibung.

Irrtumswahrscheinlichkeit, Wahrscheinlichkeit, sich bei einer statistischen Schätzung oder einem statistischen Testverfahren zu irren. Residuum der Signifikanz (Si = Wahrscheinlichkeit, sich nicht zu irren): $\alpha + Si = 1$ bzw. 100% (mit α = Irrtumswahrscheinlichkeit). Die entsprechenden statistischen Ergebnisse und Entscheidungen werden auf dem betreffenden Niveau α bzw. Si getroffen.

IRSL, *Infrarot-Optisch-Stimulierte Lumineszenz*, ↗Optisch-Stimulierte Lumineszenz-Datierung.

IR-Spektroskopie ↗*Infrarotabsorptionspektroskopie*.

IR-Strahlung, Strahlung im infraroten Spektralbereich. ↗elektromagnetisches Spektrum.

Isallobare, Linie gleicher Luftdruckänderung.

ISB, *International Society of Biometeorology*, Internationale Biometeorologische Gesellschaft, welche 1956 gegründet wurde.

Isentrope, *Adiabate*, Linie gleicher ↗Entropie in einem thermodynamischen Zustandsdiagramm. In der Atmosphäre entspricht dies einer Isotherme der potentiellen Temperatur.

Isentropenfläche, *Adiabatenfläche*, Fläche gleicher ↗Entropie und gleicher ↗potentieller Temperatur. In einer Atmosphäre mit stabiler ↗Schichtung laufen ↗adiabatische Prozesse (thermodynamisch reversibel) auf Isentropenflächen ab, feuchtadiabatische Prozesse (in Wolkenluft, mit ↗Kondensation und ↗Verdunstung) jedoch auf entsprechenden Feuchtadiabaten-Flächen (↗Aufgleitfläche).

Island-Arc-Basalt, *IAB*, *Inselbogen-basalt*, ein ↗Basalt zumeist ↗tholeiitischer Zusammensetzung, der an einem ↗Inselbogen auftritt. Die Entstehung basaltischer Gesteine an Inselbögen beruht auf dem Mechanismus, daß die subduzierte Platte (↗Subduktion) dehydratisiert wird, die gebildete wasserreiche ↗fluide Phase in den darüberliegenden Mantelkeil aufsteigt und dort durch Erniedrigung der Schmelztemperatur des ↗Peridotits seine ↗partielle Aufschmelzung initiiert. Die chemische Zusammensetzung der Island-Arc-Basalte wird damit sowohl von der subduzierten Platte als auch vom ↗Mantelkeil kontrolliert. Da die fluide Phase hauptsächlich mobile Elemente mit sich führt, sind in den Island-Arc-Tholeiiten (verglichen mit ↗Mid-Ocean-Ridge-Basalten) die mobilen Elemente (z. B. Ba, Rb) angereichert, die immobilen (z. B. Zr, Nb, Y) dagegen verarmt.

Isländischer Doppelspat, für optische Zwecke verwendbarer, wasserklarer Kalkspat (↗Calcit) von Island. Erasmus ↗Bartolinus entdeckte an ihm die Erscheinung der ↗Doppelbrechung. Der Isländische Doppelspat diente früher in ↗Nicolschen Prismen zur Erzeugung linear polarisierten Lichtes durch Reflexion und Beugung. ↗Polarisationsmikroskopie.

Islandsee, Teil des ↗Europäischen Nordmeers und des ↗Arktischen Mittelmeers zwischen Grönland, Island, den Färöern und Jan Mayen, im engl. Sprachbereich dem Arctic Ocean zugerechnet.

Islandtief, vorwiegend zwischen Südgrönland und der Norwegischen See aktives, umfangreiches und hochreichendes ↗Tiefdrucksystem aus mehreren ↗Frontenzyklonen, die einzeln nach Osten ziehen oder einander umkreisen. Das Ganze wirkt als großräumiges ↗Steuerungszentrum. Wie das ↗Aleutentief ist das Islandtief ein Teil der ↗subpolaren Tiefdruckrinne, es ist im Winter maximal entwickelt, im Sommer dagegen von sehr geringer Intensität.

ISM, *Institut Suisse de Météorologie* (frz.), *Istituto Svizzero di Meteorologia* (ital.), ↗Schweizerische Meteorologische Anstalt.

ISO, *International Organization for Standardization*, internationale Organisation für Standardisierung, welche 1946 gegründet wurde.

Iso-Alkane, gesättigte Kohlenwasserstoffe (↗Alkane), deren Kohlenstoffkette eine oder mehrere Verzweigungen aufweisen (Abb.).

isobar, mit konstantem Druck.

Isobare, Linie gleichen Luftdrucks, ↗Isolinien.

isobare Fläche ↗Druckfläche.

Isobarenkarte ↗Streichkurvenkarte.

Isobaren-Synoptik, Entwicklungsstufe der ↗Synoptik von etwa 1850 bis 1920, bei der nur das ↗Druckfeld am Boden und seine Veränderung (↗Luftdrucktendenz) als maßgebend für das aktuelle Wetter und seine Entwicklung angesehen wurde.

isochem, mit konstanter chemischer Zusammensetzung.

isochemisch, unter Beibehaltung des ursprünglichen Chemismus.

isochor, mit konstanten Volumen.

isochron, von gleicher Zeitdauer; in der Geologie eine lithologische Einheit, welche in ihrem gesamten Verbreitungsgebiet gleichzeitig abgelagert wurde, d. h. die gleiche chronostratigraphische Reichweite aufweist. Isochron sind insbesondere im Rahmen von kurzfristigen Ereignissen (events) abgelagerte Gesteinskörper wie Tufflagen, ↗Tempestite, ↗Seismite oder im Zusammenhang mit kurzfristigen Anoxia gebildete Sedimente, z. B. der Kellwasserkalk. Das Gegenteil ist ↗diachron. Der Begriff ↗synchron bezieht sich auf zeitgleiche Flächen, z. B. auf die Grenze zwischen zwei chronostratigraphischen Einheiten.

Isochrone, ↗Isolinien, 1) *Allgemein*: Linie gleicher Zeit, z. B. der Fließzeit in der Hydrologie, der Reflexionszeit in der Seismik oder des Eintretens bestimmter Phänomene, z. B. von Vegetationserscheinungen (↗Phänologie). 2) *Geochemie*: ↗Isochronenmethode.

Isochronendiagramm ↗Isochronenmethode.

Isochronenkarte, Konturlinienplan gleicher Laufzeit oder gleicher Laufzeitdifferenz zwischen zwei Reflexionen als Darstellung der Interpretation reflexionsseismischer Daten. Bei der geologischen Deutung ist zu beachten, daß Laufzeitdifferenzen durch Änderungen der Mächtigkeit oder der Wellengeschwindigkeit zustande kommen können.

Isochronenmethode, 1) *Geophysik*: Datierungsweise der ↗isotopischen Altersbestimmung, welche verwendet wird, wenn das zu datierende Mineral oder Gestein aufgrund seiner Vorgeschichte bereits radiogene Isotope enthielt. Bei der Isochronenmethode werden mindestens zwei kogenetische Proben, welche ein unterschiedliches Verhältnis von Mutterelement zu Tochterelement besitzen müssen, analysiert. Aus der relativen Anreicherung der ↗radiogenen Isotope kann dann ein Alter bestimmt werden. Der Zusammenhang zwischen Anzahl der Tochterisotope zum heutigen Zeitpunkt (D_h), zum Zeitpunkt des Starts der Uhr (D_i), der Mutterisotope zum heutigen Zeitpunkt (M_h), der ↗Zerfallskonstante λ und der Zeit t lautet für jede einzelne Probe:

$$D_h = D_i + M_h(e^{\lambda t}),$$

wobei die Isotopenhäufigkeiten aus praktischen Gründen auf ein nicht radiogenes Isotop des Tochterelements bezogen und als ↗Isotopenverhältnisse angegeben werden. Aus zwei oder mehr solcher Geradengleichungen der Form $y = b + mx$ läßt sich das Alter (Steigung m) und das gemeinsame Anfangsverhältnis b berechnen, welches Auskunft zur isotopengeochemischen Geschichte der Proben gibt. Die Gerade, welche die Probenpunkte definiert, wird *Isochrone* genannt, wenn alle Punkte innerhalb ihrer analytischen Unsicherheiten auf ihr zu liegen kommen. Andernfalls spricht man von einer *Errorchrone*. Die zeichnerische Darstellung dieser Zusammenhänge ist das *Isochronendiagramm* (*Nicolaysendiagramm*). Durch Eintrag der Daten in ein Isotopenmischungsdiagramm kann untersucht werden, ob eine lineare Anordnung von Probenpunkten auch durch Mischung isotopisch unterschiedlicher Materialien entstanden sein kann und damit keine Altersbedeutung besitzt. 2) *Hydrologie*: Zeit-Flächen-Methode, modellhafte Beschreibung der ↗Abflußkonzentration in einem Einzugsgebiet. Dabei handelt es sich um ein reines Translationssystem, Speichereffekte z. B. aufgrund von Stadtgebieten werden vernachlässigt. Jedem Punkt des Gebietes kann eine Lauf- oder Translationszeit

Iso-Alkane: Strukturformel des Iso-Pentan, 2-Methyl-Butan.

zugeordnet werden. Die Verbindung von Punkten gleicher Laufzeit ergibt die ↗Isochronen. Die Abflußsumme (Abfluß q_i) je Zeitelement i ergibt sich bei einem gleichmäßig über das Gebiet verteilten Effektivniederschlag P_{eff} aus:

$$q_i = P_{eff} \cdot \frac{\Delta A_i}{\Delta t},$$

wobei ΔA_i den zwischen den Isochronen t_i und $t_i + \Delta t$ liegenden Flächenstreifen bedeutet.

ISODATA-Klusterung ↗unüberwachte Klassifizierung.

isodesmische Struktur, ionare Kristallstruktur, für die der Quotient $p = z/n$ aus der Ladungszahl z eines Kations und der Anzahl n der Anionen der Ladungszahl y, die das Kation koordinieren, kleiner als $y/2$ ist. Durch ein benachbartes Kation wird weniger als die Hälfte der Anionenladung kompensiert, der größte Teil der Anionenladung verbleibt zur Absättigung weiterer Kationen. Typische isodesmische Kristallstrukturen findet man bei Ionenkristallen, in denen gleichermaßen Kationen von Anionen und Anionen von Kationen koordiniert werden.

Isodynamen, Linien gleicher Werte des Absolutbetrages des Erdmagnetfeldes, ↗Isolinien.

isoelektrischer Punkt, pH-Wert einer wäßrigen Lösung, bei dem gelöste *amphotere Elektrolyte* (= Stoffe die sowohl negative als auch Positiv geladene Bestandteile enthalten) ungeladen erscheinen, da sie bei diesem pH-Wert die gleiche Anzahl positiv und negativ geladener Gruppen enthalten. Entsprechend ist die Summe der tatsächlichen Ladung des gesamten Elektrolyts gleich Null. Sinkt der pH-Wert, nehmen diese Stoffe Protonen auf, d. h. die Zahl der negativ geladenen Gruppen wird geringer, es kommt zu einem Überschuß an positiver Ladung. Steigt der pH-Wert dagegen an, werden Protonen an die Lösung abgegeben und der Anteil an negativer Ladung im Elektrolyt überwiegt. Amphotere Stoffe im Boden sind unter anderem ↗Tonminerale, Oxide und ↗Huminstoffe.

Isogammen, Linien gleicher magnetischer Intensität. ↗Isolinien.

Isogone, Linie gleicher Windrichtung, ↗Isolinien.

Isograde, in der ↗Metamorphose wird darunter eine Linie in einer Karte oder Diagramm verstanden, die die Punkte miteinander verbindet, an denen in Gesteinen vergleichbarer chemischer Zusammensetzung die gleiche Mineralreaktion zu beobachten ist bzw. an denen die gleichen Metamorphosebedingungen geherrscht haben. In vielen Fällen entsteht durch die Reaktion ein neues Mineral (↗Indexmineral), das dann zur Benennung der Isograde (↗Mineralisograde) oder zwischen den Isograden liegenden ↗Zonen verwendet wird. ↗Reaktionsisograde.

Isogyren, Orte gleicher Schwingungsrichtungen bei der konoskopischen Untersuchung von Kristallen im polarisierten Licht (↗Konoskopie). Bereiche der Interferenzfiguren (↗Interferenzbilder) mit zu den Polarisatoren parallel verlaufenden Schwingungsrichtungen zeigen Auslöschung, so daß das sog. Achsenkreuz entsteht.

Isohaline, in einem Gewässer Linie oder Fläche mit gleicher Salzkonzentration (↗Isolinien).

Isohumide, Linie gleicher (relativer) Luftfeuchtigkeit. ↗Isolinien.

Isohyete, Linie gleichen Niederschlags, ↗Isolinien.

Isohyeten-Methode, Verfahren zur Berechnung eines ↗Gebietsmittels. Es beruht auf dem Ausplanimetrieren der Flächen zwischen zwei benachbarten Isolinien, im Falle der Berechnung des ↗Gebietsniederschlages sog. Isohyeten. Das Gebietsmittel ergibt sich aus der Summe der normierten Produkte von den jeweiligen Flächen zugeordneten Werten und den entsprechenden Flächenanteilen. Der Vorteil des Verfahrens liegt darin, daß es auch in stärker orographisch gegliederten Gebieten angewendet werden kann. ↗Polygon-Methode, ↗Raster-Methode.

Isohypse, 1) *Geographie*: Linie gleicher Höhe. 2) *Meteorologie*: Linie gleicher ↗geopotentieller Höhe einer Isobarenfläche. ↗Isolinien.

Isoklinalfalte, ↗Falte mit parallelen Faltenschenkeln. Isoklinalfalten entstehen v. a. in höher metamorphen Gesteinen.

Isoklinaltal, in einen gleichsinnig einfallenden Schichtbau eingetieftes Tal. Weisen die Schichten dabei deutliche Unterschiede in ihrer morphologischen Härte auf, so tieft sich das Isoklinaltal in die weicheren Schichten ein, während die harten Schichtlagen beiderseits als Isoklinalkämme herauspräpariert werden. ↗Schichtkamm, ↗Antiklinaltal Abb.

Isoklinen, Linien gleicher magnetischer ↗Inklination. ↗Isolinien.

Isolatoren, Wärmetransport in Festkörpern durch Gitterschwingungen. Die Wärmeleitfähigkeit der meisten Minerale wird bei Normalbedingungen durch Phononen bestimmt, die durch Wechselwirkungen untereinander oder mit Fehlstellen die Energieübertragung bestimmen. Diese Wechselwirkungen werden auf die Anharmonizität der Gitterschwingungen zurückgeführt. Mit zunehmender Temperatur nimmt die Anzahl der angeregten Phononenzustände sowie deren mittlere abgestrahlte Energie zu. Aus der Zunahme von Wechselwirkung zwischen Phononen untereinander und mit Fehlstellen resultiert die Abnahme der mittleren freien Weglänge l. Deshalb wird bei den meisten Isolatoren eine $1/T^n$-Abhängigkeit der Wärmeleitfähigkeit mit der Temperatur beobachtet.

Die Wärmeleitung durch Photonen (elektromagnetische Wellen, radiativer Wärmetransport) bestimmt das Wärmeleitfähigkeitsverhalten vieler Körper bei höheren Temperaturen. Der radiative Wärmetransport wird durch eine T^3-Abhängigkeit charakterisiert. Bei Metallen können geladene Teilchen (i. a. Elektronen bzw. Elektronenlöcher) Energie transportieren. Durch die Wechselwirkung von Elektronen und Photonen wird eine $1/T$-Abhängigkeit beobachtet. Dies kann durch die Wiedemann-Franz-Lorenz-Beziehung mit der Lorenzkonstante L beschrieben werden:

Mineral	Wärmeleitfähigkeit	Gestein	Wärmeleitfähigkeit
Quarz	$\parallel c$ 12,0 W/(m K)	Sandstein	0,2–4,0 W/(m K)
	$\parallel a$ 5,96 W/(m K)		
Biotit	$\parallel c$ 0,52 W/(m K)	Tonstein	1,7–3,3 W/(m K)
	$\parallel a$ 3,14 W/(m K)		
Feldspat	2,04–2,74 W/(m K)	Granit	2,2–3,8 W/(m K)
Granat	5,32 W/(m K) (Grossular)	Gabbro	2,3–2,9 W/(m K)
Olivin (Fo-Fa)	4,65–3,85 W/(m K)	Basalt	1,6–5,2 W/(m K)
Diamant	545 W/(m K)	Amphibolit	2,1–4,0 W/(m K)
Graphit	$\parallel c$ 89 W/(m K)	Eklogit	3,1–3,4 W/(m K)
	$\parallel a$ 355 W/(m K)		
Eisen	84 W/(m K)	Peridotit	2,3–4,9 W/(m K)

Isolatoren (Tab.): Wärmeleitfähigkeit einiger ausgewählter Substanzen (bei Normalbedingungen).

$$\lambda_{el} = L\sigma T.$$

Bei Gesteinen ist der Wärmefluß lokal inhomogen. Korngrenzen, Risse und Poren reduzieren die Wärmeleitfähigkeit. Zusätzlich beeinflußt das ↗Gefüge den Wärmeleitfähigkeitstensor. In Sedimenten ist der ↗Wärmewiderstand der Kornkontakte oft entscheidend. In Mineralen wird die Symmetrie des Wärmeleitfähigkeitstensors von der Kristallsymmetrie bestimmt. Bei niederen Drücken wird der Wärmewiderstand an den Kornkontakten reduziert und das Porenvolumen meist reduziert. Steigender Druck führt zur Zunahme der Wärmeleitfähigkeit. Durch die Erhöhung der ↗Schallgeschwindigkeit (Photonengeschwindigkeit) mit dem Druck erhöht sich die intrinsische Wärmeleitfähigkeit (Tab.). ↗Petrophysik. [FRS]

isolierte Carbonatplattform ↗Carbonatplattform.

Isolinien, *Isarithmen*, Linien, die benachbarte Punkte gleichen Wertes verbinden bzw. Punkte gleicher Intensität einer Erscheinung, die ein Kontinuum bildet, oder die als Kontinuum aufgefaßt werden kann (↗Kontinua). Liegt den Isolinien ein nach der geographischen Lage aufgetragenes Wertefeld zugrunde, so entsteht eine kartographische Darstellung in Isolinienmethode bzw. eine ↗Isolinienkarte. In gleicher Weise können sie in vertikale Schnitte (↗Profil) eingetragen werden, z. B. zur Darstellung des vertikalen Zustandes der Atmosphäre, zur Darstellung der Temperatur oder Feuchte des Bodens. Wird als Bezugsgrundlage ein Koordinatensystem mit zwei Zeitachsen benutzt, so entstehen Isoplethendiagramme (↗Isoplethen). In diesem Sinne sind Isolinien ein allgemeines graphisches Ausdrucksmittel, mit dem flächige und räumliche Kontinua, deren sich stetig von Ort zu Ort ändernder Zustand über ein an Meßpunkten gewonnenes Wertefeld bestimmt ist, graphisch veranschaulicht werden. Für eine Fülle von Isolinien sind mit griechischen und/oder lateinischen Wortstämmen und der Vorsilbe »Iso« kombinierte Namen geprägt worden, die bestimmte Eigenschaften der meist geophysikalischen Sachverhalte bezeichnen (Tab.). [WSt]

Isolinienkarte, abgeleitet aus der kartographischen ↗Zeichen-Objekt-Referenzierung ein ↗Kartentyp zur Repräsentation von ratio- oder intervallskalierten Daten mit Bezug zu einer als unregelmäßiges oder regelmäßiges Punktnetz definierten Oberfläche. Die Repräsentation der Daten in der Isolinienkarte erfolgt durch Interpolation von ↗Isolinien auf der Grundlage des ↗kartographischen Zeichenmodells durch linienförmige Zeichen, die Punkte gleichen Wertes miteinander verbinden und mit Hilfe der ↗graphischen Variablen Form oder Farbe variiert werden können.

Isomere ↗Isomerie.

Isomerie, Auftreten von chemischen Verbindungen mit gleicher Zusammensetzung und Summenformel, aber unterschiedlicher Anordnung in ihrem Molekülaufbau. Die entsprechenden Verbindungen werden als *Isomere* bezeichnet. Es wird zwischen Strukturisomerie und ↗Stereoisomerie unterschieden. Bei *Stukturisomerie* liegt eine un-

Isolinien (Tab.): Bezeichnungen und Bedeutungen von Isolinien.

Bezeichnung	inhaltliche Aussage
Isallobaren	Luftdruckänderung in einer bestimmten Zeit
Isallothermen	Temperaturänderung in einer bestimmten Zeit
Isanobasen	Hebungsintensität der Erdkruste
Isanomalen	Abweichung von einem Normalwert
Isoamplituden	Schwankungsbreite eines meßbaren Elements
Isobaren	Luftdruck zu bestimmtem Zeitpunkt oder Zeitraum im Meeresspiegelniveau
Isobasen	Landhebung
Isobathen	Meerestiefe, Seetiefe
Isochoren	Entfernung von Verkehrsanlagen
Isochronen	Reise- oder Transportdauer
Isodeformaten	Kartennetzverzerrung
Isodistanzen	Luftlinienabstand
Isodynamen	Intensität des Erdmagnetismus
Isogeothermen	Temperaturen der Boden- und Gesteinsschichten
Isogamen	magnetische Intensität
Isogonen	magnetische Deklination
Isohalinen	Salzgehalt des Wassers
Isohelien	Sonnenscheindauer
Isohyeten	Niederschlagsmenge in einer bestimmten Zeiteinheit
Isohygromenen	Anzahl humider bzw. arider Monate
Isohygrothermen	Schwüleempfindung
Isohypsen	Höhenlage des Geländes über NN und geopotentielle Höhe einer Isobarenfläche
Isoklinen	erdmagnetische Inklination
Isokryonen	Zeitpunkt des Zufrierens oder Auftauens eines Gewässers
Isonephen	Bewölkungsintensität
Isopachen	Schichtmächtigkeit und Grundwasserstandsänderung
Isophanen	Beginn einer phänologischen Phase
Isoporen	Änderung der magnetischen Säkularvariationen
Isorhachien	Eintrittszeit der Flut
Isoseisten	Erdbebenintensität
Isotachen	Fließgeschwindigkeit
Isothermen	Lufttemperatur
Isothermobathen	Tiefseetemperatur

terschiedliche Anordnung von Molekülgruppen vor (Abb.), wohingegen bei Stereoisomerie nur eine unterschiedliche räumliche Anordnung der Atome und Atomgruppen vorliegt.

isometrische Breite, eine Hilfsgröße q, die anstelle der geographischen Breite im Ausdruck für das differentielle Bogenstück dS auf der Bezugsfläche (Kugel) eingesetzt wird. In der Gleichung:

$$dS^2 = R^2(d\varphi^2 + d\lambda^2 \cdot \cos^2\varphi)$$

(↗Längenverzerrung) wird im Klammerausdruck substituiert:

$$dq = d\varphi/\cos\varphi.$$

Damit erhält man dS in symmetrischen Koordinaten:

$$dS^2 = R^2 \cdot \cos^2\varphi \cdot (dq^2 + d\lambda^2).$$

Die isometrische Breite q wird bei den winkeltreuen ↗Kegelentwürfen und ↗Zylinderentwürfen verwendet und spielt eine Rolle bei der Berechnung der ↗Loxodrome. Für die isometrische Breite q gilt:

$$q = \int_{\varphi_1}^{\varphi_2} \frac{d\varphi}{\cos\varphi} = \ln\tan\left(\frac{\varphi_2}{2} + \frac{\pi}{4}\right) - \ln\tan\left(\frac{\varphi_1}{2} + \frac{\pi}{4}\right)$$

mit $\varphi_{1,2}$ bzw. $\lambda_{1,2}$ als Koordinaten zweier Orte auf der Erde. [KGS]

isometrische Form, Kristallform, bei der die Flächen die gleiche oder ähnliche Zentraldistanz zum Mittelpunkt aufweisen. ↗Habitus.

isomorph, Bezeichnung für Minerale mit gleicher Kristallstruktur aber unterschiedlicher chemischer Zusammensetzung. Der isomorphe Ersatz von Si-Ionen in Tonmineralen durch dreiwertige Kationen wie Al^{3+} oder Fe^{3+} bedingt die permanente Ladung der Tonminerale (↗Kationenaustauschkapazität). Wesentlich für Isomorphie ist, daß die Größenverhältnisse der Bausteine (Atom- oder Ionenradien) ähnlich, deren Ladung gleichartig sowie ihre räumlichen Bindungstendenzen einigermaßen gleich sind.

Isomorphie, 1) *Kartographie* und *Photogrammetrie*: *isomorphe Abbildung, Isomorphismus*, umkehrbar eindeutige (eineindeutige) Abbildung von Objekten des ↗Georaumes auf dem ↗Luftbild oder der ↗Karte. Streng genommen wird die Bedingung der Isomorphie nur vom Verhältnis Bedeutung des Objekts des Georaumes zu Bedeutung des ↗Kartenzeichens (↗Designat) erfüllt. Verschiedentlich werden auch die geometrischen Abbildungsverhältnisse bei rein mathematisch-projektiv gewonnenen und theoretisch ungeneralisierten Kartenzeichen (z.B. ↗Höhenlinien und Grundrißflächen in sehr großen Maßstäben) als quasi isomorph eingestuft. Isomorphe Beziehungen bestehen zweifelsfrei zwischen einander entsprechenden analogen bzw. graphischen und digitalen kartographischen Abbildungen. Das für Karten und andere ↗kartographische Darstellungsformen bzw. ↗kartographische Medien als Modelle der georäumlichen Wirklichkeit typische Abbildungsverhältnis ist jedoch das der *Homomorphie* – sowohl bei analogen als auch bei digitalen Karten. Hier entspricht jedem Original (Urbild) mindestens ein Abbild (Kartenzeichen). Im umgekehrten Sinne repräsentieren jedoch diese Zeichen als typisierte Gattungssignaturen (↗Signatur) jeweils alle gleichartigen Geoobjekte, was für den Zweck der ↗Kartennutzung ausreichend ist. Die Summe der homomorphen Beziehungen zwischen homologen Kartenzeichen (↗Homologie) innerhalb einer Reihe generalisierter Karten verringert sich mit zunehmendem ↗Generalisierungsgrad. **2)** *Kristallographie*: Art der Ähnlichkeit zwischen Kristallstrukturen. Zwei Kristallstrukturen werden als isomorph bezeichnet, wenn sie isotyp (↗Isotypie) sind und darüber hinaus Mischkristalle bilden können (isomorphe Reihen).

Isonivale, Linie gleicher Schneehöhen (↗Isolinien).

Isopache, Linie gleicher Mächtigkeit von Substrat- oder Gesteinsschichten (↗Isolinie).

Isopachenkarte, Darstellung der Mächtigkeit von Schichten durch Isolinien (Linien gleicher Schichtmächtigkeit).

isophas ↗Umkristallisation.

isophase Umwandlung, Bildung ↗metamorpher Gesteine durch ↗Umkristallisation ohne Änderung des Mineralbestandes, z.B. ↗Kalkstein zu ↗Marmor.

isopische Zone ↗Orogen.

Isoplethen, 1) die graphische Abbildung eines Wertefeldes, dessen beide Richtungen der Ebene unterschiedliche Bezüge bezeichnen. Sind sie zwei Zeitachsen so entsteht ein Isoplethendiagramm, das z.B. mittels *Thermoisoplethen* für einen Ort den Tages- und Jahresgang der Temperatur durch Linien gleicher Temperatur ausdrückt (Abb.). Werden die beiden Richtungen der Ebene des Wertefeldes für eine Zeitachse und eine Geländestrecke benutzt, so entstehen Isoplethenprofile, z.B. zur Darstellung der Bodenfeuchte in verschiedener Tiefe im Jahresgang. Werden sie für die Himmelsrichtungen und damit für einen Erdoberflächenausschnitt genutzt, kann von Isoplethenkarten gesprochen werden, die mit Kar-

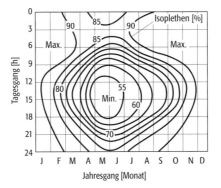

Isomerie: zwei unterschiedliche Strukturisomere des Pentans (C_5H_{12}): a) n-Pentan, b) Iso-Pentan, 2-Methyl-Butan.

Isoplethen: Isoplethen der mittleren relativen Luftfeuchtigkeit in Uppsala.

Isopluviallinie, Linie gleichen Niederschlags. ↗Isolinien.

Isoporen, Linien gleicher Änderung der magnetischen ↗Säkularvariation pro Zeiteinheit.

Isopren ↗*Isopreneinheit*.

Isopreneinheit, *Isopren*, *2-Methyl-1,3-butadien*, C_5H_8, Grundbaustein der Biosynthese der ↗Terpene und daraus abgeleiteter Verbindungen, den ↗Isoprenoiden, ↗Terpanen und ↗Steranen. Der an der Verzweigung liegende Teil des Moleküls wird als Kopf, der davon weiter entfernte Teil als Schwanz bezeichnet (Abb.).

Isoprenoide, *isoprenoide Kohlenwasserstoffe*, Derivate der ↗Terpane; verzweigte Verbindungen, welche biosynthetisch aus ↗Isopreneinheiten gebildet werden.

Isoseiste, Linie gleicher seismischer Intensität.

Isostasie, 1) *Geodäsie*: Zustand des hydrostatischen Gleichgewichts der Erdkruste bzw. Lithosphäre. Massenüberschüsse infolge der Topographie im kontinentalen Bereich bzw. Massendefizite im ozeanischen Bereich werden jeweils durch Kompensationsmassen ausgeglichen. Das Phänomen der Isostasie wurde erstmals 1749 von P. ↗Bouguer entdeckt, dem auffiel, daß die Massenanziehung der Anden deutlich kleiner als erwartet war. Bestätigt wurde diese Beobachtung im Rahmen der Kolonialvermessung in Indien (1800–1870): Die Auswirkungen der Massen des Himalaya auf die ↗Lotabweichung war wesentlich geringer als aus den sichtbaren Massen berechnet. Ab Mitte des 19. Jh. wurden verschiedene ↗Isostasiemodelle zur Beschreibung und Erklärung des Phänomens eingeführt. Die Bezeichnung »Isostasie« stammt von C. E. Dutton (1889). **2)** *Physik/Geophysik*: *Schwimmgleichgewicht*, ein Körper, der in einer dichteren, d. h. schwereren Flüssigkeit schwimmt, befindet sich in einem statischen Gleichgewicht (Abb.). Aus Schweremessungen und entsprechenden Reduktionen (↗Schwerereduktion) läßt sich ermitteln, ob eine topographische Anomalie, z. B. ein Gebirge, sich im Schwimmgleichgewicht befindet oder nicht, d. h. ob eine ↗isostatische Anomalie vorliegt oder nicht.

Isostasiemodelle, *isostatische Modelle*, Modelle der Massenkompensation in der Lithosphäre, die das Phänomen der ↗Isostasie näherungsweise beschreiben. a) *Isostasiemodell nach Pratt-Hayford*: Das von J. H. ↗Pratt 1854/1859 formulierte Isostasiemodell beruht auf der Hypothese, daß sich die Gebirge (vergleichbar mit einem Hefeteig) gehoben haben, so daß die Dichte der Massensäulen umso geringer ist, je höher diese emporgehoben wurden. Unterhalb einer Schicht konstanter Mächtigkeit, vom Meeresniveau nach unten gemessen Ausgleichstiefe D, ist die Dichte konstant (Abb. 1). Die Normalsäule der ↗orthometrischen Höhe $H = 0$ besitzt die Dichte ϱ_0. Unter der Forderung, daß alle Massensäulen gleichen Querschnitts dieselbe Masse aufweisen und der hydrostatische Druck in der Ausgleichstiefe D konstant ist, lauten die Gleichgewichtsbedingungen für den kontinentalen Fall:

$$\varrho(D+H) = \varrho_0 \cdot D$$

und den ozeanischen Fall:

$$\varrho_w \cdot t + \varrho(D-t) = \varrho_0 \cdot D$$

(ϱ_w = Dichte des Meerwassers, t = Meerestiefe). Hieraus können die Dichten ϱ für die kontinentalen und ozeanischen Massensäulen in Abhängigkeit von der topographischen Höhe H bzw. der Meerestiefe t berechnet werden. Das Prattsche Modell wurde von J. F. ↗Hayford aufgegriffen und für die Ableitung der Dimensionen des Hayford-Ellipsoids benutzt. Die Ausgleichstiefe variiert um den Wert $D \approx 100$ km.

2) *Isostasiemodell nach Airy-Heiskanen*: Entsprechend dem von G. B. ↗Airy (1855) postulierten, von W. A. Heiskanen 1920–1940 weiterentwickelten Isostasiemodell »schwimmt« die Erdkruste (vergleichbar mit einem Eisberg) auf flüssiger Lava mit höherer Dichte und taucht umso tiefer in den darunter liegenden Erdmantel ein, je höher die topographischen Erhebungen sind. Das Airy-Heiskanen-Modell geht von einer konstanten Dichte ϱ_0 (oft $\varrho_0 = 2670$ kg/m³) der Erdkruste und einer ebenfalls konstanten Dichte ϱ_M (oft $\varrho_M = 3270$ kg/m³) des Erdmantels aus (Abb. 2). Unter der Annahme eines Schwimmgleichgewichts ergeben sich für die nunmehr lateral variierende Tiefe der Ausgleichsfläche, unterhalb welcher der hydrostatische Druck konstant ist, für den kontinentalen und ozeanischen Bereich die Bedingungen:

$$(\varrho_M - \varrho_0) \cdot d = \varrho_0 \cdot H$$

bzw.

$$(\varrho_M - \varrho_0) \cdot d' = (\varrho_0 - \varrho_W) \cdot t$$

(ϱ_w = Dichte des Meerwassers, t = Meerestiefe). Hieraus kann die Mächtigkeit d der »Gebirgswurzeln« unter den Kontinenten bzw. die Mächtigkeit d' der »Antiwurzeln« im ozeanischen Bereich und damit die Tiefe der Ausgleichsfläche berechnet werden. Für die Mächtigkeit T der Normalsäule mit der orthometrischen Höhe $H = 0$ (und damit für die normale Dicke der Erd-

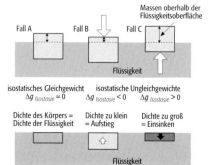

Isopreneinheit: Strukturformel des 2-Methylbutadiens, Isopren.

Isostasie: Ein schwimmender Körper kann sich in drei unterschiedlichen Zuständen befinden. Oberes Bild: Fall A: Schwimmgleichgewicht oder Isostasie. Fall B: Der Körper wird in die Flüssigkeit gedrückt, er versucht aufzusteigen. Fall C: Der Körper wird nach oben gedrückt, er versucht einzusinken. Unteres Bild: Der Massenüberschuß oberhalb der Flüssigkeitsoberfläche wird rechnerisch entfernt und auf das Volumen des Restkörpers unterhalb der Flüssigkeitsoberfläche verteilt. Außerdem wird der Meßpunkt auf das Niveau der Flüssigkeitsoberfläche verschoben. Fall A: Der Restkörper und die Flüssigkeit haben jetzt die gleiche Dichte, es verbleibt keine Schweredifferenz, d. h. die isostatische Anomalie verschwindet ($\Delta g_{Isostasie} = 0$). Fall B: Der Restkörper hat gegenüber der Flüssigkeit eine noch zu geringe Dichte, er steigt auf. Die isostatische Anomalie ist negativ ($\Delta g_{Isostasie} < 0$). Fall C: Der Restkörper hat gegenüber der Flüssigkeit eine zu große Dichte, er sinkt ein. Die isostatische Anomalie ist positiv ($\Delta g_{Isostasie} > 0$).

kruste) werden gewöhnlich Werte im Bereich von 25–30 km angenommen. Die aus dem Airy-Heiskanen-Modell resultierenden Ausgleichstiefen stimmen i. a. recht gut mit der aus seismischen Daten erhaltenen Tiefe der ↗Mohorovičić-Diskontinuität überein.
Sowohl das Pratt-Hayford- als auch das Airy-Heiskanen-Modell setzen einen streng lokalen Mechanismus der Massenkompensation voraus, welcher die Festigkeit der Erdkruste unberücksichtigt läßt. Probleme gibt es ferner im Bereich der Tiefseegräben, wo z. B. nach dem Modell von Airy-Heiskanen die Ausgleichsfläche oberhalb der Grabensohle liegen müßte.
3) *Isostasiemodell nach Vening Meinesz:* F. A. Vening Meinesz modifizierte 1931 die Airysche Theorie durch das Postulat eines regionalen statt lokalen Massenausgleichs, welches realistischere Ergebnisse liefert. Letztlich stellen aber alle diese Modelle die Kompensationsmechanismen im Bereich der Lithosphäre stark simplifiziert dar, zumal ca. 10 % der Erde, vorwiegend die Bereiche der jungen Faltengebirge und der Tiefseegräben, sich nicht im isostatischen Gleichgewicht befinden und alle isostatischen Modelle dort versagen. Dennoch werden diese weiterhin in der Geodäsie und Geophysik im Sinne von Arbeitshypothesen benutzt. [BH]

Isostasiemodell nach Airy-Heiskanen ↗Isostasiemodelle.

Isostasiemodell nach Pratt-Hayford ↗Isostasiemodelle.

Isostasiemodell nach Vening Meinesz ↗Isostasiemodelle.

isostatische Anomalie, Anomalie die in enger Verbindung mit dem Begriff der ↗Isostasie steht. Als Beispiel dient das Verhalten eines schwimmenden Eisberges: Wird die Masse des Eisberges, der aus dem Wasser herausragt, rechnerisch beseitigt und zusätzlich auf das Volumen der Eiswurzel im Wasser umverteilt, dann wird der Meßpunkt auf das Niveau der Wasserfläche im Sinne der ↗Freiluft-Reduktion verlegt. Eine dabei entstehende Differenz wird als isostatische Anomalie bezeichnet. Im Falle eines Schwimmgleichgewichtes verschwindet die Differenz zwischen diesem isostatisch reduzierten Schwerewert und der ↗Normalschwere. Ergibt sich eine negative Differenz für die isostatische Anomalie, so zeigt der Körper die Tendenz des Aufsteigens, bei positiver Differenz sinkt der Körper ein. Dieses Beispiel läßt sich auf die Strukturen der Erdkruste übertragen. So zeigen die meisten Gebirge ein isostatisches Verhalten, sie befinden sich im Schwimmgleichgewicht. Durch Abtragung kann die Isostasie gestört werden und zu einer negativen isostatischen Anomalie führen, als Folge hebt sich der Gebirgskörper heraus und die Dicke der Gebirgswurzel nimmt ab. ↗Isostasie. [PG]

isostatische Meeresspiegelschwankung ↗Meeresspiegelschwankung.

isostatische Reduktion ↗Schwerereduktionen.

Isotache, Linie gleicher Geschwindigkeit (z. B. klimatologisch Windgeschwindigkeit, hydrologisch Fließgeschwindigkeit). ↗Isolinien.

isotherm, mit konstanter Temperatur.

isothermale Remanenz ↗remanente Magnetisierung.

Isotherme, Linie gleicher Temperatur in Diagrammen und Karten.

isotherme Atmosphäre, eine (hypothetische) Atmosphäre mit konstanter Lufttemperatur. In einer solchen Atmosphäre nimmt der Luftdruck entsprechend der ↗statischen Grundgleichung exponentiell mit der Höhe ab. ↗barometrische Höhenformel.

isotherme Flächenkoordinaten ↗Gaußsche Koordinaten.

Isothermie, Zustand eines Festkörpers, einer Flüssigkeit oder eines Gases bei dem in allen Raumkoordinaten die gleiche Temperatur herrscht.

Isotope, [von griech. isos = gleich und topos = Ort], gemeint ist: am gleichen Ort im Periodensystem, ↗Nuklide eines Elements mit gleicher Protonenanzahl (Kernladungszahl Z), aber unterschiedlicher Anzahl Neutronen (N). Notation: chemisches Element, davor Massenzahl (N+Z) hochgestellt und Z tiefgestellt, z. B. $^{18}_{8}O$. Von den bisher 92 in der Natur aufgefundenen chemischen Elementen bestehen 71 aus zwei oder mehr Isotopenarten, d. h. 21 Elemente sind monoisotopisch.

Isotopenanalyse, Methode der Geochemie, der Kosmologie, Umweltgeochemie u. a., um aus den unterschiedlichen und von der Standardverteilung abweichenden Isotopenverhältnissen Rückschlüsse über Herkunft, Entstehungsbedingungen etc. zu ziehen.

Isotopenentwicklungsdiagramm, *Entwicklungsdiagramm*, Darstellung isotopengeochemischer oder geochronometrischer Daten in einem Diagramm der Zeit zu ↗Isotopenverhältnis. ↗Strontiumisotope, ↗Neodymisotope.

Isotopenfraktionierung, *Isotopentrennung*, Änderung der Isotopenverhältnisse im Verlauf physikalischer und chemischer Reaktionen. Die verschiedenen ↗Isotope eines Elements unterscheiden sich in ihrer Neutronenanzahl im Atomkern und damit (abhängig von der Gesamtmasse der Atome) mehr oder weniger deutlich in ihrer Masse. Bei bestimmten physikalisch-chemischen Prozessen wirken sich diese, wenn auch z. T. sehr geringen Massenunterschiede aus, und es zeigt sich ein *Isotopieeffekt*, d. h. die Isotope reagieren unterschiedlich.
Hängt dieser Effekt mit der Massenabhängigkeit des Bindungswillens der Isotope zusammen, spricht man von einem *Gleichgewichts-Isotopieeffekt*, der dazu führt, daß leichtere und schwerere Isotope im Gleichgewichtszustand in unterschiedlichen Verbindungen in verschiedener Häufigkeit vorliegen. Von einem *kinetischen Isotopieeffekt* spricht man, wenn die Geschwindigkeit einer chemischen Reaktion durch die atomare Masse einer beteiligten Spezies beeinflußt wird. Einige Prozesse lassen sich beiden Gruppen oder auch einer weiteren zuordnen, zu der auch bestimmte physikalisch-chemische Prozesse wie ↗Verdampfung, ↗Kondensation oder ↗Diffusion zählen.

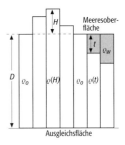

Isostasiemodelle 1: Isostasiemodell nach Pratt-Hayford (ϱ_0 = Dichte der Normalsäule, $\varrho(H)$ = Dichte der kontinentalen Massensäule, $\varrho(t)$ = Dichte der ozeanischen Massensäule, ϱ_W = Dichte des Meerwassers, t = Meerestiefe, H = orthometrische Höhe, D = Ausgleichstiefe).

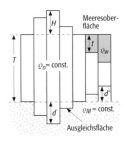

Isostasiemodelle 2: Isostasiemodell nach Airy-Heiskanen (ϱ_0 = Dichte der Erdkruste, ϱ_W = Dichte des Meerwassers, ϱ_M = Dichte des Erdmantels, H = orthometrische Höhe, T = Mächtigkeit der Normalsäule, d = Mächtigkeit der »Gebirgswurzeln«, d' = Mächtigkeit der »Antiwurzeln«, t = Meerestiefe).

Das Ausmaß von Isotopieeffekten wird in erster Linie von der relativen Massendifferenz der Isotope und im geringeren Maß auch von der Komplexität der Elementchemie bestimmt. Isotopieeffekte und daraus folgende Isotopenfraktionierungen führen deshalb bei Elementen mit relativ niedriger Masse (ca. < 40 u) zu besonders deutlichen Isotopenverschiebungen. Ob ein Isotopieeffekt allerdings überhaupt zu einer Isotopenfraktionierung führt und welches Ausmaß diese hat, hängt von verschiedenen Faktoren ab. Von Bedeutung ist insbesondere, ob der betreffende Prozeß in einem geschlossenen oder offenen System stattfindet, ob Reaktionsprodukte aus dem System entzogen werden und wie vollständig der Prozeß verläuft. So führt ein Isotopieeffekt, gleich welcher Größenordnung, nicht zu einer Isotopenfraktionierung, wenn die Reaktion, bei welcher er auftritt, in einem geschlossenen System und quantitativ abläuft. Die Isotopenfraktionierung wird durch den Quotienten α definiert: $\alpha = R_A/R_B$, wobei R_A das Verhältnis von schweren zu leichten Isotopen in der Phase A ist und R_B das Verhältnis von schweren zu leichten Isotopen in der Phase B. Für Isotope eines Elements, deren relative Häufigkeiten aufgrund von Isotopieeffekten variieren, hat sich die Bezeichnung ↗stabile Isotope eingebürgert, um sie von ↗radioaktiven Nukliden und ↗radiogenen Nukliden, also solchen, welche durch radioaktiven Zerfall entstanden sind, abzugrenzen. Die wichtigsten Isotopenpaare, welche in der Natur aufgrund von Isotopieeffekten eine deutliche Isotopenfraktionierung zeigen, sind: $^2H/^1H$, $^7Li/^6Li$, $^{11}B/^{10}B$, $^{13}C/^{12}C$, $^{15}N/^{14}N$, $^{18}O/^{16}O$, $^{26}Mg/^{24}Mg$, $^{30}Si/^{28}Si$, $^{34}S/^{32}S$ und $^{44}Ca/^{42}Ca$ (↗$^2H/^1H$, ↗$^{16}O/^{18}O$, ↗$^{12}C/^{13}C$ ↗$^{32}S/^{34}S$). Da die Isotopenfraktionierungen dieser Elemente während des Durchlaufens spezifischer physikalisch-chemischer Prozesse entstanden sind, geben die gefundenen Isotopenverhältnisse im Umkehrschluß Auskunft über eben diese Prozesse. Sie sind deshalb Indikatoren für die Herkunft und die Geschichte des Elementes und damit des untersuchten Minerals, Gesteins oder Wasserkörpers. Ein besonderer Vorteil ist hierbei, daß einige der verwendeten Elemente Hauptgemengteile in üblichen geologischen Materialien sind. Da durch Isotopieeffekte erzeugte Isotopenverschiebungen meist sehr klein sind, arbeitet man in der Praxis nicht mit absoluten Isotopenverhältnissen, sondern gibt einen Delta-Wert an, welcher die relative Abweichung eines gemessenen Isotopenverhältnisses von dem eines Standards in der Einheit Promille [‰] angibt.

Isotopenfraktionierung ist z. B. im natürlichen ↗Wasserkreislauf meßtechnisch nachweisbar vorhanden. Beim ↗Verdunstungsprozeß reichern sich die schweren Isotope im Wasser an, während sich bei der Kondensation die schweren Isotope abreichern. Beim ↗Gefriervorgang findet eine Abreicherung der schweren Isotope in der flüssigen Phase statt. Bei Phasenumwandlungen nimmt die Isotopenfraktionierung unter sonst gleichen Bedingungen bei Temperaturabnahme zu. Durch thermodynamische Vorgänge bei der Phasenänderung wird das Verhältnis des ^2H-Gehaltes zum ^{18}O-Gehalt beeinflußt. Bei wachsender Verdunstungshöhe wird ^{18}O verhältnismäßig stärker angereichert als ^2H. Unter besonderen Bedingungen kann eine Verschiebung dieses Verhältnisses auch durch einen Isotopenaustausch erfolgen (z. B. mit dem ↗Grundwasserleiter). Durch die natürliche Isotopentrennung findet im Meerwasser eine Anreicherung schwerer Wasserisotope statt. Der aus den Meeren durch Verdunstung aufsteigende Wasserdampf hat einen geringeren Gehalt an schweren Isotopen als das Oberflächenwasser. Durch das ständige Ausregnen schwerer Isotope bei der Kondensation zu Niederschlagswasser verringert sich der Gehalt an schweren Isotopen mit wachsendem Abstand von der Küste (Kontinentaleffekt). Daneben tritt mit zunehmender Niederschlagshöhe eine Abreicherung schwerer Isotope ein (Mengeneffekt). Gleichzeitig nimmt der Gehalt schwerer Isotope im Niederschlag beim Aufsteigen feuchter Luftmassen bei orographischen Erhebungen ab (Höheneffekt). Dazu trägt die Temperaturabhängigkeit der Isotopenfraktionierung bei, da die mit der Höhe abnehmende Kondensationstemperatur eine Abreicherung der schweren Isotope in den Niederschlägen bewirkt. Die Temperaturabhängigkeit der Isotopenfraktionierung und des Luftfeuchtegehaltes hat ferner zur Folge, daß in den Niederschlägen ein jahreszeitlicher Gang des Isotopengehaltes (Jahreszeiteneffekt) und eine Abreicherung der schweren Isotope mit zunehmender geographischen Breite bzw. mit abnehmender Jahresmitteltemperatur festzustellen ist. In Gebieten mit niedriger Luftfeuchte (semiaride und aride Gebiete) tritt eine Anreicherung von schweren Isotopen durch die beim Fallen der Regentropfen gleichzeitig stattfindende Verdunstung auf. Aus Niederschlag gebildetes Oberflächenwasser oder oberflächennahes Wasser hat zunächst die gleichen Gehalte an schweren Isotopen wie das Niederschlagswasser. Erst wenn Oberflächenwasser dem Verdunstungsprozeß ausgesetzt ist, findet eine Anreicherung statt. Auf dem Weg zum Grundwasser und im Grundwasserkörper findet durch Isotopentausch eine weitere Abreicherung an schweren Isotopen statt. Als internationalen Standard R_s für das Isotopenverhältnis gilt das Verhältnis von ↗$^2H/^1H$ und ↗$^{18}O/^{16}O$ der Ozeane (Standard Mean Ocean Water = SMOW). Als Maß für die Abweichung einer Probe R_p vom Standard dient die Beziehung:

$$\delta = \frac{R_p - R_s}{R_s}\left[‰\right],$$

die separat für jedes einzelne Isotopenverhältnis bestimmt wird. [HJL,SH]

Isotopengeochemie, Teilgebiet der ↗Geochemie, das sich mit der Erforschung der Gesetzmäßigkeiten von Element- und Stoffkreisläufen der Erde im Verlauf ihrer Geschichte befaßt. Gegenstand der Untersuchung sind die relativen Häufigkeiten der ↗Isotope, welche bei einigen Elementen einer mehr oder weniger deutlichen Variation unterliegen. Ursachen für eine Variation können sein: a) unterschiedliches Verhalten der Isotope eines Elementes bei physikalischen und/oder chemischen Reaktionen (↗Isotopenfraktionierung, ↗stabile Isotope); b) Abnahme und Zunahme von Isotopenhäufigkeiten im Zusammenhang mit radioaktivem Zerfall (↗radiogene Isotope), spontanem Kernzerfall und sonstigen Kernreaktionen. Die heute vorgefundenen ↗Isotopenverhältnisse der betreffenden Elemente in einer Probe geben im Umkehrschluß Auskunft über die Vorgänge, welche zu einer Veränderung geführt haben. Die Bedeutung der radiogenen Isotope liegt dabei v. a. darin, daß sie chemische Differentiationen in der Vergangenheit der Erdgeschichte aufzeigen und Informationen zu deren zeitlicher Dimension geben. [SH]

Isotopengeothermometer ↗Geothermometer.

Isotopenhomogenisierung ↗Gesamtgesteinsalter.

Isotopenhydrologie, Teilbereich der ↗Hydrologie, der sich mit der Anwendung von Isotopen für hydrologische Untersuchungen befaßt. Sie beruht im wesentlichen darauf, daß a) Wasser von Natur aus stabile und oft auch radioaktive Isotope enthält und dadurch markiert wird. Zusätzlich gelangen seit einigen Jahrzehnten künstliche radioaktive Isotope als Abfallprodukte von Kernreaktoren und Kernwaffenversuchen in die Umwelt und damit in den Wasserkreislauf. Dadurch wird eine unbeabsichtigte Markierung des Wassers bewirkt (Umweltisotope); b) Oberflächenwasser, Grundwasser und Feststoffe durch absichtliche Zugabe von radioaktiven oder aktivierbaren Substanzen markiert werden können (↗Tracerhydrologie); c) durch Strahlung eines radioaktiven Stoffes im Boden Wechselwirkungen eintreten können, deren Ausmaß bestimmte Bodeneigenschaften wie Dichte und Wassergehalt charakterisiert. Wichtigstes Anwendungsgebiet von Isotopenmessungen sind Untersuchungen des natürlichen ↗Wasserkreislaufes. Dabei sind die Hauptziele die Erforschung hydrologischer Zusammenhänge, hydrogeologischer Verhältnisse, Verweilzeiten von Grundwasser und die Abschätzung des Schadstofftransportes. [HJL]

Isotopensonde, radiometrisches Verfahren, das zur Bestimmung der Dichte und des Wassergehaltes von nichtbindigen oder leicht bindigen Erdstoffen dient. Die Meßeinrichtung der Sonde besteht aus der Strahlenquelle, dem Detektor zur Messung der Strahlungsintensitäten und einem Impulszählgerät. Zur Bestimmung der Dichte eines Bodens wird Gamma-Strahlung verwendet. Sie kommt je nach Dichte des Bodens mehr oder weniger geschwächt am Detektor an und gibt somit ein Maß für die Dichte des durchstrahlten Mediums. Der Wassergehalt wird mit Hilfe von Neutronenstrahlungen gemessen. Isotopensonden werden zur Qualitätskontrolle im Straßenbau (Dichte, Verdichtung, Hohlraumgehalt) und im Erd- und Grundbau (Dichte, Wassergehalt) eingesetzt. Als Schnellprüfverfahren für die zerstörungsfreie und produktionsbegleitende Qualitätskontrolle kommt sie z. B. beim Bau von ↗Dämmen, ↗Deichen, ↗Deponien, bei der Bodenverdichtung beim Bau von Fundamenten und bei vielen anderen Aufgaben im Tief- und Straßenbau zum Einsatz. Sie mißt i. d. R. gleichzeitig Dichte und Wassergehalt und bietet eine Direktanzeige. Das graphische Auftragen der gemessenen Werte nach der Tiefe ergibt ein Bild über die Gleichmäßigkeit der Dichte einer Bodenschicht. Ohne Kenntnisse über die Bodenart und die Kornverteilung sind Aussagen über die Bodeneigenschaften (insbesondere die Lagerungsdichte) nicht möglich. Die Anwendung radiometrischer Methoden ist genehmigungspflichtig und unterliegt strengen gesetzlichen Auflagen. [CSch]

Isotopenthermometer ↗Geothermobarometrie.

Isotopenthermometrie, *Carbonatthermometrie*, Methode zur ↗Paläotemperaturmessung. Die temperaturabhängige $^{16}O/^{18}O$-Isotopenfraktionierung (↗$^{16}O/^{18}O$, ↗Isotopenfraktionierung) in Carbonatschalen von fossilen marinen Organismen wird als Temperaturanzeiger für die Zeit der Bildung der Schale (Paläotemperatur) gedeutet. Die Genauigkeit der Bestimmung hängt vom Gleichgewicht mit dem Meerwasser und von diagenetischen Veränderungen der Schale ab.

Isotopenverdünnungsanalyse, sehr genaue Methode zur Bestimmung der Elementkonzentration. Bei dieser Technik wird die Probe, welche das zu bestimmende Element in bekannter natürlicher Isotopenzusammensetzung enthält, mit einem sog. Spike vermischt, der dieses Element in bekannter Konzentration, aber in deutlich anderer Isotopenzusammensetzung (eines oder mehrere Isotope sind künstlich angereichert) enthält. Anschließend werden die Isotopenverhältnisse (unter Umständen nach Abtrennung des Elements aus der Lösung) mit einem Massenspektrometer bestimmt (↗Massenspektrometrie). Aus der natürlichen Isotopenzusammensetzung der Probe, der Mischung und des Spikes kann die Konzentration des Elements in der Probe berechnet werden. Sind die natürlichen Isotopenverhältnisse der Probe unbekannt, so müssen evtl. diese in einer getrennten Messung bestimmt werden.

Isotopenverhältnis, die Häufigkeit von ↗Isotopen wird üblicherweise nicht absolut angegeben, sondern auf ein Referenzisotop desselben Elements bezogen und als Isotopenverhältnis (z. B. $^{87}Sr/^{86}Sr$) notiert. ↗ε-Notation.

Isotopieeffekt ↗Isotopenfraktionierung.

isotopische Altersbestimmung, quantitative Zeitbestimmung (Altersbestimmung) in den Geowissenschaften, bei welcher die relative Häufigkeit von Isotopen eines Elementes bestimmt und zur Datierung herangezogen wird. ↗Anreicherungsuhr.

isotrop, Bezeichnung für ein Material, dessen Eigenschaften in allen Richtungen gleich sind. Im Gegensatz hierzu ändern sich in *anisotropen* Materialien die Eigenschaften in Abhängigkeit von der Richtung. Ein Beispiel für isotrope Gesteine ist ein richtungslos körniger Granit, für anisotrope Gesteine sind es gebankte Sedimente. Ein Körper kann isotrop und ↗homogen (z. B. die Dichte in einem Granit), aber auch isotrop und inhomogen sein (z. B. die Dichte in einer Folge von sedimentären Schichten).

isotrope Turbulenz, Situation in einer Strömung, bei der die Statistik der turbulenten Geschwindigkeitsfluktuationen unabhängig von der Orientierung der Koordinatenachsen ist.

Isotropie, ↗isotrope Eigenschaft, im Gegensatz zur ↗Anisotropie.

Isotypie, Art der Ähnlichkeit zwischen Kristallstrukturen. Zwei Kristallstrukturen werden als isotyp bezeichnet, wenn in der chemischen Summenformel nur die Elemente ausgetauscht sind, die Raumgruppensymmetrie und die Liste der besetzten Punktlagen (↗Raumgruppe) sowie die ↗Koordinationspolyeder übereinstimmen und in gleicher Weise miteinander verknüpft sind.

isovalente Diadochie, *Tarnung*, Ersetzen von Elementen mit gleicher elektrischer Ladung (gleicher Wertigkeit). ↗Diadochie.

Isovapore, Linie gleichen Wasserdampfpartialdrucks. ↗Isolinien.

Isozenitale, Linie im Raum, welche die Punkte gleicher Lotrichtung verbindet.

Isozönosen, ↗Biozönosen bestimmter ↗Biotope, die sich funktionell entsprechen. Trotz unterschiedlicher Artenzusammensetzung (↗Art) stimmen Isozönosen aufgrund gleicher biologischer Spektren überein. Beispiele für Isozönosen sind der gemäßigte ↗Laubwald Mitteleuropas und Nordamerikas oder die rheophile Insektengemeinschaft im Oberlauf der Bäche in den verschiedenen Erdregionen (↗Rheobiozönose).

ISRM-Empfehlungen, Empfehlungen der International Society for Rock Mechanics, einer weltweiten Gesellschaft für Felsmechanik. Sie hat es sich seit 1967 zur Aufgabe gemacht, wissenschaftliche und technische Fragen, welche für die Gesellschaft von Wichtigkeit sind, in eigens eingerichteten Kommissionen zu behandeln und schriftliche Dokumente in Form von Empfehlungen zu publizieren. In den rückliegenden Jahren sind rund 40 solcher Empfehlungen erschienen, wobei sich die überwiegende Zahl mit Laborversuchen und ↗In-situ-Messungen beschäftigt. Herausgeber der Empfehlungen ist das Sekretariat der Gesellschaft in Lissabon (Portugal).

ISSS ↗*International Society of Soil Science*, engl. Bezeichnung der ↗Internationalen Bodenkundlichen Gesellschaft.

Itabirit, *Eisenquarzit*, metamorphisierte, in ↗Oxidfazies vorliegende gebänderte Eisenformation (↗Banded Iron Formation), in der die primär als ↗Chert abgesetzten Lagen zu makroskopisch sichtbaren Kristallen von ↗Quarz rekristallisiert wurden. Eisen liegt als ↗Hämatit, ↗Magnetit und/oder ↗Martit vor. Ursprünglich für die hochwertigen Eisenerze von Itabira (Brasilien) verwendet, hat der Begriff inzwischen weite Verbreitung erfahren. In den USA werden sie als *Taconit* bezeichnet und sind meist präkambrischen Alters. Wirtschaftliche Bedeutung haben Vorkommen bei Krivoj Rock und Kursk in der Ukraine, in der oberen See-Region (USA) und bei Itabira (Brasilien).

Itacolumit ↗*Gelenkquarzit*.

ITAM, *Internationale Tagung für alpine Meteorologie*, International Conference on Alpine Meteorology, ICAM.

ITC ↗*Innertropische Konvergenzzone*.

ITCZ ↗*Innertropische Konvergenzzone*.

ITRF, *IERS Terrestrial Reference Frame, vereinbarter terrestrischer Bezugsrahmen*, Bezugsrahmen, der vom Internationalen Erdrotationsdienst festgelegt wird. Der Bezugsrahmen ist durch ein Netz von Beobachtungsstationen realisiert. Der Ursprung, die Referenzrichtungen der Koordinatenachsen und der Maßstab des ITRF sind implizit durch die zugeordneten Koordinaten dieser Beobachtungsstationen definiert. Der Ursprung des ITRF befindet sich im ↗Geozentrum; die Unsicherheit dieser Zuordnung beträgt ca. 10 cm. Die z-Achse stimmt mit der mittleren Rotationsachse der Erde überein, definiert durch den IERS Reference Pole (↗IRP). Die x-Achse fällt in die Meridianebene des 0°-Meridians des internationalen Erdrotationsdienstes ↗IERS Reference Meridian (IRM). Der IRM ist durch die Längenordnungen der Referenzstationen definiert. IRP und IRM stimmen mit den entsprechenden Richtungen des BIH Terrestrial Systems (BTS) 1984,0 innerhalb von 0",005 überein. Der Bezugspol des BIH (BIH Reference Pole) wurde dem CIO (Conventional International Origin) 1967 angeglichen; die Unsicherheit dieser Angleichung beträgt etwa 0",03. Die Referenzpunkte sind primär durch stationäre Laserentferungsmeßsysteme zu Satelliten (SLR) und zum Mond (LLR), durch Radioteleskope (↗Radiointerferometrie), permanent installierte GPS-Empfänger sowie Stationen des DORIS-Systems, aber auch durch mobile Laserentfernungsmeßsysteme und ↗Radioteleskope festgelegt und vermarkt (TIGO). Die Positionen wurden mit Hilfe dieser Meßverfahren bestimmt und mit geeigneten Gewichten gemittelt. Positionsveränderungen als Folge von ↗Kontinentalverschiebungen bzw. die Bewegungsvektoren werden aus Wiederholungsmessungen oder aus den permanenten Beobachtungen stationär eingerichteter Meßsysteme abgeleitet (NUVEL). Vom IERS werden jährlich Koordinatensätze mitsamt den Bewegungsvektoren für die verfügbaren Observatorien gerechnet. Diese Koordinatensätze werden mit einer Jahreskennung versehen, z. B. ITRF94. [KHI,HD]

ITRS, *IERS Terrestrial Reference System*, erdfestes ↗Bezugssystem, das vom Internationalen Erdrotationsdienst definiert wird.

I-Typ-Granit ↗*Granit*.

IUGG, *Internationale Union für Geodäsie und Geophysik*, internationale wissenschaftliche Vereinigung mit etwa 80 Mitgliedsländern, die 1919 gegründet wurde und in sieben Assoziationen gegliedert ist: ↗Internationale Assoziation für Geodäsie (IAG), Internationale Assoziation für Geomagnetismus und Aeronomy (IAGA), Internationale Assoziation für hydrologische Wissenschaften (IAHS), Internationale Assoziation für Meteorology und atmosphärische Wissenschaften (IAMAS), Internationale Assoziation für Seismologie und Physik des Erdinnern (IASPEI),

Internationale Assoziation für physikalische Wissenschaften der Ozeane (IAPSO) und Internationale Assoziation für Vulkanologie und Chemie des Erdinnern (IAVCEI). Die IUGG wird von einem auf vier Jahre gewählten Präsidenten geleitet. Sie führt alle vier Jahre eine Generalversammlung mit mehreren wissenschaftlichen Symposien durch.

IUGS-Klassifikation, die seit 1973 international gültige Klassifikation für ↗Plutonite, vorgeschlagen von einer Subkommission der International Union of Geological Sciences (IUGS) unter Vorsitz von A. Streckeisen. Sie beruht auf dem Mineralbestand, der in die Gruppen Q (Quarz), A (Alkalifeldspat), P (Plagioklas mit mehr als fünf Molprozent Anorthitanteil sowie Skapolith), F (Foide) und M (Mafite und andere Minerale) eingeteilt wird. Am bekanntesten ist das ↗QAPF-Doppeldreieck, auch Streckeisen-Diagramm genannt.

Iviktut, *Evigtok*, wichtiger Mineralfundort am Arsukfjord im südwestlichen Grönland für außerordentlich fluorreiche Granitpegmatite. Iviktut ist hauptsächlicher oder einziger Fundort vieler Fluoride (Kryolith, Thomsenolith, Gearksutit, Kryolithionit, Chiolith u. a.), daneben Siderit (Kristalle), Kupferkies, Bleiglanz, Columbit, Molybdänglanz, Topas, Zinkblende, Fluorit.

IVS ↗*International VLBI Service for Geodesy and Astrometry*.

IWK ↗Internationale Weltkarte.

J

J1991.25, Fundamentalepoche des ↗Hipparcos-Sternkatalogs.
J2000, Fundamentalepoche des ↗FK5, entspricht dem 1.1.2000, mittags 12 Uhr.
Jackson-Faktor, oft mit α bezeichnet, beschreibt das Verhältnis der lateralen Bindungskräfte ε innerhalb einer Kristallfläche zur thermischen Energie:

$$\alpha = 4\varepsilon/kT.$$

Die atomare Rauhigkeit einer Fläche nimmt mit steigender Temperatur zu. Dabei gibt es einen meist schmalen Temperaturbereich, unterhalb dessen die Fläche atomar glatt ist und oberhalb dessen sie atomar aufgerauht ist. Der zugehörige Jackson-Faktor des Übergangsbereiches liegt je nach verwendetem theoretischem Modell zwischen 2 und 4. Für die Schmelztemperaturen der meisten Metalle liegen die Jackson-Faktoren im Bereich $\alpha \leq 2$. Für oxidische Kristalle ergeben sich oftmals Werte zwischen 3 und 10 bei den entsprechenden Schmelztemperaturen. Dort ist auch das Spiralwachstum am häufigsten vertreten.
Jacobi, *Carl Gustav Jacob*, deutscher Mathematiker, Bruder von M. H. von Jacobi, * 10.12.1804 Potsdam, † 18.2.1851 Berlin; ab 1827 Professor in Königsberg (Preußen), ab 1843 in Berlin; arbeitete über elliptische Funktionen, deren Theorie er 1829 unabhängig von N. H. Abel entwickelte, sowie über Differentialgleichungen (Jacobische Differentialgleichung), Zahlentheorie, Variationsrechnung und Himmelsmechanik (insbesondere zur Störungsrechnung und Gestalt der Himmelskörper). Nach ihm ist die Funktionaldeterminante (Jacobi-Determinante) benannt, er lieferte im Anschluß an J. L. de ↗Lagrange und W. R. Hamilton wichtige Untersuchungen zur analytischen Mechanik, die in der Hamilton-Jacobi-Theorie gipfelten. Bedeutendes Werk: »Fundamenta nova theoriae functionum ellipticarum« (1829).
Jacupirangit, ein ultramafischer ↗Plutonit aus Titanaugit, ↗Magnetit und wenig ↗Nephelin (demnach ein nephelinführender Klinopyroxenit); bei steigendem Nephelingehalt Übergang zu ↗Ijolith.
Jade, [von span. piedra di ijada = Kolikstein, früher gegen Nierenkolik verwendet], *Jygdeit*, Bezeichnung für dichten ↗Jadeit, ↗Nephrit, ↗Serpentin u. a. grüne Minerale für Schmuck und ↗Edelsteine.
Jadeit, Mineral mit monoklin-prismatischer Kristallform und der chemischen Formel $NaAl[Si_2O_6]$; Farbe: weißlich-grün, gelblich, grün, dunkelgrün einfarbig oder gefleckt; undurchsichtig; Strich: weiß; Härte nach Mohs: 6–6,5 (sehr spröd); Dichte: 3,24–3,42 g/cm³; Bruch: splittrig; Spaltbarkeit: deutlich nach (110); Aggregate: dicht, körnig, säulig, faserig, verfilzt; Kristalle nur selten; vor dem Lötrohr leicht zu einem halb durchsichtigen Glas schmelzbar (Unterschied zu ↗Nephrit und ↗Serpentin); in Säuren zersetzbar; Vorkommen: in der Epizone der Regionalmetamorphose im Bereich der Albit-Serizit-Chlorit-Subfazies; Fundorte: Val di Susa (Piemont, Italien), Urutal (Oberbirma), Yünan und Tibet (China), Korea. ↗Pyroxene.
Jahr, Dauer eines Umlaufs der Erde um die Sonne. Man unterscheidet ↗tropisches Jahr und ↗siderisches Jahr. Für den täglichen Gebrauch ist das ↗bürgerliche Jahr von Bedeutung.
Jahresbilanz ↗Massenhaushalt.
Jahresgang, ↗Variation einer Beobachtungs- oder Modellgröße im Verlauf eines Jahres.
Jahreslagen, durch in jahreszeitlichem Rhythmus in geringen Mengen entstehendes und nur im oberen Bereich einer Jahresschicht von Schnee wiedergefrierendes Schmelzwasser erzeugt eine Schichtung einer Schneedecke in Jahreslagen von Schnee im Wechsel mit dünnen Eislagen.
Jahresnettoakkumulation, die zwischen zwei Minima im Massenhaushaltsjahr eines ↗Gletschers aufgetretene ↗Akkumulation abzüglich der ↗Ablation.
Jahresschichtung ↗Warve.
Jahreswarven, im jahreszeitlichen Wechsel abgelagerte Feinsedimente in glazialen Seebecken, wobei grobkörnigere, helle Sommerschichten mit feinkörnigeren, dunklen Winterschichten wechseln.
Jahreszeiten, Zeitspanne innerhalb des Jahresganges. Wegen der Neigung von Ekliptikebene (in der sich die Erde um die Sonne bewegt) und Äquatorebene der Erde um etwa 23 Grad, wird die Erdoberfläche während eines Jahres von der Sonne verschieden stark ausgeleuchtet. Winter, Frühling, Sommer und Herbst auf der Nordhalbkugel entsprechen dann Sommer, Herbst, Winter und Frühling auf der Südhalbkugel (↗Erde Abb. 3). **1)** *Astronomie*: unterteilt in *Frühling* (21. März), *Sommer* (ab 21. Juni), *Herbst* (ab 23. September) und *Winter* (ab 21. Dezember). **2)** *Meteorologie*: umfaßt der Frühling die gesamten Monate März-Mai, der Sommer Juni-August, der Herbst September-November und der Winter Dezember des Vorjahres bis Februar.
jährliche Kohleförderung, fällt in Deutschland und der EU im gleichen Maße wie sie in anderen Ländern steigt. Insgesamt führt heute die VR China mit 1330 Mio. t Kohleförderung jährlich, gefolgt von USA mit 908 Mio. t., Indien mit 295 Mio. t. und Australien mit 261 Mio. t Steinkohle. Die geförderte Braunkohle spielt heutzutage eine nur geringe Rolle, mit Ausnahme Rußlands das insgesamt jährlich 244 Mio. t. Kohle fördert, wovon nur 166 Mio. t auf Steinkohle entfallen. Auch in Deutschland ist die Braunkohlenförderung von großer Bedeutung. Vor allem die DDR war einer der großen Braunkohlenproduzenten. Insgesamt hat Deutschland in 1991 71 Mio. t Steinkohle und 411 Mio. t Braunkohle, im Jahr 1997 46,5 Mio. t. Steinkohle und 177 Mio. t. Braunkohle gefördert.
Jakobstab, *Kreuzstab*, *baculus geometricus* (lat.), ein astronomisch-geodätisches Gerät zur Winkelbestimmung. Es diente zur Bestimmung von Fixsternörtern, bei ziviler und militärischer Ver-

messung zur Bestimmung von Vertikal- und Horizontalwinkeln (↗Winkel) sowie zu Lande und auf See zur Bestimmung von Sonnenhöhen bei der Ermittlung der geographischen Breite. Das von Levi ben Gerson (1288–1344) erfundene Instrument, gelangte seit der Mitte des 15. Jh. zur vielseitigen praktischen Anwendung, nachdem es von J. Regiomontanus (1436–1476) in eine neue, quasistandardisierte Form gebracht worden war: Auf einem ca. 2 m langen Stab läuft rechtwinklig ein Querstab (regula) mit je einer Visierspitze (acus) an beiden Enden. Zur Messung wurden vom Stabende zu den zwei Punkten des zu bestimmenden Winkels die beiden Visierspitzen zur Deckung gebracht; auf der Teilung des Stabes konnte am Querstabrand der Winkel abgelesen werden. Der Jakobstab war das wichtigste Winkelmeßinstrument des 16. und 17. Jh. [WSt]

Jama ↗Karstschacht.

Japanisches Meer, ↗Randmeer des ↗Pazifischen Ozeans zwischen dem asiatischen Festland und dem japanischen Inselbogen.

Jaramillo-Event, kurze Zeit normaler Polarität des Erdmagnetfeldes von 0,99–1,07 Mio. Jahre im inversen ↗Matuyama-Chron.

Jardang ↗Yardang.

Jaspis, [von hebräisch = jaspeh], *Herbeckit*, *Kinradit*, *Pramnion*, Mineral mit trigonal-trapezoedrischer Kristallform; chemische Formel: SiO_2 + farbbestimmende Beimengungen; Varietät von ↗Chalcedon; Farbe: vielfarbig (alle Farbtöne); meist streifig oder gefleckt; Strich: weiß, gelb, braun, rot; Härte nach Mohs: 6,5–7; Dichte: 2,58–2,91 g/cm^3; Spaltbarkeit: keine; Bruch: splittrig; Aggregate: als Knollen oder Spaltfüllungen; Fundorte: weltweit u. a. Kandern und Löhlbach (Baden), St. Egidien (Sachsen), Dauphiné (Frankreich), Dekkan (Indien), Ural.

Jeffreys, Sir *Harold*, * 1891 Fatfield County Durham, † 1989 Cambridge. Professor für Astronomie und Experimentelle Philosophie in Cambridge. Jahrzehntelang begleitete Jeffreys die physikalische Erforschung der Erde mit theoretischen Arbeiten und zusammenfassenden Darstellungen. Bekannt ist sein Werk »The Earth« (1924) mit Folgeauflagen 1929, 1952 und 1962. Ferner sind die seismologischen Jeffreys-Bullen-Tabellen (1939) zu nennen, die über Jahrzehnte als Referenz für die Interpretation der seismologischen Registrierungen dienten (Bullen (1906–1976), australischer Seismologe).

Jeffreys-Bullen-Modell, beschreibt den Verlauf der seismischen Geschwindigkeiten für ↗Kompressionswellen und ↗Scherwellen im Erdinnern. (↗Seismologie).

Jeffries-Matusita-Distanz, Trennbarkeitsanalyse zur statistischen Bestimmung der Trennbarkeit zweier Klassen. Sie ist definiert als die mittlere Differenz zwischen zwei Wahrscheinlichkeitsdichtefunktionen:

$$JM_{xy} = \int \left(\sqrt{p(X|K_x)} - \sqrt{p(X|K_y)} \right)^2 dX$$

mit JM_{xy} = Jeffries-Matusita-Distanz der Klassen x und y und $p(X|K_x)$ = Wahrscheinlichkeitsdichtefunktion der Klasse x. Bei Normalverteilung der Wahrscheinlichkeitsdichtefunktionen gilt:

$$JM_{xy} = \sqrt{2(1-e^{-\alpha})},$$

$$\alpha = \frac{1}{8}(\mu_x - \mu_y)^T \left(\frac{K_x + K_y}{2} \right)^{-1}$$

$$(\mu_x - \mu_y) + \frac{1}{2} \ln \left(\frac{|(K_x - K_y)/2|}{\sqrt{|K_x| \cdot |K_y|}} \right)$$

mit x, y = zu vergleichende Klassen, K_x = ↗Kovarianzmatrix der Klasse x, μ_x = Mittelwertvektor der Klasse x, ln = natürlicher Logarithmus, $|K_x|$ = Determinate von K_x.

Jenny, *Hans*, Bodenkundler der Schweiz und den USA, * 07.02.1899 in Zürich, † 09.01.1992 in Oakland, Californien; 1936–1967 Professor in Berkeley, Californien; Studium von Gebirgsböden; Beiträge zum Ionenaustausch von Böden und zum Einfluß klimatischer Faktoren auf den Bodenstickstoff; seine Bücher »Factors of Soil Formation«(1941) und »The Soil Resource«(1980) gelten international als Jahrhundertwerke und haben die ↗Bodengenetik und die Bodenökologie vorangebracht. Er war zudem Ehrendoktor in Gießen.

Jerk, *magnetischer Jerk*, plötzliche kurzzeitige Variation des erdmagnetischen Feldes von etwa ein bis wenige Jahre Dauer, deren Ursprung im flüssigen Erdkern vermutet wird. Der magnetische Jerk wird auch impulsive jerk und secular variation impulse genannt.

Jet-Grouting-Verfahren, ein ↗Hochdruck-Düsenstrahlverfahren. Mittels Drehbohrung mit Außenspülung wird eine Bohrung abgeteuft. Die Bohrspülung tritt aus Düsen am Bohrkopf aus und kann nach Erreichen der Endteufe auf Düseninjektion umgeschaltet werden. Die Suspension tritt unter hohem Druck aus und fräst im Bereich des Düsenstrahls den Boden auf. Durch unterschiedliche Dreh- und Ziehgeschwindigkeiten entstehen säulen- oder wandartige Injektionskörper. Entsprechend der Anordnung der Injektionspunkte erhält man Einzelsäulen, geschlossene Wände oder miteinander verzahnte quaderartige Körper. Wird das Gestänge ohne Drehbewegung gezogen, entstehen dünnere Wandscheiben. ↗Dichtungswand.

Jetstream ↗Strahlstrom.

Jodagyrit ↗Iodargyrit.

Jökulhlaup ↗Gletscherlauf.

Joosten-Verfahren, chemisches Zweikomponenten-Injektionsverfahren. Es wird eingesetzt in feinkörnigen Böden bis zu Feinsanden. Beim Abteufen der Bohrung wird in 50 cm Stufen eine Wasserglaslösung injiziert. Nach Erreichen der Endteufe und dem Abschluß der ↗Injektion wird durch die Injektionslanze in gleichen Stufen eine Salzlösung (Calciumchlorid) eingepreßt, die durch ihre Reaktion mit der Wasserglaslösung zur schnellen Ausfällen von Calciumsilicatgel führt.

Jordan, *Wilhelm*, deutscher Geodät, * 1.3.1842 Ellwangen, † 17.4.1899 Hannover; 1868–81 Professor für praktische Geometrie und höhere Geodäsie in Karlsruhe, danach desgleichen in Hannover bis zum Tod. 1873–74 führte er als Teilnehmer der Expedition von Rohlfs astronomische, Höhen- und bereits photogrammetrische Messungen in der Libyschen Wüste durch. 1875 Ehrendoktor der Universität München. Verdient um die Entwicklung des Vermessungswesens in Deutschland; 1872 beteiligt an Gründung des »Deutschen Geometervereins« (bis heute DVW »Deutscher Verein für Vermessungswesen«) und erster Schriftleiter von dessen »Zeitschrift für Vermessungswesen« (ZfV). Bedeutend ist sein »Handbuch der Vermessungskunde« (2 Bände, 1877–78), das ca. 90 Jahre lang in zahlreichen überarbeiteten und stark erweiterten (zehn Bände) Auflagen erschien (Jordan-Eggert-Kneißl). Weitere Werke:»Das deutsche Vermessungswesen« (1882), »Grundzüge der astronomischen Zeit- und Ortsbestimmung« (1885). [EB]
Jotnischer Sandstein ↗Proterozoikum.
Joule ↗Energieeinheiten.
joulescher Effekt, *Magnetriktion*, beschreibt die Eigenschaft ferromagnetischer Stoffe, sich bei Änderung eines angelegten magnetischen Feldes mechanisch zu verformen.
Joule-Thomson-Effekt, *Drosselentspannung, Drosseleffekt*, Temperaturänderung bei der Entspannung von Gas beim Durchtritt durch eine Drossel. Die meisten Gase kühlen sich bei der Entspannung ab. Bei Methan (Erdgas) beträgt die Abkühlung ca. 0,5 K bei der Druckentspannung von 1 bar. In der ↗Angewandten Geothermik wird dieser Effekt bei der Erfassung von Leckagen in Gaspipelines sowie Verrohrungen bzw. Förderrohren in Gaslagerstätten und unterirdischen Gasspeichern mit Hilfe von Temperaturmessungen (↗faseroptische Temperaturmessungen) ausgenutzt.
Julianische Epoche, Bezeichnung für einen Zeitpunkt auf der Basis der Dauer des ↗julianischen Jahres, beginnend bei J1900, dem Anfang des Julianischen Jahres 1900 (entspricht dem bürgerlichen Datum 31.12.1899, 12 Uhr). Zur Kennzeichnung wird der Jahreszahl ein »J« vorangestellt. Zum Beispiel liegt J2000 genau 100 julianische Jahre später als J1900:

$$2\,451\,545 = 2\,415\,020 + 100 \cdot 365{,}25.$$

Julianischer Kalender, von Julius Cäsar auf Anraten von Sosigenes eingeführter Kalender, bei dem auf drei Gemeinjahre mit 365 Tagen ein Schaltjahr mit 366 Tagen folgte. Wenn auch erst ab 8 n.Chr. sauber gehandhabt, werden oft frühere Zeitpunkte nach der gleichen Regel berechnet (proleptischer julianischer Kalender). Der julianische Kalender wurde am 15.10.1582 vom ↗gregorianischen Kalender abgelöst.
Julianisches Datum, *JD*, ↗Julianische Tageszählung.
Julianisches Jahr, mittlere Dauer eines Jahres nach dem ↗Julianischen Kalender, umfaßt exakt 365,25 Tage. Wird in der modernen Astronomie als Basis für Zeitunterschiede herangezogen.
Julianische Tageszählung, von Joseph Justus Scaliger um 1582 vorgeschlagene fortlaufende Zählung der Tage seit dem 1. Januar 4713 v.Chr. mittags 12 Uhr (*Julianisches Datum*). Zu Ehren seines Vaters Julius Cesar Scaliger nannte er sie Julianische Tage. Diese Zählweise ist ausgesprochen praktisch für astronomische Zeit- und Zeitdifferenzbestimmungen. (Tab.).
Jungeis, ↗Meereis im Übergangsstadium vom ↗Neueis zum ↗einjährigen Eis. Hierbei wird weiter unterschieden zwischen 10–15 cm dickem Graueis und 15–30 cm dickem Grauweißeis.
Jüngere Dryas, *Jüngere Tundrenzeit*, zwischen ↗Alleröd und ↗Holozän liegende letzte Kältephase, während der es zu bedeutenden Eisvorstößen bis Mittelschweden kam. ↗Quartär.
Jüngere Tundrenzeit ↗*Jüngere Dryas*.
Jungmoräne, ↗Moräne, die aus der letzten Kaltzeit (↗Weichsel-Kaltzeit bzw. ↗Würm-Kaltzeit) stammt, im Gegensatz zur ↗Altmoräne, die älteren Kaltzeiten entstammt.
Jungmoränenlandschaft, Gebiet der ↗Moränen aus der letzten Kaltzeit (↗Weichsel-Kaltzeit bzw. ↗Würm-Kaltzeit). Jungmoränenlandschaften weisen größere Reliefunterschiede auf als ↗Altmoränenlandschaften, da die Formen noch »frischer« sind und noch nicht ↗periglazial überprägt wurden. Das Relief wirkt unruhiger und steiler, Hohlformen (Toteislöcher) sind mit Wasser gefüllt; ↗Gewässernetz konnte sich zumeist noch nicht entwickeln. Die ↗Geschiebemergel sind noch nicht entkalkt und zu ↗Geschiebelehm verwittert. Typische Beispiele für eine Jungmoränenlandschaft sind das östliche Schleswig-Holstein und das Bayerische Alpenvorland zwischen Bodensee und Salzburg.
Jungtertiär, deutsche Bezeichnung für das stratigraphische System der ↗Neogen; umfaßt das ↗Miozän und ↗Pliozän.
Jura, mittlere System des ↗Mesozoikums, nach der ↗Trias, vor der ↗Kreide. Der Begriff »Jurakalk« wurde 1795 durch v. ↗Humboldt für Gesteine des französischen Jura-Gebirges (keltisch »Waldgebirge«) geprägt. Ab 1829 nannte Alexandre ↗Brongniart auch andere Einheiten »Jura-Formation«, die 1837 durch v. ↗Buch erstmals dreigeteilt wurden. Diese Teile bezeichnete ↗Quenstedt 1843 als Schwarzen, Braunen und Weißen Jura. Oppel führte 1856 dafür offiziell die alten englischen Bezeichnungen Lias, Dogger bzw. Malm ein. Die Periode des Jura umfaßt den Zeitraum von 205–135 Mio. Jahren. Die Untergrenze zur Trias wird mit dem ersten Auftreten des Ammoniten *Psiloceras planorbis* gezogen. Die Obergrenze zur Kreide wird durch das Einsetzen von *Riasanites riasanensis* bestimmt. Der Jura wird in elf Stufen mit insgesamt 76 Zonen untergliedert, wobei als ↗Leitfossilien Ammoniten benutzt werden.

Das Klima im Jura war allgemein warm, jedoch nicht völlig ausgeglichen. Dies wird belegt von deutlichen geographischen Unterschieden in Tier- und Pflanzenwelt sowie gegensätzlichen

Datum	Julianische Tageszahl
1.1.2000, 12 Uhr	2.451.545
1.1.2002, 12 Uhr	2.452.276
1.1.2010, 12 Uhr	2.455.198
31.8.2132, 12 Uhr	2.500.000

Julianische Tageszählung (Tab.): Beispiele für Daten mit Julianischer Tageszahl.

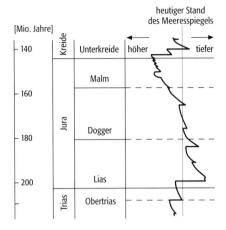

Jura 3: Verlauf des Meeresspiegels im Jura verglichen mit dem heutigen Stand.

Hinweisen aus gleichalten Sedimentgesteinen. Als Anzeichen erhöhter Temperaturen wird die weltweite Blüte von Flachwasser-Korallenriffen vom mittleren Dogger bis oberen Malm gesehen (Abb. 1 im Farbtafelteil). Aus Lias und Malm haben sich ausgedehnte Wüsten in Amerika beiderseits des Äquators als mächtige Dünen-Sandsteine erhalten (Abb. 2 im Farbtafelteil). Umfangreiche Salz- bzw. Gipsablagerungen während des ganzen Jura belegen ebenso wie die verbreiteten Bauxitlagerstätten relativ trockene und warme Verhältnisse. Zumindest Nordost-Sibirien war aber vermutlich im Dogger zeitweise vereist; direkte Beweise für polnahe Eiskappen fehlen aber noch.

Der globale Meeresspiegel fiel kurz nach Beginn des Lias weit unter den heutigen Stand (Abb. 3). Anschließend stieg er mit kurzen Unterbrechungen auf ein höheres Niveau als in der Trias. Die Tiefstände entsprechen dabei etwa den Zeiten verstärkter Grabenbildung im Zusammenhang mit dem Auseinanderbrechen des Superkontinentes Pangäa.

Nach Anfängen in der Trias zerfiel Pangäa im Jura entlang der Linie zwischen Karibik und Ur-Mittelmeer (/Tethys), an der es 100 Mio. Jahre zuvor verschmolzen wurde. Für die Gebirgsbildung und Bruchtektonik in diesem Zusammenhang und ihre Auswirkungen im Sediment wurde von Stille der Begriff »Kimmerische Phase« geprägt. Durch Massenverlagerungen im oberen Erdmantel wurde Pangäa im Lias um 12° nach rechts gedreht. Dadurch wanderte Asien südwärts und Amerika nordwärts. Als Konsequenz verstärkte sich das Riftsystem zwischen /Laurasia und /Gondwana. Im heutigen Mittelmeerraum fanden während des ganzen Jura intensive Plattenbewegungen statt, weil diese Region Angelpunkt der Drehung war. Vom Gondwana-Nordrand früher abgelöste Terran-Streifen wurden an Tibet und China angeschweißt. Zwischen Grönland und Norwegen war als weitere Trennlinie zwischen /Laurentia und Eurasia der Viking-Korridor vorhanden.

Im unteren Dogger entstand erstmals ozeanische Kruste zwischen Laurasia und Gondwana; die ältesten bekannten Sedimente direkt über ozeanischem Basalt sind jedoch erst aus dem /Callov bei Florida bekannt. Dieser erste, noch isolierte Zentralatlantik drang weiter Richtung Südwesten vor. Im so sich vergrößernden Hispanischen Korridor bildeten sich im Golf von Mexiko Salzpfannen. Der Viking-Korridor war im Dogger zeitweilig wieder geschlossen. Im Malm drehte sich Laurasia nochmals um 8°, was die Spannungen im Mittelmeerraum erhöhte. Afrika verschob sich westwärts, wodurch ein Tiefseebecken in den Südalpen entstand (»Penninischer Ozean«). Parallel weitete sich der Nordatlantik auf. Im /Kimmeridge erfolgte die Lösung Indiens und der Antarktis von Afrika, und ab dem /Volgium existierte mit einer Meeresstraße von Mosambik zu den Anden ein Kontakt zwischen Tethys und Südpazifik. Zu dieser Zeit öffnete sich mit dem Durchbruch des Hispanischen Korridors auch eine tiefozeanische Verbindung von der Tethys über den schmalen Atlantik zum Pazifik.

Im europäischen Jura spiegeln sich die unterschiedlichen Phasen des Zerfalls von Pangäa wider. Während des Lias waren noch die triassischen Riftsysteme aktiv; es ist aber kaum Vulkanismus zu verzeichnen. Im /Hettang begann eine fast vollständige Überflutung Mitteleuropas. Vielerorts lagerten sich mächtige Tonsteine ab, deren organischer Inhalt zu zahlreichen Erdöllagerstätten führte. Über den Rockall-Färoer-Trog, die Irische See und den Kanal öffnete sich eine Meeresverbindung von der Arktis zur Tethys, der Viking-Korridor. Vom /Sinemur bis zum /Aalen existierte eine weitere Straße von Grönland nach Norddeutschland. Mitteleuropa war über die Rhône-Pforte, die Biskaya und die Ostkarpathische Pforte zeitweilig mit der Tethys verbunden. In den stark gegliederten Meeresraum trugen die umgebenden Festländer über Deltas erhebliche Sedimentmengen ein. Vor diesem Hintergrund sind im europäischen Jura drei Faziesprovinzen erkennbar: a) Der Norden (Schottland bis Norddeutschland) mit tonigen Sedimenten offener Meere, b) der Osten (Polnisches Becken bis Norddeutschland) mit Klastit-Prägung und c) der Südwesten mit Tonen und Kalken.

Das wichtigste Ereignis im Dogger war die Aufwölbung eines /Mantelpdiapirs ab dem oberen Aalen (Abb. 4). Bei Schottland flossen im Bajoc/Bathon über 2 km mächtige Basalte aus. Im Viking-Graben entstand auf dem Zentralnordsee-Dom ein 700 × 1000 km messendes Festland (»Kimbrisches Land«), das die Arktis von Mitteleuropa trennte. Es wurde rasch um über 2 km gehoben und schüttete deshalb große Sandmengen in die angrenzenden Meeresbereiche. Diese Sandsteine stellen die wichtigsten Speichergesteine für die Ölfelder Norddeutschlands und der Nordsee dar. Wegen des unterbrochenen Kaltwasserzustroms bildeten sich ab dem Bajoc in Südwesteuropa /Carbonatplattformen mit Korallenriffen und /Oolithen (Abb. 1 im Farbtafelteil). Weitere Krustenausdehnungen hatten für Europa sehr unterschiedliche Effekte: Mit der Trennung von Laurasia und Gondwana wurden

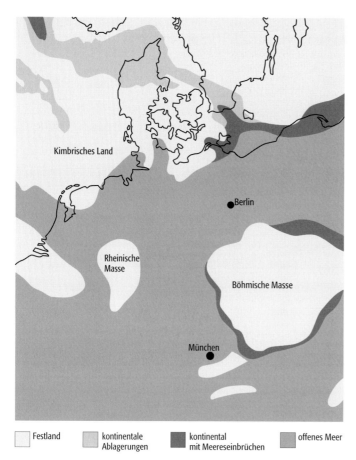

Jura 4: Land-Meer-Verteilung in Mitteleuropa im Dogger (vor ca. 170 Mio. Jahren).

die herrschenden Spannungen von der Erweiterung der Tethys abgekoppelt. Statt der vorher bestimmenden Nordost-Südwest-Richtung der Grabenbrüche prägen nun Nordwest-Südost streichende Strukturen das Bild. Der Zentralnordsee-Dom sank im Callov wieder ein und mit ihm seine Randtröge, wie z. B. das Niedersächsische Becken. Im Volgium wurden dort fast 1 km Salze abgeschieden. Das Armorikanische Massiv wurde gehoben und mit Rheinischer und Böhmischer Masse zu einem Festlandsriegel verschmolzen, der die Hessische Straße und Trierer Bucht schloß. Als neue Meeresverbindung zwischen Mitteleuropa und Tethys sank die Sächsische Straße ein. In Südwesteuropa bis zur Fränkischen Plattform lagerten sich unter weiträumig offenen Bedingungen je nach Senkungstendenz kalkige oder tonige Gesteine ab, während im Norden erneut kohlenwasserstoffreiche Tone sedimentiert wurden.

Während des ganzen Jura war die Pflanzen- und Tierwelt geographisch wenig differenziert. Orientiert an den Breitengraden wird die nördliche Borealzone von der äquatorialen Tethys (mit dem Subboreal als Übergangszone) abgetrennt. Unterschiede in der Lebewelt dieser Zonen gehen v. a. auf die stärker jahreszeitlich schwankende Umweltfaktoren in hohen Breiten zurück, an die sich nicht alle Organismen anpassen konnten. Innerhalb der Zonen war die Lebewelt wegen des ausgeglichenen Klimas und der eng benachbarten Kontinente jedoch sehr einheitlich.

Die jurassische Landflora unterschied sich nicht wesentlich von der triassischen. Es überwogen Farne, Palmfarngewächse und Nadelbäume. Bei den Farnen waren baumförmige Vertreter noch häufig. Echte Palmfarne (Cycadales) wurden bis zu 18 m hoch. Verwandte Ordnungen (Bennettitales, Caytoniales, Pentoxylales) zeigten schon erste Merkmale der Bedecktsamer. Diese heute so wichtige Gruppe ist ab dem Dogger mit nicht sicher zuzuordnenden Pollen bekannt. Die Nadelbäume waren mit Podocarpaceen, Sumpfzypressen und ersten Zypressen sowie Araukarien (v. a. auf der Südhalbkugel) vertreten, die Voltzien starben aus. Zu nennen sind noch die Ginkgos, die im Jura den Höhepunkt ihrer Entwicklung erlebten. Bekannt sind reiche Funde mit ähnlichem Spektrum aus dem Lias Ostgrönlands und dem Dogger der Antarktis, Indiens und Australiens. Im Malm wurden geographische Unterschiede deutlicher: Die kühl-gemäßigten Breiten (Angara- und Gondwanaflora) wiesen mehr Ginkgos und weniger Palmfarne auf als die äquatornahe bis warm-gemäßigte euramerische Provinz, enthielten aber dennoch wärmeliebende Farnfamilien. Wichtige Neuentwicklungen gab es bei den im Wasser lebenden Einzellern: Im Lias entstanden die kieseligen Diatomeen und die kalkigen Coccolithophoriden, durch ihre Mineralskelette zwei bedeutende Gruppen für den Charakter der Hochseesedimente. Die Dinoflagellaten zeigen ab dem Dogger eine große Formenfülle und werden im Plankton wichtig.

Wirbellose Lebewesen im Meer sind ebenso wie Wirbeltiere überaus charakteristisch für den Jura. Die wohl bekanntesten Fossilien überhaupt, Ammonitiden und Riesen-Dinosaurier, erlebten zu dieser Zeit ihre Blüte, und zahlreiche noch heute wichtige Gruppen traten erstmals auf. Bei den ammonoiden Kopffüßern spalteten sich im Lias von den end-triassischen Phylloceratida die Lytoceratida und die Ammonitida ab. Die ersten blieben lange Zeit fast konstant, während sich die letzteren rasant entwickelten. Die Geschwindigkeit der Differenzierung von Skulptur, Gehäuseform und Kammerbau ist Ausdruck ihres ökologischen Erfolges. Als weitere Gruppe der Kopffüßer entstanden die Belemnitida (»Donnerkeile«) im Lias neu; sie breiteten sich von Europa rasch weltweit aus. Andere Weichtiere setzten ihren Aufstieg fort: Erste Lungenschnecken traten auf, aber auch viele die heutige Schneckenfauna prägende Familien. Die Muscheln verdrängten immer mehr die Brachiopoden, von denen die Spiriferida ganz und die Strophomenida bis auf die extrem abgewandelten Thecideen aussterben. Die Zusammensetzung der übrigen Wirbellosen-Fauna ändert sich weniger auffällig: Bei den Glasschwämmen entstanden im Lias die sehr geometrisch gebauten Lychniskiden. Ebenfalls aus dem Lias sind die ersten Zweiflügler (Fliegen, Mücken) und Ohrwürmer bekannt, und die Zehnfußkrebse bildeten etliche neue Ordnungen. Die algenabweidenden (»regulären«) Seeigel waren in rascher Evolution begriffen, was schwere Konsequenzen für die Ökologie der Riffe hatte (↗Bioerosion). Das Aufkommen der sedimentfressenden, tiefgrabenden (»irregulären«) Seeigel (sie sind mit ihren beiden Ordnungen ab Lias überliefert) wirkte sich mehr auf das Leben im Sediment aus (↗Bioturbation). Bei den Wirbeltieren wurden zahlreiche Weichen gestellt: Die höheren Knochenfische (Teleostei) traten im Lias auf, und die modernen Haie (Neoselachii) erschienen. Die Fischfauna wurde aber bestimmt von den Holostei; die triassischen Chondrostei waren fast verschwunden. Bei den Amphibien entwickelten sich Molche, Salamander und erste Frösche neu. Im Lias entstanden, waren sie im Malm weltweit verbreitet.

Die Reptilien wurden im Jura zu Wasser, zu Lande und in der Luft die bestimmenden Elemente, obwohl mit den Cynodontia eine hochentwickelte, säugerähnliche Linie ausstarb. Die Ichthyosauria hatten ihre größte Vielfalt im Lias, weltweit die besten und meisten Funde kommen aus Holzmaden in Württemberg. Die ökologisch verwandten Plesiosauria traten im Lias auf und entwickelten bis zum Malm Riesenformen von 10 m Länge. Die Eidechsen erschienen im Dogger und Malm mit den Gekkos, Skinken und Waranen. Primitive Krokodile starben im Lias aus, wurden aber sofort von den Mesosuchia abgelöst, die sogar das Meer eroberten (Abb. 5 im Farbtafelteil). Die ↗Dinosaurier brachten etliche neue Gruppen hervor und besetzten so fast jede ökologische Nische auf den Kontinenten. Die meist zweibeinigen Prosauropoda starben im Lias aus, doch gleichzeitig nahmen die vierbeinigen Sauropoda an Größe zu. Im Malm brachten sie die größten Landtiere aller Zeiten hervor. Drei Lokalitäten des Kimmeridge ragen mit Funden von Dutzende Meter langen und hohen Skeletten mehrerer 10er Tonnen schwerer Individuen heraus: Im Mittleren Westen der USA die Morrison-Formation, Tendaguru in Tanzania und Sichuan (China). Bei den Theropoda sind bereits vogelähnliche Vertreter von z. T. nur 50 cm Länge (»Coelurosaurier«) bemerkenswert. Aus ihnen entwickelten sich im Tithonium mit Archaeopteryx die Vögel, die als einzige Dinosaurier bis heute überleben konnten. Ankylosauria und Stegosauria sind ab Dogger bekannt. Die Ornithopoda wurden erst ab Malm wichtiger, da vorher die Sauropodomorpha die Pflanzenfresser-Nische besetzt hielten. Bei den Pterosauria lösten die Pterodactyla im Malm die Rhamphorhynchoidea ab.

Im unteren Lias von Lesotho entwickelten sich aus den Cynodontia die ersten Säugetiere (Triconodonta, Morganucodonta). Im Malm erschienen weitere, recht kurzlebige Ordnungen: Die Docodonta, Symmetrodonta und Eupanthotheria sind überwiegend durch ihre charakteristischen Zähne bekannt, mit guten Funden z. B. aus dem Kohlebergwerk von Guimarota bei Leiria in Portugal. ↗geologische Zeitskala. [MB]

Literatur: [1] HÖLDER, H. (1964): Jura. – Stuttgart. [2] STANLEY, S.M. (1994): Historische Geologie. – Heidelberg. [3] ZIEGLER, P.A. (1990): Geological Atlas of Western and Central Europe. – Amsterdam.

Jurasky, *Karl Alfons*, österreichisch-deutscher Geologe, * 16.5.1903 Lautsch, Kreis Neulitschein (Mähren), verschollen 8.5.1945 Freiberg (Sachsen). Jurasky war Dozent an der Bergakademie Freiberg, Sachsen, und Mitarbeiter am Reichsamt für Bodenforschung. Zu seinen wichtigen paläobotanische und kohlenpetrographischen Arbeiten, insbesondere zur Inkohlung, zählen »Deutschlands Braunkohlen und ihre Entstehung« (1936) und »Kohle – Naturgeschichte eines Rohstoffes« (1940).

jurassisches Relief ↗Synklinaltal.

Justus Perthes, Verlagsbuchhandlung und kartographischer Betrieb. In der 1785 gegründeten Buchhandlung verlegte Johann Georg Justus Perthes (* 11.9.1749 Rudolstadt, † 2.5.1816 Gotha) nach 1786 den 1763 gegründeten »Gothaischen Hof-Kalender« (letzte Ausgabe 1944 als »Gothaisches Jahrbuch«) sowie Titel zur Pädagogik, Geschichte und Geografie und seit 1809 den »Handatlas über alle bekannte Laender des Erdbodens« von H. G. Heusinger (1767–1837). Dessen Unvollkommenheit regte Adolf ↗Stieler an, J. Perthes im Jahr 1815 ein Atlasprojekt vorzuschlagen, das dann als »Hand-Atlas über alle Theile der Erde …« von 1817 bis 1823 unter dem Nachfolger Wilhelm Perthes (1793–1853) wissenschaftlich erarbeitet und mit 47 Kartenblättern 1823 publiziert wurde. Der Hand-Atlas wurde später auf 75 Blätter erweitert (1831) und bis 1944 fortgeführt (↗Stielers Handatlas). Fortan bestimmten Kartenwerke und Atlanten das Verlagsprofil, insbesondere Stielers »Karte von Deutschland in XXV Blättern« (1. Ausgabe 1832–36, letzte 1885?), ↗Schulatlanten (1821 bis 1844 200.000 Exemplare), K. von Spruners (1803–1892) »Geschichtlicher Handatlas« (seit 1837), Heinrich ↗Berghaus »Physikalischer Atlas« (1. Ausgabe 1837), Taschenatlanten (seit 1845) sowie Schulwandkarten, die ab 1838 in lithographischer Technik mehrfarbig publiziert wurden. Seit 1847 erschienen die Schulatlanten nach Emil von ↗Sydows Entwürfen. Das Unternehmen, immer noch ein reiner Verlag ohne technisches Personal, richtete 1842 unter Bernhardt Perthes (1821–1857) eine »Galvanische Anstalt« (↗Galvanoplastik) zur Herstellung von Kupferdruckplatten ein, der im folgenden Jahrzehnt zu einem kartographischen Betrieb mit Kartographen, Kupferstechern, Kupferdruckerei (1863 angekauft), Buchbinderei und Buchdruckerei ausgebaut wurde. Justus Perthes' Geographische Anstalt wird dadurch zum führenden deutschen kartographischen Verlag. Als wissenschaftlicher Leiter wurde 1854 August ↗Petermann (1822–1878) berufen, der den typisch gothaischen Kartenstil inhaltlich, graphisch und technisch zur Vollendung führte und 1855 die bis heute bestehende Fachzeitschrift »Mittheilungen … über wichtige neue Erfahrungen der

Geographie« (später »Petermanns Geographische Mitteilungen«) begründete. Führende Erzeugnisse dieser Zeit sind: Heinrich Bachs »Geognostische Übersichtskarte von Deutschland ...« (1:1.000.000, 9 Blätter Kupferstich, zehnfarbiger Steindruck, 1855), die Neubearbeitung von »Stielers Handatlas« (4. Ausgabe 1862–64, 84 Blätter), Hermann Berghaus »Chart of the World« (8 Blätter, 1. 1863, 11. 1886, 24. 1924), Carl Vogel (1828–1897) »Karte des Deutschen Reiches 1:500.000« (27 Blätter, 1893 vollendet), darauf fußend von Richard Lepsius' (1851–1915) »Geologische Karte von Deutschland« 1:500.000 (27 Blätter 1894–97) sowie seit 1866 das »Geographische Jahrbuch«. Aus Rezensionsexemplaren und Ankauf entstand eine gehaltvolle Fachbibliothek die 1914 bereits 80.000 Bände umfaßte und eine Kartensammlung aus 200.000 Blättern. In dem seit 1881 von Bernhard Perthes (1858–1919) geleiteten Betrieb trat 1897 Hermann ↗Haack (1872–1966) als wissenschaftlicher Leiter ein, der nach und nach alle kartographischen Verlagserzeugnisse erneuerte und modernisierte, bei stagnierendem Umsatz und schrumpfenden Gewinn. Trotz Verlusten stand das Unternehmen Inflation und Wirtschaftskrise durch. Nach dem zweiten Weltkrieg nahm Hermann Haack im Familienunternehmen, das 1949 in VEB Geographisch-Kartographische Anstalt Gotha umfirmiert wurde, seine Tätigkeit wieder auf. 1953 übersiedelte Joachim Perthes (1889–1954) nach Darmstadt, wo er die »Justus Perthes Geographische Verlagsanstalt« gründete, weitergeführt von Wolf Jürgen Perthes († 1964) und seit 1980 von Stephan Perthes. Bis 1985 entstanden 150 neue Schulwandkarten und 180 Transparentkarten. In Gotha erlebte der 1955 in »VEB Hermann Haack Geographisch-Kartographische Anstalt Gotha« umbenannte Betrieb den nach Mitarbeiterzahl und Umsatz höchsten Stand seines 200jährigen Bestehens. Verlegt wurden Schulwandkarten und Atlanten, darunter der 1965–69 neu geschaffene »Haack Großer Weltatlas«. 1992 erfolgte die Rückgabe des Betriebes an Stephan Perthes, der ihn ebenfalls 1992 an den Ernst Klett Schulbuchverlag GmbH verkaufte. Weiterhin werden im »Justus Perthes Verlag Gotha GmbH« wissenschaftliche geographische und kartographische Erzeugnisse hergestellt. Der Klett-Perthes Verlag Gotha setzt das von Stuttgart nach Gotha verlagerte Lehrmittelprogramm (z. B. Alexander Weltatlas, Schulbücher) fort. [WSt]

juvenile Klasten, *essentielle Klasten*, unmittelbar aus der vulkanischen Schmelze gebildetes Auswurfmaterial.

juveniles Fragment, *essentielles Fragment*, Fragment des eruptierenden Magmas (im Gegensatz zu ↗Gesteinsbruchstücken und Xenokristallen).

juveniles Gas, *essentielles Gas*, ↗Volatil des eruptierenden Magmas.

juveniles Wasser, *magmatisches Wasser*, Wasser, das noch nie am exogenen Wasserkreislauf (Hydrosphäre) teilgenommen hat, im Gegensatz zu ↗vadosem Wasser bzw. ↗meteorischem Wasser. Juveniles Wasser wird bei der Magmengenese aus Hydroxidionen der Minerale erzeugt. Eine Quantifizierung juveniler Wässer am Gesamtwasserhaushalt eines Vulkans oder einer Intrusion ist kaum möglich.

Kabbelung, Aufsteilen und Brechen von ↗Wellen im Meer durch konvergente ↗Meeresströmungen, die z. B. an ↗Fronten auftreten.

Kabellichtlot, *Lichtlot*, Gerät zur Messung des Wasserstands in einem Bohrloch oder Brunnen. Es besteht aus einem Maßband mit cm-Einteilung, in das zwei isolierte Metalldrähte integriert sind. Am Nullpunkt des Maßbandes liegen beide Leiter über Kontaktstifte frei, so daß bei Eintauchen oder Berührung des Wasserspiegels ein geschlossener Stromkreis entsteht und obertage am Kabellichtlot ein Glühbirnchen aufleuchtet. Die Meßgenauigkeit beträgt 0,5 cm. ↗Brunnenpfeife.

Kabinettskarte, 1) i. w. S. eine historische Karte des 17. und 18. Jh., die für das Aufhängen in einem Dienstzimmer bestimmt und im Kartenbild meist größer als eine Handkarte gestaltet war, aber nicht die Fernwirkung einer ↗Wandkarte hat. Sie ist oft handgezeichnet, in gedruckter Form ist sie wegen des begrenzten Formats der Kupferplatten oft aus mehreren Blättern bestehend, aber stets von einem gemeinsamen, meist repräsentativ ausgestalteten Rahmen umschlossen. 2) i. e. S. die für den preußischen Staat geschaffene Übersichtskarte, deren Herstellung zwischen 1767 und 1787 General F. W. K. Graf Schmettau (1743–1806) und C. L. v. Oesfeld (1741–1804) leiteten. Als »Kabinettskarte des preußischen Staates östlich der Weser« umfaßt das Kartenwerk mehrere hinsichtlich Maßstab, Genauigkeit und Ausführung unterschiedliche Teile, meist 1:50.000, mit zusammen 272 handgezeichneten Blättern. [WSt]

Kaena-Event, kurze Zeit inverser Polarität des Erdmagnetfeldes von 3,04–3,11 Mio. Jahre im normalen ↗Gauß-Chron.

Kahlschlag, Begriff aus der ↗Forstwirtschaft für das meist von ökonomischen Interessen geleitete, völlige Abholzen ganzer Wälder. Der Kahlschlag ist kostengünstiger als das gezielte Fällen einzelner Bäume. Die ökologischen Konsequenzen sind jedoch erheblich und führen zu einer Verminderung des ↗Leistungsvermögens des Landschaftshaushaltes des betroffenen Gebietes. Vom Kahlschlag betroffene Gebiete weisen einen völlig veränderten ↗Wasserhaushalt auf, zudem wird der Schutz gegen ↗Bodenerosion aufgehoben.

Kainit, [von griech. kainos = neu], Mineral mit monoklin-prismatischer Kristallstruktur und der chemischen Formel $KMg[Cl|SO_4] \cdot 3\,H_2O$; Farbe: farblos, weiß, gelblich, rötlich, grau, hellgraugrün, manchmal auch violett; Glasglanz; Strich: weiß; Härte nach Mohs: 3; Dichte: 2,12–2,15 g/cm³; Spaltbarkeit: vollkommen nach (100); Bruch: muschelig; Aggregate: Kristalle selten und wenn, dann in Drusen; ansonsten derb, körnig, feinkörnig auch faserig, dicht, splitterig, als Lagen oder Bänke; an der Luft ziemlich beständig; stechender Geschmack; in H_2O löslich; vor dem Lötrohr schmelzbar; Begleiter: Halit, Epsomit, Hexahydrit, Carnallit, Kieserit, Anhydrit; Vorkommen: als primäres Kalisalz der normalen, $MgSO_4$-haltigen, ozeanen Salzlagerstätten; Fundorte: New Mexico und Kalifornien (USA).

KAK ↗<u>K</u>ationen<u>a</u>ustausch<u>k</u>apazität.

Kakirit, ↗Tektonit in einer ↗Scherzone. Er besteht aus unterschiedlich großen Fragmenten des undeformierten Gesteins, das nahe den Gleitflächen intensiv zerrieben ist. Die Feinkornbereiche können partienweise nachträglich rekristallisiert (↗Rekristallisation) sein.

Kalahari-Kraton ↗Proterozoikum.

Kalbung, *Gletscherkalbung*, ↗Gletscherabbruch an der ↗Gletscherfront eines ins Meer oder einen See mündenden ↗Gletschers. Dabei entstehen Eisbrocken (Abb. im Farbtafelteil) bis zu Hausgröße (*Kalbungseis*) und größeren ↗Eisberge.

Kalbungseis ↗Kalbung.

Kaledoniden, *kaledonischer Orogengürtel*, von ↗Suess geprägte Bezeichnung für die Gebirge frühpaläozoischer Deformation, die sich von Irland und Schottland nordostwärts durch Skandinavien erstrecken (Abb.). Dieser Orogengürtel wurde durch die kaledonische Orogenese deformiert, deren Hauptphase im ↗Silur war, jedoch werden verschiedene ältere und jüngere Deformationsphasen in die kaledonische Ära mit einbezogen. Die Kaledoniden oder kaledonischen Gebirge entstanden als Resultat der Öffnung und Schließung des ↗Iapetus. Dieser sog. Wilson-Zyklus begann im ↗Kambrium und endete im späten Silur mit der Bildung einer hohen Bergkette, deren Überreste sich von Irland über Schottland und Ostgrönland bis Norwegen erstrecken. Sie bilden das kaledonische Gebirge im Sinne von Stille, das sich jedoch nach Westen in das Appalachen-Orogen und nach Süden in die Herzynischen Faltengürtel Westeuropas fortsetzt, d. h. die

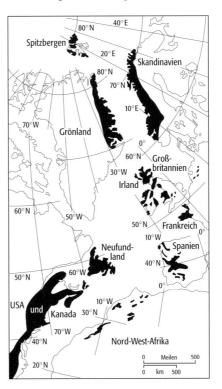

Kaledoniden: fragmentiertes Kaledonisches Orogen im Nordatlantischen Bereich mit den Appalachen und kaledonisch deformierten Gebieten der Hercynischen Faltengürtel.

Randgebiete der Kontinente, die den Iapetus umgaben (/Laurentia, /Baltica, /Gondwana) waren alle in die Deformationsgeschichte des Iapetus mit einbezogen. Die skandinavischen Kaledoniden nehmen die Westküste von Skandinavien bis hinauf nach Finnmark ein und sind charakterisiert durch weit transportierte Deckenstapel, die spät-proterozoische bis silurische Decksedimente und Grundgebirge enthalten. Man unterscheidet eine miogeosynklinale Fazies des Kambro-Silur im Osten (Oslo-Gebiet) von einer gleichaltrigen Tiefwasserfazies (Trondheim-Fazies) im Westen. Die Kaledoniden Spitzbergens wurden ursprünglich als Verlängerung der skandinavischen gesehen, gehörten aber wohl eher zu Ostgrönland. Auf den Britischen Inseln nehmen die Kaledoniden etwa drei Viertel der Landmasse ein. [SP]

Kaledonisches Meer /Iapetus.

Kalema, Dünungsbrandung im Golf von Guinea. /Brandung, /Seegang.

Kalender, Hilfsmittel zur Darstellung und Messung des Zeitablaufs. Grundlage bilden Periodizitäten, die von der Bewegung der Erde um die Sonne, des Mondes um die Erde und der Rotation der Erde um die eigene Achse herrühren. Tage, Monate, Jahreszeiten und Jahre finden sich in den meisten Realisierungen von Kalendern wieder. Heutzutage hat der /Gregorianische Kalender weltweite Bedeutung erlangt.

Kalenderreform, da das /tropische Jahr keiner ganzen Zahl von Tagen entspricht und der übrig bleibende Tagesbruchteil nicht trivial abgehandelt werden kann, führen die Schaltjahr-Regelungen früher oder später zu Abweichungen des Kalenders vom tatsächlichen Sonnenlauf. Zu große Abweichungen werden durch Kalenderreformen abgefangen. Im Jahre 1582 war die Abweichung des Julianischen Kalenders gegenüber dem tatsächlichen Sonnenlauf auf zehn Tage angewachsen, so daß Papst Gregor zur Korrektur auf den 4. Oktober gleich den 15. Oktober folgen ließ. Außerdem führte er eine neue Schaltjahrregel ein (/Gregorianischer Kalender).

Kaliber-Log, Messung zur Erfassung des Durchmessers (mm) einer Bohrung (Kalibermessung). Die Bohrlochwand wird von mehreren Meßarmen abgetastet, wodurch Unregelmäßigkeiten des Durchmessers lokalisiert werden können. In der Regel werden Vierarmkalibersonden eingesetzt, die zwei senkrecht zueinander stehende Bohrlochdurchmesser registrieren. Das Kaliber-Log dient in erster Linie als Korrekturgröße und Qualitätslog für andere Bohrlochmeßverfahren. Ein weiteres Anwendungsfeld ist die Ermittlung des lokalen Spannungsfeldes über die Ausbruchsform. Bei diesen elliptischen Ausbruchsformen liegt die Achse der größten Ausbrüche in der Regel senkrecht zur maximalen Hauptspannung.

Kalibermessung /Kaliber-Log.

Kalibrierung, durch Versuch abgeleitete Beziehung zwischen der zu messenden Größe und der Anzeige des Gerätes, der Meßvorrichtung oder des Meßvorgangs.

Kalifeldspat, Kaliumfeldspat, /Orthoklas.

Kalifeldspatisierung /Kalimetasomatose.

Kalifornienstrom, südwärtige, kalte /Meeresströmung vor der Küste Kaliforniens und der kalifornischen Halbinsel, die als Analog zum Portugal- und Kanarenstrom in den nordpazifischen Äquatorialstrom mündet.

Kalimetasomatose, Kalifeldspatisierung, metasomatischer Vorgang (/metasomatisch), der zur Kalifeldspatblastese (/Blastese), z. B. im Nebengestein von Carbonatiten oder am Kontakt von oder an Einschlüssen in Graniten, führen kann.

Kalisalze, Edelsalze, /Abraumsalze, Gruppe der häufig komplexen (zusammengesetzten) Salzminerale, die in der /Abscheidungsfolge aus dem Meerwasser nach dem Steinsalz kommen und an denen vielfach, aber nicht immer, Kalium beteiligt ist. Hierzu gehören Sylvin (KCl), Kainit (KCl · $MgSO_4$ · 3 H_2O), Carnallit (KCl · $MgCl_2$ · 6 H_2O), Polyhalit (K_2SO_4 · $MgSO_4$ · $2CaSO_4$ · 2 H_2O), Bischofit ($MgCl_2$ · 6 H_2O) und Kieserit ($MgSO_4$ · H_2O).

Kalium, Metall der Alkaligruppe, chem. Symbol K, Anteil an der Erdkruste 2,41 %, Gehalte in Böden zwischen 0,2 und 3,3 %. Kalium besteht aus drei natürlich vorkommenden Isotopen von denen ^{40}K mit einer Halbwertszeit von $1,3 \cdot 10^9$ Jahre eine wichtige Quelle für die durch Radioaktivität erzeugte Wärme in der Erdkruste ist. Die radiometrische Kalium-Argon-Datierung wird häufig für die Abschätzung des Alters geologischer Vorgänge eingesetzt. Wichtigste Primärminerale sind /Feldspäte (Orthoklas) und /Glimmer (Muscovit). Im Laufe der Verwitterung wird Kalium vor allem in die Tonminerale Illit, Vermiculit und Chlorit eingebaut. In der organischen Bodensubstanz sind nur geringe K-Mengen enthalten. Die in Böden vorkommenden K-Bindungsformen, austauschbar, nicht austauschbar und das ionare Kalium in der /Bodenlösung, können ineinander übergehen, und es kann zwischen ihnen zu einer Gleichgewichtseinstellung kommen. Beim Transfer von austauschbarem und gelöstem Kalium in den nicht austauschbaren Zustand kommt es zu einer Einlagerung in den Schichtzwischenraum aufweitbarer Tonminerale (/K-Fixierung). Das in dieser Form gebundene Kalium ist kurzfristig nicht mehr pflanzenverfügbar. Kalium ist ein unentbehrlicher Nährstoff für alle Pflanzen, da es für die Photosynthese, Atmung und zur Aktivierung von Enzymen benötigt wird. Die Folgen von extremem K-Mangel sind chlorotische und nekrotische Erscheinungen an Blattspitzen und -rändern. Zur Behebung von K-Mangel wird in der Landwirtschaft eine Düngung mit chlorid- oder sulfathaltigen Kalisalzen, Mehrnährstoffdüngern oder organischen Düngern durchgeführt (/K-Versorgung). [AH]

Kalium-Argon-Datierung, $^{40}Ar/^{40}K$-Datierung, eine /physikalische Altersbestimmung. Sie basiert auf dem radioaktiven Ungleichgewicht in der Kalium-Zerfallsreihe, mit der der Zeitpunkt der letzten Argon-Entgasung durch Aufheizung oder Mineralneubildung bestimmt wird. ^{40}K ist als

↗ primordiales Element bei der Bildung der Erde entstanden und heute an der Gesamt-Kaliummenge mit 11,7 ‰ beteiligt ($^{39}K = 93,3\%$, $^{41}K = 6,7\%$). ^{40}K zerfällt dual entweder unter β^--Emission zu ^{40}Ca (Häufigkeit $5 \cdot 10^{-10}/a$) oder unter e^--Einfang zu ^{40}Ar (Häufigkeit $0,58 \cdot 10^{-10}/a$), womit das Verzweigungsverhältnis etwa 0,1 beträgt. Als ↗ Halbwertszeit ergibt sich für ^{40}K 1,28 Mrd. Jahre. ^{40}Ar entsteht einzig durch den oben genannten Zerfallsprozeß innerhalb der Erdkruste und kommt mit 99,6 % am natürlichen Element vor.

Es werden vier verwandte Datierungsmethoden eingesetzt, die sich hinsichtlich der Aufschlußverfahren, Anwendbarkeit und Aussagekraft unterscheiden: a) Bei der konventionellen $^{40}K/^{40}Ar$-Methode wird die Konzentration beider Isotope gemessen und Korrekturen für aus der Atmosphäre aufgenommenes Argon durchgeführt. Rest-^{40}Ar aus der Ausgangsschmelze der Probe und ↗ Xenolithe können Überschußargon in der Probe hervorrufen, während langsames Abkühlen und Verwitterung zur Abfuhr von Argon nach Schließen des Systems führen. Die ↗ Schließtemperatur (Temperatur der letzten Ar-Entgasung) ist unterschiedlich für verschiedene Minerale und liegt zwischen etwa 200–700°C. b) Die Cassignol-Technik ist aufgrund der hohen Meßgenauigkeit besonders für junge Proben geeignet und verwendet zugegebenes atmosphärisches Argon zur Kalibrierung des Massenspektrometers. Die Datierungsgenauigkeit kann damit bis auf ± 2000 Jahre für Proben jünger als 100.000 Jahre gesteigert werden. c) Bei der Argon-Argon-Methode ($^{39}Ar/^{40}Ar$-Methode) wird der K-Gehalt durch Beschuß der Probe mit thermischen Neutronen ermittelt, indem das nach der Reaktion $^{39}K + n \rightarrow {}^{39}Ar$ entstandene synthetische ^{39}Ar gleichermaßen wie das natürliche ^{40}Ar massenspektrometrisch gemessen wird. Aufgrund der kurzen Halbwertszeiten von ^{39}Ar von 269 Jahren ist in natürlichen Proben dieses Isotop nicht vorhanden. Das stufenweise Aufheizen der so vorbehandelten Probe läßt Argon zur quantitativen Bestimmung entweichen. Das Alter einer ungestörten Probe ergibt sich als Plateauwert des Entgasungsdiagramms. d) Bei der Argon-Argon-Laser-Einzelkorntechnik können gemäß vorstehender Methodik durch die Verwendung von Laser zur Aufheizung der Probe auch einzelne Mineralkörner gemessen werden. Dadurch ist eine Verunreinigung der Probe durch älteres Material erkennbar, jedoch besteht ein Nachteil darin, daß bei der Neutronenbestrahlung innerhalb der kleinen Probenmenge Rückstoßkräfte induziert werden. Diese Rückstoßkräfte können Argon entweichen lassen. [RBH]

Kaliumpermanganatverbrauch ↗ chemischer Sauerstoffbedarf.

Kaliumversorgung, quantitative Einstufung des Kaliumgehaltes von Pflanzen und Böden. Pflanzen können sowohl ↗ austauschbares Kalium als auch nicht austauschbares Kalium aufnehmen. Die Versorgung wird in Gehaltsklassen (akuter Mangel, latenter Mangel, optimale Versorgung, Luxusversorgung, latente Toxizität und akute Toxizität) untergliedert. Die Gehaltsklassen sind nach ↗ Bodenart differenziert, da diese die Austauschkapazität und das bodenbürtige K-Nachlieferungsvermögen entscheidend bestimmen. Eine optimale K-Versorgung der Kulturpflanzen ist wichtig für die Funktion des Wasserhaushaltes, Protein- und Kohlenhydratstoffwechsels und die Aktivierung von Enzymreaktionen. Direkt aus der ↗ Bodenlösung kann nur diejenige K-Menge aufgenommen werden, die mit dem austauschbaren Kalium im Gleichgewicht steht. Nimmt der Gehalt an austauschbarem Kalium ab, baut sich ein Konzentrationsgradient auf und in zunehmendem Maße wird nicht austauschbares Kalium freigesetzt. Insgesamt ist die Versorgung von Pflanzen mit Kalium abhängig vom Tonmineralgehalt, der ↗ K-Fixierung, dem Anteil an K-nachliefernden Mineralen und der ↗ K-Sättigung. Der Versorgungsgrad von Böden mit Kalium kann chemisch über die Ca-Acetat-Lactat-Methode (CAL) oder biologisch über Feldversuche und nachfolgender Messung des K-Gehaltes in Pflanzen (z. B. Getreide, Kartoffelkraut) bestimmt werden. Welketracht und Blattrandnekrosen sind Zeichen pflanzlichen K-Mangels.

Kalkalgen, eine informelle Fossilgruppe, in der alle benthischen Algen, inklusive der ↗ Cyanobakterien, zusammengefaßt werden, die infolge ihrer Lebenstätigkeit zumindest eine partielle kalkige Hülle oder ein kalkiges Skelett ausscheiden. Kalkalgen sind im gesamten ↗ Phanerozoikum divers und in flachmarinen und nicht marinen aquatischen Lebensräumen häufig (Abb. 4). Sie haben eingeschränkten biostratigraphischen Leitwert. Ihr besonderer Wert liegt in der paläoökologischen Aussagekraft der diversen Gruppen (Abb. 1, 2 u. 3). Generell sind sie als Faziesanzeiger für Salinität, Temperatur und Wassertiefe nutzbar. In flachmarinen Sedimentationsräumen sind sie als Lieferant von Bioklasten, manche Gruppen nach ihrem postmortalem Zerfall auch als Mikritproduzenten von Bedeutung. Kalkalgen beteiligen sich als sedimentbindende und -fangende Organismen (Binder und Baffler) an verschiedensten Biokonstruktionen quer durch die Erdgeschichte.

Unter den rezenten marinen Algen calcifizieren etwa 11 % der Grünalgen und 6 % der Rotalgen. Im Süßwasser calcifizieren alle Charophyta, 12 % der Cyanobacterien und 1 % der Chlorophyten. Nachdem ein größerer Teil der Taxa unverkalkt bleibt, ist der Grund für die Calcification

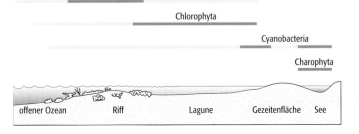

Kalkalgen 1: Verbreitung rezenter benthischer Kalkalgengruppen auf einem idealisierten Profil eines tropischen Carbonatschelfs.

Kalkalgen

Kalkalgen 2: Tiefenverbreitung und Häufigkeit/Diversität rezenter benthischer Kalkalgengruppen.

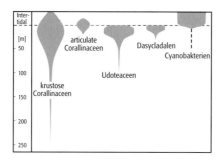

agglutinieren in der Schleimscheide Sedimentkörner und bilden auf diese Weise ↗Stromatolithen, Algenmatten und Mikritonkoide (»spongiostromate Onkoide«). Diese organosedimentären Strukturen werden nicht zu den Kalkalgen i. e. S. gerechnet; tatsächlich sind »Spongiostromata« i. d. R. Assoziationen aus verschiedenen mikrobiellen Organismen. Aus verzweigten Röhren bestehende Taxa wie bei den Gattungen *Cayeuxia* oder *Ortonella* finden ihr rezentes Analogon in manchen *Rivularia*-Arten. Manche Autoren stellen solche Formen jedoch zu den Chlorophyceen. Coccoidale Cyanobakterien sind im Fossilen schwierig nachzuweisen und könnten von manchen problematischen paläozoischen Formen wie *Epiphyton* oder *Renalcis* vertreten sein. Calcifizierte Cyanobakterien sind vom Kambrium bis in die Unterkreide in flachmarinen Habitaten häufig und verschwanden im Verlauf der Oberkreide so gut wie vollständig aus dem normalmarinen Milieu. Dies könnte eine allmähliche Veränderung der Meerwasserchemie anzeigen. Im Känozoikum überleben nur wenige Formen in intertidalen Bereichen mit abweichender Salinität. In nicht marinen aquatischen Environments des Känozoikums bleiben sie weiterhin häufig und bilden porostromate Onkoide und Stromatolithe. In Süßwasser-Marschen wie den Everglades können sich aus desintegrierenden Matten calcifizierter Cyanobakterien auch unlaminierte Carbonatschlämme bilden.

eher unklar. Neben einer Stütz- und Schutzfunktion des Skelettes ist auch die photosynthetische Aufnahme von CO_2 und die aus der Verschiebung des Lösungsgleichgewichts resultierende Fällung von Carbonat verantwortlich zu machen. Die Calcification ist an organische Matrizen, i. d. R. an Polysacharide geknüpft. Die Calcificationszentren liegen innerhalb der Zellwand (Charophyten-Oogonien), intrazellulär (Corallinaceen), extrazellulär (Udoteaceen) oder innerhalb einer extrazellulären Schleimscheide (↗Cyanobakterien, Dasycladaceen). Während Cyanobakterien und alle rezenten Süßwasseralgen Calcit ausscheiden, sekretieren marine Grünalgen sowie die zu den Rotalgen gehörenden Peysonneliaceen Aragonit, coralline Rotalgen Mg-Calcit. Nachdem fossile Kalkalgen als wichtige Komponenten, z. T. sogar gesteinsbildend in diversen, stark zementierten flachmarinen Kalksteinen auftreten, werden sie meistens in Zufallsschnitten in Carbonatdünnschliffen untersucht. Ausnahme sind die Charophyten, deren Oogonien aus Schlämmproben isoliert werden.

Kalkalgen 3: latitudinale Verbreitung rezenter benthischer Kalkalgengruppen.

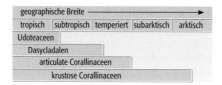

a) Cyanobacteria (Blau-Grün-Algen): Sie sind im Gegensatz zu den übrigen Algen ↗Prokaryoten. Filamentäre, in ihrer Schleimscheide verkalkende Taxa wie *Girvanella* bilden kleine Röhren. Sie sind wichtige Onkoidbildner (»porostromate Onkoide«). Nicht verkalkende Cyanobakterien

b) *Rhodophyta* (Rotalgen): Rotalgen sind ausschließlich marin und treten in tropischen bis arktischen Bereichen auf. Die wichtigste Rotalgengruppe sind die seit dem Jura auftretenden Corallinaceen. Man unterscheidet die inkrustierend bis knollig wachsenden krustosen Corallinaceen (z. B. *Archaeolithothamnium*) und die aufrecht und verzweigt wachsenden artikulaten Corallinaceen (z. B. *Corallina*). Deren Thalli bestehen aus calcifizierten, über unverkalkte Geniculae zusammengesetzten Segmenten. In beiden Gruppen bildet das intrazellulär ausgeschiedene Skelett ein sehr feines, fossil oft mikritisiertes Maschenwerk aus einem basalen oder inneren Hypothallus und einem feinmaschigeren, externen Perithallus. Im Perithallus befinden sich Sporangienkammern (Konzeptakel). Während die artikulaten Corallinaceen nach ihrem Tod zerfallen, sind die crustosen Formen wichtige Gesteinsbildner. In modernen Korallenriffen bilden sie in Form dicker Krusten oft das in der höchsten energetischen Brandungszone gelegene Riffdach (»red algal ridges« der Karibik). Sie sind mengenmäßig und konstruktiv wichtige Bestandteile der Coralligène-Fazies (↗Coralligène) und des in gemäßigten bis borealen Zone verbreiteten Maerls. Rotalgen-Onkoide (↗Rhodolith) sind in Wassertiefen bis zu 200 m verbreitet. Die in der Oberkreide erscheinenden Peysonneliaceen sind den krustosen Corallinaceen ähnlich. Sie sind allerdings schwächer calcifiziert und bilden dünnere Lagen als letztere. Sie unterscheiden sich v. a. durch ein aragonitisches Skelett, welches das Überlieferungspotential stark einschränkt.

Kalkalgen 4: Verbreitung der Kalkalgen in der Erdgeschichte.

		Kambrium	Ordovizium	Silur	Devon	Karbon	Perm	Trias	Jura	Kreide	Känozoikum
	Cyanobacteria										
Rotalgen	Corallinaceae										
	Peysonneliaceae										
	Gymnocodiaceae										
Grünalgen	Dasycladales										
	Udoteaceae										
	Charophyta										

Ein Teil der jungpaläozoischen phylloiden Algen wird aufgrund ähnlicher Morphologie und vergleichbaren Erhaltungsmusters in die Nähe der Peysonneliaceen gerückt. Die kleine Gruppe der Gymnocodiaceen (Perm bis Kreide) ist in ihrer Anatomie den Grünalgen ähnlich. Die Vertreter (z. B. v. a. die im Perm weit verbreiteten Gattungen *Permocalculus* und *Gymnocodium*) besitzen aber Sporangien, welche den Rotalgen ähneln und eine Zuordnung zu diesem Taxon rechtfertigen. Der Ursprung der Rhodophyceen ist noch weitgehend unklar. Neben den sog. »ancestralen corallinen Rotalgen« des Jungpaläozoikums (z. B. *Archaeolithophyllum*) werden traditionellerweise die aus Röhren mit gemeinsamen Wänden und i. d. R. Querböden aufgebauten Solenoporaceen (Kambrium bis Alttertiär) als Rotalgen betrachtet. Sie sind jedoch weder in Hypothallus und Perithallus differenziert, noch besitzen sie Konzeptakeln. Vermutlich verbirgt sich unter den Solenoporaceen eine polyphyletische Gruppe, der sowohl Rotalgen als auch Cyanobacterien und Chaetetiden angehören.
c) ↗Chlorophyta (Grünalgen): Die beiden wichtigsten Gruppen mit verkalkenden Vertretern sind die Dasycladales (Wirtelalgen) mit den bekannten rezenten Gattungen *Acetabularia*, *Cympopolia* und *Neomeris* und die Udoteaceae (Schlauchalgen) mit den charakteristischen Gattungen *Halimeda*, *Udotea* und *Penicillus*. Beide Gruppen sind in flachmarinen tropischen bis subtropischen Habitaten, v. a. in Lagunen mit nur wenige Meter tiefem Wasser weit verbreitet. Nur einzelne Vertreter können auch in temperierten Zonen, z. B. im westlichen Mittelmeer (Balearen) vorkommen. Die Dasycladalen sind aufrecht wachsende Algen mit einer Stammzelle, von der die i. d. R. in Wirteln, d. h. kreisförmig in einer Ebene (euspondyl) angeordneten und z. T. mehrfach verzweigten Zweige abgehen. Paläozoische Vertreter können auch irregulär (aspondyl) angeordnete Zweige besitzen. Dasycladalen zeichnen sich durch eine externe Verkalkung aus, welche Stammzelle und Zweige krustenartig umgibt. Als Folge wird die eigentliche Alge als Hohlraum bzw. als Negativ überliefert. Aufgrund unterschiedlich intensiver Verkalkung sind taxonomische Unterschiede der meist fragmentarisch überliefernden Reste oft schwierig zu erfassen. Verkalkte Dasycladalen sind seit dem Kambrium bekannt und erreichen ihr Verbreitungsmaximum im Mesozoikum.
Die Udoteaceen besitzen einen zweigegliederten Thallus. Die zentrale Medulla wird von mehr oder minder parallel verlaufenden Filamenten erfüllt, die verzweigend und verdünnend in den externen Cortex übergehen. Aufgrund ihrer sehr großen Variationsbreite sind die Udoteaceen taxonomisch schwierig zu fassen. Zudem haben sie eine relativ schlechte Fossilüberlieferung, weil sie nach ihrem Tod in einzelne Aragonitnadeln zerfallen und so in Lagunen in erheblichem Maße zur Kalkschlammbildung beitragen (»Algenmikrit«).
d) Charophyta (Armleuchteralgen): Dies sind typische Bewohner von Hartwasserseen, obwohl einzelne Arten Brackwasser tolerieren und auch aus hyperhalinen Environments beschrieben wurden. Charophyten werden aufgrund zytologischer Merkmale und besonders wegen ihrer spezialisierten Fortpflanzungsorgane, darunter die besonders stark verkalkten Oogonien (Gyrogonite), als eigene, von den Grünalgen abgetrennte Abteilung der Algen angesehen. Fragliche, den Charophyten zugeschriebene Fossilien (Umbellinen) sind seit dem Silur bekannt. Allerdings handelt es sich bei den meisten fossilen und auch taxonomisch bearbeitbaren Resten um die bis mehr als Millimeter großen, kugeligen bis ovalen Oogonien mit ihrer charakteristischen Spiralrippung. Die eigentlichen Pflanzen sind dagegen relativ schwach verkalkt und schlecht erhalten. Die größte Diversität haben die Charophyten zwischen Kreide und Oligozän. Sie sind generell als Leit- und Faziesfossilien für nicht marine aquatische Habitate nutzbar.
e) phylloide Algen: Im Karbon und Perm treten blattartige (»phylloide«) Algen, häufig als Konstrukteure von ↗Biostromen und ↗reef mounds auf. Es handelt sich um bis mehr als 1 mm dicke und oft mehrere Zentimeter lange, wellige bis flachgedrückte Algen. Vermutlich handelt es sich um eine heterogene Gruppe, in der Rotalgen aus dem Formenkreis der Peysonneliaceen und udoteaceen Grünalgen vermischt sind. Neben den phylloiden Algen treten zahlreiche weitere ↗Mikroproblematika auf, deren taxonomische Affinität unbekannt ist und die versuchsweise den »Kalkalgen« eingeordnet werden. [HGH]

Kalkalkali-Basalt ↗High-Alumina-Basalt.

Kalkalkali-Gesteine, magmatische Gesteine mit vorherrschendem Calciumgehalt im Gegensatz zu den Alkaligesteinen (↗Alkalimagmatite). Die Kalk-Alkaligesteine umfassen den größten Teil der magmatischen Gesteine wie Granit, Syenit, Diorit, Gabbro, Peridotit und die entsprechenden Oberflächenäquivalente.

Kalkalkali-Magmatite, 1) subalkalische Magmatite (↗subalkalisch), die einen ↗kalkalkalischen Trend ausbilden (↗AFM-Diagramm). Sie treten bevorzugt an konvergenten ↗Plattenrändern in Verbindung mit Gebirgsbildungen auf. 2) manchmal auch i. w. S. für alle subalkalischen Magmatite gebraucht.

kalkalkalisch, 1) Bezeichnung für einen Fraktionierungstrend im ↗AFM-Diagramm, der durch ein in etwa gleich bleibendes Fe/Mg-Verhältnis gekennzeichnet ist. 2) manchmal i. w. S. als Bezeichnung für ↗Magmatite der ↗Subalkali-Serie gebraucht.

Kalkarenit ↗Litharenit.

Kalkbauxite, »*Auf-Karst-Bauxite*«, durch Umlagerung von lateritischen Böden (↗Laterit) in Senken und Hohlformen verkarsteter ↗Carbonatkomplexe und nachträglicher ↗Desilifizierung entstandene ↗Bauxite. ↗Bauxitlagerstätten.

Kalkbedarf, die zu applizierende Kalkmenge, die sich aus der Differenz zwischen dem derzeitigen pH-Zustand und dem anzustrebenden pH-Ziel ableiten läßt. Die exakte Bestimmung des Kalk-

bedarfes erfolgt über die Ermittlung des ↗H-Wertes (potentielle Acidität) als Maß für die Gesamtsäuremenge mittels Ca-Acetat, des pH-Wertes (aktuelle Acidität) und dem rechnerischen Bezug auf das standortspezifische pH-Ziel. Der Kalkbedarf wird als CaO angegeben.
Kalkböden ↗ Kalksteinböden.
Kalkfeldspat ↗ *Anorthit*.
Kalkgley, Subtyp des ↗Bodentyps ↗Gley mit Sekundärcarbonatanreicherung, nur z. T. bis in den Oberboden erkennbar. ↗Varietäten sind Hangkalkgley und Quellenkalkgley.
Kalkgyttja ↗ *Kalkmudde*.
Kalkkonkretionen, Carbonatlösung in den oberen Zentimetern bis Dezimetern eines Bodens und Ausfällung von Calciumcarbonat in festen, meist kirsch- bis apfelgroßen Knoten darunter, insbesondere im unteren Bereich von ↗Schwarzerden oder ↗Kastanozemen.
Kalkkrusten, sekundäre Ausfällung von Carbonaten (vorwiegend Calciumcarbonat) und dadurch starke Verfestigung eines Bodenhorizontes. 1) Durch bevorzugt lateral abwärts gerichtete Bodenwasserbewegung entsteht in wechselfeuchten Klimaten an Mittel- und Unterhängen in zuvor kalkhaltigen Substraten ein entkalkter Boden mit starker, die Bodenbestandteile verkittender Kalkanreicherung an und unterhalb der ↗Kalklösungsfront und damit eine nicht oder nur schwach wasserdurchlässige Kalkkruste. ↗Bodenerosion kann die entkalkten Bodenhorizonte beseitigen und so die nicht ackerbaulich nutzbare Kalkkruste an die Bodenoberfläche gelangen lassen. 2) Durch Grundwasser, das in den feinen Kapillaren von lehmigen oder tonigen Böden in Senken bis in Oberflächennähe aufsteigt und dort verdunstet, kann in ariden bis semiariden Klimaten eine Kalkkruste im Ober- oder Unterboden entstehen. [HRB]
Kalklösungsfront, *Entkalkungsgrenze*, schmaler, scharf abgegrenzter oder breiter, diffuser Bereich zwischen dem oberhalb liegenden entkalkten ↗Bodenhorizont (z. B. ↗Bv-Horizont oder ↗Al-Horizont) und dem unterhalb liegenden kalkhaltigen Substrat (z. B. kalkhaltiger Löß).
Kalkmarsch, Bodentyp nach der ↗deutschen Bodenklassifikation aus carbonathaltigem Gezeitensediment. Das ↗Carbonat steht bis höher als 4 dm unter Flur an.
Kalkmudde, *Kalkgyttja*, organomineralische ↗Mudde, 5–30 Masse-% ↗organische Substanz. Kalkmudden bestehen überwiegend aus hellgrau bis weißer (mancherorts durch den Karotingehalt niederer Krebse rötlich gefärbter), carbonatischer Substanz. Makroskopisch sind meist noch Molluskenschalen erkennbar. Der Carbonatanteil liegt über 30 %. Die Kalkmudden lassen sich nach Feinkalkmudde, Grobkalkmudde und Seekreide untergliedern, wobei sich die Bezeichnungen Grob- bzw. Fein- auf die Größe der pflanzlichen Reste beziehen. Die Seekreide besteht zu über 90 % aus Calciumcarbonat. Feinkalkmudden sind Tiefensedimente kalk-mesotropher Seen von plastisch-elastischer Konsistenz, wohingegen Grobkalkmudden im Flachwasser gebildet werden und das Ende der Verlandung anzeigen.
Kalkpaternia, *Auenpararendzina*, Bodentyp der ↗deutschen Bodenklassifikation aus kalkhaltigem bis sehr kalkreichem, jungem Flußsediment, gehört zu den ↗Auenböden.
Kalkschaler, Organismen, die für die Sedimentation von Carbonat und damit die Fixierung von gelöstem Carbonat in Festgesteinen ausschlaggebend sind. Sie überliefern zusätzlich in ihren Gehäusen und Schalen die Isotopenkonzentration von Sauerstoff und Kohlenstoff in ehemaligen Lebensräumen ab. Wichtige carbonatausscheidende heterotrophe (↗Heterotrophie) Fossilien sind ↗Foraminiferen, ↗Korallen, Muscheln, Schnecken (↗Mollusca), unter den phototrophen Organismen (↗Autotrophie) Coccolithophoriden und ↗Kalkalgen.
Kalksilicatfels, ein ↗Kalksilicatgestein mit massiger Textur.
Kalksilicatgestein, ein metamorphes Gestein (↗Metamorphose), das reich an Calciumsilicaten, wie z. B. Wollastonit, Grossular, Diopsid, Vesuvian oder Epidot, ist. Es bildet sich aus unreinen Carbonatsedimenten und kann daher noch unterschiedlich hohe Anteile an Carbonatmineralen (Calcit und Dolomit) führen (dann Übergänge zu ↗Marmoren möglich). Häufig zeigen Kalksilicatgesteine ein sehr heterogenes Gefüge mit im Millimeterbereich stark wechselnden Mineralbeständen. Ursache dafür ist eine schon sedimentär angelegte stoffliche Variabilität. Weniger stark heterogene, massige Gesteine werden als ↗Kalksilicatfelsen bezeichnet.
Kalksinter, *Sinterkalk*, *sinters* (engl.), nicht marines Carbonatgestein, welches eine geringe makroskopische Porosität aufweist. Für die Kalkbildung sind anorganische Prozesse im vadosen Milieu verantwortlich. ↗Travertin.
Kalkstein, vorwiegend aus Calciumcarbonat ($CaCO_3$) bestehendes Sedimentgestein. Es zählt zu den chemischen Sedimenten (↗chemische Sedimente und Sedimentgesteine). Eine Ausfällung aus einer wäßrigen Lösung ist möglich. Häufig sind Organismen direkt oder indirekt an der Kalkbildung beteiligt.
Kalksteinböden, *Kalkböden*, Böden aus Kalkstein, meist basen- und nährstoffreich, gut gepuffert, mit moderartigem ↗Mull, auch als Humusform. ↗Rendzina, ↗Pararendzina.
Kalksteinbraunlehm ↗ *Terra fusca*.
Kalksteinrotlehm ↗ *Terra rossa*.
Kalktschernosem, Bodenyp nach der ↗deutschen Bodenklassifikation, gehört zu den ↗Schwarzerden. Diese Böden besitzen einen reliktischen, unter Steppenbedingungen entstandenen ↗Acxh-Horizont, der wiederum ältere reliktische Merkmale früherer Bodenbildung oder jüngere Merkmale einer späteren Überprägung (Degradation, Stauwasser-, Grundwassereinfluß) enthalten kann und als ↗diagnostischer Horizont gilt, der das Ergebnis der intensiven Wühltätigkeit der steppenbewohnenden Kleinsäuger ist, den ↗Krotowinen, die bis in den C-Horizont hineinreichen. Das ↗Solum zeigt im Gegensatz

zum Typ Tschernosem deutliche Anreicherung von Sekundärcarbonat in Form von Pseudomycelien. Subtypen sind: Pelosol-, Braunerde-, Parabraunerde- oder Gley-Kalktschernosem.

Kalktuff, *tufa* (engl.), nicht marines Carbonatgestein, welches eine hohe makroskopische Porosität aufweist. Sowohl organische Prozesse als auch vadoses Milieu sind Voraussetzungen für die Kalkbildung. ↗Travertin.

Kalkung, Ausbringung von Calciumcarbonat oder Branntkalk auf Ackerböden zur Erhöhung des durch bodenbildende Prozesse abnehmenden pH-Wertes und damit zum Erhalt der Bodenfruchtbarkeit. Waldböden werden zur vorübergehenden Verhinderung der ↗Aluminium-Toxizität bei starker ↗Versauerung gekalkt.

Kalkzugabe, Kalke werden Böden zugesetzt, um den Wassergehalt zu reduzieren und chemische Reaktionen in Gang zu setzen, die die Eigenschaften des Bodens verbessern sollen. Die Wassergehaltsreduzierung wird beeinflußt durch die Art und Menge des Kalkes, die Anzahl der Mischdurchgänge und vom Wetter (Temperatur, Luftfeuchtigkeit, Wind). Die Kalkart und Kalkmenge richtet sich nach dem beabsichtigten Zweck. Feinkörnige Böden werden mit Feinkalk (CaO) oder Kalkhydrat (Ca(OH)$_2$) behandelt, während grobkörnige Böden einen hochhydraulischen Kalk (Kalke mit Zusätzen von latent hydraulischen Stoffen) erfordern, der über hydraulisch erhärtende Komponenten verfügt. Bei Bodenverbesserungen erfolgt die Kalkzugabe meist auf der Baustelle nach kg/m^2, bezogen auf 20 cm Schütthöhe, und zwar etwa, 2 kg/m^2 bei 1–2 % zu hohem Wassergehalt, 3–5 kg/m^2 bei 2–3 % zu hohem Wassergehalt und 8–10 kg/m^2 bei 4–5 % zu hohem Wassergehalt. Wenn der Wassergehalt des Bodens mehr als 4–5 % über den ↗optimalen Wassergehalt liegt, wird in der Regel Branntkalk (CaO) verwendet, bei dem die wassergehaltsreduzierende Wirkung größer ist als bei Kalkhydrat. [RZo]

Kalmen, *Calmen, Mallungen, Doldrums*, Bezeichnung für Windstille, bei der die Windgeschwindigkeit zwischen 0,0 und 0,5 m/s beträgt. In der ↗Beaufort-Skala sind die Bedingungen für Kalmen als das vertikale Aufsteigen von Rauch oder eine spiegelglatte Meeresoberfläche definiert. Großräumig findet man diese windschwache Zone in Äquatornähe als Folge der Konvergenz der ↗Passate. Das Wetter im Kalmengürtel wird wesentlich durch die ↗Innertropische Konvergenzzone bestimmt und ist besonders niederschlagsreich.

Kalomel ↗Halogenide.

Kalorie ↗Energieeinheiten.

Kalotte, oberer, gewölbter Querschnitt eines Hohlraumes, die untere Begrenzung bildet die *Kalottensohle*.

Kalottenfußinjektion, ↗Injektion, die im ↗Tunnelbau unter den Kalottenfuß eingepreßt wird. Sie hat eine Abminderung der Gebirgsverformungen zur Folge und dient damit zur Gebirgsvergütung im Tunnelbau.

Kalottenfußverbreiterung, eine Bauhilfsmaßnahme zur Gebirgsvergütung im ↗Tunnelbau. Die Kalottenfußverbreiterung dient zur Verminderung von Setzungen und zur Verbesserung der Aufstandsfläche von Ausbaubogen/Spritzbeton als Bauhilfsmaßnahme.

Kalottensohle ↗Kalotte.

Kalottenvortrieb, der Ausbruch des Untertagehohlraums beginnt mit der ↗Kalotte. Es folgt die Sicherung derselben, bevor mit dem Ausbruch fortgefahren wird. Für den weiteren Ausbruch gibt es mehrere Varianten, wobei die Strosse als Ganzes oder aber abschnittsweise aufgefahren werden kann. Diese Bauweise ist als Belgische oder Unterfangbauweise bekannt geworden. Da heute zur Sicherung Spritzbeton, Stahlbögen und Anker verwendet werden, ist der Übergang zur ↗Neuen Österreichischen Tunnelbauweise fließend.

kalte Gletscher, *polare Gletscher*, thermischer Gletschertyp, der durch ganzjährig (*hochpolare Gletscher*) oder jahreszeitlich (*subpolare Gletscher*) deutlich unter dem Druckschmelzpunkt liegende Gletscher-Innentemperaturen charakterisiert wird. Kalte Gletscher besitzen im Gegensatz zu ↗temperierten Gletschern keinen bzw. lediglich saisonalen Schmelzwasserabfluß. ↗Gletscherklassifikation.

Kältegrenze, in der ↗Ökologie der untere Grenzwert des Temperaturbereiches, innerhalb dem sich tierisches und pflanzliches Leben abspielt. Die meisten Lebewesen besitzen ein Temperaturoptimum für ihre Lebensfunktionen. Unterhalb dieses optimalen Bereichs kann die Temperatur schädliche und gar tödliche Wirkung haben. Ab dieser individuellen Kältegrenze sind die Lebensfunktionen derart gestört, daß es zu oftmals irreversiblen Kälte- oder Frostschäden kommt. Bestimmte Pflanzen und Tiere sind gegen tiefe und tiefste Temperaturen besonders widerstandsfähig, d. h. sie sind kälteresistent. Manche dieser Arten sind in der Lage, ihre individuelle Kältegrenze durch physiologische Anpassungsvorgänge (z. B. Bildung von körpereigenen Kälteschutzmitteln wie Glykolen) für eine begrenzte Zeit zu senken. Der Gegensatz zur Kältegrenze ist die *Wärmegrenze*.

Kältehoch, *kaltes Hoch*, ein ↗Hochdruckgebiet, das im wesentlichen aus Kaltluft besteht, die sich zumeist auf die unteren Luftschichten konzentriert. Ein Kältehoch schwächt sich wegen der geringen Schichtdicke mit zunehmender Höhe ab, und die ↗Höhenströmung weist in der Regel zyklonale Krümmung auf. Im Winter bilden sich großräumige Kältehochs regelmäßig in Sibirien und Kanada, kleinskalige oft in den Alpen und Karpaten.

Kälteinhalt ↗Frostgehalt.

Kältepol, Ort der Erde mit der im jährlichen Mittel tiefsten bodennahen Lufttemperatur.

Kältereiz, in der ↗Medizinmeteorologie menschliche Belastung, die durch tiefe Lufttemperatur zustande kommt und durch Wind (↗wind chill) verstärkt wird. Das vegetative Nervensystem reagiert auf Kältereiz durch erhöhte Wärmeerzeugung (z. B. Muskelzittern) sowie Porenverengung

zur Verringerung der Verdunstung an der Hautoberfläche (»Gänsehaut«).
Kältereserve ↗Frostgehalt.
kalter Wall, scharfe Grenze zwischen den warmen Wassermassen des ↗Golfstromes und den kalten Wassermassen vor der amerikanischen Ostküste, verursacht durch reibungsbedingte Querzirkulationen im Golfstromsystem.
Kältewüste, polare Eis- und Schneewüsten. ↗Wüste.
Kaltfront, ↗Front zwischen zwei Luftmassen unterschiedlicher Temperatur, die sich in Richtung auf die wärmere Luftmasse bewegt. Dabei wird die wärmere von der kälteren Luftmasse verdrängt (↗Kaltfrontdurchgang). a) Kaltfront erster Art, *Ana-Kaltfront*, eine mit ↗Flächenniederschlag verbundene ↗Aufgleitfront. Bei ihr nimmt die frontsenkrechte Windkomponente mit der Höhe ab, d. h. der Front kommt die vorgelagerte wärmere Luft in zunehmendem Maße auf ansteigenden ↗Isentropenflächen entgegen (Abb. 1). b) Kaltfront zweiter Art, *Kata-Kaltfront*, eine ↗Abgleitfront (Abb. 2). Bei ihr nimmt die frontsenkrechte Windkomponente mit der Höhe zu. Dies bringt zwei sehr unterschiedliche Effekte. Zum einen kann die Kaltfront in der Höhe vorauseilen, was zur ↗Labilisierung und auch zur vertikalen Umlagerung der vorgelagerten wärmeren Luft und damit zu Schauern und Gewittern im vordersten Bereich der Front führt. Zum andern überholt die nachfolgende Luft die Frontschicht in zunehmendem Maße auf schräg abfallenden Isentropenflächen (↗Abgleitfläche), wodurch sich die Bewölkung im rückwärtigen Bereich der Front rasch auflöst. Ana-Kaltfronten sind im Sommer häufiger, Kata-Kaltfronten im Winter. [MGe]

Kaltfrontbewölkung ↗Frontbewölkung.
Kaltfrontdurchgang, *Kaltfrontpassage*, sie ist an einem Ort oft mit einer plötzlichen Zunahme und Drehung des Windes (z. B. von Süd auf West) verbunden. Dem folgt eine stetige, bei starken Schauern eine plötzliche Temperaturabnahme bis zum Skalenwert der nachfolgenden Kaltluft. Die typischen Abläufe der Kaltfrontbewölkung (↗Frontbewölkung) bzw. des zugehörigen Niederschlags bei Kaltfronten erster und zweiter Art (↗Kaltfront) können im Einzelfall deutlich vom typischen Wetterablauf abweichen.
Kaltfrontgewitter ↗Frontgewitter.
Kaltfrontokklusion, Variante der ↗Okklusionsfront.
Kaltfrontpassage ↗*Kaltfrontdurchgang*.
Kaltluft, ein Luftkörper, der entweder kälter ist als ein benachbarter, oder kälter ist als die Klima-Mitteltemperatur bzw. der Untergrund (↗Luftmassenklassifikation). Kleinräumig entsteht Kaltluft in klaren Nächten infolge effektiver ↗Ausstrahlung mit Abkühlung der bodennahen Luftschicht. Wegen ihrer höheren Dichte hat Kaltluft die Eigenschaft, sich unter wärmere Luft zu schieben und diese zu verdrängen. Kaltluftkörper mit ↗synoptisch-skaligen Proportionen werden oft als Kaltluftmassen bezeichnet. Diese erwärmen sich über warm-feuchtem Untergrund und können vom Boden her labilisiert werden.
Kaltluftabfluß, Abfließen nächtlich gebildeter Kaltluft in nur wenig geneigtem Gelände, das tagsüber durch keine hangaufwärts gerichtete Luftbewegung abgelöst wird. Bei größerer Hangneigung bilden sich ↗Hangwinde aus. Die Windgeschwindigkeit ist geringer als 1 m/s und die vertikale Mächtigkeit meist unter 10 m. Das Abfließen der Kaltluft erfolgt meistens nicht kontinuierlich, sondern in einzelnen Schüben mit längeren Pausen dazwischen. Durch kleine Hindernisse wie Häuser und Bäume kann der Kaltluftabfluß bereits völlig zum Erliegen kommen.
Kaltluftadvektion, *Kaltadvektion*, horizontale Zufuhr von zunehmend kälterer Luft.
Kaltluftausbruch, *polarer Kaltluftausbruch*, der Vorstoß von ↗Polarluft in mittlere und subtropische Breiten (hier: Kaltlufteinbruch), zumeist auf der Rückseite eines sich entwickelnden Tiefdruckwirbels an der ↗Polarfront, die sich dabei deformiert und z. T. weit nach Süden verlagert.
Kaltluftbildung, Entstehung abgekühlter Luft in den Nachtstunden, in denen die ↗Energiebilanz der Erdoberfläche negativ ist und die Temperatur im Laufe der Zeit abnimmt. Die Abkühlung ist über vegetationsfreien Flächen bei windschwachen Wetterlagen mit wolkenlosem Himmel besonders groß. Der ↗Bodenwärmestrom wirkt der Kaltluftbildung entgegen, indem er tagsüber gespeicherte Energie aus dem Erdboden molekular zur Oberfläche transportiert. Die Kaltluftproduktivität gibt an, welches Volumen über einer ausstrahlenden Fläche pro Stunde abgekühlt wird (Einheit: m³/(m² h)). Die Bildung kalter

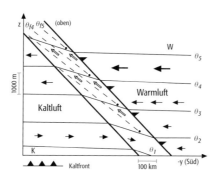

Kaltfront 1: Kaltfront erster Art im mit der Front geführten Meridionalschnitt, schematisch, mit θ_i = Isentropenflächen in 5 K-Intervallen; θ_{fi} = zugehörige Feuchtadiabate (Gleitflächen in Wolkenluft); Pfeile = Relativbewegung der Luft; offene Pfeile = Aufgleiten in Wolkenluft.

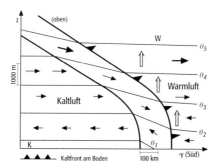

Kaltfront 2: Kaltfront zweiter Art im mit der Front geführten Meridionalschnitt, schematisch, mit θ_i = Isentropenflächen in 5 K-Intervallen; Pfeile = Relativbewegung der Luft; offene Pfeile = erzwungene Hebung, überwiegend von Wolkenluft.

Landnutzung	Kaltluftproduktionsrate
Stadt	0 m³/m²h
Freiland	10–20 m³/m²h
Wald (ebenes Gelände)	1–2 m³/m²h
Wald (am Hang)	30–40 m³/m²h

Kaltluftbildung (Tab.): Kaltluftproduktionsraten bei verschiedener Landnutzung.

Luft ist von den lokalen Standortfaktoren wie Landnutzung, Bodenart, Geländeform und Bewuchs abhängig (Tab.). So kann ein nach Süden orientierter Hang während des Tages über einen längeren Zeitraum mehr Wärme speichern als ein Nordhang, dem eine geringere Energiemenge zukommt und der in den Abendstunden früher abgeschattet wird. Dadurch kann die Abkühlung bei geringer Ausgangstemperatur früher einsetzen und die Kaltluftbildung ist effektiver. [GG]

Kaltlufteinzugsgebiet, räumliche Zusammenfassung der einzelnen Gebiete, in denen Kaltluft gebildet wird, die für einen bestimmten Standort von Bedeutung ist.

Kaltluftsee, Ansammlung kalter Luft in einer Senke oder einem Tal, die durch lokale nächtliche Ausstrahlung entstanden ist oder die von benachbarten Hängen heran geführt wird. Die Landschaftsteile in Kaltluftseen sind stark frostgefährdet und weisen eine erhöhte Häufigkeit der Nebelbildung auf.

Kaltluftstau, Ansammlung abfließender Kaltluft vor quer zur Strömungsrichtung stehenden natürlichen und künstlichen Hindernissen. Davor staut sich die Luft zu einem ↗Kaltluftsee, dessen vertikale Mächtigkeit durch die Hindernishöhe begrenzt wird. Das Frostrisiko ist in diesem Bereich erhöht, dahinter verringert. Wird bei einem vertikal wachsenden Kaltluftstau das Hindernis überströmt, passen sich die Temperaturen davor und dahinter an.

Kaltlufttropfen, abgeschlossenes, in der Isothermendarstellung kreisrundes oder ovales troposphärisches Kaltluftgebiet, das in unmittelbarem Zusammenhang mit einer kalten ↗Zyklone in der mittleren Troposphäre steht. Diese unterscheidet sich von gewöhnlichen ↗Cut-off-Zyklonen durch ihre überwiegend antizyklonal gekrümmte ↗Zugbahn, d. h. die Steuerung des entsprechenden Kaltlufttropfens geschieht im Regelfall durch ein quasi-stationäres Hochdruckgebiet, das er z. T. umkreist. In einer winterlichen Ostwindlage westwärts wandernde Kaltlufttropfen sind mit Wolkenauflösung an ihrer westlichen Vorderseite und Aufgleitvorgängen mit Niederschlägen an der Ostseite verknüpft. Besonders in der warmen Jahreszeit können stationär werdende Kaltlufttropfen dem betroffenen Gebiet für mehrere Tage trübes und niederschlagsreiches Wetter bringen.

kalt-monomiktischer See, polarer oder subpolarer See, der in Polargebieten liegt. Er taut im Sommer auf, erreicht aber kaum Temperaturen über 4°C, so daß er nur im Sommer zirkulieren kann.

Kaltwasserereignis ↗El Niño.

Kaltwasserfahne, fahnenförmiger Wasserkörper, der sich in einem Fließgewässer ausbildet und sich durch deutlich niedrigere Temperaturen vom übrigen Wasserkörper unterscheidet. Kaltwasserfahnen entstehen z. B. durch das Ablassen von Tiefenwasser aus einem Stausee in ein Fließgewässer.

Kaltwassersphäre, die Wassermassen des Weltmeeres, die ihre Eigenschaften durch Abkühlen in den polaren und subpolaren Meeresgebieten erhalten haben und durch Absinken die mittleren und tiefen Stockwerke der Ozeanbecken füllen. Definiert man die Temperatur von 8° C als Grenze zur ↗Warmwassersphäre, so sind 89 % des Volumens des Weltmeeres der Kaltwassersphäre zuzurechnen.

Kaltzeit, *Kryomer*, Ausdruck für eine Epoche wesentlich kälteren Klimas, der in der Literatur uneinheitlich gebraucht wird. So wird Kaltzeit häufig synonym zu ↗Eiszeit verwendet, ist aber nicht an die für Eiszeiten typische, ausgedehnte Vereisung der Erde gebunden und schließt auch den periglazialen Raum ein. Daher stellen synonym gebrauchte Begriffe wie ↗Weichsel-Kaltzeit und Weichsel-Eiszeit keinen Widerspruch dar. Sich ablösende Kalt- und ↗Warmzeiten werden in den verschiedenen ↗Eiszeitaltern der Erdgeschichte zusammengefaßt.

Kalzit ↗*Calcit*.

Kamazit ↗Nickeleisen.

Kambrium, das älteste System des ↗Phanerozoikums, nach dem ↗Präkambrium und vor dem ↗Ordovizium. Das Kambrium begann vor ungefähr 545 Mio. Jahren und endete vor etwa 505 Mio. Jahren. Sedimentgesteine des Kambriums überliefern den Beginn der Entwicklung vielfältiger und komplexer Metazoen mit biomineralisierten Skeletten. Am gebräuchlichsten ist die Unterteilung in drei Stufen: Unterkambrium (545–525 Mio. Jahre), Mittelkambrium (520–512 Mio. Jahre) und Oberkambrium (512–505 Mio. Jahre). Als Präkambrium/Kambrium-Grenze wurde 1992 von der kambrischen Subkommission der Internationalen stratigraphischen Kommission ein Horizont oder ↗GSSP bei Fortune Head im Südosten Neufundlands (Kanada) ratifiziert. Die Grenze liegt an der Basis der *Phycodes-pedum*-Zone und basiert auf dem ersten Erscheinen von komplexen Spurenfossilien wie *Phycodes pedum* (jetzt *Trichophycus pedum* genannt), die mit den einfachen niedrig-diversen, subhorizontalen Spurenfossilien des Präkambriums kontrastieren (z. B. *Harlaniella podolica*, *Nenoxites*, *Palaeopaschinus*). Es ist der Anfang einer zweiphasigen Radiation phanerozoischer Faunen, die mit dem Erscheinen der tiefen komplexen Spurenfossilien beginnt, gefolgt von der Entwicklung diverser skelettbildender Metazoen, die alle (mit Ausnahme von *Cloudina*) frühkambrisch oder jünger sind. Ichnofossilien sind besonders häufig in den siliciklastischen Sequenzen der meisten Kontinente (z. B. Avalon, Australien, Osteuropäische Plattform, ↗Laurentia, ↗Gondwana), in denen andere Fossilien selten sind, und daher besonders geeignet für interregionale Korrelation im Grenzbereich Präkambrium-Kambrium. Die Geschichte der Definition und Klassifizierung des Kambriums begann in Großbritannien (Nordwales) mit einer Publikation von Adam Sedgwick (1835). Er benannte das Kambrium nach Cambria, dem römischen Wort für Cumbria (= Wales). Sedgwick unterteilte die Periode in unteres Kambrium mit Bangor-Gruppe (Llanberis Slates und Harlech Grits) und Ffestiniog-Gruppe (*Lingula* Flags, Tremadoc- und Arenig Slates) und in oberes Kambrium mit Bala Strata. Nur die unteren Anteile von Sedgwicks unterem Kambrium werden heute noch dem Kambrium zugerechnet, der Rest (ab Tremadoc Slates) fällt in das Ordovizium und Silur.

Eine paläogeographische Rekonstruktion zeigt, das die Verteilung der Kontinente, Epikontinentalmeere und tiefen Ozeanbecken im späten Kambrium ganz anders war als heute (↗geologische Zeitskala). Der größte der kambrischen Kontinente war Gondwana, das sich prinzipiell aus dem heutigen Südamerika, Afrika und Südeuropa zusammensetzte sowie aus Anteilen des mittleren Ostens, Indiens, Australiens und der Antarktis. Der zweite große Kontinent war Laurentia, das hauptsächlich aus dem heutigen Nordamerika und Grönland bestand. Sibirien, China und ↗Kasachstania bildeten separate kleinere Landmassen in niedrigen Breiten, während ↗Baltica (das heutige Nordeuropa) sich in mittleren bis hohen Breiten der südlichen Hemisphäre befand.

Das Kambrium war eine Zeit mit relativ geringer tektonischer Aktivität. Es stellt eine Übergangsperiode zwischen dem Auseinanderdriften eines Superkontinentes im späten Proterozoikum/frühen Kambrium und der Kollision von großen Lithosphärenplatten im späteren ↗Paläozoikum dar. Magmatismus ist im Kambrium hauptsächlich mit der Entstehung von Inselbogen-Komplexen verknüpft (z. B. in Zentralasien und im Tasman-Faltengürtel). Vermutlich unterkambrische Plateau-Basalte sind in Australien verbreitet.

Kontinentaloberflächen im Kambrium waren desolat, und weder Pflanzen noch Tiere waren vorhanden. Das Klima war vermutlich wärmer als heute und weniger differenziert. Darauf deutet das Fehlen glaziogener Ablagerungen und die weite Verbreitung von Carbonaten und Evaporiten (z. B. in Südsibirien und im Osten der USA). Charakteristische Ablagerungen der warmen Epikontinentalmeere in niederen Breiten waren Carbonate, besonders häufig mit ↗Stromatolithen und Oolithen, und ↗Dolomite. Riffgürtel und riffoide Strukturen wurden im Unterkambrium von ↗Archaeocyathida aufgebaut, später von ↗Cyanobakterien, z. B. *Epiphyton* und *Renalcis*. Charakteristische Ablagerungen der Schelfmeere in höheren Breiten sind ↗Alaunschiefer und »Stinkkalke«, die manchmal hervorragend erhaltene Fossilfaunen enthalten (z. B. die oberkambrischen ↗Orstenfossilien in Schweden). Auch Glaukonitsandsteine und Phosphat-Konglomerate kommen häufig vor.

Aus dem Kambrium sind keine terrestrischen oder Süßwasserfloren bzw. -faunen überliefert. Kambrische Biota sind nur in marinen Sedimenten zu finden. Kambrische Gesteine enthalten fossile Überreste der meisten Tierstämme, jedoch noch keine ↗Bryozoa oder Vertebratenreste. Der Beginn des Kambriums ist charakterisiert durch das Auftreten von Biomineralisation in vielen Organismen. Durch diesen dramatischen Unterschied zum Präkambrium wurde das Fossilisationspotential vermutlich bereits existierender Formen stark erhöht. Phosphogene Episoden im Grenzbereich Präkambrium/Kambrium deuten auf umwälzende paläozeanische Ereignisse, die möglicherweise Einfluß auf die Skelettgenese nahmen. Das Kambrium war eine Zeit, in der eine explosive Entwicklung neuer biologischer Formen stattfand und mit Morphologien und neuen Lebensformen experimentiert wurde. Nicht alle Versuche waren erfolgreich und viele kambrische Lebensformen überlebten diese Periode nicht. Vertreter der Porifera (↗Schwämme) tauchten schon im Kambrium auf, und silicatische Schwammnadeln von hexactinelliden Schwämmen sind bereits in Sedimenten der Meishucun-Stufe in China und auch in der unteren Tommot-Stufe der Sibirschen Plattform vorhanden. Kurz darauf (im Atdaban) erscheinen die ersten Demospongea und Calcarea (Kalkschwämme). Möglicherweise auch zu den Schwämmen gehörten die Archaeocyathiden, die in der Tommot-Stufe erschienen und bereits gegen Ende des Unterkambriums ausstarben (in Nordamerika erst im frühen Mittelkambrium). Gemeinsam mit Cyanobakterien (z. B. *Epiphyton* und *Renalcis*) bauten sie die ersten Riffkomplexe der Erde.

Die Cnidaria waren im Kambrium ebenso wie im späten Präkambrium nur mit skelettlosen Formen vertreten. In der unterkambrischen ↗Chengjiang-Fauna von China wurden medusenähnliche Formen, z. B. *Rotadiscus*, *Stellostomites* und *Yunnanomedusa*, gefunden. Kalkskleren, die Skelettelementen von Octocorallia ähneln, wurden aus dem Unterkambrium von Südaustralien beschrieben. Die Stellung anderer Kalkskelette, die zu den Cnidariern gestellt wurden (z. B. *Hydroconozoa*), ist fragwürdig.

Die ältesten (phosphatschaligen) Brachiopoden (Paterinden) sind bereits aus dem Tommot von Sibirien bekannt. Kurz danach (im Atdaban) erschienen auch die ersten Linguliden und Acrotretiden. Auch die ältesten kalkschaligen Brachiopoden kommen bereits im späten Tommot mit den Ordnungen Obolellida und Kutorginida vor. Sie gehören zu den frühesten Skelett-Tieren. Alle kalkschaligen Brachiopoden im Kambrium sind charakterisiert durch ihre noch primitive Artikulation. Die ↗Mollusca bildeten eine diverse Gruppe im Kambrium, und aus dem Unterkambrium wurden über 160 Gattungen beschrieben. Russische Paläontologen zeigten, daß fossile Monoplacophoren benutzt werden können, um den ältesten Teil des Kambrium zu gliedern, besonders, wo noch keine ↗Trilobiten vorhanden sind. Es zeigte sich, das die meisten früh- bis mittelkambrischen Mollusken sehr klein sind (≤ 5 mm) und mit Hilfe chemischer Methoden aus Kalkgesteinen herausgeätzt werden können. Mit Hilfe dieser Methode entdeckte man weitere kleine Schalenreste, deren zunehmende Komplexität die frühe Evolution der biomineralisierten Schalentiere dokumentiert. Diese sogenannten »small shelly fossils« (kleine Schalenfossilien) oder SMFs sind charakteristisch für das Kambrium und von Bedeutung für die biostratigraphische Zonierung. Sie setzten erst nach den ersten komplexen Ichnofossilien ein. Die Faunen setzen sich aus kleinen, i. a. 1–5 mm langen Röhren, Stacheln, konischen Gehäusen und Plättchen zusammen, die oft keiner modernen Gruppe zugeordnet werden können. Eine weitere wichtige Gruppe im Kambrium sind die ↗Hyolithen, die auf das ↗Paläozoikum beschränkt sind und die kegelförmige aragonitische Gehäuse mit Operculum bauten. Ihre systematische Zuordnung ist nicht bekannt, möglicherweise handelte es sich um frühe Mollusken oder Sipunculiden. ↗Trilobiten stellen eine der wichtigsten Fossilgruppen des Kambriums dar. Spurenfossilien, die auf Trilobiten zurückgeführt werden, sind seit dem Unterkambrium bekannt, jedoch körperlich erhaltene Trilobiten wurden erst im Atdaban, also nach den frühesten SMFs gefunden. Ostracoden erscheinen ebenfalls im Unterkambrium mit der Ordnung Bradoriida. Eindeutige ↗Echinodermata kommen ab dem Atdaban vor (obwohl vermutliche Vorläufer bereits aus dem Präkambrium bekannt sind) und hatten anfangs noch nicht die pentaradiale Symmetrie, die spätere Formen charakterisiert. Die Vorläufer der echten oder Euconodonten, die Protoconodonten (mit der Gattung *Protohertzina*), sind häufiger Bestandteil der frühesten Fossilgesellschaften. Ihre Beziehung zu den Para- und Euconodonten, die ebenfalls im Kambrium auftauchten, ist obskur.

Faunenprovinzen sind im Kambrium für zwei Fossilgruppen gut dokumentiert: Trilobiten und Archaeocyathiden. Die Trilobitenfaunen kontinentaler Schelfmeere werden häufig von endemischen Taxa beherrscht und sind daher brauchbarer für biogeographische Studien als die Tiefwasserfaunen, die von kosmopolitischen Faunenelementen dominiert werden. Zu verschiedenen Zeiten im Kambrium starben die kratonischen Faunen aus und wurden durch kosmopolitische Elemente der Tiefwasserfaunen ersetzt. Zwei kratonische Faunenprovinzen können im Unterkambrium unterschieden werden: Eine Olenelliden-Provinz (Nord- und Südamerika) und eine Redlichiiden-Provinz (China, Südostasien, Australien, Antarktis und mediterrane Region). Im Mittel- und Oberkambrium kann eine westeuropäische Provinz (mit Oleniden, Conocoryphiden und Paradoxiden) von einer nordamerikanischen Provinz (mit Oryctocephaliden und anderen Familien) unterschieden werden. Eine dritte Provinz in Südostasien und Australien ist charakterisiert durch Damaselliden. Die Archaeocyathiden können zwei Provinzen zugeordnet werden: die amerikanisch-koryakische Provinz (von Alaska bis Sonora) und eine Afro-Sibirisch-Antarktik-Provinz, die Westeuropa und Australien mit einschließt.

Wichtige Fossilfundpunkte oder Fossilarchive sind Chengjiang in der Yunnan Provinz (China) mit reichen unterkambrischen Faunen, der Burgess-Paß im Yoho National Park (Britisch Kolumbien, Kanada) mit den berühmten mittelkambrischen Faunen des ↗Burgess Shale und das Oberkambrium von Västergötland (Schweden), wo die phosphatischen Orstenfossilien vorkommen. Weitere wichtige Fossilarchive finden sich im Unterkambrium von Grönland (Sirius Passet), in den kanadischen Northwest Territories (Mount Cap Formation) und in Südaustralien (Emu Bay Shale) sowie im mittleren Kambrium von Sibirien. [SP]

Kame, *Kames* (engl.), ↗glaziäre Akkumulationsform, die durch ↗Sedimentation ↗fluvioglazialer Ablagerungen des Schmelzwassers in Hohlformen zwischen abtauendem und zerfallendem Gletschereis (↗Toteis) entstanden ist (↗Kamesterrasse Abb.). Kames bestehen aus geschichteten Sanden, Schottern und eingearbeitetem Schutt der ↗Obermoräne und ↗Innenmoräne. Nach dem Abtauen des Toteises bleiben die Füllungen als unregelmäßige, zumeist kuppige Vollformen, teils aber auch mit ebener Oberfläche, zurück. An den Rändern ist die Schichtung durch Sackungsprozesse gestört, ganze Schichtpakete können abgerutscht oder verstürzt sein, da mit dem Abtauen des Eises das Widerlager entfällt. Im Zentrum dagegen ist die Schichtung des fluvioglazialen Materials ungestört. Kames sind in den ↗Altmoränenlandschaften und ↗Jungmoränenlandschaften der Vereisungsgebiete im Norden Mitteleuropas und im Alpenvorland, besonders häufig und gut ausgeprägt in den ↗Eiszerfallslandschaften zu finden. [JBR]

Kamenitsa, durch ↗Korrosion entstandene beckenförmige Hohlform, häufig mit überhängenden Seitenwänden, im verkarstungsfähigen Gestein, die bis zu einem Meter Durchmesser erreichen kann; zu den ↗Karren zählende ↗Karstform. Vergleichbare Formen in Silicatgesteinen werden als ↗Opferkessel bezeichnet.

Kameraaufhängung, mechanische Vorrichtung zur Verbindung eines ↗photogrammetrischen Aufnahmesystems mit der ↗Plattform der Aufnahme. Sie ist Bestandteil der Kamera und dient der Lagerung und Orientierung der Kamera.

Kamerakalibrierung, Bestimmung der Daten der ↗inneren Orientierung einer ↗Meßkamera. Die Kamerakalibrierung ist die Voraussetzung für die Rekonstruktion des ↗Aufnahmestrahlenbündels aus den in einem Meßbild gemessenen ↗Bildkoordinaten und damit die Grundlage der ↗photogrammetrischen Bildauswertung. Die Daten der inneren Orientierung einer Meßkamera werden vom Hersteller im Zuge einer Laborkalibrierung unter Verwendung optischer Hilfsmittel wie Goniometer oder Kollimatoren ermittelt. Die Kalibrierung ↗terrestrischer Meßkameras kann außerdem entweder auf der Basis der Aufnahme geometrisch bekannter Punkthaufen (Testfeld-

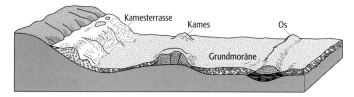

Kamesterrasse: Entstehung von Kames und Kamesterrassen, Oser und Grundmoräne nach dem Abtauen des Eises.

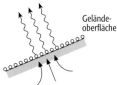

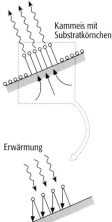

Kammeis: Materialverlagerung durch Kammeisbildung.

kalibrierung) oder integriert in die Auswertung der Bilder eines photogrammetrisch zu erfassenden Objektes erfolgen (Simultankalibrierung).

Kamerakonstante, in der Photogrammetrie Element der ↗inneren Orientierung einer Meßkamera. Bei der geometrischen Projektion entspricht die Kamerakonstante c_k dem Abstand des Projektionszentrums O von der ↗Bildebene. Bei der optischen Abbildung mit einem Objektiv ist die Kamerakonstante c_k der Maßstabsfaktor der ↗Bildfunktion. Sie ist im Rahmen der ↗Kamerakalibrierung so zu bestimmen, daß die Größe der ↗Verzeichnung des Objektivs durch Nebenbedingungen minimiert wird.

Kamerazyklus, sich zyklisch wiederholender, automatisch ablaufender technischer Vorgang der Bildaufnahme innerhalb der ↗Bildfolge in einer photogrammetrischen Kamera. Er umfaßt in einer ↗Luftbildmeßkamera den Filmtransport, die Planlage des Films in der ↗Bildebene, die ↗Bildwanderungskompensation, die Belichtung des Bildes und der Hilfsabbildungen sowie die Registrierung der Aufnahmezeitpunkte im ↗GPS-Empfänger. In Hochleistungs-Luftbildkameras dauert der Kamerazyklus minimal etwa zwei Sekunden (minimale Bildfolge).

Kamesterrasse, ↗fluvioglazialer Sedimentkörper, der zwischen Gletscherrand und Talhang von seitlich am ↗Gletscher entlangfließenden Wasserläufen, unter gleicher Prozeßdynamik wie ein ↗Kame, geschüttet wurde. Nach dem Abtauen des Eises bildet er eine Terrasse (Abb.). Kamesterrassen sind langgestreckte, oft mächtige Schüttungen, in denen neben den fluvioglazialen Sedimenten auch umgelagertes Material der ↗Seitenmoräne zu finden ist. Sie weisen an der talwärtigen Seite Störungen der Schichtung infolge des Abtauens des Eiswiderlagers auf.

Kammbildner, resistente Schicht in einer stark geneigten Schichtfolge, die durch die Abtragungsprozesse als morphologisch markanter ↗Schichtkamm herauspräpariert wird. ↗Schichtkammlandschaft.

Kammeis, *Haareis, Nadeleis, needle ice, pipkrake* (schwed.), lange dünne nadelähnliche Eiskristalle, die senkrecht zur Erdoberfläche entstehen (Abb.). Kammeis formt sich über Nacht, wenn sich bei extremer Abkühlung durch Ausstrahlung Eissegregation an der Bodenoberfläche bildet, vorzugsweise in alpinen Gebieten mit maritimem Klima und auf schluffigen oder organischen Böden. Kammeis formt sich unter Steinen, Bodenaggregaten, Moos oder anderer Vegetation. Die Ausrichtung der Eiskristalle ist dabei immer senkrecht zur Abkühlungsfläche orientiert. Kammeis kann ein wichtiger Faktor bei der Bildung von ↗Frostmusterböden sein.

Kammerpfeilerbau ↗Abbaumethoden.
Kammhochmoor ↗Kammoor
Kammkies ↗Markasit.
Kammlinie ↗Falte.
Kammoor, *Kammhochmoor,* ↗Hochmoor in Kammlagen von Gebirgen. Bei hohen Niederschlägen kommt es auch zur Moorbildung auf geneigten oder ansteigenden Flächen (Transgression). Je nach Lage der Moore werden sie als Kamm-, Plateau- oder Sattelhochmoore bezeichnet. Diese Gebirgsmoore bilden oft Wasserscheiden und enthalten daher an ihren Rändern häufig Quellen.

Kampfzone, Bereich an der Wald- oder Baumgrenze, an welcher der Wald überdauert. In vertikaler Richtung bildet der Übergang der ↗subalpinen Stufe zur alpinen Stufe, auch Kampfwald- oder Krummholzstufe genannt, die Kampfzone (↗Höhenstufen). In horizontaler Richtung liegt sie im Übergang der kaltgemäßigten borealen zur polaren Klimazone.

Kanadischer Schild, umfaßt den größten Teil des nordamerikanischen Kratons und Grönlands und reicht bis in die nördlichen USA hinein (Abb.). Es ist der größte präkambrische Schild der Erde, der hauptsächlich in die archaischen Salve- und die Superior-Provinzen eingeteilt werden kann. Beide Provinzen wurden während der Kenorischen Orogenese, zwischen 2,7–2,5 Mrd. Jahre v. h., zusammengeschweißt. Die Superior- und Slave-Provinzen werden von zahlreichen ↗Grünsteingürteln aufgebaut. Der größte Grünsteingürtel ist dabei der Abitibi Greenstone Belt der Superior-Provinz, auf dem die Sedimentgesteine der Huron-Supergruppe (2,45–2,2 Mrd. Jahre) diskordant auflagern. Ebenso liegen auf weiteren Grünsteingürteln diskordant und weitgehend ungestört mächtige proterozoische Sedimentgesteine, die in einem mehrmaligen Übergang von Tiefwassersedimenten (turbiditische Grauwacken) zu Schelf (↗Banded Iron Formations) und Flachmeerablagerungen (stromatolithische Carbonate) dokumentieren. Die ältesten unumstrittenen Vereisungsspuren des ↗Präkambriums gehören zu der Gowganda-Formation der Huronian-Supergruppe. Die Gowganda-Eiszeit ist ca. 2,4 Mrd. Jahre alt und umfaßt mehrere Tillithorizonte, die einzelnen Eischervorstößen entsprechen. Eine weitere Vereisungsperiode des Kanadischen Schildes fand im oberen Präkambrium statt (850–600 Mio. Jahre).
Die archaischen Slave- und Superior-Provinzen sind von mehreren proterozoischen Provinzen umgeben. Insgesamt erfuhr der Kanadische Schild mindestens sechs Orogenesen im Präkambrium. Die älteste, die Uivakische Orogenese,

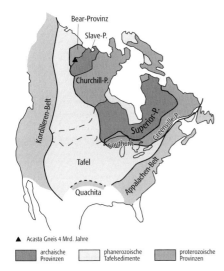

▲ Acasta Gneis 4 Mrd. Jahre

- archaische Provinzen
- phanerozoische Tafelsedimente
- proterozoische Provinzen

führte zur Konsolidierung des Basements der Labrador-Provinz und der Slave-Provinz mit den ältesten bekannten Gneisen des Acasta-Komplexes (3,96 Mrd. Jahre). Nach der Laurentischen Phase (Granulitfazies der Slave-Provinz, 3,1 Mrd. Jahre) und der Algomischen oder Kenorischen (Kenorland) Phase am Ende des Archaikums (2,6–2,5 Mrd. Jahre) folgten drei weitere Orogenesen im Proterozoikum. Der Penokean- oder Hudson-Orogenese (1,85 Mrd. Jahre) in der Churchill-, Bear und Southern Province folgte die schwächere und nur lokal in Ostkanada ausgebildete *Elsonische Orogenese* um 1,4 Mrd. Jahre. Um 1,1 bis 1,0 Mrd. Jahre wurde dann während der ausgedehnten Grenvillian-Orogenese der Ost- bis Südostrand des Kanadischen Schildes geformt. In Neufundland kam es noch zu einer siebten orogenen Phase (Avalonian) am Ende des Proterozoikums (620 Mio. Jahre). Im oberen Neoproterozoikum wurden mächtige Sedimentfolgen in den Schelfmeeren des Kanadischen Schildes abgelagert, die heute in den Appalachen und Kordilleren aufgeschlossen sind.

Vor etwa 1,85 Mrd. Jahren wurde durch den Einschlag eines riesigen Meteoriten auf dem Kanadischen Schild der Sudbury-Intrusivkomplex gebildet (Sudbury-Impakt). Durch die Aufschmelzung und durch Aufbrechen der Kruste und der Sedimente der Huron-Supergruppe kam es zu einer großen Gabbro-Intrusion, mit der zahlreiche Nickel- und Kupferlagerstätten vergesellschaftet sind. Neben diesen Lagerstätten sind typische, an Grünsteingürtel gebundene Lagerstätten von z. B. Gold, Nickel und Kupfer auf dem Kanadischen Schild in großer Zahl vorhanden. Lagerstätten, die typischer Weise an Sedimente wie gebänderte Eisenerze gebunden sind, tragen ebenso zu dem großen Lagerstättenreichtum des Kanadischen Schildes bei. Der Kanadische Kraton beherbergt auch eine berühmte Mikrofossilienfauna. Dabei sind vor allem die Banded Iron Formations und ↗Kieselschiefer der Gunflint-Formation (2,1–2,0 Mrd. Jahre) für ihren Reichtum an proterozoischen Mikrofossilien bekannt. [WAl]

Kanadische Straßensee, *Nordwest-Passage*, flacher, inselreicher Teil des Arktischen Mittelmeers (↗Arktisches Mittelmeer Abb.) vor der kanadischen Nordküste.

Kanal, 1) offenes oder geschlossenes Gerinne, in dem ↗Abwasser meist in freiem Gefälle abgeleitet wird. Man unterscheidet dabei zwischen Regenwasser-, Schmutzwasser- und Mischwasserkanal (↗Kanalisation). 2) Wasserstraße mit überwiegend künstlich hergestelltem Gewässerbett (↗Schiffahrtskanal).

Kanalisation, *Abwasserableitung*, Gesamtheit der in einem Einzugsgebiet vorhandenen Anlagen zur schnellen und unschädlichen Ableitung des ↗Abwassers. Die Abwassersammlung beginnt bei der Haus- bzw. Grundstücksentwässerung mittels Fallrohren und Sammelleitungen, die über eine Grundleitung mit dem Kanalisationsnetz verbunden sind. Zur Hausentwässerung gehören u. a. auch Geruchsverschlüsse sowie ↗Abscheider, in denen Stoffe unterschiedlicher Dichte (Fett, Benzin, Heizöl, Stärke) vom Schmutzwasser abgetrennt werden. Die Weiterleitung zur Kläranlage oder ↗Regenentlastung erfolgt über Sammler (Nebensammler, Hauptsammler). Die Ableitung von Schmutzwasser und Regenwasser kann entweder gemeinsam in einem einzigen Leitungsnetz (*Mischkanalisation*) oder getrennt voneinander in zwei verschiedenen Netzen (*Trennkanalisation*) erfolgen. Beim Mischverfahren wird nicht nur der ↗Trockenwetterabfluß, sondern auch ein festgelegter Anteil des Regenwassers in der Kläranlage behandelt (↗Abwasserreinigung). Der darüber hinaus gehende Anteil wird über Anlagen zur Regenentlastung abgeschlagen und entweder direkt oder teilgeklärt in den ↗Vorfluter geleitet. Gelegentlich erfolgt zur Entlastung der Kläranlage auch eine Pufferung durch Regenrückhaltebecken. Da nur ein Leitungsnetz erforderlich ist, sind die Anlagenkosten bei der Mischkanalisation geringer als beim Trennverfahren trotz der notwendigen Bauwerke zur Regenentlastung. Hingegen fallen im allgemeinen höhere Betriebskosten für die Reinigung der Anlagen und die Klärung des Abwassers an.

Die maßgebenden Parameter für die Bemessung der Kanalisation sind der Abwasseranfall und die topographischen Randbedingungen (Gefälleverhältnisse). Für die Berechnung von Entwässerungsnetzen stehen entsprechende Rechenprogramme zur Verfügung. Die Tiefenlage des Kanalnetzes wird bestimmt durch die Lage der zu entwässernden Keller sowie die Höhe des Grundwasserspiegels. Um Ablagerungen im Kanalnetz zu vermeiden, soll die Geschwindigkeit bei Trockenwetterabfluß über 0,5 m/s liegen. Als größte Fließgeschwindigkeit werden bei Trockenwetterabfluß 1,1–1,3 m/s angestrebt, was bei Vollfüllung einer Fließgeschwindigkeit von 2,5–3 m/s entspricht. Als Rohrmaterial wird vorzugsweise Beton oder Steinzeug verwendet. Zum Entwässerungsnetz gehören neben den Rohrleitungen zahlreiche Bauwerke wie Straßenabläufe und

Kanadischer Schild: präkambrische Provinzen des Kanadischen Schildes in Nordamerika.

Kanalisierung

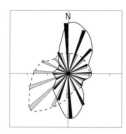

Kanalisierung: Häufigkeitsverteilung der Windrichtung an der Station Mannheim für den geostrophischen Wind (grau) und für den kanalisierten Bodenwind (schwarz).

Kaolin: Kaolinabbau.

Einstiegsschächte, ↗Absturz, ↗Düker sowie Ein- und Ausläufe. Bei tiefer liegenden Grundstücken oder Einzugsgebieten können Abwasserpumpwerke erforderlich werden, wobei Kreiselpumpen oder Schneckenpumpen den besonderen Bedingungen in der Abwassertechnik besonders genügen.

Kanalisierung, dynamische Strömungsbeeinflussung durch die Orographie mit dem Ergebnis, daß Winde bevorzugte Richtungen haben. Diese sind bei einer Straßenschlucht oder bei einem Tal durch deren Orientierung gegeben und sind relativ unabhängig von der Richtung des großräumigen ↗geostrophischen Windes. Die Kanalisierung tritt auch in sehr breiten Tälern wie dem Oberrheingraben bei Mannheim auf. An dieser Stelle ist das Tal etwa 35 km breit und die seitlichen Randhöhen nur 200 bis 400 m höher als der Talboden. Trotzdem wird der bodennahe Wind durch diese flache Orographie abgelenkt und die ↗Windrose zeigt eine deutliche Bevorzugung der Richtungen aus Nord und aus Süd, was in etwa der Orientierung des Tales entspricht (Abb.). Die Kanalisierung ist während der Nacht bei stabiler Schichtung besonders gut am Bodenwind zu erkennen, reicht allerdings nur bis zur Höhe der seitlichen Randgebirges. Tagsüber wird durch turbulente Vermischung die kanalisierte Strömung in größere Höhe vermischt und erstreckt sich dabei über fast die gesamte Grenzschichthöhe. Die Kanalisierung kommt dadurch zustande, daß die Kräfte auf die Strömung quer zum Tal durch das orographisch bedingte Luftdruckfeld auskompensiert werden und die Windrichtung im Tal nur durch den noch vorhandenen Druckgradienten parallel zur Talachse bestimmt wird. Dabei kann es zu einer drastischen Richtungsveränderung kommen, bei der Bodenwind und geostrophischer Wind entgegengesetzt gerichtet sind (Gegenstrom). [GG]

Kanarenstrom, südwärtige, kalte ↗Meeresströmung vor der nordwestafrikanischen Küste, die als Analog zum Kalifornienstrom in den nordatlantischen Äquatorialstrom mündet.

Kanat ↗Qanat.

Kändel, aufgetauter Bereich in einer Eisdecke eines Fließgewässers in Form einer schmalen Rinne. Kändel entstehen durch unterirdisch zufließendes wärmeres Grundwasser.

Kannelierungen ↗Rillenkarren.

Kännelkohle ↗Cannelkohle.

Känophytikum ↗Neophytikum.

Känozoikum, *Neozoikum*, stratigraphische Bezeichnung für den jüngsten Abschnitt des ↗Phanerozoikums; umfaßt die Systeme ↗Paläogen, ↗Neogen und ↗Quartär. ↗geologische Zeitskala.

Kante, in der Fernerkundung sprunghafter Grauwertübergang senkrecht zu linearen Elementen. Mathematisch handelt sich es dabei um eine Übergangszone zwischen einer Rampe (linear sich verändernder Übergang von einem Plateau zum anderen) zu einem Plateau (Grauwertniveau) oder zwischen zwei Rampen.

Kantenextraktion, Separation von ↗Kanten, die durch ↗Kantenfilter identifiziert wurden. Ist die Kante im Original scharf, dann ist die 2. Ableitung $g'(x)$ schmal und groß; unscharfe Kanten haben eine größere Breite und kleinere Werte $g'(x)$. Die 2. Ableitung liefert die Kantenextraktion.

Kantenfilter, *Kantenoperator*, richtungsbezogene Filter mit der Eigenschaft, hochfrequente Grautonvariationen einer bestimmten Richtung zu verstärken bzw. zu unterdrücken. Dies kann senkrecht, waagerecht und diagonal zur Abtastrichtung erfolgen. Es stehen verschiedene Filter zur Verfügung, richtungsunabhängige wie der ↗Laplace-Operator oder richtungsabhängige Filter wie der ↗Gradientenoperator, Sobelfilter oder Robertsgradient.

Kantengeschiebe ↗Windkanter.

Kantenlinie, eine in der Örtlichkeit deutlich ausgeprägte Linie, die unterschiedlich geneigte Teile der Erdoberfläche trennt (Kante, Knick, Gefällwechsellinie). In der ↗Topographie werden weniger markante Kantenlinien nur als Hilfsmittel zur Entwicklung genauer ↗Höhenlinien benutzt. Bei Böschungen, Schluchten und Rinnen bilden die Kantenlinien einen Bestandteil der ↗Kartenzeichen. Bei der ↗digitalen Geländemodellierung werden Kantenlinien in das Stützpunktfeld integriert, da nur mit ihrer Hilfe eine morphologisch plausible Berechnung von Höhenlinien möglich ist. Darüber hinaus sind sie bedeutsam für kartographische Fels- oder Gefügedarstellungen.

Kantenoperator ↗Kantenfilter.

Kantenverstärkung, Kontraststeigerung der hochfrequenten Anteile durch Verschiebung des gesamten Bildes in vertikaler oder horizontaler Richtung mit anschließender Ermittlung der Grautondifferenz; bei keiner Differenz Ersatz durch Mittelwert, bei Differenz Ersatz durch höhere oder niedrigere Werte.

Kaolin, *Porzellanerde*, überwiegend aus ↗Kaolinit bestehendes Gestein, wozu Glimmer, Illit, Quarz und Feldspat kommen (Abb.). Im reinen Zustand ist Kaolin schneeweiß, oft aber durch Eisen oder Manganhydroxide verfärbt. Der Schmelzpunkt liegt bei 1850°C. Es werden plastische oder Porzellankaoline (< 50 % SiO_2, < 1% Fe_2O_3, < 1% Alkalien) und magere oder Papierkaoline unterschieden. Bekannte Porzellankaoline sind jene der Umgebung von Karlovy Vary (Karlsbad, Zettlitz), Cornwall und von Kauling (China). Porzellankaolin muß beim Brennen weiß bleiben (organische Substanz stört nicht, da sie verbrennt) und hohe Feuerfestigkeit ausweisen (SK 35). Magere Kaoline haben einen geringeren Gehalt an feinerdiger Tonsubstanz und dienen der Steingut- und Schamotteerzeugung. Größere Mengen solchen Kaolins werden auch als Füllstoffe in der Papierindustrie, der Verarbeitung von Polyester- und Epoxidharzen sowie als inerte Träger von Insektiziden verwendet. Natürlich vorkommende Kaolingesteine werden durch Waschen, ↗Flotation u. ä. aufbereitet. Die Aufbereitungsabgänge werden vielfach ebenfalls technisch verwendet. Die Untersuchung von Kaolin erfolgt durch chemische und mineralogische Analyse, Bestimmung der Korngrößenverteilung, der Plastizität, Feuerfestigkeit und des Weißegrades. Nach der Entstehung sind zu unterscheiden pneumatolytische und hydrothermale Umwandlungsprodukte feldspatreicher Gesteine, Verwitterungskrusten solcher Gesteine, Zersetzung derselben infolge Grundwasserzirkulation und sedimentäre Abschwemmungen der Verwitterungskrusten. [GST]

Kaolinisierung, hydrothermale oder autohydrothermale Bildung von Kaolinit aus alkalifeldspatführenden Gesteinen, überwiegend Granite, Arkosen u. a. Für die Kaolinisierung der Kalifeldspäte ist ein hohes H^+/K^+-Verhältnis in den hydrothermalen Lösungen erforderlich. Die Reaktion verläuft gemäß der Gleichung:

$$2K[AlSi_3O_8] + 11\ H^+ \text{ in Lösung} \rightarrow Al_2[(OH)_4/Si_2O_5] + 2\ K^+ + 4\ Si^{4+} + 7\ OH^-.$$

Kaolinit, [von chinesisch kao-ling = hoher Hügel, als Name eines Berges bei King-te-chen in Nordchina], *Ancudit, Hunterit, Kaolin, Porzellanerde, Simlait, Smelit*, Mineral mit triklin-pinakoidaler Kristallstruktur und der chemischen Formel $Al_4[(OH)_8|Si_4O_{10}]$; Farbe: reinweiß, gelblich-weiß, gelblich, auch rötlich, graulich, bläulich; matter Perlmutterglanz; undurchsichtig; Strich: weiß; Härte nach Mohs: 2–2,5 (mild, fettig anfühlend); Dichte: 2,61–2,68 g/cm³; Spaltbarkeit: sehr vollkommen nach (001); Aggregate: feinschuppig, dicht, locker, erdig, Spaltplättchen biegsam; vor dem Lötrohr unschmelzbar; von Salzsäure unvollständig, von konzentrierter Schwefelsäure völlig zersetzt; Begleiter: Quarz, Glimmer; Vorkommen: in vielen Gesteinen durch Einwirkung aszendent-hydrothermaler, saurer CO_2-Lösung gebildet, aber auch in Verwitterungsböden recht häufig (Hauptkomponente in Lateriten) sowie in vielen tonigen, marinen Sedimenten bzw. als diagenetische Neubildung in Poren von Sandsteinen und Konglomeraten; Fundorte: Selb, Schönau, Hirschau (Bayern), bei Meißen und Halle/Saale, Sedlec (Zettlitz) bei Karlovy Vary (Karlsbad) in Böhmen, Turbov, Raiki, Belaja Balka, Tschasov-Jarsk und Tscheljabinsk (Rußland), Berg Kao-Ling bei Jautschau-Ful (Nordchina), Zirob (Elbrusgebirge, Iran), ansonsten weltweit. [GST]

Kaolinlagerstätten, Anreicherungen von Kaolinmineralen auf ↗autochthoner oder ↗allochthoner Lagerstätte, entstanden durch hydrothermale Zersetzung von granitischen oder pegmatitischen Gesteinen (*Hydrothermalkaolin*; z. B. Cornwall, Südwestengland) oder durch Verwitterung unter wechselfeuchtem, warmem Klima (↗siallitische Verwitterung) von unterschiedlichsten feldspathaltigen Gesteinen wie Granit, Gneis, Porphyr, Arkose (*Residualkaolin*). Kaolinlagerstätten sind weltweit verbreitet. Besonders bedeutend ist die Gewinnung von Kaolin in China, Indien, Brasilien, Japan und USA. In Europa sind die wichtigsten Lagerstätten an fossile oberkretazisch-tertiäre Landoberflächen im Gebiet heutiger Mittelgebirge gebunden, v. a. in einem Gürtel von Südwestengland über Mitteleuropa bis zur Ukraine. In Deutschland findet die Gewinnung von Kaolin in Sachsen, in der Oberpfalz und im Rheinischen Schiefergebirge statt.

Kap, meist im Festgestein angelegter, markanter Küstenvorsprung.

Kapazität, *Transportkapazität*, die maximale Menge an Material, die von einem Fließgewässer als ↗Geschiebefracht oder vom Wind (↗äolische Prozesse) an einem spezifischen Punkt pro Zeiteinheit bewegt werden kann. Im ↗fluvialen System ist die Kapazität abhängig vom ↗Sohlengefälle, der Abflußmenge, dem Verhältnis von Gerinnebettbreite zu -tiefe (Wassertiefe), der Bodenrauhigkeit und Korngrößenverteilung der Fracht. ↗Erosionskompetenz, ↗Kompetenz.

Kapazitätsregler, Element des ↗Prozeß-Korrelations-Systemmodells des ↗elementaren Geoökosystems. Es handelt sich um Reglereigenschaften, die aus der Speicherkapazität oder einer begrenzten Flußrate resultieren, wodurch Energie, Wasser und Stoffe in grundsätzlich verschiedene Richtungen gelenkt werden. Die Kapazitätsregler sind meist veränderliche Größen. Beispiele sind die potentielle Evapotranspiration, die Interzeption, die Infiltrationskapazität oder die Wasserkapazität von Humusdecken.

kapazitiver Beschleunigungsmesser, Meßsystem, bei dem sich die Probemasse in einem elektrischen Feld befindet. Bewegen äußere Kräfte die Probemasse aus ihrer Ruhelage, erfaßt ein kapazitiver Positionssensor. Durch elektromagnetische Rückkopplung wird die Probemasse wieder in ihre Ruhelage zurückgeführt.

kapazitives Gradiometer ↗Gradiometer.

Kapensis, *Capensis*, *Kapländisches Florenreich*, kleinstes ↗Florenreich der Erde, das nur die südlichste Spitze Afrikas (das Kapland) umfaßt. Die Kapensis zeigt eine besonders große ↗Biodiversität, die durch rund 8500 Farn- und Samenpflanzen belegt wird, wovon fast 6000 Endemiten (↗Endemismus) sind (zum Vergleich: In ganz Deutschland kommen insgesamt nur rund 3250 Arten vor). Die stark eigenständige Entwicklung der Kapensis zeigt sich auch in vielen eigentümlichen Ausprägungen der Pflanzenformen.

Kapillaraufstieg

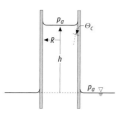

Kapillarität: Steighöhe h und Benetzungswinkel Θ_c in einer Kapillare mit Radius R bei Luftdruck p_a infolge der Kapillarwirkung.

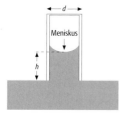

kapillare Steighöhe: kapillarer Wasseraufstieg (h = kapillare Steighöhe, d = Porendurchmesser).

Klimatisch ähnelt die Kapensis der mediterranen Region.
Den wichtigsten ↗Ökofaktor stellt das ↗Feuer dar. Die sauren, nährstoffarmen Böden begünstigen das Vorherrschen von Heideformationen (Kapheiden der Gattung *Erica*), Wälder fehlen weitgehend, zugunsten der gebüschartigen, immergrünen Hartlaubvegetation der Proteaceae mit der ↗Symbolart des Silberbaums (*Leucadendron argenteum*). Viele Zierpflanzen stammen ursprünglich aus der Kapensis (*Pelargonium, Amaryllis, Clivia*). ↗Hartlaubwälder. [SMZ]

Kapillaraufstieg, durch die Wirkung aufwärts gerichteter Saugspannungsgradienten aus einer Wasseroberfläche (Grund- oder Stauwasser) im Boden in ↗Kapillaren aufsteigendes Wasser. Die pro Zeit- und Flächeneinheit aufsteigende Wassermenge (kapillare Aufstiegsrate) hängt dabei ab vom Saugspannungsgradienten, der ungesättigten ↗hydraulischen Leitfähigkeit des Bodens und der ↗kapillaren Steighöhe (Niveaudifferenz, über die das Wasser aufwärts transportiert wird). Kapillaraufstieg hat Bedeutung für die Pflanzenwasserversorgung. Sandige und schwach lehmige Böden können hohe Raten über begrenzte Höhen nachliefern, während die Aufstiegsraten in Tonböden zwar geringer, die Aufstiegshöhen jedoch größer sind. Diese Eigenschaften ergeben sich aus der unterschiedlichen Kapillarzusammensetzung der Böden.

Kapillaren, enge Röhrchen oder Poren, in denen der Flüssigkeitsspiegel durch die Wirkung von Kapillarkräften höher oder niedriger ist als der sie umgebende äußere Flüssigkeitsspiegel. ↗Kapillarität.

kapillare Steighöhe, *Kapillarhub, kapillare Aufstiegshöhe,* Betrag der Kapillaraszension, Höhe, über die das Wasser in ↗Kapillaren aus einer freien Wasseroberfläche aufsteigen kann (Abb.). Das Wasser steigt um so höher, je geringer der Kapillardurchmesser ist. Sie errechnet sich für den hydrostatischen Zustand aus:

$$h = 4\gamma \cdot \cos\alpha / d \cdot d_w \cdot g$$

mit γ = Oberflächenspannung, α = Benetzungs- oder Kontaktwinkel, d = Porendurchmesser, d_w = Dichte von Wasser, g = Erdbeschleunigung. Vereinfacht kann sie berechnet werden aus:

$$h = 0{,}297/d\,[\text{cm}].$$

Kapillarhub, *kapillare Aufstiegshöhe,* ↗kapillare Steighöhe.

Kapillarität, Tangentialkomponente der molekularen Anziehungskräfte an der Grenzfläche zwischen Flüssigkeit und Feststoff (↗Oberflächenspannung). Sie entsteht aufgrund der Anziehung der Flüssigkeitsmoleküle in der Grenzfläche durch die Moleküle der die Flüssigkeit begrenzenden festen Wand (↗Adhäsion). Je nachdem ob die Adhäsionskräfte der Wand größer oder kleiner als die Kohäsionskräfte (↗Kohäsion) der Flüssigkeit bzw. des Gases über der Flüssigkeit sind, bildet sich in Wandnähe ein konkaver oder konvexer Flüssigkeitsspiegel aus. Dabei werden Körper benetzt oder nicht benetzt. Bei ebener Flüssigkeitsfläche heben die sich aus der Oberflächenspannung ergebenden Kräfte in der Flächenebene auf. Dagegen ergibt sich bei gekrümmten Flächen eine Kraft senkrecht zur Oberfläche, die als Kapillardruck bezeichnet wird. Als Folge hiervon steigt in einem dünnen Rohr mit dem Radius R, das beim Luftdruck p_a in Wasser gestellt ist, die Flüssigkeit bis zur Höhe h über der Wasseroberfläche auf (Abb.). In dieser Höhe sind die intermolekularen Kräfte zwischen Wasser und Wandung und die Oberflächenspannung zwischen Wasser und Luft mit der Schwerkraft g im Gleichgewicht. Zwischen dem Wasser und der Wand bildet sich durch die Adhäsion oder Haftfähigkeit des Wassers der Meniskus mit dem Benetzungswinkel Θ_c. Dieser ist abhängig von der Art des Materials der Berührungsfläche. Für Wasser, bei Glas und Silicaten beträgt Θ_c 0° und bei Eis 20°. Die Höhe des maximalen kapillaren Aufstiegs (Kapillaraszension) wird bei unvollständiger Benetzung durch die Beziehung:

$$h = 2 \cdot \sigma \cdot \cos\left(\frac{\Theta_c}{\varrho \cdot R \cdot g}\right)$$

beschrieben, wobei ϱ die Dichte, R der Kapillarradius und g die Erdbeschleunigung sind. Die ↗kapillare Steighöhe ist in der Natur von großer Bedeutung. Sie ist die Ursache des Aufsteigens von Wasser entgegen der Schwerkraft in porösen Medien. Sie ist umso größer, je feinkörniger der Boden ist. Die Kapillaraszension, kapillare Steighöhe bzw. die Kapillardepression sind um größer, je enger die Kapillaren sind. [HJL]

Kapillarkondensation, Kondensation von Wasser in engen Kapillaren. Bei Wassergehalten oberhalb des ↗permanenten Welkepunktes ist die Bodenluft fast stets wasserdampfgesättigt. Wasserdampfbewegungen erfolgen durch Saugspannungs- und Temperaturdifferenzen. Dabei bewegt sich der Wasserdampf stets in Richtung des geringeren Potentials (von warm nach kalt, von großen zu kleinen Poren) und kondensiert in Kapillaren, wenn der Sättigungsdampfdruck überschritten wird. Auch Unterschiede im osmotischen Druck der Bodenlösung können zu Wasserdampfbewegungen und Kapillarkondensation führen. Temperaturbedingte Kapillarkondensation tritt häufig in kontinentalen ariden Gebieten mit großen Temperaturunterschieden (Tag und Nacht) auf, unter mitteleuropäischen Verhältnissen vorwiegend im Herbst. In dieser Jahreszeit kühlt der Boden an der Oberfläche ab und wärmerer Wasserdampf aus tieferen Schichten steigt nach oben. [US]

Kapillarpyknometer, Glasgefäß, das mit feinst durchbohrten Glasstöpsel so verschlossen wird, daß ein exakt bekanntes Volumen eingeschlossen wird. Mit Hilfe des Kapillarpyknometers und einer hochgenauen Waage werden Trockenmasse und Volumen einer trockenen und gepulverten Bodenprobe bestimmt. Daraus kann nach DIN 4015 die ↗Korndichte ermittelt werden.

Kapillarraum, *Kapillarsaum*, Zone gestützten ↗Kapillarwassers oberhalb der Grundwasseroberfläche. Das Bodenwasser wird durch zusammenhängende ↗Menisken getragen und steht im Gegensatz zum Grundwasser unter Unterdruck (Saugspannung). Im hydrostatischen Gleichgewicht ($v = 0$) entspricht die Saugspannung des Bodenwassers (in hPa) im Kapillarraum seiner Entfernung zur Grundwasseroberfläche. Der geschlossene Kapillarraum schließt direkt an die Grundwasseroberfläche an. Alle Poren sind wassergefüllt. Die Feldansprache erfolgt durch leichtes Klopfen am Bodenbohrer, dabei werden die Spannungen des Bodenwassers im Bohrgut gelöst und Wasser tritt frei aus. Im *offenen Kapillarraum* sind grobe Poren mit Luft gefüllt.

Kapillarsaum ↗ *Kapillarraum*.

Kapillarwasser, Teil des ↗Haftwassers. Wird durch die Wirkung von Kapillarkräften (Meniskenkräfte) gegen die Schwerkraft gehalten. Kapillarwasser ist bis zu einer Saugspannung von < 1,5 MPa pflanzennutzbar. Bei größeren Saugspannungen ist es nicht mehr pflanzennutzbar (↗Totwasser).

Kapillarwellen, kurze Oberflächenwellen auf dem Wasser mit ↗anomaler Dispersion. Durch die starke Krümmung der Wasseroberfläche wird die Oberflächenspannung zur dominierenden Kraft. Kapillarwellen werden durch den Wind angeregt und zählen zum ↗Seegang.

Kapitolinischer Plan von Rom, bedeutendes Zeugnis der hochentwickelten römischen Feldmeßkunst und Kartographie. Der im Original 13 m hohe und 15–18 m breite Stadtplan »Forma urbis Romae« entstand im Ergebnis der von Septimius Severus verfügten Vermessung von Rom und wurde im Maßstab 1:250 von 203 bis 211 als Gravur in Marmor ausgeführt. Die erhaltenen Bruchstücke liegen im Palazzo Braschi, eine Rekonstruktion wird im Kapitolinischen Museum in Rom aufbewahrt (Abb.).

Kappen, *Hubert*, deutscher Agrikulturchemiker, * 26.12.1878 Münster (Westfalen), † 13.2.1949 Bonn; 1918–1920 Professor in Tetschen-Liebwerd (Tschechien), 1920–1948 in Bonn; Arbeiten über verschiedene Formen und Ursachen der Bodenacidität, deren Bedeutung für ↗Bodenfruchtbarkeit und Nährstoffversorgung der Kulturpflanzen; entwickelte Methoden zur Bestimmung des S-Wertes und des Kalkbedarfs genutzter Böden; Arbeiten zur Wirkung von Kalkdüngern, insbesondere der Hochofenschlakke; publizierte Bücher über Bodenacidität(1929) und Hochofenschlacke (1950); Ehrendoktor in Gießen.

Kar, ↗glazial entstandene, im Idealfall »lehnsesselartige« Hohlform, die durch glaziale ↗Erosion an Berghängen gebildet wird (Abb.). Ein Kar ist oder war Ursprungsort eines ↗Gletschers, der sich aus Schneeakkumulation in Mulden über die Bildung von ↗Firn und Eis unter stetigem Zuwachs entwickelt hat. Unter dem auflastenden Eisdruck beginnt das Eis abzufließen und tieft dabei über die Wirkung von ↗Detersion und ↗Detraktion die präglaziale Form schüsselförmig ein. Da Eis nun von drei Seiten einströmt, kommt es zur Übertiefung des flachen ↗Karbodens, der zur ↗Karschwelle wieder ansteigt. Zum Tal hin fließt das Eis über die Karschwelle ab. Die Übertiefung, die nach Abschmelzen des Gletschers häufig mit dem ↗Karsee gefüllt ist, und die Karschwelle sind charakteristisch für ein echtes Kar. Kare können je nach topographischer Situation, Exposition gegenüber den

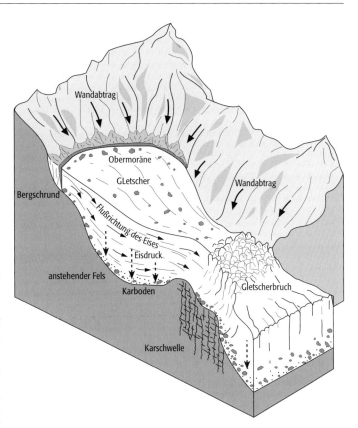

Kar: Entstehung und Weiterbildung eines Kares.

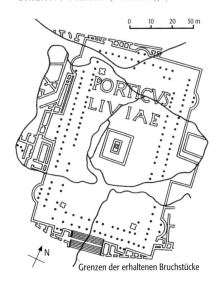

Grenzen der erhaltenen Bruchstücke

Kapitolinischer Plan von Rom: Kapitolinischer Plan von Rom (203–211 n.Chr.), Gravur in Marmor; Original 1:250, verkleinert auf ⅙.

schneebringenden Winden, der Sonne, geologischem Untergrund und dessen Klüftung sowie der Intensität der Eisbewegung sehr unterschiedlich groß sein und verschiedene Formen haben. Sie sind sehr zahlreich in den Alpen, wo sie unterhalb der rezenten ↗Schneegrenze die ↗Vergletscherungen des ↗Pleistozäns bezeugen. Dasselbe gilt für heute eisfreie Mittelgebirge in Mitteleuropa wie den Schwarzwald und den Bayerischen Wald, wo lehrbuchtypische Kare unterhalb des Feldberges und am Großen Arber zu finden sind. [JBR]

Karasee, als ↗Randmeer des ↗Nordpolarmeers ein Teil des Arktischen Mittelmeers (↗Arktisches Mittelmeer Abb.) zwischen Nowaja Semlja, Franz-Josef-Land, Sewernja Semlja, der Taimyr-Halbinsel und dem sibirischen Festland. In die Karasee erfolgt der Zustrom von Wassermassen atlantischen Ursprungs aus der ↗Barentssee. Sie fließen durch die St.-Anna-Rinne in das tiefe ↗Nordpolarmeer ab.

Karat, Gewichtseinheit für ↗Diamant. Ein Karat entspricht 200 Milligramm.

Karboden, ↗glazial übertiefter, flacher bis schüsselförmiger Grund eines ↗Kares, der zur ↗Karschwelle hin wieder ansteigt (↗Kar Abb.). Auf dem Karboden befindet sich häufig ein ↗Karsee; er kann aber auch von ↗Moränen, Schutt oder Resten eines ↗Kargletschers bedeckt sein. Von der Höhenlage des Karbodens kann auf die ungefähre Höhenlage der ↗Schneegrenze zur Bildungszeit des Kares rückgeschlossen werden.

Karbon, vorletztes erdgeschichtliches System des ↗Paläozoikums vor ca. 355–290 Mio. Jahren. Der Name ist von den Kohlenflözen abgeleitet, die sich in vielen Teilen der Welt in Gesteine dieses Zeitabschnitts einlagern, und seit Beginn des 19. Jh. in England als stratigraphischer Begriff in Gebrauch (»Carboniferous«). Das Karbon wurde 1839 von R. J. ↗Murchison als erstes System formell etabliert. Es wird heute international nach mittel- und westeuropäischer sowie nordamerikanischer Tradition zeitlich zweigegliedert in Unterkarbon (*Mississippium*) und Oberkarbon (*Pennsylvanium*), die in drei bzw. vier Stufen zerfallen (Abb.). Die Zweigliederung geht zurück auf den in Europa und Nordamerika weithin zu beobachtenden starken Gegensatz zwischen den meist relativ geringmächtigen feinklastischen oder carbonatischen Gesteinen des Unterkarbons (↗Kulm, ↗Kohlenkalk) und den oft sehr mächtigen sandstein- und kohlenreichen Abfolgen des Oberkarbons. Beide Abfolgen werden zudem regional von markanten Diskordanzen getrennt. In den internationalen Stufenbezeichnungen spiegeln sich die Namen klassischer Regionen des belgischen und russischen Karbons wider.

Die Gesteinssequenzen des Unterkarbons folgen meist ohne bedeutende Schichtlücken und in relativer fazieller Kontinuität auf die Abfolgen des Oberdevons. Die Typlokalität für die Devon/Karbon-Grenze wurde 1992 in der Montagne Noire, Südfrankreich, festgelegt. Demgegenüber bewirkte die Variszische Orogenese, die in Mittel- und Westeuropa bis in das hohe Oberkarbon hinein andauerte, daß die kontinuierlichen Schichtfolgen in der Regel regional variabel zu unterschiedlichen Zeiten im Oberkarbon abreißen und sich dann nach einer markanten Diskordanz und zeitlichen Lücke postorogene kontinentale und schwer datierbare Rotsedimente des höchsten Karbons und/oder des Perms auflagern; für die Karbon/Perm-Grenze konnte deshalb bislang noch keine Typlokalität festgelegt werden.

Im Laufe des Paläozoikums rückten die aus dem Zerfall eines spätpräkambrischen Superkontinentes (»Rodinia«) hervorgegangenen altpaläozoischen Kontinente und Kontinentalfragmente (nicht identisch mit den heutigen Kontinenten) allmählich und in mehreren Teilschritten wieder näher zusammen. Dabei handelte es sich v. a. um ↗Gondwana auf der Südhalbkugel, ↗Laurussia in den Tropen (↗Old-Red-Kontinent, im Silur aus ↗Laurentia, ↗Baltica und ↗Avalonia entstanden) sowie ↗Sibiria, ↗Kasachstania und Nordchina auf der Nordhalbkugel (↗geologische Zeitskala). Zwischen Gondwana und Laurussia befand sich der in etwa äquatorparallele Paläotethys-Ozean, in dem verschiedene Mikrokontinente Inseln bildeten (abgespaltene Gondwana-Fragmente, u. a. Armorika) und ihn so in mehrere Teilbecken gliederten. Im Laufe des Devons begann Gondwana, sich nordwärts auf Laurussia zuzubewegen. Dabei verschmälerte sich die dazwischen liegende Paläotethys durch das Verschlucken ihrer ozeanischen Kruste in mehreren inner- und außerozeanischen Subduktionszonen. Diese plattentektonischen Konvergenzbewegungen äußerten sich in Form der Variszischen Orogenese, die im Laufe des Karbons zur Herausformung des Gebirgsgürtels der ↗Varisziden, zur Schließung der Paläotethys und dadurch zur Bildung des Westteils des Superkontinentes Pangäa infolge der Kollision und Vereinigung von Gondwana mit Laurussia unter Einschluß der zwischen beiden befindlichen Mikrokontinente führte.

Charakteristische Sedimentfolgen des Unterkarbons sind in Europa ausgedehnt auf den Britischen Inseln und im nördlichen Mitteleuropa erhalten. In diesem Raum, der am südöstlichen Rand Laurussias lag und zur Paläotethys überging, standen sich zwei Faziesräume gegenüber: Vor der sandigen Küste Laurussias, die von Schottland über die nördliche Nordsee und die südliche Ostsee bis nach Polen verlief, erstreckte sich ein bis über 200 km breiter Flachmeersaum bis nach Belgien und Norddeutschland, in dem sich überwiegend dunkelgraue, bankige tropische Kalksteine ablagerten, die als Kohlenkalk bezeichnet werden. Diese Fazies steht in starkem Kontrast zur sich südlich und südöstlich anschließenden Kulmfazies, einer überwiegend pelagischen bis hemipelagischen Beckenfazies aus dunklen, tiefmarinen Schlämmen (u. a. Radiolarite, Kieselschiefer) und nachfolgenden klastischen Sedimenten, hauptsächlich Grauwacken der variszischen Flyschphase; diese Abfolge tritt

heute im ↗Rhenoherzynikum weitflächig zu Tage.
Im Unterkarbon war die Variszische Gebirgsbildung in Mitteleuropa durch die starke Annäherung von Gondwana an Laurussia bereits weit fortgeschritten. In der schmal gewordenen und in verschiedenen Meeresstraßen gegliederten Paläotethys waren wahrscheinlich mehrere Subduktionszonen aktiv: u. a. an der Südgrenze des Moldanubikums, zwischen Moldanubikum und ↗Saxothuringikum sowie zwischen Saxothuringikum und Rhenoherzynikum (ebenfalls nach Süden). Beispielsweise wird die Spur dieser letzteren in der scharfen strukturellen Grenze mit ausgeprägtem Metamorphose-Sprung zwischen dem Südrand des Rhenoherzynikums (»Nördliche Phyllitzone«) und dem Nordsaum des Saxothuringikums (»Mitteldeutsche Kristallinzone«) gesehen: Hochdruck/Niedertemperatur-Metamorphite im Norden grenzen an Mitteldruck/Hochtemperatur-Metamorphite eines ehemaligen magmatischen Bogens im Süden, so daß hier ein sog. »paariger metamorpher Gürtel« ausgebildet ist, wie er für aktive Plattengrenzen mit Subduktionszonen und begleitenden Vulkanbögen typisch ist. Die Annäherung von Gondwana an Laurussia erfolgte allerdings größtenteils nicht »frontal«, sondern schiefwinklig und unter Drehbewegungen, was vielerorts »schräge« Subduktion und Kompression sowie bedeutende Seitenverschiebungen zur Folge hatte. Die heutige Lagebeziehung vieler paläozoischer Baueinheiten entspricht deshalb sicher nicht der ursprünglichen.

Mit rechtsdrehenden, westwärtigen Bewegungen verschob sich Gondwana mit seinen vorgelagerten mikrokontinentalen Inseln in Richtung Laurussia, so daß die Paläotethys schon im hohen Visé in ihrer Mitte regelrecht eingeschnürt wurde. Während ihr Ostteil offen blieb, schloß sich ihr Westteil in der Folge reißverschlußartig von Osten nach Westen, und das Meer zog sich im Laufe des Oberkarbons aus diesem Bereich allmählich völlig in Richtung Westen/Südwesten zurück. Im südwestlichen Nordamerika vollzog sich die Schließung erst im Perm. Die immer schmaler gewordenen Meeresstraßen zwischen den Groß- und Mikrokontinenten verflachten, süßten aus und verlandeten schließlich. Der Westteil von Pangäa war somit entstanden. Erst im Perm bzw. der älteren Trias gliederten sich auch Sibiria, Kasachstania und Nordchina an (Ural-, Altai- und Tienschan-Orogenesen) und machten Pangäa für einige Zehnermillionen Jahre zu einem praktisch alle heutigen Kontinente umfassenden Superkontinent.

Im hohen Unterkarbon und v. a. im Oberkarbon durchlief die Variszische Orogenese im Mitteleuropa ihren Höhepunkt: Durch Subduktion wurden die Streifen ozeanischer Kruste zwischen den kontinentalen Krustenstücken fast restlos eliminiert; außer dem Lizard-Komplex in Cornwall gibt es in den gesamten europäischen Variszen keine eindeutigen und klar abgrenzbaren Ophiolith-Komplexe, d. h. gehobene Späne ehemaliger ozeanischer Kruste bzw. des unterlagernden Erdmantels. Die kontinentalen Krustenstücke kollidierten miteinander, ihre Ränder wurden dabei übereinander geschoben und z. T. tief versenkt sowie intensiv gefaltet, geschiefert und metamorphosiert. Die starken Aufheizungen führten in der Tiefe verbreitet zu Krustenaufschmelzungen, und die Schmelzen stiegen v. a. im Saxothuringikum und Moldanubikum auf und hatten einen heftigen Plattenrand-Vulkanismus sowie die Platznahme mächtiger Granit- und Granodiorit-Plutone in der tieferen Kruste zur Folge. Die regionalen Krustenstapelungen dürften zu Krustenmächtigkeiten von 50–60 km und mehr geführt haben. Gleichzeitig hob sich das Variszische Orogen als 500–1000 km breiter Gürtel zum Hochgebirge mit mehreren Ketten heraus.

Die raschen Hebungen des Gebirges, verbunden mit starker Abtragung, äußerten sich in der Produktion gewaltiger Schuttmengen, die in Senkungszonen des variszischen Gürtels und seiner Umgebung wieder abgelagert wurden. Während mariner Flysch in der Frühphase der Orogenese sedimentiert wurde, vom Oberdevon in den Innenzonen der Variszen fortschreitend bis ins tiefe Oberkarbon in den Außenzonen, wurden sehr mächtige paralische bis kontinentale Molasse sowie Kohlen in den Haupt- und Spätphasen in intramontanen Senken sowie in den Vortiefen gebildet. Das Alter der Molasse reicht vom Visé bis ins Stefan. Die intensive Abtragung des Variszischen Gebirges unter zunächst überwiegend tropisch-dauerfeuchtem, später wechselfeuchtem bis semiaridem Klima bewirkte die Einrumpfung der Gebirgsketten innerhalb von wenigen Millionen Jahren im hohen Oberkarbon bis älteren Perm. Aus dieser Zeit stammen die weit ausgedehnten Vorkommen von roten terrestrischen Sedimenten (z. B. ↗Rotliegendes), nicht

international		Deutschland		Sauerland-Ruhrgebiet	
Oberkarbon (Pennsylvanium)	Gzhel	Siles		C	Schichtlücke
	Kasimov		Stefan	B	
				A	
	Moscov		Westfal	D	Velen-Sch. / Piesberg-Sch.
				C	Dorsten-Sch. / Ibbenbüren-Sch.
				B	Horst-Schichten / Essen-Schichten
	Baschkir			A	Bochum-Schichten / Witten-Schichten
			Namur	C	Sprockhövel-Schichten
Unterkarbon (Mississippium)	Serpukhov			B	Ziegelschiefer / Quarzite / Tonschiefer / Grauwacken
				A	Kulm-Tonschiefer / Kieselige Übergangs-Schichten
	Visé	Dinant	Visé	cu III	
				cu II	Helle Kieselschiefer / Schw. Kieselschiefer
	Tournai		Tournai		Lieg. Alaunschiefer
				cu I	Ob. Hangenberg-Schiefer

Karbon: die Gliederung des Karbons.

nur in Mitteleuropa, sondern auch in den meisten übrigen Regionen des tropischen bis subtropischen Pangäa.

Das Karbon ist die klassische Steinkohlenzeit, und es sind v. a. die fast weltweit vorkommenden Kohlenflöze und deren Begleitgesteine, in denen die fossile Flora vorzüglich und überreich dokumentiert ist und die das Karbon zu einem der erdgeschichtlichen Zeitalter mit der am besten erforschten Flora gemacht haben. Die Pflanzenwelt des Karbons wurde völlig von den niederen Gefäßpflanzen beherrscht, die vom feucht-warmen Klima begünstigt im Oberkarbon den Höhepunkt ihrer Entwicklung und Verbreitung erreichten (»Jüngere Pteridophyten-Zeit«). Die Psilophyten, die als erste Pflanzengruppe die wassernahen Festlandsbereiche vom Obersilur an erobert hatten, waren im Oberdevon ausgestorben. Schon im Devon, aus dem ebenfalls Kohlenflöze bekannt sind, entwickelten sich aus den Psilophyten (»Nacktfarne«) die Lycophyten (Bärlappe), Sphenophyten (Schachtelhalme) und Filicophyten (Farne) als vorherrschende Pflanzengruppen. Die Lycophyten (z. B. *Sigillaria, Lepidodendron*) stellten die wichtigsten Bäume des Karbons und erreichten über 30 m Höhe und 2 m Stammdicke. Fossil sind v. a. die Abdrücke ihrer Rinden mit den charakteristischen Blattnarben sowie ihrer Wurzeln (Stigmarien) häufig. Das Geäst war dichotom (symmetrisch) gegabelt und das Blattwerk schopfförmig gebündelt. Auch die Schachtelhalme (*Calamites* u. a.), die wie ihre modernen Vertreter im Karbon insbesondere Feuchtbiotope besiedelten, wuchsen teilweise zu mehr als 10 m Metern hohen Bäumen mit bis zu 1 m dicken, verholzten, allerdings hohlen Stämmen heran. Fossil häufig sind von ihnen die schmalen, lanzettförmigen Blätter, die Abdrücke der Innenseiten ihrer als Steinkerne erhaltenen Markhohlräume mit den typischen streng parallelen Leitbahnen und Einschnürungen sowie an Zweigen die wirtelig, d. h. in einer Ebene angeordneten Blattkränze. Daneben gibt es aus dem Karbon große Mengen von farnartigen Blattabdrücken (z. B. *Sphenopteris, Cardiopteris, Neuropteris, Callipteris*), die aber wohl nur zum kleineren Teil von echten Farnen stammen. Die Mehrzahl dürfte einer ausgestorbenen spätpaläozoischen Pflanzengruppe zuzurechnen sein, den Pteridospermae (Farnsamer, Samenfarner, Cycadeen-Verwandte), die bereits echte Samen trugen und das Zeitalter der Samenpflanzen einleiteten. Im späten Oberkarbon entwickelten sich die Cordaiten und Walchien, baumhohe Samenpflanzen, die zu den frühen Coniferen (einer Gruppe der Gymnospermen) bzw. deren Vorläufern gerechnet werden. Im Zuge des spätpaläozoischen Umschwungs zu eher trockenem Klima verdrängten die Trockenheit ertragenden Coniferen sukzessiv die Pteridophyten und erschlossen der Pflanzenwelt neue terrestrische Lebensräume; mit dem Oberperm begann daher das Mesophytikum (Gymnospermen-, Nacktsamer-Zeit). Hinsichtlich der Fauna dominierten einerseits stark »typisch paläozoische« Organismen, z. B. bei den Wirbellosen (Invertebraten), andererseits kündigten sich modernere, fast schon »mesozoische« Elemente an, z. B. bei den Fischen und vierfüßigen Landtieren. Bei den Einzellern fallen v. a. die ↗Radiolarien mit ihren kieseligen Hartteilen und die kalkschaligen ↗Foraminiferen (z. B. die großwüchsigen Fusulinen) mit typisch jungpaläozoischen Formen als Gesteinsbildner auf (Kieselschiefer, Fusulinenkalk). Mit dem weltweiten Riffsterben an der Grenze Frasne/Famenne im Oberdevon verloren Stromatoporen und tabulate Korallen stark an Bedeutung, während sich die rugosen Korallen (z. B. *Zaphrentoides*), Bryozoen (Moostierchen, z. B. *Fenestella*) und Brachiopoden (Armfüßer, z. B. Productiden, Spiriferiden) in den verbleibenden carbonatischen Flachwasserbiotopen erhielten und weiterentwickelten. Die Schnecken wanderten ins Süßwasser ein und begannen, auch das Festland zu besiedeln. Und die Süßwasser-Muscheln (z. B. *Carbonicola, Anthracosia*) erlebten ihre erste Blütezeit. Von großem biostratigraphischem Wert sind im Karbon die ↗Cephalopoda, bei denen die Goniatiten die wichtigsten Leitformen stellen.

Die Arthropoden (Gliedertiere) modernisierten sich stark im Karbon und machten das Karbon zu einer ihrer Blütezeiten: Zwar verloren die Trilobiten als »klassische« paläozoische Tiere immer mehr an Bedeutung, dafür aber traten die Spinnen mit zahlreichen Ordnungen besonders hervor, die Tausendfüßler (Myriapoden) entwickelten Riesenformen von bis zu 1 m Länge, und bei den im Oberdevon entstandenen geflügelten Insekten fallen als Innovationen v. a. die Eintagsfliegen und Schaben sowie die Libellen (z. B. *Stenodictya*), die bis zu 75 cm Flügelspannweite erreichten, auf. Die Panzerfische, die vorher die paläozoischen Flachmeere und Seen beherrscht hatten, waren zu Beginn des Karbons fast ganz ausgestorben und machten den moderneren Knorpel- und Knochenfischen Platz; vor allem Haie (z. B. *Cladodus*) und Seekatzen wurden häufig. Daneben entwickelten sich die Palaeonisciden, eine frühe Gruppe der in der späteren Erdgeschichte bis heute so erfolgreichen Strahlenflosser (Actinopterygier). Die Amphibien waren im Karbon infolge des weithin feuchten Klimas und der ausgedehnten Sumpfgebiete zwar sehr häufig, vielgestaltig und teilweise enorm groß (bis 5 m Länge, u. a. Labyrinthodontier), blieben aber anatomisch noch relativ urtümlich. Dagegen förderte das immer trockener werdende Klima die Entstehung der ersten Reptilien im späten Oberkarbon (z. B. *Hylonomus*) und ermöglichte damit auch den Wirbeltieren die Eroberung fast aller Festlandsbereiche. [HJG]

Literatur: [1] BRINKMANN, R., KRÖMMELBEIN, K. & STRAUCH, F. (1991): Abriß der Geologie, 2. Bd. Historische Geologie. – Stuttgart. [2] PROBST, E. (1986): Deutschland in der Urzeit. Von der Entstehung des Lebens bis zum Ende der Eiszeit. – München. [3] STANLEY, S. M. (1994): Historische Geologie. – Heidelberg-Berlin-Oxford.

Karbonate ↗*Carbonate*.

kardanische Drehmatrix, ↗Drehmatrix zur Drehung zweier rechtwinkliger Dreibeine mit Hilfe der kardanischen Winkel α, β und γ. Die Elementardrehungen erfolgen in der Reihenfolge, daß zunächst eine Drehung um die ursprüngliche e_1-Achse um den Winkel α vorgenommen wird. Dann folgt eine Drehung um die neu entstandene e_2-Achse um den Winkel β. Eine Drehung um die wiederum neu entstandene e_3-Achse um den Winkel γ schließt die Gesamtdrehung ab.

Karelische Faltung ↗Proterozoikum.

Karlgletscher, ↗Gletscher, der in einer als ↗Kar bezeichneten Hohlform liegt, welche von ihm durch ↗glaziale Erosion geformt wurde, und dessen Zunge nicht (mehr) über die ↗Karschwelle hinausreicht. Karlgletscher sind in den Alpen und anderen ehemals stärker vergletscherten Hochgebirgen häufig im Bereich der rezenten ↗Schneegrenze zu finden. Sie sind Reste (↗Rückzugsstadium) einst größerer Gletscher, von denen die Kare, in denen sie liegen, gebildet wurden.

Karibisches Meer, als südlicher Teil des ↗Amerikanischen Mittelmeers ein ↗Nebenmeer des ↗Atlantischen Ozeans.

Karling, steiler, pyramidenförmiger Berggipfel, der als Rest zwischen den sich rückverlegenden Wänden von rings um ihn liegende ↗Karen durch deren ↗Karlgletscher entsteht (Abb. im Farbtafelteil). Die schroffen, steilen Grate und in Teilen nahezu senkrechten Wände verleihen Karlingen das charakteristische Aussehen isolierter alpiner Gipfel. Der bekannteste Karling ist das Matterhorn in den Walliser Alpen, im zentralen Himalaya bildet der Ama Dablam den wohl beeindruckendsten Karling.

Karlsbader Gesetz, Zwillingsbildung (↗Zwilling) bei Orthoklas (↗Feldspäte) mit der Zwillingsachse [001] (Karlsbader Zwillinge). Die Verwachsung (Abb.) erfolgt meist parallel der Fläche b [010] unter teilweiser Durchdringung der beiden Individuen (linke und rechte Zwillinge).

Karman-Konstante, nach dem Hydrodynamiker von Karman benannte dimensionslose Konstante K aus der Theorie der bodennahen Grenzschicht (↗Prandtl-Schicht).

Karman-Wirbelstraße, nach dem Hydrodynamiker von Karman benannte alternierende Anordnung von zyklonalen und antizyklonalen Wirbeln im Nachlauf von Kreiszylindern. In der Atmosphäre findet man solche Wirbelstraßen im Lee von Inseln, wobei die Durchmesser der einzelnen Wirbel etwa 20 km, die Gesamtlänge der Wirbelstrasse bis zu 400 km betragen kann.

K-Ar-Methode, Methode zur ↗Altersbestimmung nach dem Prinzip der ↗Anreicherungsuhr. Die Stärke der Methode liegt v. a. in der Möglichkeit der Datierung von Vulkaniten und relativ jungen Proben (bis unter 1 Mio. Jahre). ↗Kalium-Argon-Datierung.

Karn, *Karnium*, nach den Karnischen Alpen benannte, international verwendete stratigraphische Bezeichnung für die untere Stufe der Obertrias. ↗Trias, ↗geologische Zeitskala.

Karnivoren, *Fleischfresser*, Sammelbezeichnung für sämtliche überwiegend tierische Nahrung verzehrende Lebewesen, wie z. B. Raubtiere und fleischfressende Pflanzen. Als ↗Konsumenten zweiter oder noch höherer Ordnung stehen sie auf den oberen Stufen der ↗Nahrungsketten (Endkonsument). Den Karnivoren werden die ↗Herbivoren und die ↗Omnivoren gegenüber gestellt.

Karpologie, Wissenschaft von den (fossilen) ↗Samen und ↗Früchten (Karpolithe). Eine große Formenfülle bei geringer intraspezifischer Variabilität ermöglicht eine wesentlich genauere taxonomische Identifizierung der dispers abgelagerten Samen und Früchte als von ↗Sporae dispersae, ↗Blättern oder Holzfossilien, was entsprechend detailliertere Aussagen zur Biostratigraphie, Paläoökologie und Paläoklimatologie erlaubt. Vor allem die Samenwand hat ein für organische Substanzen hohes Fossilisationspotential. In feinkörnigen Sedimenten sind Samen daher sehr oft mehr oder weniger inkohlt erhalten. Häufig sind aber auch Steinkernerhaltung und Abdrücke.

Karren, *Schratten*, Lösungsrinnen im Gestein, die durch ↗Korrosion entstehen. Karren sind Kleinformen des ↗Karstes, ihre Größen liegen im Zentimeter- bis Meterbereich. Es werden drei Gruppen von Karrentypen unterschieden: a) Freie Karren sind auf dem nackten Gestein ausgebildet und werden oftmals von scharfkantigen Graten begrenzt. Ihre Entstehung beruht auf dem Einfluß des abfließenden Regenwassers (Abb. 1). b) Halbfreie Karren sind von einer dünnen Humusschicht bedeckt, deren biogenes Kohlendioxid die Korrosion des Kalkgesteins fördert. Es entstehen Karrenformen mit unterhöhlten Seitenwänden. c) Bedeckte Karren entwickeln sich unter einer geschlossenen Bodendecke, sie weisen in der Regel abgerundete Formen auf. Zu den freien Karren gehören die First- bzw. ↗Rillenkarren, auch Kannelierungen genannt. Es sind eng aneinanderliegende Lösungsrinnen, die auf Flächen größerer Neigung auftreten. Scharfkantige Grate grenzen die Rillen voneinander ab. Unter größerem Wasserabfluß entstehen *Rinnenkarren*, bei denen die oberen Kanten von dem einfließenden Wasser gerundet sein können. *Mäanderkarren* haben einen gewundenen Verlauf, sie entstehen auf Flächen mit geringem Gefälle. An Schichtfugen und ↗Klüften können durch Lösung Schichtfugen- und *Kluftkarren* entstehen, die einen halben Meter Breite und mehrere Meter Tiefe erreichen. Ist das Kalkgestein von sich kreuzenden Klüften durchsetzt, können große ↗Karrenfelder entstehen. Bei fortgesetzter Korrosion bilden sich an den Wänden der Kluftkarren Rillen- oder Rinnenkarren, die zu sogenannten *Spitzkarren* zusammenwachsen können. Zu den halbfreien Karren gehören die ↗*Kamenitsa*, abflußlose Hohlformen mit oftmals überhängenden Seitenwänden. Mit humosem Material gefüllte Rinnenkarren werden zu ↗Hohlkarren, wenn die durch das biogene Kohlendioxid geförderte Korrosion zur Unterhöhlung der Seitenwände führt. ↗Korrosionshohlkehlen entstehen dort, wo humoser Boden an aufragende Kalksteinwände grenzt

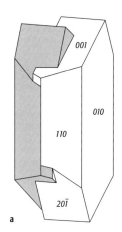

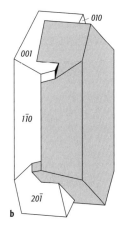

Karlsbader Gesetz: a) linker und b) rechter Karlsbader Zwilling.

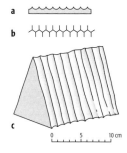

Karren 1: Rillenkarren a) im Querschnitt, b) alternierendes Einsetzen an Grat in der Aufsicht, c) Ansicht der nach unten auslaufenden Rillen.

Karren 2: halbfreie Karren im Querschnitt; links: Hohlkarren, rechts: Korrosionshohlkehle (gestrichelte Linie = Ausgangsform der Karren, H = Humuspolster).

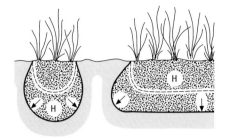

(Abb. 2). Häufige Formen der bedeckten Karren sind die *Rundkarren*, die sich unter einer geschlossenen Bodendecke entwickeln, deren gleichmäßige Durchfeuchtung eine gleichförmige Korrosion an der Gesteinsoberfläche bewirkt. Ein Sonderfall der bedeckten Karren sind sogenannte ↗geologische Orgeln: säulenartige Gesteinsformen, die vollständig in Bodenmaterial eingebettet und von boden- und sedimenterfüllten Kluftkarren und ↗Schlotten umgeben sind. Die Entstehung von Karren ist nicht ausschließlich auf verkarstungsfähige Gesteine beschränkt. Besonders in den Tropen und Subtropen haben sich große Rinnenkarren an unterschiedlichen Silicatgesteinen entwickelt. Diese werden als ↗Pseudokarren bezeichnet oder sie werden mit gesteinskennzeichnenden Zusätzen, z. B. Kristallinkarren, ↗Granitkarren versehen. [PMH]

Karrenfeld, Karstgebiet, das von sich kreuzenden Kluftkarren (↗Karren) durchzogen wird und daher nur schwer passierbar ist. Karrenfelder treten vorwiegend in Hochgebirgslagen im Bereich dickbankiger Kalke auf. ↗Karst.

Karrentisch, *Korrosionstisch*, Oberflächenform des ↗Karstes. Karrentische entstanden unter vom Eis antransportierten Blöcken, die auf einer Kalksteinfläche abgelagert wurden. Während die Umgebung der Blöcke durch ↗Korrosion erniedrigt wurde, verlief diese unter dem Block nur verlangsamt, und ein Gesteinskörper wurde herauspräpariert.

Karru, *Karoo, Karroo*, terrassenförmige Tafellandschaft im W und SW Südafrikas. Die Obere Karru (900–1200 m über NN) bricht nach Süden in steiler Stufe zur Großen Karru (600–900 m über NN) ab. Südlich davon schließt sich bis zur Küstenlinie die Kleine Karru (0–300 m über NN) an. Die Karru-Supergruppe als stratigraphischer Begriff wird für eine etwa 10.000 m mächtige Folge von nicht marinen Sedimenten und Laven im südlichen und zentralen Teil Afrikas benutzt. Die Karru-Sedimentation ist kontinentalen Ursprungs. Sie umfaßt an der Basis die Dwyka-Tillite, denen Evaporite, Kohlenflöze und red beds (aride, durch oxidiertes Eisen rot gefärbte, terrigene Sedimente) folgen. Das Alter der Schichten ist Oberkarbon bis unterer Jura. Die Karru-Supergruppe wird von jurassischen Basalten abgeschlossen. Bedeutsam sind die Karru-Sedimente aufgrund von Funden fossiler Reptilien und säugetierähnlichen Reptilien (Pelycosauria und Therapsida). [EHa]

Karschwelle, talwärts vom übertieften ↗Karboden eines Kares aus ansteigender Sockel aus anstehendem Festgestein, der vom Gletschereis überschliffen wird (↗Detersion) und talabwärts durch ↗Detraktion einer rückwärtigen Versteilung unterliegt (↗Kar Abb.). Die Karschwelle schließt das Kar talwärts ab. Unterhalb bzw. hinter ihr bildet der ↗Gletscher seine Zunge aus. Die Karschwelle bleibt erhalten, da über ihr der Eisdruck und damit die ↗glaziale Erosion geringer ist als über dem Karboden. Beim Abschmelzen des Eises wird sie häufig von Moränenmaterial (↗Moräne) eines ehemaligen oder rezenten ↗Karlgletschers überlagert. Ist das Kar eisfrei, so staut die Karschwelle und die auf ihre abgelagerte Karmoräne den ↗Karsee auf.

Karsee, auf dem glazial übertieften, oft schüsselförmig ausgebildeten ↗Karboden in einem ↗Kar liegender, meist kleiner See, der durch die ↗Karschwelle und möglicherweise auf ihr liegendem Moränenmaterial (↗Moräne) eines ehemaligen ↗Karlgletschers aufgestaut ist.

Karst, (serbokroatisch) steiniger Boden, von dem gleichnamigen Gebirge an der slowenischen Adria (Abb. 2) übertragener Begriff, der die Gesamtheit der durch ↗Korrosion an löslichen Gesteinen hervorgebrachten Formen umfaßt (↗Karstformen). Zur ↗Verkarstung neigende Gesteine sind vor allem Carbonatgesteine (insbesondere Kalkstein) und Salzgesteine. Voraussetzung für die Korrosion ist die Anwesenheit von Wasser (H_2O) und Kohlendioxid (CO_2), die zusammen Kohlensäure (H_2CO_3) bilden. Bei der folgenden Carbonat- oder ↗Kohlensäureverwitterung bilden sich die leichter löslichen Hydrogencarbonate (z. B. $Ca(HCO_3)_2$), die dann in Wasser dissoziieren:

$$CaCO_3 + H_2CO_3 \leftrightarrow Ca(HCO_3)_2$$
$$\leftrightarrow Ca^{++} + 2\,HCO_3^{-}.$$

Die Löslichkeit der Carbonate steigt mit zunehmendem CO_2-Partialdruck und mit abnehmender Wassertemperatur. Besonders intensive Lösungsvorgänge können infolge der Mischungskorrosion entstehen, wenn sich Wässer mit unterschiedlichen Kohlensäuregehalten mischen. Zu den Karsterscheinungen gehören a) die Reliefformen an der Oberfläche (z. B. ↗Karren, ↗Dolinen, ↗Poljen), b) unterirdische Lösungsformen (↗Höhlen, ↗Schlotten), c) Ausfällungs-

Karst 1: die Hauptverbreitungsgebiete des Karstes.

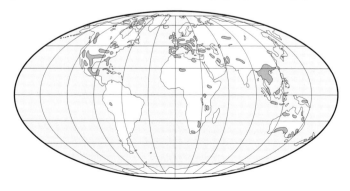

bildungen (↗Sinterkrusten, ↗Tropfstein) und d) eine Hydrographie, die großteils durch unterirdische Entwässerung gekennzeichnet ist (↗Karsthydrographie). So kann in Karstgebieten ein Gerinne in einer Höhle oder Flußschwinde versickern, sich unterirdisch fortsetzen und als ↗Karstquelle wieder an die Oberfläche gelangen. Je nach Ausprägung des Karstes, die aufgrund der geologischen, geomorphologischen und klimatischen Rahmenbedingungen sehr unterschiedlich sein kann, werden zahlreiche ↗Karsttypen unterschieden. Als klassischer Karst gilt der mediterrane Karst, der von Hohlformen ohne oberirdischen Abfluß, wie z.B. Dolinen und Poljen geprägt ist. Bekanntestes Beispiel ist der dinarische Karst im ehemaligen Jugoslawien. Für die Karstgebiete der feuchtwarmen Tropen sind hingegen Vollformen wie Kuppen, Kegel und Türme charakteristisch. Gebiete mit ↗Kuppen- oder ↗Kegelkarst der Tropen wirken daher geradezu wie die Umkehr des Dolinenkarstes (Abb. 3). Die genannten Formen bilden dabei eine echte genetische Reihe, bei der die Kuppen die Initialformen der Karstkegel und den sich daraus entwickelnden Karsttürmen darstellen. Die Gründe für die intensiveren Lösungsvorgänge, die in feuchttropischen Klimaten zu diesen Formen führen, sind höhere Temperaturen, größere Niederschlagsmengen und Kohlendioxidgehalte sowie Säuren, die infolge der schnellen Zersetzung organischer Substanzen entstehen. Eine Gleichstellung von Kegelkarst mit Tropenkarst wäre jedoch irreführend, da auch in tropischen Breiten von Dolinen und Karren geprägte Karstgebiete vorhanden sind (Abb. 1). [PMH]

Karstaquifer ↗*Karstgrundwasserleiter*.

Karstbrunnen, künstliche Erschließung von ↗Karstgrundwasser; Gegensatz zu einer gefaßten ↗Karstquelle.

Karstfluß, zumindest temporär noch aktives Oberflächengerinne in einer Karstlandschaft. Es sind vielfach ↗allochthone Flüsse, deren Ursprung und Hauptwasserführung aus einem nicht verkarstungsfähigem Bereich stammt. Beim Durchqueren der Karstlandschaft verliert der Fluß häufig Wasser an den unterirdischen Karst, was in den trockenen Saisonen zur Vollversickerung führen kann. Ein Beispiel ist die obere Donau beim Durchqueren der westlichen Schwäbischen Alb.

Karstformen, Oberflächenformen in Karstgebieten, die durch Lösungsvorgänge am Gestein (↗Korrosion) entstanden sind. Es wird zwischen den durch Lösung entstandenen Hohlformen (↗Karren, ↗Karstgassen, ↗Dolinen, ↗cockpits, ↗Poljen) und den Vollformen unterschieden, die durch die Lösung des umgebenden Gesteins gebildet wurden (↗Karstkegel, ↗Karsttürme). Karren sind Kleinformen der Korrosion, deren Größe wenige Zentimeter bis mehrere Meter betragen kann. Sie können auf der nackten Gesteinsoberfläche ausgebildet oder von Boden und Vegetation bedeckt sein. Karstformen mittlerer Größenordnung sind Dolinen, deren Durchmesser einige Meter bis etwa ein Kilometer beträgt, Karstgassen, die mehrere Kilometer lang sein können, und Karstkegel, die hundert Meter Höhe erreichen. Große Hohlformen sind Poljen, die mehrere hundert Quadratkilometer Fläche umfassen können. ↗Karstrandebenen, deren Größe viele Quadratkilometer betragen kann, werden

Karst 2: die Verbreitung des klassischen Karstes im ehemaligen Jugoslawien.

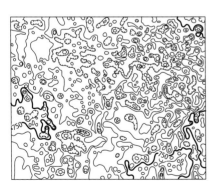
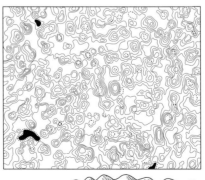

Karst 3: Unterschied Dolinenkarst (links) zu Kegelkarst (rechts).

ebenfalls den Karstformen zugezählt, obwohl sie meist nicht auf verkarstungsfähigem Gestein ausgebildet sind. Ihre Genese ist jedoch an die Begrenzung durch ein Karstgebiet gebunden. ↗Karst. [PMH]

Karstgassen, *Zanjones*, steilwandige Hohlformen im ↗Karst, die sich mit mehreren Metern Breite und Tiefe hunderte von Metern über die Karstoberfläche hinziehen können. Karstgassen entstehen vornehmlich im Bereich dicht gescharter Klüfte, wo die ↗Korrosion besonders wirksam werden kann.

Karstgrundwasser, teilweise auch als *Karstwasser* bezeichnet, Wasser das die Hohlräume eines Karstsystems im gesättigten (phreatischen) Bereich vollständig ausfüllt und nur der Schwere unterliegt. Chemisch sind Karstgrundwässer i. d. R. durch eine deutliche Calcium- und Hydrogencarbonat-Vormacht gekennzeichnet.

Karstgrundwasserleiter, *Karstaquifer*, ein verkarsteter Gesteinskörper, dessen Durchlässigkeitseigenschaften wesentlich durch Lösungshohlräume wie erweiterte Trennfugen, Karstspalten und Karströhren bestimmt werden (Abb.). Karstgrundwasserleiter zeichnen sich i. a. durch hohe Transmissivitäten sowie raschen Abfluß entlang der bevorzugten Wegsamkeiten ab. Diese vergleichsweise hohen Abflußgeschwindigkeiten sowie die weiten Öffnungsquerschnitte der Karstkanäle und der Karströhren haben eine nur geringe Selbstreinigungswirkung während der Untergrundpassage zur Folge. Karstgrundwässer wie auch der ↗Grundwasserleiter selbst sind daher sehr empfindlich gegen den Eintrag von Schadstoffen.

Karsthydrogeologie ↗Karsthydrologie.

Karsthydrographie, wesentliches Merkmal der Hydrographie des ↗Karstes ist die fehlende durchgehende Oberflächenentwässerung. An ↗Klüften, in ↗Ponoren, Schlucklöchern und Flußschwinden (↗Schwinde) sickert Wasser in den Untergrund und tritt an ↗Karstquellen wieder zutage. Im Untergrund zirkuliert das Wasser in Hohlraumverbänden bzw. Höhlensystemen, wobei es zur Ausbildung von Höhlenflüssen kommen kann. Bei der Zirkulation des Wassers wird zwischen einer oberen ↗vadosen Zone, in der das Wasser dem Gefälle folgend nach unten fließt, und einer unteren ↗phreatischen Zone unterschieden, in der alle Hohlräume bereits mit Wasser gefüllt sind. Der Abfluß erfolgt daher mehr in horizontaler Richtung zum Vorfluter hin. Wenn alle wassererfüllten Höhlensysteme miteinander in Verbindung stehen, wird dies als geschlossener Karstwasserkörper bezeichnet. Dem stehen die Karstgefäße gegenüber, die wie isolierte Röhrensysteme eine eigene Wasserzirkulation aufweisen. In ihnen entstehen Wasserströmungen, die den Gesetzen des hydraulischen Druckes folgen, so daß oft kein einheitliches Wasserniveau vorhanden ist, sondern unterschiedlich hohe Druckwasserspiegel. Zu den Phänomenen der Karsthydrographie gehören auch die Merkmale diskontinuierlicher Wasserführung, die sich in unterschiedlicher Weise äußern können. So fungieren Ponore als Speilöcher (Wechselschlünde, Estavellen), Karstquellen schütten sehr schwankend Wasser aus und die Verweilzeiten des Wassers in den Karstgefäßen variieren stark. [PMH]

Karsthydrologie, Teilbereich der ↗Hydrogeologie (*Karsthydrogeologie*), der sich mit mit den hydrologischen Prozessen, den Erscheinungsformen, dem Vorkommen und den Wechselwirkungen des Wassers in Karstsystemen befaßt. Diese geologischen Formationen beinhalten ausgedehnte Hohlräume, die unterirdisches Fließen großer Wasservolumina ermöglichen. Durch die besondere Hohlraumgestaltung und Löslichkeit von verkarsteten Gesteinen ergeben sich gegenüber ↗Porengrundwasserleitern und ↗Kluftgrundwasserleitern abweichende hydraulische und hydrochemische Eigenschaften. ↗Karst, ↗Karstgrundwasserleiter.

Karstkegel, Charakterform des tropischen ↗Kegelkarstes.

Karstmorphologie, ↗Geomorphologie des ↗Karstes, die Lehre von den Oberflächenformen des Karstes und ihrer Entstehung. ↗Karstformen.

Karstquelle, natürlicher Austritt von ↗Karstgrundwasser an die Erdoberfläche. Der Gegensatz zwischen den zahllosen Versickerungsstellen und den vergleichsweise wenigen Karstquellen im und am Rande von Karstgebieten ist durch die unterirdisch rückschreitende Ausrichtung auf einzelne Karströhren bedingt. Aus dem zugehörigen großen Einzugsgebiet resultieren erhebliche Abflüsse, so daß Karstquellen vielfach durch besonders hohe Schüttungen ausgezeichnet sind. Das geringe ↗Retentionsvermögen von Karstsystemen kann zu starken Schüttungsschwankungen führen.

Karstrandebene, große, meist mit mehr oder weniger mächtigen Sedimenten bedeckte Einebnungsfläche, die an ein Karstgebiet grenzt, selbst aber nicht auf verkarstungsfähigen Gesteinen ausgebildet sein muß. Häufig greifen die auf nicht verkarstungsfähigen Gesteinen angelegten Ebenen auf Karstgesteine über und greifen buchtartig in die Karstgebiete hinein. Die an-

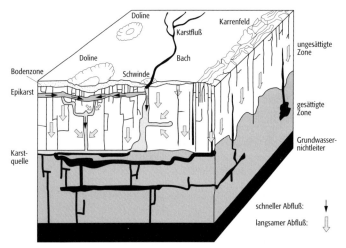

Karstgrundwasserleiter: modellhafte Darstellung eines Karstgrundwasserleiters.

grenzenden Karstgebiete erheben sich oft steil und mit deutlich ausgeprägtem Knick aus der Ebene. Im Übergangsbereich treten Merkmale lateraler / Korrosion, wie z. B. Unterschneidungshohlkehlen oder / Fußhöhlen, auf. Charakteristisch sind auch / Karstquellen am Rand, deren Gerinne die flach abdachende Ebene durchziehen. Bezüglich ihrer Genese und Morphologie weisen die Karstrandebenen Ähnlichkeiten zu den / Poljen auf.

Karstschacht, *Naturschacht, Karstschlot, Jama*, steilwandige, sich verengende und erweiternde Hohlform des / Karstes, die über hundert Meter tief in das Gestein herabreichen kann (Abb.). Karstschächte bilden sich vorzugsweise an Kluftkreuzungen durch / Korrosion. An der Oberfläche beginnen sie oft in kleinen / Dolinen und enden häufig in Höhlensystemen, deren Lichtschächte sie bilden.

Karstschlot / *Karstschacht*.

Karstschlotte / *Schlotte*.

Karstsee, ständige oder temporäre Wasserfläche in einer Karstdepression. Beispiele sind das Freilegen des / Karstgrundwassers in Einsturz- oder Absenkungsbereichen oder die saisonale Überflutung eines / Polje.

Karstturm, *Mogote*, durch / Korrosion an / Karstkegeln, die eine Versteilung der Flanken zur Folge hat, entstehen Karsttürme, die sich teilweise mit senkrechten Wänden über hundert Meter aus der Ebene erheben. Sie belegen ein weit fortgeschrittenes Entwicklungsstadium des tropischen / Kegelkarstes.

Karsttypen, je nach Ausprägungsart des / Karstes, die durch das Gestein, klimatische oder geomorphologische Gegebenheiten bedingt sein kann, werden verschiedene Karsttypen unterschieden: a) Als Vollkarst oder Ganzkarst werden Gebiete bezeichnet, die nicht durch Täler entwässert werden, sondern die durch / Dolinen, / Poljen oder / Karrenfelder geprägt sind. b) Bei dem Halbkarst (auch Meso- oder Fluviokarst) sind die / Karstformen mit fluvialen Erosionsformen vergesellschaftet. c) Bei nacktem Karst, auch als oberflächlicher Karst, offener Karst oder Kahlkarst bezeichnet, ist das lösliche Gestein nicht von Boden oder Sedimenten bedeckt. d) Bedeckter Karst (Grünkarst) liegt vor, wenn auf dem Gestein Boden und Vegetation entwickelt sind. e) Bei überdecktem Karst liegen jüngere Sedimente über einer älteren Karstoberfläche. f) Um unterirdischen Karst handelt es sich, wenn die Verkarstung erst nach der Sedimentüberdeckung begonnen hat. Die an der Oberfläche auftretenden Karstformen bilden den Exokarst, die in der Tiefe ausgebildeten Formen hingegen den Endokarst. Als polygonaler Karst werden von Dolinen geprägte Karstgebiete bezeichnet, bei denen die Dolinen so dicht nebeneinander liegen, daß sie nur noch von schmalen Graten getrennt werden. Die Grate bilden dann in der Aufsicht eine Polygonstruktur. / Kuppenkarst, / Kegelkarst und in der Weiterentwicklung der / Turmkarst sind Erscheinungsformen des Karstes, die unter feuchttropischen Klimabedingungen in Gebieten mit Carbonatgesteinen entstehen. Lösungsformen, die in schwer löslichen Gesteinen entwickelt sind, z. B. Granitkarren, werden auch als Merkmale des / Silicatkarstes oder / Pseudokarstes bezeichnet. Gesteinskennzeichnende Zusätze sind präziser, da teilweise auch Formen des Glazio-, Kryo- oder Thermokarst unter dem Begriff Pseudokarst subsummiert werden. Die so bezeichneten Oberflächenformen in / Periglazialgebieten verdanken ihre Genese jedoch subkutanen Abschmelz- und Gefriervorgängen. Korrosionsvorgänge haben dagegen nicht zu ihrer Entstehung beigetragen. [PMH]

Karstwasser / *Karstgrundwasser*.

Karstzyklus, in Anlehnung an die / Zyklentheorie von Davis entstandene Vorstellungen über die Entwicklung des / Karstes in mehreren Stadien. Im Jugendstadium entwickelt sich eine von Kleinformen der / Korrosion geprägte Landschaft mit / Karren und / Dolinen. Mit zunehmender Dolinenzahl und ihrem Größenwachstum wird ein Reifestadium erreicht, das durch scharfe Grate zwischen den einzelnen Hohlformen (/ cockpits) und isolierte Vollformen (/ Karstkegel) gekennzeichnet ist. Im Altersstadium werden dann die Grate abgerundet und die Hohlformen mit Schutt gefüllt, bis im Endstadium eine mit Schutt bedeckte Landschaft vorliegt, aus der nur noch einzelne Restberge aufragen. Jüngere Untersuchungen ergaben, daß diese genetische Abfolge an keinem Ort nachzuweisen ist. Vielmehr sind die in eine Abfolge gestellten / Karsttypen jeweils Ausprägungen des Karstes, die sich aufgrund spezieller regionaler Bedingungen entwickelt haben. Insbesondere zeigte sich, daß eine Entwicklung von der Dolinenlandschaft zum tropischen / Kegelkarst nicht gegeben ist. [PMH]

Karta mira, *World Map 1:2.500.000*, das erste die gesamte Erdoberfläche nach einheitlichen Grundsätzen abbildende vielblättrige Kartenwerk der Erde. Es wurde nach einem Vorschlag von S. / Rado zwischen 1960 und 1980 von den sieben sozialistischen Staaten Bulgarien, ČSSR, DDR, Polen, Rumänien, Sowjetunion und Ungarn hergestellt. Das Kartenwerk beruht hinsichtlich des Blattschnitts auf der / Internationalen Weltkarte 1:1.000.000. Als Kartennetz wurden je zwei Schnittkegelentwürfe (Äquator bis 36° sowie 36° bis 72°) und ein Azimutalentwurf für die Polkappen ab 60° gewählt. Die Blätter bis 48° umfassen jeweils 12° der Breite und 18° der Länge (9 Blätter der IWK). 224 Blätter mit 83 m² Kartenfläche erfassen damit die gesamte Erdoberfläche. Hinzu kommen Überlappungsblätter, die größere zusammenhängende Gebiete ohne Klaffung zusammenfügen können. Hauptelemente des Karteninhaltes sind das Gewässernetz, die Siedlungen, die administrativen Grenzen, Verkehrswege sowie Höhen- und Tiefenlinien mit farbiger Flächenfüllung für Höhen- und Tiefenschichten. Das Kartenwerk war auch zur Herstellung thematischer Karten bestimmt. [WSt]

Karte, graphische Repräsentation georäumlichen Wissens auf der Basis kartographischer Abbildungsbedingungen. Die / Kartographische Re-

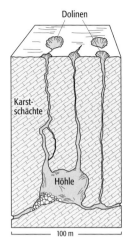

Karstschacht: Karstschächte und -schlote.

präsentation macht Wissen für die gedankliche Verarbeitung durch den Kartennutzer verfügbar. Durch die graphische sowie digitale, taktile oder akustische Präsentation kann dieses Wissen in Form von Informationen übertragen werden, indem in der Karte das georäumliche Wissen selbst, das die Bedeutung von Daten oder anderer Angaben durch die Objekte, Zustände oder Sachverhalte des Georaumes umfaßt, dargestellt wird. Durch die kartographische Abbildungsbedingungen werden schließlich die spezifischen Strukturen des repräsentierten Wissens in der Karte gegenüber der Realität und gegenüber anderen Medien festgelegt bzw. unterschieden (↗kartographische Abbildung). Dies sind das Verkleinerungsverhältnis zwischen ↗Georaum und Karte, definiert als ↗Kartenmaßstab, die Verebnung der gewölbten Oberfläche des Erdkörpers (↗Sphäroid) in die Kartenebene mit Hilfe von Kartenprojektionen (↗Kartennetzentwürfe), die perspektivische Abbildung der georäumlichen Geländeoberfläche aus senkrechter Sicht parallelperspektivisch, die lagemäßige Verortung (↗Georeferenzierung) von Punkten der Erdoberfläche mit Hilfe von sphärischen, polaren oder kartesischen Koordinatensystemen sowie die graphische Referenzierung von gedanklich abstrahierten geometrischen und sachbezogenen Sachverhaltsmerkmalen mit Hilfe von visuell-optischen Assoziationen und Analogien in Form von kartographischen Zeichen.

Aufgrund der mit den Abbildungsbedingungen und den Repräsentationseigenschaften von Karten verbundenen Theorie-, Methoden- und Modellbildung der ↗Kartographie weisen kartographische Medien einen eindeutigen Modellcharakter auf. Die Wirkung des Mediums Karte, auch gegenüber anderen Medien, resultiert aus der Kombination dieser spezifisch kartographischen Abbildungsbedingungen (↗kartographische Medien). Die zentralen Bedingungen sind die bildhafte Grundrißbezogenheit abgebildeter Informationen und die maßstäbliche Verkleinerung des Georaumes. In perzeptiver Hinsicht wird dadurch ein fokussierter und komprimierter Eindruck des Raumes erzeugt, der einen unverzerrten, einheitlichen Überblick über sonst nicht zusammenhängend einsehbare Raumbereiche ermöglicht. In kognitiver Hinsicht wird dieser Überblickscharakter der Karte noch durch eine erhebliche Reduzierung und Spezialisierung des Merkmalangebotes der Realität verstärkt. Die Gründe für diese Einschränkungen liegen zwar überwiegend in den begrenzten Abbildungsmöglichkeiten graphischer Mittel, führen aber dazu, daß inhaltliche und räumliche Zusammenhänge schnell, umfassend und vergleichbar kognitiv aufgenommen und verarbeitet werden können. Dies macht die Bedeutung des Mediums Karte aus.

Aus dem spezifischen Abbildcharakter von Karten ergeben sich allerdings verschiedene Einschränkungen bei der Verarbeitung repräsentierten Wissens. So sind aufgrund der einseitig grundrißbezogenen Abbildung und aufgrund der vom Kartennutzer nicht immer einsehbaren, aus der Verkleinerung resultierenden Verzerrungen realer Raumstrukturen erhebliche gedankliche Leistungen erforderlich, um diese abbildungsbedingten Wirkungen nivellieren zu können.

Die Relevanz und damit die Nutzung von Karten ergibt sich aus der fragestellungs- und problemorientierten Auswahl georäumlicher Themen, verbunden mit spezifischen Präsentationen kartographischer Medien. Aus historischer Sicht hat in den letzten zweitausend Jahren ein erheblicher Wandel bei dem in Karten abgebildeten Wissen und den damit im Zusammenhang stehenden Kartennutzergruppen stattgefunden. In neuerer Zeit hat sich das Wissensspektrum und die Anzahl der Bereiche, in denen dieses genutzt wird, gegenüber früher erheblich ausgeweitet. Die wichtigsten Anwendungsbereiche von Karten sind dabei die Geowissenschaften einschließlich der Geographie, Umweltwissenschaften, die mit georäumlichen Daten arbeiten, die Geschichtswissenschaften, die Geodäsie und die Planungswissenschaften, behördliche Bereiche, Versorgungs-, Verkehrs-, und Ingenieurbereiche sowie Bereiche der Bildung, der Medien und des Tourismus. Karten dienen der Unterstützung der Arbeit in diesen Bereichen. Sie lassen sich häufig aufgrund ihres themenspezifischen Namens wie ↗geowissenschaftliche Karten, ↗Umweltkarten oder ↗Planungskarten unmittelbar den entsprechenden Bereichen zuordnen (↗Kartenklassifikation). Im Zusammenhang mit der Herstellung und Nutzung von Karten im Rahmen von Informations-, Auskunfts-, Navigations-, Lernsystemen etc. können die Anwendungsbereiche von Karten nicht mehr so eindeutig abgegrenzt werden, da das Wissen, das in Karten abgebildet bzw. im Rahmen der Systeme verwaltet und bearbeitet wird, fachübergreifend und interdisziplinär genutzt wird. Aus diesem Grund werden Nutzungsgebiete von Karten in funktionaler und tätigkeitsorientierter Hinsicht unterschieden, wie etwa in Gebiete der Kartierung, Navigation und Orientierung, wissenschaftlicher Informationsverarbeitung und Simulation, Archivierung und Dokumentation, Führung und Leitung sowie Unterrichtung und Lernen. Aus der Nutzung von Karten hat sich deren graphischer Aufbau entwickelt. Neben dem eigentlichen graphischen ↗Kartenbild mit textlichen Erläuterungen und georäumlichen Festlegungen durch Linien von ↗Kartennetzen oder Koordinatenangaben kommt vor allem der Kartenlegende (↗Legende) als erläuternder Bereich eine wichtige Funktion zu. Sie besteht in der Regel aus einem Kartentitel, einer Angabe zum Kartenmaßstab und als zentraler Teil aus sprachlichen und ggf. numerischen Erläuterungen der Bedeutung der in der Karten verwendeten ↗Kartenzeichen.

Die konzeptionelle und technische Herstellung von Karten hat sich in den letzte Jahrhunderten erheblich verändert (↗Kartenherstellung). So ist es aufgrund der häufig komplexen Thematiken und der erforderlichen Einbindung in aufgabenbezogene Kommunikationsabläufe nicht mehr möglich Karten auf der Basis individueller Erfahrens- und Wissenspotentiale zu konzipieren und technisch herzustellen. Im Zusammenhang mit der Entwicklung der ↗kartographischen Zeichentheorie und der ↗kartographischen Informatik werden Erkenntnisse über abzubildende Datenstrukturen, über Zeichensysteme, über die Referenzierung datenbezogenen Wissens in Kartenmustern und die graphische Gestaltung und Repräsentation von Karten mit Hilfe von kartographischen Modellen formal beschrieben und diese im Rahmen von kartographischen Modellierungsprozessen, meistens rechnergestützt, für die konkrete Herstellung von Karten genutzt. Auch der Nutzungsprozeß von Karten wird in Form von Kommunikationsmodellen formalisiert und für den Nutzer im voraus im System zu individuellen Anwendung angelegt. [JB]

Kartenanamorphote, *Anamorphotendarstellung, Kartenanamophose, kartographische Anamorphose*, 1) kartographische Darstellung mit variablem Maßstab. Infolge der Unmöglichkeit, die Kugelgestalt der Erde ohne Verzerrungen (↗Verzerrungstheorie) zu verebnen, tendieren alle Karten, deren Verzerrungsbeträge über der Zeichengenauigkeit (↗Kartengenauigkeit) liegen, zur Kartenanamorphote. Diese Tendenz wächst mit abnehmendem Maßstab und wird besonders bei Erddarstellungen (↗Planisphären) offenbar.

Der Begriff der Kartenanamorphote ist jedoch nur für jene Darstellungen in Gebrauch, deren Geometrie nach festen Regeln gegenüber einer Ausgangskarte bewußt verzerrt wird. Auf Erddarstellungen bezogen sind dies Karten, in denen das Verhältnis der Meridianlänge zur Äquatorlänge von 1 : 2 abweicht, die folglich gedehnt oder gestaucht sind. Die bewußte Verzerrung von Karten mittleren und großen ↗Maßstabs dient der Anpassung an ein vorgegebenes ↗Kartenformat oder der Vergrößerung der nutzbaren Darstellungsfläche in Dichtegebieten. Zum Beispiel wird in Stadtplänen nicht selten der Bereich des Stadtzentrums in größerem Maßstab dargestellt als die Randgebiete der Stadt. Dabei wird der Maßstab, ausgehend von einem zentralen Punkt, einer mathematischen Funktion folgend, verkleinert. Zum genannten Zweck ist auch die von mehreren Punkten ausgehende polyfokale Maßstabsreduzierung möglich. 2) ↗kartenverwandte Darstellung, deren Geometrie proportional zur Ausprägung eines Merkmals verzerrt wird. Zu unterscheiden sind Abbildungen, in denen man die Geometrie von einem Punkt ausgehend beeinflußt (z. B. Fahrtzeiten, Reisezeiten, bezogen auf ein Zentrum) sowie kartogrammähnliche Darstellungen, deren Flächen (meist Verwaltungseinheiten) proportional zu einem Merkmal skaliert werden. Für letztere ist in der englischen Fachsprache der Begriff »cartogram« üblich, die aber keineswegs mit ↗Flächenkartogrammen bzw. ↗Choroplethenkarten identisch sind.

In beiden beschriebenen Arten der Kartenanamorphoten bleibt die relative Lage der Objekte unverändert, d.h. die Topologie der Kartenzeichen wird erhalten. Die Bearbeitung von Kartenanamorphoten erfolgt mittels spezieller Software. Die Möglichkeiten und der Nutzen der erstgenannten Gruppe kartographischer Anamorphoten sind weitgehend anerkannt. Über die Rezeption von Kartenanamorphoten thematischer Natur (zweite Gruppe) existieren nur wenige empirische Untersuchungen. Ihnen wird ein Interesse provozierendes Potential zugeschrieben. [KG]

Kartenaufbausteuerung, Verfahren, das alle graphischen Variationen zur zeitlich-sequentiellen Ein- und Ausblendung von Kartengraphik in ↗Bildschirmkarten umfaßt. Dieses dynamische Gestaltungsmittel dient vor allem der Betonung von Werteverteilungen und semantischen Zusammenhängen durch eine zeitliche Gruppierung von Kartenobjekten bei der Kartenpräsentation. Als Teil der ↗Arbeitsgraphik wird eine Führung und Unterstützung des Kartennutzers erreicht, indem seine Aufmerksamkeit auf die ausgewählten und dargestellten Kartenobjekte gelenkt wird.

Kartenauswertung, im allgemeinen Sinn werden sämtliche visuell-kognitiven Prozesse zur Informationsentnahme durch einen Kartennutzer (↗Kartennutzung) hierunter subsumiert. Dazu gehört vor allem das ↗Kartenlesen und das Kartenmessen (↗Kartometrie). Im Sinne einer Analyse zieht der Nutzer bei der Kartenauswertung meßbare und überprüfbare Ergebnisse aus Karten heraus. Einen großen Stellenwert hat die Kartenauswertung etwa bei der Ableitung von Daten aus Karten, etwa im Rahmen der ↗Datenerfassung durch ↗Digitalisierung. In der digitalen Kartographie und durch die Verbreitung von raumbezogenen Informationssystemen (GIS) wird die Kartenauswertung zunehmend durch Verfahren der ↗Datenanalyse ersetzt.

Kartenbearbeitung, ein Prozesse bei der ↗Kartenherstellung. Die Kartenbearbeitung erfolgt nach analogen-, digitalen- oder einer Kombination beider Verfahren. Unter analoger Kartenbearbeitung wird ein nicht rechnergestütztes, auf analoger Datenhaltung basierendes Verfahren verstanden. Diese Verfahren der Kartenbearbeitung, die heute nur noch selten zum Einsatz kommen, sind durch vorwiegend manuelle Arbeitsgänge gekennzeichnet wie Gravur von Linienelementen (↗Gravierverfahren), Zeichnen (↗Zeichenverfahren) oder Abziehen von Deckern und Montieren von Signaturen und Kartennamen (Montageverfahren). Die auf diese Weise entstandenen Kopiervorlagen erfahren eine Weiterverarbeitung durch reproduktionstechnische Verfahren, z. B. Film-, Folien- oder Druckplattenkopie (↗Kartenreproduktion).

Die digitale Kartenbearbeitung erfolgt rechnergestützt und basiert auf digitaler Datenhaltung. Ihr liegen vier unterschiedliche Rahmentechnologien zugrunde: aus einem ↗Geoinformationssystem (GIS) heraus, ↗Desktop mapping, Rasterbildbearbeitung oder ↗Farbauszug. Diese Verfahren können ggf. miteinander kombiniert werden. Die Karten-Visualisierung aus einem

GIS heraus kann weitgehend automatisiert werden und wird eingesetzt, wenn ↗Geometriedaten und ↗Sachdaten von Karten oder Kartenwerken in einem Geoinformationssystem verwaltet werden. Der Vorteil dieses Verfahrens liegt in der redundanzfreien Datenhaltung, was eine effektive Fortführung der Daten ermöglicht, in einer blattschnittfreien Verwaltung der Geometriedaten, wobei beliebige Kartenausschnitte gebildet werden können, in einer überwiegend automatisierten Ableitung von Karten sowie speziellen Funktionen zur Analyse von Daten und zu Modellrechnungen, wie z. B. Auswahl von Objekten, Korridorbildungen und ↗Verschneidungen. Nachteilig ist der Aufwand zur Erstellung eines GIS, z. B. der Objektarten- und Signaturenkataloge und die Programmierung der zu automatisierenden Prozesse sowie die i. a. wenig flexible Kartengestaltung. Desktop mapping wird für Karten eingesetzt, bei denen die graphische Gestaltung im Vordergrund steht, weniger eine Datenhaltung in einem GIS. Die Karte wird interaktiv am Bildschirm oder seltener über ein Digitalisiertablett erzeugt, wobei die Kartenobjekte als Vektoren gebildet und als Kartennamen positioniert werden. Die Vektoren können dabei auch aus anderen Anwendungen oder einer Vektorisierung importiert werden. Desktop mapping zeichnet sich bei der Kartengestaltung dank definierbarer graphischer Formate und eines Ebenenkonzeptes als äußerst flexibel aus. Für Desktop mapping sind Softwareprodukte auf dem Markt, die sich hinsichtlich ihrer Leistungsfähigkeit und Bedienerfreundlichkeit unterscheiden. Einige Produkte erlauben es, eine Datenbank anzubinden und daraus Kartodiagramme oder ↗Flächenkartogramme abzuleiten. Rasterbildbearbeitung wird zunehmend eingesetzt, um analog vorliegende Kopiervorlagen einer rechnergestützten Kartenbearbeitung zugänglich zu machen. Die Bearbeitung umfaßt in der Regel die Fortführung einer Karte oder die hybride Kartenbearbeitung, bei der Raster- und Vektordaten in einer Karte kombiniert werden. Dies ist für Karten, für die analoge Vorlagen existieren, ein preisgünstiges Verfahren.

Der Farbauszug setzt ein Original voraus, das Druckreife besitzt. Dies können Originalzeichnungen von Karten oder bereits gedruckte Karten sein, für die ein Nachdruck realisiert werden soll. Vorteilhaft ist, daß dieses Verfahren schnell und preisgünstig ist. Nachteilig sind Farbabweichungen zwischen Original und Karte, die nicht ganz ausgeschlossen werden können, und der Buntfarbanteil schwarzer Bildpartien, der bei mangelhafter Registergenauigkeit zu unscharfer Darstellung führt. Gedruckte Originale müssen außerdem entrastert werden und können dadurch an Zeichnung verlieren. Eine Überarbeitung des Gesamtbildes oder der einzelnen Farbauszüge ist pixelweise möglich und deshalb auch für geringfügige Fortführungs- oder Änderungsaufgaben geeignet. [IW]

Kartenbelastung, *Kartendichte, Kartenkomplexität*, Maß für die Dichte des Karteninhalts und damit für die Inhaltsmenge, bezogen auf einen betrachteten bzw. untersuchten Kartenausschnitt oder die gesamte Karte (Informationsdichte). Es lassen sich unterscheiden: a) die numerische Kartenbelastung als Menge der pro Flächeneinheit dargestellten Objekte, wobei linien- und flächenhafte Objekte eine Wichtung in bezug auf punkthafte Signaturen erfahren. Angegeben wird die Anzahl von Objekten einer Art oder allgemein von Objekteinheiten pro cm²; b) die graphische Kartenbelastung, die häufig als Kartenbelastung schlechthin angesehen wird. Sie läßt sich für ↗einfarbige Kartendarstellungen (schwarzweiß, ohne Grautöne) als Anteil der von Zeichnung und Schrift bedeckten Kartenfläche definieren und berechnen (Angabe in Prozent). Für Farbkarten, auch für Schwarzweißdarstellungen mit Grautönen, werden an der ↗Farbhelligkeit orientierte Korrekturfaktoren eingeführt. Bezogen auf das einzelne Kartenzeichen wird verschiedentlich der Begriff *Signaturengewicht* verwendet. c) Die visuelle Kartenbelastung berücksichtigt, ausgehend von der numerischen und der graphischen Kartenbelastung, das Zusammenspiel der Kartenzeichen bei ihrer Wahrnehmung, darunter vor allem ↗Farbkontraste und optische Täuschungen. Sie läßt sich nur durch aufwendige empirische Studien (↗empirische Kartographie) erfassen.

Bisherige Untersuchungen zur Kartenbelastung beziehen sich vor allem auf ↗topographische Karten. Insbesondere die experimentell und mathematisch eindeutig faßbare graphische Kartenbelastung kann als eines der Kriterien zur Bewertung von Ergebnissen der kartographischen ↗Generalisierung herangezogen werden. Im Zusammenhang mit der informationstheoretischen Betrachtungsweise wird der Begriff der Kartenkomplexität verwendet. Diese läßt sich durch Berechnung der Entropie quantifizieren, wobei außer den semantischen auch die syntaktischen Aspekte der ↗Kartenzeichen einbezogen werden, d. h. ihre graphischen und lagemäßigen Relationen. [KG]

Kartenbild, die Gesamtheit der graphischen Elemente und Schriften einer Karte, die bei ↗Rahmenkarten im Kartenspiegel, d. h. innerhalb der Rahmenlinie, und bei ↗Inselkarten innerhalb der kartographisch dargestellten Fläche liegen. Dazu zählen die Basiselemente, die im Falle einer inselartigen Darstellung des Kartenthemas bis zur Rahmenlinie reichen können, die ↗Darstellungsschichten und die Kartennamen. Der Begriff Kartenbild wird zumeist im Zusammenhang mit der Bewertung der Gesamtwirkung der Kartengraphik verwendet.

Kartenblatt, ein Blatt aus Papier, Karton oder anderem Material (↗Zeichnungsträger), das kartographische Darstellungen enthält. Es stellt i. a. eine einzelne Karte innerhalb eines Kartenwerkes dar (Atlasblatt). Das Kartenblatt ist ein im Ganzen bearbeitetes, in sich geschlossenes Endprodukt der ↗Kartographie. In der traditionellen ↗Topographie ist es der Aufnahmeabschnitt eines Topographen. Das Kartenblatt wird in Blattspiegel und Blattrand gegliedert. Der Blattspiegel bzw. das Kartenfeld ist die innerhalb, der Blattrand die außerhalb der Blattrandlinie liegende Fläche des Kartenblattes bzw. Papierformates. Der Blattrand trägt die ↗Randausstattung und wird in Kartenrahmen und Kartenrand unterteilt. Auf dem Kartenrand werden Titel und andere Kennzeichnungen des Kartenblattes sowie wichtige Angaben für die Herstellung und Nutzung der Karte eingetragen (Kartenrandangaben).

Der Kartenspiegel trägt die eigentliche Kartendarstellung. Er füllt im allgemeinen den Blattspiegel voll aus, kann jedoch auch kleiner sein als dieser oder stellenweise über die Blattrandlinie hinausragen. Die innerhalb des Blattspiegels frei bleibenden Flächen werden oft für ↗Nebenkarten oder Darstellungen der ↗Legende genutzt. Der Satzspiegel entspricht der maximalen Ausdehnung der mit Schrift oder Zeichnung bedeckten Fläche des Kartenblattes. Er ist im allgemeinen zugleich der Druckspiegel. [GB]

Kartenblatteckenwerte, die Koordinaten (↗geographische Koordinaten, rechtwinklige Koordinaten) der Blattecken (Schnittpunkte der Blattrandlinien) des ↗Kartenblattes. Mit Hilfe der Kartenblatteckenwerte werden die Blattrandlinien eindeutig festgelegt. Sie sind abhängig vom Kartennetzentwurf, dem Erdellipsoid und dem Koordinatensystem.

Kartenblattname, *Blattname*, die zusätzlich zur Nomenklatur festgelegte Bezeichnung eines ↗Kartenblattes. Bei ↗topographischen Karten wird als Kartenblattname der Name der größten Ortschaft oder, wenn das Kartenblatt keine Ortschaft enthält, der eines anderen topographischen Objektes benutzt.

Kartenblattübersicht, *Blattübersicht*, eine Karte, die die Lage und die Nummern oder Nomenklaturen der einzelnen ↗Kartenblätter eines ↗Kartenwerkes zeigt. Zur Orientierung sind meist auch politische Grenzen sowie wichtige Gewässer und Siedlungen dargestellt.

Kartendatum ↗Gezeiten.

Kartendichte ↗Kartenbelastung.

Kartendidaktik ↗kartographische Didaktik.

Kartendruck, Druck von Karten, der bevorzugt im Bogenoffsetdruck erfolgt. Abweichend von anderen farbigen Druckerzeugnissen bedarf es bei Karten einer besonderen Abstimmung der ↗Kartengestaltung auf den Vierfarben- oder ↗Mehrfarbendruck. Der Vierfarbendruck wird auch als Druck in kurzer Skala, ein Druck mit Schmuckfarben als Druck in langer Skala bezeichnet. Da der Vierfarbendruck alle Farben aus den Primärfarben Cyan, Magenta, Gelb und einem zusätzlichen Schwarz aufbaut, werden auch alle Kartenzeichen nur aus diesen Farben gebildet. Beim Druck, insbesondere von großformatigen Karten, muß von einer mangelhaften Registergenauigkeit ausgegangen werden, wodurch feine ↗Zeichnungen, die aus zwei oder drei Druckfarben gebildet wird, nicht genau übereinanderliegen und deshalb verschwommen wirken. Um die zu erwartende Registerungenauigkeit zu umgehen, müssen folgende Richtlinien bei der Kartengestaltung beachtet werden: a) Es ist empfehlenswert, Linien bis etwa 0,3 mm Breite im Vollton nur einer Druckfarbe zu drucken, Linien zwischen 0,3 mm und 1,0 mm Breite in Vollton oder 50 % ↗Rastertonwert einer einzigen Druckfarbe und erst ab 1,0 mm Breite Linienfarben aus mehreren Druckfarben zusammenzusetzen. b) Aus der Registerungenauigkeit resultierende Blitzer (farbfreie Stellen), an denen das Papierweiß sichtbar wird, können vermieden werden, indem alle schwarzen Kartenelemente von den Buntfarben nicht freigestellt, sondern überdruckt werden. Außerdem wirkt eine Überfüllung, auch Trapping genannt, diesem Effekt entgegen. Dabei werden aneinandergrenzende Farbkanten überlappend gestaltet, i. a. der Bereich der helleren Druckfarbe vergrößert. Der Betrag der Überfüllung ist ein Erfahrungswert der Druckerei und liegt etwa bei 0,02 mm. Bei der Belichtung von Druckfilmen oder Druckplatten nimmt i. a. die eingesetzte Software die Berechnung der Überfüllung vor. c) Der Druck sehr geringer und sehr hoher Rastertonwerte kann nicht garantiert werden. Deshalb sollten nur Rastertonwerte zwischen 15 % und 80 % gewählt werden. Um ähnliche Farben trotz möglicher Tonwertverschiebungen unterscheiden zu können, sollte ein Unterschied von jeweils mindestens 20 % Rastertonwert gegeben sein.

Eine gedruckte Karte repräsentiert nur einen bestimmten ↗Farbraum, der abhängig ist von Farbe und Oberfläche des Bedruckstoffs, der Druckfarbe und den Bedingungen des Auflagendrucks. Die digitale ↗Kartenbearbeitung erfolgt außerdem am Bildschirm, in einem vom Offsetdruck abweichenden Farbraum, so daß die Farbgestaltung einer Karte am Bildschirm nie eindeutig beurteilt werden kann. Für die Wahl der Farben einer Karte muß deshalb eine Farbtafel herangezogen werden, die unter den gleichen Druckbedingungen und auf dem gleichen Bedruckstoff wie die zu erstellende Karte hergestellt worden ist. Beim Druck einer Karte mit Schmuckfarben, die aus einem breiten Sortiment ausgewählt werden können, umgeht man die Nachteile des Vierfarbdrucks bezüglich der Linienfarben und der Rastertonwerte, benötigt aber für jede Druckfarbe einen separaten Druckgang (z.B. bei ↗geologischen Karten bis zu 20 Druckgänge) und maßstabiles Papier. Somit ist der Druck mit Schmuckfarben teuer. [IW]

Kartenentwurf, *kartographischer Entwurf*, bezeichnet den Prozeß, aber auch das Ergebnis der redaktionellen und kartographischen Bearbeitung georäumlicher Daten in einer ersten oder frühen Phase bzw. Version, die als Vorlage bzw. Ausgangsbasis für die Weiterverarbeitung zum kartographischen Original dient (↗Kartenredaktion). In der konventionellen Kartographie unterscheidet man drei vor der Vervielfältigung (Druck) liegende Phasen bzw. Zwischenprodukte der Kartenbearbeitung und -herstellung: ↗Autorenoriginal (AO), Kartenentwurf und kartographisches Original. In diesem Fall entspricht der

Kartenentwurf einer auf Grundlage des AOs und/oder anderen Materials zusammengestellten Karte (in den neuen Bundesländern auch als Zusammenstellungsoriginal bezeichnet). Diese wird meist mit etwas vereinfachtem Zeichenschlüssel nach Redaktionsanweisungen auf transparentem Material oder auf einer ↗Arbeitskarte gezeichnet. Während des Zeichnens erfolgt häufig eine ↗Generalisierung. Auch werden für Karten mit hoher ↗Kartenbelastung gesonderte Schriftvorlagen und/oder eine Farbvorlage für die Flächenfarben bearbeitet. Der Kartenentwurf bildet die Vorlage für die Originalherstellung (↗Zeichnung).

Ein Entwurf kann auch als Grundlage für die Kartenbearbeitung mit DTP-Programmen bzw. das ↗desktop mapping dienen. Vielfach wird nach Vorlagen gearbeitet, die zwar die genaue Lage der ↗Kartenzeichen ausweisen, jedoch einen abweichenden Zeichenschlüssel verwenden. Die endgültigen graphischen Attribute (Strichbreiten und -farben, ↗Flächenfüllungen, ↗Schriften) sowie drucktechnische Parameter lassen sich vor, während oder nach der Erfassung der Geometrie (Nachzeichnen) einstellen. Man erhält ein Zwischenergebnis (z. B. als Farbausdruck), das dem Endprodukt in der graphischen Gestaltung und Qualität bereits sehr nahekommt. Zeichnerischer Kartenentwurf und kartographische Originalherstellung sind hier zu einem Arbeitsgang verschmolzen. Lediglich unter dem Gesichtspunkt, daß der ersten Computerausgabe einer Karte inhaltliche, gestalterische und technische Korrekturen sowie Ausdrucke folgen, kann hier von einem Kartenentwurf gesprochen werden.

Wird die Karte mit einem kartographischen Konstruktionsprogramm oder in ↗GIS-Technologie erarbeitet, können die vorab erwähnten drei Arbeitsphasen zu einem Arbeitsgang vereint sein, vorausgesetzt, alle erforderlichen Geometrien sind digital verfügbar. Das inhaltliche Konzept des Kartenautors, u. U. als Legendenentwurf oder als Klassifizierung der darzustellenden Sachdaten sowie das kartographisch-gestalterische Konzept reichen als Vorgaben aus. Daher lassen sich erste auf dem Bildschirm oder als Ausdruck visualisierte Ergebnisse zugleich als AO und Kartenentwurf ansprechen. Sie werden oft als Arbeitskarte bezeichnen. Die Qualität kartographischer Originale wird erst durch Editierarbeiten erreicht. Die Einordnung des Kartenentwurfs in die drei skizzierten Wege der Kartenbearbeitung trägt schematischen Charakter. In der Praxis werden häufig hybride Verfahren angewendet, in denen der Datenkonvertierung eine bedeutende Rolle zukommt. [KG]

Kartenfilm ↗kartographische Animation.

Kartenformat, die Maße (Breite und Höhe) einer Karte. Die Maßangabe kann sich auf das Format des beschnittenen ↗Kartenblattes, aber auch auf den Kartenspiegel mit oder ohne ↗Randausstattung beziehen. Um das Kartenformat als Quer- oder als Hochformat zu kennzeichnen, wird die Länge der parallel zur Leserichtung liegenden Rechteckseite zuerst angegeben. Gedruckte Karten, z. B. ↗topographische Übersichtskarten, können das DIN A0-Format erreichen (↗Format). Große Wandkarten werden in mehreren Teilen gedruckt und anschließend zusammengeklebt. Das Maximalformat von ↗Bildschirmkarten ist an die Bildschirmgröße gebunden. Ihre ganzformatige Visualisierung erfordert meist eine starke Verkleinerung; in der 1 : 1-Ansicht muß das Bild wiederholt verschoben werden, um die gesamte Karte ausschnittsweise zu überstreichen.

Kartengegenüberstellung ↗Entwicklungsdarstellung.

Kartengemälde, kartographische Darstellung, die mit den Ausdrucksmitteln der Malerei ausgeführt ist. Alle Formen des Übergangs von perspektivischen Landschaftsgemälden kleinerer und größerer Erdgegenden bis zur angestrebten Grundrißtreue, bei der aber stets Relief, Bodenbedeckung und die Siedlungen bildhaft wiedergegeben sind, kommen in der Blütezeit im 16. Jh. vor. Nur wenige dieser als Unikate in Archiven verwahrten Bildkarten sind bisher als ↗Faksimile zugänglich geworden. Sie wurden meist im Auftrag von Landesherren für repräsentative Zwecke geschaffen oder entstanden als juristische Beweisstücke, die beispielsweise bei Grenzstreitigkeiten dem Gericht vorgelegt wurden (Augenscheinkarten, Streitkarten). Gegenwärtig entstehen nur selten Kartengemälde.

Kartengenauigkeit, allgemeine Beschreibung in der ↗topographischen Kartographie, um die (vorwiegend, aber nicht ausschließlich geometrische) Qualität von Karten zu beurteilen. Die auf Zweck und ↗Maßstab der ↗Karte abgestimmte inhaltliche und geometrische ↗Genauigkeit wird beurteilt. Je nach Zweck und Maßstab der Karte sollen ihre Inhalte, innerhalb gewisser Grenzen des darstellungsmäßig Möglichen, geometrisch genau, inhaltlich vollständig und aktuell sowie topologisch richtig wiedergegeben sein. In der ↗Kartographie wird die Kartengenauigkeit entscheidend durch das Geodatenmodell bestimmt. Die inhaltliche Kartengenauigkeit wird durch die Detailliertheit sowie die Vollständigkeit und Richtigkeit des Karteninhalts bestimmt. Sie ist abhängig vom ↗Feinheitsgrad des Zeichenschlüssels, vom ↗Generalisierungsgrad, von der Differenzierung bzw. Klassifizierung der ↗Darstellungsgegenstände, außerdem werden Aktualität und Zuverlässigkeit der wiedergegebenen Informationen beurteilt. Bei digitalen Geodaten wird dieser Sachverhalt durch den ↗Objektartenkatalog beschrieben. Bei amtlichen topographischen Kartenwerken legen ↗Musterblätter die kartographische Darstellung fest.

Die ↗geometrische Genauigkeit von Karten wird auf der Grundlage der (statistischen) Fehlertheorie, in der Regel durch mittlere quadratische Fehler beurteilt. Sie ist in erster Linie von der Genauigkeit des Ausgangsmaterials, der digitalen Geodaten, der topographischen oder photogrammetrischen Geländeaufnahme und der kartographischen Bearbeitung abhängig. Maßgebend für die geometrische Kartengenauigkeit sind die absoluten und relativen Lagefehler. Der Lagefehler darf für amtliche ↗Geobasisdaten den Betrag von 3 m nicht überschreiten.

Kartengestaltung, *Kartengestaltungslehre, kartographische Visualisierung, Kartenkonstruktion*, Teilgebiet der ↗Kartographie, das sich im Rahmen der ↗allgemeinen Kartographie mit Theorien und Methoden der graphischen Modellierung von ↗Karten und anderen ↗kartographischen Darstellungsformen im Sinne der kartographische Modellbildung befaßt. Die Formung des ↗Kartenbildes wird unter Nutzung kartographischer ↗Gestaltungsmittel vorgenommen. Als solche gelten im weitesten Sinne das ↗kartographische Zeichensystem und die zur Zeichenreferenzierung dienenden kartographischen Darstellungsmethoden in Verbindung mit den ↗graphischen Variablen (↗kartographisches Zeichenmodell, ↗Signatur). Die ↗Generalisierung ist unabdingbar als Prozeß mit eingebunden. Weitere Gegenstände der Kartengestaltung, die zumeist getrennt vom System der kartographischen Darstellungsmethoden untersucht werden, sind die Wiedergabe des Reliefs (↗Reliefdarstellung), die ↗Beschriftung bzw. Schriftgestaltung, die ↗kartenverwandten Darstellungen, ↗Bildkarten und sonstige graphische Darstellungen, die Karten und ↗Atlanten beigegeben werden, insbesondere ↗Diagramme.

Zu den Aufgaben der Kartengestaltung gehört nicht zuletzt die graphische Gestaltung des ↗Kartenblattes bzw. der ↗Bildschirmkarte als Gesamtgestalt im Sinne der visuellen Wahrnehmung, auch als ↗Kartenkomposition bzw. ↗Layout-Gestaltung bezeichnet. Hier kommen vor allem ästhetische Grundsätze zum Tragen. In der ↗angewandten Kartographie dienen die Theorien und Methoden der Kartengestaltung im Prozeß der ↗Kartenredaktion themen-, funktions- und nutzerorientiert der Formierung spezieller Kartenzeichensysteme bzw. ↗Zeichenschlüssel. Diese beispielsweise auf Schulkartographie, ↗Planungskartographie, ↗Seekartographie usw. angewandte Kartengestaltungslehre wird verschiedentlich auch als »spezielle Theorie der Kartengestaltung« bezeichnet. Die Systematisierung und Formulierung des gestalterischen und graphischen Könnens der Kartenbearbeiter erfolgte relativ spät zu Beginn des 20. Jh., obwohl die wichtigsten kartographischen Darstellungsmethoden bereits viel früher bekannt waren und für den praktischen ↗Kartenentwurf genutzt wurden. Eine erste größere Zusammenfassung des Wissens zur Kartengestaltung (wenn auch noch nicht unter diesem Begriff behandelt) stammt von M. ↗Eckert (»Die Kartenwissenschaft«, 1921, 1925). Erste Lehrbücher erschienen vor und nach dem Zweiten Weltkrieg zuerst in der Sowjetunion, dann auch in anderen Ländern. Marksteine der weiteren Entwicklung waren u. a. die klassischen Monographien und Lehrbücher von E. ↗Arnberger, W. ↗Witt und E. ↗Imhof in den 60er und 70er Jahren des 20. Jh., wenn auch meist unter dem Titel »Thematische Kartographie«. Mit der Integration der ↗graphischen Semiologie von J. Bertin und der Entwicklung der kartographischen Kommunikationstheorie sowie der ↗kartographischen Zeichentheorie trat die Kartengestaltung in den 1970er Jahren in ein Stadium ein, daß durch diese neue Wissenschaftsentwicklung deutlich geprägt wird. Hinzu kamen Methoden der empirischen bzw. experimentellen Forschung, die zur Verifizierung des Wissens der Kartengestaltungslehre, insbesondere unter Beachtung der visuell-kognitiven Wahrnehmung kartographischer Strukturen, beitragen konnten. Seit Beginn der 1990er Jahre dominieren Digitalkartographie, KIS und GIS das Umfeld der Kartengestaltung, wobei immer häufiger mit dem Begriff der Visualisierung gearbeitet wird, der aber nur eingeschränkt als Synonym gelten kann. Heutige und künftige Forschungsarbeiten auf dem immer breiter werdenden und immer mehr von relevanten Nachbardisziplinen beeinflußten Gebiet der Kartengestaltung sind stark auf ↗kartographische Bildschirmkommunikation, verbunden mit Interaktion und dem Zusammenrücken von Kartengestaltung und ↗Kartennutzung, orientiert. Sie zielen des weiteren auf ↗Animation, ↗Multimedia, 3D-Visualisierung sowie wissensbasierte Kartengestaltung als durchgehendem Informationsverarbeitungsprozeß hin. Systeme für wissensbasierte Kartengestaltung setzen kartographisches Expertenwissen voraus, an dessen Extraktion und Formalisierung gearbeitet wird. Karten im Internet (↗Internetkarten) werden als Gegenstand der Kartengestaltung in Zukunft an Bedeutung zunehmen. Aufgrund veränderter Wahrnehmungsbedingungen und neuer Nutzergruppen machen diese Bildschirmkarten eine spezifische Adaption bisheriger Grundsätze der Kartengestaltung erforderlich. [WGK]

Kartengraphik ↗kartographisches Zeichensystem.

Kartengrund ↗Basiskarte.

Kartenherstellung, die Gesamtheit aller Bearbeitungsschritte, deren Ergebnis eine gedruckte Karte oder eine ↗Bildschirmkarte ist. Die Kartenherstellung umfaßt die Prozesse ↗Kartenredaktion, ↗Kartenbearbeitung und ggf. ↗Kartendruck. In der Regel erfolgt die Kartenherstellung in Form eines Auftragsverhältnisses.

Die Kartenredaktion umfaßt zumeist Konzeption, Kalkulation, Materialbereitstellung und -bewertung, Gestaltungs- und Generalisierungsrichtlinien, Kartenentwurf sowie Wahl des Verfahrens der Kartenbearbeitung. Die redaktionellen Arbeiten für ↗thematische Karten, ↗topographische Karten bzw. ↗Kartenwerke oder ↗Atlanten unterscheiden sich. Die Kartenbearbeitung erfolgt heute fast ausnahmslos digital, nur bei weitgehend analog vorliegenden Kopiervorlagen, bei denen geringfügige Korrekturen erforderlich sind, werden noch herkömmliche Verfahren eingesetzt. Bei der digitalen Kartenbearbeitung entscheiden der Umfang des Projektes, die verfügbaren Daten und die notwendige Flexibilität der Kartengestaltung über das zu wählende Bearbeitungsverfahren. Zur Auswahl stehen automatische Kartenbearbeitung aus einem ↗Geoinformationssystem (GIS) heraus, ↗Desktop mapping, Rasterbildbearbeitung und den rein technischen Prozeß des ↗Farbauszugs bzw. eine Kombination dieser Verfahren.

Mit der Imprimatur wird die Karte zum Druck freigegeben. Druck und buchbinderische Weiterverarbeitung schließen sich an. Bei Auskunftssystemen, im Internet und bei CD-Produkten ersetzt das Bildschirmbild den Kartendruck. Eine Rahmentechnologie, ausgeführt als Übersichtsschema, beschreibt die grundlegenden Prozeßschritte der Kartenherstellung. Je umfangreicher ein kartographisches Projekt ist, umso größere Bedeutung kommt dem Projektmanagement zu, das auf die Ausstattung mit Maschinen und Anlagen, die Arbeitsplatzgestaltung, die Organisation des innerbetrieblichen Arbeitsablaufs, die Auslastung des Personals, die Überwachung des Zeitplans und der Kosten und die Archivierung der kartographischen Unterlagen gerichtet ist.

Karteninkunabel, *Inkunabelkarte*, ein als Frühdruck (*Inkunabel*, Wiegendruck) vor 1500 veröffentlicher ↗Kupferstich oder ↗Holzschnitt einer Karte. Karteninkunabeln entstanden a) als unselbständige Textabbildungen und Buchbeilagen, b) als Einblattdrucke in und c) als Kartenwerke der Druckausgaben des ↗Ptolemäus und der »Isolario«, einem Kartbuch für Seeleute von B. Sonetti. Oft werden auch die bis zur Mitte des 16. Jh. als Einblattdruck oder Kartenwerk hergestellten Erstausgaben zum »Wiegenalter der Kartographie« gerechnet. In Übertragung auf die lithographisch hergestellten Karten werden die bis 1821 veröffentlichten als Lithographie-Karteninkunabeln bezeichnet.

Kartenklassifikation, Einteilung und Abgrenzung von Karten nach bestimmten Struktur- und Nutzungsmerkmalen. Die Kartenklassifikation hat das Ziel, Gemeinsamkeiten oder Unterschiede bei Karten festzustellen, um daraus Erkenntnisse und Übertragbarkeiten für die Kartenmodellierung und Kartennutzung abzuleiten. Klassifikationen sind ferner für die Katalogisierung der Karten notwendig. Es lassen sich Karten nach sog. Hauptmerkmalen klassifizieren: Zweckbestimmung (Planungskarte, Seenavigationskarte etc.), Kartengegenstand (Bevölkerungskarten, Bodenkarten, Umweltkarten, topographische Karten etc.), Strukturniveau (analytische Karten, Komplexkarten etc.), modellierter Raum (Erdkarten, Länderkarten, kommunale Karten etc.), Maßstab (kleinmaßstäbige, großmaßstäbige Karten) und Gebrauchsform (Handkarten, Wandkarten etc.).

In Verbindung mit der Herstellung und Nutzung von Karten im Rahmen der Informations- und Kommunikationstechnologien wird die aufgeführte Kartenklassifikation erweitert und nach anderen Merkmalen erfolgen müssen. So gibt es erste Überlegungen, Karten nach ↗kartographischen Abbildungsmerkmalen, nach Merkmalen der Kartenpräsentation am Bildschirm und nach der Eingebundenheit in ↗kartographische Medien, wie etwa in verschiedene Informationssysteme, zu klassifizieren.

Kartenkompetenz, die kognitiven, affektiven und psychomotorischen Fertigkeiten zum effektiven und kritischen Umgang mit kartographischen Medien in der Gesellschaft. Dazu zählen das Wissen über die Anwendung von Methoden zur zielgerichteten Gewinnung raumbezogener Informationen aus Karten, das Wissen bezüglich der kritisch-reflektorischen Bewertung kartographischer Medien sowie das Wissen hinsichtlich spezifischer Methoden und Verfahren zur selbständigen Konzeption und Generierung kartographischer Medien. Der Aufbau kartographischer Kompetenz ist das Hauptziel der ↗kartographischen Didaktik. Kartenkompetenz ist, ähnlich wie die Beherrschung von Sprache, Schrift oder Zahl, eine grundlegende Kulturtechnik. Sie ist notwendige Voraussetzung für erfolgreiches Agieren in der räumlichen Umwelt.

Kartenkomplexität ↗*Kartenbelastung*.

Kartenkomposition ↗*Kartenlayout*.

Kartenkonstruktion ↗*Kartengestaltung*.

Kartenkonstruktionsprogramm, Anwendersoftware zur (teilweise) automatisierten Kartenkonstruktion auf Basis von digitalen geometrischen Daten und Sachdaten. Kartenkonstruktionsprogramme generieren Karten aus hauptsächlich vektoriellen geometrischen Daten, indem sie, durch Anweisungen oder Berechnungen gesteuert, selektiv auf einzelne Datensätze zugreifen. Entsprechend der jeweiligen ↗Kartenprojektion, des ↗Maßstabes, verschiedener eventuell implementierter Generalisierungsalgorithmen oder eines wissensbasierten Zeichen-Referenzsystems erzeugen sie automatisch oder teilweise interaktiv Kartengraphik. Neben dieser Fähigkeit zur Kartengenerierung aus geometrischen Daten können Kartenkonstruktionsprogramme auch thematische Karten aus Sachdaten erzeugen. Hierzu sind verschiedene Kartentypen, wie z. B. ↗Choroplethenkarte, ↗Flächendiagrammkarte, ↗Gitternetzkarte, ↗Isolinienkarte, ↗Liniendiagrammkarte usw. in Form parameterisierbarer Funktionsaufrufe implementiert. Diese Funktionen erzeugen unter Beachtung des entsprechenden kartographischen Datenmodells (z. B. unter Berücksichtigung des ↗Skalierungsniveau usw.) die erforderliche Graphik (↗Diagramme, Signaturen, ↗Schraffuren, ↗Farbverläufe usw.). Der Benutzer greift hierbei steuernd ein, indem er z. B. Schraffuren oder Farben auswählt, Aufsatzpositionen für Diagramme definiert oder Beschriftungen anpaßt. Die Konstruktionsanweisungen und die Steueranweisungen zur Anpassung der Graphik werden in speziellen Dateien (Kommandodateien) protokolliert und können somit jederzeit reproduziert werden. Zudem bietet sich dadurch die Möglichkeit, Serien von Karten mit unterschiedlichem Raumausschnitt, jedoch identischer Thematik schnell zu generieren. Moderne Kartenkonstruktionsprogramme erlauben die Kombination verschiedenartiger Kartentypen in Form von Kartenschichten. Damit werden mehrere Aussageebenen in einer Karte dargestellt. Zudem erzeugen solche Systeme die entsprechende ↗Legende automatisch, wobei diese, wie auch Teile der konstruierten Kartengraphik, interaktiv verändert bzw. angepaßt werden kann. In der Regel weisen die Programme entsprechende Software-Schnittstellen zur Erzeugung druckbarer Daten (zumeist ↗Postscript) auf. [WWb]

Kartenlayout, *Kartenkomposition*, Anordnung der Kartenbestandteile auf dem Kartenblatt inklusive der Gestaltung aller anderen Ausstattungselemente, z. B. des Kartenrahmens und des Blattrandes. Das Kartenlayout ist neben der Übertragung des Inhalts einer Karte in die Kartengraphik das wichtigste Element der ↗Kartengestaltung. Wesentliche Ausgangspunkte für das Kartenlayout sind Größe und Lage (hoch oder quer) des ↗Kartenformats sowie die Herausgabeform der Karte (Einzelkarte, Blatt eines ↗Kartenwerkes, Textkarte, Atlaskarte). Als weitere wichtige Bedingung für das Kartenlayout ist zu beachten, ob die Darstellung bis zum Rahmen geführt (↗Rahmenkarte) oder auf ein unregelmäßig begrenztes Gebiet beschränkt wird (↗Inselkarte). Unter Berücksichtigung dieser Voraussetzungen sowie allgemeiner Prinzipien für die Gestaltung von Proportionen, z. B. des »Goldenen Schnittes«, ist Ausgewogenheit in der Flächenaufteilung und damit zusammenhängend ↗Farbharmonie das Ziel des Kartenlayouts. Als Grundregeln für das Layout konventioneller Karten lassen sich skizzieren: a) Für größere Kartenblätter (>normales Buchformat) erweist sich das Querformat als günstiger; b) Mit der Einordnung einer Karte in das gestalterische Gesamtkonzept eines Atlas oder einer anderen Publikation können sich bestimmte Restriktionen ergeben. Das betrifft neben dem Format u. a. die Verwendung und Gestaltung des Rahmens und/oder des Fonds sowie andere Ausstattungselemente, wie z. B. die Numerierung der Karten; c) Die Anordnung der Kartenbestandteile hängt von der Gestalt des darzustellenden Gebietes ab. Im Idealfall genügt sie folgenden Regeln: der Kartentitel links oben; die Legende unten (bei Querformaten) und/oder rechts (bei Hochformaten); Maßstabsangabe, Bearbeitungs- und Herausgabevermerk, Angaben zum Stand der Daten und der Bearbeitung, Quellenangaben (u. U. als Verläßlichkeitsskizze) im unteren Viertel des Blattes. Ähnliches gilt für Nebenkarten, von denen maximal zwei aufgenommen werden sollten.

Besonders bei Rahmenkarten ist die Abgrenzung gesonderter Flächen für Titel, Legende und andere erläuternde Kartenbestandteile innerhalb oder außerhalb des Rahmens sinnvoll. Der Kartentitel sollte sich deutlich durch genügend große Schrift hervorheben, sehr prägnant formuliert sein und außer dem Thema die dargestellte Region benennen sowie (u. U. als Untertitel) den Bezugszeitraum und die Bezugseinheiten (↗Bezugsfläche) ausweisen.

Besonderes Augenmerk ist auf die Legendengestaltung zu legen, die eigenen Regeln unterliegt (↗Legende). Der Maßstab sollte sowohl graphisch (↗Maßstabsleiste) als auch numerisch (Maßstabszahl) angegeben werden. ↗Bildschirmkarten und ↗kartographische Animationen bedingen bzw. ermöglichen ein von der konventionellen Karte u. U. deutlich abweichendes ↗Layout. [KG]

Kartenlesen, beschreibt in einem traditionellen Verständnis der ↗Kartennutzung die Umdeutung des Kartenbildes in Vorstellungen der Realität. Das Lesen einer Karte umfaßt demnach die gedankliche Entnahme expliziter Informationen, speziell der Semantik und der Lage von Objekten, aus den dargestellten Zeichen.

Kartenmaßstab ↗Maßstab.

Kartenmodell, *Karte als Modell*, verbreitete Auffassung über den Charakter der »Karte als Modell der Realität«, basierend auf der in der Modelltheorie vertretenen Funktion von Modellen als Abbildungen oder Darstellungen von Gegenstandsbereichen. Die allgemeine Funktion von Modellen, für ein Original aufgrund von Struktur-, Funktions- und Verhaltensanalogien in bestimmten Situationen Aufgaben zu lösen oder Informationen zu gewinnen, trifft prinzipiell auch für Karten zu. Die mit der Nutzung von Modellen meistens geforderte nachvollziehbare Einflußnahme auf die Modellstruktur ist allerdings erst seit der Anwendung von elektronischen Karten möglich. Der Modellcharakter von Karten ergibt sich aus ihrer Funktion und Stellung im Herstellungs- und Nutzungsprozeß. Die verbreitetste Sicht der Karte als Modell der Realität resultiert aus der Annahme, daß kartographische Erkenntnisbildung und Technologieentwicklung auf Modellbildungen basieren (↗kartographische Modellbildung). Die damit verbundene ↗kartographische Modellierung führt allerdings lediglich zu Modellierungsergebnissen, was nicht zwangsläufig einen Modellcharakter der Karte impliziert. Besonders die prinzipiell mögliche individuelle Einflußnahme des Kartenherstellers auf den Kartenherstellungsprozeß schränkt die nachvollziehbare Modellfunktion der Karte im Sinne einer gesteuerten Informationsgewinnung ein. [JB]

Kartennetz ↗Koordinatennetz.

Kartennetzentwürfe, im mathematischen Sinn Sonderfälle der Abbildung der ↗Koordinatennetze zweier beliebiger Flächen aufeinander. Ein gewählter Entwurf ist die mathematische Grundlage für eine analoge Karte bzw. ein digitales Kartenmodell unterschiedlicher Zweckbestimmung. Kartennetzentwürfe umfassen den Sonderfall der Abbildung des Systems der geographischen bzw. geodätischen Koordinaten (Länge λ und Breite φ) der Bezugsfläche (Erdellipsoid, ↗Erdkugel) in die ↗Abbildungsfläche (↗Globus oder Kartenebene). Sie bilden die Grundlage von Karten im Maßstab 1 : 500.000 und kleiner und werden verschiedentlich auch als kartographische Abbildungen im engeren Sinne bezeichnet. Dabei beruht der verwendete Kartennetzentwurf auf eindeutigen differenzierbaren Funktionalbeziehungen zwischen Urbild (Bezugsfläche) und Abbildung. Diese Bedingung müssen die ↗Abbildungsgleichungen erfüllen. Die Abbildung des

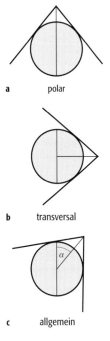

a polar

b transversal

c allgemein

Kartennetzentwürfe 1: Lage der Kegelachse.

Kartennetzentwürfe

a Berührungskegel

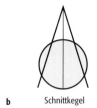

b Schnittkegel

c berührungsfreier Kegel

Kartennetzentwürfe 2: Form des Kegels.

Kartennetzentwürfe (Tab.): Eigenschaften echt und unecht kegeliger Kartennetzentwürfe in polarer Lage.

Kartennetzentwürfe 3: modifizierter Azimutalentwurf VII von Wagner.

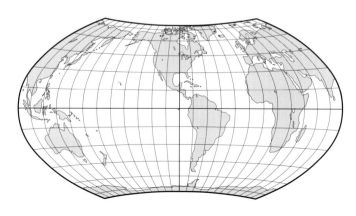

Erdkörpers in die Ebene unterliegt Verzerrungen (↗Verzerrungstheorie). Es treten ↗Längenverzerrungen, ↗Flächenverzerrungen und Azimut- bzw. ↗Winkelverzerrungen auf, die durch die Gestaltung der ↗Abbildungsgleichungen für den Zweck der jeweiligen Karte minimiert werden. Kartennetzentwürfe, die die genannten Verzerrungen nicht aufweisen, sind längentreu (gilt nur entlang bestimmter Linien oder in differentiellen Bereichen; ↗Längentreue), flächentreu (↗Flächentreue) oder winkeltreu (↗Winkeltreue). Für viele Zwecke sind Kartennetzentwürfe zweckmäßig, die zwar in keinem der genannten Elemente verzerrungsfrei sind, dafür aber insgesamt sehr geringe Verzerrungen aufweisen. Sie werden als ↗vermittelnde Kartennetzentwürfe bezeichnet. Diese Gruppe gewinnt zunehmend an Bedeutung, da die komplizierten Abbildungsgleichungen eines vermittelnden Kartennetzentwurfes bei Computeranwendung kein Hindernis mehr darstellen.

Geometrisch betrachtet kann die Gruppe von Kartennetzentwürfen, die das Ergebnis geometrischer Konstruktionen sind, als ↗Kegelentwürfe bezeichnet werden. Hierbei werden Kegel mit Öffnungswinkeln α im Bereich $0° < \alpha < 180°$ verwendet. In den Grenzfällen $\alpha = 0°$ wird aus dem Kegel direkt eine Ebene, für $\alpha = 180°$ ein Zylinder. Kegel und Zylinder können dann ohne weitere Verzerrungen in die Ebene abgewickelt werden. Für die Einordnung und Systematisierung der Kartennetzentwürfe ist von Bedeutung, wie die Erdachse und die Achse des Abbildungskegels zueinander liegen. Man unterscheidet eine a) polare, auch polständige oder normale, b) äquatoriale, auch äquatorständige oder transversale, und c) allgemeine, auch schiefachsige Lage der Kegelachse, die mit der Erdachse den Winkel α einschließt (Abb. 1). Schließlich ist noch zu unterscheiden, ob der Kegel die Bezugsfläche berührt, schneidet oder weder berührt noch schneidet (Abb. 2).

Kartennetzentwürfe, denen ein Kegel, in welcher Form und in welcher Lage auch immer, zugrunde liegt, heißen echt kegelige Kartennetzentwürfe. Kartennetzentwürfe, deren Konstruktion auf Abbildungsgleichungen beruht, die eine Minimierung der Verzerrungen erreichen und dabei auch dem räumlichen Vorstellungsvermögen des Benutzers entgegenkommen, heißen unecht kegelige Kartennetzentwürfe. Einige Eigenschaften echt und unecht kegeliger Kartennetzentwürfe in polarer Lage sind in der Tabelle für die Hauptkugelkreise und die Winkel θ zwischen ihnen dargestellt.

Theoretisch ist eine unbegrenzte Zahl von Kartennetzentwürfen möglich. Etwa 400 Entwürfe sind ausgearbeitet worden, wovon weniger als 50 tatsächlich verwendet worden sind. Eine wichtige Rolle bei der Entwurfswahl spielt die Größe des zu kartierenden Gebietes. Für große Gebiete in einem kleinen Maßstab gelten die elementaren Regeln: a) für eine Karte der polaren Gebiete ist ein azimutaler Kartennetzentwurf zu verwenden, b) zur Darstellung eines Gebietes in mittleren Breiten ist ein Kegelentwurf günstig, c) eine sich um den Äquator erstreckende Zone wird zweckmäßig mittels eines Zylinderentwurfs abgebildet. Diese drei einfachen Regeln werden durch die Hinzunahme von Kartennetzen in allgemeiner und transversaler Lage erweitert. Vereinfacht ausgedrückt kann man ein kreisähnliches Gebiet günstig in einem Azimutalentwurf in beliebiger Lage darstellen. Langgestreckte Gebilde werden günstig auf einen schiefen Kegel- oder Zylindermantel abgebildet, dessen Berührungskreis mit der Kugel etwa durch die Mitte des betreffenden Gebietes verläuft.

Weitere Auswahlkriterien sind durch die Verzer-

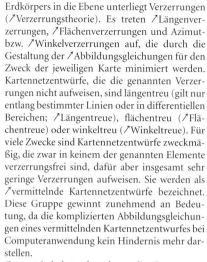

kegelige Entwürfe	echt	unecht
Parallelkreise	konzentrische Kreise oder Geraden	Kreise oder Geraden
Meridiane	Geraden	Kurven höherer Ordnung
Winkel θ	$\theta = 90°$	$\theta \neq 90°$

rungsverhältnisse gegeben. Als Faustformel kann die von Young (1920) angegebene Regel gelten: Ist z auf dem Globus die größte Winkeldistanz von der Mitte eines unsymmetrischen Gebietes bis zum entferntesten Punkt und δ seine Breite (z. B. der Winkel zwischen zwei Parallelkreisen), dann empfiehlt Young für einen Quotient $z/\delta < 1{,}41$ einen Azimutalentwurf. Ist diese Zahl größer als der kritische Wert 1,41, erweist sich ein Kegelentwurf als vorteilhafter. Ginzburg und Salmanova erhielten drei kritische Werte z/δ in Abhängigkeit von den speziellen Eigenschaften: Für die Bereiche $0° < z < 25°$ und $0° < \delta < 35°$ und unter Einschluß der Zylinderentwürfe sind dies konforme Entwürfe $z/\delta = 1{,}41$, äquidistante Entwürfe $z/\delta = 1{,}73$ und flächentreue Entwürfe $z/\delta = 2{,}00$.

Für Weltkarten in einem Blatt erweisen sich die echten Zylinderentwürfe in polarer Lage zunächst als anwendbar. Sie erfüllen jedoch die wichtige Forderung nach Formtreue sehr schlecht und haben in den polaren Gebieten unerträgli-

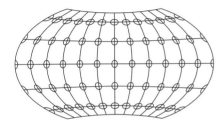

Kartennetzentwürfe 4: Verzerrungsellipsen zu Wagner VII.

che Verzerrungen. Deshalb ist viel Mühe auf die Entwicklung ↗unechter Zylinderentwürfe gelegt worden. Der Dumont Weltatlas (1997) verwendet für globale Übersichtsdarstellungen den Entwurf Wagner VII, einen modifizierten Azimutalentwurf (Abb. 3 und 4). Einzelne Länder oder Gruppen von Ländern sowie Kontinente werden dort in der Mehrzahl in Lamberts konformem Kegelentwurf, kompakte Länder in Lamberts flächentreuem Azimutalentwurf dargestellt.

Zur Verbesserung der Verzerrungseigenschaften eines Kartennetzentwurfs werden die geringen Verzerrungen in einem Teil des Kartenentwurfs (in der Nähe des Berührungspunktes oder -kreises der Abbildungsfläche) auf einen größeren Teil der abzubildenden Fläche erweitert. Das geschieht im wesentlichen durch Multiplikation der Koordinatenwerte des Gebietes geringerer Verzerrungen mit geeigneten Faktoren. Die quadratische Plattkarte (↗Zylinderentwürfe) besitzt für den Radius $R = 1$ die einfachen ↗Abbildungsgleichungen $X = \varphi$ und $Y = \lambda$. Mittels der Faktoren m und n wird daraus:

$$X' = m \cdot \varphi \text{ und } Y' = n \cdot \lambda.$$

Soll z. B. die Abbildung nach Nord und Süd auf die Parallelkreise 75° gestaucht werden, so erhält m den Wert $m = 0,83$. Entsprechendes gilt für n. Eindrucksvolle Beispiele für die Vielzahl der durch Umbeziffern entstandenen Entwürfe sind ↗Aitow-Hammers flächentreuer Entwurf und der modifizierte Entwurf Wagner VII. [KGS]
Literatur: MALING, D. H. (1992): Coordinate Systems and Map Projections. – Pergamon Press.

Kartennutzung, beschreibt Verfahren zur zielorientierten Anwendung von Karten und Formen der Informationsentnahme aus Karten zur Lösung raumbezogener Problemstellungen. In einem traditionellen Verständnis der Kartennutzung läßt sich die Kartennutzung vor allem durch die Intensität der Beschäftigung mit der Karte beschreiben. Demnach ist jede Kartennutzung zunächst durch das ↗Kartenlesen charakterisiert, das in vielen Fällen zur Befriedigung der Bedürfnisse des Nutzers genügt. Bei anderen Aufgaben der Kartennutzung wird die Auswertung der Karte mit den Methoden der Karteninterpretation und ↗Kartometrie intensiviert.

In der digitalen Kartographie gewinnt der Einsatz von interaktiven Nutzungsverfahren zunehmend an Bedeutung und ergänzt traditionelle Nutzungsverfahren. Eine Vielzahl von Interaktionswerkzeugen versetzen den Nutzer in die Lage, die Kartenpräsentation zu individualisieren. Er kann die Präsentationsform selbständig den Erfordernissen der jeweiligen Nutzungsphase anpassen, indem er Zoom- oder Rotationsfunktionen sowie Funktionen, die den aktuellen Raumausschnitt in einer kleinmaßstäbigen Übersichtskarte verorten und hervorheben, einsetzt. Weitere Basiswerkzeuge, die immer häufiger in digitale ↗kartographische Medien unterschiedlicher Funktionalität integriert werden, können unter den Oberbegriff kartometrische Werkzeuge zusammengefaßt werden. Sie dienen der genauen Ermittlung natürlicher Längen, Flächen, Winkel, Höhen und Koordinaten in der Karte. Während das Messen geometrischer Größen in Papierkarten mit vielfältigen Fehlerquellen verbunden ist, erlauben Bildschirmkarten eine für den Nutzer vereinfachte Form der Kartometrie ohne zusätzliche Hilfsmittel.

Neuere Ansätze zur Erklärung der Kartennutzung beruhen auf theoretischen Ansätzen zur ↗kartographischen Kommunikation. Sie umschreiben die beim Nutzer stattfindenden ↗visuell-kognitiven Prozesse und trennen diese nach unterschiedlichen Kommunikationsphasen, die zur Informationsentnahme notwendig sind. Der Zweck und die Zielsetzung einer Anwendung bestimmen, welche konkrete Form der Kartennutzung stattfindet. Ziel der Forschung ist es, Nutzungsbereiche formal auszugliedern, die durch gleichartige visuell-kognitive Operationen gekennzeichnet sind. Die Zusammenhänge unterscheiden sich einerseits durch unterschiedliche Operationen der Informationsgewinnung und andererseits durch spezifische Kommunikationsbedingungen, die den Kontext für diese Operationen bilden. Karten dienen nach diesem Schema als graphisches Hilfsmittel zur Orientierung und Navigation, als Arbeitsinstrument zur Überprüfung, Plausibilitätskontrolle, Modellberechnung oder Simulation, als Entscheidungsinstrument zur raumbezogenen Planung, Führung und Organisation, als Unterrichtsinstrument über Situationen und Vorgänge oder zur Dokumentation von Analyse- und Bewertungsergebnissen. Für jede dieser und weiterer Funktionen von Karten werden individuelle Unterstützungsformen in Form von ↗Arbeitsgraphik benötigt, um die Prozesse der Kartennutzung möglichst effektiv zu fördern. [FH]

Kartenoriginal, 1) Bezeichnung für ein im Prozeß der analogen ↗Kartenherstellung geschaffenes Produkt der Bearbeitung eines einzelnen Kartenelementes. Bei den historischen Druckverfahren ↗Kupferstich und Steindruck (↗Lithographie) entstanden die Kartenoriginale durch unmittelbare Bearbeitung der Druckformen. Später wurden aus den zeichnerisch und gravurtechnisch geschaffenen Kartenoriginalen mittels kopiertechnischer Prozesse die ↗Druckvorlagen geschaffen. 2) Bezeichnung für die Originalzeichnung einer Karte, die mit ↗Zeichenverfahren erstellt wurde (↗Kartenbearbeitung). 3) Bezeichnung für eine bereits vorliegende und gedruckte Karte.

Kartenprobe, ein ↗Kartenblatt das durch besondere topographische Merkmale geprägt ist und Besonderheiten in der kartographischen Gestaltung aufweist. Es wird als Hilfsmittel zur Festlegung von ↗Zeichenvorschriften angefertigt. Damit dient es z. B. der Anfertigung von ↗Musterblättern.

Kartenprojektion, Darstellung des geographischen ↗Koordinatennetzes der Erde oder eines Teils davon in der ↗Abbildungsfläche (Karte) durch eine geometrische Projektion. In der Literatur wird häufig die Bezeichnung Kartennetzprojektion grundsätzlich für alle Arten von Kartennetzen verwendet. Die kritiklose Verwendung des Wortes Kartennetzprojektion sollte vermieden werden, da die meisten ↗Kartennetzentwürfe keine Projektionen im geometrischen Sinne sind. Vielmehr wird meist ein mathematisches Modell durch Abbildungsvorschriften vorgegeben, welches gewünschte Eigenschaften der vorgesehenen Karte optimal realisiert. Kartennetzprojektionen im eigentlichen geometrischen Sinn sind die ↗perspektiven Entwürfe. Sie haben die Eigenschaft, daß (in polarer Lage) die Abbilder der ↗Meridiane ein Strahlenbüschel durch den Pol sind. Die Winkel zwischen zwei Strahlen sind gleich dem Unterschied der ↗geographischen Längen der beiden zugehörigen Kugelmeridiane. [KGS]

Kartenredaktion, die inhaltliche, gestaltende und planende Aufbereitung und Überarbeitung aller Unterlagen für die Bearbeitung und Herstellung einer Karte oder eines digitalen kartographischen Produkts durch den Kartenredakteur. Die Kartenredaktion ist ein arbeitsteiliger Prozeß mit mehreren, nicht immer eindeutig abgrenzbaren Arbeitsphasen, der fachwissenschaftliche und gestalterische, organisatorische und technische Komponenten aufweist. Kartenredakteure verfügen daher zumeist über eine Hochschul- oder Fachhochschulausbildung auf dem Gebiet der Kartographie oder benachbarter Disziplinen (↗Geographie, ↗Geodäsie, auch anderer ↗Geowissenschaften) sowie Erfahrungen im kartographischen Bereich.

Die Kartenredaktion beginnt bereits in der Phase der Konzeption kartographischer Projekte (redaktionelles Exposé, redaktionelle Konzeption), die der Bearbeitung von ↗Atlanten, topographischen und thematischen Kartenwerken, aber auch komplizierter Einzelkarten vorausgeht. Entsprechende Aktivitäten obliegen meist einer Redaktionsgruppe, die bis zur Herausgabe des Werkes alle wesentlichen Entscheidungen über Inhalt und Gestaltung der Karten beeinflußt. In der Hauptphase der redaktionellen Arbeit wird, orientiert an den konzeptionellen Unterlagen, der ↗Redaktionsplan ausgearbeitet. Es folgen die Organisation und Kontrolle des ↗Kartenentwurfs und der kartographischen Originalherstellung und u. U. des ↗Kartendrucks.

Die Redaktion ↗topographischer Karten hat einen anderen Charakter als die Redaktion ↗thematischer Karten und unterscheidet sich auch von der Atlasredaktion. Infolge jahrzehntelang nahezu unverändert gültiger Zeichenschlüssel, Blattschnitte und Ausstattung (↗Musterblatt) sowie der Zyklen der ↗Fortführung, die ↗analoge topographische Kartenwerke durchlaufen können, überwiegen hier organisatorische und technische Aspekte sowie Kontrollfunktionen. Konzeptionelle und gestalterische Aufgaben resultieren vor allem aus der Umstellung auf andere Zeichenschlüssel sowie der Einführung neuer Technologien, wie etwa aus der Verwendung des ↗Luftbildes als der Hauptquelle der Fortführung. Heute wandelt sich das Tätigkeitsfeld des Kartenredakteurs in der amtlichen Kartographie vor allem mit der Schaffung digitaler topographischer Kartenwerke (↗ATKIS).

In der thematischen Kartographie ist als Kernstück der Kartenredaktion die ↗Kartengestaltung anzusehen, d. h. die Umsetzung des Karteninhalts in die Kartengraphik, wobei die Eigenschaften ↗graphischer Variablen auszunutzen und spezifisch ↗kartographische Darstellungsformen anzuwenden sind. Den Ausgangspunkt der redaktionellen Arbeiten bildet hier zumeist das ↗Autorenoriginal. Es wird vom Kartenredakteur einer fachwissenschaftlichen Prüfung unterzogen. Unter Berücksichtigung der Ausgangsmaterialien, der organisatorischen und technischen Bedingungen der ↗Kartenherstellung, aber auch unter dem Gesichtspunkt der Kosten werden Kartennetzentwurf, ↗Kartenformat und ↗Maßstab sowie die zu verwendende ↗Basiskarte ausgewählt. Die kartengestalterische Arbeit im engeren Sinne umfaßt den Entwurf von Zeichenschlüssel, ↗Legende und das ↗Kartenlayout. In den Zuständigkeitsbereich der Redaktion thematischer Karten fallen des weiteren die Entscheidung und die Anleitung zur Bearbeitung von ↗Musterausschnitten.

Während und nach der kartographischen Bearbeitung und der Originalherstellung erfolgen Korrekturlesungen der nun als Ausdruck, Lichtpause, u. U. auf mehreren Folien oder Filmen bzw. bereits als Farbproof oder Andruck vorliegenden Zwischenergebnisse. Nach der Korrekturausführung werden die angewiesenen Korrekturen überprüft. Dieser Zyklus muß evtl. bis zur abschließenden Durchsicht und Druckfreigabe wiederholt durchlaufen werden. In der thematischen Kartographie ist eine enge Zusammenarbeit von Kartenautor und Kartenredakteur unabdingbar. Autorenarbeit und Kartenredaktion sind hier oft nicht scharf zu trennen (↗Urheberrecht). Nicht selten werden der Autorentwurf und der Legendenentwurf von der Kartenredaktion unter dem Gesichtspunkt der gestalterischen und technischen Realisierbarkeit der Intentionen des Autors grundlegend überarbeitet.

Mit der digitalen Kartographie hat die Kartenredaktion eine wesentliche Erweiterung ihres Tätigkeitsfeldes erfahren. Die gesamte redaktionelle Arbeit muß auf die Anwendung von geometrischen Datenbasen, ↗Geoinformationssystemen, kartographischen Konstruktionsprogrammen, ↗Desktop Mapping, Fachinformationssystemen, die Konvertierung von Daten und dergleichen ausgerichtet werden. Besonders die Herstellung von Atlanten und Karten als elektronische Version verändert das Aufgabenspektrum der Kartenredaktion grundlegend, so daß es sich in vielen Bereichen mit den Aufgaben von Autoren, Informatikern, ausführenden Kartographen und der für das Layout Zuständigen überlappt. Infolge des Trends zur Vereinigung von Kartenentwurf und Originalherstellung nimmt der Anteil der Kartenredaktion am Gesamtaufwand für kartographische Produkte zu. Dessen ungeachtet wird zuweilen der Beitrag und der Aufwand redaktioneller Arbeit an Karten unterschätzt, sogar ihre Notwendigkeit in Frage gestellt, woraus (karto)graphisch schlecht gestaltete, inhaltlich fragwürdige Karten resultieren können, aber auch unverhältnismäßig hoher Aufwand zur Beseitigung der genannten Mängel. [KG]

Kartenreproduktion, Vorgang und Ergebnis des Nachbildens eines ∕Kartenoriginals oder einer Kartenvorlage mit Hilfe manueller, photographischer, elektronischer und drucktechnischer Verfahren. Die traditionellen Methoden der Kartenreproduktion basieren auf den Verfahren der analogen ∕Reproduktionstechnik. Um bereits vorliegende ∕Karten zu vervielfältigen, analoge Kartenoriginale in digitale umzuwandeln oder analoge ∕Kartenentwürfe als Digitalisierungsgrundlage zu positionieren, werden diese ∕Vorlagen mit Hilfe eines ∕Scanners in digitale Daten umgewandelt. Von einer Lichtquelle wird ein optisches Signal erfaßt und über ∕Photomultiplier oder CCD-Technik in ein elektronisches Signal umgewandelt. In der Kartenreproduktion erfolgt die Bearbeitung digitaler ∕Daten mit Hilfe der Verfahren der digitalen Reproduktionstechnik. Für die ∕Kartenvervielfältigung wird hauptsächlich der Offsetdruck als traditionelles Verfahren des ∕Kartendrucks eingesetzt. Für kleine Auflagen und Formate ist der Einsatz des Digitaldrucks denkbar. Für höhere Auflagen und größere ∕Formate ist in bezug auf Einsatz des Digitaldruckes, die technische Entwicklung noch im Gange. [CR]

Kartensammlung, Bestand an ∕Karten, ∕Atlanten, ∕Globen, ∕kartenverwandten Darstellungen, ∕Reliefmodellen und kartographischem Schrifttum in Archiven, Bibliotheken, Museen, wissenschaftlichen und behördlichen Einrichtungen sowie in kartographischen Verlagen. Zunehmend werden auch digitale Produkte der ∕Kartographie und ∕Fernerkundung in Kartensammlungen eingeordnet. Bestand und Neuerwerb können auf regionale, thematische, historische oder dem Arbeitsprofil einer Einrichtung entsprechende Schwerpunkte ausgerichtet sein. Die bibliographische Erfassung und Katalogisierung weist gegenüber anderen Bibliotheksbeständen Besonderheiten auf. Neben Kartentitel, Autor und Angaben zur Herausgabe werden die dargestellte Region, die Zuordnung zu einem ∕Kartenwerk (Blattname und -nummer), Maßstab und Format, Kartographen und die Herstellungstechnik berücksichtigt. Für vielblättrige ∕Kartenwerke sowie für Bestände an ∕Luftbildern und ∕Satellitenbildern sind Blattübersichten oder vergleichbare Übersichten zur raschen Ermittlung von Blattschnitten unverzichtbar. Karten werden in der Regel plano in Kartenschränken oder Hängevorrichtungen aufbewahrt. Die bedeutendsten Kartensammlungen Deutschlands haben die Staatsbibliothek zu Berlin – Stiftung Preußischer Kulturbesitz (ca. 1 Mio. Einheiten), die Deutsche Bibliothek Frankfurt (M.)/Leipzig, Landesarchive und -bibliotheken sowie traditionsreiche geographische Universitätsinstitute und kartographische Anstalten. Die weltgrößte Kartensammlung befindet sich in der Library of Congress, Washington, USA (ca. 4 Mio. Einheiten). [KG]

Kartenschema, *schematische Karte, Topogramm,* eine stark schematisierte ∕kartographische Darstellungsform, bei der nur einzelne Punkte bzw. Elemente des ∕Georaums lagetreu wiedergegeben werden. Die Verbindungen zwischen ihnen sind jedoch stark vereinfacht und weitgehend unmaßstäblich, aber in ihrer gegenseitigen Lage richtig (topologisch richtig). Kartenschemata sind z. T. von der Arbeitsweise des Graphik-Design beeinflußt und dienen der schnellen Informationsvermittlung für breite Nutzerkreise. Eine starke Verbreitung hat diese kartenähnliche Ausdrucksform bei der Darstellung von Streckennetzen des Flugverkehrs, der Eisenbahn (Kursbuchkarten) sowie des öffentlichen Personennahverkehrs der Städte gefunden. Auch Raumplanung und Raumordnung bedienen sich verschiedentlich dieser Darstellungsform zur Verdeutlichung

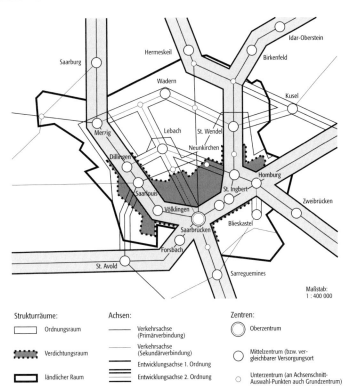

Kartenschema: Kartenschema zur Raumordnung des Saarlandes.

von Grundelementen räumlicher Strukturen (Räumen, Achsen, Zentren usw.) (Abb.). ↗Kartenskizze, ↗Chorem. [WGK]

Kartenschrift, a) die in Karten zur ↗Beschriftung verwendeten ↗Schriftarten; von den heute üblichen Satzschriften vor allem jene aus der Gattung der serifenlosen Linearantiqua. b) spezielle, vor allem in Karten des 19. Jh. benutzte Schriften, die sich durch ein klares, gut lesbares Schriftbild auszeichnen, darunter die Römische Schrift (serifenbetonte Antiquaform) für Hervorhebungen, visuell zurücktretende Kartenkursive sowie Blockschrift, Haarschrift und Hohlschrift. ↗Schriftklassifikation.

Kartenskizze, eine ↗kartographische Darstellungsform, bei der die Inhaltselemente mehr oder weniger stark geometrisch und graphisch vereinfacht dargestellt sind und die i. d. R. einen sehr geringen ↗Feinheitsgrad besitzt (z. B. Pressekarten). Geht der graphischen Vereinfachung eine deutliche inhaltliche Vereinfachung und Schematisierung voraus, dann können u. a. ↗Choreme entstehen, die dem ↗Geodesign zuzuordnen sind. Verschiedentlich haben Kartenskizzen auch einen vorläufigen Charakter. Derartige kartographische Zwischenprodukte werden später verfeinert und/oder zu einer vollständigen ↗Karte ausgearbeitet. Zeichnerisch ausgeführte ↗kognitive Karten, die subjektiv bedingte Verzerrungen enthalten, sind gleichfalls Kartenskizzen.

Kartensprache, *kartographische Zeichensprache*, ein auf den georgischen Kartographen A. F. Aslanikashvili und den tschechischen Kartographen A. Kolánc zurückgehender Terminus für ein spezifisches System von ↗Kartenzeichen einschließlich der Regeln für deren Anwendung zur kartographisch-modellhaften Abbildung von georäumlichen Objekten und Sachverhalten zum Zweck der Kommunikation und Erkenntnisgewinnung. Theorien und Methodiken der Kartensprache haben ihre Wurzeln in der strukturalistisch-linguistischen ↗Semiotik der französischen Semiologen, vor allem F. de Saussures (1857–1913), deren Vertreter versuchen, Strukturen der natürlichen Sprache (Verbalsprache) auf »nichtsprachliche«, künstliche ↗Zeichensysteme zu übertragen. Die linguistische Prägung von Theorien der Kartensprache ist unterschiedlich. Sie hängt ab von Art und Umfang der Übertragung von Kategorien der natürlichen Sprache auf den Bereich des Visuellen, so auch der ↗Kartographie. In den 70er und 80er Jahren des 20. Jh. haben sich in diesem Sinne – neben der ↗graphischen Semiologie von J. Bertin folgende wissenschaftliche Auffassungen herausgebildet: L. ↗Ratajski setzt den sprachwissenschaftlichen Begriff »Grammatik« (morphologisches und syntaktisches System einer Sprache) zur Kartensprache in Beziehung, gelangt aber letztlich zu einem dem System der ↗graphischen Variablen von J. Bertin sehr ähnlichen Modell. A. A. Ljutyj unterscheidet in seinem System drei kartographische *Subsprachen*, das System der Kartenzeichen, das System der kartographischen Gefüge-Strukturen (ein stark erweitertes Modell der kartographischen Darstellungsmethoden bzw. ↗Kartentypen) und das System der ↗Kartenschrift. Diese dritte Subsprache rechnet Ljutyj jedoch nicht zur Kartensprache i. e. S. J. Pravda orientiert sein System der Kartensprache, auch hinsichtlich der Terminologie, konsequent an den Strukturen bzw. am System der natürlichen Sprache. Als linguistische Ebenen werden *Kartosignik* (Ebene des Zeichenvorrats), *Kartomorphographie* (Ebene der ↗Kartengestaltung bzw. Kartenkonstruktion), *Kartosyntax* (bzw. Kartosyntaktik) (Ebene der Zeichenverbindungen bzw. -beziehungen) und *Kartostilistik* (Ebene des Kartenstils, des graphischen Erscheinungsbildes) unterschieden.

Diese Konzeption gründet sich auf die Grundbegriffe *Kartographem*, Kartomorphem, und *Kartosyntagma*. Als Kartosyntagma wird jedes Kartenzeichen definiert, das verstanden wird als konkrete graphische Bezeichnung (Signifikat) eines beliebigen abstrakten Begriffes (↗Designat) in der Karte. Das Kartomorphem ist der kleinere, bedeutungstragende Teil des Kartosyntagmas. Es ist gekennzeichnet durch Präsentationsfunktion, Wiederholbarkeit und Unteilbarkeit bezüglich bedeutungstragender Eigenschaften. Das Kartographem ist die elementare, visuell unterscheidbare graphische Gestalt (»Motiv«), die das Kartomorphem aufbaut. Es ist in der Regel nicht bedeutungstragend (vgl. ikonische Figur im ↗kartographischen Zeichenmodell). Bedeutende Untersuchungen zur Kartensprache, die noch nicht abgeschlossen sind, hat es u. a. in Kanada durch G. Head und H. Schlichtmann gegeben. Von H. Schlichtmann wurde in diesem Zusammenhang der Begriff des »map symbolism« geprägt und inhaltlich untersetzt. Im weitesten Sinne kann man auch die Theorien, Modelle und Methoden der Kartengraphik und Kartengestaltung beziehungsweise der Modellierung georäumlicher Objekte und Sachverhalte mittels Kartenzeichen ganz allgemein als Kartensprache definieren. [WGK]

Kartentyp, *kartographische Ausdrucksform, kartographisches Gefüge, kartographischer Strukturtyp*, a) das Ergebnis der Ableitung von Karten und b) die Zusammenfassung von Karten gleicher inhaltlicher Ausrichtung im Rahmen der kartographischen Zeichen-Objekt-Referenzierung aufgrund gleicher oder ähnlicher datenlogischer und logisch-graphischer Merkmale im Sinne einer Grundform. Die Ableitung eines Kartentyps wird in der Kartographie auch als Methode beschrieben (↗kartographische Darstellungsformen). Als Kartentypen werden u. a. ↗Punktzeichenkarte und ↗Standortdiagrammkarten, ↗Linienzeichenkarten und ↗Liniendiagrammkarten sowie ↗Mosaikkarten, ↗Choroplethenkarten und ↗Flächendiagrammkarten unterschieden. Die Kartentypen bilden auf der Grundlage des kartographischen Datenmodells und des ↗kartographischen Zeichenmodells ein System der strukturellen Merkmale und Eigenschaften von ↗Geodaten und ↗Kartenzeichen. Ein Kartentyp entspricht einer ↗kartographischen Abbildung, und zwar hinsichtlich der punkt-, linien-, flächen- oder oberflächenhaften Dimensionen geometrischer Daten und dem ↗Skalierungsniveau, dem Werttyp sowie den aufgrund eines stetigen oder diskreten Werteverlaufs differenzierten ↗Sachdaten, die durch die Zuordnung von ↗graphischen Variablen und der Zeichendimension definiert sind. In einer ↗Karte können mehrere Kartentypen in Form von Kartenschichten enthalten sein. So werden beispielsweise in ↗thematischen Karten Meßwerte zu Umweltbelastungen in Form einer ↗Standortdiagrammkarte häufig auf der Grundlage einer ↗Mosaikkarte, die die Flächennutzung als Basis repräsentiert, abgebildet. [PT]

Kartenverständnis, die kognitiven und psychomotorischen Tätigkeiten zum Erwerb von kartographischen Kenntnissen im Schulunterricht (↗Kartenkompetenz). In Abhängigkeit von der erkenntnistheoretischen Stellung und den speziellen Funktionen der Karte im Unterricht werden in Verbindung mit dem Wissenserwerb systematisch Fähigkeiten zur ↗Kartennutzung, insbesondere im Rahmen des Geographieunterrichts, entwickelt. Die nachstehend aufgeführten Phasen durchdringen sich gegenseitig und stellen keine zeitliche Abfolge dar. a) Kartenlesen: schrittweises Erlernen der äußeren Struktur und der inhaltlichen Bedeutung der verschiedenen ↗Kartenzeichen. Hinzu kommt die Gewöhnung an den selbständigen Umgang mit der Zeichenerklärung und das Übersetzen der graphischen Zeichen in Begriffe sowie das Umdeuten in Vorstellungen von der Wirklichkeit. Aber auch Himmelsrichtungsbestimmungen und einfache Lagebestimmungen auf der Karte gehören ebenso wie die Gewinnung einer räumlichen Vorstellung des Darstellungsgebietes hierzu (↗kognitive Karte). Eine weitere wesentliche Aufgabe ist für den Schüler mit der Orientierung nach der Karte in der Natur (Gelände) zu lösen. Das Kartenlesen ist Voraussetzung für das Kartenauswerten, andererseits werden beim Kartenauswerten die Fähigkeiten des Kartenlesens gefestigt. b) Kartenauswerten: das gedankliche Erfassen der wesentlichen räumlichen Strukturen des Abbildungsgebietes und die Gewinnung eines Komplexeindruckes aus dem syntaktischen Zusammenwirken verschiedener Kartenzeichen. Eine einfache Aufgabe sind Entfernungsmessungen, oft mit Lagebeschreibungen verbunden. In den gleichen Zusammenhang ist die detaillierte Beschreibung eines Kartenausschnittes (Merkmalsanalyse) zu stellen. In unterschiedlichem Maße hängen mit der Erkenntnisgewinnung das Erkennen von Beziehungen und gesetzmäßigen Zusammenhängen der auf der Karte dargestellten Elemente zusammen (Kartenanalyse): die synoptische Kartenauswertung als vergleichende Analyse des Inhalts verschiedener Kartenklassen zwecks Erarbeitung synthetisierender Aussagen und die Gewinnung von Einsichten und Erzeugungen im Hinblick auf die Einschätzung und Wertung natürlicher und gesellschaftlicher Prozesse in ihrer räumlichen Verteilung und Wirksamkeit. c) Kartenkenntnisgewinnung: der Schüler gewinnt Kartenkenntnisse vor allem durch häufige Kartenbenutzung unter Anleitung. An erster Stelle steht hierbei die Herausbildung von anwendbaren komplexen Kartenvorstellungen im Sinne des Einprägens von »Kartenbildern« unterschiedlicher Kartentypen, weiterhin die maßstäbliche und inhaltliche Transponierung von Kartenvorstellungen als gedankliche Übertragung. Im Prinzip handelt es sich dabei um die Ausführung des gedanklichen Kartenvergleichs. d) Kartographisches Zeichnen: festigt nicht nur die Fähigkeiten des Kartenlesens und Kartenauswertens sowie die Gewinnung von Kartenvorstellungen schlechthin, sondern kann auch die Einführung in das Lesen und Auswerten bestimmter Kartenklassen fördern. Ein vollständiges, sicheres und stets anwendungsbereites Kartenverständnis ist nur durch gründliche Kartenkenntnis und Übung im kartographischen Zeichnen als erweiterte Phase zu erreichen, in den einzelnen Klassenstufen und Unterrichtseinheiten selbstverständlich differenziert anzusetzen. [FH]

Kartenvervielfältigung, Teilprozeß der ↗Kartenherstellung, in dem durch Vervielfältigung die Auflage einer ↗Karte, Kartenserie oder Atlasses hergestellt wird. Je nachdem, ob die Karte analog oder digital hergestellt wurde und welche Anforderungen an Qualität und Quantität der Vervielfältigung gestellt werden, wird ein Vervielfältigungsverfahren eingesetzt (↗Kartendruck).

kartenverwandte Darstellung, *kartenähnliche Darstellungen*, ebene, perspektive, zeichnerische oder bildhafte Geländeabbildungen (↗Fernerkundung), die sich in wesentlichen Merkmalen von den konventionellen kartographischen Darstellungen als Grundrißdarstellungen der Oberfläche der Erde (oder eines anderen Himmelskörpers) unterscheiden, aber mit diesen – wenn auch in unterschiedlichem Umfang – Gemeinsamkeiten besitzen. Kartenverwandte Darstellungen sind insbesondere geeignet, die dritte Dimension des Geländes zu veranschaulichen.
Durch Veränderung von Blickrichtung und Projektionsart der Darstellung entstehen Abbildungen mit unterschiedlichen Eigenschaften. Bei ebenen Abbildungen wird nach der Lage der Projektionsachse zwischen horizontaler Lage (transversaler), vertikaler (lotrechter, normaler) Lage und schräger Lage unterschieden, woraus sich eine entsprechende Lage der dazu jeweils rechtwinklig stehenden Bildebene ergibt.
Bei parallel-perspektiven Abbildungen entstehen in allen Fällen maßstäbliche Abbildungen, bei zentralperspektiven Darstellungen ist der Abbildungsmaßstab uneinheitlich und abhängig vom Abstand der Geländepunkte von der Bildebene. Im gewissen Sinne sind auch die dreidimensionalen ↗Reliefmodelle (Stufenrelief, Profilplattenrelief, ausmodelliertes Relief und Kartenrelief) als kartenverwandte Darstellungen anzusprechen. Ihr physikalischer (körperlicher) Modellcharakter gestattet es aber, sie auch den geographischen Modellen zuzuordnen. Die ebe-

Kartenwerk

nen, perspektiven Darstellungen lassen sich heutzutage auch mittels EDV-gestützter Methoden teilweise automatisch und interaktiv in ihrem Blickwinkel veränderbar herstellen (3D-Landschaftsbild, 3D-Visualisierung). [MFB]

Kartenwerk, in einheitlichem Kartennetzentwurf, nach einheitlichen inhaltlichen und kartengestalterischen Richtlinien und zumeist im gleichen Herstellungsverfahren bearbeiteter vielblättriger Satz von Karten, ebenso ein entsprechender, u. U. blattschnittfreier Geobasisdatenbestand. Ein Kartenwerk kann in Abhängigkeit von Zweck und Maßstab ein Gebiet von wenigen Quadratkilometern (/Stadtkarte), einen Landesteil, ein Land (topographisches Landeskartenwerk), einen Kontinent, die gesamte Erde (Weltkartenwerk), die Oberfläche eines Himmelskörpers oder auch nur vorrangig interessierende Flächen, z. B. die Meeresflächen (/Seekarten), die Waldflächen (/Forstkarte, /Forstinformationssystem) bedecken.

Dementsprechend umfaßt es wenige bis einige Tausend /Kartenblätter, die systematisch bezeichnet und deren Blattschnitte in einer Blattübersicht ausgewiesen werden. Der Datenumfang von digitalen Kartenwerken liegt im Gigabytebereich. Die vollständige Flächendeckung des Bearbeitungsgebietes wird nicht immer erreicht, so daß Kartenwerke auch Lücken aufweisen oder unvollendet bleiben.

Die Vielfalt der Kartenwerke läßt sich nach den Hauptprinzipien der /Kartenklassifikation ordnen. Zu unterscheiden sind vor allem analoge topographische und thematische Kartenwerke, die im Zuge topographischer und thematischer Landesaufnahmen geschaffen werden sowie daraus abgeleitete digitale topographische Kartenwerke und die kartographischen Komponenten von /Geoinformationssystemen. Als Kartenwerk werden des weiteren die eine Region als Ganzes abbildenden thematischen Blattfolgen bezeichnet, die u. U. mehrere Maßstäbe aufweisen. Diese bilden, ebenso wie einige der aus frühen Landesaufnahmen hervorgegangenen, als /topographische Atlanten bezeichneten historischen Kartenwerke den begrifflichen Übergangsbereich vom Kartenwerk zum /Atlas. [KG]

Kartenzeichen, *kartographisches Zeichen*, spezielles /Zeichen, zur graphischen Abbildung von Objekten, Erscheinungen und Sachverhalten des /Georaums, d. h. von Geoobjekten in /Karten und anderen /kartographischen Darstellungsformen. Die Gesamtheit der Kartenzeichen bildet das /kartographische Zeichensystem und für die jeweilige kartographische Darstellungsform die graphische Struktur des /Kartenbildes. Die Kartenzeichen werden in der Zeichenerklärung (/Legende) mit dem zugehörigen Begriff erläutert. Das Wesen des Kartenzeichens in der /Kartographie steht in enger Beziehung zur /Semiotik und zur /kartographischen Zeichentheorie. Ein Zeichen wird dann zum Kartenzeichen, wenn jene Merkmale gelten, die die allgemeine Bestimmung der Zeichen ausmachen, insbesondere die Eigenschaft »für etwas anderes« zu stehen. Weiterhin ist der räumliche Bezug (Georeferenz) eine grundsätzliche Bedingung. In diesem Zusammenhang nehmen die Dimensionen des Georaums (/Koordinaten, /Koordinatensystem) eine Zeichenfunktion wahr, auch wenn für sie üblicherweise nicht der Begriff Kartenzeichen benutzt wird. Der Begriff wird i. d. R. auch nicht für Schriftelemente im Kartenbild verwendet, obwohl hier gleichfalls eine Zeichenfunktion vorliegt.

Für die Klassifizierung der Kartenzeichen sind verschiedene Vorschläge in Anlehnung an die allgemeine Graphiklehre und an die /Zeichentypologie der Semiotik (Abb.) gemacht worden. Klammert man vorerst den von der Semiotik auf unterschiedliche Weise interpretierten Symbolbegriff aus, so treten Kartenzeichen als *ikonisches Zeichen* (/Ikonizität) und als indexikalisches Zeichen (/Indexikalität) in Erscheinung. Als wichtigste Kategorien können die Signaturen und die Flächenkartenzeichen unterschieden werden:
a) Signaturen (Gattungssignaturen) sind Kartenzeichen für Gattungsbegriffe konkreter oder abstrakter Geo-Objektklassen mit abbildender Funktion. Sie werden für im Kartenmaßstab punktförmig anzusehende Objekte als /Positionssignaturen (lokale Signaturen) und für Objekte mit linearer Erstreckung als /Linearsignaturen (Objektlinien) bezeichnet. Flächensignaturen (flächig verteilte Signaturen) kennzeichnen als /Flächenmuster bzw. /Flächenfüllung entsprechend flächenhaft auftretende Objektklassen. Den ikonischen Signaturen wird ein Ikonizitätsgrad zugewiesen, der von arbiträr-geometrisch (/arbiträres Zeichen) bis hochassoziativ-bildhaft reicht. Der Ikonizitätsgrad ist für das Kartenverständnis und die effiziente kartogra-

Kartenzeichen: Modell einer Typologie und Wesenscharakterisierung der Kartenzeichen.

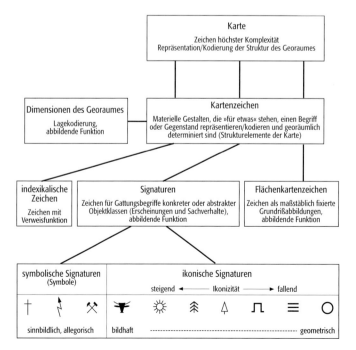

phische Informationsübertragung von Bedeutung. Bei symbolischen Signaturen (↗Symbol), die ihrerseits einen sehr hohen Ikonizitätsgrad besitzen, hat die Assoziation einen sinnbildlichen, allegorischen Charakter und erleichtert somit gleichfalls die visuell-kognitive Auswertbarkeit bzw. Lesbarkeit der Darstellung. b) ↗Flächenkartenzeichen sind Zeichen, die den individuellen Grundriß maßstäblich bzw. maßstäblich vereinfacht abbilden. Art und Charakter der Fläche werden i. d. R. mit Flächensignaturen bzw. Flächenfüllung zum Ausdruck gebracht oder durch ein spezielles Zeichen (verschiedentlich als ↗Symbol bezeichnet) verdeutlicht, das in der durch eine ↗Kontur abgegrenzten Fläche steht. Indexikalische Kartenzeichen haben im Gegensatz zu Signaturen und Flächenkartenzeichen keine abbildende, sondern nur eine erläuternde bzw. verweisende Funktion, vielfach mit Signalcharakter.

Für die graphische Gestaltung und Modellierung von Kartenzeichen im ↗Kartographischen Zeichenmodell bilden die ↗graphischen Variablen eine wesentliche Grundlage. Mit der Entwicklung der ↗kartographischen Animation erweitert sich gegenwärtig der Begriff des Kartenzeichens inhaltlich mit Bezug auf dynamische kartographische Darstellungen und ↗kartenverwandte Darstellungen. [WGK]

Kartenzeichensystem ↗kartographisches Zeichensystem.

kartesische Koordinaten, Koordinatensatz mit konstanten Maßstäben entlang der Koordinatenlinien. Die Maßstäbe der einzelnen Koordinaten müssen nicht identisch sein. Die Koordinatenlinien sind geradlinig aber nicht notwendigerweise paarweise rechtwinklig. Eine wichtige Rolle spielen in der Geodäsie die rechtwinklig kartesischen Koordinaten (↗Koordinatensystem).

Kartierung, 1) *Geologie/Geophysik*: flächenhafte Erfassung ausgewählter geologischer Körper (Gesteine, Mineralparagenesen etc.) an der Erdoberfläche. Kartiert werden können aber auch geophysikalische Parameter, wie z. B. die ↗Bouguer-Schwere, Komponenten des Erdmagnetfeldes oder das ↗Eigenpotential. Als Kartierungsflächen können auch Ebenen unterhalb der Erdoberfläche verwendet werden. Eine Darstellung geologischer oder geophysikalischer Parameter längs einer vertikalen Ebene bezeichnet man als Profilschnitt oder kurz als ↗Profil. 2) *Photogrammetrie*: Verfahren und Ergebnis (z. B. der ↗photogrammetrischen Bildauswertung) zur punkt- oder linienförmigen Erfassung natürlicher oder anthropogener Objekte der Erdoberfläche für die Herstellung oder ↗Laufendhaltung von Karten oder Plänen. Das Ergebnis der Auswertung kann in analoger (graphisch) oder digitaler Form (↗digitale Kartierung) ausgegeben bzw. gespeichert werden.

Kartodiagramm ↗Diakartogramm.

Kartogramm, *statistische Karte*, verschiedentlich verwendeter Begriff für eine ↗kartographische Darstellungsform, die auf meist stark vereinfachter Basiskarte in regionaler Anordnung mit graphischen Ausdrucksmitteln flächen- oder ortsbezogene Werte, die auf Zählungen (z. B. Landesstatistik) oder Kartenauswertungen (quantitative Kartenanalyse) basieren, veranschaulicht. Nach der Form der graphischen Umsetzung werden bei Kartogrammen als Darstellungsmethoden unterschieden zwischen Punktkartogramm (↗Punktmethode), ↗Flächenkartogramm, ↗Diakartogramm, ↗Bandkartogramm und Felderkartogramm.

Kartographem ↗Kartensprache.

Kartographie, die Wissenschaft und Technik von der graphischen, kommunikativen, visuell-gedanklichen und technischen Verarbeitung von georäumlichen Informationen auf der Grundlage von ↗Karten. Sie untersucht den Zusammenhang zwischen aus der Realität abgeleiteten ↗Geodaten und den Eigenschaften und Funktionen von kartographischen Abbildungen, die die Grundlage für die graphisch-visuelle Reproduktion der Geodaten in Karten oder in anderen ↗kartographischen Präsentationen bilden. Weiterhin untersucht sie deren Wirkung bei der visuell/gedanklichen Ableitung und Repräsentation von raumbezogenen Informationen in Kommunikationsprozessen.

Aufgabe der kartographischen Technik ist dabei, Verfahren der Konzeption, Herstellung und Anwendung von kartographischen Präsentationsformen für definierte Kommunikationsziele zu entwickeln und einzusetzen. Entsprechend diesen Aufgaben arbeitet die Kartographie mit Hilfe von Theorien, Methoden und Modellbildungen, die häufig unmittelbar in ausführbare Regeln oder technische Verfahren umgesetzt werden. Die Kartographie gliedert sich in die zentralen Teilgebiete *Allgemeine Kartographie* und *Angewandte Kartographie*, bzw. ↗theoretische Kartographie und ↗praktische Kartographie.

Die Gliederungen der Kartographie resultieren zum großen Teil aus ihrer historischen Entwicklung (↗Kartographiegeschichte) und ihren spezifischen fachlichen Bindungen. Die Allgemeine Kartographie befaßt sich mit der Methodik der kartographischen Erkenntnisgewinnung, der Theorie- und Modellentwicklung, mit kartographischen Modellierungsmethoden sowie den technologischen Werkzeugen und Verfahren der Kartenherstellung und -nutzung. Untersuchungen und Erkenntnisbildungen sind in der Regel nicht auf spezielle Anwendungsfälle ausgerichtet, sondern bilden für diese die theoretischen und technologischen Grundlagen. Bei der Abgrenzung der Allgemeinen Kartographie wird von einer integrativ-theoretischen, empirischen, technologischen und praktischen Erkenntnisbildung ausgegangen. Es bestehen Abgrenzungen zum Teilgebiet der wissenschaftstheoretischen Grundlagen mit Erkenntnissen zur ↗Methodologie der Kartographie und zur Kartographiegeschichte sowie zum Teilgebiet Angewandte Kartographie, mit Erkenntnissen zu den verschiedenen Anwendungsbereichen der Kartographie.

Den Rahmen für die allgemeine Theorie- und Modellentwicklung bilden die Strukturen georäumlicher Daten, der optische und informationelle Charakter von graphischen Zeichen und Mustern, die Bedingungen visuell-kognitiver Informations- und Wissensverarbeitungsprozesse sowie der Kommunikations- und Handlungszusammenhang, in dem Karten genutzt werden. Dabei wird vorausgesetzt, daß der Kartennutzer aufgrund seiner Fähigkeiten das georäumliche Informationspotential in Karten durch die graphische Wirkung von Zeichen visuell aufnehmen und kognitiv repräsentieren kann (kartographische Präsentation). Aufgrund des graphisch-kommunikativen, physisch-sozialen und formalen Charakters kartographisch relevanter Fragestellungen und Sachverhalte, erfolgt die Theorie- und Modellbildung durch ein entsprechend weitgefächertes wissenschaftliches und technisches Methoden- und Verfahrensspektrum.

In den Bereichen räumliche Verebnung, Georeferenzierung und perspektivische Präsentation existieren für die erforderliche geometrische Verebnung der sphärischen Oberfläche des Erdkörpers oder anderer Planeten in die Kartenebene eine große Anzahl von Kartenprojektionen bzw. Kartennetzentwürfen (↗Koordinatennetz), die hinsichtlich ihrer Konstruktionsprinzipien und ihrer Verzerrungseigenschaften unterschieden werden. Die Georeferenzierung der in der Kartenebene abgebildeten Objekte basiert auf Transformationsverfahren, mit deren Hilfe geographische Koordinaten, die Objektgrundrisse auf der Erdoberfläche räumlich festlegen, in die Kartenebene überführt werden. Die räumliche Festlegung der Objektgrundrisse erfolgt dabei astronomisch über die natürlichen Referenzen der Erdpole, des Äquators und eines Nullmeridians sowie davon ausgehend durch Festpunktfelder und topographische Vermessungspunkte der ↗Geodäsie oder durch Messungen über Satellitenpositionen im Rahmen des ↗Global Positioning System (GPS). Zur perspektivischen Präsentation können die in der Kartenebene senkrecht von oben parallelperspektivisch abgebildeten Geoobjekte z. B. auch in verschiedenen Schrägsichten und damit in sog. 2½-D-Präsentation abgebildet werden.

Im Bereich kartographische Datenmodellierung werden physikalische, logische und semantische Datenstrukturen unterschieden. Die physikalische Datenmodellierung zur Speicherung und zur Verarbeitung von digitalen Daten orientiert sich heute in der Regel an Datenstrukturen kommerzieller Datenbanken und Informationssystemen. Bei der logischen Datenmodellierung werden auf Basis von Objektattributen und -dimensionen geometrische und topologische Attribute wie Stützpunkte, Segmente, Knotenpunkte und Polygone oder inhaltliche Attribute wie substantielle, zeitliche und textliche Merkmale von Objekten unterschieden. Bei der semantischen Datenmodellierung werden sog. Objektartenkataloge aufgebaut oder fachliche Klassenhierarchien bzw. Symbolschlüssel strukturiert.

Im Bereich Zeichen- und Kartenmodellierung wird der Zusammenhang zwischen graphischen Zeichenstrukturen und georäumlichen Merkmalen bzw. den sie beschreibenden Geodaten hergestellt. Kartographische Abbildungstheorien basieren u. a. auf den theoretischen Ansätzen der allgemeinen ↗Semiotik oder Zeichentheorie. Zur konzeptionellen Herstellung von Referenzen zwischen Raummustern und Zeichenmustern bestehen allerdings spezifisch kartographische Theorien und Standards. Prinzipiell unterschieden werden visuelle Assoziationen, die sich aus der Beziehung von visuell wahrnehmbaren Farben, Formen etc. der Realität und deren graphischen Abbildungen in der Karte ergeben, sowie visuell/gedankliche Analogien, bei denen keine visuellen, sondern strukturellen Übereinstimmungen zwischen georäumlichen Sachverhalten und Zeichenmustern hergestellt werden.

Die Modelle zur Zeichenmodellierung haben sich z. T. aus der Praxis der Kartennutzung entwickelt. Darüber hinaus existieren Theorieansätze, wie etwa der Ansatz der ↗graphischen Variablen, die in Form von Schemata oder Systemen anwendungsorientiert weiterentwickelt werden. Dabei werden die Wirkungen und Funktionen kartographischer Abbildungen und Präsentationen z. T. mit Hilfe sozialempirischer bzw. experimenteller Methoden überprüft (↗experimentelle Kartographie). Untersucht wird das Wahrnehmungsverhalten beim Kartennutzer, die Systematik der Abbildungsfunktionen für die visuell-kognitive Informations- und Wissensverarbeitung sowie die Prozesse der kommunikativen Übermittlung von georäumlichen Informationen.

Neben diesen grundsätzlichen Abbildungsformen und -eigenschaften müssen aufgrund des Verkleinerungsverhältnisses zwischen abzubildender Realität und Karte die Bedingungen einer damit erforderlichen Informationsreduzierung berücksichtigt werden. Dazu werden im Bereich ↗Generalisierung Methoden und Verfahrensmodelle zur Reduzierung von Informationen bzw. zur Verallgemeinerung und Abstraktion von georäumlichen Wissensstrukturen entwickelt.

Im Bereich technische Kartenherstellung sind die Verfahren der Kartenkonstruktion und -gestaltung in der Regel auf die Bedingungen von kartographischen Programmsystemen ausgerichtet. Dabei wird die Strukturierung von Daten und Zeichen, die Auswahl von Kartentypen, die Zuordnung und Plazierung von Zeichen und Texten in der Karte sowie der Aufbau von Legenden in der Regel interaktiv am Bildschirm durchgeführt. So werden vormals manuelle zeichnerische Verfahren zur Erzeugung von Punkt-, Linien-, Flächen- und Textelementen durch verschiedene, den Systemnutzer unterstützende Funktionen, ersetzt. Besonders rechnerkonform sind Konstruktionsverfahren wie etwa zur Diagrammberechnung oder zur Isolinieninterpolation. Die Ausgabe von Karten auf Papier oder Folie und die farbgetrennte Filmherstellung erfolgt heute weitgehend im Rahmen der sog. ↗Druckvorstufe, entsprechend den Verfahren der allgemeinen Reproduktions- und Drucktechnik.

Im Bereich Kartennutzung werden Karten häufig nicht mehr separat, sondern im Rahmen multimedialer Umgebungen am Bildschirm eingesetzt. Durch die Verknüpfung von Text-, Bild- und Tonmedien, durch die animierte Dynamisierung von Abbildungssequenzen, durch die interaktive Selektion und Verknüpfung von Zeichen oder durch die Steuerung des Aufbaus von Karten bzw. Gruppierung von Kartenobjekten und -themen, ergeben sich neue kartographische Anwendungsbereiche. Der technische Rahmen für diese Nutzungsformen wird im wesentlichen von den entsprechenden Geräte- und Programmkonfigurationen vorgegeben. Ablaufende, vom Nutzer frei zu bestimmende Abbildungs-, Präsentations- und Interaktionsprozesse, müssen dagegen für spezifische Anwendungssituationen extra modelliert und kommunikationstechnisch realisiert werden.

Das Teilgebiet Angewandte Kartographie gliedert sich zum einen in institutionell relativ unabhängige Anwendungsbereiche, wie etwa die Atlaskartographie, ↗behördliche Kartographie, ↗gewerbliche Kartographie, ↗Planungskartographie, ↗topographische Kartographie, Schulkartographie und die ↗Seekartographie, und zum anderen in Bereiche, in denen Erkenntnisse aus der Allgemeinen Kartographie für spezifische Kartenanwendungen wie etwa für Umweltkarten, Fremdenverkehrskarten oder Medienkarten spezifiziert und konkretisiert werden. Aufgrund der Ausweitung von kartographischen Anwendungsbereichen, wie etwa im Rahmen der Nutzung von Informations-, Auskunfts-, Navigations- oder Führungs- und Leitsystemen, werden anwendungsspezifische Erkenntnisse über Kommunikationsziele, Nutzerbedürfnisse, informationsverarbeitende Prozesse und technische Rahmenbedingungen, unter denen Karten eingesetzt werden, gewonnen.

Sowohl in der wissenschaftstheoretischen Auseinandersetzung als auch aus der kartographischen Anwendung heraus gibt es in der Kartographie eine anhaltende Diskussion über die Beziehung zwischen kartographischer Theorie und Praxis. Eine Möglichkeit zur Integration beider Bereiche ergibt sich durch die systematische Evaluierung von kartographischen Systemen und Verfahren in der Praxis. Weiterhin kann die Integration von theoretischem Wissen und praktischen Verfahren durch die u. a. in der Informatik entwickelten Methoden der Wissensakquisition unterstützt werden. Aus der Sicht einer raschen Verwertung von kartographischem Wissen wird angestrebt, die theoretische Erkenntnisgewinnung und die Erfahrungen aus der Praxis so effektiv wie möglich aufeinander auszurichten, und in einer einheitlichen Fachdisziplin Kartographie zusammenzufassen. [JB]

Kartographiegeschichte, schließt über die engere Disziplingeschichte die Geschichte der Kartographie als Wissenschaft, und als Bestandteil der ↗theoretischen Kartographie, darüber hinaus die Entwicklung des kartographischen Schaffens und der Kartenproduktion ein, umfaßt aber auch die Entwicklung des Erdbildes als Ausdruck des jeweils als gültig angesehenen Weltbildes. Kartographiegeschichte ist bisher weitgehend aus europäischer Sicht geschrieben worden. Die Entwicklung in anderen Regionen reicht teilweise weiter zurück und verlief unterschiedlich lange eigenständig. Die Geschichte der Kartographie läßt sich damit nicht als einfacher zeitlicher Ablauf darstellen, sondern erfordert als konzeptionelle Vorstellung neben einer Zeitachse auch eine Sachgebietsgliederung des Kartenschaffens und eine regionale Dimension. Im einzelnen sind zugehörig: a) Entstehung und das Schicksal von Einzelkarten, Kartenwerken und Globen; die Herausbildung und Entwicklung von spezifischen kartographischen Tätigkeitsfeldern als Zweige der Angewandten Kartographie (↗Kartographie), wie Verlags-, Schul-, ↗Seekartographie, ↗topographischer Kartographie und thematischer Kartographie mit ihren vielfältigen Untergliederungen. b) Entwicklung der technischen Verfahren für Kartenentwurf und -herausgabe sowie der ↗Kartenherstellung, einschließlich Kartenvervielfältigung, in enger Wechselwirkung zur Entwicklung der graphischen Techniken (↗Holzschnitt, ↗Kupferstich, ↗Lithographie). c) Entwicklung der Allgemeinen Kartographie, die die ↗kartographische Zeichentheorie, die Methoden der ↗Reliefdarstellung und der ↗Kartengestaltung einschließlich der ↗Kartenprojektion sowie die Kartennutzung umfaßt. Eng verbunden mit Kartographiegeschichte ist das Fortschreiten der Entschleierung der Erde von mehreren Kulturzentren aus. Die Ausweitung des geographischen Gesichtsfeldes (Entdeckungsgeschichte) schlägt sich in Karten nieder, verändert aber auch die Vorstellungen über die Erdgestalt und führt zur Entwicklung der zur Erdvermessung notwendigen astronomischen und mathematischen Kenntnisse, zu dafür geeigneten Instrumenten für geographische Ortsbestimmung zur Zeit-, Winkel- und Streckenmessung und zur Erfassung des Fixsternhimmels. Später tritt die topographische Erschließung hinzu, der zeitlich und räumlich überlappend die Erforschung der Geosphäre durch die ↗Geowissenschaften mit thematischen Kartierungen der Länder und Meere folgt. Ausgehend vom Wesen der Karte als Informationsträger gehören zur Kartographiegeschichte auch die noch gering erforschten Wege und Methoden der ↗Kartennutzung. In dieser umfassenden Diktion greift sie über die Fachwissenschaft Kartographie weit hinaus, und hat als ein vielfältig differenziertes, interdisziplinäres Arbeitsfeld zu folgenden Wissenschaften engen Bezug: Kulturgeschichte, Kunstgeschichte, Polygraphie (alle Zweige des graphischen Gewerbes umfassendes Gebiet), Buch- und Verlagswesen, Bibliotheks- und Archivwesen, Betriebs- und Volkswirtschaft und zur Geschichte des Vermessungswesens. Bei der Neubelebung der Wissenschaft in der westeuropäischen Renaissance erfüllte die graphische Dokumentation des Erdbildes eine zunächst integrierende, später disziplinbildende Funktion. Beziehungen zur Mathematik, Astronomie (↗geodätische Astronomie, ↗Geodäsie und ↗Geographie, aber auch zu allen anderen Geowissenschaften blieben jeweils für beide Seiten bis zur Gegenwart prägend. Dabei hat der Zusammenhang einerseits mit der Geschichte der Geodäsie und andererseits zur Geschichte der geographischen Wissenschaften besondere Bedeutung, wurde doch über lange Zeiträume unter Geographie hauptsächlich die Herstellung von Karten verstanden. Später, insbesondere im 19. Jh., wurde im Rahmen der Geographie die thematische Kartographie und im 20. Jh. eine allgemeine ↗Methodologie der Kartographie begründet und eingeführt. Die differenzierte Entwicklung der Kulturen und Völker verlangt notwendigerweise regional gebundenes Arbeiten. Regionale Kartographiegeschichte, die bisher erst zu einem gewissen Teil aus den Quellen aufgehellt ist, schafft erst die Grundlagen für eine globale Gesamtschau, einer allgemeinen Kartographiegeschichte. Ein zentrales Problem bildet dabei die Periodisierung. Dabei verschieben sich Beginn und Entfaltung neuer Bereiche kartographischen Schaffens, jeweils zunächst von einem Kulturzentrum ausgehend, mit räumlicher Entfernung auch zeitlich. Der Werdegang kartographischer Erzeugnisse vollzog sich dabei zu allen Zeiten in nur lose miteinander in Beziehung stehenden Zweigen:

a) Aus praktischen Erfordernissen entwickelte sich ein kleinräumig arbeitendes Vermessungswesen, wobei die Notwendigkeit sowohl zur Fixierung von Grundstücks- und Besitzgrenzen im Gelände durch Vermarkung wie auch für ihr Abbild in verkleinerter, geometrisch ähnlicher Darstellung als Karte bestand (Markscheidewesen). Katastervermessung in großen Maßstäben ist eine Obliegenheit, die auch heute noch in allen Teilen der Erde als praktische Aufgabe besteht. Aus älterer Zeit sind Dokumente solcher Vermessungen nur spärlich erhalten. Zu Städteansichten und ↗Vogelschaubildern des 16. und 17. Jh. kamen seit dem 18. Jh. grundrißliche Stadtpläne und seit dem 19. Jh. geometrisch exakte großmaßstäbige Stadtkartenwerke hinzu. Seit dem frühen 19. Jh. weitete sich die militärische Ingenieurvermessung zu Kartierungen der Forsten, Straßen und Eisenbahnen aus.

b) Zwischen dieser lokalen und der globalen Dimension kartographischen Schaffens steht das weite Feld der regionalen Kartographie, der Kartierung von kleineren und größeren Territorien, von Landschaften, Ländern und Kontinenten wie auch der Meere. Dieses Arbeitsfeld war lange Zeit zunächst auf die Erfassung des Geländes mit seinen sichtbaren Geländeobjekten, der Topographie, gerichtet, wobei zwei Wurzeln zu unterscheiden sind: a) das geographische Wissen über die Lage bestimmter Objekte wurde in ein graphisches Bild gebracht, für das sich die Bezeichnung ↗Landkarte einbürgerte. Der von den Humanisten intensiv betriebene, bald über das überlieferte Wissen der Geographie des ↗Ptolemäus hinausgehende, Erkenntnisfortschritt zwang immer wieder zu neuen räumlichen Synthesen für größere Räume. Dabei wuchsen mit dem Wissen die benutzten Maßstäbe und damit die zu bearbeitende Kartenfläche. Im Laufe der Zeit entstanden unterschiedliche Kartensammelwerke. Zu diesen *historischen Atlanten* zählen z. B. die Werke von ↗Ortelius und ↗Mercator aus dem 16. Jh. oder die großartigen Barockatlanten des 17. Jh. von ↗Blaeu und ↗Hondius. Ab dem 18 Jh. (z. B. ↗Sanson, ↗Homann oder ↗Seutter) wurden die Werke immer differenzierender. Neuerdings zählt man zu den historischen Atlanten alle vor 1945 erschienenen Werke. b) Zum anderen gingen Regionalkarten aus der Verallgemeinerung früher topographischer Vermessungen des 16. Jh. hervor. Mit der Vervollkommnung der topographischen Aufnahmeverfahren entstanden auf der Grundlage geodätischer Landesvermessungen topographische Landeskartenwerke, deren Herstellung seit Mitte des 20. Jh. stark durch die ↗Photogrammetrie beeinflußt wurde und am Ende des 20. Jh. in topographische ↗Geoinformationssysteme (GIS) mündet (↗ATKIS, ↗digitale Geländemodellierung). Topographische Karten wurden seit Beginn des 19. Jh. zur Bearbeitung moderner Handatlanten (↗Andrees Handatlas, ↗Stielers Handatlas) genutzt. Als besonderer Zweig spaltete sich im 19. Jh. die Schulkartographie ab. Anfangs mit politischen, dann sog. physischen und schließlich seit dem 20. Jh. überwiegend thematischen Karten. Als weitere Zweige im mittleren Maßstabsbereich entstanden neben einigen frühen Straßenkarten um 1500 (↗Etzlaub), seit Ende des 17. Jh. zur allgemeinen Orientierung über Postverbindungen dienende Postkarten, im 19. Jh. traten an ihre Stelle Eisenbahnkarten, im 20. Jh. Autostraßenkarten. Auf topographischer Grundlage begann schließlich die Herstellung entsprechender thematischer Kartenwerke. Mit der ↗Fernerkundung der Erde, der Erforschung des Erdmondes und anderer Planeten aus dem Weltraum ist seit den 70er Jahren des 20. Jh. die Erforschung der Erde in ein neues Stadium getreten; flächendeckende thematische Kartierungen sind im Gange. In Verbindung mit topographischen (Basis-)informationssystemen entstehen jetzt Fachinformationssysteme.

c) Erkenntnisvorgänge über Welt und Erde wurden zunächst in einem verbal formulierten Welt- und Erdbild niedergelegt, erst auf entsprechend fortgeschrittenem Erkenntnisstand fanden sie auch ihren graphischen Ausdruck. Von einfachen, unmaßstäblichen Erdbildern als Zeichnungen, die aus überlieferten antiken Beschreibungen im 19. Jh. rekonstruiert wurden, führt hier der Entwicklungsweg zur exakten Darstellung zunächst des Fixsternhimmels mit Gradnetz, erst später zu maßstäblichen, lagetreue anstrebenden Erd- und Erdteilkarten (»Mappae mundi«) auf der Grundlage verebneter Abbildungen des analogen Gradnetzes auf der Basis der Kugel zu Himmels- und Erdgloben (↗Behaimglobus). Dieser aus der Antike indirekt überlieferte Prozeß wurde vom Spätmittelalter an in Westeuropa durch die Kreuzzüge und über das arabische Spanien bekannt, aufgegriffen und selbständig zur Blüte geführt. Es entstanden z. B. ↗Mönchskarten und ↗Radkarten. Aus diesen *historischen Karten*, aus der an Universitäten entwickelten Gelehrtenkartographie und über die Kunde der Land- und Seereisenden wuchs das Wissen, das seinen Niederschlag in kleinmaßstäbigen Karten (↗Portolankarten) fand. Mit der Entschleierung der letzten weißen Flecke auf der Erdoberfläche im traditionellen Sinne kam dieser Prozeß erst in jüngster Vergangenheit zum Abschluß. [WSt]

Kartographik, ↗kartographische Darstellungsform, die mit zumeist bildhaften und häufig nichtmaßstäblich angewandten kartographischen ↗Gestaltungsmitteln Objekte des ↗Georaums, insbesondere Landschaften und Städte, aber auch Länder, Kontinente und sonstige geographische Einheiten, darstellt. Die Kartographik enthält neben den kartographischen Strukturen auch künstlerisch geprägte Elemente des Graphik-Design und besitzt somit einen besonderen Charakter als kartenähnliches Ausdrucksmittel. Kartographiken werden häufig für Werbezwecke, vor allem im Tourismus (hier auf Prospekten, in Katalogen und auf Plakaten), aber auch auf Briefmarken und ähnlichen graphischen Erzeugnissen eingesetzt (↗Bildkarte, ↗Informationsgraphik).

kartographische Abbildung, Repräsentation von georäumlichem Wissen in ↗kartographischen Medien und deren visuell-gedankliche Ableitung in Form von ↗kartographischen Informationen. Die Bedingungen der kartographischen Abbildung führen zu den spezifischen Eigenschaften von Karten und unterscheiden diese dadurch von anderen Medien, Zeichensystemen oder Sprachen. Wissen, das aus kartographischen Medien gewonnen wird, muss aufgrund der Eigenschaften von kartographischen Abbildungen zur weiteren gedanklichen Verwendung in der Regel in eine allgemeinere Form überführt werden.
Die wichtigsten Bedingungen von kartographischen Abbildungen sind das Verkleinerungsverhältnis zwischen ↗Georaum und ↗Karte, die grundrissbezogene Verebnung der sphärischen Erdoberfläche in der Kartenfläche, die perspektivische Projektion der Oberfläche, die Georeferenzierung von Lagepunkten sowie die Zeichencodierung als geometrische und inhaltliche Referenzierung zu graphischen Elementen und Mustern. Aus der Variation und Kombination von Abbildungsbedingungen in Medien ergeben sich spezifische Formen der Repräsentation, die, wie etwa bei 3D- oder animierten Präsentationen, Photokarten oder sog. Kartenanamorphosen, zu anderen Möglichkeiten der Wissensverarbeitung führen als in Karten.
Die mit der kartographischen Abbildung verbundene gedankliche Repräsentation und Verarbeitung von georäumlichem Wissen hat sich seit mehreren tausend Jahren bewährt (↗Kartographiegeschichte). So scheinen einerseits die sich aus den verschiedenen Abbildungsbedingungen ergebenden Unterschiede zur georäumlichen Realität, wie etwa geometrische Grundrissverzerrungen, maßstäblich bedingte Abstraktionen oder zeichenbedingte Vereinfachungen, die Bildung von Wissen nicht wesentlich negativ zu beeinflussen. Andererseits ergibt sich aus der Kombination von Abbildungsbedingungen in Karten eine sehr spezifische Situation der Informationsentnahme. So kann mit Hilfe von Karten ein räumlicher Überblick gewonnen werden und es können unmittelbar räumlich-inhaltliche Abgrenzungen, Vergleiche und Bewertungen durchgeführt werden, was so in der Realität und mit anderen Medien nicht möglich ist. Aufgrund dieser spezifischen Eigenschaften von kartographischen Abbildungen muss davon ausgegangen werden, daß die allgemeine gedankliche Bildung von georäumlichem Wissen in der Gesellschaft zum großen Teil von Karten mitbestimmt wird (↗kognitive Karte). [JB]

kartographische Abstraktion, im Rahmen der Kartenherstellung und -nutzung die Verallgemeinerung, häufig auch Vereinfachung von kartographischen Daten, Zeichen und Informationen, vor allem im Rahmen der kartographischen Generalisierung.
Im gedanklichen Abstraktionsprozess werden verschiedene Verallgemeinerungsaspekte unterschieden: Bei der herauslösenden (generalisierenden) Abstraktion werden unwesentliche Eigenschaften ausgesondert und wesentliche Eigenschaften, die in Relation zu übergeordneten Merkmalsystemen stehen können, als Invarianten hervorgehoben; bei der verdichtenden (isolierenden) Abstraktion werden bestimmte Eigenschaften aus ihrem Zusammenhang herausgelöst und diese gedanklich als Repräsentanten oder Beispiele genutzt, die besonders typische Merkmale in einer konzentrierten und anschaulichen Anordnung zeigen; bei der verkürzenden (idealisierenden) Abstraktion werden mit Hilfe abstrakter Regeln (Modelle) Eigenschaften in eine übergeordnete und zusammenfassende Beziehung gesetzt. Wichtigster Aspekt von Generalisierungs- und Abstraktionsprozessen ist das Zugänglichmachen konkreter Situationen durch die verallgemeinernde begriffliche Erkenntnisbildung. Daraus folgt beispielsweise die Erkenntnisgewinnung durch Transformation von Wissen auf ein theoretisch höheres Niveau oder die Wissenstransformation in einem anderen Zusammenhang. Für die kartographische Generalisierung sind diese allgemeinen Ansätze der Erkenntnisbildung wichtige Grundlagen, um die Ergebnisse der Generalisierung so gut wie möglich auf die Erwartungen und gedanklichen Fähigkeiten von Kartennutzern auszurichten. [JB]

kartographische Animation, *animated map, animierte Karte, kinematische Karte, dynamische Darstellung*, Darstellung raumbezogener Informationen, die auf den Prinzipien der ↗Animation basiert. Sie ist im Gegensatz zur statischen Karte eine dynamische Darstellung. Mit der Animation steht für die kartographische Darstellung ein weiteres Ausdrucksmittel zur Verfügung, nämlich die Präsentationszeit. Kartographische

Animationen werden daher vor allem zur Darstellung räumlicher Prozesse eingesetzt, um deren zeitlichen Verlauf unmittelbar und direkt zu veranschaulichen (↗temporale Animation). Sie können aber auch zur variablen Darstellung räumlicher Daten genutzt werden, um eine vielseitige und umfassende Repräsentation der Daten zu erhalten (↗nontemporale Animation). Kartographische Animationen können die Analyse und Exploration räumlicher Daten (wissenschaftliche Visualisierung) wie auch die anschauliche Präsentation für Demonstrationszwecke unterstützen. Die Erstellung kartographischer Animationen erfolgte bis zur Einführung von Computern manuell nach den Methoden des Zeichentrickfilms. Für diesen sogenannten *Kartenfilm* wurden die einzelnen Karten gezeichnet und anschließend auf Film aufgezeichnet. Seit Einführung der ↗Computeranimation werden kartographische Animationen am Computer mit spezieller ↗Animationssoftware erzeugt. Kartographische Animationen sind häufig Bestandteil von ↗multimedialen Präsentationen (Abb. im Farbtafelteil). [DD]

kartographische Aufgabenanalyse, die systematische soziotechnische Analyse und Bewertung von Arbeitsprozessen mit analogen und digitalen kartographischen Medien sowie deren Ausführungsbedingungen anhand arbeitspsychologischer Kriterien. Aus der Bewertung lassen sich Gestaltungshinweise ableiten, die gewährleisten, daß im Hinblick auf ein bereits realisiertes oder geplantes kartographisches Informationssystem menschliche Fähigkeiten geschützt und gefördert werden sowie eine Steigerung von Effektivität und Arbeitsproduktivität ermöglicht wird.

kartographische Ausdrucksformen, von E. ↗Arnberger im Sinne von ↗kartographischen Darstellungsformen, einschließlich der ↗kartenverwandten Darstellungen geprägter Begriff für die Gesamtheit zwei- oder dreidimensionale Darstellungen des ↗Georaums nach kartographischen Prinzipien.
Nach E. ↗Imhof hingegen sind kartographische Ausdrucksformen die aus den allgemeinen graphischen Ausdrucksmitteln des ↗kartographischen Zeichensystems hervorgehenden Möglichkeiten der kartographischen Gestaltung:
a) grundrißliche Elemente, b) Gattungszeichen als lokale, lineare oder flächenbedeckende ↗Kartenzeichen, c) individuelle Ansichtskleinbilder (↗Vignetten), d) Zahlenwertpunkte und -signaturen (↗Mengensignatur), e) Zahlenwertdiagramme (↗Diagrammfigur), f) Schraffuren und Flächentöne (↗Flächenfüllung) sowie g) die ↗Beschriftung. Diese Ausdrucksformen kommen entweder einzeln oder kombiniert zur Anwendung. [WGK]

kartographische Ausdrucksmittel ↗kartographisches Zeichensystem.

kartographische Bildschirmkommunikation, im Rahmen der ↗kartographischen Kommunikation der dialogorientierte Austausch von georäumlichen Informationen zwischen Systemnutzern und DV-Systemen (↗dialogorientierte Kommunikation). Auf der Grundlage von empirischen Untersuchungen der ↗Experimentellen Kartographie werden spezielle kartographische Präsentation- und Aktionsformen aufgebaut. Der Begriff der kartographischen Bildschirmkommunikation geht von Kommunikation in ihrer Bedeutung als Rückkopplung von Fragen und Antworten aus. ↗Kartographische Medien und Informationssysteme, die beispielsweise auf spezifische georäumliche Erkenntnisziele des Systemnutzers ausgerichtet sind und die kartographische Systemführung an Zielvorgaben anpassen können, sind allerdings erst in der Entwicklung. Untersuchungsgegenstand der Experimentellen Kartographie ist dabei die Möglichkeit, mit Hilfe der kartographischen Bildschirmkommunikation ein auf den Nutzer zugeschnittenes Informationsangebot in die Kommunikation einzubringen. Zur Abfrage und Registrierung dieser Nutzeranforderungen werden ↗Nutzungsprofile eingesetzt. [PT]

kartographische Darstellungen, 1) Ausdruck zur Differenzierung von Karten im Sinne der ↗Kartenklassifikation (↗kartographische Medien). Unterschieden werden Darstellungen z. B. nach dem Kartenthema, dem Einsatz in Anwendungsbereichen, nach ihren Handhabungen (Kartenskizze, Kartenschema) und aufgrund von Abbildungsmerkmalen (Kartogramm, Kartenanamorphose, Luftbildkarte, Plan etc.). Insbesonder durch den Einsatz von ↗elektronischen Karten haben sich die Wirkungen und Funktionen von Karten erheblich erweitert. 2) Ausdruck zur Differenzierung von graphischen Modellen oder Mitteln in Karten im Sinne von Darstellungsmethoden. Unterschieden wird nach Modellvorstellungen, wie ↗Choroplethenkarten, ↗Mosaikkarten, Diagrammkarten etc. oder nach bestimmten elementaren graphischen Mitteln, wie Farben, Texturen etc., die in Karten zur Darstellung verwendet werden.
Mit diesen Bedeutungen weicht der Ausdruck »Darstellung« in der Kartographie von der in anderen Bereichen ab. Im künstlerischen Bereich (Darstellende Kunst) bezeichnet der Begriff Darstellung einen geistigen, schöpferischen Akt. In vielen Wissenschaften wird der Ausdruck in einem natürlich-sprachlichen Kontext verwendet. Ein relativ neuer und weiter gefasster Ausdruck für Darstellung ist ↗Visualisierung. Mit diesem Ausdruck wird impliziert, dass aus wissenschaftlichen Schemazeichnungen oder Bildern neue oder noch nicht bekannte Wissensstrukturen abgeleitet werden können. [JB]

kartographische Darstellungsformen, *kartographische Darstellungen*, ↗kartographische Ausdrucksformen, die Gesamtheit der modellhaften Informationsdarstellungen von Sachverhalten und Erscheinungen des Georaums, die georäumliche Informationen mit Hilfe eines Systems geometrisch gebundener graphischer Zeichen, denen entsprechende Bedeutungen zugeordnet sind (↗kartographisches Zeichensystem), wiedergeben. Je nachdem, welche Klassifizierungsmerkmale benutzt werden, lassen sich die einzelnen kartographischen Darstellungsformen definieren und unterscheiden. Die bedeutendste Darstellungsform ist die ↗Karte in ihren unterschiedlichen Erscheinungsformen und Gruppierungen. Zu den (statistischen) Karten wird heute meist auch das ↗Kartogramm gezählt, das unter bestimmten Aspekten als eigenständige Darstellungsform gelten kann. Die ↗Kartenskizze, das ↗Chorem und das ↗Kartenschema (Topogramm), bedingt auch die ↗Informationsgraphik, sind weitere, in unterschiedlicher Weise schematisierte, nur noch raumtreue Darstellungsformen. Die ↗Kartographik und die ↗Bildkarte einschließlich ↗Luftbildkarte und ↗Satellitenbildkarte als stark bildhafte Darstellungen haben schließlich als Gattungen einen eigenständigen Charakter. Bei ↗Kartenanamorphoten sind die Flächen bzw. Flächeneinheiten nicht grundrißlich, sondern durch einen ↗Wertmaßstab bestimmt. Damit ist der Übergang zu einer umfangreicheren, in sich weiter zu untergliedernden Gattung von Darstellungsformen, den ↗kartenverwandten Darstellungen gegeben. Diese erfahren gegenwärtig durch die Möglichkeiten moderner Computerprogramme vor allem im 3D-Bereich (↗3D-Visualisierung) und auch als ↗kartographische Animationen einen sichtlichen Bedeutungszuwachs. Definition und inhaltliches Verständnis der verschiedenen kartographischen Darstellungsformen sind in der kartographischen Fachwelt durchaus unterschiedlich. Auch gewinnt der Begriff der ↗kartographischen Medien mehr und mehr an Verbreitung, insbesondere in Verbindung mit digitalen Darstellungen und mittels ↗Bildschirm präsentierten Darstellungen (↗Bildschirmkarte, ↗Internetkarte). [WGK]

kartographische Darstellungsmethoden, Grundstrukturen der Kartengraphik (↗kartographisches Gefüge) und ihre Anwendungsprinzipien, mit denen der Karteninhalt unter Verwendung geeigneter ↗Kartenzeichen und deren methodisch-regelgesteuerter Variation nach ↗graphischen Variablen gestaltet bzw. modelliert wird (↗kartographische Modellbildung). Die kartographischen Gefüge (verschiedentlich auch als ↗Kartentypen bezeichnet) sind bei dieser methodenorientierten Betrachtungsweise Ausgangspunkt der Modellbildung. Sie eignen sich in unterschiedlicher Weise für die Darstellung von georäumlichen Sachverhalten und Erscheinungen (Geoobjekten) und deren Relationen innerhalb punkthafter, linienhafter, flächenhafter und oberflächenhafter topologischer Raumstrukturen. Die kartographischen Darstellungsmethoden im heutigen Sinne haben sich seit dem 17. Jahrhundert herausgebildet, obwohl die Anfänge bis in die Frühzeit der Kartographie zurückreichen. Die ersten methodischen Lehrbücher entstanden für die ↗topographischen Karten im 19. Jh. Anfang des 20. Jh. begann die systematische wissenschaftliche Beschäftigung mit den kartographischen Darstellungsmethoden, zuerst in der damaligen Sowjetunion, später auch in anderen Ländern. Mit der Entwicklung der Modell-, Zeichen- und Kommunikationstheorie hat sich seit den 70er Jahren des 20. Jh. eine mehr objekt- und datenbezogene Herangehensweise herausgebildet, die unter Einbeziehung des Begriffes der ↗Visualisierung eine systematisch-methodische Zuordnung von Zeichen- und Zeichenstrukturen zu Geodaten- und Geodatenstrukturen zum Ziel hat und im Rahmen von KIS und GIS eine regel- bzw. wissensbasierte ↗Kartengestaltung anstrebt.

Das System der kartographischen Darstellungsmethoden läßt in gewissen Grenzen eindeutige, wiederholbare Prinziplösungen für die Anwendung ganz bestimmter graphischer Gefüge zu. Der Modellbildungsvorgang muß sinnvollerweise methodisch immer vom Geoobjekt bzw. den Geodaten ausgehen und durch deren formale Analyse und den Vergleich mit der Struktur graphischer Gefüge deren Eignung für die optimale Datenumsetzung (Zeichen-Daten-Zuordnung) bestimmen (↗kartographisches Zeichenmodell). Völlige Eindeutigkeit der graphischen Lösungen ist deshalb nicht zu erreichen, weil u. a. Zweckbestimmung der Karte (Kartenfunktion), ↗Kartenmaßstab und die Disposition des Kartennutzers, also größtenteils Determinanten pragmatischer Art, aber auch graphische Verortungsbedingungen, Faktoren syntaktischer Art, berücksichtigt werden müssen. In Anlehnung an K. A. ↗Salistschew und andere Autoren lassen sich unter Bezug auf die topologischen Raumstrukturen folgende kartographische Darstellungmethoden unterscheiden (Abb.): a) punktbezogene Methoden: a1) ↗Positionssignatur mit annähernd lagerichtiger Anordnung punkthafter Gattungssignaturen, a2) ↗Diagrammsignaturen in Form punktbezogener Diagrammfiguren, a3) ↗Punkt-

kartographische Darstellungsmethoden: a) Methode der Positionssignaturen, b) Methode der Diagrammsignaturen, c) Punkt-Methode, d) Methode der Linearsignaturen, e) Vektorenmethode, f) Flächenmethode, g) Flächenmittelwertmethode (qualitative Flächenfüllung), h) Methode des Flächenkartogramms, i) Methode des Diakartogramms (Kartodiagramm), j) Isolinienmethode.

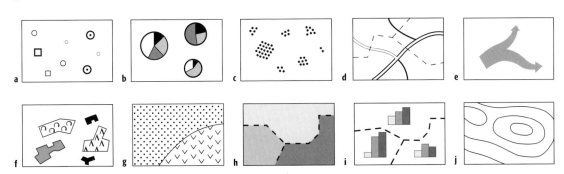

methode als am Ort des Vorkommens abgebildete kleine graphische Elemente (Punkte), die jeweils eine bestimmte Menge als Einheitswert (Punktwert) repräsentieren und als Punktstreuung in Erscheinung treten, b) linienbezogene Methoden: b1) ↗Linearsignatur mit annähernd lagerichtiger Anordnung linearer Gattungssignaturen, b2) ↗Vektorenmethode oder Bewegungslinien, die mittels bandförmiger Darstellung (↗Band) oder ↗Pfeilen Ortsveränderungen (Lageveränderungen) ausdrücken, die immer auch an die Zeit gebunden sind. c) flächenbezogene Methoden: c1) ↗Flächenmethode oder Arealmethode, bei der (zumeist isolierte) Flächenobjekte als ↗qualitative Darstellung mittels ↗Flächenkartenzeichen erscheinen, c2) ↗Flächenmittelwertmethode (qualitative Flächenfüllung, Gattungsmosaik), als flächiges Mosaik qualitativer Objektgattungen, die mit Flächensignaturen graphisch gefüllt sind (↗Flächenfüllung). c3) ↗Flächenkartogramme (Choroplethendarstellung, Dichtedarstellung) als Mosaik bzw. Netz quantitativ-geordneter, relativer Dichtewerte, wobei als Flächenfüllung eine Intensitätsskala verwendet wird. c4) ↗Diakartogramme (Kartodiagramm), als flächiges Mosaik von Raumbezugseinheiten einer ↗Raumgliederung, wobei in die Flächen gestellte Diagrammsignaturen im Gegensatz zu Methode a2 sich auf die gesamte Bezugsfläche beziehen und Absolutwerte repräsentieren. d) oberflächenbezogene Methoden: ↗Isolinien (Isarithmenmethode), Strukturen in sich geschlossener Linien, die durch Interpolation in einem stetigen Wertefeld (↗Kontinua) entstehen. Die Linien verbinden Punkte gleicher Werte. Schichtendarstellungen im Sinne von ↗Höhenschichten und schattenplastische Halbtondarstellungen im Sinne der ↗Reliefschummerung können der Isolinien-Methode als wesensverwandt zugeordnet werden. Sie werden jedoch nur noch selten aus Isolinien heraus entwickelt, sondern direkt auf der Grundlage von digitalen Wertemodellen berechnet.

Mit diesen zehn kartographischen Darstellungsmethoden lassen sich im Prinzip Geodaten aller Art in statischen Karten kartographisch umsetzen. Ergänzungen durch Neben- und Untermethoden sind denkbar und verschiedentlich auch vorgeschlagen worden, z. B. Schichtstufen und schattenplastische Darstellungen als eigenständige Methoden, relative und absolute Darstellungen auf Gitternetzbasis (↗Raumgliederung) als »Feldermethode« usw. Auch führt ein System der umfassenden Datenanalyse zu einigen weiteren Gefügen, die zumeist nur theoretischen Wert besitzen und für die kartographische Praxis nicht relevant sind. Eine Kombination von zwei oder mehr Methoden (komplexe, mehrschichtige Darstellung, ↗Komplexkarte, ↗Darstellungsschicht) ist möglich. Um die Lesbarkeit solcher Strukturen zu gewährleisten, sollten nur Methoden gemeinsam angewendet werden, die sich auf unterschiedliche topologische Raumstrukturen beziehen, d. h. wenn punkthafte mit linearen und/oder flächenhaften sowie lineare mit flächenhaften zusammentreffen, wobei hier der zwar auf eine Oberfläche bezogene, graphisch aber lineare Charakter der Isolinien zu berücksichtigen ist. Bei ↗Bildschirmkarten ist aufgrund des erheblich verminderten Auflösungsvermögens des ↗Bildschirms im Vergleich zu bedrucktem Papier die Möglichkeit von Methodenkombinationen von vornherein deutlich eingeschränkt. Eine dem System der kartographischen Darstellungsmethoden sehr ähnliche Ordnung nach kartographischen Gefügen bzw. Gefügetypen geht auf E. ↗Imhof zurück. Man kann die Gefügetypen auch als Basic Map Models bezeichnen, wobei auch die oberflächenbezogenen Hauptmethoden der Reliefdarstellung bzw. des ↗Wertereliefs explizit ausgewiesen sind. Entsprechend einem objekt- bzw. datenbezogenen Ansatz werden gleichfalls nach topologischen Raumstrukturen geordnete Kartentypen unterschieden.

Die Konstruktion und Gestaltung von ↗kartenverwandten Darstellungen und von Bildkarten wird im allgemeinen nicht zu den kartographischen Darstellungsmethoden gerechnet. Veränderungen und Erweiterungen des Methodensystems zeichnen sich durch das Zusammenwirken von Computer, Bildschirm und neuartigen Softwareprodukten aus den Bereichen GIS, Graphikdesign, Animation und ↗Multimedia ab. Deren Integration in die kartographische Methodenlehre ist noch zu vollziehen. [WGK]

kartographische Didaktik, Kartendidaktik, befaßt sich mit der Theorie und Praxis des Lehrens und Lernens mit ↗kartographischen Medien in schulischen und nichtschulischen Lehr- und Lernsituationen. Ihre Aufgabe liegt in der Sozialisation des Kartennutzers, der durch den Umgang mit kartographischen Medien zu Informationen und Kommunikationen, zu Kompetenz und letztlich zu Entscheidungsverhalten geführt wird.

Kartographische Didaktik arbeitet mit didaktischen Modellen auf der Basis erziehungswissenschaftlicher, bildungstheoretischer sowie lern- und kognitionspsychologischer Erkenntnisse zur Analyse und Modellierung didaktischen Handelns in kartographischen Nutzungssituationen. Dabei kann der Wissenserwerb mit kartographischen Medien von zwei Seiten gefördert werden: Einerseits geht es darum, potentiellen Kartennutzern beizubringen, mit den verschiedenen kartographischen Präsentationsformen effektiv umzugehen (↗Kartenkompetenz). Andererseits ist es die Aufgabe der kartographischen Didaktik Konzepte zu entwickeln, die es ermöglichen kartographische Medien so zu gestalten, daß sie abhängig von der spezifischen Nutzergruppe und Aufgabenstellung einen effektiven Wissenserwerb ermöglichen. In diesem Zusammenhang gilt das wissenschaftliche Interesse der kartographischen Didaktik nicht der traditionellen Beschränkung auf die schulische Wissensvermittlung mit und über Karten, sondern in zunehmenden Maße auch der allgemeinen Wissensvermittlung mit kartographischen Medien, besonders im Zusammenhang mit der steigenden Anzahl kartographischer Informations- und Auskunftssysteme, Planungskarten u. ä. in allen gesellschaftlichen Bereichen. [FH]

kartographische Erschließung, Prozeß und Stand der Fertigstellung ↗topographischer Karten und ↗thematischer Karten eines Landes oder eines anderen Gebietes. Bei thematischen Karten gibt es nur für wenige Themen, z. B. für die ↗Geologie, ↗Landesaufnahmen größeren ↗Maßstabes, so daß oft ↗Regionalatlanten und ↗Nationalatlanten, die thematisch-kartographische Erschließung charakterisieren.

kartographische Informatik, zunehmend als Teilgebiet der Allgemeinen ↗Kartographie bezeichnet. Aufgaben sind die Entwicklung und Anwendung von DV-Systemen zur Kartenherstellung und -nutzung. Ursprünglich hervorgegangen aus der Computerkartographie oder rechnergestützten Kartographie, entwickelt sich die kartographische Informatik zu einem eigenständigen Methoden- und Verfahrensbereich, in dem Theorien und Modelle der Allgemeinen Kartographie systemtechnisch umgesetzt werden. Die kartographische Informatik hat starken Einfluß auf sämtliche anderen Gebiete der Kartographie, da technologische Bedingungen von DV-Systemen die Theoriebildung und ↗kartographische Modellbildung wesentlich mitbestimmen.

Kartographische Informatik hat inhaltliche und methodische Gemeinsamkeiten mit der ↗Geoinformatik, aber besondere Schwerpunkte in den Bereichen Daten-, Zeichen-, Kartenmodellentwicklung, automatische Generalisierung, kartographische Expertensysteme, Desktop- und Konstruktionssysteme, kartographische Visualisierungswerkzeuge zur interaktiven, multimedialen und animierten Kartennutzung sowie im Bereich der ↗Druckvorstufe zur Reproduktion von Karten. Zukünftige Aufgaben liegen u. a. in der Entwicklung von komplexen kartographischen Kommunikationssystemen für die visuelle Unterstützung von vorgangs- oder aufgabenorientierten Prozessabläufen in Wissenschaft, Verwaltung und Privatwirtschaft. [JB]

kartographische Information, georäumliches Wissen, das in Karten angeboten wird oder aus Karten visuell-kognitiv abgeleitet wurde. Dabei werden aus Zeichenstrukturen zielgerichtet Informationen abgeleitet und deren noch abbildungsbedingte Merkmale so transformiert, daß sie zur weiteren gedanklichen Verarbeitung verwendet werden können. Der Prozeß der Verarbeitung kartographischer Informationen wird durch zwei Aspekte bestimmt. Zum einen durch die Wissenstruktur, die die Erkenntnisbildung und Wissensrepräsentation beeinflußt und zum anderen durch die informationelle Struktur, die vor allem den visuellen Wahrnehmungsprozeß bestimmt. Die Wissenstruktur kartographischer Informationen resultiert aus der Struktur georäumlicher Daten bzw. deren abbildungsbedingter Repräsentation (↗kartographische Abbildung) sowie aus den physisch-psychischen Bedingungen der Wissensverarbeitung, verbunden mit den Zielen der Erkenntnisgewinnung. Die informationelle Struktur von kartographischen Informationen resultiert aus der Anordnung und graphischen Präsentation von Daten in der Kartenebene sowie den Wahrnehmungsmöglichkeiten des sensorischen Apparates (Augen). Entsprechend bestimmter Übertragungssituationen oder Erkenntnisbildungsprozesse, wie etwa der Orientierung, der Datenexploration oder der Verständniswekkung, kann die Aufnahme von informationellen Strukturen u. a. durch graphische Hervorhebungen und Gliederungen oder durch Ikonisierung (↗Ikonizität) und Indexikalisierung (↗Indexikalität) beeinflusst werden. Die Wissenstruktur von kartographischen Informationen kann modellhaft in formaler, semantischer und gedanklicher Hinsicht differenziert werden: a) In formaler Hinsicht wird unterschieden, ob Wissensstrukturen entweder aus abgebildeten Objektzuständen oder aus Objektbeziehungen abgeleitet werden. Objektzustände sind Merkmale wie Grundrissform, Größe, funktionale Bedeutung oder fachliche Ausprägung, die direkt aus den die Objekte abbildenden Zeichen gewonnen werden (direkte Informationen). Objektbeziehungen sind Beziehungswerte oder -eigenschaften in Form von Klassengemeinsamkeiten, Quantitäts- oder Rangunterschieden, die gedanklich mit Hilfe von Bewertungssystemen abgeleitet werden. Die Werte oder Eigenschaften sind in der Regel nicht explizit in der Karte abgebildet und müssen daher zusätzlich visuell-kognitiv ermittelt werden (indirekte Information). b) In semantischer Hinsicht unterscheiden sich Wissensstrukturen zum einen nach den zugrundeliegenden Begriffssystemen, die z. B. nach georäumlichen, visuellen, funktionalen, physikalischen oder biologischen Merkmalen klassifiziert sind. Und zum anderen nach georäumlichen Lage- und Grundrißmerkmalen, die unmittelbar abgeleitet werden können. c) In gedanklicher Hinsicht unterscheiden sich Wissensstrukturen nach den zu realisierenden Zielen und nach dem angestrebten gedanklichen Konkretisierungsniveau. Als denotative Informationen gelten dabei abgeleitete semantische Merkmale, die allgemeinen begrifflichen Hierarchien oder Systemen zugeordnet sind. Als konnotative Informationen gelten Merkmale, die auf der Basis von ethischen, moralischen, ästhetischen und anderen Wertesystemen abgeleitet werden. Die informationelle Struktur kartographischer Informationen erklärt sich am sinnvollsten aus ihren abweichenden Funktionen und Wirkungen zu Informationen, die direkt aus der georäumlichen Realität oder aus anderen, z. B. in den Geowissenschaften eingesetzten Medien, abgeleitet werden. Gegenüber der Realität ist der Zugriff auf Information in Karten von der Informationsdichte her reduziert, dafür aber verzerrungsfrei und grundrißorientiert. Die informationelle Struktur von substantiellen Informationen in Karten ist schon klassifiziert und wird daher begriffsorientiert und nicht wie in der Realität objektorientiert gedanklich verarbeitet. Durch ∕Generalisierung in Karten wird das Abstraktionsniveau und die Abstraktionsform (∕kartographische Abstraktion) von Wissensstrukturen sowie der Umfang des Merkmalangebotes gesteuert. Dies führt zu einer spezifischen Ausrichtung des informationellen Angebotes in Karten. Gegenüber anderen Medien wie Bilder, Graphiken, Texten etc. zeichnet sich der Zugriff auf Informationen in Karten vor allem in dreierlei Hinsicht aus. Als zentrale Eigenschaft von Karten können georäumliche Zusammenhänge unmittelbar informationell und inhaltlich klassifiziert abgeleitet werden. Zweitens können mit Hilfe direkter Assoziationen visuell zugängliche Situationen, verknüpft mit abstrakten Sachverhalten, abgeleitet und gedanklich weiter verarbeitet werden. Und drittens können Verbindungen zwischen sprachlichen und visuell wahrnehmbaren Merkmalen hergestellt werden, was zu besonders gut verwertbaren Wissensstrukturen führt. Insgesamt kommt der strukturellen Differenzierung von kartographischen Informationen für die zukünftige Herstellung und Nutzung von Karten ein großer Stellenwert zu, so daß die Funktion, der Charakter und der kommunikative Wert von Karten weniger an den abgebildeten Daten, sondern vielmehr an den visuell ableitbaren Informationen zu messen ist. [JB]

kartographische Kommunikation, *Kommunikationsmodell*, umfaßt die ein- oder mehrseitigen Übermittlungsprozesse bei der Aufnahme, der Verarbeitung und dem Austausch von raumbezogenen Informationen mittels ∕kartographischer Medien auf der Grundlage der ∕Kartenzeichen und der Sprache, vorwiegend mit dem Ziel der georäumlichen Erkenntnisgewinnung bzw. Erkenntniserweiterung, der raum- bzw. umweltbezogenen Bewusstseinsbildung oder Verhaltens- und Handlungssteuerung. Übermittelt werden im Rahmen der kartographischen Kommunikation, neben den georäumlichen Informationen, kommunikationsrelevante Merkmale und Bedingungen der Aufnahme, Verarbeitung oder des Austausches von Informationen. Diese können den zur Kommunikation erforderlichen gemeinsamen Zeichenvorrat beispielsweise in Form von Beschreibungsinformationen prozeß- und zielorientiert ergänzen. Der allgemeine Kommunikationsbegriff beschreibt a) die Übermittlung von Nachrichten zwischen Menschen auf der Grundlage eines gemeinsamen Zeichenvorrats als notwendige Voraussetzung für das Zusammenleben der Menschen in sozialen Gemeinschaften. Die Informationsträger einer Nachricht bilden dabei akustische und optische ∕Signale. b) ist »Kommunikation« ein Grundbegriff in der Existenzphilosophie Karl Jaspers, nach dem jeglicher menschlichen Existenz das Bedürfnis nach Informationsaustausch als Grundlage für Denken und Handeln immanent ist. Die Motive, Bedingungen und Wirkungen der Kommunikation seien nach Jaspers deshalb »durchsichtig zu machen«. Im Zusammenhang mit der Entwicklung und Einführung der ∕Datenverarbeitung in den 1970er Jahren haben die Kybernetik und die Informationstheorie den Begriff der Informationsübermittlung zunächst erheblich erweitert, indem jede Art der Übermittlung von Informationen zwischen dynamischen Systemen bzw. zwischen Teilsystemen, die zur Aufnahme, Speicherung, Weiterverarbeitung und zum Austausch fähig sind, einbezogen wurden. Systeme, die Informationen aussenden, neben Menschen demnach also auch Organismen und Maschinen, wurden dabei als Sender bezeichnet; die diese Informationen aufnehmenden Systeme dagegen als Empfänger. Werden Informationen zwischen zwei dynamischen Systemen ausgetauscht, so spricht der klassische Kommunikationsbegriff von einer informationellen Kopplung zwischen diesen Systemen. Neuere Ansätze in den Kommunikations- und Kognitionswissenschaften, der Informatik und der Kartographie definieren Kommunikation allerdings erneut als Übermittlung und Austausch von Informationen mit dem Ziel der ausschließlich von Menschen zu bewältigenden Informationsverarbeitung. Gegenstand der Kommunikationswissenschaft als eine der allgemeinen Sprachwissenschaft und der Informatik übergeordneten Wissenschaft sind dementsprechend u. a. informationelle Kopplungen zwischen Menschen, die sich der Sprache bedienen. In der Kartographie wurde der Kommunikationsbegriff nachhaltig erstmals in den 1970er Jahren im Zusammenhang mit der kybernetischen sowie zeichen- und informationstheoretischen Betrachtung der Kartenherstellung und Kartennutzung untersucht (∕kartographische Zeichentheorie). Aufgrund der zu dieser Zeit modernen Erkenntnis, daß Karten nur dann funktionieren, wenn bei ihrer Konzeption auch die Bedingungen ihrer Nutzung berücksichtigt werden, wurde dabei a) der Begriff der ∕kartographischen Information im Rahmen eines kartographischen Sender-Kanal-Empfänger-Modelles geprägt. b) wurden theoretisch und methodisch orientierte Arbeitsbereiche der Kartographie gegliedert, deren Aufgabe auch heute noch die zeichentheoretische Beschreibung und Untersuchung einzelner Komponenten des kartographischen Kommunikationsprozesses ist. Der in diesem Zusammenhang modellhaft als kartographische Kommunikationskette beschriebene Kommunikationsprozeß wurde dabei als ein System von Elementen der kartographischen Informationsübermittlung mit bestimmenden (»determinierenden«) Faktoren aufgefaßt, welches den Erfolg kartographischer Kommunikationsprozesse maßgeblich steuert. Sender und Empfänger in kartographischen Kommunikationsprozessen können heute allerdings nicht mehr statisch im Sinne einer Trennung von Kartenhersteller und Kartennutzer unterschieden werden. Aufgrund zunehmend verfügbarer Funktionen und Werkzeuge zur automatischen Kartenherstellung in Informationssystemen ist der Kartennutzer vielmehr auch gleichzeitig Kartenhersteller bzw. der mit Hilfe von ∕Kommunikationssystemen die Kartenge-

nerierung interaktiv auslösende Systemnutzer (↗dialogorientierte Kommunikation, ↗kartographische Bildschirmkommunikation). Die grundlegenden Faktoren kartographischer Kommunikationsprozesse bilden die Funktionen der Nutzung bzw. die Anwendungsbereiche von Karten und kartographischen Medien (↗Kartennutzung) im Rahmen eines ↗Kommunikationskontextes bzw. die aus diesen ableitbaren kommunikativen Funktionsmerkmale und die mit der konkreten Nutzung verbundenen situativen Bedingungen (↗Kommunikationssituation). Funktionen der Kartennutzung sind u. a. das Dokumentieren und Archivieren georäumlicher Erkenntnisse, die Orientierung im Georaum und die Navigation im Gelände und in der Umwelt, die Gewinnung von georäumlichen Überblicksinformationen und neuen Erkenntnissen, aber auch das Messen, Analysieren und Überprüfen von Informationen sowie das Lernen mit georäumlichen Informationen. Kommunikationsbezogene Merkmale, die diese Nutzungsfunktionen kennzeichnen, sind beispielsweise fachliche Konventionen bei der Dokumentation von geowissenschaftlichen Forschungsergebnissen oder systematische Strukturen zur Archivierung von Karten. Bei der Gewinnung von neuen Informationen und Erkenntnissen sowie beim Lernen erfordern dagegen beispielsweise die unterschiedlichen Erkenntnisziele und Merkmale von visuell-kognitiven Operationen im kartographischen Wahrnehmungsraum u. a. spezifische Interaktions- und Unterstützungsformen bei der Informationsübermittlung. Funktionsmerkmale, beim Messen, Analysieren und Überprüfen von Informationen mit übertragen werden müssen, sind z. B. Anforderungen an räumliche Bezugssysteme oder qualitative und quantitative Begriffs- und Wertesysteme. Als zweiten Faktorenbereich bestimmen in Karten und kartographischen Medien Eigenschaften und Merkmale der Abbildung georäumlicher Daten die Ausrichtung des Kommunikationsprozesses auf die Funktionen der Kartennutzung. So erfordert die Übermittlung von georäumlichen Detailinformationen beim Messen, Analysieren und Überprüfen prinzipiell andere Angaben zum ↗Maßstab und zur Projektion als die Übermittlung von Übersichtsinformationen. Das Lernen mit georäumlichen Informationen hängt dagegen in starkem Maße von der Abstraktion der Abbildung in Karten ab. Abstrakte ↗Zeichen erfordern beispielsweise die Übermittlung umfangreicherer Erläuterungen als bildhafte Zeichen. Der dritte Faktorenbereich wird durch den Kartennutzer gebildet, den unterschiedlich spezifisches Fachwissen, individuelle Fähigkeiten und situative Einstellungen und Motivationen kennzeichnen (↗Kommunikationsfähigkeit). Die Analyse kartographischer Kommunikationsprozesse hinsichtlich spezifisch kommunikationsbezogener Merkmale und Bedingungen der Aufnahme, Verarbeitung und des Austausches von georäumlichen Informationen sowie die Übermittlung dieser Merkmale und Bedingungen, beispielsweise durch Metainformationen und ↗Metadaten, ist Gegenstand der ↗Experimentellen Kartographie. [PT]
Literatur: [1] BOLLMANN, J. (1977): Probleme der kartographischen Kommunikation.- Bonn-Bad Godesberg. [2] OGRISSEK, W. (1987): Theoretische Kartographie. – Gotha.

kartographische Lehr- und Lernmedien, nach didaktischen Kriterien gestaltete ↗kartographische Medien für die Aus- und Weiterbildung, deren Funktion in der Unterstützung von Lehr- und Lernsituationen vor allem im Erdkundeunterricht, aber auch in der geographisch-geowissenschaftlichen Hochschullehre, liegt. Die Konzeption und Herstellung kartographischer Lehr- und Lernmedien ist Aufgabe der Schulkartographie als Teilgebiet der angewandten Kartographie. Zu den traditionellen kartographischen Lehr- und Lernmedien gehören *Schulbuchkarten*, Schulatlanten (↗Atlas), Handkarten, Schulwandkarten (↗Wandkarten), Transparentkarten sowie verschiedene Formen von Arbeitskarten wie Umrißkarten (»Stumme Karten«), aber auch Kartenreliefs und ↗Globen.
Schulbuchkarten beziehen sich in der Regel im speziellen Kontext des Lernziels auf einen eng umgrenzten Sachverhalt. Sie erlauben eine lernprozeßorientierte sowie altersgerechte Kombination von Karten, erläuternden Texten, Bildern und ergänzenden Graphiken. Ihre Inhaltsdichte und Gestaltung können optimal auf die jeweils angesprochene Altersstufe ausgerichtet werden. Schulatlanten sind nach didaktischen Prinzipien gestaltete Welt-, seltener Regionalatlanten. Seit den 1970er Jahren hat sich bei den Schulatlanten ein merklicher Wandel vollzogen. Der Anteil thematischer Karten wurde bedeutend erhöht, die bisher vorherrschenden kleinmaßstäbigen Erd- und Erdteildarstellungen wurden in zunehmendem Umfang durch Kartenausschnitte exemplarischer Beispiele aller Maßstabsbereiche bereichert, und teilweise werden die Karten durch Kartogramme, graphische Darstellungen und Bilder (Luftbilder, Satellitenbilder und perspektivische Darstellungen) und Profile ergänzt. Handkarten sind meist mittel- bis großformatige lose Kartenblätter mittleren Feinheitsgrades der Kartengestaltung, die – im Gegensatz zu Atlaskarten mit ihren Formatbeschränkungen – einen großräumigen Überblick vermitteln. Handkarten dieser Art werden als Einzelkarten von Staaten, Gebieten, Großräumen und der gesamten Welt hergestellt. Transparentkarten schließlich sind eine für den Tageslicht- oder Overheadprojektor bestimmte kartographische Präsentationsform. Durch Bedrucken mit deckender (schwarz) und durchscheinender (transparenter) Farbe lassen sich für Transparente (Folien) kartographische Darstellungen leicht und exakt anfertigen. Dabei sind Variabilität und Mobilität die medientypischen Merkmale der Transparentkarte. Die Informationsmenge ist variabel, d. h. sie ist z. B. durch die Overlay- und Kombinationstechnik reduzierbar und vermehrbar. Das temporäre Maskieren bestimmter Kartenareale engt das ↗Blickfeld ein und steuert die ↗Aufmerksamkeit. Ein-

zelne Informationsteile werden erst dann aufgedeckt, wenn sie im Nutzungsprozeß benötigt werden. Durch Overlays können bestimmte Sachverhalte betont, Informationen verdichtet, Inhalte strukturiert und dynamische Vorgänge nachvollzogen werden.

In jüngster Zeit ergänzen ↗elektronische Atlanten und hypermediale Lehr- und Lernumgebungen das traditionelle Medienangebot der Schulkartographie. Sie ermöglichen die Umsetzung moderner Konzepte der Lern- und Wissenspsychologie hinsichtlich eines aktiven und konstruktiven Lernens. Sie integrieren neben einer themenorientierten Präsentation von Karten und ergänzenden Medien Werkzeuge für eine dialogorientierte Nutzung sowie spezifische Lernhilfen. Die Lernhilfen sollen vor allem die Aktivierung von individuellem Kontextwissen unterstützen. Gleichzeitig soll die Einordnung der aus der Karte entnommenen Informationen in den individuellen Wissenskontext des Nutzers aktiv unterstützt werden.   [FH]

kartographische Medien, Medien, die im kartographischen Kommunikationsprozeß genutzt werden oder mit deren Hilfe kartographische Informationen angeboten oder gedanklich verarbeitet werden. Medien generell werden zum einen in technischer Hinsicht als Träger von Informationen auf Papier, auf dem Bildschirm, auf der Magnetspeicherplatte etc. und in abbildungsbedingter und in kommunikativer Hinsicht als Text, Graphik, Bild. Karte etc. sowie Massenmedien als Zeitung, Fernsehen oder Internet unterschieden. Kartographische Medien werden dabei im wesentlichen nach den Kriterien der zweiten Kategorie eingeordnet und entsprechend differenziert. Im ersten Zusammenhang werden sie vor allem als Karten in ihren verschiedenen graphischen Formen betrachtet. Im zweiten Zusammenhang dagegen als Medien, in die Karten integriert sind und im dritten Zusammenhang als Medien in ihren unterstützenden Funktionen für Karten.

Im Rahmen des ersten Zusammenhanges müssen aufgrund der neuen technologischen Möglichkeiten der Kartographie der Medientyp Karte aber auch die damit verbundenen Vorgänge der Kartenherstellung und -nutzung differenziert betrachtet werden. Bei der abbildungsbedingten Variation der Karte können z. B. am Bildschirm deren Repräsentationseigenschaften durch Transformationen verändert werden. Dies wird verursacht und verfahrenstechnisch gesteuert durch die Veränderung von Abbildungsbedingungen (↗kartographische Abbildung), wie etwa durch die Veränderung der perspektivischen »Senkrechtsicht« der Karte in eine »Schrägsicht« mit dem Ergebnis einer 3D-Präsentation oder durch die Vernachlässigung von georeferenzierten Stützpunkten mit dem Ergebnis einer schematischen Grundrißabbildung. Im kartographischen Präsentationsvorgang werden entweder die Karte insgesamt oder einzelne Elemente der Karte variiert. Dabei können beispielsweise während des Herstellungsvorgangs ein erzeugter Kartenausschnitt abwechselnd für die Informationsentnahme genutzt und sukzessive zielorientiert ergänzt, erweitert oder verändert werden. Insgesamt ist es bei der abbildungs- und präsentationsbedingten Variation von kartographischen Medien, zumindest im Rahmen der Bildschirmkommunikation nicht mehr immer möglich und auch nicht sinnvoll, präsentierte Medien durch bestimmte Typenbezeichnungen wie etwa als Karte, Netzplan etc. festzulegen. Aufgrund des innerhalb eines Vorganges sich verändernden Übermittlungs- und Informationsanforderungen werden neben den klassischen Medienformen Übergangsformen und Medienkombinationen genutzt. Inwieweit der Charakter der Medien dann noch kartographisch ist, wird durch deren jeweiligen Repräsentationseigenschaften bestimmt, in dem z. B. das Informationsmerkmal »grundrißbezogen« als typisches Merkmal von Karten erhalten bleiben müßte.

Kartographische Medien im zweiten Zusammenhang sind quasi übergeordnete Medien, in die Karten integriert sind, in dem diese eine zusätzliche Erläuterungsfunktion, einen generellen Überblickscharakter oder seltener eine unmittelbar unterstützende oder steuernde Funktion für Informationsprozesse zukommt. Traditionelle kartographische Medienumgebungen für Karten sind länderkundliche Beschreibungen, Reiseführer, geowissenschaftliche Fachbücher oder geographische Schulbücher; neuere Umgebungen sind Zeitungen und Zeitschriften, Fernsehen, Internet, Auskunftssysteme, Informationssysteme etc. Besonderes Merkmal ist dabei, daß Abbildungsbedingungen und Präsentationsformen von Karten auf die technischen und kommunikativen Bedingungen der jeweiligen Medien ausgerichtet sind.

Kartographische Medien im dritten Zusammenhang umfassen sämtliche Medien, die Karten in informationeller Hinsicht im Kommunikationsprozeß unterstützen. Der mit Kartographische Medien verbundene Begriff Multimedia (↗Multimedia-Kartographie) zielt auf eine Vernetzung von Medien und damit auf einen Ausgleich oder eine Ergänzung von informationsspezifischen Übermittlungsbedingungen. Bei der Ergänzung von Karteninformationen können z. B. quantitative Informationen durch Daten, ikonisierende Informationen durch Bilder oder strukturelle Informationen durch wissenschaftliche Schemata übermittelt werden. Der Ausdruck kartographische Medien in diesem Zusammenhang sollte allerdings nur dann gebraucht werden, wenn Karten im Medienverbund eine dominierende Funktion zukommt.   [JB]

kartographische Methodenlehre ↗kartographisches Zeichensystem.

kartographische Modellbildung, wesentlicher Methodenbereich der Allgemeinen Kartographie (↗Kartographie) zur Formalisierung und Automatisierung der Kartenherstellung und -nutzung (↗Kartographische Informatik); neuerdings auch Anwendung der kartographischen Modellbildung in der ↗Empirischen Kartographie zur

Beschreibung von visuell-kognitiven Prozessen der Informationsverarbeitung und der kartographischen Bildschirmkommunikation; Anwendung des Ausdrucks auch im Sinn der ↗kartographischen Modellierung. Der Modellbegriff in der kartographischen Modellbildung wird, wie auch in anderen Disziplinen, für unterschiedliche wissenschaftliche und technologische Aufgabenstellungen genutzt und unterscheidet sich dadurch hinsichtlich seines wissenschaftlichen Charakters. Modelle für die kartographische Erkenntnisbildung ersetzen zum Teil die Bildung von Theorien und können daher unmittelbarer in ihren Aussagen operationalisiert und damit z. B. in der Praxis direkt überprüft werden. Modelle, die mit Hilfe der mathematischen Logik beschrieben werden, sind besonders geeignet für die technologische Systementwicklung. Modelle, mit deren Hilfe Wahrnehmungs- und Denkprozesse beschrieben werden, sind relativ vage und offen und beeinflussen damit auch in entsprechender Weise den Charakter von empirischen Untersuchungen. Im einzelnen lassen sich in der Kartographie mindestens vier Bereiche der Modellbildung unterscheiden. Eine beschreibende Funktion von Modellen zeigt sich in der Charakterisierung der Karte als Modell der Realität (abstrakt-symbolische Modelle) (↗Kartenmodell). Eine konzeptionelle Funktion ergibt sich aus der modellhaften Beschreibung von Daten-, Zeichen- und Kartenmerkmalen, mit deren Hilfe Datensätze, Zeichensätze und Karten modelliert werden (strukturelle Modelle). Eine operationelle Funktion ergibt sich aus der modellhaften Beschreibung von Verfahrensabläufen, auf deren Strukturen der Herstellungs- und Nutzungsprozeß von Karten ausgeführt wird (operationale Modelle). Die in der Empirischen Kartographie verwendeten Modelle können der Klasse der kognitiven Modelle zugerechnet werden, da diese gegenstandsadäquat auch in der kognitiven Psychologie genutzt werden.

kartographische Modellierung, Methoden- und Verfahrensbereich der Kartographie und der ↗kartographischen Informatik zur Ableitung von logischen Daten- und Zeichensätzen, von Kartenkonzepten oder zur Auswahl und Strukturierung von Generalisierungs- und sonstigen Berechnungs- und Transformationsvorgängen der Kartenherstellung und -nutzung auf der Basis von Struktur- und Operationsmodellen; Anwendung des Ausdrucks auch im Sinne von ↗kartographischer Modellbildung. Durch die kartographische Modellierung werden die traditionellen Methoden und Verfahren der ↗Kartenredaktion, des ↗Kartenentwurfes und z. T. der ↗Kartentechnik ersetzt und formalisiert. Sie vereinheitlicht gedanklich-konzeptionelle und automatisierte Entscheidungsschritte und Verfahrensabläufe. In kartographischen Expertensystemen sind die gedanklich-konzeptionellen Entscheidungen schon in Form von Modellregeln implementiert. Für den Bereich Kartennutzung, Nutzerverhalten und Nutzerleistungen wird die kartographische Modellierung durch ziel- und tätigkeitsorientierte Modellansätze erweitert. Im Bereich ↗Datenmodellierung werden auf der Basis von logischen und semantischen Strukturschemata (Datenmodelle) Geoobjekte ausgewählt, bezeichnet und attributiert und in Form von konkreten Datensätzen technisch verwaltet (↗ATKIS). Zur Verwaltung der Datensätze werden die Strukturschemata in ↗Datenbanken technologisch abgebildet. Im Bereich Zeichenmodellierung werden graphische Merkmale von Zeichen auf der Basis von kartographischen Zeichen- und Referenzmodellen konkret strukturiert. Dabei werden aus dem Angebot von Farb-, Helligkeits- und Textursystemen Zeichenreihen definiert und mit Hilfe von in Referenzmodellen strukturierten Zuordnungsregeln entsprechend ihrer semantischen Bedeutung und visuell-kognitiven Wirkung konkreten Datenstrukturen zugeordnet. Der logische Zuordnungsprozess erfolgt in der Regel noch gedanklich vom Systemnutzer. Das Angebot an Zeichenmerkmalen und die technische Zeichen-Daten-Zuordnung wird durch vom System angebotenen Farbpaletten, Graphikmenüs oder sog. Legendeneditoren unterstützt. Im Bereich Kartenmodellierung wird die ↗Generalisierung, Verortung bzw. Platzierung von Kartenzeichen im Kartenbild konzeptionell vorbereitet und verfahrenstechnisch organisiert. Bei halbautomatischen Konstruktionsverfahren wird die Gesamtmenge der Kartenzeichen und die Struktur konkreter Datensätze in Form von ↗Kartentypen logisch zusammengefaßt und konstruktiv als fertige Kartensätze generiert. Für erforderliche graphische Optimierungen des Kartenbildes gibt es erste Ansätze für regelbasierte Gestaltungsmodelle (↗Schriftplazierung).

kartographische Präsentation, *kartographischer Präsentationsprozeß*, Vorgang, in dem ↗kartographische Medien angeboten und genutzt werden; steht auch als Synonym für kartographische Medien insgesamt. Kartographische Präsentationen unterscheiden sich durch die im Vorgang präsentierten Medien, deren Präsentationsformen sowie dem Ablauf der Präsentation. Insgesamt bilden diese Komponenten der kartographischen Präsentation einen Teilaspekt der ↗kartographischen Kommunikation, die die Übertragung, Aufnahme und Verarbeitung von ↗kartographischen Informationen bestimmen. Im Zusammenhang mit der kartographischen Bildschirmkommunikation sind neue Präsentationsformen für Karten entstanden. So können im Gegensatz zur statischen Präsentationsform (Papierkarten, Atlanten, nicht veränderbare Bildschirmkarten) bei Kartenanimationen oder dynamischen (interaktiven) Präsentationsformen während des Präsentationsablaufes Karten sukzessive auf- oder abgebaut, interaktiv verändert, rechnergestützt analysiert, aber auch in andere Abbildungsformen überführt werden. Zusätzlich können Wirkungen von Karten durch graphische Aktionen (↗Arbeitsgraphik) oder durch die Verkettung anderer Medien unterstützt bzw. verbessert werden. Ziel der kartographischen Präsentation ist die lösungsorientierte und situative Optimierung der gedanklichen Wissensableitung und -repräsentation.

In der Angewandten Kartographie werden aufgabenorientierte Präsentationsbedingungen für die Nutzung von kartographischen Medien geschaffen. Etwa für die Kartierung oder Orientierung und Navigation im Gelände, für die wissenschaftliche Informationsverarbeitung und Simulation, für die Dokumentation und Archivierung sowie für die allgemeine Unterrichtung und zum Lernen kartographische Präsentationsvorgänge werden sie in medialer und operationaler Hinsicht speziell in Informationssystemen angelegt. Dazu wird z. Z. untersucht, in welcher Form kartographische Präsentationsvorgänge zur Unterstützung und Steuerung der Informationsgewinnung und Wissensrepräsentation unmittelbar in Aufgaben, Tätigkeiten und Problemlösungsprozesse integriert werden können. [JB]

kartographische Repräsentation, gedankliche und physische Verfügbarmachung von grundrißbezogenem georäumlichen Wissen. Die kartographische Repräsentation basiert auf den Bedingungen ↗kartographischer Abbildungen, durch die sich die Eigenschaften, Ziele und Funktionen von in Karten repräsentiertem Wissen gegenüber dem in anderen Medien unterscheidet. Die Repräsentation von Wissen kann in unterschiedlicher zeitlicher Dauer oder mit unterschiedlichem Ziel verwirklicht sein: perzeptiv-momentan z. B. zur visuell-kognitiven Aneignung der Realität; vorstellungsartig-überdauernd zur wiederholten gedanklichen Verwendung; handlungs- und problemorientiert zum zielorientierten Entscheiden. Eine überdauernde Repräsentation von Wissen ergibt sich physikalisch in Form von Zeichen bzw. Karten. Bei der kartographischen Repräsentation muß sowohl das gedanklich repräsentierte Wissen, das durch Karten erweitert werden soll und als Kontextwissen beim Kartennutzer vorausgesetzt wird, als auch das Wissen, das in Karten repräsentiert wird, auf dieselben Abbildungsbedingungen von Karten ausgerichtet sein (grundrißbezogen, in einem bestimmten Maßstabsverhältnis etc.). Andererseits ist Wissen, das in Karten graphisch oder in anderer Form zur Verfügung steht nur dann relevant, wenn es aufgrund der jeweiligen Zeichenwirkungen abgeleitet werden kann. Insgesamt wird somit die Relevanz von Karten für die kartographische Repräsentation und damit auch für die zielorientierte Nutzung abgeleiteten Wissens bestimmt: a) durch den abgebildeten Wissensinhalt, b) durch eine Übereinstimmung von kartographischen Abbildungsbedingungen in der Karte und bei der gedanklichen Weiterverabeitung und c) durch die Wirkung kartographischer Zeichen, die eine Ableitung von kartographischen Informationen zulassen müssen. Um diesen Zusammenhang zu klären gibt es in der ↗Empirischen Kartographie Bestrebungen, Strukturen der gedanklichen Repräsentation georäumlichen Wissens so zu differenzieren, daß danach die Wirkung von Karten ausgerichtet werden kann. [JB]

kartographisches Gefüge, nach der Gefügelehre von E. ↗Imhof die formal-graphischen Gefügetypen als 3. Ebene des ↗kartographischen Zeichensystems, denen bestimmte Geobjekte methodisch zugeordnet werden. Es lassen sich unterscheiden: Gefüge lokaler Gattungssignaturen oder Standortkarten, Netze linearer Elemente, Gattungsmosaiken oder Gattungsflächengefüge, Gefüge der Kontinua, Gefüge zur Darstellung von Bewegungen und Kräften sowie Vektorengefüge, Streuung von Wertpunkten und Wertsignaturen, Dichtemosaiken, andere statistische Mosaiken, insbesondere Streifenmosaiken, Gefüge von Orts- und Gebietsdiagrammen als Orts- und Gebietsdiagrammkarten, Gefüge von Banddiagrammen, mehrschichtige Gefüge und Kombinationen verschiedener Gefüge. Dieses weitgehend methodenorientierte System hat große Ähnlichkeit mit den ↗kartographischen Darstellungsmethoden nach K. A. ↗Salistschew, W. Pillewizer und W. Stams. [WGK]

kartographisches Konstruktionsmodell, Kartenkonstruktionsverfahren, in der ↗Kartographie die allgemeine technische Beschreibung der praktischen Verfahren und Verfahrensschritte zur logisch-mathematischen Konstruktion von ↗Karten (↗kartographische Darstellung, ↗kartographische Darstellungsmethoden). Für die Entwicklung und Implementierung von Konstruktionsmodulen bzw. -komponenten in ↗kartographischen Informationssystemen, ↗Kartenkonstruktionsprogramm usw. hat das technische ↗Modell der kartographischen Konstruktion außerdem die Funktion der vollständigen und einheitlichen Bereitstellung derjenigen Parameter, die eine Kartenkonstruktion steuern. Basierend auf Definitionen und Regeln der kartographischen Zeichen-Objekt-Referenzierung werden im kartographischen Konstruktionsmodell Anweisungen und Verfahrensabläufe zum logisch-mathematischen Aufbau von ↗Kartentypen wie Standortzeichen- oder Standortdiagrammkarten, Linienzeichen- oder Liniendiagrammkarten und Mosaik-, Choroplethen- oder Flächendiagrammkarten differenziert. Ergebnis der Anweisungsausführung sind graphisch-geometrische Zeichenkonstrukte, die beispielsweise auf der Grundlage von Flächennutzungskategorien Klassen relativer Schädigung, Gefährdung usw. oder absoluten Meßwerten abgeleitet und konkret in ↗kartographischen Medien als graphisch variierte punkt-, linien- oder flächenförmige Zeichen verortet werden (↗Verortung). [PT]

kartographisches Zeichenmodell, beschreibt zum einen die Referenzierung von kartographischen Zeichen (↗Kartenzeichen) und beliebigen ↗Geodaten bei der Herstellung von kartographischen Medien durch Regeln und strukturiert zum anderen graphische Mittel für die fragestellungs-, nutzungs- und nutzerbezogene Ausrichtung von ↗Zeichen. Für die Referenzierung von kartographischen Zeichen und Geodaten in kartographischen Medien werden Regeln zur Definition von Zeichenzuständen von Regeln zur Definition von Zeichenbeziehungen unterschieden. Mit Hilfe der Regeln zur Definition des Zeichenzustandes wird jedem Kartenobjekt ein Zeichen zugeordnet. Dabei werden Zeichen erstens auf der Grundlage der punkt-, linien-, flächen- oder oberflächenhaften geometrischen Dimension von abzubildenden Objekten als punkt-, linien-, flächen- oder oberflächenförmig definiert. Zweitens werden auf der Grundlage der semantischen Beziehung zwischen dem graphischen Aufbau von Zeichen und dem inhaltlichen Zustand von Objekten assoziative, symbolische, konventionelle oder frei definierte Zeichen abgeleitet. Mit Hilfe der Regeln zur Definition von Zeichenbeziehungen werden Beziehungen von Kartenobjekten Beziehungen von Zeichen zugeordnet. Dabei wird erstens die Netzstruktur des ↗Zeichenmusters auf der Grundlage der topologischen Netzstruktur von Kartenobjekten durch Punkt-, Linien-, Flächen- und Oberflächennetze festgelegt. Zweitens werden auf der Grundlage der statistischen Skalenniveaus (↗Skalierungsniveau) der Beziehungen zwischen Kartenobjekten die graphischen Unterschiede zwischen Zeichen durch Zeichenvariation mit Hilfe der ↗graphischen Variablen Form, Farbe und Richtung zur Darstellung von nominalskalierten Objektbeziehungen, Helligkeit und Form zur Darstellung von ordinalskalierten Objektbeziehungen und Größe zur Darstellung von intervall- und ratioskalierten Objektbeziehungen definiert.

Für die Ausrichtung von Zeichen in kartographischen Medien auf konkrete Fragestellungen, Nutzungssituationen und Nutzer werden im kartographischen Zeichenmodell Zeichenelemente und graphische Mittel zu ihrer Variation strukturiert, die nicht unmittelbar bedeutungstragend sind, sondern vor allem Funktionen der Signalassoziation, der Gliederung oder der Orientierung für die Wahrnehmung und gedankliche Verarbeitung ↗kartographischer Informationen durch den Kartennutzer haben. Dabei werden Ordnungselemente und syntaktische Elemente in kartographischen Zeichen unterschieden.

Als Ordnungselemente in kartographischen Zeichen wirken erstens graphische Elemente, die die eigentliche Zeichenrepräsentation aufgrund von allgemein bekannten graphischen Eigenschaften bzw. in Zusammenhang mit bestimmten Wahrnehmungsbedingungen durch Redundanz unterstützen. Solche graphischen Elemente sind beispielsweise Flächenränder, die eine Farbfläche zusätzlich begrenzen, oder Fondtöne zur Abgrenzung inhaltlich nicht erfaßter Gebiete. Zweitens wirken als Ordnungselemente in kartographischen Zeichen indexikalische Elemente, die bestimmte Zeichenzustände oder Zeichenbeziehungen gegenüber anderen Zeichenzuständen und Zeichenbeziehungen visuell hervorheben. Beispiele für indexikalische Elemente sind die zurückhaltenden Farben einer topographischen ↗Basiskarte, die eine thematische Informationsschicht von dieser deutlich trennt oder die hinweisende Farbe einer Flächennutzungskategorie, die inhaltlich eng mit einer thematischen Informationsschicht verknüpft ist (↗Indexikalität).

Als syntaktische Elemente in kartographischen Zeichen wirken erstens indexikalische Figuren, die aufgrund von allgemein bekannten Signalassoziationen Objekte oder Objektbeziehungen in kartographischen Medien graphisch zusätzlich kennzeichnen und damit der gedanklichen Verarbeitung unmittelbar zugänglich machen. Solche indexikalischen Figuren sind beispielsweise visuell hervorhebende Farbtöne, eingrenzende Kreise oder kennzeichnende Pfeile, die Objekte signalisieren. Zweitens wirken als syntaktische Elemente in kartographischen Zeichen ikonische Figuren, die aufgrund ihrer visuellen Eigenschaften die variable ↗graphische Substanz für diejenigen Zeichenelemente bilden, welche unmittelbare Repräsentationsfunktion haben. Beispiele für ikonische Figuren sind einerseits Farbverhältnisse und Formeigenschaften sowie qualitative, ordnende und quantitative Eigenschaften von ↗Zeichenreihen und andererseits Schatteneffekte, Figur-Hintergrund-Beziehungen sowie Übergangseffekte zwischen punkt-, linien- und flächenförmigen Zeichen. Signalisierende, gliedernde und orientierende Funktionen von kartographischen Zeichen werden dabei durch gezielte Variation ikonischer Figuren im Rahmen des von den Regeln zur Zeichenreferenzierung vorgegebenen Variationsspielraumes erreicht. Die konkrete Zuordnung dieser nicht unmittelbar bedeutungstragenden Elemente in kartographischen Zeichen zu Kartenfunktionen, Nutzungssituationen und Nutzermerkmalen ist im Modell der kartographischen Arbeitsgraphik näher beschrieben (↗kartographische Zeichentheorie). [PT]

Literatur: [1] BERTIN, J. (1974): Graphische Semiologie. – Berlin, New York. [2] BOLLMANN, J. (1996): Kartographische Modellierung – Integrierte Herstellung und Nutzung von Kartensystemen. – In: Schweiz. Gesellschaft f. Kartographie. (Hrsg.) Kartographie im Umbruch – neue Herausforderungen, neue Technologien. Beiträge zum Kartographiekongreß Interlaken 96. – Bern, S. 35–55.

kartographisches Zeichensystem, 1) die Gesamtheit der *kartographischen Ausdrucksmittel*, die für die Herstellung und Nutzung von ↗Karten und anderen ↗kartographischen Darstellungsformen bzw. ↗kartographischen Medien eingesetzt werden. Das kartographische Zeichensystem bildet die graphische Struktur des ↗Kartenbildes (*Kartengraphik*). Es kann in drei Ebenen untergliedert werden. Die untere Ebene bilden die graphischen Grundelemente Punkt, Linie und Fläche. Sie sind die elementaren Bausteine jeder graphischen Darstellung. Die zweite Ebene ist die der ↗Kartenzeichen als aus den Grundelementen zusammengesetzte Zeichen. Die ↗Kartenschrift als spezielle Zeichenkategorie ergänzt und erläutert die Kartenzeichen bzw. tritt selbst zeichenhaft in Erscheinung. Dritte und obere Ebene bilden mehr oder weniger komplexe graphische Strukturen (Gefüge) in Abhängigkeit von den eingesetzten kartographischen Darstellungsmethoden bzw. ↗Kartentypen. Eine spezifisch zeichentheoretische Be-

kartographische Wahrnehmungsräume

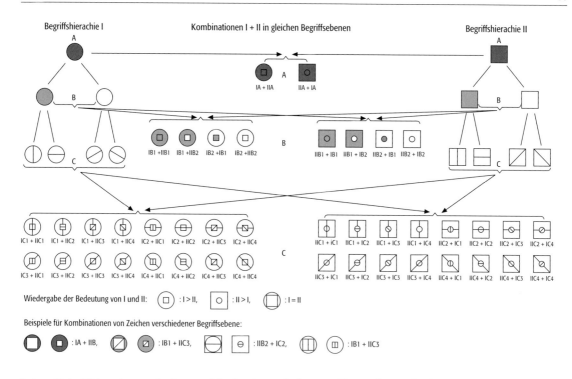

kartographisches Zeichensystem: Schema eines logisch geordneten kartographischen Zeichensystems. Es sind die Begriffe zweier Begriffsebenen unter Berücksichtigung der jeweiligen Bedeutung der Begriffe durch Kombination geeigneter Kartenzeichen (Signaturen) dargestellt.

schreibung und Strukturierung des kartographischen Zeichensystems erfolgt durch das (allgemeine) ↗kartographische Zeichenmodell. 2) die im Sinne eines *Kartenzeichensystems* oder *Signaturenkatalogs* für eine ↗Karte oder ein ↗Kartenwerk erarbeiteten und häufig in Form einer ↗Zeichenvorschrift und/oder Zeichenerklärung (↗Legende) systematisch und übersichtlich zusammengestellten und erläuterten ↗Kartenzeichen, die aus der Zeichenreferenzierung (↗Zeichen-Objekt-Referenzierung) bzw. Bildung eines inhaltlich spezifizierten kartographischen Zeichenmodells hervorgegangen sind. Wesentlich für ein Kartenzeichensystem sind die logische Ordnung und die graphische Homogenität, was die Lesbarkeit der einzelnen Kartenzeichen und die Erkennbarkeit der Beziehungen zwischen den Kartenzeichen (u.a. Kontrast, Differenzierung, Gewichtung) einschließt (Abb.) Sowohl für ↗topographische Karten als auch für ↗thematische Karten bzw. ↗Kartenwerke liegen z.T. standardisierte Kartenzeichensysteme vor. [WGK]

kartographische Wahrnehmungsräume, Modellräume, in denen spezifische ↗visuell-kognitive Prozesse der ↗Kartennutzung zusammengefaßt werden. Man differenziert vier Wahrnehmungsräume, die sich hinsichtlich ihrer generellen Funktion für den Gesamtvorgang der kartographischen Informationsverarbeitung unterscheiden. Ziel dieser Differenzierung ist es, einerseits unterschiedliche visuell-kognitive Nutzungsprozesse mit Karten formal zu strukturieren und andererseits aus dieser Zuordnung Folgerungen für den inhaltlichen und graphischen Aufbau kartographischer Medien zu ziehen. Unterschieden werden: a) der Zielraum, in dem konkrete Fragestellungen für die Kartennutzung aus Problem- und Handlungszusammenhängen abgeleitet werden, die Fragestellungen gedanklich in den Kontext der Karte integriert und daraus Ziele für die Informationsgewinnung abgeleitet werden; b) der Suchraum, in dem die visuell-gedankliche Vororientierung im Kartenfeld erfolgt, verfügbares Wissen aktiviert, dieses mit den Legendeninformationen verknüpft sowie das Kartenfeld visuell abgegrenzt und in relevante und nicht relevante Suchbereiche aufgeteilt wird; c) der Problemraum, in dem die eigentliche Informationsgewinnung stattfindet und zwar mit Hilfe von elementaren Operationen, durch die Lage- und Zustandsinformationen abgeleitet werden, mit Hilfe von höherrangigen Operationen, durch die Klassen, Netze und Regionen gebildet werden und mit Hilfe von Operationen auf der höchsten Stufe, durch die generalisierende Eigenschaften von Zuständen, Beziehungen, Trends und Entwicklungen festgestellt werden und d) der Ergebnisraum, in dem die Ziele der Informationsverarbeitung überprüft und die gewonnenen Informationen in den individuellen Wissenskontext eingebunden werden, um für Entscheidungen bzw. Folgeprozesse zur Verfügung zu stehen. Diese Modellräume bilden das formale Gerüst für die Aufteilung von gedanklichen Operationen bei der Kartennutzung. Die formale Differenzierung von gedanklichen Operationen der Informationsgewinnung in Karten ist eine notwendige Grundlage, um den Kommunikationsprozeß zwischen Karte und Kartennutzer zielgerichtet zu unterstützen. [FH]

kartographische Zeichentheorie, *Kartosemiotik*, baut als Teilgebiet der Allgemeinen Kartographie auf der allgemeinen ↗Semiotik auf. Die Bezeichnung Kartosemiotik wird vor allem von der wissenschaftlichen ↗Kartographie im ostdeutschen und osteuropäischen Raum sowie in der ↗Internationalen Kartographischen Vereinigung (map semiotics, cartosemiotics) verwendet, wobei der Theorieansatz betont kartensprachlich (↗Kartensprache) ausgeprägt ist.

Die kartographische Zeichentheorie entwickelt Theorien und Modelle für die Herstellung und Nutzung ↗kartographischer Darstellungsformen bzw. ↗kartographischer Medien und stellt universelle und spezielle ↗Zeichensysteme im Sinne einer ↗Zeichensprache (↗Kartensprache) bereit. Untersuchungsgegenstand der kartographischen Zeichentheorie sind im weitesten Sinne die ↗Kartenzeichen als graphische Repräsentanten der zu modellierenden Geoinformationen (↗Geodaten), insbesondere die strukturelle und funktionsorientierte ↗Zeichenreferenzierung. Im engeren Sinne beschreibt, modelliert und untersucht die kartographische Zeichentheorie ↗Kartenzeichen (kartographische Zeichen), ihre Beziehungen untereinander (kartographische ↗Syntaktik) und zum bezeichneten Raumobjekt (kartographische ↗Semantik) sowie die Beziehung dieser Zeichen zum Nutzer kartographischer Medien (kartographische ↗Pragmatik). Außerdem wird der kartographische Zeichenprozeß (↗Semiose) untersucht, der im Zusammenhang des Auslösens von raumbezogenen Vorstellungen, Erkenntnissen, Reaktionen oder Handlungen mittels kartographischer Zeichen besteht. Dabei werden im Rahmen eines komplexen perzeptiven und kognitiven Prozesses über die unmittelbare Zeichenbedeutung hinaus weitere Zeichenbedeutungen, die erfahrungsabhängig mit der unmittelbaren Zeichenbedeutung verbunden sind für das raumbezogene Verhalten und Handeln abgeleitet (↗Denotation, ↗Konnotation). Der Bedingungsrahmen für zeichentheoretische Untersuchungen in der Kartographie wird heute zunehmend durch die temporäre Präsentation und Nutzung kartographischer Medien am Bildschirm bestimmt (↗kartographische Bildschirmkommunikation). Die kartographische Zeichentheorie bildet die Grundlage für die Untersuchung, Entwicklung und Anwendung des ↗kartographischen Zeichenmodells. Im Rahmen der kartographischen Zeichentheorie untersucht die kartographische Syntaktik die bedeutungsunabhängige Beziehung von kartographischen Zeichen zueinander. Syntaktische Beziehungen bzw. Eigenschaften von Zeichen werden in der Kartographie modelliert und untersucht, um die Abgrenzung von Kartenzeichen zum Zeichenträger und die eindeutige Wahrnehmung von Gleichheiten, Unterschieden oder Ähnlichkeiten zwischen Zeichen in Karten beispielsweise durch hinreichende graphische Kontraste zu gewährleisten. Die kartographische Syntaktik steht in engem Zusammenhang mit der Theorie der Kartographie. Man unterscheidet zwischen primären syntaktischen Aspekten, wie der Lage von Zeichen in der georäumlich definierten Zeichenebene, also in der Karte, den Lagebeziehungen und der Gesamtmenge der Zeichen (↗Kartenbelastung) sowie sekundären syntaktischen Aspekten, wie der Verschiedenheit der graphischen Merkmale von Zeichen und den Beziehungen zwischen graphischen Merkmalen und Zeichen.

Die kartographische Semantik untersucht die Beziehung von kartographischen Zeichen zum bezeichneten Gegenstand bzw. zur Zeichenbedeutung, also dem ↗Designat des Zeichens. Semantische Beziehungen bzw. Eigenschaften von Zeichen werden in der Kartographie modelliert und untersucht, um die gedankliche Verarbeitung der Zeichenbedeutungen bei der ↗Kartennutzung, beispielsweise durch Übereinstimmung, Ähnlichkeit, Analogie oder Konventionen in der Beziehung zwischen kartographischen Objekten und Zeichen zu ermöglichen (↗Ikonizität). Als Voraussetzung gilt dabei die Eindeutigkeit der Zuordnung von Zeichen und Begriff (Kodierung, ↗Monosemie), die neben der gedanklichen Verarbeitung von Zeichenbedeutungen bei der Kartennutzung Gegenstand zahlreicher semantischer Untersuchungen in der Kartographie ist. Im semantischen Sinne werden dabei auch die Begriffe selbst im Hinblick auf ihre Eindeutigkeit und Funktion bei der Kartennutzung analysiert. Neben der kartographischen Semantik wird auf der Grundlage der marxistischen Erkenntnistheorie auch die kartographische Sigmatik (Kartosigmatik) unterschieden, die die Beziehung von Kartenzeichen zu den bezeichnenden Eigenschaften eines Gegenstandes (Objektes) untersucht. Die kartographische Pragmatik (Kartopragmatik) untersucht die Beziehung kartographischer Zeichen einschließlich ihrer Zeichenbedeutung zum Nutzer kartographischer Zeichen bzw. Medien. Pragmatische Beziehungen bzw. Eigenschaften von Zeichen werden in der Kartographie modelliert und untersucht, um die Gewinnung und den Austausch von raumbezogenen Informationen sowie die Ausführung von raumbezogenen Handlungen und das menschliche Verhalten im Raum mit Hilfe von Karten gezielt steuern zu können und beispielsweise durch zusätzliche Medien und hinweisende Graphik zu unterstützen. Die kartographische Pragmatik bildet den umfassendsten Untersuchungsbereich im Rahmen der kartographischen Zeichentheorie, da neben den syntaktischen und semantischen Aspekten vor allem auch perzeptions- und kognitionsbezogene Erkenntnisse zur gedanklichen Verarbeitung von Karteninformationen und zu ihrer Nutzung für die Aneignung raumbezogenen Wissens und die Steuerung raumbezogenen Handelns von grundlegender Bedeutung sind (kartographische Wahrnehmungstheorie, ↗Kartenlesen). Die kartographische Zeichentheorie steht damit in unmittelbarem Zusammenhang mit dem Begriff der ↗kartographischen Kommunikation. Beide Begriffe haben die Entwicklung der wissenschaftlichen Kartographie in Verbindung mit der Entwicklung und Etablierung der DV-Technologie seit

Ende der 60er Jahre des 20. Jh. wesentlich geprägt. Dabei lassen sich folgende Forschungsrichtungen der kartographischen Zeichentheorie unterscheiden: J. ↗Bertin u. a. begründeten Ende der 1960er Jahre zunächst die kartographische Semiotik, deren Erkenntnisgegenstände einerseits Eigenschaften kartographischer Zeichen und ihre strukturelle Analogie zum menschlichen Denken und andererseits strukturelle Eigenschaften raumbezogener Daten sind. Die grundlegende These der kartographischen Semiotik besteht in der überprüfbaren Eignung der Kartengraphik zur Abbildung von raumbezogenen Datenstrukturen. Der als monosemiotisch bezeichnete Ansatz der kartographischen Semiotik vernachlässigt dabei die Abbildung unmittelbarer Bedeutungen in kartographische Zeichen. Die kartographische Zeichen- und Kommunikationstheorie stellt Ende der 1960er Jahre und Anfang der 1970er Jahre durch A. Kolacny und U. Freitag den (einseitigen) Kommunikationsprozeß zwischen Kartenhersteller und Kartennutzer mittels Karte bzw. Kartenzeichen in den Vordergrund. Der Ansatz beschreibt und untersucht die einzelnen Komponenten des kartographischen Kommunikationsprozesses und führt zur Differenzierung der kommunikativen Eigenschaften von Karten. Kartographisch-linguistische Theorieansätze prägen vor allem Ende der 1970er und Anfang der 1980er Jahre den Begriff der ↗Kartensprache. Die Ansätze untersuchen auf der Grundlage des sprachtheoretischen Vergleichs von verbalsprachlichen und kartographischen Zeichensystemen den Aufbau eines kommunikationsorientierten kartographischen ↗Zeichenvorrats. In diesem Zusammenhang vergleicht man die »Kartensprache« mit der natürlichen Sprache. Neben diesen drei grundsätzlichen Forschungsrichtungen der kartographischen Zeichentheorie existieren weitere Ansätze, die den kommunikationstheoretischen und linguistischen Theorieansätzen zwar zugeordnet werden können, jedoch deutlich eigenständige Elemente aufweisen. Hierzu zählen unter anderem das zeichentheoretische Konzept des Map Symbolism als komplexes semiotisches System mit raumbezogenen und nicht-raumbezogenen Komponenten sowie das kartensprachliche Konzept mit zwei Subsprachen. Sämtliche Forschungsrichtungen der kartographischen Zeichentheorie bilden seit der Einführung rechnergestützter Verfahren eine elementare Grundlage für die system- und modelltheoretischen sowie technologischen Erkenntnisbereiche und Entwicklungsphasen der wissenschaftlichen Kartographie. [PT, WGK]

Literatur: [1] BOLLMANN, J. (1977): Probleme der kartographischen Kommunikation. Bonn – Bad Godesberg. [2] FREITAG, U. (1971): Semiotik und Kartographie. – In: Kartographische Nachrichten, 21/5, S. 171–182. [3] KOCH, W. G. (1998): Zum Wesen der Begriffe Zeichen, Signatur und Symbol in der Kartographie. – In: Kartographische Nachrichten, 48/3, S. 89–96.

kartographisch-interaktiver Arbeitsplatz, Gesamtsystem (Hard- und Software) zur Erzeugung, Darstellung, Gestaltung und Ausgabe von Karten. Ein kartographisch-interaktiver Arbeitsplatz besteht in der Regel aus einer ↗graphischen Workstation, verschiedenen Anwendungsprogrammen zur Bearbeitung von Karten (↗Kartenkonstruktionsprogrammen, ↗Zeichenprogrammen, usw.) und Geräten zur ↗Dateneingabe bzw. ↗Datenausgabe. Häufig werden derartige Systeme als spezielle Hard- und Softwarekombination von einem Hersteller angeboten.

Kartolithographie, Verfahren zur Herstellung von Karten und Zeichnungen (Bilder) mit lithophischen und photo-lithographischen Techniken durch speziell ausgebildete Kartolithographen (Lehrberuf vom Ende des 19. Jh. bis etwa 1950). An lithographischen Techniken kommen vorrangig die Federlithographie, bei der die Strichelemente einer Karte einschließlich der Schrift mit Fettusche unmittelbar auf einen Lithographiestein gezeichnet und die Farbflächen deckend angelegt werden sowie die Steingravur zur Anwendung (↗Lithographie).

Kartometer ↗Nomogramm.

Kartometrie, Teilgebiet der Kartographie, das sich mit der Messung geometrischer Größen in konventionellen Karten auf Papier und in digitalen Kartenmodellen zum Zwecke ihrer Nutzung befaßt. Die konventionelle Kartometrie lehrt Grundsätze, Methoden und Handhabung von Meßgeräten und Hilfsmitteln wie Transversalmaßstab, Planzeiger, Transporteur, Stechzirkel, ↗Kurvimeter und ↗Planimeter zur Messung in Karten mit dem Ziel, Koordinaten (↗Koordinatenbestimmung), Richtungen und Winkel ↗Richtungsbestimmung, Entfernungen und Linienlängen, Flächeninhalte, Geländehöhen und -neigungen usw. möglichst genau und zuverlässig anzugeben. Die Qualität der Meßergebnisse hängt sowohl von der Leistungsfähigkeit der Meßgeräte und -verfahren als auch von den Eigenschaften der Karte wie ↗Maßstab, ↗Kartennetzentwurf, Aktualität des Inhalts, topologische Richtigkeit, geometrische Genauigkeit usw. ab, und ist, insbesondere bei kleinmaßstäbigen Karten, begrenzt. Ein Fehler von nur 0,1 mm in einer Karte vom Maßstab 1 : 1 Mio. macht in der Natur einen Fehler von 100 m aus. Mit dem Aufbau digitaler Datenbestände (↗ATKIS, digitale Kartenmodelle) wird daher die konventionelle Kartometrie mehr und mehr durch die rechnergestützte oder *digitale Kartometrie* abgelöst. Anstelle der Analogkarte auf Papier benutzt man Lage- und Höhenkoordinaten und die bereits als historisch anzusehenden Meßgeräte und -hilfsmittel sind durch wohl definierte Rechenformeln unterschiedlicher Approximationsgüte ersetzt. Obwohl auch die gespeicherten Koordinaten von Kartenobjekten mit Erfassungsfehlern behaftet sind, ist man doch unabhängig von Blattschnitt, Verzerrungen (↗Verzerrungstheorie) durch Kartennetzentwurf, Papierveränderungen usw. Historisch gesehen geht die rechnerische Kartometrie auf ↗Gauß zurück (Gaußsche Flächenformeln). [SM]

Kartomorphographie ↗Kartensprache.
Kartosemiotik ↗kartographische Zeichentheorie.
Kartosignik ↗Kartensprache.
Kartostilistik ↗Kartensprache.
Kartosyntagma ↗Kartensprache.
Kartosyntax ↗Kartensprache.
Kartreppe, *Treppenkar, Stufenkar,* treppen- oder stufenhafte Abfolge von mehreren, in verschiedenen Höhenlagen übereinander gelegenen ↗Karen. Kartreppen können gesteins- und lagerungsbedingt sein oder ↗klimageomorphologisch gedeutet werden.
Kartusche, *franz. cartouche,* eine schildförmige, von reich verziertem Dekor begrenzte Fläche. Solche meist für Inschriften, Wappen, seltener bildliche Darstellungen genutzten Zierformen wurden von der Renaissance über das Barock bis zum Rokoko in der Architektur, auf Grabdenkmalen, in der Buchkunst und auf Kupferstichen insbesondere zur Hervorhebung von Inschriften benutzt. Auf historischen Karten wurden vom 16. bis zum Anfang des 18. Jh. meist die Titel, manchmal auch weitere Inschriften (↗Legende) und Widmungen, teilweise auch die Zeichenerklärung dekorativ als Kartuschen gestaltet.
Kasachstania, *Kazakhstania,* hypothetischer präkambrischer Mikrokontinent, der am Rande von ↗Gondwana existiert haben soll, sich im ↗Kambrium ablöste und im ↗Devon bis ↗Karbon an den asiatischen Kontinent anschloß. Überreste dieses Mikrokontinentes findet man heute in Zentralkasachstan und im nördlichen Tien Shan. Da das kasachische Massiv sehr heterogen ist, sind Entstehungsgeschichte und paläogeographische Lage umstritten.
Kasimov, *Kasimovium,* international verwendete stratigraphische Bezeichnung für eine Stufe des Oberkarbons. ↗Karbon, ↗geologische Zeitskala.
kastanienfarbene Böden, ↗Kastanozems.
Kastanozems, *Castanozems, kastanienfarbene Böden, chestnut soils,* nach dem kastanienfarbenen ↗A-Horizont benannte Bodenklasse der ↗WRB. Diese Steppenböden ähneln den ↗Chernozems und ↗Phaeozems. Sie besitzen als diagnostischen Horizont einen ↗mollic horizon, der deutlich braun ist und bis in eine Tiefe von mindestens 20 cm reicht. Kastanozeme weisen Sekundärkalk innerhalb der oberen 100 cm auf. Sie können Gipsanreicherungen im Profil haben. Sie sind weltweit auf ca. 465 Mio. ha verbreitet, vor allem in der Ukraine, Südrussland, der Mongolei sowie in den Great Plains der USA. Sie sind vergesellschaftet mit ↗Calcisols, ↗Gypsisols, ↗Solonetz und ↗Solonchaks.
Kastental ↗Talformen.
katabatischer Wind, von den regionalen Luftdruckgegebenheiten unabhängiger, lokal gebildeter, kalter und damit schwerer, bodennaher Fallwind, der häufig über ↗Gletschern zu beobachten ist.
Katabolismus, ↗Abbau von Nahrungsstoffen in kleinere Moleküle. Durch diese Stoffwechselvorgänge werden dem Organismus Energie und Synthesebausteine (Monomere) für den ↗Anabolismus bereitgestellt. ↗Atmung.

Katagenese, der ↗Diagenese folgender Prozeß der thermischen Veränderung von organischer Materie. Die durch die zunehmende Sedimentüberlagerung resultierende Erhöhung des Drucks und der Temperatur führt zu Kohlenstoff-Kohlenstoff-Bindungsbrüchen höhermolekularer Verbindungen und somit zur Bildung kleinerer Kohlenwasserstoffmoleküle. Dieser Vorgang der thermischen ↗Reifung verursacht bei entsprechendem organischen Ausgangsmaterial eine Freisetzung von ↗Erdöl aus dem während der Diagenese gebildeten ↗Kerogen. In größeren Tiefen werden Kohlenstoff-Kohlenstoff-Bindungen der höhermolekularen Kohlenwasserstoffe des Erdöls gebrochen, wodurch ↗Erdgas und andere niedermolekulare Kohlenwasserstoffe entstehen. Unter dem großen Druck lösen sich diese niedermolekularen Verbindungen im Erdöl. Überschreitet der Gasgehalt im Erdöl einen bestimmten Punkt, so werden die bisher in Erdöl gelösten ↗Asphaltene ausgefällt (Asphaltenausfällung, engl. deasphalting). Das während der Katagenese gebildete Erdöl gelangt durch ↗primäre Migration und ↗sekundäre Migration in die Erdöllagerstätte. Die Katagenese läuft überwiegend in Tiefen zwischen 100 m und einigen Kilometern in einem Temperaturbereich zwischen 50 und 150°C ab. Das während der Diagenese gebildete Kerogen spaltet Erdöl und Erdgas ab. Mit zunehmenden Druck und Temperaturen folgt der Katagenese die ↗Metagenese. [SB]
Kata-Kaltfront ↗Kaltfront.
Kataklase, tektonisch bedingte, spröde Gesteinsdeformation im Umfeld von Verwerfungen, an denen die schrittweise Ausbreitung von Extensionsrissen und Scherbrüchen eine Fragmentierung des Gesteins erzeugt und im Kornverband einen Kohäsionsverlust bewirkt. Nach Größe der Fragmente unterscheidet man Störungs- oder Verwerfungsbrekzien (Makrobereich) und Mikrobrekzien (Mikrobereich). Das durch die Bruchdeformation entstandene Gestein bezeichnet man als ↗Kataklasit, das von Gesteinsfragmenten geprägte Gefüge als *kataklastisch.*
Kataklasit, durch die ↗Kataklase entstandenes Gestein, bestehend aus zerbrochenen eckigen Mineral- bzw. Gesteinskomponenten. Nach Größe der Fragmente unterscheidet man Störungs- oder Verwerfungsbrekzien im Makrobereich von Mikrobrekzien.
kataklastisch ↗Kataklase.
kataklastische Metamorphose, *Dislokationsmetamorphose, Dynamometamorphose,* auf die nähere Umgebung von Überschiebungen und Störungszonen beschränkte ↗Metamorphose, die nur durch mechanische Kräfte zum Zerbrechen und Zermahlen der Gesteine (Mylonitisierung) führt.
Katalanischer Weltatlas, *Katalanische Weltkarte,* ein 1375 wahrscheinlich von Abraham Cresques (1325–1387) auf Mallorca geschaffenes Kartenwerk, das nach mehrfacher Umgestaltung heute auf vier je 50 x 65 cm großen Doppelblättern eine zweiteilige ↗Portolankarte hoher Genauigkeit mit 1120 geographischen Namen und eine zweiteilige »mappa mundi«, hauptsächlich Asien mit

schematisierten Küstenumrissen, enthält. Auf zwei weiteren Doppelblättern wird eine allgemeine ↗Kosmographie geboten. Die Freiflächen der Kartenblätter sind mit Textblöcken, in denen sich geographische Kenntnisse und religiöse Vorstellungen des (jüdischen) Autors verquicken, gefüllt. Das Kartenwerk ist somit ein kulturhistorisches Dokument ersten Ranges. Die farbige Pergamentzeichnung wird seit 1380 in Katalogen geführt und befindet sich heute in der Bibliotheque Nationale in Paris; sie wurde erstmals 1975 in einer spanischen und 1977 in zwei deutschen Faksimileausgaben vollständig zugänglich. [WSt]

Kataster, systematisches Verzeichnis einer großen Anzahl gleichartiger Gegenstände. So ist z.B. das ↗Liegenschaftskataster ein Verzeichnis der Liegenschaften, das Wirtschaftskataster ein Verzeichnis der Wirtschaftsflächen, das Leitungskataster ein Verzeichnis der Versorgungsleitungen, das Planungskataster ein Verzeichnis der die Planung der Flächennutzung und Gebietsentwicklung beeinflussenden Faktoren. Der Begriff Kataster wird mitunter auch als Kurzbezeichnung für Liegenschaftskataster benutzt.

Katasterkarte ↗Liegenschaftskarte.

katathermale Lagerstätten, *hypothermale Lagerstätten*, nicht mehr gebräuchlicher Begriff für hydrothermale (Gang-)Lagerstätten mit Bildungstemperaturen zwischen 300 und 400°C. Der Begriff geht zurück auf die Vorstellungen einer Bindung der hydrothermalen Erzlagerstätten an einen Pluton in einer magmatischen Abfolge (↗Gesteinsassoziation) und daraus folgender Klassifikation mit abnehmender Temperatur.

Katavothre, griech. Bezeichnung für ↗Schwinde.

Katazone, die tiefste der Tiefenstufen der ↗Metamorphose; heute dank des Konzeptes der ↗metamorphen Fazies überflüssig. Typische Minerale in Gesteinen der Katazone sind: Diopsid, Omphacit, Orthopyroxen, Pyrop, Cordierit, Sillimanit, Spinell, Wollastonit und anorthitreicher Plagioklas.

Kathodenlumineszenz, effiziente Untersuchungsmethode in der Mikrofazieskunde. Lumineszenz ist die Umwandlung von Energie in Lichtenergie. Die in diesem Fall durch eine Kathode erzeugte Kathodenlumineszenz ist in der Lage, nach der Diagenese biogener Carbonate unterschiedlich farbige Lumineszenz zu erzeugen, die Aufschluß über solche Prozesse, z.B. in fossilen Zementen, geben können. Gewöhnlich lumineszieren unveränderte biogene Carbonate nicht, bis entsprechende Ersetzungen stattgefunden haben. Intensives gelb-oranges Aufleuchten ist dabei auf mutmaßlich frühdiagenetische ↗Zementation zurückzuführen. Dieses Aufleuchten hängt v.a. mit dem Einbau von Mangan ins Calcitgitter zusammen. Nach Richter & Zinkernagel (1981) lumineszieren marine (sowie meteorisch-vadose) Zemente nicht (was mit dem Manganmangel in Meerwasser korreliert), während phreatische (unter Grundwasserbedingungen gebildete) Zemente gewöhnlich stark lumineszieren. [RKo]

Kationenaustausch, die Fähigkeit vieler Minerale und Huminstoffe in einem weiten Bereich natürlicher pH-Bedingungen durch ihre negative Netto-Oberflächenladung Kationen (unspezifisch) zu adsorbieren, die gegen andere Kationen ausgetauscht werden können. Für einen homovalenten Kationenaustausch gilt schematisch:

$$Na^+ + K - X \leftrightarrow Na - X + K^+$$

mit X = Adsorbens. Die thermodynamische Quantifizierung der Austauschvorgänge setzt die Bestimmung der Aktivitäten adsorbierter Kationen voraus, für die (im Gegensatz zu gelösten Ionen) keine einheitliche Theorie besteht. Ein heterovalenter Austausch kann proportional zu den Äquivalentmengen der Kationen betrachtet werden (Gain-Thomas-Konvention):

$$Na^+ + 0{,}5\, Ca - X_2 \leftrightarrow Na - X + 0{,}5\, Ca^{2+}$$

oder proportional zur Zahl der Austauscherplätze (Gapon-Konvention):

$$Na^+ + Ca_{0{,}5} - X \leftrightarrow Na - X + 0{,}5\, Ca^{2+}.$$

Der Kationenaustausch wird neben den Aktivitäten der beteiligten Kationen im umgebenden Elektrolyten auch über die Bindungsstärke der Kationen am ↗Adsorbens gesteuert. Die Eintauschstärke steigt innerhalb der gleichen Elementperiode mit steigender Wertigkeit des Kations, z.B. $Na^+ < Mg^{2+} < Al^{3+}$, und innerhalb einer Elementgruppe mit steigendem Radius des nicht hydratisierten Ions (lyotrope Reihe), z.B. $Li^+ < Na^+ < K^+ < Rb^+ < Cs^+$.

Die Fähigkeit von Mineralen oder Systemen, wie z.B. Böden, Kationen auszutauschen wird als ↗Kationenaustauschkapazität (KAK) bezeichnet (Tab.) und experimentell durch Austausch mit einer Neutralsalzlösung beim aktuellen pH-Wert des Systems (effektive KAK) oder bei einem eingestellten pH-Wert von 7–7,5 (potentielle KAK) bestimmt. Der prozentuale Anteil austauschbarer Kationen an der Kationenaustauschkapazität wird als ↗Basensättigung bezeichnet.

Der Kationenaustausch hat große Bedeutung bei der Bodendüngung aufgrund der Fixierung von Mikronährstoffen (z.B. K^+) an Tauscherplätzen. Der hohen Verschlämmungsgefahr Na-reicher Böden wird bei der Melioration mit einem Austausch des Na^+ durch Ca^{2+} begegnet. Im Zuge der Auffrischung versalzter Grundwasserleiter mit Ca-reichem Süßwasser besteht die Gefahr, daß durch den Austausch von Na^+ gegen Ca^{2+} Tonminerale peptisieren (Herabsetzen der Ionenstärke, Vergrößerung der elektrischen Doppelschichten) und die Permeabilität der Grundwasserleiter oder der Brunnenfilter durch Verschlämmung herabgesetzt wird. [TR]

Kationenaustauschkapazität, *KAK*, ein Maß für die Menge der Kationen (positiv geladene Ionen), die ein Stoff adsorbieren und gegen in Lösung befindliche Kationen wieder austauschen kann. Die KAK ist eine wichtige Bodenkenngröße und steigt mit steigendem pH-Wert der Austauschlösung. Die wichtigsten »natürlichen« austauschbaren Kationen sind Ca^{2+}, Mg^{2+}, K^+, Na^+ sowie Al^{3+} und H^+. Potentielle Schadstoffe wie z. B. Pb, Cd, Hg, Cr, Sr, u. a. können, soweit sie als Kationen im Sickerwasser vorliegen, adsorbiert und ausgetauscht werden. Man unterscheidet die *effektive Kationenaustauschkapazität* und *potentielle Kationenaustauschkapazität*. Die effektive KAK ist die KAK des Bodens bei dessen jeweiligem pH-Wert. Sie wird nach DIN ISO 11260 (1994) bestimmt. Die potentielle KAK ist die KAK des Bodens bei pH 8,1. Sie wird nach DIN ISO 13536 (1995) bestimmt und erfaßt quasi alle potentiell desorbierbaren Kationen des Bodens, da dies der maximale pH-Wert der Böden in humiden Klimaten ist. Der prozentuale Anteil der austauschbaren Kationen an der KAK wird als Basensättigung bezeichnet. Ältere Begriffe sind: ↗S-Wert und ↗T-Wert. Die KAK wird üblicherweise in $mmol_{eq}/100$ g angegeben.

Kationenbelag, Art der austauschbaren Kationen. In neutralen bis schwach sauren Böden gemäßigter Klimate überwiegen Calcium-, Magnesium-, Kalium- und Natriumionen. In sauren Böden überwiegen Eisen-, Aluminium- und Kaliumionen sowie Protonen.

Kationensäuren, veraltete Bezeichnung für Kationen, die beim Lösungsvorgang in Wasser Protonen freisetzen. Sie werden auch als Lewissäuren bezeichnet. In der Bodenkunde wird z. B., der Heaquokomplex des Aluminiums als Kationensäure bezeichnet. Dieser Komplex bildet sich beim Lösen von Aluminiumsalzen in Wasser und kann relativ leicht ein Proton abspalten. Daher weisen Lösungen von Aluminiumsalzen in Wasser im allgemeinen einen niedrigen ↗pH-Wert auf, die Lösungen sind sauer.

Kationensorption ↗Sorption.

Kattegat, meist der Ostsee (↗Ostsee Abb.) zugeordnetes Meeresgebiet zwischen Jütland und Schweden.

Kaulbarsch-Flunder-Region, ↗Fischregion mit den Leitfischen Kaulbarsch und Flunder, Begleitfische sind Stint und Aal. Es ist der Gewässerabschnitt, welcher sich an die ↗Brachsenregion anschließt, er kann bereits erhöhte Salzgehalte (↗Brackwasser) aufweisen. Der Gewässergrund besteht vorwiegend aus feinsandigen oder schluffigen Sedimenten.

Kaustobiolith, brennbares ↗organogenes Sediment.

Kavalierperspektive, *Aufrißschrägbild* eines Landschaftsausschnittes in schiefer Parallelprojektion (Axonometrie) von rechts oben, bei der der Blickwinkel flacher als bei einem ↗Vogelschaubild ist. Als Kavalier wurde in den Festungen des 18. Jahrhunderts ein erhöhter Punkt bzw. Turm mit freiem Rundblick in das Vorgelände bezeichnet, der als Namensgeber für Darstellungen der von einer solchen Stelle aus eingesehenen Umgebung herangezogen wurde. Dabei bilden *x*- und *y*-Achse einen Winkel von 135° und das Verkürzungsverhältnis der *x*-Werte beträgt 0,5. Alle Aufrisse parallel zur *xy*-Ebene werden maßstäblich wiedergegeben, während der Grundriß der *xy*-Ebene gestaucht und verzerrt wird. Erhebungen können größere Verdeckungen im Aufriß hervorrufen; dieser Umstand schränkt die Eignung der Kavalierperspektive als räumliche Darstellung ein.

Kaverne, künstlich angelegter unterirdischer Hohlraum zur Aufnahme von Anlagen (z. B. unterirdische Kraftwerksanlagen bei Staudämmen) oder als Speicherhohlraum für feste, flüssige oder gasförmige Stoffe (Untergrundspeicher). Petrographisch werden auch kleinere Gesteinshohlräume (kavernöses Gestein) so bezeichnet. Im Amerikanischen wird »cavern« sowohl für natürliche wie auch für künstliche unterirdische Hohlräume verwendet.

Kayser, *Friedrich Heinrich Emanuel*, deutscher Geologe und Paläontologe, * 26.3.1845 Groß-Friedrichsberg bei Königsberg, † 29.11.1927 München. Seine Kindheit verbrachte Kayser in Moskau. Nach Besuch der Lateinschule in Wiesbaden und des Pädagogikums in Halle/Saale begann er 1864 sein Studium der Naturwissenschaften in Halle. 1866 wechselte er an die Universität Heidelberg, wo er bei R.W. Bunsen Chemie studierte. Ab 1867 studierte Kayser Geologie und Paläontologie bei E. Beyrich in Berlin und promovierte 1870 zum Dr. phil. Im Anschluß arbeitete er bei G. Rose über Fragen der Metamorphose von Gesteinen unterschiedlicher petrographischer Herkunft der Eifel und des Harzes. 1871 wurde er Privatdozent an der Universität Berlin und 1872 an der Berliner Bergbauakademie. Im folgenden Jahr wurde er zudem auch Landesgeologe. Im Jahr 1881 erfolgte der Ruf als Professor an die Preußische Geologische Landesanstalt. Kayser unternahm Studienreisen nach Schottland, Böhmen, Belgien, Rußland, Nordamerika, Italien und Österreich, sein Hauptforschungsgebiet blieben jedoch der Harz und das Rheinische Schiefergebirge. Er gründete 1882 mit W. Dames die »Paläontologischen Abhandlungen«, deren Herausgabe er nach sieben Bänden an E. Koken übertrug. Im Jahr 1885 wurde Kayser als Nachfolger von W. Dunkers an die Universität Marburg als ordentlicher Professor der Geologie und Paläontologie und Direktor des Geologisch-Paläontologischen Instituts berufen. Aufgrund seiner administrativen Verdienste wurde er 1909 zum Geheimen Regierungsrat ernannt. Er war der erste Vorsitzende der von ihm 1910 in Frankfurt am Main mitbegründeten »Geologischen Vereinigung«. Die in Berlin begonnenen geologischen Kartierungen im Harz, dem Rheinischen Schiefergebirge und dem Dillkreis setzte er bis zu seiner Emeritierung fort. Die von ihm veranlaßte erdgeschichtliche Einordnung der Gesteine des Rheinischen Schiefergebirges und des Harzes wich dabei erheblich von der damals gültigen ab, jedoch wurde seine Einordnung von späteren Bearbeitern unterstützt. Kayser verfaßte zahlreiche Publikationen, ein besonderen Verdienst erwarb er sich jedoch mit seinem »Lehrbuch der Geologie« (1890–1924, in 4 Bänden) und mit seinem »Abriß der allgemeinen und stratigraphischen Geologie« (1915). Wäh-

Austausch-dauer	KAK [mmol (eq)/hg]
Kaolinit	3–15
Illite	20–50
Chlorite	10–40
Smektite	70–130
Vermiculite	150–200
Allophane	bis 100
Goethit	bis 100
Huminstoffe	180–300

Kationenaustausch (Tab.): potentielle Kationenaustauschkapazität verschiedener Substanzen.

Kazan, *Kazanium*, nach einer Stadt in Rußland benannte, international verwendete stratigraphische Bezeichnung für eine Stufe des Oberperm. ↗Perm, ↗geologische Zeitskala.

Keatit ↗Quarz.

Kegelentwürfe, Kartennetzentwürfe, bei denen als Ergebnis geometrischer Prozesse ein Teil der Erdoberfläche auf einen Kegelmantel als Zwischenabbildungsfläche abgebildet wird. Diese können dann verzerrungsfrei in die Ebene (↗Abbildungsfläche) abgewickelt werden. Die Achse des Kegels kann mit der Erdachse unterschiedliche Winkel α einschließen (↗Kartennetzentwürfe). Beträgt der Winkel zwischen Kegelachse und

Kegelentwürfe 1: Prinzip der Kegelentwürfe.

Erdachse $\alpha = 0°$, so entsteht ein Kegelentwurf in polarer oder normaler Lage, gelegentlich auch ↗normale Abbildung genannt (Abb. 1). Für den Fall eines rechten Winkels $\alpha = 90°$ zwischen Erd- und Kegelachse erhält man einen Kegelentwurf in äquatorialer, transversaler oder querständiger Lage. Im Bereich $0° < \alpha < 90°$ entsteht ein Kegelentwurf in allgemeiner Lage, d. h. ein ↗schiefachsiger Entwurf. Je nach dem Öffnungswinkel des Kegels und des Abstands seiner Spitze S vom Kugelmittelpunkt werden Berührungskegel (Abb. 2), Schnittkegel (Abb. 3) und gewissermaßen über der Kugel schwebende Kegel unterschieden. Es ist offensichtlich, daß abzubildende Gebiete in der Nähe des Berührungskreises oder der Schnittkreise nur geringe Verzerrungen aufweisen.

Je nach den Forderungen an die Eigenschaften eines Kegelentwurfs werden geeignete ↗Abbildungsgleichungen aufgestellt. Die jeweiligen Verzerrungen werden nach den Beziehungen der ↗Verzerrungstheorie aus den Abbildungsgleichungen des betreffenden Entwurfs berechnet. Bezüglich des Terminus Kegelentwürfe sei auf ↗Abbildungsfläche verwiesen, wo der Öffnungswinkel des Kegels in den Grenzen von 0° (Zylinder) bis 180° (Ebene, azimutaler Kartennetzentwurf) liegen kann. In diesem Sinne kann man einen gemeinsamen Begriff überordnen. Um Verwechslungen mit den eigentlichen Kegelentwürfen zu vermeiden, bezeichnet man die Gesamtgruppe der Azimutal-, Kegel- und Zylinderentwürfe oft als kegelige Kartennetzentwürfe. Einen echten Kegelentwurf erkennt man an den geradlinigen Meridianbildern, die sich im Abbild S' der Kegelspitze schneiden und in besonderen Fällen mit dem Bild des Pols zusammenfallen, sowie an den Kreisbogenstücken als Abbilder der Parallelkreise, deren gemeinsamer Mittelpunkt S' ist. Im allgemeinen Fall ist auch das Bild des Pols ein Kreisbogenstück. Das Prinzip der Konstruktion eines Kegelentwurfs mit Berührungskegel ist in Abb. 2 (Schnitt durch die Kugel) und in Abb. 4 (Ausschnitt in der Kartenebene) gezeigt. Für die Größe des Öffnungswinkels des Kegels wird ein Proportionalitätsfaktor n im Bereich $0 > n > 1$ eingeführt. Die Grenzwerte $n = 1$ bzw. $n = 0$ führen auf einen ↗Azimutalentwurf bzw. auf einen ↗Zylinderentwurf. In Abb. 2 ist der Schnitt eines die Kugel in der Breite φ_0 tangierenden Kegels mit der Spitze S dargestellt. Ein beliebiger Kugelpunkt P hat die geographischen Koordinaten φ und λ. Aus Abb. 2 liest man den Abstand zwischen S und dem Breitenkreis φ_0 ab zu:

$$\varrho_0 = R \cdot \cot\varphi_0 \,. \, (1)$$

In der Kartenebene (Abb. 4) wird P zu P' mit den Koordinaten ϱ und ε oder X und Y. Zwischen den Größen λ und ε besteht der erwähnte Proportionalitätsfaktor n. Die Abbildungsgleichungen für echte Kegelentwürfe lauten in allgemeiner Form:

$$\varrho = f(\varrho_0, \varphi_0, \varphi), \varepsilon = n \cdot \lambda \, (2)$$

oder in rechtwinkligen Koordinaten nach Abb. 4:

$$X = \varrho_0 - \varrho \cdot \cos\varepsilon, Y = \varrho \cdot \sin\varepsilon. \, (3)$$

Je nach der Wahl der Funktion $\varrho = f(\varrho_0, \varphi_0, \varphi)$ erhält man Kegelentwürfe mit unterschiedlichen Eigenschaften, die man entsprechend den vorgegebenen Bedingungen nach der ↗Verzerrungstheorie festlegen kann. Offensichtlich werden der Berührungsparallelkreis (Abb. 2) bzw. die Schnittparallelkreise (Abb. 3) bei der Abwickelung des Kegels in die Ebene verzerrungsfrei abgebildet. Für die Längenverzerrung in den beiden Hauptrichtungen m_m (im Meridian) und m_p (im Parallelkreis) gilt allgemein nach Einführung differentieller Größen in die Abb. 2 und 4 sowie nach der Abbildung zur ↗Loxodrome:

$$m_m = -\frac{d\varrho}{R \cdot d\varphi}, \quad (4)$$

$$m_p = \frac{\varrho \cdot d\varepsilon}{R \cdot \cos\varphi \cdot d\lambda} = \frac{n \cdot \varrho}{R \cdot \cos\varphi}. \quad (5)$$

Die rechte Seite für m_p ergibt sich aus der Differentiation der Gleichung (2). Setzt man für den Berührungsparallel in (5) ϱ_0 und φ_0 ein, so ist wegen der erwähnten Längentreue:

$$m_p = \frac{n \cdot \varrho_0}{R \cdot \cos\varphi_0} = 1$$

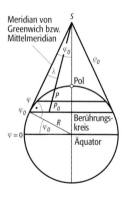

Kegelentwürfe 2: Berührungskegel als Zwischenabbildungsfläche.

und mit (1) für ϱ_0 gilt:

$$n = \sin\varphi_0. \quad (6)$$

Der Verjüngungsfaktor n hängt also von der Breite des Berührungskreises ab. Da offensichtlich die Verzerrungen des Kartenbildes in der Nähe des Berührungsparalleles allgemein klein sind, wird man φ_0 in die Mitte des abzubildenden Gebietes legen, insbesondere wenn dieses vornehmlich eine ausgesprochene Ost-West-Erstreckung hat. In der Folge sollen einige Kegelentwürfe mit ihren Abbildungsgleichungen, Verzerrungsformeln und Kartennetzbildern vorgestellt werden.

a) Kegelentwurf mit längentreuen Meridianen (Abb. 5). Dieser Entwurf wurde bereits im Altertum von Ptolemäus im 2. Jahrhundert unserer Zeitrechnung angegeben. Die Abbildungsgleichungen des Entwurfs ergeben sich aus (2) und aus der Forderung nach längentreuer Abbildung der Meridiane:

$$\varrho = \varrho_0 + R \cdot (\varphi_0 - \varphi), \varepsilon = n \cdot \lambda \quad (7)$$

mit R als Erdradius im Kartenmaßstab und ϱ_0 und φ im Bogenmaß. Die Verzerrungen lassen sich nach der Verzerrungstheorie berechnen. Längenverzerrung der Meridiane:

$$m_m = 1,$$

Längenverzerrung der Parallele und Flächenverzerrung:

$$m_p = v_f = \frac{n \cdot \varrho}{R \cdot \cos\varphi},$$

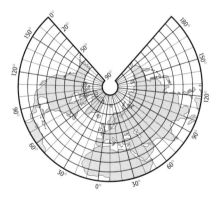

Winkelverzerrung:

$$\sin\Delta\omega = \frac{1 - m_p}{1 + m_p}.$$

b) Schnittkegelentwurf mit längentreuen Meridianen. Dieser wahrscheinlich von de l'Isle (1745) angegebene Entwurf hat zwei längentreue Parallelkreisabbilder (Abb. 3). Die Abbildungsgleichungen lauten nach den vorgegebenen Bedingungen:

$$\varrho = \varrho_0 + R \cdot (\varphi_0 - \varphi), \varepsilon = n \cdot \lambda. \quad (8)$$

ϱ_0 hat hier im Gegensatz zum Ptolemäischen Entwurf keine anschauliche Bedeutung. Vielmehr folgt:

$$\varrho_0 = \frac{\left[(\varphi_2 - \varphi_0) \cdot \cos\varphi_1 - (\varphi_1 - \varphi_0) \cdot \cos\varphi_2\right] \cdot R}{\cos\varphi_1 - \cos\varphi_2}$$

mit

$$\varphi_0 = \frac{1}{2}(\varphi_1 + \varphi_2).$$

Im Zähler sind φ_0, φ_1 und φ_2 im Bogenmaß einzusetzen. Für den Proportionalitätsfaktor erhält man:

$$n = \frac{\cos\varphi_1 - \cos\varphi_2}{\varphi_2 - \varphi_1},$$

wo jetzt die Größen im Nenner im Bogenmaß stehen.

c) Flächentreuer Kegelentwurf (Abb. 6), von J. H. Lambert 1772 erstmals verwendet. Nach der Verzerrungstheorie muß das Produkt aus Längenverzerrung im Meridian m_m und im Parallelkreis m_p gleich 1 sein (Gleichungen (4) und (5)):

$$\frac{-d\varrho}{R \cdot d\varphi} \cdot \frac{n \cdot \varrho}{R \cdot \cos\varphi} = 1.$$

Die Trennung der Variablen ergibt die Differentialgleichung:

$$\varrho \cdot d\varrho = -\frac{R^2}{n} \cdot \cos\varphi \cdot d\varphi.$$

Nach allgemeiner Integration erhält man:

$$\frac{1}{2} \cdot \varrho^2 = -\frac{R^2}{n} \sin\varphi + k$$

und für den Berührungsparallel φ_0 entsprechend:

$$\frac{1}{2} \cdot \varrho_0^2 = -\frac{R^2}{n} \sin\varphi_0 + k.$$

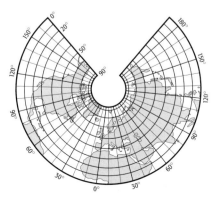

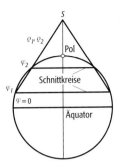

Kegelentwürfe 3: Schnittkegel als Zwischenabbildungsfläche.

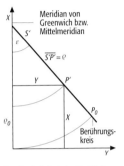

Kegelentwürfe 4: in die Abbildungsebene abgewickelter Berührungskegel.

Kegelentwürfe 5: Ptolemäischer Kegelentwurf ($\varphi = 50°$).

Kegelentwürfe 6: Lamberts flächentreuer Kegelentwurf ($\varphi = 50°$).

Kegelentwürfe 7: Albers' flächentreuer Schnittkegelentwurf.

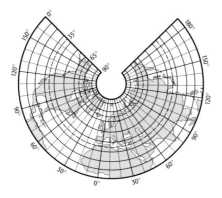

Kegelentwürfe 9: Lamberts winkeltreuer Kegelentwurf ($\varphi = 50°$).

Kegelentwürfe 8: Verzerrungsellipsen für Albers' flächentreuen Schnittkegelentwurf zwischen Nordpol und Äquator.

chungen unterscheiden sich nicht von den in den Gleichungen (9) genannten, aber die charakterisierenden Konstanten sind wesentlich komplizierter zu berechnen:

$$\varrho_0^2 = \frac{R^2 \cdot \cos^2 \varphi_1}{\cos^2 \delta \cdot \sin^2 \varphi_0} - \frac{2R^2}{\cos \delta \cdot \sin \varphi_0} \cdot$$
$$(\sin \varphi_0 - \sin \varphi_1),$$
$$n = \sin \varphi_0 \cdot \cos \delta, \quad \delta = \frac{\varphi_1 - \varphi_2}{2},$$
$$\varphi_0 = \frac{\varphi_1 + \varphi_2}{2}.$$

Vergleicht man die Verzerrungswerte m_m und m_p

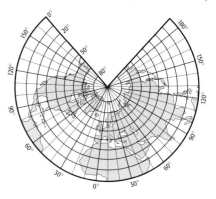

Die Subtraktion dieser Gleichung von der vorigen ergibt eine Beziehung für ϱ. Damit sind die vollständigen Abbildungsgleichungen für den Lambertschen flächentreuen Kegelentwurf:

$$\varrho^2 = \varrho_0^2 + \frac{2 \cdot R^2}{n} \cdot (\sin \varphi_0 - \sin \varphi), \quad \varepsilon = n \cdot \lambda \quad (9)$$

mit den charakterisierenden Hilfsgrößen $\varrho_0 = R \cdot \cot \varphi_0$ und $n = \sin \varphi_0$. Zur Berechnung der Verzerrungen erhält man:

$$m_m = \frac{R \cdot \cos \varphi}{n \cdot \varrho}, \quad m_p = \frac{n \cdot \varrho}{R \cdot \cos \varphi},$$
$$\sin \Delta \omega = \frac{1 - m_p^2}{1 + m_p^2}.$$

d) Flächentreuer Schnittkegelentwurf (Abb. 7), von H. C. Albers 1805 eingeführt. Die Längenverzerrungen der Bilder der Meridiane und Parallelkreise sind kleiner als beim vorher behandelten Lambertschen Entwurf. Diesen Vorteil erreichte Albers durch Verwendung zweier längentreuer Parallelkreise (Abb. 3), also eines Schnittkegels. In Abb. 7 sind die Parallelkreise $\varphi_1 = 35°$ und $\varphi_2 = 65°$ verwendet worden. Die Abbildungsglei-

für die flächentreuen Kegelentwürfe von Lambert und Albers, so sieht man deutlich den Vorteil des Schnittkegels bei Albers. Der Vorteil des Schnittkegels zeigt sich auch in den Verzerrungsellipsen, die in Abb. 8 für den Albers-Entwurf dargestellt sind und vom Nordpol bis zum Äquator nahezu kreisförmig sind, was auch zu kleineren Winkelverzerrungen gegenüber dem Lambert-Kegelentwurf führt. Diese günstigen Eigen-

Entwurf	Verzerrung	$\varphi/°$				
		30	40	50	60	70
Ptolomäischer Kegelentwurf $\varphi_0 = 50°$	$m_p = v_f$ $\Delta\omega/°$	1,05 2,85	1,01 0,78	1,00 0,00	1,02 1,03	1,10 5,33
De l'Isles Kegelentwurf $\varphi_1 = 35,83°$, $\varphi_2 = 64,17°$	$m_p = v_f$ $\Delta\omega/°$	1,02 1,43	0,99 0,78	0,97 1,77	0,98 1,05	1,05 2,70
Lamberts flächentreuer Kegelentwurf $\varphi_0 = 50°$	m_m m_p $\Delta\omega/°$	0,92 1,08 9,35	0,96 1,04 4,15	1,00 1,00 0,00	1,03 0,97 3,15	1,05 0,95 5,37
Albers' Kegelentwurf $\varphi_1 = 35,83°$, $\varphi_2 = 64,17°$	m_m m_p $\Delta\omega/°$	0,98 1,02 2,55	1,01 0,99 1,47	1,03 0,97 3,47	1,02 0,98 2,23	0,95 1,06 6,10
winkeltreuer Kegelentwurf $\varphi_0 = 50°$	$m_m = m_p$ v_f	1,06 1,12	1,01 1,03	1,00 1,00	1,02 1,03	1,08 1,16

Kegelentwürfe (Tab.): Verzerrungen bei Kegelentwürfen nach F. Fiala.

m_p = Längenverzerrung im Parallel m_m = Längenverzerrung im Meridian V_f = Flächenverzerrung Δ_ω = Winkelverzerrung

schaften führen dazu, daß der von Albers angegebene flächentreue Schnittkegelentwurf in Atlaswerken weithin angewendet wird.
e) Winkeltreuer Kegelentwurf (Abb. 9), von J. H. Lambert 1772 erstmals verwendet. Die Winkeltreue bzw. ↗Konformität wird erreicht, wenn die Längenverzerrungen m_a von einem bestimmten Punkt aus in allen Richtungen gleich groß sind. Damit gilt auch $m_m = m_p$ (Verzerrungstheorie). Für Kegelentwürfe mit Berührungskegel bedeutet das mit den Gleichungen (4) und (5):

$$-\frac{d\varrho}{R \cdot d\varphi} = \frac{n \cdot \varrho}{R \cdot \cos\varphi}.$$

Durch Trennung der Variablen, Integration und Festlegung der Integrationskonstanten erhält man die Abbildungsgleichungen des Kartennetzes:

$$\varrho = \varrho_0 \cdot \left\{ \frac{\tan\left(\frac{\varphi_0}{2} + \frac{\pi}{4}\right)}{\tan\left(\frac{\varphi}{2} + \frac{\pi}{4}\right)} \right\}^n, \quad \varepsilon = n \cdot \lambda, \quad (10)$$

worin $\varrho_0 = R \cdot \cot\varphi_0$ und $n = \sin\varphi_0$ ist.
Die Verzerrungen sind:

$$m_m = m_p = \frac{n \cdot \varrho}{R \cdot \cos\varphi}$$

und

$$v_f = \left(\frac{n \cdot \varrho}{R \cdot \cos\varphi}\right)^2.$$

Verzerrungswerte sind in der Tabelle wiedergegeben. ↗Bonnes unechter Kegelentwurf, ↗polykonischer Entwurf. [KGS]

Kegelkarst, unter feuchttropischen Klimabedingungen auf Carbonatgesteinen entstehende Karstlandschaft, die im Gegensatz zum mediterranen ↗Karst von Vollformen, den Karstkegeln, geprägt ist. Je nach Region werden sie auch als Mogotes, Haystacks, Mamelons, Mornes oder Pitons bezeichnet. Intensive Korrosionsvorgänge schaffen tiefe Hohlformen, zwischen denen die Kuppen erhalten bleiben. Die als ↗cockpits bezeichneten Hohlformen haben daher meist einen sternförmigen Grundriß mit nach innen gewölbten Begrenzungslinien. Ihr Tiefenwachstum endet oft erst mit dem Erreichen nicht lösungsfähiger Gesteine unter den Carbonatgesteinen oder im Niveau des Vorfluters, also häufig nahe dem Meeresspiegelniveau (Abb. 1). Fortgesetzte Korrosion an der Basis der Kuppen führt zur Versteilung ihrer Flanken und damit zur Ausbildung der typischen Karstkegel, die teilweise als isolierte Formen aus der Ebene aufragen. Durch weitere Korrosion der Kegel entstehen schließlich die steilwandigen Karsttürme, die vielfach selbst zahlreiche Lösungsformen aufweisen: an der Basis der Türme, im Übergangsbereich zur bodenbedeckten Ebene finden sich ↗Korrosionshohlkehlen und die größeren ↗Fußhöhlen an denen manchmal ↗Deckenkarren ausgebildet sind. In größerer Höhe auftretende Höhlen werden als Halbhöhlen bezeichnet. Desweiteren können vor den Höhlen können Außenstalaktiten hängen (Abb. 2). [PMH]

Kegelwülste ↗Kolkmarke.

Keilhack, *Konrad*, deutscher Geologe, * 16.8.1858 in Oschersleben, † 10.3.1944 in Berlin; ab 1877 Studium der Naturwissenschaften und Geologie in Jena, Freiberg und Berlin; 1881 Promotion in Jena mit dem Titel »Granat als akzessorischer Bestandteil vieler Gesteine«; ab 1881 Hilfsgeologe bei der Preußischen Geologischen Landesanstalt in Berlin; ab 1890 Landesgeologe. Keilhack führte zahlreiche Kartierungen in Brandenburg, Sachsen und Pommern durch; ab 1896 Lehrtätigkeit an der Bergakademie; im gleichen Jahr Veröffentlichung des »Lehrbuchs der praktischen Geologie«, 1901 Gründung der Redaktion des »Geologischen Zentralblatts«, der er bis 1937 angehörte, 1912 »Lehrbuch der Grundwasser- und Quellenkunde«; von 1914–23 war er Abteilungsdirektor für die Flachlandaufnahmen der Preußischen Geologischen Landesanstalt; von 1917–19 Vorsitzender der Deutschen Geologischen Gesellschaft; Hauptarbeitsgebiete: norddeutsches Quartär, Grundwasser, Geologie der Braunkohlen und die balneologische Verwertung der Moore. [TL]

Keilschliff, durch ↗Korrasion bearbeitete Festgesteinspartie mit einer luvseitigen Spitze und einem stumpfen Ende im Lee, die nur geringfügig über die umgebende Oberfläche aufragt. Die Oberfläche der Keilschliffe sind i. d. R. von Striemen oder Rillen in Windrichtung überzogen. ↗Windschliff.

Keim, 1) *Klimatologie*: ↗Kondensationskern. 2) *Kristallographie*: erste Anordnung von Teilchen einer neuen Phase, submikroskopische Kristallpartikel. Sie sind die Vorstufe für die Bildung einer neuen Phase über heterogene Keimbildung oder homogene Keimbildung aus einer übersättigten Phase und können sich dann zu größeren Individuen auswachsen (↗Keimbildung). Beim Kristallwachstum wird die Anzahl der Keime

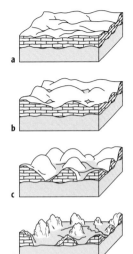

Kegelkarst 1: schematische Darstellung der Karstentwicklung in den Tropen mit a) Initialstadium, b) Kuppenkarst mit Cockpits, c) Kegelkarst und d) Turmkarst.

Kegelkarst 2: Kegelkarst im Querschnitt mit a) Fußhöhle, b) Halbhöhle mit c) Außenstalaktiten, d) Karstschlote, e) Karstgasse, f) isolierter Karrenstein.

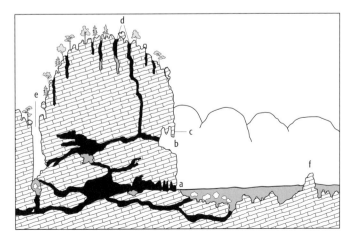

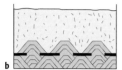
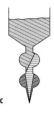

Keimauslese: Keimauslese mittels a) Spitze, b) Diaphragma oder c) Querschnittsverengung. Die Keime, deren maximale Wachstumsgeschwindigkeit in Richtung der Öffnungen liegen, können weiterwachsen.

meist durch ↗Keimauslese oder durch eine klein gehaltene ↗Keimbildungsrate künstlich erniedrigt. Vor allem in der Kristallzüchtung aus der Schmelze (↗Schmelzzüchtung) wird dazu mit ↗Impfkristallen gearbeitet.

Keimauslese, Vorgang, der betrieben wird, wenn bei spontaner oder heterogener Keimbildung viele und zufällig orientierte ↗Keime hervorgerufen werden. Die Kristallzüchtung ist an einzelnen großen Individuen interessiert. Kann kein ↗Impfkristall verwendet werden, dann versucht man, durch Keimauslese einige wenige Keime überleben zu lassen. Keimauslese kann entweder durch Verengung der Ampullenspitze bzw. Dünnhalsziehen, durch mechanisches Auswählen oder durch Wiederauflösen kleinerer Keime mittels periodischer Temperaturschwankungen erfolgen (Abb.).

Keimbildung, Vorgang, der bei der Kristallzüchtung am Anfang eines Phasenüberganges steht. Wird eine Phase übersättigt, dann bildet sich nicht sofort die neue Phase. Die Ausgangsphase kann in einem metastabilen Zustand der ↗Unterkühlung oder ↗Übersättigung erhalten bleiben (↗Ostwald-Miers-Bereich). Wasser kann beispielsweise um einige Grad unter den Gefrierpunkt unterkühlt werden. Erst bei einer hinreichend großen Unterkühlung bzw. Übersättigung bilden sich submikroskopische Kristallpartikel entweder spontan in der Ausgangsphase (homogene Keimbildung) oder an Fremdkörpern (heterogene Keimbildung) als ↗Keime der neuen Phase, die sich meist rasch vergrößern und dadurch die Übersättigung abbauen. Die Bildung eines Keimes ist mit der Änderung der freien Enthalpie ΔG_k des Systems verbunden, die sich aus mehreren Beiträgen zusammensetzt. Zunächst geht ein gewisser Teil des Systems wegen der Übersättigung durch die Bildung der neuen Phase in einen Zustand geringerer freier Enthalpie über, was die (negative) Änderung ΔG_n bedeutet. Allerdings muß mit der Bildung des Keimes auch die Keimoberfläche aufgebaut werden (Grenzflächenenergie), was eine (positive) Änderung der freien Enthalpie ΔG_f bedeutet. Außerdem kann der neue Keim bei seiner Bildung elastischen Kräften durch die umgebende Phase ausgesetzt sein, die z. B. bei der Keimbildung in kristallinen Phasen oder Gläsern beträchtlich sein können. In diesen Fällen ist ein weiterer (positiver) Term ΔG_e zu berücksichtigen. Der allgemeine Ausdruck für die Änderung der freien Enthalpie bei der Bildung eines Keimes ergibt sich demnach: $\Delta G_k = \Delta G_n + \Delta G_f + \Delta G_e$. Ohne den elastischen Energieanteil besteht diese freie Enthalpie aus dem negativen Term, ΔG_n, der proportional dem Volumen ist, und dem positiven Term ΔG_f, der proportional der Oberfläche ist. Damit muß für die Bildung kleiner Keime Energie aufgewendet werden. Erst ab einem kritischen Radius wird durch die Anlagerung weiterer Teilchen Energie gewonnen. Keime, die einen kleineren Radius als den ↗kritischen Keimradius besitzen, werden wieder vergehen, größere bleiben stabil. Die Energie für die ↗Keimkristalle mit dem kritischen Radius, die ↗Keimbildungsarbeit, muß durch Fluktuationen in der Ausgangsphase aufgebracht werden. Die Größe des kritischen Keimes ist im Gleichgewicht der Phasen unendlich und nimmt mit steigender Übersättigung schnell ab. Ab einer ↗kritischen Überschreitung der Übersättigung nimmt die Keimbildungsrate drastisch zu. [GMV]

Keimbildungsarbeit, bei der Kristallzüchtung Arbeit, die in der Ausgangsphase durch statistische thermische Fluktuationen aufgebracht werden muß, um den Keim mit dem ↗kritischen Keimradius zu erzeugen (↗Keimbildung). Sie beträgt ein Drittel der freien Oberflächenenthalpie des kritischen Keimes und ist damit von der Keimgröße abhängig. Bei der ↗heterogenen Keimbildung liegt sie niedriger. Mit steigender ↗Übersättigung wird in einer Ausgangsphase die Keimbildungsarbeit niedriger. Sie hat die Bedeutung einer Aktivierungsenergie für die Keimbildung und bestimmt die ↗Keimbildungsrate.

Keimbildungsrate, die sich pro Volumen- und Zeiteinheit in einer genügend übersättigten Phase bildenden ↗Keime der neuen Phase bei der Kristallzüchtung. Sie wird mit J bezeichnet und durch folgende Gleichung beschrieben:

$$J = A \cdot e^{\frac{-\Delta G_K^*}{kT}}.$$

Dabei sind $-\Delta G_k^*$ die ↗Keimbildungsarbeit, k die Boltzmann-Konstante und T die absolute Temperatur. A ist ein Faktor, der durch die kinetische Betrachtung der Anlagerung und Ablösung von Teilchen an die Keime gewonnen wird. Ab einer ↗kritischen Überschreitung der Übersättigung nimmt die Keimbildungsrate drastisch zu.

Keimkristall, verwendet man, um bei der Kristallzüchtung die spontane oder heterogene, unkontrollierte ↗Keimbildung zu verhindern. Die Verfahren, bei denen Keimkristalle erfolgreich eingesetzt werden, sind das ↗Czochralski-Verfahren und das ↗Nacken-Kyropoulos-Verfahren, die ↗Hochtemperaturschmelzlösungszüchtung, ↗Schmelzzüchtung und ↗Kristallzüchtung aus Lösungen und die ↗Hydrothermalsynthese. Dabei benutzt man einen vorgefertigten, orientierten Kristall, den Keim- oder ↗Impfkristall, an dem das ↗Kristallwachstum bei kleinen ↗Übersättigungen, also im ↗Ostwald-Miers-Bereich, stattfinden soll.

Keimzahl, ↗Bakterienzahl, welche durch die Kultivierungsmethode (Plattenverfahren, Verdünnungsverfahren) ermittelt wird. Ausgehend von einzelnen Zellen oder Zellaggregaten aus einer Wasser- oder Bodenprobe entwickeln sich unter standardisierten Laborbedingungen ↗Bakterienkolonien, die makroskopisch erkennbar sind und ausgezählt werden können (Keimzahlbestimmung), oder es wird eine Verdünnungsreihe diejenige Probe ermittelt, die noch eine bakterielle Stoffwechselreaktion erkennen läßt. Hieraus läßt sich die wahrscheinlichste Keimzahl (most probable number = MPN) errechnen. Die Bestimmung der Keimzahl ist ein relatives Zählverfahren und erfaßt, durch die Kultivierungsmethode bedingt, nur einen geringen Teil der Gesamtbakterienzahl einer Probe. Der Begriff der Keimzahl ist besonders in der hygienischen Wasserbewertung von Bedeutung. [MW]

Kelvin ↗ *Thomson*.

Kelvin, nach Lord Kelvin (alias W. ↗Thomson) benannte ↗SI-Einheit für die ↗absolute Temperatur und Temperaturdifferenzen; Temperatureinteilung beginnend beim absoluten Nullpunkt mit 0 K, bei der der Schmelzpunkt des Eises 273,16 K (0°C bzw. 32°F) und der Siedepunkt des Wassers 373,16 K (100°C bzw. 212°F) ist.

Kelvin-Helmholtz-Instabilität, eine nach Lord Kelvin und H. Helmholtz benannte Instabilität einer stabil geschichteten Scherströmung. Voraussetzung für das Auftreten dieser Instabilität ist das Vorhandensein eines Wendepunktes im vertikalen Geschwindigkeitsprofil. In der Atmosphäre ist die Kelvin-Helmholtz-Instabilität eine der Ursachen für die ↗Clear Air Turbulence.

Kelvinwelle, spezielle Lösung der Flachwassergleichung für eine fortschreitende lange Welle entlang einer geraden Berandung, die erstmals 1879 von ↗Thomson (Lord Kelvin) beschrieben wurde. Voraussetzung ist, daß die räumliche Erstreckung der Welle groß ist im Verhältnis zum barotropen ↗Deformationsradius und somit die Corioliskraft Amplitude und Strömung der Welle beeinflußt. Für die Wasserstandsauslenkung ζ sowie Phasen- und Gruppengeschwindigkeit u bzw. c ergibt sich:

$$\zeta = \zeta_0 \cdot e^{\frac{f \cdot y}{c}} \cdot \cos(kx - \omega t),$$

$$u = \sqrt{\frac{g}{H}} \cdot \zeta,$$

$$c = \sqrt{g \cdot H},$$

mit x, y Raumkoordinaten in Ausbreitungsrichtung bzw. senkrecht dazu, ζ_0 Anregungsamplitu-

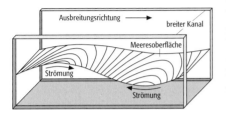

de, f Coriolisparameter, g Gravitationsbeschleunigung, ω, k Frequenz und Wellenzahl der Welle, H Gesamtwassertiefe. In Ausbreitungsrichtung geblickt, steigt die Amplitude auf der Nord (Süd)-Hemisphäre exponentiell zu eine rechts (links) befindlichen Küste hin an (Abb.). Die Fortpflanzungsgeschwindigkeit wird von der Erdrotation nicht beeinflußt und bleibt somit unverändert die von langen Wellen. [TP]

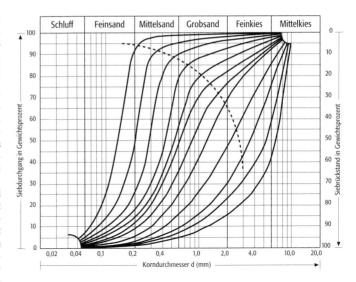

Kelyphit, aus faserigen Verwachsungen einer oder mehrerer Phasen aufgebauter äußerer Umwandlungssaum von Mineralen, infolge retrograder Verdrängungsreaktionen (Abb. im Farbtafelteil); im deutschen Sprachgebrauch v. a. gebraucht für Reaktionssäume um Granat, der durch feinstkörnige Pyroxen/Plagioklas- oder Spinell/Plagioklas-Verwachsungen vom Rand ausgehend verdrängt wird, bis hin zu vollständigem pseudomorphen Ersatz.

Kelyphitisierung, Neubildung von Amphibolen, Pyroxenen und Spinell aus Granat. Es findet eine Aureolenbildung von Pyrop in Olivin-(Pyroxen-Amphibol)-Gesteinen bei Zufuhr thermischer Energie statt. ↗Amphibolgruppe, ↗Pyroxene, ↗Granat.

Kennarten ↗ *Zeigerarten*.

Kennkorngröße, dient zur Bestimmung der Schüttkorngröße (Filterkorngröße) beim ↗Brunnenausbau. Sie wird durch ↗Korngrößenanalysen von Bohrproben aus dem Grundwasserleiter ermittelt. Bieske (1961) beschreibt die Kennkorngröße als Korngröße an dem Punkt, an dem die Kornsummenkurve im oberen Teil der Kurve ihre Steigung ändert (Abb.). Für einen Ungleichförmigkeitsgrad (↗Ungleichförmigkeitszahl) $U < 3$ liegt die Kennkorngröße etwa bei der 75 %-Linie der Summenkurve, für U zwischen 3 und 5 bei der 90 %-Linie. Ist der Ungleichförmigkeitsgrad größer als 5 müssen zuerst die gröberen Anteile herausgesiebt werden. Das Produkt aus Kennkorngröße und ↗Filterfaktor ergibt die ↗Schüttkorngröße.

Kennziffern, in der Geophysik Ziffern, die die Aktivität des erdmagnetischen Feldes angeben. Sie werden aus den kontinuierlichen Registrierungen der Observatorien berechnet, um daraus eine kontinuierliche Beobachtung einzelner Aspekte der magnetosphärischen Prozesse zu gewinnen (Abb.). Die Ost-Werte stammen von Observatorien niederer (geomagnetischer) Breiten und erlauben eine Aussage über die Aktivität des Ringstromes. Sie dienen u. a. zur Klassifizierung der

Kennkorngröße: Kennkorngrößen für charakteristische Siebkurven.

Kelvinwelle: Topographie der Meeresoberfläche bei einer Kelvinwelle auf der Nordhemisphäre (die feste Berandung liegt in Ausbreitungsrichtung gesehen auf der rechten Seite).

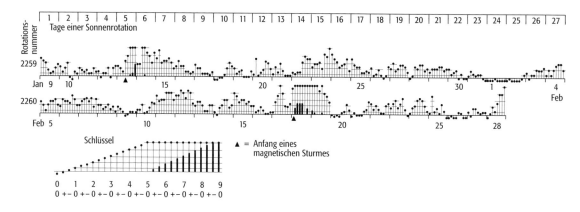

Kennziffern: planetarer magnetischer Drei-Stunden-Index; Kennziffer k_p für den Zeitraum vom 9.1. bis 28.2.1999.

Stärke eines magnetischen Sturms. Der AE-Index wird von Observatorien in auroralen Breiten bestimmt. Er ist ein Maß für die Teilsturmaktivität (↗Teilsturm) in der Magnetosphäre und damit ein guter Indikator für den Energieeintrag aus dem anströmenden Sonnenwind. k_p-Werte, gewonnen in mittleren Breiten, stellen ein generelles Maß für die magnetische Aktivität dar. Ihre Bedeutung liegt in der langen Reihe dieses Index, die damit gut für statische Untersuchungen geeignet ist. ↗Magnetogramm. [VH, WWe]

Kepler, *Johannes,* deutscher Astronom und Mathematiker, * 27.12.1571 Weil der Stadt (Württemberg), † 15.11.1630 Regensburg; neben Sir I. ↗Newton und G. ↗Galilei der bedeutendste Naturforscher der beginnenden Neuzeit. Kepler erwarb nach einem Studium der Theologie, Philosophie, Mathematik und Astronomie 1591 an der Stiftsschule in Tübingen die Magisterwürde, 1594–98 war er Professor der Mathematik und Moral an der Stiftsschule zu Graz und Landschaftsmathematiker der Steiermark. 1600 ging Kepler nach Prag und wurde am Hof des Kaisers Rudolf II Mitarbeiter des Mathematikers und Hofastronomen Tycho Brahe und 1601 dessen Nachfolger als Kaiserlicher Mathematiker. 1612–26 Professor für Mathematik am städtischen Gymnasium zu Linz; ab 1628 in Diensten Wallensteins; bedeutende Arbeiten und Erkenntnisse zur Astronomie (Planetenbewegung, ↗Keplersche Gesetze 1609 und 1618), Optik (Keplersches Fernrohr 1610–11), Flächen- und Volumenberechnung (Keplersche Faßregel). Mit der Nutzung von die Erde umlaufenden künstlichen Erdsatelliten sind seine drei Gesetze der Planetenbewegung auch für die Geodäsie von größter Bedeutung geworden, da auch die Satelliten diesen Gesetzen unterliegen und damit das Geozentrum als einen Brennpunkt der Satellitenbahn indirekt meßtechnisch zugänglich machen (↗geozentrische Koordinaten). Er schlug ein rein irdisches Verfahren (ohne Messungen zu astronomischen Objekten) zur Schätzung des Erdumfangs vor, das die Messung von Zenitdistanzen zwischen hochgelegenen Punkten (z. B. Berge) nutzt; wegen des Einflusses der Strahlenbrechung (Refraktion) ergaben sich nur unsichere Werte, denen er selbst nicht traute. Werke: »Astronomia nova« (1609) mit den ersten beiden Gesetzen der Planetenbewegung, »Epitomae Astronomiae Copernicanae« (1618), »Harmonice mundi« (1619) mit dem dritten Gesetz der Planetenbewegung, »Tabulae Rudolphinae« (1627, Planetenpositionen). [EB]

Kelper, *Johannes*

Kepler-Bewegung, die Bewegung eines Satelliten mit der Masse m um die Erde. Sie wird im ↗Inertialsystem durch die Grundgleichung:

$$m \cdot \vec{\ddot{x}} = \vec{F}$$

dargestellt, wobei $\vec{F}$ die Kraft aufgrund der ↗Gravitation der Erde ausdrückt. Das ungestörte Keplerproblem ergibt sich für ein kugelsymmetrisches Gravitationsfeld. Es führt auf die ↗Keplerschen Gesetze und läßt sich durch das Newtonsche Gravitationsgesetz ausdrücken:

$$\vec{\ddot{x}} = -\frac{GM}{r^3} \vec{x}.$$

Keplerelemente ↗*Keplersche Bahnelemente.*

Keplersche Bahnelemente, *Keplerelemente,* sechs Parameter, die die ungestörte Keplerbahn beschreiben und formal als Integrationskonstanten aufgrund der Integration der Bewegungsgleichung eines ↗Satelliten entstehen (Abb.). Die große Halbachse a und die (numerische) Exzentrizität e legen die Form der Bahnellipse fest. Die Inklination oder Bahnneigung i sowie die Rektaszension des aufsteigenden Knotens Ω legen die Lage der Bahnebene im Raum fest. Das Argument des Perigäums ω legt die Lage der Bahnellipse in der Bahnebene fest. Das sechste Bahnelement ist die Durchgangszeit durch das Perigäum. Die Position des Satelliten in der Bahnellipse kann durch einen zeitabhängigen Winkel beschrieben werden, der den zeitlichen Abstand zum Perigäumsdurchgang angibt, z. B. durch die wahre ↗Anomalie v. Üblicherweise wird dafür die mittlere Anomalie M benutzt, die als Winkel vom Mittelpunkt der Bahnellipse zu einem fiktiven Satelliten gezählt wird, der sich auf einer die Bahnellipse umschreibenden Kreisbahn mit dem Radius a bewegt und zur gleichen Zeit wie der tatsächliche Satellit das Perigäum bzw. das Apogäum durchläuft. Die Keplerschen Bahnele-

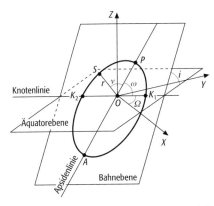

mente sind keine kanonischen Elemente, so daß sich in den ↗Lagrangeschen Störungsgleichungen Singularitäten (für $e = 0$ und für $i = 0$) ergeben. [RD]

Keplersche Gesetze, grundlegende Gesetze zur Beschreibung der Bewegung eines kleinen Körpers (Satellit) um seinen Zentralkörper (Erde). Das Gravitationsfeld des Zentralkörpers wird als kugelsymmetrisch angenommen, so daß es einer Punktmasse bzw. eines Massepunktes entspricht. Die von Kepler für die Planetenbewegung um die Sonne empirisch gefundenen Gesetze lauten übertragen auf die Bewegung eines Satelliten um die Erde: a) Satellitenbahnen sind Ellipsen, in deren einem Brennpunkt die Erde (genauer: das ↗Geozentrum) steht. b) Der Radiusvektor $\vec{x}$ vom Geozentrum zum Satelliten überstreicht in gleichen Zeiten gleiche Flächen (Abb.). c) Die Quadrate der Umlaufzeiten zweier Satelliten verhalten sich wie die dritten Potenzen der Bahnhalbachsen.

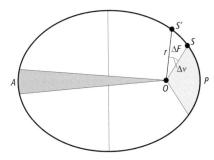

Keplersches Fernrohr ↗Fernrohr.
Kerabitumen ↗Kerogen.
Keramik, [von griech. keramos = Ton, Töpferware], im allgemeinen Sprachgebrauch sowohl die Herstellung von Tonwaren in Töpferei und Keramikindustrie als auch die hierbei hergestellten Produkte. Die Töpferei gehört zu den ältesten menschlichen Techniken. Die ältesten Funde von Tongeschirr-Resten werden der Jungsteinzeit um 6000 v. Chr. zugeordnet. Babylonier kannten bereits 1600 v. Chr. das Glasieren von Ziegeln. Altgriechisch-attische Vasen waren mit eisenhaltigen Illitüberzügen (↗Illit) schwarz glasiert. Die Römer erfanden die »terra sigillata«, oxidierend gebranntes rotes Geschirr mit dicht gesintertem Illitüberzug. Seit ca. 600 n. Chr. wurde von den Chinesen ein Weich-Porzellan (↗Porzellan) hergestellt, mit künstlerischen Höhepunkten in der Sung- (960–1127) und Ming-Periode (1368–1644). Seit dem Hochmittelalter ist in Europa das Steinzeug bekannt, seit dem 15. Jh. Fayence und Majolika, etwas später das Delfter Steingut. Im Jahr 1709 gelang in Dresden die Herstellung von Hart-Porzellan. Weitere Rohstoffe über die ↗Tonminerale hinaus (z. B. Carbide, Nitride, Oxide, Silicide) und der Einsatz neuer Technologien (z. B. Pulvermetallurgie) haben die Vielfalt keramischer Werkstoffe sowie ihre Anwendung stark erweitert.

Hauptrohstoffe sind Tonminerale ↗Kaolin und Illit. Als Zusätze dienen Magerungsmittel zur Minderung der Schwindung bei Trocknung und Brand (z. B. Quarz, Sand, gemahlener gebrannter Ton = Schamotte), Flußmittel zur Senkung der Sinter-Temperatur (z. B. ↗Feldspat) und ggf. Färbungsmittel (Metalloxide, keramische Pigmente). Bei der Trocken- und Halbnaßaufbereitung werden alle Mischungskomponenten getrocknet, ggf. zerkleinert, gemischt und für die Formgebung nach Bedarf mit Wasser oder Naßdampf wieder angefeuchtet. Bei der Naßaufbereitung werden die Rohstoffe in Trommelmühlen naßvermahlen oder durch Verrühren mit Wasser in Mischquirlen in wäßrige Suspensionen überführt. Dieser fließfähige »Schlicker« kann durch Gießen weiterverarbeitet oder z. B. in Kammerfilterpressen bis zum plastisch verformbaren Zustand entwässert werden. Beim keramischen Brand laufen zeit- und temperaturabhängig eine Reihe von Fest-fest- und Fest-flüssig-Reaktionen ab, die zu den endgültigen physikalischen Eigenschaften führen. Die Verfestigung beim Brennvorgang wird als *Sinterung* bezeichnet, wobei teilweise nur an den Teilchen-Oberflächen Schmelzflüsse auftreten. Auch Kristallwachstums- und Kristallumwandlungsvorgänge können beim Brand eine Rolle spielen. In der Regel entstehen komplizierte ↗Mehrstoffsysteme. Auch beim Brennen tritt i. d. R. ein Volumen-Schwund auf (»Brennschwindung«), der bis zu 20 % betragen kann. Diesem kann durch Einsatz vorgebrannter Rohstoffe entgegengewirkt werden, z. B. Ton zu Schamotte, ↗Magnesit oder ↗Dolomit zu »Sinter« (MgO bzw. MgO + CaO) oder Tonerde [Al(OH)$_3$] zu »calcinierter Tonerde« (α-Al$_2$O$_3$). Massenartikel werden fast ausschließlich in kontinuierlich betriebenen Tunnelöfen mit Gas-, Öl- oder Elektrobeheizung gebrannt. Nur für kleinere Fertigungen, Sonderartikel und im handwerklichen und Hobby-Bereich werden Kammeröfen verwendet. Verbreitetste Methode der Nachbehandlung und Veredelung ist das Aufbringen einer schützenden und/oder dekorativen Glasur, u. U. unter Verwendung keramischer Pigmente. Häufig werden fertig gebrannte Erzeugnisse durch Schleifen und z. T. auch durch Polieren auf Maßgenauigkeit gebracht. Auf gebrannte keramische Oberflächen oder Glasuren können elek-

Keplersche Bahnelemente: Lage der Bahnebene im Raum (S = Planet bzw. Satellit, O = Zentralkörper (Sonne bzw. Erde) im Brennpunkt, P = Perizentrum (Perihel bzw. Perigäum, A = Apozentrum (Aphel bzw. Apogäum), K_1, K_2 = aufsteigender bzw. absteigender Knoten, r = Radiusvektor, v = wahre Anomalie, ω = Argument des Perigäums, Ω = Rektaszension des aufsteigenden Knotens, i = Inklination (Bahnneigung), (X,Y,Z) = Inertialsystem (dreidimensionales, kartesisches, raumfestes Koordinatensystem).

Keplersche Gesetze: Flächensatz (O = Koordinatenursprung (Geozentrum), A = erdfernster Punkt der Satellitenumlaufbahn (Apogeum), P = erdnächster Punkt der Satellitenumlaufbahn (Perigeum), Δv = Änderung der wahren Anomalie v, R = Radiusvektor, ΔF = von Radiusvektoren bei der Bewegung von S zu S' überstichene Fläche, S, S' = Satellitenpositionen).

trisch leitende Metallschichten mittels verschiedener Verfahren aufgebracht werden. ↗Technische Mineralogie. [GST]

Keratophyr, ein mesozoisch oder früher gebildetes, häufig sekundär verändertes intermediäres bis saures vulkanisches Gestein, das überwiegend aus Alkalifeldspäten (meist Albit) und Chlorit besteht; oft mit ↗Spiliten assoziiert.

Kerbe ↗Runse.

Kerbsohlental ↗Talformen.

Kerbtal ↗Talformen.

Kernbohrung, ↗Bohrung, die durch das Herausschneiden einer 0,5–3,0 m langen, zylinderförmigen Gesteinssäule (*Bohrkern*) die Aufstellung eines Bohrprofils zuläßt, das die Mächtigkeit, die Ausbildung sowie die Aufeinanderfolge der stratigraphischen Schichtglieder des durchbohrten Gesteinskörpers erschließt. Der *Kerndurchmesser* variiert dabei je nach Zweck der Bohrung. Der Bohrkern wird von einem Kernrohr (Abb.) aufgenommen. Um einen möglichst vollständigen Bohrkern zu erhalten, werden Bohrmaschinen mit einem ruhigen schlagfreien Lauf verwendet, die eine Drehzahl- und Bohrandruckregelung sowie eine druckdosierbare Spüleinrichtung besitzen. Als Bohrer werden Hohl-Bohrkronen unterschiedlicher Ausführungen benutzt. Diamand-Bohrkronen eignen sich für harte Festgesteine (z. B. Sandsteine und Magmatite), Hartmetall-Bohrkronen für bindige Böden und mittelharte Gesteine (z. B. Tonsteine und Kalksteine). Die Spülung wird durch das Gestänge zugeführt und fördert das Bohrklein im Ringraum zwischen Bohrlochwand und Gestänge nach oben. In der Regel wird eine Wasserspülung verwendet, in Sonderfällen können aber auch Dick- (Ton- und Bentonit-Suspension) und Solespülungen verwendet werden. Kernrohre lassen sich nach folgenden Typen gliedern: ↗Einfachkernrohre werden nur noch für Trockenbohrungen zum Durchbohren der Deckschichten und dem aufgelockerten Gebirge verwendet. Bei ↗Doppelkernrohren wird die Spülung zwischen Außen- und Innenrohr geleitet und kommt erst direkt an der Bohrkrone mit dem Kern in Kontakt. Durch dieses Verfahren wird der Kern nur einer geringen Ausspülung ausgesetzt. Bei Dreifachkernrohren wird der Kern während des Bohrvorgangs zusätzlich von einer steifen Plastikhülse aufgenommen, die nach dem Herausziehen entfernt werden kann. Sie werden für wasserempfindliche oder quellbare Gebirgsarten oder wenn kurzzeitiges Entweichen leichtflüchtiger Kontaminationen zu erwarten ist eingesetzt. Das Prinzip des ↗Schlauchkernrohres funktioniert ähnlich, wobei der Kern hier von einer flexiblen schlauchartigen Plastikhülle aufgenommen wird. Um Zeit zu sparen wird beim ↗Seilkernrohr zum Entleeren des Kernrohres nur das Innenrohr mit einem Seil nach oben gebracht, entleert und wieder in das Bohrloch eingeführt. ↗Rammkernbohrung. [WK]

Kerndurchmesser ↗Kernbohrung.

Kerneis, durchgehend hartgefrorene Eisschicht.

Kernel, aus dem angloamerikanischen Raum stammender Begriff für die Beschreibung der Matrix eines Filters. Er gibt die Filtergröße in Bildelementen an. Einfachstes, oft angewandtes Beispiel ist ein 3 × 3 Kernel (3k3 Bildelemente).

Kernkomplex ↗metamorpher Kernkomplex.

kernphysikalische Bohrlochmessung, geophysikalische Messungen in Bohrungen, die unter Ausnutzung kernphysikalischer Effekte Parameter wie Radioaktivität, Dichte und Porosität der durchteuften Formation erfassen. Bei kernphysikalische Bohrlochmeßverfahren wird zwischen aktiven und passiven Messungen unterschieden. Die Ermittlung der natürlichen Radioaktivität der Gesteine (↗Gamma-Ray-Log) ist eine passive Messung. Die Meßsonde registriert die beim Zerfall radioaktiver Elemente (^{40}K, Zerfallsreihen von ^{238}U und ^{232}Th) entstehende Gamma-Strahlung anhand eines Szintillations-Zählers (↗Szintillation). Die einfache Gamma-Sonde (Abb.) zeichnet die Gesamt-Radioaktivität auf, während die aufwendigere Gamma-Spektroskopie zusätzlich die jeweiligen Anteile für Kalium, Thorium und Uran liefert. In beiden Fällen wird nur die Anzahl der pro Zeiteinheit an der Sonde ankommenden Gamma-Quanten gezählt, wobei im spektroskopischen Verfahren die Aufzeichnung nach den jeweiligen Energiefenstern der Elemente getrennt vorgenommen wird. Für Thorium sind Energiebereiche in der Umgebung von 2,62 MeV, für Uran von 1,76 MeV und für Kalium 1,46 MeV charakteristisch. Die gewonnenen Zähleinheiten cps (counts per seconds) werden über Kalibrierfaktoren in standardisierte Einheiten umgerechnet, in der Bohrlochgeophysik üblicherweise ↗API (American Petroleum Institute) für die Gesamtradioaktivität. Die Elementanteile

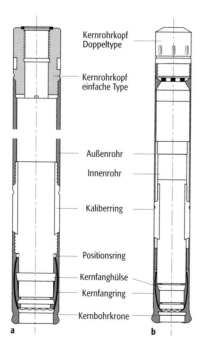

Kernbohrung: Aufbau eines Einfachkernrohres (a), hauptsächlich für Trockenbohrungen, und eines Doppelkernrohres (b), bei dem die Bohrspülung bis zu Kernfanghülse zwischen Außen- und Innenrohr geleitet wird.

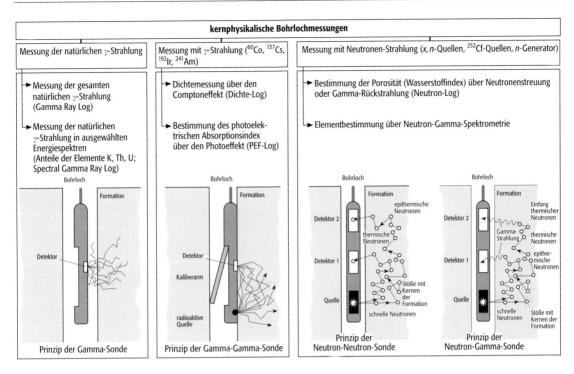

kernphysikalische Bohrlochmessung: Meßprinzipien kernphysikalischer Bohrlochmessung.

werden in Gew.-% (K) bzw. ppm (U, Th) angegeben.
Bei aktiven kernphysikalischen Verfahren werden Gamma-Strahlen bzw. Neutronen von der Sonde in das Gebirge emittiert. Damit können Angaben zur Gesamtdichte (g/cm³) und zu den Absorptionseigenschaften der Atome (photoelektrischer Effekt) ermittelt werden. Das Meßsystem der Dichte- bzw. Gamma-Gamma-Sonde besteht aus einer Gammaquelle und einer im dm-Bereich entfernten Detektoreinheit. Die emittierte Gamma-Strahlung wird beim Durchgang durch die Formation gestreut (↗Compton-Effekt) und teilweise absorbiert (photoelektrischer Effekt). Mit steigender Elektronendichte der Materie nimmt der Streueffekt zu, wodurch sich die Anzahl der an dem Szintillationszähler ankommenden Gammaquanten proportional verringert. Meßgröße der Dichtemessung ist zunächst die Anzahl der ankommenden Gammaquanten pro Sekunde (cps). Erst der Einsatz kalibrierter Sonden und entsprechender Korrekturfaktoren zur Bohrlochgeometrie, Fahrtgeschwindigkeit und Spülungsdichte ermöglicht die Umrechnung dieser relativen Größe in die SI-Einheit g/cm³.
Neutronensonden dienen der Ermittlung der Porosität der Formation und können auch zur Bestimmung von Elementgehalten genutzt werden. Das Meßprinzip der Neutronensonden basiert auf der Wechselwirkung emittierter Neutronen mit der Formation. Von einer Quelle aus wird das Gestein kontinuierlich mit hochenergetischen Neutronen (Energien zwischen 4–6 MeV) beschossen. Die Neutronen kollidieren mit den Atomen der Formation und verlieren dabei einen Teil ihrer Energie. Dieser Energieverlust ist abhängig vom Kollisionswinkel und der Masse des Stoßpartners. Die größte Energieabgabe erfolgt bei Kollisionen mit einem Atom gleicher Masse, d. h. dem Wasserstoffatom. Die Neutronen werden solange abgebremst, bis sie nach einigen hundert Stößen in weniger als 1 µs ein epithermisches und schließlich ein thermisches Energieniveau erreicht haben. Die Fähigkeit, Neutronen abzubremsen wird durch die Abbremslänge beschrieben (Strecke, die für einen bestimmten Energieverlust zurückgelegt werden muß). Je höher die Wasserstoffkonzentration, desto geringer ist diese Strecke. Auf thermischem Energieniveau können Neutronen von den Atomen der Formation eingefangen und völlig absorbiert werden. Dadurch werden die Atome angeregt. Bei dem Rückfall in ihren Grundzustand senden sie Gammastrahlung aus, die proportional zur Anzahl der eingefangenen Neutronen ist. Bei der Neutron-Neutron-Sonde wird die Neutronenkonzentration in einer bestimmten Entfernung zum Detektor gemessen und in Bezug zur Wasserstoffkonzentration gebracht (↗Neutron-Log). Bei der *Neutron-Gamma-Sonde* erfolgt die Messung der am Detektor einfallenden Quanten der Gamma-Rückstrahlung. Die gemessenen Konzentrationen werden als Neutronenporosität bezeichnet, die in porosity units oder in Prozent des Gesamtvolumens angegeben wird.
Das Neutron-Gamma-Meßprinzip kann auch zur Ermittlung der chemischen Zusammensetzung der Formation genutzt werden. Die durch die Absorption angeregten Atome zeigen eine elementspezifische Gamma-Rückstrahlung mit

jeweils diskreten Energiebereichen (*Neutron-Gamma-Spektroskopie*). Die Anteile der einzelnen Elemente lassen sich dabei durch ihre jeweiligen Strahlungsfrequenzen charakterisieren und können aus dem aufgenommen Gesamtspektrum rekonstruiert werden. [JWo]

Kernresonanzspektroskopie, *NMR, nuclear magnetic resonance-Spektroskopie*, in starken Magnetfeldern verhalten sich einige ↗Isotope verschiedener Elemente wie kleine Magnete. Diese Elementarmagnete richten sich mit ihren Präzisionsachsen, um die sie mit einer bestimmten Frequenz (Lamorfrequenz) präzidieren, in einem magnetischen Feld eher parallel als antiparallel aus, je nach Energiezustand. Durch ein senkrecht zum statischen Magnetfeld angelegtes Hochfrequenzfeld, kann die Ausrichtung der Präzisionsachsen umgekehrt werden. Dies geschieht dann, wenn die Hochfrequenz gerade der Lamorfrequenz entspricht. Dieser Effekt wird stark durch die jeweilige chemische Umgebung des betroffenen Atomkerns beeinflußt. Entsprechend kann die Frequenz, die eine Umkehr der Ausrichtung verursacht (= Induktionssignal) in der NMR-Spektroskopie genutzt werden, um Strukturen, insbesondere die der organischer Substanzen, aufzuklären bzw. Stoffe zu identifizieren. Für die NMR-Spektroskopie werden überwiegend Isotope des Wasser (^{1}H)- und Kohlenstoffs (^{13}C), aber auch des Stickstoffs (^{15}N) und Phosphors (^{31}P) genutzt. Die NMR-Spektroskopie mit den letztgenannten ist allerdings aufwendiger, da deren natürliche Gehalte relativ gering sind (^{15}N = 0,37 % an gesamt N). Im allgemeinen lassen sich ^{1}H-NMR-Spektren von Lösungen ohne weiteres quantitativ auswerten. Dabei ist die Signalintensität proportional zu der Zahl der an dieser Stelle des Spektrums absorbierenden Wasserstoffkerne. ^{13}C-NMR-Routine-Spektren lassen sich jedoch nicht quantitativ auswerten. Die Intensität des NMR-Signals ist proportional zum effektiven Besetzungsunterschied der beteiligten Energiezustände und hängt damit entscheidend von den ↗Relaxationszeiten ab. Diese ist für große Kerne (wie ^{13}C) sehr viel höher als für den Wasserstoffkern. Hinzu kommt noch im Entkopplungsfall der sogenannte Kern-Overhauser-Effekt. Beide sind die Ursache dafür, daß die theoretischen und gemessenen Intensitätsverhältnisse bei den ^{13}C-Signalen voneinander abweichen. Mittels sogenannter Relaxationsreagenzien kann man das zwar umgehen, allerdings darf dieses Reagenz weder mit der Probe reagieren noch auch nur lose komlexieren. Dies ist bei organischen Bodensubstanzen jedoch nicht auszuschließen. Mit dem »inverse gated decoupling« werden die Einflüsse von Relaxationszeit und Kern-Overhauser-Effekt auf die Signalintensität verhindert. Diese Methode verursacht aber lange Meßzeiten. In Festkörpern werden diese Effekte durch die starre Anordnung der Atome zueinander noch erhöht. Daher eignen sich Festkörper-NMR-Spektren nicht für quantitative Aussage. Einen weiteren Störfaktor stellt bei Bodenproben die Anwesenheit bodenbürtiger paramagnetischer Teilchen wie z. B. Eisenionen dar. Diese greifen gleichfalls in die Relaxationszeiten und damit die Signalintensität ein. [RE]

Kernsprung, Form der physikalischen ↗Verwitterung v. a. in warm-aridem Klima. Starke Sonneneinstrahlung kann in Gesteinsblöcken so große Temperatur-Unterschiede und damit entsprechend große Spannungen erzeugen, daß die Blöcke an Klüften aufgespalten werden.

Kernstrahlengeometrie ↗Epipolargeometrie.

Kerogen, *Kerabitumen*, in herkömmlichen organischen Lösungsmitteln und wässerigen alkalischen Lösungen unlöslicher Bestandteil der organischen Materie des Sedimentgesteins. Der Großteil der organischen Materie liegt weltweit in Form des Kerogens vor. Seine chemischen und physikalischen Eigenschaften sind stark von der Art der Komponenten, aus denen es gebildet wurde, und von diagenetischen Umwandlungen dieser Komponenten abhängig. Aufgrund unterschiedlicher Elementzusammensetzungen und dem Gehalt an Kohlenwasserstoffen wird das Kerogen in ↗Kerogentypen eingeteilt. Durch unterschiedliche Elementverteilungen von Wasserstoff, Kohlenstoff und Sauerstoff wird das Kerogen in drei Typen unterteilt (Typ I bis Typ III). Graphisch wird diese Typisierung in Auftragung des H/C-Verhältnisses gegen das O/C-Verhältnis (↗Van-Krevelen-Diagramm) dargestellt. Wird zur Charakterisierung des Kerogens der Gehalt an organischem Kohlenstoff bezogen auf seinen Masseanteil am gesamten Sediment (TOC, engl. total organic carbon) herangezogen, so unterscheidet man zusätzlich einen Typ IV.

Kerogen wird während der ↗Diagenese aus unterschiedlichen organischen Ausgangsmaterialien wie Bakterien, Plankton und Pflanzen gebildet. Durch fortlaufende Sedimentüberlagerung kommt es zum biochemischen und chemischen Abbau der abgestorbenen organischen Materie. Mit zunehmender Tiefe ist das Sediment einem Druck- und Temperaturanstieg ausgesetzt. Hierdurch bilden die durch den Abbau erhaltenen Fragmente mittels ↗Polymerisation und Polykondensation (↗Kondensation) unter Verlust ihrer funktionellen Gruppen immer größere Moleküle, die Huminsäuren und Fulvinsäuren, welche ihrerseits ↗Huminstoffe bilden. Die Huminstoffe werden durch weitere Polykondensation in ↗Geopolymere mit ↗Molekularmassen von 10.000 bis 100.000 atomaren Masseneinheiten (amu) umgewandelt. Diese Geopolymere werden aufgrund ihrer unterschiedlichen Löslichkeit in gängigen organischen Lösungsmitteln in zwei Klassen aufgeteilt: Der lösliche Anteil wird als ↗Bitumen, der unlösliche überwiegende Anteil als Kerogen bezeichnet. Das während der Diagenese gebildete Kerogen unterliegt während der weiteren Diagenese, ↗Katagenese und ↗Metagenese ständiger Veränderung. Im letzten Schritt der Diagenese werden weitere heteroatomare Bindungen und funktionelle Gruppen abgespalten, so daß es zu einer Freisetzung von Wasser, Kohlendioxid, ↗Asphaltenen und ↗Harzen kommt. Während der Katagenese werden überwiegend Kohlenwasserstoffketten und cyclische Kohlenwasserstoffe aus dem Kerogen abgespalten. Dies ist die Hauptphase der Erdölbildung, der sich die Bildung von ↗Erdgas anschließt. In der Metagenese findet eine Umlagerung der zurückgebliebenen aromatischen Kohlenwasserstoff-Schichten statt. Die bisher ungeordnet vorliegenden Schichten richten sich aus unter Bildung von Methan.

Kerogen besteht aus verschiedenen Komponenten in variabler Zusammensetzung. Einige Komponenten sind ↗Macerale, bei anderen Komponenten handelt es sich um amorphe organische Materie. Die Struktur des Kerogens unterliegt während der Diagenese, Katagenese und Metagenese fortlaufenden Änderungen. Die generelle Struktur des Kerogens wird als dreidimensionales Makromolekül, bestehend aus aromatischen Kernen und Kohlenwasserstoffen, welche über heteroatomare Verbindungen oder aliphatische Ketten (↗aliphatisch) verbunden sind, beschrieben. Die vernetzenden Verbindungen enthalten eine Vielzahl unterschiedlicher funktioneller Gruppen wie Ketone, Ester, Ether, Sulfide oder Disulfide. Diese funktionellen Gruppen sind entweder direkt oder über aliphatische Kohlenwasserstoffketten mit den aromatischen Kernen verbunden. Mit zunehmender thermischen Reife werden viele dieser funktionellen Gruppen und aliphatischen Kohlenwasserstoffketten abgespalten. Somit verringert sich die Anzahl der vernetzenden Verbindungen unter gleichzeitiger Verschiebung und Verdichtung der aromatischen Kerne. [SB]

Kerogentyp, ↗Kerogen wird aufgrund seiner durch unterschiedliche organische Ausgangsverbindungen bedingten Elementverteilung von Wasserstoff (H), Kohlenstoff (C) und Sauerstoff (O) in drei Typen unterteilt (Typ I bis Typ III). Graphisch wird diese Typisierung in Auftragung des H/C-Verhältnisses gegen das O/C-Verhältnis (↗Van-Krevelen-Diagramm) dargestellt. Mit zunehmender thermischer ↗Reife des Kerogens bewegen sich die Elementverhältnisse im Richtung des Koordinatenursprungs des Diagramms hin. Wird zur Charakterisierung der Kerogen-Typen der Gehalt an organischem Kohlenstoff, bezogen auf seinen Masseanteil am gesamten Sediment (TOC, engl. total organic carbon) herangezogen, so unterscheidet man zusätzlich einen Typ IV, welcher im Van-Krevelen-Diagramm nicht dargestellt wird, jedoch unterhalb des Typs III liegen würde.

Typ I-Kerogen: enthält überwiegend aliphatische Kohlenwasserstoffketten und einen geringen Anteil aromatischer Verbindungen. Es besitzt ein hohes H/C-Verhältnis und einen geringen Schwefelgehalt. Der Kohlenstoff-Anteil liegt bei über 600 mg/g gesamten organischen Kohlenstoffs. Die Ausgangssubstanzen sind überwiegend lakustrinen und marinen Ursprungs (Algen und Bakterien). Aufgrund des hohen Anteils aliphatischer Kohlenwasserstoffketten besitzt das Typ I-Kerogen ein sehr hohes Erdöl- und Erdgasbildungspotential.

Typ II-Kerogen: enthält im Vergleich zum Typ I-Kerogen mehr aromatische und naphthenische Anteile und somit einen geringeres H/C-Verhältnis. Der Kohlenstoff-Anteil liegt bei 300–600 mg/g gesamten organischen Kohlenstoffs. Der Schwefelgehalt liegt über dem des Typ I-Kerogens. Die Ausgangssubstanzen sind marinen Ursprungs (Plankton und Algen), welche unter sauerstoffarmen Bedingungen abgebaut wurden. Das Typ II-Kerogen besitzt ein hohes Erdöl- und Erdgasbildungspotential.

Typ III-Kerogen: enthält überwiegend kondensierte Polyaromaten mit einem geringeren Anteil an aliphatischen Ketten und sauerstoffhaltigen funktionellen Gruppen. Der Kohlenstoffanteil liegt in dem Bereich von 50–200 mg/g gesamten organischen Kohlenstoffs. Die Ausgangssubstanzen des Typ III-Kerogens sind überwiegend Landpflanzen. Im Vergleich zum Typ I- und Typ II-Kerogen besitzt es ein geringes Erdöl- und Erdgasbildungspotential.

Typ IV-Kerogen: enthält überwiegend kondensierte Polyaromaten mit einem sehr geringen Anteil an aliphatischen Ketten (Inertit). Der Kohlenstoff-Anteil liegt unter 50 mg/g gesamten organischen Kohlenstoffs. Die Ausgangssubstanzen sind höhere Landpflanzen, welche stark oxidiert wurden. Da Typ IV-Kerogen kein Kohlenwasserstoffbildungspotential hat, wird es oft nicht als echtes Kerogen angesehen. [SB]

Kerosin, *Petroleum,* Kraftstoff für Düsenflugzeuge (Flugzeuge mit Strahlantrieb). Dazu werden mittlere Fraktionen des ↗Erdöls im Siedebereich von 180–240°C verwendet. Die ersten Düsenflugzeuge wurden mit ↗Benzin betrieben. Aufgrund der hohen Brandgefahr wurde es jedoch durch das im zivilen Bereich verwendete höhermolekulare Kerosin ersetzt. Der Gehalt an aromatischen Kohlenwasserstoffen darf 25 % nicht überschreiten, da sonst erhöhte Rückstandsbildung bei der Verbrennung eintritt.

Kerr-Effekt ↗elektrooptischer Effekt.
Kerr-Zelle ↗elektrooptischer Effekt.
Kersantit, ein ↗Lamprophyr, der überwiegend aus Plagioklas und Biotit besteht.
Kesselmoor ↗Niedermoor.
Kesselpfeil ↗Fallstrich.
Ketilidische Gebirge ↗Proterozoikum.
Kettengebirge ↗Orogen.
Kettensilicate ↗Inosilicate.
Keuper, [von fränkisch »Kipper«], regional verwendete stratigraphische Bezeichnung für die obere Trias des ↗germanischen Beckens (↗Germanische Trias). Der Keuper. entspricht etwa dem ↗Karn, ↗Nor und ↗Rät der internationalen Gliederung. Der Keuper ist eine bunte Gesteinsabfolge aus marginal-marinen und kontinentalen Sedimenten mit deutlichen Faziesdifferenzierungen innerhalb des ↗Germanischen Beckens. ↗Trias, ↗geologische Zeitskala.
Kew-Barometer ↗Barometer.
KFA-1 000, *Kosmischer Foto-Apparat, KWR-1 000,* steht für die russische Bezeichnung für eine großformatige (30 × 30 cm) photographische Kamera mit einer Brennweite von 1000 mm, deren zivile

Ausführungen auf russischen RESURS-Rückkehrkapseln und auf der Raumstation Mir-1 montiert waren bzw. sind. Die Photos, die schwarz-weiß und spektrozonal (↗Bispektralphotographie) farbig aufgenommen werden, weisen ein Pixeläquivalent (↗geometrische Auflösung) von weniger als 5 m auf. Diese Bilddaten wurden als erste der »ultrahoch auflösenden« Fernerkundungsbilddaten sowjetischer Provenienz Mitte der 1980er westlichen Experten angeboten.

K-Faktor, Bodenerodierbarkeitsfaktor der ↗allgemeinen Bodenabtragsgleichung; gibt den Einfluß unterschiedlicher Bodencharakteristika wie ↗Textur, Humusgehalt, Aggregierung, Durchlässigkeit, Steingehalt und ihres Zusammenwirkens im Erosionsprozeß an. K-Faktoren können aus ↗Bodendatenbanken oder in Form von Näherungswerten aus Daten der ↗ Reichsbodenschätzung abgeleitet werden.

K-Fixierung, Einlagerung von Kalium in die Schichtzwischenräume aufweitbarer Dreischichttonminerale (z. B. Illit, Vermiculit, Smectit). Aufgrund dieses Vorgangs erfolgt eine Kontraktion der Silicatschichten auf einen Abstand von etwa 1 nm. Bei Entzug durch Pflanzen nimmt der K-Gehalt in der ↗Bodenlösung ab und das in den ↗Tonmineralen fixierte Kalium wird freigesetzt (↗Kaliumversorgung). Wird dem Boden Kalium, z. B. durch Düngung, zugeführt, erfolgt zunächst der Einbau in die Schichtzwischenräume der Tonminerale bis zur Erreichung eines Endwertes, erst danach liegt Kalium in austauschbarer und somit pflanzenverfügbarer Form vor. Die Freisetzung aus den Schichtzwischenräumen kann durch bestimmte Ionen wie Cs^+, NH_4^+ (↗Ammoniumfixierung) oder organische Kationen blockiert werden, da die Öffnung der Zwischenräume verschlossen wird. Zunehmende Temperatur und abnehmende pH-Wert dagegen fördern die K-Freisetzung. Die Bestimmung der K-Fixierung erfolgt durch Zugabe einer definierten K-Menge in eine Bodensuspension und anschließender Messung des restlichen ↗austauschbaren Kaliums. [AH]

k_f-Wert, *Durchlässigkeitsbeiwert, Durchlässigkeitskoeffizient, Filtrationskoeffizient, gesättigte hydraulische Leitfähigkeit, gesättigte Wasserleifähigkeit*, Quotient aus ↗Filtergeschwindigkeit v_f und zugehörigem ↗Standrohrspiegelgefälle mit der Einheit [m/s]. Der k_f-Wert ist abhängig von den physikalischen Eigenschaften des Wassers (Dichte, Viskosität, Temperatur) und den Eigenschaften des Grundwasserleiters (Poren, Klüfte). Die Bestimmung erfolgt mit Hilfe der Darcy-Gleichung (↗Darcy-Gesetz):

$$k_f = \frac{Q}{F \cdot i},$$

mit Q = Wasservolumen [m³/s], F = durchströmte Fläche [m²] und i = hydraulischer Gradient. Er gilt für die laminare Filterströmung (Reynoldzahl < 10) und ist ein wichtiger Boden-/Substratkennwert. Die übliche Schwankungsbreite von k_f-Werten in Unterbodenhorizonten ist je nach Substrat verschieden, wie z. B. Sand (0,6–6 m/d), lehmiger Sand bis Lehm (0,02–1 m/d), lehmiger Ton bis Ton (< 0,01–1 m/d) und Torf (0,06–1 m/d).

Kiaman-Intervall, langes Zeitintervall im oberen ↗Paläozoikum (310–260 Mio. Jahre) mit inverser Polarität des Erdmagnetfeldes.

Kibarische Orogenese ↗Proterozoikum.

Kiefernwald, *Föhrenwald*, Wälder, die zum Teil oder ganz aus Kieferngewächsen (*Pinus*) bestehen. Kiefern sind Bestandteil des ↗borealen Nadelwaldes, Kiefernwälder kommen klimazonal weit verbreitet in unterschiedlichen Ausprägungen vor, beispielsweise als eurosibirische Kiefern-Trockenwälder, als subkontinentale Kiefern-Trockenwälder, als eurosibirische Fichten- und Kiefernwälder oder auch als Kiefern-Moorwald. Auf Grund ihrer Physiologie wächst die Kiefer auch auf nährstoffarmen Böden und kann sowohl auf trockenen als auch auf sehr feuchten Standorten stocken. Kiefernwälder weisen eine charakteristische Tierwelt auf, dazu gehören u. a. Haubenmeise, Nachtschwalbe, Kiefernmarienkäfer und der Kiefernbohrkäfer.

Kiepert, *Heinrich*, Geograph und Kartograph, * 31.7.1818 Berlin, † 21.4.1899 Berlin; nach Studium in Berlin bei Carl Ritter (1779–1859) war Kiepert von 1845 bis 1852 Leiter des Geographischen Instituts in Weimar; 1859 als ordentlicher Professor an die Berliner Universität in Nachfolge von C. Ritter berufen, verband er seine historisch-geographischen Studien mit kartographischen Arbeiten. Er schuf ca. 400 teils mehrblättrige Kartenwerke, vorwiegend zur Erfassung der Länder antiker Kulturen in Kleinasien und Südosteuropa (»Karte von Kleinasien« 1:1 Mill. 1854, »Spezialkarte des westlichen Kleinasien« 1:200.000, 15 Blätter, 1890–92). Nach Itineraren von Forschungsreisenden entwarf er zahlreiche Kartenbeilagen für die »«Zeitschrift der Gesellschaft für Erdkunde zu Berlin« (seit 1853) und Atlaskarten zum «Neuen Handatlas der Erde» (1857–61), später «Großer Handatlas» sowie zum «Atlas antiquus». Sein Sohn Richard Kiepert (* 13.9.1846 Weimar, † 4.8.1915 Berlin) bearbeitete neue Ausgaben vieler Kartenwerke seines Vaters und gab selbst Schulwandkarten, Atlanten und Lehrkarten heraus. [WSt]

Kies, 1) *Geologie*: a) Angabe zum Korndurchmesser einer Gesteinskomponente, die in der Korngrößeneinteilung nach DIN 4022 zwischen 2 und 63 mm oder nach der Korngrößeneinteilung nach Phi zwischen –1 bis –6 Phi variiert. Kies kann in *Feinkies* (2–6,3 mm), *Mittelkies* (6,3–20 mm) und *Grobkies* (20–63 mm) unterteilt werden und besitzt abgerundete Kanten. Eckig-kantige Formen werden als *Grus* bezeichnet. b) Kies oder *Schotter* sind Sedimente mit über 50 % Geröllen, d. h. rundlichen Mineral- oder Gesteinsbruchstücken, mit Korndurchmessern >2 mm.

2) *Mineralogie*: sulfidisches Mineral (↗Sulfide), das einen ausgesprochen metallischen Glanz, lichte Farbe, schwärzlichen Strich und eine meist hohe Härte nach Mohs von 5–6 aufweist. Beispie-

le sind /Kupferkies, /Pyrit, Silberkies und Schwefelkies.
Kieselalgen, *Diatomeen*, /*Bacillariophyceae*.
Kieselerde /*Diatomeenerde*.
Kieselgalle, regional gebräuchlicher Ausdruck für eine in Tonsteinen auftretende Kieselsäurekonkretion.
Kieselgur, *Kieselerde*, /*Diatomeenerde*.
Kieselsäure, 1) Sammelbezeichnung für die oft nicht mehr identifizierbaren verschiedenen SiO_2-Phasen in Zusammenhang mit geologischen Prozessen; 2) der an /Silicate und /Quarz gebundene SiO_2-Anteil in Gesteinen.
Kieselschiefer, Bezeichnung für i.d.R. paläozoische, geschieferte Kieselgesteine. Der Begriff sollte nur noch im Zusammenhang mit lithostratigraphischen Einheiten Verwendung finden.
Kieselsinter, *Geyserit*, *Pealit*, *Terpizit*, lockere oder verfestigte, poröse bis dichte, filamentöse, plattige, überkrustete oder konkretionäre, primär weiße Opalablagerungen. Der Opal fällt aufgrund der veränderten physikalisch-chemischen Bedingungen beim Austritt sehr kieselsäurereichen, heißen Quellwassers aus (z. B. Old Faithful (Yellowstone-Park): 380 mg SiO_2 pro Liter, Großer Geysir (Island): 510 mg SiO_2 pro Liter). Kieselsinter kommen in Vulkan-Gebieten von Island, im Yellowstone-Park und in Neuseeland vor.
Kiesfilter, Filter, der a) zur mechanischen Wasserreinigung von ungelösten Inhaltsstoffen verwendet wird und b) in der Brunnenbautechnik häufig eingesetzt wird, um Feinanteile aus dem Grundwasserleiter zurückzuhalten, und die Sandfreiheit des geförderten Wassers sicherzustellen. Dabei wird in den Ringraum zwischen Grundwasserleiter und Ausbau- bzw. Filterrohrtour ein auf die Kornverteilung im Grundwasserleiter abgestimmtes, oft abgestuftes Gemisch, bestehend aus gut gerundetem (nicht: gebrochenem), zumeist quarzitischem Kies- oder Sandmaterial, eingebracht. Die Anforderungen an Filtersande und /Filterkiese sowie deren Abstufung sind in den DIN 4924 und 19623 erfaßt. Daneben sind auch /Filterrohre mit aufgeklebtem oder aufgesintertem Kiesbelag unterschiedlicher Korngrößen und Abstufungen in Gebrauch.
Kieslagerstätten, veralteter Begriff für aus /Sulfiden aufgebaute /Erzlagerstätten. Der Begriff stammt von der alten bergmännischen Bezeichnung »Kiese« für eine Gruppe der Sulfide ab.
Kiespumpe, Bohrwerkzeug in Form einer Röhre. Das Bohrgut wird mittels eines Kolbens in die Röhre gesaugt. Das Zurückfallen des Bohrguts wird durch ein Rückschlagventil am unteren Ende der Kiespumpe verhindert. Die Kiespumpe findet Einsatz bei Sanden und Kiesen unter dem Wasserspiegel. /Trockendrehbohren.
Kiesriff /Sandriff.
Kieswüste /Serir.
Kimban-Orogenese /Proterozoikum.
Kimberlit, ultrabasisches vulkanisches Gestein, das aus häufig serpentinisierten und carbonatisierten Phlogopitperidotiten besteht und meist

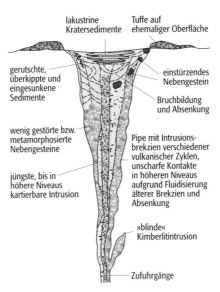

Kimberlit: schematischer Querschnitt durch eine Kimberlit-Pipe.

brekziiert in Gängen oder Schloten (*Pipe*) in geologisch alten /Kratonen auftritt (Abb.). Die kimberlitischen Schmelzen werden im Erdmantel gebildet. Wirtschaftliche Bedeutung erlangen die Kimberlite durch das Auftreten von Diamanten. Der Gesteinsname Kimberlit geht auf die südafrikanische Stadt Kimberley zurück, in deren Nähe 1872 die ersten Diamant-Pipes entdeckt wurden. Während in den ersten Jahrzehnten das Interesse an Kimberliten wegen der Diamanten hauptsächlich wirtschaftlicher Art war, erkannte man später ihre Bedeutung als Träger von Informationen aus großen Tiefen (100–200 km), wo sie in einem an volatilen (leichtflüchtigen) Komponenten reichen Milieu entstanden sind. Heute wird angenommen, daß Diamanten nicht primär in den Kimberliten gebildet, sondern während des Aufstiegs der kimberlitischen Schmelze aus dem Erdmantel aus einer diamantführenden Schicht mitgeführt wurden.
Ihrer Zusammensetzung nach werden Kimberlite als kaliumreiche ultrabasische Gesteine mit hohen Gehalten an volatilen Komponenten (besonders CO_2) definiert. In einer feinkörnigen Matrix sitzen große, früh gebildete Körner von Olivin, Magnesium-Ilmenit, chromarmem titanführenden Pyrop, Diopsid, Phlogopit, Enstatit und titanarmem Chromit. In der Matrix kommen Monticellit ($CaMgSiO_4$), Phlogopit, Perowskit, Spinell, Apatit und Serpentin sowie dem Erdmantel entstammende ultrabasische /Xenolithe vor. Diamanten liegen als quantitativ nicht bedeutsamer Nebengemengteil vor. Auch bei den in Pipes häufig niedrigen Gehalten von 25 Karat pro 100 t Gestein (entspricht etwa 0,02 g/t) ist der Abbau profitabel.
Orangeite, früher als »Kimberlit-Typ II« bezeichnet, sind nach ihrem Verbreitungsgebiet, dem Oranjefreistaat in Südafrika, benannt. Phlogopit ist Hauptbestandteil sowohl als Einschlußmineral als auch in der Matrix. Von Kimberliten unterscheiden sich die Orangeite durch das Fehlen

von Monticellit, Magnesium-Ulvöspinell und bariumreichen Glimmern. Orangeite sind bisher ausschließlich aus Südafrika bekannt, Kimberlite kommen jedoch weltweit vor. Die wichtigsten an Kimberlite gebundene Diamantvorkommen befinden sich in Sibirien, Südafrika und Australien.

Kimm, scheinbarer Horizont, insbesondere auf See. Der Winkel zwischen dem scheinbaren und dem sichtbaren Horizont hängt von der Augenhöhe des Beobachters ab und heißt Kimmtiefe.

Kimmeridge, *Kimmeridgium,* international verwendete stratigraphische Bezeichnung für die zweite Stufe (154,1–150,7 Mio. Jahre) des ↗Malm, benannt nach Kimeridge (mit einem »m«) in Dorset (England). Die Basis stellt der Beginn des Baylei-Chrons dar, bezeichnet nach dem Ammoniten *Pictonia baylei.* ↗Jura, ↗geologische Zeitskala.

Kinematik, 1) *Geologie*: die Gesamtheit der tektonischen Bewegungen, die zu einem Ensemble von Strukturen geführt hat. Die Ermittlung der Kinematik ist eine Hauptaufgabe der ↗Tektonik.
2) *Klimatologie*: Untersuchung der Eigenschaften von Geschwindigkeitsfeldern ohne Berücksichtigung der wirkenden Kräfte. Beispiele sind die Darstellung einer Strömung mittels Stromlinien oder ↗Trajektorien oder die Ermittlung von ↗Divergenz und Rotation eines Geschwindigkeitsfeldes.

Kinematische Geodäsie ↗Geodynamik.

kinematische Geodynamos, künstliche Magnetfelder, die dem Erdmagnetfeld entsprechen. Kinematische Geodynamos werden durch die Vorgabe der Flüssigkeitsströmungen, d. h. des Geschwindigkeitsfeldes und eines initialen Magnetfeldes erzeugt (*Dynamotheorie*). Das Interesse an kinematischen Dynamomodellen besteht darin, Typen von Geschwindigkeitsfeldern zu finden, die ein Magnetfeld erzeugen können.

kinematisches GPS, alle Meßverfahren, bei denen im Unterschied zum statischen GPS mit gelösten ↗Phasenmehrdeutigkeiten genaue Koordinaten einer bewegten GPS-Antenne kontinuierlich bestimmt werden können. Zu unterscheiden sind Methoden mit statischer Initialisierung der Mehrdeutigkeitslösung und Verfahren mit einer Mehrdeutigkeitslösung während der bewegten Messung (on the fly, OTF; on the way, OTW). Die statische Initialisierung kann durch einen kurzzeitigen Austausch nah benachbarter Antennen geschehen (antenna swapping). Ein Referenzempfänger verbleibt statisch am Ausgangspunkt, während mit einem zweiten Empfänger die gewünschten Punkte nacheinander durch kurzzeitiges Aufstellen der Antenne bestimmt werden. Hierbei werden die gelösten Mehrdeutigkeiten vom Referenzpunkt auf die neu zu bestimmenden Punkte übertragen. Bei Signalverlusten durch Verdeckungen (↗cycle slip) muß ein bereits bestimmter Punkt neu besetzt werden. Beim OTF-Verfahren werden die Mehrdeutigkeiten mit leistungsfähigen Algorithmen während der Antennenbewegung bestimmt. Bei Signalverlusten erfolgt sofort eine neue Mehrdeutigkeitslösung. Dadurch ist es möglich, mit hoher Genauigkeit Trajektorien der Antenne koordinatenmäßig zu bestimmen. Das Verfahren findet deshalb verbreitete Anwendung auf Fahrzeugen aller Art, auch auf Schiffen und Flugzeugen. Die erforderliche Dauer der Mehrdeutigkeitslösung hängt von der Entfernung zur Referenzstation, von der Anzahl der verfügbaren Satelliten und von den wirksamen Fehlereinflüssen ab. Unter günstigen Bedingungen ist eine Lösung unmittelbar nach nur einer einzelnen Messung möglich. Wenn die Daten des Referenzempfängers (Code- und Trägerphasen) in Echtzeit über eine Datenverbindung zum Nutzerempfänger übertragen werden, können hochgenaue Positionen in Echtzeit bestimmt werden. Dieses Verfahren wird als ↗Echtzeitkinematik (Real Time Kinematic, RTK) bezeichnet und hat insbesondere im Vermessungswesen eine starke Verbreitung gefunden. Zahlreiche Gerätehersteller bieten komplette RTK-Ausrüstungen an. Die Reichweite ist in der Regel auf wenige Kilometer beschränkt. [GSe]

Kinematische Theorie der Beugung, Berechnung der Beugungsintensitäten im ↗Zweistrahlfall unter Vernachlässigung aller Effekte durch Mehrfachbeugung, d. h. jeder Streuer an jedem beliebigen Ort im Kristall sieht die gleiche Primärstrahlintensität, und die gestreute Welle von jedem beliebigen Ort verläßt den Kristall, ohne ein weiteres Mal gestreut zu werden, so als ob der Kristall nicht vorhanden wäre. Diese vereinfachte Theorie wird auch als geometrische Theorie bezeichnet.

kinematische Viskosität, berechnet sich für eine zähe Flüssigkeit aus dem Verhältnis dynamische Viskosität μ zu Dichte ϱ, also $\nu = \mu/\varrho$ mit der SI-Dimension Quadratmeter/Sekunde (m^2/s).

kinematische Welle, vereinfachte Beschreibung des Fließvorganges bei geringen Wasserhöhen. Viele in der Natur vorkommende Prozesse wie die lokale Beschleunigung ($\partial v/\partial t$), die konvektive Bescheunigung v ($\partial v/\partial s$) sowie der Druckterm g ($\partial h/\partial s$) können in dem Energieteil der ↗Saint-Venant-Gleichung vernachlässigt werden. Diese Vereinfachung ist insbesondere für den ↗Landoberflächenabfluß auf Hängen zulässig, da hier die Schwerkraft die anderen Kräfte um etwa zwei Größenordnungen übertrifft. Somit bleibt nur noch der Schwerkraft J_s und der Reibungsterm J_v übrig. Der Energieteil der Saint-Venant-Gleichung lautet dann: $J_s = J_v$. Bei der Anwendung dieser Beziehung muß beachtet werden, daß der Druckterm dann nicht mehr vernachlässigt werden kann, wenn das Gefälle gegen Null geht. Die ↗Kontinuitätsgleichung läßt sich, wenn Quellen (z. B. seitliche Zuflüsse) oder Senken (z. B. Wasserentnahmen oder Verluste durch Versickerung) vorhanden sind, um einen Quellen-Senkenterm $i_{(s,t)}$ erweitern. Die letztgenannte Gleichung wird dann zu:

$$\frac{\partial h}{\partial t} + \frac{\partial (v \cdot h)}{\partial s} = i(s,t)$$

und als kinematische Wellen-Gleichung bezeichnet. Ihr Vorteil gegenüber der vollständigen

Saint-Venant-Gleichung (voll-hydrodynamische Welle) liegt in der leichteren Handhabbarkeit. Kriterium für die Anwendbarkeit der kinematischen Wellengleichung ist die Kinematische Zahl:

$$K_i = \frac{J_s \cdot L}{Fr \cdot H},$$

wobei L die Fließlänge, H die Fließhöhe und Fr die ↗Froude-Zahl bedeuten. Solange $K_i>10$ ist, sind die Bedingungen für die Anwendbarkeit der kinematischen Wellengleichung erfüllt. [HJL]

kinetische Energie, Bewegungsenergie eines Massenpunktes. Sie ist definiert über das Produkt von Masse m und Geschwindigkeitsquadrat: $E_K = mv^2/2$.

kinetische Gastheorie, Herleitung der makroskopischen Eigenschaften von Gasen (z. B. Druck, Temperatur) aus den mechanischen Bewegungsvorgängen der Gasmoleküle. Es ergeben sich beispielsweise für die Temperatur T:

$$\frac{1}{2}m\overline{v^2} = \frac{3}{2}kT$$

und für den Druck p:

$$p = \frac{1}{3}nm\overline{v^2} = nkT.$$

Dabei ist m = Molekülmasse, n = Teilchenzahldichte, $\overline{v^2}$ = Mittel der Geschwindigkeitsquadrate aller Molekülbewegungen, k = Boltzmann Konstante (= $1{,}38 \cdot 10^{-23}$ J/K).

kinetischer Isotopieeffekt ↗Isotopenfraktionierung.

kinkband (engl.), durch Scherung der Schieferungslamellen gebildetes Band. ↗Knickzone.

Kinzigit, ein grobkörniger, hochmetamorpher Paragneis (↗Gneis), der neben viel Biotit und Granat variierende Mengen an Quarz, Plagioklas, Alkalifeldspat, Cordierit und Sillimanit enthält; benannt nach einem Vorkommen im Kinzigtal (Schwarzwald).

kippen ↗Hangbewegungen.

Kippscholle, Pultscholle, durch Dehnungstektonik erzeugtes, zwischen ↗Staffelbrüchen liegendes kontinentales Krustenelement, das über einer basalen, meist recht flachen Abscherbahn dominosteinähnlich zerglegt und entsprechend der Weite des Transportes um Winkel bis >45° kippt. Solche Phänomene sind im Falle ↗tektonischer Denudation beim Aufstieg eines ↗metamorphen Kernkomplexes zu beobachten, ebenso in Riftsystemen mit starker Krustenausdünnung und besonders an ↗passiven Kontinentalrändern. Der Schwarzwald ist eine typische Pultscholle, der auf seiner Westseite zum Oberrheingraben (teilweise in Staffelbrüchen) steil abfällt, während er nach Osten hin zum südwestdeutschen Schichtstufenland flach abdacht. ↗Horstgebirge, ↗Bruchschollengebirge.

Kippsicherheit, beschreibt den Grenzzustand der Tragfähigkeit bezüglich der Schiefstellung eines Bauwerkes durch außermittig angreifende Kräfte oder Setzungsdifferenzen durch unterschiedlich mächtige setzungsfähige Schichten im Untergrund. So lange der Schwerpunkt eines Körpers lotrecht oberhalb seiner Standfläche liegt, befindet er sich in einem stabilen Gleichgewicht. Liegt der Schwerpunkt lotrecht oberhalb der Kippkante ist das Gleichgewicht labil. Ein Maß für die Standsicherheit ist somit das zum Kippen eines Körpers notwendige Kippmoment. Die Bedingen der Außermittigkeit werden in DIN 1054 festgelegt. Die Frage der Kippsicherheit nähert sich der ↗Grundbruchsicherheit, da durch die Schiefstellung eine Schwerpunktverlagerung stattfindet, die die Außermittigkeit weiter erhöht. Der Schiefe Turm von Pisa ist ein bekanntes Beispiel für die Schiefstellung eines turmartigen Bauwerks. Die Kippsicherheit spielt auch bei der Beurteilung von Gefahren, die von freistehenden Felstürmen ausgehen, eine bedeutende Rolle. [WK]

Kippthermometer, Gerät zur Messung der ↗Temperatur, das an einem Draht in größere Wassertiefen abgesenkt wird (Abb.). Es wird meist in einen ↗Wasserschöpfer eingebaut, der mit einem Kippmechanismus ausgestattet ist, der durch ein Fallgewicht vom Schiff ausgelöst wird. Beim Kippen wird eine der Temperatur entsprechende Quecksilbermenge in einer Kapillare abgetrennt, aus der die Temperatur nach der Rückkehr an Bord berechnet werden kann. Durch gleichzeitige Verwendung von druckgeschützten und ungeschützten Kippthermometern kann die Tiefe der Messung bestimmt werden. In modernen Kippthermometern erfolgt die Temperaturregistrierung durch elektrische Sensoren, deren Daten beim Kippen elektronisch gespeichert werden.

Kippwinkel, tilt angle, Neigungswinkel der großen Halbachse eines elliptisch polarisierten Magnetfeldes. ↗elektromagnetische Verfahren.

Kirchhoffsches Strahlungsgesetz, von G. R. Kirchhoff (1824–1897) entwickeltes Gesetz. Für alle Körper ist bei gegebener Temperatur das Verhältnis zwischen ↗Emission $\bar{u}$ und ↗Absorption A für Strahlung derselben Wellenlänge konstant und vom Betrag gleich der spezifischen Ausstrahlung des schwarzen Körpers bei dieser Temperatur ($u(v,T)$):

$$\frac{\bar{u}(v,T)}{A(v)} = u(v,T).$$

Kirkendall-Effekt, resultierender Netto-Materialtransport durch eine Bezugsfläche, verursacht durch unterschiedliche partielle ↗Diffusionskoeffizienten zwischen zwei in Kontakt gebrachte Materialien.

Kissenlava, Pillow-Lava, fingerförmige, im Querschnitt kissenförmige Lavakörper, die subaquatisch bei niedriger Effusionsrate entstehen. Bei höherer Effusionsrate entstehen ↗Lavadecken.

Kissenstruktur, ball-and-pillow-structure, ↗Belastungsmarken.

Kittgefüge, Form des ↗Grundgefüges, bei dem die Einzelkörner durch chemische Verbindungen, vor allem Eisen- und Manganverbindungen als Ort- oder Raseneisenstein, aber auch in Car-

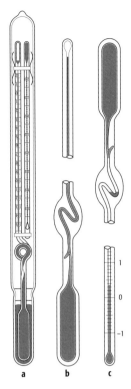

Kippthermometer: a) Thermometerröhre mit Haupt- und Nebenthermometer, b) Kapillare des Hauptthermometers in ungekipptem Zustand, c) nachdem es gekippt wurde.

Klärschlammverordnung (Tab.):
Schwermetallgrenzwerte nach AbfKlärV.

Schadstoff	Gehalt [mg/kg]
Cd	1,5 (1,0 bei pH 5 – 6)
Cr	100
Cu	60
Hg	1
Ni	50
Pb	100
Zn	200 (150 bis pH 5 – 6)

bonat-Anreicherungshorizonten als Wiesenkalk verkittet sind. Sind die Einzelkörner allseitig umhüllt, spricht man auch vom ↗Hüllengefüge.
KKN ↗Kondensationshöhe.
Klaffweite ↗Kluftöffnungsweite.
Klamm ↗Talformen.
Klappenwehr, bewegliches ↗Wehr, dessen klappenförmiger Verschluß an der Unterkante auf ganzer Länge auf dem Wehrkörper drehbar gelagert ist. Die Stauklappe wird nicht nur als eigentliches Verschlußorgan auf festen Wehrschwellen aufgesetzt, sondern auch auf anderen Wehrverschlüssen zur Feinregulierung und zur Ableitung von Eis und Schwimmstoffen. Durch besondere Torsionssteifigkeit zeichnet sich die *Fischbauchklappe* aus, bei der deshalb ein einseitiger Antrieb möglich ist.
klar, nächtlicher ↗Bedeckungsgrad von 3/8 oder weniger des Himmels; sollte nur für nächtliche Bewölkungsangaben genutzt werden.
Kläranlage, Anlage zur ↗Abwasserreinigung.
Klareis, an der Erdoberfläche, an Fahrzeugen (auch Luftfahrzeugen) usw. sich bildender, harter und nahezu durchsichtiger Eisansatz, der durch unterkühlte Regen- bzw. Wolkentropfen (Temperatur < 0°C) bzw. Auftreffen von Regen auf unterkühlte Oberflächen (↗Glatteis) zustande kommt. Im Gegensatz dazu steht ↗Rauheis.
Klärschlamm, aus dem Abwasser abtrennbare, wasserhaltige Stoffe, ausgenommen Rechengut, Siebgut und Sandfanggut (DIN 4045). Klärschlamm ist bei der biologischen Abwasserreinigung gebildeter Bakterienschlamm. Er wird mit Hilfe von Methanbakterien unter anaeroben Bedingungen in Faultürmen ausgefault. Die Schlammasse kann sich durch diesen Vorgang auf die Hälfte reduzieren. Das dabei entstehende Methan wird zur Energieversorgung der Anlage herangezogen. Der fertig ausgefaulte Schlamm ist dickflüssig und geruchsfrei. Zur weiteren Verringerung seiner Masse wird er auf Trockenbeeten, durch Zentrifugieren oder Filtrieren entwässert. Eine weitere Methode zur Volumenreduzierung ist die aerob-thermophile Stabilisierung (»Flüssigkompostierung«) bei 60°C. Dabei wird der Klärschlamm auch von pathogenen Keimen befreit. Ein Teil des Klärschlammes wird kompostiert. Klärschlamm aus kommunalen Abwässern kann aufgrund seiner Nähr- und Humusstoffe unter bestimmten Voraussetzungen auch direkt als Bodenverbesserungsmittel eingesetzt werden. Er wird, da reich an Nährstoffen und organischem Material, zu Düngungszwecken in der Landwirtschaft eingesetzt. Zur Verhinderung negativer Auswirkungen durch Schadstoffe in Klärschlämmen (Schwermetalle) wurde in Deutschland die ↗Klärschlammverordnung erlassen. Da die Menge des heute in Deutschland erzeugten Klärschlammes von der Landwirtschaft nicht mehr aufgenommen werden kann, wird er teilweise verbrannt. Geeignete Abscheideeinrichtungen sollen dabei eine Belastung der Umwelt durch die im Klärschlamm enthaltenen Schwermetalle bzw. die bei der Verbrennung entstehenden Schadgase verhindern. [ABo]

Klärschlammverordnung, *AbfKlärV*, nach dem Düngemittelgesetz erlassene Verordnung, die die Ausbringung von ↗Klärschlamm und ↗Gülle zur Düngung landwirtschaftlicher Flächen regelt. Bestimmte Grenzwerte (Tab.) für Schwermetalle und organische Schadstoffe dürfen nicht überschritten werden.
Klarwasserstadium, durch ↗grazing verursachtes Phytoplanktonminimum während der Vegetationsperiode.
Klassenbildung, *Wertstufenbildung, Wertgruppenbildung*, die Zusammenfassung statistischer Einzelwerte (↗Sachdaten) zu Klassen (Wertstufen, Wertgruppen) mit dem Ziel einer übersichtlichen, schnell und sicher lesbaren sowie sachgerecht räumlich differenzierten Darstellung. Das Problem stellt sich sowohl bei der ↗Absolutwertdarstellung bzw. intervall- und ratioskalierten Daten (gestufter ↗Wertmaßstab) als auch bei ↗Relativwertdarstellung bzw. ordinalskalierten Daten, am häufigsten jedoch im letzten Fall, d. h., bei Anwendung der Methode des ↗Flächenkartogramms bzw. bei ↗Choroplethenkarten. Für die Isolinienmethode und die mit ihr verschiedentlich verbundene Färbung bzw. Füllung der Schichtstufen (↗Schichtstufenkarte) liegen gewisse Gemeinsamkeiten in der Fragestellung vor. Die hier regelmäßig aufeinanderfolgenden Flächen bedingen jedoch ein anderes Vorgehen, wobei auch der Begriff der Klassenbildung nicht angewandt wird (↗Reliefdarstellung, ↗Äquidistanz). Ihrem Wesen nach ist die Klassenbildung der ↗quantitativen Generalisierung zuzurechnen. Die mit der Klassenbildung verbundene Informationsumformung muß so erfolgen, daß durch die festzulegenden Klassengrenzen die wesentlichen Eigenschaften des darzustellenden Sachverhaltes, somit die charakteristische Verteilung der Daten, erhalten bleibt. Der Übersichtlichkeit halber empfiehlt es sich, nicht mehr als sieben bis zwölf Klassen zu bilden. Die Klassenfolge sollte beim kleinsten Wert, der für die kartographische Darstellung von Belang ist, beginnen und beim größten enden. Zu große Klassenintervalle beeinträchtigen die Aussage der herzustellenden Karte und können zu einem Informationsverlust führen. Zu kleine Intervalle beeinträchtigen die Übersichtlichkeit und führen zu einer zu großen Klassenanzahl, wenngleich hier die räumliche Differenzierung in der Karte gut gewährleistet ist. Enthält die Reihe der Urdaten deutliche Lücken, dann sind auch Lücken zwischen bestimmten Klassen gerechtfertigt. Diese sollten in der ↗Zeichenerklärung (↗Legende) besonders gekennzeichnet werden. Im einzelnen

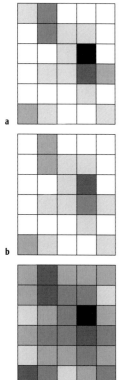

Klassenbildung 1: graphische Ergebnisse von verschiedenen Verfahren der Klassenbildung: a) sachinhaltlich begründete Sinngruppen: 0–6, 7–12, 13–17, 18–22, 23–29, 30–40; b) arithmetische Reihe: 0–7, 8–14, 15–21, 22–28, 29–35, 36–42; c) geometrische Reihe: 0–1, 2–3, 4–7, 8–15, 16–31, 32–63.

sind für die Klassenbildung, die immer häufiger unter Anwendung von Computerprogrammen erfolgt, folgende Verfahren üblich. a) Klassenbildung nach inhaltlich-sachlichen, erfahrungsgeprägten Gesichtspunkten (Sinngruppen) oder nach gesetzlich vorgeschriebenen Richtwerten. Für bestimmte Sachverhalte gibt es konventionelle bzw. traditionelle quantitative Grenzen, die auf der inneren Merkmalsstruktur beruhen. Die Anwendung dieses Verfahrens ist jedoch nicht frei von subjektiven Einflüssen und auch kaum mathematisch formalisierbar (Abb. 1). Konventionelle Klassengrenzen gehen auf Verwaltungsverordnungen zurück, wobei der sachliche Hintergrund nicht unbeachtet bleiben sollte. b) Klassenbildung nach der Häufigkeitsverteilung. Dieses, verschiedentlich auch als graphisches Verfahren bezeichnete Vorgehen basiert auf der Häufigkeitscharakteristik der Ausgangsdaten, die aus einem einfachen Häufigkeitsdiagramm (Histogramm) oder einem kumulativen Häufigkeitsdiagramm bzw. der Summenkurve abgeleitet werden kann. Minima im Histogramm und Steigungswechsel in der Summenkurve sind Richtwerte für Klassengrenzen (Abb. 2). c) Klassenbildung nach mathematischen Progressionen bzw. Prinzipien. Sie kann dann sinnvoll sein, wenn eine leichte quantitative Vergleichbarkeit der Klassen gewünscht wird. Auch ist die rechentechnische Ausführung relativ problemlos. Da die mathematisch ermittelten Klassengrenzen keinen Raumbezug haben, ist das Verfahren nur von geringer Bedeutung. Die bekanntesten Progressionen sind die arithmetische (äquidistante) Reihe und die geometrische Reihe (Abb. 2). Seltener kommen die radizierende Reihe und die reziproke Reihe zur Anwendung. Bei der Anwendung des Prinzips der Quantilen wird erreicht, daß alle Klassen in einer gleich großen Anzahl von Bezugseinheiten vorkommen, womit maximale graphische Differenzierung erreicht wird. d) Klassenbildung aufgrund statistischer Maßzahlen. Am bekanntesten ist das von Scipter (1970) vorgeschlagene Prinzip »Nested Means«, bei dem die Klassengrenzen durch wiederholte Bildung des arithmetischen Mittels gewonnen werden und ein ähnliches Prizip, das gleichfalls vom Mittelwert des Datensatzes ausgeht, dann aber gleich große Intervalle der Standardabweichung zu beiden Seiten des Mittelwertes der Klassenbildung zugrunde legt. Auch hier ist, neben verschiedenen anderen Einschränkungen, der fehlende Raumbezug von Nachteil. e) Räumliche Klassenbildung. Dieses von Künzel bereits 1932 vorgeschlagene Verfahren leitet primär aus der räumlichen Verteilung der Werte die für das Darstellungsgebiet charakteristischen Klassen ab. Es ist nicht frei von subjektiven Entscheidungen, kann jedoch als Vorstufe der Klassenbildung dienen, wenn im Anschluß daran nach einem Verfahren des Typs b) bis d) gearbeitet wird. Programme und Geräte der Digitalkartographie erlauben heute ohne weiteres auch klassenlose (unklassifizierte) Darstellungen bei Flächenkartogrammen im Sinne einer Einzelwertwiedergabe.

Ihr Wert ist jedoch wegen der eingeschränkten Übersichtlichkeit und der Beeinträchtigung der visuellen Auswertegenauigkeit aufgrund von Kontrasterscheinungen (Simultankontrast) umstritten. [WGK]

klassieren, Trennung von Feststoffgemengen nach Korngröße oder Masse. Die wichtigsten Klassierverfahren sind Sieben, Windsichten, Stromklassieren, Hydroklassieren und Sedimentation.

Klassierung, Aufgliederung einer Probe in Kornfraktionen. Viele Mineraltrennungen können nur durchgeführt werden, wenn die zu trennende Substanz eine bestimmte Korngröße bzw. einen bestimmten Korngrößenbereich hat. Aus diesem Grund zerlegt man das zerkleinerte Probenmaterial durch Siebung in mehrere Siebschnitte, man klassiert es. Die genauen Korngrößenintervalle sind durch die (genormten) Maschenweiten der Siebe vorgegeben. Sehr feinkörnige Mineralgemenge (63 μm, z. B. tonige Substanzen) können nicht durch Siebung klassiert werden, sondern werden durch Sedimentation getrennt. ↗ Sedimentationsanalyse.

Klassifikation, 1) *Allgemein*: Einteilung aller Elemente einer Gesamtheit in eine a priori unbekannte Anzahl von Gruppen (Klassen, Kategorien) nach gewissen ↗ Merkmalen. Ein konkretes Element wird danach nur zu einer bestimmten, entsprechenden Klasse (Teilklasse) zugeordnet. 2) *Fernerkundung*: übergeordneter Begriff von ↗ unüberwachter Klassifikation und ↗ überwachter Klassifikation. 3) *Ingenieurgeologie*: *Klassifizierung*, Gruppeneinteilung der Böden für bautechnische Zwecke. Die Bodenklassifikation bietet eine rein stoffliche Information, die für viele Aufgaben im Erd- und Grundbau völlig genügt und erhebliche Vorteile bringen kann. International übliche Grundlagen für die Bodenklassifikation sind Korngrößenbereiche, Korngrößenverteilung, plastische Eigenschaften, organische Bestandteile und die Entstehung. Ein Vergleich der in verschiedenen Ländern festgelegten Korngrößenbereiche zeigt keine wesentlichen Unterschiede. Der Korndurchmesser von 0,002 mm bildet allgemein die (physikalische) Grenze zwischen Ton und Schluff; die wirkliche Abgrenzung wird allerdings durch die Konsistenzeigenschaften bestimmt. Der Sand wird überwiegend durch den Korngrößenbereich von >0,06 mm bis 2 mm, der Kies durch den Korngrößenbereich >2 mm bis 60 mm Durchmesser definiert. Fraktionen mit größerem Korndurchmesser gehören zu den Steinen und Blöcken. Die Grenze zwischen Stein und Block ist nicht einheitlich festgelegt.

Klassifikation der Gesteine, *Gesteinsklassifikation*, Einteilung der ↗ Gesteine nach der Art ihrer Entstehung in drei Hauptgruppen (Abb.): a) magmatische Gesteine (↗ Magmatite): durch Abkühlung und Erstarrung meist silicatischer Schmelzen (↗ Magma) in der Erdkruste (↗ Plutonite) oder an der Erdoberfläche (↗ Vulkanite) gebildet. b) sedimentäre Gesteine (Sedimentite, ↗ Sedimente): durch Ablagerung oder Ausscheidung von Material gebildet, das durch Zerstörung (meist durch ↗ Verwitterung) von Gesteinen jeg-

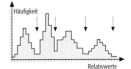

Klassenbildung 2: Häufigkeitsdiagramm (Histogramm) von Sachdaten (Relativwerten) zur Bildung von Klassen. Klassengrenzen sind durch Pfeile markiert.

Klassifikation der Gesteine: die drei Hauptgruppen der Gesteine. Zwischen den Magmatiten und den Metamorphiten stehen die Migmatite, die sowohl metamorphe als auch geschmolzene und wieder erstarrte (magmatische) Anteile enthalten. Da ihre Bildung unter besonderen metamorphen Bedingungen erfolgt, werden sie gewöhnlich bei den Metamorphiten behandelt. Pyroklastite bestehen aus Material magmatischer Herkunft, das jedoch wie ein Sediment abgelagert und ggf. verfestigt wird. Sie werden traditionell bei den Magmatiten (Vulkaniten) behandelt. Die Grenze zwischen der diagenetischen Verfestigung von Sedimenten und dem Beginn der Metamorphose ist ebenfalls nicht scharf.

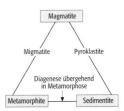

Klassifizierung von Boden und Fels (Tab.): Bodenklassifizierung nach dem »Unified Soil Classification System«.

Erkennungsmerkmale (ausschließlich der Anteile > 76,2 mm)			Gruppensymbol	Typische Bezeichnungen
Grob-Böden mehr als 50 % des Bodens > 0,074 mm	Kiese mehr als 50 % des Grobanteils > 4,8 mm	reine Kiese weniger als 5 % < 0,074 mm		
		ungleichförmiger Kornaufbau, »gut gekörnt«	GW	»gut« gekörnte Kiese und Kies-Sand-Gemische
		Vorherrschen einer Korngröße, »schlecht« gekörnt	GP	»schlecht« gekörnte Kiese und Kies-Sand-Gemische
		verunreinigte Kiese mehr als 12 % < 0,074 mm		
		der Feinanteil ist schluffig	GM	schluffige Kiese: »schlecht« gekörnte Kies-Sand-Schluff-Gemische
		der Feinanteil ist tonig	GC	tonige Kiese: »schlecht« gekörnte Kies-Sand-Ton-Gemische
	Sande mehr als 50 % des Grobanteils < 4,8 mm	reine Sande weniger als 5 % < 0,074 mm		
		ungleichförmiger Kornaufbau, »gut gekörnt«	SW	»gut« gekörnte Sande und Sand-Kies-Gemische
		Vorherrschen einer Korngröße, »schlecht« gekörnt	SP	»schlecht« gekörnte Sande und Sand-Kies-Gemische
		verunreinigte Sande mehr als 12 % < 0,077 mm		
		der Feinanteil ist schluffig	SM	schluffige Sande: »schlecht« gekörnte Sand-Schluff-Gemische
		der Feinanteil ist tonig	SC	tonige Sande: »schlecht« gekörnte Sand-Ton-Gemische
Fein-Böden mehr als 50 % des Bodens < 0,074 mm	schwach plastische Schluffe und Tone Fließgrenze < 50 %	der Feinanteil ist schluffig	ML	Schluffe und sehr feine Sande, Gesteinsmehl, schluffige oder tonige Feinsande mit geringer Plastizität
		der Feinanteil ist tonig	CL	Tone mit geringer bis mittlerer Plastizität, kiesige oder sandige Tone, schluffige Tone, leichte Tone
			OL	organische Schluffe und organische Schluff-Tone mit geringer Plastizität
	plastische und hochplastische Schluffe und Tone Fließgrenze > 50 %	der Feinanteil ist schluffig	MH	Schluffe und schluffige Böden mit mittlerer bis hoher Plastizität
		der Feinanteil ist tonig	CH	Tone mit sehr hoher Plastizität
			OH	organische Tone mit mittlerer bis hoher Plastizität
stark organische Böden		dunkle Farbe, Geruch, schwammiges Anfühlen, fasrige Textur	Pt	Torf und andere stark organische Böden

Klassifizierung von Boden und Fels: Plastizitätsdiagramm.

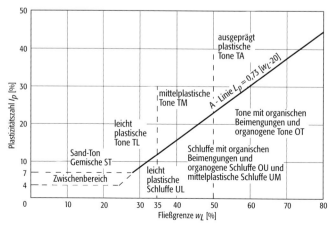

licher Art und Herkunft oder durch organische Prozesse entstanden ist. c) metamorphe Gesteine (↗Metamorphite): gebildet durch Umwandlung von Gesteinen jeglicher Art unter physikalischen und chemischen Bedingungen, die von deren ursprünglichen Entstehungsbedingungen verschieden sind, zu erheblichen Veränderungen im Mineralbestand und/oder Gefüge führen und weitestgehend im festen Zustand ablaufen (↗Metamorphose).

Die Beziehungen zwischen den Gesteinsgruppen werden im ↗Kreislauf der Gesteine veranschaulicht. Einige Gesteinstypen wie die ↗Migmatite und die ↗Pyroklastite können keiner der Hauptgruppen eindeutig zugeordnet werden, auch ist die Abgrenzung zwischen der ↗Diagenese sedimentärer Gesteine und der Metamorphose nicht exakt definiert. Für die einzelnen Gesteinsgruppen gibt es jeweils zahlreiche spezifische Klassifikationsprinzipien. [RH]

Klassifizierung ↗Klassifikation.

Klassifizierung von Boden und Fels, Einteilung von Boden und Fels gemäß DIN 4022 und 4023. Daneben ist die Einteilung und Beschreibung

nach dem »Unified Soil Classification System« das in den USA sehr verbreitet ist, sinnvoll, da beschreibende Charakterisierungen die Parameter der DIN gut ergänzen (Tab.).
Die deutsche Klassifizierungsnorm DIN 18196, die einerseits Bodengruppen nach Korngrößenverteilung definiert und bezeichnet, und andererseits für bindige und organogene Böden auf die Lage zur A-Linie Bezug nimmt, verweist auf DIN 4022 Teil 1 für die einheitliche Bemessung und Beschreibung von Bodenarten und Fels. Die A-Linie ist eine kennzeichnende Linie im ↗Plastizitätsdiagramm, das in der Darstellung Fließgrenze w_l gegen Plastizitätszahl I_p unterschiedlich plastische Tone und Tone/Schluffe mit organischen Beimengungen klassifiziert (Abb.). [KC]

klassischer Tunnelvortrieb, Tunnelvortrieb, bei dem zuerst eine Anzahl Stollen vorgetrieben wird, und dann das Gebirge, wenn nötig, durch Verzimmerung abgestützt und in den ausgehöhlten Teilen ausgekleidet wird. Man unterscheidet (Abb.): a) Kernbauweise (Deutsche Bauweise): Hier werden zunächst die Stollen an den Ulmen vorgetrieben, dann der ganze Tunnelquerschnitt nacheinander durch Stollen aufgefahren. Nur ein Kern bleibt vorerst bestehen, er wird als Widerlager bei der Verzimmerung benutzt. Nach der Auskleidung an Widerlager und First wird auch der Kern ausgebrochen. Unter Umständen wird ein ↗Sohlgewölbe eingebracht. b) Unterfangungsbauweise (Belgische Bauweise): Der Vortrieb beginnt mit einem Sohl- oder Firststollen, dann erfolgt die Erstellung eines Firstschlitzes, der bis zum Tunnelfirst erweitert wird. Anschließend erfolgt der Ausbruch der Kalotte und der Einbau des Firstgewölbes. In diesem Verfahren werden die Widerlager in Unterfangungsbauweise angebracht. c) Aufbruchbauweise (Österrei-

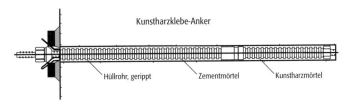

Klebeanker: Grundmodell eines Klebeankers.

chische Bauweise): Der Vortrieb beginnt mit einem Sohl- oder Firststollen, dann erfolgt lokal die Erstellung eines Firstschlitzes, der bis zum Tunnelfirst erweitert wird. Anschließend erfolgt der Ausbruch, von oben ausgehend, über den ganzen Querschnitt und die Sicherung. Im Anschluß wird der Hohlraum ausgekleidet. Unter Umständen wird ein Sohlgewölbe eingebracht. ↗Neue Österreichische Tunnelbauweise. [AWR]

Klasten, eigenständige Bestandteile, Körner oder Fragmente eines Sedimentes oder eines Gesteins, die durch mechanischen Zerfall oder chemische Lösung aus einer größeren Gesteinsmasse entstehen.

klastische Sedimente ↗terrigene Sedimente.

Klebeanker, *Kunstharzklebeanker, Kunstharzmörtelanker,* ↗Anker, bei dem die Kraftübertragung zwischen Anker und Bohrlochwand über einen Kunstharzmörtel erfolgt, wobei der Mörtel mittels einer Patrone in das Bohrloch eingebracht wird (Abb.). Die Patrone wird beim Einschlagen oder Eindrehen der Ankerstange zerstört und der Ringraum mit dem Kunstharzmörtel gefüllt. Kunstharzklebeanker haben den Vorteil einer schnellen Abbindezeit und damit einer raschen Tragwirkung. Der Kunstharz besitzt außerdem Korrosionsschutz- und Dübelwirkung. Tragfähigkeit und Tragzeit werden von der Feuchtigkeit im Bohrloch und der Temperatur beeinflußt.

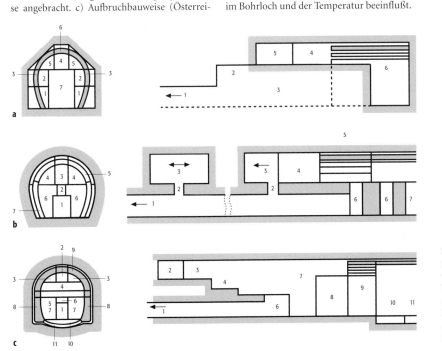

klassischer Tunnelvortrieb: Methoden des klassischen Tunnelvortriebs: a) Kernbauweise, b) Unterfangungsbauweise, c) Aufbruchbauweise. Die Zahlen stehen für die Reihenfolge des Ausbruchs, die Pfeile für die Ausbruchrichtung.

Klebegrenze, Wassergehalt an der Grenze zwischen steif-plastischer und weich-plastischer Konsistenzform (↗Konsistenz) eines bindigen ↗Erdstoffes. Bei einem Wassergehalt an der Klebegrenze beginnen bindige Böden an anderen Stoffen und Werkzeugen zu kleben. Böden sind an der Klebegrenze strukturlabil und nicht mehr bearbeitbar.

Kleimarsch, *kalkfreie Marsch*, Bodentyp nach der ↗deutschen Bodenklassifikation innerhalb der Klasse der ↗Marschen aus teilweise carbonathaltigem Gezeitensediment. Oberhalb 4 dm unter Flur stehen keine ↗Carbonate an.

Kleinbereichsalter, durch ↗Geochronometrie bestimmter Alterswert, welcher auf der Bestimmung ↗radiogener Isotope in mehreren Kleinbereichen einer Gesamtgesteinsprobe nach der ↗Isochronenmethode beruht (↗Anreicherungsuhr). Die analysierten Bereiche stammen aus einer mehrere Zentimeter langen Traverse über einen Bereich wechselnder mineralogischer Zusammensetzung. Die Sinnhaftigkeit von Kleinbereichsaltern ist umstritten, da deren schlüssige Interpretation nur mit Hilfe weiterer, unabhängiger geochronometrischer Informationen möglich ist. Bilden Probenpunkte von Kleinbereichen keine Isochrone (was häufig der Fall ist), so kann durch Rückrechnung geprüft werden, ob die Isotopenverhältnisse benachbarter Bereiche zu irgendeiner sinnvollen Zeit in der Vergangenheit eine Angleichung erfahren haben. Der ermittelte Alterswert einer solchen Angleichung kann dann geologisch interpretiert werden. [SH]

Kleinbohrung, Bohraufschluß im Boden mit Bohrdurchmesser zwischen 30 und 80 mm. Bei der Handdrehbohrung wird der Boden mittels Schappe, Schnecke oder Spirale drehend gelöst. Der übliche Bohrdurchmesser ist 60–80 mm. Das Verfahren wird bei bindigen Böden mit einem Korngrößenspektrum von Tonen bis Mittelkiesen und unter dem Wasserspiegel eingesetzt. Kleindruckbohrungen sind v. a. für Ton, Schluff und Feinsand geeignet. Das Entnahmerohr wird hier über ein Druckgestänge in den Boden eingedrückt. Übliche Bohrdurchmesser sind 30–40 mm. Kleinrammbohrungen weisen einen üblichen Bohrdurchmesser von 30–80 mm auf. Hier wird ein Rammgestänge mit Entnahmerohr in den Boden gerammt. Kleinrammbohrungen werden für Böden mit einem Korndurchmesser von maximal 1/5 des Innendurchmessers des Entnahmerohrs eingesetzt.
Die Länge des Entnahmerohrs sollte 1 m nicht überschreiten. Bei Entnahmerohrlängen über 1 m wird die höhenmäßige Feststellung der Schichtgrenzen unsicher und es besteht die Gefahr, daß weiche Schichten durch Pfropfenbildung überlagernder fester Schichten verdrängt werden. Der Einsatz von Kleinbohrungen in Böden ist durch das Größtkorn begrenzt. Bei ihrem Einsatz ist zu beachten, daß die kleinen Maße der Proben und die geförderten geringen Probenmengen die Durchführung von mitunter wichtigen Laborversuchen nicht zulassen und daß je nach Bohrverfahren und Bohrwiderstand des Bodens die Erkundungstiefe stark eingeschränkt sein kann. In geeigneten Böden lassen sie aber bis zur jeweils möglichen Erkundungstiefe die Schichtenfolge, unter Umständen auch die Feinschichtung, gut erkennen und sind bis zu diesen Tiefen zur Ergänzung von aufwendigeren Aufschlüssen geeignet. Kleinbohrungen wurden in früherer Zeit auch als ↗Sondierbohrungen bezeichnet. [ABo]

Kleine Eiszeit, eine etwa 600 Jahre dauernde Periode ungünstiger Klimaverhältnisse, die auf eine Phase geringerer Sonnenaktivität (90 bis 110 Jahres-Zyklus) mit um etwa 0,2–0,6 % reduzierter ↗Insolation zurückgeführt wird. Man unterscheidet das mittelalterliche Minimum von 1120 bis 1280, Wolf-Minimum von 1280 bis 1350, Spörer-Minimum von etwa 1450 bis 1550 und das Maunder-Minimum von 1645 bis 1715, dessen Existenz jedoch bislang umstritten ist, da es auch auf Beobachtungsfehlern beruhen könnte. Die Folge der verringerten Insolation war hauptsächlich eine Änderung der zyklonalen Strömung in Europa, wobei die Temperaturminima nicht mit den oben genannten solaren Aktivitätsminima zusammenfielen. Die Klimaverhältnisse waren insgesamt instabil und in den Alpen von Gletschervorstößen begleitet. ↗Eiszeit, ↗Klimageschichte.

kleiner Ring, ein heller Ring mit 22° Radius um die Sonne, ein spezieller ↗Halo aus der Fülle der Halo-Erscheinungen (Abb. im Farbtafelteil).

Kleinform, in sich geschlossene, sich deutlich von der Umgebung abhebende Reliefform mit wenigen Metern Größe.

Kleingeld-Methode ↗Bildstatistik.

Kleinklima ↗Mikroklima.

Kleinkreis, Kreis auf der Kugeloberfläche, der durch den Schnitt der Kugel mit einer Ebene entsteht, die nicht den Kugelmittelpunkt enthält.

Kleinschmidt, *Ernst Friedrich Wilhelm*, deutscher Meteorologe, * 20.12.1912 Friedrichshafen am Bodensee, † 4.5.1971 Göttingen; seit 1946 am Kaiser-Wilhelm-/Max-Planck-Institut für Strömungsforschung; 1961 Professor für Meteorologie in Göttingen; wichtige Arbeiten zur dynamischen Meteorologie, prägte die Begriffe »dynamische Labilität« und »↗potentielle Vorticity«. Werke (Auswahl): »Über Aufbau und Entstehung von Zyklonen« (1850–51).

Kleinste-Quadrate-Bildzuordnung, Verfahren der flächenbasierten ↗Bildzuordnung. Ziel der Zuordnung ist das Auffinden und Zuordnen homologer Intensitätsverteilungen (Flächen) in einem ↗digitalen Bild und einem Referenzbild durch eine radiometrische und geometrische Transformation der diskreten Intensitätswerte. Zielfunktion ist die Minimierung der Summe der Quadrate der Intensitätsdifferenzen $(g_1(i)-g_2(i))^2$ nach der Methode der kleinsten Quadrate. Voraussetzung für die Lösbarkeit der Aufgabe sind gute Näherungswerte für die gesuchten Parameter der geometrischen Zuordnung. Das funktionale Modell der geometrischen Transformation $x_1 = f(x_1)$ ist in der Regel eine Affintransformation. Bei der radiometrischen Transformation werden konstante Helligkeits- und Kontrastunterschiede r_1 und r_2 zwischen den Bildausschnitten berücksichtigt. Für die Zuordnung der Grauwerte in einer Geraden (z. B. in einem Kernstrahl) gelten damit die linearen Beziehungen:

$$g_1(x_1) = r_1 + r_2 \cdot g_2(x_2),$$
$$x_2 = a_1 + a_2 \cdot x_1,$$

wobei a_1 die Verschiebung und a_2 der Maßstabsunterschied zwischen Bild und Referenzbild sind (Abb.). [KR]

Kleintektonik, Analyse tektonischer Strukturen im Aufschlußbereich (/Tektonik).

Kleintrombe /Tromben.

Kleinwinkelkorngrenze, *Subkorngrenze*, Grenzfläche (/Korngrenze) zwischen zwei Kristalliten, die einen geringen Orientierungsunterschied (< 10°) zueinander aufweisen. /Subkorngrenze.

Kliff, im anstehenden Fest- oder Lockergestein meist steil ansteigende Tiefwasserküste (Steilküste), durch kräftige Brandungsarbeit (/Brandung) der Wellen über der /Brandungshohlkehle herausgearbeitet (/litorale Serie Abb. 2). Die Neigung und Höhe der steil geböschten biswandartigen Erosionsform hängt von verschiedenen Faktoren wie Gesteinsart und -lagerung, Höhe und Böschungswinkel der Küste, Stärke, Dauer und Richtung der Brandungseinwirkung sowie letztlich Meeresspiegelschwankungen bzw. tektonischen Bewegungen der Küste ab. Wenn infolge zunehmender Verbreiterung der Brandungsplattform eine unmittelbare Brandungswirkung am Kliff nicht mehr erfolgt, entsteht ein /Ruhekliff (totes Kliff).

Kliffhalde, Anhäufung von herabgestürztem Gesteinsschutt am Kliffuß, der noch nicht von der /Brandung aufgearbeitet wurde.

Kliffkehle, *Brandungskehle*, /Brandungshohlkehle.

Kliffküste /Steilküste.

Klima, statistische Beschreibung der relevanten /Klimaelemente (Temperatur, Niederschlag), für einen Standort (Lokalklima, /Mikroklima), eine Region oder global (/Mesoklima oder /Makroklima). Der Beobachtungszeitraum beträgt i. a. mindestens 30 Jahre (/CLINO), wodurch die entsprechenden Gegebenheiten und Variationen der /Atmosphäre charakterisiert werden. Ursächlich ist das Klima eine Folge der Vorgänge im /Klimasystem. Der Begriff stammt aus dem Griech. (klino) und bedeutet »ich neige«. Gemeint ist die mittlere Neigung des Winkels der Sonneneinstrahlung, die zu den verschiedenen, thermisch bedingten /Klimazonen führt. /Klimaklassifikation.

Klimaänderungen, *Klimaveränderungen*, *Klimavariationen*, zeitliche Änderungen des /Klimas, wie sie anhand der /Klimaelemente festgestellt werden. Die unterschiedlichen zeitlichen Strukturen der Klimaveränderungen (/Variationen) weisen im allgemeinen auch räumlich unterschiedliche Ausprägungen auf. /Klimageschichte, /anthropogene Klimabeeinflussung.

Klimaanomalie, relativ kurzfristige Abweichung des /Klimas von seinem mittleren Zustand. /Anomalie.

Klimaatlas, ein /Fachatlas, der für Teilgebiete von Staaten, für einzelne Staaten und seltener für Erdteile oder die gesamte Erde Klimaelemente in meist analytischer Darstellung (/Klimakarten) enthält. Vorzugsweise dargestellt werden Karten zur Temperatur- und Niederschlagsverteilung mit Jahres- und Monatsmittelwerten, Anomalien und Extremwerten, phänologische Karten, Karten des Luftdrucks, der Luftmassen, Sonnenscheindauer, Nebelhäufigkeit, Schneedecke etc. Seltener finden sich synthetische Klimakarten, z. B. Darstellung von Klimatypen. Um die regionale Vielfalt atmosphärischer Zustände kartographisch zu veranschaulichen, stehen meteorologische Daten von den Zentralämtern der einzelnen Staaten zur Verfügung. Wichtige Voraussetzung für die Verwertbarkeit der Meßdaten ist ihre Vergleichbarkeit, z. B. nach Meßdauer und Meßperiode. Klimaatlanten werden fast immer von der staatlichen Kartographie (Ämter, wissenschaftliche Institutionen) bearbeitet, sind meist großformatig und erscheinen oft als /Loseblattatlas mit ausführlichem Textteil in Kombination mit Karten, Diagrammen, Tabellen u. a. Stellvertretend seien drei Beispiele genannt: Der »Klimaatlas der Erde«, herausgegeben von der UNESCO in Lieferungen; der »Klimaatlas der Schweiz«, herausgegeben von der Schweizerischen Meteorologischen Anstalt, erscheint seit 1982 in Heften; der »Klimaatlas Oberrhein Mitte/Süd« wird von der Trinationalen Arbeitsgemeinschaft Regio-Klima-Projekt REKLIP als Loseblattatlas mit separatem Textband, der die Datengrundlagen und Arbeitsmethoden beschreibt, die Karteninhalte interpretiert und bewertet, seit 1995 herausgegeben. [WD]

Klimabeeinflussung /anthropogene Klimabeeinflussung.

Klimabeobachtung, Beobachtung /meteorologischer Elemente, wie in der /synoptischen Wetterbeobachtung, wobei die für das /Klima typischen Langfristdokumentationen und -betrachtungen aus den aktuellen Wetterdaten betrachtet werden.

Klimadaten, Zahlenwerte der /Klimaelemente. /Klima

Klimadiagnose, einerseits statistische Auswertung der Klimadaten zur Bestimmung ihrer zeitlichen und räumlichen Charakteristika, andererseits physikochemische Prozeßstudien (Messungen und Modellrechnungen), die für das /Klima von Bedeutung sind (z. B. /Energieflüsse) und sich in den Klimadaten manifestieren. Zur Klimadiagnose gehören auch spezielle regionale Meßkampagnen (Atmosphäre und Ozean, satellitengestützte Messungen), um die dort ablaufenden Prozesse zu erforschen.

Klimadiagramm, *Klimagramm*, *Klimogramm*, *klimatologisches Diagramm*, graphische Darstellung von i. a. dem Jahresgang der bodennahen /Lufttemperatur und des /Niederschlags an einer bestimmten Station in einem zweidimensionalen Koordinatensystem. Es gibt zwei alternative Darstellungsformen: a) In der Abszisse wird der Mo-

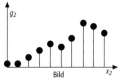

Kleinste-Quadrate-Bildzuordnung: Kleinste-Quadrate-Methode in einer Bildgeraden.

Klimaelement

Klimadiagramm 1: Klimadiagramm für die Station Frankfurt a. M., Bezugsperiode 1961–1990, nach der Methodik von Walter und Lieth.

Klimadiagramm 2: Thermopluviogramm für die Station Frankfurt a. M., Bezugsperiode 1961–1990.

Klimadiagramm 3: weitere Beispiele für Klimadiagramme: A = warm-gemäßigt und kontinental, mit Winterregen und Sommerdürre (Türkei, Ankara); B = gemäßigt-humid, mit mäßig kaltem Winter und feuchtem Sommer (Stuttgart-Hohenheim); C = tropisch-humid, mit Regenzeit und (relativer) Trockenzeit (Kamerun, Douala).
Abszisse: Monate, Ordinate: ein Teilstrich = 10 °C bzw. 20 mm Regen, a = Station, b = Höhe NN, c = Zahl der Beobachtungsjahre, d = mittlere Jahrestemperatur in °C, e = mittlerer Jahresniederschlag in mm, f = mittleres tägliches Minimum des kältesten Monats, g = absolutes Minimum, h = mittleres tägliches Maximum des wärmsten Monats, i = absolutes Maximum, k = Kurve der mittleren Monatstemperaturen, l = Kurve der mittleren monatlichen Niederschläge, m = relativ aride

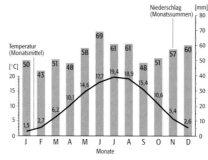

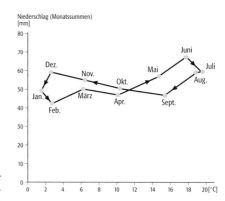

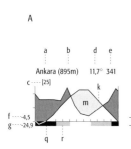

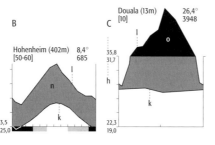

Dürrezeit (hellgrau), n = relativ humide Jahreszeit (dunkelgrau), o = mittlere monatliche Niederschläge >100 mm (schwarz, Maßstab auf 10 % reduziert), q = kalte Jahreszeit: Monate mit mittlerem Tagesminimum unter 0 °C (schwarz), r = Monate mit absolutem Minimum unter 0 °C, Spät- oder Frühfröste kommen vor (mittelgrau).

nat und in der Ordinate kombiniert Temperatur und Niederschlag aufgetragen (Monatsmitteltemperatur verhält sich zu Monatsniederschlagssumme 1:2) (Abb. 1). b) Thermopluviogramm: In der Abszisse wird die Temperatur und in der Ordinate der Niederschlag aufgetragen (Abb. 2). Weitere Beispiele für Klimadiagramme zeigt die Abb. 3.

Klimaelement, meteorologisches Element, das zur Beschreibung des ↗Klimas verwendet wird. Die wichtigsten Klimaelemente sind ↗Lufttemperatur, ↗Niederschlag, ↗Luftfeuchtigkeit, ↗Bewölkung und ↗Wind. Ursächlich werden auch Größen der ↗Strahlung und in Zusammenhang mit der ↗allgemeinen atmosphärischen Zirkulation auch die Gegebenheiten von ↗Luftdruck und ↗Vertikalbewegung als Klimaelemente betrachtet. Weiterhin erfordert das Konzept des ↗Klimasystems zumindest noch die Hinzunahme ozeanischer Größen (z. B. ↗Meeresoberflächentemperatur) als Klimaelement.

Klimafaktor, Größe, die das ↗Klima beeinflußt. Beispielsweise sind meteorologische Klimafaktoren die Gegebenheiten von ↗Strahlung und ↗allgemeiner atmosphärischer Zirkulation; ozeanischer Klimafaktor ist die Meeresströmung. Geographische Klimafaktoren sind die geographische Breite, die Höhe über dem Meeresspiegel, das Relief und die relative Entfernung zum Ozean.

Klimafluktuation, ↗Klimaänderung zyklischer Art. Bei relativ raschen Klimafluktuationen wird auch von ↗Oszillationen des Klimas gesprochen, z. B. ↗Southern Oscillation.

klimagenetische Geomorphologie, Überbegriff für einen Ende der 60er Jahre des 20. Jahrhunderts entwickelten Interpretationsansatz der ↗Geomorphologie, der im Unterschied zur ↗Klimageomorphologie hervorhebt, daß über den Zeitraum der ↗Geomorphogenese Klimate wechseln können. Demgemäß sind die Formen des Reliefs als Ergebnis einer Summe verschiedener, aufeinander folgender Klimabedingungen aufzufassen. Ein bedeutender Vertreter dieses Ansatzes war H. Rohdenburg.

Klimageographie, geographischer Zweig der ↗Klimatologie, der sich insbesondere mit den Ausprägungen und Auswirkungen des ↗Klimas an der Erdoberfläche beschäftigt; meist in regionaler Sichtweise.

Klimageomorphologie, *klimatische Geomorphologie*, um die Mitte dieses Jahrhunderts entwickelter Interpretationsansatz der ↗Geomorphologie, der für die funktionalen Ursachen der ↗Reliefentwicklung nachdrücklich die Bedeutung des herrschenden Klimas als den maßgeblichen ↗Geofaktor herausstellt. Darauf aufbauend steht der Versuch, analog den ↗Klimazonen entsprechende spezifische Prozeß- und Formengesellschaften zu definieren. Der bedeutendste Verfechter der Klimageomorphologie war ↗Büdel. ↗klimagenetische Geomorphologie.

Klimageschichte

Christian-Dietrich Schönwiese, Frankfurt a. M.

Die Rekonstruktion der Klimageschichte folgt den Informationsquellen der ↗Paläoklimatologie (indirekte Rekonstruktionen, maximale Reichweite 3,8 Milliarden Jahre), der historischen Klimatologie (Dokumentationen, zum Teil indirekt bzw. verbal, maximale Reichweite ca. 5000 Jahre) und der ↗Neoklimatologie (direkte Messungen der ↗Klimaelemente, ↗Zeitreihen ab 1659 n. Chr., in hinreichend globaler Abdeckung ab etwa 1850/60). Somit gibt es aus der frühesten

Zeit der Erdgeschichte, als die Erde ungefähr gleichzeitig mit dem Sonnensystem (vor ca. 4,8 Milliarden Jahren) aus einem sich kontrahierenden Urnebel entstanden ist, keine Klimainformationen. Meist wird von einem heißen Urzustand ausgegangen, der in eine Abkühlungsphase überleitete, die unter überlagerten Fluktuationen vor etwa 1 Mrd. Jahren ihren Tiefpunkt erreicht hat. Daran schließt sich eine Erwärmungsphase an, die solar bedingt ist, weil die auf der Sonne stattfindende Kernfusion intensiver und zu einer Expansion der Sonne führen wird, was die terrestrische Erwärmung in dieser großen Zeitskala erklärt. Von dieser Erwärmung ist jedoch seit 1 Mrd. Jahren kaum etwas zu sehen. Vielmehr dominieren die überlagerten ↗Klimaschwankungen, die abwechselnd mit dem dominanten ↗akryogenen Warmklima (d. h. ohne Eisbildung auf der Erdoberfläche) zu den jeweils einige Mio. Jahren andauernden ↗Eiszeitaltern geführt haben. Das früheste, die etwas mißverständlich als Huronische Eiszeit bezeichnete Epoche, ist wohl vor etwa 2,3 Mrd. Jahren eingetreten, das letzte Eiszeitalter, das ↗quartäre Eiszeitalter, dauert noch an. Dabei ist es offenbar so kalt, daß die Polargebiete beider geographischen Pole, neben den Hochgebirgen, vereisen konnten (bipolare Vereisung). Dies ist in der Klimageschichte nicht immer so gewesen; z. B. hat im silur-ordovizischen Eiszeitalter, um 430 Mio. Jahre vor heute (↗Silur, ↗Ordovizium), ein asymmetrisches Klima mit nur einem vereisten Pol, dem Südpol, bestanden (unipolare Vereisung) (Abb. 1). Bedingung für eine Vereisung der Polargebiete scheint die Position von Landmassen im Bereich der geographischen Pole zu sein, und während jenem Eiszeitalter befand sich ein Teil des Urkontinents ↗Gondwana im Bereich des Südpols. Nur dann kann der Schneeniederschlag auf diesen Landgebieten liegen bleiben und über die ↗Eis-Albedo-Rückkopplung eine Abkühlung einleiten. Weitere Ursachen für eine Abkühlung sind z. B. ↗Orogenesen und ↗Vulkanismus, zudem die variierenden ↗Eisbedeckungen (Land und Meer) sowie ↗Zirkulation von Ozean und Atmosphäre. Das vor rund 300 Mio. Jahren eingetretene permokarbonische Eiszeitalter zwischen dem warm-feuchten Klima des ↗Karbons (ab 345 Mio. Jahre v. h.) und dem eher warm-trockenen Klima der ↗Trias (ab 225 Mio. Jahre v. h.; beide akryogen) ist offenbar wie das derzeitige quartäre bipolar und sehr intensiv gewesen. Nach dem Temperaturmaximum der akryogenen ↗Kreide-Zeit (ab 135 Mio. v. h.) mit einer ca. 10°C höheren Weltmitteltemperatur als heute hat schon frühzeitig eine markante Abkühlungsphase begonnen, die sich das ganze ↗Tertiär (ab 65 Mio. v. h.) fortgesetzt hat. Man vermutet an der Kreide-Tertiär-Grenze einen besonders starken Abkühlungsschub, der von einem gewaltigen Meteoriteneinschlag hervorgerufen worden sein könnte und der synchron mit dem Aussterben der Dinosaurier zu datieren ist. Weiterhin vermutet man, daß bereits im Tertiär die ersten südhemisphärischen Vereisungen begonnen haben, ab etwa 38 Mio. v. h., da sich die

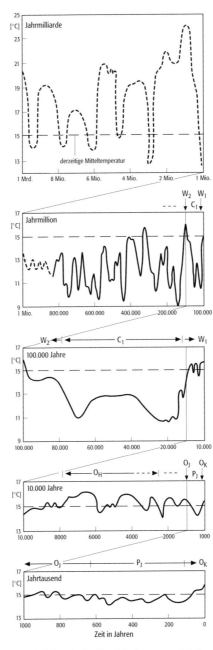

Klimageschichte 1: paläoklimatologisch rekonstruierter Temperaturverlauf der nordhemisphärischen, gemittelten bodennahen Lufttemperatur in der letzten Mrd., Mio., 100.000, 10.000 und 1000 Jahre (O_H = Holozänes Optimum, O_J = Mittelalterliches Optimum, P_J = Kleine Eiszeit, O_K = Modernes Optimum, W_2 = Eem-Warmzeit, C_1 = Würm-Kaltzeit, W_1 = Neo-Warmzeit, I_3 = Silur-Ordovizisches Eiszeitalter, I_2 = Permokarbonische Kaltzeit, A_1 = Akryogenes Warmklima, hier Devon bis Tertiär, I_1 = Quartäres Eiszeitalter).

Antarktis bereits im Bereich des geographischen Südpols befand. Innerhalb des quartären Eiszeitalters hat sich der Abkühlungstrend noch fortgesetzt und erst um 700.000 Jahre v. h. seinen maximalen Stand erreicht. Auffälliger ist das Wechselspiel der ↗Kaltzeiten und ↗Warmzeiten, wie es vermutlich für alle Eiszeitalter typisch, aber nur für das letzte genau rekonstruierbar ist. Die letzte Kaltzeit war die ↗Würm-Kaltzeit (Abb. 2) zwischen 70.000 und 11.000 bis 10.000 Jahren v. h. Zu ihrem letzten Höhepunkt war die Flächenausdehnung des Landeises mit 44,4 Mio. km² etwa um den Faktor drei höher als heute mit 14,3 Mio.

Klimageschichte

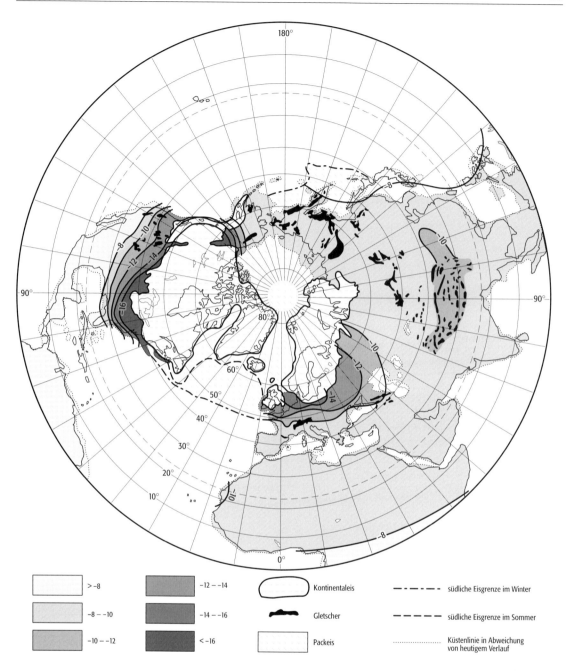

	> −8		−12 – −14	⬭ Kontinentaleis	— · — · —	südliche Eisgrenze im Winter
	−8 – −10		−14 – −16	▬ Gletscher	— — — —	südliche Eisgrenze im Sommer
	−10 – −12		< −16	⬭ Packeis	· · · · · · · ·	Küstenlinie in Abweichung von heutigem Verlauf

Klimageschichte 2: Rekonstruktion der Klimabedingungen während der letzten intensiven Phase der Würm-Kaltzeit vor 20.000–18.000 Jahren.

km² und infolgedessen der Meeresspiegel um maximal 130–140 m tiefer als heute.

Die paläoklimatologische Rekonstruktionsmethode polarer ↗Eisbohrungen, die besonders genau ist, reicht bis zur Eem-Warmzeit (125.000 Jahren v. h.) zurück, die etwas wärmer und labiler als die heutige Warmzeit war. Diese Labilität zeigt sich in abrupten Klimaänderungen teilweise innerhalb von Jahrzehnten und ist auch für die Würm-Kaltzeit belegt und offenbar als gewaltiger Kälte-Rückschlag der ↗Jüngeren Dryas zuletzt aufgetreten. Innerhalb einer Kaltzeit treten somit relative Kaltphasen (Stadiale) und relative Warmphasen (Interstadiale) auf (↗Pluviale, ↗Interpluviale). Als primäre Ursache für diese Schwankungen innerhalb eines Eiszeitalters gelten die Variationen der Orbitalparameter. Dieses Verständnis erlaubt die Reproduktion dieser sehr langfristigen Klimaschwankungen mit Hilfe spezieller ↗Klimamodelle, einschließlich Vorhersagen. Nach derzeitigem Verständnis führen diese natürlichen Klimafaktoren im Laufe der kommenden Jahrtausende in die nächste Kaltzeit, deren Tiefpunkt nach verschiedenen Abschätzun-

Zeitraum	1650–1700	1700–1750	1750–1800	1800–1850	1850–1900	1900–1950	1950–1995
Temperaturcharakteristik	kältester Zeitabschnitt der Beobachtungen; Jahres-, Sommer- und Wintermittel um 0,6 bis 0,8 °C unter dem Mittel von 1851–1950	Erwärmungsphase, insbesondere im Sommer und Herbst, Jahresmittel nahe dem Wert von 1851–1950	überwiegend Abkühlung; markante Zunahme der Jahresamplituden; Jahresmittel um 0,2 °C unter dem Wert von 1851–1950	markante Abkühlung, insbesondere im Sommer, Winter dagegen eher wieder milder; Jahresmittel um 0,3 °C unter dem Wert von 1851–1950	beginnende Milderung, Zunahme der Sommer- und Wintertemperatur, Jahresmittel aber noch um 0,2 °C unter dem Wert von 1851–1950; gegen Ende des Zeitraumes noch einmal starke Abkühlung	markante Erwärmung, insbesondere im Winter; Jahresmittel um 0,2 °C über dem Wert von 1851–1950; die Erwärmung setzt im Norden eher ausgeprägter als im Süden ein	zunächst einsetzende Abkühlung, gegen Ende dieses Zeitraumes Anzeichen für Ende der Abkühlung, im letzten Jahrzehnt markante Erwärmung
Niederschlagscharakteristik	(wegen zu weniger Messungen kaum Aussagen möglich)	relativ trocken, insbesondere im Winter	deutliche Niederschlagszunahme, Maximum für 17.–19. Jahrhundert	Niederschlagszunahme regional noch verstärkt, häufig verregnete Sommer; im stärker kontinental beeinflußten Bereich jedoch regional sehr trocken	zunächst sehr trocken, besonders im Winter, gegen Ende dieser Epoche jedoch starke Niederschlagszunahme (1865 ist der Neusiedler See fast trocken, 1883 relativer Max.-Stand)	trocken oder kaum verändert gegenüber dem vorangegangenen Zeitraum; Winterniederschlag jedoch deutlich erhöht	starke winterliche Niederschlagszunahme, vielfach wird ein Niveau ähnlich dem von 1750–1800 erreicht; im Sommer Mittel- und Osteuropas Niederschlagsrückgang, Mittelmeerraum generell
Besonderheiten	1639–1675 besonders kühle Sommer; 1694/95 extrem kalter Winter; (relativ viele Gletschervorstöße, Höchststände der Zeitspanne nach ca. 1300 schon um 1600)	Erwärmung am stärksten 1730–1739 ausgeprägt; 1737–1746 dagegen leichte Abkühlung; 1719 besonders warmer Sommer (Niederlande), 1739/40 Strengwinter; ab 1715 deutlicher Gletscherrückgang	1763–1772 besonders starke Abkühlung; 1781–1790 kältestes Dezennium in N-Europa seit Beobachtungsbeginn; 1788/89 besonderer Strengwinter; 1785–1794 regional leichte Erwärmung	1813 starke Abkühlung; 1816 bei einigen Reihen »Sommerminimum«; 1829/30 besonderer Strengwinter; (1820–1850 verbreitete Gletschervorstöße, im Alpengebiet Erreichen der höchsten Gletscherstände seit ca. 1300 bzw. 1600)	1850–1858 letzte Häufung von Strengwintern, in Süddeutschland jedoch auch im Dezennium 1887–1897 sehr kalt; 1862–1871 markante Frühjahrserwärmung, 1859–1868 im Alpengebiet milde Winter; überwiegend Gletscherrückgang	1907–1927 kühle und feuchte Sommer, 1933–1942 sehr starke Erwärmung in der N-Polarregion, 1942–1954 Temperaturjahresmaximum in Mitteleuropa; 1924/25 vielfach mildester Winter seit Beobachtungsbeginn; 1947 extremer Hitze- und Dürresommer (Mitteleuropa); besonders starker Gletscherrückgang	1962/63 Strengwinter; 1964, 1965 kühle und feuchte Sommer; 1965 kältestes Frühjahr des Jahrhunderts; seit Dezennium 1960/70 regional Gletschervorstöße in den Alpen, ab ca. 1980 beschleunigte Gletscherrückzüge; ab 1987/88 Häufung extrem milder Winter. 1976, 1983 und 1992 trockenheiße Sommer

gen etwa 55.000 Jahre in der Zukunft erwartet wird, was einem Trend von 0,01 °C pro Jahrhundert entspricht.
Obwohl die derzeitige Warmzeit eines Eiszeitalters (/Holozän) schon vor rund 6000 Jahren, ganz gemäß der Orbitalhypothese ihren Höhepunkt überschritten hat (/Altithermum), ist dieser Eiszeittrend wegen der Ausprägung der überlagerten Fluktuationen praktisch nicht zu erkennen, die somit in der Zeitskala der Jahrhunderte klar dominieren und sich immer detaillierter auflösen lassen, je näher wir der Jetztzeit kommen. Aufgrund dieser Fluktuationen hat sich vor rund 1000 Jahren eine relativ warme Epoche eingestellt, das Mittelalterliche /Klimaoptimum. In der Zeit zwischen 1250 und 1350/1400 folgte eine »Klimawende«, die sog. /Kleine Eiszeit, deren Folgen, wie z. B. die alpinen Gletscherhochstände um 1600 und 1850, in einer Vielzahl historischer Quellen belegt sind. Mittlerweile gibt es auch für die nordhemisphärische Mitteltemperatur eine sehr genaue Rekonstruktion auf Jahresbasis seit 1400, die die Kleine Eiszeit und deren Beendigung in unserem Jahrhundert belegt.
Damit ist auch die Brücke von der /Paläoklimatologie zur /Neoklimatologie gebaut. Die jüngste säkulare Erwärmung (»global warming«) ist somit sehr markant, jedoch in der Klimageschichte nicht neu. Es fällt jedoch schwer, sie allein natürlichen Ursachen, wie z. B. Vulkanausbrüchen, der Sonnenaktivität oder atmosphärisch-ozeanischen Zirkulationsmechanismen, zuzuordnen, somit mit Recht intensiv das Problem der /anthropogenen Klimabeeinflussung diskutiert wird. Das Phänomen dieser Erwärmung kann anhand der /Weltmitteltemperatur und den regional-jahreszeitlich sehr unterschiedlichen Strukturen dieser Erwärmung (/Klimatrend Abb.) dargestellt werden. Hinsichtlich der Auswirkungen von Klimaänderungen sind häufig andere Klimaelemente als die /Temperatur wichtig, wie z. B. der /Niederschlag oder /Stürme. In der Sahelzone Afrikas ist z. B. in den letzten Jahrzehnten ein Niederschlagsrückgang beobachtet worden, der allerdings nicht

Klimageschichte (Tab.): Übersicht der Klimageschichte Europas seit 1600 n. Chr.

allein klimabedingt ist (↗Desertifikation). Weitere Beispiele sind die Niederschlagszunahme in der Subpolarzone (z. B. Skandinavien) und die jahreszeitliche Niederschlagsumverteilung in Mitteleuropa mit zunehmendem Winter- und abnehmendem Sommerniederschlag. Dieser Wintertrend ist auch in einer zunehmenden ↗Hochwasserhäufigkeit (verstärkt durch Nebeneffekte wie Bodenversiegelung und Flußregulierungen) wiederzufinden. Schließlich weist die Versicherungswirtschaft auf eine weltweit zunehmende Häufigkeitszunahme großer ↗Naturkatastrophen (insbesondere Stürme und Überschwemmungen) und damit zusammenhängende Schäden hin, wobei es aber auch in diesem Fall nicht unproblematisch ist, welche Schäden tatsächlich auf Klimaänderungen zurückzuführen sind (Tab.).

In jedem Fall bleibt festzuhalten, daß das Klima der Erde ausgeprägt variabel in Raum und Zeit ist, was sicherlich nicht nur für die Vergangenheit, sondern auch für die Zukunft gilt, und daß zur Klimageschichte (Vergangenheit) eine fast unübersehbare große Vielfalt detaillierter Ergebnisse vorliegt. Entsprechend vielfältig sind natürlich auch die Ursachen dieser Variabilität.

Literatur:
[1] BERGER, A. (ed.)(1984): Milankovitch and Climate. – Dordrecht. [2] FLOHN, H. (1985): Das Problem der Klimaschwankungen in Vergangenheit und Zukunft. – Darmstadt. [3] FRAKES, L. A. (1979): Climate Throughout Geologic Time. – Amsterdam. [4] IMBRIE, J., PALMER, K. (1981): Die Eiszeiten. – München. [5] SCHÖNWIESE, C.-D. (1995): Klimaänderungen; Daten, Analysen, Prognosen. – Berlin.

Klimaindikatoren, ↗Klimaelemente und andere Kenngrößen, die zur Charakterisierung des ↗Klimas herangezogen werden können. ↗Zonalindex.

Klimakarten, klimatologische Karten, in denen nach den Ergebnissen langjähriger Beobachtungen und Messungen (synoptische Meßnetze) die räumliche Verteilung klimatologischer Parameter während eines längeren Zeitraumes als mittlerer Zustand der Atmosphäre abgebildet wird, der durch die voneinander abhängigen Klimaelemente (↗Sonnenstrahlung, ↗Luftdruck, Luftfeuchtigkeit, ↗Niederschlag, ↗Temperatur, ↗Bewölkung, ↗Globalstrahlung etc.) und Klimafaktoren (↗geographische Breite, ↗Erdachsenneigung, Höhenlage, ↗Exposition, Vegetation etc.) bestimmt wird. Das aktuelle Wetter wird auf ↗Wetterkarten dargestellt. In der Darstellung des Klimas werden zwei Arten von kartographischen Abbildungsformen unterschieden: zum einen die Abbildung der Klimaelemente in Form von ↗Isolinien wie Temperatur (Isothermen), Niederschlag (Isohyeten), Temperaturdifferenz (Isoanomalien), Stärke der Windgeschwindigkeit (Isotachen) etc. in statischen Karten, verbunden mit wertgestufter Schichtenfärbung und festgelegten Farbskalen, zum anderen die Abbildung einzelner Klimaelemente in Form von ↗Klimadiagrammen und Kurvendarstellung (Graphen), u. U. in Kombination mit Isolinien zur Erhöhung des Informationsgehaltes von Klimakarten im Maßstabsbereich 1 : 1 Mio. und kleiner. Auf Basis neuer Techniken im Bereich der zwei- und dreidimensionalen Abbildung wie ↗Animation oder ↗virtual reality zur Visualisierung von großen Datenbeständen werden u. a. Klimamodelle zur Veranschaulichung und Simulation der Entwicklung und Verlauf des Klimageschehens graphisch umgesetzt. In den Maßstäben 1 : 25.000 bis 1 : 100.000 werden Klimaeignungskarten, Wind- und Strahlungskarten abgeleitet, indem mittels numerischer Modelle Klimadaten mit Geländedaten eines Gebietes verknüpft werden, die durch Messungen im Gelände sowie durch Meßfahrten zu bestimmten Zeitpunkten und ausgewählten Routen entstehen. Diese Karten zum Mesoklima (↗Geländeklima, ↗Stadtklima) informieren z. B. über Kaltluftabfluß, Windgeschwindigkeit und Inversionshäufigkeit, so daß z. B. Aussagen über Freiflächensicherung, Durchlüftung, Nebelgefährdung oder Bioklima als Grundlagen für Standortplanungen getroffen werden können. Karten der Klimaelemente und Klimaeignungskarten werden auch vom Deutschen Wetterdienst in Offenbach herausgegeben. Neben der Abbildung von Klimaelementen werden Klimaklassifikationen in Karten präsentiert, indem das Klima nach Vorherrschen einzelner Klimaelemente und -faktoren in Klimatypen eines übergeordneten Systems gegliedert wird. Derartige Klassifikationen und Darstellungen von Klimagebietsgliederungen der Erde sind von Köppen, Troll, Pfaffen, Neef u. a. erarbeitet worden (↗Klimaatlanten).

Die erste Isothermenkarte der Erde wurde von A. v. Humboldt entworfen. Klimakarten wurden bereits 1838 im ↗Physikalischen Atlas von H. Berghaus sowie 1889 von J. Bartholomew »Atlas of Meterology« veröffentlicht. [ADU]

Klimakatastrophe, subjektiver und somit unwissenschaftlicher Begriff, der mit speziell eingetretenen oder erwarteten Klimabedingungen ein hohes Schadenspotential verbindet.

Klimaklassifikation, Typisierung der Klimabedingungen der Erde bezüglich des heutigen ↗Klimazustands (meist anhand der Klimanormalwerte; manchmal auch bezüglich früherer oder künftiger Klimazustände) in geographischer Abgrenzung der charakteristischen Besonderheiten, nach genetischen, deskriptiven oder effektiven Gesichtspunkten, in Diagrammen, Tabellen und Karten. Dabei orientiert sich die ↗genetische Klimaklassifikation an den Bedingungen des ↗Strahlungs- und ↗Wärmehaushaltes der ↗Atmosphäre (insbesondere an geographisch unterschiedlichen Charakteristika der ↗Sonnenstrah-

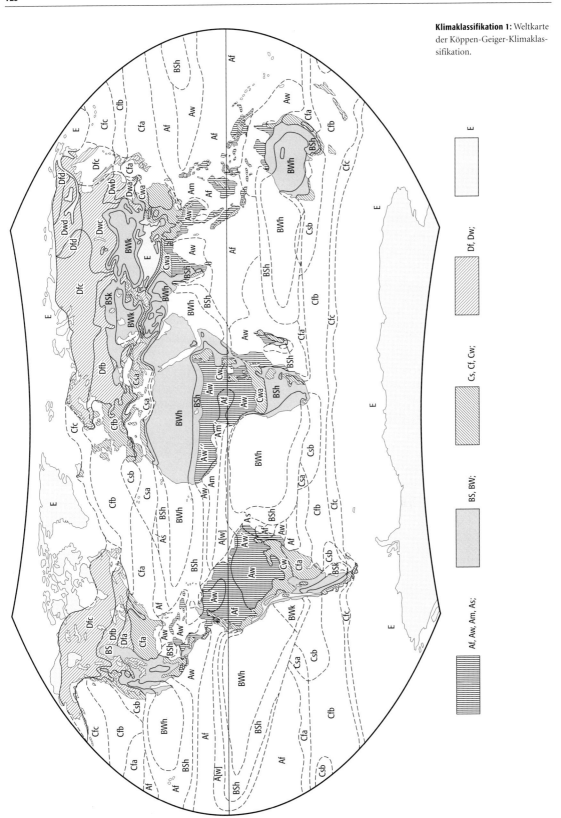

Klimaklassifikation 1: Weltkarte der Köppen-Geiger-Klimaklassifikation.

Klimaklassifikation (Tab. 1): Tabelle der Klimagürtel und Klimagebiete nach der Köppen-Geiger-Klimaklassifikation und Kriterien zur weiteren Untergliederung in Klimatypen.

Klimagürtel	Klimagebiete
A: tropisches Regenklima: alle Monatsmittel der Temperatur > 18°C	Af: tropisches Regenwaldklima, immerfeucht Aw: Savannenklima, wintertrocken[1]
B: Trockenklima[2]	BS: Steppenklima BW: Wüstenklima
C: warmgemäßigtes Regenklima: Monatsmittel der Temperatur: Max. > 10°C, Min. zwischen 18°C und −3°C[3]	Cf: feuchtgemäßigtes Klima, immerfeucht Cs: Etesienklima, sommertrocken Cw: sinisches Klima, wintertrocken
D: Schneewaldklima (nur in Nordhemisphäre, boreal); Monatsmittel der Temperatur: Max. > 10°C, Min. < −3°C[3]	Df: feucht-winterkaltes Klima Dw: transbaikalisches Klima, wintertrocken
E: Schneeklima (Eisklima); alle Monatsmittel der Temperatur < 10°C	ET: Tundrenklima EF: Klima des ewigen Frostes (Temperatur generell < 0°C)

[1] außerdem Am: tropisches Monsunklima, Regenwaldklima trotz Trockenzeit [2] Zusatz (3. Buchstabe) h=heiß, k=kalt; Jahresmitteltemperatur > 18°C (h) bzw. < 18°C (k) [3] Zusatz (3. Buchstabe) a=heiße Sommer (max. Monatsmittel > 22°C), b=warme Sommer (max. Monatsmittel < 22°C, mehr als vier Monatsmittel > 10°C), c=kühle Sommer (ähnlich b, jedoch nur ein bis drei Monate > 10°C), d=strenge Winter (ein bis vier Monate > 10°C, kältester Monat < −38°C).

lung) und den daraus resultierenden Phänomenen der ↗Zirkulation von Atmosphäre und Ozean bzw. der in den einzelnen Regionen dominierenden Luftmassen. Die rein deskriptive Klimaklassifikation beruht auf den relevanten ↗Klimaelementen, meist ↗Lufttemperatur und ↗Niederschlag, um hinsichtlich der Jahresmittelwerte sowie der zugehörigen ↗Jahresgänge mehr oder weniger willkürlich Abgrenzungen vorzunehmen. Diese Willkürlichkeit vermeidet die effektive Klassifikation, die von den Auswirkungen der Klimabedingungen ausgeht, fast immer hinsichtlich der potentiellen natürlichen Vegetation bzw. ↗Vegetationsklassen.

In der Praxis haben sich die gemischt effektiv-deskriptiven Klimaklassifikationen durchgesetzt, insbesondere die nach Köppen (1936) in der Modifikation nach Geiger (1954) sowie nach Troll und Paffen (1964) und im angelsächsischen Raum die nach Trewartha und Horn (1980). Die Grobeinteilung der Köppen-Geiger-Klimaklassifikation unterscheidet fünf Klimagürtel (Klimazonen, Klimahauptzonen) und darauf aufbauend elf Klimagebiete (Klimaregionen, Klimahaupttypen). Bei der feineren Unterteilung kommen noch zusätzliche Kriterien hinzu, woraus dann eine weitergehende Einteilung in Klimatypen (Klimaprovinzen) entsteht. Dabei sind die Klimagürtel A = tropisches Regenklima, C = warmgemäßigtes Regenklima, D = (nordhemisphärisches, boreales) Schneewaldklima, und E = Schneeklima thermisch definiert, B = Trockenklima dagegen hygrisch. Die Klimagebiete berücksichtigen im Fall von A, C und D den Jahresgang des Niederschlages (mit Ergänzungen f = ganzjährig feucht, s = sommertrocken, w = wintertrocken), bei B wird eine Abstufung nach der jährlichen Regenmenge vorgenommen und bei E wird das Klima des ewigen Frostes EF vom Tundrenklima ET unterschieden. Zur Abgren-

Klimaklassifikation (Tab. 2): Vergleich einiger Klimaklassifikationen in Zuordnung zu den genetischen Gegebenheiten.

Flohn	Luftdruck bzw. Wind[1]		Alissow	Kupfer	Köppen/Geiger	Trewartha	Troll/Paffen
	So.	Wi.					
innere Tropenzone	T	T	Zone der äquatorialen Luft	innertropische Klimate	Af	Ar	$V_{1,2}$
äußere Tropenzone (Randtropen)	T	H	Zone der äquatorialen Monsune	innertropische Klimate	Aw, Cw	Aw	V_3
subtropische Trockenzone	H	H	Zone tropischer Luft	Passatklimate	BS, BW	BS, BW	$V_{4,5}$
subtropische Winterregenzone	H	W	subtropische Zone	subtropische Klimate	Cs	Cs	IV
feucht-gemäßigte Zone	W	W	Zone der Luft gemäßigter Breiten	Klimate der planetarischen Frontalzone	Cf, Cw	Cf, Do, DC	III
boreale Zone	E	W	subarktische Zone	subpolares Klima	Df, Dw	E	II
subpolare Zone	E	W	subarktische Zone	subpolares Klima	ET	F	I
hochpolare Zone	E	E	Zone arktischer bzw. antarktischer Luft	polares Klima	EF	F	I
Gebirgsklima	variabel		–	–	ET/EF	H	Gebirge

[1] T = Tiefdruck, H = Hochdruck, W = Westwind, E = Ostwind (So. = Sommer, Wi. = Winter)

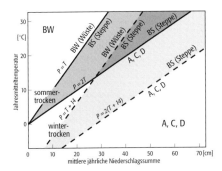

Klimaklassifikation 2: Diagramm zur Abgrenzung des Klimagürtels B von A, C und D bei der Köppen-Geiger-Klimaklassifikation.

zung von B gegenüber den anderen Klimagürteln werden Formeln oder Diagramme verwendet. Eine zusätzliche Besonderheit ist das tropische Monsunklima Am, d. h. Regenwaldklima trotz Trockenzeit. Bei den Klimatypen gehen noch Spezifierungen nach der Ausprägung der Sommer- bzw. Wintertemperatur ein, bei B hinsichtlich des Jahrestemperaturniveaus (Abb. 1 u. 2, Tab. 1). Sowohl das Verständnis der gegenwärtigen räumlichen Unterschiede der Klimabedingungen als auch die Problematik ↗anthropogener Klimabeeinflussung verlangt eine möglichst weitgehende Zuordnung der Klimaklassifikation zu den Klimaprozessen, was formal durch einen Vergleich effektiv-deskriptiver Klassifikationen mit den genetischen ermöglicht wird (Tab. 2) (↗allgemeine atmosphärische Zirkulation). Danach ist, jeweils in den Bezeichnungen der Köppen-Geiger-Klassifikation, Af das Klima der inneren ↗Tropen (Einflußbereich der ↗Innertropischen Konvergenzzone), Aw, Am und Cw die Klimate der ↗Passate bzw. ↗Monsune, B das Klima der trockenen ↗Subtropen, Cs die subtropische Winterregenzone (z. B. Mittelmeerregion), Cf und Cw die Zonen der ↗gemäßigten Breiten mit vorherrschenden Westwinden, D das hochkontinentale Klima der Nordhalbkugel, weitgehend im Subpolarbereich, und E das Klima der Polarzone bzw. der Hochgebirgsregionen (↗Gebirgsklima). [CDS].
Literatur: [1] GEIGER, R. (1954): Klassifikation der Klimate nach W. Köppen. In: Landolt-Börnstein Zahlenwerte und Funktionen aus Physik, Chemie, Astronomie, Geophysik und Technik (alte Serie), Band III (Astronomie und Geophysik). – Berlin. [2] Müller, M. J. (1996): Handbuch ausgewählter Klimastationen der Erde. – Trier. [3] STRÄßER, M. (1998): Klimadiagramme zur Köppenschen Klimaklassifikation. – Gotha.

klimaktische Eruption, Hauptphase einer explosiven Eruption. ↗Vulkanismus.

Klima-Michel, standardisierter »Modellmensch«, der in der ↗Medizinmeteorologie zur Errechnung der menschlichen Wärme- bzw. Kältebelastung durch atmosphärische Bedingungen verwendet wird.

Klimamodelle, mathematische Hilfsmittel zur Vorhersage der zukünftigen Entwicklung des globalen Klimas auf einer Zeitskala von Dekaden bis Jahrhunderten. Für eine solche Prognose wird neben dem eigentlichen Klimamodell auch die Kenntnis über die zeitliche Entwicklung verschiedener, das Klima beeinflussender Faktoren benötigt. Hierzu zählen beispielsweise die Veränderung in der Zusammensetzung der Atmosphäre, mögliche Schwankungen der Sonnenaktivität und der Vulkanismus.

Klimamodelle sind wesentlich aufwendiger und physikalisch reichhaltiger als Wettervorhersagemodelle, da zum einen deutlich längere Zeitskalen betrachtet werden und zum anderen alle Bestandteile des sehr komplexen ↗Klimasystems der Erde mit in Betracht gezogen werden müssen. Obwohl die meisten der das Klima charakterisierenden Größen wie Niederschlag und Temperatur atmosphärische Zustandsvariablen sind, läßt sich das Klima nicht alleine über die Atmosphäre beschreiben. Die Vorgänge in der Gashülle unseres Planeten sind sehr eng mit Prozessen und Abläufen in den Ozeanen, den vereisten Gebieten der Erde (↗Kryosphäre) und den mit verschiedener Vegetation bedeckten Landoberflächen (↗Biosphäre) verknüpft. Innerhalb und zwischen den einzelnen Sphären existieren eine ganze Reihe von Rückkopplungsmechanismen auf sehr unterschiedlichen Zeitskalen, die alle in ihrer Größenordnung und Wirkung realitätsnah erfaßt werden müssen, wenn eine Vorhersage mit einem Klimamodell belastbare Aussagen liefern soll.

Für Prozeßstudien oder auch zur Abschätzung von Teilaspekten des globalen Klimas können stark vereinfachte Klimamodelle herangezogen werden. So wird bei den Energiebilanzmodellen lediglich eine Klimavariable, die globale Temperatur T, betrachtet und die Veränderung von T aufgrund der Variation eines äußeren Parameters wie der ↗Albedo oder der ↗Solarkonstanten studiert. Grundlage für Modelle dieser Art ist der ↗erste Hauptsatz der Thermodynamik, der einen Gleichgewichtszustand zwischen dem veränderten Antrieb und der dazu passenden inneren Energie des Systems (globale Mitteltemperatur) beschreibt. Diese einfachen Modelle können schrittweise erweitert werden, und über eindimensionale Modelle, bei denen beispielsweise die Variation der Einstrahlungsbedingungen in Abhängigkeit von der geographischen Breite berücksichtigt wird, den zweidimensionalen Modellen, bei denen zusätzlich noch die vertikale Temperaturverteilung berechnet werden kann, gelangt man schließlich zu den dreidimensionalen Zirkulationsmodellen (GCM), die eine realistische Beschreibung des globalen Klimas erlauben.

Das mathematische Grundgerüst eines globalen Zirkulationsmodelles besteht aus einem Satz von Erhaltungs- und Bilanzgleichungen der Thermo- und Hydrodynamik. Dazu gehören der erste Hauptsatz der Thermodynamik, die ↗Bewegungsgleichungen, die ↗Kontinuitätsgleichung und Gleichungen, die den Wasserhaushalt der Atmosphäre beschreiben. Diese Gleichungen sind alle nicht linear und enthalten eine ganze Reihe von Rückkopplungen auch zu den anderen Komponenten des Klimasystems. Die Lösung eines solchen nicht linearen, komplexen Gleichungssystems ist nur noch numerisch möglich. Zu diesem Zwecke wird über die Erde ein Gitternetz gelegt, dessen Kreuzungspunkte etwa 200–500 km auseinander liegen. Durch die Anordnung solcher Gitter in mehreren Lagen übereinander kann die Atmosphäre bis in große Höhen aufgelöst werden. Für die Prognose in die Zukunft werden ⁄Zeitschritte von 30–60 Minuten verwendet.

Das Gleichungssystem eines GCM wird nur an den Kreuzungspunkten des Rechengitters gelöst. Prozesse, die eine kleinere räumliche Auflösung als die Maschenweite von einigen hundert Kilometern haben, können nicht explizit aufgelöst werden, und hierfür sind ⁄Parametrisierungen erforderlich. Beispiele für solche Prozesse sind Konvektion, Bewölkung und Niederschlag.

Während Wettervorhersagemodelle für die nächsten 1–4 Tage recht zuverlässige Vorhersagen über die Entwicklung des globalen und des regionalen Wetters liefern, ist eine Vorhersage mit Klimamodellen über einen Zeitraum von 30–100 Jahren prinzipiell nicht möglich, sondern die Simulationen werden als Szenarienrechnungen konzipiert. Dabei wird beispielsweise die Entwicklung des CO_2-Gehalts der Atmosphäre für einen längeren Zeitraum vorgegeben, und die Auswirkungen dieser fest vorgegebenen Einflußgröße auf das Klimasystem mit den Ergebnissen eines Kontrollaufs verglichen. Üblich sind derzeit verschiedene Szenarien, die von einer ungebremsten CO_2-Freisetzung (Szenario A) bis zu einer starken Begrenzung aufgrund drastischer Einschränkungen (Szenario D) reichen. In Abhängigkeit von dem gewählten Szenario wird eine globale Temperaturveränderung von einigen Grad in den nächsten 100 Jahren berechnet.

Es handelt sich bei diesem Rechenergebnis allerdings um einen theoretischen Wert und nicht um eine exakte Vorhersage. Für eine genaue Vorhersage müßte die Kenntnis der zeitlichen Entwicklung aller Einflußgrößen auf das Klima bekannt sein. So gibt es aber beispielsweise keine Möglichkeit Vulkanausbrüche in den nächsten 100 Jahren mit ihren einschneidenden Auswirkungen auf das Klimageschehen vorherzusagen und damit zu berücksichtigen. Erschwerend kommt noch hinzu, daß andere Faktoren, die völlig unabhängig vom Klima sind, in der Zukunft wichtig für das Klimageschehen werden können. Hierzu zählen technologische Innovationen, Änderungen beim Individualverkehr, kulturelle Trends, Freizeitverhalten und der Umgang mit fossilen Brennstoffen (Ölpreisentwicklung, erneuerbare Energien). Einflußfaktoren dieser Art werden bei den heutigen Klimamodellen nicht berücksichtigt und können für längere Zeiträume auch nicht prognostiziert werden.

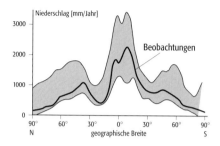

Klimamodelle 2: Bandbreite (grauer Bereich) der von 31 Klimamodellen berechneten zonal gemittelten Niederschläge im Vergleich zu Beobachtungen.

Trotz aller Einschränkungen können Klimamodelle die wesentlichen physikalischen, biologischen und chemischen Vorgänge im globalen Klimasystem erfassen und die Auswirkungen anthropogener Aktivitäten auf die Entwicklung des Klimas in Form von Szenarien realistisch beschreiben. Aufgrund von Unterschieden im Entwicklungsstand der einzelnen Modelle, der verwendeten Parametrisierungen und der räumlichen Auflösung werden für das gleiche Szenario bezüglich der Emission von Treibhausgasen unterschiedliche Ergebnisse berechnet. In den Abbildungen sind die Bandbreiten der 31 Klimamodellen berechneten zonal gemittelten Temperaturen (Abb. 1) und Niederschlägen (Abb. 2) gezeigt. Bei der Temperatur unterscheiden sich die Modellergebnisse im Bereich von 60°S bis 60°N nur sehr wenig. Erst in den Polargebieten der beiden Hemisphären werden größere Unterschiede berechnet. Bei dem modellierten Niederschlag fallen die Unterschiede schon deutlicher aus, da sich bei der Berechnung dieser meteorologischen Größe die gewählte Parametrisierung der Wolken- und Niederschlagsbildung stark bemerkbar macht.

Unabhängig von den einzelnen Modellen liefern aber alle Prognosen beispielsweise bei einer angenommenen Verdoppelung des Äquivalent-CO_2-Gehaltes der Atmosphäre einen sehr ähnlichen Trend mit einer Temperaturerhöhung von etwa 1,5–2,5 K in den nächsten 100 Jahren. ⁄statistische Klimamodelle.   [GG]

Klimanormalwerte, auf Klimanormalperioden (⁄CLINO) bezogene Werte der ⁄Klimaelemente.

Klimaökologie, untersucht im Schnittbereich der ⁄Klimatologie und der ⁄Geoökologie die Funktionsbeziehungen zwischen den ⁄Klimaelementen und dem ⁄Landschaftsökosystem. Die Klimaelemente werden als Bestandteile im Wirkungsgefüge der Landschaftsökosysteme gesehen. Einerseits wird untersucht, wie sich das Klima auf den Energie- und Stoffhaushalt sowie auf die Lebensgemeinschaften (auch menschliche Lebensgemeinschaften) eines Ökosystems auswirken. Andererseits werden auch Prozesse un-

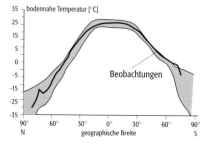

Klimamodelle 1: Bandbreite (grauer Bereich) der von 31 Klimamodellen berechneten zonal gemittelten Temperaturen im Vergleich zu Beobachtungen.

tersucht, die ausgehend von den Geoökofaktoren Boden und Relief sowie dem Bioökofaktor Vegetationsbewuchs das Gelände- und Kleinklima (*Landschaftsklima*) sowie auch das ↗Stadtklima beeinflussen.

klimaökologische Ausgleichsfunktion, eine der ↗Leistungen des Landschaftshaushaltes. Die klimaökologische Ausgleichsfunktion ist die Fähigkeit, aufgrund der Reliefausprägung, der Vegetationsstruktur und der räumlichen Lage ein Geländeklima entstehen zu lassen, das in Bezug zum ↗Lastraum eine klimatologisch ausgleichende Wirkung erzielt. Beispiele sind die Minderung der städtischen Schwülebelastung durch kühlere ↗Flurwinde und Hangabwinde im Sommer oder die ausgleichende Wirkung von Wasseroberflächen infolge von Verdunstung und Energietransport. Klimaökologische Ausgleichsfunktionen werden durch die ↗Klimaökologie untersucht und spielen bei der ↗ökologischen Planung eine wichtige Rolle.

Klimaoptimum, *Wärmeoptimum*, relativ warme Epoche des ↗Klimas, z. B. das mittelalterliches Klimaoptimum. Der Begriff nicht mit optimalen Klimabedingungen gleichgesetzt werden, da warmes Klima auch mit erhöhter Sturmneigung oder einem Meeresspiegelanstieg verbunden sein kann. ↗Klimageschichte.

Klimaparameter, aus ↗Klimafaktoren bzw. ↗Klimaelementen abgeleitete Größen, die insbesondere in ↗Klimamodellen als variable Kenngrößen verwendet werden.

Klimapessimum, relativ kalte Epoche des ↗Klimas.

Klimarahmenkonvention, *KRK*, *Weltklimarahmenkonvention*, bei der UN-Konferenz über Umwelt und Entwicklung (UN Conference Eviroment and Development, UNCED) in Rio de Janeiro 1992 beschlossenes und seit 1994 völkerrechtlich verbindliches Übereinkommen, das im Kern die Stabilisierung der Treibhausgaskonzentrationen in der Atmosphäre auf einem Niveau, das eine gefährliche anthropogene Störung des Klimasystems verhindert, zum Endziel hat. Seit 1995 (Berlin) finden jährlich Vertragsstaatenkonferenzen statt, die eine quantitativ und zeitlich verbindliche Ausgestaltung der KRK zum Ziel haben. ↗anthropogene Klimabeeinflussung.

Klimarauschen, ursächlich unverstandene Variabilität des ↗Klimas, sowohl in den Beobachtungsdaten als auch den Ergebnissen der ↗Klimamodelle.

Klimareihe, ↗Zeitreihe eines ↗Klimaelements, z. B. der Jahresmittelwerte der Lufttemperatur an einer bestimmten Station.

Klimaschwankung, relativ langfristige ↗Klimaänderung, die zumindest ein relatives Maximum und zwei relative Minima bzw. umgekehrt aufweist. Reihungen von Klimaschwankungen gehen begrifflich in ↗Klimafluktuationen über.

Klimasignal, der Anteil einer ↗Klimaänderung, der sich einer bestimmten Ursache zuordnen läßt, im allgemeinen aufgrund von Klimamodell-Berechnungen (↗Klimamodell) abgeschätzt. Klimasignale müssen sich signifikant genug vom

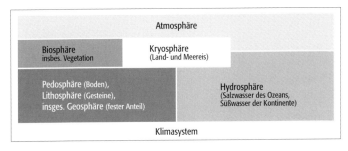

↗Klimarauschen unterscheiden, um unzweifelhaft identifizierbar zu sein.

Klimastation, System von Meßeinrichtungen der ↗Klimaelemente an einem bestimmten Ort. Aus den Messungen wird das ↗Lokalklima abgeleitet. ↗Wettermeßnetz.

Klimastreß, Gegebenheiten der ↗Klimaelemente, die für das Leben auf der Erde belastend sind, z. B. Trockenstreß bei Pflanzen (↗Bioklimatologie) oder Wärmebelastung des Menschen (↗Medizinmeteorologie).

Klimasystem, Verbundsystem der Komponenten ↗Atmosphäre, ↗Hydrosphäre, ↗Kryosphäre, ↗Pedosphäre, ↗Lithosphäre und ↗Biosphäre. Die Hydrosphäre wird weitergehend in das Salzwasser der Ozeane und das Süßwasser der Landgebiete unterteilt, die Kryosphäre in Land- und Meereis. Zwischen allen diesen Komponenten gibt es interne Wechselwirkungen, die klimarelevant sind, insbesondere zwischen Atmosphäre und Ozean (↗El Niño, ↗ENSO). Einflüsse auf das Klimasystem, die keine Wechselwirkungen beinhalten, werden als extern bezeichnet, z. B. ↗solare Aktivität oder ↗anthropogene Klimabeeinflussung (Abb., Tab.).

Klimaszenarien, Darstellung der in Zukunft möglichen Entwicklungen, die für das ↗Klima relevant sind, z. B. hinsichtlich der Veränderung der Zusammensetzung der ↗Atmosphäre aufgrund ↗anthropogener Klimabeeinflussung (Treibhausgase). Da solche Entwicklungen im allgemeinen zumindest quantitativ sehr unsicher

Klimasystem: Schema des Klimasystems.

Klimasystem (Tab.): quantitativer Vergleich der Komponenten des Klimasystems.

Komponente	Grenzfläche [10⁶ km² / in %]	Masse [10¹⁸ kg]	Dichte [kg/m³]	spezifische Wärmekapazität [J/(m³ · K)]
Atmosphäre	510 / 100 %	5	1,3	1000
Ozean[1]	361 / 70,8 %	1350	1000	3900
Kryosphäre[2] Meereis[3] Landeis[4]	26 / 5,1 % 14,5 / 2,8 %	0,04 28	800 900	2100 2100
Biosphäre	103 / 20,2 %	0,002	100–800[5]	2400
Land, oberster Bereich	149 / 29,2 %	–[6]	2000[7]	800

[1] ohne Meereis; zur Hydrosphäre gehören darüber hinaus die Süßwassergebiete (ca. 2 · 10⁶ km²). [2] ohne Chinosphäre (Schneebedeckung, 20 · 10⁶ km²) und ohne Grundeis. [3] 6,4 % der Erdoberfläche, jahreszeitlich aber stark variabel. [4] 9,7 % der Landoberfläche. [5] der untere Wert gilt für Blätter, der obere für einen Eichenstamm. [6] gesamte feste Erde (Geosphäre) 5,98 · 10²⁴ kg. [7] Mittelwert für Geosphäre 5517 kg/m³ (= 5,517 g/cm³), für Pedo-/Lithosphäre (Erdkruste) 2600 kg/m³.

Klimaszenarien

klimatologische Extremwerte (Tab.): Zusammenstellung einiger absoluter klimatologischer Extremwerte, beruhend auf Messungen des 20. Jahrhunderts.

Element	detaillierte Daten	Extremwert
Lufttemperatur	*Maximum* – Welt: Al-Aziziyah, Libyen, 13.9.1922 – Deutschland: Grämersdorf, Bayern, 27.7.1983	58,0 °C 40,2 °C
	Minimum – Welt: Wostok, Antarktis, 21.7.1983 – bewohnter Ort: Oimijakon, Sibirien, Februar 1964 – Deutschland: Hüll, Bayern, 12.2.1929	−91,5 °C −71,1 °C −37,8 °C
	maximale Temperaturdifferenzen – im Laufe eines Jahres: Werchojansk, Sibirien −70,0/36,7 °C – im Laufe eines Tages: Montana, USA 6,6/−48,9 °C	106,7 K 55,5 K
Luftdruck an der Erdoberfläche (reduziert auf NN, 0 °C und Normalschwere)	*Maximum* – Welt: Agata, Sibirien, 31.12.1968 – Deutschland: Berlin, 23.1.1907	1083,8 hPa 1057,8 hPa
	Minimum – Welt: Taifun bei Okinawa, Japan – Deutschland: Osnabrück, 26.2.1989	856,0 hPa 949,5 hPa
Windgeschwindigkeit	*Maximum* – Welt: Wichita Falls, Texas, USA, Tornado	450 km/h
	Böen – Europa: Zugspitze, Bayern, 12.6.1985	93 m/s
Niederschlag	*maximale Niederschlagshöhe in 12 Monaten* – Welt: Cherrapunij, Indien, August 1860–Juli 1861	26.461 mm
	maximale mittlere jährliche Niederschlagshöhe – Mt. Waialeale, Hawaii, 1920–1958	12.344 mm
	maximale jährliche Niederschlagshöhe – Deutschland: Purtschellerhaus / Berchtesgadener Land, Bayern, 1944	3499 mm
	maximale monatliche Niederschlagshöhe – Welt: Cherrapunji, Indien, Juli 1861 – Deutschland: Oberreute, Bayern, Mai 1933 und Stein, Bayern, Juli 1954	9300 mm 777 mm
	maximale tägliche Niederschlagshöhe – Welt: Cilaos, Réunion, 15./16.3.1952 – Deutschland: Werder, Brandenburg 29.6.1994 (in 3 Stunden!)	1 870 mm 236,3 mm
	maximale Regenintensität (Minutenregen) – Welt: Barst, Guadeloupe, 26.11.1970 – Deutschland: Füssen, Bayern, 25.5.1920, 126 mm in 8 min	38,1 mm/min ≈ 15,1 mm/min
	längste Trockenheit – Welt: Atacama-Wüste bei Calama, Chile, ca. 1571–1971	400 Jahre
Schneefall und -decke	*maximaler Schneefall in 12 Monaten* – Welt: Mt. Rainier (4392 m ü. NN), Paradise, Washington, USA, 19.2.1971–18.2.1972	3110 cm
	maximaler Schneefall an einem Tag – Welt: Silver Lake, Colorado, USA, 14./15.4.1921	193 cm
	maximale Schneedeckenhöhe – Deutschland: Zugspitze, Bayern, 2.4.1944	830 cm
Nebel	*höchste mittlere Anzahl von Nebeltagen im Jahr* – Walfischbucht, Südafrika, 1958–1964	139 Tage
Sonnenscheindauer	*maximale jährliche Sonnenscheindauer* – Welt: Sahara, Libyen (≅ 97% des astronomischen möglichen Wertes) – Deutschland: Klippeneck, Kreis Tuttlingen, Bayern, 1959	4300 Std. 2329 Std.
Gewitter	*maximale jährliche Zahl an Gewittertagen* – Welt: Bogor, Java, Indonesien	322 Tage
	schwerstes vermessenes Hagelkorn – Coffeyville, Kansas, USA, 3.9.1970, 19 cm Durchmesser, 44,5 cm Umfang	750 g

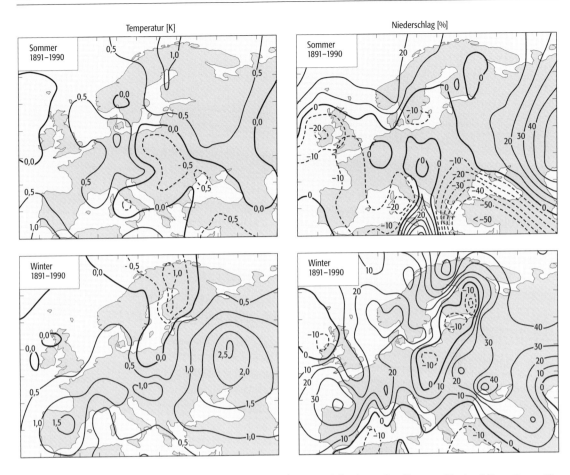

Klimatrend: Karten linearer Klimatrends 1891–1990. Dargestellt sind bodennahe Lufttemperatur (K) und Niederschlag (%); Europa, Sommer (Juni-August) und Winter (Dezember-Februar).

sind, werden verschiedene Alternativen von Klimaszenarien betrachtet.

Klima-Termine, Ablese- und Beobachtungszeiten von 7, 14 und 21 Uhr mittlerer Ortszeit für alle ↗Hauptwetterelemente. Sie gehen auf die Pfälzische Meteorologische Gesellschaft zurück, die im Jahre 1780 diese Termine definierte.

klimatische Geomorphologie ↗ *Klimageomorphologie.*

klimatische Schneegrenze, großräumig gültige Vergleichs-Schneegrenze, die sich aus dem Mittel aller realen Schneegrenzen (↗orographische Schneegrenze) einer Region ergibt, abgesehen von lokalklimatischen Besonderheiten.

klimatische Wasserbilanz, Differenz zwischen ↗Niederschlagshöhe und Höhe der ↗potentiellen Verdunstung an einem bestimmten Ort in einer bestimmten Zeitspanne.

Klimatisierung, Verfahren zur Beeinflussung des Kleinklimas durch ↗Beregnung.

Klimatologie, Wissenschaft vom ↗Klima, hauptsächlich innerhalb der ↗Meteorologie und ↗Geographie (↗Klimageographie). Die Klimatologie ist in ihrer gesamten Bandbreite aber interdisziplinär, so z. B. in Zusammenhang mit den Rekonstruktionsmethoden der ↗Paläoklimatologie (unter Beteiligung von Geologie, Glaziologie, Biologie u. a.), der ↗Klimadiagnose und der Erstellung von ↗Klimamodellen (unter Beteiligung der ↗Ozeanographie, ↗Glaziologie, Mathematik, Physik, Chemie). Wegen der Auswirkungen von ↗Klimaänderungen reicht die Klimatologie sogar über die Naturwissenschaften hinaus (Ökonomie, Soziologie, Politik).

In Ergänzung zu den direkten Meßwerten der ↗Klimaelemente (↗Neoklimatologie) greift die *historische Klimatologie* auf historische Informationen, die für die Rekonstruktion der ↗Klimageschichte von Interesse sind, zurück. Häufig sind diese Informationen jedoch verbal bzw. indirekt, so daß eine genaue quantitative Zuordnung zur Neoklimatologie bzw. ↗Paläoklimatologie schwer fällt. Beispiele für Informationsquellen sind die Witterungstagebücher verschiedener Gelehrter, wie z. B. C. Ptolemäus (151–127 v. Chr.) in Alexandria, W. Merle (1337–1344) in England oder J. Kepler (1617–1626) in Linz, Annalen bzw. Chroniken der öffentlichen Verwaltung, Inschriften und Markierungen, Mythen und Legenden und schließlich am weitesten, nämlich ca. 5 Jahrtausende zurück reichend, die Höhlenmalereien in den heutigen Wüstengebieten Nordafrikas, die wegen der dort dargestellten Viehherden auf damals feuchteres Klima schließen lassen. [CDS]

klimatologische Extremwerte, absolute Maxima bzw. Minima der ↗Klimaelemente, wie sie bezogen auf die Erde oder eine bestimmte Region der Erde in einem bestimmten Zeitintervall aufgetreten sind (Tab.).

klimatologisches Diagramm ↗*Klimadiagramm*.

Klimatop, Region, die ein weitgehend einheitliches ↗Mesoklima aufweist.

Klimatrend, relativ langfristige (mindestens säkulare) systematische Änderung (↗Variation) der ↗Klimaelemente (Abb.). ↗Klimaänderungen.

Klimatyp, anhand einer ↗Klimaklassifikation oder auch allgemeineren Gesichtspunkten, wie z. B. arides, humides, kontinentales oder maritimes Klima, festgelegte Charakterisierung des ↗Klimas.

Klimavarianz, der Einfluß räumlich und zeitlich wechselnder Klimabedingungen auf die formschaffenden Prozesse. ↗Epirovarianz, ↗Tektovarianz, ↗Petrovarianz.

Klimavariationen, ↗*Klimaänderungen*.

Klimaveränderungen ↗*Klimaänderungen*.

Klimax, *ökologisches Reifestadium, Schlußgesellschaft*, Begriff aus der ↗Ökologie, der das hypothetisches Endstadium der ↗Sukzession bei Pflanzen-, Tier- und Bodengesellschaften bezeichnet. Dieses Reifestadium würde sich langfristig in einem Gebiet unter den heutigen klimatischen Verhältnissen einstellen, wenn keine größeren Störungen, wie z. B. diejenigen des wirtschaftenden Menschen, eintreten würden. Die Klimaxgesellschaft ist somit ein allein vom Großklima abhängiges Endstadium der Sukzession. Die Ökosystemstruktur und -funktion ist einheitlich auf das aktuelle Klima eingestellt. So führt die natürliche Entwicklung von Ökosystemen in Mitteleuropa zu einem Buchenwald auf Braunerde, auch wenn edaphische Faktoren wie der Kalkgehalt sowie Hangneigung und Exposition in großem Maße unterschiedlich sein können. Die Klimaxgesellschaft bei den Pflanzen entspricht der zonalen Vegetation (↗Vegetationszonen). Zonale Vegetationseinheiten auf der Nordhalbkugel sind in horizontaler Richtung von Süden nach Norden: Tropische Regenwälder (↗Hyläa), ↗Savannen, Wüsten- und Halbwüstenvegetation, ↗Steppen, Waldsteppen, ↗Laubwälder, ↗Nadelwälder (↗Taiga) und ↗Tundren. Das Konzept der zonalen Vegetation ermöglicht außerdem eine feinere Differenzierung, als es nach der Klimaxtheorie möglich ist.

Entspricht die Vegetation einer Zone, z. B. wegen größeren lokalen edaphischen und klimatischen Abweichungen, einer anderen Vegetationszone, spricht man von extrazonaler Vegetation. Azonale Vegetation tritt unabhängig von den Klimazonen auf. Sie wird von einem anderen ↗Ökofaktor als dem Klima bestimmt, wie z. B. die Auenvegetation durch die Hochwasserdymamik. Eine weitere räumliche und zeitliche Verfeinerung des Klimaxbegriffs entsprang aus der Erkenntnis, daß die ↗Ökosysteme auch natürlichen Entwicklungszyklen unterliegen, z. B. in feuerbeeinflußten Ökosystemen (↗Feuer). Auch der montane Fichten-Tannen-Rotbuchen-Urwald unterliegt einer zyklischen Regeneration, wobei auf Verjüngungsphasen Optimalphasen mit größter Be-

standsdichte und schließlich Zerfallsphasen folgen. Der Begriff Klimaxkomplex beinhaltet alle Sukzessionsstadien der Vegetation, die in einem ↗Mosaik im gleichen Gebiet auftreten können. Die ↗Regenerationsfähigkeit von Ökosystemen ist ein Beleg, daß auch der Klimaxzustand nicht konstant ist, sondern variiert. Eine Klimax kann auch je nach Verlauf der Sukzession anders aussehen, wobei anthropogene Störungen einen entscheidenden Einfluß haben. Aus dieser Erkenntnis entwickelte sich der Begriff der ↗potentiellen natürlichen Vegetation. [MSch]

Klimazeugen, klimaabhängige Erscheinungsformen auf der Erdoberfläche, wie z. B. bestimmte Verwitterungsbildungen, Sedimente, Fossilien etc., die Rückschlüsse auf das Klima zur Zeit ihrer Entstehung zulassen.

Klimazone, nach einer ↗Klimaklassifikation festgelegte Region.

Klimazustand, für ein definiertes Zeitintervall gemittelte Gegebenheiten des ↗Klimas. Er wird im einzelnen anhand der relevanten ↗Klimaelemente charakterisiert, einschließlich mittlerer zyklischer Variationen (insbesondere Tages- und Jahresgang) und mittleren Häufigkeiten des Eintretens von Extremwerten. Im statistischen Sinn sollte ein Klimazustand somit die Bedingung der ↗Stationarität erfüllen und gegenüber anderen Klimazuständen möglichst plausibel abgrenzbar sein. Dies ist aber wegen der stets ablaufenden ↗Klimaänderungen selten der Fall. Betrachtete Klimazustands-Zeitintervalle können Jahrzehnte (↗CLINO) bis Jahrtausende (↗Holozän) betragen.

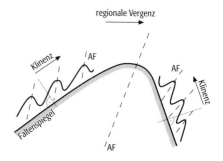

Klinenz: schematische Darstellung (AF = Achsenfläche).

Klinenz, die Neigung der Achsenfläche einer ↗Falte gegenüber der Senkrechten auf den ↗Faltenspiegel (Abb.). ↗Vergenz.

Klinge ↗*Runse*.

klinographische Projektion, Projektion eines Körpers auf eine Ebene mittels paralleler Strahlen, bei der im Gegensatz zur orthographischen Projektion die Projektionsebene zu den Projektionsstrahlen geneigt ist. Üblich ist diejenige Anordnung, bei der die durch den Mittelpunkt des Bildes laufenden Strahlen durch den rechten oberen und vorderen Oktanten einfallen. ↗Parallelprojektion.

Klinometer, Neigungsmesser im ↗Geologenkompaß. Das Klinometer dient zur Messung des Einfallens (↗Fallen) von Gesteinsschichten oder Trennflächen.

Klinopyroxene, monoklin kristallaisierende ↗Pyroxene.
Klinopyroxenit ↗Pyroxenit.
Klippen, 1) Bezeichnung für Einzelformen an Berg- und Gebirgshängen bzw. auf Kuppen, Gipfeln oder Kämmen aufsitzend (↗Felsburgen). 2) Einzelfelsen an den ↗Steilküsten der Meere, die durch Brandungserosion aus einem Kliff herausgearbeitet wurden (Brandungspfeiler). 3) ursprünglicher Bestandteil einer Überschiebungsdecke, der aus seinem Deckenverband herausgelöst wurde (↗tektonische Klippe).
Klopfdichte ↗Dichte.
Klosterkartographie ↗Mönchskarten.
Kluftabstand, senkrechter Abstand von ↗Klüften. Die Angabe erfolgt in m oder cm. Man beobachtet in dünnbankigen Sedimentgesteinen i. a. geringere Kluftabstände als in dickbankigen Sedimentgesteinen und massigen Intrusivgesteinen. ↗Klüftigkeit.
Kluftaufweitung, Erweiterung vorhandener Klüfte in lösungsfähigen Gesteinen durch ↗Korrosion. ↗Verkarstung.
Kluftdichte ↗Klüftigkeit.
Kluftdurchlässigkeit ↗Trennfugendurchlässigkeit.
Klüfte, feine Fugen im Gestein, an denen nur geringfügige Bewegungen stattgefunden haben. Sie entstehen durch Bruch. Die Bruchausbreitung kann dabei auf drei verschiedene Arten vonstatten gehen: a) Beim Bruch weichen die entstehenden Bruchflächen (= Kluftflächen) senkrecht zur Bruchebene auseinander. Dadurch entstehen Extensionsbrüche (= *Extensionsklüfte*, Abb. 1a). b) Bruchparallele Relativbewegung senkrecht zur Bruchfront führt zum *Scherbruch* Typ A (Abb. 1b). c) Eine ebenfalls bruchparallele Relativbewegung, die aber parallel zur Bruchfront verläuft, führt zum *Scherbruch* Typ B (Abb. 1c). Brüche, an denen solche Verschiebungen parallel zu den Kluftflächen stattgefunden haben sind ↗Verschiebungsbrüche. Als Klüfte im eigentlichen Sinn werden die Extensionsklüfte betrachtet. Extensionsklüfte werden durch zwei ebene Bruchflächen charakterisiert, an denen keine merklichen Verschiebungen stattgefunden haben. Der Bruch breitet sich bei Extensionsklüften senkrecht zur Richtung der kleinsten Hauptspannung σ_3 aus. Extensionsklüfte geben somit im dreidimensionalen Spannungszustand eindeutige Hinweise auf die Richtung der minimalen Hauptspannungsrichtung σ_3 zur Zeit der Kluftentstehung. Die räumliche Orientierung der maximalen Hauptspannung σ_1 und der mittleren Hauptspannung σ_2 bleibt meist unklar, da beide Spannungen in der Kluftebene liegen (Abb. 2). Bei der Bruchausbreitung entstehen auf den Kluftflächen charakteristische kreisförmige, bei Bevorzugung einer bestimmten Richtung, reisigbesenartige Strukturen (Abb. 3). Wie weit sich eine Kluft im Gestein fortsetzen kann, hängt von der Differentialspannung an der Bruchfront ab, und inwieweit natürliche Barrieren die gerade Bruchausbreitung behindern oder blockieren. Extensionsklüfte können offen sein, oder sie werden durch Mineralisationen bzw. durch Erosionsmaterial (z. B. feinsandige Tone, sog. Kluftletten) verfüllt. Verlaufen mehrere Klüfte zueinander parallel oder subparallel, bezeichnet man dies als ↗Kluftschar. Klüfte bzw. Kluftscharen unterschiedlicher Orientierung, die genetisch zusammengehören, bilden ein *Kluftsystem*. Sämtliche in einem bestimmten Bereich vorkommenden Klüfte werden ohne Berücksichtigung ihrer zeitlichen und genetischen Entstehung als *Kluftnetz* bezeichnet. *Kluftspur* nennt man die Schnittlinie einer Kluft auf einer sie schneidenden anderen Fläche (z. B. auf einer Schichtfläche). Klüfte die regelmäßige, subparallele Flächenscharen bilden, bezeichnet man als *systematische Klüfte*. Im Gegensatz dazu stehen die gebogenen, irregulären, nicht systematischen Klüfte. Diese verlaufen meist annähernd orthogonal zu den ersteren (Abb. 4). Klüfte gibt es in allen Längen, d. h. von Klüften im Mikrobereich bis hin zu über weite Entfernungen durchhaltenden systematischen Hauptklüften. In einheitlichen Gesteinen verlaufen Klüfte manchmal gekrümmt. In diesen Krümmungen gehen unterschiedliche Bereiche verschiedener Bruchklassen, d. h. vom Trennungsbruch zum Scherbruch ineinander über (Abb. 5). In tieferen Bereichen der Erdkruste (5 km und mehr) breiten sich Klüfte unter dem Einfluß von hohen Porenflüssigkeitsdrucken aus. Diese entstehen in Sedimentgesteinen während der Überlagerung und der vertikalen ↗Kompaktion (Überlagerungsdruck). Durch das Aufreißen der Klüfte werden die hohen Porenflüssigkeitsdrucke wieder abgebaut.

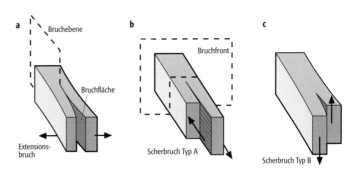

Klüfte 1: drei verschiedene Arten der Bruchausbreitung: a) Extensionsbruch: Ausbreitung senkrecht zur Bruchebene; b) Scherbruch Typ A: bruchparallele Relativbewegung senkrecht zur Bruchfront; c) Scherkluft Typ B: bruchparallele Relativbewegung parallel zur Bruchfront.

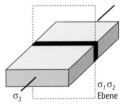

Klüfte 2: Extensionskluft in Bezug zu den drei Hauptspannungen.

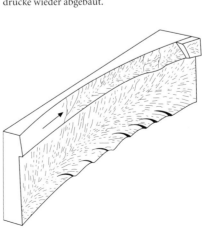

Klüfte 3: Besenstrukturen auf Kluftoberflächen (Pfeil in Ausbreitungsrichtung des Bruchs).

Klüfte 4: systematische Klüfte (A) und nicht systematische Klüfte (B).

Klüfte 5: gebogene Klüfte in Schichten bei Hauptspannung σ_1 senkrecht zur Schicht und bei schichtparallelem σ_1.

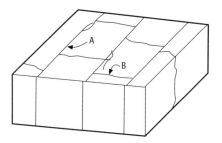

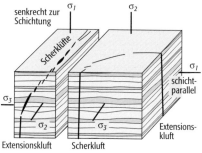

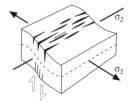

Klüfte 6a: Dehnungszone entlang sich hebenden oder absenkenden Bereichen.

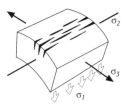

Klüfte 6b: Scharnierbereich eines absinkenden Kontinentrandes oder am Rand eines absinkenden Beckens.

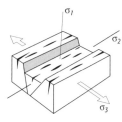

Klüfte 6c: allgemeiner Spannungszustand der Grabenbildung mit grabenparallelen Extensionsklüften.

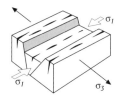

Klüfte 6d: Grabenbildung unter horizontaler maximaler Hauptspannung mit grabenparallelen Extensionsklüften (Rheingraben).

Tektonische Klüfte entstehen im wesentlichen durch den gleichen Mechanismus. Hier sind die Spannungen tektonisch bedingt und bewirken eine horizontale Kompaktion. Tektonische Klüfte können deshalb auch in Erdtiefen von weniger als 3 km entstehen. In geringeren Tiefen begünstigt die Abnahme des Umlagerungsdruckes die Bruchausbreitung. Nahe der Erdoberfläche entwickeln sich in neotektonisch aktiven Gebieten Zugspannungen. Neotektonische Klüfte kennzeichnen oft Gebiete, die in jüngster geologischer Vergangenheit gehoben wurden oder sich noch im Hebungsprozeß befinden (↗Neotektonik). Bei diesen Hebungsprozessen werden vorwiegend senkrechte Extensionsbrüche gebildet. Untergeordnet kommen jedoch auch steil einfallende konjugierte Brüche vor, die parallel oder schräg zu den Extensionsbrüchen verlaufen. Neotektonische Klüfte reichen bis in eine Tiefe von ca. 500 m. Voraussetzungen für die neotektonische Bruchausbreitung ist die mit den aktiven Hebungen einhergehende ↗Denudation und die seitliche Entlastung. Tektonische Klüfte entwickeln sich häufig als untergeordnete Strukturen im oberflächennahen Bereich tektonischer Großstrukturen und spiegeln dabei die Auswirkungen lokaler Spannungskonzentrationen wider. Extensionsklüfte entstehen z. B. in den Zerrungsbereichen zwischen absinkenden oder sich hebenden Blöcken (Abb. 6a), im Scharnierbereich eines absinkenden Randes eines Kontinentrandes (Abb. 6b), parallel zu Grabenzonen (Abb. 6c, 6d) oder im Scharnier von Biegegleitfalten.

Die Kluftanalyse im Gelände liefert Informationen zur Geometrie und Zeitlichkeit der spröden Krustendeformation sowie zum Spannungsfeld. Dazu werden die charakteristischen Kluftrichtungen eingemessen sowie die relativen Altersbeziehungen der Klüfte zueinander bestimmt. Treffen jüngere offene Klüfte senkrecht auf ältere offene Klüfte, enden sie an diesen. Öffnet sich eine Kluft quer zu einer älteren offenen Kluft, so ergibt sich ein öffnungsbedingter Versatz der älteren offenen Kluft an der jüngeren Kluft. Bei verfüllten Klüften quert die jüngere verfüllte Kluft die Kluftfüllung der älteren Kluft. Die statistische Auswertung von Kluftrichtungen und Häufigkeitsverteilungen erfolgt in ↗Kluftrosen oder über das Schmidtsche Netz (↗Lagenkugelprojektion).

Klüfte in Falten wurden und werden besonders im deutschsprachigen Raum in ihren geometrischen Beziehungen zu gefalteten Schichten in einem, der Faltengeometrie zugeordneten, orthogonalen Koordinatensystem mit den Achsen a, b, c beschrieben. Dabei verläuft die b-Achse parallel zur Faltenachse, die a-Achse liegt in der Schichtebene senkrecht zur b-Achse und die c-Achse steht senkrecht zur Schichtung (Abb. 7a). Klüfte parallel zur Ebene der a- und c-Achse werden als ↗Querklüfte (Q-Klüfte, ac-Klüfte) bezeichnet (Abb. 7b). Klüfte parallel zur Ebene der b- und c-Achse nennt man *Längsklüfte* (Longitudinalklüfte, bc-Klüfte, Abb. 7c). Klüfte parallel zur Ebene der a- und b-Achse bezeichnet man als *Lagerklüfte* (ab-Klüfte, Abb. 7d). *Diagonalklüfte* bilden konjugierte tektonische Klüfte und gehören als Scherklüfte zu den Verschiebungsbrüchen.

Sämtliche Klüfte und kluftbezogene Strukturen (↗Stylolith) lassen sich in einem Kluft-Deformationsdiagramm darstellen (Abb. 8). Im undeformierten Zustand sind die λ_1-Achse = Verlängerung und λ_3-Achse = Verkürzung der Deformationsellipse gleich lang und haben die Einheitslänge 1 (Kreis im Diagramm). Veränderungen der λ-Werte führen zu den dargestellten Deformationsstrukturen. Das Expansionsfeld ist gekennzeichnet durch zwei Kluftscharen, die sich unter einem hohen Winkel kreuzen. Das Kontraktionsfeld ist gekennzeichnet durch zwei zueinander senkrecht stehenden Stylolithen-Oberflächen. Das Feld der linearen Verlängerung zeigt eine Kluftschar mit subparallelen Extensionsklüften; das Feld der linearen Verkürzung zeigt eine Kluftschar mit subparallelen Stylolithenflächen. Im Feld der Kompensationserscheinungen können mit vier kinematisch koordinierbaren Kluftarten gleichzeitig Verkürzungen und Verlängerungen stattfinden. Die Verkürzung an Stylolithenflächen ist senkrecht zur Extension mit Kluft- und Spaltenbildung. Die Bewegungen an den konjugierten Scherklüften (Mikroverwerfungen) verursachen bei reiner Scherung (pure shear) senkrecht gerichtete Verkürzung und horizontal gerichtete Verlängerung.

Atektonische Extensionsklüfte (↗Pseudotektonik) verlaufen als a) *Entlastungsklüfte* subparallel zur Erdoberfläche und entstehen meist in massiven magmatischen und metamorphen Gesteinen (z. B. Granit, Gneis), aber auch in massigen Sedimentgesteinen (z. B. Sandsteine). Sie entwickeln sich über lange Zeiträume hinweg, währenddessen die erosionsbedingte Abtragung der überlagernden Gesteine zu einer Entspannung senkrecht zur Erdoberfläche (σ_1 = vertikal) führt; die Extensionklüfte entstehen senkrecht zu σ_3 und damit parallel zur Oberfläche. b) Die Abkühlung magmatischer Gesteine bedingt einen hohen Temperaturunterschied zwischen dem Rand und dem Inneren des Magmakörpers. Dies führt zu einem Volumenschwund, und die dabei verursachten Zugspannungen führen zur Ausbildung von hexagonal angeordneten Abkühlungsklüften, die sich i. d. R. senkrecht zur Abkühlungsfläche ausbreiten und zur Entstehung von säulenförmigen Gesteinskörpern (*Säulenbasalte*) führen. c) Sehr rasch entstehende atektonische Kluftformen sind konische Kluftflächen (shatter cones), die beim Einschlag von Meteoriten entstehen. d) In unverfestigten Sedimenten bewirkt die Verdunstung des enthaltenen Wassers einen Volumenschwund, und es entstehen ↗Schrumpfungsrisse, die vier- bis siebenseitige Polygone bilden. [CDR]

Literatur: [1] EISBACHER, G. H. (1991): Einführung in die Tektonik. – Stuttgart. [2] ENGELDER, T. (1993): Stress regimes in the Lithosphere. – Princeton. [3] TWISS, R. J. & MOORES, E. M. (1992): Structural Geology. – New York.

Kluftfläche, die entlang einer ↗Kluft entstehende Fläche. ↗Trennfläche.

Kluftfüllung, Zwischenmittel, die den Hohlraum einer ↗Kluft ganz oder teilweise ausfüllen. Bei den Kluftfüllungen muß grundsätzlich zwischen an Ort und Stelle entstandenen, autochtonen Zwischenmitteln (z. B. Mineraladern, tektonische Brekzien, Melonite sowie eingequetschtes Material und Verwitterungsrückstände) und Füllungen aus Fremdmaterial (von der Oberfläche eingespültes Material oder umgelagerte Residualbildungen), sog. allochtonen Zwischenmitteln, unterschieden werden. Für geodynamische Modelle ist interessant, wenn es sich um radiometrisch datierbare mineralisierte Füllungen handelt.

Kluftgrundwasser, das ↗Grundwasser in Festgesteinen (↗Kluftgrundwasserleiter), deren ↗durchflußwirksame Hohlraumanteile von ↗Klüften und anderen Trennfugen gebildet werden.

Kluftgrundwasserleiter, ↗Festgesteinsgrundwasserleiter, in dem die Wasserbewegung primär in nicht signifikant durch Lösungsvorgänge erweiterten Trennfugen wie Klüften, Störungen, Verwerfungen oder Schichtgrenzen stattfindet. Kluftgrundwasserleiter treten in sedimentären, metamorphen oder magmatischen, nichtverkarstungsfähigen Festgesteinen auf. Die Vielzahl der geologischen Trennflächen werden in der Hydrogeologie hierbei oft unter dem Begriff ↗Kluft zusammengefaßt. Die Ausbildung der Trennflächen ist für die Wasserwegsamkeit von entscheidender Bedeutung, starken Einfluß auf das Durchlässigkeitsverhalten von Festgesteinen haben daher die lithologischen und die felsmechanischen (Kompetenz, Scherfestigkeit, usw.) Eigenschaften, die tektonischen Verhältnisse und der Spannungszustand im Untergrund sowie die Verwitterungserscheinungen. Diese Faktoren nehmen direkten Einfluß auf die Kluftdichte, die Lage der Trennflächen im Raum und ihre Längsausdehnung, den Durchtrennungsgrad, die Öffnungsweite, die Kluftrauhigkeit sowie die Art der Kluftfüllung und somit auf die Anisotropie und den Betrag der Durchlässigkeit. Durch den Einfluß des Überlagerungsdrucks ergibt sich eine tiefenabhängige Verringerung der Kluftöffnungsweite bzw. der Kluftdurchlässigkeit. Weiterhin finden durch die tiefenabhängige Druck- und Temperaturzunahme diagenetische Prozesse im Gestein statt, die wie in den Lockergesteinen eine Verringerung der Porosität bedingen. Analog zum Porenaquifer wird beim Kluftgrundwasserleiter das ↗Kluftvolumen über den Quotienten aus Kluftraumvolumen und Gesamtvolumen des Gesteinskörpers ermittelt. Der gesamte Hohlraumanteil eines Festgesteins ergibt sich aus der Summe von Kluft- und Porenvolumen, dividiert durch das Gesamtvolumen. Ein Übergang zwischen ↗Porengrundwasserleiter und Kluftgrundwasserleiter tritt in verfestigten oder teilverfestigten Gesteinen auf, die neben einem durchflußwirksamen Porenanteil ein Trennflächengefüge besitzen. Dies ist bei sedimentären Gesteinen, v. a. bei kalkig gebundenen und in Oberflächennähe ausgelaugten Sandsteinen der Fall. Bei diesen klüftig-porösen Gesteinen werden die hydraulischen Eigenschaften durch verschieden skalige Strukturen charakterisiert, die großskaligen Klüfte bestimmen das Leitvermögen und die kleinskaligen Poren die Speicherkapazität des Gesteins. Beim ↗Stofftransport in Kluftgrundwasserleitern ist generell eine Kopplung des Stofftransportes im mobilen Wassers in der Kluft mit dem immobilen Porenwasser in der Gesteinsmatrix durch Diffusionsprozesse zu beobachten. Hierdurch kann die poröse Gesteinsmatrix als eine Art Speicher für den Schadstoff dienen. [KW]

Klufthöhle, *Spaltenhöhle*, 1) offene, begehbare, tektonisch angelegte Kluft. 2) unpräzise Bezeichnung für eine Kluftfugenhöhle, die durch Korrosion in verkarstungsfähigen Gesteinen entlang einer initial wasserwegsamen Kluft entstanden ist. Karsthöhlen folgen in ihrem Gangverlauf häufig dem Kluftnetz des Gesteins.

Klufthumusboden ↗Felshumusboden.

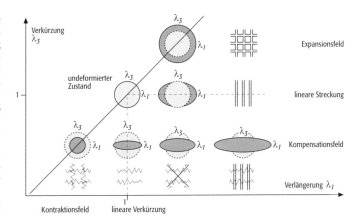

Klüfte 8: Kluft-Deformationsdiagramm.

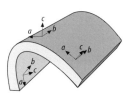

Klüfte 7a: Falten-Koordinaten.

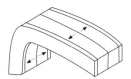

Klüfte 7b: Querklüfte.

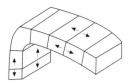

Klüfte 7c: Längsklüfte.

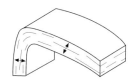

Klüfte 7d: Lagerklüfte.

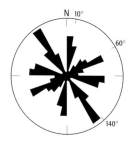

Kluftrose 1: gewogene tektonische Trennflächen, aufgegliedert nach ihrer Streichrichtung. Die Strahlen der Rose nehmen die gesamte Intervallbreite ein (Spannrahmen 180°, Spannweite der Größenklassen 10°, Grenzpunkte bei 4°/5°, 14°/15°, 24°/25°).

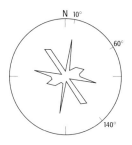

Kluftrose 2: tektonische Trennflächen, aufgegliedert nach ihrer Streichrichtung. Die Strahlen der Rose enden in der Mitte des jeweiligen Intervalls (Mittellage) (Spannrahmen 180°, Spannweite der Größenklassen 10°, Grenzpunkte bei 4°/5°, 14°/15°, 24°/25°).

Klüftigkeit, Aussage über den Grad der Zerklüftung eines Gesteinskörpers. Eine quantitative Aussage über den Abstand der Klüfte (*Kluftdichte*) gibt die *Klüftigkeitsziffer k* [Einheit 1/m]: $k = n/l$, mit n = Anzahl der Kluftschnitte, l = Länge der gemessenen Strecke. Die Klüftigkeitsziffer stellt somit einen reziproken Wert der ↗Kluftabstände bzw. ein Maß für die Anzahl der ↗Kluftkörper dar. Diese zeigen meist eine direkte Abhängigkeit von der Dicke der ↗Bankung. Ausnahmen weisen fast immer eine entsprechend intensive tektonische Beanspruchung auf.

Klüftigkeitsziffer ↗Klüftigkeit.

Kluftinjektion, ↗Injektion von Verpreßmaterial in ↗Klüfte zum Zweck der Abdichtung gegen Wasserzufluß oder zur Stabilisierung eines Gebirgsbereiches.

Kluftkarren ↗Karren.

Kluftkörper, Felskörper, der von jeweils einem parallelen Flächenpaar jeder vorkommenden ↗Kluftschar begrenzt wird. Der Begriff wurde eingeführt, um die räumlichen Beziehungen von Kluftscharen zu beschreiben und zu quantifizieren. Die Kluftkörpergröße ergibt sich aus dem ↗Kluftabstand der verschiedenen Kluftscharen und dem ↗Durchtrennungsgrad. Die Form wird durch die Orientierung der Kluftscharen festgelegt. Die Größe und Form der Kluftkörper hat Bedeutung in der Fels- und Geomechanik, z. B. bei der Unterscheidung der ↗Felsklassen 6 und 7 nach DIN 18 300.

Kluftlänge, Länge einer ↗Kluft in der Längsrichtung.

Kluftmineral, sekundäre Mineralbildung, meist hydrothermale Bildung im Bereich sog. alpiner Klüfte oder »alpiner Gänge«. Es sind meist senkrecht zur Schieferung stehende Spältchen und Gängchen, die ihre Substanz aus dem Nebengestein durch ↗Lateralsekretion beziehen und häufig gut ausgebildete Kristalle und Mineralstufen, v. a. von ↗Quarz und seinen Varietäten, enthalten.

Kluftnetz ↗Klüfte.

Kluftöffnungsweite, *Trennflächenöffnungsweite*, *Klaffweite*, *Kluftweite*, Öffnungsbetrag zwischen zwei gegenüberliegenden Kluftwänden. Bei zementierten Klüften wird die Mächtigkeit der Kluftfüllung mit Kluftdicke bezeichnet, sind sie nur teilweise zementiert, so wird der Anteil des offenen Klufthohlraums (in %) als Öffnungsgrad bezeichnet. Die in Bohrlöchern oder an Aufschlüssen meßbare geometrische Öffnungsweite unterscheidet sich aufgrund der elektrostatisch gebundenen Haftwasserfilme an den Kluftwänden (Schichtdicke 2–4 μm) von der durch Tracerversuche (↗Tracer) oder Abpreßversuche zu bestimmenden hydraulischen Öffnungsweite.

Kluftreibungswinkel, Neigungswinkel, bei dem im einfachen Gleitversuch ein Körper aus gegebenen Gestein auf einer eben solchen Fläche ins Gleiten kommt. Er liegt meistens zwischen 30 und 40°. ↗Reibungswinkel.

Kluftrose, *Richtungsrose*, prozentuale graphische Darstellung einer beliebigen Anzahl von Kluftrichtungen. Der jeweilige Prozentanteil der gemessenen Klüfte wird auf einer, der Streichrichtung der Kluft entsprechenden Gradlinie einer Richtungsrose vom Kreismittelpunkt nach außen abgetragen. Die gemessenen Richtungswinkel werden zuvor in Intervalle eingeteilt, die sinnvollerweise bei 10° liegen. Für die Darstellung in der Richtungsrose wird entweder die Spannweitendarstellung gewählt, bei der die Strahlen die gesamte Intervallbreite einnehmen (Abb. 1), oder man beendet die Strahlen in der Mitte des gewählten Intervalls (Abb. 2). Im allgemeinen werden Streichrichtungen von Klüften in 180°-Richtungsrosen für die Winkel von 0° bis 180° dargestellt und die Graphik dann spiegelbildlich zu einer Richtungsrose von 360° ergänzt. Da die Darstellung in einer Kluftrose nur die Richtungshäufigkeiten des Streichens angibt, wird zur Darstellung des Streichens und Einfallens bzw. der geometrischen Beziehung zwischen den einzelnen Flächen das Schmidtsche Netz verwendet (↗Lagenkugelprojektion).

Kluftschar, Gruppe aus parallel bzw. subparallel zueinander verlaufenden ↗Klüften.

Kluftspur ↗Klüfte.

Kluftsystem ↗Klüfte.

Kluftvolumen, das Kluftvolumen eines Gesteinskörpers ergibt sich aus der Länge und Öffnungsweite aller Klüfte. Es kann bei entsprechenden Aufschlußverhältnissen durch Ausmessen der Kluftöffnungsweiten in zwei senkrecht aufeinander stehenden Aufschlußebenen erfolgen. Die Aussagekraft solcher Messungen ist jedoch begrenzt. In der Praxis wird das Kluftvolumen meist nach der Wasserführung abgeschätzt.

Kluftwasser, mobiles Wasser in der Kluft (↗Matrixwasser).

Kluftwasserdruck, Wirkung des ↗hydrostatischen Drucks in Klüften. Bei kleinen Kluftöffnungen können bereits geringe Wassermengen einen hohen Kluftwasserdruck erzeugen.

Kluftweite ↗*Kluftöffnungsweite*.

Klumpenanalyse ↗*Klusteranalyse*.

Klumpengefüge, Form des ↗Fragmentgefüges dessen ↗Bodenaggregate meist durch mechanische Einwirkung entstandene, unregelmäßige Gefügefragmente >50 mm sind; typisch für ↗Ap-Horizonte bindiger Bodensubstrate, die in feuchtem Zustand bearbeitet wurden.

Klüpfel-Zyklus, von W. Klüpfel (1888–1964) beschriebene sedimentäre Verflachungszyklen des Lothringer ↗Bajoc und ↗Bathon. ↗Sequenzstratigraphie.

Kluse, ↗Durchbruchstal, das quer zum ↗Streichen der Schichten verläuft, in einer als Gebirgsrücken ausgebildeten Antiklinalen (↗Falte) (↗Synklinaltal Abb.).

Klusteranalyse, *Klumpenanalyse*, *cluster analysis*, ist eine ↗unüberwachte Klassifizierung; Verfahren zur rein statistischen Berechnung von Klassen. Dabei geht man zunächst von einem beliebigen Merkmalsvektor als Mittelpunkt einer ersten Klasse aus. Anhand ausgewählter Zuweisungskriterien werden dann die weiteren Merkmalsvektoren auf ihre Zugehörigkeit zu dieser Klasse geprüft. Eine neue Klasse wird erzeugt, wenn die

Kriterien nicht erfüllt werden. Das Verfahren läuft meist iterativ bis eine Abbruchsregel (maximale Anzahl der Iterationen, Anteil unveränderter Zuweisungen nach einem Durchlauf) eintritt.
KLVL, *Karte des ↗Leistungsvermögens des Landschaftshaushaltes*.
Knallgasbakterien, heterogene Gruppe verschiedener in Boden und Wasser vorkommender Bakterien (Alcaligenes eutrophus, Pseudomonas facilis, Nocardia opaca u. a.), die Wasserstoff mit Sauerstoff als terminalen Elektronen-Akzeptor unter ↗aeroben Bedingungen zur Energiegewinnung oxidieren. Sie sind fakultativ chemolithoautotroph, d. h. in der Lage, sowohl organische Substrate zu verwerten als auch autotroph Kohlendioxid zu fixieren.
Knick, *Wallhecke*, Sonderform der ↗Hecke, die charakteristisch ist für gewisse Landschaftstypen West- und Nordwesteuropas, v. a. in Schleswig-Holstein. Knicke sind aufgebaut aus aufeinander

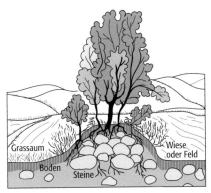

geschichteten, groben Steinen, die mit Erde bedeckt sind (Erd- und Lesesteinwälle) und auf denen heckenbildende Gehölze wachsen. Sie dienen sowohl der Abgrenzung des Eigentums als auch dem Windschutz (Abb.). Der Knick erfüllt vielfältige ökologische Funktionen in den Agrarlandschaften, insbesondere als Rückzugs- und Lebensstätte verschiedener Tiere.
Knickfalte ↗Falte.
Knickhorizont, *Knick*, tonreicher Horizont der ↗Knickmarsch. Er kann geogenetisch oder pedogenetisch bedingt sein und wirkt versickerungshemmend für Niederschlagswasser. In vielen Böden ist der Knickhorizont aufgrund von ↗Gefügemelioration nicht mehr flächenhaft nachweisbar.
Knickmarsch, Bodentyp nach der ↗deutschen Bodenklassifikation innerhalb der Klasse der ↗Marschen aus überwiegend carbonatfreiem Gezeitensediment, mit typischem Stauer (↗Knickhorizont) oberhalb 4 dm unter Flur. Oberhalb 7 dm unter Flur stehen keine ↗Carbonate an.
Knickpunkt ↗Flußlängsprofil.
Knickzone, deutsche Bezeichnung des engl. Begriffes ↗kinkband. Eine Knickzone kommt im mikroskopischen bis mesoskopischen Bereich in geschieferten Gesteinen mit starker Anisotropie vor. Die Schieferung wird innerhalb der Knickzone, die von zwei Knickflächen begrenzt wird, rotiert. Der auslösende Vorgang ist eine scherende Bewegung. Häufig treten Knickzonen auf, wenn die größte Hauptnormalspannung parallel zu den Anisotropieflächen (Schieferung) angeordnet ist. Diese Bildung der Knickzonen kann auch im Druckversuch beobachtet werden. Meist bilden die Knickbänder einen Winkel zwischen 40° und 70° mit der Richtung der größten Hauptnormalspannung. Wenn Knickzonen konjugiert auftreten, ermöglichen sie die Rekonstruktion der Orientierung des Spannungsellipsoides (↗Spannung).
Knöllchenbakterien ↗Wurzelknöllchen.
Knollenkalk, dichte pelagische Kalke (mudstones, locker gepackte bioklastische wackestones) mit knolliger Struktur. ↗Cephalopodenkalk.
Knoten, *kn*, veraltete, heute nur noch in den USA und in der Luft- und Seefahrt verbreitete Einheit der Geschwindigkeit. 1 kn = 1 Seemeile/Stunde = 0,514 444 m/s.
Knotenebene, *nodal plane*, trennt die Quadranten positiver und negativer Ausschlagsrichtungen von *P*-Wellen in der ↗Herdflächenlösung.
Knotenschiefer ↗Kontaktmetamorphose.
Knottenerz, Bezeichnung für Erz aus ↗epigenetischen ↗Imprägnationslagerstätten im ↗Buntsandstein mit Aggregaten (»Knoten«) des mineralisierenden ↗Bleiglanzes. Die bekanntesten Vorkommen treten im Bleierzbezirk von Mechernich-Maubach bei Aachen auf.
Koagulatgefüge, ältere Bezeichnung für eine Form des ↗Aggregatgefüges, das durch Ausflokkung oder Fällung von Teilchen entsteht.
Koagulation, **1)** *Bodenkunde*: in einer Suspension dispergierte ↗Bodenkolloide bilden bei zunehmender Salzkonzentration in der ↗Bodenlösung größere Einheiten von aneinanderhaftenden Partikeln (↗Flockung). Bei diesem Prozeß werden die Bodenkolloide bis zur elektrischen Neutralität entladen und gehen in den Gel-Zustand über. Die entstandenen Aggregate sind geordnet in Flüssigkeitsschichten eingelagert. Für das Koagulationsvermögen verschiedener Ionen ergibt sich nach den Hofmeisterschen Reihen die Abfolge: Sulfat < Phosphat < Chlorid < Nitrat < Bromid für Anionen und Al^{3+} < Mg^{2+} < Ca^{2+} < Na^+ < K^+ für Kationen. Die Voraussetzungen für eine Koagulation sind in Böden mit hoher Calciumsättigung wie z. B. ↗Rendzinen und ↗Schwarzerden besonders günstig. Vorgänge der Profildifferenzierung in ↗Bt- und ↗Bhs-Horizonten von ↗Parabraunerden sind auf Koagulation zurückzuführen. **2)** *Klimatologie*: das Anwachsen von ↗Aerosolen nach Kollision, hervorgerufen u. a. durch Brownsche Bewegung, Turbulenz und unterschiedliche Fallgeschwindigkeiten.
Koaleszenz, das Zusammenfließen von Regen- oder ↗Wolkentröpfchen nach Kollision, hauptsächlich hervorgerufen durch unterschiedliche Fallgeschwindigkeiten. Die Koaleszenz ist ein grundsätzlich an der ↗Niederschlagsbildung beteiligter Prozeß. Niesel- und ↗Nebeltröpfchen wachsen ausschließlich durch Koaleszenz, ebenso ↗Regentropfen in den Tropen bei Nieder-

Knick: Knick oder Wallhecke.

Koexistenz: Für die verglichenen Kleearten (*Trifolium*) sind die Wachstumskurven reiner und gemischter Bestände dargestellt. Von beiden Arten wächst *T. repens* (Art 1) schneller und erreicht die größere Blattdichte, *T. fragiferum* (Art 2) hat dagegen längere Stiele und ist in der Lage, die schneller wachsende Art zu überragen. Beide können daher in einer Mischkultur nebeneinander existieren, wenngleich sie unter diesen Umständen eine geringere Blattdichte aufweisen als in Reinkultur.

Mineral	H_c [mT]
Fe$_3$O$_4$, Magnetit	200
α-FE$_2$O$_3$, Hämatit	1000
γ-FE$_2$O$_3$, Maghemit	200
Titanomagnetite	300
Titanomagnetit, TM60	300
Fe$_7$S$_8$, Magnetkies	800
α-FeO(OH), Goethit	2000
Fe$_3$S$_4$, Greigit	200 ?

Koerzitivfeldstärke (Tab.): maximale Werte für die Koerzitivfeldstärken H_C natürlicher ferrimagnetischer Minerale.

Kofferfalte: die Blauen-Antiklinale des Schweizer Faltenjura bei Basel.

schlagsbildung unterhalb der Null-Grad-Grenze (warmer-Regen-Prozeß).

Kobalt, chemisches Element mit dem Zeichen Co. Die Blaufarbe silicatischer Kobaltverbindungen wurde schon von den Ägyptern und den vorderasiatischen Kulturen benutzt. Auch im klassischen Altertum und ebenso in der Frühzeit der chinesischen Porzellanherstellung (↗Porzellan) war sie im Gebrauch. Im 16. Jh. von erzgebirgischen Bergleuten wiederentdeckt fand G. Brandt 1735 das Metall, das 1780 von T. Bergmann zuerst rein dargestellt wurde. Für die Farbfabrikation wurde nur das Oxid hergestellt und daraus wiederum die Farbe, die sog. Smalte. Kobalt ist heute Legierungsmetall.

Kobaltminerale, die wichtigsten Kobaltminerale sind Kobaltglanz (CoAsS, kubisch, 35% Co), Speiskobalt (CoAs$_{2-3}$, kubisch, < 28% Co), Safflorit (CoAs$_2$, rhombisch, 28% Co) und Kobaltnickelkies (kubisch, 11–53% Co): Linneit (Co$_3$S$_4$), Siegenit ((Co,Ni)$_3$S$_4$) und Carrollit (Cu Co$_2$S$_4$). Kobaltminerale sind zinn- bis silberweiß, meist mit einem Stich ins rötliche. Kobaltglanz ist ein wichtiges Kobalterz auf hydrothermalen Gängen. Speiskobalt bildet mit der entsprechenden Nickelverbindung eine lückenlose Mischkristallreihe. Als Kobaltnickelkies faßt man eine Gruppe von Mineralen zusammen, in denen Co, Ni, Cu und Fe sich im Kristallgitter gegenseitig ersetzen können. Sie sind besonders auf den Siegerländer Spateisengängen und als Ursprungserz für Kobalt auf den Kupferlagerstätten von Kongo und Nordrhodesien von wirtschaftlicher Bedeutung. Die rosarote Kobaltblüte (Co$_3$(AsO$_4$)$_2$ · 8 H$_2$O) ist ein Verwitterungsprodukt und durch ihre leuchtende Färbung ein Erkennungsmerkmal der Kobalterze, auf denen sie Krusten und feinkristalline Beschläge bildet. [GST]

Koerzitivfeldstärke, *Koerzitivkraft*, H_C, gibt die Stärke eines Gegenfeldes an, mit dem in einer bis zur Sättigung ausgesteuerten Hysteresekurve eine ↗Magnetisierung wieder entfernt werden kann. H_C hängt sowohl von der Art des ferromagnetischen oder ferrimagnetischen Materials (↗Ferrimagnetismus, ↗Ferromagnetismus) als auch von der Teilchengröße d ab. Es gilt angenähert: H_C proportional $1/d$. Bei kleinen Teilchen mit nur einer einzigen magnetischen ↗Domäne (↗Einbereichsteilchen) wird ein Maximum für H_C erreicht. Gesteine mit natürlichen Ferriten unterschiedlicher Korngrößen haben ein weites Spektrum verschiedener Werte für H_C. Nur die Teilchen mit den größten H_C-Werten sind in der Lage, über geologische Zeiten hinweg eine ↗remanente Magnetisierung zu konservieren. Diese Anteile an der natürlichen remanenten Magneti-

sierung M_{NRM} können nur durch sehr starke Felder bei der ↗Wechselfeld-Entmagnetisierung und hohe Temperaturen bei der ↗thermischen Entmagnetisierung aus Gesteinen entfernt werden. Die bei den verschiedenen Ferriten unterschiedlich großen Koerzitivkräfte H_C werden bei den ↗IRM-Erwerbskurven genutzt, um ferrimagnetische Minerale in Gesteinen zu identifizieren (Tab.). [HCS]

Koevolution, gemeinsame ↗Evolution von zwei miteinander interagierenden Arten, beispielsweise von Pflanzen mit ihren ↗Herbivoren sowie von einem Beutetier mit seinem Räuber (↗Räuber-Beute-System). Dabei findet ein Wettlauf

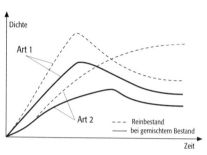

statt um die bessere Abwehr oder um die effizientere Art. Ein konkretes Beispiel für Koevolution ist die Länge der Kronröhre der Blüte bestimmter Pflanzen und die Länge des Saugrüssels der sie bestäubenden Insekten.

Koexistenz, Begriff aus der ↗Ökologie für das Überleben zweier miteinander interagierender Arten im gleichen ↗Lebensraum. Das Gegenteil davon ist der Konkurrenz-Ausschluß. Koexistierende Arten stehen in ↗interspezifischer Konkurrenz miteinander, aber auch bei ↗Räuber-Beute-Systemen und Wirt-Parasit-Beziehungen ist der Begriff Koexistenz gebräuchlich. In offenen Systemen der Natur ist Koexistenz die Regel, der Ausschluß durch Konkurrenz die Ausnahme. Sie wird durch unterschiedliche Ansprüche an den Lebensraum und die sonstigen Lebensbedingungen möglich. Gefördert wird Koexistenz außerdem durch wiederkehrende Veränderungen oder Störungen, welche abwechslungsweise unterschiedliche Arten begünstigen (Abb.).

Kofferdamm, bauzeitlicher Hilfsdamm zur Wasserhaltung bei der Erstellung eines Staudammes, der später nicht beseitigt, sondern in den Stützkörper des Dammes einbezogen wird.

Kofferfalte, ↗Falte mit annähernd rechteckigem Profil und zwei Achsenflächen (Abb.).

kognitive Karte, *mental map*, gedankliche Karte, *Vorstellungsbilder*, Vorstellung (mentale Reprä-

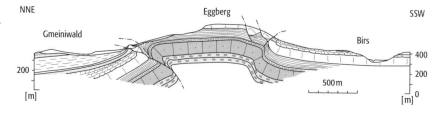

sentation) von einer räumlichen Situation, z. B. der Lage oder Ausdehnung eines Ortes oder der Distanz zwischen zwei Orten, sowie weiterer topologischer Merkmale, die häufig nicht mit realen Verhältnissen übereinstimmt. Innerhalb der räumlichen Kognitionsforschung hat sich die Unterscheidung zwischen verschiedenen Repräsentationen bewährt: Knotenpunktwissen (landmarks), Streckenwissen (route knowledge) und Überblickswissen (survey knowledge). Außerdem ist bekannt, daß räumliche Repräsentationen durch nicht-räumliche (z. B. sematische) Informationen beeinflußt werden können.
Kognitive Karten dienen der Orientierung im Raum und unterstützen die Bewegung und Planung von Bewegungen des Menschen in der von ihm repräsentierten natürlichen und bebauten räumlichen Umwelt. Sie sind einem zeitlich erstreckten Erwerbsprozeß unterworfen, wobei die Möglichkeit des Erwerbs, in Abhängigkeit von dem jeweiligen räumlichen Ausschnitt, variieren kann. Räumliche Lern- und Wissenserwerbsprozesse zum Aufbau kognitiver Karten basieren in der Regel auf Informationen aus verschiedenen Quellen. Räumliches Wissen (z. B. über eine Stadt) wird häufig parallel durch Eigenbewegung im Raum, durch Benutzung von Karten oder anderen raumbezogenen Medien und durch Einholung von verbalen Weg- oder Raumbeschreibungen erworben. Jede der drei externen Informationsquellen erzeugt im menschlichen ↗Gedächtnis eine Vorstellung als kognitive Karte oder bestätigt bzw. korrigiert eine solche bereits vorhandene Karte. Dabei vollzieht sich der Erwerbsprozeß zumeist nicht zweckfrei, sondern besitzt handlungssteuernde Funktionen (z. B. Streckenplanung). Kognitive Karten lassen sich als Kartenskizze abfragen und gestatten auf diese Weise Rückschlüsse auf räumliches Vorstellungsvermögen, Bildungsstand, räumliche Erfahrungen und Gewohnheiten. Grundsätzlich ist davon auszugehen, daß zwischen verschiedenen Menschen, in Abhängigkeit von dispositionellen oder lerngeschichtlichen Faktoren, gravierende interindividuelle Unterschiede in bezug auf die Qualität bzw. Realitätsadäquanz von kognitiven Karten zu finden sind. Die Erforschung kognitiver Karten ist vor allem deshalb von Bedeutung, weil das räumliche Handeln der Menschen in starkem Maße von kognitiven Karten beeinflußt wird. So werden im Rahmen geowissenschaftlicher Kartierungen und Felderhebungen gedanklich vorhandene georäumliche Musterelemente gesucht, die z. B. bestimmte geologische oder morphologische Formen repräsentieren. Die gedankliche Repräsentation dieser Mustertypen erfolgt durch kognitive Karten, deren Bildung, Organisation und Anwendung u. a. durch kartographische Präsentationen initiiert werden können. Im Mittelpunkt der Forschungsarbeiten zu kognitiven Karten stehen Fragen der Bildung, Organisation und Benutzung von Wissen über den Raum. Sie lassen sich mit Hilfe verschiedener Erhebungs- und Auswertungsverfahren messen. Neben der Verhaltensbeobachtung (z. B. Latenzzeitmessung) werden insbesondere verschiedene Einschätzungsmethoden (z. B. Distanzen und Winkel), sowie Methoden der Modellrekonstruktion (z. B. Zeichen) benutzt. [FH]

kognitives Kartieren, abstrakter Begriff zur Beschreibung der kognitiven Fähigkeiten des Menschen, die es ihm ermöglichen, Informationen über die räumliche Umwelt zu erwerben, zu ordnen, zu modifizieren, zu speichern und handlungsorientiert abzurufen. Das so erworbene räumliche Wissen wird mental in Form sogenannter ↗kognitiver Karten im ↗Gedächtnis repräsentiert.

Kohärentgefüge, Form des ↗Grundgefüges, bei dem eine ungegliederte, dichte Bodenmasse vorliegt, deren Bestandteile durch meist kolloidale Substanzen unterschiedlich stark aneinander gebunden sind. Die Körner können dabei auch Überzüge, Beläge oder Hüllen besitzen (↗Hüllengefüge).

Kohärenz, 1) *Geophysik*: Eigenschaft von Wellen gleicher Frequenz in einer festen Phasenbeziehung. Ferner bezeichnet Kohärenz die Ähnlichkeit zwischen zwei Funktionen. 2) *Klimatologie*: statistische Größe, welche die spektral (nach Perioden bzw. Frequenzen) aufgeschlüsselte ↗Korrelation zweier ↗Zeitreihen angibt.

Kohäsion, diejenige Scherfestigkeit des Bodens, die bei fehlendem Normaldruck ($\sigma = 0$) vorhanden ist. Grund dafür sind die zwischen den Körnern wirkenden Haftkräfte. Es werden zwei Arten von Kohäsion unterschieden:
a) *echte Kohäsion*: Sie beruht bei bindigen Böden auf der Wirkung der Oberflächenkräfte von feinsten Bodenteilchen, die mit einer Hülle verdichteten Wassers umgeben sind. Die Größe der echten Kohäsion ist abhängig vom Tonmineralanteil und von der Vorbelastung des Bodens.
b) *scheinbare Kohäsion* oder *Kapillarkohäsion*: Zusammenhalt in einem nichtbindigen Boden, der durch kapillare Oberflächenkräfte des Porenwassers hervorgerufen wird. Die Kapillarspannungen (Unterdruck) rufen ein zusätzliches Aneinanderdrücken der Bodenkörner hervor, welches die ↗Scherfestigkeit erhöht. Sowohl bei vollständiger Wassersättigung als auch beim Austrocknen des Bodens verschwinden die Kapillarkräfte und damit die scheinbare Kohäsion.

Kohle, Sedimentgestein, das vorwiegend aus dem Detritus von höheren (terrestrischen) Pflanzen besteht und das nach der ↗Kompaktion und ↗Inkohlung über 50 Gew.-% und über 70 Vol.-% Kohlenstoff beinhaltet. Kohle wird seit Jahrtausenden als fester fossiler Brennstoff und chemischer Rohstoff genutzt. ↗Humuskohlen bestehen im Gegensatz zu ↗Sapropelkohlen hauptsächlich aus Pflanzengewebe und Zellwänden, die unter aeroben Bedingungen abgelagert wurden. Die Bildung der Kohle findet i. d. R. unter nicht marinen oder paralischen Bedingungen statt. Die ständige Wasserbedeckung im Torfmoor verhindert die Oxidation und Zerstörung des Pflanzendetritus. Nach der Ansammlung der abgestorbenen Pflanzen auf dem Boden setzen zunächst biochemische und später, nach Überlagerung,

Kohlendioxid: zeitlicher Anstieg der Emissionen von Kohlendioxid durch den Verbrauch fossiler Brennstoffe.

geochemische Prozesse ein. Im Verlauf weiterer Absenkung verursachen diese Prozesse kontinuierlich die Inkohlung des organischen Materials mit den Reifestadien ↗Torf, ↗Braunkohle, ↗Steinkohle bis ↗Anthrazit. Während der Inkohlung bilden sich große Mengen von Methan als leichtflüchtige Kohlenwasserstoffe. Die Hauptphase der Methanbildung in Kohlen findet im Fettkohlenstadium (Reflexionsvermögen ca. 1,3–1,4 %) statt. Das Bildungspotential von schweren, nicht flüchtigen Kohlenwasserstoffen in der Kohle ist sehr begrenzt.

Die petrographischen Komponenten der Kohle sind die ↗Macerale, die Minerale der Kohle. Sie werden mikroskopisch auf der Basis von Reflektion, Umriß und Struktur unterschieden. Weitere Methoden, die zur Anwendung bei der Unterscheidung der Komponenten kommen sind Ätzen, Elektronenmikroskopie, Fluoreszenz und Lumineszenz. In der Braunkohle bildet der ↗Huminit die Hauptkomponente. In einer typischen ↗Steinkohle sind die drei Hauptmaceralgruppen Liptinit, Vitrinit und Inertinit. Die Reflektionswerte sind beim Liptinit am niedrigsten und beim Inertinit am höchsten.

Es existieren unterschiedliche Möglichkeiten, Kohle zu klassifizieren. Drei Kriterien sind dabei von Bedeutung: der Kohlegrad, der Kohletyp und der Kohlerang. Der Kohlegrad bezieht sich auf die mineralische Kontamination der Kohle. Der Wert und der Verwendungszweck der Kohle wird durch den Anteil der mineralischen Komponenten, die als Ascheanteil zurückbleiben, erheblich beeinflußt. Der Kohletyp definiert die organischen Bestandteile, die makroskopisch, mikroskopisch oder chemisch bestimmt werden. Am gebräuchlichsten ist die Bestimmung der Verhältnisse der Macerale Vitrinit, Exinit und Inertinit in An- und Dünnschliffen. Der Kohlerang beschreibt den ↗Inkohlungsgrad der Kohle und wird durch die Faktoren Zeit, Druck und Temperatur bestimmt. Je stärker die Inkohlung, desto höher ist der Rang der Kohle. Die unterschiedlichen Inkohlungsstadien werden in Deutschland seit 1951 entsprechend der DIN-Norm (21 900) und in Nordamerika nach der ASTM (American Society for Testing Materials) klassifiziert. Zu den wichtigsten Parametern in Deutschland gehören a) das Reflexionsvermögen, b) das Bläh- und Backvermögen und c) die chemische Analyse der Kohle. In Nordamerika werden der Inkohlungsrang, die pflanzliche Zusammensetzung und der Grad der Verunreinigung der Kohle als wichtigste Parameter zur Klassifizierung herangezogen.

Die ältesten bekannten abbauwürdigen Kohleflöze stammen aus dem Oberdevon auf der Bäreninsel (Norwegen). Moskauer Braunkohlen aus dem Unterkarbon sind nicht abbauwürdig. Die wichtigsten deutschen Steinkohlevorkommen (Ruhrgebiet, Saargebiet) sind aus dem Karbon, ebenso die Kohlelagerstätten im Osten der USA, in Rußland, Böhmen, im Massiv Central (Frankreich) und in Spanien. Aus dem Perm entstammen die Gondwanakohlen der südlichen Hemisphäre. Großenteils aus dem Mesozoikum sind die Kohlelagerstätten in Nordamerika, Australien und im Fernen Osten. Tertiäre Braunkohlen werden in Nordamerika, Europa, Fernen Osten und in geringer Form in Australien abgebaut. Die heute weltweit bewiesenen Kohlereserven (Ende 1997, BP Statistische Rückschau der Weltenergie, Juni 1998) belaufen sich auf etwa 1031,61 Mio. Tonnen. [AHW]

Kohleflöz, Kohleschicht als Ablagerungseinheit zwischen anderen Sedimenten.

Kohlenart, durch ↗Inkohlungsgrad und petrographische Zusammensetzung charakterisierte Kohle.

Kohlendioxid, farbloses, in geringen Konzentrationen ungiftiges Gas, chemische Formel CO_2, bildet bei Einleiten in Wasser ↗Kohlensäure. In fester Form (Kohlensäureschnee, ↗Trockeneis) findet Kohlendioxid technische Verwendung als Kühlmittel. Es entsteht bei der vollständigen Verbrennung von Kohlenstoff und seinen Verbindungen sowie beim Abbau organischer Materie durch Mikroorganismen. CO_2 ist eine bedeutende Komponente des geochemischen (↗Carbonate) und insbesondere des atmosphärischen ↗Kohlenstoffkreislaufs. a) Atmosphäre: das mittlere troposphärische CO_2-Mischungsverhältnis hat seit 1960 jährlich um 0,5–1,5 % zugenommen und betrug 1997 etwa 360 ppm. Kohlendioxid ist das häufigste atmosphärische ↗Spurengas und trägt zum natürlichen und an-

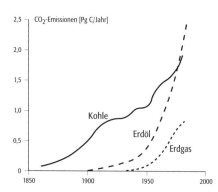

thropogenen ↗Treibhauseffekt bei (Abb.). Die maximalen Warmphasen im ↗Holozän und Eem zeigten einen Kohlendioxidanstieg um 50–100 %. b) Meerwasser: in Gewässern und Wasserproben Anteil des freien Kohlendioxid im Gemisch mit Hydrogencarbonat- und Carbonationen. Die Summe der Konzentrationen:

$$\Sigma(CO_2) = c(CO_2) + c(HCO_3^-) + c(CO_3^{2-})$$

wird auch als anorganischer Kohlenstoff bezeichnet. Kohlendioxid kann in Wasser durch Bildung von Kohlensäure zur Senkung des pH-Wertes führen (Korrosionsgefahr) und zur Ausfällung schwerlöslicher Carbonate beitragen (Kesselstein).

Kohlenkalk, im wesentlichen unterkarbonische, durchgängig carbonatisch entwickelte, z. T. mehrere hundert Meter mächtige Flachwasserfazies

Nordwesteuropas, die mit der traditionellen englischen Bezeichnung »carboniferous limestone« gleichzusetzen ist. Beginnend im höchsten Oberdevon (↗Strunium) und örtlich bis in das tiefe ↗Namur reichend, entwickelte sich ein im Gebiet der Britischen Inseln, Nordfrankreichs, Belgiens und des westlichsten Deutschlands übertage aufgeschlossener Carbonatschelf zwischen ↗Old-Red-Kontinent und dem Außenrand des ↗Rhenoherzynikums, der externen Zone der europäischen ↗Varisziden. Im Untergrund läßt sich die Fortsetzung des Kohlenkalkschelfes bis nach Rügen und Pommern (Nordpolen) nachweisen, wo er Verbindung zur den ausgedehnten Plattformcarbonate der russischen Tafel hat. Der faziell durch Intraplattformbecken und Inseln stark differenzierte Schelf ist durch seinen Reichtum an diversen flachmarinen Organismengruppen (Brachiopoden, Korallen, Crinoiden, Foraminiferen, Kalkalgen) sowie der Entwicklung ausgedehnter tournaisischer ↗mud mounds (»Waulsortian Mounds«) charakterisiert. Umlagerungsprodukte werden vom Außenrand des Schelfs als ↗Calciturbidite in das benachbarte rhenoherzynische Tiefwasserbecken geschüttet, welches mit seiner Kulmfazies (↗Kulm) vollständig andere Lithologien und Organismenassoziationen aufweist. Dieser Dualismus zwischen Kohlenkalk und Kulm erschwert bis heute exakte stratigraphische Korrelationen. [HGH]

Kohlenlagerstätte, räumlich begrenztes Vorkommen von ↗Kohleflözen.

Kohlenmetamorphose, Umwandlung bei hohen Temperaturen und großer Tiefe von ↗Kohle in ↗Anthrazit. Dieses letzte Stadium der Entwicklung des organischen Materials beginnt bei ca. 2% Reflexionsvermögen des ↗Vitrinits. ↗Meta-Anthrazit weist ein Reflexionsvermögen von mehr als 4% (Beginn der Grünschieferfazies bei der Mineralphase) auf.

Kohlenmonoxid, chemische Formel CO, farbloses Gas, wirkt als Luftschadstoff (↗Luftbeimengungen) und gehört zu den ↗Spurengasen.

Kohlenpetrographie, wissenschaftliche Beschreibung des Aussehens und der Zusammensetzung von Kohlen im Aufschluß, im Bohrkern oder Handstück nach ihrem Lithotypenaufbau oder auch nach ihrem mikroskopischen Erscheinungsbild, d. h. ihrer Maceral- und Mikrolithotypen-Zusammensetzung (↗Maceral).

Kohlensäure, chemische Formel H_2CO_3, schwache Säure, bildet als ↗Salz ↗Carbonat und ↗Hydrogencarbonat.

Kohlensäureverwitterung, chemische ↗Verwitterung der Gesteine durch die Lösungswirkung der im Wasser enthaltenen ↗freien Kohlensäure; wichtiger und auslösender Prozeß bei der ↗Verkarstung von Carbonatgesteinen.

Kohlenstoff, C, chemisches Element, welches sowohl in anorganischen als auch in organischen Verbindungen vorkommt. In den anorganischen Verbindungen liegt es überwiegend als Carbonat vor. Das Element hat zwei stabile Isotope, von denen eines (^{13}C) in der NMR-Spektroskopie genutzt wird. Kohlenstoff ist der Grundbaustein aller organischen Verbindungen und damit aller Lebewesen. Die Atmosphäre enthält schätzungsweise $7{,}5 \cdot 10^{11}$, die Ozeane $380 \cdot 10^{11}$, die lebende pflanzliche Biomasse ca. $8{,}3 \cdot 10^{11}$ t Kohlenstoff, während für die tote organische (nicht die fossile) Materie Kohlenstoffmengen von $17 \cdot 10^{11}$ t C und für die fossile Biomasse mit 50–$70 \cdot 10^{11}$ t C angenommen werden. Aufgrund seines hohen Gehaltes in der organischen Bodensubstanz spielt der Kohlenstoff eine große Rolle im Boden. Die C-Gehalte in Böden werden entweder über die trockene oder die ↗nasse Veraschung bestimmt. Der Gittertypus des Kohlenstoffs ist polymorph. Es gibt drei kristalline Modifikationen des Kohlenstoffs. Die häufigste Form ist der ↗Graphit. Er kristallisiert in ebenen Schichten, bei denen die Kohlenstoffatome in regelmäßigen Sechsecken bienenwabenförmig angeordnet sind. Ebenfalls zur Graphitmodifikation zählt der Kohlenstoff in Form von amorpher Kohle. Die dritte kristalline Form des Kohlenstoffs ist der ↗Diamant, dessen kubische Kristallstruktur sich aus gleichmäßigen Tetraedern zusammensetzt. ↗Kohlenstoff in Organismen, ↗Kohlenstoff in der Erdkruste, ↗Kohlenstoff in Sedimenten.

Kohlenstoff in der Erdkruste, der in der Erdkruste verteilte Kohlenstoff. Die Menge dieses Kohlenstoffs macht etwa 0,087% der obersten 16 km der Masse aus. Der größte Teil davon befindet sich als ↗fixierter Kohlenstoff und ↗fossiler Kohlenstoff in den Sedimenten. ↗Freier Kohlenstoff kommt in geringen Mengen in metamorphen und magmatischen Gesteinen, meist als ↗Graphit vor. Die Lithosphäre ist das Reservoir für die enorme Menge des globalen Kohlenstoffs, davon ist mehr als ein Fünftel fossiler organischer Kohlenstoff.

Kohlenstoff in Organismen, der in Organismen verteilte Kohlenstoff. Die Gesamtmenge beträgt auf den Kontinenten rund 550 Gt C (1 Gt = 10^{12} Tonnen); 1500 Gt C sind in der organischen Substanz in Böden und im Detritus zwischenfixiert. Im Meer lebende Organismen stellen nur etwa 3 Gt C, zeigen jedoch ein extrem höheres P/B-Verhältnis (↗production index, so daß die jährliche ↗Bruttoprimärproduktion an Land und im Meer annähernd die gleiche Größenordnung erreicht.

Kohlenstoff in Sedimenten, in Sedimenten verteilter Kohlenstoff. Er kommt gebunden (↗fixierter Kohlenstoff) hauptsächlich als Carbonat, in Kalk, Marmor, Kreide, Calcit (sämtliche Calciumcarbonate), Dolomit und in verschiedenen Metallcarbonaten vor. Daneben kann Kohlenstoff auch als fossiler organischer Rest (↗Sapropel, ↗Humin, ↗Graphit) sowohl in chemischen als auch in klastischen Sedimenten, hier besonders in Tonen und Schiefern, erhalten sein. Reiche Kohlenwasserstoffansammlungen in den Sedimenten bilden abbauwürdige Lagerstätten (↗Erdöl, ↗Erdgas). Der Gesamtgehalt der Lithosphäre an Kohlenstoff beträgt $2{,}9 \cdot 10^{16}$ t.

Kohlenstoffkreislauf, *Kohlenstoffzyklus, geochemischer Kreislauf des Kohlenstoffs*, die Gesamtheit aller Prozesse, durch die Kohlenstoff und seine chemischen Verbindungen in der Geosphäre umgesetzt werden (Abb. 1). Die zentrale Bedeutung

Kohlenstoffkreislauf

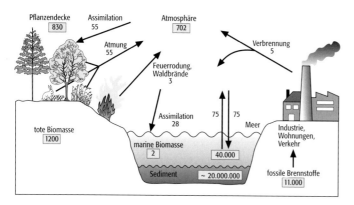

Kohlenstoffkreislauf 1: die wichtigsten Flüsse im Kohlenstoffkreislauf. Die Zahlen an den Pfeilen geben die Umsätze in Pg/Jahr an (Pg = 10^{15} g). Die Zahlen in den Kästen geben die in den Reservoiren vorhandenen Mengen in Pg an.

des Kohlenstoffs gründet sich darauf, daß er Bestandteil aller organischen Verbindungen ist. Somit stellt der Kohlenstoffkreislauf einen der wichtigsten Kreisläufe des Lebens dar. In der Atmosphäre befinden sich die Kohlenstoffvorräte in gasförmigem Zustand (CO$_2$, CO = ca. $0{,}7 \cdot 10^{12}$ t C). In der Hydrosphäre kommt Kohlenstoff in gelöstem Zustand vor, in anorganischer (CO$_2$, HCO$_3$, CO$_3^{2-}$ = ca. $37 \cdot 10^{12}$ t C) und organischer Verbindungen (ca. $1{,}0 \cdot 10^{12}$ t C). Fest gebunden ist der Kohlenstoff in der Pedosphäre (Humus, Biomasse ca. $2{,}6 \cdot 10^{12}$ t C) und in der Lithosphäre (Kohle, Erdgas, Erdöl, Carbonatgesteine). Der Kohlendioxidanteil der Luft beträgt etwa $3{,}2 \cdot 10^{-2}$ Vol.-%. CO$_2$ wird von den autotrophen Organismen zum Aufbau ihrer Trockenmasse durch Photosynthese genutzt (ca. $0{,}12 \cdot 10^{12}$ t C pro Jahr). Respirationsprozesse, die gleichzeitig in den Pflanzen parallel stattfinden, setzen CO$_2$ frei (ca. $0{,}05 \cdot 10^{12}$ t C pro Jahr). Es verbleibt ein Überschuß, der zur Ernährung von heterotrophen Organismen dient und damit der Ausgangspunkt verschiedener Nahrungsketten ist.

Heterotrophe Mikroorganismen (Bakterien, Pilze) bewirken in erster Linie den Umsatz der organischen Kohlenstoffverbindungen aus abgestorbenen Organismen. Der vollständige Abbau des Pflanzenmaterials kann zur Freisetzung von CO$_2$, Energie und H$_2$O führen sowie langlebige Huminstoffe mit mittleren Verweilzeiten in Böden von mehr als 1000 Jahren hervorbringen. Die Humusanreicherung hängt dabei vom Klima und von edaphischen Bedingungen ab (z.B. Sümpfe bzw. ↗Moore 86,6 kg C/m^2, ↗Taiga 14,9 kg C/m^2, sommergrüner ↗Laubwald 11,8 kg C/m^2, ↗Savanne 3,7 kg C/m^2). Durch die in den Wurzeln ablaufenden Respirationsprozesse sowie bedingt durch die Mineralisierungs- und Respirationsprozesse der Bodenorganismen, der Bodenfeuchte und der Textur des Bodens variiert der CO$_2$-Gehalt der Bodenluft um bis zu 0,2 Vol.-%. Dabei stammen etwa 1/3 des CO$_2$ aus den Pflanzenwurzeln und etwa 2/3 von Bodenorganismen. Von den assimilierenden Pflanzen werden bis zu 80% des CO$_2$, das durch den Gasaustausch in die Atmosphäre abgegeben wurde, direkt wieder aufgenommen. Der in kalkhaltigen Böden (z.B. ↗Rendzinen, ↗Pararendzinen, ↗Kalkmarschen) in anorganischer Form gebundene Kohlenstoff kann in Folge von sauren Niederschlägen und der dadurch bedingten pH-Wert-Absenkung gelöst werden. In humiden Klimabereichen werden die Carbonate aus dem Boden ausgewaschen (Kalk-Kohlensäure-Gleichgewicht). Eine weitere CO$_2$-Quelle stellt der Vulkanismus dar, der jedoch genauso wie die chemische Freisetzung aus Carbonaten nur zu einem geringen Prozentsatz am Kohlenstoffkreislauf beteiligt ist. Bei der Verbrennung fossiler Energieträger (↗fossiler Kohlenstoff) wird CO$_2$ freigesetzt, wobei dies ca. $0{,}005 \cdot 10^{12}$ t C pro Jahr bzw. 4% des im Kohlenstoffkreislauf emittierten CO$_2$ entspricht. Diese Primärenergieträger entsprechen dem in früheren erdgeschichtlichen Epochen festgelegten Kohlenstoff, der damit dem kurzfristigen Kohlenstoffkreislauf entzogen wurde. Eine wesentliche Rolle bei der Regulation des Kohlenstoffkreislaufes spielen die Ozeane; ca. 97% des Kohlenstoffs liegen hier in anorganischer Form vor. Insgesamt befindet sich in den Ozeanen etwa 50–70 mal mehr Kohlenstoff als in der Atmosphäre. Der CO$_2$-Austausch zwischen Atmosphäre und Wasser wird stark durch die Temperatur (Partialdruck) beeinflußt. In wärmeren Regionen ist der CO$_2$-Transfer in die Atmosphäre größer als der CO$_2$-Eintrag in das Wasser, während in kälteren Regionen die Lösung von CO$_2$ im Oberflächenwasser überwiegt. In Form von Kohlendioxid hat der Kohlenstoff in der Erdatmosphäre einen Massenanteil von etwa 0,013% und im Meerwasser gelöst einen Massenanteil von ca. 0,014%. Im oberflächennahen (0–75 m) Bereich wird die Kohlenstoff-Konzentration durch Diffusion und Windtätigkeit bzw. im Tiefseebereich durch auf- und abwärtsgerichtete Strömungen verändert, so daß die vollständige Durchmischung der tiefen Ozeane einige Jahrhunderte dauert (↗Zirkulations-

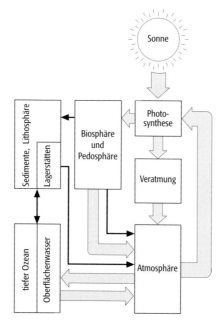

Kohlenstoffkreislauf 2: systematische Darstellung des Kohlenstoffkreislaufs.

system der Ozeane). Ebenso beeinflußt die Photosynthese lebender Organismen und die abwärts gerichteten Bewegungen von toter organischer Substanz sowie carbonatischen Bestandteilen die Verteilung des Kohlenstoffs im Wasser (Abb. 2).

Das natürliche Gleichgewicht des atmosphärischen Kohlenstoffkreislaufs wird insbesondere durch die ansteigenden CO_2-Emissionen in Höhe von $6,1 \cdot 10^{15}$ g Kohlenstoff/ Jahr (1990) als Folge des zunehmenden Verbrauchs ↗fossiler Brennstoffe gestört. Die Rodung der Tropenwälder sowie die Verbrennung von Biomasse führt zu einem zusätzlichen indirekten Anstieg des atmosphärischen CO_2, da diese Pflanzen nicht mehr an der Photosynthese teilnehmen. Obwohl ein Großteil dieser CO_2-Menge wieder in den Ozeanen aufgenommen wird, steigt der Kohlenstoffgehalt (in Form von CO_2) in der Atmosphäre jährlich um etwa $3,0 \cdot 10^{15}$ g an (↗Treibhauseffekt). ↗Carbonatsysteme. [AHW, USch]

Kohlenstoffzyklus ↗ *Kohlenstoffkreislauf*.

Kohlentonstein, regional-stratigraphische Bezeichnung für alterierte saure Tuffe, welche im Oberkarbon des Subvariszikums wichtige isochrone Leithorizonte zur stratigraphischen Korrelation von Kohleflözen darstellen. Nach dem Mineralgehalt unterscheidet man Kaolin-Kohlentonstein und Mixed-layer-Kohlentonstein, wobei der erste Typ an das humin-saure Milieu der Kohlenflöze gebunden ist und der zweite in der unmittelbaren Umrahmung der Flöze oder im Nebengestein auftritt. Vergleichbare alterierte Tuffe (Cinerite) sind auch aus anderen paralischen und limnischen Kohlebecken bekannt.

Kohlenwasserstoff, 1) allgemeine Bezeichnung für chemische Verbindungen, die nur aus Kohlenstoff (C) und Wasserstoff (H) bestehen. Der einfachste Kohlenwasserstoff ist das ↗Methan. Kohlenwasserstoffe sind die Grundbausteine der organischen Materie. Die C-Atome können in vielfacher Weise miteinander verknüpft sein und sehr große Moleküle bilden. Sie können offenkettig (Aliphaten) oder ringförmig (Alicyclen und Aromaten) vorliegen.

Enthält eine aliphatische Verbindung mehrere C-Atome, die durch Einfachbindungen verknüpft sind, so wird sie als gesättigter Kohlenwasserstoff oder Alkan bezeichnet. Im Gegensatz dazu spricht man von ungesättigten Kohlenwasserstoffen, wenn die C-Atome durch die Doppelbindung (Alken) bzw. eine Dreifachbindung (Alkin) verknüpft sind. Die wichtigsten Vertreter der Alkane sind ↗Ethan, ↗Propan und die Butane. Bei den Alkenen sind Ethen, Propen und Buten sowie Isopren und die ↗Terpene von besonderer Bedeutung. ↗Benzol, Toluol und die Xylole sind die wichtigsten aromatischen Verbindungen. Bei den Kohlenwasserstoffe spielen zwei Gruppen eine besondere Rolle: a) Benzin-Kohlenwasserstoffe: Diese stellen ein kompliziertes Gemisch aliphatischer, naphthenischer und aromatischer Kohlenwasserstoffe dar. Die wichtigste Komponente in dieser Gruppe ist das Benzol; b) polyzyklische aromatische Kohlenwasserstoffe (↗PAK): Sie entstehen durch unvollständige Verbrennung von organischem Material. Des weiteren sind natürliche biogene Kohlenwasserstoffe von Bedeutung (z. B. ↗Methan, Isopren, Terpene). 2) Sammelbegriff für ↗Erdöl und ↗Erdgas. Allgemein gilt je größer die Kohlenwasserstoffe sind, desto eher liegen sie in fester Form vor. Sie sind überwiegend ↗hydrophob. Die aliphatischen Kohlenwasserstoffe (Paraffin) weisen im allgemeinen nur ein geringes toxikologisch relevantes Potential auf. Anders verhält es sich bei den ringförmigen Verbindungen, diese bergen teilweise ein hohes toxikologisches und ökotoxikologisches Potential (Benzol, PAH). ↗Kohlenwasserstofflagerstätten.

Kohlenwasserstofflagerstätten, zusammenfassender Begriff für die Lagerstätten von ↗Erdöl und ↗Erdgas.

Kohlenwasserstoff-Phase-Migration, vorherrschende und effektivste Form der primären ↗Migration im ↗Erdölmuttergestein. Sie findet zuerst in Form einer flüssigen Ölphase und in größerer Tiefe als Gasphase statt. Eine Kohlenwasserstoff-Phase-Migration kommt zustande, wenn durch Druckaufbau bei der thermischen Entwicklung niedrigmolekularer Kohlenwasserstoffe sich feine Risse im Gestein bilden.

Kohlereserven, die in einer ↗Kohlenlagerstätte vorhandenen, noch nicht abgebauten Kohlen. Es ist zu unterscheiden zwischen geologischen (Gesamt-) Vorräten und bergbaulich nutzbaren Vorräten. Letztere richten sich v. a. nach Flözmächtigkeit und -qualität (einschließlich ↗Inkohlungsgrad), heutiger Versenkungstiefe, technischem Stand der Abbauverfahren und Preis, weshalb sich die Kalkulationen für jede Lagerstätte und zu jeder Zeit unterschiedlich gestalten.

Köhler-Kurve, Gleichgewichtskurve für einen Lösungstropfen mit unterschiedlichem Salzgehalt; ↗Sättigungsdampfdruck oder ↗Übersättigung in der Umgebung eines Tropfens einer wässrigen Salzlösung als Funktion der Tropfengröße im Gleichgewicht. Lösungseffekt (Dampfdruckerniedrigung über einer Salzlösung, ↗Raoultsches Gesetz) und Krümmungseffekt (Dampfdruckerhöhung mit zunehmender Krümmung) führen zu einem Maximum bei dem kritischen Tropfenradius, der stabile von instabilen Gleichgewichtslagen trennt. Mit abnehmender Salzkonzentration nähert sich die Köhler-Kurve der Dampfdruckkurve über einer gekrümmten Fläche reinen Wassers. Auch bei Untersättigung kann bei hinreichender Salzkonzentration schon Tröpfchenbildung durch Kondensation stattfinden, die Ursache für ↗Dunst und Trübung.

kohliger Chondrit ↗ *C1-Chondrit*.

Koinzidenzgitter ↗ *Korngrenze*.

Kokardenerz, *Kugelerz, Ringerz, Ringelerz*, bergmännischer Ausdruck für ein ↗Erz, das durch Anlagerung von nacheinander gebildeten Krusten verschiedener Erz- und Gangartminerale um Brekzienkomponente in einem ↗Gang gebildet wurde.

Kolk, *Auskolkung, Strudeltopf*, zylindrische bis wannenförmige Hohlform im Bett oder Uferbereich von Fließgewässern. Bei der Auskolkung (*Evorsion*) handelt es sich um einen Vorgang der ↗fluvialen Erosion, der durch auf der Stelle rotierende Wasserwalzen verursacht wird. Durch die permanent erhöhte Strömungsgeschwindigkeit im Kolk erfolgt nicht nur ein verstärkter, lokaler Materialabtransport, auch kreisförmig umhergewirbelte Gerölle unterstützen die Erosions- und Abrasionsprozese. Daher können Kolke, vergleichbar mit ↗Gletschermühlen, auch in Gewässerabschnitten enstehen, in denen das Festgestein die Gewässersohle bildet. Kolke treten typischerweise z. B. hinter ↗Wehren auf, wenn die Energieumwandlung unzureichend ist, an Brükenpfeilern, Buhnenköpfen sowie im Außenbereich von Flußkrümmungen. Einer Kolkbildung kann durch geeignete hydraulische Ausbildung von Bauwerken vorgebeugt werden, als Maßnahmen zur Kolkverhinderung sind z. B. Pflasterungen und Schwellen oder Tosbecken hinter Wehren oder Abstürzen geeignet.

Kolkmarke, erosionale Vertiefung an der Oberfläche von Tonlagen, die durch darüber fließendes Wasser erzeugt wird. Kolkmarken verlaufen meist langgestreckt und parallel zur Strömung. Die deutlich einsetzenden Kolkmarken besitzen ihren tiefsten Punkt stromaufwärts, während sie sich in Strömungsrichtung langsam im Abstrom verflachen. Meist sind fossil nur die Ausgüsse der Kolkmarken in Sandsteinen erhalten. Diese werden auch als *Kegelwülste* oder *Zapfwülste* bezeichnet. Zu den Kolkmarken gehören *Hufeisenmarken*, die aufgrund einer hufeisenförmigen Erosion um ein Hindernis ihren Namen erhalten haben. Die Kolkmarken gehören zu den ↗Sohlmarken.

Kollapsbrekzie, [von ital. breccia = Geröll], *Kollapsbreccie*, ein klastisches Sedimentgestein, das aus wenig verfrachteten und daher eckig-kantigen Bruchstücken besteht, die durch ein kalkiges, toniges oder kieseliges Bindemittel (< 30%) verkittet sind. Eine Kollapsbrekzie ist durch zahlreiche Einbruch- und Kollapsstrukturen gekennzeichnet. Kollapsbrekzien entstehen im Zusammenhang mit Lösung von Evaporiten im Liegenden. Die hangenden Schichten werden von einem bestimmten Punkt an instabil und brechen ein. Oft wird Calcitzement zwischen den Gesteinstrümmern abgeschieden.

Kollinearitätsbedingung, in der ↗photogrammetrischen Bildauswertung genutzte funktionale Beschreibung der ↗Zentralprojektion: Objektpunkt, Bildpunkt und das Projektionszentrum O liegen auf einer Geraden.

kolline Stufe ↗*planare Stufe*.

Kollisionsorogen, aus einer Kollision nach Subduktion ozeanischer Lithosphäre hervorgegangenes ↗Orogen. Oberplatten können mit ↗Inselbögen, ↗ozeanischen Plateaus oder Kontinenten kollidieren. Meist liegt dem Begriff die Kollision eines aktiven Kontinentalrandes mit einer kontinentalen Unterplatte zu Grunde. ↗Kontinentalkollision, ↗Kollisionstektonik, ↗Orogentypen.

Kollisionstektonik, 1) i. w. S: tektonische und orogenetische Prozesse am konvergenten ↗Plattenrand. 2) i. e. S.: Kollision des ↗aktiven Kontinentalrandes mit nicht subduzierbaren Lithosphärenteilen der abtauchenden Platte. Besitzt diese Bereiche mit erhöhter Krustenmächtigkeit, z. B. kontinentale Plattenanteile (↗Kontinentalkollision) oder fossile oder aktive ↗Inselbögen, ↗ozeanische Plateaus und andere ozeanische Rücken, so kann der Auftrieb solcher Massen mit geringer Dichte die Subduktion nach der Kollision zum Erliegen bringen. Sind solche Objekte relativ klein (↗Terran), wird die Subduktion auf der ozeanwärtigen Seite des kollidierten Krustenelements wieder aufgenommen, es ist damit an die Oberplatte akkretiert. Dies gilt nicht für Kontinentalkollisionen, die größere Veränderungen des globalen Plattenmusters zur Folge haben können. Die Kollisionssutur und ihre Umgebung sind durch eine sehr intensive Tektonik ausgezeichnet. Zerscherung der Gesteinskomplexe und Entwicklung von Deckenüberschiebungen (↗Decke) kann ebenso erfolgen wie die Anlage von Seitenverschiebungen sowie die Kombination beider Deformationsregime bei ↗Transpression infolge schiefer Kollision (Subduktionsschiefe). Ist kontinentale Kruste in die Kollisionstektonik verwickelt, so verformt diese sich in der Tiefe bei >300°C duktil (↗duktile Verformung). Eine Metamorphose der Gesteine im Tiefenstockwerk bewirkt die Verschweißung der kollidierenden Blöcke. Kollisionsbedingte Krustenverdickung führt zur isostatischen Heraushebung von Gebirgszügen. Bei sehr großen kollidierenden Plattenteilen können Bruchstrukturen aus der Sutur weit ins Platteninnere hineinreichen (↗Indenter-Tektonik). [KJR]

kolloidal, Übergangszustand zwischen echten Lösungen und Suspensionen. Die Durchmesser der Partikel in Kolloiden liegen im Bereich von 0,1–1 μm. Viele Mineralaggregate sind kolloidaler Entstehung, vor allem in niedrig thermalen Lösungen können sich kolloidale Partikel bilden und ausscheiden. Kolloidale Minerale wie Limonit, Malachit, Psilomelan u. a. glaskopfartige Bildungen entstehen dadurch, daß aus einer migrierenden kollidalen Lösung Wasser verdunstet und sich zunächst eine gallertartige Masse ausscheidet. Durch weiteren Wasserentzug entstehen über einen mikrokristallinen Zustand schicht- und bänderartige kolloidale Absätze. ↗Hydrosole, ↗Hydrogel.

Kolloide, *kolloiddisperse Systeme*, *kolloidale Lösungen*, *Sole*, disperse Systeme aus etwa 1 bis wenige 100er nm großen Teilchen in einem Dispersionsmittel, meist Wasser. Da die Teilchen kleiner sind als die Wellenlängen des sichtbaren Lichtes, erscheinen Kolloide auch unter dem Lichtmikroskop als homogene Lösungen. Die Streuung von Licht an den Partikelchen (Faraday-Tyndall-Effekt) verrät aber ihre kolloidale Natur. Die Stabilisierung der Kolloide, d. h. die Verhinderung ihrer ↗Ausflockung zu größeren Partikeln, beruht v. a. auf zwei Mechanismen. Zum einen ist dies die Umhüllung der Kolloidteilchen mit Wassermolekülen (hydrophile Kolloide). Auf diese Weise werden Biokolloide, Proteine, Metallhydroxide

(Eisen-Aluminiumhydroxide) und Kieselsäure stabilisiert. Die Einlagerung von Wasser kann bis zur Erstarrung des Sols zu einem ↗Gel führen. Der zweite Mechanismus ist die elektrostatische Abstoßung der Kolloidteilchen, die v. a. bei den hydrophoben Kolloiden die Koagulation verhindert. Positive Oberflächenladungen weisen neben den hydrophilen Metallhydroxidsolen $Fe(OH)_3$, $Al(OH)_3$, $Cr(OH)_3$ die hydrophoben Metalloxidsole, z. B. TiO_2, ZrO_2 und CeO_2, auf. Die Oberflächen von Au-, Ag- und Pt-Metallkolloiden und Metallsulfidsole wie As_2S_3 und Sb_2S_3 sind negativ geladen. Die Zusammensetzung des Elektrolyten hat auf die Stabilität hydrophober einen sehr viel größeren Einfluß als auf die von hydrophilen Kolloiden. Neben den genannten anorganischen Kolloiden sind die ↗Huminstoffe wichtige natürliche Kolloidsysteme. [TR]

Kollokation, *Kollokation nach kleinsten Quadraten*, verallgemeinertes Konzept der ↗Ausgleichungsrechnung auf der Grundlage eines gemischten Modells (↗Gauß-Markov-Modell), das sowohl fixe Parameter $\vec{x}$ als auch stochastische Parameter $\vec{s}$ (Signale) enthält. Die (linearisierten) Beobachtungsgleichungen für den Beobachtungsvektor $\vec{l}$ besitzen in diesem Modell die folgende Form:

$$\vec{l} = A \cdot \vec{x} + \vec{s} + \vec{n}.$$

Neben $\vec{s}$ ist auch der Vektor $\vec{n}$, der Beobachtungsfehler (noise) stochastisch. Das Verhalten von $\vec{n}$ wird durch eine gegebene Kovarianzmatrix beschrieben, während $\vec{s}$ durch eine vorgegebene Kovarianzfunktion gesteuert wird. Die Kollokation vereinigt in sich die klassische Ausgleichungsrechnung, die Prädiktion sowie die Filterung gemessener Signale.

kollomorph, Bezeichnung für glaskopfartige Mineralbildungen bzw. deren Vorstufen aus kolloidalen Systemen. ↗kolloidal, ↗Kolloide.

kolluviale Seifen, Anreicherung von ↗Schwermineralen in ↗Kolluvium (↗Seifen); Synonym zu ↗eluviale Seifen. ↗alluviale Lagerstätten.

Kolluvisol, Bodentyp der ↗deutschen Bodenklassifikation, der durch ↗Bodenerosion auf Unterhängen und am Rand von Talauen abgelagerte ↗Kolluvien charakterisiert (↗Bodentyp Abb. im Farbtafelteil).

Kolluvium, das korrelate Sediment der ↗Bodenerosion. Bodenbestandteile, die durch Bodenerosionsprozesse meist auf landwirtschaftlich genutzten Hängen abgelöst und bei nachlassender Transportkraft auf konkaven Unterhängen und den vorgelagerten Talauen als Kolluvium abgelagert wurde. Kolluvien werden ganz überwiegend von verlagerten Bodenbestandteilen holozäner Böden gebildet. Sie sind dann als ↗Bodensedimente anzusprechen. In Abhängigkeit von den Eigenschaften der abgetragenen ↗Bodenhorizonte und Böden können z. B. Kolluvien aus umgelagertem ↗Bt-Horizont und Kolluvien, die überwiegend aus verlagerter ↗Schwarzerde bestehen, unterschieden werden. Die Humusgehalte der seit dem 19. Jh. abgelagerten Kolluvien sind deutlich höher als diejenigen urgeschichtlicher, mittelalterlicher und frühneuzeitlicher Bodensedimente. Gefüge und Lagerungsdichte der autochthonen Bodenhorizonte vor der Abtragung und der Kolluvien aus diesen Bodenhorizonten nach der Ablagerung unterscheiden sich zumeist deutlich. Kolluvien können kleine Reliefunebenheiten und ausgeprägte Dellen glätten. Hat Bodenbearbeitung die ursprünglichen Lagerungsverhältnisse nach der Ablagerung nicht verändert, sind Kolluvien oft geschichtet. [HRB]

Kolorierung, *Handkolorit*, *Kolorit*, manuell ausgeführte Füllung von Flächen in einfarbigen Strichzeichnungen oder Drucken. Die Techniken des Kolorierens haben sich vor der Einführung des ↗Mehrfarbendruckes entwickelt und waren lange Zeit die einzige Möglichkeit, die Karten farbig zu gestalten. Sie wurden in Abhängigkeit von der Zweckbestimmung der Karte und von der Beschaffenheit des ↗Zeichnungsträgers angewendet. Gearbeitet wurde mit Pinsel und Aquarellfarben, verdünnten Tuschen oder Tinten, auch mit Farbstift und Wischer. Die Kolorierung ist heute nur noch für spezielle Zwecke gebräuchlich, vor allem a) im mehr kunstgewerblichen Bereich der Kartographie zur Herstellung farbveredelter Originale, z. B. für gemäldeartige Landschaftskarten, b) beim ↗Kartenentwurf bzw. in ↗Autorenoriginalen, c) zur Herstellung redaktionell-kartographischer ↗Vorlagen. Bei a) steht die sorgfältige Ausführung mit ästhetischer Farbabstimmung und dem Erzielen homogener Flächen im Vordergrund. Die unter b) und c) genannten Arbeiten tendieren stärker zum Markieren. Hierfür werden gut unterscheidbare Farben gewählt. Auch eine geringere zeichnerische Qualität der Kolorierung ist für diese Zwecke ausreichend. [KG]

komagmatisch, Bezeichnung für magmatische Gesteine, die sich aus dem selben ↗Stamm-Magma ableiten lassen.

komagmatische Region ↗*Gesteinsassoziation*.

Komatiit, 1) i. e. S. ein ↗ultramafisches und ↗ultrabasisches vulkanisches Gestein (das vulkanische Äquivalent von ↗Peridotit) mit einem charakteristischen Gefüge aus cm bis dm großen, leisten-, nadel- oder skelettförmigen Kristallen von Olivin, z. T. auch Klinopyroxen, in einer ehemals glasigen (nun entglasten) Grundmasse (↗Spinifexgefüge). Es ist benannt nach der Typlokalität, dem Komati River, in der Rep. Südafrika. Die Vorkommen sind weitgehend beschränkt auf die archaischen Kontinentalkerne des südlichen Afrika, Kanadas und Australiens, dort v. a. in den sog. ↗Grünsteingürteln. In jüngerer Zeit sind auch kretazische Komatiite von der Isla de Gorgona (Kolumbien) bekannt geworden. Kennzeichnend gegenüber ↗Basalten sind hohe Mg-Gehalte (>18–40 %), höhere Ca/Al-Verhältnisse, höhere Ni- und niedrige Ti- und K-Gehalte. Schmelzexperimente haben gezeigt, daß für die Bildung komatiitischer Magmen sehr hohe Temperaturen (über 1600°C) und ein extrem hoher Aufschmelzungsgrad (bis 45 %) erforderlich sind. Dafür sprechen auch die Ausbildungsfor-

Kombinationsdichtung: Deponieabdichtungssystem mit Kombinationsdichtung.

men der Laven, die auf eine sehr niedrige Viskosität der Schmelzen und eine In-situ-Kristallisation an der Erdoberfläche mit extrem schnellem Kornwachstum hindeuten. In den aktuellen Vorstellungen über Bildung und Aufstiegsmechanismus der Schmelzen spielen ↗Mantel-Plumes, in denen heißes Mantelmaterial aus sehr großer Tiefe aufsteigt, eine zentrale Rolle. In Tiefen größer als 250 km besitzen komatiitische Schmelzen eine etwa ebenso hohe Dichte wie die peridotitischen Umgebungsgesteine und können sich deshalb nicht von diesen trennen. Beim Aufstieg in geringere Tiefen nimmt die Dichte der Schmelze ab; der zunehmende Unterschied zur Dichte des Umgebungsgesteins führt zur Separation und zum raschen Aufstieg der akkumulierten, sehr beweglichen Schmelze an die Oberfläche. Zur Abgrenzung gegen 2) werden Komatiite i.e.S. heute oft als *uv-Komatiite* (ultramafisch-vulkanische Komatiite) bezeichnet.

2) i.w.S. wird der Komatiit-Begriff im Sinne einer ↗Gesteinsassoziation verwendet und umfaßt Gruppen von Laven mit peridotitischer, pyroxenitischer, olivintholeiitischer bis andesitischer Zusammensetzung und Spinifexgefüge sowie peridotitische bis gabbroide Subvulkanite, die in wiederholter Abfolge auftreten. Erstere stellen Differentiations-, letztere Kumulationsprodukte komatiitischer Schmelzen (i.e.S.) dar. Daraus leitet sich die übliche Praxis ab, Laven mit Spinifexgefüge, auch wenn ihre Zusammensetzung von den unter 1) genannten Kriterien abweicht, mit einem entsprechenden Zusatz als Komatiite zu bezeichnen, z.B. basaltischer Komatiit oder pyroxenitischer Komatiit. Ökonomisch sind Komatiite wegen der oft mit ihnen verknüpften sulfidischen Nickel- und Kupfermineralisationen interessant. [RH]

Kombination, *Mineralkombination, Mineraltracht,* Kristallform (Kristalltracht) aus zwei oder mehreren einfachen Formen der gleichen Kristallklasse. Während kubische und z.T. auch tetragonale, hexagonale und trigonale Kristalle aus einfachen Formen auch geschlossene Formen bilden können, sind die Minerale des rhombischen, monoklinen und triklinen Systems überwiegend oder vollständig Kombinationen, da ihre einfachen Formen überwiegend offene einfache Formen (Prismen, Pinakoide usw.) sind. Die im Erscheinungsbild überwiegend einfache Form wird als Träger der Kombination bezeichnet. Durch die Vielfalt von Kombinationsmöglichkeiten ergibt sich bei einem Mineral oft eine stark wechselnde Form mit unterschiedlichen Flächenkombinationen.

Kombinationsdichtung, Dichtungsschicht für ↗Deponien, die nach den Anforderungen der ↗TA Abfall für Sonderabfalldeponien und der ↗TA-Siedlungsabfall für Deponien der Klasse II vorgesehen ist. Sie besteht aus einer mineralischen Dichtungsschicht (für Basisabdichtungen mindestens 75 cm und für Oberflächenabdichtungen mindestens 50 cm) mit einer überlagernden, mindestens 2,5 mm dicken ↗Kunststoffdichtungsbahn (Abb.).

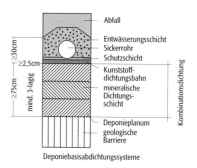

Kombinationsstreifung, Muster der Flächen, an der sich wiederholende ↗Kombinationen oft zu erkennen sind. Auch durch Parallelverwachsung und Verzwillingung können ähnliche Streifungen entstehen.

kombinierte Dichtwand, *Mehrschichtendichtwand,* aus mehreren Komponenten zusammengesetzte ↗Dichtungswand. Zunächst wird, wie bei einer einfachen Dichtungswand im Einphasenverfahren, ein durch eine Zement-Bentonit-Suspension gestützter Schlitz bis zur Endtiefe ausgehoben. In die Stützsuspension werden dann noch vor ihrem Erhärten dichtende Wandelemente gestellt. Bei diesen Elementen handelt es sich üblicherweise um Kunststoffolien mit 2–5 mm Dicke. Die Folienbahnen werden an den Rändern wasserdicht miteinander verschweißt. Seltener werden auch Metall- oder Glaselemente verwendet.

kombinierte Rutschung, Gleitung, deren Gleitfläche sowohl gekrümmte wie auch planare Elemente aufweist. ↗Hangbewegung.

Komfort ↗Behaglichkeit.

kommensurable modulierte Struktur ↗modulierte Strukturen.

kommunale Informationssysteme, umfassen die Integration fachspezifischer Datenbestände einzelner Fachämter einer Kommune, die ressortübergreifende Verfügbarkeit der Daten und Bereitstellung von Fachinformationssystemen für die Kommunikation zwischen den Ämtern im Rahmen von kommunalen Planungsvorgänge. Die Vielfalt an Datenbeständen in der kommunalen Verwaltung betrifft sowohl raumbezogene Basisdaten aus ↗ALK, ↗ATKIS, ↗Stadtkartenwerken, ↗Luftbildern, als auch Fachdaten aus Bauwesen, Bauleitplanung, Liegenschaftswesen (ALB), Grünflächenplanung, Tiefbau, Leitungsdokumentation, Boden/Grundstückswert- und Immobilienwertermittlung, Altlastenkataster oder Statistik. In den Fachverwaltungen sind aus diesen Datenbeständen z.B. Kanalkataster, ↗Bebauungspläne, ↗Flächennutzungsplan, Grünflächenplan, Baumkataster abzuleiten. Verbunden mit einer homogenen Datenbasis ist die Führung von kommunalen Grundlagenkarten (Stadtkartenwerke) in digitaler Form, die alle topographischen und fachspezifischen ↗Geodaten innerhalb einer Kommune in verschiedenen Maßstabsebenen umfaßt. Der deutsche Städtetag hat empfohlen, hierfür eine »maßstabsorientierte einheitliche Raumbezugsbasis für kommunale Informationssysteme« (↗MERKIS) zu nutzen. Zur Zeit werden in Kommunalverwaltungen Informationssysteme und fachbezogene Applikationen zur Analyse und Visualisierung entwickelt und eingesetzt, die u. a. einen einfachen Zugriff auf vorhandene Basis- und Fachinformationen und die Integration von Fachdaten in ATKIS und ALK gewährleisten. Neben GIS-gestützten Informationssystemen werden kommunale Auskunftssysteme zum Abruf und Nutzung spezieller Fachdaten bereitgestellt, z. B. bei fachübergreifenden Planungen, zur Führungsinformation oder bei allgemeinen Beteiligung von Kunden. [ADU]

kommunale Kartenwerke ↗Stadtkartenwerke.

kommunale Umweltplanung, Maßnahmen der ↗Raumplanung zur Verwirklichung von Umweltzielen auf Gemeindeebene. Die kommunale Umweltplanung ist in überregionale Konzepte zur ↗Landschaftsentwicklung eingebunden. Ziel ist es, eine von den Normen unserer Gesellschaft festgelegte lebenswerte ↗Umwelt zu definieren und zu erhalten. Dabei wird versucht, ökologische Prinzipien und Nutzungsansprüche an die Umwelt miteinander in Einklang zu bringen. Als Planungsinstrument stehen der Gemeinde der ↗Flächennutzungsplan für die Gesamtplanung und die ↗Grünordnung als Instrument der Fachplanung zur Verfügung.

Kommunikationsfähigkeit, in den Kommunikationswissenschaften und im Rahmen der ↗kartographischen Kommunikation die anwendungsbezogenen, fachlichen und individuellen Fähigkeiten von ↗Kartennutzern sowie Nutzern von Informationssystemen, die den Erfolg von Prozessen der Informationsübermittlung bei der Aufnahme, Weiterverarbeitung und beim Austausch von georäumlichen Informationen mitbestimmen. Dabei wirken auch situative Einstellungen und persönliche Motivationen, die von dem ↗Kommunikationskontext und von der ↗Kommunikationssituation abhängen. Die Kommunikationsfähigkeiten von Kartennutzern und Nutzern von Informationssystemen werden in der ↗Experimentellen Kartographie mit dem Ziel ihrer Berücksichtigung in Prozessen der kartographischen Informationsübermittlung untersucht. Methoden und Werkzeuge hierzu bilden die ↗Nutzungsprofile. [PT]

Kommunikationskontext, im Rahmen der ↗kartographischen Kommunikation der gesellschaftliche Zusammenhang, in dem der Bedarf am Austausch von kartographischen Informationen aufgrund von Prozessen der georäumlichen Erkenntnis- und Bewusstseinsbildung oder der umweltbezogenen Verhaltens- und Handlungssteuerung entsteht und durch Kommunikation von ↗kartographischer Information mit Hilfe von ↗Karten, ↗kartographischen Medien und kartographischen Systemen erfüllt wird. Der Kommunikationskontext wird wesentlich durch die Funktionen der Nutzung von Karten und kartographischen Medien, also der fachlichen Zweckbestimmung der Kartennutzung, bestimmt. Funktionen der Kartennutzung sind u. a. das Dokumentieren und Archivieren georäumlicher Informationen und Erkenntnisse, die Orientierung im Georaum und die Navigation im Gelände und in der Umwelt, die Gewinnung von georäumlichen Überblicksinformationen und neuen Erkenntnissen, aber auch das Messen, Analysieren und Überprüfen von Informationen und schließlich das Lernen mit georäumlichen Informationen. [PT]

Kommunikationsmedium, in den Kommunikationswissenschaften und im Rahmen der ↗kartographischen Kommunikation der Träger von (georäumlichen) Informationen, die dem einseitigen oder dialogorientierten Informationsaustausch im Rahmen von Prozessen der (georäumlichen) Erkenntnis- bzw. Bewusstseinsbildung oder (umweltbezogenen) Verhaltens- und Handlungssteuerung dienen, abgeleitet aus dem lateinischen Wort medium für Mitte, Mittel bzw. Mittler. Unterschieden werden Kommunikationsmedien u. a. nach der Art der Abbildung von Informationen und ihrer kommunikationsorientierten Präsentationsform sowie in technisch-physikalischer Hinsicht. Zentrale Kommunikationsmedien im Sinne der Abbildungsart sind in der Kartographie: a) ↗Karten in ihren unterschiedlichen Ausprägungen und Präsentationsformen, b) Bilder, Graphiken, Tabellen, Texte sowie andere auditiv bzw. taktil wahrnehmbare Informationsträger, in die Karten integriert sind und c) Medien aus b in ihrer Funktion zur Unterstützung kartographischer Kommunikationsprozesse. Als Kommunikationsmedien im technischen Sinne werden Präsentations-, Speicher-, Übertragungs- und Informationsaustauschmedien, wie Bildschirme, Festplatten, Kabel- oder Funkverbindungen und Papier, Mikrofilm oder Diskette/CD verstanden. [PT]

Kommunikationsmodell ↗kartographische Kommunikation.

Kommunikationssituation, in der ↗Kartographie und im Rahmen der ↗kartographischen Kommunikation die Gesamtheit äußerer Bedingungen von Übermittlungsprozessen bei der georäumlichen Erkenntnis- und Bewußtseinsbildung oder der raum- bzw. umweltbezogenen Verhaltens- und Handlungssteuerung mit Hilfe von ↗Kommunikationsmedien. Kommunikationssituationen ergeben sich aus dem gesellschaftlichen Anlaß und Rahmen für die Kommunikation, dem ↗Kommunikationskontext. Äußere Bedingungen der kartographischen Kommunikation bestehen in einer traditionell-statischen oder bildschirmorientiert-dynamischen, einer standortgebundenen oder standortunabhängigen Kartennutzungsumgebung sowie in der optischen, akustischen oder auch haptischen (tastbare ↗Blindenkarte) Präsentation der ↗Kommunikationsmedien. So bedingt die geowissenschaftliche Kartierung im Gelände beispielsweise eine andere Nutzungsumgebung als die standortgebundene Kartennutzung am Arbeitsplatz und erfordert spezifische Präsentationsformen, die den permanenten Abgleich von Gelände und Karteninformationen unterstützen. In der ↗experimentellen Kartographie wird dabei unterschieden zwischen Kommunikationssituationen, die der System- bzw. Kartennutzer selbst steuern kann und Situationen, die mindestens teilweise vom System gesteuert werden. Untersuchungsgegenstand ist dabei u. a. der Zeitraum der Präsentation zu kommunizierender Informationen, verbunden mit der Möglichkeit der Wiederholung von Präsentations- und Kommunikationsvorgängen. [PT]

Kommunikationssystem, *Kommunikationsnetz*, in der Informatik und der ↗kartographischen Informatik die Gesamtheit von Hard- und Softwarekomponenten in einem DV-System, die für die Übermittlung von ↗Daten (z. B. ↗Geodaten) im Rahmen von verteilten Anwendungen oder Mensch-Computer-Kommunikation-basierten Anwendungen erforderlich sind. Kommunikationssysteme, die unterschiedliche DV-Systeme integrieren, werden als offene Kommunikationssysteme bezeichnet. Voraussetzung für die Vernetzung unterschiedlicher Rechner ist die Einhaltung genormter Standards, wie beispielsweise des ISO-Referenzmodells für Rechnerverbundsysteme im Bereich der Telekommunikation. ↗Datenkommunikation.

Kompaktion, Prozeß der Verdichtung und des Verlustes von Porenwasser und Porenvolumen, verbunden mit Dichtezunahme und Volumenabnahme (Abnahme der Mächtigkeit) in Böden und Sedimenten. Die Kompaktion erfolgt durch Druckbelastung durch die überlagernden Schichten und durch tektonischen Druck (bei Sedimenten). Die Kompaktion hängt u. a. von der Korngröße und Korngrößenverteilung des Sediments ab, so daß z. B. tonige, feine Sedimente stärker kompaktieren als sandige (*differentielle Kompaktion*). Teilweise ist jedoch die Kompaktion auch von der chemischen Zusammensetzung des Sediments abhängig, wobei sowohl Lösungserscheinungen zur verstärkten Kompaktion wie auch Zementationserscheinungen (Ausfällung aus Porenwässern) zur geminderter Kompaktion führen können. ↗Diagenese.

Komparator, Gerät zur Messung von ↗Bildkoordinaten in analogen Bildern (↗Photogrammetrie). Vom Geräteaufbau sind Mono- und ↗Stereokomparatoren für die Ausmessung von Einzelbildern oder ↗Stereobildpaaren zu unterscheiden. Online über ein Interface gekoppelte Rechner sind die Grundlage für eine direkte numerische Verarbeitung der gemessenen Daten.

Kompartiment, Unterteilung (Kompartimentierung) von ↗Ökosystemen bzw. ↗Landschaftsökosystemen, aus forschungspraktischen oder aus methodologischen Gründen, zur Beschreibung und Analyse der Funktionszusammenhänge des betrachteten Systems. Ein Kompartiment stellt dabei eine abgrenzbare Teilfunktionseinheit eines Systems dar, welches für sich allein weiter detaillierter untersucht oder als ↗Black-Box mit dem restlichen System verknüpft werden kann. Durch die Kompartimentierung kommen die Verknüpfungen (Stoff- und Energietransporte) zwischen den einzelnen Teilen des untersuchten Systems deutlicher zum Vorschein.

Kompaß, Instrument zum Bestimmen der Himmelsrichtungen. Beim *Magnetkompaß* stellt das erdmagnetische Feld eine auf einer feinen Spitze gelagerte und über einer Scheibe mit Windrose drehbare Magnetnadel in die magnetische Nordsüdrichtung ein. Besondere Ausführungen des Magnetkompasses sind der *Marschkompaß*, der zusätzlich eine Visiereinrichtung (Kimme, Korn, Spiegel) sowie eine drehbare Teilringscheibe mit Marschzahlen für den freihändigen Gebrauch im Gelände enthält, und die ↗Bussole. Der um 1100 n. Chr. entdeckte Magnetkompaß gab starke Impulse für die Entwicklung der Navigation, der Hochsee-Schiffahrt und der Seekarten. Beim *Kreiselkompaß* bewirkt die Erdrotation die Einstellung des Kreiseldrehimpulses nach Geographisch Nord. Dieser Kompaß hat für die Schiffahrt, für das Markscheidewesen u. a. sehr große Bedeutung erlangt, weil er von magnetischen Störungen, z. B. durch Eisenteile, nicht beeinflußt wird. [GB]

kompatible Elemente, Spurenelemente, die bevorzugt in das Kristallgitter einer Mineralphase eingebaut werden, im Gegensatz zu ↗inkompatiblen Elementen, die bevorzugt in eine Schmelze eingebaut werden.

Kompensationsebene, 1) gedachter Grenzbereich in einem Gewässer, in dem die pflanzliche Sauerstoffproduktion den pflanzlichen Sauerstoffverbrauch kompensiert (ausgleicht), ↗Photosynthese und ↗Respiration stehen hier im Gleichgewicht. Es erfolgt keine positive Nettoproduktion, da aufgrund der geringen Strahlungsenergie die ↗Biomassenproduktion durch Photosynthese von den Produzenten im 24-Stunden-Tag wieder völlig veratmet wird. Oberhalb der Kompensationsebene, im ↗Litoral, werden Sauerstoff und Biomasse im Überschuß produziert (↗trophogene Schicht), während im darunter befindlichen ↗Profundal die ↗Mineralisation überwiegt (↗tropholytische Schicht). Die Tiefenlage der Kompensationsschicht hängt von den optischen Eigenschaften des Gewässers ab, wechselt im Jahresverlauf ihre Position und ist von den betrachteten Organismen abhängig (↗See Abb. 4). 2) ↗Carbonat-Kompensationstiefe.

Kompensationsmethode, ein Verfahren, um den Spannungszustand im Gebirge zu bestimmen. Das Prinzip dieses Verfahrens besteht darin, daß die Verformungen infolge der Herstellung eines Schlitzes im Fels registriert und durch einen sog. Kompensationsdruck, der mittels Druckkissen aufgebracht wird, wieder rückgängig gemacht werden (Abb.). Vom Kompensationsdruck wird dann auf die ursprünglich vorhandenen Spannungen senkrecht zum Schlitz geschlossen. Für die Durchführung von Schlitzkompensationsmessungen wird folgende Ausrüstung benötigt: a) Meßbolzen einschließlich Befestigungsmaterial sowie ein elektrischer Wegaufnehmer oder Setzdehnungsgeber mit einer Ablesegenauigkeit von ± 1 μm zur Durchführung der Verformungsmessungen am Schlitz; b) Schlitzsäge mit Diamantsägeblatt und zugehöriger Hebe- und Absenkvorrichtung; c) hydraulische Druckkissen

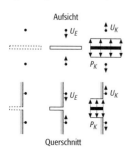

Kompensationsmethode: Meßprinzip (U_E = Entlastungsverformung, U_K = Rückverformung der Kompensation, P_K = Kompensationsdruck).

(↗Small Flat Jack oder ↗Large Flat Jack); die Abmessungen der Kissen und des Sägeschlitzes sind so aufeinander abzustimmen, daß ein paßgenaues Einsetzen des Kissens in den herzustellenden Schlitz gewährleistet ist; d) Hydraulikpumpe mit je einem angeschlossenen Feinmeßmanometer der Klasse 60–600 kPa im unteren Meßbereich und der Klasse 100–10.000 kPa im oberen Meßbereich.
Der Versuch beginnt mit dem Einzementieren der Meßstiftpaare zur Festlegung der Meßstrecken. Die Länge der Meßstrecken wird bei der Nullmessung mit einem elektrischen Wegaufnehmer bzw. Setzdehnungsgeber erfaßt. Danach erfolgt die Herstellung des Schlitzes mit einer diamantbestückten Kreissäge. Nach der Messung der Entlastungsverformung wird in den Schlitz ein hydraulisches Druckkissen paßgenau eingesetzt und mit einer Hydraulikpumpe in kleinen Stufen soweit belastet, bis die Entlastungsverformungen wieder kompensiert sind. Die Aufzeichnung der anschließenden schrittweisen Entlastung des Kissens und eines weiteren Be- und Entlastungszyklus ist für die Beurteilung der Qualität der Messungen und eine ggf. erforderliche Fehlerkorrektur der Meßwerte unumgänglich. [EFe]

Kompensator, 1) *Kartographie*: *Neigungskompensator*, ein unter dem Einfluß der Schwerkraft wirkendes Bauelement, das in geodätischen Instrumenten Abweichungen der instrumentellen Horizontal- oder Vertikalachsen von den durch die Schwerkraft definierten Bezugsrichtungen automatisch korrigiert. Kompensatoren bewirken z. B. bei ↗Nivellierinstrumenten und optischen ↗Loten eine Horizontierung des Zielstrahls und ersetzen so die Röhrenlibelle. In ↗Theodoliten orientieren sie den Höhenindex an der Lotrichtung und ersetzen somit die Höhenindexlibelle. Man unterscheidet Flüssigkeits- und Pendelkompensatoren mechanischer oder optisch-mechanischer Bauart. Verschiedene elektronische Instrumente können zudem mit Hilfe von Flüssigkeitskompensatoren und positionsempfindlichen Dioden den Einfluß der Stehachsenschiefe auf die ↗Richtungsmessung erfassen, mittels integrierter Mikroprozessoren einen Korrekturwert berechnen und so ein berichtigtes Meßergebnis ausgegeben.
2) *Mineralogie*: Vergleichsobjekt mit bekannter Orientierung von $n\alpha$ und $n\gamma$ zur Bestimmung der Schwingungsrichtungen bei der ↗Polarisationsmikroskopie. Additions- und Subtraktionsfall werden in der Polarisationsoptik benutzt, um die Schwingungsrichtungen des langsameren und schnelleren Strahls doppelbrechender Objekte zu bestimmen. In der Spannungsoptik sind Druck- und Zugrichtungen bestimmbar. Die Kompensatoren werden in den Tubusschlitz des Mikroskops in Diagonallage eingeführt. An Polarisationsmikroskopen sind folgende feste und variable Kompensatoren gebräuchlich: a) $\lambda/4$-Platte (↗Lambdaviertel-Plättchen) mit einem Gangunterschied von ca. 140 nm. Dieser feste Kompensator ergibt somit das Grau der 1. Ordnung. Die $\lambda/4$-Platte wird in der älteren Literatur wegen des meist aus Glimmer hergestellten Kompensatorplättchens als Glimmerplatte bezeichnet. b) Die λ-Platte mit einem Gangunterschied von ca. 550 nm ergibt die Interferenzfarbe Rot der 1. Ordnung. Sie ist ebenfalls ein fester Kompensator und wird in der älteren Literatur meist als Gipsplatte bezeichnet. Die Interferenzfarbe schlägt schon bei Addition bzw. Subtraktion geringer Gangunterschiede ins Blaue bzw. Gelbe um. Sie heißt deshalb auch »teinte sensible«. c) λ-Platte in Subparallelstellung. Bei diesem Hilfspräparat kann die Kompensator-Platte während des Beobachtens geringfügig aus der Normallage gedreht werden (variabler Kompensator). Durch Farbumschlag nach Gelb bzw. Blau ist es möglich, noch sehr kleine Gangunterschiede von wenigen nm, beispielsweise von verspannten Gläsern und vor allem von biologischen Objekten sichtbar zu machen. Der Quarzkeil ergibt die Interferenzfarben bis zur vierten Ordnung. Durch Verschieben des Keils im Tubusschlitz des Mikroskops können Gangunterschiede von $0-4\lambda$ eingestellt werden. [DW, GST]

Kompensatornivellier ↗Nivellierinstrument.

kompetent, in der Geologie Begriff zur Beschreibung von relativen Kontrasten der Fließfestigkeit zweier verschiedener, benachbarter Gesteinsarten. Das Material mit der größeren Fließfestigkeit, welches somit weniger stark deformiert wird, ist kompetent; das Material mit der geringeren Fließfestigkeit, welches also stärker deformiert wird, ist *inkompetent*.

Kompetenz, beschreibt den oberen Grenzwert der ↗Korngröße, die vom fließenden Wasser noch als ↗Geschiebefracht mitgeführt werden kann. Die Kompetenz ist abhängig von der Fließgeschwindigkeit, d. h. im wesentlichen von ↗Sohlengefälle, Abflußmenge und dem Verhältnis Gerinnebettbreite zu Gerinnebettiefe.

Komplanaritätsbedingung, in der ↗photogrammetrischen Bildauswertung genutzte funktionale Beschreibung der Komplanarität der ↗Aufnahmebasis und der zwei homologen Abbildungsstrahlen eines Objektpunktes.

Komplementärfarben, im Farbtonkreis (↗Farbordnung) einander gegenüberliegende Farbenpaare mit höchstem ↗Farbkontrast. Bei additiver Farbmischung (↗Farbmischung, Lichtmischung) ergänzen sich Komplementärfarben stets zu Weiß. Komplementäre Farben subtraktiv, d. h. als Farbpigmente oder durch Übereinanderdruck gemischt, ergeben Grautöne, die zumeist farbstichig sind. Komplementärfarben eignen sich zur Wiedergabe gegensätzlicher Merkmalsausprägungen in Karten, jedoch sind bei ihrer Anwendung stets weitere ↗Farbwirkungen zu beachten.

Komplexanalyse, *Partialkomplexanalyse, Differentialanalyse*, Methode der ↗Geoökologie und der ↗Landschaftsökologie (*landschaftsökologische Komplexanalyse, LKA, landschaftsökologische Bestandesaufnahme*) zur Analyse geoökologisch-geographischer Komplexe (↗Geokomplex). Die Komplexanalyse geht von den ↗landschaftsöko-

komplexe Standortanalyse: komplexe Standortanalyse, landschaftsökologische Komplexanalyse und Differentialanalyse bei der landschaftsökologischen Feldarbeit.

logischen Hauptmerkmalen Vegetation, Bodenform und Bodenwasserhaushalt aus. Sie beruht darauf, daß das Gesamtgeoökosystem auch die Erscheinungen und Funktion der ↗Partialkomplexe bestimmt und sich dies auch in den dort gewonnenen Meßgrößen ausdrückt. Die an einem konkreten Standort durchgeführte Komplexanalyse wird ↗komplexe Standortanalyse genannt.

Komplexbildner, meist organische Stoffe die sich an Metallionen anlagern und mit ihnen sogenannte ↗Komplexe bilden können. Anorganische Komplexbildner sind z. B. Chlorid- oder Phosphationen. Komplexbildner sind sowohl natürlichen Ursprungs (↗Fulvosäuren, Zitronensäure, Phosphat u. a.) können aber anthropogen erzeugt sein (z. B. Tenside wie EDTA). Sie können Metallionen durch Komplexbildung mobilisieren, wenn sie selbst und der Komplex wasserlöslich sind oder fixieren, wenn sie selbst bzw. der Komplex sehr stabil und nicht wasserlöslich sind. Da viele Tenside zu den Komplexbildnern zählen, stellen diese für die Umwelt ein schwer kalkulierbares Risiko dar, z. B. durch Mobilisierung geogen gebundener Schwermetalle durch Waschmittelteltenside. Einige Pflanzen scheiden Komplexbildner wie Oxalsäure aus, um an schwerverfügbare Nährstoffe zu gelangen. In der Chemie werden Komplexbildner für vielfältige Aufgaben bei der Identifizierung, Katalyse, Reinigung, Synthese u. a. eingesetzt. ↗Chelate. [RE]

Komplexe, Verbindungen höherer Ordnung, die aus einem Zentralion und einer dieses Zentralion umgebenden Hülle, welche fest gebunden ist und sich aus Ionen oder Molekülen zusammensetzt, bestehen. ↗Chelate, ↗Komplexbildner, ↗Komplexierung.

komplexe Darstellung ↗Komplexkarte.

komplexe Erze, ↗Erze, aus denen mehrere Metalle oder sonstige mineralische Rohstoffe gewonnen werden können.

komplexer Vulkan, langlebige (bis mehrere Mio. Jahre), komplex aufgebaute Vulkangebäude, die an Orten entstehen, an denen über lange Zeit differenzierte Magmen gefördert werden (z. B. ↗Stratovulkan), im Gegensatz zu ↗monogenetischen Vulkanen.

komplexe Standortanalyse, KSA, als zentrale Methodik geoökologischer und landschaftsökologischer Feldforschung eine der Komponenten des ↗geoökologischen Arbeitsganges (GAG). Die KSA ist die ↗Komplexanalyse an einem ausgewählten ↗Standort, der im Rahmen der landschaftsökologischen Vorerkundung als repräsentativ für die umgebende Raumeinheit erkannt wurde. Ziel der KSA ist die Erfassung der geoökologischen Prozeßgrößen in deren vertikalem Funktionszusammenhang (Abb.), was auf speziell dafür eingerichteten Meßfeldern erfolgt (↗Tessera Abb.). Gemessen werden Stoffeinträge und -austräge sowie die grundlegenden Umgebungsbedingungen (z. B. Bodenchemismus) und die klimatologischen und hydrologischen Prozesse (Strahlung, Wind, Niederschlag, Verdunstung etc.), welche diese Stoffflüsse energetisch und substantiell verursachen und antreiben. Die ein-

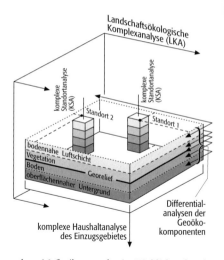

zelnen Meßreihen werden im Hinblick auf wechselseitige Beziehungen und Abhängigkeiten analysiert (»korreliert«), um dieses Wirkungsgefüge als ↗Prozeß-Korrelations-Systemmodell abbilden zu können. Mittels dieser Modellierung sollen die Ergebnisse auf die repräsentierte räumliche Einheit (↗Ökotop) übertragen werden. Zur Durchführung der in der KSA vorgesehenen Messungen kommt eine den Standortverhältnissen angepaßte, vielfältige Kombination von Arbeitstechniken zur Anwendung. Ein ganz entscheidendes methodisches Problem besteht darin, die gewonnenen punkthaften Daten auf die Fläche zu übertragen und den räumlichen Bereich abzugrenzen, für welchen diese Daten Gültigkeit besitzen. Somit kommt der Auswahl des repräsentativen Standortes eine entscheidende Bedeutung zu. Als Grundlage für die Standortauswahl der Tesserae dienen i. d. R. Vegetations- und Bodenkarten oder daraus abgeleitete Karten der ↗landschaftsökologischen Hauptmerkmale. Sind diese nicht vorhanden, wird zunächst eine Bodenkartierung durchgeführt, um anschließend die geeigneten Standorte für die KSA auszuwählen. [SMZ]

Komplexgröße, allgemeiner Begriff in der Landschaftsökologie für ↗Regler und ↗Speicher in den ↗Landschaftsökosystemen der ↗topischen Dimension (↗Standortregelkreis). Diese bilden funktionale Einheiten, welche sich in charakteristischen Raumstrukturen abbilden. Komplexgrößen dienen als Schlüsselgrößen für eine integrative Betrachtung von Systemen, sie wirken teilweise auch als Bindeglied zwischen abiotischen und biotischen Faktoren.

Komplexierung, Umhüllung von Ionen mit anderen neutralen oder polaren Stoffen unter Ausbildung von ↗Komplexen; tritt im Boden auf, wenn beim Zerfall von Mineralen z. B. Eisen- und Aluminiumionen frei werden und diese z. B. mit Huminsäuren reagieren. ↗Komplexbildung, ↗Chelatisierung.

Komplexkarte, *komplexe Karte, komplexe Darstellung*, in Verbindung mit einer Karte beinhaltet der Begriff »komplex«: a) ein relativ abgeschlossenes System, und b) vielgestaltig, u. U. auch kompliziert. Mit der Kennzeichnung der Komplexität einer Karte wird ein wesentlicher Aspekt ihrer ↗Gestaltungskonzeption beschrieben. Die Komplexkarte ist eine in Bezug auf das wiedergegebene Thema und die vorgesehene Verwendung relativ vollständige Darstellung, die jene Elemente und Relationen einbezieht, welche das betreffende georäumliche System bestimmen (erster Begriffsinhalt). In der Regel wird jeweils ein Element einer ↗Darstellungsschicht zugeordnet, so daß man verschiedentlich die Komplexkarte als mehrschichtige Darstellung betrachtet, die mehrere *Elementkarten* (s. u.) in sich vereinigt. Aus dieser Sicht wird sie auch als polythematisch bezeichnet. Mit der inhaltlichen Komplexität geht zumeist eine Vielfalt der verwendeten ↗kartographischen Ausdrucksmittel und ↗kartographischen Darstellungsmethoden einher (zweiter Begriffsinhalt). Die damit verbundene explizite Gestaltung (↗Transkriptionsform) wird nicht selten als wichtiges Kriterium der Unterscheidung von Komplexkarten und ↗Synthesekarten gesehen. Synthesekarten haben jedoch ebenso einen Komplex zum Inhalt, der implizit, aber auch explizit dargestellt sein kann. Komplexe Karten stellen hohe Anforderungen an den Kartenleser, so daß das Attribut komplex manchmal im Sinne von kompliziert benutzt wird. Daher ist gegebenenfalls eine den Teilkomplexen entsprechende Darstellung des Gesamtkomplexes in mehreren Karten zu ergänzen oder zu bevorzugen. Der Naturraum, die Landschaft, die Bevölkerung, die Wirtschaft werden oft als eigenständige Komplexe betrachtet und als entsprechende Komplexkarten bearbeitet. Aber auch andere Themen sind der komplexen Darstellung zugänglich.

Elementkarten hingegen geben ein Element für sich, ohne Berücksichtigung anderer Elemente und Relationen des Komplexes wieder und werden auch als monothematische oder Einzeldarstellung bezeichnet. Sie sind kartographisch einfach gestaltet, beschränken sich auf eine Darstellungsmethode und eine Darstellungsschicht und haben in der Regel analytischen Charakter.

Hervorzuheben ist die Relativität der Betrachtung von Darstellungen als Element- bzw. als Komplexkarte. So kann z. B. der Boden in einer Komplexkarte der Naturräume eines von mehreren dargestellten Elementen bzw. eine der Darstellungsschichten sein. In einer komplex angelegten Bodenkarte jedoch wird das »Element« Boden zum darzustellenden Komplex und damit in seinen wesensbestimmenden Elementen und Relationen wiedergegeben, so daß diese Bodenkarte hinsichtlich der verwendeten Darstellungsmethoden und der Mehrschichtigkeit der Naturraumkarte nicht nachsteht. Wegen der Beschränkungen in Auflösung und Format sowie des zumeist zeitaufwendigen Bildschirmaufbaus ist für ↗Bildschirmkarten derzeit noch eine geringere Komplexität zu bevorzugen. [KG]

Komplexobjekt, ein Objekt entsprechend des ↗Geoobjektmodells, das sich aus elementaren Objekten (sog. Objektteilen) zusammensetzt.

Komplikationsregel, von V. M. ↗Goldschmidt (1897) aufgestellte Regel, nach der eine Fläche an einem Kristall um so häufiger auftritt, je einfacher ihre Ableitung aus den häufigsten Grundflächen ist. Als Komplikation bezeichnet man die Auffindung einer neuen möglichen Kristallfläche durch Addition der Millerschen Indizes zweier vorgegebener Flächen. Werden die Millerschen Indizes (h_1,k_1,l_1) und (h_2,k_2,l_2) zweier nicht paralleler Flächen addiert, dann entsteht die neue Fläche $(h_1 + h_2, k_1 + k_2, l_1 + l_2)$. Sie gehört der selben Zone wie die Ausgangsflächen an und stumpft deren Schnittkante ab. In einem kubischen Kristall zum Beispiel entsteht aus den Würfelflächen (100) und (010) die Rhombendodekaederfläche $(110) = (100) + (010)$. Wie in der Abb. illustriert, kann die Komplikation zur Erzeugung immer neuer Flächen mehrfach durchgeführt werden. Bei geeigneter Wahl zweier Ausgangsflächen lassen sich alle Flächen eines Zonenverbands erhalten. Aus vier geeignet gewählten Flächen kann man mittels Komplikation alle überhaupt möglichen Flächen eines Kristalls ableiten. Diejenige Fläche, die man durch Addition der Indizes zweier sich schneidender Flächen erhält, bildet mit diesen Flächen gleiche Winkel, wohingegen die Fläche, die man durch Subtraktion der Indizes erhalten würde, den Winkel zwischen den beiden Ausgangsflächen halbiert. In dem angeführten Beispiel bildet die Rhombendodekaederfläche $(110) = (100) + (010)$ gleiche Winkel mit den Würfelflächen (100) und (010), während die Fläche $(1\bar{1}0) = (100) - (010)$ den Winkel zwischen (100) und (010) halbiert.

komponentengestütztes Gefüge, grain-supported (engl.), Gefüge, bei dem sich Komponenten sich gegenseitig abstützen (Abb.). ↗schlammgestütztes Gefüge.

kompositionelle Reife, Ausdruck des Anteils verwitterungs- und transportempfindlicher Komponenten in Sedimenten und Sedimentgesteinen. Sie nimmt daher mit zunehmendem Transportweg und/oder mehrmaliger Umlagerung zu. Als grobes Maß gilt der *Maturitätsindex* (bezogen auf den jeweiligen prozentualen Gehalt):

$$Maturitätsindex = \frac{Quarz + Chert}{Feldspäte + Gesteinsbruchstücke}.$$

Kompost, unter guter Belüftung und schwacher Feuchte zersetztes organisches Material (Komposthumus). Kompost wird sowohl von privaten Haushalten aber auch von Kommunen erzeugt und zu Düngungszwecken eingesetzt. Man unterscheidet Müllkompost (Produkt der Zersetzung von Hausmüll), Klärschlammkompost und eine Mischung der vorgenannten und Biokompost (getrennte Sammlung von Bioabfällen). Der Verwendung dieser Komposte liegen gesetzliche Regelungen wie das ↗Düngemittelgesetz und die ↗Klärschlammverordnung zugrunde.

Kompostierung, Gewinnung von Humusdünger aus organischen Abfällen, welche aus Haushalten und der Landwirtschaft stammen. Aufgrund guter Durchmischung, genügender Zerkleinerung,

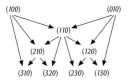

Komplikationsregel: Erzeugung neuer Flächen durch Komplikation.

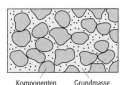

komponentengestütztes Gefüge: schematische Darstellung.

teils Schichtungen und Beigabe von Häckseln, Kalk oder Hornmehl findet ein aerober Abbau der ↗organischen Substanz statt. Gute Durchlüftung, ausreichende Feuchtigkeit und mehrmaliges Umsetzten fördern den Verrottungsprozeß. ↗Kompost wirkt aufgrund der Erhöhung der Humussubstanz und Aktivierung des Bodenlebens stabilisierend auf Bodengefüge und -fruchtbarkeit. Durch Ausbringen des Komposts werden indirekt mineralische Nährstoffe zugeführt. Bei der Düngung in der ↗biologischen Landwirtschaft spielt Kompost eine wesentliche Rolle.

Kompressibilität, 1) *Geophysik:* bezeichnet die bei einer allseitigen Druckänderung Δp auftretende relative Volumenänderung $\Delta V/V$ eines Körpers:

$$K = (\Delta V/\Delta p)/V.$$

Die SI-Einheit von K ist das inverse Pascal (1/Pa). **2)** *Ozeanographie:* Eigenschaft des ↗Meerwassers bei Druckveränderungen, die im Ozean im wesentlichen durch Tiefenverlagerungen erfolgen, reversibel das Volumen zu verändern. Bei größeren Tiefenverlagerungen von Wasserteilchen führt die Kompressibilität zum ↗adiabatischen Prozeß und wird durch die Einführung der potentiellen ↗Dichte berücksichtigt. Die Kompressibilität stellt die Voraussetzung für die Ausbreitung von ↗Schallwellen dar. Bei Prozessen, die mit geringer Tiefenveränderung verbunden sind (z. B. Seegang) kann sie vernachlässigt werden.
Kompression ↗Spannung.
Kompressionsmodul, K, *K-Modul,* beschreibt die Veränderung des allseitig auf ein Material einwirkenden Druckes dP bezogen auf die dabei entstehende relative Veränderung des Volumens dV/V: $K = (dP/dV) \cdot V$. ↗elastische Eigenschaften.
Kompressionstektonik ↗Einengungstektonik.
Kompressionswelle, Welle, bei deren Durchgang durch ein Medium Volumenelemente komprimiert und gedehnt werden. Beispiele sind Schallwellen im Wasser und in der Luft sowie ↗P-Wellen in einem Festkörper.
Kondensate, flüssige, im Gegensatz zum Öl mehr oder weniger farblose ↗Kohlenwasserstoffe, die beim Fördern sowohl aus Naßgas als auch aus Trockengas (↗Erdöl) gewonnen werden.
Kondensation, 1) *Klimatologie, Meteorologie:* Übergang vom gasförmigen in den flüssigen Zustand. Der *Kondensationsprozeß* ist die Umkehr der ↗Verdunstung und ein heterogener Prozeß. Wasserdampfmoleküle schließen sich zum Molekülverband zusammen oder treten in Wasser ein. Der Zusammenschluß von Wasserdampf in der Atmosphäre erfordert Übersättigung mit Wasserdampf und ↗Kondensationskerne. Da die mittlere Geschwindigkeit der Wasserdampfmoleküle größer ist als jene der Wassermoleküle, gewinnt das Wasser schnellere Moleküle und die Temperatur der Flüssigkeit steigt. Bei der Kondensation wird die *Kondensationswärme* von $2{,}501 \cdot 10^6$ Ws/kg frei (bei 0°C). Sie ist von der Temperatur abhängig. **2)** *Geochemie:* chemische Reaktion, bei der sich unter Abspaltung von niedermolekularen Verbindungen (z. B. Wasser, ↗Alkohol) eine neue C-C-Bindung bildet. Bei *Polykondensationen* kommt es zu einer mehrfachen Kondensation unter Bildung von hochmolekularen Verbindungen.
Kondensationshöhe, *Kondensationsniveau,* in der Meteorologie die Höhe, ab der sich bei Hebung von Luftmassen in der Atmosphäre Wolken bilden. Man unterscheidet *Hebungskondensationsniveau* (HKN), bei dem sich wegen Erreichen der Wasserdampf-Sättigung die Wolkenbasis bildet (↗Sättigungsdampfdruck) und *Konvektionskondensationsniveau* (KKN, Cumuluskondensationsniveau), bei dem sich die Hebung durch ↗Konvektion vollzieht. ↗thermodynamisches Diagramm.
Kondensationskerne, *Keime,* in der Atmosphäre mit ca. 1000 (in reiner Luft) bis 100.000 (in Großstadtluft) pro cm^3 reichlich vorhandene *hygroskopische Kerne* (↗Aerosole), an denen Wasserdampf kondensieren kann. ↗Kondensation, ↗Köhler-Kurve.
Kondensationsniveau ↗Kondensationhöhe.
Kondensationsprozeß ↗Kondensation.
Kondensationswärme ↗Kondensation.
Kondensstreifen, *Kondensationsstreifen,* durch Abgase von Flugzeugen hervorgerufene wolkenartige, oft den ganzen Himmel überziehende Streifen. Sie entstehen durch die Abkühlung der wasserdampfhaltigen Abgase, die sich sehr schnell abkühlen und dabei zu Wassertröpfchen kondensieren, häufiger zu Eiskristallen sublimieren. Ihre Form hat daher manchmal cumuliförmige Ansätze wie Cirrocumulus, oft jedoch glatte oder zerfasernde Ränder, die typisch für ↗Eiswolken wie Cirrus bzw. Cirrostratus sind (↗Wolkenklassifikation). Kondensstreifen können in Abhängigkeit von der Feuchtigkeit in der Flughöhe einige Minuten bis mehrere Stunden lang den Himmel überziehen, an einzelnen Tagen auch bis zu 10 % der Himmelsfläche.
Kondenswasser, an festen Flächen kondensiertes Wasser (↗Tau), das zumeist durch abkühlungsbedingte ↗Übersättigung entstanden ist.
Konditionierung, *Milieubeeinflußung, Umweltbeeinflußung,* bezeichnet in der ↗Ökologie die durch ausgeschiedene Stoffwechselprodukte verursachten Veränderungen der Umweltbedingungen innerhalb einer ↗Biozönose. Solche Einwirkungen treten insbesondere bei hohen Populationsdichten (»Überbevölkerung«) bestimmter Organismen auf (↗Populationsökologie). Die Konditionierung wirkt in solchen Fällen meist als ↗Minimumfaktor einer weiteren Vermehrung, weil sich die Lebensbedingungen verschlechtern. Es gibt andererseits auch Situationen, bei denen erst eine bestimmte Mindestpopulationsdichte geeignete Milieubedingungen schafft und eine erfolgreiche Vermehrung ermöglicht. Die Bedeutung der Beeinflussung der abiotischen Umweltfaktoren durch Organismen wird v. a. von der ↗Gaia-Theorie betont.
Konfidenzgrenze, *Vertrauensgrenze,* mathematisch-statistische Methode zur Schätzung einer Zahlenschranke, bei deren Überschreiten, z. B. durch eine Testgröße oder stichproben-kenn-

zeichnende Funktion (↗Stichprobe), mit einer bestimmten Wahrscheinlichkeit eine nicht zufällige (sog. überzufällige) Gegebenheit vermutet wird. Das ↗Konfidenzintervall wird durch eine obere und untere Konfidenzgrenze beschränkt.

Konfidenzintervall, *Vertrauensbereich*, Wertebereich, in dem aufgrund eines mathematisch-statistischen Schätzverfahrens ein unbekannter Parameter (i. a. einer ↗Population, z. B. ↗Mittelwert, ↗Varianz, geschätzt anhand von Stichproben-Informationen) mit einer bestimmten Wahrscheinlichkeit vermutet wird, das ermittelte Intervall enthält den wahren Wert mit einer vorgegebenen Wahrscheinlichkeit.

Konfigurationsisomerie ↗Stereoisomerie.

Konfliktmatrix, *Gefährdungsmatrix*, zentrale Komponente einer den landschaftsökologischen Ansatz beachtenden ↗Raumplanung. Bei einer derartigen ↗ökologischen Planung müssen die kausalen Zusammenhänge eines begrenzten Stoff- und Lebensbereiches der physischen Umwelt in eine gesellschaftliche Konzeption einbezogen werden. Die Konfliktmatrix dient der Auflistung, Analyse und gesellschaftlichen Bewertung konkurrierender Nutzer und der Nutzungen in den verschiedenen ↗Landschaftsökosystemen.

Konfluenz, Bezeichnung für das Zusammenfließen in einer Strömung. Konfluenz ist nicht notwendigerweise mit einer ↗Konvergenz im Strömungsfeld verbunden. (↗Diffluenz Abb.).

Konfluenzstufe, eine als Versteilung ausgeprägte Geländestufe im ↗Tallängsprofil auf dem Talboden, die beim Zusammenfließen zweier oder mehrerer ↗Gletscher entstanden ist. Durch erhöhten Eisdruck und größere Fließgeschwindigkeit hat hier die ↗glaziale Erosion, insbesondere die ↗Detersion, zugenommen, im Gegensatz zur ↗Diffluenzstufe. Hinter Konfluenzstufen können sich in den übertieften Wannen, sog. Konfluenzbecken, nach dem Abschmelzen des Eises Schmelzwasseransammlungen bilden.

Konfluenzzone, Gebiet in einer Strömung in dem ↗Konfluenz herrscht.

Konformationsisomerie ↗Stereoisomerie.

konforme Abbildung, 1) *Geodäsie*: Abbildung einer Fläche auf eine andere Fläche, so daß die Winkel zwischen entsprechenden Flächenkurven im Urbild und Abbild beibehalten werden. Aufgrund der Winkeltreue sind Ur- und Abbild im Infinitesimalen (»in kleinsten Teilen«) ähnlich. Die durch das Vergrößerungsverhältnis beschriebenen Abbildungsverzerrungen sind in allen Richtungen identisch. Auch die Beziehungen zwischen zwei Systemen ↗Gaußscher Koordinaten auf einer Fläche können formal durch eine konforme Abbildung beschrieben werden. 2) *Kartographie*: ein Kartennetzentwurf, bei dem die ↗Längenverzerrung m_α (d. h. der Maßstab) in einem beliebigen Punkt der Abbildung von der Richtung unabhängig ist. Nach der ↗Verzerrungstheorie gilt dann: m_α^2 = const. Daraus ergibt sich die Forderung:

$$p = \frac{2 \cdot (f_\varphi \cdot f_\lambda + g_\varphi \cdot g_\lambda)}{R^2 \cdot \cos\varphi} = 0.$$

Verzerrungstheorie und Längenverzerrung im Meridian und im Parallelkreis müssen gleich sein, also:

$$m_m = \frac{\sqrt{f_\varphi^2 + g_\varphi^2}}{R} = m_p = \frac{\sqrt{f_\lambda^2 + g_\lambda^2}}{R \cdot \cos\varphi}.$$

Eine solche konforme Abbildung ist im differentiellen Bereich längentreu und daher in diesem Bereich auch flächentreu. Eine konforme Abbildung besitzt auch ↗Winkeltreue. Die genannten Eigenschaften weisen die konformen Abbildungen für viele (insbesondere geodätische) Zwecke als besonders gut geeignet aus. Sie haben aber, vor allem in den Randgebieten, teilweise eine starke ↗Flächenverzerrung.

konforme Koordinaten ↗Gaußsche Koordinaten.

Konformität, a) Eigenschaft der Winkeltreue bei Kartennetzentwürfen (↗konforme Abbildung), b) Eigenschaft von ↗Isolinien, gleichgerichtet (im Extremfall parallel) oder ähnlich gerichtet zu verlaufen, z. B. Höhenlinien in morphologisch wenig gegliedertem, gleichmäßig geformten ↗Relief. Stark gegliedertes Gelände, z. B. felsige Hochgebirgsformen, führen häufig zu einem nichtkonformen Verlauf der Höhenlinien.

Kongelifraktion ↗Frostsprengung.

Konglomerat, diagenetisch verfestigte ↗Kiese. Je nach Matrixanteil unterscheidet man ↗Orthokonglomerat und ↗Parakonglomerat.

Konglomerat-Test, Test zur Überprüfung, ob eine ↗remanente Magnetisierung älter oder jünger ist als ein ↗Konglomerat, das durch Verwitterung und Sedimenttransport aus einem Muttergestein entstanden ist. Der Konglomerat-Test ist positiv, wenn die Richtungen der remanenten Magnetisierung in den ungeregelt eingelagerten Gesteinsbruchstücken des Konglomerats völlig ungeordnet sind (Abb.). Damit wird angezeigt, daß die remanente Magnetisierung des Muttergesteins sowohl den Verwitterungsprozeß als auch den Sedimenttransport unbeschadet überstehen konnte. Ein negativer Konglomerat-Test liegt vor, wenn alle Komponenten des Konglomerats (Matrix und Gesteinsbruchstücke) eine einheitliche Magnetisierungsrichtung aufweisen. Dies deutet darauf hin, daß die remanente Magnetisierung erst nach der Ablagerung entstanden ist. In diesem Fall ist zu erwarten, daß auch das Muttergestein remagnetisiert (↗Remagnetisierung) wurde. [HCS]

kongruente Auflösung ↗Auflösung.

kongruente Falte, ↗Falte, in der die Scharniere Schicht für Schicht den selben Krümmungsradius und damit einen kongruenten Querschnitt aufweisen.

Koniferen, *Nadelhölzer*, in Mitteleuropa wichtigste Klasse der Nacktsamer (Gymnospermen). Es handelt sich meist um hohe, reichgegliederte Bäumen mit immergrünen, mehrjährigen, schmalen, kleinen Blättern (Nadeln) und zapfenförmigen Fruchtständen. Koniferen kommen seit dem Oberkarbon auf der Erde vor. Sie sind weltweit verbreitet und bilden auf der Nordhalbkugel einen zirkumpolaren, geschlossenen Waldgürtel

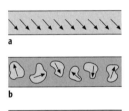

Konglomerat-Test: a) Magnetisierung in einer Schicht des Muttergesteins, b) positiver und c) negativer Konglomerat-Test.

(↗borealer Nadelwald). Sie stellen auch in verschiedenen landschaftsökologischen ↗Höhenstufen die bestandsbildenden Hauptarten dar. Die Koniferen sind wirtschaftlich wichtige Nutzhölzer, zu ihnen gehören Fichte, Tanne, Kiefer, Lärche und Eibe.

Königsberger Faktor, ist das Verhältnis von natürlicher ↗remanenter Magnetisierung M_{NRM} zu induzierter Magnetisierung $M_i = \chi \cdot H$: $Q = M_{NRM}/M_i$. Dabei ist χ die ↗Suszeptibilität und H die lokale Stärke des Erdmagnetfeldes. Dafür wird meist ein Standardwert von $H = 50\ \mu T$ gewählt. Bei $Q > 1$ dominiert die remanente, bei $Q < 1$ die induzierte Magnetisierung. ↗Magnetisierung.

konische Entwürfe, *kegelige Entwürfe*, Gesamtheit aller Kartennetzentwürfe, die als Grundlage die Abbildung der Kugel auf die Mantelfläche eines Kegels mit beliebigem Öffnungswinkel benützen. Man unterscheidet echt und unecht kegelige Kartennetzenwürfe (↗Kegelentwürfe).

konische Falte, ↗Falte, deren Querschnitt in einer Richtung entlang der Faltenachse kleiner wird, während die Faltenform gleich bleibt. ↗zylindrische Falte.

konische Refraktion, besondere optische Erscheinung der Lichtausbreitung, wenn ein ↗optisch zweiachsiger Kristall senkrecht zu einer Binormalen (↗optische Binormale) oder Biradialen (↗optische Biradikale) geschnitten ist und Lichtstrahlen den Kristall in diesen Richtungen durchdringen. Im ersten Fall nennt man die Erscheinung auch *innere konische Refraktion*. Ein Lichtstrahl, dessen Wellennormale in Richtung einer Binormalen N_0 liegt, verwandelt sich in einen Strahlenkegel. Alle Strahlen entlang des Kegelmantels haben die gleiche Wellennormalenrichtung N_0. Hinter einer senkrecht zu N_0 geschnittenen Kristallplatte beobachtet man deshalb einen Lichtring mit bestimmten Schwingungsrichtungen, die sich umlaufend verändern (Abb.). Man nennt die Erscheinung *äußere konische Refraktion*, wenn die ↗Strahlrichtung in einer Biradia-

len S_0 liegt. Diese Strahlrichtung wird von einer ganzen Mannigfalt von ↗Wellenfronten, deren Wellennormalen auf einem Kegelmantel liegen, eingenommen. Fällt deshalb ein divergentes Lichtbündel, das alle diese Wellenfronten enthält, auf einen geeignet geschnittenen Kristall und wird ein Strahl Richtung S_0 ausgeblendet, so beobachtet man wiederum nach dem Durchgang einen Lichtring. Beide Erscheinungen können mit Hilfe des ↗Huygenschen Prinzips erklärt und konstruiert werden. [KH]

konjugierte Bindungen, *konjugierte Doppelbindungen*, Kohlenstoff-Kohlenstoff-Doppelbindungen (C = C), welche jeweils durch eine Einfachbindung (C-C) getrennt sind (Abb.). Aufgrund von delokalisierten Bindungselektronen (↗Mesomerie) sind die konjugierten Bindungen stabiler als die Kohlenstoff-Kohlenstoff-Einfachbindungen oder isolierte Kohlenstoff-Kohlenstoff-Doppelbindungen.

konjugierte Kluftscharen, sich unter einem bestimmten Winkel kreuzende Kluftscharen, die in ihrer Entstehung derselben Deformation, z. B. einer Einengung durch reine Scherung (pure shear) oder einer breiten Scherzone bei einfacher Scherung (simple shear) mit Riedel-Scherrissen (↗Riedel-Scherfläche) und konjugierten Riedel-Scherrissen, zugeordnet werden. Dies ist jedoch nur möglich, wenn Indikationen für gleichzeitige Scherbewegungen auf den Kluftflächen vorliegen.

Konkordanz, Übereinstimmung in ↗Streichen und ↗Fallen bei einander überlagernden Schichten.

Konkordia, *Concordia*, ↗U-Pb-Methode.

Konkordiadiagramm ↗U-Pb-Methode.

Konkretion, meistens harte, subsphäroidale bis längliche, platte, ellipsoide oder irreguläre mineralische Körper in Sedimenten und Sedimentgesteinen. Konkretionen können einen Durchmesser von mm bis m aufweisen und entstehen durch lokal begrenzte Ausfällung aus wäßriger Lösung (Porenwasser), oft um organische Reste, die auf diese Weise fossilisiert werden. Die Ausfällung wird durch pH-Unterschiede um die organischen Reste ausgelöst. Das ausgefällte Mineral unterscheidet sich gewöhnlich vom Mineralbestand der unmittelbaren Umgebung (z. B. Quarzkonkretionen in Carbonaten oder Pyritkonkretionen in Tonsteinen). Konkretionen wachsen von innen nach außen. Auch ↗Geoden sind Konkretionen. ↗Septarien weisen, durch Schrumpfung verursacht, Risse auf, die sekundär durch andere Mineralphasen verfüllt sind.

Konkurrenz, in der ↗Ökologie Bezeichnung für den Wettbewerb zwischen Organismen. Man unterscheidet die innerartliche Konkurrenz (↗interspezifische Konkurrenz) von der zwischenartliche Konkurrenz (↗intraspezifische Konkurrenz).

Konkurrenzkraft, in der Ökologie die Fähigkeit einer ↗Art oder eines ↗Genotyps, das Wachstum, die Reproduktion und somit das Überleben anderer ↗Populationen zu behindern. Auf ökologischer Ebene spielt Konkurrenz eine große Rolle bei Organismen, die in ihren Lebensan-

konjugierte Bindung: konjugierte Bindung am Beispiel des (1,3,5)-Hexatriens.

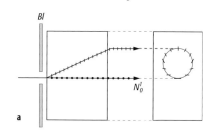
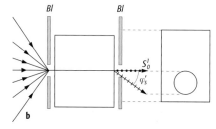

konische Refraktion: a) innere konische Refraktion, Strahlengang und Seitenansicht; b) äußere konische Refraktion, Strahlengang und Seitenansicht.

sprüchen ganz oder teilweise übereinstimmen, wobei das Angebot an Ressourcen derart begrenzt ist, daß Weiterbestehen und Fortpflanzung beeinträchtigt werden können. Konkurrenzkraft läßt sich sowohl auf die Beziehungen zwischen Einzelindividuen einer Art (/interspezifische Konkurrenz), als auch zwischen Individuen verschiedener Arten (/intraspezifische Konkurrenz) anwenden. Von großer Bedeutung bei der Konkurrenz zwischen Lebensweisen ist die ökologische /Nische.

konnates Wasser, Wasser, das bei der Ablagerung eines Sedimentes zwischen den Sedimentkörner eingeschlossen und während der /Diagenese nicht ausgepreßt worden ist. Ihre Bildung wird durch eine hohe Porosität bei gleichzeitig geringer Permeabilität begünstigt. Konnate Wässer haben eine sehr lange Kontaktzeit mit dem Gestein, so daß auch für sehr langsame Lösungsreaktionen ein thermodynamisches Gleichgewicht erreicht wird. Dadurch können sehr stark mineralisierte, lagerstättenbildende Wässer entstehen. Meist ist es unmöglich zu entscheiden, ob Wässer in Sedimenten wirklich konnat sind. Hiervon ist der Begriff Formationswasser (ohne genetische Implikation) zu unterscheiden. /fossiles Wasser.

Konnektivität, *connectivity*, Verbundenheit von Poren oder elektrisch leitfähigen Phasen in einem Gestein. /Mischungsgesetze.

Konnotation, nach der /Semiotik und der /kartographischen Zeichentheorie im Rahmen der /Semiose die Beziehung von (kartographischen) /Zeichen (/Kartenzeichen) zu sekundären, im Sinne von aus primären Bedeutungen folgenden oder mit diesen verbundenen Bedeutungen. Im Unterschied zur /Denotation werden dabei im Rahmen eines komplexen gedanklichen Prozesses über die unmittelbare Zeichenbedeutung hinaus weitere spezifische Zeichenbedeutungen konnotiert, die für den interpretierenden Menschen mit dem Zeichen zusätzlich verknüpft sind. Diese mit der unmittelbaren Zeichenbedeutung verbundenen Zeichenbedeutungen basieren auf vorhandenem Wissen, Erfahrungen, Einstellungen und Meinungen. So konnotieren (kartographische) Zeichen, die im Hochwasserschutz Gefahrenpegelstände denotieren, abhängig von entsprechenden Codierungskonventionen, beispielsweise die Erforderlichkeit bestimmter Hochwasserschutzmaßnahmen. In der kartographischen Forschung werden Zusammenhänge der Konnotation mit dem Ziel untersucht, Qualität und Umfang der vom Kartennutzer konnotierten Informationen, beispielsweise durch unterschiedlich ikonische Zeichen, steuern zu können. Für die Kartographie gewinnt die Untersuchung von Konnotationsprozessen vor allem im Zusammenhang mit der Entwicklung und Nutzung von multimedialen und interaktiven /kartographischen Medien an Bedeutung. [PT]

Konode, Verbindungslinie bei konstanter Temperatur zwischen zwei Phasen, die sich bei dieser Temperatur im Gleichgewicht befinden.

Konoskopie, *indirekte Beobachtung*, Beobachtung von Interferenz- oder Achsenbildern. Bei der Konoskopie wird im Gegensatz zur normalen orthoskopischen Betrachtungsweise bei der /Polarisationsmikroskopie kein vergrößertes Bild des Objekts, sondern ein indirektes Bild der Lichtquelle, eine Interferenzfigur (/Interferenzbilder) beobachtet. Das Zustandekommen des konoskopischen Bildes eines optisch einachsigen Kristalls erfolgt gemäß der Abbildung. Gemäß der Orientierung der Kristallplatte liegt die Rotationsachse ihrer /Indikatrix mit dem außerordentlichen Hauptbrechungsquotienten n_ε in Mikroskop-Achsenrichtung. Elemente konoskopischer Achsenbilder sind Isochromaten, Isogyren und Austrittspunkte von optischen Achsen. Die indirekten Bilder zeigen in der Verteilung der Interferenzfarben und der Auslöschungsstellen eine charakteristische Abhängigkeit von der optischen Symmetrie, die von hohem diagnostischem Wert ist. Bei der Konoskopie erfolgt eine Durchstrahlung des Objekts in einem möglichst weitwinkligen Beleuchtungskegel. Die Interpretation der Indikatrix zeigt, daß mit sich ändern-

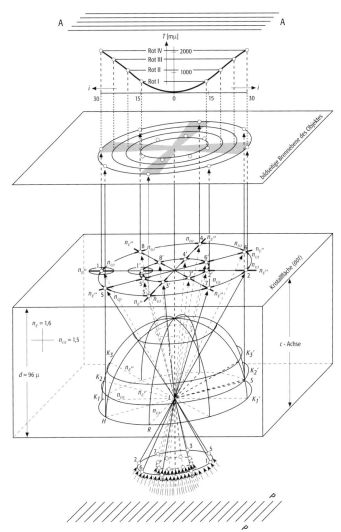

Konoskopie: Zustandekommen des indirekten Bildes eines optisch einachsigen Kristalls. Die kristallographische c-Achse (optische Achse) ist der Mikroskopachse M (= Tubusachse) parallel orientiert. Das gekennzeichnete Kristallplättchen läßt sich als tetragonaler Kristall auffassen, dessen Basis (001) senkrecht zur Mikroskopachse orientiert ist (PP = Schwingungsrichtung der aus dem Polarisator, AA = Schwingungsrichtung der aus dem Analysator heraustretenden Lichtwellen, n_ε = Hauptbrechungsquotient, n_ω = Brechungsindex).

den Einfallswinkeln und Azimuten der Lichtstrahlen sich auch die Azimute der Objektschwingungsrichtungen ändern. Bei einachsigen Kristallen schwingen die außerordentlichen Strahlen in Ebenen, die durch die Kristallachse verlaufen. Man nennt diese Radialebenen auch ↗Hauptschnitte. Die ordentlichen Strahlen schwingen dagegen senkrecht dazu, d. h. »tangential« zu den Interferenzstreifen. Bereiche der Interferenzfigur mit zu den Polarisatoren parallel verlaufenden Schwingungsrichtungen, d. h. Nord-Süd und Ost-West, zeigen daher Auslöschung, so daß das sog. Achsenkreuz entsteht. Es wird auch Isogyre (= Linie gleicher Schwingungsrichtungen) genannt. Alle Strahlen aus der Richtung der optischen Achse erfahren keine Doppelbrechung. Im Mittelpunkt des beobachteten Kreuzes herrscht daher Dunkelheit. Die schräg zur optischen Achse einfallenden Strahlen erfahren Doppelbrechung.

Mit zunehmendem Einfallswinkel nimmt sowohl die Doppelbrechung als auch die durchstrahlte Schichtdicke zu. Die somit kontinuierlich ansteigenden Gangunterschiede ergeben die in der Kreuzmitte beginnende konzentrische Abfolge der Interferenzfarben. Je höher die maximale Doppelbrechung des Objekts oder die Dicke des Objektes ist, desto stärker sind die Farben zusammengedrängt. [GST]

konsequente Entwässerung, tritt auf geneigten Flächen ein, wenn der ↗Niederschlag größer ist als die ↗Verdunstung.

konsequenter Fluß, *Folgefluß*, auf ↗Powell und ↗Davis zurückgehende Bezeichnung für Flüsse, deren Gefälle der primären Abdachung *(Abdachungsfluß)* einer Landoberfläche oder dem Einfallen von Gesteinsschichten folgt. Entsprechend

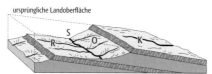

konsequenter Fluß: K = konsequenter Fluß, S = subsequenter Fluß, R = resequente Flüsse, O = obsequente Flüsse.

der durch fortschreitende ↗fluviale Erosion freigelegten geologischen Strukturen entwickeln sich Nebenflüsse, die als *subsequente Flüsse* oder *Nachfolgeflüsse* rechtwinklig zu den konsequenten Flüssen in Richtung des ↗Streichens fließen. Die rechtwinklig verlaufenden Nebenflüsse der subsequenten Flüssen, die entgegen dem Schichtfallen fließen, werden als *obsequente Flüsse* bezeichnet. Die rechtwinklig verlaufenden Nebenflüsse der subsequenten Flüssen, die wiederum parallel zum Schichtfallen fließen heißen *resequente Flüsse* (Abb.). Hingegen werden Flüsse, deren Entwässerungsrichtung keinerlei strukturelle Abhängigkeiten erkennen läßt, als *insequente Flüsse* bezeichnet. Diese rein deskriptive Klassifikation läßt sich nur in Gebieten mit schwach geneigten Gesteinsabfolgen anwenden. [KMM]

konservativer Plattenrand, *Transform-Plattenrand*, ↗Plattenrand.

konservativer Schadstoff ↗Schadstoff.

konservative Substanzen, Stoffe, die mikrobiell nicht angreifbar und daher kaum abbaubar sind. Sie durchlaufen ein ↗Ökosystem mehr oder weniger unverändert und können damit bei Untersuchungen des ↗Stoffhaushaltes als wichtige Indikatoren dienen.

konsistent, in der Hydrologie Eigenschaft einer gemessenen Beobachtungsreihe (↗Zeitreihe), die nicht durch Wechseln von Meßplätzen, Meßtechniken, Meßgeräten, Beobachtern oder durch Veränderung der unmittelbaren Umgebung des Meßortes beeinflußt sind.

Konsistenz, *Zustandsform, Verformbarkeit*, allgemein die Bezeichnung für die Beschaffenheit von bindigen Materialien hinsichtlich des Zusammenhalts ihrer Teilchen in Abhängigkeit vom Wassergehalt. Bindige Erdstoffe ändern mit dem Wassergehalt ihre Zustandsform, indem sie bei hohen Wassergehalten flüssig und bei zunehmendem Wassergehalt vom festen über den plastischen in den flüssigen Zustand übergehen. Man unterscheidet flüssige, breiige, weiche, steife, halbfeste und feste Konsistenz. Der Zusammenhang zwischen ↗Konsistenzgrenzen bzw. Konsistenzformen und Wassergehalt wird durch den Atterbergschen Konsistenzbalken charakterisiert und beschreibt den Übergang von der festen zur halbfesten (↗Schrumpfgrenze w_S), von der halbfesten zur steifen (↗Ausrollgrenze w_P) und von der breiigen zur flüssigen Konsistenz (↗Fließgrenze w_L). Konsistenzformen und Konsistenzgrenzen können visuell-taktil abgeschätzt und/oder durch berechnete Konsistenzindizes (↗Konsistenzindex) charakterisiert werden. Die Änderung der Zustandsform ist in den zwischen den Einzelkörnern wirkenden Kräften begründet. Bei geringen Wassergehalten werden die Körner von freien Oberflächenkräften zusammengehalten. Mit zunehmendem Wassergehalt umgeben sich die Körner mit hygroskopischen Wasserhüllen, durch welche die wirkenden Kräfte gebunden werden. Im Bereich der Fließgrenze wirken lediglich noch schwache Reibungskräfte zwischen den mit Wasser umhüllten Teilchen. ↗Konsistenzbalken. [CSch]

Konsistenzbalken, graphische Darstellung nach Atterberg, die einen Vergleich des natürlichen Wassergehaltes eines Bodens mit dessen Wassergehalten an der ↗Fließgrenze und ↗Ausrollgrenze und damit die Bestimmung seiner ↗Konsistenz ermöglicht (Abb.). Je nach Lage des Wassergehaltes bzw. der Konsistenzzahl (↗Konsistenzermittlung) wird der Boden als breiig, weich oder steif angesprochen.

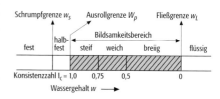

Konsistenzbalken: Konsistenzbalken nach Atterberg.

Konsistenzermittlung, dient der Bestimmung der ↗Konsistenz eines Bodens, wobei die Zustandsformen breiig, weich, steif, halbfest und fest unterschieden werden. Es gibt drei Möglichkeiten, die Konsistenz zu ermitteln. Im Feldversuch nach DIN 4022 Teil 1 wird die Konsistenz folgendermaßen ermittelt: Ein Boden, der beim Pressen in der Hand zwischen den Fingern hindurchquillt, ist breiig. Ein Boden, der sich leicht kneten läßt ist weich. Ein Boden, der sich zwar schwer kneten läßt, aber in der Hand zu 3 mm dicken Walzen ausgerollt werden kann, ohne das er reißt oder zerbröckelt, ist steif. Ein Boden, der beim Ausrollen zu 3 mm dicken Walzen reiß und zerbröckelt, aber dennoch feucht genug ist, um sich erneut zu einem Klumpen formen zu lassen, ist halbfest. Ein Boden, der sich nicht mehr kneten, sondern nur noch zerbrechen läßt, ist hart. Ein Zusammenballen der Einzelteile ist nicht mehr möglich. Der Boden ist ausgetrocknet und zeigt meist eine helle Farbe.

Zwei weitere Möglichkeiten zur Ermittlung der Konsistenz ergeben sich durch die Kenntnis des natürlichen Wassergehaltes eines Bodens und den Wassergehalten an der ↗Fließgrenze und ↗Ausrollgrenze. Es läßt sich eine zahlenmäßige Aussage über die Zustandsform treffen. Zum einen kann dies mit Hilfe des ↗Konsistenzbalkens nach Atterberg erfolgen, zum anderen mit Hilfe der Konsistenzzahl I_C (Tab.). [CSch]

Konsistenzformen, *Konsistenzbereiche, Zustandsformen*, wassergehaltsabhängige Bereiche relativ einheitlicher Festigkeit eines ↗bindigen Erdstoffes. Konsistenzformen sind fest, halbfest, steif–plastisch, weich-plastisch und flüssig. Konsistenzformen werden durch ↗Konsistenzgrenzen getrennt. Die Beurteilung der Konsistenzformen ist in der Baugrundmechanik und in der Feldbodenkunde gebräuchlich, z. B. zur Abschätzung geeigneter Feuchte für die ↗Bodenbearbeitung, ↗Dränung oder ↗Gefügemelioration, da sie ohne Anwendung aufwendiger Prüfverfahren bzw. auf der Grundlage einfacher Techniken wie Ausrollen einer Erdstoffprobe, eine sehr schnelle Beurteilung der wassergehaltsabhängigen Verformbarkeit eines ↗Erdstoffes gestattet.

Konsistenzgrenze, *Atterbergsche Konsistenzgrenzen, Zustandsgrenzen*, Abgrenzung der Zustandsformen, die bindige Böden bei unterschiedlichen Wassergehalten annehmen können. Unterschieden werden ↗Schrumpfgrenze, ↗Ausrollgrenze und ↗Fließgrenze. Die Konsistenzgrenzen werden nach DIN 18 122 T1 bestimmt. Aus den Konsistenzgrenzen werden die ↗Plastizitätszahl und die Konsistenzzahl (↗Konsistenzermittlung) ermittelt. ↗Konsistenz, ↗Konsistenzbalken.

Konsistenzindex, *Zustandszahl*, Index zur Kennzeichnung der ↗Konsistenz eines ↗bindigen Erdstoffes. Der Konsistenzindex wird aus dem Wassergehalt bei Kenntnis der ↗Fließgrenze und der ↗Ausrollgrenze nach der Formel:

$$Ic = (wL-wn)/(wL-wP)$$

berechnet. *Ic* ist hierbei der Konsistenzindex, *wL* ist die Fließgrenze nach Casagrande, *wn* der natürliche (aktuelle) Wassergehalt und *wP* die Ausrollgrenze nach Atterberg. Der Konsistenzindex von Oberböden des gemäßigten Klimas liegt im Frühjahr meistens im Bereich zwischen 0 (Fließgrenze) und 1 (Ausrollgrenze). Er steigt mit zunehmender Austrocknung des Bodens an. Günstige ↗Bodenbearbeitung besteht etwa im Bereich von 1 bis 1,3 (halbfeste Konsistenzform).

Konsistenzprüfung, Verfahren zur Prüfung einer Beobachtungsreihe auf Konsistenz (↗konsistent) mit Hilfe statistischer Methoden wie beispielsweise ↗Trendanalyse oder ↗Sprunganalyse.

Konsolidationssetzung ↗Setzung.

Konstanz, in der Ökologie Grad der Gleichmäßigkeit der Besiedlung von Organismen in ihrem ↗Lebensraum. Die Konstanz wird quantifiziert, indem man in allen für die Art geeigneten ↗Beständen feststellt, ob sie vorkommt oder nicht. Dabei lassen sich mit zunehmender Konstanz die Grade akzidenziell (zufällig vertreten), akzessorisch (vereinzelt vertreten), konstant (überall vertreten) und eukonstant (überall in gleichem Maße vertreten) differenzieren.

konstitutionelle Unterkühlung, Vorgang, der durch ungenügende Temperaturgradienten vor der ↗Wachstumsfront auftreten kann. Bei Zweistoffsystemen (↗binäre Systeme) bringt der Zusatz einer Komponente eine Schmelzpunkterniedrigung bzw. -erhöhung, je nachdem ob der ↗Gleichgewichtsverteilungskoeffizient kleiner bzw. größer eins ist. Damit ergeben sich zwei Folgerungen: Erstens ist die Temperatur des Schmelzpunktes eine Funktion der Konzentration, und zweitens wird beim ↗Kristallwachstum an der Wachstumsfront in der Ausgangsphase ein Überschuß oder eine Verarmung der Zusatzkomponente aufgebaut. Der Konzentrationsverlauf vor der Wachstumsfront verlangt einen entsprechenden Temperaturgradienten, soll das Wachstum weiterhin an der Grenzfläche und nicht davor stattfinden. Hat die experimentelle Anordnung vor der Wachstumsfront einen zu flachen Temperaturgradienten, können Wachstumsinstabilitäten oder Neukeimbildung, auch dendritisches Wachstum auftreten. Dieses Verhalten wird als konstitutionelle Unterkühlung bezeichnet. [GMV]

Konstitutionswasser, das in der Mineralformel als Hydroxylgruppe (OH)⁻ enthaltene Wasser, das erst beim Erhitzen auf Temperaturen von einigen hundert Grad Celsius entweicht (↗wasserhaltige Minerale).

konstruktiver Plattenrand, *divergenter Plattenrand*, ↗Plattenrand.

Konsumenten, *heterotrophe Organismen*, in der Ökologie diejenigen Organismen, die sich von anderen Organismen, den ↗Produzenten, ernähren. Man unterscheidet ↗Herbivore (Primärkonsumenten), ↗Omnivore und ↗Karnivore, welche als zweites oder höheres Glied in der ↗Nahrungskette stehen. Der Biomassenzuwachs an Konsumenten wird als ↗Sekundärproduktion erfaßt.

Kontaktaureole, *Aureole, Exokontaktzone, Kontakthof, Kontaktzone*, der Bereich um eine magmatische ↗Intrusion, innerhalb dessen die Ne-

Konsistenzzahl I_c	Konsistenz
0 – 0,25	breiig
0,25 – 0,50	sehr weich
0,50 – 0,75	weich
0,75 – 1,00	steif
1,00 – 1,25	halbfest
> 1,25	fest

Konsistenzermittlung (Tab.): Grenzzahlen der Zustandsform zur Bestimmung der Konsistenz eines Bodens.

Kontaktmetamorphose 1: schematischer Schnitt durch die Kontaktaureole eines Granodiorit-Plutons mit vier verschiedenen Zonen in dem pelitischen Nebengestein.

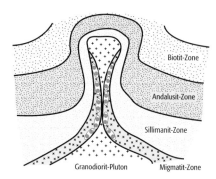

bengesteine durch die Wärmeeinwirkung der intrudierenden Schmelze kontaktmetamorph (↗Kontaktmetamorphose) verändert sind. Die räumliche Ausdehnung einer Kontaktaureole hängt in erster Linie von der Größe der Intrusion und der Temperaturdifferenz zwischen Schmelze und Nebengestein ab. Sie kann von wenigen Millimetern bei schmalen Gängen bis zu mehreren Kilometern bei größeren Intrusionen variieren. Der Bereich mit metamorphen Veränderungen am Rand von Nebengesteinsschollen, die in ein intrudierendes Magma geraten sind, wird als Endokontaktzone bezeichnet. Kontaktaureolen um einen Intrusionskörper sind bevorzugte Orte für die Bildung ↗pegmatitisch-pneumatolytischer Lagerstätten.

Kontakterosion, ↗Erosion in Grenzbereichen innerhalb von Bodenkörpern, Festgesteinen und Gebäuden sowie dazwischen. So kann es zur Kontakterosion an Schichtgrenzen, Bauwerksfugen, Kluftfüllungen und an allen Trennflächen allgemein kommen. Dabei werden durch strömendes Wasser in einer durchlässigeren Schicht Feinkornanteile aus der angrenzenden, undurchlässigeren Schicht ausgewaschen. Im Gegensatz zur ↗Kontaktsuffosion, bei der nur die in kornabgestuften Erdstoffen enthaltenen Feinkornanteile ausgewaschen werden, wird bei der Kontakterosion das an die durchlässige Schicht angrenzende Material der undurchlässigen Schicht vollständig erodiert und verfrachtet.

Kontakthof, *Kontaktzone, Aureole,* ↗*Kontaktaureole*.

Kontaktmarmor, ein durch ↗Kontaktmetamorphose gebildeter ↗Marmor.

kontaktmetamorphe Lagerstätten, Lagerstätten, die in Zusammenhang mit einer ↗Kontaktmetamorphose bei der ↗Intrusion einer magmatischen Schmelze entstanden sind, i. a. verbunden mit ↗metasomatischen Verdrängungen (↗kontaktmetasomatische Lagerstätten, ↗Skarnlagerstätten).

Kontaktmetamorphose, *thermische Metamorphose* (veraltet), der Typ von ↗Metamorphose, der in der direkten Umgebung von magmatischen Intrusionen und Extrusionen stattfindet. Auslösender Parameter ist die von Schmelzen herangeführte Wärme, die zu Temperaturerhöhungen in den Nebengesteinen führt. Werden die Temperaturen so hoch, daß Schmelzbildung auftritt, so spricht man von Pyrometamorphose (↗Hochtemperaturmetamorphose). Der von den kontaktmetamorphen Veränderungen erfaßte Bereich wird ↗Kontaktaureole genannt; er kann, je nach Größe des Intrusionskörpers und Temperatur der Schmelze, von wenigen Millimetern bis zu mehreren Kilometern variieren (Abb. 1). Die sich bildenden Gesteine sind i. d. R. feinkörnig und besitzen keine deutliche ↗Schieferung. Nach Art des Gefüges lassen sich massige Hornfelse (*Pyroxen-Hornfelsfazies*) (Abb. 2) sowie porphyroblastische *Fruchtschiefer, Garbenschiefer* und *Knotenschiefern* unterscheiden. Die in kontaktmetamorphen Gesteinen beobachteten ↗Mineralparagenesen gehören zu den für niedrige Drücke charakteristischen ↗metamorphen Fazies (Hornfelsfazies und Sanidinitfazies). [MS]

kontaktmetasomatische Lagerstätten, durch ↗metasomatische Vorgänge am Intrusionskontakt von magmatischer Schmelze zu Nebengestein (v. a. Carbonaten) durch Metasomatose (*Pyrometasomatose*) entstandene Lagerstätten (↗Skarnlagerstätten).

kontaktmetasomatische Paragenesen, typische Mineralvergesellschaftungen bei der ↗Kontaktmetasomatose, z. B. Turmalin und Topas, Skapolith und Chlorapatit oder sulfidische Erze wie Magnetkies, Pyrit, Zinkblende, Bleiglanz und Kupferkies etc.

Kontaktmetasomatose, ↗Metasomatose im Bereich einer Kontaktzone.

kontaktpneumatolytisch, Bezeichnung für eine plutonische ↗Kontaktmetamorphose bei Zufuhr von ↗leichtflüchtigen Bestandteilen.

kontaktpneumatolytische Lagerstätten, durch ↗pneumatolytische Umwandlungen an der Grenze vom Intrusionskontakt von magmatischen Schmelzen zum unveränderten Nebengestein gebildete Lagerstätten.

Kontaktsuffosion, ↗Suffosion in Grenzbereichen innerhalb von Bodenkörpern, Festgesteinen und Gebäuden sowie dazwischen. So kann es zur Kontaktsuffosion an Schichtgrenzen, Bauwerksfugen, Kluftfüllungen und an allen Trennflächen allgemein kommen. Dabei werden durch strömendes Wasser in einer durchlässigeren Schicht Feinkornanteile aus der angrenzenden, undurchlässigeren Schicht ausgewaschen. Im Gegensatz zur ↗Kontakterosion, bei der das an die durchlässige Schicht angrenzende Material der undurchlässigen Schicht vollständig erodiert und verfrachtet wird, werden bei der Kontakterosion nur die in kornabgestuften Erdstoffen enthaltenen Feinkornanteile ausgewaschen.

Kontakt-Test, Test zur Überprüfung, ob die ↗remanente Magnetisierung magmatischer Gesteine (z. B. ↗Ganggestein oder ↗Intrusion) im Kontakt mit einem Nebengestein älter oder jünger als die Remanenz des Nebengesteins ist. Der Kontakt-Test ist positiv, wenn die mittlere Richtung der remanenten Magnetisierung in der Intrusion anders ist als im Nebengestein und wenn innerhalb des Kontaktsaums ein stetiger Übergang der Remanenzrichtungen vorliegt. Bei einem negativen Kontakt-Test zeigen Intrusion, Kontaktsaum und Nebengestein die gleichen Remanenzrich-

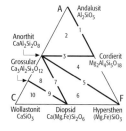

Kontaktmetamorphose 2: ACF-Diagramm der Pyroxen-Hornfelsfazies mit den Mineralparagenesen der zehn Hornfelsklassen, die von V. M. Goldschmidt im Oslo-Gebiet beobachtet wurden.

tungen. Hier besteht der Verdacht, daß die ganze Gesteinsserie durch ↗Remagnetisierung ihre primäre remanente Magnetisierung verloren hat.

Kontaktwiderstand ↗Erdungswiderstand.

Kontaktzone, *Kontakthof, Aureole*, ↗Kontaktaureole.

Kontaktzwilling, besondere Form von ↗Zwillingen. Die Orientierung von Zwillingen wird durch die Zwillingsebene aufeinander bezogen. Ist diese Ebene gleichzeitig die Verwachsungsebene, spricht man von Kontakt- oder *Berührungszwillingen*.

Kontamination, 1) *Bodenkunde*: Verunreinigung eines Bodens bzw. von Bereichen der Umwelt mit Schadstoffen (organischen und anorganischen), Schaderregern oder radioaktiver Strahlung. Mögliche Quellen für Kontaminationen sind nicht geschlossene Produktionsvorgänge, Hausbrand, Kfz-Verkehr, Unfälle, bzw. aus Düngern, Deponien, Klärschlämmen u.a. 2) *Hydrologie*: ↗Gewässerverunreinigung. 3) *Petrologie*: Prozeß, in dem die chemische Zusammensetzung des ↗Magmas durch ↗Assimilation des Nebengesteins verändert wird.

kontaminierter Bereich, [vom lat. contaminare = beflecken], im Arbeits- und Umweltschutz gebräuchliche Bezeichnung für eine stoffliche Verunreinigung von Bereichen, die auf ↗anthropogene Einflüsse zurückzuführen ist. Kontaminierte Bereiche sind durch Verunreinigungen abgegrenzte Volumina oder Massen, z.B. der durch Schadstoffe belastete Abfallkörper einer Altablagerung. Hierzu zählen auch verunreinigte, auf Böden aufgebrachte Materialien wie Schlacken, Bauschutt und sonstige Deckschichten. Bei Altstandorten wird für den verunreinigten Bereich des Untergrundes oft der Begriff Kontaminationsherd benutzt. Die umweltgefährdende Kontamination von Bereichen erfolgt bei ↗Altlasten über das Freisetzen von Schadstoffen aus Altablagerungen und Altstandorten und durch ihre Ausbreitung. Zur räumlichen Abgrenzung und Beurteilung eines kontaminierten Bereiches sind alle in Betracht kommenden Ausbreitungspfade, die auch den direkten Kontakt einschließen, z.B. zwischen Mensch und Schadstoff, zu berücksichtigen. [ME]

Kontinentalabhang ↗Kontinentalhang.

Kontinentaldrift ↗*Kontinentalverschiebung*.

kontinentale Erdkruste, Erdkruste der Kontinente, die etwa ein Drittel der Erdoberfläche umfaßt. Aus petrologischer Sicht unterscheidet sich die kontinentale Kruste deutlich vom Erdmantel und auch von der ↗ozeanischen Erdkruste. Der differierende Aufbau bedingt entsprechende Unterschiede der petrophysikalischen Parameter wie z.B. Dichte und seismische Geschwindigkeiten. Im Mittel weist die kontinentale Erdkruste eine Mächtigkeit von 35–40 km auf. Unter jungen Hochgebirgen wie den Alpen, den Anden und dem Himalaja kann die Erdkruste eine Mächtigkeit von 50–80 km erreichen. Im Gegensatz dazu ist die kontinentale Erdkruste unter jungen ↗Riftzonen auf 20–25 km Mächtigkeit ausgedünnt, z.B. die Riftzonen des ↗Oberrheingrabens und des Ostafrikanischen Grabensystems. Die kontinentale Erdkruste ist aus quarzreichen, d.h. felsischen Gesteinen mit einem mittleren SiO_2-Gehalt von etwa 60 Gew.-% aufgebaut. Gesteine, die die kontinentale Erdkruste bilden sind Sedimente, metamorphe und magmatische Gesteine. Diese Gesteine sind durch seismische Geschwindigkeiten für Kompressionswellen (v_p) von ca. 2–7,5 km/s charakterisiert. Die entsprechenden Dichtewerte liegen zwischen 1,5 und 3,1 g/cm^3 (1500 bis 3100 kg/m^3). Der ↗Erdmantel mit der Moho-Diskontinuität an seiner Obergrenze weist Geschwindigkeiten > 8,0 km/s und Dichte von 3,2–3,3 g/cm^3 (3100–3300 kg/m^3) auf.

Auf Grund der langen (3,8 Mrd. Jahre), und wechselvollen Entwicklungsgeschichte weist die kontinentale Erdkruste starke laterale Inhomogenitäten auf und es ist schwierig, sie durch eine einfache und generalisierende Struktur zu beschreiben. Wenn sich dennoch mit aller Vorsicht aus petrophysikalischer und geochemischer Sicht eine gewisse vertikale Schichtung erkennen läßt, so liegt dies an den geochemischen Prozessen sowie Druck- und Temperaturbedingungen, die trotz lateraler geologischer Unterschiede eine gewisse horizontale Schichtung erzeugt haben. Eine einfache und stark schematisierende Gliederung unterteilt die kontinentale Erdkruste in eine obere, mittlere und untere Kruste. Die obere Kruste umfaßt die Sedimentschicht und das darunter lagernde Grundgebirge. In Beckenregionen kann diese Sedimentschicht über 10–15 km mächtig werden. Das Grundgebirge oder Basement ist aus metamorphen und magmatischen Gesteinen wie ↗Gneisen, ↗Graniten und ↗Granodioriten mit v_p-Werten zwischen 6,0 und 6,5 km/s aufgebaut. Der Grad der Metamorphose nimmt mit der Tiefe zu. In 10–15 km Tiefe findet der Übergang zu ↗Migmatiten mit v_p-Werten um 6,5–6,7 km/s statt. Die untere Kruste besteht aus basischen oder/und hochmetamorphen Gesteinen in Granulitfazies wie ↗Gabbros, ↗Amphiboliten und ↗Graniuliten mit v_p-Werten zwischen 6,5 und 7,5 km/s. Wenn zwischen der mittleren und unteren Kruste ein deutlicher Geschwindigkeitskontrast (etwa 6,5 auf 6,8 km/s) ausgebildet ist, spricht man hier von der ↗Conrad-Diskontinuität (Viktor Conrad, österreichischer Seismologe, 1876–1962). In zahlreichen Regionen ist die untere Kruste durch eine ausgeprägte Lamellierung, d.h. einen Wechsel von Zonen mit erhöhter und verringerter Geschwindigkeit, charakterisiert. Die Grenze zum peridotischen ↗Erdmantel wird von der ↗Mohorovičić-Diskontinuität gebildet, regional kann sich jedoch der Übergang von der Erdkruste zum Erdmantel über eine mehr oder minder breite Übergangszone mit einer Mächtigkeit von mehreren Kilometern vollziehen. Abweichungen von der mittleren Mächtigkeit der kontinentalen Erdkruste von 35 km werden durch unterschiedliche Prozesse der ↗Geotektonik verursacht. ↗Kontinentalkollision führt zu einer Krustenverdickung mit einer Gebirgswurzel. Bei diesem Prozeß kann sich die Krustenmächtigkeit

von 35 auf 70–80 km verdoppeln (Alpen, Anden, Himalaja). Im Gegensatz hierzu erzeugt eine dehnende Tektonik, z. B. die Grabentektonik eine Ausdünnung der Erdkruste, die verbunden ist mit Beckenbildung und Sedimentansammlungen. Beim Übergang zum Ozean nimmt am Kontinentalrand die Mächtigkeit der kontinentalen Erdkruste auf Null ab und wird hier durch die ↗ozeanische Erdkruste ersetzt. [PG]
Literatur: [1] SLEEP N. H. & FUJITA, K. (1997): Principle of Geophysics. – London. [2] LOWRIE, W. (1997): Fundamentals of Geophysics. – Cambridge.

Kontinentalfuß, vom ↗Kontinentalhang, mit nur noch geringem Gefälle zur ↗Tiefsee-Ebene überleitender Bereich des Meeresbodens.

Kontinentalhang, *Kontinentalabhang*, meerwärts an den bis ca. -200 m Tiefe herabreichenden ↗Schelf anschließender, steil zu ↗Kontinentalfuß und ↗Tiefsee-Ebene (bis ca. -3000 bis -4000 m) abfallender Bereich; gleichzeitig Rand zwischen der kontinentalen und der ozeanischen Kruste. In den Kontinentalhang sind häufig durch ↗Suspensionsströme geschaffene submarine Canyons eingeschnitten.

Kontinentalität, klimatologische Gegebenheiten, bei denen im Gegensatz zur ↗Maritimität aufgrund relativ weiter Entfernung vom Ozean die Jahresamplitude der bodennahen Lufttemperatur relativ groß ist. Diese Amplitude steigt allerdings auch mit zunehmender geographischer Breite. ↗Kontinentalitätsindex.

Kontinentalitätsindex, Maßzahl, die den Grad der klimatologischen ↗Kontinentalität quantitativ kennzeichnet. Es gibt mehrere Formeln zur Errechnung des Kontinentalitätsindex. Nach Gorczynski:

$$K = 1{,}7 \cdot (A/\sin\varphi) - 20{,}4,$$

wobei A die Temperatur-Jahresamplitude (Differenz der Mittelwerte des wärmsten und kältesten Monats) und φ die geographische Breite ist. Theoretisch sollte sich damit für maximale Maritimität $K = 0$ und für maximale ↗Kontinentalität $K = 100$ ergeben. Tatsächlich ist dies nur in grober Näherung der Fall.

Kontinentalkollision, *Kontinent-Kontinent-Kollision*, Kollision eines ↗aktiven Kontinentalrandes mit einem Kontinent auf der Unterplatte nach ↗Subduktion des ursprünglich trennenden Ozeans. Der stärkere Auftrieb der kontinentalen Kruste führt zur ↗Kollisionstektonik, die ein Zerscheren namentlich der kontinentalen Kruste der Unterplatte und die Stapelung der Scherkörper in einem ↗Deckenbau bewirkt. Zum Teil werden bei dieser Einengung die Abschiebungen und ↗Kippschollen des ↗passiven Kontinentalrandes des Unterplattenkontinents in einer ↗tektonischen Inversion zu Überschiebungen reaktiviert. Die andersartige Strukturentwicklung in einer kontinentalen Unterplatte im Gegensatz zu der in einer ozeanischen ist durch die ↗Rheologie der quarzreichen Kruste bestimmt, die bei >300°C ↗duktile Verformung zuläßt. Damit können sich Überschiebungen aus verteilter Scherung im duktilen Bereich entwickeln. Die starke Anhäufung kontinentaler Kruste bei der Kontinentalkollision durch abscherende, nicht subduzierbare kontinentale Kruste der Unterplatte und gleichfalls spröde und duktile Einengungsstrukturen der kontinentalen Kruste der Oberplatte führt zu starker Krustenverdickung in Form einer Gebirgswurzel (↗Orogen) und entsprechender isostatischer Heraushebung des Gebirgskörpers (↗Kollisionsorogen, z. B. Alpen, Himalaya). In der Sutur zwischen kontinentaler Ober- und Unterplatte finden sich abgeschürfte, als ↗Terrane oder ↗Decken ansprechbare, unterschiedlich groß entwickelte Reste von Schichtfolgen und/oder deren kristallinem Grundgebirge (↗Kraton), die den Raum zwischen den beiden Kontinenten ursprünglich einnahmen. Dazu gehören v. a. Turbiditfolgen aus dem Bereich der Tiefseerinne, Fragmente der ozeanischen Kruste (↗Ophiolith-Komplexe) und mächtige Sedimentfolgen vom passiven Kontinentalhang des Unterplattenkontinents. Daneben können auch Fragmente von ↗Inselbögen in dieser Sutur auftreten. [KJR]

Kontinentalrand, Großform des Meeresbodenreliefs, nimmt etwa 1/3 der Fläche der Ozeane ein und stellt die Übergangszone vom Festland zu den ↗Tiefseebecken dar. Er umfaßt Schelf, ↗Kontinentalhang und Fußregion sowie die Tiefseegräben. Man unterscheidet den atlantischen und den pazifischen *Kontinentalrandtyp*. Ersterer ist geotektonisch ruhig, besitzt einen breiten flachen ↗Schelf sowie nur mäßig geböschten ↗Kontinentalhang und wird häufig begleitet von Tiefländern und Mittelgebirgen (↗passiver Kontinentalrand). Der pazifische Kontinentalrandtyp ist geotektonisch aktiv mit schmalem ↗Schelf und steil abfallendem, oft bis in ↗Tiefseerinnen führenden ↗Kontinentalhang. Er wird häufig begleitet von Hochgebirgen und aktiven Vulkangürteln (↗aktiver Kontinentalrand). ↗Meeresbodentopographie.

Kontinentalrandtyp ↗Kontinentalrand.

Kontinentalverschiebung, *Kontinentaldrift*, alte Bezeichnung für die Bewegung der Kontinente, die auf die Theorie von Alfred Wegener (1880–1930) zurückgeht, nach der sich die Kontinente mit der Erdkruste auf dem flüssigen Erdmantel bewegen. Wegener lieferte für den Beweis seiner Theorie Argumente aus der Geodäsie, Geophysik, Geologie, Paläontologie und Biologie sowie Paläoklimatologie. Einen Schwachpunkt stellte das Fehlen einer plausiblen Antriebskraft für die Bewegungen dar. Die Wegnersche Theorie (↗Kontinentalverschiebungstheorie) wurde deshalb zu seinen Lebzeiten von den führenden Geologen weitgehend abgelehnt. Sie kam erneut in die wissenschaftliche Diskussion, als nach dem zweiten Weltkrieg eine intensive Vermessung der Ozeanböden mit ozeanographischen und geophysikalischen Methoden durchgeführt wurde. Dabei wurden die riesigen Mittelozeanischen Rücken (mit über 70.000 km Länge der längste Gebirgszug der Erde) sowie die streifenförmigen

Muster der gegensätzlich gepolten Magnetisierungsrichtungen des Ozeanbodens parallel zu den Rücken entdeckt. Schließlich gelang der paläomagnetische Nachweis der Kontinentalverschiebung aus der Rekonstruktion der Plattenbewegungen anhand der Polwanderungskurven der einzelnen Platten. Jede der Platten der Lithosphäre besitzt eine eigene scheinbare ↗Polwanderungskurve. Aus den ↗Paläoinklinationen I_{pal} können unter der Annahme eines ↗Dipols als beste Näherung des Erdmagnetfeldes die ↗Paläobreiten φ_{pal} berechnet werden, aus den ↗Paläodeklinationen D_{pal} die Rotationsbeträge. Unter Beachtung von Ergebnissen der Geologie, der Paläontologie und der Paläoklimatologie, ist es möglich, die Driftgeschichte der Platten nachzuvollziehen. Die Weiterentwicklung und Interpretation dieser Messungen führte dann zur Theorie des ↗Plattentektonik nach der nicht nur die Erdkruste, sondern auch Teile des Erdmantels (↗Lithosphäre) auf der darunterliegenden weicheren Schicht (Asthenosphäre) gleiten (↗Plattenkinematik).

Kontinentalverschiebungstheorie, *Kontinentaldrifttheorie*, von A.L. ↗Wegener begründete Theorie, die davon ausging, daß sich die Umrisse einander gegenüberliegender Kontinente gut entsprechen (z.B. die Atlantikküsten Afrikas und Südamerikas). Wegener schloß daraus, daß die heutigen Erdteile ursprünglich in einem einzigen Kontinent zusammengeschlossen waren, den er *Pangäa* (Abb. 1) nannte. Dieser *Superkontinent* sei von einem Urozean (*Panthalassa*) umgeben gewesen und erst im ↗Mesozoikum aufgespalten worden. Danach seien seine Fragmente bis in ihre heutige Position auseinandergedriftet (*Kontinentaldrift*). Daß derart weite Verschiebungen von Kontinenten möglich seien, leitete Wegener aus dem damaligen Kenntnisstand über den ↗Schalenbau der Erde ab (Abb. 2): Die Kontinente seien aus relativ leichten Gesteinen aufgebaut, die er nach den charakteristischen Elementen Silicium und Aluminium als *Sial* oder Sal zusammenfaßte. Das Sial sei isostatisch eingetaucht in eine schwerere, basaltische Erdschale, die er wegen der Häufigkeit von Silicium und Magnesium als *Sima* bezeichnete. Wegener nahm an, daß sich das Sima bei kurzzeitiger Kräfteeinwirkung wie ein Festkörper verhalte, bei langdauernden Beanspruchungen über erdgeschichtliche Zeiträume aber wie eine zähe Flüssigkeit. Den nach heutiger Kenntnis zu groß dimensionierten ↗Erdkern nannte er *Nife*, mit pauschalem Bezug auf die Nickel(Ni)-Eisen(Fe)-Meteorite (↗Nikkeleisen, ↗Meteorit).

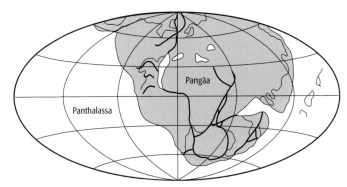

Kontinentalverschiebungstheorie 1: Superkontinent Pangäa während des Oberkarbons nach A.L. Wegener.

Die Ursachen der Kontinentaldrift suchte Wegener zunächst in astronomischen Faktoren. Durch die ↗Rotation der Erde werde eine Polfluchtkraft erzeugt, die die Kontinente äquatorwärts dränge. Zusätzlich werde eine Westdrift sowohl durch die ↗Präzession der Erdachse als auch durch die Gezeitenreibung – also letztlich durch die Anziehung von Sonne und Mond – erzeugt (↗Gezeiten). Später nannte Wegener außerdem thermisch bedingte Massenverlagerungen unter der festen Erdrinde als mögliche Ursache. Da Kontinentalverschiebungen zu Wegeners Zeiten geodätisch noch nicht nachgewiesen werden konnten und die astronomischen Faktoren quantitativ nicht ausreichten, solche zu erklären, wurde die Kontinentalverschiebungstheorie lange Zeit von der Mehrheit der Geowissenschaftler abgelehnt. Erst nach der Mitte des 20. Jh. bildete diese mobilistische Theorie (↗geotektonische Theorien) eine Grundlage für die ↗Plattentektonik. [VJ]

Kontinentkarte ↗Erdteilkarte.

Kontinent-Kontinent-Kollision ↗Kontinentalkollision.

Kontingenztabelle, Zusammenstellung von Klassen- und Feldhäufigkeiten einer Stichprobe vom Umfang N aus einer (zweidimensionalen) Grundgesamtheit in einem rechteckigen Schema mit r Zeilen und s Spalten. Sie wird ergänzt durch die Randsummen der Zeilen und Spalten, sowie durch die Gesamtsumme N. Speziell für $r = s = 2$ nennt man die Kontingenztabelle Vierfelder- oder 2×2-Tafel, für die zahlreiche Maßzahlen der Kontingenz existieren. Bei der ↗Verifikation (meteorologischer) Vorhersagen wird heute dem Prüfmaß ↗TSS der Vorzug gegeben.

Kontinua, (Sing.: Kontinuum) in der ↗Kartographie die räumlich, flächen- oder oberflächenhaft ohne Begrenzung, lückenlos und stetig auftretenden ↗Darstellungsgegenstände. Sie werden durch Wertefelder (Meßpunktfelder) beschrieben, deren geometrische Information in der Lageangabe der Wertepunkte enthalten ist, während die Sachinformation die dritte Dimension verkörpert. Kontinua kommen real vor (meßbar, vielfach auch sichtbar), z.B. die Geländeoberfläche, das Magnetfeld der Erde, Lufttemperaturen, und in Gestalt physikalischer oder geometrischer Modelle (numerisch), z.B. das ↗Geoid, Klimamodelle, Abstands- und Zeitmodelle als Isochoren und Isochronen. Die Mehrzahl der realen

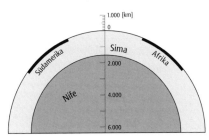

Kontinentalverschiebungstheorie 2: Schalenbau der Erde nach A.L. Wegener.

kontinuierliche Punktgruppen

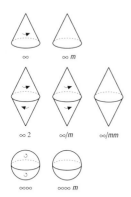

kontinuierliche Punktgruppen: die sieben Typen von kontinuierlichen dreidimensionalen Punktgruppen. Die Nomenklatur lehnt sich an diejenige der kristallographischen Punktgruppen an.

Kontinua sind geophysikalische Erscheinungen und Sachverhalte (Zustände von ↗Atmosphäre, ↗Hydrosphäre und ↗Lithosphäre), die vorrangig mittels ↗Isolinien wiedergegeben werden, wobei die zugrundeliegenden berechneten oder gemessenen Werte einen bestimmten Augenblickzustand, einen mittleren Zustand (Tages-, Monats-, Jahresmittel) oder die Amplitude fixieren. Der Gegensatz zu den Kontinua sind die ↗Diskreta. [WGK]

kontinuierliche Punktgruppen, *Curie-Gruppen,* ↗Punktgruppen mit Elementen, die von einem oder auch von mehreren stetig veränderbaren Parametern abhängen. Dabei entspricht jedem Wertesystem der Parameter genau ein Gruppenelement und umgekehrt jedem Gruppenelement genau ein Wertesystem. Kontinuierliche Punktgruppen sind stets unendlich. Ein einfaches Beispiel ist die Gruppe aller Abbildungen einer Kugel auf sich. Die sieben Typen von kontinuierlichen dreidimensionalen Punktgruppen sind in der Abb. illustriert. Im Gegensatz zu kontinuierlichen Gruppen sind kristallographische Gruppen stets diskret.

kontinuierliche Reaktionsreihe ↗Reaktionsprinzip nach Bowen.

kontinuierlicher Fluß, *perennierender Fluß, permanenter Fluß,* Bezeichnung für einen ↗Fluß mit ständigem ↗Abfluß. Dieser kann verursacht sein durch gleichmäßig über das Jahr verteilte Niederschläge oder durch die allmähliche Abgabe von natürlich gespeichertem Wasser in Schnee, Gletschern, Seen, Boden und Grundwasser. Den kontinuierlichen Flüssen werden die ↗intermittierende Flüsse und die Flüsse mit nur ↗episodischer Wasserführung gegenübergestellt.

kontinuierlicher Tunnelvortrieb, Tunnelvortrieb, bei dem auf Sprengen verzichtet wird. Ein kontinuierlicher Tunnelvortrieb ohne (besondere) Aufenthalte ist bei Handvortrieb im Weichgestein, bei maschinellem Vortrieb in einheitlichen Weich- und Hartgesteinen durch Schräm- und Fräsmaschinen oder durch konzentrisch erweiternde Bohrwerkzeuge und bei Schildvortrieben in Lockergestein möglich.

Kontinuitätsgleichung, 1) *Hydrodynamik:* Gesetz der Massenerhaltung in einer Form, die für Kontinua (Flüssigkeiten und Gase) geeignet ist. In kartesischen Koordinaten lautet sie:

$$\frac{\partial \varrho}{\partial t} + \nabla(\varrho \cdot \vec{v}) = 0$$

mit t = Zeit, ϱ = Dichte, $\vec{v}$ = Geschwindigkeitsvektor. Zur Erklärung ozeanographischer Phänomene läßt sich häufig in erster Näherung annehmen, daß Wasser ein inkompressibles Medium ist:

$$d\varrho/dt = 0.$$

Dann vereinfacht sich die Kontinuitätsgleichung zu: $\nabla \vec{v} = 0$ und läßt sich damit ausschließlich durch die Geschwindigkeiten ausdrücken. **2)** *Hydrogeologie:* Gleichung, die besagt, daß der Durchfluß pro Zeit für eine stationäre Strömung konstant ist: dV/dt = const. Die Wassermenge, die in ein rechteckiges Volumenelement mit den Seitenlängen dx, dy und dz in der x-, y- und z-Richtung eintritt, ist:

$$Q_E = v x dy dz + v y dx dz + v z dx dy,$$

die es verläßt, ist:

$$Q_A = v_x\, dydz + \frac{\partial v_x}{\partial x} dxdydz + v_y\, dxdz$$
$$+ \frac{\partial v_y}{\partial y} dydxdz + v_z\, dxdy + \frac{\partial v_z}{\partial z} dzdxdy.$$

Nimmt man das Wasser als nicht kompressibel an, so ist die Wassermenge Q_E, die in das Element gelangt, gleich derjenigen, die es bei stationärer Strömung verläßt (Q_A). Demnach sind die beiden oben genannten Ausdrücke gleich. Damit ergibt sich die Kontinuitätsgleichung:

$$\frac{\partial v_x}{\partial x} + \frac{\partial v_y}{\partial y} + \frac{\partial v_z}{\partial z} = 0.$$

Da weder Wasser noch Gestein völlig inkompressibel sind, erfüllt der Grundwasserfluß die Kontinuitätsgleichung nicht streng. Jedoch kann dies bei den meisten praktischen Aufgaben als unerheblich vernachlässigt werden. Durch Einsetzen der Geschwindigkeitspotentiale in die Kontinuitätsgleichung ergibt sich die ↗Laplace-Gleichung:

$$\nabla^2 h = \frac{\partial^2 h}{\partial x^2} + \frac{\partial^2 h}{\partial y^2} + \frac{\partial^2 h}{\partial z^2} = 0.$$

Die Laplace-Gleichung ist die partielle Differentialgleichung der stationären Wasserströmung in homogenen, nicht kompressiblen, isotropen porösen Medien.

Kontinuumsmechanik, Anwendung physikalischer Gesetze auf ein Kontinuum. Es wird angenommen, daß Materie gleichmäßig im Raum verteilt ist. Diese Annahme ist für seismische Wellen gerechtfertigt, da ihre Wellenlängen um ein Vielfaches größer sind als der Atomabstand in elastischen Körpern. Sie sind deshalb auch ungeeignet, die Molekülstrukturen von Gesteinen in der Erdkruste und im Erdmantel aufzulösen. Mit den relativ einfachen Gesetzen für ein elastisches Kontinuum lassen sich erstaunlich viele Phasen in ↗Seismogrammen von ↗Erdbeben und anderen ↗seismischen Quellen erklären. Ausgangspunkt ist die lineare Beziehung zwischen elastischen Deformationen und den verursachenden Spannungen, die in der Elastizitätstheorie durch das ↗Hookesche Gesetz beschrieben wird. Über eine Kräfte- und Drehmomentenbilanz der im elastischen Körper wirkenden Kräfte läßt sich die Bewegungsgleichung für die elastische Verformung ableiten. Bezeichnet u den Verschiebungsvektor eines infinitesimal kleinen Volumenelementes, erhält man folgende partielle Differentialgleichung für u:

$$\partial^2 u/\partial t^2 = \alpha^2 \, \text{grad div } u - \beta^2 \, \text{rot rot } u$$

mit den Differentialoperatoren grad, div und rot. Die Glieder auf der rechten Seite entsprechen zwei Volumenkräften. Das erste Glied beschreibt die Drücke, die bei Dehnung und Kompression des betrachteten Volumenelementes entstehen. Das zweite Glied beschreibt die Scherspannungen, die bei Scherung des Volumenelementes entstehen. Aus der Gleichung folgt, daß es in einem elastischen Medium zwei unterschiedliche Wellentypen gibt: ↗P-Wellen und ↗S-Wellen, die sich mit den Geschwindigkeiten α (*P-Wellengeschwindigkeit*) bzw. β (*S-Wellengeschwindigkeit*) ausbreiten. Die Verschiebung beim Durchgang von *P*-Wellen ist vorwiegend in Ausbreitungsrichtung des ↗Wellenstrahls, die Volumenelemente werden i.w. komprimiert und gedehnt. Bei *S*-Wellen erfolgt die Verschiebung bevorzugt senkrecht zur Ausbreitungsrichtung, die Volumenelemente werden geschert, aber nicht komprimiert oder gedehnt (↗Seismische Wellen). Die Größen α und β sind Materialkonstanten, die für ein isotropes Medium nur von zwei elastischen Konstanten, z. B. den *Lamé-Konstanten* λ und μ, sowie von der Dichte ϱ abhängen:

$$\alpha = \sqrt{(\lambda + 2\mu)/\varrho}$$
$$\beta = \sqrt{\mu/\varrho}$$

Aus diesen Beziehungen folgt $\alpha > \beta$. Das bedeutet, daß *P*-Wellen immer vor den *S*-Wellen eintreffen. In Flüssigkeiten ist $\mu = 0$, deshalb gibt es dort keine *S*-Wellen. [GüBo]

Kontraktion, Gegenteil von ↗Extension.

Kontraktionsachse ↗Verformungsellipsoid.

Kontraktionstheorie, von J.-B. ↗Elie de Beaumont (1830) begründete, später von A. ↗Heim und E. ↗Suess weiterentwickelte Theorie. Die Kontraktionstheorie ging von dem Modell einer Erde aus, bei dem ein glutflüssiges Inneres von einer abgekühlten Festgesteinshülle umgeben sei. Da die Erde ständig Wärme in den kalten Weltraum abgebe, verringere sich ihr Volumen allmählich, und dadurch würden in der Gesteinshülle vorwiegend kompressive Deformationen erzeugt, vergleichbar der schrumpfenden Schale eines trocknenden Apfels. Strukturen der ↗Einengungstektonik seien aber in der Erdgeschichte nicht kontinuierlich gebildet worden, weil sich zur Überwindung der Festigkeit der Gesteinshülle entsprechend große Spannungen allmählich aufbauen müßten, um dann phasenhaft tektonische ↗Deformationen auszulösen. Deutlicher Ausdruck der Kontraktion seien die ↗Orogene. ↗Dehnungstektonik sei dagegen auf lokale Inhomogenitäten zurückzuführen. Die Kontraktionstheorie wurde weit über hundert Jahre lang von der Mehrheit der Geowissenschaftler akzeptiert. H. ↗Stille entwickelte auf dieser Grundlage seine Vorstellungen von den ↗Geosynklinalen und vom orogenen Zyklus (↗Orogenese). Einwände gegen die Kontraktionstheorie mehrten sich im Lauf des 20. Jh.; u.a. sind die große Verbreitung von Dehnungsstrukturen und der bogenförmige Verlauf vieler Orogene dadurch nicht zu erklären. Heute ist die Kontraktionstheorie weltweit aufgegeben worden. [VJ]

Kontrast, in der Wahrnehmungspsychologie als Wahrnehmungskontrast (Kontrastempfindung) das Sichvoneinanderabheben zweier gleichartiger Wahrnehmungsinhalte, verbunden mit einer gegenseitigen Beeinflussung der Sinnesempfindungen bei gleichzeitiger Reizung benachbarter Sinneszellen oder bei kurz aufeinander folgender Reizung derselben Sinneszellen durch Reize unterschiedlicher Qualität oder Quantität (z. B. optischer Reiz unterschiedlicher Farbe bzw. Helligkeit), wobei die Beeinflussung zum Wahrnehmen oder Erleben von tatsächlich nicht vorhandenen Erscheinungen führen kann.

Die Beeinflussung verläuft stets in gegensinniger Weise zur beeinflussenden Empfindung, wobei größere Reizflächen ein Übergewicht über kleinere erlangen: Ein grauer Fleck erscheint in einer dunklen Umgebung heller, in einer hellen Umgebung dagegen dunkler, als es seiner tatsächlichen Helligkeit entspricht. In farbiger Umgebung nimmt er den Farbton der Gegenfarbe an. Ferner zeigen besonders die Grenzbereiche kontrastierender Flächen gegensinnige, als Grenz- oder Randkontraste bezeichnete Kontrasttäuschungen. Diese Grundregeln lassen sich auf alle Differenzierungen der Farben und ihre Zusammenstellungen übertragen. So erscheint Gelb auf Violett intensiver und heller, Orange auf Blau intensiver und heller, Rot auf Türkis intensiver und wärmer, Purpur auf Grün intensiver und wärmer, Violett auf Gelb intensiver und dunkler, Blau auf Orange intensiver, kälter und dunkler, Türkis auf Rot intensiver und kälter, Grün auf Purpur, intensiver und kälter. Im Sinne einer Nachbarschaftswirkung tritt folgende Beeinflussung der Farben durch den Simultankontrast auf. So wirkt Gelb neben Grün wärmer, rötlicher, neben Orange kühler, grünlicher, Orange neben Gelb wärmer, rötlicher, neben Rot kälter, gelber, Rot neben Orange aktiver, wärmer, neben Purpur orangefarbener, Purpur neben Rot blaustichig, neben Violett röter, Violett neben Purpur bläulicher, kühl, neben Blau rötlicher und warm, Blau neben Violett grünlicher und kälter, neben Türkis rötlicher und wärmer, Türkis neben Blau grünlicher, neben Grün blauer, Grün neben Türkis gelblicher, neben Gelb grüner und kälter.

In der Praxis der Kartengestaltung sollten im Interesse einer eindeutigen Decodierung des Karteninhalts zu feine Farbabstufungen besonders in der Nähe der genannten extremen Simultankontraste bei der Kartengestaltung vermieden werden. [FH]

Kontrastübertragungsfunktion ↗Modulationsübertragungsfunktion.

Kontrastumfang, Statistik eines Bildes, die auf der Analyse der Grauwerte eines Bildes beruht. Sie kann durch ein Histogramm (Häufigkeitsverteilung der Grauwerte) sowie die zugehörigen statistischen Parameter »mittlerer Grauwert« und »Standardabweichung« beschrieben werden. Anhand der Standardabweichung können Aussagen zum Kontrastreichtum des Bildes gemacht werden. Deckt die Standardabweichung eine breite Spannweite an Grauwerten ab, so ist das Bild kontrastreich. Im Gegensatz dazu ist ein kontrastarmes Bild durch eine geringe Streuung um den mittleren Grauwert (geringe Standardabweichung) charakterisiert. Demzufolge ist bei diesen Bildern aufgrund von weniger beteiligten Grauwerten auch der Informationsgehalt geringer. Hier sollte eine ↗Histogrammstreckung erfolgen.

Kontrastverstärkung, *Bildverstärkung,* bei der Kontrastverstärkung wird das ↗Grauwerthistogramm eines Eingabebildes durch eine entsprechend zu wählende ↗Look-up-Tabelle gestreckt (*Grauwertstreckung*). Wenn also ein Eingabebild ein Grauwerthistogramm mit geringer Varianz aufweist, die Grauwerte also um einen den Mittelwert nur gering streuen (= niedriger Kontrast), so kann dieser Grauwertbereich beispielsweise auf das gesamte Grauwertspektrum (0–255) gestreckt werden, um den Kontrast zu erhöhen.

Kontrollbrunnen, ↗Brunnen oder ↗Grundwassermeßstelle zur Überwachung des ↗Grundwassers.

Kontrollpunkt ↗Paßpunkt.

Kontrollstollen, Stollen zur Kontrolle bereits errichteter Abdichtungsmaßnahmen bei Talsperren. Er wird den ↗Herdmauern bei hohen Dämmen oder schwierigen Untergrundverhältnissen angegliedert. Bei Bedarf kann er dazu genutzt werden, weitere Abdichtungsmaßnahmen zu errichten, wie z. B. die Erstellung von ↗Injektionsschleiern.

Kontur, *Umrißlinie, Begrenzungslinie,* die eine Signatur-, Diagramm-, grundrißliche oder grundrißähnliche Fläche umgrenzende Linie. Konturen erfüllen in Karten mehrere Funktionen: a) Sie wirken trennend, eine Eigenschaft, die ausgenutzt werden kann, um ähnliche, aneinandergrenzende ↗Flächenfüllungen unterscheidbar zu machen. Andererseits vermögen Konturen stark kontrastierende Farbflächen zu harmonisieren (↗Farbharmonie, ↗Farbkontrast). Vornehmlich in Schwarz oder Grau gehaltene Konturen tragen zur klaren Gliederung des Kartenbildes bei. b) Konturen haben die drucktechnische Funktion, geringe Abweichungen von der Passergenauigkeit zu kompensieren. c) Konturen sind in der Regel verbunden mit einer Flächenfüllung, wobei sie in diesem Fall zeichentheoretisch keine Repräsentationsfunktion erfüllen. Sie können aber auch als selbständige Kartenzeichen auftreten, z. B. wenn die Hierarchie einer ↗Raumgliederung zu verdeutlichen ist. Dieser Fall bildet den Übergang zur ↗Linearsignatur. Die für Linearsignaturen möglichen graphischen Abwandlungen (außer doppellinige Lösungen) kommen auch für Konturen in Betracht.
In digitaler Darstellung (geometrische Datenbasis) sind die Konturen flächenhafter ↗Kartenzeichen als gerichtete und geschlossene Linienzüge (Kanten im Sinne der Graphentheorie) stets verknüpft mit denjenigen Flächen, die sie umschließen. [KG]

Konturenpunkt, ein Punkt auf der Grenzlinie benachbarter Flächen, deren Darstellungen sich im ↗Luftbild oder in einer ↗Karte o. a. durch Helligkeit, ↗Tonwert, Farbe oder Füllung deutlich unterscheiden (↗graphische Variablen).

Konturit, vorwiegend siltige und feinsandige Ablagerungen der Tiefsee und des tieferen Schelfs. Merkmale sind Gradierung, ↗Horizontalschichtung und Rippelschrägschichtung sowie scharfe Kontakte zu liegenden und hangenden Bänken. Weiterhin zeichnen sie sich durch gute Sortierung und geringe Bankmächtigkeiten aus. Konturite entstehen durch Umlagerung von Sedimenten mittels der Beckenkontur folgender kalter, relativ salzhaltiger Bodenströmungen.

Konturpflügen, ↗*contour ploughing,* höhenlinienparallele ↗Bodenbearbeitung und Anlage von Pflanzreihen, beugt der ↗Bodenerosion vor, da in Gefällsrichtung keine künstlichen Wasserleitbahnen erzeugt werden.

Konvektion, 1) *Geophysik:* Wärmetransport durch Stofftransport. Neben der reinen ↗Wärmeleitung erfolgt ein erheblicher Wärmetransport in der Erde durch die Kopplung an einen Massentransport. Man unterscheidet zwischen freier Konvektion und erzwungener Konvektion (↗Advektion). Die freie Konvektion wird allein durch Temperaturunterschiede und dadurch bedingte Dichteunterschiede verursacht. Sie erfolgt dann, wenn eine kritische Temperaturdifferenz überschritten wird (↗adiabatischer Temperaturgradient). Zur Beschreibung der freien Konvektion haben sich dimensionslose Zahlen bewährt. Für die Abschätzung, ob eine freie Konvektion in wassergefüllten porösen Gesteinen möglich ist, bietet die ↗Rayleigh-Zahl $Ra = \varrho_w \cdot c_w \cdot \alpha_v \cdot k \cdot g \cdot \Delta T \cdot z / v \lambda_r$, benannt nach Lord Rayleigh, einem englischer Physiker (1842–1919), eine wichtige Grundlage. Die Parameter sind Dichte (ϱ_w) und spezifische Wärmekapazität (c_w) des Grundwassers, thermische Volumenausdehnung (α_v), Permeabilität der porösen Gesteine (k), Schwerebeschleunigung (g), Temperaturdifferenz (ΔT), Schichtdicke (z), kinematische Viskosität (v) des Wassers und Wärmeleitfähigkeit des Gesteins (λ_r). Eine weitere wichtige Zahl ist die ↗Nusselt-Zahl $Nu = \alpha \cdot z/\lambda_r$, benannt nach dem deutscher Physiker Wilhelm Nusselt (1882–1957), wobei α der Wärmeübergangskoeffizient ist. Die kritische Rayleigh-Zahl, oberhalb der eine freie Konvektion beginnt, ist $Ra_c \geq 40$. Viele Bohrungen zeigen hydraulisch gestörte Temperatur-Tiefenprofile. Zur Bestimmung der nicht durch Konvektion gestörten Wärmestromdichte müssen konduktiver und konvektiver Wärmetransport getrennt werden. Dies kann mit Hilfe der ↗Péclet-Zahl Pe, benannt nach dem franz. Physiker Jean Claude Eugene Péclet (1793–1857), erfolgen, die das Verhältnis von konvektivem zu konduktivem Wärmetransport angibt. Ist $|Pe| < 1$, überwiegt der konduktive Wärmetransport, ist $|Pe| > 1$ überwiegt der konvektive Wärmetransport. Im tiefen Erdinnern findet oberhalb des ↗adiabatischen Temperaturgradienten (ca. 0,3 mK/m) freie Konvektion statt. Im Erdmantel ist mit großräumigen Konvektionszellen zu rechnen, die die Grundlage für globale geodynamische Prozesse sind (↗Plattentektonik). Die Geometrie der Konvektionszellen und das Verhältnis von Ra/Ra_c bestimmen die Geschwindigkeit der Konvektionsströmung. Die erzwungene Konvektion (↗Advektion) ist an Grundwasserfließvorgänge gebunden, die durch Druckdifferenzen verursacht werden. Diese werden durch Niveauunterschiede im Grundwasserspiegel erzeugt. Das Darcysche Gesetz $v_f = k_f \cdot \text{grad } h$ (k_f = Durchlässigkeitsbeiwert, grad h = Druckgefälle) bildet das theoretische Fundament. In sedimentären Schichten mit hoher Porosität und Permeabilität erfolgt ein lateraler Grundwasserfluß auch über große Entfernungen. Während des Fließvorganges nimmt das Wasser Wärme aus der Umgebung auf. Ein Wiederaufstieg des warmen Wassers erfolgt bevorzugt an vorhandenen Störungen, in vielen Fällen als artesisch gespanntes Wasser. Typische Beispiele sind Sedimentbecken. Die Ergebnisse aus tiefen Bohrungen zeigen, daß ein advektiver Wärmetransport auch bis Tiefen von 10 km möglich ist. **2)** *Hydrologie*: Transport gelöster und ungelöster Stoffe (↗Schwebstoffe) in Fließgewässern durch die Strömung (↗Gerinneströmung), näherungsweise bei mittlerer Fließgeschwindigkeit. **3)** *Klimatologie*: Bezeichnung für Bewegungsvorgänge, die durch den Auftrieb in einer Atmosphäre mit labiler ↗Temperaturschichtung hervorgerufen werden (*thermische Konvektion*). Dabei kommt es zum Aufsteigen wärmerer und zum Absinken kälterer Luftpakete. Die entstehenden Bewegungsformen reichen von einzelnen *Aufwinden* bis hin zu geordneten ↗Konvektionszellen (z. B. Bonard-Zellen, ↗Wolkenstraße). Spielt die Kondensation von Wasserdampf keine Rolle, so spricht man von trockener Konvektion (bei Segelfliegern auch *Blauthermik* genannt). Kondensiert in den aufsteigenden Luftpaketen der Wasserdampf (feuchte Konvektion), so führt dies zur Bildung von ↗Konvektionswolken. Diese können sich wie im Fall der Cumulonimbus-Wolke (↗Wolkenart) bis zur Tropopause erstrecken. Die Konvektion sorgt besonders in der ↗atmosphärischen Grenzschicht für einen effektiven vertikalen Wärmetransport zwischen dem durch solare Einstrahlung erwärmten Untergrund und der kühleren ↗freien Atmosphäre. **4)** *Kristallographie*: Begriff für Strömungen in beweglichen Phasen. Die Nährphase für die Kristallzüchtung ist i. d. R. eine mobile, fluide oder gasförmige Phase. Aufgrund von Konzentrationsunterschieden und Temperaturgradienten vor der ↗Wachstumsfront kann es zu auftriebs- oder oberflächenspannungsgetriebenen Strömungen kommen. Diese nennt man Konvektionen. Je nach Umgebungsbedingungen können laminare, oszillierende oder turbulente Strömungen auftreten, die die Verhältnisse direkt vor der Wachstumsfront entscheidend beeinflussen können. Sie verändern z. B. die Schichtdicke der am Kristall haftenden Schicht, in der nur ↗Diffusion abläuft. Gerade beim ↗gerichteten Erstarren wird der Konzentrationsverlauf im erstarrten Festkörper stark von der Konvektion beeinflußt. Für ein kontrolliertes Wachstum ist eine Beherrschung der Konvektionsströme äußerst wichtig. Dazu werden Bedingungen geschaffen, die die Konvektion entweder unterdrücken oder durch aufgeprägte, erzwungene Strömungen gleichmäßig gestalten. Wichtige Erkenntnisse für diese Züchtungsbedingungen wurden durch die ↗Kristallzüchtung unter Mikrogravitation gewonnen. **5)** *Ozeanographie*: Prozeß des Absinkens von Oberflächenwasser in die tieferen Schichten nach Dichteerhöhung durch Abkühlung oder Salzanreicherung. Zentren tiefreichender Konvektion durch Abkühlung sind das ↗Weddellmeer sowie die ↗Grönlandsee und die Labradorsee. Salzanreicherung aufgrund erhöhter Verdunstung führt zu tiefreichender Konvektion im Europäischen Mittelmeer und im Roten Meer. Salzanreicherung tritt auch bei Eisbildung im Meer auf und führt zu intensiver Konvektion über den Arktischen und Antarktischen Schelfen. Der Konvektionsprozeß gilt als Antrieb der ↗thermohalinen Zirkulation und damit der ↗Tiefenzirkulation im Weltmeer.

Konvektionsbewölkung, *konvektive Bewölkung*, die unterschiedliche Bedeckung des Himmels mit ↗Konvektionswolken.

Konvektionskondensationsniveau, *KKN* ↗Kondensationshöhe.

Konvektionswalze ↗Erde.

Konvektionswolken, *konvektive Wolken*, infolge von ↗Konvektion entstehende Wolken deren Abmessungen durch die Größe der Auf- und Abwindverteilung in den ↗Konvektionszellen und durch die Schichtung der Luft festgelegt ist und zwischen 100 m und 20 km liegt. Drei Typen werden unterschieden: a) der normale, indifferente Typ mit *Haufenwolken* (bis zu Cumulus congestus), jedoch ohne die Eisphase zu erreichen und nur selten mit Niederschlag; b) der divergente Typ mit überlagerten Absinkvorgängen, die nur flache Schönwetterwolken wie Cumulus humilis oder Cumulus mediocris zulassen; c) der konvergente Typ mit hochreichender Konvektion wegen der Hebung feuchtlabiler Luft, bei dem Cumulonimben mit Gewittern und anderen heftigen Wettererscheinungen wie ↗Hagel, ↗Böen, ↗Wolkenbruch auftreten.

Zu den Konvektionswolken werden auch Wolken gezählt, die ihre Labilitätsenergie aus einer unteren, wenige hundert bis höchstens einige tausend Meter dicken labilen Schicht beziehen, oder an der Obergrenze von Dunst- oder Inversionsschichten durch Strahlungsabkühlung entstehen.

Konvektionszellen, mehr oder weniger regelmäßig angeordnete, manchmal in Satellitenbildern erkennbare wabenförmige Wolkenteile (Sechseckzellen, Benard-Zellen), die bei konvektiven Strömungen entstehen. Sie sind ein Kennzeichen für Kaltluft über wärmerem Untergrund, meist über relativ warmem Wasser. Wird z. B. polare Luft vom arktischen Eis nach Süden übers Meer geführt, so beobachtet man im Satellitenbild zunächst die Ausbildung von ↗Wolkenstraßen. Mit

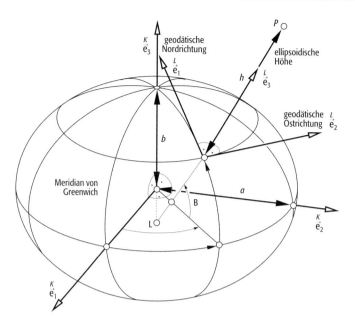

konventionelles geodätisches Koordinatensystem: Beispiel für ein globales konventionelles Koordinatensystem und ellipsoidische Koordinaten.

wachsendem Abstand vom Eis geht die Bewölkung dann in offene Sechseckzellen über, wobei die aufsteigende Luft mit den Wolken in den Rändern des Sechseckes und die absinkende wolkenfreie Luft in der Mitte der Zelle konzentriert ist.
Es gibt offene Konvektionszellen (Abb. 1 im Farbtafelteil), die bei nur geringer ↗Konvektion über dem Wasser entstehen und umfangreiche Absinkgebiete wolkenfrei lassen. Geschlossene Konvektionszellen (Abb. 2 im Farbtafelteil) zeigen ein großräumiges Aufsteigen von Luft bis zur Schauerbildung an. Um diese Zellen herum (oftmals in Sechseckform) verursacht ein Absinken in schmalen Bändern Wolkenauflösung.
konvektiv, durch ↗Konvektion bedingt.
konventionelle Landwirtschaft, der ↗biologischen Landwirtschaft und der ↗integrierten Landwirtschaft entgegengesetzte Produktionsform, die durch Großflächenwirtschaft in ↗Monokulturen, dichte Fruchtfolgen, Einsatz großer Mengen an Kunstdünger und chemischen Schädlingsbekämpfungsmitteln (↗Pestizide) charakterisiert ist. Die extremste Form der konventionellen Landwirtschaft ist die ↗Hochertragslandwirtschaft. Von der konventionellen Landwirtschaft können beträchtliche Belastungen der Umwelt ausgehen, beispielsweise ein übermäßiger ↗Landschaftsverbrauch, die Belastung des Grundwassers mit Nitraten oder eine gesteigerte ↗Bodenerosion.
konventionelles Ellipsoid, regionale Approximation des ↗Geoides durch ein ↗Rotationsellipsoid (↗Referenzellipsoid). Konventionelle Ellipsoide liegen als Bezugsflächen vielen Landesvermessungen zugrunde, die im 19. und 20. Jahrhundert entstanden sind. Die geometrischen Parameter der konventionellen Ellipsoide wurden aus ↗Gradmessungen abgeleitet. Sie besitzen weder eine geozentrische Lagerung (↗Geozentrum), noch ist die kleine Halbachse des Rotationsellipsoides in Strenge parallel zur mittleren Erdrotationsachse. Man kann ein konventionelles Ellipsoid auch als Vorstufe eines ↗lokal bestanschließenden Ellipsoides betrachten.
konventionelles geodätisches Koordinatensystem, erdfestes ↗Koordinatensystem, das i. a. durch ein geodätisches ↗Lagenetz definiert ist. Durch die Wahl einer ↗Bezugsfläche, zumeist ein Bezugsellipsoid, und durch die Vereinbarungen im Fundamentalpunkt des Lagenetzes sowie durch die Art der Netzberechnung ist die Lagerung und Orientierung des konventionellen geodätischen Koordinatensystems definiert. Der Ursprung des Koordinatensystems ist der Mittelpunkt des Bezugsellipsoides, in der Regel ein ↗Rotationsellipsoid mit der großen Halbachse a und der kleinen Halbachse b. Die z-Achse $\vec{e}_3^k$ weist in Richtung der kleinen Halbachse (geodätischer Nordpol bzw. geodätischer Südpol). Damit ist die geodätische Äquatorebene ($\vec{e}_1^k$, $\vec{e}_2^k$-Ebene) festgelegt, die durch die x- und y-Achsen aufgespannt wird. Die x-z-Ebene ist die geodätische Meridianebene von Greenwich. Die Koordinatenachsen des Koordinatensystems bilden ein Rechtssystem, wie dies in der Abb. dargestellt ist. Zur Beschreibung der Positionen von Punkten der Erdoberfläche können rechtwinklig kartesische Koordinaten verwendet werden. Für die meisten regionalen terrestrischen Aufgaben spielen aber ↗ellipsoidische Koordinaten eine herausragende Rolle. Die ellipsoidischen Koordinaten eines Punktes legen die ellipsoidische Zenitrichtung (Flächennormale des Rotationsellipsoides, ↗Ellipsoidnormale) fest und damit die z-Achse eines lokalen ellipsoidischen Koordinatensystems ($\vec{e}_1^L$, $\vec{e}_2^L$, $\vec{e}_3^L$). Die Ellipsoidnormalen unterscheiden sich i. a. nur wenig von den ↗Lotlinien des Erdschwerefeldes. [KHI]
konventionelles Zeichen, ↗arbiträres Zeichen.
konvergenter Plattenrand, destruktiver Plattenrand, ↗Plattenrand.
Konvergenz, 1) *Mathematik*: In Strömungen führt eine Massenkonvergenz ($\nabla \cdot v\varrho < 0$) aufgrund der ↗Kontinuitätsgleichung zu einem lokalen Massenzuwachs. **2)** *Meteorologie*: der horizontale Anteil von $\nabla \cdot v$ oder $\nabla \cdot v\varrho$. Aus Kontinuitätsgründen bewirkt z. B. eine Horizontalkonvergenz in der Nähe des Erdbodens eine aufsteigende Luftbewegung (z. B. in einem ↗Tiefdruckgebiet). **3)** *Ökologie*: die durch evolutive Entwicklung erlangte Ähnlichkeit in Form und Funktion bei verschiedenen Organen oder ganzen Organismen. Im Gegensatz zur ↗Homologie geht die Konvergenz nicht auf gemeinsame Vorfahren zurück. Die äußere Gestalt scheint übereinzustimmen, diese hat sich aber aus verschiedenen Anlagen entwickelt. Konvergente ↗Lebensformen sind in allen Klimazonen zu finden. Das bekannteste Beispiel für Konvergenz ist die Stammsukkulenz (↗Sukkulenten) bei den evolutiv sehr unterschiedlichen Kaktusgewächsen in Amerika und Euphorbiengewächsen in Afrika. Dieses Beispiel aus ariden Gebieten zeigt auch, daß konvergente Entwicklungen v. a. in ↗Lebensräumen mit starken Um-

welteinflüssen ausgeprägt sind. ↗Evolution. **4)** *Ozeanographie:* Aufeinandertreffen von Wassermassen. Die Konvergenz von Horizontalströmungen ist aufgrund der ↗Massenerhaltung mit vertikalen Ausgleichströmungen verbunden. Treffen Wassermassen unterschiedlicher Charakteristika aufeinander, bilden sich Konvergenzzonen. Typisch ist in diesem Bereich die Ansammlung leichterer vom Wasser mitgeführter Partikel, die von der vertikalen Ausgleichströmung nicht mittransportiert werden.
Der entgegengesetzte Prozeß wird als ↗Divergenz bezeichnet.

Konvergenzlinie, Linie in einem horizontalen Windfeld, an der ↗Konvergenz auftritt. An dieser Linie kommt es aus Kontinuitätsgründen zum Aufsteigen von Luftmassen. Dies ist z. B. an den ↗Warm- und ↗Kaltfronten der ↗Tiefdruckgebiete der Fall und führt im Frontenbereich zu verstärkter Wolkenbildung. An Küsten kommt es bei auflandigem Wind durch die verstärkte Bodenreibung über dem Land zur sogenannten Küstenkonvergenz, die ebenfalls zur Wolkenbildung über Land führt.

Konvergenzmessung, überwiegend im Tunnelbau eingesetzte Überwachungsmethode, um die Verformungen im Gebirge oder im bereits verbauten Tunnel zu messen. Die Relativbewegungen werden mit Stahlmaßband oder Invardraht ermittelt. Zunehmend werden berührungsfreie Methoden wie die geodätische Vermessung von eingemauerten Leuchtdioden eingesetzt.

Konvergenzzone, Gebiet in einem horizontalen Windfeld in dem ↗Konvergenz herrscht. Durch die Verteilung der Konvergenz auf ein größeres Gebiet sind die dadurch bedingten Vertikalgeschwindigkeiten schwächer ausgeprägt als im Fall der ↗Konvergenzlinie.

Konvolutionsmodell, Darstellung einer seismischen Spur $f(t)$ als die Faltung (Konvolution) einer Reflektivitätsfunktion $r(t)$ mit einem Signal (Wavelet) $w(t)$ unter Hinzufügung von additivem Rauschen (Noise) $n(t)$:

$$f(t) = r(t) \cdot w(t) + n(t).$$

Auf diesem Modell basieren zahlreiche Verfahren der seismischen Datenbearbeitung.

Konvolutschichtung ↗Wickelschichtung.

Konzentrat, durch verschiedene physikalische Verfahren (z. B. ↗Flotation, Schweretrennung, magnetische Separation) erfolgte verkaufsfähige Anreicherung mineralischer Rohstoffe. In der Regel sind die Gehalte der meisten ↗Erze zu niedrig, um daraus direkt Metalle oder sonstige mineralische Rohstoffe gewinnen zu können. Das Vorhandensein von nützlichen (z. B. Gold) oder schädlichen (z. B. Arsen, Cadmium) Nebenbestandteilen kann den Wert von Konzentraten erheblich erhöhen oder senken.

Konzentrationsgrenzwert, 1) Richt- oder Grenzwert, der festgelegt ist, um Güteklassen eines Umweltmediums zu definieren, z. B. die ↗Gewässergüte, 2) minimale Konzentration bestimmter Stoffe (z. B. Nährstoffe, Sauerstoff), welche die Existenz von Organismen ermöglicht (↗ökologischer Begrenzungsfaktor), 3) Schadstoffkonzentration, die zur Schädigung von Organismen führt (↗Toxizitätsmessung, ↗letale Konzentration).

Konzentrationszeit, t_c, Zeitdifferenz zwischen Ende des ↗Effektivniederschlages und Ende des ↗Direktabflusses. (↗Hochwasserganglinie). Bei einem gleichmäßig überregneten und vollständig an der ↗Abflußbildung beteiligten Gebiet entspricht sie der Fließzeit, die ein Wasserteilchen benötigt, um den Fließweg l zurückzulegen. Die Konzentrationszeit für den ↗Landoberflächenabfluß kann nach folgender empirischen Beziehung ermittelt werden:

$$t_c = 6{,}92 \, \frac{(l \cdot k_{st})^{0{,}6}}{P_i^{0{,}4} \cdot J^{0{,}3}} \; [min].$$

Dabei bedeuten P_i die Intensität des Effektivniederschlages (mm/h), J das mittlere Gefälle und k_{st} den Rauheitsbeiwert nach Manning-Strickler (↗Fließformeln). Für den Direktabfluß ergibt sich die Konzentrationszeit in Stunden aus folgender Beziehung:

$$t_c = \frac{0{,}868 \cdot l^3}{(h_{max} - h_{min})0{,}385} \; [h],$$

wobei h_{max} die höchste Erhebung im Einzugsgebiet und h_{min} die topographische Höhe des Gebietsauslasses bedeuten. [HJL]

konzentrische Falte, ↗Falte, bei der die Krümmungsradien der Scharniere Schicht für Schicht von innen nach außen anwachsen.

konzeptionelles Modell, *Konzept-Modell*, Modell, das sich auf physikalische Gesetze in vereinfachter Näherung stützt und ein gewisses Maß an Empirie enthält (↗hydrologisches Modell). Hierzu gehören die meisten, auf der Basis der Einzelspeicher oder Speicherkaskadenansätzen beruhenden ↗Niederschlags-Abfluß-Modelle und die ↗Wasserhaushaltsmodelle.

Koog ↗Polder.

Koordinate, Parameter zur Festlegung geometrischer Positionen von Punkten. Jeder Satz von Koordinaten ist auf ein ↗Koordinatensystem bezogen, welches durch Anheften an vermarkte, materielle Punkte zu einem ↗Bezugssystem wird. Die Koordinaten sind jeweils einem Ortsvektor zugeordnet, welcher von einem Koordinatenursprung ausgeht; oft wird hierfür das ↗Geozentrum verwendet. Legt man eine euklidische Raumstruktur im Sinne der ↗Newtonschen Raumzeit zugrunde, so bieten sich in natürlicher Weise dreidimensionale, rechtwinklig kartesische Koordinaten als primärer Koordinatentyp an. Alternativ können aber auch (meist rechtwinklige) krummlinige Koordinaten eingeführt werden, die mit den kartesischen Koordinaten funktional zusammenhängen; hierzu gehören insbesondere ↗geodätische Polarkoordinaten und ↗ellipsoidische Koordinaten. Durch Festhalten jeweils einer Koordinate entstehen Koordinatenflächen, durch

Fixieren jeweils zweier Koordinaten werden Koordinatenlinien erzeugt; diese sind im Falle kartesischer Koordinaten Ebenen bzw. Geraden, während für krummlinige Koordinaten gekrümmte Flächen bzw. Kurven entstehen. Zu der Klasse der krummlinigen Koordinaten gehören u. a. die ↗Flächennormalenkoordinaten, die eine Aufspaltung des dreidimensionalen Raumes in zwei (horizontale) Lagekoordinaten und eine Höhenkoordinate gestatten. [BH]

Koordinatenbestimmung, findet bei Karten konventionell mittels Anlegemaßstab oder Planzeiger (bei dem mit einmaligem Anlegen Koordinatenunterschiede ablesbar sind) oder aktuell mit halb- oder vollautomatisch arbeitenden Digitalisiergeräten statt. Voraussetzung ist ein Gitternetz (↗Koordinatennetz), welches das System der geographischen oder ebenen Koordinaten, in topographischen und großmaßstäbigen Karten (↗Gauß-Krüger-Koordinaten), definiert. Einzelpunkte bzw. punktförmige Objekte sowie charakteristische Punkte von Linienobjekten können mit Digitizern manuell markiert und ihre Koordinaten registriert werden; halbautomatisch arbeitende Linienverfolger registrieren annähernd gleich abständige Punkte auf dem Bogen (Vektordigitalisierung). Gescannte Bilder (Rasterdigitalisierung) können auf dem Bildschirm vergrößert dargestellt und damit Punkte sicherer markiert werden (Bildschirmdigitalisierung). Schließlich können die Rasterdaten (objektorientiert) in Vektordaten umgewandelt und Punktkoordinaten gespeichert werden. Diese rationelle Technik der Vektorisierung (capturing) erfordert automatisch gut lesbare Bilder, sonst ist der Anteil interaktiver Nacharbeit zu groß. [SM]

Koordinatennetz, *Kartennetz*, das in Karten dargestellte Netz von Linien runder Koordinatenwerte. Das Koordinatennetz unterstützt die geographische Übersicht über den dargestellten Teil der Erdoberfläche, kann zur Entnahme von Koordinaten in der Karte enthaltener Objekte dienen und wird bei großmaßstäbigen Karten (topographische Karten) zur Kartierung des Karteninhalts benötigt. Die Koordinatenwerte der Netzlinien werden im Kartenrahmen angegeben. Manchmal ist das Koordinatennetz der Karte nur am Außenrand als sogenanntes Außengitter angedeutet.
Bei kleinmaßstäbigen Karten (kleiner als 1 : 200.000) entspricht das Kartennetz meist den geographischen Koordinaten Breite und Länge (↗Gradnetz der Erde, ↗geographische Koordinaten). Bei topographischen und großmaßstäbigen Karten besteht das Kartennetz aus einem Quadratnetz. Dieses entspricht dem zugrunde liegenden ebenen rechtwinkligen Koordinatensystem, in der Regel dem System der ↗Gauß-Krüger-Koordinaten. Ein solches Kartennetz wird als Gitternetz bezeichnet. Das Kartennetz bzw. das Gitternetz, aber auch andere Netze und Blatteinteilungen (Stadtpläne, Autoatlanten usw.) können bei geeigneter Bezeichnung der Streifen und Zonen als Suchnetz dienen. [KGS]

Koordinatensystem, ↗Bezugssystem, das mit der Möglichkeit ausgestattet ist, Punkte durch Koordinaten zu beschreiben. Es besteht aus einem Punkt als Ursprung des Koordinatensystems, von dem aus linear unabhängige Vektoren die Achsen des Koordinatensystems bilden. Neben den drei Raumkoordinaten muß im allgemeinen noch die Zeit als vierte Koordinate eingeführt werden. Für beide Komponenten, Raum und Zeit, müssen geeignete Maßvorschriften angegeben sein. Legt man die Newtonsche Mechanik der Definition von Koordinatensystemen zugrunde, so legt man implizit einen Euklidschen bzw. ebenen Raum zugrunde (↗Newtonsche Raumzeit). Im Euklidschen Raum kann man ↗kartesische Koordinaten, aber auch gekrümmte Koordinaten einführen. Die Einführung von gekrümmten Koordinaten, z. B. Kugelkoordinaten, ändert nichts an der Ebenheit des zugrunde gelegten Raumes. Heute ist bekannt, daß wir in einem gekrümmten Raum leben (↗Einsteinsche Raumzeit), ein Euklidscher bzw. ebener Raum kann nur lokal eingeführt werden. Damit können beispielsweise auch kartesische Koordinaten lokal verwendet werden.
Zur Beschreibung geometrischer Positionen von Punkten im Raum verwendet man in der Geodäsie im wesentlichen drei Typen von Koordinatensätzen: rechtwinklig kartesische bzw. rechtwinklig krummlinige Koordinaten (vor allem Kugelkoordinaten bzw. rotationsellipsoidische Koordinaten), ↗Flächennormalenkoordinaten, bei denen die räumliche Beschreibung von Punkten des Erdraumes in eine zweidimensionale Lagebestimmung mittels geeignet gewählter ↗Flächenkoordinaten (z. B. ↗ellipsoidische Koordinaten) und eine eindimensionale Höhenbestimmung entlang geradliniger Lote (z. B. ↗ellipsoidische Höhe) aufgespalten ist, sowie ↗natürliche Koordinaten, wobei die Positionen von Raumpunkten durch die Richtungen der Lotlinien mittels Kugelkoordinaten (↗astronomische Koordinaten) und durch die Werte des ↗Schwerepotentials der Punkte (↗geopotentielle Kote) beschrieben wird. Eine Aufspaltung der dreidimensionalen Beschreibung von Punkten in eine zweidimensionale Lagebestimmung und eine eindimensionale Höhenbestimmung ist dann möglich, wenn die entsprechenden Koordinatenflächen und dazu rechtwinkligen Koordinatenlinien die ↗Äquipotentialflächen und Lotlinien des Schwerefeldes annähern. Die Koordinaten in Richtung der Lotlinien sind für die Definition der verschiedenen ↗Höhensysteme von Bedeutung. Diese Aufspaltung in eine Lage- und Höhenbestimmung hat nicht nur historische Gründe (Zwei- + Eindimensionale Geodäsie), sondern orientiert sich an den natürlichen Empfindungen von »horizontal« und »vertikal«. Trotz der Möglichkeiten moderner satellitengestützter Beobachtungsverfahren bzw. geodätischer Raumverfahren, direkt dreidimensionale Positionen messen zu können, wird auch in Zukunft diese Aufspaltung von Bedeutung sein. Zur Abbildung von ↗Geodaten werden zwei-, bzw. dreidimensionale Koordinatensysteme benutzt, die zueinander rechtwinklige Achsen aufweisen (kartesisches Koordinaten-

system). Der Lagebezug zum Erdkörper kann auf einer ↗Kartenprojektion basieren oder durch Verwendung ↗geographischer Koordinaten erfolgen.

Koordinatentransformation, beschreibt i. e. S. die Verschiebung (Translation) des Ursprungs eines ↗Koordinatensystems oder die Drehung (Rotation) der Achsen eines Koordinatensystems. Allgemeiner wird darunter aber die Umrechnung von Koordinaten zwischen verschiedenen Koordinatensystemen verstanden. In raumbezogenen Informationssystemen (GIS) existieren häufig Funktionen zur automatischen Umrechnung von Koordinatensystemen. Dazu zählen insbesondere Funktionen zur affinen Transformation von digitalisierten Tischkoordinaten in Koordinaten mit einem Lagebezug zum Erdkörper. Bei einer affinen Transformation bleibt eine Parallelität von Geraden erhalten. Demgegenüber wird eine Umrechnung von Koordinaten, die aufgrund von lokalen Abweichungen an Referenzpunkten berechnet werden, als Rubber-Sheeting bezeichnet. Hierbei findet eine partielle Entzerrung von Koordinaten statt. [AMü]

Koordinatenzeit, Zeitkoordinate eines Koordinatensystems für ein vierdimensionales Raumzeitgebiet. Diese Koordinatenzeit ist ein theoretisch unentbehrliches Hilfsmittel, wird in der Regel jedoch von keiner realen Uhr angezeigt. Angezeigte Zeiten werden ↗Eigenzeiten genannt.

Koordinationspolyeder, von den nächsten Nachbarn um ein Zentralatom herum gebildetes Polyeder, das man erhält, wenn man sich die nächsten Nachbarn an den Polyederecken durch gemeinsame Polyederkanten verbunden denkt. Zum Beispiel bilden in der Struktur des NaCl die einem Na$^+$-Ion benachbarten sechs Cl$^-$-Ionen eine oktaedrische Konfiguration, das Koordinationspolyeder des Na$^+$-Ions ist deshalb ein Oktaeder. Umgekehrt sind auch die Chloridionen von sechs Natriumionen oktaedrisch umgeben. Kristallstrukturen, die wie NaCl aus sich gegenseitig durchdringenden Koordinationspolyedern bestehen, bezeichnet man auch als *Koordinationsstrukturen*. Die Anzahl der nächsten Nachbarn eines Kristallbausteins wird dessen ↗Koordinationszahl genannt. Die Koordinationsverhältnisse können mit einer auf Machatschki zurückgehenden Schreibweise der chemischen Formel ausgedrückt werden (Abb.): Koordinationszahl und -polyeder eines Atoms werden in eckigen Klammern rechts oben neben dem Elementsymbol angegeben. Die Art des Polyders wird mit einem der folgenden Symbole beschrieben: l = linear, n = nicht linear, y = pyramidal, by = bipyramidal, do = dodekaedrisch, co = kuboktaedrisch, a = anti-, t = tetraedrisch, s = quadratisch, o = oktaedrisch, p = prismatisch, i = ikosaedrisch, c = überkippt. Es können auch Kurzformen verwendet werden, nämlich die Koordinationszahl alleine oder nur der Buchstabe, z. B. Na$^{[6\,o]}$Cl$^{[6\,o]}$, Na$^{[6]}$Cl$^{[6]}$ oder Na$^{[o]}$Cl$^{[o]}$, und Ca$^{[8\,cb]}$F$_2^{[4\,t]}$, Ca$^{[8]}$F$_2^{[4]}$ oder Ca$^{[cb]}$F$_2^{[t]}$. Für komplizierte Fälle gibt es eine erweiterte Schreibweise, bei der die Koordination eines Atoms in der Art A$^{[m,n;p]}$ angegeben wird. Für m, n und p sind die Polyedersymbole für die Atome B, C, … zu setzen, wenn die chemische Formel A$_a$B$_b$C$_c$ ist; das Symbol nach dem Semikolon bezieht sich auf das A-Atom. Ein Beispiel ist der Perowkit Ca$^{[,12co]}$Ti$^{[,6o]}$}O$^{[4l,2l;8p]}$: Ca ist nicht direkt von Ti umgeben, aber von 12 Sauerstoffatomen, Ti ist nicht direkt an Ca gebunden, aber von 6 Sauerstoffatomen oktaedrisch umgeben, O ist planar von vier Ca, linear von zwei Ti und prismatisch von 8 Sauerstoffatomen umgeben. Eine Verknüpfung zu Ketten, Schichten oder Raumnetzen deutet man durch ein der chemischen Formel vorangestelltes Symbol $\frac{1}{\infty}$, $\frac{2}{\infty}$ bzw. $\frac{3}{\infty}$ an, z. B. $\frac{3}{\infty}$Na$^{[6]}$Cl$^{[6]}$, $\frac{2}{\infty}$C$^{[3\,l]}$ (Graphit) und $\frac{3}{\infty}$C$^{[4\,t]}$ (Diamant).

Koordinationsstruktur ↗*Koordinationspolyeder*.

Koordinationszahl, Anzahl der nächsten Nachbarn eines Atoms in einer ↗Kristallstruktur.

koordinierte Weltzeit, mittlere Zeit eines weltweiten Ensembles von hochgenauen ↗Atomuhren. ↗UTC.

Kopal ↗Bernstein.

Kopernikus, auch: *Copernicus*, *Nikolaus*, eigentlich *Koppernigk* (polnisch *Kopernik*), deutscher Astronom und Mathematiker, * 19.2.1473 Thorn (von einer deutschen Familie aus Frankenstein/Schlesien stammend), † 24.5.1543 Frauenburg; als Begründer des heliozentrischen Systems, nach dem die Planeten um die Sonne kreisen, einer der bedeutendsten Astronomen. Er studierte 1491–94 in Krakau Mathematik und Astronomie, 1496–1503 in Bologna und Padua Medizin und Rechtswissenschaft, 1500 von Papst Alexander VI. zu astronomischen Vorlesungen nach Rom berufen, 1503 juristische Promotion in Ferrara; war anschließend in Frauenburg Sekretär und Leibarzt seines Onkels Lukas Watzenrode, des Bischofs von Ermland, der nach dem frühen Tod seines Vaters (1483) seine Erziehung übernommen hatte; 1510 wurde er Domherr zu Frauenburg. Zu astronomischen Forschungen wurde Kopernikus in Bologna durch seinen Lehrer D. M. Di Novara angeregt, seine erste bemerkenswerte astronomische Beobachtung war wahrscheinlich am 9.3.1497 die Bedeckung des Sterns Aldebaran durch den Mond; 1514 veröffentlichte er seine Schrift »Commentariolus«

Kopernikus, *Nikolaus*

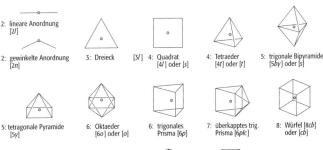

Koordinationspolyeder: die wichtigsten Koordinationspolyeder und ihre Machatschki-Symbole.

(»De hypothesibus motuum coelestium commentariolus«). In dieser äußerte er mehrere Annahmen, die dem herrschenden Ptolemäischen Weltbild entgegenstanden: die Sonne stehe im Mittelpunkt der Planetenbahnen, die Erde kreise um die Sonne, der Mond kreise um die Erde. Mit dieser Aufstellung des Kopernikanischen Weltsystems riß Kopernikus die Erde, und somit auch ihre Bewohner, aus der bis dahin geglaubten bevorzugten Stellung im Weltall. Die tiefe Bedeutung dieser Theorie, die sich in Grundzügen bereits bei dem etwa 1800 Jahre früher lebenden Aristarch findet, wurde zunächst nicht erkannt. Viele Astronomen betrachteten Kopernikus' System als ein mathematisches Hilfsmittel, um gewisse Schwächen des geozentrischen ptolemäischen Systems zu verbessern, maßen ihm aber keine Realität bei. Auch Tycho ↗Brahe verwarf diese Theorie. Die Planetenbahnen hielt Kopernikus noch gemäß der aristotelischen Idealvorstellung für kreisförmig, J. ↗Kepler wies später nach, daß sie elliptisch sind. Zur Erklärung der tatsächlich beobachteten, teilweise rückläufigen Planetenbewegungen führte Kopernikus, ähnlich wie ↗Ptolemäus, Hilfskreise (Epizykel) ein. Von seinem Schüler G. J. Rheticus wurde er angeregt, seine vollständigen Theorien zu veröffentlichen. Auf einen ersten Bericht (»Narratio prima«, 1540) folgte 1543 sein Hauptwerk »De revolutionibus orbium coelestium libri VI«. Es wurde 1616 im Zuge der Auseinandersetzungen mit G. ↗Galilei vom Papst auf den Index gesetzt.

Kopfbild, durch orthographische Projektion erzeugte Abbildung der Oberseite eines Kristalls (Abb.). Als Oberseite eines Kristalls betrachtet man i. a. diejenige Seite, die durch Flächen (hkl) mit $l > 0$ charakterisiert ist.

Kopfwelle, *refraktierte Welle*, Welle, die von einem Medium höherer Geschwindigkeit unter dem kritischen Winkel wie eine Reflexion abgestrahlt wird, auch *Mintrop-Welle* genannt (nach L. Mintrop, 1880–1956). Auf der Auswertung von Kopfwellen basiert die ↗Refraktionsseismik.

Kopierverfahren, Verfahren zur Übertragung einer ↗Vorlage, auf ein mit einer lichtempfindlichen Schicht beschichtetes Material. Vorlage und Kopiermaterial befinden sich beim Belichtungsvorgang größtenteils im Kontakt, und werden daher ohne Maßstabsänderung übertragen. Bei der analogen ↗Kartenherstellung häufig eingesetzte Kopierverfahren sind Silbersalz-, Folienkopier-, Eisensalz- und Photopolymerkopierverfahren, aber auch ↗Diazotypie-Verfahren und Verfahren der ↗Elektrophotographie finden Anwendung.

Bei den Silbersalzkopierverfahren besteht der lichtempfindliche Teil der Schicht aus einem Silberhalogenid (↗reproduktionstechnischer Film). Als Kopiermaterial kann aber auch Photopapier verwendet werden, wobei die Kontaktkopie auf Film (↗Reproduktionstechnik) bei der analogen Kartenherstellung am häufigsten eingesetzt wird. Je nach Vorlage und Film entstehen negative oder positive Kopierergebnisse, die wieder eine ↗Strichvorlage, ↗Halbtonvorlage oder Rasterkopie sein können. Bei der Folienkopie bilden Dichromate die lichtempfindlichen Teile der Schicht und diese Schicht wird erst vor der Kopieausführung im Beschichtungsvorgang auf den Schichtträger aufgetragen. Durch Lichteinfluß laufen chemische Vorgänge in der Schicht ab, so daß sich deren Eigenschaft in bezug auf die Löslichkeit der Schicht ändert, und es zu einer Härtung der Schicht kommt. Beim Positivkopierverfahren wird im Entwicklungsprozeß die ungehärtete noch lösliche Schicht entfernt und die Zeichnungsstellen werden mit folienanlösender Kopierfarbe eingefärbt. Je nach Kopierergebnis werden zum Einfärben unterschiedliche Farben verwendet. Schwarze oder rotbraune Kopierfarbe als reproduktionsfähige Farbe für ↗Druckvorlagen, blaue für ↗Anhaltkopien, unterschiedliche für Farbkopien. Beim Negativverfahren wird eine bereits farbige Kopierschicht aufgetragen. Nach Belichtung, Entwicklung und Entschichtung wird die Zeichnung im Kopierergebnis durch die farbige gehärtete Kopierschicht gebildet. Die Vorlagen für die Folienkopie sind Strichvorlagen, die im Kopierergebnis auch aufgerastert sein können. Das Folienkopierverfahren kann auch als Auswaschkopie für Gravier- und Abziehschichten eingesetzt werden. In diesem Fall wird die Gravier- oder Abziehschicht durch ein spezielles Lösungsmittel an den Stellen ausgewaschen, die nicht von der belichteten gehärteten Kopierschicht geschützt sind. In der analogen Kartenherstellung werden diese Auswaschkopien auf Gravierfolie vorrangig für die Laufendhaltung von Karten eingesetzt. Die Auswaschkopien auf Abziehfolie (↗Abziehverfahren) werden zur Herstellung von Farbdeckern verwendet. Eisensalzkopierverfahren beruhen auf der Lichtempfindlichkeit von Eisensalzen. Die lichtempfindliche Schicht wird auf einen Schichtträger aufgetragen und nach der Belichtung bilden die durch chemische Reaktion reduzierten Eisensalze mit einem Zusatzstoff entweder einen blauen wasserunlöslichen Farbstoff (Blaueisenkopie) oder einen braunen reprofähigen Farbstoff (Sepiakopie). Bei den Photopolymerkopierverfahren bilden Photopolymere die lichtempfindliche Teile der Kopierschicht. Durch Lichteinfluß verändern sich die Eigenschaften der Schicht, indem die Klebrigkeit verloren geht oder die Schicht gehärtet wird. Anwendung finden diese Kopierschichten bei der Herstellung von Druckformen z. B. für den Kartendruck, bei Filmen, deren Empfindlichkeit nicht auf Silberhalogeniden beruht und bei Farbprüfverfahren, die zur Korrekturlesung von Kartenoriginalen und Druckvorlagen eingesetzt werden. Diazokopierverfahren beruhen auf der Lichtempfindlichkeit von Diazoverbindungen. Weiterhin finden diese Schichten Anwendung bei der Herstellung von Druckformen und bei Farbprüfverfahren. Bei der Elektrophotographie wird durch Lichteinfluß ein elektrisches Ladungsbild zerstört. Am noch vorhandenen Bild wird Tonerfarbstoff angelagert, der auf einen Träger übertragen und dort fixiert wird. Dieses Verfahren kann auch für Druckformen angewendet wer-

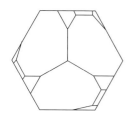

Kopfbild: Kopfbild eines Quarzkristalls.

den, nur erfolgt hier keine Übertragung auf einen anderen Träger. Das Prinzip der Elektrophotographie findet außerdem in der digitalen Kartenherstellung bei den Verfahren des Digitaldruckes Anwendung. [CR]

Köppen, *Wladimir Peter*, deutscher Meteorologe russischer Herkunft, Schwiegervater von A. ↗Wegener, * 25.9.1846 St. Petersburg, † 22.6.1940 Graz; 1875–1879 Abteilungsvorstand und 1879–1924 für Forschungszwecke freigestellter Meteorologe der Deutschen Seewarte Hamburg; seit 1924 in Graz; Bearbeitung von Segelhandbüchern, Begründer der maritimen Meteorologie; wichtige Beiträge zur Synoptik; erkannte als einer der ersten die Bedeutung der Höhenwerte für die Vorgänge in Bodennähe, prägte den Begriff ↗Aerologie, forschte über Klima der Ozeane und ↗Klimaschwankungen, wies die 11jährige ↗Witterungsperiode nach; schuf die Köppen-Klimaklassifikation; wichtige Werke (Auswahl): »Grundlinien der maritimen Meteorologie« (1899), »Windgebiete der Weltmeere« (1921), »Die Klimate der Erde« (1923), »Die Klimate der geologischen Vorzeit« (1924 mit A. Wegener), »Handbuch der Klimatologie« (5 Bände, 1930–39 mit R. ↗Geiger). [CL]

Koppesches Verfahren, ein Verfahren zur Bestimmung der geometrischen Qualität (Lagegenauigkeit) von ↗Höhenlinien. Als Referenz dienen Höhenlinien hoher Genauigkeit (Soll). Die Lageabweichungen der zu prüfenden Höhenlinien (Ist) vom Soll werden festgestellt, nach Neigungsklassen gruppiert und in Höhenfehler (σ_H) umgerechnet. Durch Ausgleichung nach vermittelnden Beobachtungen ergibt sich folgender Zusammenhang zwischen Geländeneigungen und Höhenfehlern:

$$\sigma_H = a + b \cdot \tan\alpha.$$

Bei Höhenlinien der ↗Deutschen Grundkarte 1:5000 dürfen die Werte $a = 0{,}4$ und $b = 3$ nicht überschritten werden.

Koprolith, [von griech. kopros = Kot und lithos = Stein], *Kotspur, Faecichnion*, ein fossiles mineralisiertes Exkrement. Die Koprolithen von Fleischfressern sind durch die Knochen ihrer Beute fast immer in das Calciumphosphat Carbonatapatit umgewandelt (»phosphoritisiert«) und glänzen dadurch dunkel oder schimmern elfenbeinfarben. Wegen der großen mechanischen und chemischen Widerstandsfähigkeit von Carbonatapatit sind diese Koprolithe oft in Rückstandsgesteinen wie z. B. ↗bonebeds angereichert. Sehr charakteristisch ist der spiralig-lagige Aufbau von Fisch-Koprolithen (Abb. 1). Die ältesten derartigen ↗Spurenfossilien sind aus dem ↗Silur bekannt. Pflanzenfresser produzieren mehr Kot, aber meist in weniger leicht erkennbarer Form. Gut untersucht sind nur die etwa 0,5–2 mm dicken brikettartigen Mikrokoprolithe von Krebsen, deren innere Struktur dem Aufbau des Darmes entspricht (Abb. 2). Bei diesen Typen liegt meist keine intensive Mineralisierung vor, so daß sie nur im angeschliffenen Gestein sichtbar sind. Im Gegensatz zu den Wirbeltier-Exkrementen tragen sie eigene Namen, da ihre interne Struktur sehr charakteristisch ist. Der Kot von Gliedertieren i. a. ist ab dem frühen ↗Devon, der Kot holzbohrender Milben ab dem oberen ↗Karbon überliefert. Koprolithen sind teilweise für die Alterseinstufung des Gesteins nützlich. Wegen ihrer meist guten Erhaltung lassen sich Rückschlüsse auf vorhandene Ernährungsweisen ziehen, auch wenn die Erzeuger meist unbekannt bleiben. Mit Koprolithen kann man grob Ablagerungsräume voneinander trennen (sog. »Koprofazies«). Andere fossilisierte Reste tierischer Verdauung wie Gewölle und Darminhalte sind keine Koprolithe im strengen Sinn (↗Regurgitalith, ↗Cololith). ↗Faecichnion. [MB]

Korallen, zusammenfassender Begriff für die Vertreter der marinen ↗Cnidaria (Nesseltiere), die ein Kalkskelett aus Calciumcarbonat bilden und größtenteils koloniebildend sind. In den rezenten tropischen Ozeanen sind dies überwiegend die Steinkorallen. Sie bilden die Ordnung Madreporaria oder Scleractinia der Klasse ↗Anthozoa (Blumentiere) aus dem Stamm Cnidaria. Auch unter den Hydrozoen, einer weiteren Klasse der Cnidaria, gibt es zwei Familien, die Milleporidae und die Stylasteridae, deren Vertreter ein massives Kalkgerüst aufbauen. Sie werden als Hydrokorallen bezeichnet. Zu ihnen gehört z. B. *Millepora*, die Feuerkoralle.

Neben den erdgeschichtlich »jungen« Steinkorallen (Mitteltrias bis rezent) sind in der Geologie und Paläontologie paläozoische Korallen der Ordnungen Rugosa, Heliolitida und Tabulata von Bedeutung, die jedoch nur fossil überliefert sind. Die frühesten Cnidaria mit biomineralisierten Skeletten stammen aus dem ↗Kambrium. Sie werden als Corallomorphen bezeichnet und nur mit Vorbehalt den Anthozoen zugeordnet. Da die typischen Merkmale fehlen, die spätere paläozoische Korallen charakterisieren, werden die Corallomorphen nicht als Vorläufer der rugosen oder

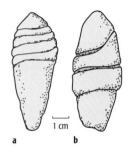

Koprolith 1: a) heteropolarer und b) amphipolarer Koprolith eines Fisches oder Amphibiums.

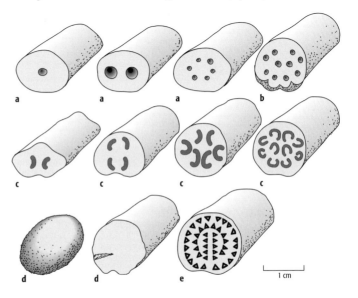

Koprolith 2: a)–d) Krebs-Koprolithen: a) *Favreina*, b) *Thoronetia*, c) *Palaxius*, d) *Parafavreina*; e) Mikrokoprolithen (*Coprulus*) unklarer Herkunft.

Korallen

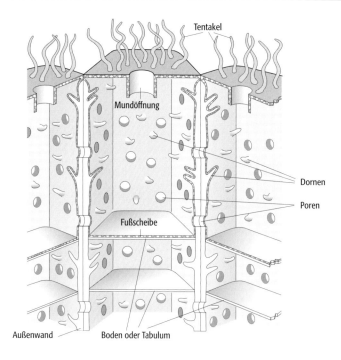

Korallen 1: schematischer Längsschnitt durch eine tabulate Koralle (*Favosites*) mit Weichkörper und Skelett.

Korallen 2: schematisches Raumbild (dreifache Vergrößerung) einer Tabulatenkolonie der Gattung *Favosites* (a) sowie Schliffbilder von Quer- und Längsschnitten (b, c).

tabulaten Korallen betrachtet, die erst im ↗Ordovizium auftauchen.

Die tabulaten Korallen (Abb. 1) sind eine ausgestorbene Ordnung, deren Vertreter vom Ordovizium bis zum ↗Perm häufig waren und die alle Kolonien bildeten. Sie siedelten hauptsächlich in flachmarinen Bereichen und waren wichtige Riffbewohner und gelegentlich auch Riffbildner. Das Korallum (Skelett) wird von dünnen Korallitenröhren aufgebaut, die durch Querböden (= Tabulae) segmentiert sind und die häufig Wandporen besitzen, durch die die Polypen kommunizieren konnten. Die Kelchöffnungen sind oft nur wenige Millimeter groß und rund, elliptisch oder polygonal. Die Tabulae sind meist horizontal orientiert, können aber auch konvex oder konkav sein. Die Tabulaten haben i. a. keine Septen oder Dissepimente wie die rugosen Korallen, aber bei einigen Arten kommen Septaldornen oder Squamulae (miteinander verwachsene Septaldornen) vor. Die Kolonien (Abb. 2) können vielfältige Wuchsformen besitzen: Zylindrische, ramose (ästige), fasciculate (strauchförmige), laminare, tabulare, verzweigt-kriechende und verschiedene Formen von massiven Korallen.

kommen vor. Wichtige Gattungen sind z. B. *Favosites*, *Alveolites* und *Thamnopora*. Eine vermutliche tabulate Koralle (*Moorowipora chamberensis*) wurde bereits im Unterkambrium von Südaustralien gefunden, doch gesicherte Vorkommen stammen aus dem unteren Ordovizium. Die Blütezeit der Tabulata war im Silur und Devon. Die Verbreitung der einzelnen Tabulatagattungen ist nicht einheitlich und man kann charakteristische Faunenassoziationen erkennen, die auf paläogeographisch beschränkte Areale begrenzt sind. Im Unterdevon sind beispielsweise weltweit zwölf Faunenprovinzen erkennbar, die sich bis zum Oberdevon auf zwei reduzieren. Dieser Trend ist auch bei den rugosen Korallen erkennbar und vermutlich auf die ständige Erhöhung des Meeresspiegels zurückzuführen, die im Devon stattfand. Eine Gruppe von Fossilien mit Kalkskeletten, die manchmal zu den tabulaten Korallen gestellt wurde, sind die ↗Chaetetida. Sie werden heute von den meisten Autoren als Kalkschwämme betrachtet.

Eine zweite wichtige Gruppe der paläozoischen Korallen waren die Heliolitiden, die ebenfalls ausschließlich koloniebildend waren und Skelette aus Calciumcarbonat bauten. Viele waren wichtige Riffbildner und -bewohner vom Ordovizium bis zum Mitteldevon. Die dünnen Korallitenröhren waren durch Coenenchym-Bildungen (calcitisches Füllgewebe) voneinander getrennt. Hierdurch unterscheiden sich die Heliolitiden von anderen tabulaten Korallen und werden deswegen oft zu einer eigenen Ordnung, den ↗Heliolitida gestellt (aber von vielen Autoren als Unterordnung der Tabulata betrachtet). Septen und Tabulae sind bei den Heliolitiden meist vorhanden (Abb. 3.). Die Wuchsformen der Kolonien sind variabel und können massig, laminar, tabular, linsen- oder keulenförmig sein. Anzeichen für Kommunikation zwischen den einzelnen Polypen (Poren oder Verbindungsröhren) fehlen, aber vermutlich bedeckte zusammenhängendes Gewebe die Oberfläche lebender Kolonien, wodurch alle Polypen miteinander verbunden waren. Man kennt etwa 70 Gattungen von Heliolitiden.

Die rugosen Korallen oder Rugosa bilden die dritte wichtige Gruppe der paläozoischen Korallen. Unter ihnen gab es koloniebildende und solitäre Formen (Abb. 4), die alle komplexe Skelette aus Calciumcarbonat bildeten und ausschließlich in marinen paläozoischen Sedimentgesteinen vorkommen. Sie waren wichtige Riffbildner

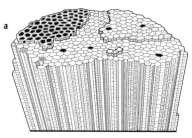
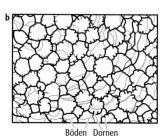
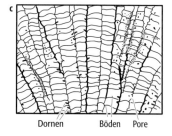

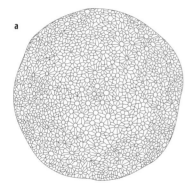
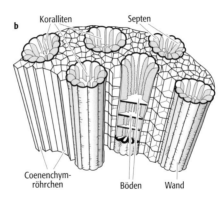

Korallen 3: schematisches Raumbild einer Heliolitidenkolonie der Gattung *Plasmopora* (a), Koralitenanordnung und Aufbau einer Heliolitiden-Koralle (b) und Schliffbilder (zehnfache Vergrößerung) von Quer- und Längsschnitten der Gattung *Heliolites* (c, d) (B = Böden, C = Coenenchymröhrchen, K = Koralliten, Se = Septen).

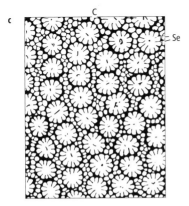
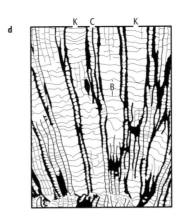

und -bewohner vom mittleren Ordovizium bis zum Perm. Bei den rugosen Korallen befinden sich die Koralliten als tassenförmige Vertiefung (Calyx) an der Spitze des Korallenskelettes. In der Hohlform saß der Weichkörper des lebenden Polypen. Die meisten rugosen Korallen besaßen eine äußere Wand, die eine feine Runzelung aufweist (lat. = rugae), daher erklärt sich der Name der Ordnung. Ein inneres Gerüst von radial orientierten Scheidewänden (Septen) reflektiert die Falten, in die die Innenwände des Polypen gelegt waren, vermutlich um die verdauungsaktive Oberfläche im Gastralraum zu vergrößern. Rugose Korallen begannen ihr Wachstum mit der Bildung von sechs Hauptsepten (Protosepten), danach erfolgte die Septeneinschaltung (Abb. 5) in nur vier Quadranten des Skelettes. Aufgrund dieses Musters werden die rugosen Korallen auch als Tetrakorallen bezeichnet. Es unterscheidet sie grundlegend von den jüngeren Scleractinia (oder Hexakorallen), die eine andere Art der Septeneinschaltung haben, und auch von den Tabulata, die keine Septen besitzen. Die Septen sind aufgebaut aus Trabekeln, kleinen Balken oder Zylindern aus calcitischen Fasern, deren Mikrostruktur und Anordnung z. T. taxonomisch relevant ist. Allerdings muß die Auswirkung sekundärer Umkristallisation durch die Fossilisation bei der Beurteilung der Mikrostrukturen in Betracht gezogen werden. Zahlreiche horizontale, konvexe oder konkave Böden (Tabulae) durchqueren den Koralliten (Abb. 6). In ihrer Gesamtheit bezeichnet man sie als Tabularium. Sie entstanden beim Wachstum des Polypen. Eine Anzahl von bläschenförmigen gewölbten Platten (Dissepimente) besetzten die innere Wand des Koralliten und bilden das Dissepimentarium. Dieser relativ einfache Bauplan wurde in vielfältiger Form abgewandelt und dadurch sind die rugosen Korallen z. T. wichtige Leitfossilien, besonders in Riffkalken, wo andere biostratigraphische Marker feh-

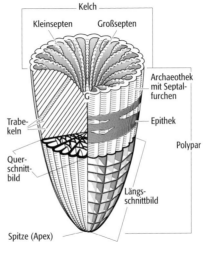

Korallen 4: Morphologie einer rugosen Solitärkoralle.

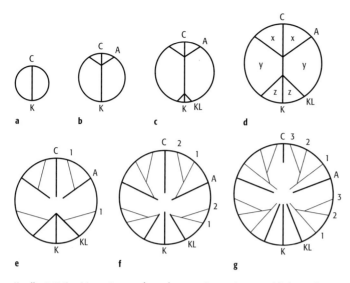

Korallen 5: Reihenfolge und Verteilung der Septeneinschaltung bei den rugosen Korallen.

Korallen 6: schematische Darstellung der Entwicklung der Dissepimente und Tabulae bei den rugosen Korallen.

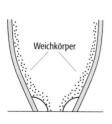
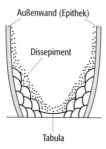
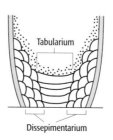

len oder nur eine geringere zeitliche Auflösung ermöglichen. Etwa 800 Gattungen sind bekannt, davon etwa 75 % solitäre und 25 % koloniebildende Formen.

Bei den solitären Rugosa kommen verschiedene Wuchsformen vor (Abb. 7). Einige der wichtigsten Begriffe sind: ceratoid (hornförmig, z. B. *Streptelasma*), zylindrisch (z. B. *Amplexus*), calceoloid (»pantoffelförmig«, z. B. *Calceola*), pyramidal (tetragonal, z. B. *Goniophyllum*), scolecoid (wurmförmig, z. B. *Helminthidium*). Bei den koloniebildenden Rugosa ist die Art der Kontakte zwischen den Koralliten sehr unterschiedlich und wichtig für die taxonomische Einordnung (Abb. 8). Um sie zu definieren wurden verschiedene Begriffe eingeführt: a) fasciculat: Koralliten sind nicht oder kaum verbunden und man unterscheidet zum einen phaceloide (parallel-ästig, z. B. *Acinophyllum*) und zum anderen dendroide (irregulär-ästig, z. B. *Lithostrotion*) Kolonien. b) cerioid: Koralliten stehen miteinander in Kontakt und sind durch Wände definiert, häufig polygonal (z. B. *Hexagonaria*). c) aphroid: Koralliten besitzen statt Wände ein Blasengewebe (z. B. *Iowaphyllum*). d) astreoid: Wände sind kaum ausgebildet und Septen gehen nicht ineinander über, sondern alternieren (z. B. *Radiastraea*). e) thamnasteroid: Wandbildungen fehlen weitgehend und Septen stehen in Kontakt oder gehen ineinander über (z. B. *Phillipsastrea*).

Globale Verbreitungsmuster der rugosen Korallen lassen unterschiedliche Faunenprovinzen erkennen. Im Unter- bis Mitteldevon sind drei große Provinzen (realms) ausgebildet: a) Eastern American Realm (EAR; östliches Nordamerika); b) Malvinocaffric Realm (Teile Südamerikas, Südafrikas und der Antarktis) und c) Old World Realm (OWR; Rest der Welt). Im Unterdevon findet man im EAR viele endemische Formen. Im Verlauf des Devon geht der hohe Anteil endemischer Faunenelemente durch Einwanderung aus dem OWR deutlich zurück. Die Ursache ist wohl der Anstieg des Meeresspiegels im Verlauf des Devons, der an der Frasne/Famenne-Grenze einen Höchststand erreicht. Zu dieser Zeit starben 96 % der Flachwasserkorallen und 60–70 % der Tiefwasserkorallen aus. Im hohen Oberdevon (Strunium) setzt erneut schwaches Riffwachstum ein, jedoch mit Gattungen, die bereits Beziehungen zu den Karbonfaunen zeigen. Zu diesen späten Formen gehören die Heterocorallia, eine kleine Gruppe von Korallen, die nur von späten Devon bis zum Unterkarbon existierten und die vermutlich von den rugosen Korallen abstammen. Die Heterokorallen (Abb. 9) besitzen eine charakteristische Art der Septeneinschaltung, bei der sich die initialen Protosepten teilen und so Y-förmige Muster in verschiedenen Quadranten entstehen. Nur vier oder fünf Gattungen sind bekannt und die meisten Exemplare sind fragmentarisch.

Die Korallenriffe der heutigen Ozeane werden hauptsächlich von hoch-diversen Vergesellschaftungen der Steinkorallen gebildet, die der Ordnung ↗Scleractinia angehören. Über 800 Spezies, die etwa 110 Gattungen angehören, sind beschrieben. Die Scleractinia erschienen erstmals in der mittleren Trias und füllten die ökologische Nische, die mit dem Aussterben der rugosen und tabulaten Korallen freigeworden war. Der Ursprung der Scleractinia ist unklar und möglicherweise polyphyletisch (d. h. verschiedene Ausgangsformen könnten vorhanden gewesen sein).

Man kennt eine Korallenfamilie, die Pachythecalidae aus der oberen Trias, die Beziehungen zu den spät-paläozoischen plerophylliden Korallen zeigt und damit auf die mögliche Abstammung der Scleractinia von den rugosen Korallen hindeutet. Eine weitere Möglichkeit ist die Abstammung der Steinkorallen von seeanemonenähnlichen Formen, die im Laufe der Evolution die Fähigkeit erlangten, Kalkskelette zu bilden. Das Muster der Septeneinschaltung unterscheidet sich von dem der rugosen Korallen, indem es eine sechsstrahlige Symmetrie aufweist. Daher werden die Scleractinia auch als Hexakorallen bezeichnet. Koloniebildende Scleractinia sind die primären Riffbildner in den rezenten tropischen Ozeanen. Sie sind in der Lage, ein oft mächtiges Korallenskelett (Corallum) zu bauen, das sich aus einzelnen Korallenkelchen (Coralliten) zusammensetzt, die den Polypen beherbergen. Der Korallenkelch besteht aus einer Basalplatte, umgeben von einer ringförmigen Außenwand (Theka), von der sechs Septen (oder ein Vielfaches davon) in die Kelchmitte (Abb. 10) ragen. Die Septen dienen der Vergrößerung des Gastralraumes, indem sie die Bildung von Taschen ermöglichen. Durch das Höherwachsen der Theken wird der Korallenkelch immer tiefer, und in regelmäßigen Abständen werden Böden (Tabulae oder Dissepimente) eingeschaltet und der Polyp rückt eine »Etage« höher. Die Polypen (Abb. 11) sind durch exothekales Gewebe (Coenosarc) miteinander verbunden, und dieses scheidet ebenfalls Kalk ab, das den Raum zwischen den Korallenkelchen ausfüllt (Coenosteum). Es besitzt Ähnlichkeit mit den Coenenchymbildungen der Heliolitiden. Korallenvergente Vertreter gibt es auch unter den Octocorallia bei den Ordnungen Stolonifera, Coenothecalia und Gorgonacea. Die Oktokorallen unterscheiden sich von den Hexakorallen durch die höhere Anzahl von Septen (acht Septen oder ein Vielfaches davon). Die Vertreter der Oktokorallen sind alle koloniebildend. Zu ihnen gehören z. B. die Hornkorallen (*Gorgonaria*), die Edelkorallen (*Corallium rubrum*), die Seefedern (*Pennatularia*) und die Tote Mannesband (*Alcyonium dicitatum*). Oktokorallen gab es vermutlich bereits im späten Proterozoikum, wo seefederähnliche Formen in der ↗Ediacara-Fauna gefunden wurden. Früheste Skeletteile stammen aus dem unteren Ordovizium von Schweden. Generell ist die Überlieferung der fossilen Oktokorallen

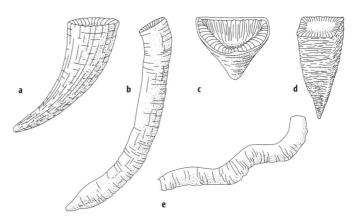

Korallen 7: Morphologie einiger Typen von solitären rugosen Korallen: a) ceratoid (z. B. *Streptelasma*), b) zylindrisch (z. B. *Amplexus*), c) calceoloid (z. B. *Calceola*), d) pyramidal (z. B. *Goniophyllum*), e) scolecoid (z. B. *Helminthidium*).

Korallen 8: Querschnittbilder und Terminologie der wichtigsten Korallitenanordnungen bei rugosen Koloniekorallen.

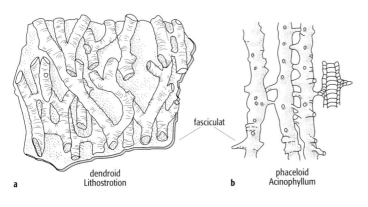
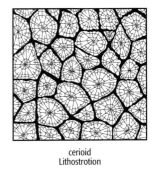

a dendroid Lithostrotion

b phaceloid Acinophyllum

cerioid Lithostrotion

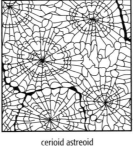

aphroid Coenaphrodia

cerioid astreoid Siphonodendron

thamnasterioid Orionastraea

Korallen 9: Reihenfolge und Verteilung der Septeneinschaltung bei den Heterokorallen.

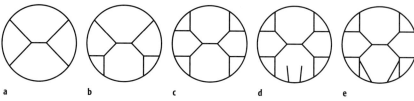

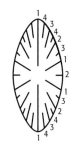

Korallen 10: Reihenfolge und Verteilung der Septeneinschaltung bei den Hexakorallen.

Korallen 11: schematischer Aufbau eines Steinkorallenpolypen und seines Sklettes.

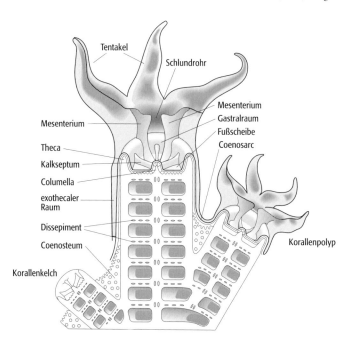

len jedoch lückenhaft, aufgrund des nicht calcitischen oder spiculitischen Skelettes der meisten Arten.

Rezente Korallen können in zwei ökologische Gruppen unterteilt werden: hermatype (oder Riff-) Korallen, die Zooxanthellae (symbiotische Dinoflagellaten) in ihrer Gastrodermis beherbergen, und ahermatype Korallen, die keine Zooxanthellen besitzen. Da die Zooxanthellen Licht für die Photosynthese benötigen, sind die hermatypen Korallen auf Flachwasser innerhalb der photischen Zone beschränkt. Korallen und ihre Symbionten haben ein Temperaturoptimum von 25–29°C, können aber Minima von 16°C oder weniger überleben. Bei zu hohen Temperaturen tritt Streß auf, und die Koralle stößt die Symbionten aus, was zu ihrem Absterben führt. Dies ist vermutlich die Ursache für das Korallenbleichen (coral bleaching), das viele rezente Korallenriffe befallen hat. Korallen reagieren ökologisch sensitiv auch auf Wassertrübung durch erhöhten Sedimenteintrag und Hypertrophierung. Sie benötigen hohe Wasserenergie, um Körperfunktionen aufrecht zu erhalten. Inwieweit diese ökologischen Anforderungen und Gegebenheiten auch auf fossile Korallen der ausgestorbenen Ordnungen zutreffen, ist nicht bekannt. [SP]

Literatur: [1] BIRENHEIDE, R. (1978): Rugose Korallen des Devon. – In: KRÖMMELBEIN, K. (Hrsg.): Leitfossilien, Bd. 2. – Berlin. [2] BIRENHEIDE, R. (1985): Chaetedida und tabulate Korallen des Devon.- In: ZIEGLER, W. (Hrsg.): Leitfossilien, Band 3. – Berlin. [3] SOROKIN, Y.I. (1995): Coral Reef Ecology. – In: HELDMAIER, G., LANGE, O.L., MOONEY, H.A. & SOMMER, U. (Hrsg.): Ecological Studies, Vol. 102. – Berlin. [4] VERON, J.E.N. (1995): Corals in space and time. – Ithaka.

Korallenküste, Küste, die einzelne Korallenriffe besitzt oder auf längeren Strecken gänzlich von Korallenriffen gebildet wird. ↗Riff, ↗Atoll.

Korallensee, nordöstlich von Australien gelegener, durch Papua-Neuguinea, die Salomonen und die Neuen Hebriden begrenzter Teil des Pazifischen Ozeans (↗Pazifischer Ozean Abb.).

Kordillerenorogen, *kordillerentypisches Orogen*, ein auf dem ↗aktiven Kontinentalrand als Folge von langandauernder Subduktion ozeanischer Lithosphäre sich entwickelndes ↗Orogen (↗Orogentypen). Voraussetzung ist eine hohe Konvergenzrate, die zu tektonischer Einengung des Backarc-Bereiches (↗backarc), oft unter Entwicklung eines Vorland-Falten- und Überschiebungsgürtels, führt. Die Überschiebungsflächen fallen unter den magmatischen Bogen ein, die Kruste wird durch die Einengung tektonisch zu einer Gebirgswurzel verdickt (z.B. Anden). Auf der ozeanwärtigen Seite können ↗Terrane akkretiert werden. Ein magmatisches Krustenwachstum ist im ↗magmatischen Bogen gegeben.

Kormophyten, *Kormobionten, Sproßpflanzen*, Sammelbezeichnung (↗Organisationstyp) für ↗Plantae, deren Vegetationskörper (Kormus) aus den Organen ↗Wurzel, ↗Sproßachse und ↗Blatt aufgebaut ist. Mit der (polyphyletischen) Entwicklung eines derart organisierten Kormus aus dem ↗Thallus von ↗Chlorophyta, wahrscheinlich aus dem Formenkreis ursprünglicher ↗Charophyceae, schufen erste Pflanzen die Grundlage für ein Leben an Land. Aber erst in der Kombination mit ↗Leitbündeln, die in Folge von den ↗Tracheophyten gebaut wurden und die Wurzel, Sproßachse und Blatt durchziehen, gelang die entscheidende funktionsmorphologische Verbesserung der Kormus-Organisation bei den ↗Pteridophyta und ↗Spermatophyta, die eine erfolgreiche Anpassung an die terrestrische Umwelt ermöglichte. ↗Bryophyta haben hingegen nur einen unvollkommenen Kormus ohne Leitbündel aus ↗Rhizoiden, Stämmchen und Blatt oder noch einen Thallus und werden nur bedingt als Kormophyten bezeichnet. [RB]

Kornbindung, Bezeichnung sowohl für die Art als

Kornbindung	einfacher Test
schlecht	Abreiben von Gesteinsteilchen mit den Fingern leicht möglich
mäßig	Gesteinsprobe mit Stahlnagel oder Messerspitze leicht ritzbar
gut	Gesteinsprobe mit Stahlnagel oder Messerspitze schwer ritzbar
sehr gut	Gesteinsprobe mit Stahlnagel oder Messerspitze nicht ritzbar

auch die Qualität der Verbindung von Mineralkörnern in einem Gestein. Von der Kornbindung hängt in hohem Maß die Festigkeit (/Härte), Bearbeitbarkeit und Verwitterungsbeständigkeit eines Gesteines ab. Bei der unmittelbaren Kornbindung haften die einzelnen Körner direkt aneinander, wie beispielsweise in Tongesteinen. Bei der mittelbaren Kornbindung sind die einzelnen Körner über ein Bindemittel miteinander verkittet. Beispiele hierfür sind Sandsteine und Konglomerate, in denen die Sandkörner bzw. Gerölle mittels Calcit, Brauneisen, Quarz oder Ton miteinander verbunden sind. Je nach Gestein kann das Kornbindemittel härter oder weicher sein als die gebundenen Körner selbst. Die Qualität der Kornbindung kann nach DIN 4022 Teil 1 mit bereits einfachen Tests bestimmt werden (Tab.). [ABo]

Korndichte, $\bar{n}_s$, ist die Masse m_d der festen Einzelbestandteile des Bodens, bezogen auf deren Volumen V_k: $\bar{n}_s = m_d/V_k$ [g/cm³]. Die Bestimmung erfolgt i. d. R. mit dem Kapillarpyknometer nach DIN 18 124.

Korndurchmesser, die mittlere geometrische Ausdehnung eines Korns, die zusammen mit der Kornverteilung (/Körnungslinie) maßgebend für die Einteilung und die Benennung von Lockergesteinen ist.

Körnerpräparat, Präparat für die polarisationsmikroskopische Untersuchung zur Mineralbestimmung, zur Bestimmung der Mineralmenge, Mineralform und -größe sowie der Besonderheiten der Mineralausbildung. /Einbettungsmethode, /Streupräparat.

Kornform, Oberbegriff für die geometrischen Eigenschaften eines Korns. Die Kornform ist aus den drei Korneigenschaften /Korngestalt, /Kornrundung und /Kornoberfläche zusammengesetzt.

Kornfraktion, Gesamtheit aller Teilchen einer bestimmten /Korngröße, konventionell festgelegt und damit in verschiedenen Ländern unterschiedlich definiert. Steine und Kies sind die Fraktionen des /Bodenskeletts und Sand, /Schluff und /Ton sind die Fraktionen des /Feinbodens, aus dem die /Bodenart abgeleitet wird (Tab.).

Korngefüge, Begriff, der die Orientierung und Packung der einzelnen Komponenten eines Sediments zueinander beschreibt. Die Orientierung der Körner senkrecht oder parallel zur Fließrichtung ist ein primäres Sedimentationsgefüge und resultiert aus der Interaktion zwischen dem Sediment und dem Transportmedium (Wind, Eis, Wasser). So kommt es z. B. zur /Imbrikation von Geröllen in Flüssen. Die *Packung* hängt im wesentlichen von der /Korngestalt, /Sortierung und /Korngröße ab und beeinflußt direkt die /Porosität eines Sediments. /Schlammgestützte Gefüge oder /komponentengestützte Gefüge sind möglich. Die Korn-zu-Korn-Kontakte zwischen den Komponenten können punktförmig, konkav-konvex oder verzahnt sein.

Korngestalt, beschreibt die äußere Erscheinungsform eines Gerölls oder Partikels. Sie läßt sich durch das Verhältnis dreier senkrecht aufeinander stehender Größen ausdrücken: größte Länge, größte Breite und größte Dicke. Es sind vier Klassen zu unterscheiden: tabular oder diskusförmig, kubisch oder sphärisch, stengelig sowie plattig (Abb.). Die Gestalt wird im wesentlichen von Materialeigenschaften bestimmt, aber auch durch die Transportart.

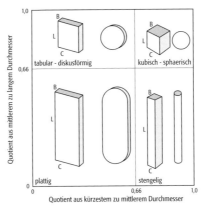

Korngrenze, Grenzfläche zwischen zwei einkristallinen Kristallkörnern eines Polykristalls. Zur Beschreibung sind fünf Orientierungsparameter notwendig. Durch eine Drehung um den Winkel Θ um eine durch zwei Winkelwerte festgelegte Achsrichtung u können die beiden Kristallite in

Kornbindung (Tab.): Kornbindung bzw. Festigkeit nach DIN 4022 Teil 1.

Korngestalt: die vier Klassen der Korngestalt (L = Längsachse, B = Kurzachse, C = mittellange Achse).

Kornfraktion (Tab.): Kornfraktionen des Fein- und des Grobbodens in Deutschland nach KA 4 (1994).

Äquivalentdurchmesser [mm]	Benennung	Hauptfraktion	Fraktionsgruppe
≤ 0,0002	Feinton		
0,0002 – 0,00063	Mittelton	Ton	
0,00063 – 0,0020	Grobton		
0,002 – 0,0063	Feinschluff		
0,0063 – 0,020	Mittelschluff	Schluff	Feinboden
0,020 – 0,063	Grobschluff		
0,063 – 0,20	Feinsand		
0,20 – 0,63	Mittelsand	Sand	
0,63 – 2,0	Grobsand		
2,0 – 6,3	Feinkies		
6,3 – 20	Mittelkies	Kies	Feinskelett
20 – 63	Grobkies	(Grus)	
63 – 200	Steine		
200 – 630	Blöcke		Grobskelett
> 630	Großblöcke		

Korngröße

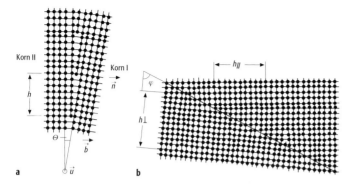

Korngrenze 1: schematischer Aufbau einer Kipp-Kleinwinkelkorngrenze aus nur einer Schar von Stufenversetzungen (a) und aus zwei senkrecht zueinanderstehenden Scharen (b) mit $\vec{b}$ = Burgers-Vektor, $\vec{n}$ = Normalenvektor, u = Achsrichtung, $h = |\vec{b}|/\Theta$, $h_{\|} = |\vec{b}|/\Theta\sin\varphi$, $h_w = |\vec{b}|/\Theta\cos\varphi$, Θ = Verkippwinkel, φ = Winkel zwischen Netzebene und Korngrenze.

Krongrenze 3: schematische Darstellung einer Korngrenze. Die durch ausgefüllte Kreise dargestellten Atome liegen auf dem gleichen Koinzidenzgitter.

Korngrenze 2: schematischer Aufbau einer Drehkorngrenze aus zwei Scharen von Schraubenversetzungen. Die Kreise entsprechen der unteren Atomlage und die Punkte der oberen Lage.

die gleiche Orientierung gebracht werden. Die Grenzfläche selbst kann durch ihren Normalenvektor $\vec{n}$ beschrieben werden, der durch zwei weitere Winkelwerte festgelegt werden muß. Solange der Winkel Θ kleiner als ca. 10° ist, spricht man von einer sog. ↗Kleinwinkelkorngrenze oder Subkorngrenze, deren Aufbau sich aus verschiedenen Anordnungen von ↗Versetzungen beschreiben läßt. Den einfachsten Fall stellt die sog. Biege-Korngrenze, Kipp-Korngrenze oder Tilt-Korngrenze mit $\vec{n}\perp u$ dar. Diese besteht im symmetrischen Fall aus einer parallelen Anordnungen von übereinander liegenden Stufenversetzungen (Abb. 1a) mit einem Abstand $h = b/\Theta$ (b entspricht hier der Länge des Burgers-Vektors). Eine asymmetrische Biegegrenze kann z.B. durch zwei Arten von Stufenversetzungen mit zueinander senkrecht liegenden Burgers-Vektoren entstehen (Abb. 1b). Einen weiteren Grenzfall stellt die symmetrische Drehkorngrenze (auch Twist-Korngrenze oder Verschränkungskorngrenze) dar, für die $\vec{n}\|u$ gilt. Diese besteht aus einem quadratischen Netz von zwei Scharen von Schraubenversetzungen (Abb. 2). Die beiden diskutierten Fälle stellen natürlich nur Grenzfälle aller möglichen Kombinationen dar. Mit zunehmendem Orientierungsunterschied zwischen benachbarten Körnern kommen sich die Versetzungen stetig näher bis zu dem Punkt, ab dem man nicht mehr von einzelnen Versetzungen sprechen kann. Je nach Material und Orientierung entspricht das einem Winkel Θ von 10–15°. Für größere Winkel spricht man nicht mehr von einer Klein-, sondern von einer *Großwinkelkorngrenze*. Auf diese bezieht sich im allgemeinen Sprachgebrauch der Begriff Korngrenze. Die Orientierung der beiden angrenzenden Körner kann beliebig sein. Es konnte jedoch gezeigt werden, daß bestimmte Orientierungsbeziehungen zueinander häufiger auftreten und daher wahrscheinlich energetisch günstiger sind als andere. Dies ist immer dann der Fall, wenn ein möglichst großer Teil der Atome beider Körner auf einem gemeinsamen Gitter, dem sog. *Koinzidenzgitter*, liegt (Abb. 3). Verläuft die Korngrenze in einer kristallographisch ausgezeichneten Ebene, die beiden Körnern gemeinsam ist, dann besitzen diese eine von der Metrik und Struktur abhängige feste Orientierungsbeziehung zueinander. In diesem Fall spricht man von einer *Zwillingskorngrenze*.
[EW]

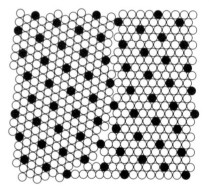

Korngröße, bezeichnet den ↗Äquivalentdurchmesser von Teilchen (Körnern) klastischer ↗Sedimente (Produkte von Verwitterung und mechanischer Umlagerung) und Bodenpartikeln. Es werden verschiedene Korngrößeneinteilungen verwendet. Die Korngrößeneinteilung nach DIN 4022 unterscheidet ↗Ton, ↗Schluff (↗Silt), ↗Sand, ↗Kies und Steine. Die Korngrößeneinteilung nach Udden & Wentworth, modifiziert nach Doeglas, beinhaltet clay (Ton), silt (Silt), sand (Sand), granules, pebbles, cobbles (Kies) und boulders (Steine). Die beiden genannten Skalen benutzen als Einheit Millimeter. Eine arithmetische Skala ist die Korngrößeneinteilung nach Phi als logarithmische Transformation der Udden-Wentworth-Skala (Tab. 1):

$$Phi = -\log_2 d,$$

wobei d = Korngröße in Millimetern. Korngrößen können mit unterschiedlichen Methoden bestimmt werden, wie z.B. durch ↗Siebanalyse, Sedimentationsanalysen oder optische Verfahren. Zu bedenken ist stets, daß bei der Bestimmung aus Dünnschliffen nur ein zweidimensionaler Anschnitt erfaßt wird, was bei komplizier-

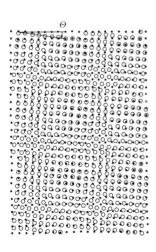
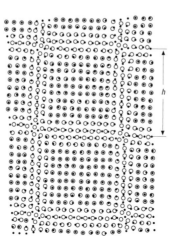

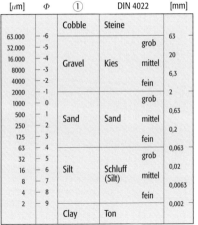

① Udden & Wenthworth mod. nach Doeglas
Φ = Phi-Grad = $-\log_2(d/d_0)$; d = Durchmesser, d_0 = 1 mm Einheitsdurchmesser

Korngröße (Tab. 1): Korngrößenskalen für Sedimente und Sedimentgesteine in Millimetern, in Phi und nach beschreibenden Begriffen.

teren Kornformen erhebliche Probleme erzeugen kann. Standardverfahren zur Bestimmung von Korngrößen im Dünnschliff ist das Sehnenschnittverfahren. Folgende Einteilung nach der mittleren Korngröße hat sich für die Geländeansprache international weitgehend durchgesetzt: *feinkörnig*: < 1 mm, *mittelkörnig*: 1–5 mm, *grobkörnig* >5 mm. In Deutschland auch gebräuchlich ist die Korngrößeneinteilung für Kristallingesteine nach Teuscher (Tab. 2).

Korngrößenanalyse, *Korngrößenbestimmung*, *Bestimmung der Korngrößenverteilung*, technisches Verfahren zur Bestimmung der mittleren geometrischen Ausdehnung (Durchmesser) der Bestandteile (Körner) einer Bodenprobe. Hierzu werden nach DIN 18 213 die Massenanteile der in der zu untersuchenden Bodenprobe vorhandenen Körnungsgruppen, z. B. Feinsand (0,063–0,2 mm), bestimmt. Dies geschieht für Korngrößen über 0,063 mm durch Siebung (↗Siebanalyse), für Korngrößen unter 0,125 mm durch Sedimentation (↗Sedimentationsanalyse). Die Ergebnisse der Korngrößenanalyse werden i. d. R. in Form einer Kornsummenkurve dargestellt.

Korngrößenbestimmung ↗ *Korngrößenanalyse*.
Korngrößenverteilung, Maßstab für die Einteilung und Benennung der mineralischen Lockergesteine. Der Anteil der einzelnen Korngrößen d wird in Prozent der Gesamttrockenmasse unter Verwendung der ↗Körnungslinie angegeben. Die Darstellung erfolgt als Kornsummenkurve oder als Kornhäufigkeitsverteilung, bei der der Masseanteil je Kornfraktion direkt über dem Korndurchmesser aufgetragen wird (Abb.). Verfahren und Geräte zur Ermittlung der Korngrößenverteilung sind in DIN 18123 festgelegt. Korngrößen größer 0,063 mm werden durch die ↗Siebanalyse, Korngrößen kleiner 0,125 mm durch die ↗Sedimentationsanalyse bestimmt.

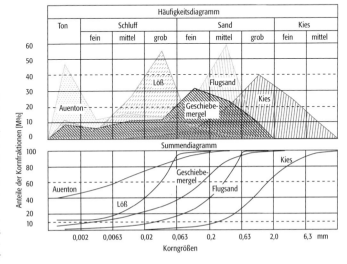

Korngruppe, Einteilung von Lockergesteinen in Korngrößengruppen, die in der Bautechnik als ↗Lieferkörnungen verwendet werden. Die Korngruppe eines Haufwerks wird mit Prüfsieben festgestellt. Die Körner einer durch zwei Prüfsiebe festgelegten Korngruppe fallen durch das obere Prüfsieb hindurch (Größtkorn) und bleiben auf dem unteren Prüfsieb liegen (Kleinstkorn). Die auf dem oberen Prüfsieb liegengebliebenen Körner werden als *Überkorn* bezeichnet, die durch das untere Prüfsieb fallenden als *Unterkorn*.

Korngruppendiagramm, die zusammenfassende Darstellung der Ergebnisse von ↗Korngrößenanalysen einer Bohrung. Für diesen Diagrammtyp werden die Anteile der einzelnen Korngrößen entsprechend der Entnahmetiefen der einzelnen Proben untereinander ins Diagramm eingezeichnet (Abb.).

Kornkennziffer, drückt die prozentualen Anteile der Korngruppen der ↗Körnungslinie einer Bodenprobe aus, z. B.: Kiessand mit 0 % Ton, 0 % Schluff, 50 % Sand, 50 % Kies hat die Kornkennziffer 0055.

Kornoberfläche, die Oberfläche der Partikel eines Gesteins oder Bodens. Verrundete Körner lassen sich bei Betrachtung in schräg auffallendem Licht in solche mit matter oder glänzender Oberfläche untergliedern. Erstere lassen sich i. a. eher

Korngrößenverteilung: Kornhäufigkeitsverteilung und Kornsummenkurve ausgewählter Böden.

	Korndurchmesser [mm]	Kornzahl pro cm²
riesenkörnig	> 33	≪ 1
großkörnig	33–10	< 1
grobkörnig	10–3,3	1–10^1
mittelkörnig	3,3–1,0	10^1–10^2
kleinkörnig	1,0–0,3	10^2–10^3
feinkörnig	0,3–0,1	10^3–10^4
sehr feinkörnig	0,1–0,01	10^4–10^6
dicht	< 0,01	> 10^6

Korngröße (Tab. 2): Korngrößeneinteilung für kristalline Gesteine nach Teuscher.

Kornrundung

zu bestehen. ↗Korngröße, ↗Korngrößenverteilung.

Körnungslinie, *Kornverteilungslinie, Kornverteilungskurve, Kornsummenkurve*, graphische Darstellung der ↗Korngrößenverteilung als Summenkurve (Abb.). Der Anteil der einzelnen Korngrößen wird in Prozent der Trockenmasse angegeben. Damit auch die kleineren Kornfraktionen zur Geltung kommen, wird die Körnungslinie im einfach logarithmischen Maßstab (Abszisse) dargestellt. Die linear eingeteilte Ordinate spiegelt den Kornsummenwert (auch als Siebdurchgang bezeichnet) bei einem jeweiligen Grenzdurchmesser d wider. Die Körnungslinie gibt Auskunft über die Bodenart sowie evtl. Beimengungen und erlaubt Schlüsse über Reibungswinkel, kapillare Steighöhe und Durchlässigkeit eines Bodens. Die Steigung der Körnungslinie gibt die Gleichförmigkeit bzw. Ungleichförmigkeit eines Bodens an und erteilt Auskunft über die Verdichtbarkeit nicht bindiger bis schwach bindiger Böden. Der zahlenmäßige Ausdruck dafür ist die ↗Ungleichförmigkeitszahl $U = d_{60}/d_{10}$. Aus der Körnungslinie können weiterhin die ↗Kornkennziffer und die Krümmungszahl $C = d_{30}^2/(d_{60} \cdot d_{10})$ bestimmt werden (d_{10}, d_{30}, d_{60} sind die Korngrößen in mm, bei denen die Summenkurve die 10%-, 30%- bzw. 60%-Linie schneidet).

Kornvergröberung, meist thermisch induzierter Prozeß, der durch Wachstum einzelner Körner in einem undeformierten Kornaggregat zur Erniedrigung der inneren Grenzflächenenergie führt.

Kornverteilungslinie ↗*Körnungslinie*.

Korona, [von lat. corona = Kranz, Krone], *Corona*, **1)** *Klimatologie:* a) System farbiger konzentrischer Ringe um Sonne, Mond, Sterne, auch irdische Lichtquellen (z. B. Straßenlaternen, Autoscheinwerfer), ↗Kranz. b) Sonnenkorona: das äußere Gebiet der Sonnenatmosphäre, das nur bei einer totalen Sonnenfinsternis (der Kernschatten des Mondes erreicht die Erdoberfläche) sichtbar ist. ↗Sonneneruptionen, ↗solare Aktivität. **2)** *Petrologie:* allgemeiner Begriff für meist kugelschalige Anordnung von radialen, stengeligen Mineralphasen als Reaktionssaum um Phasen oder primär durch Wachstum (Abb. im Farbtafelteil).

Koronaentladung, elektrische Gasentladung die von Gebieten mit hoher Feldstärke in der Umgebung von elektrischen Leitern ausgeht. Durch die

Korngruppendiagramm: Korngruppendiagramm für eine Bohrung in Niederterrassensedimenten des Rheins.

auf äolische als auf aquatische Einwirkung zurückführen. Glänzende Oberflächen entstehen bevorzugt aquatisch. Kornoberflächen lassen sich im Rasterelektronenmikroskop genauer betrachten. Im Strandbereich zeigen sich viele V-förmige Eintiefungen, im glaziären Bereich sind ein starkes Mikrorelief, halbparallele Stufen und Striemungen typisch, während äolisch ein geringes Relief kennzeichnend ist. Allerdings ist bei den Interpretationen Vorsicht geboten.

Kornrundung, beschreibt die Verrundung eines Partikels. Es wird i. a. eine visuelle Einteilung in sechs Kategorien vorgenommen: sehr eckig – eckig (angular) – kantengerundet (subangular) – angerundet – gerundet – gut gerundet (Abb.).

Kornsummenkurve ↗*Körnungslinie*.

Körnung, Eigenschaft von ↗Mineralböden, aus Körnern unterschiedlicher Größe und Mischung

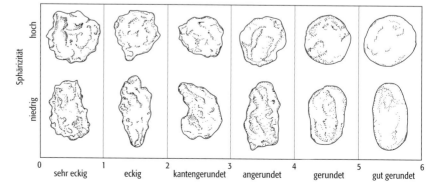

Kornrundung: sechs Kategorien der Kornrundung. Für jede Kategorie ist ein Korn niedriger und hoher Sphaerizität gezeigt.

Feldstärkeüberhöhung an Spitzen werden durch ↗Stoßionisation Ladungsträger freigesetzt, die einen Stromfluß realisieren. Mitunter wird dabei eine schwache Leuchterscheinung, die Korona, beobachtet. Natürliche Koronaentladung in der Atmosphäre geht bei Gewittern von der Vegetation und von Hydrometeoren aus. Koronaentladungen geben einen signifikanten Beitrag zum Stromfluß im elektrischen Feld der Erde.

Koronalöcher, Quellen schneller Ströme im Sonnenwind aus großflächigen, scharf begrenzten Gebieten der oberen Sonnenkorona, die im Röntgen- und UV-Licht dunkel (= kühler) erscheinen. Sie sind für erhöhte erdmagnetische Aktivität verantwortlich (↗M-Regionen).

Koronarstruktur, Gefügebild bei der Auflösung von Mineralen bei metamorphen Prozessen, z. B. beim Zerfall von Granatkristallen, die ringförmig in Koronarstruktur von Plagioklasen umgeben werden.

Korrasion, 1) *Sandschliff*, *Windabrasion*, geomorphologischer Prozeß, der die vorwiegend erosive Wirkung windgetriebener Partikel auf Gesteins- oder sonstigen Oberflächen beschreibt, wobei ↗Sand schmirgelnd und schleifend wirkt, während feinere Partikel Oberflächen polieren. Die Übergangskorngröße zwischen abtragender und polierender Wirkung ist unbekannt. Von einigen Wissenschaftlern wird angenommen, daß auch ↗Staub korradieren kann. Die Korrasionsleistung ist abhängig von der kinetischen Energie des Kornes, dem Einschlagwinkel und der Beschaffenheit des Festgesteins. Aufgrund der direkten Abhängigkeit von der Geschwindigkeit des saltierenden Sandes (↗Saltation) wird die stärkste Wirkung wenige Dezimeter bis ca. 0,5 m über der Oberfläche erzielt. Die Obergrenze entspricht der für Sandtransport und liegt bei ca. 2 m. Charakteristische Korrasionsformen sind ↗Yardangs, ↗Windschliffe und ↗Windkanter. 2) v. a. in älterer Literatur für jegliche mechanischen Angriff bewegter ↗Agenzien auf den Untergrund bzw. auf Gesteinsoberflächen gebrauchter Begriff. ↗Abrasion, ↗Detersion, ↗Erosion. [KDA]

Korrasionsgasse ↗Windschliff.

Korrasionshohlkehle, *Sandschliffkehle*, Unterschneidung an der Basis von Felswänden oder Einzelfelsen durch ↗Korrasion unter Beteiligung der in Bodennähe intensiveren ↗Verwitterung.

Korrasionstal, Täler, die durch ↗Korrasion geformt wurden. In ↗periglazialen Gebieten erfolgte die Tieferlegung durch Korrasion ausübenden ↗Solifluktionsschutt.

Korrektion, Differenz eines Näherungswertes zum wahren Wert einer Größe. In der Meßtechnik ist es der Wert, der nach algebraischer Addition zum unberücksichtigten ↗Meßergebnis oder zum ↗Meßwert den bekannte systematische ↗Meßabweichung ausgleicht.

Korrektur, Bereinigung eines Meßwertes vom Einfluß eines bekannten Effekts, z. B. die Eliminierung eines Instrumentenganges (↗Instrumentengangkorrektur). ↗Reduktion.

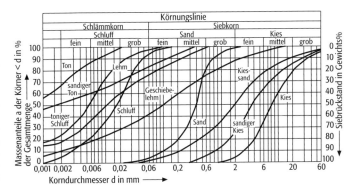

korrelate Formen, unterschiedliche Formen in Kristallen meroedrischer Klassen (↗Meroedrien), die in der entsprechenden ↗Holoedrie einer einzigen Form angehören. Beispiel: Die Flächen (111) und $(\bar{1}\bar{1}\bar{1})$ gehören in der Kristallklasse 23 (T) zu den verschiedenen Formen $\{111\}$ und $\{\bar{1}\bar{1}\bar{1}\}$, hingegen in der Kristallklasse $m\bar{3}$ (T_h) zu der einzigen Form $\{111\}$.

Korrelation, in der Statistik Maßzahl, welche die Güte des Zusammenhangs zwischen zwei Datensätzen ausdrückt. Am bekanntesten ist der Produkt-Moment-Korrelationskoeffizient nach Pearson:

$$r = 1/(n-1) \, \Sigma a_i' b_i'/(s_a \cdot s_b),$$

wobei n der jeweilige Stichprobenumfang, a_i' bzw. b_i' die Abweichungen vom Mittelwert der einzelnen Werte der Größe a bzw. b sind und s_a bzw. s_b die dazugehörigen ↗Standardabweichungen. Dies ist gleichbedeutend mit der ↗Kovarianz, dividiert durch die Standardabweichungen. In dieser Form kann sich r zwischen den Grenzen -1 bis +1 (gleichbedeutend mit jeweils striktem Zusammenhang) bewegen, wobei $r = 0$ gar keinen Zusammenhang anzeigt. Die Art des Zusammenhanges wird durch die zugehörige ↗Regression (Regressionsgleichung) errechnet. In dieser Form beinhaltet r allerdings eine ganze Reihe von Voraussetzungen wie einen linearen Zusammenhang zweier Größen (Regressionsgerade, bei negativem r mit negativer Steigung) ohne weitere Einflüsse, zumindest näherungsweise Gaußsche Normalverteilungen (↗Gauß-Kurve) und keine ↗Autokorrelation. Alternativen sind Rangkorrelationskoeffizienten (bei Abweichungen von der Normalverteilung), partielle und multiple Korrelationskoeffizienten (bei mehr als zwei betrachteten Größen und somit mehr als einer Einflußgröße) und die ↗Transinformation (beliebige monotone Zusammenhänge). Generell muß die Korrelation wegen der Endlichkeit der verfügbaren Datensätze auf Signifikanz gegenüber Zufälligkeit getestet werden. [CDS]

Korrelationsdiagramm, durch multiplikative Verknüpfung quantitativer Daten gebildete ↗Diagrammfigur.

Korrelationssystem, Elemente eines ↗Geosystems und deren Abhängigkeitsbeziehungen (↗Prozeß-Korrelations-Systemmodel).

Körnungslinie: Körnungslinien verschiedener Bodenarten. Die Steigung der Kurven gibt Aufschluß über die Ungleichförmigkeit bzw. Gleichförmigkeit der Böden (z. B. Geschiebelehm ist stark ungleichförmig). Dies ist für verschiedene Bodeneigenschaften (z. B. Verdichtbarkeit) von Bedeutung.

Korrelationszeit, die Zeitspanne, bei der die ↗ Autokorrelation einer (geophysikalischen) Variable (zum erstenmal und signifikant) verschwindet. Alle vorangehenden Beobachtungswerte sind als statistisch nicht unabhängig zu betrachten. Beträgt z. B. die Korrelationszeit der Lufttemperatur (an einem bestimmten Ort) 10 Tage, so wird die Temperatur der folgenden 10 Tage in bestimmter, zeitlich abnehmender Weise von der heutigen Beobachtung beeinflußt, d. h. der (bedingte) Möglichkeitsspielraum wird gegenüber der Spannweite (unbedingter) klimatologischer Extremwerte mehr oder weniger vermindert. ↗ Vorhersagbarkeit.

Korrespondenzprinzip, *Korrespondenz*, **1)** *Kristallographie*: Übereinstimmung zwischen der Struktur und der äußeren Gestalt des Kristalls, die sich am deutlichsten in der Symmetrie zeigt. Ausdruck der Symmetrie einer Kristallstruktur ist seine Raumgruppe, zu deren Symmetrieoperationen stets ↗ Translationen gehören. Die Translationssymmetrie ist jedoch mit dem bloßen Auge nicht erkennbar, auch nicht unter Hinzunahme eines Lichtmikroskops, da die Beträge der kleinsten Translationsvektoren i. a. zwischen 0,2 nm und 2 nm ($2 \cdot 10^{-7}$ und $2 \cdot 10^{-6}$ mm) liegen. Berücksichtigt man die Translationen nicht (indem man die Beiträge der Translationsvektoren gleich Null setzt), dann bildet sich die Raumgruppe auf die kristallographische Punktgruppe ab, welche die makroskopische Symmetrie des Kristalls beschreibt. Eine weitere Korrespondenz ist die zwischen Netzebenen und Kristallflächen. Unter den vielen theoretisch möglichen Flächen bilden sich i. a. diejenigen aus, die den dichtest besetzten Netzebenen entsprechen. **2)** *Mineralogie*: Übereinstimmung der Feinstruktur eines Minerals mit seiner äußeren Form (↗ Tracht) und seiner Eigenschaften. Der feinstrukturelle Bau ist Grundlage und Voraussetzung für die makroskopisch zu beobachtende Form und die Eigenschaften der Minerale.

korrespondierende Höhen ↗ astronomische Zeit- und Längenbestimmung.

korrigierte Absenkung, die Korrektur gemessener Absenkungsbeträge bei einem ↗ Pumpversuch in einem freien Grundwasserleiter nach der 1963 von Jacob entwickelten Formel:

$$s' = s - \frac{s^2}{2 \cdot M},$$

wobei s' = korrigierte Absenkung, s = gemessene Absenkung, M = wassererfüllte Mächtigkeit des freien Grundwasserleiters vor Versuchsbeginn. Sie ermöglicht die Auswertung des Versuchs mit denselben Formeln wie bei einem gespannten Grundwasserleiter. Die Korrektur der gemessenen Absenkungsbeträge ist hierbei notwendig, da in einem freien Grundwasserleiter die wassererfüllte Mächtigkeit nicht konstant ist und somit auch die ↗ Transmissivität T des Grundwasserleiters mit der Zeit kleiner wird, was der Definition der Transmissivität widerspräche.

korrigierte Pinlinien, *verbogene Pins*, ↗ Pinlinien, um intern deformierte Serien zu bilanzieren.

Korrosion, in der Geologie chemische Zerstörung des Gesteins durch Wasser und durch die im Wasser enthaltenen Reaktionskomponenten ↗ Verwitterung. Besonders intensiv wirkt die Korrosion bei den leicht löslichen Salz-, Gips- und Kalkgesteinen. Bei ausgeprägter Korrosion kann es zu einer Bildung von ↗ Karst kommen (↗ Verkarstung, ↗ Karsterscheinungen).

Korrosionshärte, *relative Korrosionshärte*, spezielles Härte-Prüfverfahren nach Eppler. ↗ Härte.

Korrosionshohlkehle, entstehen an der Basis von Kalksteinwänden, wenn humusreicher Boden angrenzt, dessen biogenes Kohlendioxid die ↗ Korrosion begünstigt. Eine zu den ↗ Karren zählende ↗ Karstform.

Korund, [von Hindi kurund], *Corund, Corundum, Diamantspat, Harmophan, Hartspat, Naxium, Schmirgel, Soimonit, Tonerde*, Mineral (Abb.) mit ditrigonal-skalenoedrischer Kristallform und der chemischen Formel Al_2O_3; Farbe: grau, braun, rötlich, gelblich, bläulich; starker Glasglanz bis matt; zuweilen ↗ Asterismus; durchsichtig bis durchscheinend; Strich: weiß; Härte nach Mohs: 9; Dichte: 3,9–4,1 g/cm³; Spaltbarkeit: scheinbar vollkommen nach (*1012*); Bruch: muschelig; Aggregate: fein- bis grobkörnig, körnige Massen, lose oder abgerollt, derb, dicht; Kristalle eingewachsen, oft sehr groß; vor dem Lötrohr unschmelzbar; in Säuren unlöslich; Begleiter: Andalusit, Sillimanit, Rutil, Diaspor; Vorkommen: als Gemengteil in Magmatiten und in kleinen bis großen Brocken in Sanadinitfazies, in pegmatitreichen Schlieren der Granite, Syenite und Foyaite sowie als einzelne Körner bis tafelige Blasten in Hornfelsen, aber auch im Schwermineralspektrum sandiger Sedimente; Fundorte: Semis-Bugu (Kasachstan), Ambasitra (Madagaskar), Adamspeak (Sri Lanka), Thailand und Oberburma. [GST]

kosmische Elementhäufigkeit, die Elementverteilung im Kosmos ist äußerst ungleichmäßig. Wasserstoff (H) ist bei weitem das häufigste Element mit über 90 % aller Atome oder 75 % der Masse des Universums. Helium (He) ist das zweit häufigste Element, mit etwa 24 % der Gesamtmasse des Universums. Auf die restlichen Elemente entfallen somit nur weniger als 1 %. Diese Häufigkeiten unterliegen einer sehr langsamen aber stetigen, irreversiblen Veränderung, wobei Wasserstoff in Helium und schwerere Elemente durch Kernfusion umgewandelt werden. Die häufigsten Elemente des Sonnensystems (*Elementhäufigkeit des Sonnensystems*) sind: H, He, O, C, Ne, N, Mg, Si Fe und S.

kosmische Materie, interstellare Materie zwischen den Sternen der Galaxien, gebildet aus explodierenden Sternen, deren energetisches Gleichgewicht gestört ist. In ihrer Endphase können Sterne einer bestimmten Größenordnung Elemente mit hohen Ordnungszahlen, also hohem Energiebedarf bilden, wobei das energetische Gleichgewicht gestört wird. Der Stern ex-

Korund: Korundkristall.

plodiert und gibt seine neugebildete Materie als kosmische Materie an den Weltraum ab.

kosmische Mineralogie, Untersuchung von meteoritischem und lunarem Material. ↗Meteorit, ↗Minerale im extraterrestrischen Raum.

kosmischer Staub ↗Meteorit.

kosmische Strahlung, energiereiche Teilchen im Sonnensystem mit verschiedener Herkunft: a) galaktische kosmische Strahlung außerhalb des Sonnensystems. (Energien bis über 100 GeV), anomale Komponente interstellaren Ursprungs, b) solare kosmische Strahlung aus Sonneneruptionen; durch Stoßwellen z. B. solaren Ursprungs beschleunigte Teilchen, bis 10 MeV.

Kosmographie, *Weltbeschreibung*, ein in der Antike nicht gebrauchter, im Mittelalter und der frühen Neuzeit im westeuropäischen Kulturkreis benutzter Begriff. Die Kosmographie ist im Mittelalter für Einführungen zu Weltchroniken und als Bestandteil enzyklopädischer Kompendien, meist mit skizzenhaften Weltkarten aufgekommen.

Kosmopolit, im Gegensatz zu Endemiten (↗Endemismus) weltweit verbreitete Art in einem der drei Bereiche Meer, Binnengewässer oder Festland. Neben zahlreichen höheren Pflanzen und Tieren (z. B. die Wanderratte) zählen zu ihnen sehr viele Algen, Bakterien und Pilze. Kosmopoliten stellen keine speziellen Ansprüche an ↗Standort und ↗Lebensraum. Sie fehlen nur bei sehr extremen Lebensbedingungen, z. B. starker Kälte oder bei einer erdgeschichtlich bedingten biogeographischen Isolation.

Kosten-Nutzen-Analyse, *KNA*, Verfahren zur Untersuchung des Verhältnisses zwischen den Kosten einer Handlung und dem aus ihr resultierenden Nutzen. Ziel der KNA ist, das Verhältnis von den aufgewendeten Kosten zum resultierenden Nutzen zu minimieren. 1) In der Populationsökologie bedeutet dies beispielsweise, daß den Kosten, die für die Sicherung des zukünftigen Fortpflanzungserfolges einer Art aufgewendet werden müssen, die Nutzen einer höheren Überlebenswahrscheinlichkeit der Art gegenüberstehen. Die Energie, also die Kosten, welche in die Fortpflanzung (Nutzen) gesteckt werden, fehlt als Energie zur Lebenserhaltung. Dem bestmöglichen Kosten-Nutzen-Verhältnis von Energie und Zeit passen sich die Organismen durch die natürliche ↗Selektion. 2) In der ↗Raumplanung ist die KNA ein häufig eingesetztes ↗Bewertungsverfahren im Rahmen von Bauvorhaben.

kotektische Linie, Linie, die Temperatur- und Druckbedingungen oder Zusammensetzung abgrenzt, unter denen zwei oder mehr feste Phasen gleichzeitig ohne ↗Resorption aus einer flüssigen Phase kristallisieren.

Kotpillen, *fecal pellets* (engl.), ↗Peloide.

Kotspur ↗Koprolith.

kovalente Bindung ↗*homöopolare Bindung*.

kovalenter Radius, Radius von Atomen in kovalent gebundenen Molekülen und Strukturen. Es ist empirisches, aber nützliches Konzept zu Interpretation der Bindungslängen in kovalent gebundenen Molekülen, Ionen und Komplexen. Kovalente Radien lassen sich aus den Abständen zwischen kovalent gebundenen Atomen des selben Elements ermitteln. Der gefundene Radius hängt vom Bindungszustand ab; er ist für Mehrfachbindungen kleiner als für Einfachbindungen. Für Kohlenstoff-Kohlenstoff-Bindungen lassen sich z. B. die folgenden Mehrfachbindungsradien angeben:

$$C - C: 0{,}77 \text{ Å (Einfachbindung)},$$
$$C = C: 0{,}66 \text{ Å (Doppelbindung)},$$
$$C \equiv C: 0{,}60 \text{ Å (Dreifachbindung)}.$$

Auch die Art der Hybridisierung spielt eine Rolle. Beispielsweise sind die Einfachbindungsabstände, wieder für Kohlenstoff:

$$C - C \text{ (sp}^3\text{): } 0{,}77 \text{ Å (tetraedrisch)},$$
$$C - C \text{ (sp}^2\text{): } 0{,}74 \text{ Å (trigonal planar)},$$
$$C - C \text{ (sp): } 0{,}70 \text{ Å (linear)}.$$

Kovalente Radien sind deshalb nur beschränkt additiv. Man kann immer dann keine gute Übereinstimmung zwischen experimentell ermittelten Abständen und der Summe von Kovalenzradien erwarten, wenn sich die Umgebung der beteiligten Atome wesentlich von der unterscheidet, die zur Ableitung der Standardradien verwendet wurde. Darüber hinaus kann man von kovalenten Radien keine gute Beschreibung merklich ionischer Bindungen erwarten. Bei Vorliegen polarer Bindungsanteile ist die Bindungslänge i. d. R. kürzer als die Summe der kovalenten Radien. Eine von Schomaker und Stevenson stammende empirische Korrektur versucht dem Rechnung zu tragen:

$$d(AX) = r(A) + r(X) - c|\chi(A) - \chi(X)|$$

mit $d(AX)$ = Bindungslänge, $r(A)$ und $r(X)$ = kovalenter Radius der Atome A und X, $\chi(A)$ und $\chi(X)$ = Elektronegativität von A bzw. X. Der Korrekturparameter c hängt von den beteiligten Atomen ab; er liegt zwischen 2 pm und 9 pm. Die Bindungspolarität äußert sich auch in der Abhängigkeit kovalenter Bindungslängen von der Oxidationszahl. Weiterhin spielen Mehrfachbindungsanteile und einsame Elektronenpaare eine Rolle. [KE]

Kovarianz, ↗*Korrelation*, ähnlich der Formel für den Korrelationskoeffizienten, jedoch nicht durch die ↗Standardabweichungen dividiert.

Kovarianzmatrix, $n \times n$-Matrix, die alle Varianzen und Kovarianzen innerhalb n ↗Spektralbändern enthält. ↗Hauptkomponententransformationen, ↗Trennbarkeitsanalysen und ↗überwachte Klassifizierungen greifen darauf zurück. Kovarianzen

	Band A	Band B	Band C
Band A	V_A	K_{BA}	K_{CA}
Band B	K_{AB}	V_C	K_{BC}
Band C	K_{AC}	K_{BC}	V_C

Kovarianzmatrix (Tab.): Schema einer Kovarianzmatrix von drei Spektralbändern.

sind Maße für die Tendenzen von ↗Grauwerten im selben Pixel (Tab.), aber in verschiedenen Spektralbändern, in bezug auf den Mittelwert der jeweiligen Bänder zu variieren. Die Kovarianzen bzw. die Varianzen der Grauwerte sind zu berechnen nach:

$$Kov_{AB} = \sum_{i=1}^{k} \frac{(A_i - M_A)(B_i - M_B)}{k-1},$$

$$Var_A = \sum_{i=1}^{k} \frac{(A_i - M_A)^2}{k-1} = Kov_{AA}$$

mit i = ausgewähltes Bildelement, k = Anzahl der Bildelemente, A, B = Grauwerte im Spektralband A oder B, M = Mittelwert.

Kozeny, *Josef Alexander*, Wasserbauingenieur, * 25.2.1889 in Josefstadt (Böhmen), † 19.4.1967 in Wien; Studium an der Deutschen Technischen Hochschule in Prag, Assistententätigkeit in Prag und an der Hochschule für Bodenkultur in Wien, Praktika beim hydrographischen Landesamt in Prag, bei der Regulierung der oberen Elbe und beim Talsperrenbau im salzburgischen Almtal, 1918 Prüfung als Zivilingenieur; 1919 Promotion bei Friedrich Schaffernack; 1921 Habilitation an der Hochschule für Bodenkultur in Wien, 1922 Berufung zum Professor an die Universität Dorpat in Estland; 1924 Rückkehr an die Hochschule für Bodenkultur, wo er ab 1936 als Professor lehrte, von 1940 bis zu seiner Emeritierung 1959 Vorstand des Instituts für Hydraulik, Verkehrswasserbau, Siedlungswasserwirtschaft und Landwirtschaftlicher Wasserbau; wurde aufgrund seiner wissenschaftlichen Verdienste 1958 zum korrespondierenden Mitglied der Österreichischen Akademie der Wissenschaften gewählt; 1965 Verleihung der Ehrendoktorwürde durch die TH München; zahlreiche internationale Veröffentlichungen, u. a. das Standardwerk »Hydraulik« (1953). [TL]

Krafteintragungsstrecke, Länge des ↗Ankers, bei der die Krafteintragung in den umgebenden Boden bzw. Fels wirkt, im Gegensatz zur freien Ankerlänge. Bei Verpreß- bzw. Injektionsankern entspricht die Krafteintragungsstrecke der Länge des Verpreßkörpers. Die Krafteintragungsstrecken von ↗Felsankern dürfen auf keinen Fall innerhalb von potentiellen Gleitbereichen liegen; ihre Länge mißt, abhängig vom Gebirge, üblicherweise zwischen 1,5 und 6 m.

Kranz, ↗*Korona*, System farbiger Ringe um Sonne oder Mond auch um helle Sterne oder irdische Lichtquellen mit der Farbfolge (von außen nach innen, manchmal mehrfach) rot, grün, blau mit typisch 5° bis 15° Radius, die eine helle, bläulichweiße Scheibe, die ↗Aureole, umschließen (Abb. im Farbtafelteil). Die Kränze entstehen durch ↗Beugung des Lichtes der genannten Lichtquellen an Wolkentropfen oder Eiskristallen (auch an Aerosolpartikeln, dann entsteht der ↗Bishop-Ring), wenn diese alle etwa gleich groß sind. Ein Kranz ist um so größer, je kleiner die Beugungsteilchen sind. Manche ↗irisierenden Wolken sind Teil eines Kranzes.

Krashnozeme, veraltet für kräftig rote, tonangereicherte Böden der wechselfeuchten Tropen Süd- und Südostasiens.

Krassowski, *Feodosi Nikolajewitsch*, russischer Geodät, * 26.9.1878 Galitsche (Gebiet Moskau), † 1.10.1948 Moskau; 1902 Dissertation über dreiachsiges ↗Ellipsoid als Erdform, abgeleitet aus den russischen ↗Gradmessungen. Die Dreiachsigkeit des Erdellipsoids blieb zeitlebens das Hauptthema seiner wissenschaftlichen Arbeit: »Überblick und Ergebnisse der Gradmessungen« (Geodesist, Moskau 1936); ab 1912 Vorlesungen über höhere Geodäsie, 1917 ordentlicher Professor, ab 1919 Rektor der geodätischen Hochschule in Moskau, 1928 Gründer und erster Direktor des Zentralen wissenschaftlichen Forschungsinstituts für Geodäsie, Aerophotogrammetrie und Kartographie (ZNIIGAiK) in Moskau; 1940 zusammen mit A. A. Isotow Bestimmung der Konstanten des dreiachsigen ↗Krassowski-Ellipsoids aus Gradmessungen in Eurasien und Amerika, das Ellipsoid diente bzw. dient in weiten Gebieten Eurasiens als Bezugsfläche. Krassowski erwarb wissenschaftliche und wissenschaftsorganisatorische Verdienste um die Entwicklung der höheren Geodäsie, insbesondere der Landesvermessung, und ihrer Verbindungen zu den benachbarten Disziplinen Gravimetrie, Geologie, Geophysik und Astronomie. Im Jahr 1939 wurde er korrespondierendes Mitglied der Akademie der Wissenschaften der UdSSR. Werke (Auswahl): »Handbuch der Geodäsie« (1942), »Ausgewählte Werke« (1953). [EB]

Krassowski-Ellipsoid, von ↗Krassowski 1940 mittels einer ↗translativen Lotabweichungsausgleichung bestimmtes ↗Referenzellipsoid. Die große Halbachse des Ellipsoides beträgt 6.378.245 m, die reziproke Abplattung 298,3 (↗Rotationsellipsoid). Das Referenzellipsoid von Krassowski wurde zahlreichen Landesvermessungen in den osteuropäischen Ländern zugrunde gelegt. Von Krassowski stammt auch ein dreiachsiges Referenzellipsoid.

Krater, allgemeiner Begriff für eine trichterförmige Vertiefung im Gipfelbereich eines Vulkans, deren Form und Hangneigung durch explosive Eruptionen und durch Rückfall von Material bestimmt werden (im Gegensatz zu ↗Maar und ↗Caldera).

Kraterfazies, zentraler (proximaler) Bereich eines ↗Schlackenkegels.

Kratergletscher, ↗Gletscher in über der Schneegrenze liegenden, erloschenen oder rezent nicht aktiven Vulkankratern.

Kratersee, in einem ↗Vulkankrater durch Grund- und Niederschlagswasser nach Erlöschen der vulkanischen Tätigkeit entstandener See.

Kraton, Kernbereich eines Kontinents mit durchschnittlicher oder erhöhter Krustendicke. Er besteht aus einem *Grundgebirge*, meist aus ↗Metamorphiten und ↗Plutoniten, die aus einer früheren ↗Orogenese hervorgegangen sind. Darüber lagert vielerorts ein *Deckgebirge* aus ungefalteten Sedimentschichten (Abb. 1). Ein gutes Beispiel bietet der nordamerikanische Kraton (Abb. 2), dessen Grundgebirge im ⁊Kanadischen Schild zutage tritt, während das Deckgebirge die Kontinentale Plattform Nordamerikas aufbaut. Gegenüber tektonischen Spannungen erweisen sich Kratone als sehr stabil, es kommt dort meist nur zu weitgespannten Verbiegungen der Erdkruste (⁊Epirogenese). Allenfalls werden dabei *Sockelstörungen* (das sind erdgeschichtlich früher angelegte Bruchstörungen im Grundgebirge) reaktiviert, d.h. erneut in Bewegung gesetzt, und dadurch können dann tektonische oder halokinetische Deformationen im Deckgebirge hervorgerufen werden (⁊Halokinese). Durch Riftbildung (⁊Riftzone) können Kratone aufgespalten werden. [VJ]

Kreide, jüngstes System innerhalb des ⁊Mesozoikums von 135–65 Mio. Jahren. Der Begriff wurde im Jahre 1815 durch v. Raumer geprägt, der damit die in Nordwesteuropa weit verbreiteten, weißen, mürben Kalksteine (⁊Schreibkreide) umschrieb. Die klassische Untergliederung der Kreide in Neokom, Gault und Senon wurde in neuerer Zeit durch die Zweigliederung in Unter- und Oberkreide ersetzt. Beide Serien gliedern sich in jeweils sechs Stufen (⁊geologische Zeitskala).

Paläogeographisch vollzog sich in der Kreide der endgültige Zerfall des Superkontinentes Pangäa. Mit der Öffnung des Südatlantiks ab dem ⁊Apt trennte sich Südamerika von Afrika. Fast gleichzeitig löste sich Indien von Afrika und begann, nordwärts durch die östliche ⁊Tethys gegen Asien zu driften. Im Bereich des Nordatlantiks öffnete sich in der frühen Oberkreide die Biskaya und leitete die Trennung zwischen Europa und Nordamerika ein. Die vollständige Öffnung des Nordatlantiks fand erst im Tertiär statt. Am Nordrand der ⁊Tethys wurde ozeanische Kruste subduziert. In Verbindung damit drifteten mehrere kontinentale Mikroplatten (⁊Terrane) nordwärts gegen Europa und Asien, die später im ⁊Paläogen mit anderen Bereichen zu den alpidischen Gebirgsketten verschweißt wurden.

Das Klima der Kreide war generell deutlich wärmer und feuchter als heute. Für den größten Teil der Unterkreide und für die gesamte Oberkreide werden eisfreie Polkappen angenommen. Lediglich in der tieferen Unterkreide deuten ⁊dropstones und ⁊Tillite auf episodische Vereisungsphasen hin. Eine tendenziell zunehmende Erwärmung im Laufe der Unterkreide gipfelte in einem Klimaoptimum im ⁊Cenoman. Modellierungen des kreidezeitlichen Klimas gehen von einem etwa um das vierfache erhöhten Gehalt an Kohlendioxid in der Atmosphäre aus. Wiederholte Änderungen des Klimasystems resultieren in starken Schwankungen des globalen Kohlenstoffkreislaufes im ⁊Valangin, unterem ⁊Apt und an der Cenoman/Turon-Grenze. Diese Ereignisse werden durch das gehäufte Vorkommen von ozeanischen ⁊Schwarzschiefern, dem Absterben tropischer Carbonatplattformen und durch regionale bis globale Aussterbeereignisse begleitet. Den weiteren Verlauf der Oberkreide prägt eine allmähliche Abkühlung, die sich im ⁊Campan zunehmend verstärkt und im späten ⁊Maastricht ihren Höhepunkt erreicht.

Die Entwicklung des Meeresspiegels innerhalb der Kreide ist eng mit dem Zerfall Pangäas und der damit verbundenen Neubildung ozeanischer Kruste verknüpft. Die Bildung mächtiger ⁊Mittelozeanischer Rücken und ozeanischer Plateaubasalte (z. B. Ontong-Java-Plateau) verringerte das Volumen der Ozeanbecken und verursachte in der Unterkreide einen langzeitlichen Meeresspiegelanstieg. Der Meeresspiegel erreichte sein Maximum im Cenoman, wo mehr als 20 % der heutigen Festlandsfläche von Meer bedeckt war. Im Verlauf der Oberkreide blieb der Meeresspiegel relativ hoch und erreicht ein zweites Maximum im Campan.

Zahlreiche Gruppen planktonischer Mikroorganismen erfuhren im Laufe der Kreide einen bedeutenden Evolutionsschub. Die verstärkte Radiation des kalkigen Nannoplanktons (Coccolithen) seit der höheren Unterkreide äußerte sich erstmalig in der Ausbildung mächtiger Carbonatabfolgen (Schreibkreide) innerhalb der Epikontinentalmeere der Oberkreide. Das verstärkte Vorkommen von kalkigem Plankton bedingte den Rückgang der gesteinsbildenden Bedeutung von kieseligen Mikroorganismen. Im Gegensatz zu den vorhergehenden Zeitaltern treten ⁊Radiolarite seit der Unterkreide stark zurück. Das Aufblühen der Diatomeen im Zeitraum Apt/Alb wirkte sich erst im Paläogen als gesteinsbildender Faktor in Gestalt von ⁊Diatomeenschlämmen aus. Bei den planktonischen ⁊Foraminiferen

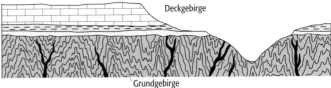

Kraton 1: Grundgebirge und Deckgebirge im Profilschnitt.

Kraton 2: der Nordamerikanische Kraton zwischen den Orogensystemen der Nordamerikanischen Kordilleren und der Appalachen (Kreuze = Grundgebirge des Kanadischen Schildes, Schraffur = Deckgebirge der kontinentalen Plattform).

entwickelten sich als wichtigste Taxa die Globotruncanen und Hedbergellen. Ihre schnelle Radiation ließ sie seit der höheren Unterkreide zum bedeutendsten mikropaläontologischen Hilfsmittel der ↗Biostratigraphie werden. Erstmals seit dem Jungpaläozoikum traten wieder benthonische ↗Großforaminiferen auf. Sie erlangten zum Teil große Bedeutung für die biostratigraphische Gliederung von Flachwasserbereichen (Orbitolinen im Zeitbereich ↗Barréme bis Cenoman; Orbitoideen im Zeitbereich Campan/Maastricht).

Eine bedeutende Gruppe innerhalb der Lebewelt der Kreide stellten die ↗Molluska dar. Die biostratigraphische Zonierung der Kreide beruht traditionell auf den ↗Cephalopoden. Speziell für die Oberkreide sind aberrante, von der planspiralen Einrollung abweichende Ammonoideen (Kreideheteromorphe) charakteristisch. Ihre spiralige oder unregelmäßige Wuchsform weist auf zunehmende ökologische Spezialisierung hin. Daneben existierten weiterhin regulär gebaute, planspirale Taxa, die für das gesamte Mesozoikum leitend sind. In der höheren borealen Oberkreide waren die Belemniten als weitere Gruppe der Cephalopoden weit verbreitet. Sie besitzen hier erheblichen biostratigraphischen Leitwert. Aberrant kegel- bis hornförmige Muscheln, die Rudisten, waren ein markantes Element des Flachwasserbereiches. Neben einzeln wachsenden Typen traten auch pseudokoloniale Formen auf. Sie bilden verbreitet rasenförmige, biostromale Strukturen und verdrängen seit dem Alb die Korallen als dominante Riffbildner. Die Inoceramen sind eine weitere wesentliche Gruppe der Muscheln sind, die im Zeitbereich Alb bis Campan eine für Muscheln außergewöhnlich schnelle Radiation durchlaufen. Sie sind daher besonders in der borealen Oberkreide auch als ↗Leitfossilien verwendbar.

Begünstigt durch die weite Verbreitung der Schreibkreidefazies erreichten die ↗Bryozoen in der Oberkreide ein Entwicklungsmaximum. Dies verleiht ihnen hier eingeschränkte biostratigraphische Bedeutung. Auch an der Riffbildung waren inkrustierende Formen akzessorisch beteiligt. Bei den ↗Echinodermata verloren die ↗Crinoidea weiter an Bedeutung. Typische Crinoidenkalke, wie sie im tieferen Mesozoikum häufig sind, traten nur noch vereinzelt in der Unterkreide auf. Dagegen gewannen bilateral symmetrische, irreguläre Seeigel in der Oberkreide zunehmend an Häufigkeit und Artenvielfalt. Bekannt und charakteristisch sind die verkieselten ↗Steinkerne aus der Schreibkreide. Reguläre Seeigel waren ebenfalls weit verbreitet. Bei den Fischen dominierten bereits die Knochenfische, allerdings entfalteten sich die modernen Teleosteer erst während der Oberkreide. In der Unterkreide herrschten die Holostier vor, die im Gegensatz zu den modernen Knochenfischen noch eine verknorpelte Wirbelsäule besitzen.

Dominanteste Vertreter der Wirbeltiere (Vertebraten) waren wie schon im Jura auch in der Kreide die ↗Dinosaurier (Sauropoda). Besonders die Oberkreide stellte einen letzten Höhepunkt in der Entwicklung dieser Gruppe dar. Zu dieser Zeit entwickelten sich auch die größten Landlebewesen der Erdgeschichte: Die pflanzenfressenden Brachiosaurier erreichten Längen über 30 m und ein Gewicht bis zu 80 t, Tyrannosaurus aus dem Maastricht gilt als größtes Raubtier und die Pteranodonten verfügten als größte Flugsaurier über Flügelspannweiten bis zu 20 m. Noch immer werden aus den klassischen Fundorten in Nordamerika und Zentralasien zahlreiche Neufunde beschrieben. Mit den ersten Placentalia entwickelten sich im Laufe der Oberkreide die Vorläufer der modernen ↗Säugetiere. Die ersten Beuteltiere (Marsupialia) erschienen bereits in der ausgehenden Unterkreide. Sämtliche Säugetiere der Kreide erreichten maximal die Größe einer Hauskatze. Erst durch das Aussterben der Saurier am Ende der Kreide wurde die Entwicklungsexplosion im Paläogen ermöglicht. Innerhalb der Pflanzenwelt spielten sich im Verlauf der Kreide erhebliche Veränderungen ab. Im marinen Bereich ist neben der bereits erwähnten Radiation des pflanzlichen Planktons (Coccolithen) besonders die zunehmende Verbreitung der Rotalgen (Corallinaceen) seit der höheren Unterkreide von Bedeutung. Diese im ↗Känozoikum bedeutenden Riff- und Sedimentbildner waren bereits im Maastricht auf den Schelfen weit verbreitet. Auf dem Land herrschten in der Unterkreide noch ↗Pteridophyta (Farne) und ↗Gymnospermae (Koniferen, Cycadeen) vor. Die Entstehung der ↗Angiospermophytina (Blütenpflanzen) im Valangin und deren schnelle Verbreitung in der Oberkreide bildete ein einschneidendes Ereignis innerhalb des terrestrischen Ökosystems. Es markiert den Beginn des ↗Neophytikums.

Biogeographisch lassen sich in der Kreide der nördlichen Hemisphäre mehrere klimatische Provinzen unterscheiden. Einer borealen und temperierten Provinz der höheren und mittleren Breiten steht der Bereich der Tethys in den Tropen und Subtropen gegenüber. Diese Klimazonen spiegeln sich auch in der Ausbildung von Faziesmustern und Sedimentabfolgen wider. Die Sedimentation der höheren und mittleren Breiten war durch überwiegend klastische Abfolgen im Bereich der Schelfe gekennzeichnet. Sandsteine, kalkige Ton- und Schluffsteine waren die häufigsten Lithotypen der Epikontinentalmeere in Nordamerika und Nordwesteuropa. In der tieferen Unterkreide war die Sedimentation vorrangig terrestrisch-brackisch. Die Bildung von limnischen Sanden, Tonen und Kohlen wurde von kurzzeitigen marinen Ingressionen unterbrochen. In den Küstenregionen begünstigte das humide Klima die Entstehung von Sümpfen, aus denen sich auch in der höheren Kreide vielerorts Kohlen bilden konnten (Alaska, Kansas).

Der zunehmende Meeresspiegelanstieg gliederte das boreale Nordwesteuropa in eine Landschaft aus Inseln und einzelnen Becken. Die Aufarbeitung von Verwitterungsschutt führte zur lokalen

Ausbildung von Trümmereisenerzen. Der starke fluviatile Eintrag von Eisen resultierte in der Bildung von ↗Glaukonit und dem verbreiteten Vorkommen von Grünsandstein (Südengland, Münsterländer Becken). In den distalen Ablagerungsräumen herrschten pelagische Tone und Carbonate vor. Ein charakteristisches Sediment dieses Bereiches ist die Schreibkreide. Der hohe Meeresspiegel im Gefolge der Cenomantransgression führte während der gesamten Oberkreide zur Ablagerung von Coccolithenschlämmen innerhalb der Schelfmeere. Bekannte Vorkommen sind die Kreidefelsen von Dover und Calais an der Kanalküste und auf der Insel Rügen. Im Bereich der Tethys dominierten in den Flachwassergebieten Carbonatplattformen. Verbreitet bildeten sich hier Korallen- und Rudistenriffe. Die distaleren Sedimentationsräume nahmen pelagische Carbonate ein (↗Maiolica). Der aktive Kontinentalrand am Nordrand der alpinen Tethys führte in der Oberkreide zur Bildung intramontaner Becken mit speziellen Ablagerungsbedingungen (↗Gosau). Dominant waren flyschoide, siliciklastisch beeinflußte Gesteine mit episodischen Einschaltungen von Rudistenriffen. Eine Besonderheit der Kreidesedimentation stellte die wiederholte Ausbildung von ↗Schwarzschiefern im Zeitbereich Apt-Cenoman dar. Die Schwarzschiefer weisen einen besonders hohen Gehalt an organischem Kohlenstoff auf und sind ein wichtiges Muttergestein heutiger Erdölvorräte. Ihr Vorkommen konzentriert sich im wesentlichen auf den Bereich des sich öffnenden Atlantiks und die daran angrenzenden Schelfmeere. Die Entstehung dieser Sedimente wurde durch anoxische Bedingungen im Meerwasser verursacht. Die organischen Reste abgestorbener Pflanzen und Tiere konnten dadurch nicht abgebaut werden und reicherten sich in den Sedimenten an.

Rapide Klimaverschlechterung, verbunden mit einem gravierenden Meeresspiegelrückgang führten im höheren Maastricht zur Reduzierung der Schelfareale. Konsequenz war einer Krise innerhalb der hochspezialisierten Lebewelt. Viele Tier- und Pflanzengruppen (z. B. Dinosaurier, Ammoniten, Inoceramen und Rudisten) starben aus. Der Impakt eines extraterrestrischen Körpers auf der Halbinsel Yucatan (Chixulub-Krater) an der Kreide/Tertiär-Grenze führte zum Zusammenbruch der ozeanischen Zirkulation und damit zum Erliegen der Bioproduktion. Das kalkige Nannoplankton (Coccolithen) und das Zooplankton (Foraminiferen) verschwanden nahezu vollständig. Resultat ist letztlich ein globales Massensterben. Viele der bereits reduzierten Taxa (bis zu 30 % der Lebewelt) erloschen endgültig. [SV, HT]

kreischende Fünfziger, *screaming fifties* (engl.), Zone kräftiger und stetiger Westwinde und großer Sturmhäufigkeit zwischen 50° und 60° Breite. Durch die zirkumpolare Erstreckung ist sie auf der Südhalbkugel besonders stark ausgebildet.

Kreisdiagramm, häufig gebrauchte Darstellungsform, um prozentuelle Anteile einer Gesamtheit übersichtlich darzustellen. Beispiel ist das UD-LUFT-Diagramm in der Hydrogeologie, mit dem die Verteilung der Hauptinhaltsstoffe eines Wassers (obere Kreishälfte gleich 100 % Kationen, untere Kreishälfte gleich 100 % Anionen) rasch verglichen werden können.

Kreiselkompaß, ↗Kompaß.
Kreiseltheodolit, ↗Vermessungskreisel.
kreisförmige Gleitfläche, ↗Rotationsrutschung.
Kreisfrequenz, Frequenz ω, die sich aus der Frequenz f ergibt: $\omega = 2\pi f$.

Kreislauf der Gesteine, permanenter Stoffkreislauf unter der Wechselwirkung der ↗exogenen Dynamik und ↗endogenen Dynamik (Abb.). Die drei großen Gesteinsgruppen (↗Magmatite, ↗Metamorphite und ↗Sedimente) stehen in einem Kreislauf miteinander in Beziehung, in dem jedes Gestein durch fortwährende Prozesse aus dem anderen hervorgeht. Schon J. ↗Hutton hat in seinem Buch »Theory of the Earth« (1785) die Grundzüge dieses Phänomens beschrieben. Im ersten Teilkreislauf, der unter dem Einfluß exogener Kräfte steht, wird ein an der Erdoberfläche anstehendes beliebiges Gestein von der ↗Verwitterung angegriffen und entweder chemisch gelöst oder physikalisch zerlegt. Das Wasser der Flüsse (bzw. Eis oder Wind) nimmt die Verwitterungsprodukte auf und verfrachtet sie zum Meer, wo die Wiederablagerung entweder als klastisches Sediment (↗Sand, ↗Silt oder ↗Ton) oder als Fällung aus der chemischen Lösungsfracht des Wassers (↗Carbonate, ↗Evaporite) erfolgt. Mit zunehmender Überdeckung erfahren die Lockersedimente durch ↗Diagenese eine allmähliche Verfestigung. Danach ergeben sich zwei Möglichkeiten: Entweder werden die Gesteine durch Hebung wieder an die Erdoberfläche gebracht, dann

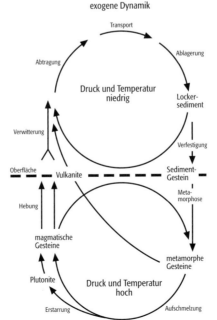

Kreislauf der Gesteine: schematische Darstellung.

beginnt der Zyklus von vorn. Oder aber die Sedimente gelangen durch anhaltende Absenkung und Überdeckung in größere Tiefe. Damit geraten sie in den Wirkungsbereich der endogenen Kräfte und werden unter dem Einfluß von Druck und Temperatur einer ↗Metamorphose unterzogen. Mit weiterer Erhitzung schmelzen die Gesteine und ein ↗Magma entsteht, aus dem bei späterer Abkühlung die Magmatite auskristallisieren, entweder in größerer Tiefe als ↗Plutonite (Tiefenmagmatite) oder nahe der Erdoberfläche als ↗Vulkanite. Auch die Plutonite können durch endogene Kräfte wieder gehoben und an der Oberfläche exponiert werden. Damit geraten die Gesteine wieder in den Einflußbereich der exogenen Dynamik und der Zyklus von Verwitterung und Abtragung startet von neuem.

Der hier geschilderte Kreislauf ist eine Variante unter vielen, da einige der Schritte auch übersprungen werden können. Sämtliche Stadien (Verwitterung, Metamorphose und Aufschmelzung) sind letztlich Anpassungen an die physikalisch-chemischen Bedingungen der unterschiedlichen Bereiche der Erdkruste. Der Kreislauf der Gesteine wird vorwiegend durch die in der ↗Plattentektonik wirksamen endogenen Kräfte in Bewegung gehalten. Mit dem Abtauchen der Platten zum Erdmantel schmelzen die Gesteine und es entstehen die Magmatite. Plattenkollisionen lassen die Gebirge aufsteigen und bedingen hohe Drucke und Temperaturen, die Metamorphosen im tieferen Untergrund zur Folge haben. Mit der Verwitterung und Abtragung der Gebirge wird neues Sedimentmaterial den vorgelagerten Meeresbecken zugeführt, deren Böden wiederum einer Absenkung unterliegen. Aus den unterschiedlichen Stadien, die in der Erdkruste weltweit zu beobachten sind, kann geschlossen werden, daß der Kreislauf der Gesteine permanent in der Erdgeschichte in Funktion war. [HK]

Kreisringscherversuch, dient der Bestimmung der ↗Bruchfestigkeit und v. a. der ↗Restscherfestigkeit von bindigen und nicht-bindigen Böden. Analog zum ↗Rahmenscherversuch wird die Probe zwischen zwei Rahmen eingebaut, die jedoch kreisförmig sind. Die Probe wird vorkonsolidiert und unter einer Auflast durch Drehen des oberen Rahmens um die gemeinsame Mittelachse abgeschert. Der Scherweg ist unbegrenzt, so daß sich das Gerät v. a. zur Bestimmung der Restscherfestigkeit eignet. Das Gerät (Abb.) hat eine kraft- und weggesteuerte Scherkraftaufbringung und kann daher das Kriechverhalten darstellen. Die Auswertung der Ergebnisse entspricht jener beim Rahmenscherversuch.

Krejci-Graf, *Karl*, österreichisch-deutscher Geologe, * 15.4.1898 Gmünd, Niederösterreich, † 8.8.1986 Frankfurt a. M.; er nahm zahlreiche Tätigkeiten, häufig in verantwortlicher Stellung, auf dem Lagerstättensektor in Europa und in China wahr. Einer seiner Schwerpunkte lag im Bereich der Erdöllagerstätten in Rumänien. Darüber hinaus war er 1930–33 Professor an der Sun-Yatsen-Universität in Kanton (China), anschließend von 1937–45 an der Bergakademie Freiberg (Sachsen) und ab 1953 in Frankfurt a. M. tätig. Er verfaßte eine große Anzahl von Publikationen über ein weites Themenspektrum der Geologie und Paläontologie, insbesondere aus dem Bereich der Erdölgeologie mit dem Schwerpunkt bei sedimentpetrographischen und geochemischen Aspekten der Erdölmuttergesteine und der Migration der Kohlenwasserstoffe. Werk (Auswahl): »Erdöl. Naturgeschichte eines Rohstoffs« (1936). [HFl]

Krenal, Quellbereich eines Fließgewässers (↗Fließgewässerabschnitt).

Krenon, ↗Biozönose des ↗Krenals.

Kreuzkopplung, *Cross-coupling*, bei rotativen Federgravimetern (↗Relativgravimeter) Einwirkung der Horizontalbeschleunigung in der Ebene Balken/Vertikale wegen (kleiner) Auslenkung des Waagebalkens aus der Horizontalen, Fehlerquelle bei ↗Gravimetern auf bewegtem Träger.

Kreuzkorrelation, 1) *Klimatologie*: ↗Korrelation von ↗Zeitreihen bei variabler Zeitverschiebung einer Größe gegenüber der anderen. Die entsprechende ↗Fouriertransformation führt, ähnlich wie beim ↗Varianzspektrum nur einer Zeitreihe, zur Analyse des Kreuzspektrums, die neben verschiedenen Komponenten auch die ↗Kohärenz ergibt. 2) *Geodäsie*: kreuzweise Multiplizierung digitaler Signale, z. B. zweier verschiedener Datenströme, mit gestaffelten zeitlichen Verzögerungen zur Auffindung eines Korrelationsmaximums.

Kreuzreaktion, eine während der ↗Metamorphose ablaufende ↗Mineralreaktion, bei der es zur Ablösung einer Paragenese (↗Mineralparagenese) aus zwei Mineralen durch eine andere Zweier-Paragenese kommt; in der entsprechenden graphischen Darstellung oder Projektion kreuzen sich die Konoden beider Paragenesen.

Kreuzsee ↗Seegang.

Kreuzsondierung, Methode in der ↗Geoelektrik, bei der die ursprüngliche Elektroden-Sonden-Anordnung um 90° verschwenkt wird, um inhomogene Strukturen zu erfassen.

Kreuzungspunkt, *crossover*, Schnittpunkt der ↗Bahnspuren von Satelliten.

Kreuzungspunkt-Analyse, Verfahren zur Verbesserung der radialen Komponente in der ↗Altimetrie. Am ↗Kreuzungspunkt kann die ↗Mee-

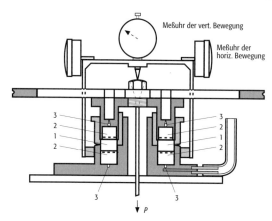

Kreisringscherversuch: Kreisringschergerät (1 = Bodenprobe, 2 = Filterstein, 3 = Wasserablaß; P = Druck).

reshöhe zweimal bestimmt werden. Die beiden Höhen sind nicht identisch, weil radiale Bahnfehler auftreten und die Altimetermessung und ihre Korrekturen Fehler besitzen. Die Differenz der beiden Höhen wird als ↗Kreuzungspunkt-Differenz bezeichnet. Die Redundanz im Kreuzungspunkt kann genutzt werden, um Bahnfehler zu bestimmen und Fehler der Korrekturen aufzudecken.

Kreuzungspunkt-Differenz, Differenz der beiden ↗Meereshöhen, die am ↗Kreuzungspunkt aus den Meßpunkten der beiden sich kreuzenden ↗Bahnspuren interpoliert werden.

Kriechdenudation, flächenhaft wirksame Hangabtragung (↗Denudation) der Verwitterungsdecke oder leicht verformbaren Gesteins (*Schuttkriechen*) durch Kriechbewegungen mit Geschwindigkeiten von einigen mm bis wenigen cm im Jahr. Zu den Prozessen der Kriechdenudation zählen kontinuierliches Kriechen in wasserhaltigem ↗Tonstein durch Auflast des Hangenden sowie periodisch-episodische Kriechbewegungen durch Frostwechsel (↗Solifluktion), durch Verringerung der inneren Reibung nach Durchfeuchtung (↗Breifließen, ↗subsilvines Bodenfließen) und in geringerem Umfang durch Quellung und Schrumpfung von Dreischichttonmineralen (↗Tonminerale).

Kriechkurve, zeitabhängige Messung der Dehnung bei konstanter Spannung. Eine Anwendung dieser Versuchstechnik liegt in der Untersuchung der (Lang-) Zeitstabilität eines Werkstückes oder Festkörpers, da sich durch die Wahl einer geeigneten Spannung sehr einfach auch sehr geringe Verformungsraten realisieren lassen. Im wesentlichen werden dabei Verformungsmechanismen studiert, die auf einer thermisch aktivierten Bewegung der ↗Versetzungen beruhen (Abb.).

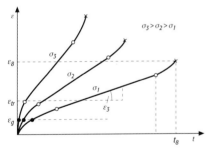

Kriechsetzung ↗*Langzeitsetzung*.
Kriechspur, *Repichnion*, ↗*Spurenfossilien*.
Kriging-Verfahren, ↗geostatistisches Verfahren zur Schätzung von Parametern für Orte, an denen keine Messungen zur Verfügung stehen. Dabei wird die ↗Variabilität der Parameter berücksichtigt. Benachbarte Meßwerte werden gewichtet. Die Größe dieser Gewichte wird mit einem Gleichungssystem bestimmt, in dem der zu erwartende statistische Fehler minimiert wird. Das Gleichungssystem wird mit Hilfe von ↗Variogrammen und den Koordinaten der Meßpunkte aufgestellt.

Kristall, ein endlich ausgedehnter dreidimensionaler Teil einer aus Atomen aufgebauten ↗Kristallstruktur, im Gegensatz zu Gasen und Flüssigkeiten, bei denen atomare Teilchen den Raum ohne gegenseitige Ordnung ausfüllen (Abb.). Nach einer häufig anzutreffenden Definition ist ein Kristall ein Festkörper mit einer dreifach periodischen Anordnung der Atome, doch ist Periodizität, also Invarianz gegenüber Translationen (Verschiebungen) nur mit einer unendlich ausgedehnten Struktur vereinbar. Das Wort »Kristall« leitet sich ab von krystallos, welches im antiken Griechenland zunächst zur Bezeichnung von Eis diente. Später, etwa um Platons Zeitalter, wurde auch der Bergkristall so genannt, von dem man der Ansicht war, er bestünde aus dauerhaft verfestigtem Eis. Bei ungestörtem Wachstum nehmen Kristalle i. d. R. die Gestalt von konvexen Polyedern an. Diese regelmäßige Gestalt mit ihren ebenen Flächen bildete die Grundlage älterer Definitionen des Begriffes »Kristall«. In konvexen Polyedern kristallisieren auch die seit 1984 bekannt gewordenen ↗Quasikristalle. Kristalle sind makroskopisch homogene und anisotrope Körper. Homogenität bedeutet, daß die physikalischen Eigenschaften eines Kristalls in allen seinen Teilen gleich sind. Das gilt für makroskopisch meßbare Eigenschaften wie Dichte, Wärmekapazität, elektrische Leitfähigkeit usw., nicht für Eigenschaften, die im atomaren Maßstab gemessen werden wie etwa die Elektronendichte in der Umgebung eines Atoms. Unter Anisotropie versteht man die Richtungsabhängigkeit physikalischer Eigenschaften. Jeder Kristall, auch ein kubischer Kristall, ist anisotrop im Hinblick auf gewisse seiner Eigenschaften wie zum Beispiel Elastizität, Form, Farbe, Härte, Spaltbarkeit oder Wärmeleitfähigkeit. Gase, Flüssigkeiten, Gläser und amorphe Minerale verhalten sich dagegen richtungsunabhängig = isotrop. Homogenität und Anisotropie sind nicht auf Kristalle beschränkt. Homogen sind auch Gläser, und Anisotropie ist ein wichtiges Merkmal der sogenannten ↗flüssigen Kristalle. Es sind Flüssigkeiten mit ein- oder zweidimensionalen periodischen Molekülanordnungen, die zwischen den isotropen Flüssigkeiten und den anisotropen Festkörpern eine Art Übergangsphase bilden und daher auch als Mesophase bezeichnet werden. Ein für die Praxis bedeutsames Merkmal eines Kristalls ist seine Eigenschaft, als Beugungsgitter für Röntgenstrahlen zu wirken und auf einem Film und anderem Detektor scharfe Reflexe zu liefern. Hierdurch ist eine einfache Unterscheidung zwischen kristallinen und nicht kristallinen Substanzen möglich. Bei manchen Substanzklassen gibt es auch Zwischenstufen, so daß man über die Breite der Beugungsreflexe verschiedene Grade von Kristallinität unterscheiden kann. Es ist bemerkenswert, daß auch Quasikristalle scharfe Reflexe liefern, die dann spezielle nicht kristallographische Symmetrien zeigen. Fast alle festen Stoffe sind kristallin. Speziell unter den Mineralen gibt es nur ganz wenige nicht kristalline Vertreter, wie z. B. den ↗Lechatelierit. Zu den biogenen kristallinen Substanzen zählen die anorgani-

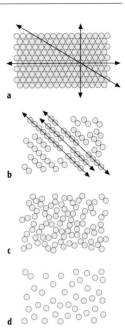

Kristall: a) atomare Anordnung und Anisotropie bei Kristallen und b) Mesophasen bzw. flüssigen Kristallen, c) Isotropie bei Flüssigkeiten, Gläsern und d) Gasen.

Kriechkurve: Dehnung als Funktion der Zeit für verschiedene Spannungen σ.

Kristallbaufehler: Beispiele für Punktdefekte in binären Ionenkristallen: a) Frenkel-Defekt, b) Anti-Frenkel-Defekt, c) Schottky-Defekt (Leerstelle), d) Anti-Schottky-Defekt.

schen Bestandteile der Knochen und Zähne sowie Harnsteine und Gallensteine. Auch zahlreiche Eiweißstoffe und Viren lassen sich kristallisieren. Von den vielen kristallinen Substanzen, die für technische und andere Zwecke hergestellt werden, seien nur erwähnt Quarzkristalle (für die Produktion von Schwingquarzen), Diamanten (für die Bohrtechnik), Silicium (für elektronische Bauelemente), Rubine (für Laser), diverse Edelsteine (für Schmuckzwecke), Pigmente (für Farben und Lacke) und Metalle sowie keramische Werkstoffe inklusive Glaskeramik. Kristalle können sehr unterschiedliche Größe haben. So kann Wasser in seinem festen Aggregatzustand sowohl große Eisblöcke als auch kleine Schneeflocken bilden. Ähnliches gilt für Quarz, dessen große, in alpinen Klüften gewachsenen Kristalle zu den bekanntesten Mineralen zählen und bei dem Aggregate von kleineren Kristallen das Gestein Quarzit aufbauen, winzige Kristalle den Quarzsand bilden. Kristalle können zwar beliebig groß, aber nicht beliebig klein sein. Mit zunehmender Unterschreitung einer bestimmten Größe weichen die Eigenschaften des Festkörpers mehr und mehr von denen eines Kristalls ab, wobei die Grenze für diese Veränderung von den zu messenden Eigenschaften selbst abhängig ist. Bei der Röntgenbeugung z.B. tritt eine merkliche Verbreiterung der Reflexe dann ein, wenn eine Kantenlänge von ca. 100 nm (10^{-4} mm) unterschritten wird.

Kristallakkumulation, Anreicherung von Mineralen bei der magmatischen ↗ Differentiation, insbesondere der ↗ gravitativen Kristallisationsdifferentiation.

Kristallanisotropie, durch eine Kopplung der magnetischen Elementardipole an das Kristallgitter muß Kristallanisotropie-Energie E_K aufgewandt werden, um die Magnetisierung aus den bevorzugten Richtungen der ↗ spontanen Magnetisierung (↗ leichte Richtungen) herauszudrehen. Bei ↗ Magnetit, ↗ Maghemit und den ↗ Titanomagnetiten ist dies die Würfeldiagonale bzw. die *111*-Richtung. Bei kubischen Kristallen beschreibt man die Kristallanisotropie-Energie E_K durch folgende Formel:

$$E_K = K_1(\alpha_1^2 + \alpha_2^2 + \alpha_3^2) + K_2(\alpha_1^2\alpha_2^2\alpha_3^2).$$

Dabei sind K_1 und K_2 die Kristallanisotropiekonstanten ($K_1 \gg K_2$) und die α_i die Richtungscosini zwischen der Magnetisierungsrichtung und den Würfelkanten des kubischen Gitters. Große Kristallanisotropiekonstanten bewirken große Werte für die ↗ Koerzitivfeldstärke H_C. Bei paramagnetischen Mineralen werden die ungeregelt orientierten magnetischen Elementardipole in den verschiedenen kristallographischen Richtungen durch ein äußeres Magnetfeld unterschiedlich leicht eingeregelt. Diese Form der Kristallanisotropie bei den Paramagnetika führt dann auch zu einer Anisotropie der magnetischen ↗ Suszeptibilität χ (Tab.). [HCS]

Kristallbaufehler, Störungen der strengen Translationsperiodizität eines ↗ Idealkristalls. Eine Klassifizierung kann nach der Dimensionalität der Störung durchgeführt werden. Unter nulldimensionalen Fehlern auch ↗ Punktdefekte genannt versteht man z.B. ↗ Leerstellen, ↗ Zwischengitteratome, ↗ Frenkel-Defekte und ↗ Anti-Schottky-Defekte (Abb.). Die wichtigsten eindimensionalen Baufehler sind ↗ Versetzungen und ↗ Crowdionen bei Strahlungseinwirkung. ↗ Kleinwinkelkorngrenzen und ↗ Stapelfehler zählen zu den zweidimensionalen Fehlern. Im weiteren Sinne könnte man auch ↗ Korngrenzen und Zwillingsgrenzen dazu zählen. Zu den dreidimensionalen Fehlern zählen ↗ Ausscheidungen, ↗ Poren, Risse und ↗ Verwachsungen.

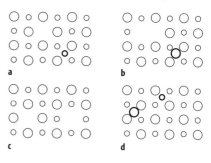

Kristallchemie, Forschung und Lehre mit realen Kristallgittern und ihren Kristallstrukturen, bei denen die Punktlagen mit Atomen, Ionen oder Molekülen besetzt sind und durch unterschiedlich wirksame Bindungskräfte die Eigenschaften der Kristalle bestimmen und ihre Gitter aufbauen. Besonders die Kristallstruktur-Analyse hat wesentlich zum besseren Verständnis der Kristallchemie beigetragen. ↗ Debye-Scherrer-Verfahren. ↗ Silicat-Kristallchemie.

kristallchemische Bindung, chemische Bindung durch Wechselwirkung der Valenzelektronen, die den Zusammenhalt einer Kristallstruktur bewirkt.

kristallchemische Gliederung, heute übliche Klassifikation der Minerale, die auf H. Strunz (1941) zurückgeht, der in den mineralogischen Tabellen das chemische Prinzip mit dem Prinzip der Kristallstruktur vereinigt hat. Bereits 1824 stellte ↗ Berzelius in Leonhards »Zeitschrift für Mineralogie« erstmalig ein chemisches System der Minerale auf, in welchem die Unterteilung nach dem elektronegativen Prinzip, also nach Anionen, erfolgte. Eine Aufstellung in neun Klassen berücksichtigt Bindungsart und Bindungstendenz (der

Kristallanisotropie (Tab.): Kristallanisotropiekonstante K und leichte Richtung natürlicher ferrimagnetischer Minerale bei Normaltemperatur.

Substanz, Mineral	K [10^3 J/m^3]	leichte Richtung
Fe$_3$O$_4$, Magnetit	11	[111]
α-FE$_2$O$_3$, Hämatit	1	[0001]
γ-FE$_2$O$_3$, Maghemit	11	[111]
Titanomagnetit, TM60	3	[111]
Fe$_7$S$_8$, Magnetkies	35	[1000]

Anionen) wie auch weitgehend die Zusammenfassung der siderophilen, chalkophilen, lithophilen Elemente (Tab.).
Die Unterteilung in Abteilungen erfolgt bei den Elementen von metallisch nach halbmetallisch bis nicht metallisch, bei den einfachen Verbindungen in Richtung A_2B, AB, A_3B_4, A_2B_3, AB_2, AB_3, bei den Nitraten, Carbonaten, Sulfaten, Phosphaten nach dem Fehlen oder der Anwesenheit von H_2O und komplexfremden Anionen (O, OH, F etc.), bei den Sulfosalzen nach der Größe der RO_3- und RO_4-Komplexverbände. Schließlich erfolgt die Aufstellung von heterotypen Gruppen und isotypen Reihen (z. T. mit Zusammenfassung verschiedener Gruppen und Reihen zu Familien). Von Reihe zu Reihe und auch innerhalb einer Reihe wird eine Folge nach zunehmendem Ionenradius verwendet. [GST]

Kristallform, Gesamtzahl der Symmetrie gemäß zusammengehöriger *(hkl)*-Flächen eines Kristalls. Würfel, Oktaeder, Rhombendodekaeder, Dipyramide u. a. sind geschlossene Kristallformen, Pinakoide, Prismen, Pedien u. a. sind offene Formen. Ein Kristallindividuum kann durch eine einzige Form oder durch die Kombination von zwei oder mehr Formen begrenzt sein. Die Gesamtheit aller Formen bezeichnet man als Kristalltracht (↗Tracht), die relative Flächenentwicklung bewirkt den Kristallhabitus (↗Habitus).

Kristallgitter, *Raumgitter, Punktgitter*, dreidimensional periodische, reell homogene Anordnung der atomaren oder ionaren chemischen Bausteine eines Kristalls entsprechend den Prinzipien eines dreidimensionalen Punktgitters.

kristallin, 1) *Geologie*: Bezeichnung für Magmatite und Metamorphite zur Unterscheidung von Sedimenten. Nach Größe der Kristalle im Gesteinsgefüge werden makrokristalline (grobkristalline), mikrokristalline (feinkristalline) und kryptokristalline (dichte) Gesteine unterschieden. 2) *Mineralogie*: Bezeichnung für Stoffe, die im Gegensatz zu den amorphen oder isotropen Substanzen in ihren physikalischen und chemischen Eigenschaften auffallende Verschiedenheiten zeigen, die gesetzmäßig von der Richtung abhängig sind (↗Kristall).

kristalline Schiefer, Bezeichnung für ↗Metamorphite mit deutlich erkennbar gerichtetem Gefüge (↗Schieferung) und plattiger Spaltbarkeit, z. B. ↗Phyllite, ↗Glimmerschiefer, ↗Gneise.

Kristallinkarren, ↗Karren in Kristallingesteinen; Oberflächenformen des ↗Silicatkarstes.

Kristallisation, thermodynamischer Übergang eines Stoffes aus einem beliebigen Zustand in den betreffenden kristallisierten Zustand. Die Wege, wie die Kristallisation zu erreichen ist, können dem ↗Zustandsdiagramm entnommen werden. Ein Übergang in die kristallisierte Phase kann aus der Gasphase, der Schmelze, aber auch aus einer anderen kristallisierten Phase erfolgen. Bei Einstoffsystemen sind eine ganze Reihe von Verfahren in der Anwendung, wie z. B. Bridgman-Stockbarger-Verfahren (↗Bridgman-Verfahren), ↗gerichtetes Erstarren oder ↗Gasphasenzüchtung. Bei ↗Mehrstoffsystemen gibt es zudem noch die ↗Kristallzüchtung aus Lösungen, die ↗Hochtemperaturschmelzlösungszüchtung, die ↗Hydrothermalsynthese oder die ↗Gelzüchtung. Dazu muß die Koexistenzlinie von Phasen überschritten werden. Der Grad der Überschreitung, die ↗Übersättigung oder ↗Unterkühlung, bestimmt die Kinetik der Kristallisation. Diese ist in zwei Abschnitte unterteilt. Zunächst muß nach dem Überschreiten der Koexistenzlinie aus der Ausgangsphase durch ↗Keimbildung die neue Phase in kleinsten Partikeln gebildet werden. Das eigentliche Kristallisieren erfolgt dann durch Anlagern und Auswachsen der Keime. In Mehrstoffsystemen haben die Ausgangsphase und die kristallisierte Phase nicht die gleiche Zusammensetzung, was durch den ↗Gleichgewichtsverteilungskoeffizienten und die ↗Makrosegregation beschrieben wird. In geschlossenen, endlichen Systemen kommt es daher bei fortschreitender Kristallisation zu Änderungen der Zusammensetzung, die nicht wieder ausgeglichen werden können, wenn das System nicht genügend Zeit für den im festen Zustand äußerst langsamen Stoffaustausch erhält. Während die Kristallisation in der Natur im Zusammenhang von geologischen Prozessen solchen Austausch zuläßt, können in der technologischen Kristallisation Verteilungsinhomogenitäten und Zonarbau entstehen. [GMV]

Kristallisationsalter, durch ↗Geochronometrie bestimmter Alterswert, welcher die Kristallisation eines Mineralsystems oder Gesteins erfaßt (↗Schließtemperatur, ↗Mineralalter).

Kristallisationsdifferentiation, Prozeß der selektiven Ausscheidung von Mineralen aus einer Schmelze (↗Reaktionsprinzip nach Bowen), durch den verschiedene Magmatite aus einem ↗Stamm-Magma entstehen (↗magmatische Differentiation).

Kristallisationsdruck, Druck, der durch eine Volumenzunahme während der Neukristallisation von Mineralen im Gestein entsteht. Dieser Wachstumsdruck steigt mit der Übersättigung der entsprechenden Lösung an. Bei der Neubildung von ↗Gips können so hohe Kristallisationsdrücke entstehen, daß es zu Hebungen kommen kann, die im Baugrund zu großen Schä-

Kristallklasse		Einteilung der Elemente	Bindungsart	Bindungstendenz der Anionen
1	Elemente	siderophil	metallisch und kovalent	
2	Sulfide[1]	chalkophil		
3	Halogenide			meist isodesmisch
4	Oxide Hydroxide		ionisch und kovalent	
	[RO₃] [RO₄]	lithophil		anisodesmisch
5	Nitrate 6 Sulfate			
	Carbonate 7 Phosphate			
	Borate[1]+[RO₄] 8 Silikate[1]			mesodesmisch
9	Organische Verbindungen		kovalent und van der Waals	

[1] Sulfosalze, Borate und Silikate sind mesodesmisch und deshalb zur Bildung von Neso-, Soro-, Cyclo-, Ino-, Phyllo- und z.T. Tekto-verbänden befähigt

kristallchemische Gliederung (Tab.): Klassifikation der Minerale.

Kristallklasse (Tab. 1): die zehn Kristallklassen in der Ebene.

den führen können. Bekannt hierfür sind insbesondere die ↗Posidonienschiefer des Lias. Durch den Eingriff des Menschen in den Untergrund wird Sauerstoff eingebracht, der zur Oxidation der im Gestein vorhandenen Sulfide führt. Hierzu zählt v. a. ↗Pyrit. Bei der Pyritoxidation handelt es sich um einen komplexen Vorgang, bei dem eine Vielzahl von verschiedenen Reaktionen abläuft. Bei Vorhandensein von Calcit kommt es am Ende der Reaktionsreihe zur Neubildung von Gips ($CaSO_4 \cdot 2\,H_2O$) und untergeordnet Melanterit ($FeSO_4 \cdot 7\,H_2O$). Die Kristallisationsdrücke können zeitverzögert nach etwa 3–5 Jahren zu Baugrundhebungen von mehr als 10 cm pro Gesteinsmächtigkeit führen. Auch bei der Bildung von Eis entsteht ein Kristallisationsdruck, der zu Hebungen führen kann. Aufgrund der Verteilung der Porengrößen in bindigen Böden entwickeln sich in diesen viel höhere Drücke als in sandigen Böden, so daß es dort vermehrt zu ↗Frosthub kommt. [CSch]

Kristallisationsrate, *Wachstumsgeschwindigkeit*, beschreibt den Strom der Teilchen, die beim ↗Kristallwachstum pro Zeiteinheit in die Kristallphase übergehen. Gleichbedeutend ist damit der Massenzuwachs oder die Volumenzunahme pro Zeit. Bei der Kristallzüchtung hat sich für die Kristallisationsrate auch die Verschiebegeschwindigkeit einer als eben angenommenen ↗Wachstumsfront senkrecht zu sich selbst eingebürgert (sog. *lineare Wachstumsgeschwindigkeit*).

Kristallklasse, Einteilung der Kristalle nach der makroskopischen Symmetrie. Diese Einteilung erfolgt in 32 geometrische Kristallklassen, meist einfach »Kristallklassen« genannt. Für ihre Bezeichnung sind zwei Nomenklatursysteme gebräuchlich, die von Kristallographen bevorzugte modernere Hermann-Mauguin-Nomenklatur (↗internationale Symbole) sowie die bei Chemikern und einigen Physikern bestehende Nomenklatur nach Schoenflies (Tab. 1 und 2). Die Blickrichtungen sind so gewählt, daß in der Papierebene die $\vec{b}$-Richtung nach rechts und die $\vec{a}$-Richtung nach unten oder links unten zeigt. Das Symbol enthält die Bezeichnungen für ein oder mehrere Symmetrieoperationen, die ein Erzeugendensystem für eine Punktgruppe der Kristallklasse bilden. Die mit einer Operation assoziierte Blickrichtung ergibt sich aus ihrer Stellung im Symbol. Es bedeuten im einzelnen: a) n ($n = 1, 2, 3, 4, 6$) = n-zählige Drehungen, für $n = 2, 3, 4, 6$ um spezielle Drehpunkte; b) m = Spiegelung an einer Linie, deren Normale in der angegebenen Blickrichtung liegt. Die entsprechenden Schoenflies-Symbole (die hier jedoch selten verwendet werden) sind C_n ($n = 1, 2, 3, 4, 6$) für die Klassen mit den reinen Drehgruppen und C_v bzw. C_{nv} ($n = 2, 3, 4, 6$) für die übrigen Klassen. Die Blickrichtungen $\vec{a}$, $\vec{b}$ und $\vec{c}$ hat man sich so im Raum orientiert zu denken, daß $\vec{c}$ senkrecht nach oben, $\vec{b}$ nach rechts und $\vec{a}$ nach vorne zeigt (bei $\vec{b}$ und $\vec{a}$ je nach System mit evtl. gewissen Abweichungen). Im monoklinen System wird, speziell bei Anwendungen in der Physik, zuweilen die $\vec{c}$-Richtung als ausgezeichnete Richtung gewählt.

Kristallsystem	Blickrichtungen	Symbol
schiefwinklig	–	1
	–	2
rechtwinklig	$\vec{a}$	m
	–, $\vec{a}$, $\vec{b}$	2mm
quadratisch	–	4
	–, $\vec{a}^{(1)}$, $\vec{a}$–$\vec{b}^{(1)}$	4mm
hexagonal	–	3
	–, $\vec{a}^{(1)}$, $\vec{a}$–$\vec{b}^{(1)}$	3m
	–	6
	–, $\vec{a}^{(1)}$, $\vec{a}$–$\vec{b}^{(1)}$	6mm

[1] und symmetrisch äquivalente Blickrichtungen

In der Hermann-Mauguin-Nomenklatur enthält das Symbol für eine Kristallklasse die Bezeichnungen für ein oder mehrere Symmetrieoperationen, die ein Erzeugendensystem für eine Punktgruppe der Klasse bilden. Es bedeuten: a) n ($n = 1, 2, 3, 4, 6$) = n-zählige Drehung. Für $n = 2, \ldots, 6$ liegt die Drehachse in der durch die Stellung im Symbol gekennzeichneten Blickrichtung. Mit der Operation 1 ist keine bestimmte Richtung verbunden. b) $\bar{n}$ ($n = 1, 2, 3, 4, 6$) = n-zählige Drehinversion, auch Inversionsdrehung genannt, das Produkt einer n-zähligen Drehung und einer Inversion an einem Punkt auf der Drehachse. Die Reihenfolge der beiden Operationen ist beliebig, da die Inversion mit allen Symmetrieoperationen vertauschbar ist. Für $2, \ldots, 6$ liegt die Drehinversionsachse in der durch die Stellung im Symbol gekennzeichneten Blickrichtung. Die mit Spiegelung $m = \bar{2}$ assoziierte Richtung ist also die der Spiegelebenen-Normalen. Mit der Operation $\bar{1}$, der Spiegelung an einem Punkt, dem Inversionszentrum, ist keine bestimmte Richtung verbunden.

In der Schoenflies-Nomenklatur leiten sich die Symbole für die Kristallklassen von folgenden Bezeichnungen ab: a) C_n = cyklische Gruppe, hier erzeugt von einer n-zähligen Drehung ($n = 1, 2, 3, 4, 6$); b) D_n = Diedergruppe, erzeugt von einer n-zähligen Drehung um eine Hauptachse und einer 2-zähligen Drehung um eine Nebenachse ($n = 2, 3, 4, 6$); c) S_n = sphenoidische Gruppe, erzeugt von einer Drehspiegelung, bestehend aus einer n-zähligen Drehung und einer Spiegelung an einer Ebene senkrecht zur Drehachse (tritt in der Schoenflies-Nomenklatur nur mit $n = 4$ auf); d) T = Tetraedergruppe, Gruppe aller Drehungen, die ein Tetraeder auf sich abbilden; e) O = Oktaedergruppe, Gruppe aller Drehungen, die ein Oktaeder auf sich abbilden; f) i = Inversion; g) s = Spiegelung; h) h = Spiegelung an horizontaler Spiegelebene, d. h. an einer Ebene senkrecht zu einer Hauptachse; i) v = Spiegelung an vertikaler Spiegelebene, d. h. an einer Ebene parallel zu einer Hauptachse; j) d = Spiegelung an diagonaler Spiegelebene, d. h. an einer vertikalen Spiegelebene, welche den Winkel zwischen zwei Drehachsen halbiert. Neben den in den Tabellen angegebenen sog. gekürzten Her-

Kristallklasse (Tab. 2): die 32 Kristallklassen im dreidimensionalen Raum.

Kristallsystem	Blickrichtung	Symbol Hermann-Mauguin	Schoenflies	Name
triklin	–	1	C_1	trikl.-pedial
		$\bar{1}$	C_i	trikl.-pinakoidal
monoklin	$\vec{b}$	2	C_2	monokl.-sphenoidisch
		m	C_s	monokl.-domatisch
		$2/m$	C_{2h}	monokl.-prismatisch
orthorhombisch	$\vec{a}, \vec{b}, \vec{c}$	222	D_2	orthorh.-disphenoidisch
		$mm2$	D_2	orthorh.-pyramidal
		mmm	D_{2h}	orthorh.-diphyramidal
tetragonal	$\vec{c}, \vec{a}^{(1)}, \vec{a}-\vec{b}^{(1)}$	4	C_4	tetr.-pyramidal
		$\bar{4}$	S_4	tetr.-disphenoidisch
		$4/m$	C_{4h}	tetr.-dipyramidal
		422	D_4	tetr.-trapezoedrisch
		$4mm$	C_{4v}	ditetr.-pyramidal
		$\bar{4}2m$	D_{2d}	tetr.-skalenoedrisch
		$4/mmm$	D_{4h}	ditetr.-dipyramidal
trigonal	$\vec{c}, \vec{a}^{(1)}, \vec{a}-\vec{b}^{(1)}$	3	C_3	trig.-pyramidal
		$\bar{3}$	C_{3i}	trig.-rhomboedrisch
		32	D_3	trig.-trapezoedrisch
		$3m$	C_{3v}	ditrig.-pyramidal
		$\bar{3}m$	D_{3d}	ditrig.-skalenoedrisch
hexagonal	$\vec{c}, \vec{a}^{(1)}, \vec{a}-\vec{b}^{(1)}$	6	C_6	hex.-pyramidal
		$\bar{6}$	C_{3h}	trig.-dipyramidal
		$6/m$	C_{6h}	hex.-dipyramidal
		622	D_6	hex.-trapezoedrisch
		$6mm$	C_{6v}	dih.-pyramidal
		$\bar{6}2m$	D_{3h}	ditrig.-dipyramidal
		$6/mmm$	D_{6h}	dihex.-dipyramidal
kubisch	$\vec{a}^{(1)}, \vec{a}+\vec{b}+\vec{c}^{(1)}, \vec{a}-\vec{b}^{(1)}$	23	T	tetraedrisch-pentagondodekaedrisch
		$m\bar{3}$	T_h	disdodekaedrisch
		432	O	pentagon-ikositetraedrisch
		$\bar{4}3m$	T_d	hexakistetraedrisch
		O_h	O_h	hexakisoktaedrisch

(1) und symmetrisch äquivalente Blickrichtungen

mann-Mauguin-Symbolen sind noch ausführlichere Symbole in Gebrauch, wie zum Beispiel $2/m\ 2/m\ 2/m$ für mmm.
Die Kristallklassen bedingen auch eine Klassifikation der Raumgruppen, denn jede Raumgruppe läßt sich eindeutig einer Kristallklasse zuordnen. Man erhält diese Klasse aus der Raumgruppe, indem man von den Translationen abstrahiert, d.h. die Beträge der zu den Translationen gehörigen Vektoren gleich Null setzt. Entsprechend ist in den Raumgruppen-Symbolen der Bezug auf die Translationen zu streichen: $P4/mmm \rightarrow 4/mmm$, $I4_1/acd \rightarrow 4/mmm$, $Fd\bar{3}m \rightarrow m\bar{3}m$. In mathematischer Betrachtungsweise ist eine Kristallklasse eine Klasse von kristallographischen ↗Punktgruppen, wobei zwei Punktgruppen derselben Klasse angehören, wenn sie durch eine Transformation mit einer isometrischen (abstandstreuen) Abbildung aufeinander abgebildet werden können. Eine feinere Klassifikation erhält man durch Einschränkung auf solche isometrischen Abbildungen, welche ganzzahlige Koordinaten stets wieder in ganzzahlige Koordinaten überführen, welche also nicht aus einem Gittertyp herausführen. Diese Einteilung führt zu den arithmetischen Kristallklassen, die in einem umkehrbar eindeutigen Verhältnis zu den Typen der symmorphen ↗Raumgruppen stehen. Im zweidimensionalen Raum sind das 13 und im dreidimensionalen Raum 73 Klassen. In Ermangelung einer eigenen Nomenklatur wählt man zur Bezeichnung der arithmetischen Kristallklassen die entsprechenden Raumgruppensymbole. Zur geometrischen Kristallklasse $\bar{4}2m$ beispielsweise gehören die arithmetischen Klassen $P\bar{4}2m$, $P\bar{4}m2$, $I\bar{4}2m$ und $I\bar{4}m2$. [WEK]
Literatur: [1] KLEBER, W. (1998): Einführung in die Kristallographie. – Berlin. [2] HAHN, TH. (Hrsg.) (1992): International Tables for Crystallography, Volume A, Space-Group Symmetry. – Dordrecht.

Kristallmagnesit, *Spatmagnesit*, grobkristalliner ↗Magnesit mit der chemischen Formel $MgCO_3$, der nach seinem Fundort in Österreich auch als »Typus Veitsch« bezeichnet wird.

Kristallmorphologie, *Morphologie*, Lehre von der äußeren Gestalt der Kristalle, ihrer Gesetzmäßigkeit und ihrer Entstehung. Zwischen der äußeren

Gestalt, der inneren Struktur und den Bindungsverhältnissen besteht eine enge Wechselbeziehung (↗Korrespondenzprinzip).

Kristalloberfläche, besonders markante Eigenschaft der Kristalle. Sie sind zum einen aus der Kristallstruktur verständlich und als niedrig indizierte Flächen mit Netzebenen identisch. Zum anderen stellt der Abbruch der Kristallstruktur an der Oberfläche einen besonders abrupten Eingriff gegenüber den Verhältnissen einer ungestörten Struktur dar und kann damit als eine immer auftretende ↗Fehlordnung betrachtet werden. Damit sind Oberflächen ein wesentlicher Teil der Realstruktur von Kristallen und bestimmen eine ganze Reihe spezifischer Eigenschaften. Da sie die äußere Gestalt begrenzen, sind ↗Strukturdefekte, die von innen kommend auf ihnen enden, leicht durch ↗Ätzen kenntlich zu machen. Je nach Bindungsenergie innerhalb der Flächen wird das Wachstum auf Flächen entweder durch ↗Flächenkeime, wenn die Bindungen sehr groß sind, oder auf der atomar aufgerauhten Fläche stattfinden. [GMV]

Kristalloblast, durch metamorphe Prozesse gewachsener Kristall.

Kristalloblastese, metamorphes Kristallwachstum. ↗Blastese.

kristalloblastisch, Bezeichnung für durch metamorphe Kristallisation oder ↗Rekristallisation erzeugte metamorphe Gefüge.

Kristallographie, Wissenschaft vom kristallinen Zustand kondensierter Materie. Die moderne Kristallographie befaßt sich mit der räumlichen Anordnung der Atome (Struktur), mit den Änderungen des strukturellen Aufbaus sowie mit den physikalischen, chemischen, material- und geowissenschaftlichen und technischen Eigenschaften in Zusammenhang mit der Kristallstruktur. Die Kristallographie entwickelte sich ursprünglich aus dem Studium der Morphologie und der Anisotropie physikalischer Eigenschaften von Kristallen natürlich vorkommender Minerale. Dementsprechend war die Kristallographie eng mit der Mineralogie verbunden. So wurden bereits im 18. Jh. an Universitäten, insbesondere in Deutschland, Lehrstühle für Mineralogie und Kristallographie geschaffen, die zu einer Blüte des Fachs im 19. und 20. Jh. führten. Als Beispiel sei die Gründung der Zeitschrift für Mineralogie und Kristallographie durch ↗Groth genannt, die sich bald zum international führenden Publikationsorgan des Gebietes entwickelte. Seit der Entdeckung der ↗Beugung von ↗Röntgenstrahlen im Jahre 1912 kamen wichtige Impulse aus der Physik hinzu, die u. a. mit den Namen Max von ↗Laue und Peter Paul ↗Ewald verknüpft sind. Durch die Arbeiten von Vater und Sohn, William Henry und William Lawrence ↗Bragg wurde die Aufklärung der atomaren Struktur kristallisierter Materie durch Beugungsmethoden zu einem Hauptanliegen der Kristallographie. Seit etwa 1950 ist die Kristallographie als eigenständiges Fach an deutschen Hochschulen durch eigene Lehrstühle vertreten, die in den Fachbereichen Chemie, Geowissenschaften oder Physik angesiedelt sind. In Deutschland haben sich folgende Gebiete der Kristallographie besonders stark entwickelt: a) mathematische Kristallographie, die die Symmetrie der möglichen Anordnungen der Atome (↗Raumgruppen) in Kristallen neuerdings auch in bis zu sechsdimensionalen Räumen (↗Quasikristalle) behandelt, b) anorganische und organische Strukturchemie: Ein modernes Forschungsgebiet sind hier u. a. die Untersuchung von sog. Clustern, c) mineralogische Kristallographie, die z. B. durch die Strukturaufklärung natürlich vorkommender Kristalle wichtige Informationen über die geschichtliche Entwicklung der Erde gewinnt, d) biologische Kristallographie, die durch die Strukturanalyse biologisch wichtiger Makromoleküle (z. B. Proteine) das Verständnis ihrer Funktion in Zusammenhang mit der räumlichen Struktur und daraus wichtige Erkenntnisse über biologische Vorgänge erarbeitet, die wiederum z. B. zur Entwicklung neuer Medikamente entscheidend beitragen, e) Kristallzüchtung, die durch die Herstellung und Charakterisierung großer Kristalle hoher Qualität in vielen Teilen der Technologie entscheidende Fortschritte ermöglichte, wie z. B. in der Halbleiterelektronik, Optoelektronik, Ultraschalltechnik sowie bei der Entwicklung von Festkörperlasern, Strahlungsdetektoren, optischen Speichern, Magneten, piezoelektrischen Weggeber und Sensoren, f) Kristallphysik und Materialwissenschaften mit dem Ziel, physikalische Eigenschaften und Werkstoffe für die unterschiedlichsten Anwendungen maßzuschneidern, g) Beugungsphysik und Röntgenoptik im Hinblick auf die Entwicklung neuer Methoden zur Untersuchung der Materie auf atomarer Skala, insbesondere vor dem Hintergrund der Verfügbarkeit leistungsfähiger Quellen für Röntgenstrahlung (Synchrotronstrahlung, Free Electron Laser = FEL). Diese Aufzählung zeigt, daß sich die Kristallographie wie kaum ein anderes Fach zu einer interdisziplinären Wissenschaft entwickelt hat.

Der weltumspannende Dachverband der Kristallographen ist die International Union of Crystallography (IUCr), die sich in zahlreiche nationale Gesellschaften gliedert. Sie gibt ein wichtiges Standardwerk, die International Tables for Crystallography, heraus. Nach der Vereinigung von BRD und DDR wurde 1991 die Deutsche Gesellschaft für Kristallographie e. V. (DGK) als organisatorische Weiterentwicklung der Vereinigungen »Arbeitsgemeinschaft für Kristallographie« in der BRD und »Vereinigung für Kristallographie« in der DDR gegründet. Sie zählte im Juni 1999 rund 1100 Mitglieder. [KH]

kristallographische Mineralogie, Untersuchung und Erforschung der Form und der Feinstruktur der Minerale (Mineralgeometrie und Mineralmorphologie), wobei der Schwerpunkt auf dem ungestörten idealen Zustand des Kristalls liegt.

kristallographisches Achsenkreuz, System dreier nicht koplanar orientierter Geraden, die längs wichtiger Kanten eines Kristallpolyeders (bzw. Gittergeraden) ausgerichtet sind, sich in einem Punkt (Ursprung) schneiden und mit Einheitslängen versehen sind. Dabei bevorzugt man solche Richtungen, die Symmetrieachsen oder Spiegelebenennormalen enthalten, denn dann lassen sich bei geeigneter Wahl der Einheitslängen auf den Achsen sämtliche Flächen des Kristalls durch ganzzahlige Achsenabschnittsverhältnisse indizieren. Ursache hierfür ist der gitterhafte Aufbau der Kristalle. Deshalb zeichnen die sieben ↗Holoedrien, die Punktsymmetriegruppen der Gitter, sieben Typen von kristallographischen Achsenkreuzen aus, die durch die Kopplung der Längen a, b, c der Basisvektoren und Fixierung der Winkel zwischen ihnen $\alpha = \angle(\vec{b}, \vec{c}), \beta = \angle(\vec{a}, \vec{c}), \gamma = \angle(\vec{a}, \vec{b})$ charakterisiert werden:

a) triklines Achsenkreuz: $a, b, c, \alpha, \beta, \gamma$ beliebig; Metriktensor ($g_{11} = a^2$, $g_{22} = b^2$, $g_{33} = c^2$, $g_{12} = a \cdot b \cdot \cos\gamma$, $g_{13} = a \cdot c \cdot \cos\beta$, $g_{23} = b \cdot c \cdot \cos\alpha$):

$$\begin{pmatrix} g_{11} & g_{12} & g_{13} \\ g_{12} & g_{22} & g_{23} \\ g_{13} & g_{23} & g_{33} \end{pmatrix};$$

b) monoklines Achsenkreuz: a, b, c, $90° \leq \beta \leq 120°$ beliebig, $\alpha = \gamma = 90°$; Metriktensor:

$$\begin{pmatrix} g_{11} & 0 & g_{13} \\ 0 & g_{22} & 0 \\ g_{13} & 0 & g_{33} \end{pmatrix};$$

c) orthorhombisches Achsenkreuz: a, b, c beliebig, $\alpha = \beta = \gamma = 90°$; Metriktensor:

$$\begin{pmatrix} g_{11} & 0 & 0 \\ 0 & g_{22} & 0 \\ 0 & 0 & g_{33} \end{pmatrix};$$

d) tetragonales Achsenkreuz: $a = b$, c beliebig, $\alpha = \beta = \gamma = 90°$; Metriktensor:

$$\begin{pmatrix} g_{11} & 0 & 0 \\ 0 & g_{11} & 0 \\ 0 & 0 & g_{33} \end{pmatrix};$$

e) rhomboedrisches Achsenkreuz: $a = b = c$, $\alpha = \beta = \gamma$; Metriktensor:

$$\begin{pmatrix} g_{11} & g_{12} & g_{12} \\ g_{12} & g_{11} & g_{12} \\ g_{12} & g_{12} & g_{11} \end{pmatrix};$$

f) hexagonales Achsenkreuz: $a = b$, c beliebig, $\beta = 120°$, $\alpha = \gamma = 90°$; Metriktensor:

$$\begin{pmatrix} g_{11} & -\tfrac{1}{2}g_{11} & 0 \\ -\tfrac{1}{2}g_{11} & g_{11} & 0 \\ 0 & 0 & g_{33} \end{pmatrix};$$

g) kubisches Achsenkreuz: $a = b = c$, $\alpha = \beta = \gamma = 90°$; Metriktensor:

$$\begin{pmatrix} g_{11} & 0 & 0 \\ 0 & g_{11} & 0 \\ 0 & 0 & g_{11} \end{pmatrix}.$$

Anstelle des rhomboedrischen Achsenkreuzes wird meist ein hexagonales Achsenkreuz verwendet, das die dreizählige Drehachse in c-Richtung enthält. Die a- und b-Achse enthält jeweils eine zweizählige Achse des Gitters. ↗Achsenkreuz. [HWZ]

Kristalloptik, Fachgebiet, das die im allgemeinen anisotropen optischen Eigenschaften von Kristallen behandelt.

Kristallphysik, wissenschaftliches Teilgebiet im Rahmen der Festkörperphysik, das die anisotropen, makroskopischen physikalischen Eigenschaften von Kristallen unter besonderer Berücksichtigung der Kristallsymmetrien und des Zusammenhangs mit der Kristallstruktur behandelt. Da Kristalle homogene, infolge der gitterhaften Anordnung der Atome und Ionen jedoch anisotrope Körper sind (↗Anisotropie), ist das physikalische Verhalten (Tab.) in Kristallen i. a. richtungsabhängig. Das Verhalten eines Materials gegenüber physikalischen Einwirkungen wird durch seine physikalische Eigenschaft charakterisiert. Die physikalische Eigenschaft bestimmt den Zusammenhang zwischen zwei physikalischen Größen: die Einwirkung und den aufgrund der Einwirkung zu beobachtenden Effekt. Einwirkung und Effekt werden durch Felder dargestellt. Es können jedoch nur solche Felder und nur solche kristallphysikalischen Eigenschaften richtungsabhängig sein, denen eine Richtung zugeordnet werden kann. Größen, denen keine Richtung zuzuordnen ist, nennt man Skalare, wie z. B. Masse, Dichte, Konzentration, Temperatur, spezifische Wärmekapazität, Entropie, Gitterener-

Eigenschaften	Stufe
Wärmekapazität Dichte	0p
pyroelektrischer Effekt Ferroelektrizität	1p
pyromagnetischer Effekt	1a
dielektrische Suszeptibilität dielektrische Konstante (optische Eigenschaften) elektrische Leitfähigkeit magnetische Suszeptibilität thermische Ausdehnung Wärmeleitfähigkeit	2p
magnetelektrischer Effekt optische Aktivität	2a
nichtlineare optische Effekte piezoelektrischer Effekt reziproker piezoelektrischer Effekt (Elektrostriktion 1. Ordnung) Pockels-Effekt (elektrooptischer Effekt 1. Ordnung)	3p
Magnetostriktion piezomagnetischer Effekt	3a
Elastizität elastooptischer Effekt Kerr-Effekt (elektrooptischer Effekt 2. Ordnung)	4p

Kristallphysik (Tab.): die wichtigsten physikalischen Eigenschaften mit Angabe der Tensorstufe (p = polar, a = axial).

gie, Schmelzwärme u. a. Viele andere Größen und Effekte haben den Charakter von Vektoren, ihnen muß eine Richtung zugeordnet werden. Beispiele dafür sind das elektrisches Feld und die mechanische Kraft. Die physikalischen Eigenschaften von Kristallen, die den Zusammenhang zwischen vektoriellen, richtungsabhängigen Größen bestimmen, werden durch ↗Tensoren beschrieben, die die materialspezifischen, richtungsabhängigen Parameter, das sind die Tensorkomponenten, enthalten; d.h. eine anisotrope physikalische Eigenschaft muß durch mehrere Parameter beschrieben werden. Die Beziehung zwischen einwirkendem Feld F und Effekt E wird bei hinreichend stetigem Zusammenhang durch eine Potenzreihe dargestellt:

$$E - E_0 = T_1 F^1 + T_2 F^2 + T_3 F^3 + \ldots,$$

wobei E_0 den Nullfeldeffekt, der ohne das speziell betrachtete einwirkende Feld bereits existiert, berücksichtigt. T sind Tensoren. Die Effekte erster Ordnung, beschrieben durch die linearen physikalischen Eigenschaften, werden durch den linearen Ansatz:

$$E - E_0 = T_1 F^1$$

erfaßt. Als Beispiel sei das Ohmsche Gesetz betrachtet, das einen linearen Zusammenhang zwischen dem elektrischen Feld $\vec{E}$ und der Stromdichte $\vec{j}$ angibt. In einem anisotropen Kristall sind i. a. $\vec{j}$ und $\vec{E}$ nicht mehr parallel, d.h. jede Komponente von $\vec{j} = (j_1, j_2, j_3)$ hängt von einer Linearkombination der Komponenten von $\vec{E} = (E_1, E_2, E_3)$ ab:

$$j_1 = \sigma_{11} E_1 + \sigma_{12} E_2 + \sigma_{13} E_3$$
$$j_2 = \sigma_{21} E_1 + \sigma_{22} E_2 + \sigma_{23} E_3$$
$$j_3 = \sigma_{31} E_1 + \sigma_{32} E_2 + \sigma_{33} E_3.$$

Mit Hilfe der ↗Einsteinschen Summenkonvention (es wird über gleichlautende Indizes summiert), die man in der Tensorschreibweise stillschweigend benützt, kann man obige Gleichung vereinfacht schreiben:

$$j_k = \sigma_{kl} E_l; k, l = 1, 2, 3.$$

In diesem Beispiel ist σ ein sog. Tensor 2. Stufe. Man braucht in diesem Fall i. a. also neun Tensorkomponenten σ_{kl}, die in einer 3×3-Matrix (σ_{kl}) angeordnet werden, um die Richtungsabhängigkeit der elektrischen Leitfähigkeit vollständig zu beschreiben. In einem isotropen Medium (↗Isotropie) dagegen genügt eine einzige Maßzahl: $\vec{j} = \sigma \vec{E}$. Anzahl und Anordnung der unabhängigen Tensorkomponenten, die zur Darstellung einer physikalischen Eigenschaft notwendig sind, hängen neben anderen physikalischen Gesetzmäßigkeiten von der Kristallsymmetrie ab (↗Symmetrieprinzip). So zeigt ein Kristall in allen symmetrisch äquivalenten Richtungen notwendig physikalisch das selbe Verhalten. [KH]

Kristallprojektion, Projektion der Flächen eines Kristalls auf eine Ebene. Gebräuchliche Projektionen sind die ↗stereographische Projektion, die ↗gnomonische Projektion sowie die orthographische Projektion und ↗klinographische Projektion.

Kristallradius, Radius, der ähnlich den ↗effektiven Ionenradien definiert ist, jedoch auf einen Standardradius von 119 pm für das F^--Ion in [6]-Koordination bezogen ist. Kristallradien sind im Mittel um 14 pm größer als die effektiven Ionenradien von Shannon und Prewitt.

Kristallrasen ↗Druse.

Kristallstruktur, *Struktur*, dreidimensional periodisches Baumuster kristallin geordneter kondensierter Materie. Sie ist durch die gitterhafte Wiederholung einer Baueinheit, der ↗Elementarzelle, gekennzeichnet; die vollständige Symmetrie einer Kristallstruktur wird durch eine der 230 ↗Raumgruppen beschrieben. Die Symmetrie erlaubt in Verbindung mit einigen metrischen und nullpunktsfixierenden Standardisierungsregeln die Wahl eines eindeutig bestimmten Parallelepipeds, der Elementarzelle, deren Kantenlängen als ↗Gitterparameter (Gitterkonstanten) bezeichnet werden und die von jedem Satz translatorisch gleichwertiger Atome genau eines enthält. Die Atompositionen müssen nur für die Atome in dieser Elementarzelle bestimmt und angegeben werden, soweit sie nicht zueinander symmetrisch äquivalent sind (↗asymmetrische Einheit). Da die typischen interatomaren Abstände in der Größenordnung von 10^{-10} m liegen, werden Kristallstrukturen durch Beugungsexperimente mit Röntgen-, Neutronen- und Elektronenstrahlen mit Wellenlängen dieser Größenordnung bestimmt. Die exakte Beschreibung einer Kristallstruktur erfordert die folgenden Angaben: a) chemische Summen- oder Strukturformel, b) ↗Raumgruppensymbol, c) Gitterparameter und d) Koordinaten der Atome in der asymmetrischen Einheit, bezogen auf die Basis der Kantenvektoren der standardisierten Elementarzelle. In dieser Form findet man Angaben über Kristallstrukturen in Publikationen, Sammelwerken und Datenbanken. Aus diesen Daten kann man alle kristallgeometrisch relevanten Größen wie Abstände und Winkel, Koordinationspolyeder und beliebige Strukturprojektionen berechnen.

Schon in der Anfangszeit der strukturbestimmenden Kristallographie wurde beobachtet, daß chemisch ähnliche, aber auch sehr unterschiedliche Verbindungen gleiche oder ähnliche Kristallstrukturen besitzen können. Diese Beobachtung zusammen mit der großen Datenmenge von über 100.000 heute bekannter Kristallstrukturen, die eine Katalogisierung des Datenmaterials verlangt, legte die Einführung des Begriffs ↗Strukturtyp nahe. Unterschiedliche kristallgeometrische und chemische Ansätze führen dabei jedoch im Detail zu verschiedenen Strukturtypenbegriffen. Der erste Strukturtypenbegriff wurde im ↗Strukturbericht, der seit 1923 als Ergänzungsband zur »Zeitschrift für Kristallographie« herausgegeben wurde, formuliert und besagt: Zwei Kristallstrukturen gehören zum gleichen Strukturtyp, wenn ihre Raumgruppen äquivalent sind und ihre besetzten Punktlagen übereinstimmen. Im Strukturbericht wurde daraufhin eine Strukturtypenbenennung eingeführt, die auch heute noch in der Literatur verbreitet ist; sie beruht auf einer Benennung von Verbindungsklassen und einer fortlaufenden Numerierung der zugehörigen Typen. Dabei ist A = Elementstrukturen, B = AB-Verbindungen, C = AB_2-Verbindungen, D = A_nB_m-Verbindungen, E = Verbindungen mit mehr als zwei Atomsorten ohne ausgesprochene Komplexbildung, F = Verbindungen mit zwei- und dreiatomigen Radikalen, G = Verbindungen mit vieratomigen Radikalen, H = Verbindungen mit fünf- und mehratomigen Radikalen, L = Legierungen, M = Mischkristalle. So bezeichnet etwa A1 die Kupfer-Struktur (Abb.), B1 die Kochsalz-Struktur, C1 die Flußspat-Struktur. Der Strukturbericht wurde nach 1945 unter dem Namen »Structure Reports« fortgesetzt und bildet mit über fünfzig Bänden die umfassendste Sammlung von Strukturen in Buchform. Die oben beschriebene Strukturtypenbenennung wurde allerdings nicht fortgeführt und beschränkt sich daher auf die seit langem bekannten Grundstrukturen. Es zeigte sich außerdem, daß die obige Definition dazu führte, daß die geometrisch sehr unterschiedlichen Strukturen von Pyrit (S_2-Hanteln) und CO_2 (CO_2-Hanteln) zum gleichen Strukturtyp gerechnet werden mußten.

Im Bereich der elektronischen Medien werden Kristallstrukturen in verschiedenen Datenbanken gesammelt. Die wichtigsten sind a) das *Cambridge Data File* für organische Verbindungen, b) die *Inorganic Crystal Structure Database* (ICSD) für anorganische Verbindungen und c) das *Metals Data File* (METDF) vom National Research Council Canada; es enthält Daten von Metallen und Legierungen. Auch in diesen Datenbanken sind die Strukturen in der oben angegebenen Form gespeichert. Anspruchsvollere Strukturbeschreibungen versuchen eine Charakterisierung der *Nahordnung* und ↗Fernordnung der Kristallstrukturen. Die Nahordnung wird durch ↗Koordinationszahl (Anzahl der nächsten Nachbarn eines Atoms) und ↗Koordinationspolyeder (Polyeder der nächsten Nachbarn) erfaßt. Dabei ist zu beachten, daß zur Koordination Atome hinzugerechnet werden müssen, die nur wenig vom Minimalabstand abweichen. Sinnvolle Grenzen sind hier durch die Flächengrößen des ↗Wirkungsbereichs oder durch das Prinzip der ersten großen Lücke (↗Prinzip der größten Lücke) in der Liste der Abstände festgelegt. Komplizierter ist die Erfassung der Fernordnung. Soweit sie aus der Nahordnung folgt, findet man die ↗Bauverbände, indem man die Atomposition als Punkte eines Graphen ansieht, dessen Kanten durch die Verbindungslinien der kürzesten Abstände (im oben diskutierten Sinn) gegeben sind, und die Zusammenhangskomponenten des Graphen betrachtet. Auf diese Weise kann man gitterhafte, netzartige, schichtartige, kettenhafte und inselhafte Bauverbände differenzieren und diese Be-

Cu	Kupfer	225 *Fm3m* Angabe der Raumgruppe	O_h^5	A: *cF* Angabe der Fernordnung	A12co Symbol für das Koord.polyeder
cF4	A1				
Hauptvertreter: Cu					Referenz: Pearson 2, 1922
Gitterparameter: *a* = 3,615Å (1Å = 10^{-10}m)					
Cu1 4 a *m3m* 0,0,0 0,0000 0,0000 0,0000					Ursprung in *m3m*

Beschreibung der Nahordnung durch Koordinationspolyeder und Wirkungsbereichspolyeder:

Cu1 Koordinationspolyeder: 12co
WB: Vol.: 11,81Å³   Oberfl.: 27,72Å²

Atom	d(Å)	d(Å)	Fl. (Å²,%)	H
Cu1	2,556	0,000	2,31 8,33	12

Die Atome besetzen die Plätze einer kubisch dichtesten Kugelpackung *cF*. Jedes Atom hat 12 Nachbarn, das Koordinationspolyeder ist das Kuboktaeder 12co.

zeichnungen auch auf die Strukturen (z. B. Schichtstrukturen) übertragen. Eine genaue Beschreibung der Fernordnung ist durch die von E. Hellner eingeführte Nomenklatur der ↗Punktlagen und ↗Gitterkomplexe möglich. Sie beruht auf der Einführung von Buchstabensymbolen zunächst für die nonvarianten Punktlagen und ihrer Erweiterung durch Splitting-Symbole für parameterbehaftete Punktlagen.

Das Bedürfnis, das Auftreten bestimmter Kristallstrukturen auf der Basis geometrischer, physikalischer und chemischer Gesetze zu verstehen, hat insbesondere bei ionisch und metallisch gebundenen Atomen zum Auffinden von Regeln geführt, die auf Kugelpackungsmodellen (↗Kugelpackung) beruhen und von kugelförmigen Atomen und Ionen ausgehen, deren Radien man in geeigneten Tabellen findet. Die erste Regel dieses Typs ist die *Hume-Rothery-Regel*, die besagt, daß sich bei Legierungen ↗Mischkristalle, d. h. Kristalle, in denen geometrisch äquivalente Plätze durch chemisch verwandte Atome gemischt besetzt werden, nur dann bilden können, wenn ihre Radien nicht mehr als 15 % voneinander abweichen. Die ↗Vegardsche Regel stellt fest, daß sich die Gitterparameter einer Mischkristallstruktur linear aus den Gitterparametern der reinen Strukturen zusammensetzt. Und schließlich besagt die *Radienquotientenregel*, daß besonders bei ionischen Strukturen bestimmte Radienverhältnisse zum Auftreten spezieller Strukturen führen. So begünstigt im Fall einfacher AB-Verbindungen ein Radienquotient R_A/R_B zwischen 0,225 und 0,414 das Auftreten der Zinkblende-Struktur, zwischen 0,414 und 0,732 die Kochsalz-Struktur und zwischen 0,732 und 1,0 die Cäsi-

Kristallstruktur: Beschreibung der Kristallstruktur des Kupfers. Die Symbole in der unteren Zeile des linken obersten Feldes sind das Pearson-Symbol und das Strukturtypensymbol des Strukturberichts. Die Raumgruppe ist durch die Ordnungsnummer in den International Tables, das Hermann-Mauguin-Symbol und das Schönflies-Symbol notiert. In der vierten Zeile steht eine Liste der besetzten Punktlagen sowie eine Angabe über die Nullpunktswahl. Die linke Abbildung zeigt eine kotierte Projektion, deren Höhenangaben die Vielfachen eines Bruchteils des Gittervektors in Projektionsrichtung bezeichnen. Die nachfolgenden Bilder liefern Koordinations- und Wirkungsbereichspolyeder (WB = Wirkungsbereich).

umchloridstruktur. Für intermetallische Phasen gelten entsprechende Regeln, die zur Definition der ↗Laves-Phasen bei einem Radienverhältnis von $\sqrt{3}/\sqrt{2}$ führen.

In den letzten Jahren hat das Studium von vier- und höherdimensionalen Kristallstrukturen an Interesse gewonnen, da die ↗Quasikristalle als Schnitte und Projektionen von Kristallstrukturen aus höherdimensionalen Räumen aufgefaßt werden können. Eine Zwischenstellung zwischen Kristallen und aperiodischen Strukturen nehmen die *partiell-kristallinen Strukturen* ein. Das sind n-dimensionale Strukturen mit lediglich $m(< n)$-facher Periodizität. Die bekanntesten Beispiele für dreidimensionale partiell-kristalline Strukturen sind regellose Stapelungen von zweifach periodischen Schichten. Solche Stapelfehler treten zum Beispiel bei Kobalt auf. Kobalt kristallisiert sowohl in der kubisch als auch in der hexagonal dichtesten Kugelpackung und darüber hinaus in Strukturen, in denen sich Schichtfolgen beider Modifikationen unregelmäßig abwechseln. [HWZ, WEK]

Literatur: [1] BURZLAFF, H. & ZIMMERMANN, H. (1993): Kristallsymmetrie – Kristallstruktur. -Erlangen. [2] VAINSHTEIN, B. K., FRIDKIN, V. M. & INDENBOM, V. L. (1982): Modern Crystallography II. – Berlin.

Kristallsystem, Einheit, unter der Kristallklassen und damit auch die Raumgruppentypen zusammengefaßt werden. Ein Kristallsystem besteht aus einer holoedrischen Kristallklasse (↗Holoedrien) und denjenigen Kristallklassen, deren Punktgruppen Untergruppen der holoedrischen sind, aber nicht Untergruppen der Gruppen einer kleineren Holoedrie. Eine kleinere Holoedrie ist eine Holoedrie, deren Punktgruppen von kleinerer Ordnung sind, d. h. weniger Symmetrieoperationen besitzen (Tab.).

Kristallsystem (Tab.): die sieben dreidimensionalen Kristallsysteme mit ihren Holoedrien.

Holoedrie		Kristallsystem
$\bar{1}$	(C_i)	triklin
$2/m$	(C_{2h})	monoklin
mmm	(D_{2h})	orthorhombisch (rhombisch)
$4/mmm$	(D_{4h})	tetragonal
$\bar{3}m$	(D_{3d})	trigonal
$6/mmm$	(D_{6h})	hexagonal
$m\bar{3}m$	(O_h)	kubisch

Kristallwachstum, Vorgang, der zum einen in geologischen Prozessen auftreten kann und zum anderen zur künstlichen Herstellung von Kristallen als moderne Werkstoffe Anwendung findet. In einer übersättigten Phase bilden sich ↗Keime der neuen Phase. Ist diese Phase kristalliner Natur, so können diese Keime zu Kristallindividuen auswachsen. Wird von vornherein ein ↗Keimkristall verwendet, findet das Wachstum an diesem statt, solange sich das System im ↗Ostwald-Miers-Bereich befindet. Es ist ein komplexer Vorgang, der sowohl vom Zustand der wachsenden Kristallfläche als auch vom Zustand der molekularen Bausteine in der Nährphase und den Umgebungsbedingungen abhängt. Ziel von Wachstumstheorien ist es, den Verlauf der *Kristallisationsrate* in Abhängigkeit von der Potentialdifferenz des chemischen Potentials, d. h. der ↗Übersättigung bzw. ↗Unterkühlung der Nährphase, zu beschreiben. Eine atomar aufgerauhte Oberfläche als ↗Wachstumsfront bietet dem Wachstum stets genügend Einbauplätze an. Dann ist die Wachstumsrate direkt proportional der Potentialdifferenz und wird als kontinuierliches oder Normalwachstum bezeichnet. Ist die Oberfläche atomar glatt, dann sind wenig Einbauplätze vorhanden. Die Anlagerung erfolgt in Stufen auf der Oberfläche, die bevorzugt auswachsen. Man spricht von lateralem bzw. *Schichtwachstum*. Dieser anisotrope Vorgang führt zur Ausbildung ebener Kristallflächen und resultiert in einer kleineren Wachstumsrate als beim kontinuierlichen Wachstum. Für die Stabilität der Wachstumsfront spielt der ↗Stofftransport durch die davor liegende Schicht eine wesentliche Rolle. Bei zu kleinen Temperaturgradienten können durch ↗konstitutionelle Unterkühlung Wachstumsinstabilitäten oder Neukeimbildung auftreten. [GMV]

Kristallwasser, Wassermoleküle, die zum Kristallgitter eines Stoffes gehören.

Kristallzüchtung aus der Gasphase ↗*Gasphasenzüchtung*.

Kristallzüchtung aus der Schmelze ↗*Schmelzzüchtung*.

Kristallzüchtung aus Gelen ↗*Gelzüchtung*.

Kristallzüchtung aus Lösungen, *Lösungszüchtung*, die mit am längsten bewußt ausgeübte Methode zur Kristallherstellung, z. B. in Form der Salzgewinnung aus Meerwasser oder Sole. Schon früh wurden damit Erkenntnisse über die Kristallisationsvorgänge gesammelt, deren Erforschung sich, insbesondere aus wäßrigen Lösungen, aufgrund der relativ einfachen Zugänglichkeit und Durchführbarkeit der Versuche fast von selbst anbot. Heute spielt diese Art der Materialherstellung v. a. in der chemischen Industrie und bei der Arzneimittelherstellung in Form der ↗Massenkristallisation eine wesentliche Rolle. Eine große technische Bedeutung hat auch die Abscheidung von Epitaxieschichten (↗Epitaxie) aus Hochtemperaturlösungen für die Herstellung elektronischer Bauelemente gewonnen. Im Vergleich zur Züchtung aus der Schmelze (↗Schmelzzüchtung) liegen die erzielbaren Wachstumsgeschwindigkeiten deutlich niedriger, bis maximal einen Millimeter pro Tag, was sich aus der Notwendigkeit des Transportes der Kristallbausteine durch das Lösungsmittel an die ↗Wachstumsfront ergibt. Bei zu hohen Wachstumsgeschwindigkeiten kann es leicht zu ↗Einschlüssen auch von Lösungsmitteltröpfchen kommen. Da in den meisten Fällen in nahezu isothermer Temperaturverteilung gearbeitet wird, ist die Qualität der erhaltenen Kristalle durchaus mit der anderer Züchtungsverfahren vergleichbar.

Bei der ↗Kristallisation aus der Lösung handelt

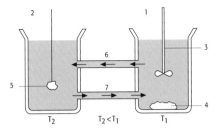

es sich um einen Phasenübergang in einem ↗Mehrstoffsystem, bei dem eine oder mehrere Komponenten einer aus mindestens zwei Komponenten zusammengesetzten flüssigen Phase, der Lösung, in eine Kristallphase übergehen. Kennzeichnend ist ein deutlicher Unterschied in der Zusammensetzung zwischen der Lösung und der Kristallphase. Für eine erfolgreiche Züchtung sollen die zu kristallisierenden Substanzen eine gute Löslichkeit besitzen (etwa 20 g/kg Lösungsmittel) und eine genügend große Abhängigkeit von der Temperatur zeigen. Dann wird man i. a. bei Temperaturen beginnen, bei denen sich die Substanz in großer Menge löst, und dann durch kontrollierte Temperaturerniedrigung die überschüssige Substanzmenge als Kristall abscheiden. Ist die Löslichkeit nahezu temperaturunabhängig, kann durch gezieltes Verdampfen des Lösungsmittels die Substanz kristallisiert werden. Ist die Löslichkeit der Substanz nicht besonders groß, kann diese zum einen durch Verwendung höherer Temperaturen und höherer Drucke bei der ↗Hydrothermalsynthese vergrößert werden, oder es läßt sich zum anderen das Volumen der Lösung durch Verwendung einer Temperaturdifferenzmethode in vernünftigen Größenordnungen halten (Abb.). Dabei wird in einem Bereich des Züchtungsgefäßes über einem Bodensatz der zu züchtenden Substanz eine gesättigte Lösung bei einer Temperatur T_1 hergestellt. In einem anderen Teil des Züchtungsgefäßes wird eine niedrigere Temperatur T_2 eingestellt, bei der die Lösung Material entsprechend der geringeren Löslichkeit abscheidet. Diese Lösung wird in den ersten Teil des Züchtungsgefäßes zurückgeführt und kann neues Material auflösen. [GMV]

Kristallzüchtung aus Schmelzlösungen ↗*Hochtemperaturschmelzlösungszüchtung.*

Kristallzüchtung unter Mikrogravitation, *Kristallzüchtung unter Schwerelosigkeit*, Methode, die in den letzten Jahren seit Verfügbarkeit von Laboratorien im erdnahen Weltraum zur Erforschung des Einflusses der Schwerkraft auf die Qualität von Einkristallen verwendet wird. An die Qualität von Halbleiterkristallen werden im Hinblick auf homogene Verteilung von ↗Dotierung oder Verunreinigung sehr hohe Anforderungen gestellt. Um dies zu erreichen, müßten vor der ↗Wachstumsfront in der beweglichen Phase laminare Strömungsverhältnisse vorliegen. Dies ist unter Erdschwere bei normalerweise immer vorliegenden Auftriebskonvektionen in nicht isothermer Umgebung schwer zu erreichen. Das Ausschalten derartiger ↗Konvektion hat sehr erfolgreich zum Verständnis der Kristallzüchtung beigetragen und eine erhebliche Verbesserung bei der Produktion auf der Erde bewirkt. Weitere Erfolge hat die Züchtung von HgI-Kristallen gezeigt, ein Material, das beim Schmelzpunkt allein durch sein eigenes Gewicht Versetzungen erzeugt, was sich unter Schwerelosigkeit vermeiden läßt. Ebenso ist es gelungen, organische Biokristalle, wie z. B. Proteine, in einer deutlichen Qualitäts- und Größensteigerung für die Strukturaufklärung zu züchten. Im allgemeinen ist die anfängliche Vision von Produktionsstätten für Einkristalle unter Schwerelosigkeit einer realistischen und sehr erfolgreichen Strategie zu Untersuchung des Einflusses der Schwerkraft auf den Herstellungsprozeß gewichen, deren Kenntnisse erfolgreich auf der Erde in verbesserte Produktionsverfahren umgesetzt werden. Vor allem die realistische Modellierung des Wachstumsprozesses hat einen enormen Auftrieb erhalten. [GMV]

kritische Entfernung, Entfernung zum Schußpunkt, bei der die reflektierte und die refraktierte Welle zeitgleich sind, d. h. die Reflexion erfolgt beim kritischen Winkel (Brechungsgesetz), zu größeren Entfernungen hin wird die refraktierte Welle beobachtet (↗Wellenausbreitung). Bisweilen wird mit kritischer Entfernung fälschlicherweise die Überholentfernung bezeichnet.

kritische Größen, *kritische Daten*, *kritische Konstanten*, Sammelbegriff in der Thermodynamik für die ↗kritische Temperatur, den ↗kritischen Druck, das kritische Volumen und die kritische Dichte. Bei der Erwärmung eines abgeschlossenen Flüssigkeitsvolumens, das im Gleichgewicht mit seiner Dampfphase steht, kennzeichnen die kritischen Größen den Punkt, an dem die Dichte von Flüssigkeit und Dampf gleich sind, d. h. die Flüssigkeit gerade eben vollständig verschwindet (Abb.).

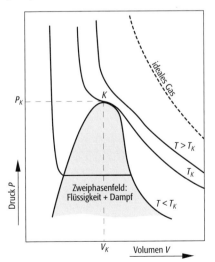

kritische Kurve, *kritische Linie*, Verbindung der ↗kritischen Punkte bei unterschiedlichen Zusammensetzungen des Systems. In Mehrkomponentensystemen (z. B. Phasendiagramm NaCl-

Kristallzüchtung aus Lösungen: Schema der Kristallzüchtung aus Lösungen mittels Temperaturdifferenzverfahren (1 = Gefäß für die Vorratslösung, 2 = Wachstumsgefäß, 3 = Rührer, 4 = zu lösendes Vorratsmaterial, 5 = Keimkristall, 6 = Zufluß der Lösung hoher Konzentration, 7 = Rückfluß der Lösung geringerer Konzentration).

kritische Größen: Druck-Volumen-Diagramm eines realen Gases bzw. eines Zweiphasengemisches unterhalb des kritischen Punktes (K = kritischer Punkt, T_K = kritische Temperatur, P_K = kritischer Druck, V_K = kritisches Volumen).

H₂O) ist der kritische Punkt des Systems abhängig von dem Mengenverhältnis der beteiligten Komponenten.

kritischer Druck, Druck am ↗kritischen Punkt eines Stoffes (für Wasserdampf 221,29 bar bzw. 22,129 MPa). ↗leichtflüchtige Bestandteile, ↗Einstoffsysteme, ↗Phasenbeziehung.

kritischer Keimradius, Radius bei der ↗Keimbildung aus dem Dampf, für den die kugelförmigen Keimtröpfchen genau die Größe haben, für die die Wahrscheinlichkeit des Wachsens und des Zerfalls gleich groß ist (↗Keimbildungsarbeit). Er ist eine Funktion der ↗Übersättigung. Ein entsprechender kritischer Keimradius gilt auch für den zweidimensionalen Flächenkeim als Neuanfang auf atomar glatten Flächen.

kritischer Punkt, bezeichnet in einem Druck-Volumen-Diagramm eines realen Gases den Punkt der kritischen Temperatur, des kritischen Druckes und des kritischen Volumens. Die Isotherme der kritischen Temperatur hat hier einen Wendepunkt mit zur Volumabszisse paralleler Tangente. ↗kritische Größen.

kritischer Winkel ↗Snelliussches Brechungsgesetz.

kritischer Zustand, bezeichnet die Druck-, Temperatur- und Volumenwerte eines Gases am ↗kritischen Punkt.

kritische Schichtneigung, Neigung, die von Bedeutung für die Standsicherheit einer Böschung ist. Dabei ist es entscheidend, ob die ↗Trennflächen aufgrund ihrer Stellung zur Böschung mechanisch wirksam werden können oder nicht. Für die Stabilität ist es ungünstig, wenn die Trennflächen (z. B. Schichtflächen) flacher einfallen, als die Böschungsfläche in den Einschnitt geneigt ist. Bei einem kritischen Schichtneigungswinkel von etwa 60° treten die meisten ↗Gleitungen auf. Zwischen Trennflächeneinfallswinkel und ↗Reibungswinkel besteht ebenfalls ein Zusammenhang (Abb.).

kritisches Gefälle ↗Grenzgefälle.

kritische Temperatur, Temperatur, unterhalb der reale Gase verflüssigt werden können. Oberhalb ist eine Verflüssigung auch unter größtem Druck nicht möglich. ↗kritische Größen.

kritische Überschreitung, ein Wert der ↗Übersättigung, der sich dramatisch auf die ↗Keimbildungsrate auswirkt. Bei der ↗Keimbildung in übersättigter Phase ist die Keimbildungsrate eine exponentielle Funktion der Übersättigung. Bei geringen Übersättigungen ist sie verschwindend klein, zeigt aber ab einer gewissen Übersättigung, der kritischen Überschreitung, einen extrem steilen Anstieg. In vielen Fällen erfolgt mit steigender Überschreitung die Keimbildung so plötzlich, daß nur eine kritische Übersättigung angegeben werden kann.

krokieren, ein Arbeitsgang der terrestrischen ↗topographischen Aufnahme. Es wird anhand der gemessenen und kartierten Koten das Kartenbild in Angesicht des Geländes angefertigt. Nicht gemessene, aber für die zeichnerische Darstellung notwendige Gelände- oder Objektpunkte werden im Zuge des Krokierens mit einfachen Messungen (z. B. durch Schritt- oder Augenmaß) in bezug zu den gemessenen Punkten gesetzt. Während dieses Arbeitsganges werden zudem grob fehlerhafte Messungen aufgedeckt und korrigiert. Das Krokieren hat heute aufgrund neuer Meßverfahren, aber auch aus wirtschaftlichen Erwägungen nur noch historische Bedeutung.

Krokydolith, [von griech. krokydos = Flocke und lithos = Stein], *Blaueisenstein, blauer Asbest, Blauasbest*, feinfaserige Varietät von ↗Riebeckit (↗Asbest).

Kronendurchlaß, ↗Niederschlag in Wäldern, der sich aus dem durch das Kronendach der Bäume ↗durchfallenden Niederschlag und dem von den Baumkronen ↗abtropfendem Niederschlag zusammensetzt (↗Interzeption, ↗Bestandsniederschlag). Die Messung des Kronendurchlasses erfolgt durch im Bestand aufgestellte, mehrere Meter lange Rinnen.

Krotowinen, von Bodenwühlern (z. B. Hamster, Ziesel) angelegte und mit Bodenbestandteilen verfüllte Tiergänge, die in den hellen, carbonathaltigen C-Horizonten von ↗Schwarzerden und ↗Kastanozemen häufig sind und hier oft mit humosem Oberbodenmaterial verfüllt sind.

Krüger, *Johann Heinrich Louis*, Mathematiker und Geodät, * 21.9.1857 Elze bei Hannover, † 1.6.1923 Elze; ab 1884 Wissenschaftler, ab 1897 Abteilungsleiter, 1917–22 Nachfolger von F. R. ↗Helmert als Direktor des Geodätischen Instituts Berlin bzw. Potsdam, enger Mitarbeiter von J. J. ↗Baeyer und F. R. ↗Helmert; promovierte 1883 zum Dr. phil. in Tübingen mit der Arbeit »Geodätische Linien auf dem Sphäroid«, 1897 Professor, 1921 Ehrendoktor TH Berlin-Charlottenburg, Mitglied der Akademie der Naturforscher Leopoldina in Halle, Mitglied der Gesellschaft der Wissenschaften in Göttingen. Krüger schrieb umfangreiche Arbeiten zur geodätischen Ausgleichungsrechnung, bearbeitete und veröffentlichte den geodätischen Nachlaß von C. F. ↗Gauß und lieferte die entscheidende Weiterentwicklung eines Vorschlags von Gauß zur konformen (winkeltreuen) Abbildung des ↗Ellipsoids in die Ebene, heute weltweit bekannt und benutzt als ↗Gauß-Krüger-Koordinaten; Grabdenkmal in Geburtsstadt Elze (1929), Gedenkstein im Stadtpark (1957), Tafel am Geburtshaus. Werke (Auswahl): »Gauß' Werke Band IX« (1903), »Konforme Abbildung des Erdellipsoids in die Ebene« (1912). [EB]

Krümelgefüge, ↗Aggregatgefüge mit überwiegend rundlichen Aggregaten aus vorrangig biogen, zusammengeballten Bodenteilchen mit rauher Oberfläche. Stabilität und Porosität der Krümel können sehr unterschiedlich sein; Vorkommen in Böden hoher biologischer Aktivität und vorwiegend in ↗Ah-Horizonten.

Krümmel, *Otto*, deutscher Ozeanograph, * 8.7.1854 Exin (bei Bromberg), † 12.10.1912 Köln; ab 1883 Professor in Kiel, ab 1911 in Marburg, Leiter des Laboratoriums der deutschen wissenschaftlichen Kommission für die internationale Meeresforschung; bedeutende Arbeiten

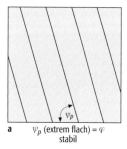
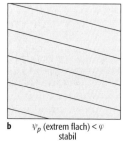
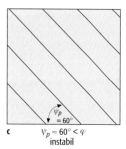

kritische Schichtneigung: Zusammenhang zwischen Reibungswinkel ϱ und Trennflächeneinfallswinkel ψ_P.

a ψ_p (extrem flach) = φ stabil

b ψ_p (extrem flach) < φ stabil

c $\psi_p \approx 60° < \varphi$ instabil

zur ↗Ozeanographie. Werke (Auswahl): »Handbuch der Ozeanographie« (2 Bände, 1907–11).

Krümmungseffekt, die Erhöhung des ↗Sättigungsdampfdrucks über gekrümmten Oberflächen im Vergleich zu einer ebenen Flüssigkeitsfläche. So ist z. B. bei Wassertropfen der Sättigungsdampfdruck um so höher, je kleiner der Tropfenradius ist.

Krümmungsradius, der Radius einer gekrümmten Kurve.

Krustenbildung ↗Verkrustung.

Krustenbildungsalter, durch ↗Geochronometrie bestimmter Alterswert, welcher die Bildung eines Segmentes fester Erdkruste durch Fraktionierung von Material aus dem Erdmantel datiert. Meist werden Krustenbildungsalter durch ↗Kristallisationsalter oder ↗Gesamtgesteinsalter entsprechender Minerale und Gesteine bestimmt.

Krusteneisenstein, an der Oberfläche zerstreut liegende, knollig-konkretionäre und krustige Eisenkonzentrationen in tropisch-ariden bis semiariden Gebieten, die auf eisenreicheren Gesteinen vor allem durch Verwitterungsprozesse entstehen.

Krustenkalk ↗Calcrete.

Krustenstufe, eine Geländestufe (↗Schichtstufe), bedingt durch die morphologische Härte einer auf Verwitterungs- und Anreicherungsprozesse zurückgehenden Kruste. Sie treten insbesondere in den wechselfeuchten Tropen auf bei der Zerschneidung von durch ↗Laterit verkrusteten Flächen (Abb. im Farbtafelteil).

Krustenverweilzeit, mittlere Verweildauer einer geologischen Einheit in der Erdkruste bzw. durchschnittliche Zeit, seit welcher das Material vom Erdmantel und seiner isotopischen Entwicklung abgetrennt ist (↗Modellalter, ↗Krustenbildungsalter).

Kryokarst ↗Thermokarst.

Kryoklastik, Zerkleinerung von Gestein durch ↗Frostsprengung.

Kryokonit, dunkelfarbige Staubablagerungen aus mineralischem und organischem Material auf Gletscheroberflächen. Diese Staubablagerungen absorbieren die einfallende Sonnenstrahlung wesentlich stärker als die umgebende Eisfläche und schmelzen bei steil stehender Sonne nahezu lotrechte Röhren mit einem Durchmesser von 1–10 cm und bis zu 1 m Tiefe, die sog. *Kryokonitlöcher* (bedeckte ↗Ablation), in die Gletscheroberfläche.

Kryokonitlöcher ↗Kryokonit.

Kryologie ↗Glaziologie.

Kryomer ↗Kaltzeit.

Kryometrie ↗kryometrische Messung.

kryometrische Messung, *Kryometrie*, Messungen von Phasenübergängen in einem ↗Flüssigkeitseinschluß während eines Kühlvorganges.

Kryoplanation, *Altiplanation*, intensive flächenhafte Abtragung (↗Denudation) unter ↗periglazialen Bedingungen, die zur ↗Flächenbildung führt (↗Kryoplanationsterrasse). Die entscheidenden Prozesse dabei sind ↗Solifluktion bzw. Gelifluktion und ↗Abspülung durch sommerliche Schmelzwässer.

Kryoplanationsterrasse, *Altiplanationsterrasse*, *Golez-Terrasse*, eine stufen- oder tischförmige Bank, eingeschnitten in anstehendes Gestein in kalten Klimazonen. Kryoplanationsterrassen können an Hängen und auch als Gipfelverebnung auftreten. Es wird vermutet, daß sie durch eine Kombination verschiedener periglazialer Prozesse (intensive ↗Frostsprengung in Verbindung mit Schneebänken, ↗Gelifluktion und ↗Abspülsolifluktion) entstehen. Sie kommen häufiger in kontinentalen ↗Periglazialgebieten mit mäßiger Trockenheit vor und tragen oft eine dünne Schicht ↗Solifluktionsschutt, in dem ↗Frostmusterböden auftreten können. Da sie normalerweise von ↗Permafrost unterlagert werden, werden sie teilweise als Permafrostanzeiger gewertet. Sie können durch Zusammenwachsen von mehreren ↗Nivationsnischen entstehen und werden daher auch als Nivationsform bezeichnet. Sie unterscheiden sich als Abtragungsform von ↗Solifluktionsterrassen und anderen Akkumulationsformen. [SN]

Kryosphäre, Gesamtheit des in gefrorenem Zustand auf der Erde vorkommenden Wassers. ↗Klimasystem.

kryostatischer Druck, hydrostatischer Druck, der durch sich ausdehnendes Eis im oberen Bereich des Bodens auf sich darunter befindliches Wasser ausgeübt wird. Er ist von großer Bedeutung bei der ↗Frostsprengung und bei der Bildung von ↗periglazialen Reliefformen.

kryotisch, Boden oder Gestein mit einer Temperatur von ≤0°C. Dieser Begriff wurde eingeführt, um die irreführende Bezeichnung »gefroren«, die gleichzeitig mit Eis in Verbindung gebracht wird, zu ersetzen. Der Begriff »kryotisch« ist ausschließlich über die Temperatur definiert, ständig kryotischer Untergrund ist daher synonym mit ↗Permafrost und kann sowohl Wasser als auch Eis enthalten.

Kryoturbation, allgemeine Bezeichnung für alle Bodenbewegungen, die durch Frosteinwirkung verursacht werden (Abb.). Kryoturbation umfaßt Prozesse wie Frosthebung und Sackung bei ↗Auftauböden, Expansion und Kontraktion durch Temperaturschwankungen und die Bildung von Bodeneiskörpern (↗Bodeneis). Neben niedrigen Temperaturen sind hierzu Wasser und ↗Frost-Tau-Zyklen notwendig. Kryoturbation ist ein wichtiger Prozeß bei der Bildung von ↗Frostmusterböden.

Kryoturbationserscheinungen, unregelmäßige Strukturen in ↗Böden oder ↗Sedimenten, wie z. B. gefaltete, gebrochene und verschobene ↗Horizonte und Linsen von unverfestigtem Material, organischen Ablagerungen und sogar Festgestein, die durch tiefgreifenden ↗Bodenfrost verursacht werden.

Kryptobionth, *Coelobit*, in ↗neptunischen Spalten, Riffhöhlen, Riffüberhängen oder unter Steinen verborgener, unter ↗dysphotischen bis ↗aphotischen Bedingungen lebender Organismus. Neben vagilen Organismen sind besonders Inkrustierer zahlreich.

Kryptodom, *Quellkuppe*, domartige, subvulkanische Magmenintrusion, die einige Zehner- bis

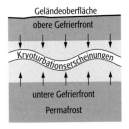

Kryoturbation: schematische Darstellung der Entstehung von Kryoturbationserscheinungen durch das Vorrücken zweier Gefrierfronten.

K-Strategie (Tab.): Strategienvergleich zwischen R- und K-Strategen.

Fluktuierende Umwelt »r-Strategien«	Stationäre Umwelt »K-Strategien«
schnelles Wachstum	langsames Wachstum
Anpassung an Fluktuationen	stabiles Gleichgewicht
starke Reproduktivität	geringe Reproduktivität
kleine, kurzlebige Individuen	große, langlebige Individuen
Aussterberisiko groß	starke Fähigkeit zur Konkurrenz

Hunderte Meter tief im Vulkangebäude bzw. in sedimentären Ablagerungen Platz nimmt.

Kryptogamen, [von griech. kryptos = verborgen und gamos = Hochzeit], ältere Bezeichnung für Sporenpflanzen, das sind ↗Algen, ↗Fungi, ↗Lichenes und ↗Pteridophyta. Gelegentlich wurden auch ↗Bacterien und ↗Cyanophyta zu den Kryptogamen gestellt. ↗Phanerogamen.

Kryptomull, ↗Mull wird nach der Beschaffenheit seines Humusgefüges und der Humustextur im A-Horizont in Krypto-, Sand- oder ↗Wurmmull eingeteilt. Beim Kryptomull, der Humusform tonreicher Böden, liegt eine innige Tonhumusbindung vor. Hier sind die Humusgehalte gering und es ist kaum Wurmlosung zu finden, weil in den nährstoff- und tonreichen Böden Streu- und Huminstoffe rasch abgebaut werden und die Wurmlosung wegen des ständigen Wechsels von Quellung und Schrumpfung rasch zerfällt.

Krypton, gasförmiges Element, chemisches Symbol Kr. ↗Edelgase.

Kryptophytikum, auf das ↗Aphytikum folgende ↗Ära von ca. 1 Mrd. Jahre Dauer, während der die Entwicklung von ↗Abiota zu ↗Probiota als Vorstadien von Leben fortschreitet. Mit der Bildung erster reproduktionsfähiger biologischer Systeme (↗Biota) endet das Kryptophytikum. In einer reduzierenden, also sauerstofffreien, hochtemperierten Uratmosphäre aus überwiegend Ammoniak, Methan, Schwefelwasserstoff, Wasserdampf und Wasserstoffmolekülen wurden unter hoher Energiezufuhr niedermolekulare organische Verbindungen gebildet, die zu Großmolekülen (Abiota) polymerisierten und in die Urozeane niederregneten. Daraus bildeten sich als erste Vorstadien von Probiota membranumgebene Protozellen, sog. Koazervate. Als offene Systeme sind diese Koazervate zwar von der Umgebung abgegrenzt und emanzipiert, befinden sich aber andererseits mit ihr noch in einem Fließgleichgewichtszustand. Die ältesten Kohlenstoff-Mikrosphären haben eine Durchmesser von ca. 10 µm, stammen aus der Isua-Formation Grönlands und sind ca. 3,8 Mrd. Jahre alt. Kohlenstoffhaltige Mikrostrukturen mit Sprossungen sind aus den ca. 3,4 Mrd. Jahre alten Swartkoppie-Schichten Südafrikas belegt. Es ist jedoch strittig, ob dies fossilisierte Probioten, ↗Progenoten oder bereits Biota sind. [RB]

KSA ↗komplexe Standortanalyse.

K-Sättigung, prozentualer Anteil (KS) des ↗austauschbaren Kaliums (K) an der potentiellen ↗Kationenaustauschkapazität (KAK_{pot}). Die K-Sättigung läßt sich berechnen nach der Formel:

$$KS[\%] = K/KAK_{pot} \cdot 100.$$

↗Kaliumversorgung.

K-Strategie, Begriff aus der ↗Ökologie für die Strategie bestimmter Organismen, sich weniger stark zu vermehren, dafür aber einen viel größeren Aufwand für die einzelnen Nachkommen zu betreiben. Das »K« steht für Vermehrung unter den Bedingungen bei erreichter ↗Tragfähigkeit (Kapazität) eines ↗Lebensraumes oder starkem Druck durch ↗interspezifische Konkurrenz. Die Nachkommen von K-Strategen sollen möglichst große Chancen haben, sich gegen andere Konkurrenten durchzusetzen, was bedeutet, daß sie gehegt und gepflegt oder mit einem guten Vorrat (z. B. Nähstoffspeicher in Samen) entlassen werden. K-Strategen besitzen i. d. R. eine höhere Körpergröße, eine längere Lebensdauer und eine gleichbleibende räumliche und zeitliche Verteilung. Die Gegenstrategie zur K-Strategie ist die ↗r-Strategie (Tab.).

KTB, kontinentale Tiefenbohrung.

Kubiena, Walter L.

Kubiena, *Walter L.*, österreichischer Bodenkundler; * 30.6.1897 Neutitschein (Mähren), † 28.12.1970 Klagenfurt; 1937–1945 Professor in Wien, 1950–1965 in Madrid, 1955–1966 zugleich in Hamburg und Direktor in der Bundesforschungsanstalt für Holzwirtschaft in Reinbek; Begründer der mikromorphologischen Bodenforschung; Forschungsreisen in alle Erdteile; Entwicklung einer morphogenetischen Klassifikation europäischer Böden und einer detaillierten Klassifikation terrestrischer, semiterrestrischer und subhydrischer Humusformen; Lehrbücher über »Micropedology«(1938), »Bodenentwicklung« (1948) und »Böden Europas« (1953); Ehrenprofessur in Rio Grande do Sul, Brasilien.

kubisch, eines von sieben ↗Kristallsystemen, in der älteren Literatur auch als reguläres oder tesserales Kristallsystem bezeichnet. Zum kubischen Kristallsystem gehören die ↗Kristallklassen 23 (T), $m\bar{3}$ (T_h), 432 (O), $\bar{4}3m$ (T_d) und $m\bar{3}m$ (O_h).

kubisch dichteste Kugelpackung ↗Kugelpackung.

kubische Konvolution, *cubic convolution,* ↗Resampling, bei dem der neue Grauwert als lineare Kombination der Grauwerte der 16 nächsten Nachbarn des alten Rasters berechnet wird. Die Vorzeichen der Gewichtung sind wie folgt:

$$+ - +$$
$$- + + -$$
$$- + + -$$
$$+ - +.$$

Aus diesem Schema ergibt sich, daß die vier nächsten Nachbarn ein gewogenes Mittel bilden (↗bilineare Interpolation). Die negativen Auswirkungen dieser Mittelwertbildung werden jedoch durch die negative Gewichtung der äußeren Koeffizienten ausgeglichen. Die kubische Konvolution verhindert somit das blockige Aussehen des Bildes und vermindert gleichzeitig eine Verwischung der Signaturdifferenzen zwischen Objektklassen. Der Rechenzeitaufwand erhöht sich allerdings um etwa den Faktor 20 gegenüber dem ↗Nearest-Neighbour-Verfahren.

Kubooktaeder, *Kuboktaeder*, zusammengesetzte Flächenform aus Würfel und Oktaeder mit der kubischen Punktsymmetrie $m\bar{3}m$. Gewöhnlich wird so speziell diejenige Form ausgezeichnet, bei der die Oktaederflächen gleichseitige Dreiecke bilden und die Würfelflächen Quadrate (Abb.). Eine solche Formenkombination findet man etwa beim Bleiglanz (PbS), der in der Kristallklasse $m\bar{3}m$ (O_h) kristallisiert. Sie tritt ebenso in den Kristallklassen $m\bar{3}$ (T_h) und 432 (O) auf. Aus Würfel und Oktaeder lassen sich aber noch weitere Mischformen (Dreiecke + Achtecke oder Sechsecke + Quadrate) bilden. Auch unter diesen gibt es jeweils ausgezeichnete Formen, bei denen alle Kanten gleich lang sind. Die Polyedersymmetrie ist davon unabhängig stets $m\bar{3}m$.

Kubus ↗*Würfel*.

Kugelblitz, selten dokumentierte kugelförmige Leuchterscheinung, die nach Berichten von Augenzeugen kurz nach einem nahen Blitzeinschlag beobachtet wurde. Die beschriebenen Kugelblitze hatten einen Durchmesser von 5–15 cm, eine Lebensdauer von mehreren Sekunden und legten in dieser Zeit bei meist horizontaler Bewegung Strecken von einigen Metern zurück. Die Farbe der leuchtenden Kugel schwankt je nach Bericht von gelb über rötlich bis bläulich. Die physikalische Natur und Entstehungsweise des Kugelblitzes ist umstritten und noch nicht befriedigend geklärt.

Kugelerz ↗*Kokardenerz*.

Kugelflächenfunktionen, vollständiges Orthogonalsystem im Hilbertraum der auf der Einheitskugel definierten Funktionen. Die Kugelflächenfunktionen der Grade n und der Ordnungen m ($\sigma, \sigma' \in \{c,s\}$) genügen den folgenden Orthogonalitätsrelationen:

$$0 > m \leq n: \iint_\Phi Y_{nm}^\sigma(\theta,\lambda) Y_{n'm'}^{\sigma'}(\theta,\lambda) d\Phi =$$

$$\frac{2\pi}{2n+1} \frac{(n+m)!}{(n-m)!} \delta_{mm'} \delta_{nn'} \delta_{\sigma\sigma'},$$

$$m = 0: \iint_\Phi Y_{n0}^\sigma(\theta,\lambda) Y_{n'0}^{\sigma'}(\theta,\lambda) d\Phi =$$

$$\frac{4\pi}{2n+1} \delta_{nn'} \delta_{\sigma\sigma'} (1 - \delta_{s\sigma'}).$$

Sie ergeben sich als Produkte der ↗Legendreschen Funktionen $P_n^m(\cos\theta)$ vom Grad n und der Ordnung m und der trigonometrischen Funktionen $\sin m\lambda$ und $\cos m\lambda$:

$$C_{nm}(\theta,\lambda) = P_n^m(\cos\theta)\cos m\lambda =: Y_{nm}^c(\theta,\lambda)$$
$$Snm(\theta,\lambda) = P_n^m(\cos\theta)\sin m\lambda =: Y_{nm}^s(\theta,\lambda).$$

Mit Hilfe der Kugelflächenfunktionen kann eine weitgehend beliebige auf der Einheitskugel definierte Funktion $f(\theta,\lambda)$ dargestellt werden:

$$f(\theta,\lambda) = \sum_{m=0}^n \left(c_{nm}C_{nm}(\theta,\lambda) + s_{nm}S_{nm}(\theta,\lambda)\right).$$

Die Reihenkoeffizienten ergeben sich aus den Oberflächenintegralen:

$$c_{nm} = \frac{1}{4\pi}(2-\delta_{0m})(2n+1)\frac{(n-m)!}{(n+m)!}$$
$$\iint_\Phi f(\theta',\lambda') C_{nm}(\theta',\lambda') d\Phi,$$

$$s_{nm} = \frac{1}{2\pi}(1-\delta_{0m})(2n+1)\frac{(n-m)!}{(n+m)!}$$
$$\iint_\Phi f(\theta',\lambda') S_{nm}(\theta',\lambda') d\Phi.$$

Zumeist verwendet man die numerisch vorteilhaften, vollständig normierten Kugelflächenfunktionen und vollständig normierten Reihenkoeffizienten. Sie können mit Hilfe eines Normierungsfaktors aus den nicht normierten Größen berechnet werden:

$$\overline{C}_{nm} = \alpha_{nm} C_{nm}, \quad \overline{S}_{nm} = \alpha_{nm} S_{nm}$$
$$\overline{c}_{nm} = \alpha_{nm}^{-1} c_{nm}, \quad \overline{s}_{nm} = \alpha_{nm}^{-1} s_{nm}.$$

Der Normierungsfaktor α_{nm} errechnet sich aus:

$$\alpha_{nm} = \sqrt{(2-\delta_{0m})(2n+1)\frac{(n-m)!}{(n+m)!}}.$$

Abhängig vom Grad n und der Ordnung m der Kugelflächenfunktionen ergeben sich unterschiedliche Nullstellen und damit unterschiedliche charakteristische Strukturen auf der Einheitskugel (Tab.). Man unterscheidet zonale, tes-

Kubooktaeder: schematische Darstellung.

Kugelflächenfunktionen: Beispiele zonaler, tesseraler und sektorieller Kugelflächenfunktionen (überhöhte Funktionswerte unterschiedlichen Maßstabes).

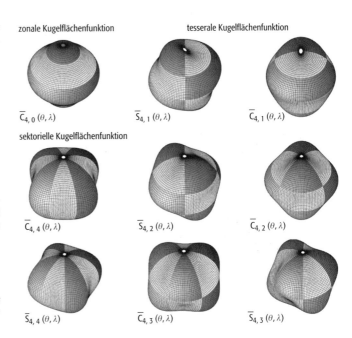

Ordnung m	Typ der Kugelflächenfunktion	Nullstellen	Kompartimente
$m=0$	Zonale	n Breitenkreise	$n+1$ Zonen
$0<m<n$	Tesserale	$n-m$ Breitenkreise beide Pole $2m$ Meridiane	$2m(n-m+1)$ Kompartimente
$n=m$	Sektorielle	$2m$ Meridiane	$2m$ Sektoren

Kugelflächenfunktionen (Tab.): Eigenschaften der zonalen, tesseralen und sektoriellen Kugelflächenfunktionen.

Kugelfunktionsentwicklung des Gravitationspotentials 1: Approximation des Gravitationspotentials in Abhängigkeit vom oberen Summationsindex n (überhöhte Funktionswerte unterschiedlichen Maßstabes).

serale und sektorielle Kugelflächenfunktionen. Beispiele verschiedener Kugelflächenfunktionen sind in der Abb. gegeben. [KHI]

Kugelfunktionen, Funktionen $P_n^m(t)$ (Legendresche Polynome 1. Art), die man für viele Reihenentwicklungen in der Geophysik wie im Geomagnetismus und in der Gravimetrie verwendet, wenn z. B. Lösungen der Laplace- bzw. der Poison-Gleichung bestimmt werden. Dabei nimmt t reelle Werte im Intervall $[-1; 1]$ an mit $t = \cos\theta$. In ihrer Definition nach Neumann-Ferrer gilt:

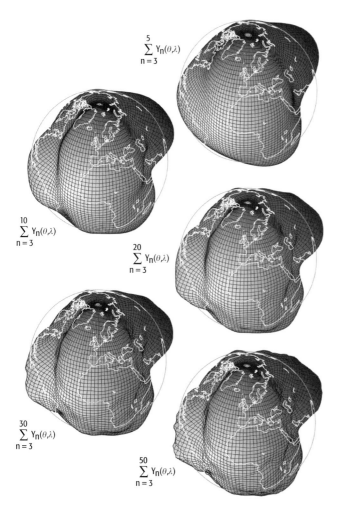

$$P_n^m(\cos\theta) = \sin^m\theta \cos^{n-m}\theta \sum_{s=0}^{\left[\frac{n-m}{2}\right]} (-1)^s$$
$$\cdot \frac{(2n-2s)!}{2^n s!(n-s)!(n-m-2s)!} \cdot \frac{1}{\cos^{2s}\theta}.$$

Die Bezeichnung $[(n-m)/2]$ bedeutet hierbei $(n-m)/2$ für gerade $n-m$ und $(n-m-1/2)$ für ungerade $n-m$. Die Definition der P_n^m ist identisch mit der Formel von Rodrigues:

$$P_n^m(t) = \frac{1}{2^n n!}(1-t^2)^{\frac{m}{2}} \frac{d^{n+m}}{dt^{n+m}}(t^2-1)^n,$$

wenn man $(t^2-1)^n$ nach dem binomischen Satz entwickelt und $(n+m)$ differenziert. Für $m=0$ erhält man die zonalen Kugelfunktionen, für $m \neq 0$ die zugeordneten. Im allgemeinen werden in der Geophysik, insbesondere im Geomagnetismus die Kugelfunktionen in der Quasinormierung nach Adolf Schmidt bevorzugt, da somit für die höheren Grade n weitgehend gleiche Größenordnungen für die Reihenentwicklungsterme (↗Kugelfunktionsentwicklung-SHA) erreicht werden. Die Umrechnung der P_n^m nach Neumann-Ferrer in diejenigen nach Adolf Schmidt erfolgt mit dem Normierungsfaktor:

$$\varepsilon_n^m = \left((2-\delta_{0m}) \cdot \frac{(n-m)!}{(n+m)!}\right)^{\frac{1}{2}}$$

mit $\delta_{0m} = 0$ für $m=0$ und $\delta_{0m} = 1$ für $m \neq 0$, so daß $P_n^m(t)$ (Adolf Schmidt) $= \varepsilon_n^m P_n^m(t)$ (Neumann-Ferrer). [VH, WWe]

Kugelfunktionsentwicklung des Gravitationspotentials, Spektraldarstellung des Gravitationspotentials, Multipol-Entwicklung des Gravitationsfeldes; Darstellung des Gravitationspotentials im Außenraum der Erde durch eine unendliche Reihe von ↗Kugelfunktionen:

$$V(\vec{r}) = \frac{GM}{a} \sum_{n=0}^{\infty} \left(\frac{a}{r}\right)^{n+1} \cdot Y_n(\theta, \lambda).$$

Die Funktionen $Y_n(\theta,\lambda)$ sind die ↗Laplaceschen Kugelflächenfunktionen vom Grad n, die sich aus einer Linearkombination von (vollständig normierten) ↗Kugelflächenfunktionen des Grades n und der Ordnungen $m = 0,1, \ldots, n$, $\overline{C}_{nm}(\theta,\lambda)$ und $\overline{S}_{nm}(\theta,\lambda)$, zusammensetzen:

$$Y_n(\theta,\lambda) = \sum_{m=0}^{n} \left(\bar{c}_{nm}\overline{C}_{nm}(\theta,\lambda) + \bar{s}_{nm}\overline{S}_{nm}(\theta,\lambda)\right).$$

Für die Größen a und M wählt man den mittleren Äquatorradius und die Gesamtmasse der Erde aus. Eine hinreichende Bedingung für die Konvergenz der Reihe ergibt sich für $r>R$, wobei R der Radius einer Kugel ist, die sämtliche Massen einschließt. Die Koeffizienten c_{nm} und s_{nm} werden als (vollständig normierte) Potentialkoeffizienten bezeichnet. Durch die Kugelfunktionsentwicklung ist die Beschreibung des Gravitationspotentials in eine Richtungsabhängigkeit und eine radiale Abhängigkeit aufgespalten. Die Richtungsabhängigkeit des Gravitationspotentials wird durch die Struktur der Kugelflächenfunktionen beschrieben, deren Gewichtung geschieht durch die Potentialkoeffizienten. Das Abklingen der spektralen Anteile des Gravitationspotentials vom Grad n kommt durch die ↗Gradvarianzen zum Ausdruck; es folgt genähert »Kaula's rule of thumb«. Mit wachsendem Grad weist die Reihensumme zunehmende Details auf (Abb. 1). Die radiale Abhängigkeit des Gravitationspotentials für Feldpunkte mit zunehmender Entfernung von der Erde kommt durch den Dämpfungsfaktor $(a/r)^{n+1}$ zum Ausdruck. Einen Eindruck von der Dämpfung des Gravitationspotentials mit zunehmender Entfernung von der Erde gibt die Abbildung 2. [KHI]

Kugelfunktionskoeffizienten, *Potentialkoeffizienten*, Reihenkoeffizienten, die bei der Darstellung einer ↗harmonischen Funktion in eine Reihe nach ↗Kugelfunktionen auftreten.

Kugelgranit, *Orbicularit*, sehr seltenes, granitoides Gestein, das kugelförmige Feldspataggregate mit Durchmessern von wenigen Millimetern bis mehreren Zentimetern enthält. Das auch ↗Orbiculartextur genannte Gefüge entsteht durch konzentrisch angeordnete Kristallisationen mit wechselnden Mineralzusammensetzungen oder/und Korngrößen um einen Fremdgesteinseinschluß (↗Xenolith) oder einen anderen Keim in der Schmelze.

Kugelkoordinaten, Funktionen auf der Oberfläche einer Kugel mit dem Radius r lassen sich besonders geeignet in Kugelkoordinaten darstellen (Abb.). Dabei wird i.a. der Nullpunkt dieses sphärischen Koordinatensystems in den Mittelpunkt der Kugel gelegt. Approximiert man den Erdkörper durch eine Kugel mit dem Radius r, so bezeichnet r gleichzeitig die Länge des Radiusvektors eines Oberflächenpunktes, λ die geographische Länge und θ den geozentrischen Polabstand. Mit den Wertebereichen:

$$0 \leq r < \infty, 0 < \lambda \leq 2\pi, 0 \leq \theta \leq \pi$$

lassen sich alle Punkte des dreidimensionalen Raumes erfassen. Die geographische Breite φ ist dann: $\varphi = (\pi/2) - \theta$. Der Zusammenhang zu den kartesischen Koordinaten ist gegeben durch:

$$x = r\sin\theta\cos\lambda,$$
$$y = r\sin\theta\sin\lambda,$$
$$z = r\cos\lambda$$

sowie umgekehrt durch:

$$r = (x^2 + y^2 + z^2)^{0.5},$$
$$\lambda = \arctan y/x,$$
$$\theta = \arctan \frac{\left(x^2 + y^2\right)^{\frac{1}{2}}}{z},$$

wenn auch der Nullpunkt des kartesischen Systems im Mittelpunkt der Kugel liegt. Kugelkoordinaten sind ein Spezialfall der allgemeinen krummlinigen Koordinaten, zu denen u. a. Zylinderkoordinaten und elliptische Koordinaten gehören; beide finden ebenfalls häufig in der Geophysik Verwendung. [VH, WWe]

Kugelpackung, Lagerung von Kugeln im Raum, wenn folgende Bedingungen erfüllt sind: a) Die Kugeln durchdringen einander nicht. b) Die Verbindungslinien der Mittelpunkte bilden ein zusammenhängendes Netzwerk (Kugelpackungsgraph). c) Die *Packungsdichte*, d. h. der Bruchteil des von Kugeln überdeckten Raumanteils, ist im Limes strikt positiv, der Raum ist also hinreichend dicht mit Kugeln gefüllt. Der Begriff wird gewöhnlich durch weitere Bedingungen verschärft: d) Alle Kugeln sollen gleich groß sein (Packung gleicher Kugeln). e) Alle Kugeln sollen symmetrisch äquivalent sein (homogene Kugelpackung). Eine besondere Verschärfung hat D. Hilbert eingeführt: f) Hält man alle Kugeln bis auf eine auf ihren Plätzen fest, so soll es nicht möglich sein, die freie Kugel aus der Packung zu entfernen (feste Kugelpackung).
In der Kristallographie spielen vor allem homo-

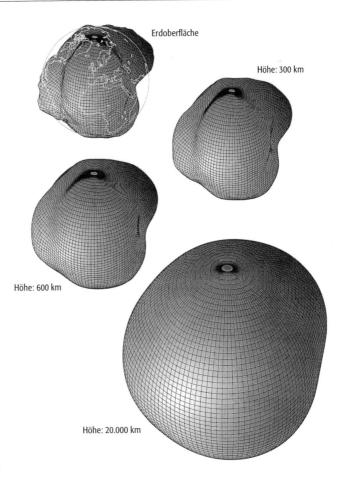

Erdoberfläche

Höhe: 300 km

Höhe: 600 km

Höhe: 20.000 km

Kugelfunktionsentwicklung des Gravitationspotentials 2: Dämpfung des Gravitationspotentials mit zunehmender Entfernung von der Erde (relative Darstellung mit überhöhten Funktionswerten).

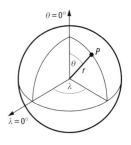

Kugelkoordinaten: die Kugelkoordinaten r, θ und λ.

Kugelpackung

Kugelpackung 1: Konstruktion dichtester Kugelpackungen durch Stapelung hexagonaler Netze: a) hexagonale Stapelfolge, b) kubische Stapelfolge.

Kugelpackung 2: Stapelfolge der hexagonal dichtesten Kugelpackung.

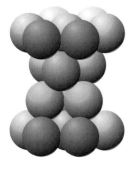

Kugelpackung 3: Stapelfolge der kubisch dichtesten Kugelpackung.

gene Kugelpackungen als einfache Modelle für ↗Kristallstrukturen und ihre Systematik eine Rolle. Von besonderer Bedeutung sind dabei die homogenen periodischen Kugelpackungen. Sie können durch die Stapelung hexagonaler Kugelnetze gewonnen werden. Die Stapelung erfolgt in der Weise, daß jede Kugel drei Kugeln der über ihr und drei Kugeln der unter ihr liegenden Schicht berührt, so daß die Zahl der Kontakte zu Nachbarkugeln stets zwölf beträgt. Das ist die höchste Zahl von Einheitskugeln (Kugeln vom Radius eins), die eine Einheitskugel berühren können. Die Dichte jeder gitterhaften Kugelpackung beträgt:

$$\frac{\pi}{6}\sqrt{2} \approx 0{,}7405.$$

In Abb. 1 sieht man, daß in einer Kugelschicht (im folgenden mit B bezeichnet) jede Kugel sechs Nachbarn besitzt, die für die darüberliegenden Kugeln sechs gleichwertige Muldenplätze zur Stapelung anbietet, von denen es aufgrund des Platzbedarfs der Kugeln nur drei besetzt werden können. Daraus ergeben sich zwei Stapelmöglichkeiten (A und C), die sich durch eine 60°-Drehung der Schichten gegeneinander unterscheiden. Diese Stapelalternativen können auch durch zwei Arten von Verschiebungsvektoren ausgedrückt werden. Besonders elegant lassen sich die Stapelmöglichkeiten (*Stapelfolgen*) beschreiben, wenn man nach Jagodzinski (1949) für jede Schicht angibt, ob die beiden Nachbarschichten in der Projektion auf die Ausgangsschichtebene B aufeinander fallen (hexagonale Stapelfolge ABA oder CBC, Symbol *h*) oder nicht (kubische Stapelfolge ABC oder CBA, Symbol *c*). Jede beliebige Stapelfolge kann man durch eine Folge von Buchstaben *h* und *c* charakterisieren, die in eckigen Klammern geschrieben wird (z. B. [*hhchc*]).
Es gibt unendlich viele verschiedene Kombinationen von Stapelfolgen *h* und *c* (Polytypen), die alle eine dichteste Kugelpackung mit 74 % Raumerfüllung darstellen. Von diesen Stapelvarianten sind periodische Stapelfolgen, von denen es ebenfalls unendlich viele geben kann, von besonderem Interesse. Die wichtigsten sind die beiden einfachsten periodischen Stapelfolgen: a) die *hexagonal dichteste Kugelpackung* und b) die *kubisch dichteste Kugelpackung*:
a) Bei der Stapelfolge ABABAB … oder CBCBCB … (bzw. [*h*] = … *hhh* …) nimmt jeweils die übernächste Schicht wieder die Lage der Ausgangsschicht ein; die Periodenlänge beträgt folglich zwei Schichten (Abb. 2). Die entstehende Stapelfolge hat hexagonale Symmetrie (Raumgruppe $P6_3/mmc$), die hexagonale *c*-Achse und die 6_3-Schraubenachsen stehen senkrecht zu dichtest gepackten Ebenen (001). Das Achsenverhältnis *c/a* berechnet sich für eine ideale hexagonale Kugelpackung zu $c/a = \sqrt{(8/3)} = 1{,}633$. Die hexagonale Zelle der Packung ABABAB … enthält zwei symmetrisch äquivalente Kugeln der Punktsymmetrie $\bar{6}m2$ in den Positionen 0,0,0 und 2/3,1/3,1/2 (0,0,0 und 1/3,2/3,1/2 für eine Packung CBCBCB …). Diese beiden Kugeln sind translatorisch nicht gleichwertig; das zugrunde liegende Translationsgitter *hP* ist einfach primitiv. Diese Art der Kugelpackung wird häufig mit dem Symbol *hcp* (»hexagonal close packing«) bezeichnet.
b) Bei der Stapelfolge ABCABC … oder CBACBA … (bzw. [*c*] = … *ccc* …) nimmt erst jede vierte Schicht wieder die Lage der Ausgangsschicht ein; die Periodenlänge beträgt drei Schichten (Abb. 3). Die entstehende Stapelfolge hätte in hexagonaler Aufstellung die Positionen 0,0,0, 2/3,1/3,1/3 und 1/3,2/3,2/3 besetzt, was einer rhomboedrischen Zelle *hR* entspräche. Der Winkel zwischen den Achsen dieser rhomboedrischen Zelle ist jedoch exakt 60°, so daß die Kugeln tatsächlich die Positionen der Gitterpunkte einer kubisch flächenzentrierten Anordnung *cF* besetzen, weshalb diese Kugelpackung auch mit den Symbolen *ccp* (»cubic close packed«) und *fcc* (»face centered cubic«) beschrieben wird. Die Raumgruppe ist demgemäß $Fm\bar{3}m$, und die Kugelmittelpunkte besetzen eine Punktlage mit der Punktsymmetrie $m\bar{3}m$.
Im Gegensatz zur hexagonal dichtesten Kugelpackung sind in der kubisch dichtesten Packung alle Kugeln translatorisch gleichwertig: Sie hat eine gitterförmige Struktur mit dem Bravaisgitter *cF*. H. Minkowski (1904) hat gezeigt, daß die kubisch dichteste Kugelpackung die »dichteste gitterförmige Lagerung kongruenter Kugeln« ist. Die dichtest gepackten Schichten entsprechen den vier {111}-Netzebenenscharen der kubischen Zelle. Senkrecht zu den dichtest gepackten Schichten stehen dreizählige Drehinversionsachsen. Entsprechend den vier Raumdiagonalen des Würfels ist eine solche $\bar{3}$-Achse viermal vorhanden; die Form {111} stellt einen Oktaeder dar.
Das ↗Koordinationspolyeder der kubisch dichtesten Kugelpackung ist ein Kubooktaeder der Symmetrie $m\bar{3}m$, das der hexagonal dichtesten Kugelpackung ist ein verdrehtes Anti-Kubooktaeder (Disheptaeder) der Symmetrie $\bar{6}m2$.
In den dichtesten Kugelpackungen gibt es zwei Arten von Lücken: Oktaeder- und Tetraederlücken (Abb. 4). *Oktaederlücken* liegen zwischen zwei Schichten mit sechs nächsten Nachbarn. Bei der kubisch dichtesten Kugelpackung gibt es solche oktaedrischen Lücken in der Mitte der *fcc*-Elementarzelle und auf den Kantenmitten, vier Lücken pro Zelle, also pro Kugel eine oktaedrische Lücke. Bei der hexagonal dichtesten Kugelpackung befinden sich diese Oktaederlücken senkrecht übereinanderliegend auf den Positionen 1/3,2/3,1/4 und 1/3,2/3,3/4; auch hier gibt es pro Kugel genau eine Lücke. In der kubisch dichtesten Kugelpackung sind diese Oktaeder über Kanten und Ecken verknüpft; in der hexagonal dichtesten Kugelpackung erfolgt die Verknüpfung zusätzlich noch über gemeinsame Flächen. *Tetraederlücken* liegen zwischen zwei Schichten mit vier nächsten Nachbarn. Sie befinden sich bei der kubisch dichtesten Kugelpackung in den Mit-

ten der Achtelwürfel auf den Positionen 1/4,1/4,1/4, 1/4,1/4,3/4, 1/4,3/4,1/4, 3/4,1/4,1/4, 1/4,3/4,3/4, 3/4,1/4,3/4, 3/4,3/4,1/4 und 3/4,3/4,3/4. Bei der hexagonal dichtesten Kugelpackung befinden sich tetraedrische Lücken auf 0,0,3/8, 0,0,5/8, 2/3,1/3,1/8 und 2/3,1/3,7/8. In beiden Fällen gibt es pro Kugel zwei Tetraederlücken. In der kubisch dichtesten Kugelpackung sind diese Tetraeder über alle vier Kanten verknüpft, in der hexagonal dichtesten Kugelpackung erfolgt die Verknüpfung abwechselnd über Ecken und gemeinsame Flächen.

Atome und Ionen werden in ihren Kristallstrukturen als näherungsweise starre Kugeln betrachtet, denen typische und übertragbare Radien zukommen. Diese Kugeln lagern sich so zu Kugelpackungen zusammen, daß sie den Raum möglichst effektiv und hochsymmetrisch ausfüllen und daß die einzelnen Bausteine mit möglichst vielen anderen Bausteinen in Wechselwirkung treten können. Mit diesen einfachen Modellvorstellungen lassen sich weitgehende Einsichten in die Bauprinzipien der Kristallstrukturen von Metallen, Legierungen und Ionenkristallen gewinnen. Die Edelgase und viele metallische Elemente kristallisieren in einer dichtesten Kugelpackung; Hochtemperaturmodifikationen eingeschlossen kennt man rund 80 solcher Elementstrukturen (Abb. 5). Einige Metalle kristallisieren allerdings in einer kubisch innenzentrierten Struktur. Sie besteht aus quadratisch statt hexagonal gepackten Kugelschichten; eine Kugel hat acht nächste Nachbarn an den Ecken eines Würfels. Die sechs übernächsten Nachbarn sind nur 15 % weiter entfernt, so daß man besser von einer (8 + 6)-Koordination spricht. Die Pakkungsdichte beträgt immerhin noch 68 %. Die Kristallstrukturen der Ionenkristalle lassen sich als Varianten der dichtesten Kugelpackungen verstehen. Sie bestehen aus einer dichtesten Packung kugelförmiger Ionen, in deren Lükken die kleineren Gegenionen eingelagert sind. Normalerweise bilden Anionen die dichteste Packung, weil sie i. d. R. deutlich größer als die Kationen sind. Gelegentlich ist die Rolle von Anionen und Kationen aber auch vertauscht. Dann bilden die Kationen die dichteste Packung, deren Lükken von Anionen besetzt sind.

Durch verschiedenartige Auffüllung der Oktaeder- und Tetraederlücken bauen sich (unter Einhaltung der Elektroneutralitätsbedingung) die wesentlichen Strukturtypen der Ionenkristalle auf. Zwischen den Radien der Lückenatome r_L und den Radien r_K der Atome, die die dichteste Kugelpackung aufbauen, gibt es optimale Radienverhältnisse, bei denen das Lückenatom genau in eine der Lücken paßt:

Oktaederlücken: $r_L/r_K = \sqrt{2}-1 = 0{,}414$
Tetraederlücken: $r_L/r_K = \sqrt{(3/2)}-1 = 0{,}225$

Diese charakteristischen Radienverhältnisse werden in den tatsächlich vorliegenden Kristallstrukturen allerdings nicht exakt eingehalten; die eingelagerten Kationen können die Pakkung der Anionen durchaus etwas aufweiten. Sie können aber auch etwas Spiel in ihren Lücken haben. Hinzu kommt, daß die Kugelpackung auch verzerrt sein kann (Deformationsvarianten). [HWZ, KE]

Literatur: [1] FEJES-TÓTH, L. (1965): Reguläre Figuren. – Leipzig. [2] WELLS, A. F. (1975): Structural Inorganic Chemistry. – Oxford.

Kugelwelle, Welle, die sich radial von einer Punktquelle in alle Richtungen ausbreitet. Bei konstanter Geschwindigkeit bilden die ↗Wellenfronten Kugeloberfächen mit der Quelle im Zentrum.

Kühlung, Verfahren zur Kühlung industrieller Prozesse (Prozeßkühlung) oder bei der Elektrizitätsgewinnung (Kondensatorkühlung). Als Kühlmedien werden Wasser (Naßkühlung) oder Luft (Trockenkühlung) verwendet. Die Wasserkühlung wird im einfachen Durchlauf oder mittels Kühltürmen (Ablaufkühlung, Rückkühlung) durchgeführt. Der Kühlturmbetrieb erfolgt durch Zwangsbelüftung (Ventilatoren, Gebläse) oder durch Naturzug unter Nutzung des Kamineffekts. Ein wesentlicher Teil der Kühlung wird hierbei durch ↗Verdunstung erzielt. Die ↗Aufwärmung der Gewässer durch Kühlwasser ist gesetzlich geregelt (↗Aufwärmspanne, ↗Wärmelastplan).

Kukkersit, fossilreicher Öl- oder Brennschiefer der Kukkers-Stufe aus dem ostbaltischen Schie-

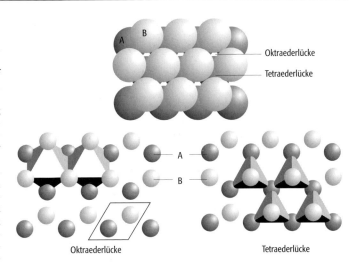

Kugelpackung 4: Okteder- und Tetraederlücken in dichtesten Kugelpackungen.

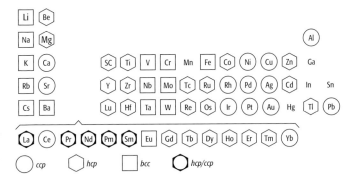

Kugelpackung 5: Kristallstrukturen der Metalle bei Raumtemperatur (ccp = kubisch dichteste Packung, hcp = hexagonal dichteste Packung, bcc = kubisch innenzentrierte Packung).

ferrevier (↗Ordovizium). Das stark bituminöse, braun- oder rostbraun gefärbte, tonig-carbonatische Gestein enthält bis zu 65% organisches Material (Kerogen) und ist einer der besten Brennschiefer der Welt (Aschegehalt: 40–60%; Verbrennungswärme: 10,5–11,6 MJ/kg). Hauptbestandteil des organischen Materials ist die Alge *Gloexapsamorpha prisca*.

Kullerud, *Gunnar*, norwegisch-amerikanischer Mineraloge und Lagerstättenkundler, * 12.11.1921 Odda (Norwegen), † 21.10.1989 West Lafayette (USA); seit 1952 in den USA, bis 1971 am Geophysikalischen Laboratorium des Carnegie Instituts in Washington, seit 1970 Professor in Lafayette, zusätzlich Gastprofessor an verschiedenen Universitäten im Ausland, u. a. Heidelberg. Besonders bekannt wurde Kullerud durch seine experimentellen Arbeiten über die Phasengleichgewichte von Sulfiden, weiterhin durch Beiträge über Geothermometrie, Erzlagerstätten, Meteorite und fossile Brennstoffe. Nach ihm wurde das Mineral Kullerudit mit der chemischen Formel $NiSe_2$ benannt.

Kulm, aus England stammende traditionelle Bezeichnung für die überwiegend klastische tiefmarine ↗Fazies des Unterkarbons in England, Irland und Deutschland, insbesondere im ↗Rhenoherzynikum und im tieferen Untergrund Norddeutschlands. Die »klassische« Abfolge, die einige Zehnermeter bis über 200 m mächtig ist, beginnt im mittleren ↗Tournai mit den liegenden Alaunschiefern und wird von den zunächst schwarzen, ab dem ↗Visé grau-grünen Kulm-Kieselschiefern (größtenteils ↗Radiolarite) fortgesetzt. Aus diesen entwickeln sich über die kieseligen Übergangsschichten, zu denen auch ein Horizont makrofossilreicher »Posidonienschiefer« gehört (u. a. mit Muscheln, Goniatiten, Arthropoden), die monotonen Kulm-Tonschiefer. Diese gehen in die relativ mächtigen turbiditischen Kulm-Grauwacken des hohen Visé bis tiefsten ↗Namur über, die zum Flysch der ↗Variszisden gehören. Lokal können sich turbiditische Kalksteine, Diabase, Tuffe usw. einschalten. [HJG]

Kulmination, Durchgang eines Gestirns durch den lokalen ↗Meridian. Man unterscheidet zwischen oberer und unterer Kulmination.

Kultivierung, der kulturellen Nutzung zufügen. 1) Kultivierung des Bodens: Nutzbarmachung und Nutzung des Bodens durch die ↗Landwirtschaft u. a. mit Hilfe der ↗Kulturtechnik. 2) Kultivierung von Pflanzen: Züchtung und Weiterentwicklung von Nutzpflanzen für den Einsatz im Pflanzenbau.

Kultivierungsspur, *Agrichnion*, ↗Spurenfossilien.

Kultosole ↗anthropogene Böden.

Kulturart, Nutzungsart land- oder forstwirtschaftlicher Flächen, z. B. Weide, Acker, Forst etc.

Kulturflüchter ↗Kulturfolger.

Kulturfolger, *Synantrophe*, in der Ökologie Bezeichnung für Organismen, die unmittelbar im menschlichen Wirtschafts- und Siedlungsbereich ihren ↗Lebensraum haben. Sie finden dort mehr oder bessere Nahrungs- und Wohnmöglichkeiten, oder der Mensch hält ihre natürlichen Feinde fern und bietet so Schutz. Hamster, Großtrappe, Rebhuhn oder Feldlerche z. B. bevorzugen als ursprüngliche Graslandbewohner offene ↗Kulturlandschaften (Ackerbaugebiete), Mehl- und Rauchschwalben nutzen als ehemalige Felsbrüter städtische Gebäude als Brutplätze, Amseln und Ringeltauben sind in Parks oder Gärten eingewandert. Den Gegensatz zu Kulturfolger bilden die *Kulturflüchter*, welche Gebiete mit geringerem bis fehlendem menschlichen Einfluß benötigen. Kulturindifferente Arten werden durch die bisherige menschliche Raumgestaltung nicht entscheidend in ihrer Existenzmöglichkeit beeinflußt. [MSch]

Kulturlandschaft, vom Menschen beeinflußte, gestaltete oder sogar neu geschaffene ↗Landschaft. Die Kulturlandschaft trägt das Gepräge menschlicher Siedlungs- und Bodenkultur und wird der ↗Naturlandschaft gegenübergestellt. Der wesentliche Einfluß des Menschen auf die Landschaft und die Umwandlung dieser zur Kulturlandschaft begann mit dem Einsetzen des Ackerbaus und der Viehzucht (↗Ausräumung der Kulturlandschaft). Die Kulturlandschaft kann in verschiedene Stufen je nach Intensität des menschlichen Einflusses eingeteilt werden (↗Hemerobiestufen). Die Kulturlandschaft wird nicht durch die natürlichen Faktoren, sondern durch die räumliche Ausprägung der ↗Grunddaseinsfunktionen charakterisiert. ↗Kulturökotop.

Kulturökotop, Raumeinheiten der ↗Kulturlandschaft, welche durch die räumliche Ausprägung der ↗Grunddaseinsfunktionen charakterisiert werden. Kulturökotope lassen sich je nach Nutzungsintensität des Menschen einer ↗Hemerobiestufe zuordnen.

Kulturpflanzen ↗Nutzpflanzen.

Kultursteppe, Schlagwort für die einförmige, intensiv bewirtschaftete und von Maschineneinsatz geprägte Zwecklandschaft, der ↗Kulturlandschaft zugehörig. Häufig wird der Begriff Kultursteppe auch für ↗Sozialbrache und aufgegebene Flächen verwendet. Gemeinsames Merkmal mit den eigentlichen ↗Steppen ist lediglich das Fehlen von Bäumen und die flächenhafte Monotonie.

Kulturtechnik, *Kulturbau*, Ziel der Kulturtechnik ist die strukturelle Verbesserung der landwirtschaftlichen Randbedingungen durch Güterzusammenlegungen (↗Flurbereinigung), Meliorationen, ↗Bewässerung und ↗Entwässerung, Flußbau, Abwasserbehandlung und den Bau von Flurwegen. Bei der Planung von Strukturverbesserungsmaßnahmen durch die Kulturtechnik müssen die Anliegen der Landwirtschaft, der ↗Raumordnung sowie des Natur- und Umweltschutzes berücksichtigt werden.

Kulturwehr, Stauanlage, mit der Grundwasserstände angehoben oder gestützt werden. ↗Wehr.

Kumulat, ein magmatisches Gestein, das sich aus einer Schmelze durch den Prozeß einer ↗Akkumulation gebildet hat. Es zeichnet sich durch eine lagige Anreicherung von einem oder wenigen Mineralen aus. Kumulate findet man besonders häufig unter den mafischen und ultramafischen Gesteinen und mustergültig entwickelt in den großen ↗Lagenintrusionen (layered intrusions) wie dem ↗Bushveld-Komplex in Südafrika; dort wiederholen sich aus demselben Mineral bestehende Lagen, was auf vielfachen Nachschub von frischem Magma in die Magmakammer hinweist, die den Prozeß der ↗fraktionierten Kristallisation überlagert.

Kumulatgefüge, Anordnung der Kristalle in einem ↗Kumulat. Kumuluskristalle sind in der Schmelze weitgehend frei gewachsen und daher ↗idiomorph bis ↗hypidiomorph ausgebildet. Auf den Boden der Magmakammer gesunken, bilden sie ein sperriges Gerüst aus. Der Zwischenraum wird von der Interkumulusschmelze ausgefüllt, aus der sich entweder Anwachssäume um die Kumuluskristalle bilden können, das *Adkumulat*, oder andere Minerale. Im letzteren Fall wird das Gestein *Orthokumulat* genannt oder *Heteradkumulat*, wenn die aus der Interkumulusschmelze kristallisierenden Minerale die Kumuluskristalle ↗poikilitisch umwachsen. Ein Übergangstyp zwischen Ortho- und Adkumulat ist das *Mesokumulat* (Abb.).

kumulative Infiltration, gesamtes Wasservolumen, das je Betrachtungszeitraum in den Boden infiltriert. ↗Infiltration.

Kumulus ↗Differentiation.

Kungur, *Kungerium*, nach einem Ort im Westural (Rußland) benannte, international verwendete stratigraphische Bezeichnung für die oberste Stufe des Unterperm. ↗Perm, ↗geologische Zeitskala.

Kunstdünger, im Gegensatz zu ↗Naturdüngern. Heute sind die Begriffe synthetische oder mineralische Dünger gebräuchlicher. Sie werden durch technische Maßnahmen in Fabriken hergestellt, indem entweder chemische Veränderungen an Naturprodukten vorgenommen werden (z. B. bei P-Düngern durch Säureaufschluß, K-Düngern durch Löseverfahren), oder es erfolgt die vollsynthetische Produktion aus einfachen Ausgangsstoffen (bei den meisten N-Düngern).

Kunstharzklebeanker ↗Klebeanker.

Kunststoffdichtungsbahn, aus Polymer-Werkstoffen bestehende Folie, die zu Dichtungszwecken im Erd-, Wasser- und Deponiebau eingesetzt wird. Im Deponiebau wird am häufigsten Polyethylen hoher Dichte (PEHD) verwendet. An die Beschaffenheit der Folien werden hohe Anforderungen gestellt, die u. a. in der ↗TA Abfall aufgeführt sind.

Kuntze, *Herbert*, deutscher Bodenkundler und Kulturtechniker, * 08.2.1930 Delitzsch (Sachsen-Anhalt), † 29.5.1995 Bremen; 1969–1995 Direktor des Bodentechnologischen Instituts in Bremen, 1970–1995 Honorarprofessor in Göttingen; Arbeiten über Eigenschaften, Entstehung und Nutzungsprobleme tonreicher Marschböden; angewandte Arbeiten zur Nutzung und Renaturierung von Mooren, über Wasserhaushalt, Dränung und Nährstoffdynamik grundwassergeprägter Böden; Untersuchungen zur Verwertung von Siedlungsabfällen, zur Nutzung marginaler Standorte sowie zur Schadstoffbelastung von Böden und deren Rekultivierung; Mitherausgeber einer »Bodenkunde« (1969, 5. Aufl. 1994).

Kupfer, chemisches Element mit dem chemischen Zeichen Cu. Kupfer kommt in der Natur elementar (metallisch) und in Verbindungen wie Kupfererzen vor. Metallisches Kupfer gibt im Kontakt mit sauren Bodenlösungen Kupferionen ab, die sich als toxisch für Algen, Bakterien und Pilze erweisen. Aufgrund ihrer ↗fungiziden Wirkung wurden Kupfersalze vielfach im Obst- und Weinanbau eingesetzt. Allerdings gibt es einige Bakterien, die hohe Kupferkonzentrationen tolerieren können. Dagegen ist Kupfer für den Menschen, höhere Tiere und zahlreiche Pflanzen ein essentielles Element, da es Bestandteil einiger wichtiger Enzyme ist. Kupfermangel führt bei diesen zu Wachstumsstörungen. Ein erwachsener Mensch enthält z. B. 100 bis 150 mg Cu. Die Aufnahme größerer Mengen (höher als die optimale Menge) löslicher Kupfersalze ist allerdings toxisch.

Die ältesten Kupfergegenstände stammen aus der Zeit um 4500 v. Chr. Der früheste Kupferbergbau dürfte durch die Ägypter auf der Halbinsel Sinai betrieben worden sein, während im Altertum Kupfer hauptsächlich in Spanien und auf der Insel Zypern gewonnen wurde. Nach diesem Vorkommen wurde im lateinischen aes cuprium genannt, woraus der Name Kupfer entstand. Der deutsche Bergbau des Mittelalters auf Kupfer begann im Jahr 968 am Rammelsberg bei Goslar, 1156 in Kupferberg in Schlesien und 1199 im Mansfelder Revier. Zu Beginn des 19. Jahrhunderts war Großbritannien der Hauptlieferant und wurde um die Mitte des Jahrhunderts durch Chile abgelöst, dessen Förderung 1883 durch die der USA erstmalig übertroffen wurde.

Kupfer-Arsen-Formation, hydrothermales Erzvorkommen mit Kupferarsenfahlerz, Energit, Pyrit u. a. kennzeichnenden Erzmineralen.

Kupferkies, *Chalkopyrit* [von griech. chalko = Kupfer und pyr = Feuer], *Geelkies, Gelbkupfererz, Homichlin, Nierenkies, Towranit*, Mineral

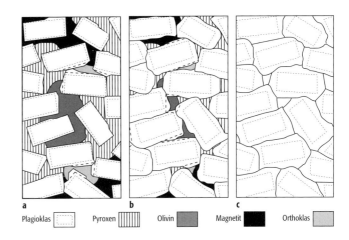

Plagioklas — Pyroxen — Olivin — Magnetit — Orthoklas

Kumulatgefüge: Beispiel für Kumulatstrukturen mit Plagioklas als Kumulusphase. a) Orthokumulat: Aus der Interkumulusschmelze kristallisierten Olivin, Pyroxen, Magnetit und Orthoklas, und es bildeten sich nur schmale Anwachssäume um die Plagioklase; b) Mesokumulat mit breiteren Anwachssäumen um die Kumuluskristalle und geringeren Mengen anderer Minerale; c) Adkumulat, bei dem die Interkumulusschmelze durch Weiterwachsen der Plagioklase verbraucht wurde, so daß ein monomineralisches Gestein entsteht.

Kuntze, *Herbert*

mit der chemischen Formel CuFeS$_2$ und tetragonal-skalenoedrischer Kristallform; Farbe: messinggelb mit grünlichem Stich und oft mit dunkelgelber, schwarzer oder bunter Anlauffarbe; Metallglanz; undurchsichtig; Strich: grünlichschwarz; Härte nach Mohs: 3,5–4; Dichte: 4–4,1 g/cm^3; Spaltbarkeit: deutlich nach (201); Aggregate: derb, körnig, dicht, eingesprengt, seltener traubig bis kleinnierig; Kristalle meist klein, disphenoedrisch; vor dem Lötrohr wird Kupferkies rissig; in HNO$_3$ allmählich unter Schwefelausfall zersetzbar; Begleiter: Pyrit, Pyrrhotin, Sphalerit, Galenit, Quarz, Siderit, Dolomit, Fluorit; Vorkommen: in Eruptivgesteinen und hydrothermal; Fundorte: Rammelsberg bei Goslar (Harz), Siegerland, im Mansfelder Kupferschiefer und bei Freiberg (Sachsen), Røros, Løkken und Sulitelma (Norwegen), Falun (Schweden), Bingham (Utah, USA), Ellenville (New York, USA) und French Creek (Pennsylvania, USA), Chuquicamata (Chile), Arakawe (Japan). [GST]

Kupfer-Kupfersulfat-Sonde, *Cu-CuSO$_4$-Sonde*, nicht polarisierbare Sonde zur Messung des Spannungsabfalls im Erdboden, die in den ↗geoelektrischen Verfahren und ↗Eigenpotential-Verfahren sowie der ↗Audiomagnetotellurik eingesetzt wird. Dabei taucht ein Kupferstab in eine CuSO$_4$-Lösung ein, der Kontakt zum Erdboden wird über eine Membran hergestellt (Abb.). Nicht polarisierbare Sonden haben gegenüber Metallspießen den Vorteil eines geringen Eigenpotentials (Größenordnung einige mV) und einer höheren zeitlichen Stabilität (Rauscharmut). Für langperiodische magnetotellurische Messungen verwendet man meist andere Metall-Salz-Kombinationen, z. B. Silber-Silberchlorid (Ag-AgCl).

Kupferlagerstätten, Vielzahl von ↗Lagerstätten und ↗Lagerstättentypen, in denen überwiegend Kupfer gewonnen werden kann und die ↗syngenetischer wie auch (überwiegend) ↗epigenetischer Entstehung sind mit i. a. sulfidischer Mineralisation (↗Kupferkies). Mehr als die Hälfte der weltweiten Kupferproduktion stammt aus den porphyrischen Kupferlagerstätten (↗Porphyry-Copper-Lagerstätten), die an Granite, Granodiorite und Diorite, vorzugsweise des zirkumpazifischen Raumes, gebunden sind und häufig mit Beigewinnung von Gold oder Molybdän verknüpft sind (↗Goldlagerstätten, ↗Molybdänlagerstätten). Ebenfalls von Bedeutung sind die ↗stratiformen Vererzungen vom Kupferschiefertyp, z. B. die historischen Abbaue im ↗Zechstein von Deutschland (v. a. Mansfelder Kupferschiefer) und von Polen (gegenwärtig Europas größter Kupferproduzent), weiterhin metamorph in spätpräkambrischen Serien im Kupfergürtel vom Kongo und Sambia. Weiterhin sind Kupfermineralisationen an den ebenfalls stratiformen Massiv-Sulfidlagerstätten (↗sedimentär-exhalative Lagerstätten), wie z. B. in der ausgeerzten Lagerstätte vom Rammelsberg im Harz, beteiligt. Kupfer bildet außerdem ein wichtiges Nebenprodukt in einer Reihe weiterer Lagerstätten, wie z. B. in Nickelsulfidlagerstätten wie im Bezirk von Sudbury (Kanada), in ↗Skarnvererzungen wie in Ely, Nevada (USA), und als Nebenprodukt zum Eisenerz in Cornwall (England) und Pennsylvania (USA). Kupferlagerstätten treten auch in Zusammenhang mit ↗Carbonatiten auf (z. B. Palabora, Südafrika) und in ariden ↗Red-Bed-Lagerstätten (z. B. Nacimiento, Neumexiko, USA), am Ural und auf Helgoland. Kupfervererzungen aus Ganglagerstätten spielen wirtschaftlich keine Rolle mehr, ebenso wie die an präkambrische Metabasalte der Keweenaw-Halbinsel im Oberen See (USA) gebundenen Vererzungen mit gediegen Kupfer. [HFl]

Kupferminerale, die wichtigsten Kupferminerale sind: a) Primär- und Anreicherungsminerale: gediegen Kupfer (Cu, kubisch, 100 % Cu), Kupferglanz (Cu$_2$S, rhombisch, 79 % Cu), Covellin (CuS, hexagonal, 66 % Cu), Buntkupferkies (Bomit, Cu5 FeS$_4$, kubisch, 56–69 % Cu), Enargit (Cu$_3$AsS$_4$, rhombisch, 48 % Cu), Fahlerz (kubisch), Tetraedrit ((Cu$_2$,Zn,Fe)$_3$Sb$_2$S$_6$, 2,5–45 % Cu), Tennantit ((Cu$_2$,Zn, Fe)$_3$AS$_2$S$_6$, 38–55 % Cu), Kupferkies (Chalkopyrit, CuFeS$_2$, tetragonal, 34 % Cu). b) Oxydationsminerale: Rotkupfererz (Cuprit, Cu$_2$O, kubisch, 88 % Cu), Tenorit (CuO, monoklin, 79 %), Atakamit (Cu$_2$(OH)$_3$Cl, rhombisch, 59 % Cu), Malachit (CU$_2$[(OH)$_2$ CO$_3$], monoklin, 57 % Cu), Kupferlasur (Azurit, Cu$_3$[OH|CO$_3$]$_2$, monoklin, 55 % Cu), Brochantit (Cu$_4$[(OH)$_6$|SO$_4$], monoklin, 56 % Cu).

Gediegenes Kupfer ist infolge der leichten Reduzierbarkeit der Kupfersulfidlösungen auf Kupferlagerstätten weit verbreitet. Meist ist es wie Rotkupfererz an die Grenze zwischen Oxidationszone und Zementationszone gebunden, wo die angereicherten Erze wieder oxidiert werden. ↗Kupferkies ist das verbreitetste und daher wirtschaftlich ein sehr wichtiges Kupfererz. Als typischer Durchläufer wird es in allen Phasen von magmatischer bis zu sedimentärer Bildung angetroffen. Bei hoher Temperatur kann Kupferkies einen über die theoretische Zusammensetzung hinausgehenden FeS-Gehalt aufnehmen, der sich bei Temperaturabnahme als Cubanit (CuFe$_2$S$_3$) oder Valleriit (Cu$_3$Fe$_4$S$_7$) ausscheidet. Bei der Verwitterung bilden sich Kupferziegelerz und Kupferpecherz, Gemenge oxidischer Kupferminerale mit Brauneisen. Die häufigsten Begleiter von Kupferkies sind Pyrit, Magnetkies, Zinkblende, Bleiglanz u. a. Kupferglanz ist das Cu-reichste und daher wirtschaftlich wertvollste Erz mit der theoretischen Zusammensetzung Cu$_2$S. Buntkupferkies vermag beträchtliche Mengen Cu$_2$S in das Gitter aufzunehmen, so daß der Cu-Gehalt zwischen 55 und 69 % schwanken kann. Entsprechend zeigt er auch verschiedene Dichten zwischen 4,9 und 5,3 g/cm^3. Die Bildung ist meist hydrothermal oder durch hydrothermale Lösungen verursacht. Daneben kommt es auch sedimentär vor. Zusammen mit Kupferglanz und Covellin ist es der Kupferträger im Mansfelder Kupferschiefer. Bei der Verwitterung kann sich Covellin bilden, das ein typisches Produkt beginnender Verwitterung ist. Enargit ist ein charakteristisches Erz der arsenreichen Kup-

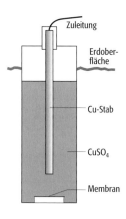

Kupfer-Kupfersulfat-Sonde: schematischer Schnitt durch eine Kupfer-Kupfersulfat-Sonde.

fergänge (z. B. Butte, Tsumeb usw.), oft vergesellschaftet mit Arsenfahlerz. In Eisenspat und carbonathaltigen Gängen wird dagegen das Antimonfahlerz gefunden. Beide, besonders aber das letztere, das 5 %, in seltenen Fällen bis zu 30 % Ag enthalten kann, sind als Silbererze bedeutsam. Die Oxidationserze sind allgemein als Verwitterungsprodukte der Kupferminerale anzutreffen. Nur lokal haben sie heute noch größere wirtschaftliche Bedeutung. Durch ihre intensiven Farben sind sie wichtig beim Auffinden von Kupferlagerstätten. Malachit, der sich mit Kohle leicht zu Kupfer reduzieren läßt, dürfte neben gediegenem Kupfer das zuerst verwandte Kupfererz gewesen sein. [GST]

Kupferschiefer, bergmännischer Ausdruck für dunkle, kohlig-bituminöse Mergelschiefer des Zechsteins, der verschiedentlich, namentlich in Richtung auf die Beckenränder, stärker mergelig wird (Kupfermergel, Kupferletten). Der Kupferschiefer entspricht einer Faulschlammbildung, wobei das H_2S des Meereswassers bzw. des Sedimentes selber zahlreiche Metalle, vor allem Kupfer, Blei und Zink, ausgefällt hat. In Mitteldeutschland war auf Kupferschiefer ein alter Bergbau (u. a. Mansfeld) vorhanden.

Kupferstich, ein für die Kartenvervielfältigung vom Ende des 15. bis Mitte des 19. Jahrhunderts vorrangig benutztes Verfahren zur manuellen Herstellung von Kupferdruckplatten. Das Druckerzeugnis wird ebenfalls als Kupferstich bezeichnet. Für den Kupferstich wird eine je nach Format 2 bis 5 mm starke Kupferplatte poliert, grundiert und darauf unmittelbar mittels Silberstift oder über eine eingefärbte Gelatinepause die Zeichnung (das Kartenbild) seitenverkehrt aufgetragen. Mit dem Grabstichel werden die Linienelemente spanförmig als Furche herausgehoben, der dabei beidseitig entstehende Grad mit dem Schabeisen entfernt. In gleicher Weise werden /Schraffuren, /Flächenmuster, /Signaturen und die /Kartenschrift ausgeführt. Nach Entfernen des Grundes wird in die fertig gestochene Platte die zähe Tiefdruckfarbe mit einem Tampon in die vertiefte Zeichnung eingerieben, die überschüssige Farbe sorgfältig abgewischt, bevor in der Kupferdruck-Handpresse der Abzug erfolgt. Dazu werden die Platte, das aufgelegte angefeuchtete Papier und das Abdeckmaterial unter starkem Druck zwischen zwei Walzen hindurchgezogen. Beim Abheben des Bogens haftet die Farbe am Papier und bildet auf diesem ein leicht erhabenes Relief.

Der Kupferstich ermöglicht neben feinen Linien und Schraffuren auch kräftige Striche und ist deshalb für den /Kartendruck besonders geeignet. Dennoch konnte die Ablösung des Kupferstichs durch die /Lithographie nicht aufgehalten werden. Die achte Ausgabe von /Stielers Handatlas dürfte die letzte große Atlasausgabe in einfarbigem Kupferdruck mit anschließendem Handkolorit gewesen sein. [WSt]

Kuppenkarst, frühes Entwicklungsstadium des tropischen /Kegelkarstes.

kuppige Grundmoräne /Grundmoräne.

Kupste, 1) *Kupstendüne*, *Nebka*, /gebundene Düne, deren Sedimentkörper durch Vegetation fixiert ist. Die Akkumulation resultiert aus der sedimentfangenden Eigenschaft von Büschen und Sträuchern. Dabei besteht eine positive Rückkopplung zwischen dem Wachstum von Pflanze und Wurzelwerk und der Größe der Düne. In Abhängigkeit von der Pflanzenart können Kupsten bis 20 m Höhe erreichen. Als guter Kupstenbildner gilt die Tamariske, deren salzausscheidende Blätter nach dem Abfallen den Sand verkleben. Aufgrund der Abhängigkeit von höherer Vegetation treten Kupsten vorwiegend in Regionen mit erhöhtem Grundwasser auf: in /Depressionen, an Pfannenrändern und entlang von Flußläufen in /ariden Gebieten sowie an Küsten. Im Lee von Kupsten bilden sich häufig kleine /Leedünen (sog. Sandschwänze). 2) In einem weiter gefaßten Sinne ähnliche Formen, die durch /fluviale und/oder /äolische Abtragung entstehen. Bei disperser Vegetation (häufig in /semiariden Gebieten), wirken Pflanze und Wurzelwerk erosionshemmend, so daß diese relativ zu benachbarten unbewachsenen Standorten in Form von bewachsenen Sedimentsockeln (bush-mounds) herauspräpariert werden. [KDA]

Kuroko-Typ, nach den Kosaka-Distrikt in Japan stammende Bezeichnung für Massivsulfid-Lagerstätten mit vorwiegend Cu-Zn-Pb-Erzen, die auch an Au und Ag angereichert sind. Nebengesteine sind bimodale Abfolgen andesitisch-basaltischer und rhyolithischer Zusammensetzung mit fossilführenden Flachwassersedimenten. Die plattentektonische Stellung beinhaltet das späte Stadium der Spreizung eines /Inselbogens. Die Altersstellung reicht von frühproterozoisch (/Proterozoikum) bis phanerozoisch (/Phanerozoikum).

Kuron, *Hans*, deutscher Bodenkundler, * 4.11.1904 Breslau, † 30.7.1963 Gießen; 1937–1945 Professor in Berlin, 1950–1963 in Gießen; Arbeiten zur Adsorption von Gasen an Tonen und in Böden sowie deren Bestimmung; begründete in Deutschland die Erforschung der Wassererosion ackerbaulich genutzter Böden mit catenarem Ansatz und deren Bedeutung für die Nährstoffverteilung in der Landschaft; Entwicklung bodenphysikalischer Methoden zur Kennzeichnung von Aggregation, Plastizität und Stabilität von Böden.

Kuroschio, /Meeresströmung im /Pazifischen Ozean; stellt den westlichen /Randstrom des subtropischen Strömungswirbels im Nordpazifik dar. Im /Ostchinesischen Meer liegt der Volumentransport bei $30 \cdot 10^6$ m³/s und nimmt bis zur Ablösung von der Küste bei 35°N auf $50 \cdot 10^6$ m³/s zu. Dort speist er unter starker Bildung mesoskaliger /Wirbel die Kuroschio-Ausläufer (Kuroshio extension), die in den Nordpazifischen Strom und den Kuroschio-Gegenstrom (Kuroshio counter current), der parallel zum Kuroschio nach Südosten läuft, münden.

Kurveninterpolation, Berechnung des Verlaufs einer Kurve zwischen zwei Stützpunkten. Alle Interpolationsverfahren beruhen darauf, die den

Kuron, *Hans*

Kurvenverlauf exakt beschreibende Funktion durch eine einfachere Funktion zu ersetzen. Die für kartographische Zwecke besten Ergebnisse werden mit B-Splines und der Akima-Interpolation erzielt. Sie kommen den manuell gezogenen Kurven sehr nahe. Beide Verfahren verwenden Polynome, in deren Berechnung die Stützpunkte der näheren Umgebung einbezogen werden. In DTP-Programmen werden gekrümmte Linien zumeist als ↗Bézier-Kurven dargestellt. Die Bézier-Kurve ist durch zwei Stützpunkte (Endpunkte) und je einen zugeordneten Kurvenziehpunkt definiert. Sie läßt sich durch Änderung des Winkels und/oder des Abstands des Ziehpunkts zum jeweiligen Stützpunkt beeinflussen. Für die Ausgabe werden die Kurven als Polygone approximiert. Dies ist zugleich die einfachste Form der Beschreibung einer Kurve, die jedoch eine sehr große Anzahl von Stütz- bzw. Hilfspunkten erfordert. [KG]

Kurventheorie, Theorie der Raum- bzw. Flächenkurven. Grundlage der Kurventheorie sind die Ableitungsgleichungen für das Frenetsche ↗Dreibein ($\vec{v}_1, \vec{v}_2, \vec{v}_3$) einer Raumkurve (Frenetsche Formeln):

$$\vec{v}_1' = \varkappa \cdot \vec{v}_2,$$
$$\vec{v}_2' = -\varkappa \cdot \vec{v}_1 + \tau \cdot \vec{v}_3,$$
$$\vec{v}_3' = -\tau \cdot \vec{v}_2$$

und für das Darbouxsche Dreibein ($\vec{\omega}_1, \vec{\omega}_2, \vec{\omega}_3$) einer Flächenkurve (Formeln von Burali-Forti):

$$\vec{\omega}_1' = \varkappa_g \cdot \vec{\omega}_2 + \varkappa_n \cdot \vec{\omega}_3,$$
$$\vec{\omega}_2' = -\varkappa \cdot \vec{\omega}_1 + \tau_g \cdot \vec{\omega}_3,$$
$$\vec{\omega}_2' = -\varkappa_n \cdot \vec{\omega}_1 - \tau_g \cdot \vec{\omega}_2.$$

(' bezeichnet die Ableitung nach der Bogenlänge s). Die in den Frenetschen Formeln auftretenden Koeffizienten sind die Krümmung $\varkappa$ und die Windung τ der Raumkurve; die Koeffizienten in den Formeln von Burali-Forti bezeichnet man als Normalkrümmung $\varkappa_n$, geodätische Krümmung $\varkappa_g$ und geodätische Torsion τ_g der Flächenkurve. Zwischen diesen Koeffizienten bestehen enge Beziehungen; mit dem Winkel φ zwischen $\vec{v}_2$ und $\vec{\omega}_3$ gilt:

$$\varkappa_n = \varkappa \cdot \cos\varphi \text{ (Satz von Meusnier)}$$
$$\varkappa_n = \varkappa \cdot \sin\varphi,$$
$$\tau_g = \tau + d\varphi/ds.$$

In der Theorie der Landesvermessung wird die Kurventheorie auf Flächenkurven angewandt, die auf der Oberfläche eines ↗Rotationsellipsoids definiert sind. Schneidet man das Rotationsellipsoid mit einer Ebene, die in einem festen Punkt P der Ellipsoidfläche die Flächennormale $\vec{n}$ enthält, so nennt man die entstehende ebene Schnittkurve einen (ellipsoidischen) ↗Normalschnitt; in P gilt $\varphi = 0$ und somit $\varkappa_g = 0$. Flächenkurven, deren gesamter Verlauf durch die Eigenschaft $\varkappa_g \equiv 0$ charakterisiert ist, heißen ↗geodätische Linie. In jedem Punkt einer geodätischen Linie liegt ein Normalschnitt, so daß die geodätischen Linien die »geradesten« Kurven auf einer gekrümmten Fläche sind. Die kürzeste, stetig gekrümmte Verbindungslinie zwischen zwei Punkten auf dem Rotationsellipsoid ist stets eine geodätische Linie. [BH]

Kurvimeter, Analoggerät zur Messung von Linienlängen, speziell zur ↗Längenbestimmung in Karten. Es arbeitet nach dem Prinzip des Zählrades: die nach dem kontinuierlichen Abfahren der Linie bestimmten Umdrehungen eines Meßrädchens sind der Linienlänge proportional. Die Meßwertanzeige ist nach den wichtigsten Kartenmaßstäben skaliert, so daß die Linienlänge in Naturmaß abgelesen werden kann.

Kurzanker, im Felsbau unter Tage (Bergbau, Tunnel- und Stollenbau) eingesetzte ↗Anker, deren übliche Länge 3–12 m betragen. Die Ankerwirkung beruht auf einer Verbesserung des Verbundes von Tunnelausbau und Gebirge durch Erhöhung der Gebirgsfestigkeit und Minimierung der Gebirgsverformung. Die Ausbildung eines in sich stabilen ↗Gebirgstragringes wird optimiert.

kurze Wellen, Seegangswellen (↗Seegang), deren Wellenlängen klein im Vergleich zur Wassertiefe sind.

Kurzfristprognose ↗Mittelfristprognose.

kurzwellige Strahlung ↗Strahlung.

Kurzzeichen, sind für Bodenarten und Fels in Deutschland in der DIN 4023 festgelegt (Tab. 1 u. Tab. 2). Die Eingruppierung der Bodenarten selbst erfolgt nach DIN 4022 Teil 1.

Kurzzeichen (Tab. 1): Kurzzeichen für Bodenarten und Fels nach DIN 4023.

Benennung		Kurzzeichen	
Bodenart	Beimengung	Bodenart	Beimengung
Kies	kiesig	G	g
Grobkies	grobkiesig	gG	gg
Mittelkies	mittelkiesig	mG	mg
Feinkies	feinkiesig	fG	fg
Sand	sandig	S	s
Grobsand	grobsandig	gS	gs
Mittelsand	mittelsandig	mS	ms
Feinsand	feinsandig	fS	fs
Schluff	schluffig	U	u
Ton	tonig	T	t
Torf, Humus	torfig, humos	H	h
Mudde (Faulschlamm)		F	–
	organische Beimengung	–	o
Auffüllung		A	–
Steine	steinig	X	x
Blöcke	mit Blöcken	Y	y
Fels, allgemein		Z	–
Fels, verwittert		Zv	–

Benennung	Kurzzeichen
Mutterboden	Mu
Verwitterungslehm, Hanglehm	L
Hangschutt	Lx
Geschiebelehm	Lg
Geschiebemergel	Mg
Löß	Lö
Lößlehm	Löl
Klei, Schlick	Kl
Wiesenkalk, Seekalk, Seekreide, Kalkmudde	Wk
Bänderton	Bt
vulkanische Aschen	V
Braunkohle	Bk
Fels, allgemein	Z
Konglomerat, Brekzie	Gst
Sandstein	Sst
Schluffstein	Ust
Tonstein	Tst
Mergelstein	Mst
Kalkstein	Kst
Dolomitstein	Dst
Kreidestein	Krst
Kalktuff	Ktst
Anhydrit	Ahst
Gips	Gyst
Salzgestein	Sast
verfestigte vulkanische Aschen (Tuffstein)	Vst
Steinkohle	Stk
Quarzit	Q
massige Erstarrungsgesteine und Metamorphite (Granit, Gabbro, Basalt, Gneis)	Ma
blättrige, feinschichtige Metamorphite (Glimmerschiefer, Phyllit)	Bl

Bei gemischten Bodenarten (Tab. 3) werden die Haupt- und Nebenanteile durch Groß- bzw. Kleinbuchstaben unterschieden. Die entsprechenden Kurzzeichen werden in der Reihenfolge ihrer Bedeutung aneinander gehängt und durch Kommata voneinander getrennt. Werden mehrere Bodenarten aufgezählt, so werden diese durch einen Schrägstrich voneinander getrennt. Zur genaueren Beschreibung werden nach DIN 4022 Teil 1 »schwache« und »starke« Nebenanteile besonders gekennzeichnet. Ein »schwacher« Nebenanteil ist mit weniger als 15% im Boden vertreten (grobkörnige Nebenanteile) bzw. hat einen besonders geringen Einfluß auf das Verhalten des Bodens (feinkörnige Nebenanteile). »Schwache« Nebenanteile werden mit einem Apostroph hinter dem entsprechenden Kurzzeichen dargestellt, z. B. u' für »schwach schluffig«. Ein »starker« Nebenanteil ist mit mehr als 30% im Boden vertreten (grobkörnige Nebenanteile) bzw. hat einen besonders starken Einfluß auf das Verhalten des Bodens (feinkörnige Nebenanteile). Er wird durch einen Strich über dem Kurzzeichen dargestellt. So steht zum Beispiel $\bar{f}$ für »stark feinsandig«.

Treten bei einer grobkörnigen Bodenart zwei Korngrößenbereiche mit etwa gleichen Massenanteilen auf, d. h. mit etwa 40–60%, so werden die entsprechenden Kurzzeichen durch ein Pluszeichen voneinander getrennt. $S + G$ steht z. B. für Sand und Kies. Ein weiteres System von Kurzzeichen gibt es für die ↗Bodengruppen nach DIN 18196 (Bodenklassifikation für bautechnische Zwecke). [ABo]

Kurzzeitanker ↗ *Temporäranker*.

Küste, umfaßt den meist schmalen Grenzsaum zwischen Festland und Meer und ist mit einer Ausdehnung von 286.300 km (ohne Inseln) die wichtigste natürliche Grenzlinie der Erde (↗Küstenlinie). Die Küste ist nicht scharf umrissen (Abb.), sondern erstreckt sich vom Beginn der brandungsbeeinflußten ↗Schorre landeinwärts so weit, wie das Meer rezent oder in der quartären Vergangenheit durch Brandung oder Gezeitenströmungen die geomorphologische Formung des angrenzenden Festlandes beeinflußt (↗Küstenmorphologie). Die Bezeichnung Küstenraum dehnt die Abgrenzung des Grenzsaumes Küste bzw. Küstengebiet auf den Raum wechselseitiger Einflußnahme von Land und Meer aus. Küsten unterliegen ständiger Veränderung durch Brandung, Gezeitenströme, Meeresströmungen, in das Meer einmündende, sedimentliefernde Flüsse sowie letztlich durch relative und ↗ eusta-

Kurzzeichen (Tab. 2): Kurzzeichen für Bodenarten und Fels nach DIN 4023.

Benennung	Kurzzeichen
Grobkies, steinig	gG, x
Feinkies und Sand	fG + S
Grobsand, mittelkiesig	gS, mg
Mittelsand, schluffig, humos	mS, u, h
Schluff, stark feinsandig	U, $\bar{fs}$
Torf, feinsandig, schwach schluffig	H, fs, u'
Seekreide mit organischen Beimengungen	Wk, o
Klei, feinsandig	Kl, fs
Sandstein, schluffig	Sst, u
Salzgestein, tonig	Sast, t
Kalkstein, schwach sandig	Kst, s'

Kurzzeichen (Tab. 3): Beispiele für Kurzzeichen von gemischtkörnigen Böden.

Küstenauftrieb

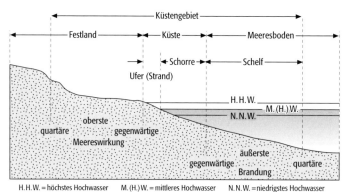

Küste: Terminologie im Küstengebiet.

tische Meeresspiegelschwankungen. ↗Küstenklassifikation, ↗Küstentypen. [HRi]

Küstenauftrieb, durch Windrichtung und Küstenform bestimmter ↗Auftrieb in Küstennähe (Abb.). Der küstenparallele Wind bewirkt einen ablandigen Transport des ↗Ekmanstroms, der durch den Aufstieg von tieferem Wasser an der Küste gespeist wird. ↗El Niño.

Küstendüne, vom ↗Strandwall oder ↗trockenem Strand ausgeblasene, landwärts an den trockenen Strand anschließende und durch Pflanzenbewuchs bereits stabilisierte ↗Düne. Dünenlandschaften an Küsten dokumentieren häufig einen raum-zeitlichen Sukzessionsprozeß, der von strandnahen, oft nur kurzzeitig bestehenden bzw. schnellen Änderungen unterliegenden ↗Vordünen zu den sich landseitig anschließenden größeren und in humiden Klimazonen von dichterer Vegetation fixierten *Sekundärdünen* überleitet. Relief und Größe der Küstendünen sind von der Sandanlieferung sowie von den ↗edaphischen und klimatischen Bedingungen abhängig. Verbreitet sind küstenparallele Dünenreihen mit häufig relativ steilen Luvhängen sowie ↗Kupsten und ↗Parabeldünen. Der Gegensatz zur Küstendüne ist die ↗Binnendüne.

Küstenebene, sanft abdachende, zum Meer hin geöffnete Aufschüttungs- oder Abtragungsfläche.

Küstengebiet, Gebiet beiderseits der ↗Küstenlinie des Festlandes (Abb.). Seewärts der Küstenlinie gehören zum Küstengebiet das ↗Vorland, der ↗trockene Strand, die küstennahen Bereiche des Meeres (↗Küstengewässer) mit ↗nassem Strand, ↗Vorstrand und ↗Watt und die ↗Außensände. Der landwärts der Küstenlinie gelegene Teil des Tidegebietes gehört gleichfalls zum Küstengebiet, die landwärtige Grenze des Küstengebietes ist nicht näher festgelegt. Das Küstengebiet wird im wesentlichen durch die Tiden und den windbedingten Wellenauflauf geformt (↗Strand Abb.).

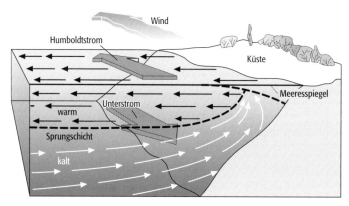

Küstenauftrieb: Auftrieb von Wassermassen in Küstennähe.

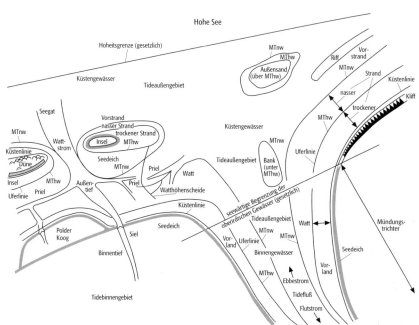

Küstengebiet: Begriffe aus dem Küstengebiet (MTnw = mittleres Tideniedrigwasser, MThw = mittleres Tidehochwasser).

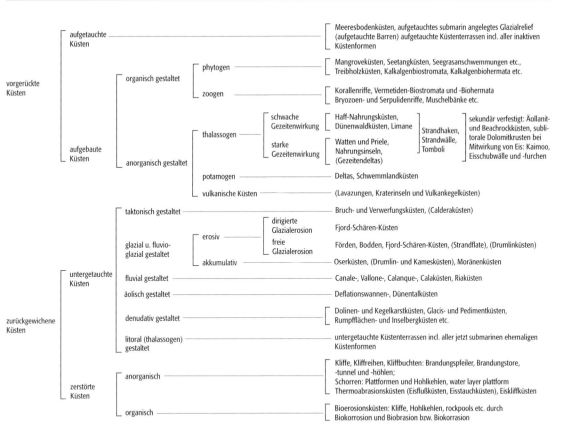

Küstengewässer, Wasserfläche zwischen der ↗Uferlinie an der Festlandsküste oder der seewärtigen Begrenzung der oberirdischen Gewässer einerseits und der Hoheitsgrenze andererseits. Zu den Küstengewässern gehören das Wattenmeer, Außenbereiche von Ästuaren und Deltas sowie Bodden und Haffs.

Küstenhydrologie, Grenzbereich zwischen ↗Hydrologie und ↗Ozeanographie, der sich mit der Hydrologie der ↗Küstengewässer befaßt. Schwerpunktmäßig wird der Einfluß der Tidewellen auf die Vorgänge in den Ästuaren und die damit zusammenhängenden Transportprobleme behandelt.

Küstenklassifikation, Versuch, einzelne, durch die Vielzahl von küstenformenden Faktoren (↗Brandung, Gezeitenwirkung, Küstenströmungen, ↗Meeresspiegelschwankungen, tektonische Landbewegungen etc.) entstandene und veränderte ↗Küstentypen in einen systematischen Zusammenhang einzufügen. Seit Ende des vorigen Jahrhunderts wurde eine Vielzahl von Küstenklassifikationen nach überwiegend geomorphologischen Kriterien entwickelt, die hauptsächlich deskriptive und genetische Kriterien mit Berücksichtigung der Horizontal- und Vertikalbewegungen der Küstenlinie untergliedert werden können. Hervorzuheben ist insbesondere die genetische Küstenklassifikation nach Valentin (1952), da sie als einzige lückenlos auf alle Küsten der Erde angewandt werden kann (Abb.).

Küstenklima, Lokalklima am Übergang zwischen ausgedehnten Wasser- und Landflächen. Es ist gekennzeichnet durch einen deutlich geringen Jahres- und Tagesgang der verschiedenen meteorologischen Elemente im Vergleich zu den Verhältnissen im Binnenland. Die Windgeschwindigkeit ist im Mittel höher und aufgrund der starken Verzögerung auflandiger Winde über den rauhen Landoberflächen bilden sich Aufwinde, die landeinwärts verschoben zu einer vermehrten Wolkenbildung beitragen.

Küstenlinie, Linie, welche durch außerseitigen Deich-, Dünen- oder Kliffuß oder durch Küstenschutzbauwerke kenntlich ist und sich oberhalb der ↗Uferlinie an der Küste des Festlandes bzw. der Inseln im Meer sowie in den Mündungsstrecken der ins Meer mündenden Fließgewässer befindet. Die Küstenlinie wird i. d. R. nur bei Wasserständen über mehrjährigem mittlerem Hochwasser oder mittlerem Tidehochwasser überflutet. Sie verläuft an ↗Flachküsten zwischen ↗trockenem Strand und ↗Küstendünen, an ↗Steilküsten in Höhe des ↗Kliffs.

Küstenmeer ↗Hoheitsgewässer.

Küstenmorphologie, Teildisziplin der ↗Geomorphologie, die sich speziell mit den Küstenformen und ihrer Genese befaßt.

Küstennebel, entsteht, wenn wärmere Luft über kaltes Wasser strömt, z. B. über kalte Meeresströmungen wie dem Benguela-Strom vor Südafrika oder dem Humboldt-Strom vor Südamerika.

Küstenklassifikation: Systematik der Küstengestaltstypen.

Dabei kühlt sich die wärmere Luft bis zum Taupunkt ab, und es kondensieren Nebeltröpfchen. Jedoch wird wegen der dabei entstehenden ↗Inversion jede weitere Wolken- und damit Niederschlagsbildung unterbunden. Der Küstennebel kann durch vorherrschende Winde (↗Land- und Seewind) auf das Land verfrachtet werden, wo er sich bei Tage auflöst, wenn die Sonneneinstrahlung nicht zu schwach ist. In diesen Gebieten (Namib- und Atacama-Wüste) regnet es trotz des häufigen Nebels fast nie. ↗Nebel.

Küstenprofil, senkrecht zur ↗Küstenlinie gedachte Profillinie. Sie zeigt die Ausbildung der einzelnen Bestandteile der ↗litoralen Serie.

Küstenrückgang, durch küstendynamische Prozesse bedingte, landwärtige Verlagerung der ↗Küstenlinie.

Küstenschutz, Gesamtheit der Maßnahmen, die dem Schutz der Küsten des Festlandes und der Inseln vor den zerstörenden Einwirkungen des Meeres (z. B. ↗Sturmflut) dienen. Der Küstenschutz dient dem Schutz von Leben und Eigentum der Bevölkerung, dem Schutz von Industrieanlagen sowie der Verhinderung von Landverlusten durch Küstenrückgang und Abbrüche. Man unterscheidet dabei zwischen dem aktiven Küstenschutz, z. B. durch Strandauffüllungen (↗Vorlandgewinnung), und dem passiven Küstenschutz zur Verminderung des Küstenrückganges. Hierzu gehören v. a. technische Maßnahmen wie der Bau von ↗Deichen, Seebuhnen (↗Buhnen) und Uferdeckwerken (↗Deckwerk), aber auch ingenieurbiologische Bauweisen (↗Lebendbau). Bei Sturmflutgefahr erfolgt eine Warnung der Bevölkerung durch Sturmflutvorhersagen.

Küstenströmung, 1) der durch die auflaufenden Wellen verursachte Wassertransport zur Küstenlinie hin erzeugt im Brandungsbereich eine Rückströmung am Meeresboden (häufig linienhaft in Rinnen konzentriert und dann Ripströmung, Brandungsrückströmung, Rip- oder Reißströme genannt). 2) bei schräg zur Küste wehenden Winden und damit in einem gewissen Winkel auf eine Küstenlinie auflaufenden Wellen geht die Rückströmung außerhalb des Brandungsbereiches in eine annähernd küstenparallele Strömung, die Küstenlängsströmung, über.

Küstensumpf, Verlandungsbereich im Küstengebiet, etwa in von ↗Nehrungen abgeschlossenen ↗Lagunen und ↗Haffs, in ↗Deltas oder im Wattbereich (↗Watt, ↗Mangroveküste).

Küstenterrasse, durch Landhebung oder ↗eustatische Meeresspiegelschwankungen trockengefallene, heute nicht mehr im Einflußbereich des Meeres gelegene Küstenverflachung, die sowohl eine ehemalige Abrasionsfläche und damit Erosionsform (↗Abrasionsterrasse) als auch eine ehemals im ↗litoralen Bereich entstandene Akkumulationsform (↗Strandterrasse) sein kann.

Küstentyp, die Vielzahl verschiedenster Einzelküstenformen kann in eine Reihe von Küstentypen zusammengefaßt werden, wobei geomorphologische Kriterien zur Typisierung am gebräuchlichsten sind. Grundsätzlich und unmißverständlich sind deskriptive Unterschiede nach ↗Flachküsten und ↗Steilküsten und nach gebuchteten und glatten Küsten sowie die Trennung von ↗Gezeitenküsten und gezeitenschwachen Küsten. Möglich ist auch eine Ausgliederung strukturbedingter Küstentypen (wie ↗Längsküsten, ↗Querküsten und ↗Diagonalküsten), je nachdem, an welche geologische Festlandsstruktur das Meer angrenzt. Die Kategorie der tektonisch bewegten Küsten (↗Hebungsküste und ↗Senkungsküste) wurde um auftauchende und untertauchende Küsten erweitert. Der durch Niveauänderungen der Strandlinie charakterisierte Küstentyp kann auch dann als solcher ausgegliedert werden, wenn die Trennung von tektonischen Ursachen und glazialisostatischen oder ↗eustatischen Meeresspiegelschwankungen nicht möglich ist. In diesen Komplex fallen beispielsweise auch die verschiedenen Formen der ↗Ingressionsküsten. Zuletzt ist auch die Trennung nach biotischen Merkmalen (z. B. ↗Mangrovenküsten, ↗Korallenküsten) möglich. Zwischen all den einzelnen Küstentypen bestehen mannigfache Übergänge und mögliche Zusammenhänge. ↗Küstenklassifikation. [HRi]

Küstenverlauf, sich aus der Aufsicht ergebende Ausbildung einer Küste, wie z. B. glatte oder gebuchtete Küsten.

Küstenversatz, durch den Prozeß der ↗Strandversetzung erfolgende Bildung einer ↗Ausgleichsküste.

Küstenversetzung ↗*Strandversetzung*.

Küstenwüste, ↗Wüste im Küstenbereich der subtropisch-randtropischen Hochdruckgürtel, ausgebildet an der Westseite der Kontinente, wo kalte Küstenströme (Humboldt-Strom, Benguela-Strom) auftreten. Aufgrund der kalten Küstenströmung herrscht eine ausgesprochen stabile ↗Schichtung der Atmosphäre vor, woraus die Niederschlagsarmut resultiert. Küstenwüsten, wie z. B. die Namib, sind meist nur als schmaler Küstenstreifen (mehrere Zehner Kilometer) ausgeprägt. Im Vergleich zu Wüsten im Landesinneren sind sie i. d. R. durch eine höhere Luftfeuchte (↗Nebelwüste) gekennzeichnet.

Küstner, *Karl Friedrich*, deutscher Astronom, * 22.8.1856 Görlitz, † 15.10.1936 Mehlem bei Bonn; langjähriger Direktor der Universitätssternwarte Bonn, der als erster den Vorgang der ↗Polbewegung experimentell nachgewiesen hat. Im Jahr 1888 veröffentlichte er Ergebnisse der Aberrationskonstanten, abgeleitet aus zenitalen Beobachtungen, die in den Jahren 1884 und 1885 in Berlin durchgeführt worden waren. Sie zeigten eindeutig Variationen der Breite des Beobachtungsstandortes, verursacht durch die Polbewegung. Diese Ergebnisse waren der Grund für ↗internationale Polbewegungsmessungen, die seit Ende des 19. Jahrhunderts durchgeführt werden. Küstner beschäftigte sich außerdem mit der Bestimmung der Sonnenparallaxe (1905) und erstellte einen Katalog von 10.663 Sternen (1908).

Kuverdeich, ↗Deich, der Drängewasser abfängt, das meist örtlich begrenzt durch den Körper eines Hauptdeichs sickert (Kuverwasser).

ku-Wert ↗k-Wert.

k-Wert, 1) Wert der hydraulischen Leitfähigkeit des Bodens; ↗kf-Wert bei Sättigung, *ku-Wert* unter ungesättigten Bedingungen. 2) Rauhigkeitsbeiwert in der Formel nach Prandtl und von Karman (Rohrhydraulik); absolutes Maß (in m oder mm) für die Rauhigkeit einer Rohrinnenwand.

KWR-1 000 ↗*KFA-1 000*.

Kyanit, [von griech. kyaneos = blau], *Cyanit*, ↗*Disthen*.

Kyropoulos-Verfahren ↗*Nacken-Kyropoulos-Verfahren*.

L

Laatsch, Willi

Laatsch, *Willi*, deutscher Boden- und Standortkundler, * 18.10.1905 Vorwerk bei Demmin (Vorpommern), † 12.5.1997 München; 1948–1954 Professor in Kiel, 1954–1971 in München; Arbeiten über den Spurenelementhaushalt von Ackerböden; Nährstoffstatus von Waldböden und dessen Bedeutung für Wuchsleistung und Krankheitsresistenz der Waldbäume; Studium von Hangrutschungen und der Lawinenmechanik als Grundlage späterer Kartierungen rutschungsgefährdeter Hänge in den Alpen; in seinem Lehrbuch »Dynamik der deutschen Acker- und Waldböden« (1938) stellt er Böden als sich stetig verändernde Naturkörper und Pflanzenstandorte dar; Ehrendoktor in Göttingen.

Labilisierung, Änderung des vertikalen ↗Temperaturgradienten zu einer labilen ↗Temperaturschichtung hin. Dies kann erfolgen durch Erwärmung der unteren oder durch Abkühlung der oberen Luftschichten. Labilisierung führt zur ↗Konvektion.

Labilität, *statische Instabilität*, **1)** *Klimatologie*: Bezeichnung für einen Zustand in einem ↗Fluid, in dem die aus seiner Ruhelage in der Vertikalen ausgelenkter Partikel sich mit der Zeit immer weiter von seiner Ausgangslage entfernt. Dies ist z. B. in der Atmosphäre der Fall, wenn die ↗potentielle Temperatur mit der Höhe abnimmt (labile Schichtung). **2)** *Landschaftsökologie*: die Art und Weise, mit der ein ↗Ökosystem bei äußeren Störungen, z. B. Klimaänderungen oder Nutzung durch den Menschen, reagiert. Dabei unterliegt das Ökosystem einer tiefgreifenden, i. d. R. irreversiblen Veränderung. Dies kommt sowohl bei den Energie- und Stoffflüssen als auch in der Artenzusammensetzung und ↗Biodiversität zum Ausdruck. Das System gerät aus seinem ↗Fließgleichgewicht. Es kann seine Funktionen nicht mehr aufrecht erhalten und wird daher dem stabilen Ökosystem (↗Stabilität) gegenüber gestellt. Labilität und Stabilität von Ökosystemen sind i. d. R. nicht gleichzusetzen mit Fluktuation bzw. ↗Konstanz. Beispielsweise sind stark fluktuierende mediterrane Ökosysteme in einem hohen Grade stabil (↗Elastizität von Ökosystemen). Tropische Regenwälder (↗Hyläa) hingegen sind relativ konstante Systeme, die aber sehr labil auf Abholzung reagieren (↗Persistenz von Ökosystemen). Genauso wenig ist die Artenvielfalt eines Ökosystems mit seiner Labilität oder Stabilität gekoppelt, wie verschiedentlich angenommen wird. Die vielfältigsten Lebensräume der Erde, z. B. tropische Regenwälder und Korallenriffe, reagieren ausgesprochen empfindlich auf menschliche Störungen. In den gemäßigten Breiten hingegen entstand die größte Artenvielfalt erst mit der landwirtschaftlichen Tätigkeit des Menschen.

Labilitätsindex, Maßzahl, die das Ausmaß der ↗Labilität der vertikalen thermischen Schichtung der Atmosphäre kennzeichnet, genauer die Bestimmung der betreffenden Labilitätsenergie.

Laborflügelsonde, ↗Flügelsonde, die im Labor zur Bestimmung der undränierten ↗Scherfestigkeit eingesetzt wird. Die Scherflügel von Laborflügelsonden haben typischerweise Durchmesser von nur 1,5–3 cm. Die Laborflügelsonde wird speziell auch für die Bestimmung der Scherfestigkeit von ↗Klärschlamm verwendet.

Labradorit, *Anemousit*, *Carnatit*, *Hafnefjordit*, *Kalk-Oligoklas*, *Labrador*, *Labrador-Feldspat*, *Labradorstein*, *Mornit*, *Radauit*, *Silicit*, nach dem Fundort der Labradorküste benannter Plagioklas mit An_{50-70} (↗Feldspäte); triklin-pinakoedrische Kristallform; Farbe: farblos, grau, braun, blau, gelb-blau-violett-schillernd bzw. grau mit Farbenspiel (sog. »Labradorisieren«); Perlmutter- bis Glasglanz; durchscheinend; Strich: weiß; Härte nach Mohs: 6–6,5; Dichte: 2,7 g/cm³; Spaltbarkeit vollkommen nach (*001*); Aggregate: dicktafelig, derb, spätig, körnig, dicht; in Säuren zersetzbar; Begleiter: Olivin, Pyroxene, Chromit, Chalkopyrit, Pentlandit, Pyrrhotin; Vorkommen: in basischen Eruptionsgesteinen wie Gabbro, Anorthosit und in kristallinen Schiefern; Fundorte: Hohenstein-Ernstthal, Böhringen, Waldheim, Höllmühle bei Penig (alle Sachsen), Ojamo (Finnland), Kangek (Grönland), Umgebung von Kiew (Ukraine) und auf der Halbinsel Labrador (Kanada). [GST]

Labradorsee, ↗Nebenmeer des Atlantiks (↗Atlantischer Ozean Abb.) vor der Küste der Halbinsel Labrador und Neufundlands.

Lacaille, *Nicolas-Louis* de, französischer Astronom, Geodät und Mathematiker, * 15.5.1713 Rumigny (Ardennes), † 21.3.1762 Paris; ab 1746 Professor für Mathematik in Paris; bestätigte durch Meridianbogenmessungen die Behauptung über die Abplattung der Erde; bestimmte die Mondparallaxe (mit J.-J. de Lalande, 1751) und die Sonnenparallaxe; beobachtete 1751–53 den Südhimmel vom Kap der Guten Hoffnung aus, erstellte einen etwa 10.000 Sterne der Südhalbkugel umfassenden Katalog (»Stellarum Australium Catalogus«, 1763) und führte 14 neue Sternbilder am südlichen Himmel ein; legte in seiner »Astronomiae Fundamenta Novissima« (1747) ein Verzeichnis sehr genauer Positionen von nahezu 400 Sternen vor.

Laccolith ↗*Lakkolith*.

Lachgas, *Distickstoffmonoxid*, N_2O, farbloses, reaktionsträges ↗Spurengas, das in geringen Spuren (ca. 0,3 ppm) in der ↗Atmosphäre enthalten ist. Lachgas entsteht im Verlauf der mikrobiellen Stoffwechselprozesse der ↗Nitrifikation und ↗Denitrifikation und stellt nach Kohlendioxid und Methan das wichtigste durch biologische Vorgänge erzeugte Treibhausgas dar. Infolge menschlicher Aktivitäten (u. a. Intensivierung der Landnutzung) hervorgerufene Erhöhungen des atmosphärischen Lachgasgehaltes sollen zur Verstärkung des anthropogenen ↗Treibhauseffektes und zum beschleunigten Abbau der stratosphärischen ↗Ozonschicht beitragen. In der Medizin wird hochkonzentriertes Lachgas häufig als Narkosemittel verwendet.

La Condamine, *Charles Marie* de, französischer Physiker, Astronom und Forschungsreisender, * 28.1.1701 Paris, † 4.2.1774 Paris; Studium am Jesuitenkolleg in Paris; ab 1731 als Offizier mehrere Schiffsreisen, bei denen er neue geodätische Instrumente erfand bzw. ausprobierte; zusammen mit P. ↗Bouguer und anderen maßgeblich beteiligt an der Expedition 1735–44 der Pariser Akademie der Wissenschaften nach dem nördlichen Peru (heute Ecuador) zu einer ↗Gradmessung, die im Streit zwischen der französischen Schule um G. D. ↗Cassini und der englischen Schule um Sir I. ↗Newton über die Figur der Erde (am Äquator oder an den Polen abgeplattet?) entscheiden sollte (↗Maupertuis).

Laderaummeteorologie, Teilgebiet der angewandten maritimen ↗Meteorologie, das sich mit den meteorologischen Einflüssen auf Güter beschäftigt, die zu Wasser transportiert werden. Meteorologische Risikofaktoren bei der Lagerung und beim Transport können ungeeignete Temperatur- und Feuchteverhältnisse sowie die Kondenswasserbildung sein.

Ladin, *Ladinium*, nach einem rätoromanischen Volksstamm benannte, international verwendete stratigraphische Bezeichnung für die obere Stufe der mittleren ↗Trias. ↗geologische Zeitskala.

Ladungsdichte, die auf ein Volumen (Raumladungsdichte) oder eine Fläche (Flächenladungsdichte) bezogene Anzahl von elektrischen Ladungsträgern, wird in mval/m^2 bzw in mmol/m^2 (einwertiges Kation) angegeben. Austauscher mit einer niedrigen Ladung weisen daher eine hohe Ladungsdichte auf, wenn ihre spezifische Oberfläche sehr klein ist (z. B. Kaolinite).

Ladungsnullpunkt, *isoelektrischer Punkt*, *point of zero net charge*, die Oberflächen fester Substanzen besitzen einen positiven oder negativen Ladungsüberschuß, da die elektrischen Ladungen der oberflächennahen Atome nicht wie im Inneren des Festkörpers durch benachbarte Bauteilchen kompensiert werden können. Diese Ladungsüberschüsse führen zu einer Anlagerung von Ionen aus dem umgebenden Medium, z. B. Wasser, durch die der Ladungsüberschuß der Feststoffoberfläche kompensiert wird (↗Adsorption). Bei einer kritischen Wasserstoffprotonenkonzentration ist die Nettoladung der Oberfläche Null, in einem angelegten elektrischen Feld bewegen sich dann die Feststoffpartikel nicht. Diesem Ladungsnullpunkt kann ein pH-Wert der umgebenden Elektrolytlösung zugeordnet werden. Unterhalb dieses pH-Wertes (pH$_{pznc}$) liegt eine positive Nettoladung vor, oberhalb eine negative. Der Ladungsnullpunkt ist materialspezifisch und kann für Minerale experimentell bestimmt werden (Abb.). Die besonders wichtigen Silicate haben im pH-Bereich der meisten natürlichen Wässer eine negative Nettoladung und begründen die große Bedeutung der Kationenadsorption in Natursystemen (↗Sorption). Hingegen weisen viele Hydroxide unterhalb leicht alkalischer pH-Bedingungen positive Nettoladungen auf und zeichnen daher verantwortlich für die (unspezifische) Anionenadsorption. ↗isoelektrischer Punkt. [TR]

Ladungstrennung ↗Gewitterelektrizität.

Ladungsüberschuß, kommt durch den ↗isomorphen Ersatz höherwertiger Ionen durch niederwertige Ionen in der Kristallstruktur zustande. Dadurch ist die Ladungsverteilung im Kristallgitter nicht mehr ausgewogen. Es kommt zum Ladungsüberschuß. Bei Tonmineralen ist der Ladungsüberschuß für die ↗permanente (negative) Ladung verantwortlich.

LAGA ↗<u>La</u>nder<u>a</u>rbeits<u>g</u>emeinschaft <u>A</u>bfall.

LAGA-Bodenrichtwerte, von der deutschen ↗Länderarbeitsgemeinschaft Abfall (LAGA) aufgestellte nutzungsbezogene Richtwerte für Schadstoffkonzentrationen im Boden. Die Richtwerte beziehen sich auf den Anbau von Nutzungspflanzen und die menschliche Gesundheit bei Dauerbelastung bzw. bei akuter Belastung.

Lageaufnahme, *Lageaufmessung*, *Lagevermessung*, vermessungstechnische Erfassung von geometrischen Größen des Istzustandes der Lage und seiner Veränderungen von einem Teil der Erdoberfläche und/oder seiner künstlichen Objekte. Für die terrestrische Lageaufnahme können als ↗Bezugssystem ein Landes- oder lokales ↗Lagenetz, aber auch einzelne ↗Lagefestpunkte gewählt werden. Die Meßdaten sind ein- oder zweidimensional und dienen entsprechend der ↗topographischen Aufnahme nur zweidimensionalen Ergebnissen. Folgende Verfahren der Detailaufnahme beschränken sich auf die Erfassung von Lagepunkten: ↗Einbindeverfahren, ↗Orthogonalverfahren, Rechtwinkelverfahren, ↗Polarverfahren und Einbildphotogrammetrie.

Lagebezugssystem, ↗geodätisches Bezugssystem zur mathematischen Beschreibung der Lage von Punkten auf einer ↗Bezugsfläche, zumeist einem ↗Referenzellipsoid. Als Lagekoordinaten verwendet man häufig ↗Flächenkoordinaten. Lagebezugssysteme werden durch ↗Lagefestpunktfelder realisiert. Ein Beispiel einer solchen Realisierung ist das im amtlichen Vermessungswesen der Bundesrepublik Deutschland verwendete ↗DHDN 1990. Die auf diese Weise realisierten Lagebezugssysteme werden zunehmend durch ↗Bezugsrahmen abgelöst, die mit Hilfe des ↗Global Positioning Systems (GPS) erstellt wurden. Diese Bezugsrahmen bestehen aus vermarkten Punkten an der Erdoberfläche, deren dreidimensionale Koordinaten in einem ↗globalen geozentrischen Koordinatensystem mit Lagegenauigkeiten von wenigen Zentimetern festgelegt sind. Beispiele sind der internationale Bezugsrahmen ↗ITRF, der europäische Bezugsrahmen ↗EUREF bzw. der deutsche Bezugsrahmen ↗DREF. [KHI]

Lagefestpunkt, vermarkter ↗Vermessungspunkt des ↗Lagefestpunktfeldes, dessen ↗Koordinaten im ↗Bezugssystem bekannt sind. Er dient als

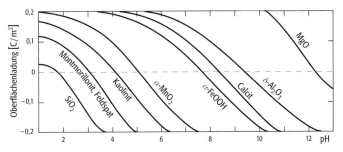

Ladungsnullpunkt: Einfluß des pH-Wertes auf die Oberflächenladung einiger wichtiger Minerale in reinem Wasser (für Calcit im Gleichgewicht mit atmosphärischem CO_2). Die Ladungsveränderung wird dann über H^+-Austausch gesteuert.

Ausgangspunkt für die ↗Absteckung und Aufnahme von Objekt- bzw. Detailvermessungen.

Lagefestpunktfeld, Gesamtheit der Lagefestpunkte, durch die ein ↗Lagebezugssystem realisiert wird. Ein Lagefestpunktfeld besteht in der höchsten Genauigkeitsstufe aus einem ↗Trigonometrischen Punktfeld, wie beispielsweise dem ↗DHDN 1990. Die Trigonometrischen Punktfelder werden zunehmend durch ↗Bezugsrahmen abgelöst, die mit Hilfe des ↗Global Positioning Systems (GPS) erstellt werden. Diese Bezugsrahmen bestehen aus vermarkten Punkten an der Erdoberfläche, deren dreidimensionale Koordinaten in einem ↗globalen geozentrischen Koordinatensystem mit Lagegenauigkeiten von wenigen Zentimetern festgelegt sind. Beispiele sind der Internationale Bezugsrahmen ↗ITRF, der Europäische Bezugsrahmen ↗EUREF bzw. der Deutsche Bezugsrahmen ↗DREF.

Lagegenauigkeit, speziell von punkt- und linienförmigen Objekten. Die Lagegenauigkeit eines Einzelpunktes bzw. des geometrischen Schwerpunktes eines Punktobjektes wird gewöhnlich durch seine mittleren quadratischen Koordinatenfehler (= Standardabweichungen) σ_x, σ_y charakterisiert. Ein gegenüber Drehungen des Koordinatensystems invariantes Genauigkeitsmaß ist der mittlere Punktlagefehler σ_p nach Helmert (1868), definiert als Quadratwurzel aus der Spur:

$$\sigma_p^2 := \sigma_x^2 + \sigma_y^2$$

der Kovarianzmatrix, welche die Fehlersituation vollständig beschreibt. Geometrisch kann man ihn als Radius eines (Fehler-) Kreises deuten, der die wahre Punktlage mit einer gewissen Wahrscheinlichkeit überdeckt (Vertrauensbereich). Auch andere Vertrauensbereiche sind möglich (Konfidenzellipsen). Im ↗ATKIS (DLM 25) beispielsweise wird $\sigma_p \approx 3$ m im Naturmaß angestrebt. Die Lagegenauigkeit von Linienobjekten wird durch sog. Fehlerbänder, welche die Linienlage mit einer gewissen Wahrscheinlichkeit überdecken, charakterisiert. Konstruiert werden sie als Einhüllende der Fehlerkreise von Punkt zu Punkt. Für polygonale Linien sind sie in den Polygonpunkten (PP) am breitesten, in der Mitte zwischen den PP am schmalsten. An gekrümmten Linien ist noch ein Interpolationsfehler, der in den PP verschwindet und in Polygonseitenmitte am größten ausfällt, zu berücksichtigen, so daß sich die resultierenden Bänder zwischen den PP aufwölben. In allen genannten Genauigkeitsmaßen müssen Erfassungs-, Generalisierungs- und Kartierfehler, bezüglich digitaler Modelle auch Digitalisierfehler, beachtet werden. Ein Sonderfall ist die Bestimmung der Lagegenauigkeit von Höhenlinien. Sie kann als Umkehrung der Koppeschen Formel (↗Höhengenauigkeit) mit:

$$\sigma_L = \sigma_h \cot\alpha = b + a\cot\alpha$$

angegeben werden. Neben der Darstellungsgenauigkeit der Höhenlinien (konstanter Anteil b) beeinflußt die ↗Geländeneigung den Lagefehler entscheidend: bereits bei $\alpha \approx 5{,}5°$ wird $\sigma_L \approx 10\,\sigma_h$ und für $\alpha \to \infty$ wächst σ_L über alle Grenzen. Dies ist auch ein Grund dafür, daß in topographischen Kartenwerken unterhalb einer vereinbarten Grenzneigung keine Höhenlinien, sondern ausgewählte Höhenpunkte dargestellt werden. Ein damit zusammenhängendes Problem ist die Vorhersagegenauigkeit von Überschwemmungsgebietsgrenzen: im abfließenden Hochwasser ist die Hochwasserlinie eine gegen die Höhenlinien h = const schwach geneigte Raumkurve, im stehenden Hochwasser eine Höhenlinie. In flachen Flußniederungen ist daher die Vorhersage sowohl des Niveaus als auch der Grenzlinie ein überkritisches Problem. Neben den Lagefehlern können auch Richtungs- und Krümmungsfehler der Höhenlinien abgeschätzt werden. Letztere dienen vor allem zur Beurteilung der formtreuen Abbildung des Reliefs. Höhenlinien sollen konform sein, d. h. »gleichsinnig« verlaufen bzw. eine »gute Krümmungsverwandtschaft« aufweisen. Statistisch gesprochen bedeutet dies eine möglichst große Kreuzkorrelation zwischen den Krümmungen benachbarter Höhenlinien. Die Isolinienkrümmung steht nach dem Satz von Meusnier mit der Reliefkrümmung im Normalschnitt in Beziehung. Sofern diese Beziehung auf den Vertikalschnitt reduziert wird, kann sie auch fehlertheoretisch ausgenutzt werden. Sind z. B. Höhenlinien aus einem ↗digitalen Höhenmodell (DHM) mit Gitterweite Δ interpoliert worden, wobei das DHM der diskreten Realisierung eines homogen-isotropen, stetig partiell differenzierbaren Zufallsfeldes mit rotationssymmetrischer Autokovarianzfunktion (AKF):

$$C_{hh}(r), r^2 := \Delta x^2 + \Delta y^2$$

entspreche, ist ihr Lagefehler σ_L nach Bethge (1997) gegeben durch:

$$\sigma_L^2 \approx \frac{\Delta^4}{64} \sigma_{\varphi'}^2 \approx \frac{\Delta^4}{64} C_{hh}^{IV}(0) \cot^2\alpha.$$

Dabei bezeichnen φ die Isolinienrichtung, φ' ihre 1. Ableitung nach der Bogenlänge (= Linienkrümmung) und:

$$C_{hh}^{IV}(0) = -C_{h'h'}''(0) = C_{h''h''}(0)$$

den Nullwert der 4. Ableitung der AKF–C_{hh}, identisch mit der Varianz der Relief-»Wölbung«. Neben dem Diskretisierungs- bzw. Interpolationseffekt wirken sich also typische Reliefeigenschaften auf den Lagefehler der interpolierten Höhenlinien aus. [SM]

Lagenetz, Lagefestpunktfeld oder Teil des Lagefestpunktfeldes mit den zugehörigen Bestimmungsstücken. Ein Beispiel eines Lagenetzes ist das trigonometrische Netz, in dem die Lagefestpunkte im wesentlichen durch Winkel- bzw. Richtungsmessungen verknüpft sind.

Lagenintrusion, *layered intrusion*, großer (einige km bis mehrere 100 km Durchmesser und bis zu

8 km mächtiger) magmatischer Körper, in dem sich die ↗Kristallakkumulation in einer Magmakammer studieren läßt. Lagenintrusionen können sich beim Auseinanderbrechen von Kontinenten bilden (z. B. Skaergaard in Grönland, Abb.) oder auch als Folge von Meteoriteneinschlägen (↗Sudbury in Kanada). Charakteristisch ist der Aufbau aus sich vielfach wiederholenden, zentimeter- bis metermächtigen Lagen aus einem oder wenigen Kumulus- und Interkumulusmineralen (↗Kumulatgefüge). Zu diesen gehören insbesondere Olivin, Pyroxene, Plagioklase, Chromit und Magnetit. Mit diesem rhythmischen Lagenbau (rhythmic layering) einer geht oft ein kryptischer Lagenbau (cryptic layering), erkennbar an sich monoton ändernder chemischer Zusammensetzung der Minerale innerhalb einer Lage (bei Olivinen und Pyroxenen verringert sich mit zunehmender Differenzierung das Mg/(Mg+Fe)-Verhältnis, bei Plagioklasen das Ca/(Ca+Na)-Verhältnis) und plötzlichem Wiederanstieg dieser Verhältnisse, der durch die Zufuhr von undifferenziertem Magma verursacht wird. Wenn der Nachschub frischen Magmas endet, wird das verbleibende Magma vollständig kristallisieren. Dabei kommt es nahe des Dachs der Magmakammer zu extremer Differenzierung bis zur Bildung granitoider Schmelzen aus einem tholeiitischen Ausgangsmagma. Als Ursache des Lagenbaus wurde früher ↗gravitative Kristallisationsdifferentiation angenommen. Neuere Modelle sind komplexer und schließen In-situ-Kristallisation, durch Diffusion und durch die Reaktionskinetik bestimmte Kristallisation und deren Verzögerung in einem turbulent konvektierenden Magma ein. [HGS]

Lagenkugel, ein Hilfsmittel zur Darstellung geologischer oder kristallographischer Richtungsdaten. Da diese Daten in den meisten Fällen nur Richtungen darstellen und somit keinen definierten Betrag (z. B. Länge) haben, kann man sie als Einsvektoren auffassen. Läßt man alle diese Einsvektoren in einem Punkt beginnen, so liegen ihre Spitzen auf einer Kugeloberfläche, der Lagenkugel. Lineare Elemente werden dabei durch den Berührungspunkt (Durchstoßpunkt) des Vektors mit der Kugeloberfläche und flächige Elemente durch den Berührungspunkt der Flächennormale mit der Lagenkugel dargestellt. Die Lage eines solchen Punktes wird genauso wie die Lage eines geographischen Punktes auf der Erdoberfläche durch Längen- und Breitenkreise ange-

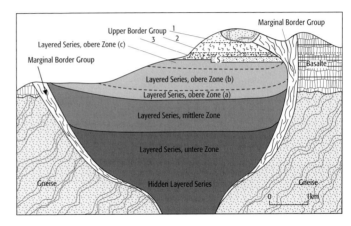

geben (Abb.). Ein flächiges Element kann auch durch einen Großkreis dargestellt werden, der normal auf dem Durchstoßpunkt der Flächennormale liegt. Der große Vorteil der Lagenkugel-Darstellung liegt in der Vergleichbarkeit verschiedener Datenmengen und der Möglichkeit, verschiedenste geometrische Operationen mit diesen Daten durchzuführen. Ebenso läßt sich die Geometrie geologischer Körper mit diesem Hilfsmittel sehr anschaulich ermitteln. In der Kristallographie ist die Lagenkugel ein wichtiges Hilfsmittel, um die Symmetriebeziehungen kristallographischer Flächen und Achsen anschaulich zu demonstrieren. Bei der Darstellung geologischer Sachverhalte auf der Lagenkugel muß man sich allerdings bewußt sein, daß die geographische Lage jedes dargestellten Elementes verloren geht und nur noch seine Richtung übrig bleibt. So kann man z. B. Sättel und Mulden (↗Falte) auf der Lagenkugel nicht unterscheiden. Da die meisten Gefügedaten bipolare Achsen sind, genügt i. d. R. die Darstellung auf einer Halbkugel. In der Geologie wird normalerweise die untere Halbkugel verwendet, während kristallographische Elemente gewöhnlich in der oberen Halbkugel dargestellt werden. Die Lagenkugel eignet sich auch hervorragend für die Darstellung großer Datenmengen, für die auch richtungsstatistische Parameter auf der Lagenkugel ermittelt werden können. Um die Lagenkugel anschaulich und eindeutig in einer Zeichenebene darzustellen, verwendet man verschiedene ↗Lagenkugelprojektionen. [EWa]

Lagenkugelprojektion, Projektionsmethode, mit der die Verteilung geologischer Datenmengen in einer Ebene auf der ↗Lagenkugel dargestellt wird. Grundsätzlich sind hierfür alle in der Kartographie üblichen Methoden, die Erdoberfläche in einer zweidimensionalen Projektion darzustellen, möglich. Es haben sich jedoch zwei Methoden in der Geologie und in der Kristallographie besonders bewährt: die stereographische Projektion und die Lambertsche Projektion.

a) Die stereographische Projektion ist eine Zentralprojektion, bei der der Zenith der Vollkugel das Projektionszentrum und die Äquatorebene die Projektionsebene bilden (Abb. 1). In der Pra-

Lagenintrusionen: schematische Darstellung des Aufbaus einer Lagenintrusion am Beispiel von Skaergaard. Im Unterschied zu den großen Lagenintrusionen wie Bushveld in Südafrika wurde der kleine Skaergaard-Körper nur von einem Magmenschub gespeist. In der Layered Series ist der Lagenbau beispielhaft entwickelt: Die Kristallisation beginnt in der unteren Zone mit den Kumulusmineralen Olivin (Mg-reich) + Plagioklas (Ca-reich), es folgen nach oben hin Augit, Pigeonit und schließlich Magnetit. In der mittleren Zone verschwindet Olivin aus der Paragenese, und in der oberen Zone erscheint er als nun Fe-reiches Mineral wieder. Parallel zur Kristallisation am Boden der Magmakammer setzt auch Kristallisation entlang der kühleren Ränder (Marginal Border Group, im Aufbau von außen nach innen ähnlich dem der Layered Series) und in einem späteren Stadium vom Dach her ein (Upper Border Group). Dadurch wird lokal an der Grenze zwischen Layered Series und Upper Border Group eine extrem differenzierte Restschmelze eingeschlossen (der »Sandwich«-Horizont, mit »S« markiert), aus der Ca-arme Plagioklase und sehr Fe-reiche Olivine und Klinopyroxene kristallisieren.

Lagenkugel: Lagenkugel für tektonische Daten (untere Halbkugel) mit Meridianen (Großkreisen) zur Festlegung der Azimute und Breitenkreisen zur Festlegung des Fallwinkels.

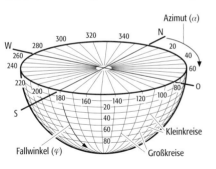

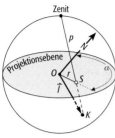

Lagenkugelprojektion 1: Prinzip der stereographischen Projektion ($\vec{l}$ = lineares Element, K = Berührungspunkt des linearen Elementes mit der unteren Halbkugel, S = Projektionspunkt von K in der Projektionsebene, α = Azimut von $\vec{l}$, r = Strecke = Funktion des Fallwinkels).

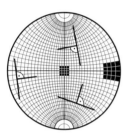

Lagenkugelprojektion 2: Wulffsches Netz. Die Seiten der schwarzen Flächen entsprechen einem Bogen von 20° auf der Kugeloberfläche.

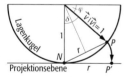

Lagenkugelprojektion 3: die Lambertsche Projektion. Der Berührungspunkt P eines linearen Elementes v mit der Lagenkugel wird durch einen Kreisbogen um den Nadir N mit dem Radius NP in den Punkt P' überführt (r = Strecke = Funktion des Fallwinkels, δ = Hilfswinkel, φ = Fallwinkel).

xis wird ein Netz, das *Wulffsche Netz* (Abb. 2), in dem Längen- und Breitenkreise nach der stereographischen Projektion abgeleitet sind, verwendet, um Richtungsdaten manuell in eine stereographische Projektion einzutragen. Dieses Netz hat den Vorteil, daß auch in der Projektion Längen- und Breitenkreise einen rechten Winkel miteinander bilden, man sagt, dieses Netz ist winkeltreu, während gleiche Flächen auf der Kugeloberfläche in der Projektion mit unterschiedlicher Größe dargestellt werden. Wegen der Winkeltreue lassen sich geometrische Konstruktionen besser mit diesem Netz ausführen. In der Kristallographie lassen sich mit Hilfe des Wulffschen Netzes Meßwerte von Flächenpolen am ↗ Reflexionsgoniometer leicht in die stereographische Projektion übertragen, wenn man den Mittelpunkt des Wulffschen Netzes von unten mit einem Reißnagel durchsticht, ein Blatt Transparentpapier damit aufspießt und die Ausgangslage durch einen Strich beim Winkel $\varphi = 0°$ markiert. Dreht man dann das aufgelegte Blatt im Uhrzeigersinn um den Meßwinkel φ, so kann man vom Mittelpunkt aus auf der Geraden des Wulffschen Netzes, die die Nullmarkierung trägt, den Meßwinkel ϱ (Poldistanz) abtragen. Man erhält so für alle Meßwerte (ϱ,φ) den entsprechenden Punkt in der stereographischen Projektion. Längs der Großkreise des Wulffschen Netzes lassen sich Winkeldistanzen messen. Außerdem kann man durch Drehen des Deckblatts je zwei Flächenpole auf einen Großkreis bringen und so den gemeinsamen Zonenkreis (↗ Zone) finden.
b) Die Lambertsche Projektion wurde von dem Philosophen und Mathematiker J. H. ↗ Lambert (1728–1777) für die flächentreue Abbildung der Erdoberfläche entwickelt und wird heute häufig in der Geographie verwendet. Sie stellt keine Projektion im mathematischen Sinne dar (Abb. 3). Die Projektionsebene liegt unter der Lagenkugel, d. h. sie ist die Tangentialebene im Nadir an die Kugel. Ein Netz, in dem Längen- und Breitengrade in dieser »Projektion« dargestellt werden, heißt *Schmidtsches Netz*. Es ist flächentreu und eignet sich deshalb für den Vergleich größerer Datenmengen und deren statistische Auswertung (Abb. 4a, 4b). Im ↗ Paläomagnetismus werden die Richtungen der ↗ remanenten Magnetisierung und auch die ↗ virtuellen geomagnetischen Pole (VGP) generell im Schmidtschen Netz in einer flächentreuen Projektion dargestellt. Man kennt sowohl äquatorständige als auch polständige Schmidtsche Netze. Für die Darstellung der Remanenzrichtungen verwendet man i. d. R. die polständige Version. Nach einer Konvention werden die Richtungen mit einer positiven ↗ Inklination mit geschlossenen, diejenigen mit einer negativen Inklination mit offenen Symbolen gezeigt. Für die Darstellung von Pollagen verwendet man auch häufig äquatorständige Projektionen sowie Projektionen aus beliebigen Richtungen oder sogar Merkatorprojektionen, um möglichst viele Pole auf einer Hemisphäre darstellen zu können. Pole auf der Nordhalbkugel werden dann mit geschlossenen, Pole auf der Südhalbkugel mit offenen Symbolen gekennzeichnet. ↗ Gefügediagramm.

LAGEOS, *Laser Geodynamic Satellite*, zwei geodätische Satelliten in Kugelform (Durchmesser 60 cm), ausgerüstet mit Retroreflektoren. LAGEOS 1 wurde von der NASA am 4.5.1976 gestartet: Flughöhe 5860 km über der Erdoberfläche, Bahnneigung 109,8°. LAGEOS 2 wurde von der NASA am 22.10.1992 gestartet: Flughöhe 5620 km über der Erdoberfläche, Bahnneigung 52,6°.

Lageplan, eine aufgrund geodätischer Messungen kartierte ↗ Rahmenkarte oder ↗ Inselkarte großen Maßstabes (1 : 100 bis 1 : 5000). Lagepläne werden als Grundlage für Industrie-, Straßen- und andere Bau- oder Planungsvorhaben hergestellt und bestehen im allgemeinen nur aus der Darstellung eines ↗ Grundrisses. Sind zusätzliche Höhenpunkte und/oder ↗ Höhenlinien enthalten, so wird oft von Lage- und Höhenplan gesprochen.

Lageprinzip, Grundsatz aus der ↗ Landschaftsökologie, wonach die Lage im Raum landschaftshaushaltliche ↗ Nachbarschaftswirkungen zwischen unterschiedlichen naturräumlichen Einheiten bedingt (↗ naturräumliche Ordnung). Stoff-, Wasser- und Luftbewegungen stellen funktionale Beziehungen auch zwischen voneinander entfernt liegenden ↗ Landschaften oder

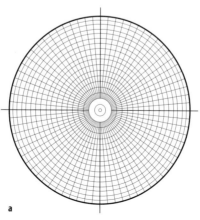
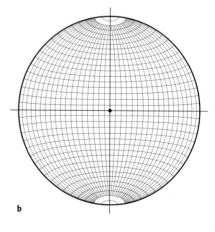

Lagenkugelprojektion 4: a) flächentreue (Lambertsche) Polarprojektion der Lagenkugel, b) flächentreue Azimutalprojektion der Lagenkugel (Schmidtsches Netz).

/Ökosystemen her. Auf dem Lageprinzip basiert die Idee der /ökologischen Ausgleichsflächen.

Lagergang, *Sill*, eine tafelförmige magmatische /Intrusion, welche konkordant, d. h. subparallel zu den Schichtflächen von Sedimentgesteinen bzw. konkordant zur /Foliation von metamorphen Gesteinen (/Metamorphite) verläuft. /Ganggestein.

Lagerklüfte, *ab-Klüfte*, /Klüfte.

Lagerstätte, natürliche Anhäufung von /Rohstoffen (/Erze, /Industrieminerialien, /Braunkohle und /Steinkohle, /Erdöl und /Erdgas, /Steine-und-Erden-Lagerstätten) in geologischen Körpern in der Erde oder an der Erdoberfläche, die in solcher Menge und/oder /Anreicherung technisch erreichbar vorkommen, daß sich ihre Gewinnung wirtschaftlich lohnt.

Lagerstättenbewertung, betriebswirtschaftliche Abschätzung einer Lagerstätte aus Erlösen des verkaufsfähigen Gutes zu Kosten für Abbau und /Aufbereitung als Entscheidungsgrundlage zur Eröffnung oder Fortsetzung des Betriebs eines Bergwerkes.

Lagerstättenbildung, *Lagerstättengenese*, Vorgang der Entstehung einer /Lagerstätte durch einen oder mehrere, zeitlich möglicherweise auseinanderliegende Anreicherungsprozesse.

Lagerstättengenese /*Lagerstättenbildung*.

Lagerstättenkunde, wissenschaftliche Auseinandersetzung mit /Lagerstätten unter Einbeziehung erdwissenschaftlicher Teildisziplinen, wie z. B. der Geologie, Mineralogie, Geophysik und Geochemie. Dabei wird unterschieden nach den Teilgebieten für feste Brennstoffe (/Braunkohle und /Steinkohle), /Kohlenwasserstoffe (/Erdöl und /Erdgas) und mineralische Rohstoffe, hierbei v. a. /Erze. Ziel der Lagerstättenkunde ist es, unter dem Aspekt der Rohstoffvorsorge aus den Erkenntnissen der Gesetzmäßigkeiten zur Entstehung und räumlichen wie zeitlichen Verbreitung von Lagerstätten Ansätze für die Erkundung nach neuen Lagerstätten bzw. Lagerstättenteilen zu finden.

Lagerstättenmodelle, Bildungsvorstellungen für /Lagerstätten aus der Synthese von eventuell an verschiedenen Lagerstätten gewonnenen Teilaspekten bzw. aufgrund von mathematischen Modellberechnungen.

Lagerstättenstockwerk, 1) vertikal abgrenzbarer Abschnitt innerhalb eines Lagerstättenkörpers mit deutlich von hangenden und liegenden Bereichen abgrenzbaren /Mineralisationen; 2) Bereich innerhalb der Abfolge geologischer Formationen, in dem bestimmte Lagerstätten auftreten.

Lagerstättensuche, bezeichnet das Aufspüren von Anreicherungen bestimmter Stoffe im Untergrund mit dem Ziel, diese abzubauen. Als Lagerstätten kommen in Betracht: Erdöl und Erdgas, Kohle, Erze, Salze und Baustoffe. Unter diesem Aspekt ist auch die geothermische Energie (/geothermische Energiegewinnung) als Nutzstoff zu sehen. Für die Erforschung der Strukturen des Untergrundes und seiner möglichen Lagerstätten gibt es in den Geowissenschaften ein breites Spektrum von Methoden, die sich gegenseitig ergänzen. Die Lagerstättensuche beginnt mit einer geologischen Aufnahme des betreffenden Gebietes unter Einbeziehung von Luftbild- und Satellitendaten. Wichtige Werkzeuge für die Erkundung von Lagerstätten stellt die /Angewandte Geophysik mit ihrem weiten Methodenspektrum bereit. Auch geochemische Methoden werden für die Aufspürung von Lagerstätten eingesetzt. Endgültig kann nur eine Bohrung entscheiden, ob eine Lagerstätte vorhanden ist und ob sie abbauwürdig ist. [PG]

Lagerstättentypen, Klassifizierung von /Lagerstätten nach vergleichbarer Entstehung.

Lagerungsdichte, 1) *Bodenkunde* /*Bodendichte*. 2) *Ingenieurgeologie*: Kenngröße für den Verdichtungsgrad eines Lockergesteins. Die Lagerungsdichte D hat starken Einfluß auf dessen mechanische Eigenschaften. Sie wird bei nichtbindigen und bindigen Lockergesteinen unterschiedlich ermittelt. Bei einem nichtbindigen Lockergestein muß zuerst die *lockerste Lagerung* ($\min \varrho_d$) und erreichbare *dichteste Lagerung* ($\max \varrho_d$) versuchstechnisch ermittelt werden. Dies erfolgt nach DIN 18126 durch Schütten ohne freie Fallhöhe bzw. dynamisches Verdichten mit einer Schlaggabel bzw. der Rütteltischmethode. Anhand dieser Werte ergibt sich die Lagerungsdichte D eines Lockergesteins mit der gegebenen /Trockendichte ϱ_d aus folgender Formel:

$$D = \frac{\varrho_d - \min \varrho_d}{\max \varrho_d - \min \varrho_d}.$$

Bei bindigen Lockergesteinen hängt die Verdichtungsfähigkeit stark vom Wassergehalt ab. Als Bezugswert zur Beurteilung der aktuellen bzw. erreichbaren Verdichtung wird die mit dem /Proctorversuch ermittelte /Proctordichte ϱ_{Pr} herangezogen. Die Proctordichte wird als 1 bzw. 100 % gesetzt und die Lagerungsdichte als Anteilswert (z. B. 0,65 bzw. 65 %) angegeben. [ABo]

Lagesymmetrie, Symmetrie an einem vorgegebenen Ort einer Kristallstruktur oder eines Kristalls. Diejenigen Symmetrieoperationen einer Gruppe von Abbildungen, die einen vorgegebenen Punkt im Raum festlassen, bilden eine Untergruppe der betreffenden Gruppe, die man die Lagesymmetriegruppe (oder Lagensymmetriegruppe) des Punktes nennt. Die Lagesymmetriegruppe in einer Raumgruppe oder kristallographischen Punktgruppe ist stets eine endliche Gruppe. Besitzt der Punkt nur die triviale Symmetrie 1 (C_1), dann spricht man von einem Punkt allgemeiner Lage, andernfalls von einem Punkt spezieller Lage. Unter einigen Raumgruppen, wie z. B. $P2_12_12_1$, gibt es nur Punkte allgemeiner Lage. Unter den meisten Raumgruppen jedoch, wie z. B. $P222_1$, gibt es daneben auch Punkte spezieller Lage, in diesem Fall auf den zweizähligen Achsen parallel zu $\vec{a}$ und den zweizähligen Achsen parallel zu $\vec{b}$. Man kann die Orientierung dieser Lagesymmetrieelemente in Bezug auf das Koordinatensystem durch die Symbole $2..$ und $.2.$ beschreiben. Bei diesen orientierten Lagesymmetrie-Symbolen werden die Stellen für die Richtungen ohne Symmetrieelement durch Punkte gekennzeichnet. Es ist ein Kennzeichen von symmorphen Raumgruppen, wie z. B. *P222*, daß sie stets Lagesymmetriegruppen enthalten, die zur Punktgruppe der Raumgruppe isomorph sind, hier also *222* (D_2).

In der Kristallstruktur von Zirkon ($ZrSiO_4$), welcher in der Raumgruppe *I4$_1$/amd* kristallisiert, liegen die SiO_4-Ionen auf Lagen der Symmetrie $\bar{4}2m$ (D_{2d}). Ihre Symmetrie im Kristall ist also niedriger als die höchstmögliche Symmetrie $\bar{4}3m$ (T_d). Solche Symmetrieerniedrigungen können zu Linien- oder Bandenaufspaltungen in den optischen Spektren von Kristallen führen, während bei Kristallstrukturen die Symmetrie von Punktlagen von Interesse ist, so bei den makroskopischen Kristallen die Symmetrie von Flächenlagen. Man spricht von einer Fläche allgemeiner Lage, wenn die Fläche nur durch die identische Abbildung *1* (C_1) festgelassen wird, sonst von einer Fläche spezieller Lage. Diese Bezeichnungen übertragen sich auf den Begriff der Form, denn die Lagesymmetriegruppen von Flächen ein- und derselben Form sind konjugierte Untergruppen in der Punktsymmetriegruppe des Kristalls. Die Flächen der Form {*111*} in Sphalerit (Zinkblende) haben die Lagesymmetrie *3m* (C_{3v}). Die vier Lagesymmetriegruppen sind konjugierte Gruppen in der Punktgruppe $\bar{4}3m$ (T_d). [WEK]

lag-Phase, *Anlaufphase*, in der ↗Ökologie die eingeschränkte Vermehrungsrate zu Beginn der Neubegründung einer Population (↗Populationsdynamik).

Lagrange, *Joseph Louis* de, eigentlich *Giuseppe Ludovico Lagrangia*, italienisch-französischer Mathematiker, Physiker und Astronom, * 25.1.1736 Turin, † 10.4.1813 Paris; ab 1755 (als Neunzehnjähriger) Professor an der Artillerieschule in Turin, 1766 Nachfolger ↗Eulers an der Berliner Akademie der Wissenschaften, 1787–90 Lehrtätigkeit an der Pariser Akademie, danach Arbeiten in der Kommission für das Münzwesen und im Komitee für Erfindungen und deren Anwendungen, ab 1795 Professor an der École Normale und Mitglied des Bureau des longitudes, 1797 an der École Polytechnique in Paris; einer der herausragenden Gelehrten des 18. Jahrhunderts; bahnbrechend auf nahezu allen Gebieten der Mathematik, besonders der Variationsrechnung, der Theorie der Differentialgleichungen und analytischen Funktionen, der Zahlentheorie, algebraischen Gleichungen und Wahrscheinlichkeitsrechnung; führte in den Naturwissenschaften die analytischen Methoden ein; in der Physik Arbeiten über die Theorie der schwingenden Saite und über Strömungslehre, insbesondere Hydrodynamik; begründete mit seinem Hauptwerk »Mécanique analytique« (2 Bände, 1788), dem ersten Buch der Theoretischen Physik (über Mechanik und Himmelsmechanik), die analytische (theoretische) Mechanik (nach ihm benannt sind die Lagrange-Funktion und die Lagrange-Bewegungsgleichungen); förderte die Himmelsmechanik mit Arbeiten über das Planetensystem

Lagrange, *Joseph Louis* de

(Beweis von dessen Stabilität), die Störungsrechnung (Theorie der säkularen Störungen in den Bahnelementen der Planeten) und das Dreikörperproblem (entdeckte 1772 die Lagrange-Punkte oder Librationspunkte), berechnete die Bahnen von Mond, von Saturn, von Jupiter und seinen vier großen Monden, stellte Untersuchungen zur Sonnenparallaxe, über Venusdurchgänge sowie zu Sonnen- und Mondfinsternissen an. Weitere Werke (Auswahl): »Essai sur le problème des trois corps« (1772), »Théorie des fonctions analytiques« (1797), »Traité de la résolution des équations numériques de tous degrés« (1798).

Lagrangesche Betrachtungsweise, ermöglicht im Bereich der Hydrodynamik die mathematische Beschreibung der Bewegung einer Flüssigkeit über die Zeit. Im Gegensatz zur ↗Eulerschen Bewegungsgleichung, die die Flüssigkeitsbewegung in einem festen, durchströmten Punkt beschreibt, wird bei der Lagrangesche Betrachtungsweise die Bewegung eines einzelnen Punktes der Flüssigkeit, z. B. eines Wassermoleküls im Raum, im Hinblick auf seine Bewegungsbahn, seine Geschwindigkeit und Beschleunigung betrachtet.

Die Lagrangesche Gleichung dient dazu, den Bewegungszustand eines Flüssigkeitsteilchens während der Zeit, in der es sich auf seiner Bahn bewegt, zu bestimmen. Die Bahn wird dabei festgelegt durch die Raumkoordinaten (x_0, y_0, z_0) zur Zeit $t = 0$ und die Bahnkoordinaten (x, y, z) zur Zeit t. X, Y und Z sind die Beschleunigungen in den drei Raumrichtungen. Die Lagrangesche Gleichung für die x-Richtung lautet damit:

$$\left(\frac{\partial^2 x}{\partial t^2} - X\right) \cdot \frac{\partial x}{\partial x_0} + \left(\frac{\partial^2 y}{\partial t^2} - Y\right) \cdot \frac{\partial y}{\partial y_0} +$$

$$+ \left(\frac{\partial^2 z}{\partial t^2} - Z\right) \cdot \frac{\partial z}{\partial z_0} + \frac{1}{\varrho} \cdot \frac{\partial p}{\partial x_0} = 0.$$

Setzt man für die Beschleunigungen $K = \{X, Y, Z\}$ und für x, y und z den Ortsvektor $r = \{x, y, z\}$ vereinfacht sich die Gleichung zu:

$$\left(\frac{\partial^2 r}{\partial t^2} - K\right) \cdot \frac{\partial r}{\partial x_0} + \frac{1}{\varrho} \cdot \frac{\partial p}{\partial x_0} = 0.$$

Entsprechendes gilt für die y- und z-Richtung. Für alle drei Raumrichtungen lautet die Lagrangesche Gleichung in der vereinfachten Matrix-Schreibweise:

$$\begin{pmatrix} \frac{\partial x}{\partial x_0} & \frac{\partial y}{\partial x_0} & \frac{\partial z}{\partial x_0} \\ \frac{\partial x}{\partial y_0} & \frac{\partial y}{\partial y_0} & \frac{\partial z}{\partial y_0} \\ \frac{\partial x}{\partial z_0} & \frac{\partial y}{\partial z_0} & \frac{\partial z}{\partial z_0} \end{pmatrix} \cdot \left(\frac{\partial^2 r}{\partial t^2} - K\right) = -\frac{1}{\varrho} \nabla p,$$

wobei $\nabla_p = grad\ p = \partial p/\partial k$ das Druckpotential ist. Die drei Gleichungen enthalten mit den Bahnkoordinaten (x, y, z) und dem Druck p vier Unbekannte, weshalb zur Lösung eine vierte

Gleichung nötig ist. Dazu läßt sich das ↗Kontinuitätsgesetz heranziehen. [WB]

Lagrangesche Bewegung, Beschreibung der Bewegungen in einem Wasserkörper durch Verfolgen der Bahnen individueller Wasserteilchen. Eine klassische Methode in der Ozeanographie zur Erfassung der Lagrangeschen Bewegungen ist das Verfolgen von Driftkörpern im Ozean. In den ↗Bewegungsgleichungen behält der Beschleunigungsterm die Form $d\vec{v}/dt$, wobei t die Zeit und $\vec{v}$ der Geschwindigkeitsvektor ist.

Lagrangesche Störungsgleichungen, Bahnstörungen, die sich aus der Bewegungsgleichung eines ↗Satelliten ergeben, wenn die Störbeschleunigung $\vec{b}_s$ ausschließlich durch den vom kugelsymmetrischen Feld abweichenden Anteil R des ↗Gravitationspotentials der Erde erzeugt wird. Die Lagrangeschen Störungsgleichungen für die ↗Keplerschen Bahnelemente lauten:

$$\frac{da}{dt} = \frac{2}{na} \frac{\partial R}{\partial M},$$

$$\frac{de}{dt} = \frac{1-e^2}{na^2 e} \frac{\partial R}{\partial M} - \frac{\left(1-e^2\right)^{\frac{1}{2}}}{na^2 e} \frac{\partial R}{\partial \omega},$$

$$\frac{di}{dt} = \frac{\cos i}{na^2 \left(1-e^2\right)^{\frac{1}{2}} \sin i} \frac{\partial R}{\partial \omega} - \frac{1}{na^2 \left(1-e^2\right)^{\frac{1}{2}} \sin i} \frac{\partial R}{\partial \Omega},$$

$$\frac{d\omega}{dt} = \frac{-\cos i}{na^2 \left(1-e^2\right)^{\frac{1}{2}} \sin i} \frac{\partial R}{\partial i} + \frac{\left(1-e^2\right)^{\frac{1}{2}}}{na^2 e} \frac{\partial R}{\partial e},$$

$$\frac{d\Omega}{dt} = \frac{1}{na^2 \left(1-e^2\right)^{\frac{1}{2}} \sin i} \frac{\partial R}{\partial i},$$

$$\frac{dM}{dt} = n - \frac{\left(1-e^2\right)}{na^2 e} \frac{\partial R}{\partial e} - \frac{2}{na} \frac{\partial R}{\partial a},$$

mit $n = \sqrt{GM/a^3}$ mittlerer Bewegung. Die Störungsgleichungen erlauben es, die Veränderung der Bahnelemente mit der Zeit zu studieren. Man unterscheidet säkulare (zeitlich lineare), langperiodische und kurzperiodische Bahnstörungen.

Lagune, 1) Flachwasserräume, die durch Akkumulationsformen ganz oder weitgehend vom offenen Meer abgetrennt wurden (↗Nehrungen, ↗Haff), oft ehemalige Meeresbuchten, in denen die Einstellung eines brackischen Milieus erfolgt (Abb.). 2) Flachwasserbereiche innerhalb des Riffkranzes eines ↗Atolls (↗Riff Abb.). ↗Faros.

Lahar, sedimentäre Massenströme, die in Vulkanzonen während und zwischen vulkanischen Eruptionen entstehen.

LAI ↗*Blattflächenindex*.

Laichkrautzone, Zone des ↗Sublitorals, die von Schwimmblattpflanzen und ↗submersen Wasserpflanzen besiedelt wird. Die Laichkrautzone schließt sich uferseitig an die Röhrichtbestände an und wird seewärts durch die Abnahme des Lichtangebots mit zunehmender Wassertiefe begrenzt (↗Kompensationsebene).

Lake-Superior-BIF ↗*Banded Iron Formation*.

Lakkadivensee, ↗Randmeer des ↗Indischen Ozeans zwischen den Malediven, Indien und Ceylon.

Lakkolith, [von griech. lakkos = Grube und lithos = Stein], *Laccolith*, ein in relativ geringer Tiefe erstarrter ↗Pluton mit ebener Basis und nach oben gewölbter Oberfläche. Die hangenden Schichten werden durch das Magma aufgewölbt. Seltener sind Lakkolithe bikonvex oder konkavkonvex gestaltet. Lakkolithe entstehen in der Regel aus saurem, zähflüssigem Magma. ↗Granit, ↗Syenit.

lakustrin, *lakustrisch*, ↗*limnisch*.

Lamarck, *Jean Baptiste Pierre Antoine de Monet*, Chevalier de, französischer Biologe und Paläontologe, * 1.4.1744 Bazentin-le-Petit (Somme), † 18.12.1829 Paris; Begründer der Invertebraten-Paläontologie und Begründer der ersten wissenschaftlichen Evolutionstheorie, des nach ihm benannten Lamarckismus, der »Vererbung erworbener Eigenschaften«. Auf Lamarck geht auch der Begriff Biologie zurück (1802).

Lamarck wurde in Amiens erzogen. Von seinen Eltern zum geistlichen Beruf vorgesehen, ging er jedoch mit 17 Jahren zur Armee und kämpfte im Siebenjährigen Krieg. Im Jahr 1763 quittierte er den Armeedienst und wurde Bankangestellter in Paris. In dieser Zeit erwuchs in ihm mehr und mehr das Interesse an Naturgeschichte. Nach dem Studium der Medizin, der Meteorologie und Chemie wandte er sich der Botanik zu. Gefördert durch George Louis Leclerc de Buffon (1707–1788) publizierte Lamarck 1778 eine dreibändige Flora Frankreichs (»Flore française«). Im Jahr 1779 wurde er in die Academie Française aufgenommen und zum Kustos des königlich botanischen Gartens ernannt. 1793 zum Professor am dem Garten angeschlossenen Museum berufen, widmete sich Lamarck vornehmlich der Invertebrata-Sammlung. 1794 prägte er den Begriff »Wirbellose Tiere«. Er teilte diese zunächst in fünf Klassen ein: Mollusken, Insekten, Würmer, Stachelhäuter und Polypen. Eine zunehmende Erblindung zwang ihn, sein Amt 1819 aufzugeben. Die letzten Jahre verbrachte er in großer Armut und nahezu vergessen von seinen Zeitgenossen. Begraben wurde er auf dem Friedhof Montparnass in einem Armengrab, das nach fünf Jahren der Einebnung anheim fiel.

Lamarck gilt als der größte Zoologe und Botaniker an der Schwelle des 19. Jahrhunderts. Zahlreiche wichtige wissenschaftliche Arbeiten kennzeichnen sein Lebenswerk. Neben Meteorologie, Geologie und Botanik galt sein Hauptinteresse der Zoologie und Paläontologie. Hier führte er ein neues System des Tierreiches ein (»Histoire naturelle animaux sans vertèbres« 1815–1827).

Lamarck, *Jean Baptiste Pierre Antoine de Monet*

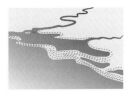

Lagune: schematische Darstellung einer Lagune.

Doch war er nicht allein der große Systematiker. Vielmehr galt sein spezielles Augenmerk generellen Problemen der Biologie. In »Recherches sur l'organisation des corps vivants« (1802) und »Philosophie zoologique« (1809) hat er seine teils spekulativen Vorstellungen zusammenfassend dargestellt. Lamarck erkannte, daß alle Klassifizierungssysteme künstlich sind, daß vielmehr eine Abstammungskontinuität besteht. Er postulierte unter Einbeziehung der paläontologischen Befunde, daß letztlich klare Abgrenzungen zwischen den biologischen Taxa nicht existieren könnten, »… daß die Natur die verschiedensten Organismen nacheinander hervorgebracht habe, fortschreitend vom Einfachsten zum Komplizierten …«. Damit bestritt er die bis dahin allgemein geltende Konstanz bzw. Unveränderlichkeit der Arten. Er erklärte das Phänomen durch Anpassung von Lebensweisen an sich ändernde Lebens- und Umweltbedingungen und die Übertragung der phänotypischen Abwandlungen auf die Nachkommen. In Konsequenz würden sich alte Strukturen ändern oder durch neue ersetzt. Hypertrophien entstünden durch intensiven Gebrauch, Degeneration durch Nichtgebrauch. Neue Organe könnten aber auch aus einem inneren Bedürfnis als Gegenreaktion auf neue Bedingungen entstehen. Hier bezieht er beispielsweise auch den Menschen ein, in dem er die Entstehung der menschlichen Sprache und des dazu notwendigen Organs, des Kehlkopfes, auf ein Kommunikationsbedürfnis zurückführt. Nach Lamarck sind also der Daseinsbedingungen die treibende Kraft der Evolution, begünstigt durch die großen zur Verfügung stehenden Zeiträume der Erdgeschichte. Seine Überlegungen – beeinflußt offensichtlich durch Buffon und möglicherweise auch durch Erasmus Darwin (1731–1802), dem Großvater von Charles Darwin – wurden zu seiner Zeit wenig beachtet. Sie standen zudem im Schatten der großen Autorität George ↗Cuviers (1769–1832) und seiner Katastrophentheorie. Erst die Überwindung dieser Theorie sowie die epochemachende Arbeit »The Origin of Species« (1859) von Ch. ↗Darwin (1809–1882) führte auch zu verstärkter Auseinandersetzung mit Lamarcks Theorie. Bis in das 20. Jh. fand Lamarck seine Anhänger. Erst die modernen Erkenntnisse der Genetik haben die Diskussion zu Gunsten Darwins bzw. einer modernisierten Auffassung des Darwinismus entschieden. [KOe]

Lambdaviertel-Plättchen, dünnes Plättchen eines ↗optisch einachsigen Kristalls, das senkrecht zur ↗optischen Achse geschnitten ist. Die Dicke d ist so bemessen, daß sich der in gleicher Richtung ausbreitende ↗ordentliche Strahl und ↗außerordentliche Strahl aufgrund ihrer verschiedenen ↗Brechungsindizes n_o und n_e einen optischen Wegunterschied g (Gangunterschied) von einer viertel Wellenlänge

$$g = d(n_e - n_o) = \frac{\lambda}{4}$$

oder eine Phasendifferenz von $\pi/2$ haben.

Lambert, *Johann Heinrich*, Philosoph und Naturforscher, * 26.8.1728 Mulhouse (Elsaß), † 25.9.1777 Berlin; erwarb sich autodidaktisch, zuletzt als Hauslehrer in Chur (Schweiz) eine umfassende Bildung. Seit 1764 in Berlin, wurde er 1765 zum ordentlichen Mitglied der Akademie der Wissenschaften zu Berlin berufen und 1770 zum Oberbaurat ernannt. Er betrieb naturwissenschaftliche Forschungen auf mehreren Gebieten. Geodätisch-kartographisch bedeutsam sind seine »Abhandlung von den Barometer-Höhen …« (1763) und »Abhandlung von dem Gebrauch der Mittagslinie beim Land- und Feldmessen« (beide 1763). Für die Farbenlehre war die Aufstellung einer Farbpyramide zukunftsweisend. Tiefgründige Gedanken zur Projektionslehre enthalten die »Anmerkungen und Zusätze zur Entwerfung der Land- und Himmels-Charten« (1772) mit einer Beschreibung der Azimutalentwürfe, die von ihm richtig als die günstigsten Gradnetzverebnungen für Kugelkalotten bis zur Größe von Halbkugeln erkannt wurden. [WSt]

Lambertsches Gesetz, besagt: trifft die Sonnenstrahlung nicht senkrecht, sondern unter einem Winkel α auf eine Oberfläche, so verringert sich der ↗Strahlungsfluß I entsprechend:

$$I = I_0 \cos\alpha.$$

I_0 ist dabei der auf eine Einheitsfläche bei senkrechtem Einfall beobachtete Wert des Strahlungsflusses (Abb.). ↗Bouguer-Lambert-Beersches Gesetz.

Lamberts flächentreuer Azimutalentwurf ↗azimutaler Kartennetzentwurf.

Lamé-Konstanten ↗Kontinuumsmechanik.

Lamellenverfahren, Verfahren zum Nachweis der Standsicherheit von ↗Böschungen bei gekrümmter Gleitfläche. In annähernd homogenen bindigen Böden entstehen kreisförmige Gleitflächen. Für die Standsicherheitsberechnung wird die Querschnittsfläche des Gleitkörpers in gleich große Lamellen aufgeteilt (Abb.). Die Breite der Lamellen beträgt 1/10 des Radius des potentiellen Gleitkreises, oder sie wird durch den Schnittpunkt der Schichtgrenzen mit dem Gleitkreis bestimmt. In die Berechnung der Sicherheit gehen dabei folgende Parameter ein: die zurückhaltenden Scherkräfte, aufgeteilt in Reibungskraft T und Kohäsionskraft C, den treibenden Momenten $G \cdot x$ und dem Radius des Gleitkrei-

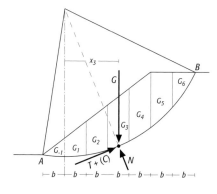

Lambertsches Gesetz: Skizze zum Lambertschen Gesetz.

Lamellenverfahren: Prinzip der Standsicherheitsbestimmung nach de Lamellenverfahren (T = Reibungskraft, C = Kohäsionskraft, b = Lamellenbreite, G = Eigenlast des Gleitkörpers, dargestellt als Schwerelinie, wobei G_1 bis G_6 die einzelnen Eigenlasten einer Lamelle bezeichnen, x_3 = Abstand zwischen der Schwerelinie G_3 und der Lotrechten, die durch den Gleitkreismittelpunkt führt, N = Normalkraft).

ses. Der Sicherheitsbeiwert η ergibt sich dann aus:

$$\eta = (\Sigma(T + C) \cdot r)/(\Sigma G \cdot x)$$

mit r = Radius des Gleitkreises, x = Abstand zwischen der Schwerelinie G und der Lotrechten, welche durch den Gleitkreismittelpunkt M führt. In inhomogenen Böden sind spiralförmige, abgeflachte oder unregelmäßig umrissene Gleitflächen zu erwarten. Die Standsicherheit wird hier berechnet über:

$$\eta = \Sigma T/(\Sigma G \cdot \sin\theta + \Sigma M/r).$$

Der Ausdruck $\Sigma M/r$ kann auch als $V \cdot \sin\theta + H \cdot \cos\theta$ formuliert werden, so daß der Radius des Gleitkreises aus der Gleichung verschwindet. H stellt die Horizontalkräfte, V die Vertikalkräfte, hervorgerufen durch die Auflast, und θ den Tangentenwinkel dar. [AWR]

Lamellibranchiata ↗Molloska.

Lamina, *Lamine*, Schichtungselement niedrigster Größenordnung, kleinste Einheit eines ↗Laminites. Lamina bezeichnet eine helle oder dunkle Einzellage. Mehrere Laminen sind die Laminae.

laminares Fließen, Bandströmung, bei der sich die Wasserteilchen in weitgehend äquidistanten Bahnen bewegen. Bei höheren Fließgeschwindigkeiten und einer ↗Reynoldschen Zahl >10 geht das laminare Fließen allmählich in das ↗turbulente Fließen über.

laminare Unterschicht, unterste Schicht der Atmosphäre, unmittelbar an die Erdoberfläche angrenzend. In dieser nur wenige Millimeter bis einige Zentimeter dicken Schicht ist die Luftströmung laminar und es erfolgen alle Vertikaltransporte von Impuls, Wärme, Feuchte durch Molekularbewegungen. Erst darüber, in der ↗Prandtl-Schicht, findet man eine turbulente Strömung, in welcher ↗turbulente Flüsse den Vertikaltransport dieser Eigenschaften übernehmen.

Lamination, *Laminierung*, charakteristische Erscheinung vieler feinkörniger Sedimente. Als Lamination wird ein lagig aufgebautes Sedimentgefüge verstanden, dessen Einzellagen (↗Lamina) Stärken bis maximal 1 cm erreichen. Gewöhnlich sind die Einzellagen eines ↗Laminites geringmächtig und betragen nur 0,05 mm bis 1 mm. Lagige Bereiche größer 1 cm werden als Feinschichtung angesprochen. Ausgeprägte Lamination kann in Seen in Form der ↗Warven überliefert sein. ↗Bankung.

Laminationstyp, Klassifikationsmerkmal für ↗Laminite nach ihrer Entstehung. Die Grundtypen klastisch, organogen und evaporitisch sind möglich. Zwischen den Grundtypen existieren fließende Übergänge. Organogene Laminite sind in der Regel biogen, carbonatisch oder sideritisch ausgebildet.

Laminenpaar, Kombination einer hellen mit einer dunklen Lamine (↗Warve).

laminiert, Eigenschaft eines Gesteines mit ↗Lamination.

Laminierung ↗Lamination.

Laminit, lagig aufgebautes Sediment, oft in Seen abgelagert (↗Warvit).

Lammert, *Luise Charlotte*, deutsche Meteorologin, * 21.9.1887 Leipzig, † 7.6.1946 Chemnitz; seit 1919 Assistentin bei L. F. ↗Weickmann in Leipzig, 1935–39 Leiterin der Kurortklimatischen Kreisstelle Nordschwarzwald in Baden-Baden. Werke (Auswahl): »Der mittlere Zustand der Atmosphäre bei Südföhn« (1920), »Frontologische Untersuchungen in Australien« (1932).

Lamproit, ein kaliumreiches ultrabasisches Gestein, das durch Phlogopit-Einsprenglinge gekennzeichnet ist. Lamproite können bedeutende Diamantvorkommen enthalten (z. B. NW-Australien).

Lamprophyr, vielfältige Gruppe von dunklen ↗Ganggesteinen, die nach ihren chemischen und mineralogischen Zusammensetzungen und nach ihren Gefügen keinem gängigen Plutonit oder Vulkanit entsprechen und die daher schon frühzeitig eigene Gesteinsnamen erhalten haben. Man unterscheidet neben den Lamprophyren i. e. S., die auch Kalk-Alkali- oder shoshonitische Lamprophyre genannt werden (↗Minette, ↗Kersantit, ↗Vogesit und ↗Spessartit), anchibasaltische (oder Alkali-) Lamprophyre (↗Camptonit und ↗Monchiquit) und alkalisch-ultrabasische Ganggesteine, wie z. B. ↗Alnöit, ↗Polzenit und ↗Ouachitit. Die Lamprophyre i. e. S. treten meist als Ganggefolgschaft spät- bis postorogener ↗Granitoide auf, während die beiden anderen Lamprophyrgruppen typische Ganggesteine in Alkaligesteinskomplexen sind.

Landbau, die Nutzung von Acker- und Grünlandflächen durch die ↗Landwirtschaft. Auch Rebbau, Gartenbau und Obstbau gehören zum Landbau, i. e. S. werden mit Landbau aber nur die ackerbaulich genutzten Flächen angesprochen. Grob kann zwischen ↗konventioneller Landwirtschaft und der an Bedeutung zunehmenden ↗biologischen Landwirtschaft unterschieden werden.

Landbedeckungskartierung, *land cover mapping*, Bestimmung der Oberflächenbedeckung aus Fernerkundungsdaten mittels ↗Interpretation oder Klassifikation. Unter der Landbedeckung wird das Oberflächenmaterial der Erde verstanden, z. B. Wasserflächen und Bebauung. Im Gegensatz dazu erfaßt die ↗Landnutzungskartierung die Bedeutung der Fläche für den Menschen (z. B. Hafen, Industriegebiet) mit.

Landböden ↗terrestrische Böden.

land cover mapping ↗Landbedeckungskartierung.

Landeignungsklassifikation ↗Landevaluation.

Landeis ↗Eisschild.

Länderarbeitsgemeinschaft Abfall, *LAGA*, Einrichtung, die über Abfallbeseitigung, Sonderabfall, Altlasten und allgemein über alle Belange der Handhabung von Abfällen informiert.

Länderarbeitsgemeinschaft Wasser, *LAWA*, Arbeitsgemeinschaft der obersten für Wasserwirtschaft und Wasserrecht zuständigen Behörden der Bundesländer. Zu den Aufgaben der LAWA gehören der Informations- und Erfahrungsaustausch hinsichtlich eines effektiven und gleichmäßigen Gesetzesvollzugs in den Ländern, die Koordinierung von Forschungs- und Entwicklungsvorhaben, die Erarbeitung von Musterentwürfen für Richtlinien, Merkblätter und Informationsschriften als Hilfsmittel zur Lösung wasserwirtschaftlicher Aufgabenstellungen und die Zusammenarbeit mit dem Bund in übergreifenden Fragen.

Länderkarte, *Länderübersichtskarte*, bildet als Handkarte oder Atlaskarte einen Staat zusammenhängend ab. Die durchschnittliche Größe der europäischen Länder, Einzelstaaten und Staatenbünde ergibt für die geläufigen Kartenformate von ↗Handatlanten Maßstäbe von 1 : 1.500.000 bis 1 : 6.000.000. Mit diesem Maßstabsbereich weisen Länderkarten einen charakteristischen Verallgemeinerungsgrad auf und enthalten weniger Einzelheiten als ↗Gebietskarten, sind aber wesentlich inhaltsreicher als ↗Großraumkarten. Länderkarten zeigen in der Regel ein detailliertes Gewässernetz, das vollständige Netz der zentralen Orte und meist auch alle Städte, die Hauptnetze des Verkehrs und die administrative Gliederung der mittleren Ebene sowie ein noch differenziertes Relief.

Landesentwicklungsplan, *LEP*, Plan, in dem die Ziele der ↗Landesplanung der Bundesländer der BRD formuliert sind. Er beruht auf den Landesplanungsgesetzen (LPlG) der jeweiligen Länder. Im LEP wird die anzustrebende Ordnung und Entwicklung des jeweiligen Bundeslandes in Anlehnung an das Bundesraumordnungsprogramm festgelegt, oft ergänzt durch Landesentwicklungsprogramme. ↗Raumplanung.

Landeskartenwerk, die Gesamtheit der Karten einer Thematik eines Landes. Die Karten können unterschiedliche Maßstäbe besitzen und ihrerseits aus einer Vielzahl von einzelnen lieferbaren ↗Kartenblättern bestehen. International sind topographische, geologische und bodenkundliche Landeskartenwerke sehr verbreitet (↗topographische Karte, ↗geologische Karte, ↗Bodenkarte). Solche Landeskartenwerke basieren auf einer Landesaufnahme, die in relativ großem ↗Kartenmaßstab, z. B. 1 : 5000 kartiert ist. Neben den Kartenblättern dieses Grundmaßstabes gehören zum Landeskartenwerk die Kartenblätter bzw. Karten kleinerer Maßstäbe, die aufgrund derselben Landesaufnahme für bestimmte Zwecke hergestellt wurden. Beispielsweise umfaßt das topographische Landeskartenwerk Deutschlands die ↗Deutsche Grundkarte 1:5000, topographischen Karten 1:10.000, 1:25.000, 1:50.000, 1:100.000 und 1:200.000, die ständig fortgeführt und aktualisiert werden. Für die automatisierte Herstellung von topographischen Karten des Maßstabs 1:25.000 werden in Deutschland die ↗Geobasisdaten des ↗ATKIS genutzt, für kleinere Maßstäbe ist dies in der Zukunft vorgesehen. [GB]

Landeskultur, umfaßt die vielfältigen Maßnahmen zur Erhaltung und Pflege, aber auch zur Erschließung und Verbesserung der Produktionsgrundlagen und der menschlichen Lebensumwelt in der ↗Kulturlandschaft, dort v. a. im ↗ländlichen Raum. Die Landeskultur vereinigt die Maßnahmen der Land-, Forst- und Wasserwirtschaft und berücksichtigt die Anliegen des Natur- und Umweltschutzes. Mit landeskulturellen Maßnahmen wird darauf abgezielt, den Naturraum bestmöglich, unter Beachtung der ökologischen Zusammenhänge, zu nutzen. Dies soll durch die Abschätzung des ↗Leistungsvermögens des Landschaftshaushaltes erfolgen. Während früher der wirtschaftliche Nutzen landeskultureller Maßnahmen (z. B. ↗Meliorationen), im Vordergrund stand, sind heute auch der Schutz und die Sicherung der natürlichen Lebensgrundlagen Boden, Wasser und Luft zentrales Anliegen der Landeskultur. Als Grundlage der Planung der Kulturlandschaft durch die Landeskultur werden einheitliche Räume, die ↗landeskulturellen Gebietstypen, ausgeschieden. Die Landeskultur hat im Bereich des Umwelt- und Naturschutzes Gemeinsamkeiten mit der ↗Landespflege. [SR]

landeskulturelle Gebietstypen, untergliedern die ↗Kulturlandschaft in Räume, die in bezug auf das ↗Naturraumpotential und das gesamtlandschaftliche Erscheinungsbild in einem gewissen Rahmen einheitlich sind. Das gesamtlandschaftliche Erscheinungsbild ist der landeskulturelle Zustand, wie er sich durch die Maßnahmen der ↗Landeskultur und ↗Landespflege herausgebildet hat. Die Größenordnungen der landeskulturellen Gebietstypen folgen der ↗Theorie der geographischen Dimensionen. Landeskulturelle Gebietstypen werden in der Landeskultur für die Planung von Maßnahmen zur Weiterentwicklung der Kulturlandschaft verwendet.

Landespflege, Bestandteil der angewandten Landschaftsökologie und Landschaftspflege, nimmt im Rahmen der übergeordneten Raum- und Landesplanung die Interessen des ↗Naturschutzes und ↗Umweltschutzes wahr. Die Landespflege versteht sich als Bestandteil einer ökologisch gewichteten Raumplanung und hat zum Ziel, auf lange Sicht die Umwelt des Menschen zu schützen, zu pflegen und zu entwickeln. Sie muß hierfür mit entsprechenden landespflegerischen Maßnahmen einen Ausgleich herstellen zwischen einerseits den sozioökonomischen Ansprüchen der Gesellschaft an den Kulturraum und Naturraum und andererseits den Belangen des naturgemäßen Lebensraumes.

Landespflegerischer Begleitplan, in Deutschland ein Instrument der ↗Landespflege, in der die ökologischen Gesichtspunkte einer räumlichen Planung wiedergegeben werden. Der Landschaftspflegerische Begleitplan ist Bestandteil von ↗Fachplanungen und dient z. B. bei größeren Bauvorhaben der projektorientierten Abarbeitung der Eingriffsregelung gemäß Bundesnaturschutzgesetz (BNatSchG). Aufgabe des Landschaftspflegerischen Begleitplanes ist die Bestandsaufnahme und Bewertung der relevanten ↗landschaftsökologischen Hauptmerkmale. Er stellt dar, in welcher Weise die durch das Bauvorhaben bedingten Veränderungen von Natur und Landschaft ausgeglichen (Ausgleichsmaßnahmen) oder ersetzt (Ersatzmaßnahmen) werden können, sofern diese Veränderungen »erheblich« oder »nachhaltig« sind. Die Feststellung der Erheblichkeit oder Nachhaltigkeit erfolgt meist im Rahmen einer ↗Umweltverträglichkeitsprüfung. Der Landschaftspflegerische Begleitplan wird i. d. R. als Bestandteil des jeweiligen Fachplanes rechtsverbindlich.

Landesplanung, großräumige ↗Raumplanung, die sich mit der übergeordneten, überörtlichen und koordinierenden Planung gemäß vorgegebenen Grundsätzen der ↗Raumordnung befaßt. In Deutschland wird die Landesplanung von den Bundesländern wahrgenommen, welche für die Aufstellung von ↗Landesentwicklungsplänen und -programmen zuständig sind sowie für die Abstimmung von raumbedeutsamen Vorhaben der verschiedenen Fachplanungen. Als Grundlage dient das ↗Bundesraumordnungsprogramm, nach dem die Länder ihre raumordnungspolitischen Ziele ausrichten müssen.

Landesvermessungsamt, die Zentralbehörde eines deutschen Bundeslandes für Landesaufnahme und ↗Kataster, zuständig für die Herausgabe der topographischen Karten ≥ 1:100.000 und der Flurkarten in analogem und digitalen Zustand. Die Landesvermessungsämter sind nach dem 2. Weltkrieg aus den Hauptvermessungsabteilungen des ↗Reichsamts für Landesaufnahme hervorgegangen.

Landevaluation, *Landeignungsklassifikation*, Verfahren zur Abschätzung der Verfügbarkeit von Ressourcen eines Untersuchungsgebietes für die Zwecke der ↗Raumplanung. Landevaluationen werden heute meist in Entwicklungsländern durchgeführt. Das Verfahren basiert auf einer Erhebung der landschaftsökologischen Grundlagendaten, vorteilhaft ist die Ermittlung auf der Basis von Fernerkundungsmethoden. Verschiedene Prinzipien der Landschaftsökologie müssen dabei berücksichtigt werden: Die ↗Hierarchie der Landschaftsökosysteme, die ↗Theorie der geographischen Dimensionen und die Verwendung von Indikatoren (↗Bioindikator). Verschiedentlich ist deutliche Kritik an den Grundlagendaten für Planung in Entwicklungsländern geübt worden. Eine Ursache liegt in der Raumplanung selbst, welche die Vorstellungen der Industrieländer in die Entwicklungsländer übertrug. Dabei wurde jedoch die Kleinstrukturiertheit von Raum und Gesellschaft in diesen Ländern ebenso wenig berücksichtigt wie die dort vorherrschenden unterschiedlichen Entscheidungsstrukturen und Wertvorstellungen. [DS]

Landgewinnung, künstliche Gewinnung landwirtschaftlicher Nutz- oder Siedlungsfläche an Meeres- oder Binnenseeküsten durch Aufschüttung und/oder Eindeichung. An gezeitenreichen ↗Seichtwasserküsten, wie z. B. an der deutschen Nordseeküste, dienen in das ↗Watt vorgebaute Lahnungen und Grüppen als Sedimentfänger, bis die entstehende ↗Salzmarsch eine Höhe von ca. 0,75 m über der mittleren Hochwasserlinie erreicht hat. Das Gebiet wird dann eingedeicht, so daß ein Koog entsteht, der zum Teil auch noch künstlich aufgefüllt wird. An der niederländischen Nordseeküste werden flache Meeresbuchten durch Eindeichung trockengelegt (↗Polder; z. B. die Eindeichung der Zuider-See zum Ijsselmeer mit großflächiger Polderbildung). Das neue Land liegt unter der Mittelwasserlinie, weswegen ein Entwässerungssystem mit Sielen und Schöpfwerken, das Regenwasser einsickern läßt und vom Meer her eindrückendes Salzwasser abführt, unabdingbar ist. [HRi]

Landinformationssystem, *LIS*, ein in der Regel im Bereich des Vermessungswesens betriebenes spezielles ↗Geoinformationssystem, das der Lösung von Aufgaben im Rechtswesen, in der Verwaltung und Wirtschaft dient. Die ↗Datenbank eines Landinformationssystems enthält auf Grund und Boden bezogene Daten eines bestimmten Gebietes. Die Daten werden nach einem einheitlichen räumlichen Bezugssystem gespeichert. Für ihre Erfassung, Verwaltung, Analyse und Präsentation stehen geeignete Werkzeuge (Verfahren und Methoden) zur Verfügung. Charakteristika für Landinformationssysteme sind u. a. die eingeschränkte, stark zweckgebundene ↗Datenmodellierung, die hohe Aktualität der ↗Datenverwaltung und die Arbeit mit Vektordaten. Es werden primär Problemstellungen im großmaßstäbigen Bereich (etwa 1:500 bis 1:10.000) bearbeitet. In der Bundesrepublik Deutschland bildet im kommunalen Sektor das Automatisierte Liegenschaftskataster (ALK) die Basis für Landinformationssysteme nach dem ↗MERKIS-Konzept des Deutschen Städtetages. [WGK]

Landkarte, umgangssprachlich für kartographische Darstellungen, die das ↗Gelände in mittleren und kleinen ↗Maßstäben für allgemeine Zwecke abbilden. Landkarte ist gegenüber dem Begriff Karte, der in vielen Bedeutungen gebraucht wird, eindeutig definiert; er schließt begrifflich die ↗Seekarte aus und grenzt i. d. R. auch ↗thematische Karten und ↗Kartogramme aus.

ländliche Regionalentwicklung, in der ↗Raumplanung und der ↗Entwicklungshilfe gebräuchlicher Begriff. Er bezieht sich auf die peripheren Regionen, die primär von der ↗Landwirtschaft geprägt sind und deren Infrastruktur noch ausgebaut werden soll. Mit Investitionszuschüssen, Darlehen und Zulagen soll eine ausgeglichene Wirtschaftsstruktur erreicht werden. Investitionen und Subventionen im alpinen Raum oder in peripheren Regionen der Europäischen Union können positiv landschaftswirksam werden, wenn sie mit ökologischen Auflagen verbunden sind.

Ländlicher Raum, umfaßt die Gebiete der ↗Kulturlandschaft, die hauptsächlich forst- und landwirtschaftlich genutzt werden. Der Ländliche Raum ist geprägt durch eine tiefe Bevölkerungsdichte, dörfliche bis kleinstädtische Siedlungen und einen hohen Anteil der in der ↗Landwirtschaft und ↗Forstwirtschaft beschäftigten Bevölkerung. Er wird dem Städtischen Raum, also den Verdichtungsräumen (↗Ballungsgebiet) entgegengesetzt.

Landnutzung, beschreibt die Art der Bodennutzung durch und für den Menschen. Die Geschichte der Landnutzung und die Art der angewendeten Landnutzungssysteme sind eng verbunden mit der gesellschaftlichen und wirtschaftlichen Entwicklung des Menschen. Bei der Art der Landnutzung wird zwischen der Landnutzung im Siedlungsraum und der im Agrarraum unterschieden. Nutzungskategorien der Landnutzung im Agrarraum sind z.B. ↗Wald, ↗Grünland, ↗Ackerland, es können aber auch feinere Unterteilungen erfolgen. Die Eignung des Bodens für die eine oder andere Nutzungsart ist abhängig vom ↗Naturraumpotential und von sozioökonomischen Randbedingungen. Durch die koordinierende Funktion der ↗Raumplanung und ↗Raumordnung wird versucht, eine optimale Landnutzung zu erreichen.

Landnutzungskarte, *Bodennutzungskarte, Bodenbedeckungskarte*, Karten, in denen Angaben und Informationen über natürliche Ressourcen, Flächennutzungen, naturräumliche Einheiten sowie über die Bodenbedeckung präsentiert werden. Landnutzungskarten stehen in engem Zusammenhang mit ↗geoökologischen Karten. Die Bestimmung der Landnutzung und Landnutzungsklassifikationen erfolgt aus Fernerkundungsdaten (↗Fernerkundung) durch rechnergestützte visuelle Interpretation unter Verwendung von Nomenklaturen sowie aus Feldaufnahmen mit festgelegtem Kartierschlüssel. In neuerer Zeit werden Landnutzungskarten in Verbindung mit ↗Umweltinformationssystemen und ↗Landschaftsinformationssystemen als Instrumentarium für Naturschutz und Landschaftspflege eingesetzt, in denen Daten und Karten der Landnutzung bereit gehalten werden, die mit weiteren Fachdaten verknüpft werden können. Unterschiedliche Gebiets- und Raumeinheiten unterstützen die ↗Verortung für die Vielzahl von Landschaftsdaten, wie Daten zu Biotopkartierungen, Schutzgebieten, potentielle natürliche Vegetation, naturräumliche Gliederung, Artendatei etc.
Landnutzungskarten mit flächenhafter Darstellung in den Maßstäben 1:10.000 bis 1:25.000 werden in Landesämtern zur Unterstützung der Behörden in Fragen des Umweltschutzes, zur Durchführung von landschaftsökologischen Untersuchungen und zur Beratung vorgehalten. Im Maßstab 1:50.000 liegen bei den zuständigen Landesämtern die Landnutzungskarten flächendeckend für das jeweilige Bundesland vor. Im EU-Projekt CORINE (Koordination europaweiter Informationen zur Umwelt) erfolgte eine europaweite Erhebung und Darstellung der ↗Bodenbedeckung und -nutzung auf Basis von Satellitenbildern und der visuellen Photointerpretation unter Verwendung der CORINE-Landcover Nomenklatur mit 44 Klassen der fünf wichtigsten Bodenbedeckungs- und Bodennutzungsarten im Maßstab 1:100 000. [ADU]

Landnutzungskartierung, *land use mapping*, Bestimmung der Landnutzung aus Fernerkundungsdaten durch ↗Interpretation oder ↗Landnutzungsklassifikation. Im Gegensatz zur Landbedeckungskartierung, die nur das Oberflächenmaterial der Erde erfaßt, gibt die Landnutzungskartierung auch die Bedeutung der Fläche für den Menschen wieder (z.B. Hafen, Industrie- oder Wohngebiet). In Wildnisgebieten ohne menschliche Nutzung kann lediglich eine ↗Landbedeckungskartierung durchgeführt werden.

Landnutzungsklassifikation, Bestimmung der Landnutzung durch Klassifikation. Der verwendete Klassifikationsschlüssel hängt von der jeweiligen Aufgabenstellung und dem Bildmaterial selbst ab (geometrische, zeitliche Auflösung, Anzahl der Spektralkanäle).

Landoberflächenabfluß, *Oberflächenabfluß, oberirdischer Abfluß, Überlandabfluß, Überlandfließen*, Teil des ↗Effektivniederschlages, der flächenhaft auf die Landoberfläche abfließt. Er kann durch drei verschiedene Prozesse entstehen: a) infolge Infiltrationsüberschuß (↗Hortonscher Landoberflächenabfluß), b) Sättigungsüberschuß (↗Sättigungsflächenabfluß) oder c) als sog. ↗returnflow (↗Abflußprozeß, ↗Abflußbildung, Abflußkonzentration). Das oberflächlich entstandene Wasser sucht den Weg des größten Gefälles und erreicht den Vorfluter mit einer kurzen Fließzeit. Der Landoberflächenabfluß setzt, wenn die Voraussetzungen gegeben sind, bei Starkregen mit dem Niederschlagsbeginn ein und klingt ebenso schnell nach dem Niederschlagsereignis ab. Dabei tritt der Scheitel der Abflußganglinie in kleinen Einzugsgebieten oftmals schon während des abklingenden Niederschlages oder unmittelbar nach dem Niederschlag mit einer Verzögerung bis zu wenigen Stunden ein. [HJL]

Landregen, anhaltender mäßiger bzw. starker Regen aus Schichtwolken wie Nimbostratus. ↗Wolkenklassifikation.

Landsat, Serie amerikanischer Erderkundungssatelliten auf fastpolaren (Inklination $i = 99°$), sonnensynchronen Bahnen. Landsat 1 war eine verbesserte, größere Version der ↗NIMBUS Satelliten und war ab 1972 im Einsatz. Die wichtigsten Sensorsysteme der Landsat-Missionen waren: Landsat 1–3: RBV (↗Return Beam Vidicon), ↗MSS (Multi Spectral Scanner), Landsat 4–5: ↗TM (Thematic Mapper), MSS, Landsat 6–7: ETM (Enhanced Thematic Mapper). Die Wiederholrate beträgt bei Landsat 1–3 18 Tage, bei Landsat 4–7 durch eine etwas geringere Bahnhöhe 16 Tage. Die operationellen Phasen der einzelnen Landsat-Missionen sind/sind: Landsat 1 23.7.1972–1978 ($h = 907$ km); Landsat 2 22.1.1975–1983 ($h = 908$ km), Landsat 3 5.3. 1978–1983 ($h = 915$ km), Landsat 4 16.7.1982–7.1993 (standby) ($h = 705$ km), Landsat 5 1.3.1984 – im Einsatz ($h = 705$ km), Landsat 6 5.10.1993 – im Einsatz, Landsat 7 15.4.1999 – im Einsatz ($h = 705$ km). [EC]

landscape evolution ↗*Landschaftsgeschichte*.

Landschaft, allgemeine Bezeichnung für einen durch einheitliche Struktur und gleiches Wirkungsgefüge geprägten konkreten Teil der Erdoberfläche von variabler flächenhafter Ausdehnung. Geowissenschaftlich wird die Landschaft als ↗Landschaftsökosystem betrachtet, um auf den erdräumlich relevanten Funktionszusammenhang von Geosphäre, Biosphäre und Anthroposphäre hinzuweisen. Letzeres zeigt, daß zu einer Landschaft nicht nur die Naturausstattung, sondern auch deren heutige, vom Menschen geprägte Erscheinungsformen gehören. Daraus ergeben sich verschiedene landschaftliche Grundkategorien wie ↗Urlandschaft, ↗Naturlandschaft oder ↗Kulturlandschaft. Mit der Entwicklung der ↗Landschaftsökologie ging eine jahrzehntelange, aus heutiger Sicht manchmal nur schwer nachvollziehbare Diskussion um den Begriff Landschaft einher. Im Mittelpunkt stand dabei die Frage, ob die Landschaft als Individuum oder als Typ zu betrachten sei. In der ↗Landschaftsphysiologie wurde die Vorstellung entwickelt, daß die Landschaft die Synthese einer Vielzahl von Einzelelementen darstelle. Dieses Konzept wurde in der ↗naturräumlichen Gliederung später wieder aufgegriffen und gewann für die Landschaftsökologie zentrale Bedeutung. Auch die Frage der Dimension spielte lange Zeit eine wichtige Rolle in der Diskussion um den Begriff der Landschaft. Für den landschaftsökologischen Pionier C. ↗Troll war die kleinste naturräumliche Einheit, das ↗Ökotop, noch keine Landschaft. Demgegenüber setzte sich die Meinung von E. ↗Neef durch, wonach die Ganzheitlichkeit der Ökotope und nicht deren Größe das entscheidende Definitionskriterium bildet. Andere geowissenschaftliche Disziplinen verwenden den Begriff Landschaft weiterhin überwiegend im umgangssprachlichen Sinne. Sie orientieren sich dabei am äußerlichen Erscheinungsbild eines Erdraums, also seiner ↗Physiognomie. Diese soll aufgrund visueller Merkmale als mehr oder weniger einheitlich erscheinen. Auch hier wird impliziert, daß eine Landschaft eine gewisse Mindestgröße aufweist. Dieser bildliche Eindruck zeigt sich in der »landschaftlichen« Bezeichnungen von größeren und kleineren Erdräumen (Schwarzwald, Schwäbische Alb, Oderbruch, Börden etc.). Neben dieser naturräumlichen Einheitlichkeit kann sich eine Landschaft auch über die historische Entwicklung einer Region ausbilden, die sich v. a. in der Ausprägung einer einheitlichen Kulturlandschaft zeigt. Der Begriff Landschaft und die sich damit beschäftigende Landschaftsökologie eignen sich besonders auch als Lehrinstrument in der Schule, um Schülerinnen und Schülern die komplexe Lebensumwelt des Menschen mit ihren vielfältigen Wechselwirkungen und den damit auftretenden Umweltproblemen zu vermitteln. Landschaft wird damit »greifbar« und stellt daher als sichtbare Substanz den räumlichen Repräsentanten der Landschaftsökosysteme dar. [SMZ]

landschaftlicher Komplex, *geographische Realität der Landschaft, Landschaftskomplex*, umfaßt alle Komponenten, die eine ↗Landschaft in ihrem räumlichen und funktionellen Zusammenwirken ausmachen. Die Komponenten des landschaftlichen Komplexes können abiotischer, biotischer, soziokultureller, sozioökonomischer oder infrastruktureller Art sein (↗Landschaftsfaktoren). Der landschaftliche Komplex wird mit Hilfe des ↗Landschaftsökosystems modelliert.

landschaftliches Axiom, grundsätzliche Annahme, daß die Komponenten des ↗landschaftlichen Komplexes in Wechselwirkungen und Funktionszusammenhängen stehen und naturgesetzlich als dreidimensionale Wirkungsgefüge funktionieren. Das Wirkungsgefüge der Komponenten funktioniert jederzeit und überall auf der Erde, es ist innerhalb bestimmter Grenzen gegenüber Änderungen variabel und wird als ↗Landschaftsökosystem modelliert.

landschaftliche Synthese, erfaßt den ↗landschaftlichen Komplex der geographischen Realität der Landschaft, um für praktische Zwecke funktionelle Einheiten in der Landschaft abzugrenzen. Früher stand die Erfassung physiognomischer, also visuell und nicht primär funktionell abgrenzbarer Einheiten im Vordergrund.

Landschaftsarchitektur, Fachgebiet, das seine Ursprünge in der Gestaltung der ↗Gärten und ↗Parks herrschaftlicher Besitze in vergangenen Jahrhunderten hat und sich im 19. Jh. zur eigenen Disziplin entwickelte. Die Landschaftsarchitektur zielt auf die Erhaltung und Entwicklung der ↗Landschaft und des Siedlungsraumes, gerade auch unter ästhetischen Gesichtspunkten (↗Landschaftsästhetik). Dabei bezieht sie sich auf die ↗Landschaftsplanung und Landschaftsgestaltung, ebenso wie auf Freiraumgestaltung und Gartenarchitektur.

Landschaftsästhetik, Wesen und Erscheinungsform des Naturschönen, das sich aus der sinnlichen Wahrnehmungsbeziehung des Lebendigen mit seiner ↗Umwelt ergibt. Die Ästhetik einer ↗Landschaft wird v. a. über die Erfassung des Eigenwertes ihrer Ausstattung mit einzelnen Landschaftskomponenten anhand von Farben, Mustern und Formen und deren Zusammensetzung vermittelt. Insbesondere das Vorhandensein von naturnahen ↗Landschaftselementen, deren Abwechslungsreichtum und deren Eigenart macht die Landschaftsästhetik aus. Zum Erreichen der Ziele im ↗Naturschutz wird heute überwiegend mit Ethik und Ästhetik argumentiert, da diese für den Menschen als ausschlaggebende Motivation des Handelns erkannt wurden. Kernaussage ist dabei, daß die traditionelle ↗Kulturlandschaft ebenso ein schützenswertes Kulturgut darstellt wie ein historisches Gebäude oder ein Kunstwerk. Da kein direkter Zusammenhang zwischen dem subjektiven ästhetischen Empfinden und der ökologischen Funktion besteht, wurde jedoch der Stellenwert der Landschaftsästhetik bisher noch kaum naturwissenschaftlich diskutiert. Dabei wird zuwenig beachtet, daß das Wissen über ökologische Funktionen das ästhetische Erlebnis des Naturschönen stark erhöhen kann. Wie alle landschaftlichen Erscheinungen ist auch die Ästhetik mit einem Skaleneffekt verbunden. Beispielsweise vermögen einzelne Buschgruppen oder eine durchgehende ↗Hecke das ↗Landschaftsbild großräumig gestalterisch zu beleben, auch wenn bei näherer Betrachtung ihr ästhetischer Wert hinsichtlich Vielfalt und Schönheit der Einzelpflanzen gering sein kann. [SMZ]

Landschaftsbau, realisiert die im Rahmen der

/Landespflege von der /Landschaftsplanung grob erarbeitet und der Landschaftsarchitektur im Detail ausgearbeiteten Einzelmaßnahmen und Ideen zum Schutze, Revitalisierung, Rekultivierung und Gestaltung der Kulturlandschaft (/Landschaftsgestaltung). Für die Realisierung dieser, v. a. auf Freiflächen durchgeführten Maßnahmen werden i. d. R. natürliche und standortgerechte Materialien wie Bäume, Sträucher und Steine verwendet und anhand von Gestaltungsplänen eingesetzt. Beispiele, die durch den Landschaftsbau realisiert werden, sind Gestaltungs-, Pflege- und Verbauungsmaßnahmen an Bächen, Flüssen und Seen, Deponierekultivierungen und die Anlage von Ruderalflächen bei Verkehrsbauten.

Landschaftsbewertung, *Raumbewertung*, Ermittlung der Bedeutung und des Wertes eines konkreten Landschaftsraumes für die Nutzung durch den Menschen. Zur Objektivierung einer solchen Aussage sind umfassende naturwissenschaftliche bis sozioökonomische Überlegungen notwendig. Landschaftsbewertung ist stark anwendungsbezogen und dient v. a. als Entscheidungsgrundlage für konkrete Maßnahmen der /Raumplanung. Neben der Eignung für landwirtschaftliche Nutzung oder zu Siedlungszwecken besitzt dabei die Prüfung des /Erlebniswertes einer Landschaft (i. d. R. einer /Kulturlandschaft) einen hohen Stellenwert (/Erholungsgebietsplanung, /Landschaftsästhetik). Bei der Landschaftsbewertung kommen unterschiedliche /Bewertungsverfahren zur Anwendung. Die Auswahl dieser Bewertungsverfahren richtet sich nach den zu Grunde gelegten Kriterien, welche wiederum durch das Untersuchungsziel und die verfügbaren Informationen vorgegeben sind. Aus Zeit- und Kostengründen muß sich eine Landschaftsbewertung v. a. auf aufbereitete Daten stützen, welche nicht mehr den Originaldaten entsprechen, wie sie z. B. in der landschaftsökologischen /Komplexanalyse erhoben werden. Die Bewertungsverfahren sind semiquantitativ, da sie überwiegend auf Schätzungen und von Nutzungsinteresse beeinflußten Gewichtungen beruhen (/weiche Daten). Es gibt daher trotz der Fülle verschiedener Bewertungsverfahren keines, dem eine Allgemeingültigkeit zugeschrieben werden könnte. Die Mehrzahl der Verfahren entspricht einem akzeptablen Kompromiß zur Beurteilung von ansonsten nur schwer bewertbaren Sachverhalten der menschlichen Lebensumwelt. [SMZ]

Landschaftsbilanzen, Begriff aus der Landschaftsökologie für die Kennzeichnung von Einträgen und Austrägen an Stoffen und Energie im /Landschaftsökosystem oder dessen Teilsysteme (/Stoffkreislauf). Diese Kennzeichnung beruht auf einer quantitativen Untersuchung der beteiligten Regler, Speicher und Prozesse. Naturwissenschaftlich exakte Bilanzen sind vorläufig erst für einzelne /Partialkomplexe möglich, bis hin zu globalen Energie- und Strahlungsbilanzen. Selbst für Gesamt-Landschaftsökosysteme in kleinster Dimension (/topische Dimension) dienen sie dagegen allenfalls als überschlägige Charakterisierung des haushaltlichen Geschehens. Den Ergebnissen der Landschaftsbilanzierung kommt jedoch aufgrund ihres Raumbezuges große Bedeutung zu, da sie den Zusammenhang mehrerer /Ökofaktoren zum Ausdruck bringen.

Landschaftsbild, das visuelle, sinnlich wahrnehmbare Erscheinungsbild einer /Landschaft, welches neben dem Erkennen der realen Raumstrukturen auch subjektiv-ästhetische Wertmaßstäbe des Betrachters enthält (/Landschaftsästhetik). Es werden bei der Wahrnehmung des Landschaftsbildes keine Beziehungen zu Funktionen und Prozessen im /Landschaftsökosystem hergestellt. Lange Zeit diente das Landschaftsbild als einziger Maßstab für die /Landschaftsbewertung.

Landschaftsdiagnose, systematisches Verfahren in der /Landschaftsplanung zur /ökologischen Bewertung eines Raumes hinsichtlich seiner Nutzungseignung (/Landschaftsbewertung). Dabei werden die Resultate von Landschaftsanalysen und anderer landschaftsökologischer Grundlagenerhebungen (/Landschaftsbilanzen) im betrachteten Planungsraum zusammengefaßt.

Landschaftsdiversität, *γ-Diversität* (veralteter Begriff), *Raum-Diversität* (veralteter Begriff), Teil der umfassenden Definition von /Biodiversität. In diesem Sinne bezeichnet Landschaftsdiversität die strukturelle Vielfalt der räumlichen Anordnung der Landschaftseinheiten (/Ökotopgefüge). Diese Unterordnung wurde später von geowissenschaftlicher Seite kritisiert, weil die Heterogenität der /abiotischen Faktoren per se die Verteilung aller Lebewesen vorbestimmt und zudem für jeden Raum auch die erdgeschichtliche Entwicklung zu berücksichtigen ist. Konzeptionell wurde daher vorgeschlagen, den Begriff der Geodiversität (abiotische Vielfalt) einzuführen, welcher zusammen mit der Biodiversität (biotische Vielfalt) die übergeordnete Landschaftsdiversität bildet. In dieser Bedeutung drückt die Landschaftsdiversität das Funktionsmuster der /Landschaftsökosysteme in der Biogeosphäre aus, in dem das Wirkungsgefüge des Zusammenhangs von Natur, Gesellschaft und Technik spielt. [DS]

Landschaftselement, 1) Regler oder Prozeß im /Geoökosystem. 2) allgemeine Bezeichnung für Landschaftsbestandteile wie Berg, Bach, See, Hang, Wald. 3) veralteter Begriff für die /landschaftökologischen Grundeinheiten, welcher in den Anfängen der Landschaftsökologie verwendet wurde und heute dem /Geotop oder /Ökotop entsprechen würde. 4) Bezeichnung für einen Landschaftshaushaltsfaktor (/Ökofaktor), der für die /Landschaft strukturbildend wirkt oder funktional an ihr beteiligt ist.

Landschaftsentwicklung, *Landschaftswandel*, natürliche und anthropogen beeinflußt ablaufende, zeitliche Veränderung der /Landschaft. Im Gegensatz zur /Landschaftsgenese bezieht sich die Landschaftsentwicklung auf den gegenwärtigen Zeitraum. Der Landschaftswandel erfolgt nicht sprunghaft, sondern in einer allmählichen

↗Landschaftssukzession. Sowohl ↗Naturlandschaften als auch ↗Kulturlandschaften machen eine Entwicklung durch. In der ↗Landschaftsplanung wird versucht, durch langfristig gesteuerte Landschaftsentwicklung eine vielfältige und ökologisch leistungsfähige ↗Landschaftsstruktur zu erhalten. Auf verschiedenen Entwicklungszielen beruhend kommt es so zu einer anthropogen geplanten Landschaftsentwicklung.

Landschaftsentwicklungskonzept, *LEK*, in der Schweiz üblicher Begriff für den ↗Landschaftsplan der BRD.

Landschaftsfaktor, sämtliche Bestandteile einer ↗Landschaft. Dazu gehören neben den naturbürtigen Faktoren (Geo- und Bioökofaktoren) auch alle Faktoren der ↗Kulturlandschaft wie Siedlung, Verkehr und Industrie.

Landschaftsforschung, untersucht die ↗Landschaft, die ↗Landschaftsfaktoren und ihr Wirkungsgefüge sowie die anthropogen oder natürlich verursachten Änderungen der Landschaft und der ↗Landschaftsfaktoren. Allgemein fallen unter den Begriff Landschaftsforschung alle räumlich arbeitenden Disziplinen, deren Forschungsgegenstand die Landschaft ist. Hervorzuheben sind aber die ↗Landschaftskunde und die ↗Landschaftsökologie, da diese sich primär und integrativ der Landschaft widmen. ↗synergetische Landschaftsforschung, ↗geosynergetische Landschaftsforschung.

Landschaftsfunktion, Begriff aus der ↗Landschaftsökologie. Er beschreibt die Eigenschaften und Merkmale von Geoökofaktoren, die im ↗Landschaftsökosystem eine leistungsbezogene Funktion ausüben. Dies bezieht sich auf die Erfassung des ↗Leistungsvermögens des Landschaftshaushaltes und umfaßt beispielsweise die Klimafunktion, die Grundwasserneubildungsfunktion oder die Filter-, Puffer- und Transformationsfunktionen des Bodens.

Landschaftsgärtnerei, Stilrichtung der Gartenkunst, die ihren Ursprung in England hat. Dabei wird die naturlandschaftliche Gestaltung der ↗Gärten bevorzugt (englischer Garten). Es bestehen inhaltliche Gemeinsamkeiten mit der ↗Landschaftsarchitektur.

Landschaftsgefüge, visuell erkennbares räumliches Muster sowie räumlicher Zusammenhang der Grundbausteine der Landschaft (↗Landschaftselemente). Das Landschaftsgefüge ist wichtiges Kriterium für die Ausarbeitung von ↗Landschaftsgrenzen und die ↗Landschaftsgliederung. Zudem ist das Landschaftsgefüge entscheidender, visuell wahrnehmbarer Bestandteil innerhalb des Erscheinungsbildes der ↗Landschaftsstruktur.

Landschaftsgenese, bezeichnet die längerfristige Wandlung der ↗Landschaftsökosysteme unter Einbezug erdgeschichtlicher Aspekte, im Gegensatz zur ↗Landschaftsentwicklung. Der landschaftsgenetische Ansatz wird in der Landschaftsökologie, Paläoökologie, Paläontologie und Paläogeographie verwendet.

Landschaftsgeschichte, *landscape evolution*, Entwicklungsgeschichte einer Landschaft von ihren noch nachvollziehbaren Anfängen hin zum heutigen Erscheinungsbild. Die Landschaftsgeschichte Mitteleuropas ist durch in Relikten vorliegende tertiäre Altformen und insbesondere durch die quartäre Landschaftsformung mit ihrem mehrfachen Wechsel von ↗Kaltzeiten und ↗Warmzeiten geprägt.

Landschaftsgestaltung, Sammelbegriff für die Realisierung (inklusive Projektierung und Bauleitung) der durch die ↗Landschaftsplanung und ↗Landschaftspflege erstellten Konzepte und Maßnahmen. Ziele der Landschaftsgestaltung sind zum einen die ökologische, funktionale und v. a. auch ästhetische Integration von anthropogenen Infrastrukturen in der Landschaft, eine Verringerung der anthropognen Eingriffe in Landschaft und Naturhaushalt sowie eine ökologische wie auch ästhetische Aufwertung von Landschaftsräumen. Die praktizierten gestalterischen baulichen Maßnahmen sind mit denjenigen des ↗Landschaftsbaus identisch.

Landschaftsgliederung, Einteilung der Landschaft durch die ↗naturräumliche Gliederung oder ↗naturräumliche Ordnung.

Landschaftsgrenze, trennt zwei nach den ökofunktionellen und/oder strukturellen Merkmalen unterschiedliche geographische Raumeinheiten voneinander ab. Während in kleinen Maßstäben die physiognomischen Merkmale entscheiden, werden bei großen Maßstäben die ökofunktionalen Inhalte der Raumeinheiten wichtiger. Weil die ökofunktionellen Merkmale (z. B. Mikroklimatyp, Bodenfeuchteregime) nicht immer auch visuell wahrnehmbar sind, kann auch die Landschaftsgrenze, v. a. in großen Maßstäben, nicht immer sichtbar sein. Landschaftsgrenzen sind in der Realität nicht Linien, sondern Grenzsäume, in welchen sich die Merkmalskorrelationen der beiden angrenzenden Landschaftsräume langsam über eine gewisse räumliche Distanz einander angleichen.

Landschaftsgürtel, bedingt durch den Strahlungshaushalt annähernd breitenparallel, bandartig erdumlaufende ↗Landschaftszone.

Landschaftshaushalt, das Beziehungs- und Wirkungsgefüge zwischen Lebewesen und Geoökofaktoren in einer Landschaft und zwischen benachbarten Landschaftsräumen. Aufgrund der anthropogenen Eingriffe in die Landschaft kann der Landschaftshaushalt nicht mehr als ↗Naturhaushalt bezeichnet werden. Es besteht ein Funktionszusammenhang zwischen verschiedenen Landschaftshaushaltsfaktoren, die miteinander ein ↗offenes System bilden, das sich in einem ↗Fließgleichgewicht befindet. Die Landschaftsräume stehen durch Einträge und Austräge mit benachbarten Landschaftsräumen in Verbindung (↗Nachbarschaftswirkung). Die quantitative Darstellung des Landschaftshaushaltes ist die Aufgabe der ↗Landschaftsökologie. Teilweise wird, zurückgehend auf C. ↗Troll, der bereits den Begriff Landschaftshaushalt verwendete, Landschaftsökologie auch als Landschaftshaushaltslehre verstanden. [SMZ]

Landschaftshülle, beinhaltet jene ↗Landschaftskomponenten, die in ihrem Zusammenhang die Untersuchungsgegenstände der Geographie und Landschaftsökologie ausmachen. Es sind dies das Georelief, der oberflächennahe Untergrund, die bodennahe Luftschicht, die Vegetation, das Gewässer und die anthropogenen Infrastruktureinrichtungen.

Landschaftsindikatoren, Indikatoren, die Informationen über Zustand und Veränderung der Landschaft und ihrer Elemente geben. ↗Indikatoren

Landschaftsinformationssystem, *LIS*, EDV-basiertes Instrumentarium für den ↗Landschaftsschutz, welches umfassende, v.a. raumbezogene Landschaftsdaten beinhaltet (z.B. aus Monitoringprogrammen, Naturschutzgebietsbeschreibungen, Artenkataster, Florenkarten) und diese für Aufgaben der Verwaltung und des Managements sowie für die Lösung landschaftsökologischer und landschaftsschützerischer Fragestellungen bereitstellt. Technisch wird das LIS mit ↗Geoinformationssystemen (GIS) und einer umfangreichen Datenbank realisiert. Im Gegensatz zu den allgemeinen GIS sind LIS spezielle, hauptsächlich für die verschiedenen Verwaltungsebenen aufgebaute Informationssysteme (z.B. LANIS des Bundesamtes für Naturschutz).

Landschaftskarte, Gattung mittel- und kleinmaßstäbiger Karten mit wirklichkeitsnaher Darstellung, die durch eine betonte, meist farbige Wiedergabe der Bodenbedeckung und des Reliefs realisiert wird, ohne Vernachlässigung anderer wesentlicher Geländeelemente bzw. ↗Geokomponenten. Nach dem Zweiten Weltkrieg sind in vielen Ländern in allen Maßstabsbereichen Beispiele naturnaher Landschaftskarten geschaffen worden, ohne daß sich bisher eine allgemeine Variante für ihre inhaltliche und gestalterische Lösung ergeben hat. Alle praktisch erprobten Lösungen liegen zwischen den beiden Polen einer konkreten, graphisch-naturalistischen Geländewiedergabe in naturnaher Farbgebung, kombiniert mit einer schattenplastischen Reliefschummerung, und einer abstrakten, auf vegetationskundlichen und geomorphologischen Grundlagen beruhenden Typisierung der Geländebedeckung und der Reliefformen sowie ihrer Darstellung durch Überlagerung von Flächenfarben mit Flächenmustern. Farbige ↗Satellitenaufnahmen der Erde bilden ein neuartiges ausgezeichnetes Ausgangsmaterial nicht nur hinsichtlich der farbigen Wirkung und der optischen ↗Generalisierung der Bodenbedeckungselemente, sondern auch für die Erfassung und Abgrenzung der Flächennutzung und markanter Reliefformen. Die neuartige Gestaltung der flächenhaften Elemente verlangt ein angemessene Betonung des Gewässer- und Siedlungsnetzes und ein entsprechendes graphisches Zurücktreten der Verkehrswege und Grenzen sowie eine deutlich reduzierte Namendichte. [WSt]

Landschaftsklima ↗Klimaökologie.

Landschaftskomplex ↗*landschaftlicher Komplex*.

Landschaftskomponenten, 1) allgemeiner Begriff für die visuell wahrnehmbaren biogenen, physiogenen und anthropogenen ↗Landschaftselemente. 2) i.e.S. die Komponenten des ↗Landschaftsökosystems. Dies schließt neben den Geoökofaktoren auch die anthropogenen Bestandteile der ↗Landschaft mit ein.

Landschaftskunde, die klassische Form der ↗Landschaftslehre. Sie beruht auf der Grundidee der ↗Landschaftshülle, die, wenn auch in veränderter Form, noch heute in der ↗Landschaftsökologie gültig ist. Die Landschaftskunde versucht, die ↗Geofaktoren analytisch-systematisch zu behandeln, dabei ↗Landschaftstypen zu erarbeiten und schließlich die Erde in ↗Landschaftszonen zu untergliedern. Die frühe Landschaftskunde hat sich schon mit dem funktionalen Zusammenhang der Geofaktoren befaßt, blieb dabei jedoch bei einem rein physiognomischen Ansatz stehen (↗Landschaftsphysiologie).

Landschaftslehre, hat die ↗Landschaft als Untersuchungsgegenstand, wobei die moderne Auslegung der Landschaftslehre durch die ↗Landschaftsökologie erfolgt, die traditionelle durch die ↗Landschaftskunde.

Landschaftsökologie, geowissenschaftliche Disziplin, die sich mit dem Wirkungsgefüge zwischen den Lebensgemeinschaften (↗Biozönosen) und ihren Umweltbedingungen beschäftigt. Ziel ist die Ansprache von ökologisch einheitlichen Ausschnitten der Erdoberfläche (↗Topengefüge), deren Struktur und Funktionalität mit dem ↗Landschaftsökosystem beschrieben werden. Landschaftsökosysteme können anhand ihres Haushaltes charakterisiert und typisiert werden. Der ↗Landschaftshaushalt ist somit Abbild des spezifischen Zusammenwirkens der verschiedenen ökologischen Faktoren im ausgeschiedenen Raumausschnitt. Vielfach wird Landschaftsökologie als Synonym zu ↗Geoökologie verwendet. Allmählich setzt sich jedoch eine differenziertere Betrachtung durch, welche der Geoökologie eine Konzentration auf das ↗abiotische Subsystem innerhalb eines ↗Ökosystems zuweist. In der Landschaftsökologie wird demgegenüber ein stärker ganzheitlicher Ansatz verfolgt, der abiotische, biotische und anthropogene Wechselwirkungen gleichberechtigt berücksichtigt.

Da eine vollständige Quantifizierung des Landschaftshaushaltes an der Komplexität des Systems scheitert, werden im Landschaftsökosystem ablaufende Prozesse als Indikatoren (Geoindikatoren) des Landschaftshaushaltes herangezogen. Beispiel eines solchen Geoindikators ist die ↗Bodenerosion, da sie durch den gerichteten Stofftransport zu einer Interaktion zwischen Raumeinheiten führt. Die Differenzierung in unterschiedliche Ökosysteme kann durch solche Stofftransporte verstärkt oder vermindert werden, was in jedem Fall in vergleichsweise kurzer Zeit zu einem neuen räumlichen Landschaftsmuster führt.

Die Begründung der Landschaftsökologie geht auf C. ↗Troll zurück, welcher 1939 den Begriff prägte. Troll sah eine Landschaft im Sinne des ↗holistischen Ansatzes als etwas natürliches Ganzes; ein Ganzes, das mehr ist als die Summe seiner Teile und das deshalb mittels eines gesamtheitlichen Ansatzes erfaßt werden soll. Mit der Landschaftsökologie wurde die aus der Physiogeographie stammende Landschaftslehre mit der aus der Biologie stammenden Ökologie verknüpft. Während die Physiogeographie traditionell die unbelebte Lithosphäre, d.h. die abiotischen Umweltfaktoren betrachtete, wird in der Landschaftsökologie die Beziehung des Menschen zu seiner belebten offenen und geschlossenen Umgebung (/Naturlandschaft, /Kulturlandschaft) in umfassender Weise untersucht. Für die zu erfassende ökologische Realität wird der normale, technisch nicht zusätzlich erweiterte Blickwinkel des Menschen auf seine Lebensumwelt als Maß genommen.

Die Landschaftsökologie wurde damit zur wissenschaftlichen Basis für Ansätze der /Landevaluation und der Bestimmung des /Naturraumpotentials. Mit der Weiterentwicklung zur /Theorie der differenzierten Bodennutzung wird auf dieser Grundlage heute beispielsweise darüber diskutiert, wie groß der flächenmäßige Anteil von /ökologischen Ausgleichsflächen in einem intensiv genutzten, anthropogen geprägten Landschaftsausschnitt sein muß. Mit solchen Analysen der räumlichen Verteilung schließt sich der Kreis zu den räumlichen Mustern Trolls. Die Weiterentwicklung besteht jedoch darin, daß nicht mehr statische Eignungsklassen im Mittelpunkt stehen, sondern ein dynamisches Landschaftsmanagement. Der Schlüsselfaktor /Biodiversität der Biologie findet seine geowissenschaftliche Ergänzung in der auch als *Ökodiversität* bezeichneten Betrachtung der landschaftlichen Vielfalt.

Forschungsziele und Methoden der Landschaftsökologie waren zu Beginn zu einem sehr hohen Grade Luftbildforschung. Bis heute haben Methoden der Fernerkundung ihre Bedeutung für die Landschaftsökologie behalten. Eine Modellierung der abiotischen, biotischen und anthropogenen Komponenten des Landschaftsökosystems und ihren gegenseitigen Wechselwirkungen erforderte jedoch eine Erweiterung des methodischen Ansatzes vom rein Betrachtenden und Beschreibenden (/naturräumliche Gliederung) hin zum naturwissenschaftlich-analytischen Quantifizierenden (/naturräumliche Ordnung). Im Zusammenhang mit letzterem wird auch von Landschaftshaushalt gesprochen. Dieser Begriff wurde ebenfalls bereits von Troll eingeführt, der eine methodische Entwicklung in eine solche Richtung voraussahnte. Richtungsweisende landschaftsökologische Prozeßforschung kam von der Gruppe um E. /Neef, welche die Landschaftsökologie weitgehend mit dem Begriff Landschaftshaushaltslehre gleichsetzte. Mit der Definition des Indikatorsystems der ökologischen Hauptmerkmale wurde die wissenschaftliche Grundlage für die landschaftsökologische /Komplexanalyse geschaffen. Die derart erhobenen Daten zum Landschaftshaushalt liefern die Grundlage für Modellvorstellungen des Landschaftsökosystems und für umfassende Modellierungen komplexer Umweltsysteme.

Die Darstellung landschaftsökologischer Forschung in der Praxis erfolgt, da die räumliche Analyse im Vordergrund steht, meist als Karten und Profile. In dieser Form können sie den umsetzenden Stellen (/Raumplanung, /Landespflege, /Naturschutz, /Landschaftsschutz) übergeben werden. Beispiele landschaftsökologischer Kartendarstellungen sind Karten der geoökologischen Einzelkomponenten, Partialkomplexkarten und Spezialkarten geoökologischer Prozeß- und Funktionsbereiche. Karten geoökologischer Einzelkomponenten werden in der Vorerkundungsphase und in der Hauptphase der Feldarbeit des /geoökologischen Arbeitsganges eingesetzt. Zu den Partialkomplexkarten gehören Karten der Pedotope, Hydrotope, Geomorphotope usw. (/Top). Zu den Spezialkarten geoökologischer Prozeß- und Funktionsbereiche, die v.a. in Maßstäben größer 1:2500 hergestellt werden, gehören die /Potentialkarten, /Eignungskarten und Gefährdungskarten. Neben den Karten als Hauptdarstellung landschaftsökologischen Arbeitens kommt auch den landschaftsökologischen Datenbanken und den Modelldarstellungen in Form von Graphiken oder gefüllten /Standortregelkreisen eine große Bedeutung zu. Die Vielfältigkeit der heutigen Umweltprobleme und das immer größere Bewußtsein für ökologische Zusammenhänge verlangen nach integrativen Forschungsansätzen und Lösungen. Die Landschaftsökologie mit ihrem starken Raumbezug und ihrer breiten Verankerung in den ökologischen Grundlagenwissenschaften Geographie und Biologie arbeitet seit geraumer Zeit mit starker Praxisorientierung und versucht so eine Brücke zu schlagen zwischen Grundlagenforschung und ökologisch ausgerichteter Planungspraxis. Klassische Beispiele landschaftsökologischen Arbeitens mit hohem Praxisbezug sind in der /Agrarökologie und /Forstökologie sowie der /Stadtökologie zu finden. In diesen Disziplinen ist das landschaftsökologisch vernetzte, holistische Denken schon seit langem etabliert, und auch in anderen Disziplinen wie der klassischen Raumplanung halten landschaftsökologische Arbeitsweisen vermehrt Einzug. [DS, SMZ]

Literatur: [1] LESER H. (1997): Landschaftsökologie. Ansatz, Modelle, Methodik, Anwendung. – 4.Auflage, Stuttgart. [2] NAVEH, Z. & A. S. LIEBERMAN (1993): Landscape Ecology. Theory and Application. – New York. [3] SCHNEIDER-SLIWA, R., SCHAUB, D. & G. GEROLD (Hrsg.) (1999): Angewandte Landschaftsökologie. Grundlagen und Methoden. – Berlin.

landschaftsökologische Bestandesaufnahme /Komplexanalyse.

landschaftsökologische Grundeinheit, *ökologische Grundeinheit*, Basisbestandteil der /naturräumlichen Einheiten, z. B. /Ökotop.

landschaftsökologische Hauptmerkmale, *ökologische Hauptmerkmale*, ÖHM, vom deutschen Landschaftsökologen E. /Neef definierte Grundkriterien zur integralen Charakterisierung des /Landschaftshaushaltes. Die Erfassung der ÖHM ist daher Grundbestandteil jeder land-

landschaftsökologische Komplexanalyse

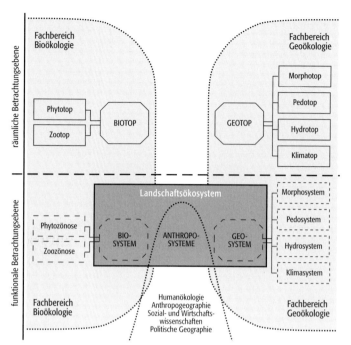

Landschaftsökosystem: schematische Darstellung.

schaftsökologischen Erkundung. Als ÖHM erkannt wurden Vegetation, Bodenform und Bodenwasserhaushalt. Sie repräsentieren Gefüge und Haushalt von natürlichen und anthropogen beeinflußten ↗Landschaftsökosystemen und ergänzen sich in ihrer Indikatorfunktion durch die zeitlich unterschiedliche Reaktion. Abgesehen von Extremereignissen reagiert der Boden auf Veränderungen des Ökosystems sehr langsam. Die Bodenform stellt somit den langfristigen Gesamtausdruck des Zusammenwirkens aller ↗Ökofaktoren an einem Standort dar. In der Bodenform und der Vegetation spiegelt sich die ↗Landschaftsentwicklung wider, wobei die Reaktion der Vegetation rascher und standörtlich differenzierter ist. Sie reagiert auch spontaner auf anthropogene Einflüsse. Im Gegensatz zum Boden liefert die Vegetation aber keine quantitativen Aussagen zum Stoffhaushalt des Geoökosystems. Das unmittelbarste Kriterium der Veränderungen anderer Ökofaktoren liefert der Wasserhaushalt der Landschaft, für welchen der zeitliche Verlauf der Bodenfeuchte (das Bodenfeuchteregime) den geeignetsten Indikator darstellt. Zudem steht der Bodenfeuchtehaushalt mit dem Stoffhaushalt in enger Beziehung, und seine Erfassung ist somit meistens Grundlage stoffhaushaltlicher Untersuchungen. Von anderer Seite später vorgeschlagene Parameter, beispielsweise die ↗Humusform, konnten sich als landschaftsökologische Hauptmerkmale nicht durchsetzen. [SMZ]

landschaftsökologische Komplexanalyse ↗Komplexanalyse.

landschaftsökologische Nachbarschaftsbeziehungen, ein einzelnes ↗Landschaftsökosystem ist kein geschlossenen System, sondern steht i. d. R. in ökofunktionalem Austausch mit angrenzenden Landschaftsökosystemen. Benachbarte Landschaftsökosysteme beeinflussen sich gegenseitig durch die aus den landschaftsökologischen Nachbarschaftsbeziehungen entstehenden Stoff- und Energieflüsse. Viele der landschaftsökologischen Nachbarschaftsbeziehungen besitzen ausgleichende Wirkung (↗ökologische Ausgleichswirkung, ↗klimaökologische Ausgleichsfunktion).

landschaftsökologische Raumgliederung, spezielle Form der ↗naturräumlichen Gliederung.

landschaftsökologisches Modell, vereinfachte, abstrakte und zweckgerichtete Vorstellung eines Landschaftsausschnittes (naturräumliche Einheit) und dessen Funktionsweise. Das landschaftsökologische Modell versucht den generellen Funktionszusammenhang in ↗Landschaftsökosystemen darzustellen. Meist geschieht dies noch rein graphisch. Theoretisches Endziel des landschaftsökologischen Modells ist es, das Landschaftsökosystem in seinem Funktionszusammenhang mathematisch nachzubilden, um Änderungen der Systemstruktur simulieren zu können (z. B. ↗Standortregelkreis). Dies scheint aber aufgrund der Komplexität vorerst nicht realisierbar.

landschaftsökologische Synthese, zentrale Methode innerhalb der ↗Landschaftsökologie, die auf die Typisierung der Geoökosysteme in Form der Herausarbeitung von ↗Geoökotypen und ↗Ökotypen zielt. Dabei kommen landschaftsökologische Methodiken und die Arbeitsweisen des ↗Geoökologischen Arbeitsganges zum Einsatz, beispielsweise die landschaftsökologische Standortanalyse und die ↗Komplexanalyse.

Landschaftsökonomie, mit der ↗Landschaftsökologie verwandte Disziplin, welche die Rolle des Menschen in der ↗Biosphäre in den Mittelpunkt ihrer Betrachtungen stellt. Untersuchungsgegenstände sind dabei die Beurteilung der ↗Landschaftsentwicklung und die Maßnahmen zu deren Steuerung, die Methoden der ↗Landschaftsplanung und ↗Landschaftsbewertung, insbesondere bezüglich nachhaltiger Nutzung von Ressourcen, aber auch die vergleichende Betrachtung von umweltpolitischen Lenkungsmitteln. In erweitertem Sinne kann die Landschaftsökonomie auch als Wissenschaft des wirtschaftlichen Umgangs mit Natur verstanden werden. Dazu werden ökonomische Theorien und Handlungsstrategien in ökologische Konzepte im Hinblick auf die Bedeutung der Ökologie als Ökonomie der Natur eingebaut.

Landschaftsökosystem, beliebig abgrenzbares Wirkungsgefüge aus abiotischen, biotischen und anthropogenen Faktoren des ↗Landschaftshaushaltes, die in direkter und indirekter Beziehung zueinander stehen (Abb.). Es handelt sich beim Landschaftsökosystem also um eine funktionelle Einheit der ↗Biogeosphäre, welche sich aus Lebewesen und unbelebten natürlichen und vom Menschen geschaffenen Bestandteilen zusammensetzt, die untereinander und mit ihrer Umwelt in energetischen, stofflichen und informatorischen Wechselwirkungen stehen. In Erweiterung der konventionellen Bedeutung des Begriffes ↗Ökosystem besitzt das Landschaftsökosystem einen räumlichen Repräsentanten, nämlich die ↗Landschaft. Die Systemstruktur und -funktion des Landschaftsökosystems läßt sich daher gemäß der ↗Theorie der geographischen Dimensionen in räumlich relevante Größenordnungen unterteilt betrachten, wobei für die jeweilige Dimension ein spezifisch definierter Schwellenwert der ↗Homogenität erfüllt sein muß (↗Hierarchie der Landschaftsökosysteme). [SMZ]

Landschaftsordnungsplan ↗ *Landschaftsplan*.

Landschaftspark, Teil einer ↗Naturlandschaft, die durch Wege erschlossen ist, aber ansonsten nicht oder nur wenig durch Pflegemaßnahmen anthropogen gestaltet wird (natürlicher Landschaftspark). Die Bezeichnung wird allerdings auch verwendet für einen planmäßig angelegten ↗Park, der ein möglichst naturähnliches Bild haben soll. Dies erfordert meist einen umfangreichen Unterhaltsaufwand.

Landschaftspflege, Gesamtheit der Maßnahmen, mit denen die Nutzung der Naturgüter, d. h. der in der Biosphäre vorhandenen Stoffe und Lebewesen, nachhaltig gesichert und die Vielfalt, Eigenart und Schönheit von Natur und Landschaft erhalten werden können. Die Landschaftspflege stellt die praktische Ausführung des ↗Naturschutzes auf unbebauten Gebieten dar, das Gegenstück im Siedlungsbereich ist die ↗Grünordnung.

Landschaftsphysiologie, Konzept, das im Rahmen der klassischen ↗Landschaftslehre die Landschaft als Synthese des Zusammenwirkens physischer, biotischer und anthropogener Einzelelemente betrachtete. Es wurde vom deutschen Geographen S. Passarge zu Beginn des 20. Jh. entwickelt und kann aufgrund dieses funktionalen Aspektes als Vorläufer der ↗Landschaftsökologie angesehen werden. Die ganzheitliche Sichtweise der Landschaftsphysiologie wurde viel später von der ↗Geophysiologie aus stärker global orientiertem Blickwinkel wieder aufgenommen.

Landschaftsplan, *Landschaftsaufbauplan, Landschaftsentwicklungsplan, Landschaftspflegeplan, Landschaftsordnungsplan*, Begriff aus der ↗Landschaftsplanung für die rechtlich verbindliche Text- und Kartendarstellung von Erfordernissen und Maßnahmen zur Verwirklichung des ↗Naturschutzes und der ↗Landespflege auf Gemeindeebene. Der Landschaftsplan ist dem jeweiligen ↗Flächennutzungsplan zugeordnet und stellt für die ↗Bauleitplanung die erforderlichen ökologischen Unterlagen bereit. Der Landschaftsplan beschreibt den vorhandenen Zustand der ↗Landschaft (Ist-Zustand) und gibt Auskunft über den angestrebten Zustand (↗Leitbild) und die erforderlichen Maßnahmen zu dessen Umsetzung. Die methodischen Grundlagen des Landschaftsplans sind ↗Landschaftsbewertung, ↗Landschaftsdiagnose und weitere Bestandsaufnahmen der Landschaftsökologie. Der Landschaftsplan muß sich den übergeordneten Zielen des Landschaftsrahmenprogramms und -plans anpassen und wird in den Gemeindeteilgebieten durch den Grünordnungsplan (↗Grünordnung) präzisiert. [SMZ]

Landschaftsplanung, befaßt sich im Rahmen der ↗Landespflege und des ↗Naturschutzes mit der Planung von Maßnahmen zur Erhaltung, Veränderung, Pflege, Wiederherstellung und Entwicklung der Landschaft und ihres Naturhaushaltes als Lebensgrundlage für Menschen, Tiere und Pflanzen. Die durch die Landschaftsplanung entwickelten Maßnahmen werden für konkrete Projekte im ↗Landschaftsplan, für übergeordnete Planungen im rechtlich unverbindlicherem ↗Landschaftsrahmenplan und im Siedlungsgebiet im Rahmen der Bauleitplanung in Plänen der ↗Grünordnung dargestellt. Ziel der Landschaftsplanung ist es, die anthropogenen Nutzungsansprüche an die Kultur- und Naturlandschaft, wie z.B. die Forst- und Landwirtschaft, Infrastrukturbauten, Erholungsnutzung, Deponiestandorte, Siedlungsentwicklung und Naturschutzgebiete so zu gestalten und zu koordinieren, daß das ↗Leistungsvermögen des Landschaftshaushaltes nicht weiter beeinträchtigt wird. Die anthropogenen Nutzungseingriffe werden dafür auf ihre ökologische Verträglichkeit geprüft (↗Umweltverträglichkeitsprüfung, spezieller in der ↗Landschaftsverträglichkeitsprüfung) und gegebenenfalls entsprechend korrigiert. Dies bedeutet, daß bei der räumlichen Gesamtplanung (↗Raumplanung) die Landschaftsplanung diejenige Fachplanung darstellt, welche für die ökologischen Aspekte zuständig ist (Tab. 1). Grundlage für die praktische Arbeit der Landschaftsplanung ist immer auch die Erfassung des Landschaftszustandes durch eine Bestandesaufnahme und Bewertung der landschaftsökologischen Faktoren (↗Komplexanalyse). Aber auch die Ermittlung der resultierenden tatsächlichen oder möglichen Nutzungskonflikte und die Ausarbeitung der Lösungs- und Ausgleichsmaßnahmen gehören zum Aufgabenspektrum der Landschaftsplanung (Tab. 2). [SR]

Landschaftspotential, die Fähigkeit der Landschaft, bestimmte Funktionen zu erfüllen. a) Im planungspraktischen Ansatz beschreibt das Landschaftspotential die Fähigkeit der ↗Landschaft und des ↗Landschaftshaushaltes, gewisse Leistungen zu erbringen, von welchen der Mensch, die Tiere und die Pflanzen profitieren. Hierzu zählen z. B. die Teilpotentiale: landschaft-

Planungsraum	Gesamtplanung	Landschaftsplanung
Bund	raumordnungspolitischer Orientierungsrahmen	
Land	Landesraumordnungsprogramm/ Landesentwicklungsplan[1]	Landschaftsrahmenprogramm[1]
Region	Regionalplan[1]	Landschaftsrahmenplan[1]
Gemeinde	Flächennutzungsplan	Landschaftsplan
Teil des Gemeindegebietes	Bebauungsplan	Grünordnungsplan

[1] Die Planwerke werden in den Bundesländern z.T. anders bezeichnet.

Landschaftsplanung (Tab. 1): Landschaftsplanung (als Fachplanung) im Verhältnis zur räumlichen Gesamtplanung.

Landschaftsplanung (Tab. 2): Erfassungsmethoden der Landschaftsplanung und deren Ergebnisdarstellung in landschaftsökologischen Kartentypen.

Teilziele	Arbeitsschritte	methodische Hilfsmittel (unter besonderer Berücksichtigung landschaftsökologischer Karten)
Erkundung der Naturräumlichen Ordnung	– geotopologische und geochorologische Erkundung	– Kataloge der Physiokomplextypen sowie der Nanochoren- und Mikrochorentypen – Karten der Naturräumlichen Ordnung
Ermittlung des Naturpotentials	– Erkundung, Bestimmung und Kartierung des Naturpotentials	– Karten der Natur(raum)potentiale
Ermittlung der (naturbedingten) Nutzungseignung	– Feststellung und Kartierung der (naturbedingten) Nutzungseignung	– Liste der Beurteilungskriterien zur Ermittlung der (naturbedingten) Nutzungseignung von Naturraumtypen zwecks Ausweisung von Flächen mit Vorrangnutzung – Karten der (naturbedingten) Nutzungseignung
Erfassung der realisierten und geplanten territorialen Nutzungsansprüche der Gesellschaft	– Kartierung der aktuellen Flächennutzung – Kartierung der Flächendisponibilität für verschiedene Nutzungsziele – Kartierung der geplanten Nutzungsansprüche und ihrer Schutzwürdigkeit	– Karten der aktuellen Flächennutzung – Katen der Flächendisponibilität – Karten der geplanten Nutzflächen und Schutzgebiete
Ermittlung der Wirkungsbereiche der realisierten Nutzungsansprüche, der aktuellen geoökologischen Nutzungskonflikte sowie der geoökologischen Belastung und Belastbarkeit	– Kartierung der geoökologischen Wirkungsfelder – Kartierung der aktuellen geoökologischen Nutzungskonflikte – Kartierung der geoökologischen Belastung und Belastbarkeit – Kartierung der Flächenflexibilität	– Karten geoökologischer Wirkungsfelder – Karten der geoökologischen Nutzungskonflikte – Karten der geoökologischen Belastung – Karten der geoökologischen Belastbarkeit – Karte der Flächenflexibilität
Entwicklung von Alternativen zur aktuellen oder geplanten Flächennutzung	– Kartierung der Nutzungsalternativen	– Karte der alternativen Flächennutzung
Ermittlung der Wirkungsbereiche der geplanten Nutzungsansprüche, der potentiellen Nutzungskonflikte und der potentiellen geoökologischen Belastung		– Karten potentieller geoökologischer Wirkungsfelder – Karte der potentiellen geoökologischen Nutzungskonflikte – Karten der potentiellen geoökologischen Belastung

liches Erholungspotential, Bebauungspotential, Entsorgungspotential etc. Die Bewertungsanleitung zur Bestimmung des ↗Leistungsvermögens des Landschaftshaushaltes ist eine Möglichkeit, solche Teilpotentiale für Fragestellungen der Planungspraxis zu erfassen (↗Naturraumpotential).
b) Im theoretischen physikalisch-energetischen Potentialansatz ergibt sich das Landschaftspotential aus der Summe der in der Landschaft gespeicherten Energien. Dazu gehören die Energieaufnahme durch die Strahlungsbilanz, die potentiell-gravitative Energie der unterschiedlich gelagerten Substanz der Landschaft, die Energie der in der Landschaftshülle stattfindenden natürlichen Prozesse und der Energie-Input, der aus der Arbeit des Menschen resultiert.   [SR]

Landschaftsprognose, Teilaufgabe der ↗Landschaftsplanung. Damit werden die Entwicklungen der Landschaft mit Hilfe der Daten aus der ↗Landschaftsbewertung analysiert und beurteilt. Je nach Einschätzung der Entwicklung durch die Landschaftsprognose müssen in der Landschaftsplanung entsprechende Gegenmaßnahmen erarbeitet werden.

Landschaftsprogramm ↗*Landschaftsrahmenplan*.

Landschaftsrahmenplan, *Landschaftsprogramm*, stellt die durch die ↗Landschaftsplanung erarbeiteten landespflegerischen Entwicklungsideen, Zielvorstellungen und Maßnahmen dar. Während der ↗Landschaftsplan schon Maßnahmen für konkrete örtliche Projekte beinhaltet, entsteht der Landschaftsrahmenplan aus übergeordneten Planungen und ist rechtlich unverbindlich.

Landschaftsschaden, Begriff aus der ↗Landschaftsökologie für Beeinträchtigungen des geordneten Gefüges von ↗Kulturlandschaften. Im Vordergrund stehen dabei die Prozesse der Naturgefahren, auch dann, wenn der Landschaftsschaden ursächlich eine Folge anthropogener Eingriffe in die ↗Landschaft ist.

Landschaftsschutz, die Gesamtheit aller Maßnahmen von ↗Naturschutz und ↗Landespflege zur Erhaltung des ↗Leistungsvermögens des Landschaftshaushaltes. Dabei geht es um den Schutz der natürlichen und kulturellen Eigenarten ganzer Landschaften als konservierende Maßnahmen, um die Gestaltung besonderer Landschaftselemente (↗Landschaftsästhetik), um eine Verbesserung der ↗Landschaftsstruktur (z.B. Verbesserung des Geländeklimas durch Windschutz) und um den Schutz der natürlichen Ressourcen (z.B. Schutz des Bodens gegen Erosion). Auch die Pflege und Steigerung des Erholungswertes einer Landschaft kann Ziel des Landschaftsschutzes sein (↗Erholungsnutzung). Eine weitere Wirkung ist die Erhaltung von ↗Habitaten für wildlebende Pflanzen und Tiere. Letztlich ist aber auch der Schutz der Landschaft um ihrer selbst willen legitimiert. Im Naturschutzrecht hat der Landschaftsschutz die Ausweisung von ↗Landschaftsschutzgebieten durch Rechtsverordnungen zum Ziel. Im Gegensatz zum Naturschutz hat der Landschaftsschutz allerdings nur orientierenden Charakter und besitzt im Vergleich mit anderen Naturschutzmaßnahmen eine geringere Bedeutung. [SMZ]

Landschaftsschutzgebiet, *LSG*, gesetzlich festgelegtes, eindeutig abgrenzbares Gebiet, in dem ein besonderer Auftrag zur Erhaltung und teilweisen oder vollständigen Wiederherstellung des ↗Leistungsvermögens des Landschaftshaushaltes besteht. Landschaftsschutzgebiete werden ausgewiesen, um die Vielfalt, Eigenart und Schönheit des ↗Landschaftsbildes und die Erholungseignung für den Menschen zu erhalten. In einem LSG wird die ↗Landschaft vor anhaltenden negativen Eingriffen des Menschen als Folge zu intensiver Nutzung geschützt. Dabei ist der Schutz weniger streng als beim ↗Naturschutzgebiet. Land- und forstwirtschaftliche Nutzung sind in LSG unter Einhaltung der Grundsätze des Landschaftsschutzes (Erhaltung von Landschaften und Landschaftsteilen um ihrer selbst willen) erlaubt. Für verschiedene Veränderungen sind dabei allerdings behördliche Genehmigungen erforderlich.

Landschaftsstruktur, Erscheinungsbild des ↗Raummusters einer Landschaft, welches sich aus verschiedenen ↗Landschaftselementen zusammensetzt. Dabei bleiben die Prozesse und Funktionen im ↗Landschaftsökosystem meist unberücksichtigt, und nur die visuelle Wahrnehmung führt zur Feststellung einer Landschaftsstruktur. Den Vergleich verschiedener Landschaftseinheiten gleicher ↗topischer Dimension hat die Landschaftsstrukturanalyse zum Ziel.

Landschaftsstrukturmodell, Konzept der Landschaftsökologie, um die Funktionszusammenhänge der ↗Ökofaktoren in umfassender Weise graphisch darzustellen. Das Landschaftsstrukturmodell basiert auf dem ↗Schichtenprinzip des Geoökosystemmodells. Es liefert somit die Grundstruktur des ↗Landschaftsökosystems, welche räumlich als ↗Landschaftsgefüge und zeitlich zur Erklärung der ↗Landschaftsgenese interpretiert werden kann.

Landschaftssukzession, Ausweitung des Begriffes der ↗Sukzession auf ↗Landschaftsökosysteme. Die verschiedenen Entwicklungsstadien der Vegetation innerhalb einer Sukzessionsreihe führen durch die engen Wechselbeziehungen auch zu einer Sukzession der Bodenbildung, des Bodenwasserhaushalts, der bodennahen Luftschicht, der ↗landschaftsökologischen Nachbarschaftsbeziehungen und somit des gesamten Landschaftsraumes. Beispiele sind die Entwicklungsstufen der Naturlandschaften in Mitteleuropa seit dem Glazial oder die spontane oder durch Rekultivierung geförderte Entwicklung von ehemaligen Kiesabbaugebieten.

Landschaftssystematik ↗*Landschaftstypologie*.

Landschaftstyp, in der Landschaftsökologie das Ergebnis der Raumgliederung nach den Kriterien der ↗Landschaftstypologie. Der Merkmalskatalog zur Definition von Typen einer ↗Landschaft ist dabei vom Arbeitsmaßstab abhängig (↗Theorie der geographischen Dimensionen). Es handelt sich bei Landschaftstypen demnach um Raumeinheiten mit ähnlichen oder gleichen Struktureigenschaften, die im untersuchten Raumausschnitt in Vielzahl auftreten können. Es gibt sowohl Natur- als auch Kulturlandschaftstypen, die für einzelne Stufen der ↗Dimension landschaftlicher Ökosysteme ausgeschieden werden können. Der Begriff kann daher erweitert werden bis zu Typen von ↗Biomen als den Großökosystemen der Erde. Umgangssprachlich sind Landschaftstypen relativ willkürlich alle Arten von Ordnungen bei Teilen und Erscheinungen von Landschaften.

Landschaftstypologie, *Landschaftssytematik*, in der Landschaftsökologie das Erkennen von Regelhaftigkeiten und Gesetzmäßigkeiten typischer Landschaftsbestandteile und ihrer Verteilung in ↗Naturlandschaften und ↗Kulturlandschaften. Durch die Erkenntnis der ↗Dimensionen landschaftlicher Ökosysteme wurden für die unterschiedlichen Maßstabsbereiche (topisch bis geosphärisch) Raumeinheiten homogener Inhalte erarbeitet. Mittels eines Vergleichs der Raumeinheiten untereinander können diese einem bestimmten ↗Landschaftstyp zugeordnet werden. Eine andere Form der Ausscheidung von Landschaftstypen beruht auf der Ausscheidung von Raumeinheiten nach dem Prinzip der ↗naturräumlichen Ordnung.

Landschaftsverbrauch, *Landverbrauch*, *Flächenverbrauch*, allgemeiner Begriff aus der ↗Raumplanung und der ↗Landschaftsökologie für die Umwidmung von unbebautem Land zu Siedlungs-, Erholungs- und Verkehrsflächen. Dies schließt auch die Beanspruchung von ↗Freiflächen für technische Infrastrukturen (z.B. Starkstromleitungen), Gewerbe- und Industriestandorte oder militärische Nutzungen mit ein. Der Begriff Landschaftsverbrauch ist irreführend, weil es sich bei den beschriebenen Umgestaltungen lediglich um eine Nutzungsänderung handelt. Land kann nicht »verbraucht« werden, weil es weder aufzehrbar noch vermehrbar ist. Meist wird jedoch bei diesem Nutzungswechsel die ökologische Funktionstüchtigkeit der bestehenden ↗Landschaftsökosyteme herabgesetzt. Dem Landschaftsverbrauch steht das Flächenrecycling gegenüber, bei dem brachliegende Industrie- und Gewerbeflächen durch Entsiegelung und Begrünung »wiederaufbereitet« werden. Weil solche Flächen oft kontaminiert (↗Kontamination) sind, kann diese Art von ↗Sanierung sehr aufwendig sein. [DS]

Landschaftsverträglichkeitsprüfung, *LVP*, im Gegensatz zur ↗Umweltverträglichkeitsprüfung (UVP) noch nicht institutionalisiertes Verfahren zur Untersuchung und Bewertung von Planungsvorhaben auf die ↗Landschaft und den ↗Landschaftshaushalt. Stehen bei der UVP die Auswirkungen auf die Umwelt als Ganzes im Zentrum, beschränkt sich die LVP auf die Untersuchung der Verträglichkeit von anthropogenen Eingriffen mit der Landschaft. Landschaftsverträgliche Maßnahmen sollten das Erscheinungsbild der Landschaft aber nicht nur aus ästhetischer Sicht (↗Landschaftsbild) würdigen und das ↗Leistungsvermögen des Landschaftshaushaltes nachhaltig erhalten.

Landschaftswasserhaushalt, beschreibt die Elemente des ↗Wasserkreislaufs des ↗Niederschlags, der ↗Infiltration, der ↗Grundwasserneubildung, des ↗Abflusses, die verschiedenen Komponenten der ↗Verdunstung sowie Rücklage und Aufbrauch in typischen Landschaften. Die hierbei betrachteten Landschaften sind teils natürlich geprägt, teilweise aber auch durch den Menschen veränderte natürliche oder gänzlich neu geschaffene Landschaften. Von Seiten der Natur sind vor allem das Klima und die geologischen und pedologischen Verhältnisse an der Ausprägung von Landschaften beteiligt. Zu den veränderten natürlichen Landschaften gehören forstlich und landwirtschaftlich genutzte Flächen. Stadt- und Industrielandschaften sind anthropogen geschaffene Landschaften (↗anthropogene Beeinflussung des Wasserkreislaufes). Die unterschiedlichen geographischen Landschaften haben häufig charakteristische hydrologische Eigenschaften. Einige davon werden im folgenden näher erläutert.

Lößlandschaften sind dadurch hydrologisch geprägt, daß Löß mehr als 50 Vol.-% Wasser aufnehmen kann, und das gespeicherte Wasser auch bei niederschlagsfreien Perioden für die Vegetation zur Verfügung steht. Die Fruchtbarkeit von Lößböden beruht nicht nur auf der inhaltlichen Zusammensetzung des Lösses, sondern auch auf den günstigen Wasserhalte- und Wasserabgabeeigenschaften. Karstlandschaften sind geprägt durch eine unterirdische Entwässerung. Stadt- und Industrielandschaften zeichnen sich durch verminderte Infiltration und durch hohe Abflußspitzen aus. Wegen der großen räumlichen Ausdehnung von Forst- (in Deutschland ca. 30%) und Agrarlandschaften (in Deutschland mehr als 50%) werden die typischen hydrologischen Eigenschaften und deren Ursachen bezüglich der Elemente des Wasserhaushaltes im folgenden näher betrachtet. Gegenüber landwirtschaftlich genutzter Landschaft weisen forstlich genutzte Landschaften eine wesentlich höhere ↗Interzeption und ↗Transpiration auf (↗Verdunstungsprozeß). Diese beruhen auf der zu anderen Pflanzen größeren Oberfläche der Bäume, dem intensiveren Luftmassenaustausch durch konvektive Luftströmungen sowie einer geringeren ↗Albedo. Die Interzeption hängt ferner von der Niederschlagshöhe und -verteilung ab. Bei Schauerwetterlagen im Frühjahr, insbesondere nach Austrieb der Blätter, kann es zu erheblichen Interzeptionsverlusten durch wiederholtes Benetzen und Wiederabtrocknen der Blätter kommen. Für die Transpiration ist neben der Gesamtfläche der Assimilationsorgane und dem Angebot an Verdunstungsenergie eine ausreichende Wasserzufuhr von Bedeutung. Die Summe der Blattoberflächen, bei Nadelbäumen die Gesamtfläche der Nadeln, werden vielfach als Verhältnis zu der von der Krone der Bäume abgedeckten Bodenoberfläche angegeben. Aus diesem Verhältnis ergibt sich ein Blattflächenindex, in der Literatur häufig als LAI-Wert (Leaf Area Index) bezeichnet. Bei Laubbäumen liegen die LAI-Werte zwischen 3 und 8, bei Nadelbäumen werden in der Regel höhere Werte erreicht. Die LAI-Werte landwirtschaftlicher Kulturpflanzen liegen etwa zwischen 3 und 5,5. Folgende Richtwerte können für unterschiedliche Landschaften bezüglich Evaporation (E), Interzeption (I) und Transpiration (T) angegeben werden (↗Wasserbilanz): a) Wald (E = 10%, I = 30%, T = 60%), b) Grünland (E = 25%, I = 25%, T = 50%), c) Getreideland (E = 45%, I = 14%, T = 40%), d) Brachland (E = 100%). Die Interzeption für Laubbäume wird in Deutschland mit durchschnittlich 20% des fallenden Niederschlages angegeben. Die Transpiration liegt bei etwa 45% des Jahresniederschlages. Die Transpirationsleistung von Laubbäumen ist im Sommer höher als die von Nadelbäumen. Da diese aber auch im Winter transpirieren, ist die absolute jährliche Transpirationshöhe bei Laub- und Nadelbäumen nahezu gleich. Die Gesamtverdunstung als Summe von Interzeption, Transpiration und Bodenverdunstung liegt bei Forstlandschaften zwischen 70 und über 90% des Jahresniederschlages. Auswertungen von Satellitenaufnahmen zeigen, daß auf der nördlichen Hemisphäre die jährliche Vegetationsperiode der Laubbäume um ca. 14 Tage zugenommen hat. Neben einem Hinweis auf eine mögliche Klimavariabilität bzw. ↗Klimaänderung kann dies wegen des hohen Anteils der Evapotranspiration einen erheblichen Einfluß auf den Wasserhaushalt der betroffenen Gebiete haben.

Es wird angenommen, daß die Niederschlagshöhe durch Wälder ansteigt. Ursache hierfür sind einmal die über Wäldern verstärkt auftretenden konvektiven Luftbewegungen, zum anderen können Bäume mit ihrem Kronendach zusätzlich zur Kondensation und zum Absetzen von feuchten Luftmassen beitragen. Der in einem Bestand den Waldboden erreichende Niederschlag wird als ↗Bestandsniederschlag bezeichnet. Er setzt sich zusammen aus dem Kronendurchlaß, dem Kronentrauf (↗abtropfender Niederschlag) und dem ↗Stammabfluß. Forstlandschaften bieten mit ihrem ausgeprägten humosen Oberboden im allgemeinen gute Infiltrationseigenschaften für den auf den Boden gelangenden Bestandsniederschlag, so daß trotz hoher Gesamtverdunstung durch ↗Perkolation eine Grundwasserneubildung stattfindet. Durch die über dem Oberboden liegende ↗Streuschicht, in der kapillarer Wasseraufstieg (↗Kapillarität) kaum möglich ist, wird die Verdunstung von einmal infiltriertem Wasser erschwert.

In der Hydrologie ist das ↗Abflußverhalten von Forst- und Agrarlandschaften häufig untersucht worden. Die für Waldflächen typischen Abflußganglinien (/Hochwasserganglinie) zeigen in der Regel einen ausgeglichenen Verlauf. Nach Kahlschlag treten die Hochwasserscheitel früher auf und liegen wesentlich höher. Die ein Niederschlagsereignis abführende Abflußwelle (/Abflußprozeß) nimmt zeitlich einen kürzeren Verlauf. Bei Wiederaufforstung dauert es mindestens zehn Jahre, häufig aber Jahrzehnte, bis die ursprünglichen hydrologischen Verhältnisse wiederhergestellt sind. /Wasserhaushalt. [KHo]

Landschaftszone, Begriff aus der Landschaftsökologie für einen naturlandschaftlichen Großraum der Erde. Gemäß der /Theorie der geographischen Dimensionen werden die Landschaftszonen in der /geosphärischen Dimension behandelt. Die Existenz und Funktion von Landschaftszonen beruht auf dem globalen Strahlungshaushalt, welcher die großen Klimazonen der Erde schafft. Ein Beispiel für eine daraus abgeleitete planetarische Gliederung der /Biogeosphäre sind die /Zonobiome nach H. /Walter. Landschaftszonen werden auch als Landschaftsgürtel bezeichnet, weil die Zonobiome von bandartiger, erdumspannender Gestalt sind. Den Klimazonen lassen sich dabei zonale Boden- und Vegetationstypen zuordnen (Abb., /Biom Abb.), wobei nicht in allen Fällen eine vollständige Übereinstimmung besteht. Innerhalb dieses weltweiten Musters sind auch globale Nutzungszonen erkennbar, welche sich an die naturräumlichen Landschaftszonen anlehnen. In einer globalen Gliederung liegt beispielsweise Mitteleuropa in der gemäßigt-humiden Landschaftszone der /Laubwälder mit der Braunerde als zonalem Boden. Dabei ist zu beachten, daß sich diese Zugehörigkeit auf die untersten /Höhenstufen beschränkt. Gebirgsräume, wie z. B. die Alpen, sind in eine horizontale Gliederung nicht zu integrieren und werden deshalb gesondert betrachtet (/Orobiom). Dies zeigt, daß die konventionelle Zonenlehre bei gesamtirdischer Betrachtung überwiegend zweidimensional auf die Erdoberfläche ausgerichtet ist und auf statisch-strukturellen Gliederungskriterien beruht. Möglichkeiten für dreidimensional-funktionale Betrachtungen der Biogeosphäre sind heute erst eingeschränkt vorhanden, beispielsweise in Form von globalen Klimamodellen. [DS]

Landstufe, allgemeine, deskriptive Bezeichnung. Dabei kann es sich sowohl um eine /Schichtstufe als auch um eine /Bruchstufe, /Bruchlinienstufe oder /Flexurstufe handeln.

Landtafel, in der Renaissance in Anlehnung an die Tafelmalerei auf Holz eingeführter Begriff für anfangs gemalte, später auch gedruckte repräsentative Übersichtskarten von Ländern und Gebieten. Ein Schmuckrahmen weist in Kopie und Druck mehrteilige Karten als kompositionelle Einheit aus. Sichere Merkmale zur Abgrenzung gegenüber /Kartengemälden und einfachen /Gebietskarten fehlen. In Kartentiteln kommt der Begriff Landtafel nur selten vor, so bei der handgezeichneten »Düringischen und Meisnischen Landtaffel« von Hiob (Magdeburg 1566),

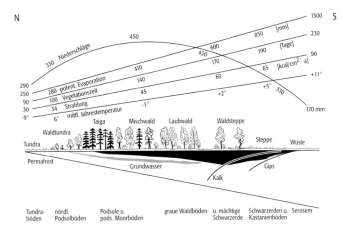

bei den von Philipp /Apian geschaffenen und 1568 gedruckten »Bairischen Landtafeln« und bei der »Landtaffel der Marggraffthümer Meißen und Lausitz« von Bartholomäus Scultetus (Holzschnitt 1568).

Landtechnik, /landwirtschaftliche Technik.

Landterrasse, von resistentem Gestein getragene Stufenfläche einer /Schichtstufe. Die Landterrasse weist eine leichte Abdachung in Richtung des Einfallens (/Fallen) der Schichten auf, jedoch mit geringerem Gefälle als diese. Im stufennahen Bereich ist eine gewisse /Akkordanz an die Oberfläche der stufenbildenden Schicht vorhanden. Mit zunehmender Entfernung von der Stufe treten jüngere Schichten auf. Auf der Landterrasse sind in Richtung der Hauptabdachung die /konsequenten Flüsse entwickelt. Die unterste Landterrasse einer /Schichtstufenlandschaft wird auch als *Basislandterrasse* bezeichnet.

Landton, in Karten der Flächenton (/Flächenfüllung) des Festlandes der Erde und von Inseln. Der Landton wird vornehmlich in mittel- und kleinmaßstäbigen Darstellungen (Erd-, Erdteil-, Länderkarten) genutzt, um Landflächen von Meeresflächen und Seen zu unterscheiden. Darüber hinaus trägt er zum ästhetischen Gesamtbild der Karte bei. In farbigen Karten verwendet man

Landschaftszone: schematisches Profil durch Osteuropa vom Barents-Meer im Norden bis zum Kaspi-See im Süden.

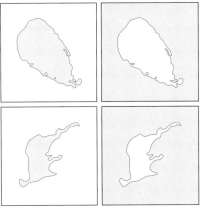

See oder Insel?

Landton: Figur-Hintergrundproblem in einfarbigen Darstellungen.

meist helle gelbliche bis bräunliche Töne, die günstig mit den komplementären Blautönen flächenhafter Gewässer zusammenwirken (/Farbharmonie). Enthält die Karte andere flächenhafte Darstellungen, etwa /Flächenkartogramme oder /Flächenmosaike, so entfällt der Landton. Bei Wiedergabe des thematischen Inhalts als /Inselkarte kann die umgebende Landfläche (z. B. das Ausland) bis zum Kartenrahmen mit einem Landton versehen werden.

In Schwarzweißdarstellungen (einfarbige Karte) sollten die Landflächen weiß belassen werden, die Gewässerflächen hingegen einen leichten Grauton erhalten, was den natürlichen Helligkeiten von Gewässern und unbedecktem Land entspricht. Bei umgekehrter Wahl der Füllungen und Fehlen sonstiger topographischer Elemente kann sich ein gestaltpsychologisch bedingtes Wahrnehmungsproblem (/Figur-Grund-Unterscheidung) ergeben (Abb.). [KG]

Land- und Seewind, lokales Windsystem, das sich besonders bei einer /autochthonen Witterung an der Grenze zwischen ausgedehnten Wasser- und Landflächen bildet (Abb.). Aufgrund der unterschiedlichen physikalischen Wärmeeigenschaften von Erdboden und Wasser zeigt die Temperatur über Land einen ausgeprägten Tagesgang, während über den Wasserflächen die Temperatur während des gesamten Tages nahezu konstant bleibt. Damit ist das Land tagsüber deutlich wärmer und gibt diese Wärme auch an die darüberliegende Luft weiter. Als Folge davon heben sich die Flächen gleichen Luftdruckes an, und in einiger Höhe in der bodennahen Atmosphäre bildet sich ein Luftdruckgradient vom Wasser zum Land hin aus. Es setzt in der Höhe eine Strömung vom Land zum Wasser ein, die versucht, diese Gegensätze auszugleichen. Durch diesen Luftmassentransport verändert sich auch der Luftdruck am Boden, was schließlich einen kräftigen Wind vom Wasser zum Land hin (Seewind) auslöst. Während der Nachtstunden sind die Verhältnisse gerade umgekehrt, und zu dieser Zeit stellt sich ein Landwind ein. Die Effekte der Land- und Seewind-Zirkulation sind noch einige zehn Kilometer entfernt von der Küste bemerkbar. Insbesondere kann das Eintreffen des Seewindes mit seiner Seewindfront anhand von markanten Veränderungen der verschiedenen meteorologischen Größen erkannt werden. Je weiter der Seewind ins Landesinnere vordringt, um so mehr wird seine Richtung senkrecht zur Küste durch die Wirkung der /Corioliskraft abgelenkt. [GG]

land use mapping /Landnutzungskartierung.

Landverlust, erfolgt an Küsten durch positive /Strandverschiebung, entweder in Form eines langsamen relativen Meeresspiegelanstiegs (/Transgression infolge Landsenkung oder /eustatische Meeresspiegelschwankung), in Form einer ruckartigen Küstensenkung etwa im Zuge eines Erdbebens oder in Folge von katastrophalen Sturmfluten.

Landwirtschaft, geplante und gelenkte Nutzung von Pflanzen- und Tierbeständen zur Versorgung der Menschen mit Nahrungsmitteln und Rohstoffen. Von den Anbauformen her läßt sich die Landwirtschaft in Ackerbau (/Ackerland), /Viehwirtschaft, Gartenbau (/Garten), Gemüsebau, Obstbau, Weinbau und Baum- oder Strauchkulturen unterteilen. Je nach Einsatz von Hilfsstoffen (/Agrochemie, /Pestizide) wird bei der Produktionsform zwischen /konventioneller Landwirtschaft, /integrierter Landwirtschaft und /biologischer Landwirtschaft unterschieden. Wirtschaftsstatistisch wird die Landwirtschaft dem Primären Sektor zugerechnet. In Deutschland sank der Anteil landwirtschaftlicher Erwerbspersonen von etwa drei Viertel der Bevölkerung zu Beginn des Industriezeitalters auf heute noch rund 3 %. Abgesehen von industriemäßig betriebenen, flächenunabhängigen Sonderformen (Hors-Sol-Produktion, Massentierhaltung) vollzieht sich die landwirtschaftliche Produktion in Agrarökosystemen. Diesen kommt gesamthaft große Bedeutung zu, da in Mitteleuropa heute etwa die Hälfte der Fläche i. e. S. landwirtschaftlich genutzt wird. [DS]

landwirtschaftliche Nutzfläche, *LN*, landwirtschaftliche Bodennutzung ohne Waldflächen, untergliedert nach folgenden Nutzungsformen und Kulturarten: Ackerfläche, Dauergrünland, Gartenland, Obstanlagen, Rebland, Hopfengärten, Baumschulen und Korbweidenanlagen einschließlich Pappelanlagen und Weihnachtsbaumkulturen.

landwirtschaftlicher Wasserbau, Entwurf, Bau, Betrieb und Unterhaltung wasserbaulicher Anlagen in überwiegend landwirtschaftlich genutzten Gebieten (/Wasserbau). Hierzu gehört die Regelung des Bodenwassergehalts durch /Bewässerung und /Entwässerung, der Küsten- und /Hochwasserschutz durch /Gewässerausbau, Bedeichung und /Hochwasserrückhaltung, der Erosionsschutz, die /Wildbachverbauung sowie die Gestaltung von Gewässern mit dem Ziel, biologische Wirksamkeit und ihre Funktion in der Kulturlandschaft zu stärken.

landwirtschaftliche Standortkartierung, Verfahren der /Standortlehre und /Agrarökologie zur

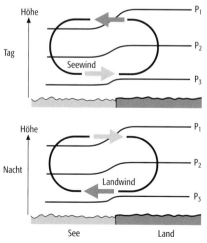

Land- und Seewind: Lage der Druckflächen (p1, p2, p3) bei der Land- und Seewind-Zirkulation.

Bewertung des natürlichen Produktionspotentials von landwirtschaftlichen Anbauflächen. Ein frühes Beispiel einer landwirtschaftlichen Standortkartierung stellt in Deutschland die Reichsbodenschätzung von 1934 (↗Bodenschätzung) dar, ein aktuelleres ist die »Ökologische Standorteignungskarte für den Erwerbsobstbau in Baden-Württemberg« (1978) des Ministeriums für Ernährung, Landwirtschaft und Umwelt. Durch die moderne Landwirtschaft werden die naturräumlichen Standortunterschiede als Folge von Maßnahmen zur Produktionsoptimierung (Einsatz von Agrochemikalien (↗Agrochemie), Veränderung des Wasserhaushaltes durch die ↗Kulturtechnik usw.) zunehmend ausgeglichen, was zur ↗ökologischen Verarmung großer Gebiete führen kann.

landwirtschaftliche Technik, *Landtechnik*, Einsatz von landwirtschaftlichen Geräten und Maschinen, der angesichts der zunehmenden Mechanisierung der ↗Landwirtschaft in den letzten 50 Jahren eine große Bedeutung erlangt hat. In Darstellungen des Agroökosystems erhält die landwirtschaftliche Technik die Rolle eines Reglers, da von der mechanischen Bodenbearbeitung flächendeckende physikalische Veränderungen mit Folgewirkungen in den ↗Bodenökosystemen ausgehen (Bodenverdichtung, Bodenerosion usw.).

Landwirtschaftsklausel, in deutschen Gesetzen enthaltene Vorstellung, daß eine sog. »ordnungsgemäße« ↗Landwirtschaft und ↗Forstwirtschaft zugleich den Zielen der ↗Landschaftspflege und des ↗Naturschutzes dient. Aus ökologischer Sicht ist dies zunehmend fragwürdig, da vor allem von der ↗konventionellen Landwirtschaft Grundwassergefährdung, Bodenschäden und Beeinträchtigung der ↗Biodiversität ausgehen. Die aktuelle Neuausrichtung der Landwirtschaftspolitik in Mitteleuropa schenkt ansatzweise dem Gedanken der Erhaltung des ↗Leistungsvermögens des Landschaftshaushaltes vermehrt Beachtung, beispielsweise über Vorschriften zum Anlegen von ↗ökologischen Ausgleichsflächen.

Langanker, *Tiefanker*, ↗Anker mit einer Länge von ca. 10 bis >80 m, der im Felsbau über Tage und im Kavernenbau eingesetzt wird.

Längenbestimmung, in Karten konventionell mit Stechzirkel oder ↗Kurvimeter, rechnerisch aus den Koordinaten x_i, y_i diskreter (digitalisierter) Punkte P_i (↗Vektordaten) der Mittellinie von Linienobjekten (Wasserläufe, Verkehrswege, Küstenlinien, Grenzverläufe usw.) einschließlich der Ränder von Flächenobjekten oder aus den Pixelabständen des Linienskeletts (↗Rasterdaten). Die Länge einer polygonalen Linie mit n Punkten ist:

$$\hat{L}_0 = \sum_{i=1}^{n-1} s_i,$$

$$s_i^2 := (x_{i+1} - x_i)^2 + (y_{i+1} - y_i)^2.$$

Die Länge einer gekrümmten Linie wird mit $\hat{L}_0$ immer zu klein geschätzt, weil der Bogen l über der Sehne s zweier benachbarter Kurvenpunkte durch letztere ersetzt ist. Besonders groß ist die Linienverkürzung in kleinmaßstäbigen Karten, wo nur vereinfachte Formen (↗Formvereinfachung, ↗Generalisierung) dargestellt werden können. Verkürzungen von 100 % und mehr sind möglich, und Messungen haben kaum einen Sinn. In der fraktalen Geometrie wird begründet, daß die Länge einer natürlichen Linie zwischen zwei Punkten nicht notwendig existiert. Man kann in aller Regel nur Schätzungen $\hat{L}_0$ bezüglich der (mittleren) Sehnenlänge s angeben, und der kleinstmögliche Punktabstand nähert sich natürlich der Realität am besten an. Unter dieser Voraussetzung ist sogar für stetig differenzierbare Kurven eine bessere Schätzung als $\hat{L}_0$ möglich, wenn man die in den Koordinatenfolgen enthaltene Krümmungsinformation ausnutzt. Nimmt man an, daß die Bögen l_i über den Sehnen s_i kreisbogenförmig sind, kann das Verhältnis:

$$K_i = \frac{l_i}{s_i} = \left[\mathrm{sinc}\left(\frac{\Delta\varphi_i + \Delta\varphi_{i+1}}{4}\right)\right]^{-1} > 1,$$

wobei $\mathrm{sinc}\, x = (\sin x)/x$ die Spaltfunktion und $\Delta\varphi_i$, $\Delta\varphi_{i+1}$ die Richtungsänderung (↗Richtungsbestimmung in Karten) der Polygonseiten in den Punkten P_i, P_{i+1} sind, als Korrekturfaktor der Seitenlängen s_i eingeführt werden:

$$\hat{L}_1 = \sum_{i=1}^{n-1} K_i s_i.$$

Neben dieser rein geometrischen Korrektur jeder Seitenlänge ist auch eine stochastisch-geometrische der Gesamtlänge $\hat{L}_0$ möglich, indem man den Krümmungseinfluß im statistischen Mittel aus den Richtungsänderungen $\Delta\varphi_i$ abschätzt:

$$\hat{L}_2 = K\hat{L}_0,$$

$$K = \left[1 - \frac{1}{24(n-2)} \sum_{i=2}^{n-1} (\Delta\varphi_i)^2\right]^{-1} > 1.$$

Sind die Pixel eines Linienskeletts im Ketten-(Freemann)-Kode abgelegt und sind $n_1(n_2)$ die Anzahlen der Konturfolgeschritte mit gerader (ungerader) Kode-Ziffer, ferner Δ die Rasterweite, so wird die Konturlänge mit:

$$\hat{L}_3 = \left(n_1 + \sqrt{2}\, n_2\right) \Delta$$

in der Regel zu groß geschätzt, weil man in einer 8-Umgebung nur in 8 diskreten Richtungen von Pixel zu Pixel fortschreiten kann (Rauhigkeit gerasterter Linien), während an einer stetigen Kurve alle Richtungen $\varphi \in [0, 2\pi]$ möglich sind. Aus dem Vergleich der Richtungshäufigkeiten im diskreten und stetigen Fall erhält man die verbesserte Schätzformel $\hat{L}_4 = 0{,}948 \hat{L}_3$. Zur Auswertung benutzt man zweckmäßig Software der ↗digitalen Bildverarbeitung. [SM]

Längengrad, in der Geographie übliche Bezeichnung der Kugelzonenfläche zwischen zwei ↗Meridianen, deren ↗geographische Längen sich um 1° unterscheiden.

Längengradmessung ↗Gradmessung.

Längenlinienbilanz ↗bilanziertes Profil.
Längenmessung ↗Distanzmessung.
Längenreduktion ↗Flächenreduktion.
Längentreue, die Eigenschaft eines Kartennetzentwurfs, die Länge eines Bogenstückes auf der Bezugsfläche (Kugel oder Ellipsoid) in einem konstanten Maßstabsverhältnis in der Kartenebene wiederzugeben. Längentreue wird bei verschiedenen Kartennetzentwürfen in der Abbildung der Meridiane, des Äquators, der Parallelkreise oder gewisser Großkreise erreicht. Eine Längentreue in allen Abbildungselementen ist nach der ↗Verzerrungstheorie nicht möglich. Bei Entnahme von Entfernungen aus einer kleinmaßstäbigen Karte (1:500.000 oder kleiner) darf man sich nicht durch die Maßstabsangabe auf der Randleiste zu einem Fehler verleiten lassen. Der angegebene Maßstab gilt nur für ausgewählte Teile einer Karte, nämlich dort, wo Bezugsfläche und Abbildungsfläche zusammenfallen, sich berühren oder einander möglichst nahe sind. Beliebige Entfernungen zwischen Orten an den Rändern einer Karte können nicht mit der angegebenen Maßstabszahl abgegriffen werden, sondern sind auf der Kugel nach den Regeln der sphärischen Trigonometrie zu berechnen. [KGS]

Längenverzerrung, das Verhältnis m_α einer differentiellen Strecke $d\sigma$ auf der Abbildungsfläche (Karte) zu der entsprechenden differentiellen Strecke dS auf der Bezugsfläche (Kugel oder Ellipsoid). Die Längenverzerrung ist eine Maßstabszahl, die im allgemeinen von einem Punkt P' der Karte mit den Koordinaten X und Y in allen Richtungen α einen anderen Wert annimmt. In dem Sonderfall m_α = const. spricht man von einer ↗konformen Abbildung. Der mathematische Ausdruck für die Längenverzerrung bei Verwendung der Kugel als Bezugsfläche ergibt sich aus den differentiellen Ausschnitten aus Bezugs- und Abbildungsfläche (Abb.) zu:

$$m_\alpha^2 = \frac{d\sigma^2}{dS^2} = \frac{dX^2 + dY^2}{R^2\left(d\varphi^2 + d\lambda^2 \cos^2 \varphi\right)}.$$

Hierbei sind φ und λ die geographische Breite und Länge des Kugelpunktes P.
Da die Längenverzerrung in einem Punkt P' der Karte im allgemeinen von der Richtung abhängt und außerdem von Punkt zu Punkt verschieden ist (abgesehen von bestimmten längentreuen Linien), weist eine Karte einen variablen Maßstab auf, was bei der Entnahme von Entfernungen aus der Karte zu beachten ist. Die Unterschiede in der Maßstabszahl wirken sich bei Maßstäben kleiner als 1:500.000 in den Randgebieten der Atlaskarten besonders stark aus. Bei ↗normalen Abbildungen (d.h. in polarer Lage) sind die Längenverzerrungen im Meridian m_m und im Parallelkreis m_p von besonderer Bedeutung. Sie bilden als Hauptverzerrungsrichtungen die Richtungen der Achsen der Tissotschen Indikatrix. [KGS]

lange Wellen, Seegangswellen (↗Seegang), deren Wellenlängen groß im Vergleich zur Wassertiefe sind. Auch Gezeiten, Seiches und Tsunamis bezeichnet man als lange Wellen.

Langh, *Langhium*, international verwendete stratigraphische Bezeichnung für eine Stufe des ↗Miozäns. ↗Neogen, ↗geologische Zeitskala.
Langley, *ly*, veraltete Einheit der Flächendichte der Strahlungsenergie: 1 ly = 1 cal/cm² = 41,868 · 10³ J/m².
Lang-Methode ↗Röntgen-Topographie.
Langmuir-Adsorptionsisotherme, nach Irving Langmuir (amerikanischer Chemiker, 1881–1957) benannte ↗Adsorptionsisotherme. Sie charakterisiert die Abhängigkeit der adsorbierten Menge N vom Druck p des Gases über dem Adsorbat bei konstanter Temperatur und gilt insbesondere für den Fall, daß sich eine monomolekulare Adsorptionsschicht ausbildet und weiterhin die Adsorptionswärme unabhängig von der Belegung ist. Der Bedeckungsgrad einer Oberfläche im Gleichgewichtszustand kann durch die Langmuir-Adsorptionsisotherme beschrieben werden.

Langsamfilter ↗Filtration.
Langsamschicht ↗Verwitterungszone.
Längsdüne, *Longitudinaldüne*, *Strichdüne*, ↗freie Düne von länglicher Gestalt, deren Kamm annähernd in Hauptwindrichtung verläuft bzw. deren Ausrichtung die Resultierende aus Winden unterschiedlicher Richtung ist (↗Sif). Ihr wird die ↗Querdüne gegenübergestellt. Die Bezeichnung hat weitgehend morphographischen Charakter, da darunter ↗Dünen ganz unterschiedlicher Größe und Genese subsumiert werden (↗Silk, ↗Draa). Längsdünen kommen häufig in gleichabständigen Reihen vor, wobei ein enger Zusammenhang zwischen Gassenbreite und Dünenbreite sowie zwischen Dünenhöhe und Kammabstand zu bestehen scheint. Sie können auch nach ↗Deflation des Mittelteils aus ↗Parabeldünen hervorgehen.

Längsklüfte, *Longitudinalklüfte*, *bc-Klüfte*, ↗Klüfte.
Längsküste, *pazifischer Küstentyp*, strukturbedingter ↗Küstentyp, bei dem die Küstenlinie parallel zum Streichen von Falten des Küstenlandes verläuft. Nach beschreibenden ↗Küstenklassifikationen in das 19. Jahrhundert zurückreichende Bezeichnung für buchtenarme, von parallel verlaufenden Gebirgszügen gesäumte Küsten. ↗Querküsten.
Längsleitfähigkeit, *Leitwert*, Produkt S aus elektrischer Leitfähigkeit σ und Dicke h einer Schicht.
Längsprofil, **1)** *Geologie*: Profilschnitt parallel zum ↗Streichen der Schicht (↗Profil). **2)** *Hydrologie*: ein Hauptparameter bei der Bewertung der ↗Gewässerstruktur, welcher Art und Ausmaß von natürlichen oder anthropogenen Barrieren beschreibt. Hierzu gehören als Elemente z.B. Querbänke, Strömungsdiversitäten, Querbauwerke, Verrohrungen und Durchlässe.
Längsspalte ↗Gletscherspalte.
Längstal, Talverlauf mit dem ↗Streichen der Schichten des Untergrundes im Gegensatz zum Quertal.
Längswerk, Sicherungsmaßnahme in einem Gewässer parallel zur Fließrichtung (↗Gewässerausbau). Es wird entweder direkt am Ufer als

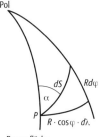

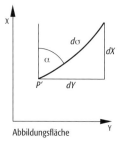

Längenverzerrung: Längenelement dS auf der Kugel und $d\sigma$ in der Abbildungsebene.

↗Deckwerk oder aber im Gewässer als ↗Leitwerk bzw. ↗Parallelwerk ausgeführt.

Längswiderstand, spezifischer Widerstand parallel zu einer geologischen Schichtung oder Formation.

Langwellenrücken, in der Klimatologie ein breiter Wellenrücken einer langen Welle (ca. 4000–6000 km) in der mäandrierenden westlichen ↗Höhenströmung.

langwellige Strahlung, in der Meteorologie Bezeichnung für terrestrische Strahlung im Spektralbereich zwischen 3,5 µm und 100 µm. ↗elektromagnetisches Spektrum.

Langzeitrutschung, ein aus bodenmechanischer Sicht definierter Rutschungstyp. Er unterteilte die Rutschungen in Kurz- oder Langzeitrutschung. Der Unterschied wird durch das Verhalten des Porenwasserdruckes vor und während des Bruchzustandes definiert. Zu den Langzeitrutschungen zählen alle Erscheinungen des progressiven Bruches sowie Entlastungsbrüche in Einschnitten, bei denen im Boden gespeicherte Dehnungsenergie frei wird und der Boden unter Wasseraufnahme schwillt.

Langzeitsetzung, *sekundäre Setzung, Kriechsetzung*, Setzung, die aus der Zeitsetzungslinie (↗Zeitsetzung) ermittelt wird (die Setzung wird in einem einfach logarithmischen Diagramm über die Zeit aufgetragen). Diese Kriecherscheinung ist auf Umlagerungen im Mineralgerüst zurückzuführen und tritt nur bei feinkörnigen Böden auf.

La Niña ↗El Niño.

Lanthan, metallisches Element mit dem chemischen Zeichen La, gehört zusammen mit Scandium, Yttrium und den Lanthanoiden zu den ↗Seltenerdmetallen (↗Seltene Erden, ↗Seltenerdminerale); Vorkommen: in den Mineralen Allanit, Bastnäsit, Monazit und in ↗Lanthanit.

Lanthanidenkontraktion, durch Aufbau der f-Orbitale von Lanthaniden (und Actiniden) verursachte Kontraktion dieser Atome, die dazu führt, daß Elemente der zweiten und dritten Übergangsreihe trotz Besetzung einer neuen Elektronenschale praktisch gleiche Ionenradien haben. Das führt zu einer großen Ähnlichkeit im chemischen Verhalten homologer Elemente dieser beiden Reihen. In Mineralen können sich diese Ionen ohne weiteres ersetzen (»geochemische Tarnung«).

Lanthanit, Mineral mit der chemischen Formel $(La,Dy,Ce)_2[CO_3]_3 \cdot 8\,H_2O$ und rhombischer Kristallform; tafelige bis dicktafelige Kristalle; Perlglanz; Farbe: farblos, weißrosa, gelblich; feinkörnig, erdig, schuppig; Härte nach Mohs: 2,5–3; Dichte: 2,69 g/cm³; n_{xyz} = 1,52, 1,587, 1,613; Vorkommen: als Überzüge auf Cerit der Bastnäs-Grube (Schweden), in Pegmatiten hervorgegangen aus Allanit.

Lapilli, Korngrößenbezeichnung (2–64 mm, ↗Pyroklast Tab.) für Fragmente, die bei Vulkaneruptionen entstehen bzw. transportiert werden.

Lapislazuli, [von mittellateinisch lazurius, lazulus = blauer Stein], *Lasurit, Lapis, Lapis lazuli, Lasurspat, Lasurstein, Ultramarin*, Mineral mit der chemischen Formel $(Na,Ca)_8[(AlSiO_4)_6]$ und kubisch-hextetraedrischer Kristallform; Farbe: lasurblau, auch violett- oder grünlich-blau; matter Glasglanz; an Kanten durchscheinend; Strich: blaßblau; Härte nach Mohs: 5,5 (spröd); Dichte: 2,38–2,42 g/cm³; Spaltbarkeit: keine; Bruch: muschelig; Aggregate: klein bis feinkörnig; eingesprengt; vor dem Lötrohr bläht er sich auf und schmilzt leicht zu weißem Glas; in Salzsäure zersetzbar (H_2S-Geruch); oft in Schmucksteinqualität (↗Edelsteine); Begleiter: Hornblende, Diopsid, Glimmer, Calcit, Pyrit; Vorkommen: in Kalkstein bzw. an Kalkstein geknüpft; Fundorte: Chessy bei Lyon (Frankreich), Malo Bystrinsk (Baikalgebiet), San Bernardino (Kalifornien, USA), Badakhschan (Nordost-Afghanistan). [GST]

Laplace, *Pierre Simon* Marquis de, französischer Mathematiker, Physiker und Astronom, * 28.3.1749 Beaumont-en-Auge, † 5.3.1827 Paris; mit 18 Jahren Lehrer an der Artillerieschule in Beaumont, ab 1785 Mitglied der Académie des sciences, 1794 Professor an der École Normale in Paris, Vorsitzender der Kommission für Maße und Gewichte, 1799 vorübergehend Minister des Innern, dann Senator, 1803 Kanzler des Senats, 1804 Graf, 1817 Marquis; behandelte in seiner Himmelsmechanik (»Mécanique céleste«, 5 Bände, 1799–1825), einem der bedeutendsten naturwissenschaftlichen Werke der Weltgeschichte, besonders die Lehre von den Gezeiten (1775, dynamische Theorie der Gezeiten, welche auch die Trägheit des Wassers berücksichtigt), die Bahnen des Erdmondes, der großen Jupitermonde und der Planeten, insbesondere die gegenseitigen Bahnstörungen der Planeten; lieferte als erster den Nachweis des dauernden Bestands des Planetensystems und erkannte die periodische, innerhalb gewisser Grenzen bleibende Änderung der mittleren Entfernungen der Planeten von der Sonne; entwickelte 1796 die nach ihm benannte Laplacesche Nebularhypothese (Laplacesche Theorie) über die Entstehung des Sonnensystems (seine Auffassungen wurden oft fälschlicherweise mit denen von I. Kant zusammengefaßt: »Kant-Laplacesche-Theorie«); stellte eine erste Theorie der Kapillaritätserscheinungen auf, ergänzte die Newtonsche Formel für die Schallgeschwindigkeit in Gasen und arbeitete über Wärmelehre; die Mathematik verdankt ihm unter anderem die Theorie der Kugelfunktionen und des Potentials (Laplacesche Differentialgleichung), den Entwicklungssatz für Determinanten und besonders die Entwicklung der Wahrscheinlichkeitsrechnung (1812). Nach ihm sind auch der Laplace-Operator (Delta-Operator (D); der Operator div grad; div = Divergenz, grad = Gradient), die Laplace-Transformation (eine Integraltransformation, wichtiges Hilfsmittel zur Integration von Differentialgleichungen) und der Laplacesche Dämon (von E. Du Bois-Reymond eingeführter Begriff) bezeichnet. Weitere Werke (Auswahl): »Exposition du système du monde« (2 Bände, 1796), »Théorie analytique des probabilités« (1812).

Laplace-Gleichung, die Laplace-Gleichung als ho-

Laplace, *Pierre Simon* Marquis de

Laplace-Operator

mogene Potentialgleichung ergibt sich aus der ↗Poisson-Gleichung mit verschwindender rechter Seite: $f = 0$ und $\Delta u = 0$. Genügt die skalare Feldfunktion u in einem Gebiet des dreidimensionalen Raumes der Laplace-Gleichung und ist dort einschließlich der ersten und zweiten partiellen Ableitungen stetig, so wird u als harmonische Funktion oder Potentialfunktion (↗Harmonische Funktionen) bezeichnet. Für das ↗Gravitationspotential V ist der Gültigkeitsbereich der Laplace-Gleichung der Raum außerhalb der anziehenden Massen. grad V beschreibt ein konservatives Vektorfeld, den Gravitationsvektor, für den in eben diesem Raum Quellenfreiheit gilt, also die Divergenz verschwindet. Die Untersuchung der Lösbarkeit bzw. die Ableitung spezieller Lösungen der Laplace-Gleichung (bzw. der Poisson-Gleichung) ist Gegenstand der ↗Potentialtheorie (↗Randwertproblem der Potentialtheorie). [MSc]

Laplace-Operator, digitaler Filter, der die Größe des Grautonunterschieds benachbarter Bildpunkte darstellt. Er ist richtungsunabhängig, d. h. er wirkt sowohl in horizontaler, vertikaler als auch in diagonaler Richtung. Die Stärke des Grautonunterschiedes wird in entsprechende Grauwerte umgesetzt. Ist der Unterschied gering, so entstehen im Zielbild niedrige Grauwerte, sind die Unterschiede groß, sind die Zielgrauwerte entsprechend hoch. Das Produkt der Filterung hat nicht mehr die Bedeutung der Spektralinformation des Ausgangsbildes, sondern stellt den Grauwertunterschied benachbarter Bildpunkte dar (Abb.).

Laplace-Punkt, ↗Lotabweichungspunkt für den zusätzlich mindestens ein astronomisches Azimut gemessen wurde.

Laplacesche Kugelflächenfunktionen, Darstellung des Gravitationspotentials der Erde durch eine Reihenentwicklung nach ↗Kugelflächenfunktionen. Sie beruht auf der Lösung der Laplaceschen Differentialgleichung $\Delta V = 0$ für das Potential V. Bei der Herleitung der Lösung wird zunächst die Laplacesche Differentialgleichung unter Verwendung von ↗Kugelkoordinaten umgeschrieben, so daß sich die Abhängigkeiten der Gleichungsterme in Abhängigkeiten nach r, nach θ und nach λ separieren lassen. Es ergibt sich, daß sich die Lösungen als allgemeinste ganze rationale räumliche Kugelfunktionen n-ten Grades in der Form:

$$U_n = r^n S_n(\theta, \lambda)$$

darstellen läßt, wobei U_n ein Polynom n-ten Grades in x, y, z ist, das von höchstens $2n+1$ Konstanten linear-homogen abhängt. $S_n(\theta, \lambda)$ wird Laplacesche Kugelfunktion n-ten Grades genannt. Sie genügt, nachdem die Abhängigkeit nach r aus der Laplaceschen Differentialgleichung separiert worden war, der Differentialgleichung:

$$n(n+1)S_n + \frac{1}{\sin\theta}\frac{\partial}{\partial\theta}\left(\sin\theta\frac{\partial S_n}{\partial\theta}\right) + \frac{1}{\sin^2\theta}\frac{\partial^2 S_n}{\partial\lambda^2} = 0,$$

die linear homogen ist. Man erhält eine Lösung:

$$S_n(\theta,\lambda) = \sum_{m=0}^{n}\left(A_m \cos m\lambda + B_m \sin m\lambda\right)P_n^m(\cos\theta)$$

mit $2n+1$ Konstanten $A_0, A_1, \ldots, A_n, B_0, B_1, \ldots, B_n$. Dabei sind die $P_n^m(\cos\theta)$ die zugeordneten ↗Kugelfunktionen (Legendre-Funktionen 1. Art). Diese Lösung ist die allgemeinste Laplacesche Kugelfunktion (Kugelflächenfunktion) weil sie, mit r^n multipliziert, ein homogenes Polynom n-ten Grades in x, y, z ist und die $2n+1$ Glieder, aus denen sie linear homogen zusammengesetzt ist, linear unabhängig sind. Es ergeben sich die Laplaceschen Kugelflächenfunktionen der Grade zwei bis acht (Abb.). Laplacesche Kugelflächenfunktionen des Grades n setzen sich aus der Linearkombination von $2n+1$ Kugelflächenfunktionen des Grades n und der Ordnungen m für $m = 0, \ldots, n$ zusammen:

$$Y_n(\theta,\lambda) = \sum_{m=0}^{n}\left(c_{nm}C_{nm}(\theta,\lambda) + s_{nm}S_{nm}(\theta,\lambda)\right).$$

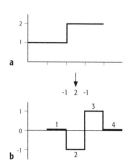

Laplace-Operator: Bildung einer Doppelkante durch Anwendung des Laplacefilters: a) Kante im Ausgangsbild, b) Doppelkante im Ausgangsbild.

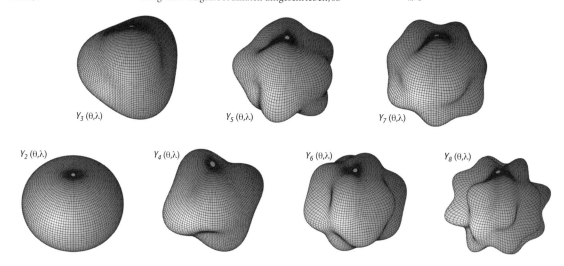

Laplacesche Kugelflächenfunktionen: Laplacesche Kugelflächenfunktionen der Grade zwei bis acht (überhöhte Funktionswerte unterschiedlichen Maßstabes).

Sie bilden ein orthogonales Funktionensystem auf der Einheitskugel mit den Orthogonalitätsrelationen (δ_{nm}' = Kronecker-Symbol):

$$\iint_\Phi Y_n(\theta,\lambda)Y_{n'}(\theta,\lambda)d\Phi = \frac{2\pi}{2n+1}\sum_{m=0}^{n}\left(1+\delta_{0m}\right)\frac{(n+m)!}{(n-m)!}\left(c_{nm}^2+s_{nm}^2\right)\delta_{nn'} = 4\pi\sigma_n^2\delta_{nn'}.$$

Die Normen der Laplaceschen Kugelflächenfunktionen enthalten die Konstanten c_{nm}^2, s_{nm}^2 bzw. die ↗Gradvarianzen σ_n^2.

Laptewsee, Teil des ↗Arktischen Mittelmeers und ↗Randmeer des ↗Nordpolarmeers vor der sibirischen Küste zwischen der Halbinsel Taimyr und den Neusibirischen Inseln.

Lapworth, *Charles*, englischer Geologe, * 30.9.1842 Faringdon (Berkshire), † 13.3.1920 Birmingham. Nach einer Lehrerausbildung war Lapworth ab 1864 als Lehrer in Galashiels (bis 1875) und am Madras College in St. Andrews (bis 1881) tätig. Daneben betrieb er intensive geologische Studien. Durch seine Beschäftigung mit Fossilien der Southern Uplands (speziell Graptolithen) und seiner Kenntnisse altpaläozoischer Schichten konnte er 1879 das ↗Ordovizium als eigenständiges System, vermittelnd zwischen dem kambrischen System von ↗Sedgwick und dem silurischen von ↗Murchison, vorschlagen. Aufgrund seiner außerordentlichen Leistungen wurde er 1881 auf den neu errichteten Lehrstuhl für Geologie am Mason College, der späteren Universität Birmingham, berufen.

large flat jack, ein hydraulisches Druckkissen mit Abmessungen von ca. 1000 × 1000 × 7 mm zur Durchführung von Spannungsmessungen nach der ↗Kompensationsmethode und zur Bestimmung von ↗Verformungseigenschaften des Gebirges.

Large Format Camera ↗LFC.

Large-Ion-Lithophile-Elemente, *LIL-Elemente*, *Low-Field-Strength-Elemente*, *LFS-Elemente*, Elemente mit großem Ionenradius und kleiner Ladungszahl. Das Verhältnis Ladungszahl/Ionenradius (*ionisches Potential*) ist kleiner als 2,0. Zu dieser Elementgruppe gehören Cs, Rb, K, Ba, Pb, Sr und Eu. Die ↗High-Field-Strength-Elemente haben ein ionisches Potential von größer als 2,0 (↗inkompatible Elemente Abb.).

Larmor-Präzession ↗Nachleuchten.

Lärmschutzgebiet, *Lärmschutzbereich*, 1) i. e. S. Schutzzonen um Flugplätze, die auf Basis des deutschen Gesetzes gegen Fluglärm ausgewiesen werden und in welchen abhängig von der Fluglärmbelastung Planungsempfehlungen gemacht und die Verteilung der entstehenden Kosten geregelt werden (z. B.: >75 dB Fluglärm = keine Ausweisung neuer Baugebiete; 67–75 dB = nur gewerbliche oder industrielle Nutzung; 62–67 dB = obligatorische Schallschutzmaßnahmen nötig, keine neuen Wohngebiete). 2) i. w. S. Baugebiete, in welchen durch eine erhöhte Lärmbelastung Lärmschutzmaßnahmen nötig werden.

Lärmschutzpflanzung, Maßnahme zum Lärmschutz im ↗Lebendbau. Für eine optimale Wirkung muß die Lärmschutzpflanzung möglichst nahe an der Lärmquelle (z. B. Eisenbahntrasse, stark frequentierte Autostraße, Industrieanlage) erstellt werden. Die für Lärmschutzpflanzungen verwendeten Gehölzpflanzen sollten schnellwüchsig, dicht wachsend, stark verzweigend und immergrün sein; je höher und breiter die Bepflanzung, desto besser die lärmabsorbierende Wirkung.

Larvikit, ein grobkörniger ↗Syenit oder Alkalifeldspatsyenit, der sich durch blau schillernde Alkalifeldspäte auszeichnet.

Laschamp-Exkursion, kurzzeitige ↗Feldumkehr vor etwa 42.000 Jahren im normalen ↗Brunhes-Chron.

Laser, *Light Amplification by Stimulated Emission of Radiation*, eine Lichtquelle, die sowohl zeitlich als auch räumlich kohärente Strahlung in einer oder mehreren Wellenlängen (UV bis Thermalstrahlung, 90 nm bis 12 μm) emittiert. In der ↗Fernerkundung werden Laser als Lidar (Light Detection and Ranging) im Profil- oder Scan-Modus zur Distanzmessung (digitale Oberflächenmodelle) oder zur Messung laserinduzierter Fluoreszenz von Objekten der Erdoberfläche verwendet. Neuerdings hat vor allem der Einsatz flugzeuggestützter Laserscannersysteme zur hochgenauen Aufnahme der Geländeoberfläche auch über Waldgebieten an Bedeutung gewonnen. Das im Flugzeug installierte Meßsystem besteht aus einem Laserscanner, der gepulstes oder kontinuierliches Laserlicht aussendet, aus einem GPS (↗Global Positioning System) und einem INS (Inertial Navigation System), einem Steuercomputer und einer Registriereinheit. Mindestens ein stationärer GPS-Empfänger sollte sich im Umfeld des Aufnahmegebietes befinden. In den Scanstreifen werden reflektierende Punkte in einem Abstand von nur wenigen Zentimetern erfaßt. Die Ermittlung von Höhen mit einer Genauigkeit von bis zu 10–15 cm in flachem Gelände ist möglich. [EC]

Laseraltimeter ↗Altimeter.

Laserentfernungsmessung, Entfernungsmessung zu Satelliten; sehr leistungsstarke Meßsysteme messen auch bis zum Mond. Ein ↗Impulslaser generiert eine Folge pikosekundenlanger Laserpulse, die über ein optisches Teleskop auf einen Satelliten gerichtet sind. Das Teleskop wird dem Satelliten nachgeführt. Der Satellit, ausgestattet mit ↗Retroreflektoren, leitet die Laserpulse wieder zurück zur Bodenstation. Hier werden sie vom Teleskop wieder empfangen und auf einen ↗Detektor geleitet. Die Entfernung berechnet sich aus der Laufzeit, multipliziert mit der ↗Lichtgeschwindigkeit. Ein ↗Laufzeitmeßsystem, entweder ein ↗Laufzeitzähler oder ein ↗Event-Timer, erfaßt die Laufzeitdifferenz zwischen den ausgesendeten und empfangenen Laserpulsen. Die Meßgenauigkeit ist abhängig von der Länge des Laserpulses, dem Detektor und dem Laufzeitmeßsystem. Der Einfluß der Atmosphäre (troposphärische ↗Refraktion) wird modellmäßig berücksichtigt. Neuere ↗Laserentfer-

Laserscanning: Aufnahmeprinzip des Laserscanners.

nungsmeßsysteme (z. B. ↗WLRS) nutzen heute zur Bestimmung des atmosphärischen Einflusses simultane Messungen auf zwei unterschiedlichen Wellenlängen. Die Laufzeitdifferenz der in der Wellenlänge unterschiedlichen Impulse, die synchron ausgesendet werden, wird mit ↗Streakkameras gemessen. Weltweit gibt es etwa 40 Laserentfernungsmeßsysteme. Die internationale Zusammenarbeit wird im Rahmen des International Laser Ranging Service (↗ILRS) koordiniert. Laserentfernungsmessungen zu Satelliten (SLR) basieren auf Laufzeitmessungen von Laserpulsen von einer Bodenstation zu einem Satelliten und zurück. Mit der Entwicklung leistungsstarker ↗Impulslaser, hochempfindlicher Detektoren und auf Picosekunden genauer ↗Laufzeitmeßsysteme konnte das Meßverfahren zu einem bedeutenden geodätisches Raumverfahren entwickelt werden. Laserentfernungsmeßsyteme erlauben es heute, Entfernungen bis zu geostationären Satelliten mit Zentimetergenauigkeit zu messen. Laserentfernungsmessungen zum Mond (LLR), beruhen auf Laufzeitmessungen von Laserpulsen zu den Reflektoren auf der Mondoberfläche, die von den bemannten Raumfahrtmissionen der Amerikaner zum Mond (Apollo-Missionen 11, 14 und 15) sowie von der sowjetischen automatischen Mondmissionen Lunar 17 und 21 ausgesetzt wurden. Nur sehr leistungsfähige Laserentfernungsmeßsysteme sind in der Lage, die Entfernung zum Mond zu messen. [WoSch]

Laserfluoreszenzspektrometrie, Methode zur Bestimmung von Schadstoffen im Wasser durch Fluoreszenz.

Laserkreisel, Beschleunigungsmesser, die in der Inertialvermessung und in der Navigation eingesetzt werden. Erste erfolgreiche Versuche, mit Hilfe eines Laserkreisel die Drehgeschwindigkeit der Erde zu bestimmen, wurden mit einem 1 × 1 m großen Laserkreisel, dem CII in Neuseeland, durchgeführt. Dabei umläuft monochromes Laserlicht eine Fläche, die von vier Spiegeln quadratisch aufgespannt ist, in beiden Umlaufrichtungen. Befinden sich die Spiegel in Ruhe, so ist die Umlaufdauer für beide Umlaufrichtungen über den gleichen Weg gleich lang. Dreht sich aber das Spiegelquadrat bzw. die Fläche um die Flächennormale, Achse senkrecht zur Fläche, so ist die Umlaufzeit mit der Drehung länger als die Umlaufzeit gegen die Drehung. Dies bewirkt, daß zwischen den beiden Laserstrahlen eine Schwebungsfrequenz auftritt, die abhängig von der Drehgeschwindigkeit ist. Diesen Effekt nennt man *Sagnac-Effekt*. Die Empfindlichkeit des Kreisels ist abhängig von der vom Laserlicht umlaufenen Fläche. Mit Hilfe eines 4 × 4 m großen Quadrats ist man in der Lage, die Variationen der Drehgeschwindigkeit zu erfassen. An der Realisierung eines Ringes dieser Ausdehnung, dem Großring »G«, wird gearbeitet. [WoSch]

Laserscanning, Methode der flugzeuggestützten Gewinnung von Höhendaten des Geländes durch einen aktiven Laserscanner (↗Scanner). Der im Flugzeug installierte Laserscanner erzeugt einen Laserstrahl, der mit Hilfe rotierender oder kippender Spiegel rechtwinklig zum Flugweg abgelenkt wird. Die Entfernungen bis zur Geländeoberfläche und damit die Höhenunterschiede zwischen Scanner und Gelände werden aus der Laufzeit der Laserimpulse ermittelt (Abb.). Der Vorteil des Laserscanning liegt in der geringen Abhängigkeit von Wetter- und Lichtbedingungen. Mehrfachreflexionen an der Geländeoberfläche und an darüber liegenden Objekten (Vegetation, Gebäude u. a.) führen zu Mehrdeutigkeiten, die durch mathematische Filterung eliminiert werden können. Damit ist sowohl eine höhenmäßige Erfassung der Oberfläche des Geländes als auch der darüber befindlichen Objekte möglich. Die Genauigkeit des Verfahrens beträgt etwa ± 0,15 m bei einem Punktabstand von wenigen Metern.

Das Laserscanning erfordert eine sehr genaue ↗äußere Orientierung der Laserstrahlen. Deshalb sind ein ↗GPS-Empfänger (↗Global Positioning System) und ein ↗Inertialsystem zur präzisen Bestimmung der Position und Orientierung des Laserscanners während des Fluges feste Bestandteile des Systems. Die Höhenaufnahme durch Laserscanning erfolgt in Analogie zur Luftbildaufnahme in einander überlappenden Streifen. [KR]

Last Glacial Maximum ↗LGM.

Lastraum, *Belastungsraum, Belastungsgebiet,* allgemeiner Begriff aus der Landschaftsökologie für ↗Landschaftsökosysteme, deren natürliche Struktur durch anthropogene Einflüsse deutlich gestört ist. Dies führt zu einem Verlust an ↗Stabilität und ökologischer Vielfalt (↗Biodiversität). Die negativen Eigenschaften des Lastraumes können, im Sinne einer negativen ↗ökologischen Ausgleichswirkung, über Luft und Wasser in benachbarte, weniger gestörte Ökosysteme übertragen werden. Typische Lasträume sind urban-industrielle Gebiete. Den Lasträumen können die ↗Ausgleichsräume gegenübergestellt werden. In der engeren Definition des Bundes-Immissionsschutzgesetzes handelt es sich bei Lasträumen in Deutschland um ausgewiesene Gebiete mit Umweltschäden infolge von Luftverschmutzung (↗Immissionsschäden). Diese sind in Im-

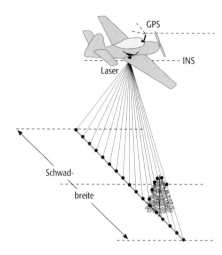

missionskataster als Immissionswirkungsdauer erfaßt, um auf der Grundlage von ↗Luftreinhalteplänen Maßnahmen zu deren Verminderung einzuleiten. Auch die ↗TA Luft enthält ↗Grenzwerte, um die Lasträume gegenüber den weniger oder nicht belasteten Gebieten abzugrenzen. Die Problematik der Festsetzung von Grenzwerten erschwert eine objektive Ausweisung der Belastungsgebiete nach rein naturwissenschaftlichen Kriterien. [DS]

Lasurit ↗ *Lapislazuli*.

Latdorf, nach einem Ort in Sachsen-Anhalt benannte, regional verwendete stratigraphische Bezeichnung für den Zeitbereich an der Wende Eozän/Oligozän; ursprünglich tiefste Stufe des ↗Oligozän. ↗Eozän, ↗Paläogen.

latente Wärme, die Wärmemenge, die bei Phasenübergängen von Wasser verbraucht oder freigesetzt wird. Nach der Verdunstung ist die latente Wärme in Form von potentieller Energie im Wasserdampf der Luft vorhanden und kann an einer anderen Stelle in der Atmosphäre wieder freigesetzt werden. Aufgrund der mit Phasenübergängen verbundenen großen Energiemengen (↗Verdunstungswärme, ↗Schmelzwärme, ↗Sublimationswärme) ist die latente Wärme eine sehr bedeutsame Komponente im ↗Energiehaushalt der Atmosphäre.

Lateralsekretion, Bildung einer Gangfüllung durch einen Auslaugungsprozeß im mehr oder weniger angrenzenden Nebengestein und anschließenden Stofftransport in eine Spalte oder Kluft; dabei kann hydrothermales oder ↗meteorisches Wasser beteiligt sein.

Laterit, 1) im Zusammenhang mit ↗Ferricrete im oberen Bereich eines ↗Verwitterungsprofils oft als lateritische ↗Duricrust benutzt. 2) allgemeiner gebräuchlich für Verwitterungsprofile, bei denen rote Böden als Residualbildung bei vorherrschend chemischer ↗Verwitterung in tropischem bis warmem oder gemäßigtem Waldklima entstehen. Unter Wegführung der löslichen Komponenten werden Eisen- und Aluminiumoxide bzw. -hydroxide angereichert, damit verbunden entstehen ↗Bauxitlagerstätten, seltener auch Eisen-, Nickel- und Goldlagerstätten. 3) bodenkundlich veraltet für desilifizierte, sesquioxidreiche, rötliche Böden der immer- und wechselfeuchten Tropen (↗Ferralsols der ↗WRB), die bei Austrocknung irreversibel verhärten und ↗Plinthite bilden.

lateritische Erze, durch die Prozesse bei der Bildung von ↗Lateriten entstandene bzw. angereicherte Erze (↗Nickellagerstätten).

Lateritisierung, Umwandlung von ↗Feldspäten u. a. Al-haltigen Silicaten unter tropischen bis subtropischen Verwitterungsbedingungen zu Al- und Fe-Oxiden und Oxidhydraten (↗Aluminiumminerale, ↗Hydroxide), insbesondere zu Hydrargillit, Böhmit, Diaspor, Goethit, Hämatit u. a. Lateritisierung führt auch zur Bildung von ↗Bauxit.

Latero-Log ↗elektrische Bohrlochmessung.

Latit, ein vulkanisches Gestein, das überwiegend aus Plagioklas und Alkalifeldspat zu gleichen Anteilen besteht (↗QAPF-Doppeldreieck).

Latitandesit, ein ↗Andesit, der mehr als 10 Vol.-% Alkalifeldspat enthält (↗QAPF-Doppeldreieck).

Latitbasalt, ein ↗Basalt, der mehr als 10 Vol.-% Alkalifeldspat enthält (↗QAPF-Doppeldreieck).

Latosole, veraltet für ↗Ferralsols der ↗WRB, ↗Ferrallite der ↗deutschen Bodeklassifikation und für ↗Oxisols der ↗Soil Taxonomy; intensiv gefärbte, stark verwitterte tropische Böden mit Sesquioxidanreicherung und ↗Desilifizierung.

Latte ↗Nivellierlatte, ↗Basislatte.

Lattenrichter, ↗Dosenlibelle mit rechtwinkliger Anhalteschiene zur Prüfung der lotrechten Aufstellung, z. B. einer ↗Nivellierlatte oder eines ↗Fluchtstabes.

Lattenuntersatz, *Frosch*, aus Grauguß gefertigte Unterlagsplatte mit einem oder zwei Aufsetzzapfen und drei Füßen, die fest in den Untergrund eingetreten werden können. Der Lattenuntersatz definiert auf ↗Wechselpunkten den festen und eindeutigen Standpunkt der ↗Nivellierlatte.

Laubwald, allgemeine Bezeichnung für eine sehr differenzierte Pflanzengemeinschaft aus einer oder mehreren Baumschichten mit Strauch- und Krautschicht. Die Bäume können immergrün oder laubabwerfend sein. In der Krautschicht treten ↗Geophyten und ↗Hemikryptophyten auf, die sich v. a. zu Beginn der Vegetationsperiode entwickeln, wenn noch kein Laub vorhanden ist und das Licht den Waldboden erreicht. Der Begriff Laubwald wird v. a. als Gegensatz zu ↗Nadelwald gebraucht und vorzugsweise auf die Wälder der gemäßigten Klimazone bezogen (↗nemorale Laubwälder). Aber auch viele Wälder anderer Klimazonen sind Laubwälder, wie der als ↗Hyläa bezeichnete immergrüne tropische Regenwald. Laubwälder weisen ein charakteristisches, ausgeglichenes Bestandsklima auf. Niederschläge werden zu etwa 10 % im Kronenraum zurückgehalten (Interzeption). Charakteristisch für die Baumschicht ist die starke Transpiration, so daß in der gemäßigten Zone unter Laubwäldern in der Vegetationsperiode kaum Grundwasserneubildung erfolgen kann. Die Baumartenzusammensetzung hängt wesentlich von ph-Wert und Feuchte ab (↗Pflanzenverband Abb.) und ist ein wichtiger Faktor im Ökosystem des Laubwaldes. So weisen reine Buchenbestände eine andere Begleitflora in der Krautschicht auf als Eichen-Hainbuchenwälder. Der Abwurf des Laubes bei sommergrünen Bäumen ist eine physiologische und morphologische Anpassung an ungünstige Bedingungen, denn damit können Schädigungen des Baums vermieden werden, z. B. Frostsprengung der Blattzellen durch Eisbildung im Winter mit nachfolgend großem Nährstoff- und Wasserverlust. Beim herbstlichen Laubabwurf werden Nährstoffe und Wasser kontrolliert in den Baumstamm und die Wurzeln zurückgezogen, dem Baum gehen somit kaum wichtige Stoffe verloren. Durch den Abbau des grünen Chlorophylls in den Blättern treten andere, sonst überdeckte Farben hervor, z. B. Carotinoide, die das Blatt rot oder orange färben. [DR]

Laue, *Max Felix Theodor* von

Laue, *Max Felix Theodor* von, deutscher Physiker, * 9.10.1879 Pfaffendorf (heute zu Koblenz), † 24.4.1960 Berlin. Laue begann schon während seines Militärdienstes 1898 mit dem Studium der Physik an der Universität Straßburg. Ab 1899 studierte er in Göttingen, München und Berlin, wo er sich besonders mit Problemen der Optik in der theoretischen Physik beschäftigte. 1903 promovierte Laue bei M. Planck über die Theorie der Interferenzen an planparallelen Platten. Er legte in Göttingen ein Lehramts-Staatsexamen ab und erhielt 1905 bei M. Planck eine Assistentenstelle am Institut für Theoretische Physik in Berlin. Laue führte den Planckschen Begriff der ↗Entropie in die Optik ein. In seiner Habilitation 1906 »Zur Thermodynamik der Interferenzerscheinungen« beschäftigte er sich mit der Entropie von interferierenden Strahlenbündeln. Laue lieferte aber auch zu anderen Themen wichtige Beiträge, z. B. zur Relativitätstheorie, für die er einen experimentellen Beweis aus der Optik lieferte, und zu den Supraleitern. Von 1909 bis 1912 war er Privatdozent für Theoretische Physik in München. 1912 ging Laue als außerordentlicher Professor an die Universität Zürich. Im selben Jahr hatte er die entscheidende Idee, Röntgenstrahlen durch Kristalle zu senden. Er vermutete, daß ein Kristall für Röntgenstrahlen das gleiche sein müßte, wie ein Beugungsgitter für Licht. Das Durchstrahlen eines Kupferminerals mit Röntgenstrahlen lieferte in dem von W. Friedrich und P. Knipping durchgeführten Experiment dann auch regelmäßig angeordnete Schwärzungspunkte auf einer hinter dem Kupfermineral aufgestellten Photoplatte; damit war das erste der heute sog. Laue-Diagramme geschaffen. Im Jahr 1914 erhielt Laue den Nobelpreis für Physik. Da er v. a. an den großen, allgemeinen Prinzipien der Wissenschaft interessiert war, beschäftigte er sich danach nicht weiter mit der Röntgenstrukturanalyse, sondern überließ es den beiden englischen Physikern (Vater und Sohn) ↗Bragg, die Strukturen einzelner Substanzen mittels Laues Röntgenbeugungsverfahren aufzunehmen. Ebenfalls 1914 erhielt Laue den Ruf zum ordentlichen Professor an die Universität Frankfurt a. M., 1919 wechselte er an die Universität Berlin, wo er wieder mit Planck zusammenarbeitete, und im Jahr 1923 wurde Laue zum Nachfolger Plancks als Direktor des Instituts für Theoretische Physik an der Universität Berlin ernannt. Daneben nahm er eine Beraterfunktion an der Physikalisch-Technischen Reichsanstalt auf. Obwohl er sich für verfolgte Wissenschaftler einsetzte, blieb Laue während der Nazizeit vergleichsweise unangefochten Professor in Berlin. Laue emeritierte vorzeitig 1943 und siedelte nach Hechingen um, wohin das von W. Heisenberg gegründete Institut kriegsbedingt verlagert wurde. Nach dem Kriegsende stand Laue sofort wieder an der Spitze des Wiederaufbaus der deutschen Wissenschaft. Er war Mitbegründer der »Deutschen Physikalischen Gesellschaft in der britischen Zone«, des »Verbandes Deutscher Physikalischer Gesellschaften« und der »Physikalisch-Technischen Bundesanstalt« in Braunschweig. Im Jahr 1951, im Alter von 71 Jahren, übernahm er die Direktorenstelle am Fritz-Haber-Institut der Max-Planck-Gesellschaft in Berlin. [EHa]

Laue-Diagramm ↗Laue-Methode.

Laue-Gleichungen, notwendige Bedingungen für das Auftreten eines abgebeugten Strahls bei der Streuung von Elektronen-, Neutronen- oder Röntgenstrahlen an Kristallen. Diese Strahlen wechselwirken mit den im Kristall dreidimensional periodisch (Translationssymmetrie) angeordneten Atomkernen und Atomelektronen und werden gestreut. Die Überlagerung der von den Streuern ausgehenden Sekundärwellen, die untereinander feste, zeitunabhängige Phasendifferenzen haben (kohärente Streuung), die ihrerseits vom Abstand der Streuer und vom Streuwinkel abhängen, ergibt maximale resultierende Amplitude (Interferenz-, Beugungsmaximum), wenn die folgenden Gleichungen gleichzeitig erfüllt sind:

$$\vec{a} \cdot \vec{Q} = 2\pi h; \vec{b} \cdot \vec{Q} = 2\pi k; \vec{c} \cdot \vec{Q} = 2\pi l.$$

Dabei sind $\vec{a}, \vec{b}, \vec{c}$ die Basisvektoren, die das ↗Kristallgitter aufspannen. $\vec{Q}$ ist der Differenzvektor zwischen den Wellenvektoren $\vec{k}_0$ der einfallenden und $\vec{k}$ der gebeugten Welle (Impulsübertrag): $\vec{Q} = \vec{k} - \vec{k}_0$, dabei gilt für die hier vorausgesetzte elastische Streuung $|\vec{k}| = |\vec{k}_0| = 2\pi/\lambda$. h, k, l sind ganze Zahlen. Damit $\vec{Q}$ die Gleichungen gleichzeitig erfüllt, muß $\vec{Q}$ ein Vektor des ↗reziproken Gitters sein:

$$\vec{Q} = 2\pi \vec{H}$$

mit $\vec{H} = h\vec{a}^* + k\vec{b}^* + l\vec{c}^*$. $\vec{a}^*, \vec{b}^*, \vec{c}^*$ sind die Basisvektoren des reziproken Gitters. Die Laue-Gleichungen besagen, daß konstruktive Interferenz, d. h. ein Beugungsmaximum, genau dann auftritt, wenn die Gangunterschiede (Wegdifferenzen) der Strahlen, die an translationsäquivalenten, in Richtung der Basisvektoren $\vec{a}, \vec{b}, \vec{c}$ benachbarten Streuern gestreut werden, ganzzahlige Vielfache h, k, l der Wellenlänge sind (Abb.). Sind diese Bedingungen nicht simultan erfüllt, dann löschen sich die gestreuten Wellen durch Interferenz gegenseitig weitgehend aus. Denkt man sich den Kristall als unendlich ausgedehnt, so ist die Auslöschung zwischen den Beugungsmaxima vollständig und die Beugungsmaxima selbst sind δ-funktionsförmig scharf.

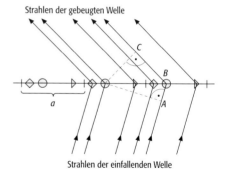

Laue-Gleichungen: schematische Darstellung der Beugung an einer eindimensionalen, translationsperiodischen Struktur mit der Translationsperiode a aus drei unterschiedlichen Streuern (Quadrat, Dreieck, Kreis) zur Interpretation der ersten Laue-Gleichung. Zur Entstehung eines Beugungsmaximums (konstruktive Interferenz) muß der Gangunterschied $\overline{AB} + \overline{BC}$ der Strahlen benachbarter, translationsäquivalenter Streuer ein ganzzahliges Vielfaches h der Wellenlänge sein.

Jedes Beugungsmaximum (Braggreflex) ist also durch ein Tripel h,k,l ganzer Zahlen, das sind die jeweiligen Beugungsordnungen für die Gitterrichtungen $\vec{a}, \vec{b}, \vec{c}$, eindeutig gekennzeichnet. Eine äquivalente Bedingung gilt für die Beugung von Licht an einem eindimensionalen Strichgitter mit dem Unterschied, daß im Kristall eine dreidimensional periodische Anordnung der Streuer vorliegt. Aus den Laue-Gleichungen folgt die Braggsche Bedingung für konstruktive Interferenzreflexion (↗Braggsche Gleichung) an der Netzebenenschar mit den teilerfremden ↗Millerschen Indizes h', k', l'. Tritt in dem Tripel h, k, l ein gemeinsamer Teiler n auf, so gilt: $(h', k', l') = (h, k, l)/n$, d. h. es handelt sich nach der Interpretation von Bragg um einen Reflex an der Netzebenenschar mit den Millerschen Indizes h', k', l' der Ordnung n. [KH]

Laue-Klasse, eine der elf zentrosymmetrischen kristallographischen Punktgruppen. Bei Abwesenheit ↗anomaler Dispersion ist die Streudichte für Neutronen und Röntgenstrahlung gleich der Kern- bzw. Elektronendichte. Für diese beiden reellen Funktion ist immer $I(\vec{H}) = I(-\vec{H})$ (↗Friedelsches Gesetz). Die Intensitätsverteilung des Beugungsmusters ist deshalb zentrosymmetrisch, auch wenn der Kristall selbst gar keine Inversionsoperationen enthält. Bei Vorliegen anomaler Dispersion (d. h. $f'' \neq 0$ für wenigstens eine Atomsorte) hat das Beugungsmuster die Symmetrie der Punktgruppe der Kristallstruktur. Für nicht zentrosymmetrische Kristallstrukturen gilt das Friedelsche Gesetz dann nicht mehr: Man beobachtet Bijvoet-Differenzen $I(\vec{H})-I(-\vec{H})$, die eine Bestimmung der ↗absoluten Struktur erlauben.

Laue-Methode, ältestes Verfahren zur Untersuchung von Kristallen durch ↗Röntgenbeugung. Ein feststehender Kristall wird mit weißem Röntgenlicht, d. h. Röntgenstrahlung mit einem möglichst breiten Spektrum, bestrahlt. Das Beugungsbild wird auf einem Flächendetektor (Film, Bildspeicher Platte, CCD-Detektor), der je nach Kristalldicke hinter (Durchstrahlanordnung) oder vor (Rückstrahlanordnung) dem Kristall steht, aufgenommen. Die nach der Laue-Methode erzeugten Beugungsbilder werden auch als *Laue-Diagramme* bezeichnet. Die Laue-Methode wird zur Bestimmung der Orientierung und zur röntgenographischen Justierung von Kristallen angewendet. Verläuft nämlich der einfallende Röntgenstrahl in einem Symmetrieelement, wie z. B. einer Drehachse oder Spiegelebene des Kristalls, so erscheint diese Symmetrie im Laue-Diagramm. Laue-Diagramme können für alle Punktgruppensymmetrien und nach Eingabe der Koordinaten der Atompositionen der Kristallstruktur für beliebige Einstrahlrichtungen berechnet und mit dem experimentellen Bild verglichen werden.
Die Laue-Methode ist längere Zeit nicht zur ↗Röntgenstrukturanalyse verwendet worden, da durch die systematische Überlagerung von Braggreflexen verschiedener Ordnungen die Bestimmung der Beugungsintensitäten zu unzuverlässig erschien. Der Vorteil ist jedoch, daß die Braggreflexe gleichzeitig angeregt werden. Mit der zunehmenden Verfügbarkeit von ↗Synchrotronstrahlung und der Möglichkeit, auch große biologische Strukturen zu lösen, hat die Anwendung der Laue-Methode in der Röntgenstrukturanalyse einen neuen Auftrieb erfahren. Ein Laue-Diagramm mit einigen zehntausend Braggreflexen eines Proteinkristalls kann mit der intensiven Synchrotronstrahlung in einigen Millisekunden aufgenommen werden. Bei der hohen Zahl der Reflexe sind etwa 80 % Einzelreflexe, d. h. ohne Überlagerung mit anderen. Deshalb wird heute die Laue-Methode hauptsächlich zur Strukturbestimmung in der Proteinkristallographie wieder verwendet (Abb. im Farbtafelteil). [KH]

Laue-Symbole, *Reflexindizes*, das Tripel ganzer Zahlen hkl, das für einen Reflex $\vec{h} = \vec{s} - \vec{s}_0$ die Laue-Gleichungen $\vec{a} \cdot \vec{h} = h$, $\vec{b} \cdot \vec{h} = k$, $\vec{c} \cdot \vec{h} = l$ erfüllt, wenn $\vec{a}, \vec{b}, \vec{c}$ Basisvektoren des Translationsgitters des Kristalls bezeichnen, der von einer ebenen Röntgenwelle mit Wellenvektor $\vec{s}_0$ der Länge $1/\lambda$ (λ = Wellenlänge) bestrahlt wird. $\vec{s}$ bezeichnet den Wellenvektor gleicher Länge für den abgebeugten Strahl. Im Gegensatz zu den ↗Millerschen Indizes können die Laue-Symbole beliebige ganzzahlige Werte annehmen.

Laue-Symmetrie, bei einem Kristall die zentrosymmetrische Obergruppe seiner Punktsymmetrie (Kristallklasse). Die Symmetrie, die das Beugungsbild eines Kristalls zeigt, ist aufgrund des ↗Friedelschen Gesetzes insofern verfälscht, als das Vorhandensein eines Symmetriezentrums vorgetäuscht wird, solange die Wellenlänge der Röntgenstrahlung für alle Streuer im Kristall normale Dispersion zeigt. Deshalb werden die elf zentrosymmetrischen Punktgruppen auch als ↗Laue-Klassen (besser Friedel-Klassen) bezeichnet.

Laufendhaltung ↗*Fortführung*.

Laufentwicklung, ein Hauptparameter bei der Bewertung der ↗Gewässerstruktur, welcher Art und Ausmaß der Laufkrümmung und Krümmungserosion beschreibt und deren Abweichungen mit den natürlichen, gewässertypischen Merkmalen vergleicht.

Laufwasserkraftwerk, ↗Wasserkraftanlage, die im wesentlichen das natürliche Wasserdargebot eines Gewässers nutzt, ohne daß oberhalb der Anlagen größerer Speicherungsmöglichkeiten bestehen. Das zu erwartende Leistungs- und Arbeitsdargebot hängt daher fast ausschließlich von den natürlichen Zuflüssen ab. An entsprechend wasserreichen Flüssen und Strömen mit geringem Gefälle (< 1 ‰) wird der Aufstau durch ein ↗Wehr erzeugt. Das Kraftwerk steht meist in enger räumlicher Beziehung zur Wehranlage. Da Gewässer dieser Art meist auch von der Schiffahrt genutzt werden, sind für die Überwindung der durch das Wehr erzeugten Fallstufe Schleusen erforderlich. Fischaufstiege kommen meist als weitere Nebenanlage dazu. Die einzelnen Anlagenteile sind meist nebeneinander in einer Achse senkrecht zum Stromstrich angeordnet (zusammenhängende Bauweise). Bei der aufgelösten

Bauweise wechseln sich über den Fluß Wehr- und Kraftwerkselemente ab (Pfeilerkraftwerk). Sonderformen der Laufwasserkraftwerke sind Ausleitungskraftwerke, teilweise auch als Umleitungskraftwerk bezeichnet, bei denen das Triebwasser aus dem ursprünglichen Gewässerbett abgeleitet wird und in diesem nur noch das für die Energieerzeugung nicht genutzte Restwasser verbleibt (mit entsprechenden ökologischen Folgen). Als hydraulischer Maschinentyp werden hauptsächlich Kaplan-Turbinen (↗Turbinen) verwendet. [EWi]

Laufzeit, 1) *Geophysik*: Zeit zwischen Auslösen des seismischen Schusses (Nullzeit) und dem Eintreffen einer seismischen Welle. Bei Beobachtung über einen Entfernungsbereich x konstruiert man eine Laufzeitkurve $T(x)$ für diese Welle. Die Steigung der Laufzeitkurve (dT/dx) ist gleich der reziproken Scheingeschwindigkeit. Zur Analyse werden oft reduzierte Laufzeitkurven dargestellt: statt $T(x)$ trägt man $T(x)-x/V$ auf, mit geeigneter Reduktionsgeschwindigkeit V. Geradlinige Segmente von Laufzeitkurven treten deutlicher hervor. Die Analyse von Laufzeiten in seismischen Methoden wird als kinematische Auswertung bezeichnet. **2)** *Hydrologie*: Zeitspanne zwischen dem Eintreten einander entsprechender Wasserstände oder ↗Durchflüsse eines bestimmten Ereignisses in aufeinanderfolgenden Querschnitten.

Laufzeitdigramm, Weg-Zeit Darstellung im Sinne eines graphischen Fahrplans in der Seismik und Seismologie (Abb.). Auf der horizontalen Achse wird die Entfernung (in m, km oder Bogengrad) zwischen Quelle (↗Epizentrum des Erdbebens) und dem Empfänger (Geophon, Seismometer) abgetragen, auf der vertikalen Achse werden die Ankunftszeiten (↗Laufzeit) der verschiedenen

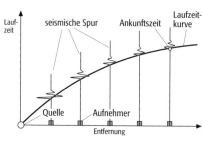

Wellen (↗P-Wellen und ↗S-Wellen, reflektierte Welle, refraktierte Wellen usw.) aufgetragen. Die Kurve, die durch die Laufzeiten einer Welle gelegt werden kann, wird als Laufzeitkurve bezeichnet. Ihre (reziproke) Neigung hat die Dimension einer Geschwindigkeit (↗Slowness, ↗Wellenausbreitung).

Laufzeitmeßsystem, Meßsystem zur Bestimmung der Zeitdifferenz, die in der ↗Laserentfernungsmessung zwischen dem ausgesandten Laserimpuls und dem vom Satelliten oder Mondreflektor reflektierten und wieder empfangenen Impuls vergeht. Eingesetzt werden ↗Laufzeitzähler oder ↗Event-Timer gemessen, in besonderen Fällen auch ↗Streakkameras.

Laufzeittomographie ↗seismische Tomographie.
Laufzeitzähler, elektronisches Zeitmeßsystem, das die Zeit zwischen einem Start- und einem Stopereignis mißt. Start- und Stopereignisse werden in der ↗Laserentfernungsmessung durch ausgesandte Laserimpulse bzw. durch die reflektierten Laserpulse festgelegt, die ein ↗Detektor in elektronische Impulse umwandelt. Es gibt Laufzeitzähler mit Meßgenauigkeiten von 30 ps.
Laufzeit-Zeitsektion, Darstellung der ↗Lotzeit längs eines Meßprofils (↗seismische Sektion).
Laumontit, *Caporcianit, Faserzeolith, Lomontit, Retzit, Schneiderit*, nach dem französischen Mineralogen G. de Laumont benanntes Mineral (Abb.) mit der chemischen Formel Ca[Al Si$_2$O$_6$]$_2 \cdot 4$ H$_2$O und monoklin-sphenoedrischer oder monoklin-domatischer Kristallform; Farbe: weiß, blaß-gelb, blaßrot; Glas- bis Perlmutterglanz; durch Lagern jedoch matt trübe und bröckelig werdend; Strich: weiß; Härte nach Mohs: 3–3,5; Dichte: 2,2–2,35 g/cm^3; Spaltbarkeit: vollkommen nach (110) und (010), schlecht nach (100); Aggregate: stengelig, faserig, auch erdig; Begleiter: andere ↗Zeolithe, Calcit, Chlorit; verliert an der Luft $1/_8$ seines Kristallwassers und zerfällt zu weißem Pulver; Vorkommen: entsteht hydrothermal als Drusen- und Kluftfüllung sowohl basischer als auch saurer Magmatite und findet sich in Graniten, Pegmatiten, Porphyriten, Dioriten, Andesiten, Gabbros, Diabasen und Basalten sowie auf Erzgängen; Fundorte: Idar-Oberstein (Rheinland-Pfalz), Plauenscher Grund bei Dresden (Sachsen), Peter's Point (Nova Scotia, Kanada). [GST]
Laurasia, die im Lauf der Trias mit dem Aufreißen der ↗Tethys aus dem Superkontinent Pangäa hervorgegangene Lithosphärenplatte der Nordhalbkugel. Sie bestand im wesentlichen aus dem größten Teil Nordamerikas, aus Grönland und dem größten Teil Eurasiens (ausgenommen dem alpidischen ↗Neoeuropa und dem indischen Subkontinent sowie einiger kleinerer südostasiatischer Lithosphärenplatten). Aus Laurasia sind durch das Aufreißen des Atlantiks im jüngeren Mesozoikum die heutigen Nordkontinente hervorgegangen. Das Gegenstück zu Laurasia auf der Südseite der Pangäa war ↗Gondwana.
Laurentia, eine am Ende des ↗Präkambriums im Lauf mehrerer Orogenesen entstandene Lithosphärenplatte, welche im wesentlichen den ↗Kanadischen Schild und angrenzende Teile Nordamerikas östlich der Rocky Mountains und nördlich bzw. nordwestlich des Ouachita-Appalachen-Orogens umfaßte, daneben Grönland, Schottland und Nordirland. Im Lauf des kaledonischen Orogenzyklus (↗Kaledoniden) kollidierte Laurentia unter Schließung des Iapetus-Ozeans (↗Iapetus) mit ↗Baltica und bildete den Kontinent ↗Laurussia.
Laurussia, *Old-Red-Kontinent*, Kontinentalplatte, die nach Schließung des ↗Iapetus im Zuge der Kaledonischen Gebirgsbildung (↗Kaledoniden) aus dem präkambrisch konsolidierten nordamerikanischen Kontinent ↗Laurentia und dem ebenfalls präkambrisch konsolidierten nord- und

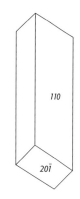

Laumontit: Laumontitkristall.

Laufzeitdigramm: Schema eines Laufzeitdiagramms.

osteuropäischen Kontinent ⁷Baltica (Fennosarmatia) entstand (Abb.). Im Zug des variszischen Orogenzyklus kollidierte Laurussia im Oberkarbon mit ⁷Gondwana, im Perm mit ⁷Sibiria. Dadurch verschmolzen die drei Kontinente zum Superkontinent Pangäa. ⁷Old-Red-Kontinent.

Laussedat, *Aime*, Militär, Phototechniker, Gelehrter, * 19.4.1819 Moulins, † 18.3.1907 Paris; 1838–1879 Militärische Ausbildung und Laufbahn, 1874 Oberst im französischen Generalstab. Im Mittelpunkt seines Lebenswerkes stand die Lehrtätigkeit als Professor für Astronomie, Geometrie und Geodäsie sowie als Direktor an der École polytechnique bzw. am Conservatoire des Arts et Metiers in Paris; 1851 Begründer der ⁷Photogrammetrie als topographisches Meßverfahren, 1858 Konstruktion einer ⁷Meßkamera, 1859–1864 topographische photogrammetrische Aufnahmen, 1860 Leiter einer Expedition zur Beobachtung einer totalen Sonnenfinsternis in Batna und 1870 Schöpfer eines militärischen optischen Telegraphendienstes; 1898–1903 wissenschaftliches Hauptwerk: »Recherches sur les instruments, les methodes et les dessins topographiques«; 1900 Mitglied der französischen Akademie der Wissenschaften; Großoffizier der Ehrenlegion. [KR]

Lava, *Lavastrom*, an der Erdoberfläche ausströmendes Magma. Auch das erstarrte Gestein wird als Lava bezeichnet.

Lavadecke, horizontal ausgedehnte flächenhafte ⁷Lava (subaerisch und subaquatisch).

Lavadom, *Staukuppe*, kuppel- bis nadelförmige Extrusionsform zäher, SiO_2-reicher ⁷Lava (⁷Mesalava, ⁷Kryptodom, ⁷Coulées).

Lavafontäne, bei hawaiianischen Eruptionen (⁷Vulkanismus) auftretende, bis 500 m emporschießende ⁷Lava.

Lavasee, See aus flüssiger Lava, der bei hawaiianischen bis strombolianischen Eruptionen (⁷Vulkanismus) im Krater entstehen kann.

Lavastrom ⁷*Lava*.

Lavatunnel, röhrenförmige Hohlräume mit mehreren Metern Durchmesser, die in größeren basaltischen Lavafeldern durch Überdeckung eines Lavastromes mit erstarrter Lava entstehen. In Lavatunneln kann nachfließende Lava ohne wesentlichen Wärmeverlust über weite Strecken bis an die Lavafront gelangen.

Lavawurftätigkeit, veraltet für strombolianischen Fall in der ⁷Kraterfazies eines ⁷Schlackenkegels.

Laves, *Fritz*, deutscher Mineraloge, * 27.2.1906 Hannover; † 12.8.1978; 1930–1943 Assistent und Dozent in Götttingen, bis 1945 Extraordinarius in Halle, bis 1948 Ordinarius und Direktor des Instituts für Mineralogie in Marburg, bis 1954 an der University of Chicago, ab 1954 Lehrstuhl für Mineralogie an der Eidgenössischen Technischen Hochschule (ETH) Zürich; 1956–1958 Präsident der Deutschen Mineralogischen Gesellschaft (DMG), Mitglied der Akademie der Naturforscher Leopoldina in Halle und der Bayerischen Akademie der Wissenschaften in München, Ehrendoktor der Universität Bochum; Herausgeber der Zeitschrift für Kristallographie.

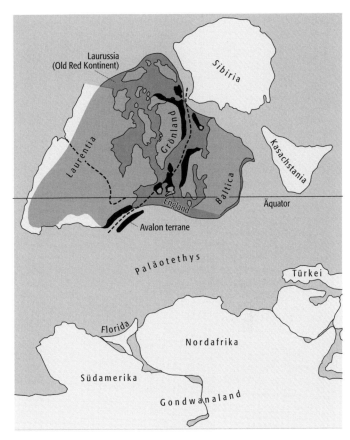

Laurussia: Laurussia nach Ende des kaledonischen Orogenzyklus im Unterdevon. Die unterbrochene Linie markiert die Sutur des geschlossenen Iapetus-Ozeans, schwarz markiert sind die neu entstandenen Gebirgszüge der Kaledoniden. Die Breite der Paläotethys ist unsicher.

Laves schrieb zahlreiche wissenschaftlichen Arbeiten zur Klassifikation der Kristallstrukturen durch topologische und metrische Zusammenhänge zwischen Baueinheiten, die eine Kristallstruktur aufbauen (Bauverbände, Netzwerke), zur Struktur und Mineralogie der Feldspäte und zur Struktur und Systematik intermetallischer Verbindungen (⁷Laves-Phasen), insgesamt ca. 230 Veröffentlichungen. [KH]

Laves-Phasen, intermetallische Phasen mit dem Radienverhältnis $\sqrt{2}/\sqrt{3}$, z. B. $MgCu_2$ und $MgZn_2$. ⁷Kristallstruktur.

LAWA ⁷*Länderarbeitsgemeinschaft Wasser*.

Lawine, ruckhafter und rascher Abgang von Schnee- und Eismassen an Hängen mit Hangneigungen meist zwischen 20° und 50° und einem Versatzbetrag von über 50 m. Zur Lawinenentstehung kommt es durch eine Labilisierung der bereits geringe mechanische Festigkeit besitzenden Schneedecke infolge des Aufbaus von Zug-, Druck- und Scherspannungen, die aus dem Zusammenspiel zwischen den elastischen Eigenschaften des Schnees und der Topographie des Untergrunds resultieren. Grundsätzlich erhöht sich die ⁷Lawinengefahr durch das Zunehmen von Schneedeckenmächtigkeit (v.a. wenn sehr viel Schnee in kurzer Zeit fällt) und Hangneigung, wobei auch ⁷Schneeart und ⁷Schneeprofil, Temperaturverhältnisse, Winddrift, Untergrundbeschaffenheit, Witterungsänderungen

(Umkristallisationen, Feuchtwerden) etc. wesentliche Einflußfaktoren sind. Die Standfestigkeit einer Schneedecke ergibt sich letztlich aus der Scherfestigkeit ihrer schwächsten Schicht, was ein wesentlicher Grund dafür ist, daß die oberflächliche Begutachtung einer Schneeauflage nur unzureichende Aussagen über die Lawinengefahr erlaubt. Die vielfältigen Erscheinungsformen von Lawinen werden entsprechend übergeordneter Kriterien in ↗Lawinenklassifikationen zusammengefaßt. Es wird unterschieden zwischen ↗Lawinenabgängen auf ↗Gleithorizonten innerhalb der Schneedecke (Oberlawinen) oder unmittelbar auf dem Untergrund (Bodenlawinen, Grundlawine). Erfolgt der Abbruch linienförmig, wird von ↗Festschneelawinen, bei punktförmigem Abbruch von ↗Lockerschneelawinen gesprochen. Der Feuchtezustand des Schnees unterteilt Lawinen in Trockenschneelawinen und ↗Naßschneelawinen, die Form der ↗Lawinenbahn in Flächenlawinen und kanalisierte Runsenlawinen, die Art der Bewegung in durch die Luft wirbelnde Staublawinen und am Grund fließende Gleitlawinen oder Fließlawinen, die Länge der Lawinenbahn in ein Tal ausfließende Tal- bzw. am Hangfuß zum Stehen kommende Hanglawinen und die Art des anbrechenden Materials in Schnee- und ↗Eislawinen. Zuletzt wird in einer Lawinenklassifikation auch nach dem Auslösungsfaktor (intern oder im Falle von extern natürlich oder künstlich) sowie der Art des entstandenen Schadens in Katastrophen- oder Schadenlawinen und Touristen- oder Skifahrerlawinen (im freien Skigelände) unterschieden. Aus der Kombination der genannten Ordnungskriterien lassen sich Lawinen in ihren vielfältigen Entstehungsursachen und Ausbildungsformen typisieren. [HRi]

Lawinenabgang, Vorgang des Abbrechens und Abgleitens einer ↗Lawine.

Lawinenanriß, Ort der Lawinenentstehung. Der Abriß von der festen Schneeoberfläche kann in Abhängigkeit von der ↗Schneeart linien- oder punktförmig ausgebildet sein. ↗Lawine.

Lawinenauffangdamm, *Auffangmauer*, ↗Lawinenverbau.

Lawinenauslösung, Vorgang der Lawinenentstehung, der sowohl natürlicher (z. B. bei Überlastung einer Schneedecke) als auch künstlicher Ursache (z. B. durch Skifahrer oder auch zur Lawinensicherung bewußt herbeigeführt) sein kann. ↗Lawine.

Lawinenbahn, Hangbereich, der von einem ↗Lawinenabgang tangiert wird. In Abhängigkeit vom Typ des ↗Lawinenanrisses, der an einer Linie oder auch punktförmig erfolgen kann (↗Festschneelawine, ↗Lockerschneelawinen) werden flächenhafte und linienhafte Lawinenbahnen unterschieden.

Lawinenbremshöcker, *Bremshöcker, Bremskeil*, Begriff aus dem Bereich des technischen ↗Lawinenverbaus, speziell aus dem Bereich der *Bremsverbauung*, für auf Lücke gesetzte, bis mehrere Meter hohe, steile Erdhügel oder Betonklötze, die dazu dienen, ↗Lawinen auf Flachböschungen abzubremsen.

Lawinenbulletin, aktueller und telefonisch zu erfragender Lagebericht über die Schneeverhältnisse und ↗Lawinengefahr in einzelnen Regionen, der bereits in den 30er Jahren des 20. Jahrhunderts erstmals in der Schweiz eingerichtet wurde.

Lawinenchronik, Aufzeichnung der in einer Region niedergegangenen ↗Lawinen nach ihrer zeitlichen Abfolge (*Lawinenhäufigkeit*).

Lawinendammwanne, mögliche Bezeichnung für eine kleinere, durch eine ↗Lawine gebildete Erosionsform.

Lawinendiode, lichtempfindliche Halbleiterdioden wird bei der ↗Laserentfernungsmessung als ↗Detektor für sehr schwache Lichtpulse, z. B. den vom Satelliten reflektierten ↗Laserimpuls, eingesetzt. Beim Auftreffen bereits eines oder weniger Photonen lösen sich aus dem Halbleiter lawinenartig Elektronen, die einen elektronisch meßbaren Impuls für das ↗Laufzeitmeßsystem liefern.

Lawinenforschung, ↗Schnee- und Lawinenforschung.

Lawinenfront, vorderer, hangwärtiger Bereich einer ↗Lawine.

Lawinengalerie, eine Form des ↗Lawinenverbaus, speziell zum Schutz von Verkehrswegen, wobei diese am Hang ansetzend überdacht und zur Talseite hin galerieartig geöffnet sind, so daß ↗Lawinen darüber hinweg geleitet werden.

Lawinengefahr, grundsätzlich die Möglichkeit schadenverursachender ↗Lawinen. Nach der Wahrscheinlichkeit eines Lawinenabgangs und nach der Verbreitung der Lawinengefahr erfolgt die Einteilung in verschiedene *Lawinengefahrstufen* sowie in die Kategorien örtliche und allgemeine Lawinengefahr. Zur Bekanntgabe der Lawinengefahr dient das ↗Lawinenbulletin.

Lawinengefahrstufe ↗Lawinengefahr.

Lawinengleitbahn, im Rahmen der Erprobung von Elementen des ↗Lawinenverbaus künstlich angelegte ↗Lawinenbahn.

Lawinengletschertyp, Typ eines ↗Gletschers (↗Gletscherklassifikation), der überwiegend durch Schnee- und ↗Eislawinen von den einrahmenden Gebirgsflanken und nicht oder lediglich untergeordnet von einem firnmuldenförmigen ↗Nährgebiet gespeist wird.

Lawinenhäufigkeit ↗Lawinenchronik.

Lawinenkataster, Kataster, in dem sämtliche bekannten oder potentiellen ↗Lawinenzüge erfaßt werden, die möglicherweise Bauwerke, Siedlungen oder sonstige Kulturlandschaftselemente tangieren bzw. schädigen können.

Lawinenkegel, kegelförmige Lawinenschneeablagerung (↗Lawinenschnee) am Ende einer ↗Lawinenbahn.

Lawinenkessel, Firnsammelbecken, das durch Schnee- und ↗Eislawinen von den umgebenden, steilen Flanken gespeist wird.

Lawinenklassifikation, Typisierung der zahlreichen Ausbildungen von ↗Lawinen nach unterschiedlichen Kriterien wie Form des ↗Lawinenanrisses, Art der Bewegung, Lage der Gleitfläche, Form der ↗Lawinenbahn etc.

Lawinenrunse, durch eine oder mehrere ↗Lawinen erodierte oder erweiterte ↗Runse.

Lawinenschnee, meist mehrere Meter bis Zehner Meter mächtige und dichtgepackte Schneeablagerung, die durch das natürliche Auslaufen oder den künstlichen Abfang einer ↗Lawine entstanden ist.

Lawinenschuttfächer, Ablagerung von mit Gesteinsschutt durchsetztem ↗Lawinenschnee am Ende einer linienförmigen ↗Lawinenbahn, meist im Übergang zu offenerem und flacherem Gelände. Nach dem Abtauen des Schnees bleibt ein weitgehend unsortierter Schuttfächer zurück.

Lawinenschuttkegel, kegelförmige Ablagerung von mit Gesteinsschutt durchsetztem ↗Lawinenschnee am Ende einer linienförmigen ↗Lawinenbahn. Nach dem Abtauen des Schnees bleibt ein weitgehend unsortierter Schuttkegel zurück.

Lawinenschuttzunge, zungenförmig ausgebildete und mit Gesteinsschutt durchsetzte Lawinenschneeablagerung am Ende einer linienförmigen, verflachenden ↗Lawinenbahn.

Lawinenschutzpflanzung, natürlicher, aufgeforsteter oder neuangelegter Wald als langfristige Maßnahme zum Schutz der Bevölkerung und Infrastruktureinrichtungen (z. B. Teilbereiche von Siedlungen, Verkehrswegen) gegen die Auswirkungen von Schneelawinen. Als Lawinenschutz dienende Wälder werden auch als Bannwälder bezeichnet. In Ergänzung zu den Lawinenschutzpflanzungen werden, je nach Lawineneinzugsgebiet und potentiellem Schadensgebiet, auch bautechnische Lawinenschutzmaßnahmen (Lawinenverbau) nötig (z. B. oberhalb der Waldgrenze im Lawinenabrißgebiet).

Lawinensonde, zur Ortung von Lawinenopfern dienende Metallstange von mehreren Metern Länge.

Lawinensturzbahn, bezeichnet den mittleren Abschnitt einer ↗Lawinenbahn und damit den Bereich der höchsten Lawinengeschwindigkeit im Verlauf dieser Lawinenbahn.

Lawinentobel, tief eingeschnittenes, steiles Hochgebirgskerbtal mit trichterförmigem Quellgebiet (↗Tobel), das durch ↗Lawinen überformt wurde bzw. im Winter und Frühjahr häufig als natürliche ↗Lawinenbahn dient.

Lawinenverbau, bautechnische Maßnahmen zum Schutz von Kulturland, Bauwerken, Siedlungen etc. vor ↗Lawinen. Hierzu zählen u. a. der Lawinenstützverbau zur Verhinderung der Auslösung von Lawinen im Anrißgebiet sowie Ablenk-, Brems- und Auffangverbauungen im Bereich der ↗Lawinenbahnen (u. a. ↗Lawinenbremshöcker, Lawinenablenkdämme, ↗Spaltkeile und *Lawinenauffangdämme* oder *Auffangmauern*).

Lawinenzonenplanung, Berücksichtigung der Lawinengefährdung eines Gebietes im Rahmen der Raumplanung, wobei das Gelände auf der Grundlage eines ↗Lawinenkatasters in Zonen unterschiedlicher Lawinenhäufigkeit und -intensität eingeteilt wird und entsprechende Nutzungsauflagen festgelegt werden.

Lawinenzug, Bezeichnung für häufig von größeren Lawinenabgängen heimgesuchte Hangbereiche.

Lawrence, *Ernest Orlando*, amerikanischer Physiker, * 8.8.1901 Canton, † 27.8.1958 Palo Alto; 1928–58 Professor in Berkeley (Kalifornien), 1936–58 Direktor des dortigen Radiation Laboratory (heute Lawrence Berkeley Laboratory), konstruierte 1929–30 das erste Zyklotron (Teilchenbeschleuniger), entdeckte mit diesem zahlreiche radioaktive Isotope (z. B. ^{14}C, ^{233}U) und stellte künstliche radioaktive Elemente (unter anderem radioaktives Natrium und Phosphor für den Einsatz in der Medizin und biologischen Forschung) her; ferner Arbeiten zur Plutoniumspaltung durch thermische Neutronen; mitbeteiligt an der Entdeckung der Antiteilchen; nahm die ersten Laboruntersuchungen an Mesonen vor; entwickelte 1941 unter Verwendung eines Zyklotrons die berühmte, nach dem Massenspektrometer-Prinzip arbeitende Isotopentrennanlage »Calutron« (Abkürzung für California University Cyclotron) zur Gewinnung des Uranisotops ^{235}U (für Zwecke der Kernspaltung) aus natürlichem Uran und war führend am amerikanischen Atomenergieprojekt beteiligt; erhielt 1939 den Nobelpreis für Physik. Nach ihm ist das Trans-Uran mit der Ordnungszahl 103 (↗Lawrencium) benannt.

Lawrencium, *Lr*, künstliches radioaktives Element mit mehreren Isotopen, deren längstlebiges (^{260}Lr) ein α-Strahler ist. ↗Radioaktivität.

Lawsonit, nach dem amerikanischen Mineralogen Lawson benanntes Mineral (Abb.) mit der chemischen Formel $CaAl_2[(OH)_2|Si_2O_7] \cdot H_2O$ und rhombisch-dipyramidaler Kristallform; Farbe: farblos bis graublau; Glasglanz; Härte nach Mohs: 6 (spröd); Dichte: 3,1 g/cm³; Spaltbarkeit: vollkommen nach (*100*) und (*001*); Aggregate: Kristalle meist tafelig, sonst dickliche Körner; Vorkommen: als charakteristisches Mineral der Blauschieferfazies, manchmal aber auch in Amphiboliten, Grünschiefern, Prasiniten und Albit-Chloritschiefern, jedoch in Sedimenten nur sehr lokal in Sanden und Sandsteinen begrenzt; Fundorte: Österreichische und Schweizer Alpen, Korsika (Frankreich), südliche Apenninen (Italien), Halbinsel Tiburon (Kalifornien, USA).

Lawsonit-Albit-Fazies, eine heute nicht mehr gebräuchliche Bezeichnung für einen Teilbereich der Blauschieferfazies (↗metamorphe Fazies).

layered intrusion ↗Lagenintrusion.

Layerprinzip, *Ebenenkonzept*, ↗Desktop Mapping.

Layout, (engl. = ausbreiten, anlegen, entwerfen), ursprünglich der zeichnerische Entwurf für die Verteilung von Schriftblöcken, Tabellen, Abbildungen und anderen Ausstattungselementen auf einer Seite und damit für die Seitengestaltung von Druckerzeugnissen insgesamt. Das Layout wird heute mittels Seitengestaltungs-Software ausgeführt, so daß der vorherige Entwurf meist entfällt. Nach Festlegung bestimmter Rahmenvorgaben (darunter des Satzspiegels, von Spaltenbreiten, Schriften) lassen sich Abbildungen aller Art interaktiv im Text plazieren und bei Bedarf verschieben. Einen selbständigen Bereich bildet das Bildschirmlayout (↗kartographische

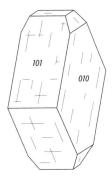

Lawsonit: Lawsonitkristall.

Bildschirmkommunikation, ↗kartographische Animation), das wegen des Querformats, der geringeren Auflösung und interaktiver Optionen, (z. B. Zoomen, Rollup-Menüs, dynamische Legenden, Arbeit nach dem Layerkonzept) eigenen Gestaltungsregeln unterliegt. Fragen des Layouts gewinnen besonders in der ↗thematischen Kartographie an Bedeutung, da Karten zunehmend in Verbindung mit Texten, Tabellen und anderen Abbildungen (Graphiken, Fotos) sowie als elektronische Version im multimedialen Umfeld publiziert werden. ↗Kartenlayout. [KG]

Layover, *Überkippung*, Extremfall des ↗Foreshortening bei Radaraufnahmen. Layover äußert sich dadurch, daß bedingt durch einen größeren Neigungswinkel des Geländes als der Einfallswinkel (Inzidenzwinkel) des Radarstrahls die höheren und somit von den gesendeten Impulsen schneller erreichten Gebiete wie Berggipfel räumlich vor den niedrigeren Gebieten der Hangfüße, die sensornäher sind, abgebildet werden. Da hier also zwei oder mehr Signale gleichzeitig zur Abbildung kommen, addieren sich die Intensitätswerte der zugehörigen Pixel und ergeben – so wie beim Foreshortening – die im SAR-Bild charakteristischen hellen Layover-Bereiche. Auch mit Hilfe eines ↗digitalen Geländemodells ist es nachträglich nicht möglich, die verschiedenen Rückstreusignale voneinander zu trennen, so daß Layover ebenso wie Foreshortening (heute noch) nicht korrigiert werden kann. Layover entsteht vor allem bei kleinen Einfallswinkeln und großen Flughöhen (↗Radarschatten). [MFB]

L-Band, einer der drei am häufigsten benutzten Frequenzbereiche in der Radar-Fernerkundung. Das L-Band gilt als langwelliges Band und seine Eindringtiefe ist sehr groß. ↗C-Band Tab.

LCD, *Liquid Crystal Device*, Systeme aus Flüssigkristall. Die stabförmigen Moleküle des flüssigen Kristalls sind parallel zueinander in Ebenen ausgerichtet. Es kann erreicht werden, daß die Moleküle jeweils um einen kleinen Winkel so gegeneinander gedreht sind, daß die Richtungen zwischen den Molekülen der ersten und letzten Ebene einen rechten Winkel bilden. Befindet sich das flüssige Kristall zwischen zwei Polarisationsfiltern mit um 90° unterschiedlichen Polarisationsebenen, so wird auf das System auftreffendes Licht hindurchgelassen. In einem elektrischen Feld wird durch Anlegen einer Spannung eine Ausrichtung der Moleküle parallel zu den Feldlinien bewirkt und polarisiertes Licht somit absorbiert. In photogrammetrischen ↗digitalen Auswertegeräten werden LCD zur stereoskopischen Betrachtung digitaler ↗Bildpaare auf dem Monitor durch zeitliche ↗Bildtrennung unter Verwendung passiver oder aktiver Brillen genutzt (Abb.). [KR]

LCKW, *leichtflüchtige Chlorkohlenwasserstoffe*, wasserlösliche und wegen ihres hohen Dampfdrucks leicht flüchtige ↗Chlorkohlenwasserstoffe.

Leaf Area Index ↗*Blattflächenindex*.

Leakagefaktor, B, kennzeichnet den Fließwiderstand zwischen der Speisungsschicht und dem Grundwasserleiter in Form einer fiktiven Fließweglänge, die sich auf die Durchlässigkeit des Aquifers bezieht:

$$B = \sqrt{\frac{k_f \cdot M \cdot M'}{k_f'}} \quad [m]$$

mit B = Leakagefaktor [m], k_f = Durchlässigkeitsbeiwert des Aquifers [m/s], k_f' = Durchlässigkeitsbeiwert der kolmatierten Schicht [m/s], M = Mächtigkeit des Aquifers [m], M' = Mächtigkeit der kolmatierten Schicht [m].

Leakagekoeffizient, α, beschreibt das Verhältnis zwischen der Durchlässigkeit der kolmatierten Schicht und deren Mächtigkeit:

$$\alpha = \frac{k_f'}{M'} \quad \left[\frac{1}{s}\right]$$

mit α = Leakagekoeffizient [1/s], k_f' = Durchlässigkeitsbeiwert der kolmatierten Schicht [m/s], M' = Mächtigkeit der kolmatierten Schicht [m].

Leaky-Aquifer, *halbgespannter Grundwasserleiter*, ↗Grundwasserleiter, der von halbdurchlässigen Schichten (↗Aquitarde) über- oder unterlagert wird. Die Durchlässigkeit der Aquitarden ist dabei noch so groß, daß es beim Druckabbau im ↗Aquifer zu vertikalen Zuströmungen kommt und man deshalb auch von einem »leckenden« Grundwasserleiter spricht.

Leap-Frog-Methode, Meßprinzip z. B. bei ↗Eigenpotential-Verfahren. Dabei werden im Gegensatz zur Technik der ↗Wandersonde beide Sonden wechselseitig umgesetzt.

Lebendbau, *ingenieurbiologische Bauweise, Lebendverbau*, Teilbereich des ↗Landschaftsbaus, bei dem wuchsfähige Pflanzen oder Pflanzenteile als Baustoff verwendet werden. Typische Anwendungsgebiete sind die Sicherung von rutschungs- und abbruchgefährdeten Hängen und Böschungen, z. B. bei der Gewässerverbauungen, beim Lawinenschutz (↗Lawinenschutzpflanzung), zur Sicherung von Böschungen an Verkehrswegen, beim Deichbau oder zur Landgewinnung. Die oberirdischen Pflanzenteile bieten dabei Schutz vor Wind und Wasser, die unterirdischen führen zu einer Verklammerung des lockeren Erd- und Felsmaterials. Je nach den örtlichen Bedingungen kann Rasen eingesät oder Röhricht bzw. Gehölze gepflanzt werden. An steilen Gewässerböschungen oder in Gewässern mit stärkerem Wellenschlag werden ↗Spreitlagen verwendet. Initialpflanzungen an steilen Hängen können durch den Bau von Hangfaschinen (↗Faschinen)

LCD: Wirkung von LCD in einer aktiven Brille ohne Anliegen einer Spannung.

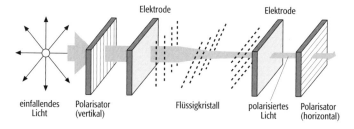

einfallendes Licht — Polarisator (vertikal) — Elektrode — Flüssigkristall — Elektrode — polarisiertes Licht — Polarisator (horizontal)

oder ↗Buschlagenbau gesichert werden. Neben der Lebendbauweise zählen zu den ingenieurbiologischen Verfahren auch ↗Hangroste zur Sicherung erosionsgefährdeter Hänge.

Lebendverbau, Begrünung von ↗Böschungen zum Schutz vor ↗Erosion. ↗Lebendbau.

Lebensformen, *Gestalttypen*, in der Vegetationsgeographie verbreitete Betrachtung der Vegetation nach den Anpassungsmerkmalen der Pflanzen an besondere Umweltbedingungen und dem äußeren Erscheinungsbild der von ihr gebildeten Bestände. Dagegen differenziert die ↗Pflanzensoziologie die Vegetation aufgrund der ↗Arten und ihrer Vergesellschaftung. Der Begriff Lebensform wurde 1895/96 von Warming, einem der Begründer der ökologischen Pflanzengeographie, eingeführt. Die Lebensformen werden anhand von Größe, Form und Gliederung sowie Lebensweise und Lebensdauer der betrachteten Pflanzenarten unterschieden. Sie haben sich als Anpassungen an bestimmte ökologische Faktoren, insbesondere den Wasserhaushalt, entwickelt. So konnten sich in weit entfernten, aber klimatisch ähnlichen Gebieten gleiche Lebensformen entwickeln (↗Konvergenz). Es gibt mehrere Klassifikationen der Lebensformen aufgrund der äußeren Erscheinung, des ökologischen Verhaltens und der Anpassung an den Wasserfaktor. Nach dem Wasserfaktor werden z. B. xeromorph (trockenheitsresistente Lebensformen), mesomorph (an mittlere Feuchtegrade angepaßt) und hygromorph (an feuchte Standorte angepaßt) unterschieden. Allgemeine Anerkennung hat die Klassifikation des Dänischen Botanikers Raunkiaer gefunden. Sie erfolgt aufgrund der Anordnung und dem Schutz der Erneuerungsknospen in der ungünstigen Jahreszeit (Abb.), woraus sich fünf Hauptgruppen ergeben: 1) Phanerophyten (Erneuerungsknospen in beträchtlicher Höhe über dem Erdboden, z. B. Bäume und Sträucher), 2) Chamaephyten (Erneuerungsknospen nur wenig über dem Erdboden, z. B. Zwergsträucher, Polsterpflanzen, ausdauernde Stauden und ↗Sukkulenten), 3) ↗Hemikryptophyten (Erneuerungsknospen unmittelbar an der Erdoberfläche), 4) Kryptophyten (Erneuerungsknospen im Boden: ↗Geophyten, Erneuerungsknospen im Wasser: Hydrophyten), 5) ↗Therophyten (einjährige Pflanzen). [MSch]

Lebensgemeinschaft ↗*Biozönose*.

Lebensqualität, bezeichnet die Güte des individuellen und gesellschaftlichen Lebens. Der Begriff Lebensqualität ist in den USA als »Quality of Life« und als Gegenstück des zum reinen Wachstumsdenken gehörenden materiell ausgelegten Begriff Lebensstandard in den 1960er Jahren entstanden. Die Lebensqualität berücksichtigt zusätzlich zu den materiellen Lebensbedingungen auch die Wohnbedingungen, die Qualität der natürlichen und bebauten Umwelt, die Vermögens- und Einkommensverteilung, die individuellen Freiheiten und Gestaltungsmöglichkeiten (gerechte Bildungs- und Aufstiegschancen) sowie die Versorgung mit öffentlichen Gütern. ↗qualitatives Wachstum.

Lebensraum, allgemein der Raumausschnitt, in dessen Grenzen sich das Leben eines Organismus abspielt. In ähnlichem Sinn oder synonym gebrauchte Begriffe sind ↗Biotop und ↗Habitat. In der Landschaftsökologie und im Naturschutz ist der Lebensraum die räumlich umschriebene, unbelebte ↗Umwelt einer ↗Biozönose, die aus Pflanzen, Tieren und ihren wechselseitigen Beziehungen hervorgeht und mit der Endsilbe »-al« gekennzeichnet wird. Wichtige Lebensräume auf dem Festland sind z. B. das Aerial (Lebensraum der freien Luft) oder das Arboreal (Lebensraum der Wälder), in Gewässerökosystemen das Benthal, Hadal, Litoral oder das Pelagial.

Lebensspur, eine von lebenden Organismen aktiv verursachte ↗Sedimentstruktur. ↗Spurenfossilien.

Leberkies ↗Markasit.

Lebermudde, *Algenmudde*, organische ↗Mudde, hauptsächlich aus Algensedimenten entstanden. Frisch hat sie eine gallertartige bzw. leberartige Struktur, eine grünlich bis rotbraune Farbe und ist elastisch. Im trockenen Zustand ist die Lebermudde hart und läßt sich feinplattig bzw. muschelig brechen oder spalten. Ihr Silicat- bzw. Carbonatgehalt liegt jeweils unter 30 % in der Trockensubstanz, der Anteil organischer Substanz über 30 %. Lebermudde entsteht als Tiefensediment und ist meist von geringer Mächtigkeit.

LEC, *Liquid-Encapsulation-Czochralski-Verfahren*, Verfahren, das zur Züchtung von Verbindungen entwickelt wurde, die bei der Schmelztemperatur einen merklichen Dampfdruck bzw. Zersetzungsdruck aufweisen oder eine flüchtige Komponente besitzen. Dabei wird die Schmelze der zu züchtenden Substanz im Tiegel mit einer anderen inerten Schmelze (↗inert) überdeckt, die so einen flüssigen Verschluß bildet. Wenn der Dampfdruck der flüchtigen Komponente den Atmosphärendruck überschreitet, muß unter erhöhtem Inertgasdruck gearbeitet werden. Das Ziehen des Kristalls erfolgt durch die Schmelzschutzschicht hindurch.

Lechatelierit, SiO_2-*Glas*, *Kieselglas Quarzglas*, nach dem französischen Bergingenieur H. Le Chatelier benanntes Mineral mit der chemischen Formel SiO_2, das sich als glasartig-amorphes Schmelzprodukt von Quarzsand durch Blitzschlag an den sogenannten Blitzröhren (↗Fulgurit) bildet, gelegentlich auch durch Meteoriteinschlag; Farbe: farblos bzw. durch Verunreinigungen auch gefärbt; Härte nach Mohs: < 7; Dichte: 2,2 g/cm³; ist bei Zimmertemperatur beliebig

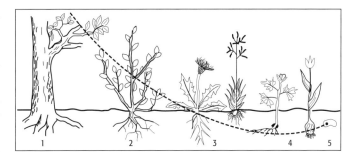

Lebensformen: Einteilung pflanzlicher Lebensformen nach Raunkiaer: 1) Phanerophyt, 2) Chamaephyt, 3) Hemikryptophyt, 4) Kryptophyt, 5) Therophyt.

lang haltbar; von Alkalien leichter angreifbar als z. B. kristallisierte SiO_2-Modifikationen; Varietäten: Libit, Libyanit.

Le Chateliersches Prinzip, *Prinzip des kleinsten Zwanges*, das vom französische Chemiker Henry Le Chatelier (1850–1936) formulierte »Prinzip des kleinsten Zwanges«, nach dem ein im Gleichgewicht befindliches System auf einen ausgeübten Zwang durch Änderung der äußeren Bedingungen derart reagiert, daß es durch Verschiebung des Gleichgewichtes diesem Zwang ausweicht. Das 1884 aufgestellte Prinzip wurde primär für physikalisch-chemische Systeme formuliert, es kann aber auch auf andere dynamische Systeme, beispielsweise geoökologische Systeme (↗Geoökosystem), angewandt werden. Beim physikalischen Gleichgewicht von Eis und Wasser z. B. führt eine externe Druckerhöhung zum Schmelzen des Eises (Grundlage des Schlittschuhlaufens). Entsprechend wird ein chemisches Gleichgewicht auf eine externe Temperaturerhöhung durch eine endotherme Reaktion reagieren.

Leckage, großflächiger Übergang von ↗Grundwasser durch einen Grundwasserhemmer oder ↗Aquitarde von einem ↗Grundwasserstockwerk in ein anderes.

Lee, die vom Wind abgewandte Seite eines Körpers (z. B. Schiff, Haus, Berg).

Leedüne, ↗gebundene Düne auf der windabgewandten Seite von Hindernissen, die je nach Größe des Hindernisses mehrere Dekameter hoch und mehrere Kilometer lang werden kann. Leedünen haben ein symmetrisches Querprofil mit einem zentralen Dünenkamm und zwei ca. 20° geneigten Flanken wobei die Kammlinien je nach sekundären Strömungen pendeln und häufig Sinuskurven nachzeichnen. Die Form entsteht durch konvergierende Luftströmungen im Lee des umströmten Hindernisses. Der Sand wird dabei entlang der Flanken transportiert, wodurch sich die Düne je nach gelieferter Menge mit der Windrichtung verlängert.

Leegmoor, *Legmoor*, ↗Hochmoor nach der ↗Abtorfung. Oft bleiben Flächen mit unterschiedlich mächtigen Torfschichten zurück, die in der Vergangenheit nach weiterer Entwässerung mit verschiedenen Moorkulturverfahren in landwirtschaftliche oder forstwirtschaftliche Nutzungsformen überführt wurden. Leegmoore können als teilabgetorfte Moore angesehen werden. Es bleibt mindestens eine 30 cm mächtige Schicht gewachsener Torf zurück, der meist mit einer Bunkerdeschicht überdeckt wird. Unter den heutigen Bedingungen steht die Wiedervernässung bzw. die Renaturierung abgetorfter Moore im Vordergrund.

In den Niederlanden wurden zuerst Hochmoore für die landwirtschaftliche Nutzung erschlossen. Auch der Mangel an Brennstoffen zwang auf die Torfvorräte zurückzugreifen. Die Moore wurden durch Kanäle bis in den Danduntergrund eingeschnitten und der abgetrocknete Torf bis auf 40 cm abgebaut. Unter Verwendung des Sandes und völliger Veränderung des Profilaufbaus des Bodens wurden sogenannte ↗Fehnkulturen hergerichtet.

Leerstelle, *Schottky-Defekt*, punktförmiger ↗Kristallbaufehler, bei dem eine Atomposition nicht besetzt ist. Selbst in extrem perfekten Kristallen können Leerstellen nicht vermieden werden, da diese wegen ihrer relativ geringen Bindungsenthalpie (↗Enthalpie) bereits im thermodynamischen Gleichgewicht vorhanden sind. Die *Leerstellenkonzentration*, d. h. der Molenbruch c_L als Funktion der Temperatur T, ist durch:

$$c_L(T) = \exp(S_{LB}/k) \cdot \exp(-E_{LB}/kT)$$

gegeben. Hierbei entspricht E_{LB} der Bildungsenergie, die aufgebracht werden muß, um eine Leerstelle entstehen zu lassen. Bei S_{LB} handelt es sich um den damit verbundenen Entropiegewinn, der sich aus zwei Beiträgen zusammensetzt. Zum einen ist dies ein einfacher Mischungsentropieterm, der durch die große Möglichkeit der Konfigurationen, die wenige Leerstellen unter sehr vielen Atomen annehmen können, zustande kommt. Zum anderen ergibt sich ein beachtlicher Entropiegewinn durch die beim Entstehen einer Leerstelle möglich gewordenen asymmetrischen Schwingungszustände der Nachbaratome. Typische Leerstellenkonzentrationen sind ca. 0,001 nahe am Schmelzpunkt und ca. 10^{-14} bei Raumtemperatur. Nach obiger Gleichung wäre die Leerstellenkonzentration bei sehr niedrigen Temperaturen extrem klein. Da jedoch mit abnehmender Temperatur auch die Beweglichkeit (↗Diffusion) der Leerstellen sinkt, kann sich das thermodynamische Gleichgewicht nicht mehr in endlicher Zeit einstellen. Daher ist es nicht möglich, einen ↗Idealkristall, der frei von Leerstellen ist, herzustellen.

Leerstellen haben für die Diffusion von Atomen durch einen Kristall eine große Bedeutung, da der energetisch günstigste Diffusionsmechanismus auf das Wandern von Leerstellen beruht. Bei einem Ionenkristall können Leerstellen nur unter Berücksichtigung der Ladungsneutralität auftreten. Neben den bisher besprochenen thermodynamisch bedingten Leerstellen kann es für manche Verbindungen vorteilhaft sein, sog. chemische Leerstellen (auch konstitutionelle Leerstellen genannt) einzubauen. Diese können bei stöchiometrischen Verbindungen mit nicht exakt stöchiometrischer Zusammensetzung oder bei Ionenkristallen zur Erhaltung bestimmter Elektronenkonzentrationen oder Ladungen notwendig sein. Bei nicht stöchiometrischen Ionenkristallen, die ein Ion enthalten, das verschiedene Wertigkeiten annehmen kann, z. B. Fe^{2+}, Fe^{3+}, treten fast immer chemische Leerstellen zum Ausgleich der Ladung auf. Leerstellen können auch durch ↗Strahlungseinwirkung entstehen. Diese sind jedoch nicht im thermodynamischen Gleichgewicht und können durch thermische Aktivierung ausgeheilt werden (↗Erholung). [EW]

Leerstellenkonzentration ↗Leerstelle.

Leetrog, ein Gebiet tiefen Luftdruckes (↗Trog) im ↗Lee eines langestreckten Gebirges. Eine mögliche Ursache der Ausbildung eines Leetrogs ist die Kombination von Divergenz- und Betaeffekt in der ↗Vorticitygleichung für den Fall eines Gebirges mit Nord-Süd Erstreckung, wie z. B. der quasipermanente Trog im Lee der Rocky-Mountains.

Leeuwinstrom, ↗Meeresströmung im ↗Indischen Ozean, die entgegen der Windrichtung und dem ↗Westaustralstrom an der australischen Westküste nach Süden fließt.

Leewellen, ↗Schwerewellen im ↗Lee von Gebirgen. Diese Wellen entstehen, wenn eine stabil geschichtete Luftmasse auf ein Gebirge zuströmt und auf dessen Luvseite zum Aufsteigen gezwungen wird. Bei zeitlich konstanter Anströmung bilden sich stationäre Schwerewellen, deren Wellenlänge L sich annähernd zu:

$$L = 2\pi U/N$$

ergibt (U = Windgeschwindigkeit, N = ↗Brunt-Väisälä-Frequenz). Die beobachteten Wellenlängen liegen zwischen 1 km und 100 km. Bei genügender Luftfeuchtigkeit kann es in den Teilen der Welle mit aufsteigender Luftströmung durch adiabatische Abkühlung zur Wolkenbildung kommen. Damit können Leewellen, z. B. auf Satellitenbildern (Abb. im Farbtafelteil), als bänderförmig angeordnete Wolken senkrecht zur Windrichtung identifiziert werden. Ein Vertikalschnitt durch Leewellen ist in der Abbildung dargestellt.

Leewirbel, Wirbel im ↗Lee von Hindernissen. Diese können die verschiedensten Formen annehmen. So bilden sich an Häuserkanten Ablösewirbel mit vertikaler Achse. Hinter langgestreckten Bergen kann es in Verbindung mit ↗Leewellen zur Ausbildung von starken Wirbeln mit horizontaler Achse parallel zum Gebirge kommen (↗Rotor). Hinter isolierten Einzelbergen (z. B. Inseln) bilden sich gelegentlich ↗Karman-Wirbelstrassen.

Legende, [von lat. legenda = eine zu lesende Schrift], *Kartenlegende, Zeichenerklärung*, auf Gemälden, Holzschnitten und Kupferstichen die Darstellung erläuternde Text des sogenannten Spruchbandes. Dementsprechend werden die auf historischen Karten häufig zu findenden Textfelder mit erläuternden Schriftzusätzen als Legende bezeichnet. Heute wird der Begriff einerseits gleichbedeutend zur verbalen und numerischen, auch graphischen Erklärung der zur Darstellung des Karteninhalts verwendeten ↗Kartenzeichen und andererseits für die Gesamtheit der Erklärungen und Erläuterungen auf einem ↗Kartenblatt verwendet. Die Legende ist neben dem ↗Kartenbild, dem Kartentitel und der Maßstabsangabe der wichtigste Bestandteil der Karte. Sie gibt erschöpfende Auskunft über die Transkription des der Karte zugrundeliegenden Begriffsapparates in die ↗kartographische Zeichensprache und in spezifisch kartographische Ausdrucksmittel, d. h. über die vereinbarte Bedeutung der einzelnen Kartenzeichen. Im Kontext mit dem Kartentitel liefert sie den Schlüssel für das Verständnis der Karte und die Erschließung ihres Inhalts, d. h. die Rückübersetzung der Graphik in Begriffe. Aus der Sicht der ↗Semiotik stellt die Legende in erster Linie die semantischen Beziehungen zwischen den Kartenzeichen und den Begriffen her, wenngleich sie, als ↗Zeichensystem betrachtet, selbstverständlich auch syntaktische Aspekte (Beziehungen der Kartenzeichen untereinander) und sigmatische Aspekte (Beziehungen der Kartenzeichen zu den dargestellten Objekten) aufweist. Modelltheoretisch kann die Legende als nicht-georäumlich determiniertes Modell (↗Georaum) der in der Karte abgebildeten Wirklichkeit aufgefaßt werden. Sie ist der um die konstruktiven Details reduzierte, erklärte Zeichenschlüssel. Während jedoch der Zeichenschlüssel das Substrat für die Konstruktion des kartographischen Modells liefert, bietet die Legende eine der wesentlichen Grundlagen für die Modellnutzung (↗Kartennutzung).

Ein entsprechend hoher Stellenwert kommt dem Entwurf (↗Autorenoriginal) und der Gestaltung von Legenden zu (↗Kartenredaktion), die folgenden Grundregeln genügen sollten: a) Alle in der Karte auftretenden Kartenzeichen sind zu erklären, nicht vorkommende Zeichen sind wegzulassen oder mit einem entsprechenden Vermerk zu versehen. In ↗Handatlanten können die Kartenzeichen getrennt nach Maßstäben, in thematischen Atlanten die Basiselemente in einer gesonderten, für alle Karten geltenden Legende erklärt werden. Auf diese, meist ausklappbare Generallegende ist in den Karten oder im Einführungstext hinzuweisen. Ähnliches trifft für vielblättrige topographische und thematische ↗Kartenwerke zu, deren Blätter auf dem Kartenrand häufig eine verkürzte Legende aufweisen, während die Bedeutung mancher Kartenzeichen nur anhand eines separaten Legendenblattes erschlossen werden kann. Jedoch ist die getrennte Wiedergabe von Karte und Legende auf verschiedenen Blättern oder Seiten als Kompromiß anzusehen. Eine weitgehend überholte und unpraktische Form der Legende ist die Aufreihung von numerierten Kartenzeichen in einer freien Fläche der Karte, die anhand der Nummern auf einer anderen Seite, u. U. gar auf der Kartenrückseite erklärt werden. Sie ist nur für vielzeilige Erklärungen komplexer Karteninhalte (↗Komplexkarte) vertretbar; den Nummern sollte zumindest ein prägnanter Begriff beigefügt sein. b) Das Layout der Legende ist stets als Teil des Kartenlayouts zu verstehen und damit auf den ↗Feinheitsgrad des Kartenbildes abzustimmen. Die Legende sollte nach Möglichkeit rechts und/oder unten auf dem Kartenblatt bzw. der Seite angeordnet werden. In Inselkarten lassen sich die Flächen zwischen der Karte und dem Kartenrahmen nutzen. Das zu erklärende Kartenzeichen steht links; rechts davon, etwas abgerückt, die Erklärung. c) Die begriffliche, meist hierarchische Ordnung des Karteninhalts muß sich in einer klaren Gliederung der Legende widerspiegeln. Zu diesem Zweck wird die Legende in Blöcke oder Spalten aufgeteilt, denen inhaltliche Teilkomplexe entsprechen, welche in der Regel mit den ↗Darstellungsschichten korrespondieren. Vor allem in ↗Synthesekarten sind matrizenartige Legendenteile von Vorteil. Soweit sich im Legendenlayout eine Abfolge der Erklärung herstellen läßt (von oben nach unten, von links nach rechts), kann sich diese an der Gliederung des Karteninhalts oder aber an der Hierarchie der Wahrnehmung (zuerst Flächen, gefolgt von Diagrammen, zuletzt Liniensignaturen und ↗Positionssignaturen) orientieren. Diese Aufteilung wird durch die Schriftgestaltung unterstützt, wobei eine deutliche Unterscheidung zur besonders hervorgehobenen Schrift des Kartentitels zu berücksichtigen ist. Zwischentitel (Titel der Legendenblöcke) werden durch größere und/oder fette Schriften hervorgehoben. Auf mittlerer Ordnungsstufe werden mittelgroße Schriften verwendet, während die Erklärung des einzelnen Kartenzeichens in kleiner, aber gut lesbarer Schrift erfolgt. d) Der erklärende Text muß knapp, aber treffend formuliert sein. Die Formulierung gliedernder Zwischentitel soll die Begriffshierarchie Kartentitel – Zwischentitel – Einzelerklärung verdeutlichen. Vollständige Sätze, überflüssige Artikel, Wiederholung von Begriffen aus übergeordneten Textteilen sind zu vermeiden. Die Erklärung steht im Singular, soweit nicht durch das erklärte Kartenzeichen tatsächlich eine räumliche Gruppierung mehrerer Objekte auszudrücken ist, z. B. »Erdfall«, wenn eine Positionssignatur eine entsprechende Hohlform darstellt, »Erdfälle« für eine Schraffur, die ein Gebiet abgrenzt, in dem sich mehrere dieser Hohlformen befinden (↗Pseudoareal). Von großer Bedeutung ist die Angabe von Bezugseinheiten (↗Bezugsfläche), Bezugszeitpunkten und -zeiträumen, soweit diese nicht im Kartentitel enthalten sind. Diese Informationen werden günstigerweise durch entsprechende Schriftgestaltung (z. B. kursiv) hervorgehoben. Ebenso ist mit Maßeinheiten zu verfahren. Sie können in gebräuchlicher Abkürzung angegeben werden, selten benutzte Abkürzungen bedürfen der Erklärung. Vielstellige Zahlenangaben beanspruchen Platz und beeinträchtigen die Lesbarkeit. Sie lassen sich in der Regel durch Zusätze im Zwischentitel, wie »in Tausend« oder »in Millionen«, verkürzen. e) Die Klassifizierung von Merkmalen läßt sich auf verschiedene Weise ausdrücken. Jedoch müssen die Klassengrenzen eindeutig aus der Erklärung hervorgehen. Ihre allzugenaue Angabe (z. B. mit mehreren Kommastellen) ist der Lesbarkeit abträglich und häufig unbegründet, da sie eine Genauigkeit vortäuscht, die die zugrundeliegenden Daten ohnehin nicht aufweisen. f) Der ↗Wertmaßstab von Signaturen oder Diagrammen, aber auch andere quantitativ dargestellte Kartenelemente werden in der Legende platzsparend durch graphische Darstellungen mit dem Charakter von ↗Nomogrammen erklärt. g) Die Legende kann durch erläuternde Zusätze über die reine Erklärung der Kartenzeichen hinausgehen. Diesbezügliche Texte sind durch Variation der Schrift oder andere Mittel vom erklärenden Legendentext abzusetzen. Dies betrifft u. a. Definitionen der verwendeten Begriffe, wenig gebräuchliche Maßeinheiten, aber auch die verbale Erläuterung der verwendeten ↗Leitsignaturen und ↗Leitfarben. Eine gesonderte, ausführliche Kartenerläuterung vermögen sie jedoch selten zu ersetzen. h) In die Legende komplizierter Themakarten können darüber hinaus Beispiele für die Interpretation des Karteninhalts aufgenommen werden, wie es z. B. in manchen ↗Satellitenbildkarten praktiziert wird. Die Legende von ↗Bildschirmkarten weist, bedingt durch die Auflösung und das Format des Bildschirms sowie durch den Grad der Interaktivität der Darstellung, Besonderheiten auf (↗interaktive Legende). Ihre bevorzugte Position ist der rechte Bildschirmrand. Sie kann aber auch als verschiebbares Rollup-Menü variierbarer Größe ausgelegt sein. Schwierigkeiten bei der Wahrnehmung und Interpretation der Kartenzeichen ergeben sich, wenn diese durch Vergrößern oder Verkleinern der Karte (Zoomen) in anderen Größen als in der Legende auf dem Bildschirm erscheinen. Ein höherer Grad an Interaktivität ermöglicht es gegebenenfalls durch Anklicken von Legendenzeilen oder zugeordneten Buttons damit verbundene Darstellungsschichten ein- oder auszublenden. Des weiteren können Funktionen zur Veränderung der graphischer Parameter (z. B. von Farben), der Klassifikation der dargestellten Daten, sogar der kartographischen Darstellungsmittel implementiert sein. Hierdurch wird der ursprünglich erklärende Charakter der Legende wesentlich erweitert. Bei entsprechender interaktiver Funktionalität wird die Legende zur Steuerung der ↗Visualisierung von Daten eines Informationssystems benutzbar. Diese Erweiterung bzw. Überlagerung der Funktionen wird besonders augenscheinlich, wenn von angeklickten Objekten der Bildschirmkarte Erklärungen bzw. Einzelinformationen abrufbar sind. [KG]

Legendre, *Adrien-Marie*, französischer Mathematiker, * 18.9.1752 Paris, † 10.1.1833 Paris; ab 1775 Professor in Paris; fand 1798 neue Integrationsmethoden für algebraische und transzendente Funktionen (nach ihm benannt sind die ↗Legendreschen Funktionen); entwickelte unabhängig von ↗Gauß 1806 die »Methode der kleinsten Quadrate« in der Ausgleichsrechnung; erweiterte 1827 die Theorie der elliptischen Funktionen; lieferte auch Arbeiten über Zahlentheorie (Legendre-Symbol), Primzahlen sowie zur Theorie des Parallelenaxioms (damit einer der Wegbereiter der nichteuklidischen Geometrie).

Legendresche Funktionen, *zugeordnete Legendresche Funktionen erster Art*, Lösungen der Legendreschen Differentialgleichung für $n = 0,1, \ldots \infty$ und $m = 0,1, \ldots, n$:

$$\sin\theta \frac{d^2 G(\theta)}{d\theta^2} + \cos\theta \frac{dG(\theta)}{d\theta} + \left(n(n+1)\sin\theta - \frac{m^2}{\sin\theta}\right) G(\theta) = 0.$$

Die zugeordneten Legendreschen Funktionen des Grades n und der Ordnung m bilden ein vollständiges Orthogonalsystem im Intervall $\theta \in [0, \pi]$ und genügen der Orthogonalitätsrelation:

$$\int_0^\pi P_n^m(\cos\theta) P_{n'}^m(\cos\theta) \sin\theta d\theta$$
$$= \frac{2}{2n+1} \frac{(n+m)!}{(n-m)!} \delta_{nn'}$$

oder alternativ:

$$\int_0^\pi P_n^m(\cos\theta) P_n^{m'}(\cos\theta) \frac{d\theta}{\sin\theta} = \frac{1}{m} \frac{(n+m)!}{(n-m)!} \delta_{mm'}.$$

Im Falle $m = 0$ ergeben sich die ↗Legendreschen Polynome (↗Additionstheorem der Legendreschen Polynome). Die zugeordneten Legendreschen Funktionen lassen sich nach der Formel von Ferrer aus den Legendreschen Polynomen durch Differentiation nach $t = \cos\theta$ herleiten:

$$P_n^m(t) = (1-t^2)^{m/2} P_n^{(m)}(t)$$
$$\text{mit} \quad P_n^{(m)}(t) := \frac{d^m P_n(t)}{dt^m}.$$

Legendresche Polynome, Lösungen der Legendreschen Differentialgleichung für $n = 0, 1, \ldots \infty$:

$$\sin\theta \frac{d^2 G(\theta)}{d\theta^2} + \cos\theta \frac{dG(\theta)}{d\theta} + n(n+1)\sin\theta G(\theta) = 0.$$

Die Legendreschen Polynome bilden ein vollständiges Orthogonalsystem im Intervall $\theta \in [0,\pi]$ und genügen den folgenden Orthogonalitätsrelationen:

$$\int_0^\pi P_n(\cos\theta) P_{n'}(\cos\theta) \sin\theta d\theta = \frac{2}{2n+1} \delta_{nn'}.$$

Sie können mit Hilfe der Formel von Rodrigues berechnet werden ($t = \cos\theta$):

$$P_n(t) = \frac{1}{2^n n!} \frac{d^n}{dt^n} (t^2-1)^n.$$

Legierung, Metall ein- oder mehrphasiger Werkstoffe, dessen Ausgangskomponenten metallurgisch miteinander in Wechselwirkung treten und dabei zur Bildung neuer Phasen führen. Unter den Mineralen sind es besonders Edelmetall-Legierungen (↗Gold), Legierungen der Platinmetalle sowie Eisen, Nickel, Kupfer, Zinn etc. Bereits in frühen Phasen der Menschheitsgeschichte (Bronzezeit, Eisenzeit) waren Legierungstechniken bekannt, wobei oft nicht die reinen Elemente, sondern die betreffenden Mineralphasen eingesetzt wurden.

Legmoor, ↗Leegmoor.

Leguminosen, *Hülsenfrüchtler*, nach den Korbblütlern (Asteraceae) und Orchideen (Orchidaceae) die drittgrößte Familie unter den höheren Pflanzen mit krautigen und holzigen Vertretern, welche ca. 700 Gattungen und 17.000 Arten umfaßt. Davon werden ca. 200 Arten z. T. schon seit Jahrtausenden kultiviert. Zu den Leguminosen gehören Linsen, Bohnen, Sojabohnen, Erbsen, Erdnüsse und Akazien sowie auch Ziergehölze wie Glyzinien. Leguminosen weisen eine vielsamige Hülse als Frucht auf. Der Samen enthält relativ große Mengen an Proteinen, Stärke und Fettsäuren. Fast alle Leguminosen besitzen Wurzelknöllchen, in denen sich in Symbiose lebende und den Luftstickstoff (N_2) bindende Bakterien befinden (↗biologische Stickstoff-Fixierung). Dies ermöglicht den Leguminosen die Besiedelung von stickstoffarmen ↗Standorten. Sie sind damit ↗Pionierpflanzen und für den Stoffhaushalt eines Ökosystems von entscheidender Bedeutung (z. B. ↗Savanne). Andererseits bedient sich der Mensch durch den gezielten Anbau von Leguminosen ihrer Fähigkeit zur Bindung von Luftstickstoff im Boden im Rahmen der ↗Fruchtfolge, z. B. für den ↗ökologischen Landbau. [DR]

Lehm, Bodenartenhauptgruppe mit Unterteilung in Sandlehme, Normallehme und Tonlehme; stellt ein Dreikorngemisch dar, in dem alle drei Hauptfraktionen des ↗Feinbodens (Sand, Schluff und Ton) relativ gleichmäßig vertreten sind. ↗Korngröße, ↗Korngrößenverteilung.

Lehmann, *Edgar*, deutscher Geograph und Kartograph, * 25.3.1905 Berlin, † 24.11.1990 Ladenburg (während einer wissenschaftlichen Tagung). Er trat 1930 nach einem Geographiestudium in Berlin in das Bibliographische Institut Leipzig ein; 1932 bis 1952 als Leiter der kartographischen Abteilung verantwortlicher Herausgeber von Atlanten wie »Großer Weltatlas« (1933), »Haus Atlas« (1935), »Meyers Universal-Atlas« (1936) sowie »Atlas der deutschen Lebensraumes in Mitteleuropa« (mit N. Krebs, 1937–42, unvollendet). Lehmann war seit 1950 Direktor des Deutschen Instituts für Länderkunde, das seit 1968 weitergeführt wurde als Institut für Geographie und Geoökologie der Akademie der Wissenschaften der DDR; Herausgeber von »Weltatlas – Die Staaten der Erde und ihre Wirtschaft« (1952), Historische Kartenwerke von Indien und Westeuropa (1958 und 1960) und »Atlas der DDR« (1976, 1981); 1952 Habilitation und Professor an der Universität Leipzig, von 1960 bis 1967 Direktor des Geographischen Instituts; 1961 ordentliches Mitglied der Akademie der Wissenschaften der DDR, Vorsitzender der Klasse Umwelt; Mitglied und langjähriger Vizepräsident der Sächsischen Akademie der Wissenschaften zu Leipzig; Chairman der Kommission für National- und Regionalatlanten der IGU 1972–76; 1983 Nationalpreis 2 der DDR im Kollektiv, 1989 als erster Geowissenschaftler Ehrenspange der Akademie der Wissenschaften der DDR. Lehmann hat Zeit seines Lebens versucht, das Wesen der Landschaften auf historisch-geographischer Grundlage zu erfassen und durch räumliche Visualisierung deren Totalcharakter als ↗thematischen Karten auszudrücken, um damit den Bildungsauftrag der Geowissenschaften zuerfüllen. [WSt]

Lehmann, *Inge*, dänische Mathematikerin und Seismologin, * 1888 Kopenhagen, † 1993 Kopenhagen. Sie arbeitete auf dem Gebiet der Strahlentheorie. Von 1928–1953 war sie Direktorin der Seismologischen Abteilung des Königlichen

Geodätischen Instituts. Im Jahre 1936 entdeckte sie anhand von bislang unerklärten Einsätzen in den seismolgischen Registrierungen den inneren Erdkern (↗Erdkern), der im Gegensatz zum äußeren Erdkern als fest angesehen wird. Der Radius des inneren Erdkerns beträgt 1400 km.

Lehmann, *Johann Georg*, deutscher Topograph und Kartograph, * 11.5.1765 Johannismühle bei Baruth (damals Kursachsen), † 6.9.1811 Dresden; kam als Müllerssohn 1784 unfreiwillig zum sächsischen Militär, besuchte ab 1789 die Kriegsschule in Dresden, wo er militärkartographisch von deren Vorsteher F. H. von Backenberg (1754–1813) ausgebildet wurde; nahm 1794 seinen Abschied. Als Straßenaufseher beschäftigt, betätigte er sich privat mit topographischen Aufnahmen. 1798 wurde er zum Leutnant befördert und als Lehrer an die chursächsische Ritterakademie berufen. Er brachte seine Erfahrungen der ↗Reliefdarstellung mittels »Bergstrichen« in ein mathematisch begründetes System, publiziert im »Lehrbuch der Kriegswissenschaften … der churfürstlich sächsischen Ritterakademie« von F. H. von Backenberg (Dresden 1897) und ausführlich mit Beispielen in seiner »Darstellung einer neuen Theorie der Bezeichnung der schiefen Flächen im Grundriß oder der Situationszeichnung der Berge« (Leipzig 1799). Seine Methode der Böschungsschraffen auf der Grundlage krokierter Höhenlinien wurde trotz scharfer Kritik von preußischer Seite (C. L. von Lecoq, 1798, F. C. F. von Müffling, 1801) weithin bekannt und fand in alle in- und ausländischen Lehrbücher Eingang; sie setzte sich für ↗topographische Karten bei Handzeichnungen im Gelände und im ↗Kupferstich durch. Für Übersichts- und Generalkarten erfuhr sie Abwandlungen und Umbildung zur Schattenschraffe. Lehmann lieferte damit einen wesentlichen Baustein zur ↗Theoretischen Kartographie und mit seinem Lehrbuch »Die Lehre der Situation-Zeichnung …« (1. Teil) und »Anleitung zum … Gebrauche des Meßtisches, …« (2. Teil; beide herausgegeben von G. A. Fischer 1812, 1815 und 1827, 4. Aufl. von A. Bekker 1828) zur Praxis der Landesvermessung und Geländedarstellung. Lehmann schuf Umgebungskarten mit Höhenangaben und einen Stadtplan von Dresden, nahm als Topograph an der Schlacht von Jena 1806 teil, begleitete die sächsische Armee nach Preußen und Polen (Stadtplan von Warschau 1807) und wurde 1808 zum Direktor der Königlich Sächsischen Plankammer ernannt; im Jahr 1811 wurde er zum Major befördert. [WSt]

Lehmann, *Johann Gottlob*, Arzt, Bergmann, Chemiker, Mineraloge und Geologe, * 4.8.1719 Langenhennersdorf bei Pirna, † 11./22.1.1767 St. Petersburg; Lehmann studierte in Leipzig und Wittenberg Chemie, Botanik, Anatomie und Physiologie, promovierte 1741 zum Dr. med. und arbeitete seit etwa 1745 als Arzt in Dresden. Neben seiner metallurgischen Forschung beschäftigte er sich mit geologisch-mineralogischen Fragen. So unternahm er geologische Erkundungen der näheren Umgebung Dresdens, des Erzgebirges und von Braunkohlengruben in Böhmen. Er beschäftigte sich mit der Verleihung von Grubenfeldern, dem sog. Erbbereiten, sowie mit dem Problem der Bewetterung von Gruben. Im Jahr 1749 erschien seine »Sammlung einiger Mineralischer Merckwürdigkeiten des Plauischen Grundes bey Dresden, Versuch zu der Mineralogischen Geschichte unseres Landes«. Lehmann unternahm im Regierungsauftrag Reisen in den Harz zur Erkundung von Lagerstätten und zur Beratung bereits bestehender Bergbaubetriebe. In seiner »Kurtzen Einleitung in einige Theile der Bergwercks-Wissenschaft« (1751) erstellte er für die bis dahin im Montanwesen gesammelten Erfahrungen eine theoretische Grundlage. 1754 erfolgte seine Ernennung zum Bergrat und die Berufung an die Akademie der Wissenschaften. In seinem »Versuch einer Geschichte von Flötz-Gebürgen« unterteilte Lehmann die Gebirge in drei verschiedene Klassen. Die erste Klasse von Gebirgen nannte er die »uranfänglichen«, die zur Zeit der Weltschöpfung entstanden sind. Eine zweite Klasse bildeten die Gebirge, die sich durch allgemeine, allmähliche Veränderungen des Erdbodens gebildet haben, und die dritte Klasse bildeten diejenigen Gebirge oder Berge, die durch plötzlich eintretende Begebenheiten hervorgerufen worden sind.

Lehmann war wie die meisten Wissenschaftler seiner Zeit in Übereinstimmung mit der geltenden Kirchendoktrin ein Anhänger der Sintflut-Theorie. Sein »Entwurf einer Mineralogie« (1759) kann als Lehrbuch der modernen Geowissenschaften gelten. Im Jahr 1761 siedelte er nach St. Petersburg um und trat eine Professur für Chemie an. Darüber hinaus wurde er Direktor des Naturalienkabinetts an der Petersburger Akademie der Wissenschaften. Hier wurde ihm auch der Titel eines Hofrates verliehen. Lehmann unternahm diverse Erkundungsreisen durch das Zarenreich, denen eine Vielzahl von Publikationen folgten (mehr als 100 Bücher, Aufsätze und Abhandlungen). Er hat die Geomorphologie als ein Spezialgebiet vorangetrieben und die Formationen des Rotliegenden, Kupferschiefers und des Zechsteins definiert. Lehmann stellte theoretische Beziehungen zwischen verschiedenen Fachdisziplinen innerhalb der Geowissenschaften her und gilt somit heute als einer der Begründer einer modernen erdgeschichtlichen Forschung. [EHa]

Lehmann-Diskontinuität ↗Niedriggeschwindigkeitszone.

Lehmböden, Böden mit einem Anteil von 30 bis 44 % an Teilchen der Fraktion < 0,001 mm Durchmesser. ↗Bodenschätzung.

Lehnentunnel, Tunnel, der parallel zum Berghang in relativer Nähe zur Geländeoberfläche verläuft. Lehnentunnel erfordern aufgrund der einseitig ausgerichteten Verteilung des Gebirgsdrucks einen unsymmetrischen Ausbau.

Leibniz, *Gottfried Wilhelm* Freiherr von, deutscher Philosoph, Mathematiker, Physiker und Diplomat, * 1.7.1646 Leipzig, † 14.11.1716 Hannover; studierte (bereits mit 15 Jahren) Jura in Leipzig, Jena und Altdorf (bei Nürnberg) und war danach juristischer und diplomatischer Berater in Kurmainzer Diensten; 1672–76 hielt er sich mit diplomatischem Auftrag in Paris auf, wo er zahlreiche Mathematiker und Naturwissenschaftler kennenlernte, von denen Ch. ↗Huygens zeitlebens sein väterlicher Freund bleiben sollte. Er wurde Mitglied der Pariser Akademie und unternahm mehrere Reisen nach London, wo er unter anderem mit R. ↗Boyle und R. Hooke zusammentraf; 1673 wurde er in die Royal Society aufgenommen; 1676 trat er als Bibliothekar und juristischer Berater in die Dienste des Herzogs von Hannover und wurde 1685 mit der Erforschung der Geschichte des Welfenhauses beauftragt. Eine Reise durch Italien (1687–90) brachte ihn unter anderem mit M. Malpighi zusammen; 1691 wurde er Bibliothekar in der herzoglichen Bibliothek in Wolfenbüttel, wo er 1707 die Zusammenfassung seiner historischen Studien »Scriptores rerum Brunsvicensium« herausgab; bereits 1700 war auf sein Betreiben, mit Unterstützung der späteren Königin von Preußen, Sophie Charlotte, in Berlin die Societät der Wissenschaften (die spätere Akademie der Wissenschaften) gegründet worden, deren Präsident auf Lebenszeit er wurde. Außerdem regte er die Gründung der Akademie der Wissenschaften in St. Petersburg an und wurde russischer Staatsrat; 1712–14 lebte er in Wien und wurde dort 1713 zum Reichshofrat ernannt. Als führender und universalster Geist seiner Epoche (er wurde auch »Aristoteles des 17. Jahrhunderts« genannt) bemühte Leibniz sich auf wissenschaftlichem und politischem Gebiet um einen Ausgleich der Gegensätze. In den Naturwissenschaften leistete er hervorragende Beiträge zur Mathematik und Physik. Während seines Pariser Aufenthalts beschäftigte er sich mit mathematischen Problemen wie der Summation unendlicher Reihen (z. B. Summation reziproker Dreieckszahlen) und erkannte die Bedeutung des »charakteristischen Dreiecks« beim Differenzenquotienten für das Tangentenproblem. Er konstruierte eine Rechenmaschine (1672–74), die der von B. Pascal überlegen war, weil man mit ihr auch multiplizieren und dividieren konnte, und entwickelte ab 1675 (später, aber unabhängig von I. ↗Newton) die Infinitesimalrechnung (als »Calculus« bezeichnet; 1684 veröffentlicht). Er gab der Infinitesimalrechnung ihre einheitliche Sprache (prägte z. B. den Begriff »Funktion«) und Symbolik, stellte Regeln für die Differentialrechnung (1684) und für die Integralrechnung (1686) auf, führte das Differentialzeichen und das Integralzeichen ein und fand den wichtigen Zusammenhang zwischen dem bestimmten und dem unbestimmten Integral sowie die partielle Integration, die z. B. bei Newton fehlten. (Über die Infinitesimalrechnung gab es bis zu seinem Tod mit Newton einen heftigen Prioritätenstreit: eine von der Royal Society eingesetzte Kommission sah sie als Plagiat von Newtons »Fluxionsrechnung« an. Heute steht fest, daß beide Verfahren unabhängig voneinander entwickelt wurden.) 1697 veröffentlichte Leibniz eine Abhandlung über das binäre Zahlensystem (Rechnen mit Einsen und Nullen): In einem Briefwechsel (1694–1698) mit J. Bernoulli wurden die mathematischen Begriffe Funktion, Konstante, Variable, Koordinate, Parameter, Determinante, algebraische und transzendente Funktion festgelegt. In der Physik erkannte Leibniz das Produkt aus der Masse und dem Quadrat der Geschwindigkeit (mv^2) als maßgebend für die »lebendige Kraft« (Maß der Bewegung, heute als kinetische Energie bekannt) und fand 1693 das Gesetz von der Erhaltung der mechanischen Energie. Er unterschied zwischen gleitender und rollender Reibung, lieferte den Grundgedanken für das Aneroidbarometer und gab eine Verbesserung der Dampfmaschine an. Auch beobachtete er als einer der ersten den elektrischen Funken. 1707 erwähnte er in einem Brief das »Prinzip der kleinsten Wirkung«. In der Biologie war er neben N. Hartsoeker, H. Boerhaave und A. van Leeuwenhoek Vertreter der Animalculisten innerhalb der Präformationstheorie, die er zu einem allgemein philosophischen Gedankengebäude (Präformismus) erweiterte. Seine Ideen von der »Gradation« – Stufenleiter des Lebendigen und Unbelebten – sowie seine Vorstellungen von Entwicklungsprozessen in der Natur, die eine Abkehr von der bis dahin vorherrschenden statischen Betrachtung bedeuteten, formulierte er in den »drei Prinzipien der Weltordnung«: a) die größtmögliche Mannigfaltigkeit, weshalb diese Welt auch die beste aller möglichen sei; b) die lückenlose Kontinuität, wonach die Natur keine Sprünge mache (»Natura non facit saltus«); c) die hierarchische Ordnung (»Scala naturae«), repräsentiert durch die verschiedenen Monaden (siehe unten). Dabei lehnte Leibniz die von Platon bis Descartes gelehrte Uniformität und Konstanz ausdrücklich ab und sah einen ständigen Fortschritt in der Natur, ein Gedanke, der wegbereitend war für die Vorstellung von Evolution. In seinem Werk »Petrogaea« (1780) gab er eine auf plutonistischem Boden stehende Theorie der Entstehung der Erde. In der Philosophie beschäftigte sich Leibniz hauptsächlich mit Erkenntnistheorie und mit Kausalitätsfragen. Die von ihm entwickelte Monadenlehre ist eine nichtmechanistische Welterklärung. Während das partikelhaft zu denkende klassische Atom ein passiver Baustein der Materie ist, stellte er sich eine Monade als nicht ausgedehnte (daher unteilbare) Substanz vor, die zudem beseelt ist und aktiv handeln kann. Er konstruierte eine Seinspyramide aus Monaden von der unbelebten Welt über Tiere und Menschen bis zu Gott, der höchsten und vollkommenen Monade. Leibniz sah Gott als so umfassend an, daß er außerhalb jeder Ursachenkette stand (gemäß dem Grundsatz, daß das begründende Prinzip von anderer Art sein muß als das Objekt der Begründung). Nach ihm sind das Leibniz-Kriterium (Regel über das Konvergenzverhalten alternierender Reihen) und die bedingt konvergierende Leibniz-Reihe benannt. Weitere Werke (Auswahl): »Nova methodus pro maximis et minimis …« (1684), »De geometrica infinitorum« (1686), »De analysi indivisibilium« (1686), »Systeme

Leibniz, *Gottfried Wilhelm* Freiherr von

leichte Rammsonde: DPL 10-Rammsonde nach DIN 4094 zur Ermittlung des Widerstandes des Bodens gegen das Eindringen der Sonde.

nouveau de la nature« (1695), »Nouveaux essais sur l'entendement humain« (1704), »Theodicée« (1710).

leichte Rammsonde, *DPL, LRS* (veraltet), eine der drei Arten von ↗Rammsonden. Die allgemeine Anwendung der Rammsonde ist nach DIN 4094 genormt. Die leichte Rammsonde kann mit unterschiedlich verdickten, kegelförmigen Spitzen verwandt werden: DPL 5 mit 5 cm^2 oder DPL 10 mit 10 cm^2 Querschnittsfläche (Abb.). Das Schlaggewicht beträgt 10 kg und die Fallhöhe 50 cm. Die Eindringtiefe, über die die Schläge gezählt werden, beträgt 10 cm (N_{10}). Die übliche Untersuchungstiefe ist für leichte Rammsonden ca. 10 m.

leichte Richtung, die Orientierung der magnetischen Elementardipole in einem Kristallgitter, wenn keine äußeren Einflüsse (z. B. durch Magnetfelder oder durch mechanische Spannungen) vorhanden sind. Um die ↗Dipole aus dieser bevorzugten Richtung der ↗spontanen Magnetisierung herauszudrehen, ist Kristallanisotropie-Energie notwendig.

leichtflüchtige Bestandteile, *fluide Phasen,* Komponenten, für die ein außerordentlich niedriger Schmelzpunkt kennzeichnend ist, wie H_2O, CO_2, Cl, F u. a. Sie nehmen an den allgemeinen Gleichgewichtsreaktionen bei der Mineral- und Gesteinsbildung teil und gehen in die Kristallgitter der festen Phasen ein, z. B. H_2O und F in Glimmer- und Amphibol-Minerale. Die leichtflüchtigen Bestandteile bewirken eine Erniedrigung der Kristallisationstemperaturen und erhöhen die Löslichkeit, z. B. CO_2 bei CaO in ↗Magmen. Die Kristallisationsfolge, wie sie bei trockenen Schmelzen abläuft, wird damit erheblich verändert. Sie verändern darüber hinaus die Assimilationseigenschaften der Magmen, die durch leichtflüchtige Bestandteile ungewöhnliche Korrosions- oder Assimilationsfähigkeiten erhalten, z. B. bei der Greisenbildung. Die Menge an gelösten, leichtflüchtigen Bestandteilen, insbesondere an Wasser, ist um so größer, je größer der Druck ist, der auf dem Magma lastet. Daher stehen am Beginn der magmatogenen Abfolge silicatische Schmelzen mit beträchtlichen Mengen an leichtflüchtigen Bestandteilen. Beim Eindringen der Magmen in höhere Bereiche der ↗Erdkruste verringert sich der Belastungsdruck. Dagegen steigt der Druck der magmatischen Restschmelzen an und die leichtflüchtigen Bestandteile konzentrieren sich bei gleichzeitig abnehmenden Temperaturen in den oberen Bereichen des Magmas. Sie dringen in das umgebende Nebengestein ein und führen dort zu magmatogenen Mineralbildungen der pegmatitischen, pneumatolytischen und hydrothermalen Abfolge. Die Vorgänge, die sich mit fallender Temperatur innerhalb der magmatischen Abfolge abspielen, lassen sich durch das Temperatur-Konzentrations-Diagramm eines ↗binären Systems darstellen (Abb.).

Bei vulkanischen Eruptionsphasen werden große Mengen an leichtflüchtigen Bestandteilen frei. Neben Wasser vor allem HCl, H_2S, Wasserstoff, CO und CO_2, Chlor, Fluor, Fluorwasserstoff, Siliciumfluorid, Methan u. a. ↗Kohlenwasserstoffe sowie Oxidationsprodukte des Schwefelwasserstoffs wie SO_2 und SO_3. Die gelbroten Färbungen der Eruptionswolken mancher Vulkane sind auf Eisenchlorid ($FeCl_3$) zurückzuführen. Über die Zusammensetzung leichtflüchtigen Bestandteile geben auch Gas-Flüssigkeitseinschlüsse Aufschluß, sogenannte ↗fluid inclusions, die häufig CO_2, H_2O als Gas und reine CH_4-Einschlüsse enthalten. [GST]

leichtflüchtige Chlorkohlenwasserstoffe ↗*LCKW.*
leichtflüchtige Halogenkohlenwasserstoffe ↗*LHKW.*

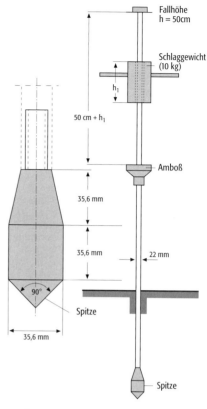

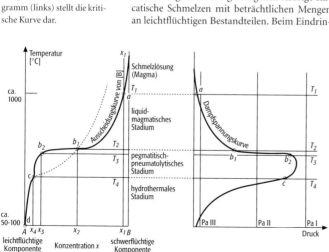

leichtflüchtige Bestandteile: Temperatur-Konzentrations-Diagramm (links) und Temperatur-Druck-Diagramm (rechts) eines vereinfachten Systems aus einer leichtflüchtigen (*A*) und einer schwerflüchtigen Komponente (*B*). Die Konzentration *X* gibt das Verhältnis der beiden Komponenten an. Die gestrichelte Kurve im Diagramm (links) stellt die kritische Kurve dar.

Farbtafelteil

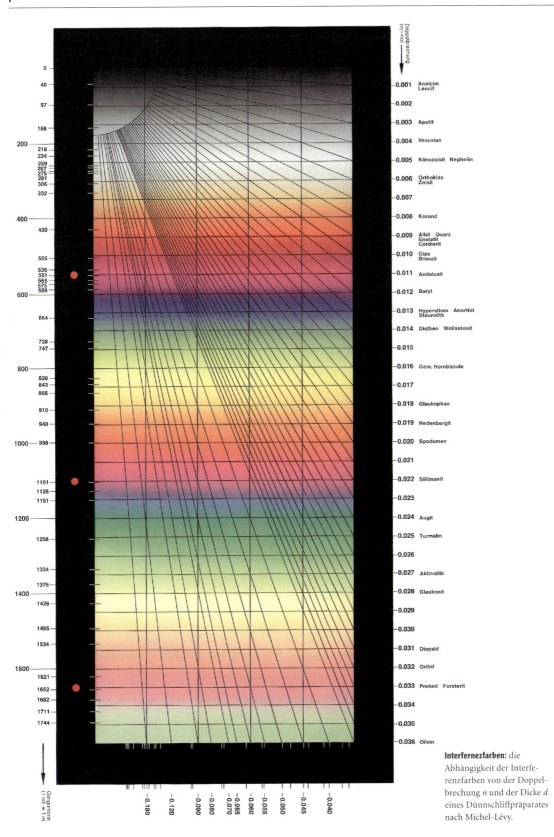

Interfernezfarben: die Abhängigkeit der Interferenzfarben von der Doppelbrechung n und der Dicke d eines Dünnschliffpräparates nach Michel-Lévy.

Farbtafelteil II

irisierende Wolken: Beispiel für irisierende Wolken.

Jura 1: Korallenriff (rechte Bildhälfte), umgeben von Oolith-Kalken (Oxford, Novion-Porcien bei Reims, Frankreich).

Jura 2: Wüstensande mit Schrägschichtung aus dem Malm (Zion National Park, Utah, USA).

Jura 5: Meereskrokodil *Steneosaurus* (Toarc, Bad Boll, Württemberg).

Kalbung: kalbender Gletscher (Glacier-Bay, Alaska).

Karling: Karling am Ama Dablam (6828 m NN) im Khumbu Himal (Ost-Nepal).

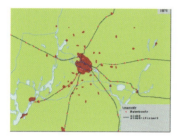

kartographische Animation: kartographische Animation der S-Bahnentwicklung in Berlin (1871, 1932 und 1993).

Kelyphit: feinstfaserige Kelyphitsäume (Spinell und Hornblende) um ein Granatrelikt (schwarz) (Dünnschliff unter gekreuzten Polarisatoren, Bildbreite 4,2 mm).

kleiner Ring: kleiner Ring um die Sonne.

Konvektionszellen 1: Satellitenbild mit offenen Konvektionszellen (Satellit NOAA 12 vom 2.7.1998).

Konvektionszellen 2: Satellitenbild mit geschlossenen Konvektionszellen (Satellit NOAA 12 vom 2.7.1998).

Korona: Orthopyroxen-Plagioklas-Korona als Reaktionsprodukte um zerfallenden Granat (schwarz) (Dünnschliff unter gekreuzten Polarisatoren, Bildbreite 4,2 mm).

Kranz: Sonnenkranz.

Krustenstufe: Krustenstufe aus einer Lateritkruste in Westafrika.

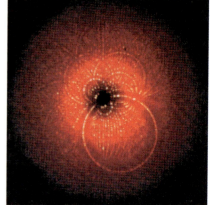

Laue-Methode: Laue-Diagramm von Kohlenstoff-Monoxid-Myoglobin, aufgenommen mit einem CCD-Detektor, gekoppelt an einen Bildverstärker. Das Bild wurde an der European Synchrotron Radiation Facility (ESRF) in Grenoble in 150 Pikosekunden aufgenommen, es enthält ca. 2000 Braggreflexe, die Bandbreite der Röntgenstrahlung betrug 7-38 keV.

Leewellen: Satellitenbild mit Leewellen.

leuchtende Nachtwolken: leuchtende Nachtwolken in Südfinnland.

Lichtsäule: Lichtsäule über aufgehender Sonne.

Luftbild: Colorluftbild eines Teils der Innenstadt von Münster im Maßstab 1:6000.

Farbtafelteil VIII

Luftspiegelung 3: Fata Morgana über dem Meer in Südwest-Finnland.

Meereis 2: Pfannkucheneis (Durchmesser einzelner Eiskuchen <1 m) und Eisschlamm im Weddellmeer (Antarktis).

Meeresbodentopographie 1:
Meeresbodentopographie des Atlantischen Ozeans.

Meeresbodentopographie 2:
Meeresbodentopographie des
Pazifischen Ozeans.

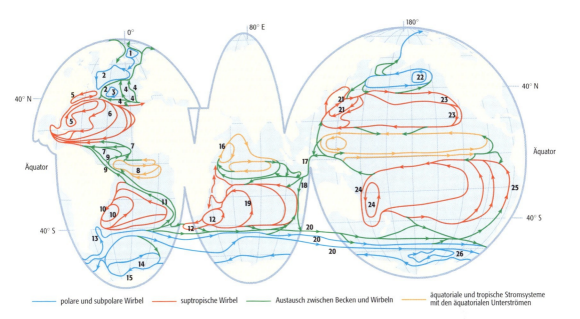

Meeresströmungen: die großräumigen Strömungssysteme der Ozeane: 1) Strömungssystem des Arktischen Mittelmeers, 2) Nordatlantischer Strom und Irmingerstrom, 3) Neufundlandwirbel, 4) Mittelmeerausstrom, 5) Florida- und Golfstromsystem, 6) Azorenstrom und Kanarenstrom, 7) Antillenstrom, 8) äquatoriales Stromsystem, 9) Nordbrasilstrom, 10) Brasilstromsystem, 11) Benguelastromsystem, 12) Agulhasstromsystem, 13) Falkland- oder Malvinasstrom, 14) Weddellmeerwirbel, 15) Antarktischer Küstenstrom, 16) Somalistromsystem und Ostafrikanischer Küstenstrom, 17) Durchstrom des Australasiatischen Mittelmeers, 18) Leeuwinstrom, 19) Madagaskar-, Mosambik- und Westaustralstrom, 20) Antarktischer Zirkumpolarstrom, 21) Kuroschiostromsystem, 22) Alaskawirbel mit Alaskastrom, 23) Kalifornienstrom, 24) Ostaustralstromsystem, 25) Humboldtstrom, 26) Roßmeerwirbel.

Mesa: in flachlagernden Schichten ausgebildete Mesa (Colorado, USA).

Farbtafelteil　　XII

METEOSAT 1: METEOSAT-Bild der Erde vom 18.10.95, 12 UTC (infraroter Spektralbereich, farblich aufbereitet).

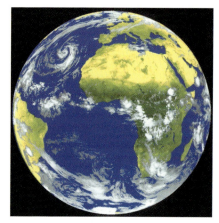

Migmatit 1: Definition der verschiedenen Gesteinsbereiche.

Moore: eutrophe Verlandungsmoore mit Erlenbruchwald (Havelländisches Luch).

Mosaikgefüge: Mosaikgefüge von statisch rekristallisiertem Quarz (Dünnschliff unter gekreuzten Polarisatoren, Bildbreite 1,7 mm).

mud mound: mud mound aus Kieselschwamm-Mikroben aus dem mittleren Lias (zentraler Hoher Atlas nördlich Errachidia, Marokko).

Myrmekit: Dünnschliff aus einem Migmatit (gekreuzte Niccols, schmale Kante ca. 400 μm).

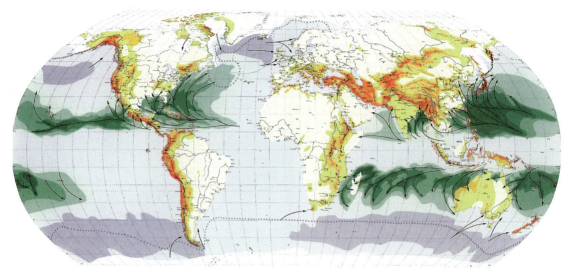

Naturkatastrophe 2: Weltkarte der Naturgefahren. Die grünen Bereiche stellen die wahrscheinliche Maximalintensität tropischer Wirbelstürme dar (hellgrün = 118-153 km/h bis dunkelgrün = mehr als 250 km/h). Die Pfeile stehen für die Hauptzugbahnen tropischer und außertropischer Wirbelstürme. Die gelb-roten Bereiche markieren die wahrscheinliche Maximalintensität von Erdbeben, von hellgelb für die Stufe V (und darunter) einer modifizierten Mercalli-Skala bis dunkelrot für die Stufe IX. Weitere Naturgefahren sind hoher Seegang (dunkelblauer Bereich in den Ozeanen) und Packeis (weiß-blau gesprenkelter Bereich). Die blau gepunktete Linie stellt die Grenze der Eisbergvorstöße dar.

Nebensonne: Sonne mit Nebensonne (links).

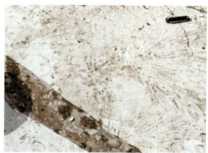

neptunische Spalten: mit konglomeratisch ausgebildeten jurassischen Knollenkalken ("Scheck") gefüllte neptunische Spalte im Rhät-Riff von Adnet.

Niedermoor 1: Niedermoorlandschaft bei Paulinenaue (Havelländisches Luch).

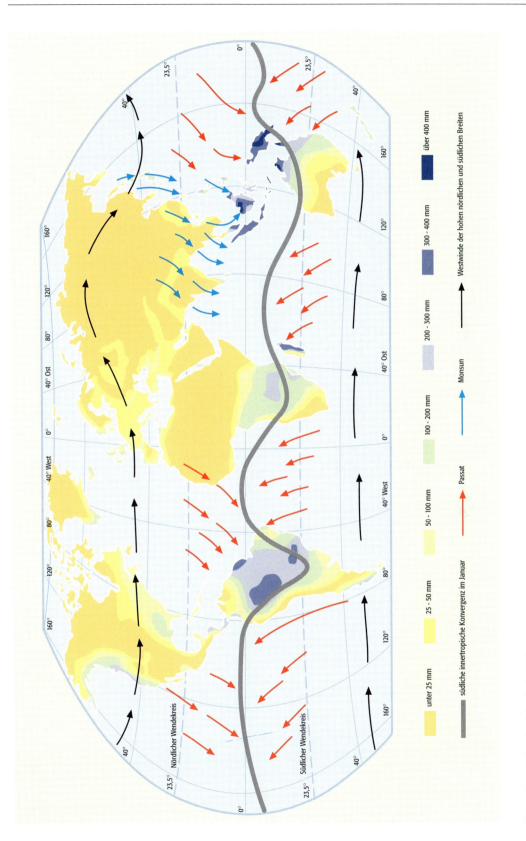

Niederschlagsverteilung 1: mittlere beobachtete Niederschlagsverteilung der Erde im Januar in Millimeter (Bezugsintervall 1931-1960).

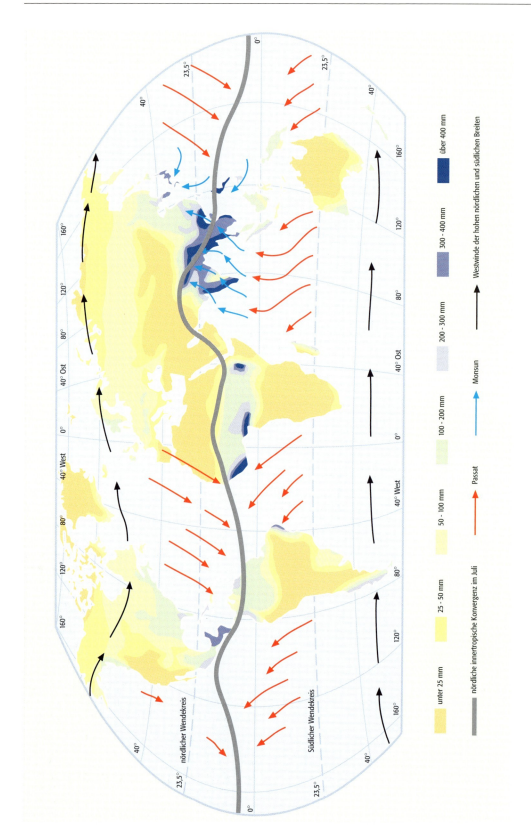

Niederschlagsverteilung 2: mittlere beobachtete Niederschlagsverteilung der Erde im Juli in Millimeter (Bezugsintervall 1931-1960).

Leichtmetalle, Metalle mit einer Dichte unter 3,5 g/cm³, wie z. B. Magnesium, Aluminium oder Titan.
Leistungs-Absenkungs-Quotient ↗ spezifische Ergiebigkeit.

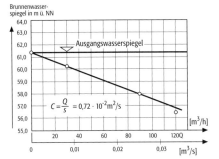

Leistungscharakteristik, der Graph der bei einem Leistungspumpversuch bestimmten Größen Förderrate Q und Absenkung s des Wasserspiegels in der Brunnen für die einzelnen Pumpstufen des Versuchs (Abb.). Der Quitient C der beiden Größen wird als ↗ spezifische Ergiebigkeit bezeichnet. Bei einem gut ausgebauten Brunnen in einem gespannten Grundwasserleiter sollten die Meßpunkte auf einer Geraden liegen. Erst bei großen Absenkungsbeträgen machen sich Effekte wie die Entstehung einer ↗ Sickerstrecke oder ↗ Brunneneintrittsverluste bemerkbar.

Leistungsfaktor, Verhältnis aus der maximalen Spannung eines Impulsgenerators zur minimalen registrierbaren Spannung eines Empfängers im Bodenradarverfahren.

Leistungsvermögen des Landschaftshaushaltes, *naturhaushaltliches Leistungsvermögen, LVL*, in der Landschaftsökologie ein wichtiges Merkmal hinsichtlich der Ausstattung und der Eignung eines konkreten Ausschnittes einer Landschaft als Lebensgrundlage für den Menschen und andere Lebewesen. Der Unterschied zu dem in ähnlicher Weise benutzten Begriff des ↗ Naturraumpotentials besteht darin, daß letzterer stärker auf die wirtschaftlich nutzbaren Rohstoffe und Ressourcen bezogen wird. Die Ermittlung des LVL ist die zentrale Methode der ↗ ökologischen Planung. Das LVL setzt sich aus mehreren »Teilvermögen«, d. h. aus der Summe seiner Funktionen und ↗ ökologischen Potentiale zusammen (Tab.). Die Funktionen und Potentiale bestimmen das Vermögen des Landschaftshaushaltes, ausgewählte Leistungen der Ökosysteme für eine nachhaltige Nutzung (↗ Nachhaltigkeit) bereitzustellen. Das LVL ist für praktische Zwecke der ↗ Raumplanung und ↗ Landschaftsplanung von Bedeutung. Es kann nicht als genereller Zahlenwert bestimmt werden, sondern wird über die Bewertung und Darstellung der Einzelfunktionen aufgenommen. Dazu wurden verschiedene zweckgerichtete ↗ Bewertungsverfahren entwickelt. Häufig angewendet wird die Bewertungsanleitung zur Bestimmung des Leistungsvermögens des Landschaftshaushaltes (*BA LVL*). Die Bewertung erfolgt nach dem dort vorgegebenen Schema, unabhängig vom Planungsziel. Zu bedenken ist aber, daß dabei je nach Absicht des Planungsträgers die Schlußfolgerungen unterschiedlich ausfallen können. So läßt das Ergebnis »hohes Ertragspotential« bei gleichzeitiger »hoher Ökotopbildungsfunktion« sowohl die Option »intensive ackerbauliche Nutzung« als auch »Einrichtung eines Schutzgebietes« zu. Die Entscheidung darüber kann nur im Rahmen einer Gesamtabwägung als ökologische Risiko- und Konfliktbewertung erfolgen (↗ ökologische Risikoanalyse, ↗ Umweltverträglichkeitsprüfung). [SMZ]

Leitart ↗ Charakterart.

Leitbild, beschreibt als Planungsinstrument in der ↗ Raumordnung einen allgemein anzustrebenden Zustand eines konkreten Raumes unter Berücksichtigung der aktuellen staats- und gesellschaftspolitischen Prinzipien. Das Leitbild ist sehr programmatisch, normativ und ziellastig ausgelegt. Es beinhaltet primär die Zielvorstellungen für einen optimal strukturierten Raum; dies im Unterschied zu den auf dem Leitbild aufbauenden Planungskonzepten, die konkreter ausfallen und z. B. schon Maßnahmen und Umsetzungsvorstellungen enthalten.

Leitbodenform ↗ Leitbodengesellschaft.

Leitbodengesellschaft, wird gebildet aus *Leitbodenformen* auf dem Niveau des Typs und *Begleitbodenformen* auf dem Niveau des Typs oder des Subtyps; dient zur inhaltlichen Aggregierung von Bodeneinheiten. Der Grad der Differenzierung kann aus dem Flächenanteil der beteiligten ↗ Bodenformen abgeleitet werden. Leitbodengesellschaften werden vorrangig in mittelmaßstäbigen Karten dargestellt. Eine Leitbodengesellschaft ist z. B. Braunerde, Braunerde-Gley, Pseudogley-Braunerde, Podsolbraunerde mit der Leitbodenform ↗ Braunerde; mehrere Leitbodengesellschaften bilden eine Leitbodenassoziation als Kartiereinheit für mittel- bis kleinmaßstäbige Karten.

Leitbündel, strangartiges, komplexes Gewebe der ↗ Sproßachse der ↗ Tracheophyten für den Stofftransport zwischen ↗ Wurzel und ↗ Blatt. a) Im Phloem aus plasmahaltigen, also lebenden, kern-

Leistungscharakteristik: Beispiel für die Leistungscharakteristik eines Brunnens (C = spezifische Ergiebigkeit, Q = Förderrate, s = Absenkung).

Leistungsvermögen des Landschaftshaushaltes (Tab.): Potentiale und Funktionen.

FUNKTION BODEN/RELIEF	– Erosionswiderstandfunktion – Filter-, Puffer- und Transformatorfunktion
FUNKTION WASSER	– Grundwasserschutzfunktion – Grundwasserneubildungsfunktion – Abflußregulationsfunktion
FUNKTION KLIMA/LUFT	– Immissionsschutzfunktion (Lärmschutz- und Luftregenerationsfunktion) – Klimameliorations- und bioklimatische Funktion
BIOTISCHE FUNKTION	– Ökotopbildungs- und Naturschutzfunktion
ERHOLUNGSFUNKTION	
WASSERDARGEBOTSPOTENTIAL	
BIOTISCHES ERTRAGSPOTENTIAL	– landwirtschaftliches Ertragspotential – fortwirtschaftliches Ertragspotential
LANDESKUNDLICHES POTENTIAL	

losen, primär feinporigen Siebzellen oder daraus fortentwickelten, funktionstüchtigeren, weitporigen Siebröhrenzellen, deren Zellquerwände in beiden Fällen siebartig durchbrochen sind, werden in den Blättern produzierte Assimilate abtransportiert. Zum Phloem zählen ferner Geleitzellen sowie Phloem-Parenchymzellen zum Be- und Entladen der Transportzellen mit Assimilaten und die Phloem-Fasern, die als Festigungsgewebe aus langen, stark verholzten, toten Zellen (Sklerenchym-Zellen) bestehen. b) Im Xylem aus toten, röhrenförmigen, primär englumigen Tracheidenzellen oder daraus funktionell vervollkommneten weitlumigen Tracheenzellen werden über die Wurzel aufgenommene Nährsalze und Wasser transportiert. Die Xylem-Zellen sind mittels spiraliger, ringförmiger oder netzförmiger Leisten ausgesteift. Lebende Xylem-Holzparenchymzellen, die die Transportzellen umgeben, dienen als Transferzellen der Abgabe von gelösten Substanzen in das Lumen von Tracheen und Tracheiden. Tote Xylem-Holzfaserzellen mit dikken und stark verholzten Zellwänden dienen ausschließlich der Festigung. Die Entwicklung der Leitbündel war Voraussetzung für die erfolgreiche Landbesiedlung durch Pflanzen. Denn nur über verbindende Gewebezellen kann die aus verschiedenen und räumlich getrennten Quellen stammende und in Arbeitsteilung durch zwangsläufig ebenfalls räumlich getrennte Wurzel- und Blattorgane erschlossene Nahrung im Pflanzenkörper transportiert und verteilt werden. Zusätzlich zu dieser Transportfunktion verleiht dieses Leitbündelgewebe aus langen, festigenden Holzzellen und langen röhrenförmigen Transportzellen einem immer größer dimensioniertem Sproß mit größtmöglicher Blatt-Photosynthesefläche mechanische Stabilität und Biegefestigkeit, z.B. gegen Winddruck.   [RB]

Leitfähigkeit, Fähigkeit von Stoffen, für andere Stoffe oder Energie durchlässig zu sein. Man unterscheidet ↗hydraulische Leitfähigkeit, ↗elektrische Leitfähigkeit (µS/cm) und ↗Wärmeleitfähigkeit (J/m) (↗Bodenversalzung). Die Leitfähigkeit in der Ionosphäre und Magnetosphäre ist von der Bewegung der elektrischen Teilchen im Erdmagnetfeld und ihren Stößen mit dem Neutralgas abhängig und daher sehr anisotrop. Man unterscheidet: Längsleitfähigkeit σ_0, Pedersen-Transversalleitfähigkeit σ_1, Hall-Leitfähigkeit σ_2 und Cowlingleitfähigkeit $\sigma_3 = \sigma_1 + \sigma_2^2/\sigma_1$. Während σ_1, σ_2 und σ_3 in der Ionosphäre ihre Maxima haben, nimmt σ_0 »unbegrenzt« zu und ist in der ganzen Magnetosphäre für den Gleichstromfall praktisch »vollkommen«.

Leitfähigkeitsanomalie, Bereich im Untergrund, dessen elektrische Leitfähigkeit von der eines umgebenden homogenen oder geschichteten Halbraums abweicht.

Leitfähigkeitsmessung, Messung der ↗elektrischen Leitfähigkeit einer wäßrigen Lösung. Geräte für die Leitfähigkeitsmessung können als Eintauch- oder Durchflußmeßzelle mit Elektroden ausgebildet sein oder auch elektrodenlos arbeiten. Jede Meßzelle hat eine Zellenkonstante, deren Größe durch Kalibrierung, z.B. mit einer genormten Kaliumchloridlösung, bestimmt wird. Soweit das Gerät keine Temperaturkompensation ermöglicht, wird der Leitfähigkeitswert einer Probe i.d.R. auf 25°C berechnet.

In der Geophysik bezeichnet die Leitfähigkeitsmessung bei kleinen Induktionszahlen in einem engeren Sinne diejenigen aktiven ↗elektromagnetischen Verfahren, mit denen elektrische Leitfähigkeiten σ im Untergrund direkt gemessen werden können. Voraussetzung ist dabei der Bereich kleiner Induktionszahlen p, der durch entsprechende Wahl von Spulenabstand und Frequenz gewählt werden kann. Diese Bedingung ist z.B. dann erfüllt, wenn der Spulenabstand l eines Zweispulensystems sehr klein gegenüber der Skintiefe δ ist. Dann dominiert der Out-of-Phase-Anteil des gemessenen Feldverhältnisses; für eine horizontale koplanare Spulenanordnung (HLEM) ergibt sich z.B.:

$$\frac{B_z}{B_{zp}} = \frac{ip^2}{2} = \frac{i\mu_0 \omega \sigma l^2}{4}$$

mit den Vertikalkomponenten des Primärfeldes B_{zp} und des Gesamtfeldes B_z, der Permeabilität μ_0 und der Kreisfrequenz ω.

Leitfarbe, eine Farbe, welche die Zugehörigkeit von ↗Kartenzeichen zu einer Unterklasse der ↗Legende ausdrückt. Als Leitfarben für signaturhafte Darstellungen kommen in erster Linie die Strichfarben (↗Flächenfarben) und Gelb in Betracht. In ↗Flächenmosaiken kann die Leitfarbe eine Gruppe ähnlicher Farben umfassen, die für ein Merkmal unterschiedlicher Ausprägung eingesetzt werden. Zum Beispiel werden durch die ↗Farbkonvention für ↗geologische Karten Leitfarben der Formationen vorgegeben. Leitfarben sind jedoch nicht unbedingt an Konventionen gebunden, sondern können unter Berücksichtigung von ↗Farbassoziationen relativ frei gewählt werden. Eine Karte der Naturraumtypen kann folgende Leitfarben aufweisen, die in jeweils drei bis sechs Nuancen abgewandelt sind: Grün- und Gelbtöne für glazial geprägtes Tiefland, Braun- und Grautöne für Lößgebiete, Rottöne für Mittelgebirge, Violettöne für Hochgebirge, Blautöne für Niederungen und Täler. Das zu lösende Gestaltungsproblem besteht stets darin, einerseits die der Leitfarbe zugehörigen Farbnuancen ausreichend ähnlich und zugleich unterscheidbar zu halten, sie andererseits aber von den übrigen Leitfarben deutlich abzusetzen.   [KG]

Leitform, 1) *Geomorphologie*: Bezeichnung für Oberflächenformen, die Rückschlüsse auf bestimmte rezente oder vorzeitliche klimageomorphologische Zustände erlauben. Beispiele sind ↗Rumpfflächen, die als Leitformen wechselfeucht-tropischer Verhältnisse gelten. 2) *Kartographie*: ↗Leitsignatur.

Leitfossil, ein tierisches oder pflanzliches Fossil, mit dem sich das relative Alter des umschließenden Gesteins ermitteln läßt. Dabei definiert die Lebensdauer des ↗Taxons, i.d.R. die Art, eine feste Zeitscheibe (↗Biostratigraphie). Deren Dauer

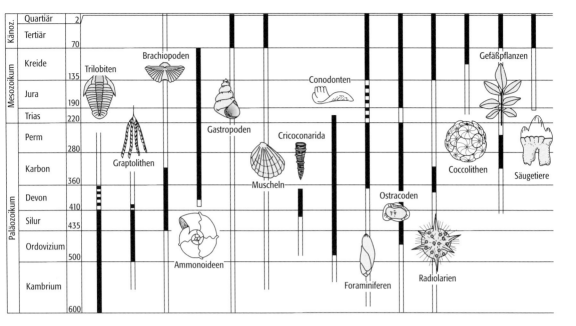

schwankt zwischen wenigen hunderttausend und mehreren Millionen Jahren. Der Leitwert eines Fossils, d. h. die Möglichkeit, eine im Raum (lateral) möglichst weit verfolgbare und möglichst kurze Zeitscheibe auszuscheiden, steigt mit zunehmend besserer Erfüllung folgender Faktoren: a) Kurzlebigkeit bzw. schnelle phylogenetische Abwandlung, b) Gesteins- und Faziesunabhängigkeit, d. h. Unabhängigkeit von für die Gesteinsausbildung mitverantwortlichen Umweltfaktoren und c) weite paläogeographische Verbreitung. Zwei weitere wünschenswerte Kriterien sind Häufigkeit und leichte Bestimmung. Diese Anforderungen werden am schlechtesten von Organismen des sessilen ↗Benthos, am besten von solchen des ↗Planktons und ↗Nektons erfüllt.

Entsprechend der generellen ↗Evolution und der Evolutionsgeschwindigkeit der Organismen im Phanerozoikum sind für die einzelnen erdgeschichtlichen Systeme unterschiedliche Tier- und Pflanzengruppen als Leitfossilien besonders geeignet (Abb.). Konventionell benutzt man im Kambrium ↗Trilobiten, im Ordovizium, Silur und basalen Devon ↗Graptolithen und anschließend bis zum Ende der Kreide Ammonoideen (↗Cephalopoda) als Ortholeitfossilien. Die nach Taxa aus diesen Fossilgruppen benannten geochronologischen Einheiten dienen als Zeitgerüst (Orthochronologie, ↗Orthostratigraphie), an dem weitere Leitfossilzonierungen (Parachronologie, ↗Parastratigraphie) geeicht werden. [HGH]

Leitgeschiebe, ↗Geschiebe, das aufgrund seines eng umgrenzten Herkunftsortes zur Rekonstruktion des Fließweges eines ↗Gletschers herangezogen werden kann.

Leithorizont, 1) *Geophysik*: Reflexion, die in der ↗seismischen Interpretation aufgrund ihres Signalcharakters (Wellenform und laterale Kontinuität) in der Sektion gut angesprochen und als seismischer Horizont verfolgt und analysiert werden kann. Prominente Reflexionen können meistens geologisch-lithologischen Einheiten zugeordnet werden. **2)** *Historische Geologie*: ein geringmächtiges Schichtglied, häufig eine Bank oder eine Bankgruppe, die nach ihrer Fossilführung oder nach ihrer petrographischen oder faziellen Ausbildung für mehr oder minder große Gebiete als oft isochroner Bezugshorizont verwendet werden kann. Solche Leithorizonte sind häufig aus Events hervorgegangen, wie z. B. charakteristische Tufflagen (Laacher-See-Tuff), Schwarzschieferlagen (Hangenberg-Schwarzschiefer, *Actinopterien*-Bank im hohen Unterkarbon) und charakteristische Kalkbänke (Kellwasser-Kalk, spezielle Schillbänke, wie z. B. die *Cycloides*-Bank im oberen Muschelkalk Frankens). Zum anderen sind es spezielle Faziesbildungen, wie z. B. fossile Böden (Violetthorizonte im Buntsandstein).

Leitmineral, 1) typisches Begleitmineral von ↗Vererzungen oder anderen ↗Mineralisationen, das durch bessere Auffälligkeit oder Haltbarkeit als Anzeiger für das Vorhandensein entsprechender Lagerstätten dienen kann. **2)** *Indexmineral, typomorphes Mineral*, Mineral, das für eine bestimmte Paragenese charakteristisch ist und sich nur unter den physikalisch-chemischen Bedingungen dieser Paragenese bildet. So ist z. B. Antimonit ein Leitmineral für den tiefthermalen und Topas ein Leitmineral für den pegmatitisch-pneumatolytischen Bildungsbereich. Andere Minerale sind nicht an enge Entstehungsbereiche gebunden. Quarz entsteht z. B. sowohl im magmatischen als auch im metamorphen, hydrothermalen und im sedimentären Bereich und ist ein sogenannter ↗Durchläufer. ↗Indexmineral.

Leitorganismen ↗*Indikatorenorganismen*.

Leitfossil: Leitfossilgruppen des Phanerozoikums. Neben der gesamten stratigraphischen Verbreitung sind Zeiten mit besonderem Leitwert hervorgehoben.

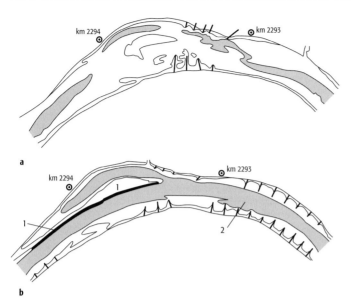

Leitwerk: Gewässerregelung mit Leitwerken (1) und Buhnen (2) an der Donau bei Metten vor dem Ausbau 1929 (a) und danach 1960 (b).

Leonardo da Vinci

Leitsignatur, Zusammenfassung ähnlicher ↗Kartenzeichen zu Unterklassen, denen bei der Darstellung des Karteninhalts eine die Wahrnehmung leitende Funktion zukommt. Die Ähnlichkeit kann mittels aller ↗graphischen Variablen außer der Größe und der Helligkeit hergestellt werden. Am meisten verbreitet ist die Verwendung von ↗Leitfarben. Soweit die Formen von Signaturen in gleicher Bedeutung benutzt werden, handelt es sich um *Leitformen,* für die sich die geometrischen Grundformen Kreis, Quadrat, Rechteck, Dreieck am besten eignen. Zugleich kann die Signaturfüllung als Leitfarbe benutzt oder anderweitig abgewandelt werden, z. B. durch eine halbe oder geviertelte Füllung. Die Modifizierung der Leitform einer Signatur durch Anfügen graphischer Kleinelemente (z. B. Striche, Doppelstriche) ermöglicht es, niederrangige Merkmale als Sekundär- und Tertiärformen darzustellen. Auch Orientierung und Muster lassen sich im Sinne von Leitsignaturen verwenden. Als Leitmuster kommen vor allem Schraffuren (Linienmuster) und Punktmuster in Frage. Um dem Kartennutzer das schnelle Erfassen des Kartenzeichensystems (↗kartographisches Zeichensystem) und damit des dargestellten Inhalts zu erleichtern, sollte die Verwendung der Leitsignaturen ausdrücklich erläutert werden. [KG]

Leitungsband ↗elektrische Leitfähigkeit.

Leitungsortung, Ortung von flachliegenden metallischen Wasser- oder Gasleitungen. Diese wirken häufig als Störungen auf Sondierungen, die auf tiefere Objekte im Untergrund ausgerichtet sind, insbesondere wenn sie mit einem kathodischen Schutz gegen Korrosion versehen sind. Die Leitungsortung kann mit allen elektromagnetischen Verfahren erfolgen, wenn die Induktionszahl (↗Induktionsparameter) entsprechend gewählt ist.

Leitwerk, *Längswerk,* parallel zum Ufer bzw. zum Stromstrich liegendes, dammartiges Regelungsbauwerk (Abb.). Leitwerke haben die Aufgabe, in größeren Gewässern den Querschnitt so weit einzuschränken, daß auch in Zeiten geringer Wasserführung z. B. für Zwecke der Schiffahrt (↗Wasserstraßen) ausreichende Wassertiefen vorhanden sind (↗Niedrigwasserregelung). Um Strömungen hinter dem Leitwerk zu vermeiden, ist dieses häufig mit Querdämmen (Traversen) mit dem Ufer verbunden. Die Auswirkung von Leitwerken auf die Morphologie des Flusses sind ähnlich wie bei ↗Buhnen, sie haben allerdings aus hydraulischer Sicht den Vorteil einer gleichmäßigeren Führung des Stromstriches, insbesondere an den Außenufern von Flußkrümmungen. In Bau und Unterhaltung sind sie teurer als Buhnen und nur mit erheblichem Kostenaufwand zu verändern.

Leitwert, *conductance,* Kehrwert des ↗elektrischen Widerstandes $\tau = 1/R$, gemessen in ↗Siemens ($S = 1/\Omega$). In der Geoelektrik/Elekromagnetik ist der Leitwert das Produkt aus ↗elektrischer Leitfähigkeit σ und Mächtigkeit d einer Schicht: $\tau = \sigma \cdot d$. Den Leitwert eines Schichtpakets bezeichnet man auch als integrierte Leitfähigkeit:

$$\tau = \int_{z_1}^{z_2} \sigma(z) dz.$$

In den geoelektrischen und elektromagnetischen Verfahren ist τ häufig der am besten aufgelöste Parameter (↗Äquivalenzprinzip).

Lena, nach dem Fluß Lena in Sibirien benannte, international verwendete stratigraphische Bezeichnung für die oberste Stufe des Unterkambrium. ↗Kambrium, ↗geologische Zeitskala.

Lenard-Effekt, 1) *Wasserfalleffekt,* elektrische Aufladung der beim Zerspritzen von Flüssigkeiten, insbesondere von Wasser, entstehenden Tropfen. Die Wasseroberfläche ist gegenüber dem Flüssigkeitsinneren negativ geladen. Beim Abreißen von Oberflächenteilchen werden negative Ladungen auf den abgerissenen Tröpfen mitgeführt. In der Natur tritt der Lenard-Effekt vor allem bei Wasserfällen auf und führt zu einer Anreicherung der Luft mit negativen Ladungsträgern. 2) ↗Ionisation von Gasen durch ultraviolette Strahlung.

lenitisch, Gewässerbereich mit geringer oder fehlender ↗Strömung.

Lenticularis-Wolken ↗Föhn.

Lenzsche Regel, besagt, daß ein induzierter Strom immer so gerichtet ist, daß sein Magnetfeld der Induktionsursache entgegenwirkt.

Leonardo da Vinci, ital. Maler, Zeichner, Bildhauer, Architekt, Musiker, Naturforscher und Ingenieur, *15.4.1452 Vinci (bei Florenz), †2.5.1519 Schloß Cloux (bei Amboise); arbeitete überwiegend in Florenz und Mailand; als universaler Geist der bedeutendste Vertreter und Vollender der Hochrenaissance in ihrer Verbindung von Kunst und Wissenschaft und ihrem Streben nach allseitiger menschlicher Vervollkommnung; wesentlich für sein Werk ist eine für seine Zeit neue Hinwendung zur Naturbeobachtung, zu Erfahrung und Experiment. Er gilt als Mitbegründer der experimentellen Naturwissenschaften; seine

Studien erstrecken sich auf den Gesamtbereich der Naturwissenschaften, insbesondere Anatomie, Embryologie, Paläontologie, Biomechanik, Geographie und Kartographie (z.B. Karte der Toskana für Cesare Borgia) sowie Mechanik (Untersuchungen zur Ballistik, Erklärung der schiefen Ebene, Bewegungs- und Hebelgesetze, Gesetz der kommunizierenden Röhren, Kapillaritätserscheinungen), Strömungsforschung und Geometrie. Seine Pläne und Konstruktionen eilen ihrer Zeit weit voraus; sie scheiterten meist an den begrenzten Möglichkeiten der damaligen Technologie, weniger an der prinzipiellen Unmöglichkeit, sie zu verwirklichen. Es gibt kaum ein Gebiet der Technik, auf dem er sich nicht versucht hätte. Aus der vergleichsweise großen Zahl seiner Aufzeichnungen über das Vorkommen und das Verhalten des Wassers sowie über dessen Nutzung ist zu schließen, daß ihn gerade dieses Thema besonders fasziniert hat. Er hatte das Prinzip der Kontinuität eines Vorgangs klar und eindeutig beschrieben. Aufgrund seiner hydrotechnischen Forschungen beschreibt er erstmals Prinzipien der Wasserbewegung, die weit über den Wissens- und Erfahrungsstand der älteren Geschichte und seiner Zeit hinausgingen. Erst Jahrhunderte später wurden seine Gedanken und Ansätze wieder aufgegriffen und zu Berechnungsverfahren weiterentwickelt. Auf dem Gebiet der Gewässerkunde bestechen seine korrekten Beschreibungen des Geschiebetriebs, des Abriebs, der Erosion sowie der Sedimentation und ihrer Wechselbeziehung zur Bettgeometrie (Linienführung, Gefälle, Querschnitt). In Bezug auf das Wasser galt sein Interesse dabei der Hydraulik und dem Verhalten des Wassers. Als herausragend sind seine gewässerkundlichen und flußmorphologischen Studien anzusehen. [HJL]

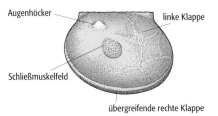

Leperditien, i. w. S. eine besondere Gruppe innerhalb der Klasse ↗Ostracoden (Abb.). Sie sind vom ↗Ordovizium bis ins ↗Devon nachgewiesen. Mit bis zu 10 cm Länge sind sie die Riesen unter den Ostracoden. Ihre großen Kalkgehäuse haben einen langen, geraden Schloßrand und sind bei einer Familie (Leperditiidae) stark ungleichklappig; die rechte Klappe greift ventral über die linke. Die Isochilidae sind dagegen gleichklappig. Generell zeigt das Gehäuse einen mehr oder weniger stark ausgeprägten Rückwärtsschwung, weil der Hinterleib der Organismen im Gegensatz zu den moderneren Ostracoden noch zu lang war und daher nach unten eingeschlagen werden mußte. Ein weiteres Primitivmerkmal stellt das Schließmuskelfeld dar. In der stark verkalkten Schale ist es meist sehr deutlich sichtbar und besteht aus bis zu 600 kleinen Einzelnarben. Anterodorsal, d. h. im vorderen, unterhalb des Schloßrandes gelegenen Bereich ist ein kleiner Tuberkel vorhanden, der als Augenhöcker interpretiert wird. [IHS]

lepidoblastisch, Bezeichnung für durch metamorphe Kristallisation oder ↗Rekristallisation erzeugte Gefüge von plattigen oder tafeligen Mineralen, meist für Schichtsilicate verwendet.

Lepidokrokit, [von griech. lépis = Schuppe und krokos = Eigelb], *Rubineisen, Rubinglimmer*, Mineral (Abb.) mit der chemischen Formel γ-FeOOH und rhombisch-dipyramidaler Kristallform; Farbe: rubin- bis gelblich-rot; Diamantglanz; durchscheinend; Strich: orangerot bis rot; Härte nach Mohs: 5 (spröd); Dichte: 4,05–4,13 g/cm^3; Spaltbarkeit: vollkommen nach (010), deutlich nach (100) und (001); Aggregate: dünne, frei gewachsene Täfelchen, vielfach zu Rosetten oder wirr aggregiert, aber auch locker, pulverig, blätterig oder büschelig; vor dem Lötrohr unschmelzbar; in Salzsäure löslich; wird bei hoher Temperatur schwarz und magnetisch; Begleiter: Limonit, Pyrit, Goethit, Baryt, Chromit, Chalkopyrit; Vorkommen: in Begleitgesteinen sulfidischer Erz-Lagerstätten, tritt bevorzugt in grund- und stauwasserbeeinflußten Bodenhorizonten auf und führt zu einer orangenen Färbung der Böden; Fundorte: Eiserfeld (Siegerland), Pfibram (Böhmen), Polataewo und Lipeckoe (Rußland), ansonsten weltweit. ↗Hydroxide. [GST]

Leptinit ↗*Leptynit*.

Leptit, feinkörnig-helles, metamorphes Gestein mit gneisigem Gefüge und einem Mineralbestand aus Quarz, Plagioklas, Kalifeldspat und Biotit, seltener Granat, Sillimanit oder Muscovit. Als Ausgangsmaterial kommen saure Vulkanite in Frage. Leptite sind im Präkambrium Skandinaviens weit verbreitet.

Leptochlorite, Sammelbezeichnung für eisenreiche Fluorite mit den Mineralen der Dellesit-Mg-Turingit-Reihe und der Chamosit-Turingit-Reihe. ↗Chlorit-Gruppe.

Leptosols, [von griech. leptos = dünn], Böden der ↗WRB mit einem ↗ochric, ↗mollic, ↗umbric, ↗yermic oder ↗vertic horizon als ↗diagnostischen Horizont, deren Mächtigkeit durch zusammenhängendes Festgestein oder durch ein sehr kalkhaltiges Material innerhalb der obersten 25 cm eingeschränkt ist oder die extrem kiesreich sind. Leptosols nehmen weltweit etwa 1655 Mio. Hektar ein, wovon etwa 545 Mio. in Gebirgen und etwa 420 Mio. in Wüsten auftreten. Leptosols sind vergesellschaftet mit ↗Regosols und ↗Cambisols in Gebirsregionen und mit ↗Arenosols, ↗Calcisols und ↗Gypsisols in Wüstenregionen.

Leptynit, *Leptinit*, feldspatführender ↗Granulit. Quarz, Kalifeldspat, Biotit und almandinbetonter Granat sind Hauptgemengteile. Der Begriff wurde von französischen Geologen für feldspatführende Granulite geprägt. Heute wird der Begriff Leptynit auch oft für das ↗Neosom in granulitfaziellen Migmatit-Komplexen verwendet.

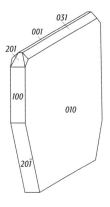

Lepidokrokit: Lepidokrokitkristall, tafelig nach (010).

Leperditien: Gehäuse, Ansicht von links.

Lesbarkeit, bei kartographischen Darstellungen die aus der graphischen Qualität und insbesondere aus dem ↗Feinheitsgrad, der ↗Kartenbelastung und der graphischen Auflösung resultierende Erkennbarkeit (↗Wahrnehmung) des Karteninhaltes unter normalen Benutzungs-, speziell Beleuchtungsbedingungen. Für Karten, die primär im Gelände benutzt werden, ist zu beachten, daß die Lesbarkeit durch atmosphärische Einflüsse (trübes Wetter, bedeckter Himmel) und durch Geländebedingungen (gedämpftes Licht im Walde) beeinflußt wird, so daß solche Karten zweckmäßigerweise gröber gestaltet werden müssen als Karten, die ausschließlich oder überwiegend häuslich benutzt werden. Bedeutenden Einfluß auf die Lesbarkeit hat die Wahl eines die dargestellten Sachverhalte graphisch optimal wiedergebenden Zeichenschlüssels sowie die Anwendung von ↗Leitfarben, des Prinzips von ↗Leitsignaturen und ein klares Schriftbild für die ↗geographischen Namen, insbesondere die Stellung der Kartennamen (Kartenbeschriftung). Erhöhte Bedeutung ist den Fragen der Wahrnehmung und Lesbarkeit bei ↗Bildschirmkarten zu schenken, weil hier zu den Hardware-Komponenten (Auflösung) die durch Software ermöglichten nutzerseitigen Manipulationen des Bildes berücksichtigt werden müssen. [WSt]

Lesesteine, **1)** *Geologie*: auf und im Boden befindliche Gesteinstrümmer, die sich durch ↗Verwitterung vom ↗Anstehenden gelöst haben. Da diese auf Flächen und flachgeneigten Hängen nicht weit von ihrem Ursprung entfernt liegenbleiben bzw. sich nach physikalischen Gesetzen verteilen, können aus ihrer statistischen Verbreitung, die mit einer detaillierten Geländekartierung zu ermitteln ist, Hinweise auf das unter der Bedeckung anstehende Gestein gewonnen werden (↗geologische Kartierung). Unter günstigen Voraussetzungen lassen sich sogar die Lagerungsverhältnisse ableiten. **2)** *Geomorphologie*: von Acker- und Grünlandflächen aufgelesene und zu Lesesteinhaufen oder ↗Lesesteinwällen zusammengetragene lose Steine und Blöcke, die sich an der Bodenoberfläche befanden und dort die Bodenbearbeitung erschwerten oder die Produktivität der Fläche verringerten. Da mit voranschreitenden Prozessen der Bodenerosion auf Ackerflächen und durch ↗Frosthub bei Grobkomponenten auf Wiesen und Weiden in Hochgebirgen immer wieder neue Steine an die Oberfläche gelangen, muß das Absammeln in regelmäßigen Abständen wiederholt werden.

Lesesteinwälle, aus zusammengetragenen Lesesteinen aufgehäufte Wälle, die in aller Regel Flurstückgrenzen markieren. Lesesteinwälle können mitunter sorgfältig wie Trockenmauern aufgeschichtet sein und als Terrassenstufe einer Ackerterrasse dienen. Mit Wallhecken überwachsen dienen sie z. B. in Schleswig-Holstein dem Winderosionsschutz. Lesesteinwälle sind Bestandteil der Kulturlandschaft, sie reduzieren den Bodenabtrag und enthalten ökologische Nischen für Vögel und Kleinsäuger.

Lessives ↗Parabraunerde.

lessivierte Böden, Böden mit ↗Tonverlagerung.
Lessivierung ↗Tonverlagerung.

letale Konzentration, *LC*, diejenige Stoffkonzentration, die unter den Testbedingungen einer ↗Toxizitätsmessung die Testorganismen abtötet. Meist wird in ↗Biotests diejenige Konzentration ermittelt, bei der die Hälfte der Organismen abstirbt (Bezeichnung: LC_{50}). Im Gegensatz zur letalen Dosis DL, welche die Stoffkonzentration in Beziehung zum Gewicht der Versuchstiere setzt, wird bei der letalen Konzentration LC die Stoffkonzentration in dem Medium (Wasser) angeben, in dem die Testorganismen gehalten werden.

Letalität, *Mortalität*, Bedingung, die zum Absterben einer Grundgesamtheit von Organismen führt.

Letten, *Lett*, *Latt*, volkstümlicher Ausdruck für grauen, aber auch anders gefärbten, oft sandigen Ton mit geringem Kalkgehalt. Entsprechende Ausfüllungen, Hohlräume und Klüfte werden Kluftletten, dünne Beläge auf Kluftflächen Lettenbesteg genannt.

Lettenkeuper, *Lettenkohle*, unterer Keuper. ↗Germanische Trias.

Letzmann, *Johannes Peter*, livländischer Meteorologe deutscher Herkunft, * 19.7.1885 Wenden Livland, † 21.5.1971 Langeoog; 1940–47 Direktor der Forschungsstelle für Atmosphärische Wirbel in Graz; umfangreiche Studien und Experimente über ↗Tromben und ↗Wirbel. Werke (Auswahl): »Tromben im ostbaltischen Gebiet« (1918/19), »Richtlinien zur Erforschung von Tromben, Tornados, Wasserhosen und Kleintromben« (1944), Mitherausgeber von »Gerlands Beiträge zur Geophysik« (1931–43).

leuchtende Nachtwolken, dünne, in etwa 85 km Höhe in der obersten Mesosphäre bei extrem tiefen Temperaturen (um -90°C) auftretende Ansammlungen von Eispartikeln und Meteorstaub (selten auch ↗vulkanischer Staub). Sie können nach Sonnenuntergang silberweiß-schleierartig sichtbar werden können (Abb. im Farbtafelteil), v. a. im Hochsommer zwischen etwa 45° und 70° geographischer Breite (↗Atmosphäre Abb. 1).

Leucit, [von griech. *leukós* = weiß], *Amphigen*, *Leuzit*, *Sommait*, *Vesuvgranat*, Mineral mit der chemischen Formel $K[AlSi_2O_6]$; Kristallform: Hoch-Leucit (> 605°C) = kubisch-hexoktaedrisch, Tief-Leicit (< 605°C) = tetraedrisch-dipyramidal; Farbe: meist weiß oder grau, seltener farblos klar; matter Glasglanz; durchscheinend bis trüb undurchsichtig; Strich: weiß; Härte nach Mohs: 5,5–6 (spröd); Dichte: 2,46–2,48 g/cm³; Spaltbarkeit: nicht erkennbar; Bruch: muschelig; Aggregate: lose, seltener körnig; Kristalle oft als Ikositetraeder (»Leucitoeder«, Abb.), vielfach angerundet; vor dem Lötrohr unschmelzbar; in Salzsäuren löslich; Begleiter: Aegirin, Aegirin-Augit; Vorkommen: fast stets aus dem Schmelzfluß auskristallisiert, vereinzelt auch aus pneumatolytischer Zersetzung, als wesentliches oder akzessorisches Gemengteil foyaitischer Ergußgesteine; Fundorte: Laacher See (Eifel), Böhmisches Mittelgebirge, Monte Somma und Capo di Bove (Albaner Berge, Italien). [GST]

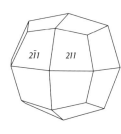

Leucit: Leucitkristall (Ikositetraeder).

Leucitbasanit, ein ↗Basanit, der als wesentliches Foidmineral ↗Leucit enthält.

Leucitit, ein vulkanisches Gestein, das fast nur aus ↗Leucit und Klinopyroxen besteht. ↗Foidit.

Leucitphonolith, ein ↗Phonolith, der als wesentliches Foidmineral ↗Leucit führt.

Leucitephrit, ein Tephrit (↗Basanit), der als wesentliches Foidmineral ↗Leucit führt.

leuko-, Vorsilbe, die gemäß der ↗IUGS-Klassifikation zur Kennzeichnung ↗mesokrater oder ↗melanokrater ↗Magmatite mit niedrigen Gehalten ↗mafischer Minerale verwendet wird, z. B. Leukogabbro (ein ↗Gabbro mit einem Anteil mafischer Minerale unter 35 %).

leukokrat, [von griechisch leukós = weiß], *hell*, Bezeichnung für magmatische Gesteine, die einen geringen Gehalt an ↗mafischen Mineralen haben und deshalb hell gefärbt sind (z. B. Granit, Syenit). Der für die Einstufung als leukokrat maßgebliche Höchstwert für mafische Minerale ist nicht exakt festgelegt, er schwankt je nach Quelle zwischen 30 und 37,5 %. Bei vollständigem Fehlen mafischer Anteile wird der Begriff hololeukokrat verwendet.

Leukosom, der helle, quarz-feldspatreiche, magmatisch aussehende Teil eines ↗Migmatites.

Leukoxen, im auffallenden Licht weißlich erscheinendes Umwandlungsprodukt von ↗Ilmenit oder ↗Titanomagnetit, bestehend aus feinkristallinen Aggregaten von Titanoxiden (insbesondere Rutil und Anatas) und Titanit. Der Begriff war ursprünglich als Synonym für Titanit verwendet worden.

Leveche, trockener heißer Wind in Spanien, der aus Südosten bis Südwesten weht und oftmals Staub und Sand aus seiner afrikanischen Heimat mit sich führt.

Levée ↗*Uferwall*.

Level-of-no-motion, isobare Wasserschicht, von der angenommen wird, daß sie mit einer Äquipotentialfläche koinzidiert, so daß keinerlei Bewegung innerhalb der Schicht auftritt.

Lexikonatlas, ein ↗Weltatlas als enzyklopädisches Nachschlagewerk mit einem umfangreichen thematischen Kartenteil und Atlasregister, mit zahlreichen ↗Satellitenbildern und einem ausführlichem textlichen Informationsteil (oft in Form eines Länderlexikons) zu geographischen, geschichtlichen und politischen Erscheinungen und Sachverhalten. Die Atlanten erscheinen zumeist in Buchform (Lexikonformat), inzwischen auch schon kombiniert mit einer CD-ROM-Ausgabe, das mitunter interaktive Dialogabfragen zu Kartenelementen ermöglicht. Die bekanntesten Lexikonatlanten sind die Atlasbände zum Großen Brockhaus, zum Großen Herder und zur Encyclopaedia Britannica.

LFC, *L*arge *F*ormat *C*amera, Kamera für großformatige Luftbilder.

LFS-Elemente, *L*ow-*F*ield-*S*trength-Elemente, ↗*Large-Ion-Lithophile-Elemente*.

LGM, *L*ast *G*lacial *M*aximum, Zeit der maximalen Vereisung innerhalb der ↗Weichsel-Kaltzeit bzw. ↗Würm-Kaltzeit.

Lherzolith, ↗Peridotit, der nach dem Ort Lherz in den Pyrenäen benannt wurde (erster Fundpunkt). Der Lherzolith ist i. a. ein fertiler ↗Mantelperidotit. Kumulate basischer Intrusionen mit lherzolitischer Zusammensetzung sind selten. Lherzolith enthält größere Anteile von Olivin, Orthopyroxen (Bronzit) und Klinopyroxen (Diallag). Von niedrigen zu hohen Drucken hin sind zu unterscheiden: Plagioklas-Lherzolith, Spinell-Lherzolith und Granat-Lherzolith. Große Teile des obersten Abschnittes des oberen Erdmantels dürften aus Lherzolith bestehen. In Basalten finden sich verbreitet Spinell-Lherzolitheinschlüsse (»Olivinknollen«), in Kimberliten Granat-Lherzolitheinschlüsse, von denen angenommen wird, daß sie beim Aufstieg aus dem Mantel mitgerissen wurden.

LHKW, *leichtflüchtige Halogenkohlenwasserstoffe*, gehören zusammen mit den Benzinkohlenwasserstoffen (↗BTEX) und vielen gängigen Lösungsmitteln zu den leichtflüchtigen organischen Verbindungen (↗VOC). Ursache für die Grundwasserbelastungen mit LHKW ist in erster Linie der unsachgemäße Umgang mit diesen Stoffen in den vergangenen Jahrzehnten. Belastungsschwerpunkte für die LHKW sind die hochindustrialisierten Ballungsräume, aber auch punktuell können teilweise hohe Konzentrationen hauptsächlich an Tetrachlorethen (»Per«) und Trichlorethen (»Tri«) auftreten. LHKW werden mit gaschromatographischen Verfahren heute routinemäßig gemessen. Die ↗Probenahme vor Ort kann als Momentprobe in Gasmäusen oder speziellen Kunststoffbeuteln oder anreichernd an Aktivkohle oder speziellen Polymeren erfolgen. Als Detektoren verwendet man sowohl den Flammenionisationsdetektor (FID), den Elektroneneinfangdetektor (ECD) als auch den Photoionisationsdetektor (PID). [ME]

L-Horizont, *Litter-Horizont, Förna, Streulage*, ↗Bodenhorizont entsprechend der ↗Bodenkundlichen Kartieranleitung, besteht aus äußerlich unzersetzten Blättern bzw. Nadeln, Samenkapseln und Zweigen von Waldbäumen und Waldbodenpflanzen. Die Blattspreiten sind teilweise unregelmäßig gefleckt und entlang des Blattadernetzes aufgerissen. Sie sind unterschiedlich stark gedunkelt und besitzen auf benachbarte Interkostalfelder übergreifende oder entlang der Blattadern entstandene Aufwölbungen. Das L-Material kann schütter bis locker lagern oder miteinander verklebt sein. Gegenüber der Blattförna ist das Erscheinungsbild der Nadelförna wesentlich einförmiger. Die mehr oder weniger ausgebleichten Nadeln sind lediglich etwas punktiert, erscheinen makroskopisch unverändert und bilden in der Regel eine lockere Deckschicht. Vernetzungen der Nadeln untereinander treten selten auf. [AB]

Lias, [von engl. layers = Schichten oder gallisch leac = Steinplatte], *Schwarzer Jura*, regional verwendete stratigraphische Bezeichnung für die älteste Periode (ca. 206–180 Mio. Jahre) des ↗Jura in Mittel- und Nordwesteuropa mit den Stufen ↗Hettang, ↗Sinemur, ↗Pliensbach und ↗Toarc. Die Bezeichnung Schwarzer Jura stammt von der überwiegend dunklen Gesteinsfarbe des süddeutschen Lias. ↗geologische Zeitskala.

Libavius, *Andreas*, auch Basilius de Varna, deutscher Gelehrter, Arzt, Chemiker und Philosoph, * um 1550 Halle/Saale, † 25.7.1616 Coburg; Libavius studierte Medizin in Wittenberg (1576) und Jena (1577), war ab 1581 Lehrer in Ilmenau und um 1586 Rektor der Stadt- und Ratsschulen in Coburg. Im Jahr 1588 promovierte er an der Universität Basel zum Dr. med. und wurde Dozent für Geschichte und Poetik an der Universität Jena. Von 1591 bis 1607 praktizierte er als Stadtphysikus (Amtsarzt) in Rothenburg ob der Tauber und fungierte ab 1592 gleichzeitig als Schulinspektor mit eigener Lehrtätigkeit. Die Jahre 1607 bis 1616 verbrachte er wiederum in Coburg, wo er zum Rektor des neu gegründeten Gymnasiums Academicum Casimiranum berufen wurde. Libavius unterstützte die chemiatrischen Vorstellungen von ↗Paracelsus, lehnte jedoch den naturphilosophisch-magischen Bereich seiner Lehre ab. Er beschrieb als erster die Herstellung von Zinntetrachlorid (»Spititus fumans Libavii«), Salzsäure, Bernsteinsäure und Ammoniumsulfat. Libavius ist durch zwei besondere Verdienste in die Geschichte eingegangen: zum ersten mit der Einbeziehung naturwissenschaftlicher Gegenstände in den Unterricht (er schrieb eine Schulordnung, Lehrpläne und Prüfungsordnungen), zum zweiten lieferte er eine systematische Zusammenfassung des chemischen Gesamtwissens seiner Zeit aus verschiedenen Teilbereichen (Metallurgie, Pharmazie, mineralische Wässer etc.) und gilt mit seinem Hauptwerk »Alchimia« (1597) als der Begründer der Chemie als eigenständige Lehrdisziplin. [EHa]

Libelle, 1) *Geodäsie*: ein geschlossener, hohler Glaskörper, dessen Innenseite so geschliffen und mit einer leichtbeweglichen Flüssigkeit gefüllt ist, daß eine Gasblase entsteht, die zur Anzeige genutzt werden kann. Libellen dienen in der ↗Geodäsie zur Lotrechtstellung oder Horizontierung von Achsen vermessungstechnischer Instrumente sowie zur Messung kleiner Neigungen. Als Libellenflüssigkeit wird Äther oder Spiritus verwendet. Die eingeschlossene Gasblase, die Libellenblase, bewegt sich der Schwerkraft folgend, d. h. in Abhängigkeit von der Libellenneigung am Schliffbogen des Glaskörpers entlang. Je größer der Radius des Schliffbogens ist, um so weiter entfernt sich die Libellenblase bei Neigung der Libelle von ihrer Ausgangsstellung. Den ↗Winkel, um den eine Libelle in Richtung ihrer Längsachse geneigt werden muß, damit die Libellenblase um ein Teilungsintervall (2 mm) auswandert, bezeichnet man als Libellenangabe. Man unterscheidet *Dosenlibellen* (Abb. 1) mit zylindrischem Glaskörper, dessen Deckfläche an der Innenseite kugelförmig geschliffen ist und *Röhrenlibellen* (Abb. 2), die aus einer zylindrischen, innen tonnenförmig geschliffenen Glasröhre bestehen. Dosenlibellen werden u. a. zur Grob- und Röhrenlibellen zur Feinhorizontierung geodätischer Instrumente (z. B. ↗Theodolit) genutzt. Die Libellenangabe beträgt bei Dosenlibellen 2' bis 20', während die Libellenangabe der Röhrenlibellen vermessungstechnischer Instrumente zwischen 10" und 20" liegt; Röhrenlibellen tragen eine 2 mm Teilung. Im Mittelpunkt der Libellenteilung liegt der Normalpunkt. Um die Libellenachse, d. h. bei Dosenlibellen die Senkrechte und bei Röhrenlibellen die Tangente im Normalpunkt, parallel zur Auflagefläche einrichten zu können, verfügen Libellen über Justierschrauben, die eine Neigung des Glaskörpers samt Metallgehäuse ermöglichen. 2) *Mineralogie*: Gasblase aus Wasserdampf, CO_2, Methan oder anderen ↗leichtflüchtigen Bestandteilen in ↗Flüssigkeitseinschlüssen von Kristallen.

Libellennivellier ↗Nivellierinstrument.

Lichenes, *Flechten*, Organisationsform, bei der heterotrophe ↗Fungi (v. a. Ascomyceten) mit einzelligen oder fädigen, photoautotrophen ↗Cyanophyta oder ↗Chloropyta zu einer morphologischen und physiologischen Einheit verbunden sind, die im Laufe der Erdgeschichte unter Beteiligung wechselnder Symbionten-Taxa wiederholt entstanden sein dürfte. Wegen ihre Zusammensetzung aus leicht vergänglichen organischen Substanzen und der meist in Erosionsgebieten gelegenen Standorte auf Hartgründen haben Flechten aber nur ein äußerst geringes Fossilisationspotential. Aus den 2,6 Mrd. Jahre alten Witwatersrand-Sedimenten (↗Witwatersrand Gold-Uran-Seifenlagerstätten) wurden zwar flechtenartige Mikroorganismen beschrieben, die ältesten eindeutigen Flechten stammen jedoch aus dem Tertiär und sind in Bernstein eingeschlossen. Dennoch gehören Flechten mit Sicherheit zu den ältesten Lebewesen. Ihre Lebens, Vermehrungs- und v. a. Überlebensstrategien ermöglichte es den Lichenes schon lange vor den ersten ↗Plantae das Land bereits im Präkambrium zu besiedeln und auch extreme Standorte zu erobern. Denn Flechten sind Pioniere bei der Bodenbildung durch Aufschließen des Substratgesteins (durch die Pilzpartner), Bildung von organischer Substanz und deren Umwandlung zu Humus. Weil Flechten damit die Voraussetzungen zur ersten Besiedlung des Festlandes durch Pflanzen schufen und seitdem auf die gleiche Weise die Ausbreitung der terrestrischen Ökosysteme vorbereiteten, spielten sie immer eine grundlegende Rolle in der Entwicklungsgeschichte der terrestrischen Biosphäre. ↗Flechten. [RB]

Lichenometrie, eine ↗relative Altersbestimmung, die auf dem Größenwachstum von ↗Flechten (↗Lichenes) beruht und für den Altersbereich bis 10.000 Jahre v. h. Daten mit einer Genauigkeit von 5–15 % liefert. Die Methode wurde von Bechel 1950 eingeführt und eignet sich allgemein zur Bestimmung von ↗Expositionsaltern von glazialen oder Ufersedimenten. In der Praxis findet die Lichenometrie für die Rekonstruktion der holozänen Deglaziationsgeschichte Anwendung. Voraussetzungen sind bekanntes Wachstumsverhalten der untersuchten Spezies, konstante Klima- und Standortfaktoren und ein unabhängiges Bezugsalter, mit dem eine Wachstumskurve für

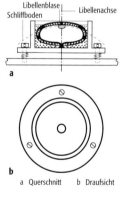

Libelle 1: Dosenlibelle.

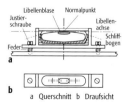

Libelle 2: Röhrenlibelle.

die jeweilige Lokalität erstellt werden kann. Gemessen werden die größten, mittleren oder kleinsten Durchmesser von an einer Lokalität auffindbaren Flechtenthalli, wobei die Spezies *Rhizocarpon geographicum* sowie *Rh. alpicola* Verwendung finden. Die Wachstumsrate wird vom jährlichen Feuchteangebot, der Strahlungsexposition, dem Substrat (bevorzugt auf saurem Gestein), der lokalen Temperatur und der Schneebedeckung beeinflußt und verändert sich artabhängig mit dem Lebensalter. Unsicherheiten bestehen zudem über den Zeitpunkt der Erstbesiedelung (ca. 20–30 Jahre nach Ablagerung), die Inkorporation bereits bewachsener Blöcke in die untersuchte Abfolge sowie die Lagestabilität des Substrates.   [RBH]

Licht, elektromagnetische Strahlung im Spektralbereich von 0,4 µm bis 0,75 µm. Licht wird beim Durchgang durch die wolkenfreie Atmosphäre nur wenig durch Streuung und Absorption beeinflußt, so daß die Sonnenstrahlung in diesem Spektralbereich zu einem großen Teil bis zur Erdoberfläche gelangt.

Lichtabsorption, Schwächung des Lichtes beim Durchtreten eines Kristalls. Die meisten Minerale absorbieren jedoch das Licht nicht gleichmäßig, sondern für jede Wellenlänge verschieden stark, so daß sich die Farbe in durchfallendem Licht aus dem Restspektrum der unterschiedlich absorbierten Wellenlängenbereiche zusammensetzt. Der Durchlässigkeitsgrad des Lichtes ist oft sehr charakteristisch von der kristallographischen Richtung abhängig. Die Farbe kann sich daher je nach Durchstrahlungsrichtung ändern. Diese Erscheinung heißt Vielfarbigkeit oder ↗Pleochroismus. Beim Auftreten von zwei verschiedenen Farben spricht man von Dichroismus, bei drei von Trichroismus. Starken Pleochroismus zeigen die Silicate ↗Biotit, ↗Turmalin (↗Turmalinzange) und ↗Epidot, ferner Schmucksteine wie ↗Rubin oder Alexandrit. Die Reflexionsfarben des an einer polierten Kristallfläche entstehenden Lichtes dienen als Unterscheidungsmerkmal der opaken Erzminerale. Das Reflexionsvermögen ist dabei vom Brechungsindex des Minerals und von der Wellenlänge des verwandten Lichtes abhängig. Als ↗opak bezeichnet man Minerale, bei denen der größte Teil des sichtbaren Spektrums bereits von einer dünnen Schicht völlig absorbiert wird.   [GST]

Lichtatmung, *Photorespiration*, Atmung photoautotropher (↗Stoffwechsel Tab.) höherer Pflanzen in photosynthetisch aktiven Zellen (↗Photosynthese). Dabei wird Sauerstoff (O_2) aufgenommen und Kohlendioxid (CO_2) abgegeben. Die Licht-atmung nimmt mit steigender Beleuchtungsstärke zu. Durch sie kann ein beträchtlicher Anteil des assimilierten Kohlenstoffs wieder verloren gehen. Die Funktion der Lichtatmung ist umstritten. Möglicherweise dient sie v. a. der Produktion der Aminosäuren Serin und Glycin oder der Verwertung überschüssiger Photosyntheseprodukte (Schutzreaktion bei starker Sonneneinstrahlung), oder sie ist ein unvermeidlicher Bestandteil v. a. des Stoffwechsels von ↗C3-Pflanzen.

Lichtausbreitung, der Wert der Lichtgeschwindigkeit im Vakuum ist unabhängig von Frequenz, Polarisation und Geschwindigkeit der Lichtquelle, wenn man eine c-unabhängige Definition des Meters zugrunde legt. Darüber hinaus ist dieser Wert unabhängig vom Bewegungszustand des Beobachters (Experimente von Michelson und Morley). Diese Ergebnisse liegen der Neudefinition des Meters über die Lichtlaufzeit zugrunde.

Lichtgeschwindigkeit, Ausbreitungsgeschwindigkeit des Lichtes. Aufgrund der gültigen Definition des ↗Meters, beträgt der Wert der Lichtgeschwindigkeit im Vakuum 299.792.458 m/s.

Lichtkeimer, Bezeichnung für Pflanzen, deren Samen im Gegensatz zu Dunkelkeimern bei geeigneter Feuchte und Temperatur Licht erhalten müssen, damit sie keimen können.

Lichtlimitierung, ↗ökologischer Begrenzungsfaktor, der das Wachstum photoautotropher Organismen (↗Autotrophie) beschränkt. In Gewässern ist z. B. die Bildung pflanzlicher ↗Biomasse unterhalb der ↗euphotischen Schicht nicht mehr möglich.

Lichtlot ↗Kabellichtlot.

Lichtpausverfahren ↗Diazotypie-Verfahren.

Lichtsäule, ein heller Streifen am Himmel (Abb. im Farbtafelteil), der vertikal durch die Sonne verläuft, ein spezieller ↗Halo aus der Fülle der Halo-Erscheinungen.

Lichtstreuung, elektromagnetische Strahlung im sichtbaren Spektralbereich von 0,4 µm bis 0,75 µm; wird in der Atmosphäre an Molekülen (↗Rayleigh-Streuung) und an Aerosolpartikeln bzw. Hydrometeoren (↗Mie-Streuung) gestreut. Dadurch entstehen eine Reihe von Phänomenen in der Atmosphäre, wie z. B. ↗Dämmerungserscheinungen, ↗Glorien, ↗Himmelsblau.

LIDAR, *Light Detecting and Ranging*, bodengestütztes oder flugzeuggetragenes Fernerkundungsmeßverfahren, bei dem kohärentes Laserlicht pulsartig ausgesandt wird. Die Intensität und die Laufzeit des an Inhomogenitäten in der Atmosphäre zurückgestreuten Laserlichts wird gemessen und zur Bestimmung der Dichte und Entfernung der Streuobjekte verwendet. Mit dem Lidar-Verfahren läßt sich die Höhe und Dichte von ↗Aerosol-, ↗Dunst- und ↗Wolkenschichten vermessen.

Lido, (ital.) Strand, häufige Bezeichnung für durch Meeresdurchbrüche aus einer freien ↗Nehrung entstandene Inselnehrungen (z. B. Lido von Venedig).

Liebig, *Justus Freiherr* von, deutscher (Agrikultur-Chemiker, * 12.5.1803 Darmstadt, † 18.4.1873 München; 1824–1852 Professor in Gießen, danach in München; Arbeiten zur Bodenchemie, zur Nährstoffaufnahme durch und Nährstoffwirkung in Kulturpflanzen; mit dem in neun Auflagen 1840–1876 erschienenen und stetig verbesserten Werk »Die Chemie in ihrer Anwendung auf Agrikultur und Physiologie« wurde die Bedeutung verfügbarer Mineralstoffe für das Pflanzenwachstum umfassend dargelegt und die von ↗Sprengel erkannte Wirkung des am wenigsten vertretenen Nährelementes zum Minimum-

Liebig, *Justus Freiherr* von

gesetz des Pflanzenertrages entwickelt; durch seine begründete Forderung eines Ersatzes entzogener Nährstoffe durch Düngung half er nicht nur die Produktivität in der Landwirtschaft zu verbessern, sondern hat auch für die Erhaltung der Bodenfruchtbarkeit wesentliche Impulse gegeben. [HPB]

Lieferkörnungen, Bezeichnung für die ⁄Korngruppe von als Haufwerk gelieferten mineralischen Baustoffen (u. a. Betonzuschlagstoffe, Straßenbau). Die Lieferkörnung wird durch runde Prüfkorngrößen in der Schreibweise untere Prüfkorngröße/obere Prüfkorngröße bzw. Kleinstkorn/Größtkorn (z. B. 2/4 für Feinkies) angegeben. Die Dimension »mm« wird weggelassen. Der Anteil an Unterkorn und Überkorn wird bei der Angabe der Lieferkörnung nicht berücksichtigt, darf aber einen bestimmten Prozentsatz nicht überschreiten.

liegende Falte ⁄Falte.

Liegendes, ursprünglich bergmännischer Ausdruck für das eine Bezugsschicht unterlagernde Gestein. Im Bergbau ist grundsätzlich das Gestein in der Sohle einer Strecke das Liegende. Im Gegensatz dazu wird in der Geologie der Begriff bevorzugt als das »stratigraphisch Liegende« gebraucht, d. h. eine ältere Schicht ist das Liegende einer auflagernden jüngeren Folge, die diesbezüglich das ⁄Hangende darstellt. Die Definition ist damit unabhängig von einer tektonischen Verstellung der Gesteinsfolge. Wenn in der Beschreibung einer Schichtfolge von den Liegendenschichten gesprochen wird, handelt es sich nicht um den unteren Teil der Folge, sondern um die unterlagernden Gesteine der Folge, was leider häufig verwechselt wird.

Liegendschenkel ⁄Falte.

Liegenschaftskarte, *Flurkarte*, großmaßstäbige ⁄Rahmenkarte oder ⁄Inselkarte. Die Liegenschaftskarte ist Bestandteil des ⁄Liegenschaftskatasters und somit eine Katasterkarte. Sie ist der graphische Nachweis von ⁄Flurstücken und Gebäuden. Darüber hinaus enthält sie Angaben zur Gebäude- und Flächennutzung, zum Grenzverlauf und zur Grenzvermarkung. Sie wird heute in digitaler Form als Automatisierte Liegenschaftskarte (⁄ALK) geführt. Sie ergänzt das Automatisierte Liegenschaftsbuch (ALB). Der Aufbau von ALK/ALB ist derzeit in der Bundesrepublik Deutschland noch nicht abgeschlossen.

Liegenschaftskartei, Kartei aus alphabetisch geordneten Bestandsblättern, die für jeden Eigentümer und Rechtsträger bzw. für jedes auf denselben Eigentümer aufgestellte Grundbuchblatt angelegt werden. Das Bestandsblatt enthält für jedes ⁄Flurstück desselben Eigentümers die Nummer des Grundstückes im Grundbuch, die Nummern der ⁄Flur und des Flurstückes, Lagebezeichnung, Nutzungsart, Flächeninhalt und Ertragsmeßzahl. Die Liegenschaftskartei stellt eine enge Verbindung von Liegenschaftskataster und Grundbuch her. Die Automatisierung hat zur Entwicklung des Verfahrens »Automatisierte Liegenschaftskarte/Automatisiertes Liegenschaftsbuch« (ALK/ALB) der ⁄AdV geführt. Das ALK/ALB enthält alle Informationen des ⁄Liegenschaftskatasters in digitaler Form.

Liegenschaftskataster, das Liegenschaftskataster (LK) hat die Aufgabe, alle Liegenschaften so nachzuweisen und zu beschreiben, wie es die Bedürfnisse von Recht, Verwaltung und Wirtschaft erfordern. Es basiert auf Liegenschaftsaufnahmen und besteht aus ⁄Liegenschaftskarten, Liegenschaftsbüchern und dem Vermessungs- oder Katasterzahlenwerk. Wichtigster Teil des Vermessungszahlenwerkes sind die Feld- oder Fortführungsrisse, in denen die auf Zentimeter gemessenen Längen, Breiten oder anderen Maße der ⁄Flurstücke dokumentiert sind. Das moderne LK wird als Koordinatenkataster geführt. Statt Maßangaben enthalten die Feldrisse in diesem Fall die Koordinatenbezeichnungen der gemessenen Punkte. Dazu gehören ferner die Feldbücher der Winkelmessungen und anderer Messungen, Unterlagen der Koordinaten- und Flächenberechnungen, Koordinatenverzeichnisse von Polygon-, Grenz-, Gebäude- und anderen Punkten, Netzskizzen und Festpunktbeschreibungen. Als Liegenschaftskarten werden ⁄Flurkarten und Bodenschätzungskarten hergestellt. Die Liegenschaftsbücher haben Buch- oder Karteiform. Im Flurbuch sind sämtliche Flurstücke der Gemeinde nach ⁄Gemarkungen und Fluren in der Reihenfolge ihrer Numerierung mit allen Nutzungsarten und Schätzungsabschnitten einschließlich ihrer Flächeninhalte und Wertzahlen angegeben. Im Eigentümerverzeichnis sind die Eigentümer und Rechtsträger entsprechend der Numerierung der Liegenschaftskartei geordnet. [GB]

Liegenschaftsvermessung, örtliche Vermessungsarbeiten, die zum Aufbau oder zur Fortführung des ⁄Liegenschaftskatasters durchgeführt werden. Als Vermessungsverfahren wird heute vorrangig das ⁄Polarverfahren mit elektronischen ⁄Tachymetern durchgeführt.

Liesegangsche Ringe, periodische Fällungserscheinungen in Gelen in Form von konzentrischen Ringen. Analoge periodische Strukturen finden sich in geologischen Objekten, z. B. in ⁄Achaten. Man nimmt an, daß diese farblich ausgeprägte Bänderung ihre Entstehung Diffusionsvorgängen nach dem Prinzip der Liesegangschen Ringe verdankt. ⁄kolloidal, ⁄Kolloide.

Lignin, hochmolekularer, aromatischer Stoff, der in verholzenden Pflanzen die Räume zwischen den Zellmembranen ausfüllt und zu Holz werden läßt. In Pflanzen wird Lignin synthetisiert durch Dehydration und Kondensation von aromatischen Alkoholen. Lignin hat im Gegensatz zu Zellulose ein wesentlich höheres Fossilisationspotential. Aufgrund seines hohen Kohlenstoffgehaltes stellt es eine bedeutende Kohlenstoffsenke für den jährlich gebunden pflanzlichen Kohlenstoff dar und ist schwer abbaubar.

Lignit, *Mattbraunkohle*, gering inkohlte ⁄Braunkohle, vom ⁄Inkohlungsgrad zwischen Weichbraunkohle und Glanzbraunkohle angesiedelt. Die wichtigsten Stoffkomponenten sind ⁄Zellulose und ⁄Lignin. ⁄Lithotyp.

Ligula, am Blattgrund aus der Blatt-Epidermis entspringende, kleine, häutige Schuppe aus chlorophyllosen Zellen, die durch Tracheiden mit einem ↗Leitbündel der ↗Sproßachse verbunden sein kann. Die Ligula ermöglicht der beblätterten Sproßachse das rasche Aufsaugen von Niederschlag. Sie ist aus einer dichotomen Verzweigung durch Reduktion und achsenwärtige Verlagerung eines Gabelastes entstanden und tritt bei einigen Ordnungen der ↗Lycopodiopsida auf.

LIL-Elemente ↗*Large-Ion-Lithophile-Elemente*.

Liliopsida, *Monocotyledoneae*, Klasse der ↗Angiospermophytina mit nur einem Keimblatt (monocotyl). Die Klasse umfaßt mit rezent etwa 52.000 Arten ca. 20 % der Bedecktsamer. Liliopsida kommen von der Unterkreide bis rezent vor. Den ataktostelaten ↗Wurzeln und ↗Sproßachsen fehlt ein Cambium, deshalb sind die Liliopsida nicht zu einem normalen sekundären Dickenwachstum fähig, wohl aber zu starkem primärem Dickenwachstum (Palmen). Sie wachsen meist als wenig verzweigte, krautige Land-, Sumpf- und Wasserpflanzen, Gräser, Stauden oder wie die Palmen baumförmig. Die nur kurzlebige Hauptwurzel wird durch sproßbürtige Wurzeln ersetzt. Die typisch streifenadrigen Laubblätter sind meist wechselständig angeordnet, einfach und glattrandig, elliptisch bis bandförmig und vielfach ungestielt oder, z. B. bei den Palmen, langstielig und sekundär fiedrig oder fächerig zerteilt. Der meist verbreitete Blattgrund formt oft eine röhrenförmige Blattscheide, z. B. bei den Gräsern. Nebenblätter fehlen. An den Seitenknospen folgt auf das Deckblatt nur ein einziges, der Mutterachse zugewandtes (adossiertes), oft zweiadriges Vorblatt als unterstes Blatt des Seitensprosses. Staub- und Fruchtblätter stehen zyklisch in meist dreizähligen Wirteln. Oft sind zwischen den Fruchtblattwänden Septal-Nektarien entwickelt. Die ↗Pollen sind wie bei den ↗Magnoliopsida monosulcat oder daraus abgeleitet ulcat und aperturat. Die Liliopsida haben sich als natürliche Klasse monophyletisch aus den Magnoliopsida entwickelt. [RB]

Liman, von der ukrainischen Schwarzmeerküste stammende Bezeichnung für eine mit ihrer Längsachse senkrecht zur Küstenlinie stehende ↗Lagune, die aus einer ertrunkenen, langgestreckten ↗Flußmündung entstanden ist, die durch eine ↗Nehrung vom offenen Meer abgeschnitten wurde (Abb.).

Limburgit, ein dunkles, häufig blasig ausgebildetes, vulkanisches Gestein, das durch Einsprenglinge von Olivin und untergeordnet Klinopyroxen und Magnetit in einer glasigen Grundmasse mit nephelinbasanitischer (↗Nephelinbasanit) Zusammensetzung gekennzeichnet ist. Die Typ-Lokalität liegt bei Limburg am Rand des Kaiserstuhles.

limitierende Faktoren ↗*Minimumfaktor*.

limnisch, *lakustrin*, in Seen abgelagert, entstanden oder existierend.

limnische Ökosysteme, [von griech. limne = See], *Süßwasserökosysteme*, ↗Ökosysteme der Flüsse, Seen, Teiche und des Grundwassers. Ihr Wasser ist dadurch gekennzeichnet, daß es weniger als 0,5 ‰ Salze enthält.

Limnogeologie, Studium von modernen und fossilen Seen aus der Perspektive der Geowissenschaften. Seen sind dynamische regionale Systeme, die auf die komplexen Veränderungen der Umweltbedingungen reagieren und diese aufzeichnen. Die Entwicklung des fossilen Ablagerungsraumes See kann durch Vergleich mit modernen Seen verstanden werden, da viele Umweltparameter in den sedimentären Ablagerungen dokumentiert werden können. Überliefert werden vorwiegend die Beziehungen zwischen See, Geosphäre, Biosphäre, Hydrosphäre und Atmosphäre.

Limnokinetik, Gesamtheit aller im Stagnationszustand eines Sees auftretenden internen Wasserbewegungen.

Limnokrene, Tümpelquelle.

Limnologie, Wissenschaft von der ↗Ökologie der stehenden und fließenden ↗Gewässer. Die Limnologie befaßt sich mit der Erforschung der Pflanzen- und Tiergesellschaften, welche die Gewässer als Lebensräume besiedeln. Hierbei werden alle biotischen, chemischen, physikalischen und morphologischen Beziehungen untersucht. Aus einer physikalischen Typisierung von Seen (↗Seetypen) durch F.-A. ↗Forel im Jahr 1901 entwickelten Birge und Juday 1911 eine Klassifizierung nach der Sauerstoffschichtung. A. ↗Thienemann schlug 1915 ein System auf der Grundlage des ↗Sauerstoffhaushalts und der Besiedlung des Sediments vor. Diese Typisierung wurde von E. ↗Naumann 1917 chemisch und biologisch erweitert, wobei der trophische Charakter der Seen erstmals funktionell durch den ↗Stoffhaushalt gedeutet wurde. Dieser Schritt wird als entscheidend für die limnologische Forschung angesehen. Neben der Seen-Limnologie entwickelte sich die Fließgewässerforschung. Beide Forschungsbereiche wurden 1922 anläßlich der Gründung der »Internationalen Vereinigung für Theoretische und Angewandte Limnologie« zur Limnologie der ↗Binnengewässer zusammengefaßt. Häufig wird daher die Limnologie auch als »allgemeine *Binnengewässerkunde*« verstanden. Diesem Verständnis folgend wäre sie identisch mit der ↗Hydrologie des Oberflächenwassers. Die heutige Limnologie befaßt sich schwerpunktmäßig mit der Erforschung der Lebensvorgänge im Gewässer. Zentrales Anliegen ist der biogene Stoffhaushalt.

Limnoökologie, Forschungszweig, der die Organismen der Binnengewässer und ihre Wechselwirkungen mit der Umwelt untersucht.

Limonit, [von griech. leimon = Rasen bzw. lat. limus = Sumpf], *Basalteisen, Brauneisenstein, brauner Glaskopf, brauner Ocker, Ferro-Hydrit, gelber Ocker, Berggelb, Gel-Goethit, Hydro-Ferrit, Hydro-Goethit, Hydro-Siderit, Hypo-Siderit, Modererz, Morasterz, Myrmalm, Pecheisenstein, Raseneisenerz, Seeerz, Wiesenerz,* unbestimmte Sammelbezeichnung für dichte Gemische aus ↗Goethit und ↗Lepidokrokit oder Hydro-Hämatit mit adsorbiertem H_2O und wechselndem Anteil an

Liman: aus Flußmündungen entstandene Limanen.

Verunreinigungen; Farbe: hell-, ocker- bis bräunlich-gelb, auch braun; glasartiger Glanz, seidig, fettig oder matt; undurchsichtig; Strich: rotbraun bis gelb; Härte nach Mohs: 5–5,5; Dichte: 3,8–4,2 g/cm³; Aggregate: kryptokristallin, faserig, stengelig, nierig, traubig, zapfig, kugelig, schalig, stalaktitisch, oolithisch, derb, erdig, locker, gelartig; vor dem Lötrohr bei längerem Erhitzen magnetisch werdend, in Salzsäure langsam löslich; Begleiter: Pyrolusit, Hämatit, Chalcedon, Magnetit; Vorkommen: in der Oxidationszone von Sulfidlagerstätten (⁊Eiserner Hut); Fundorte: Peine-Ilsede (Niedersachsen) und Herdorf (Sieg), Zeleznik (Böhmen), Kertsch (Rußland), ansonsten weltweit. [GST]

Lindan, chlorierter Kohlenwasserstoff (HCH), der als insektizider Wirkstoff als Kontakt-, Fraß- und Atemgift gegen beißende Insekten eingesetzt wird.

Lindgren, *Waldemar*, schwedisch-amerikanischer Geologe und Lagerstättenkundler, * 14.2.1860 Kalmar (Schweden), † 3.11.1939 Brighton (Massachusetts, USA); seit 1883 in den USA, 1884–1912 beim U. S. Geological Survey, zuletzt als dessen Leiter, seit 1912 Professor am M. I. T. in Cambridge (Massachusetts); verfaßte viele Arbeiten zur Geologie, Mineralogie, Petrographie und v. a. zur Lagerstättenkunde, insbesondere zur magmatischen Herkunft von Erzmineralien, zu hydrothermalen Gangabscheidungen und metasomatischen Verdrängungen. Besonders verdient er sich um die Systematik der Lagerstätten, bekannt ist seine 1913 erschienene Lagerstättenklassifikation und sein bis 1933 in vier Auflagen erschienenes Lehrbuch »Mineral Deposits«. Nach ihm wurde das Mineral Lindgrenit mit der chemischen Formel $Cu_3[OH|MoO_4]_2$ benannt.

Lineament, lineares topographisches Gebilde von regionaler Erstreckung als Ausdruck einer tiefreichenden krustalen Schwächezone, z. B. steilstehende Verwerfungsfläche mit potentiellen Horizontalverschiebungen, aneinandergereihte Vulkane und vulkanische ⁊Dikes (Krustendehnung Island) oder sich über weite Bereiche erstreckende parallelverlaufende Kluftzonen und Gänge.

Linear, linienhaftes tektonisches Gefügeelement. ⁊Lineation.

Lineardüne, aus der anglo-amerikanischen Terminologie übernommene morphographische Bezeichnung für ⁊Dünen mit großem Längen-Breiten-Verhältnis, unabhängig von Größe und Genese. ⁊Längsdüne, ⁊Draa, ⁊Silk.

lineare Wachstumsgeschwindigkeit ⁊Kristallisationsrate.

linear polarisiert, Bezeichnung für Licht, welches ausschließlich Strahlen gleicher Schwingungsrichtung enthält (⁊Polarisation). Licht, welches aus einer unendlichen Vielzahl verschiedener Schwingungsrichtungen besteht, nennt man *natürliches Licht*. Es spielt dabei keine Rolle, ob es sich dabei um Licht einer Wellenlänge (monochromatisches Licht) oder um eine Mischung verschiedener Wellenlängen, Tageslicht oder polychromatisches Glühlicht handelt. Als Schwingungsrichtung wird dabei die Richtung des elektrischen Vektors bezeichnet. Die Polarisationsrichtung entspricht dagegen dem senkrecht dazu gerichteten magnetischen Vektor. Anwendung findet linear polarisiertes Licht bei der ⁊Polarisationsmikroskopie.

Linearsignatur, *lineare Signatur, Liniensignatur*, in ⁊Karten und anderen ⁊kartographischen Darstellungsformen ein linienhaftes Kartenzeichen für ein im ⁊Kartenmaßstab nicht mehr grundrißlich mittels zweier Begrenzungslinien (⁊Grundriß) darstellbares diskretes Geoobjekt (⁊Diskreta). Mit der Anwendung von Linearsignaturen wird eine eigenständige, auf die topologische Raumstruktur Linie (Liniennetz) bezogene ⁊kartographische Darstellungsmethode, die Methode der Linearsignaturen, realisiert. Sie führt zum ⁊Kartentyp der Liniennetzkarte. Der Verlauf der Linearsignatur folgt der Objektachse bzw. dem maßstäblich generalisierten Grundriß der Mittellinie, während die nach den ⁊graphischen Variablen festgelegte Linienfarbe, -form, -helligkeit, seltener auch -richtung (bzw. -orientierung, auf die Formelemente einer strukturierten Linie bezogen) Art, Bedeutung und Rangfolge ausdrücken. Mengen und wiederum auch Rangfolgen werden als Größenvariation (Linienbreite) wiedergegeben. Die wichtigste Gruppe der Linearsignaturen bilden die ⁊Objektlinien. Zu ihnen rechnen die linearen Grundrißelemente in ⁊topographischen Karten und in ⁊Basiskarten wie Fließgewässer, Verkehrswege oder Leitungstrassen, aber auch Elemente ⁊thematischer Karten, wie tektonische ⁊Lineamente, lineare geomorphologische Formtypen oder Wasserscheiden. Zur graphischen Differenzierung kann die einfache »formlose« Linie vielfältig abgewandelt werden (Abb.), und zwar nach der a) Linienbreite (Größe, Rangfolge, Bedeutung, Größe des linearen Objekts; Umsetzung von ordinal-, ratio- oder intervallskalierten Daten), b) Linienanzahl (Anzahl paralleler Linien der Einzelsignatur – mit gleicher Wirkung und gleicher Datenlage wie bei a), c) Linienform bzw. Linienart (Form, Richtung / Orientierung; Qualität, Art des linearen Objekts; Umsetzung von nominalskalierten Daten), d) Linienfarbe (Farbe; Qualität, Art des linearen Objekts; Umsetzung von nominalskalierten Daten), wobei sich nur gesättigte, dunkle Farben eignen und somit die Variationsbreite, insbesondere bei dünnen Linien, begrenzt ist, e) Linienhelligkeit (Helligkeit; Ordnung, Rangfolge; Umsetzung ordinalskalierter Daten), wobei hier die Variationsbreite noch begrenzter ist.

Neben dieser Gliederung der Linearsignaturen nach den graphischen Variablen kann auch, ähnlich wie bei den ⁊Positionssignaturen, nach dem Grad der ⁊Ikonizität klassifiziert werden. Bildhaft-assoziative Linienelemente sind im Vergleich zu geometrischen hier sehr selten. Wird ein lineares Geoobjekt quantitativ durch Veränderung der Linienbreite differenziert dargestellt, so wird i. a. von einem ⁊Band gesprochen, das in Querrichtung untergliedert werden kann und dann zum ⁊Bandkartogramm bzw. zur ⁊Liniendiagrammkarte führt. Zu den Linearsignaturen

Linearsignatur: Arten von Linearsignaturen: a) nach Linienbreite bzw. Linienbreite und -form variiert, b) nach Linienanzahl und Linienform variiert, c) nach Linienform, d) nach Linienform und -richtung (der Linienelemente) variiert. Die linke und rechte Signaturenreihe haben unterschiedliche Helligkeitswirkung (rechte Reihe abgeschwächt).

können auch die Unterstreichungssignaturen gerechnet werden, die als lineares Element mit entsprechenden graphischen Variationen – unter den ↗geographischen Namen angeordnet – ein besonderes Merkmal des dargestellten Objekts verdeutlichen. Eine Zwischenstellung kommt den Grenzsignaturen zu (z. B. politisch-administrative Grenzen). Ihrer graphischen Gestalt nach sind sie Linearsignaturen, ihrem Wesen nach jedoch ↗Konturen von Flächenobjekten. [WGK]

Linearspeicher, *Einzellinearspeicher*, fiktiver Speicher, bei dem der Ausfluß q proportional des in ihm gespeicherten Wasservolumens ist:

$$q = \frac{1}{k} \cdot S.$$

Der Proportionalitätsfaktor k stellt die Speicherkonstante dar (Einheit s), S ist das gespeicherte Wasservolumen (Speicherinhalt) in m³. Sie charakterisiert die mittlere Verweilzeit des Wassers im Speicher. Die Abb. veranschaulicht das Prinzip des Einzellinearspeichers anhand einer hydraulischen Analogie, bei dem nach dem Gesetz von Hagen-Poiseuille der Ausfluß proportional der Druckhöhe h im Gefäß ist. Nach dem Kontinuitätsgesetz gilt:

$$p = q + \frac{ds}{dt} \quad \text{oder} \quad p = q + k \cdot \frac{dq}{dt}.$$

Die Lösung dieser Differentialgleichung ergibt für den Abfluß folgende Beziehung:

$$q(t) = q(t_0) \cdot e^{-(t-t_0)/k} + \int_{t_0}^{t} p(\tau) \cdot \frac{1}{k} \cdot e^{-(t-t_0)/k} d\tau.$$

Das Prinzip des Einzellinearspeichers wird häufig als Modellansatz zur Beschreibung der ↗Retention der Speicherfunktionen im Boden (Abflußbildung) und im Fließgerinne verwendet. [HJL]

Lineation, penetratives, lineares Gefügeelement in einem Gesteinskörper. Der Begriff Lineation umfaßt sämtliche linearen Gefüge in Gesteinen ohne Berücksichtigung ihrer Genese wie a) Bewegungsspuren auf Verwerfungsflächen (↗Striemung, ↗Harnisch), b) Schnittlinien von Schicht- und Schieferungsflächen oder von Scherflächen (Überschneidungslineation), c) Falten- und Fältelungsachsen sowie Längsachsen von weiteren, im Sinne der Gefügekunde, definierbaren geologischen Körpern, d) lineare, auf Luft- und Satellitenbildern zu erkennende lokale/regionale Strukturelemente (Fotolineation) und e) Auslängung von Mineralien in einer bestimmten Richtung (Streckungslineation).
Am meisten wird der Begriff für metamorphe Gefüge benutzt, ohne daß ihm eine bestimmte genetische Bedeutung zukommt. Einige Lineationen resultieren aus starker penetrativer Verformung, bei welcher es zu einer Verlängerung verformter Komponenten kommt. Diese Lineationen werden als Streckungslineare bezeichnet, aus denen sich die Richtung der maximalen Extension bestimmen läßt (x-Achse des ↗Verformungsellipsoides). Im Falle von einfacher ↗Scherung wird die Extensionsrichtung bei großer Verformung annähernd parallel zur Scherrichtung. Daher werden die Streckungslineare oft zu Ermittlung der Scherrichtung von ↗Myloniten benutzt. Lineationen sind auch häufig auf spröden Störungsflächen anzutreffen (Harnischstriemung), wo sie die Richtung des Versatzvektors der Störung anzeigen. Schnittlineationen sind lineare Gefügeelemente, die entstehen, wenn eine Flächenschar von einer anderen geschnitten wird. Eine weitverbreitete Art ist die Schnittlineation zwischen Schichtung und Schieferung; handelt es sich hierbei um eine Faltenachsenflächenschieferung, ist die Lineation parallel zur Faltenachse orientiert. In einem Gestein können mehrere Arten von Lineationen vorhanden sein, ältere Lineationen können später gefaltet werden. Gesteine mit ausgeprägtem linearem Gefüge werden als L-Tektonite bezeichnet (↗Tektonit).

Lineationsfaktor, das Verhältnis der maximalen (χ_{max}) zur intermediären (χ_{int}) ↗Suszeptibilität: $L = \chi_{max}/\chi_{int}$. Der Lineationsfaktor charakterisiert die prolate Form des Suszeptibilitätsellipsoides.

Linienbandkarte, *Bandsignaturenkarte*, abgeleitet aus der kartographischen ↗Zeichen-Objekt-Referenzierung ein ↗Kartentyp zur Repräsentation von ordinalskalierten Daten mit Bezug zu eindimensional als Achsen definierten Strecken, wie beispielsweise Fließgewässern unterschiedlicher Hierarchie oder Straßen unterschiedlicher Widmung. Die Repräsentation der Daten in der Linienbandkarte erfolgt auf der Grundlage des ↗kartographischen Zeichenmodells durch linienförmige Zeichen, die mit Hilfe der ↗graphischen Variablen Korn und Helligkeit variiert werden können (Abb.). Linienbandkarten bilden häufig hierarchisch gegliederte Merkmale von Streckenabschnitten ab, wie beispielsweise typische Kategorien der Fließ- oder Fahrzeuggeschwindigkeit.

Linienblitz ↗Blitz.

Liniendiagrammkarte, *Banddiagrammkarte*, abgeleitet aus der kartographischen ↗Zeichen-Objekt-Referenzierung ein ↗Kartentyp zur Repräsentation von ratio- oder intervallskalierten Daten mit Bezug zu eindimensional als Achsen definierten Strecken, wie beispielsweise Verkehrslinien. Die Repräsentation der Daten in der Liniendiagrammkarte erfolgt auf der Grundlage des ↗kartographischen Zeichenmodells als linienförmige Zeichen, die mit Hilfe der ↗graphischen Variable Größe im Sinne der Linienbreite variiert werden können (Abb.). Typische Liniendiagrammkarten sind Abbildungen von emittierten oder immitierten Schadstoffbelastungsmengen, die sich auf Abschnitte von Fließgewässer-, Bahnstrecken oder Straßen beziehen.

linienhafte Bodenerosion, wird von Abfluß verursacht, der sich konzentriert hang- oder talabwärts bewegt und entlang der Abflußbahnen Bodenbestandteile ablöst.

Liniennivellement, *Festpunktnivellement*, auf der linienförmig hintereinander wiederholten Anwendung des Nivellierprinzips (↗geometrisches

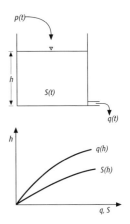

Linearspeicher: Prinzip des Einzellinearspeichers, dargestellt anhand der hydraulischen Analogie mit Ausfluß- und Speicherkurven.

Linienbandkarte: Beispiel einer Linienbandkarte.

Liniendiagrammkarte: Beispiel einer Liniendiagrammkarte.

Liniennivellement

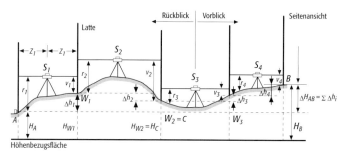

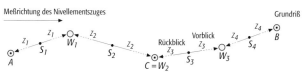

Liniennivellement: Prinzip (Seitenansicht und Grundriß).

Nivellement) beruhende Methode zur Bestimmung der Höhenunterschiede zwischen ↗Vermessungspunkten oder ↗Objektpunkten (Abb.). Zu Beginn eines Liniennivellements wird auf einem ↗Anschlußpunkt A eine ↗Nivellierlatte lotrecht aufgehalten und das ↗Nivellierinstrument im Abstand der vorgesehenen ↗Zielweite z_1 über dem ↗Standpunkt S_1 aufgestellt. Durch Anzielung der Latte auf Punkt A (↗Rückblick) erhält man die Ablesung r_1. Anschließend wird das Nivellier auf den nächsten, gleich weit entfernten Lattenstandpunkt (↗Wechselpunkt W_1) gerichtet und die Ablesung v_1 vorgenommen (↗Vorblick). Ist die Entfernung vom Anschlußpunkt zu groß, die Geländeneigung zu steil oder sind mehrere ↗Neupunkte (z.B. B und C) höhenmäßig zu bestimmen, so reicht ein Instrumentenstandpunkt im allgemeinen nicht aus. In diesem Fall ist der Vorgang zu wiederholen, wobei die Latte zunächst auf dem letzten Wechselpunkt W_i verweilt, während das Instrument über dem nächsten Standpunkt S_{i+1} aufgestellt wird. Instrumenten- und Lattenstandpunkte wechseln einander so lange ab, bis der Endpunkt (B) des Nivellementzuges erreicht ist und die dort aufgehaltene Latte als Vorblick abgelesen werden kann. Seitwärts der Meßrichtung gelegene Punkte können im Verlauf des Nivellements durch ↗Zwischenblicke mitbestimmt werden.

Zur Kontrolle sollte ein Liniennivellement stets im Hin- und Rückgang, d.h. vom Anschlußpunkt zum Endpunkt und wieder über alle Neupunkte zurück zum Anschlußpunkt ausgeführt werden (Doppelnivellement). Sollen die nivellitisch bestimmten Neupunkte als ↗Höhenfestpunkte verwendet werden, sind sie vor dem Nivellement durch ↗Höhenbolzen zu vermarken. Wechselpunkte dienen dagegen nur der Höhenübertragung und werden lediglich bei *Präzisionsnivellements* vermarkt.

Die Ablesungen r_i und v_i an der Nivellierlatte werden entweder elektronisch registriert (elektronisches ↗Feldbuch) oder manuell protokolliert und in Tabellenform ausgewertet. Aus der Differenz zwischen Rück- und Vorblick jedes Instrumentenstandpunktes S_i folgt der Höhenunterschied Δh_i der zugehörigen Lattenaufsetzpunkte. Die Summe der Höhenunterschiede Δh_i ergibt den Gesamthöhenunterschied ΔH_{AB} zwischen Anschlußpunkt A und Neupunkt B. Für die Höhe H_B des Neupunktes gilt:

$$H_B = H_A + \Delta H_{AB} = H_A + \Sigma \Delta h_i.$$

Ist die Höhe H_A des Anschlußpunktes bereits bekannt (Höhenfestpunkt), erhält man die Höhe H_B des Neupunktes im gleichen ↗Höhenbezugssystem. Bei unbekannter Höhe des Anschlußpunktes kann für den Neupunkt B nur eine lokale, d.h. auf den Anschlußpunkt bezogene Höhe ermittelt werden. Sieht man von zufälligen Meßabweichungen ab, so muß die Summe der Höhenunterschiede Δh_i über die Wechselpunkte W_i und die wie Wechselpunkte bestimmten Neupunkte gleich der Höhendifferenz der Anschlußpunkte sein. Beim Doppelnivellement gilt somit die Forderung:

$$\Sigma \Delta h_i = \Sigma (r_i - v_i) = 0.$$

Liniennivellements werden nach ihrer Genauigkeit in einfache Nivellements (Baunivellements), *Ingenieurnivellements* und Präzisionsnivellements eingeteilt. Dabei hängt die Genauigkeit eines Nivellements insbesondere von der Standsicherheit der Höhenpunkte, von den atmosphärischen Bedingungen bei der Messung, von der Güte der Latten und Instrumente sowie vom Beobachter, der Meßmethode und den Auswerteverfahren ab. Ein Maß für die Nivellementgenauigkeit ist die Standardabweichung σ_H (Tab.) eines Doppelnivellements mit einfachem Nivellementweg der Länge 1 km. Die Verfahrensweise bei einfachen und Ingenieurnivellements ist im Prinzip identisch. Sie unterscheiden sich lediglich durch die höhere Sorgfalt und die genaueren Nivellierinstrumente, die das Ingenieurnivellement kennzeichnen.

Als Präzisionsnivellement bezeichnet man ein geometrisches (Linien-) Nivellement sehr hoher Genauigkeit. Präzisionsnivellements unterscheiden sich von einfachen und Ingenieurnivellements durch den Einsatz von besonders leistungsfähigen Präzisionsnivellieren, Präzisionsnivellierlatten und speziellen, fehlertilgenden Messungsanordnungen. Anwendung finden Präzisionsnivellements u.a. in der Landesvermessung (z.B. zur Herstellung, Erhaltung und Ver-

Liniennivellement (Tab.): Klassifizierung (σ_H = Standardabweichung).

Klasse	Standardabweichung pro 1 km Doppelnivellement	Bezeichnung
sehr geringe Genauigkeit	20 mm > σ_H	einfaches Nivellement
geringe Genauigkeit	5 mm < σ_H ≤ 20 mm	
mittlere Genauigkeit	2 mm < σ_H ≤ 5 mm	Ingenieurnivellement
hohe Genauigkeit	0,5 mm < σ_H ≤ 2 mm	
sehr hohe Genauigkeit	σ_H ≤ 0,5 mm	Präzisionsnivellement

dichtung des ↗Nivellementpunktfeldes), bei wissenschaftlichen Aufgaben (z. B. zum Nachweis elastischer Deformationen der Erdkruste) u. im Bauwesen (z. B. zur Planung, Ausführung und Überwachung von Ingenieurbauwerken). [DW]

Linienrichtungskarte, abgeleitet aus der kartographischen ↗Zeichen-Objekt-Referenzierung ein ↗Kartentyp zur Repräsentation von nominal- oder ordinalskalierten Daten mit Bezug zu eindimensional als Achsen definierten Strecken. Die Repräsentation der Daten in der Linienrichtungskarte erfolgt auf der Grundlage des ↗kartographischen Zeichenmodells durch punktförmige Pfeilzeichen, die mit Hilfe der ↗graphischen Variablen Richtung oder Größe variiert werden können. Linienrichtungskarten bilden Richtungsvektoren von Strecken ab, wie beispielsweise Abflußrichtungen von fließenden Gewässern. ↗Vektorenmethode.

Linienschrift, *Flächenschrift*, Darstellung seismischer Spuren in einer ↗seismischen Sektion durch Verbinden der Amplitudenwerte mit einem Linienzug (engl. wiggle trace) oder Einfärben der Fläche einer Halbwelle (positive bzw. negative Amplituden) (engl. area fill). Durch geeignete Kombination dieser Darstellungsmöglichkeiten wird die »Lesbarkeit« der seismischen Darstellung verbessert.

Linienspektrum, ein Spektrum aus ↗Absorptionslinien. Linienspektren bestehen aus einem Teil oder ganzen ↗Absorptionsbanden von atmosphärischen Spurengasen.

Linienstrom, eindimensionale Stromverteilung, die in den ↗elektromagnetischen Verfahren als Näherung für bestimmte Quellfelder, z. B. den äquatorialen Elektrojet, herangezogen wird.

Linienverfolgungsverfahren, auf der Basis von durch ↗Kantenfilter erzeugten Kantenbildern basierende Verfahren. Sie suchen Wege entlang der größten lokalen Gradienten im Bild. Die Ergebnisse der Linienverfolgung lassen sich durch Einbringen von Kenntnissen über die Struktur der linienhaften Elemente, etwa durch Karteninterpretation oder durch Formparameter, verbessern. Geschlossene Linien sind Begrenzungen von Flächen. Durch die Liniensuche lassen sich daher auch flächenhafte Strukturen erkennen. Kantenoperationen sind typischerweise parallele Vorgänge, die Linienverfolgung hingegen ist ein sequentieller Prozeß, da für die Weiterführung der Linie die Kenntnis des bisher erreichten Resultats nötig ist. Bei der Realisierung der Verfahren kommen daher verschiedene Datenstrukturen zur Anwendung, etwa Quadtrees oder Bildpyramiden.

Linienzeichenkarte, *Liniennetzkarte*, abgeleitet aus der kartographischen ↗Zeichen-Objekt-Referenzierung ein ↗Kartentyp zur Repräsentation von nominalskalierten Geodaten mit Bezug zu eindimensional als Achsen definierten Strecken, wie beispielsweise Straßen- und Bahnverkehrsstrecken sowie Fließgewässern. Die Repräsentation der Daten in der Linienzeichenkarte erfolgt auf der Grundlage des ↗kartographischen Zeichenmodells durch linienförmige Zeichen, die mit Hilfe der ↗graphischen Variablen Form, Farbe und Richtung variiert werden können. In Linienzeichenkarten werden beispielsweise häufig qualitative Unterschiede der Nutzung von Streckenabschnitten des Verkehrs abgebildet. ↗Linearsignaturen.

Linkescher Trübungsfaktor, Maßzahl für die Trübung der Luft auf Grund des Dunst- und Aerosolgehalts der Atmosphäre. Der Linkesche Trübungsfaktor gibt an, wie viele dunst- und aerosolfreie Atmosphärenschichten, in denen ausschließlich ↗Raileigh-Streuung herrscht, übereinanderliegen müßten, um am Boden die gleiche Strahlungsintensität zu erreichen wie unter der gegebenen Atmosphäre.

Links-Quarz, Linksform von ↗Quarz, erkennbar an dem fast stets vorhandenen positivem Raumhauptrhomboeder (z. B. bei Bergkristall), das gewöhnlich größer und glänzender ist, als das negative Rhomboeder. Flächen links vom Hauptrhomboeder gehören linken Formen an. ↗Enantiomorphie, ↗Zwilling.

linksseitig, *linkshändig*, ↗sinistral.

Linksspülung ↗Spülung.

Linné, *Carl* von, schwedischer Naturforscher, * 23.5.1707 Råshult (Småland), † 10.1.1778 Uppsala. Linné studierte Medizin in Lund (1727) und Uppsala (1728–1731). Im Jahr 1730 erhielt er einen Lehrauftrag für Heilmittelkunde an der Universität. Finanziert durch ein Stipendium reiste er 1732 fünf Monate durch Lappland, um dort in erster Linie botanische Geländeaufnahmen und systematische Untersuchungen durchzuführen. Nach seiner Rückkehr nach Uppsala hielt er mineralogische Vorlesungen und chemische Praktika an der Universität ab. Von 1733 bis 1735 arbeitete er in den Kupferbergwerken von Falun, wo er seine mineralogischen Kenntnisse erweiterte. 1735 promovierte Linné an der Universität Harderwijk (Niederlande) und arbeitete noch bis 1737 als Hausarzt und Gartenkustos bei einem Bankier in Haarlem. Während dieser Zeit entstanden seine Hauptwerke »Systema Naturae« (1735), »Genera Plantum« (1737) und »Species Plantarum« (1753). In diesen Werken schuf Linné die Grundlagen der modernen biologischen Systematik, wie sie im wesentlichen heute noch gültig sind. Ab 1753 benutzte er, in konsequenter Vereinheitlichung, eine binäre Nomenklatur zur wissenschaftlichen Bezeichnung aller Arten. Diese Doppelnamen bestehen voran aus dem Gattungsnamen mit dem angefügten Artnamen. Linné klassifizierte in einer Erweiterung seines Systems auch Mineralien und Tiere. Letztere unterteilte er in sechs Klassen: Säugetiere, Vögel, Amphibien, Fische, Insekten und Würmer. Zu den Säugetieren zählte er ab 1766 auch den »Homo sapiens«, der neben den Orang-Utan und Schimpansen in die Ordnung der Primaten gestellt wurde, was ihm die Kritik von klerikaler Seite einbrachte. Im Jahr 1738 ließ sich Linné in Stockholm als Arzt nieder. Er wurde 1739 Präsident der Stockholmer Akademie der Wissenschaften, die er mitbegründet hatte. 1741 bekam er den Lehrstuhl für Medizin an der Uni-

Linné, *Carl* von

versität Uppsala angetragen, den er aber im darauffolgenden Jahr verließ, um auf den Lehrstuhl für Botanik, seine eigentliche Berufung, zu wechseln. Linné erhielt hohe nationale Auszeichnungen, so wurde er 1747 zum Königlichen Leibarzt ernannt und 1761 geadelt. Als Professor war er bis 1777 tätig; sein Sohn, der ebenfalls Carl von Linné hieß, wurde zu seinem Nachfolger bestimmt. Linnés umfangreiche Sammlungen wurden nach seinem Tod nach England geschafft, wo die 1788 gegründete »Linnaean Society« sein Erbe bewahrte.

Linsenerz ↗*Bohnerz*.

Linsenschichtung, Tonhorizonte mit rippelgeschichteten Sandlinsen (↗Flaserschichtung).

Liouville, *Joseph*, französischer Mathematiker, * 24.3.1809 Saint-Omer, † 8.9.1882 Paris; ab 1833 Professor in Paris; Arbeiten über Funktionen- und Zahlentheorie, über Differentialgleichungen, Differentialgeometrie und Statistik; bekannt vor allem durch die nach ihm benannte Liouville-Gleichung und den Liouvilleschen Satz, die in der statistischen Mechanik von Bedeutung sind.

Liparit, ein nach Einführung der ↗IUGS-Klassifikation überflüssiger Begriff für einen ↗Rhyolith.

Lipide, wasserunlösliche, aber in bestimmten organischen Lösungsmitteln wie Chloroform, ↗aliphatischen Kohlenwasserstoffen oder Aceton lösliche organische Materie. Lipide bestehen aus Fetten, Wachsen, aber auch aus ↗Isoprenoiden wie den Pigmenten, Steroiden und ↗Hopanoiden. Lipide bilden die Hauptquelle für die im ↗Erdöl vorkommenden aliphatischen Kohlenwasserstoffe.

Liptinit ↗*Exinit*.

Liquation, 1) im europäischen Sprachgebrauch: Entmischung im flüssigen Zustand; bei der Abkühlung eintretender Zerfall einer bei sehr hohen Temperatur homogenen Schmelze in nicht mischbare Teilschmelzen. 2) im amerikanischen Sprachgebrauch: Trennung einer Restschmelze von früh ausgeschiedenen Kristallen. ↗magmatische Differentiation.

Liquid-Encapsulation-Czochralski-Verfahren ↗*LEC*.

liquidmagmatisch, 1) Bezeichnung für durch ↗Liquation entstandene Erzminerale. 2) das ↗liquidmagmatische Stadium betreffend.

liquidmagmatische Lagerstätten, *orthomagmatische Lagerstätten*, *intramagmatische Lagerstätte*, Vererzungen entstanden durch die Abscheidung und Anreicherung von Metallen (gediegen, oxidisch oder sulfidisch gebunden) aus magmatischen Schmelzen in ultrabasischen bis basischen ↗Intrusionen. Die Trennung von der silicatischen Schmelzphase und Anreicherung zur Lagerstätte erfolgt als Folge einer ↗magmatischen Differentiation, überwiegend durch gravitative Trennung früh ausgeschiedener Kristalle, so bei den meist mit anderen Erzmineralien (v. a. Chromit) verknüpften Mineralisationen der Platingruppenelemente (↗Platinlagerstätten), bei Chromit (↗Chromitlagerstätten), bei Magnetit (↗Eisenerzlagerstätten) und Ilmenit (↗Titanlagerstätten), daneben auch durch Abtrennung von Sulfidschmelzen, mit nachfolgender Kristallisation von Nickelmagnetkies, aus der Silicatschmelze bei ↗Nickellagerstätten. [HFl]

liquidmagmatisches Stadium, hochtemperierter Abschnitt der Hauptkristallisation während der Erstarrung von ↗Plutoniten. Das liquidmagmatische Stadium wird mit sinkender Temperatur und fortgeschrittener Kristallisation vom ↗pegmatitischen Stadium bzw. ↗pegmatitisch-pneumatolytischen Stadium abgelöst.

Liquid Phase Epitaxy ↗*LPE*.

Liquidus, Punkte oder Linien in Temperatur-Zusammensetzung-Diagrammen, die die maximale Löslichkeit oder Saturierung einer festen Phase in einer flüssigen Phase angeben. Oberhalb des Liquidus ist das System vollkommen flüssig.

Liquiduskurve, Kurve, die im ↗Zustandsdiagramm von Zweistoffsystemen (↗binäre Systeme) oder Mehrstoffsystemen die Zweiphasenbereiche auf der Seite der flüssigen Phase begrenzt.

Liquidus-Solidus-Kurve ↗*Solidustemperatur*.

Liquidustemperatur, die Temperatur, bei der eine Schmelze (bei der Abkühlung) beginnt zu kristallisieren. Bei Mehrstoffsystemen müssen Liquidus- und ↗Solidustemperaturen nicht identisch sein.

LIS ↗*Landschaftsinformationssystem*.

listrische Fläche, gebogene, meist nach oben konkave Störungsfläche von ↗Abschiebungen oder ↗Überschiebungen (Abb.).

Litharenit, nach der Klassifikation der ↗Sandsteine von Pettijohn et al. (1987) ein Sandstein, bei dem der Anteil an ↗Gesteinsbruchstücken über 25 % der Sandpartikel ausmacht, wobei Gesteinsbruchstücke gegenüber Feldspatkörnern überwiegen. Er besitzt einen geringen oder keinen Matrixgehalt (↗Matrix). Je nach Dominanz bestimmter Gesteinsbruchstücke lassen sich Litharenite weiter differenzieren. Besteht das Gestein hauptsächlich aus Tonsteinfragmenten, spricht man von *Phyllareniten*. Überwiegen Kalkbruchstücke, bezeichnet man das Gestein als *Kalkarenit*. Die meist geringe kompositionelle Reife der Litharenite steht oft in Zusammenhang mit hohen Sedimentationsraten und kurzen Transportwegen. So sind viele der im fluviatilen Bereich oder Deltabereich abgelagerten Sandsteine Litharenite.

Lithium, Element mit dem chemischen Symbol Li und der Ordnungszahl 3, gehört zu den Alkali-

listrische Fläche: listrische Abschiebung mit Abscherhorizont in Salz, südliche Nordsee (geologische Interpretation).

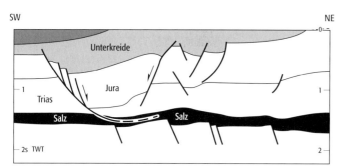

metallen der I. Hauptgruppe des Periodensystems; Atommasse: 6,941; Wertigkeit: I; Härte nach Mohs: 0,6; Dichte: 0,534 g/cm³. Lithium kristallisiert in kubisch-zentriertem Gitter und gehört zu den starken Reduktionsmitteln. Obwohl der Gruppe der Alkalimetalle zugehörig, ähnelt Lithium in seinen chemischen Eigenschaften eher dem ↗Magnesium der Erdalkalimetalle. Dies liegt vorrangig an dem sehr kleinen Ionenradius des Lithiums, welcher dem des Magnesiums nahekommt (Schrägbeziehungen im Periodensystem). Es ist mit $6 \cdot 10^{-3}$ % am Aufbau der ↗Erdkruste beteiligt und zählt zu den selteneren Elementen. Lithium findet sich in Mineralquellen, Salinen, Meerwasser und den Mineralen Spodumen, Lepidolith, Amblygonit und Pentalit. Lithiumverbindungen werden u. a. in der Metallveredelung, als Kühlmittel oder als Nervenmedikamente verwendet. [GST]

Lithiumchlorid-Hygrometer, Gerät zur ↗Feuchtemessung, bei dem eine Lithiumchlorid-Lösung auf einem Kunststoffträger aufgebracht ist. Die Lösung nimmt in Abhängigkeit von der ↗Luftfeuchte Wassermoleküle auf, wobei sie sich verdünnt und ihren elektrischen Widerstand ändert. Dieser Widerstand wird schließlich gemessen und angezeigt.

Lithiumglimmer, Bezeichnung für Lepidolith und ↗Zinnwaldit. ↗Glimmer.

Lithofazies, ein ausschließlich auf die Gleichartigkeit der primären petrographischen und sedimentologischen Ausbildung einer Gesteinseinheit abzielender Unterbegriff von ↗Fazies. Er kann deskriptiv (Grauwackenfazies) oder zur Kennzeichnung von Ablagerungsräumen und -prozessen interpretativ (Flyschfazies, Turbiditfazies) gebraucht werden. Gesteine gleicher Lithofazies werden i. d. R. in lithostratigraphischen Einheiten (Formationen, Schichtgliedern, etc.) zusammengefaßt. Gleichartige Beschaffenheit und Bildungsprozesse magmatischer Gesteine können mit dem Begriff Petrofazies belegt werden.

Lithographie, ein von Alois Senefelder (1771–1834) 1796 erfundenes und in den folgenden Jahrzehnten zu großer Vollkommenheit entwickeltes Verfahren zur Herstellung von Druckformen für den Flachdruck. Unter Lithographie werden heute in Erweiterung des ursprünglichen Begriffes (»Steinschreiben«) alle Techniken zur Herstellung von Druckformen für den Flachdruck, also neben Steindruck auch Zinkdruck und Offsetdruck, verstanden. Als Lithographie werden auch die mittels lithographischer Verfahren hergestellten Drucke bezeichnet; ihre Anwendung zur Kartenvervielfältigung heißt ↗Kartolithographie. Als Druckform dient eine Steinplatte aus kohlensaurem Kalkschiefer (Lithographiestein). Auf die plangeschliffene poröse Steinoberfläche werden bei der Federlithographie Zeichnung, Schrift oder Noten mit Fettusche (Lithographietusche) manuell mittels Zeichenfeder oder flächige Bildelemente mit dem Pinsel im Vollton oder verlaufend aufgetragen oder mit Fettkreide gestaltet. Die Fettsäure der Tusche bzw. Kreide haftet fest auf der alkalischen Steinoberfläche und dringt in die Poren ein. Durch Behandlung des Steins mit verdünnter Salpetersäure und Gummiarabikum (Scheidewasserlösung) werden die zeichnungsfreien Stellen hydrophil und nach dem Anfeuchten mittels Schwamm unempfindlich für die Druckfarbe, so daß beim Einwalzen mit Farbe nur die Zeichnungsteile diese annehmen. Die mehrfarbige Ausführung wird als Chromolithographie oder Farblithographie bezeichnet. Dazu müssen für jede Druckfarbe auf einem eigenen Stein die zu einer Farbe gehörigen Zeichnungsteile manuell mit Feder (z. B. Gewässernetz), Pinsel (Waldflächen) oder Fettkreide (Reliefschummerung) nach einer auf alle Steine übertragenen Konturenpause nacheinander hergestellt werden.

Mit der Entwicklung der Reproduktionsphotographie und von ↗Kopierverfahren entstand die Photolithographie. Für den Auflagedruck wurde die Originallithographie durch Umdruck auf einen meist größeren Maschinenstein übertragen, von dem in der Steindruck-Schnellpresse die Auflage gedruckt wurde. An die Stelle der schweren Maschinensteine konnten auch dünne Zink- oder Aluminiumplatten treten, deren Oberfläche durch Körnung für das notwendige Feuchtwasser aufnahmefähig wurde. Ein für Landkarten besonders geeignetes lithographisches Verfahren ist die Steingravur, bei der die Zeichnung mit angespitzten Stahlnadeln in die zu diesem Zweck mit Kleesalz polierte Oberfläche harter grauer Lithographiesteine eingraviert wird. Dies ermöglicht zarte, dem Kupferstich ebenbürtige Linien. Von einer Steingravur können nur in der Handpresse Abzüge hergestellt werden. Für größere Auflagen ist ein Umdruck auf einen Maschinenstein für den Steindruck oder eine Metallplatte für den Offsetdruck notwendig; dabei verliert die Zeichnung an Schärfe. [WSt]

Lithoklasten, Aufarbeitungsprodukte eines schon verfestigten Gesteins. Man unterscheidet Intra- und Extraklasten. *Intraklasten* stammen aus demselben Ablagerungsraum. Sie entstehen durch verschiedenste Prozesse: a) bodenberührende Wellen, Strömungen oder sogar Sturmfluten (↗Tempestit), b) Organismentätigkeit im Sediment (Pseudo-Intraklasten) und auf dessen Oberfläche (Plastiklasten), c) frühdiagenetische Volumenveränderungen (Autoklasten, Proto-Intraklasten), z. B. durch submarine Sedimententwässerung oder Auslaugung evaporitischer Zwischenschichten (↗Rauhwacke), d) Austrocknung von Schlammablagerungen (Schlammscherben) und e) lokale Gleitungen eines gering verfestigten Sediments. *Extraklasten* werden dem Ablagerungsraum von außen zugeführt. In ihnen enthaltene Komponenten sind an den Rändern der Extraklasten abgeschnitten. Außerdem weisen die Extraklasten eine andere diagenetische Geschichte als das sie umgebende Sedimentgestein auf. Black pebbles sind spezielle, auffallend schwarz gefärbte Extraklasten. Die Färbung rührt von organischer Substanz her, die poröse (z. B. von Mangroven bestandene) Carbonate infiltriert. Durch Umlagerung gelangen die Gerölle in angrenzende marine Bereiche oder in Süßwassertümpel. [DM]

Lithologie, beschreibt und unterscheidet die Gesteine nach mesoskopischen Merkmalen (↗ mesoskopisch). Heute wird häufig die mineralische Zusammensetzung und ↗ Textur eines Gesteins als dessen Lithologie bezeichnet.

Lithologie-Dichte-Messung ↗ Dichte-Log.

Lithometeore, in der Atmosphäre schwebende, im Gegensatz zu den ↗ Aerosolen ausschließlich feste Partikel. ↗ Hydrometeore.

lithomorphe Böden, Böden mit starker Prägung durch das Ausgangsgestein und nur geringer Auflage des ↗ Solums. ↗ Leptosols.

lithophil ↗ geochemischer Charakter der Elemente.

Lithosiderit ↗ Meteorit.

Lithosols, veraltet für ↗ Leptosols der ↗ WRB.

Lithosphäre, wörtlich übersetzt Gesteinsphäre, bezeichnet die äußere, etwa 100–200 km mächtige Schale der Erde, die sich stark vereinfacht ausgedrückt dadurch auszeichnet, daß sie sich gegenüber Deformationen elastisch verhält. Bei starken Deformationen, wie sie z. B. bei Erdbeben auftreten, kommt es zu bruchhaften Verformungen, so daß man auch von einem rigiden Verhalten der Lithosphäre spricht. Ein gegensätzliches Verhalten zeigt die unterlagernde ↗ Asthenosphäre, die ebenfalls fest ist, sich jedoch gegenüber langdauernden Verformungen weich und duktil verhält. Die Lithosphäre umfaßt die kontinentale bzw. die ozeanische Erdkruste und den oberen Erdmantel. Das unterschiedliche rheologische Verhalten der beiden Schalen ist eine wesentliche Grundlage für die Prozesse der Plattentektonik. Die »starre« Lithosphäre baut die Platten (↗ Plattentektonik) auf, die auf der weichen Asthenosphäre schwimmen. Die ↗ Viskosität der Lithosphäre ist größer als 10^{21}-10^{22} Pa · s, während für die Asthenosphäre Werte unterhalb von 10^{20} Pa · s angenommen werden (↗ Rheologie).

Die Grenze zwischen Lithosphäre und Asthenosphäre ist durch den rheologischen Übergang rigid zu duktil definiert, der im wesentlichen durch die Temperatur bestimmt wird. Im Temperaturbereich um 1100–1200°C beginnt der den oberen Erdmantel aufbauende ↗ Peridotit teilweise zu schmelzen. Diese partielle Aufschmelzung ändert die Rheologie entscheidend. Wie die seismologischen Untersuchungen zeigen, nimmt die Geschwindigkeit der seismischen Wellen, teilweise verursacht durch das Aufschmelzen des Mantelperidotits bedingt, von der Lithosphäre zur Asthenosphäre ab. Die Asthenosphäre bildet somit eine Zone verringerter Geschwindigkeit für die seismischen Wellen (↗ Niedriggeschwindigkeitszone). Unter den Kontinenten erreicht die Lithosphäre eine Mächtigkeit von 150–200 km, im Bereich alter Schilde kann sie sogar bis zu 400–450 km mächtig werden. Unter den ↗ Mittelozeanischen Rücken mit den aufdringenden heißen Mantelgesteinen liegt die Grenze zwischen Asthenosphäre und Lithosphäre nur in wenigen Kilometern Tiefe. Mit zunehmendem Abkühlungsalter und somit mit wachsendem Abstand vom Mittelozeanischen Rücken wächst die Mächtigkeit der Lithosphäre auf Kosten der Asthenosphäre. Nach etwa 100 Millionen Jahren hat die Lithosphäre bereits eine Mächtigkeit von ca. 100 km erreicht. Unter kontinentalen Riftzonen ist die Lithosphäre ausgedünnt. In den ↗ Subduktionszonen dagegen taucht die Lithosphäre tief in die Asthenosphäre ein und erreicht hier Tiefen von 700 km, wie das Auftreten der ↗ Tiefherdbeben zeigt.

Die elastische Lithosphäre ist es auch, die in Form einer Durchbiegung zusätzliche Auflasten tragen kann. Auflasten können Gebirge sein, aber auch durch große Eisschilde gebildet werden, wie sie in der Antarktis oder auf Grönland auftreten. Beim Abschmelzen großer Eiskappen hebt sich das entlastete Land, ein Vorgang, der geologisch z. B. in Skandinavien nach der letzten Eiszeit verfolgt werden kann. Aus dem zeitlichen Verlauf dieses Hebungsprozesses lassen sich die rheologischen Eigenschaften der Lithosphäre abschätzen. Im Detail zeigt auch die Lithosphäre eine rheologische Schichtung. Insbesondere weist die kontinentale Erdkruste entsprechend ihrer petrologischen Gliederung und wegen der steigenden Temperaturen eine Gliederung in rigide und duktile Zonen auf. Insbesondere in Bereichen mit einer hohen Wärmeflußdichte muß das rheologische Verhalten der unteren Erdkruste als fließfähig angesehen werden. [PG]

lithostatischer Druck, der vertikale Druck an einem Punkt im Erdinnern, also der Druck, der durch das Gewicht der überlagernden Gesteinssäule ausgeübt wird (↗ hydrostatischer Druck).

Lithostratigraphie, Teilgebiet der ↗ Stratigraphie, das sich mit der Korrelation von Gesteinseinheiten auf Grundlage ihrer physikalischen und chemischen Beschaffenheit auseinandersetzt. Im Gegensatz zur ↗ Biostratigraphie ist das bestimmende Element der Lithostratigraphie die Gesteinsausbildung und deren Veränderung, sowohl innerhalb des einzelnen Profils (Zeit) als auch innerhalb eines oder mehrerer Sedimentationsgebiete (Raum). Neben der Erkenntnis des Stratigraphischen Grundgesetzes (↗ Geologie), spielt der Begriff der ↗ Fazies eine wesentliche Rolle. Stratigraphische Einheiten (Bänke, Schichtpakete) bilden räumlich und zeitlich konsistente Einheiten, deren ursprünglicher Zusammenhang trotz sekundärer Veränderungen (Schichtlücken, Faziesänderungen) parallelisiert werden kann.

Grundeinheit der Lithostratigraphie ist die ↗ Formation als i. d. R. lithologisch homogene und klar abgrenzbare Einheit innerhalb eines Sedimentationsraumes. Da die faziellen Gegebenheiten mit steigender Entfernung der Profile naturgemäß zusehends variieren, stößt eine rein lithostratigraphische Korrelation zwischen unterschiedlichen Regionen schnell an ihre Grenzen. Die klassische, »vergleichende« Lithostratigraphie wurde daher in vielerlei Richtungen ergänzt und weiterentwickelt, so daß methodisch weitgehend eigenständige Arbeitsweisen entstanden

(Tephrostratigraphie/Pedostratigraphie, Tonmineralstratigraphie/Schwermineralstratigraphie). Im erweiterten Sinne sind hier auch Methoden wie die ↗Magnetostratigraphie zu nennen. [HT]

lithotroph ↗Stoffwechsel.

Lithoturbation, [von griech. lithos = Stein und lat. turbare = stören], die Zerstörung der ursprünglichen Struktur eines harten Gesteins durch intensive ↗Bioerosion.

Lithotyp, *Streifenart*, mit bloßem Auge im Handstück oder Aufschluß (»Stoß«) durch unterschiedliche Textur (*Weichbraunkohle*, Mattbraunkohle = ↗Lignit) oder unterschiedlichen Glanz (*Glanzbraunkohle*, ↗Steinkohle) erkennbare Einheit (↗Vitrain, ↗Clarain, ↗Durain, ↗Fusain). Ein selbständiger Lithotyp ist in Braunkohlen >10 cm, in Steinkohlen >1 cm dick..

Litoraea, ↗Feuchtgebiete i.w.S., d.h. ↗Lebensräume der Küsten, Fluß- und Seeufer, Auen, Sumpfgebiete und Flachmoore. Charakterisiert ist die Litoraea durch das reichliche Vorhandensein von Wasser- und Nährstoffen. In den verschiedenen Klimazonen der Erde haben sich bei Tieren und Pflanzen ähnliche Anpassungen und Spezialisierungen an diese Landschaftsypen entwickelt.

litoral, [von lat. litus = Küste, Ufer], der Uferzone eines Sees oder Ozeans angehörend, umfassender Ausdruck für Prozesse und Formen an Küsten und Uferbereichen.

Litoral, Übergangszone zwischen Land und Ozean bzw. See. Diese entspricht dem durchlichteten Bereich des ↗Benthals oberhalb der ↗Kompensationsebene und reicht bis zur höchsten Linie, an der Hochwasser noch wirksam ist. Im Litoral werden Sauerstoff und ↗Biomasse im Überschuß produziert, im See entspricht dies der Zone, die von Algen und höheren Pflanzen besiedelt wird. Das Lithoral gliedert sich in das Supralitoral, das nur gelegentlich von Wellenschlag, Spritz- oder Sprühwasser erreicht wird, das Eulitoral, das zwischen dem mittleren Hochwasser und Niedrigwasser der Gezeiten liegt, und das Sublitoral, das ständig mit Wasser bedeckt ist und in dem die Brandung noch wirksam ist. Unterhalb des Litorals können sessile Pflanzen nicht mehr existieren, da das Lichtangebot als ↗ökologischer Begrenzungsfaktor wirkt (↗Photosynthese). Zur Tiefe schließt sich unterhalb der Kompensationsebene das ↗Profundal an, seeseitig wird das Litoral durch das ↗Pelagial begrenzt (↗See Abb. 4).

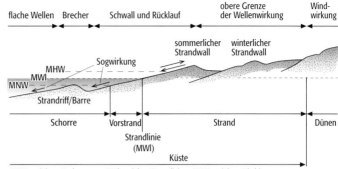

litorale Serie 1: Grundbegriffe und Formen einer flachen Lockermaterialküste.

litoral cone, vulkankegelähnliche Aufschüttungen von mehreren Zehner Metern Höhe von hydroklastischen Fragmenten im Bereich von Seeufern an Küsten, an denen Lava mit dem Wasser unter Explosionen in Kontakt tritt.

litorale Serie, beinhaltet die typische räumliche Anordnung der im Küstenbereich geschaffenen Formen, zwischen der durch ↗Brandung beeinflußten, submarinen und ausschließlich ↗subaerischen Morphodynamik. Grundsätzlich unterscheidet man zwischen ↗Flachküsten, welche meist auch ↗Lockermaterialküsten darstellen, und ↗Steilküsten. An einer flachen Lockermaterialküste reicht die litorale Serie im typischen Fall von der ↗Schorre mit aufsitzenden ↗Sandriffen bzw. ↗Barren über den ↗Vorstrand, bestehend aus ↗nassem Strand und ↗Strandwall, zum ↗trockenen Strand und schließlich zum Dünengürtel (Abb. 1 und ↗Strand Abb.).

Steilküsten dagegen, insbesondere im Festgestein, zeigen als typische Abfolge im Bereich der Schorre eine mit ↗Brandungsgeröllen bedeckte ↗Abrasionsplattform, die meist mit einer ↗Brandungshohlkehle in ein steil ansteigendes ↗Kliff eingreift (Abb. 2). [HRi]

litorales System, beinhaltet sämtliche Formung einer Küste steuernde Faktoren, wie z.B. die Wirkung von Wellen, Gezeiten und Strömungen, das im Küstenraum vorgegebene Relief, Klima und Ausgangsgestein sowie auch möglicherweise beteiligte Organismen und organogene Substanzen.

Litoraltransport, Bewegung von ↗Feststoffen im küstennahen Bereich. Sie wird durch Wellen und parallel (Küstenlängstransport) oder senkrecht

litorale Serie 2: Grundbegriffe und Formen einer Steilküste.

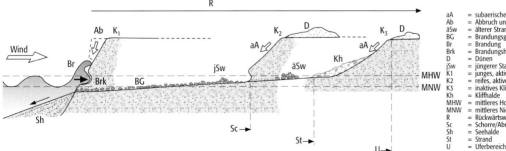

aA = subaerischer Abtrag
Ab = Abbruch und Hangabtrag
äSw = älterer Strandwall
BG = Brandungsgerölle
Br = Brandung
Brk = Brandungshohlkehle
D = Dünen
jSw = jüngerer Standwall
K1 = junges, aktives Kliff
K2 = reifes, aktives Kliff
K3 = inaktives Kliff
Kh = Kliffhalde
MHW = mittleres Hochwasser
MNW = mittleres Niedrigwasser
R = Rückwärtswandern
Sc = Schorre/Abrasionsplattform
Sh = Seehalde
St = Strand
U = Uferbereich

zur Küste (Küstenquertransport) verlaufende ↗Küstenströmungen verursacht. Litoraltransport kann auch in größeren Seen auftreten.

litter, (engl.) Streu, *L-Lage*, nicht oder nur sehr schwach zersetzter Bestandsabfall auf der Bodenoberfläche; oberster Bereich des ↗O-Horizontes u. a. von Waldböden. ↗L-Horizont.

Lixisols, Bodeneinheit der ↗WRB, lessivierte und stark verwitterte, grobporenarme, dichte und daher oft staunasse Böden mit Kationenaustauschkapazität unter 24 cmol/kg Ton und ↗Basensättigung von mindestens 50%.

LKA, *landschaftsökologische Komplexanalyse*, ↗Komplexanalyse.

L-Lage ↗*litter*.

Llandeilo, international verwendete stratigraphische Bezeichnung die vierte Stufe des ↗Ordoviziums (Mittelordovizium), über ↗Llanvirn, unter ↗Caradoc, benannt von R. ↗Murchison (1835) nach dem Typusgebiet Llandeilo (Carmarthenshire, Wales), wo die Serie (Llandeilo flags) aufgeschlossen ist. ↗geologische Zeitskala.

Llandovery, international verwendete stratigraphische Bezeichnung für die unterste Stufe des ↗Silur, über ↗Ordovizium, unter ↗Wenlock, benannt von R. ↗Murchison (1859) nach Sandstein-, Schiefer- und Konglomeratserien im Llandovery District in Carmarthenshire (Südwales). ↗geologische Zeitskala.

Llanvirn, international verwendete stratigraphische Bezeichnung für die dritte Stufe des ↗Ordoviziums, über ↗Arenig, unter ↗Llandeilo, benannt von Hicks (1875) nach einem Steinbruch in der Nähe der Llanvirn-Farm in West-Pembrokeshire (Wales), wo eine spezifische Graptolithenfauna (↗Graptolithen) über den charakteristischen Arenigfaunen einsetzt. ↗geologische Zeitskala.

LLR, *Lunar Laser Ranging*, ↗Laserentfernungsmessung.

L-Mull, die fruchtbare Humusform ↗Mull besitzt eine lediglich sehr geringmächtige Streuauflage, die von Bodenlebewesen rasch zersetzt wird; Humusform von ↗Schwarzerden in Steppen. ↗litter.

loadballs ↗Belastungsmarken.

Löbbenschwankung, zeitlich um 1500 v. Chr. anzusetzende, aus dem Alpenraum beschriebene Phase von ↗Gletschervorstössen.

Lochkarren, *Napfkarren*, Karrentyp, der durch ↗Korrosion an der Gesteinsoberfläche entsteht. Angriffspunkt für die Bildung sind Gesteinsunreinheiten oder feinere Risse. Sie sind eine Kleinform des ↗Karst. ↗Karren.

Lochkov, *Lochkovium*, nach einem Ort in Böhmen benannte, international verwendete stratigraphische Bezeichnung für die unterste Stufe des ↗Devons. ↗geologische Zeitskala.

Lockerbraunerde, meist in vulkanischen Gesteinen entwickelter Subbodentyp der ↗Braunerde der ↗deutschen Bodenklassifikation mit sehr hohem Gesamtporenvolumen; stark bis sehr stark versauert, tiefreichend humos.

Lockergestein, nicht verfestigtes Gesteinshaufwerk wie Ton, Sand etc. Die Bestandteile sind nicht miteinander verkittet oder nur in so geringem Maße, das die Verkittung die Eigenschaften des Bodens nicht prägt. Lockergestein wird in der Bautechnik auch als »Boden« bezeichnet.

Lockergesteinsanker, ↗Anker, der im ↗Lockergestein eingebracht wird. Die ↗Krafteintragungsstrecke liegt meist zwischen 4 und 6 m. In bindigen Böden muß die Konsistenz um die Krafteintragungsstrecke sehr steif bis halbfest sein. Beim Aufbau der Anker ist vorgesehen, daß die Krafteintragungsstrecke stets vollständig in bindigem oder nichtbindigem Boden befindet und nicht in unterschiedlichen Bodenarten. Als Lockergesteinsanker werden v. a. ↗Injektionsanker verwendet.

Lockergesteinsgrundwasserleiter, ein aus ↗Lockergesteinen aufgebauter ↗Grundwasserleiter. Lockergesteinsgrundwasserleiter sind immer ↗Porengrundwasserleiter.

Lockermaterialküste, Küste im Bereich anstehender Lockergesteine, beispielsweise in glazialen ↗Moränenlandschaften. ↗Flachküste, ↗litorale Serie.

Lockerschnee, frisch gefallener, noch nicht verdichteter und verfestigter Schnee. Trockener Lockerschnee (*Pulverschnee*) besitzt eine Dichte von lediglich 0,03–0,06 g/cm³, feuchter Lockerschnee (*Pappschnee*) dagegen bereits um 0,1 g/cm³.

Lockerschneelawine, aus ↗Lockerschnee bestehende ↗Lawine, die charakteristischerweise einen punktförmigen ↗Lawinenanriß und eine sich hangabwärts verbreiternde ↗Lawinenbahn aufweist.

lockerste Lagerung ↗Lagerungsdichte.

Lockersyrosem, *Skelettboden*, Böden im Initialstadium der Bodenbildung mit einem humusarmen Oberboden, der direkt in ein über 30 cm mächtiges Lockergestein übergeht. Er gehört zu den Gesteinsböden (↗Syrosem), in unserem Klima nur kurzfristiges Durchgangsstadium der Entwicklung von Böden, die sich rasch zu ↗Regosolen, ↗Pararendzinen oder ↗Podsolen weiterentwickeln. Sie entstehen heute vielfach auf Abraumhalden, Lößaufschüttungen oder Trümmerbergen. Lockersyrosems entsprechen den ↗Regosols der ↗WRB.

Loferit ↗Fenstergefüge.

lofting, Form einer ↗Abgasfahne, die entsteht, wenn Schadstoffe oberhalb einer Bodeninversion in die Atmosphäre eingeleitet werden. Die Schadstoffe können nicht in die Inversion eindringen und breiten sich deshalb nur oberhalb davon aus. Die Belastung in Bodennähe ist gering.

Log, 1) *Geophysik*: kontinuierliche Aufzeichnung eines Parameters in einer Bohrung (z. B. Cuttings-Log, Mud-Log). Der Begriff wird in erster Linie in der ↗Bohrlochgeophysik verwendet und beschreibt hier die Messung physikalischer Eigenschaften der durchteuften Formation. **2)** *Ozeanographie*: *Logge*, Gerät zur Bestimmung der Schiffsgeschwindigkeit durch das Wasser.

Logarithmisches Windgesetz, vertikaler Verlauf der Windgeschwindigkeit (u) in der bodennahen Grenzschicht. Dieser ergibt sich zu:

$$u = \frac{U_*}{\varkappa} \ln \frac{z}{z_0}$$

mit $U^* =$ ↗Schubspannungsgeschwindigkeit, $\varkappa =$ ↗Karman-Konstante, $z_0 =$ ↗Rauhigkeitslänge. Das logarithmische Windgesetz gilt für neutrale Temperaturschichtung. Im Falle von labiler oder stabiler Schichtung lassen sich ähnliche Windgesetze aus den Profilfunktionen der bodennahen Grenzschicht (↗Prandtl-Schicht) herleiten.

Logging, Verfahren, das v. a. in der Bohrlochgeophysik Anwendung findet. So ist beispielsweise das Fluid-Logging ist ein Verfahren, mit dem in einer Bohrung ohne den Einsatz von ↗Packern alle zur Gesamttransmissivität beitragenden Zuflußzonen lokalisiert und quantifiziert werden können. Aus den für einzelne Zonen bestimmten Zuflußraten können in einer hydraulischen Auswertung der Pumpphase Klufttransmissivitäten berechnet werden. Dabei wird die Auflösung einzelner Zuflüsse durch ihren Abstand zueinander, der Leitfähigkeitsdifferenz zwischen Kluftfluid und Kontrastfluid, und ihrem Anteil an der Gesamttransmissivität begrenzt. Auflösbar sind Zuflüsse, deren Anteil an der Gesamttransmissivität 1/10 bis 1/1000 beträgt. Das Verfahren ist in einem relativ großen Durchlässigkeitsbereich von ca. $5 \cdot 10^{-4}$ bis $1 \cdot 10^{-9}$ m/s anwendbar. Das Fluid-Logging-Verfahren ist in offenen Bohrlöchern sowie in vollkommenen und unvollkommenen Brunnen ab einer Nennweite von 50 mm bei gespannten und ungespannten Grundwasserverhältnissen einsetzbar. [ME]

Loginterpretation, Analyse bohrlochgeophysikalischer Meßergebnisse zur lithologischen Charakterisierung der durchteuften Formation (↗Bohrlochgeophysik).

lokal bestanschließendes Ellipsoid, regionale Approximation des ↗Geoides durch ein ↗Rotationsellipsoid (↗Referenzellipsoid). Bedingungen für die regionale Anpassung sind: Parallelität der globalen Koordinatensysteme (↗globales geozentrisches Koordinatensystem, ↗konventionelles geodätisches Koordinatensystem) und Minimum der Quadratsumme der ↗Lotabweichungen oder alternativ der ↗Geoidhöhen bzw. der ↗Schwereanomalien.

Im Gegensatz zum ↗mittleren Erdellipsoid sind die lokal bestanschließenden Ellipsoide in der Regel nicht geozentrisch gelagert (↗Geozentrum). Die Bestimmung eines lokal bestanschließenden Ellipsoides wurde früher mit den Methoden der ↗Gradmessung angestrebt. Flächenhafte Erweiterungen bzw. Modifikationen dieses Verfahrens sind die Konzepte der ↗projektiven Lotabweichungsausgleichung bzw. der ↗translativen Lotabweichungsausgleichung. [KHI]

lokale Koordinaten, die Koordinaten, die sich auf ein lokales, ebenes Koordinatensystem auf der Erde beziehen, das in keiner direkten Beziehung zum Gauß-Krüger-System der amtlichen Festpunktnetze steht. Lokale Koordinatensysteme werden für kleine Vermessungsgebiete wie Städte, Industrieanlagen, Baustellen und Bauwerke verwendet. Für die Kartennetzentwürfe haben sie keine Bedeutung.

lokales ellipsoidisches Koordinatensystem, ↗erdfestes Koordinatensystem mit dem Ursprung im Topozentrum. Der Ursprung liegt in einem beliebigen Punkt der Erdoberfläche mit der ↗ellipsoidischen Höhe h. Durch die geodätische Zenitrichtung (Richtung der äußeren Ellipsoidnormalen) des Punktes ist die z-Achse $\vec{e}_3^{\,L}$ des Koordinatensystems festgelegt. Die x-Achse $\vec{e}_1^{\,L}$ weist nach geodätisch Nord und steht rechtwinklig auf der z-Achse. Damit liegt sie in der geodätischen Meridianebene. Die y-Achse $\vec{e}_2^{\,L}$ weist nach geodätisch Ost und ergänzt das lokale ellipsoidische Koordinatensystem zu einem Linkssystem. Die relative Position eines beliebigen Punktes Q bezüglich dem Topozentrum P kann durch rechtwinklig kartesische Koordinaten x_i^L oder durch sphärische Polarkoordinaten ζ (ellipsoidische Zenitdistanz), α (ellipsoidisches Azimut), d (räumliche Distanz) angegeben werden (Abb.):

$$\Delta \vec{x} = x_i^L \vec{e}_i^{\,L} = x\vec{e}_1^{\,L} + y\vec{e}_2^{\,L} + z\vec{e}_3^{\,L}$$
$$= d\sin\zeta\cos\alpha\,\vec{e}_1^{\,L} + d\sin\zeta\sin\alpha\,\vec{e}_2^{\,L} + d\cos\zeta\,\vec{e}_3^{\,L}.$$

[KHI]

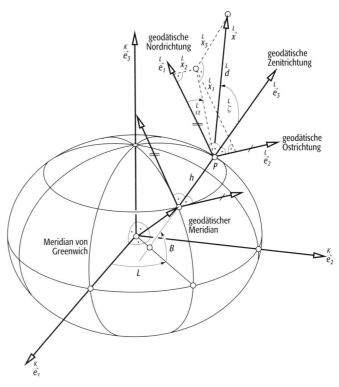

lokales ellipsoidisches Koordinatensystem: lokales ellipsoidisches Koordinatensystem und lokale sphärische Polarkoordinaten.

Lokalklima, klimatische Besonderheiten kleiner Gebiete, die durch die Struktur der Unterlage verursacht werden. Eingebettet in eine großräumige ↗Klimazone werden durch die örtlich vorhandene Landnutzung und Orographie die einzelnen Wetterelemente verändert. Diese Veränderungen bleiben meistens auf die unmittelbare Nähe der Unterlage beschränkt. Auf diese Weise entsteht beispielsweise das ↗Stadtklima, das ↗Waldklima und das ↗Küstenklima.

Lokalwind, räumlich und zeitlich begrenztes

Windsystem, das durch die lokalen atmosphärischen Bedingungen hervorgerufen wird und sich unabhängig von der großräumigen Wetterlage entwickelt. Lokalwinde bilden sich vorwiegend in der Mikroskala und der Mesoskala (↗Scale) aus und haben typische räumliche Ausdehnungen von 1 km bis 100 km bei einer charakteristischen Zeit von einigen Stunden. Beispiele für Lokalwinde sind ↗Land- und Seewind, ↗Berg- und Talwind, ↗Flurwind und ↗Fallwind.

Lokta-Volterra-Modell, zentrales Modell der ↗Bioökologie, das die unabhängig voneinander formulierten Ideen der beiden italienischen Mathematiker Lotka (1932) und Volterra (1926) integriert. Es enthält mathematisch formulierte Gesetze zur Beschreibung der wechselseitigen Beeinflussung der ↗Populationen von Räuber und Beute (↗Räuber-Beute-Systeme). Damit läßt sich auch die ↗Koexistenz oder der Konkurrenz-Ausschluß miteinander in ↗interspezifischer Konkurrenz stehender Arten darstellen. Obwohl das Modell nur ein grob vereinfachtes Bild der ↗Populationsdynamik zeichnet, stellte es als eines der ersten quantitativen Modelle ökologische Sachverhalte dar.

London-Kräfte ↗Dispersionskräfte.

London-Smog ↗Smog.

Longitudinaldüne ↗Längsdüne.

longitudinale Dispersion, zunehmende Vermischung von Partikeln (z.B. ↗Schwebstoffe) in einem Fließgewässer durch Scherkräfte und transversale ↗Diffusion.

Longitudinalwelle, Welle, bei der die Schwingung der Partikel exakt in Richtung der Ausbreitungsrichtung erfolgt. Bei der Ausbreitung von ↗P-Wellen durch feste Medien ist diese Bedingung annähernd, aber nicht exakt erfüllt. Trotzdem werden P-Wellen oft auch als Longitudinalwellen bezeichnet.

Longshore-Drift, *küstenparalleler Materialversatz*, ↗Strandversetzung.

Look-up-Tabelle, Tabelle (Abb.), die zur Grauwert- und Farbveränderung eines Bildes benutzt wird. Durch ihre Anwendung können ↗Grauwerte eines Bildes in andere Grauwerte zerlegt werden, d.h. ein Eingabewert wird über eine fest definierte Look-up-Tabelle in einen Ausgabewert transformiert. In vielen Bildverarbeitungssystemen ist es möglich, interaktiv Look-up-Tabellen zu erstellen, um z.B. einen bestimmten Grauwertanteil zu reduzieren. Bei der ↗Kontrastverstärkung wird das ↗Grauwerthistogramm eines Eingabebildes durch die entsprechend zu wählende Look-up-Tabelle verändert.

Looping, Form einer ↗Abgasfahne, die weit nach oben und nach unten ausgelenkt wird. Sie entsteht durch die Verfrachtung mit großen Wirbeln in einer labil geschichteten atmosphärischen Grenzschicht. Berührt die Abgasfahne den Erdboden, können kurzfristig relativ hohe Konzentrationen auftreten.

Lopolith, [von griech. *lopos* = Schale und *lithos* = Stein], großer, nach unten eingebogener, schüsselförmiger ↗Pluton.

Lorbeerwald, *Laurisilva*, immergrüne, von breitblättrigen Bäumen und Sträuchern beherrschte Pflanzenformation. Ihr Vorkommen sind die Sommerregengebiete der gemäßigten und subtropischen Zonen und die Höhenwälder subtropischer und tropischer Gebirge. Sie bevorzugt ein warmfeuchtes Klima mit einigen ariden Monaten. Von den eigentlichen ↗Hartlaubwäldern unterscheiden sich die Lorbeerwälder durch größere, weniger an die Trockenheit angepaßte, lorbeerähnliche Blätter und die reiche Krautvegetation der Bodenschicht. Die Hauptvorkommen der Lorbeerwälder liegen in Ostasien, Südaustralien, Chile und im Mittelmeergebiet. Dort setzen sie sich zusammen aus dem Lorbeer (*Laurus nobilis*), der Edelkastanie (*Castanea sativa*), der Flaumeiche (*Quercus pubescens*) und der Myrte (*Myrtus communis*).

Lorentzfaktor, winkelabhängiger Korrekturfaktor integraler Reflexintensitäten. Braggreflexe haben immer eine endliche Breite. Ursache dafür sind endliche Kristallgröße, Mosaikbau sowie Divergenz und Bandbreite $\Delta\lambda/\lambda$ der Strahlung. Integrale Reflexintensitäten $I(\vec{H})$ mißt man deshalb, indem man einen Einkristall mit konstanter Winkelgeschwindigkeit $\Delta\theta/\Delta t$ durch die Beugungsstellung dreht und die elastisch gestreute Intensität aufintegriert:

$$I(\vec{H}) \propto \int I(\theta)d\theta.$$

Die Zeit, die ein reziproker Gitterpunkt braucht, um durch die Braggposition zu treten, hängt vom Beugungswinkel 2θ und von der Meßgeometrie ab. Wesentlich ist das Verhältnis von Radialgeschwindigkeit des reziproken Gitterpunkts zur Winkelgeschwindigkeit der Probendrehung. Für äquatoriale Meßgeometrie (Vierkreis-Diffraktometer, ↗Diffraktometer) hat dieses Verhältnis die einfache Form (λ = Wellenlänge, θ = Braggwinkel):

$$L = \frac{\lambda}{\sin 2\theta}.$$

Für Kristallpulver berücksichtigt der Lorentzfaktor:

$$L = \frac{\lambda}{2\sin 2\theta \cdot \sin\theta} = \frac{\lambda}{4\sin^2\theta \cdot \cos\theta}$$

zusätzlich noch den Anteil »richtig« orientierter Kristallite, den Öffnungswinkel der einzelnen Pulverkegel und die Winkelabhängigkeit der Länge des Kegelsegments, das vom Detektor aus den Pulverkegeln herausgeschnittenen wird. Der Lorentzfaktor L wird üblicherweise mit dem ↗Polarisationsfaktor P zu einem gemeinsamen LP-Faktor zusammengezogen. [KE]

Lorentzkraft, bezeichnet die Kraft $\vec{F}$, die auf eine sich mit der Geschwindigkeit $\vec{v}$ in einem Magnetfeld $\vec{B}$ bewegende elektrische Ladung q wirkt: $\vec{F} = q(\vec{v} \times \vec{B})$.

Lorentz-Transformation, Transformation inertialer Raumzeitkoordinaten in der Speziellen ↗Relativitätstheorie. Bewegt sich ein inertiales Sy-

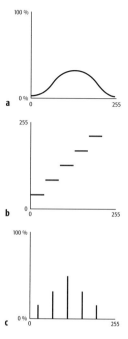

Look-up-Tabelle: Reduzierung der Grauwerte über Äquidensiten: a) Grauwertverteilung eines Eingabebildes, b) Look-up-Table zur Grauwertreduktion, c) Histogramm des Ausgabebildes.

stem mit Koordinaten (t', x') mit einer Geschwindigkeit v gegenüber einem anderen Inertialsystem mit Koordinaten (t, x) entlang ihrer gemeinsamen x-Achsen, so lautet die Lorentz-Transformation:

$$t' = \frac{t - vx/c^2}{\sqrt{1 - v^2/c^2}}, \quad x' = \frac{x - vt}{\sqrt{1 - v^2/c^2}},$$

und $y' = y, z' = z$.

Los Angeles-Smog ↗Smog.

Loseblattatlas, ↗Atlas in einer losen Folge von Einzelkarten, die aber eine Einheit bilden, auch wenn sie verschiedenzeitig meist in Atlaslieferungen erscheinen und für feste Bindeformen bzw. geschlossene Ablage bestimmt sind.

Löslichkeit, wichtige Stoffeigenschaft, mit der das Auflösungsvermögen in einem bestimmten Lösungsmittel beschrieben wird. ↗volatile Phasen.

Löslichkeitsprodukt, K_L, thermodynamische Gleichgewichtskonstante. Sie beschreibt das Produkt der Aktivitäten gelöster Ionen, die an einer Lösungs-Fällungs-Reaktion bei Vorliegen des thermodynamischen Gleichgewichtszustandes beteiligt sind:

$$K_L = [A^{v+}]^{vA} \cdot [B^{v-}]^{vB}/[A \cdot B],$$

wobei $[A^{v+}]$, $[B^{v-}]$ = Aktivitäten der Ionen A und B; $[A \cdot B]$ = Aktivitäten des nicht dissoziierten Stoffes; $v+$, $v-$ = Zahl der Ladungen der Ionen A und B. Löslichkeitsprodukte folgern aus dem ↗Massenwirkungsgesetz, da die Aktivitäten von Festphasen, also der mineralischen Produkte der Fällungsreaktion, gleich eins gesetzt werden. Sie werden üblicherweise für eine Temperatur von 298,15 K tabelliert. ↗Sättigungsindex.

Löß, helles, beiges, kalkhaltiges, schluffiges, ↗äolisches ungeschichtetes ↗Sediment. Es überwiegen Korngrößen zwischen 0,01 und 0,05 mm, Löß enthält aber normalerweise auch geringe Ton- und Feinsandanteile. In Mitteleuropa ist der Löß von pleistozänem Alter, er tritt jedoch auch als rezentes Sediment auf, z. B. in Asien. Seine mineralische Zusammensetzung variiert je nach Liefergebiet, er besteht im wesentlichen aus Quarz. In Mitteleuropa erreichen die Lößmächtigkeiten ca. 10 m bis maximal 40 m, in Asien auch über 100 m. In Mitteleuropa kommt der Löß in Leelagen an ostexponierten Hängen in mächtigeren Ablagerungen vor. Diese sind sehr kohäsiv, senkrecht gut geklüftet und durch ein hohe Standfestigkeit gekennzeichnet. Durch ehemalige Steppenvegetation entstanden feine Haarröhrchen, die heute zumeist mit Carbonat ausgefüllt sind. Eine Entkalkung durch kohlensäurehaltige Sickerwässer führt zur Bildung von ↗Lößlehm. In tieferen Bereichen wird der Kalk oft in Form von ↗Lößkindln wieder ausgefällt. Primärer Löß wurde nach seiner Anwehung nicht mehr verlagert, während sekundärer Löß entweder verschwemmt (*Schwemmlöß*) oder durch durch Solifluktion (*Solifluktionslöß*) umgelagert und in Schuttdecken eingemischt wurde. Bei der Umlagerung tritt oft auch eine Schichtung des Lösses ein. Wurde der Löß in auftauende ehemalige ↗Eiskeile umgelagert, bilden sich ↗Lößkeile. Liefergebiete sind generell vegetationsarme oder -freie Wärme- und Kältewüsten mit intensiver physikalischer ↗Verwitterung und Lockersedimenten. Der Löß wurde im ↗Pleistozän besonders in den trocken-kalten Hochglazialen verlagert und aus trockenen oder vegetationsfreien Gebieten mit neu abgelagerten ↗fluvioglazialen oder ↗glazialen Sedimenten im Umfeld von ↗Gletschern, z. B. aus ↗Moränen und ↗Sandern sowie aus ↗periglazialen ↗Schuttdecken und jahreszeitlich trockengefallenen Flußbetten, ausgeweht. In Mitteleuropa hat der Löß eine große Bedeutung für die Landwirtschaft, besonders in den ↗Bördenlandschaften am Rande der deutschen Mittelgebirge. Er bildet ein ausgezeichnetes Substrat für die ↗Bodenbildung aufgrund seiner guten bodenphysikalischen Eigenschaften, wie z. B. dem charakteristischen Korngrößenspektrum, der ↗Porosität, dem Wasserhaltevermögen sowie der guten Durchlüftung. ↗Lößböden sind tiefgründig, gut drainiert, leicht zu bearbeiten und ergeben sehr gute Ernten. Gestapelte Ablagerungen aus mehreren Kaltzeiten können wichtige Informationen zur Quartärstratigraphie liefern (↗Lößstratigraphie). Pleistozäne Lößablagerungen sind häufig durch interglaziale bzw. interstadiale ↗Paläoböden gegliedert, durch die verschiedene Lößprofile miteinander parallelisiert werden können. ↗Eiszeit. [SN]

Lößboden, in Löß entwickelte Böden, vorwiegend ↗Schwarzerden, ↗Parabraunerden und kastanienfarbene Böden (↗Kastanozems).

Lößkeil, Typ einer ↗Eiskeilpseudomorphose, bei welchem nach Abschmelzen des ↗Eiskeils eine Füllung mit ↗Löß erfolgt.

Lößkindl, *Lößpuppe*, *Lößmännchen*, kirsch- bis birnengroße, knollenförmige Anreicherungen von Calciumcarbonat (↗Carbonatkonkretion) in Löß, die durch Lösung von Kalk im oberen Teil des Lößprofils und Ausfällung im unteren Teil entstehen. Der Kalk lagert sich bevorzugt um kleine Steinchen an. Namengebend waren Puppen ähnelnde Kalkkonkretionen.

Lößlehm, Produkt der Silicatverwitterung, wobei der primäre ↗Löß durch mehrere bodenbildende Prozesse verändert wird. Hierzu zählen die Entkalkung des Lösses durch kohlensäurehaltige Sickerwässer, ↗Oxidation, Neubildung von ↗Tonmineralen, die Freisetzung von ↗Sesquioxiden und häufig auch Lessivierung (↗Tonverlagerung). Dadurch erhöht sich der Tongehalt im Sediment (↗Verlehmung) und die Farbe wird brauner (↗Verbraunung). Lößlehm bildet oft den Unterbodenhorizont (↗C-Horizont) von ↗Brauneden und ↗Parabraunerden.

Lößstratigraphie, stratigraphische Gliederung des ↗Pleistozäns mit Hilfe verschieden alter, übereinander abgelagerter ↗Lösse (Abb.). Lößablagerungen sind von großer Bedeutung für die Quartärstratigraphie (↗Quartär). An günstigen Standorten können viele Kaltzeit-Warmzeit-Zyklen aus gut erhaltenen Lößserien rekonstruiert

Lößsubrosion

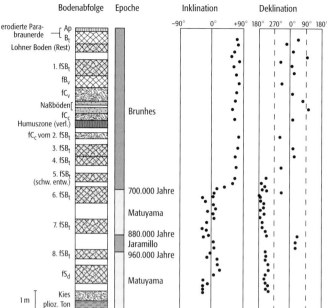

Lößstratigraphie: Stratigraphie und Paläomagnetik in einem Lößprofil (Bad Soden am Taunus).

werden. Wichtig für eine stratigraphische Einordnung sowie eine ↗absolute Altersbestimmung sind dabei bestimmte Leithorizonte, z.B. ↗Bodenbildungen (↗Paläoböden, ↗Naßböden), eingeschaltete ↗Tuffe, Eiskeilhorizonte und Humuszonen. Sie geben wichtige Informationen zur Morphodynamik sowie zur Klima- und Landschaftsgeschichte des Pleistozäns.

Lößsubrosion, ↗Subrosion im ↗Löß. Aufgrund seiner relativ hohen Wasserdurchlässigkeit ist Löß subrosionsempfindlich. Insbesondere an bevorzugten Wasserwegigkeiten (Makroporen, z.B. entstanden durch Wurzelkanäle) kann es zu einer Ausschwemmung und Verlagerung von feinstkörnigen Partikeln kommen.

Lösung, homogenes flüssiges Gemisch aus einem Lösungsmittel und einem oder mehreren gelösten Stoffen (Feststoff, Flüssigkeit, Gas). Die Löslichkeit hängt vom Lösungsmittel, dem betreffenden Stoff und den vorherrschenden Bedingungen (Temperatur, Druck) ab. In einer gesättigten Lösung liegt die maximal lösliche Menge des gelösten Stoffes vor. Durch die gelösten Stoffe können die Eigenschaften des Lösungsmittels erheblich verändert werden (↗Wasserchemismus).

Lösungsdoline, ↗Doline.

Lösungsfracht, 1) alle natürlichen aus der freien ↗Atmosphäre, der chemischen ↗Verwitterung von Mineralen und biotischen Aktivitäten stammenden Stoffe, die im hydrologischen Kreislauf in Lösung gegangen sind, zuzüglich organischer und anorganischer Stoffe aus diffusen, ubiquitären oder punkthaften anthropogenen Emissionsquellen. Die Stoffe werden über oberflächlichen Abfluß sowie durch Quell- und Grundwässer ins Meer transportiert. 2) Teil der ↗Flußfracht, der alle im Wasser gelösten Stoffe umfaßt.

Lösungsgeothermometer ↗Geothermometer.

Lösungshohlraum, sekundär Hohlraum in einem Gesteinskörper, der durch Lösungsprozesse entstanden ist oder ausgeweitet wurde (Abb.); bestimmende Erscheinung bei verkarsteten Gesteinen (↗Verkarstung, ↗Karstgrundwasserleiter).

Lösungsmitteleinschluß, *Flüssigkeitseinschluß, fluid inclusion,* Einschluß mineralbildender Lösungen. ↗Flüssigkeitseinschluß.

Lösungspotential ↗osmotisches Potential.

Lösungsverwitterung ↗Verwitterung.

Lösungszüchtung ↗Kristallzüchtung aus Lösungen.

Lot, Gerät zur Bestimmung von Punkten, die in derselben Lotrichtung liegen. Man kann mit mechanischen, optischen und elektrooptischen Geräten die Lotlinie realisieren. Zu den einfachsten Geräten gehört das *Schnurlot* (Fadenlot), welches aus einem Lotkörper und einer dünnen, festen Schnur besteht. Es dient in der ↗Geodäsie u.a. zur Senkrechtstellung von ↗Fluchtstäben und zum Abloten bei der ↗Staffelmessung. Das *Stablot* (Lotstab) besteht aus zwei ineinander gleitenden Rohren mit einer Dosenlibelle. Der Lotstab kann zentrisch unter einem Vermessungsstativ befestigt werden. Setzt man die Spitze des Stabes auf das Zentrum eines Punktes, so ist die Stehachse des Instrumentes über dem Standpunkt zentriert, wenn die Dosenlibelle eingespielt ist. Als optisches Lot bezeichnet man z.B. ein kleines Fernrohr mit horizontalem Einblick und rechtwinklig nach unten gelenktem Strahlengang. Es dient der Zentrierung von Stativen oder Instrumenten (z.B. ↗Theodolit). Mit speziellen optischen Zenit- bzw. Nadirlotgeräten oder elektrooptischen Instrumenten (Lasergeräten) lassen sich Lotlinien über mehrere hundert Meter realisieren. [KHK]

Lotabweichung, Winkel zwischen der Lotrichtung in einem Punkt und der diesem Punkt durch eine Projektion zugeordneten Normalen auf einem

Lösungshohlraum: Lösungshohlraum in Jurakalken der westlichen Schwäbischen Alb (Öffnungsweite: ca. 1 m).

Rotationsellipsoid. Man spricht von einer ↗astrogeodätischen Lotabweichung, wenn die Bestimmung der Lotrichtung mit den Methoden der ↗geodätischen Astronomie erfolgte; sie tritt bei der ↗Transformation zwischen lokalen Koordinatensystemen auf. Dagegen beruht die ↗gravimetrische Lotabweichung auf der Bestimmung der Lotrichtung durch ↗Schweremessungen und wird über die Lösung der geodätischen Randwertaufgabe erhalten. Lotabweichungen hängen von den ellipsoidischen Koordinaten und damit von den Parametern des Bezugsellipsoides und von dessen Lagerung gegenüber der Erde ab. Handelt es sich bei dem Bezugsellipsoid um ein geozentrisch gelagertes ↗mittleres Erdellipsoid, so spricht man von absoluten Lotabweichungen, andernfalls von relativen Lotabweichungen. [KHI]

Lotabweichungskomponente, a) in der Breite: meridionale Lotabweichungskomponente, b) in der Horizontebene: Komponente der Lotabweichung in azimutaler Richtung. Sie ist vom zugrundegelegten ↗Rotationsellipsoid abhängig und ist deshalb als relative Größe zu betrachten. Die azimutale Lotabweichungskomponente tritt bei der ↗Transformation zwischen lokalen Koordinatensystemen auf. Unter der Annahme paralleler Achsen der beiden globalen Koordinatensysteme (↗globales geozentrisches Koordinatensystem $(\vec{e}_1, \vec{e}_2, \vec{e}_3)$ bzw. ↗konventionelles geodätisches Koordinatensystem $(\vec{e}_1, \vec{e}_2, \vec{e}_3)$) kann sie aus ↗astronomischen Zeit- und Längenbestimmungen erhalten werden, vorausgesetzt, die zugehörigen ellipsoidischen Koordinaten sind verfügbar:

$$\psi = (\lambda - L)\sin B = \eta \tan B.$$

Sie ist bei parallelen globalen Koordinatensystemen durch die Lotabweichungskomponente η festgelegt (↗astrogeodätische Lotabweichung, ↗Lotabweichung), c) in der Länge: longitudinale Lotabweichungskomponente. [KHI]

Lotabweichungspunkt, Punkt, dessen ↗Lotabweichung bekannt ist.

LOTEM, *Long Offset-TEM*, ↗Transienten-Elektromagnetik.

lotisch, Bereich eines Fließgewässers mit starker Strömung.

Lotlinie ↗Schwerepotential.

Lotrichtung ↗Schwerepotential.

Lötrohr, Blasrohr, mit dem eine Flamme unter oxidierenden oder reduzierenden Bedingungen auf eine Mineralprobe gelenkt und diese dadurch zersetzt wird. Mit der Einführung des Lötrohres zur chemischen Analyse durch Axel von Kronstedt (1722–1765) in Schweden rückte die Zusammensetzung der Minerale in den Blickpunkt der Naturforscher.

Lötrohrprobierkunde, *Lötrohrmethode*, als Feldmethode, aber auch im Labor für rasche Informationen anwendbare Methode zum qualitativen oder halbquantitativen Nachweis der chemischen Zusammensetzung eines Minerals. Mit dem Lötrohr wird eine Flamme unter oxidierenden oder reduzierenden Bedingungen auf eine Probe gelenkt und diese dadurch zersetzt. Die Zerfallsprodukte weisen sich durch ihren Geruch aus oder bilden für bestimmte Elemente typisch farbige Niederschläge auf Holzkohle, Porzellan usw. Solche Mineralzersetzungen können mit ähnlichen Effekten auch in Glasröhrchen durchgeführt werden. Weiterhin gehört zum Repertoire dieser Methode das Auflösen der zu diagnostizierenden Probe in einer Phosphorsalz- oder Boraxschmelze; die entstandene »Perle« ist je nach Art des erzbildenden Elements unterschiedlich gefärbt oder getrübt. Es können auch über die Element- bzw. Mineralbestimmung hinaus quantitative Aussagen zur Zusammensetzung des Minerals machen (z. B. Silbergehalt in ↗Bleiglanz). [GST]

Lotung, Bestimmung der ↗Wassertiefe. Erfolgte früher mit Handloten oder Lotmaschinen, durch Absenken eines Lotgewichts an einer Leine oder einem Draht, heute mit ↗Echoloten.

Lotzeit, Laufzeit der reflektierten Welle bei Schuß-Geophon-Abstand Null (Schuß und Empfänger an derselben Position). Der Wellenstrahl trifft senkrecht auf die reflektierende Grenzfläche und läuft in sich zurück.

Louis, Herbert, deutscher Geograph, * 12.3.1900 Berlin, † 11.7.1985 München; ab 1935 Professor in Ankara, ab 1943 in Köln, 1952–68 in München und Direktor des Geographischen Instituts der Universität; frühe kartographische und landeskundliche Arbeiten über Albanien, Reliefdarstellung und Geomorphologie in topographischen Karten; wichtige Beiträge zur Geomorphologie, Glazialmorphologie in der Umgebung Berlins, zu Urstromtälern und Bogendünen, zur Landeskunde der Türkei und Südosteuropas, insbesondere zur Landschaftsgenese Anatoliens, zu ↗Rumpfflächen und deren Genese. Louis vertrat die Ansicht, daß Rumpfflächen als sehr flachgeneigte Talhänge (Rampenhänge eines Flachmuldentales, ↗Talquerprofil) den fluvialen Abtragsformen zuzuordnen sind, entgegen den Vorstellungen seines Freundes ↗Büdel, der die Theorie der ↗Flächenbildung (↗doppelte Einebnungsfläche) vertrat. Abschluß seines wissenschaftliches Werkes bildet das Lehrbuch der Allgemeinen Geographie »Allgemeine Geomorphologie«, das in Umfang, Ausführlichkeit und Beschreibung der Theorienbildung im deutschen Sprachraum einzigartig ist. Werke (Auswahl): »Das natürliche Pflanzenkleid Anatoliens, geographisch gesehen« (1939), »Allgemeine Geomorphologie« (1979, 2 Teile). [JBR]

Love-Welle, neben der ↗Rayleigh-Welle der zweite Haupttyp von ↗Oberflächenwellen, in Seismogrammen oft mit *LQ* abgekürzt. Love-Wellen sind Scherwellen mit horizontaler Partikelbewegung senkrecht zur Ausbreitungsrichtung (↗Seismische Wellen). Die Existenz von Love-Wellen ist nur über geschichteten Medien möglich. Es gibt keine Love-Wellen über einem homogenen Halbraum. Die ↗Gruppengeschwindigkeit von sehr lang-periodischen (40–300 s) Love-Wellen ist mit 4,4 km/s nahezu konstant; diese werden auch nach Gutenberg als G-Wellen bezeichnet.

low-albite, *Niedrig-Temperatur-Albit*, ↗Albit, der unter 450°C stabil ist.
Low-Field-Strength-Elemente ↗*Large-Ion-Lithophile-Elemente*.
Low-Index, relativ geringer Zahlenwert des ↗Zonalindex.
Lowitz-Bogen, heller, farbiger Streifen am Himmel, der von der Nebensonne zum unteren Teil des 22°-Ringes verläuft, spezieller ↗Halo aus der Fülle der Halo-Erscheinungen.
Low-Pass-Filter ↗*Tiefpaßfilter*.
Low Resolution Information Transmission ↗*LRIT*.
Low Resolution User Station ↗*LRUS*.
low velocity zone ↗*Niedriggeschwindigkeitszone*.
Loxodrome, Kurve auf der Kugeloberfläche, die, in einem Punkt P unter dem Azimut γ beginnend, alle ↗Meridiane unter dem Winkel γ schneidet. Jede Loxodrome, deren Azimut γ nicht die Werte 0° oder 90° annimmt, ist keine geschlossene, in sich selbst zurückkehrende Kurve. Für γ = 0° ist der Meridian zugleich Loxodrome. Für γ = 90° bilden der ↗Parallelkreis sowie auch der Äquator die Loxodrome. Unter jedem anderen Schnittwinkel γ gegen den Meridian des Anfangsortes beginnende Loxodrome winden sich unter konstantem Winkel γ spiralförmig um die Erdkugel und nähern sich dem Pol. Der Schnittwinkel oder Kurswinkel der Loxodrome zwischen zwei Oberflächenpunkten A und B sowie die loxodromische Distanz AB ergeben sich durch Integration einer Differentialgleichung, die aus dem Differentialdreieck (Abb.) aufgestellt wird, das aus dem Poldreieck (↗geographische Koordinaten) hervorgeht. In der Abbildung gilt:

$$\tan \gamma = \frac{R \cdot \cos\varphi \cdot d\lambda}{R \cdot d\varphi}.$$

Durch Trennung der Variablen erhält man die Differentialgleichung:

$$d\lambda = \tan\gamma \cdot \frac{d\varphi}{\cos\varphi},$$

die leicht integriert werden kann:

$$\int_{\lambda_1}^{\lambda_2} d\lambda = \tan\gamma \cdot \int_{\varphi_1}^{\varphi_2} \frac{d\varphi}{\cos\varphi}.$$

Der Ausdruck $d\varphi/\cos\varphi$ ist das Differential der ↗isometrischen Breite. Er wird mit dem Symbol dq bezeichnet. Das Einsetzen in die vorherige Gleichung und Integration ergibt:

$$\Delta\lambda = \lambda_2 - \lambda_1 = \tan\gamma \cdot (q_2 - q_1).$$

Aus einer Integralsammlung entnimmt man:

$$\Delta\lambda \cdot (q_2 - q_1) =$$
$$\ln \tan\left(\frac{\varphi_2}{2} + \frac{\pi}{4}\right) - \ln \tan\left(\frac{\varphi_1}{2} + \frac{\pi}{4}\right).$$

Daraus erhält man für den Kurswinkel γ der Loxodrome von A nach B $\tan\gamma = \Delta\lambda/\Delta q$. Die loxodromische Distanz $AB = \sigma$ leitet man ebenfalls aus der Abbildung ab. Es gilt:

$$\cos\gamma = \frac{R \cdot d\varphi}{d\sigma} \quad \text{und} \quad d\sigma = \frac{R}{\cos\gamma} \cdot d\varphi.$$

Die einfache Integration von A bis B ergibt für die Länge der Loxodrome:

$$\sigma = \frac{R \cdot (\varphi_2 - \varphi_1)}{\cos\gamma}.$$

Die Loxodrome ist von großer Bedeutung für die Navigation. Offensichtlich ist es ein Vorteil, ein Fahrzeug mit konstantem Richtungswinkel zu steuern. Allerdings muß gegenüber der ↗Orthodrome, die die kürzeste Verbindung zwischen A und B ist, eine Verlängerung des Weges in Kauf genommen werden. Im ↗Mercatorentwurf kann der Kurswinkel γ zwischen zwei Punkten der Karte direkt entnommen werden, da hier die Loxodrome als Gerade abgebildet wird. [KGS]

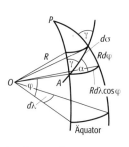

Loxodrome: Differentialdreieck zur Ableitung von Kurswinkel und Länge der Loxodrome.

LPE, *Liquid Phase Epitaxy,* Verfahren der Züchtung aus Hochtemperaturlösungen, das in der Halbleiterindustrie zur Herstellung von qualitativ hochwertigen Einkristallschichten der Verbindungshalbleiter auf ↗Substraten Verwendung findet. Entweder werden die Substrate als rotierende Scheiben von oben in die gesättigte Lösung gebracht (z. B. bei magnetischen Granatschichten), oder Schiebetiegel aus Graphit werden mit der gesättigten Lösung über die Substrate geschoben (z. B. bei ternären III-V-Verbindungen). Der diffusionskontrollierte Wachstumsprozeß erlaubt eine gute Kontrolle der Schichten in Dicke, Reinheit, Perfektion und Stöchiometrie. ↗Epitaxie.
LRIT, *Low Resolution Information Transmission*, ein Verfahren zur Übertragung digitaler Daten über ↗Satellit.
LRUS, *Low Resolution User Station*, ein System zum Direktempfang der ↗LRIT-Daten moderner ↗Wettersatelliten. ↗Satellit.
LS-Faktor, *Hangfaktor*, Faktor der ↗allgemeinen Bodenabtragsgleichung:

$$LS = (l/22)^m \cdot (65{,}41 \cdot \sin^2\theta + 4{,}56 \cdot \sin\theta + 0{,}065),$$

wobei l = Hanglänge in m, θ = Hangneigung in Grad; m variiert abhängig von Hangneigungsspannen. Für die Neigung s in % gilt:

$$LS = (l/22)^m s/9 (s/9)^{0{,}5}.$$

LSG ↗*Landschaftsschutzgebiet*.
L/S-Tektonit ↗*Tektonit*.
L-Tektonit, *B-Tektonit* (veraltet), ↗*Tektonit*.
Luch, regionale Bezeichnung für sumpfige und moorige, vorwiegend als ↗Grünland genutzte Niederungen in Nordostdeutschland.
Ludlow, international verwendete stratigraphische Bezeichnung für die dritte Stufe des ↗Silurs, über ↗Wenlock, unter ↗Pridoli (bzw. Downton), benannt von R. ↗Murchison (1854) nach Carbonaten und Schiefern der Typlokalität Ludlow, (Shropshire, England). ↗geologische Zeitskala.

Stickstoff	N₂	780.800
Sauerstoff	O₂	209.500
Argon	Ar	93.000
Kohlendioxid	CO₂	370
Neon	Ne	18
Helium	He	5
Methan	CH₄	1,8
Krypton	Kr	1,1
Xenon	Xe	0,09
Wasserstoff	H₂	0,5
Ozon (Stratosphäre)	O₃	5–10

Luft (Tab.): Zusammensetzung der trockenen Atmosphäre (in ppmV) im Jahr 1999.

Luft, Gasgemisch, aus dem die ↗Atmosphäre der Erde besteht. Mit Ausnahme des Wasserdampfes ändern sich die einzelnen natürlichen Gasanteile (Tab.) nur geringfügig und sind weitgehend gleichmäßig innerhalb der Atmosphäre verteilt. Infolge von Vulkanausbrüchen, Fäulnisprozessen usw. kann es aber zeit- und gebietsweise zu Schwankungen einzelner Komponenten kommen. Auch kann stratosphärisches Ozon im Zusammenhang mit ↗Fronten vorübergehend in tiefere Luftschichten gelangen. Anthropogene ↗Luftbeimengungen, z.B. Kohlenmonoxid, Schwefeldioxid und Stickstoffoxide, können die entsprechenden Anteile in Ballungsgebieten oder in stark frequentierten Flugkorridoren auch langzeitlich erhöhen. Dies gilt auch für Sekundärprodukte, wie z.B. Ozon. Seit der Industrialisierung im 19. Jahrhundert nimmt der Anteil von Kohlendioxid (CO₂) ständig zu. Dies ist auf die Verbrennung fossiler Brennstoffe (Kohle, Öl, Erdgas) zurückzuführen. Die zunehmende Konzentration von CO₂, aber auch anderer Gase (Methan, Lachgas, etc.), verstärkt den ↗Treibhauseffekt und kann zu einer ↗anthropogenen Klimabeeinflussung führen.

Luftbeimengungen, Veränderung der natürlichen Zusammensetzung der Luft aufgrund natürlicher und anthropogener Vorgänge. Dabei werden feste, flüssige und gasförmige Stoffe als in verschiedenen Mengen und über unterschiedliche Zeiträume in die ↗Atmosphäre eingebracht. Diese wirken als *Luftverunreinigung* und als *Luftschadstoffe* (↗Schadstoffausbreitung). Auf natürlichem Wege gelangt z.B. Schwefel aus Erdspalten, Staub durch Vulkanausbrüche und Sandstürme und Salze maritimer Herkunft in die Luft. Aufgrund menschlicher Aktivitäten, vorwiegend durch die Verbrennung fossiler Brennstoffe, werden große Mengen SO₂, CO₂ und Stickoxide in die Atmosphäre eingemischt.

Luftbelastung, Veränderung der natürlichen Zusammensetzung der Luft mit ↗Luftbeimengungen, die nach Art und Umfang so groß ist, daß eine Beurteilung der ↗Luftqualität anhand der bestehenden Grenz-, Richt- und Vorsorgewerte durchgeführt wird.

Luftbelastungsindex, LBI, die Beurteilung der Luftbelastung erfolgt anhand des Vergleichs gemessener Konzentrationen einzelner Schadstoffkomponenten mit gültigen Immissionsgrenzwerten (z.B. ↗TA Luft). Zur Beurteilung der Gesamtbelastung wird der Luftbelastungsindex eingeführt, der mehrere Luftverunreinigungen gleichzeitig berücksichtigt. Der Luftbelastungsindex (LBI) berechnet sich nach:

$$LBI = \sum_{i=1}^{4} \left[\frac{Meßwert}{Grenzwert} \right]_{C_i},$$

wobei c_i für die Stoffe SO_2, CO, NO_2 und Schwebstaub steht. Die Bewertung der Luftqualität erfolgt entsprechend einem standardisierten Maßstab (Tab.).

Luftbelastungsindex LBI	Bewertung
0,00–0,49	kaum belastet
0,50–0,99	schwach belastet
1,00–1,49	mäßig belastet
1,50–1,99	deutlich belastet
≥ 2,00	erheblich belastet

Luftbelastungsindex (Tab.): Luftbelastungsindizes und deren Bedeutung.

Luftbewegung ↗Wind.

Luftbild, in der Photogrammetrie und Fernerkundung ein von einem Luftfahrzeug (Flugzeug, Hubschrauber) im Rahmen eines ↗Bildfluges aufgenommenes analoges (photographisches) oder ↗digitales Bild der Erdoberfläche. Entsprechend der Orientierung der ↗Aufnahmeachse im Raum unterscheidet man Steil- und Schrägbilder. Bei Steilbildern ist die Aufnahmeachse genähert vertikal ausgerichtet, während Schrägbilder mit einer vorgegebenen Abweichung der Aufnahmeachse von der Lotrechten aufgenommen werden. Infolge der nicht lotrechten Stellung der Aufnahmeachse (Bildneigung ($\neq 0$)) und den Höhenunterschieden des aufgenommenen Geländes weisen Luftbilder projektive und perspektive Verzerrungen auf. Damit besitzen sie keinen einheitlichen ↗Bildmaßstab und sind gegenüber einer Karte geometrisch verzerrt. Luftbilder werden vorrangig in der ↗Aerophotogrammetrie als Grundlage zur rationellen Herstellung und ↗Fortführung von ↗topographischen Karten und ↗thematischen Karten sowie zur Generierung und Aktualisierung von georeferenzierten Basisdaten in ↗Geoinformationssystemen verwendet. Hierbei kommen in der Regel Steilbilder mit einer entsprechenden ↗Bildüberdeckung zum Einsatz. Außerdem haben Luftbilder in allen Geowissenschaften große Bedeutung zur Erforschung der natürlichen und bebauten Erdoberfläche sowie der Vegetation (Abb. im Farbtafelteil). Weitere Anwendungsbereiche liegen in der Land- und Forstwirtschaft, Hydrologie, Landschaftsarchitektur, Archäologie u.a., wo das Luftbild zur Bestandsdokumentation und als Pla-

Luftbildaufnahme: beispielhafte Darstellung für eine Luftbildaufnahme.

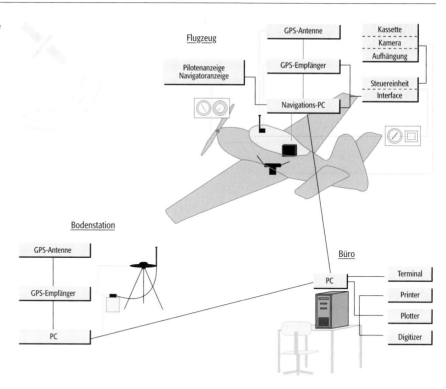

nungsgrundlage genutzt wird. Neben Steilbildern werden dafür in Einzelfällen auch Schrägbilder verwendet. In diesem Kontext hat sich die Luftbildinterpretation als eigenes Fachgebiet herausgebildet. [KR]

Luftbildatlas, ein ↗Bilderatlas; eine buchgleiche Zusammenstellung (Sammlung) von Photos, die aus einem Flugzeug, vorwiegend als farbige Schrägaufnahmen, aufgenommen wurden. Die meist für Staaten oder Großräume herausgegebenen Luftbildatlanten zeigen zumeist regionale Besonderheiten, Unterschiede, Wandlungsprozesse und Strukturprobleme in der Bilderfolge exemplarisch auf. Durch Gegenüberstellung von Bild und Text wird das Dargestellte fast immer geographisch, landeskundlich-historisch erläutert.

Luftbildaufnahme, in der Photogrammetrie und Fernerkundung Prozeß der Aufnahme von ↗Luftbildern mit einer ↗Luftbildmeßkamera durch einen ↗Bildflug mit einem ↗Bildflugzeug unter Beachtung der in der ↗Bildflugplanung festgelegten Parameter (Abb.).

Luftbildfilm, spezielles photographisches Aufnahmematerial zur Aufnahme von ↗Luftbildern. Als Luftbildfilme kommen Schwarzweißfilme (↗panchromatische Filme oder ↗Infrarotfilme) bzw. ↗Farbfilme oder ↗Color-Infrarot-Filme zum Einsatz. Es sind unperforierte Rollfilme, die hinsichtlich des Formates (in der Regel 24 cm Breite und bis zu 150 m Länge), der Empfindlichkeit, der speziellen ↗Sensibilisierung und der geringen ↗Filmdeformation für die Aufnahme von Luftbildern geeignet sind.

Luftbildinterpretation ↗Bildinterpretation.

Luftbildkarte, ein Orthophoto mit kartographischen Ergänzungen (Kartengitter, Höhenliniendarstellung, Namen und Bezeichnung u. a.); zählt zu den ↗Bildkarten.

Luftbildmeßkamera, photogrammetrische Meßkamera zur Aufnahme von ↗Luftbildern. Eine Luftbildmeßkamera besteht aus den Hauptbauteilen Kamerakörper, Kassette und ↗Kameraaufhängung. Der Kamerakörper verbindet das Hochleistungsobjektiv der Kamera starr mit dem die ↗Bildebene definierenden Anlegerahmen, um eine Invarianz der ↗inneren Orientierung der Kamera zu sichern. Der in der Nähe der Blendenebene des Objektivs angeordnete Zentralverschluß ermöglicht eine synchrone Belichtung des gesamten Bildes (↗Zentralprojektion) bei einer Auslösung mit konstanter Zugriffszeit. Der Kamerakörper ist auswechselbar, um Objektive unterschiedlichen ↗Bildwinkels (Brennweite) für die Bildaufnahme nutzen zu können. In der Ebene des Anlegerahmens befinden sich vier oder acht Rahmenmarken in den Bildseitenmitten bzw. -ecken zur Definition des Bildkoordinatensystems (↗Bildkoordinaten) und zur Erfassung der systematischen ↗Filmdeformation. Das quadratische ↗Bildformat hat im allgemeinen eine Größe von 23 × 23 cm. Auf das Aufnahmematerial kopierbare Nebenabbildungen dienen der Kennzeichnung der Bilder (↗Kamerakonstante, Bildnummer, Aufnahmeobjekt, Aufnahmezeit und Aufnahmedatum sowie ggf. Näherungswerte der ↗äußeren Orientierung). In den aufsetzbaren Rollfilmkassetten befindet sich das photographische Aufnahmematerial. Die Kassette sichert den Transport und die Planlage des Films auf pneumatischem Weg durch Ansaugen an eine plangeschliffene Andruckplatte. Im Moment der Belichtung wird die Andruckplatte mit dem angesaugten Film an den Anlegerahmen gepreßt. Eine ↗Bildwanderungskompensation ist durch eine Bewegung von Andruckplatte und Film in der Bildebene mit entsprechender Geschwindigkeit während der Belichtung realisierbar. Die ↗Kameraaufhängung dient der mechanischen Verbindung mit der ↗Plattform, der azimutalen Orientierung der Kamera und der genäherten Vertikalstellung der Aufnahmeachse. Hierzu können kreiselstabilisierte Aufhängungen genutzt werden. Die Steuerung der Luftbildmeßkamera zur Aufnahme gezielter Einzelbilder und ↗Bildreihen mit vorgegebener ↗Bildüberdeckung erfordert zusätzliche Vorrichtungen. Dazu gehören u. a. neben Navigationsteleskopen manuell zu bedienende Steuergeräte mit visueller Beobachtung der Relativbewegung des ↗Bildflugzeuges gegenüber dem Gelände. In der Regel werden im Bildflugzeug ↗GPS-Empfänger zur quasikontinuierlichen Raumkoordinaten-Bestimmung gegenüber einer GPS-Bodenstation durch differentielle Messung eingesetzt. Die Messungen bilden die Grundlage für die Navigation durch den Piloten, die Steuerung der Kamera und für die Bestimmung der Daten der äußeren Orientierung der aufgenommenen Bilder. [KR]

Luftbildmessung ↗Aerophotogrammetrie.

Luftbildumzeichner, einfaches Auswertegerät zur ↗Entzerrung eines Luftbildes bei subjektiv wahrnehmbarer Projektion des Bildes und einer zu aktualisierenden Karte über ein teilversilbertes Doppelprisma (Abb.). Nach der Einpassung über identische ↗Paßpunkte wird der nachzutragende Bildinhalt graphisch in die Karte übernommen.

Luftchemie, Teilgebiet der experimentellen ↗Meteorologie, das sich mit den physikalischen, chemischen und biologischen Prozessen befaßt, die die Bildung, den Abbau und die räumliche Verteilung von ↗Spurenstoffen in der globalen Atmosphäre bestimmen.

Luftdichte, Bezeichnung für die Massendichte der Luft mit dem Formelzeichen ϱ und der ↗SI-Einheit kg/m³. Die Luftdichte hängt über die spezifische Gasgleichung $p = \varrho \cdot R_l \cdot T$ vom ↗Luftdruck p und der Temperatur T ab. $R_l = 287{,}05$ J/(kg K) ist die spezifische Gaskonstante trockener Luft. Die Luftdichte trockener Luft hat unter Normalbedingungen ($T = 20°C$, $p = 1000$ hPa) den Wert $\varrho = 1{,}188$ kg/m³.

Luftdruck, *Druck*, Bezeichnung für den (statischen) Druck der Atmosphäre (*atmosphärischer Druck*) mit dem Formelzeichen p und der ↗SI-Einheit Pascal (Pa); 1 Pa = 1 N/m². In Anlehnung an die früher verwendete Einheit Millibar (mbar) wird der Luftdruck in der Praxis häufig in Hektopascal (1 hPa = 100 Pa = 1 mbar) angegeben. Der Luftdruck nimmt stets mit der Höhe ab. Er entspricht in einer bestimmten Höhe h der Gewichtskraft, die die über dieser Höhe befindliche Luft auf eine Einheitsfläche ausübt:

$$p(z) = \int_h^\infty g \cdot \varrho \cdot dz.$$

Hierin ist g die ↗Schwerebeschleunigung und ϱ die ↗Luftdichte. Mit Hilfe der ↗barometrischen Höhenformel läßt sich die Luftdruckdifferenz zwischen zwei Höhen bzw. die Schichtdicke (↗relative Topographie) zwischen zwei ↗Druckflächen berechnen. Die horizontale Verteilung des Luftdrucks (↗Hochdruckgebiete, ↗Tiefdruckgebiete) wird in ↗Wetterkarten in Form von ↗Isobaren dargestellt.

Luftdruckänderung, *Druckänderung*, die zeitliche Änderung des Luftdrucks an einem Meßpunkt oder in einem Gebiet auf der ↗Wetterkarte. Die Luftdruckänderung am Boden ist das Ergebnis der vertikalen Bilanz über die ↗Divergenz der horizontalen Massenflüsse in den darüber liegenden Luftschichten. Diese kann in die horizontale Winddivergenz und die Dichteadvektion (↗Advektion wärmerer oder kälterer Luft) zerlegt werden. Die graphische Vorhersage der 24stündigen großräumigen Luftdruckänderung gehörte früher zu den Grundaufgaben der ↗Synoptik.

Luftdruckfeld ↗Druckfeld.

Luftdruckgradient, räumliche Änderung des Luftdrucks, formal: ∇p. In der ↗Meteorologie wird auch zwischen dem vertikalen und dem horizontalen Druckgradienten unterschieden. Der vertikale Druckgradient ergibt sich aus der ↗statischen Grundgleichung. Luftdruckgradienten bewirken über die ↗Druckkraft Luftbewegungen. ↗Luftdruckschwankung, ↗Luftdrucktendenz.

Luftdruckmessung, Messung des atmosphärischen ↗Luftdrucks mit dafür vorgesehenen Geräten, als Barometer bezeichnet.

Luftdruckschwankung, *Druckschwankungen*, zeitliche Änderungen des Luftdrucks an einem Ort oder in einem Gebiet. So gibt es außer der mittleren täglichen und jährlichen Luftdruckschwankung weitere quasiperiodische bis unregelmäßige Druckschwankungen. Diese rühren zumeist von den wandernden ↗synoptischen Wettersystemen her, außerdem vom Wechsel der ↗Großwetterlagen sowie von anderen großräumigen Zirkulationsschwankungen. Die tägliche Luftdruckschwankung (Doppelwelle) ist das Ergebnis der täglichen Erwärmung und Abkühlung der Atmosphäre durch Strahlungsvorgänge mit dem Maximum der Amplitude von 1,2 hPa in den Tropen. In mittleren Breiten ist sie meistens von stärkeren Druckschwankungen überlagert, die mit dem aktuellen Wettergeschehen einhergehen. Bei den jährlichen Luftdruckschwankungen gibt es drei wesentliche Typen: a) der kontinentale Typ hat das Maximum des Luftdrucks im Winter und das Minimum im Sommer, b) der ozeanische Typ hat in mittleren Breiten das Maximum des Luftdrucks im Sommer und das Minimum im Winter, und schließlich hat der c) (sub-)arktische Typ das Maximum des Luftdrucks im Frühjahr und das Minimum im Herbst. [MGe]

Luftdrucktendenz, *Drucktendenz*, kurzfristige, meist dreistündige ↗Luftdruckänderung, oft an

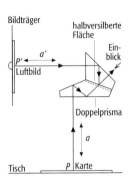

Luftbildumzeichner: Grundaufbau eines Luftbildumzeichners.

U [%]	p_d [hPa]	a [g/m³]	r [g/kg]	q [g/kg]	T_d [°C]	ΔT_d [K]
100	23,4	17,5	15,1	14,9	20,0	0,0
80	18,7	14,0	12,1	11,9	16,4	3,6
60	14,0	10,5	9,1	8,9	12,0	8,0
40	9,3	7,0	6,0	5,9	6,0	14,0
20	4,7	3,5	3,0	3,0	−3,6	23,6

Luftfeuchte (Tab.): Umrechnung verschiedener Feuchtemaße bei Normalbedingungen.

Luftdruckwellen, *Druckwellen,* periodische ↗Luftdruckschwankungen (Oszillationen) an einem Ort sind allgemein die Auswirkungen von transienten Wellen oder anderen Schwingungsvorgängen in der Atmosphäre. In der kleinen Skala (ca. 10 km Wellenlänge) treten interne Schwerewellen als Ursache auf, in der großen Skala (ca. 1000 km) vor allem die wandernden ↗synoptischen Wettersysteme. Schallwellen (Explosionswellen) sind Kompressionsdruckwellen.

Luftdurchlässigkeitsbeiwert, Durchlässigkeitsbeiwert des Bodens für Luft. In trockenen Böden entspricht der Luftdurchlässigkeitsbeiwert k_a dem Verhältnis der Luftfiltergeschwindigkeit v_a zu dem Druckgefälle i_p entlang der Strömungslinie: $k_a = v_a/i_p$. Je höher der Wassergehalt im Boden ist, um so kleiner wird der Luftdurchlässigkeitsbeiwert. Bei Wassersättigung kann eine Luftmigration schließlich nur noch durch Wasserverdrängung erfolgen.

Lufteinschlüsse im Eis, beim Gefrieren von Wasser wird die darin gelöste Luft je nach der Geschwindigkeit des Gefrierprozesses in mehr oder weniger großer Menge in Form von Blasen im Eis eingeschlossen. Die Untersuchung dieser Luftblasen im ↗Gletschereis kann Aufschlüsse über die Zusammensetzung der Atmosphäre zur Zeit der Eisbildung und über die ehemalige ↗Eismächtigkeit liefern.

Luftelektrizität ↗atmosphärische Elektrizität.

Luftfahrtkarte, *Luftnavigationskarte,* Planungs- und Orientierungskarte für den Luftverkehr und somit Navigationskarte zur Vorbereitung, Durchführung und zur Kontrolle von Flugbewegungen. Den Navigationsaufgaben zufolge werden Luftfahrtkarten in winkeltreuen ↗Kartennetzentwürfen hergestellt, wobei ↗Kegelentwürfe überwiegen. Sie beinhalten eine vereinfachte, auf topographische Orientierungsflächen reduzierte Darstellung, die Informationen zur Luftnavigation und Flugsicherung enthält. Sie ermöglichen die genaue Standortbestimmung des Flugzeugs, das Orientieren an Peil- und Leitrichtungen sowie das Einhalten vorgeschriebener Flughöhen, Luftkorridore und Kontrollzonen. Die Karten werden ergänzt durch sog. Luftfahrthandbücher, die von jedem Staat herausgegeben werden. Sie enthalten internationale Bestimmungen und Regeln zum Ablauf des Luftverkehrs sowie Landekarten, Lage- und Befeuerungspläne, Karten für Flughafennahverkehrsbereiche und Anflugkarten. Luftfahrtkarten werden in verschiedenen Maßstäben dargestellt. Dies reicht von der Weltluftfahrtkarte im Maßstab 1:10.000.000 über Luftfahrtkarten und Lufthinderniskarten (1:500.000 bis 1:200.000) bis zu Flughafenkarten und -plänen im Maßstab 1:50.000 bis 1:25.000. Instrumentenanflugkarten (Maßstab 1:200.000) haben in der modernen Luftfahrt eine vorrangige Bedeutung. Sie bestehen aus zwei Teilen, wobei die topographische Situation und der Flugweg entsprechend dem eingesetzten Anflugverfahren getrennt von einer Profildarstellung des höhenmäßigen Anflugablaufes, ergänzt durch Geländeprofil und Lage der Funkeinrichtungen, auf einem Display im Cockpit dargestellt werden. [HFa]

Luftfeuchte, *Feuchte, Feuchtigkeit,* allgemeine Bezeichnung für den Anteil des ↗Wasserdampfes in der Luft. Dieser Anteil ist in Abhängigkeit von der ↗Lufttemperatur in seiner Höhe begrenzt (↗Sättigungsfeuchte). Die Menge des Wasserdampfes in der Luft wird durch den ↗Dampfdruck p_d oder durch seine Masse m_d angegeben. Die Luftfeuchte ist ein entscheidender Parameter für die ↗Wolken- und Niederschlagsbildung, die Verdunstung und den ↗Strahlungsfluß. In der Praxis sind verschiedene *Feuchtemaße* in Gebrauch (Tab.). Man unterscheidet absolute und relative Feuchtemaße.

Zu den absoluten Feuchtemaßen gehört die *absolute Feuchte,* auch *absolute Luftfeuchtigkeit.* Sie bezieht sich auf die Masse des Wasserdampfs im Verhältnis zum Volumen der feuchten Luft und wird ausgedrückt in Wasserdampf in g pro m³ Luft:

$$a = m_d/V = p_d/(R_d \cdot T);$$

hierbei ist R_d = 461 J/kgK, das Mischungsverhältnis (Masse des Wasserdampfes im Verhältnis zur Masse der trockenen Luft):

$$r = m_d/m_l = \varepsilon\, p_d/(p-p_d),$$

dabei ist ε = 0,62 g/kg. Auch die ↗spezifische Feuchte gehört zu den Feuchtemaßen als Masse des Wasserdampfs im Verhältnis zur Masse der feuchten Luft mit:

$$q = m_d/(m_l+m_d) = \varepsilon \cdot p_d/(p+(1-\varepsilon)p_d)$$

mit der Einheit g/kg. Die *relative Feuchte* U gibt die aktuelle Luftfeuchte relativ zur Sättigungsfeuchte ($U = 100 \cdot p_d/p_{ds}$ [%]) an. Bei einer relativen Feuchte von 100 % setzt ↗Kondensation ein. Weitere Feuchtemaße sind der ↗Taupunkt und die ↗Taupunktdifferenz.

Lufthebeverfahren, Spülbohrverfahren (↗Spülbohrung), bei dem das Bohrgut mittels eines Gemisches aus Bohrspülung und Luft zutage gefördert wird (Abb.). Die direkt in das Bohrloch eingeleitete Bohrspülung strömt zum Bohrmeißel, wo sie sich mit dem Bohrgut vermischt. Danach fließt das Zweiphasengemisch Bohrspülung/Bohrgut in das hohle Bohrgestänge. Dort wird oberhalb des Bohrmeißels Preßluft eingeblasen, so daß ein Dreiphasengemisch Bohrspülung/ Bohrgut/Luft entsteht. Da dieses eine geringere spezifische Dichte aufweist als die Bohrspülung im ↗Ringraum des Bohrlochs, drückt die Bohrspülung das Dreiphasengemisch nach oben. Bei genügend großen Leitungsdurchmessern (ca. 300 mm) können so Bohrtiefen von 1000 m erreicht werden. Der Unterschied zum gewöhnlichen ↗Saugbohrverfahren besteht im wesentlichen im Einsatz der ↗Mammutpumpe anstelle der Saugpumpe. [ABo]

lufthygienischer Wirkungskomplex, Teil der Human-Biometeorologie, der sich mit den Reaktionen im menschlichen Organismus befaßt, die durch natürliche und anthropogene ↗Luftbeimengungen ausgelöst werden. Dabei werden feste, flüssige und gasförmige Komponenten betrachtet, die gesundheitliche Auswirkungen auf den Menschen im Freien und in geschlossenen Räumen haben. Die ↗Immissionen hängen von Art und Umfang der ↗Emissionen sowie den atmosphärischen Ausbreitungsbedingungen ab. Für die Wirkungen der Immissionen ist die Einwirkungsdauer und die Konzentration entscheidend (Dosis-Wirkung-Beziehung). Insbesondere kann durch die komplexen Wechselwirkungen zwischen gleichzeitig vorhandenen, verschiedenen Schadstoffkomponenten, dem Klima und dem physischen und psychischem Zustand des einzelnen Menschen die Wirkung verstärkt oder auch abgeschwächt werden.

Luftionen, *atmosphärische Ionen*, Ionen der Luftatome und -moleküle. Bei der ↗Ionisation der Luftatome und -moleküle entstehen primär ein Elektron und ein positives molekulares Ion. Diese lagern sich an neutrale Atome und Moleküle an und bilden über verschiedene Reaktionsketten und durch Clusterbildung mit Wassermolekülen die Kleinionen, die eine Elementarladung tragen. Positive Ionen bestehen meist aus einem Proton und einer Anzahl von H_2O-Liganden ($H^+(H_2O)_n$) und können ein zusätzliches Kernmolekül enthalten. In negativen Ionen gruppieren sich Wasser-, HNO_3-, oder H_2SO_4-moleküle um verschiedene Kernionen (CO_3^-, NO_3^-, HSO_4^-) und bilden ebenfalls Cluster aus. Die Konzentration der Luftionen bestimmt die ↗elektrische Leitfähigkeit in der Troposphäre und Stratosphäre (↗Atmosphäre). Die Zusammensetzung der Luftionen variiert mit der Höhe. Unter 70 km dominieren Molekül-Cluster, darüber nimmt der Anteil der molekularen und atomaren Ionen zu. In der Troposphäre treten als Kerne der Kleinionen vielfach organische Verbindungen auf. Kleinionen werden vernichtet durch Rekombination und durch Anlagerung an Aerosolteilchen unter Bildung sogenannter Großionen. [UF]

Luftkapazität, entspricht dem ↗Porenvolumen eines Bodens, das bei ↗Feldkapazität mit Luft gefüllt ist. Sie stellt ein Maß für die Beurteilung der Sauerstoffversorgung der Pflanzenwurzeln dar. Die Luftkapazität wird eingeteilt in die Stufen sehr gering (< 2%), gering (2–4%), mittel (4–12%), hoch (12–20%) und sehr hoch (> 20% Luftvolumen).

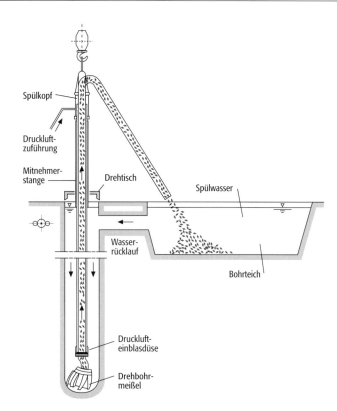

Lufthebeverfahren: Prinzip.

Luftleuchten, das Nachleuchten von Atomen und Molekülen in der hohen Atmosphäre, die durch die eingestrahlte Sonnenenergie – meist über Zwischenprozesse wie Dissoziation oder Ionisation – in angeregte Zustände versetzt worden sind. Der Spezialfall des Nachtleuchtens kann nur von Satelliten aus beobachtet werden.

Luftlicht, Anteil der diffusen ↗Himmelsstrahlung, der bei der Aufnahme von ↗Luftbildern direkt in Richtung auf die Kamera wirkt. Das Luftlicht entsteht durch die Streuung der Sonnenstrahlung an den Luftmolekülen und ↗Aerosolen (bis 100 µm große Schwebeteilchen) in der ↗Atmosphäre. Durch die Einwirkung des Luftlichtes werden die geringen ↗Objektkontraste bei der photographischen ↗Luftbildaufnahme weiter reduziert (Abb.). Die Verwendung von Gelbfiltern reduziert den negativen Einfluß des kurzwelligen Luftlichtes.

Luftmassen, ein Konzept, das sich direkt aus der klassischen Definition der ↗Polarfront zwischen ↗Polarluft und ↗Tropikluft ergibt (↗Bergener Schule) und das sich zugleich auf die ↗Klimazonen der Erde bezieht. Diese können als großräumige Ursprungsgebiete signifikant unterschiedlicher Luftmassen angesehen werden. (↗Luftmassenklassifikation). Eine Luftmasse ist ein ↗synoptisch-skaliger Luftkörper von wenigstens 500–1000 km Durchmesser und mindestens 500–1000 m vertikaler Mächtigkeit. Nach längerem Verweilen (ca. 5 Tage) in ihrem Ursprungsgebiet zeichnet sich die jeweilige Luftmasse durch typische Werte und geringe horizontale Gradien-

Luftlicht: Beleuchtungsverhältnisse bei einer Luftbildaufnahme.

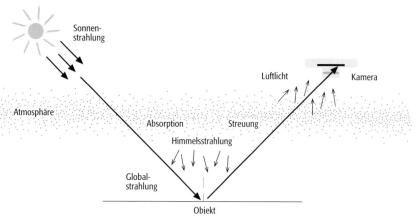

ten der Temperatur und Feuchte aus, wobei die zugehörigen ↗Luftmassengrenzen als Zonen stärkerer horizontaler Gradienten hervortreten. In ↗Zyklonen und in vertikal gut durchmischten Luftströmungen bilden sich hochreichende (ca. 5000 m), in ↗Hochdruckgebieten nur flachgeschichtete (ca. 1500 m) Luftmassen.　　[MGe]

Luftmassengewitter, ↗Gewitter, die sich in einer einheitlichen ↗Luftmasse bilden, also nicht an eine ↗Front gebunden sind. Sie entwickeln sich bevorzugt im Sommer über Land in geschichteten Warmluftmassen ↗bedingter Instabilität, aber auch im Winter über See in hochreichenden Kaltluftmassen. Luftmassengewitter treten entweder sporadisch oder aber in Linien oder Zusammenballungen (*Clustern*) organisiert auf.

Luftmassengrenze, Grenze, durch die Luftmassen durch ↗Fronten bzw. durch breitere barokline Übergangsgebiete oder aber durch Luftmassen-Umwandlungszonen (parallel zu Küstenlinien, Gebirgskämmen, Meeresströmungen, Packeisgrenzen u. a.) voneinander abgegrenzt werden.

Luftmassenklassifikation, noch gebräuchlichen Verfahren lassen sich auf das ursprüngliche Konzept der ↗Bergener Schule von zwei Hauptluftmassen, ↗Polarluft und ↗Tropikluft, zurückführen, die an der ↗Polarfront aufeinandertreffen sollen. Diese vereinfachte absolute Klassifikation wurde seither verfeinert, so mit äquatorialer (E), tropischer (T) und subtropischer Luft (S) auf der tropischen, subpolarer (P) und arktischer Luft (A) auf der polaren Seite der Polarfront. Konkurrierend dazu wird in der Praxis eine relative Klassifikation (↗Warmluft, ↗Kaltluft) angewandt, die streng genommen auf den Vergleich verschieden temperierter Luftmassen und auf Vergleiche mit der Klima-Mitteltemperatur oder mit der Temperatur der Erdoberfläche zu beschränken ist, wie z. B. Kaltluft weht über wärmeren Untergrund hinweg. Wichtiges zusätzliches Klassifikationsmerkmal ist die kontinentale (c) bzw. maritime (m) Prägung, die den unterschiedlichen ↗Aerosol- und Feuchtegehalt der Luftmassen kennzeichnet und die mit der Jahreszeit wechselt und auch die Wärmestufe bestimmt: Festlandsluft (z. B. cP_s) ist im Sommer, Meeresluft (z. B. mP_s) dagegen im Winter relativ warm.　　[MGe]

Luftmassenumwandlung, *Luftmassentransformation,* betrifft alle Luftmassen, die sich von ihren klimatischen Ursprungsgebieten zunehmend entfernen und dabei veränderten Einflüssen der Strahlung und des Untergrundes, unterworfen sind. So kühlen sich polwärts vorstoßende Warmluftmassen über dem kälteren Untergrund ab, aber auch infolge der ungünstigeren Strahlungsbilanz, wobei sie sich zunächst vom Boden her stabilisieren, im weiteren Verlauf jedoch in weniger energiereiche Luftmassen umwandeln. Dagegen erwärmen sich äquatorwärts vordringende Kaltluftmassen am wärmeren Untergrund und infolge der günstigeren Strahlungsbilanz, wobei die vertikale Schichtung zunehmend instabil werden kann. Demgegenüber sind Luftmassenmodifikationen die Folge großräumiger Hebungsvorgänge in ↗zyklonalen und Absinkvorgänge in ↗antizyklonalen Bereichen, außerdem ergeben sie sich vom Untergrund her beim Wechsel der kontinentalen und maritimen Prägung.　　[MGe]

Luftmassenwechsel, an einem Ort oder in einem Gebiet geschieht dies typischerweise im Verlauf einer ↗Frontpassage, wobei eine neue Warmluft- oder Kaltluftmasse herangeführt wird.

Luftmassenwetter, das typische Wetter im Bereich einer definierten Luftmasse (↗Luftmassenklassifikation). In Warmluftmassen z. B. ist im Winter meist trübes Wetter mit Sprühregen zu erwarten, im Sommer dagegen vorwiegend heiteres Wetter, unter Umständen mit örtlichen Gewittern. Andererseits rechnet man in hochreichenden Kaltluftmassen zu allen Jahreszeiten mit wechselhaftem Wetter und Schauern. Einfache Regeln gibt es nicht, denn das Luftmassenwetter hängt von zusätzlichen Faktoren ab, so vom Grad des ↗zyklonalen oder ↗antizyklonalen Einflusses.

Luftnavigationskarte ↗*Luftfahrtkarte.*

Luftnavigationssysteme, Steuerungssysteme für die Aufgaben der Flugsicherung. Hierzu zählen die Verkehrslenkung, Meldung und Überwachung der Flugbewegungen, die Entgegennahme und Weiterleitung von Flugplänen und die Betreuung der Funknavigationsanlagen. In der deutschen Luftfahrt übernimmt dies die Deutsche Flugsicherung GmbH (DFS), ein bundeseigenes, privatrechtlich organisiertes Unternehmen. Die umfangreichen und sicherheitsrelevanten Aufgaben der DFS erfordern den Einsatz des ↗Global Positioning System (GPS) bzw. ↗GLONASS, dem Globalen Satellitennavigationssystem der russischen Förderation. Seit Ende Januar 1998 werden Flugzeuge mit Geräten zur Flächennavigation ausgerüstet. In Verbindung mit GPS können Flugzeuge mit diesen Geräten zur Flächennavigation die kürzeste Route zwischen zwei Punkten präzise anfliegen, ohne daß der Pilot manuell von einem zum anderen Funkfeuer navigieren muß. Dieses System wurde von der DFS entwickelt und trägt zur Optimierung und Kapazitätserweiterung des deutschen Luftraums bei. Zukünftig wird ein integriertes Navigationssystem den Flugverkehr unterstützen, das alle verfügbaren Satellitensysteme nutzen kann. In naher Zukunft wird in Deutschland die digitale Datenverbindung zwischen Boden- und Bordsystemen verfügbar sein, was der Realisierung eines integrierten Führungssystems für Flugzeug und Flugverkehr weiter entgegenkommt. Auch in Anbetracht solcher Entwicklungen dürften die herkömmlichen Luftfahrtkarten, zumindest als Bordnotkarten, nicht entbehrlich werden. [HFa]

Luftpaket, begrenztes Luftvolumen, welches sich mit dem Wind bewegt. Der Begriff des Luftpaketes dient vor allem zur theoretischen Beschreibung meteorologischer Vorgänge, wie z. B. der adiabatischen Temperaturänderung aufsteigender Luft. Gelegentlich wird hierfür auch der Begriff Luftpartikel verwendet. Im Unterschied dazu dient der Begriff ↗Luftmasse zur Charakterisierung eines größeren Luftvolumens im Bereich der synoptischen ↗Meteorologie und der ↗Klimatologie.

Luftperspektive, Beleuchtungs- und Farbeffekte der natürlichen Landschaft, die durch Diffusion des die Atmosphäre der Erde durchdringenden Sonnenlichtes entstehen. Die kontrastierenden, satten Farbtöne der Nähe werden mit zunehmender Ferne durch eine immer stärkere Blautrübung abgeschwächt. Diese allgemeine Seherfahrung wird für die kartographische ↗Reliefdarstellung nutzbar gemacht, indem Nähe – bei einer angenommenen Betrachtung der Landschaft »von oben« – gleich Gebirgshöhe mit dünn durchsichtiger Luft, Ferne gleich dunstgetrübter Taltiefe gesetzt wird. Daraus entstand bereits um 1860 durch R. Leuzinger (1826–1896) in der Schweiz eine farbige Reliefdarstellung mit der Farbfolge Grünblau – Grün – Grüngelb – Gelb – Rosa – Weiß, ausgeführt in Chromolithographie. Stufenfolge und Höhenfestlegung entsprechen dabei den Vegetationsstufen vom Kulturland der Ebene über Laub- und Nadelwaldstufe zu Alm-, Fels- und Schneeregion. Für Hochgebirgsdarstellungen gibt diese Skala mit ihrem Kontrast zwischen dunklem Grünblau für die Tiefe und Gelb, Rosa und Weiß für die Höhen in Kombination mit einer kräftigen schattenplastischen Reliefdarstellung in Grauviolett Karten von überzeugender plastischer und ästhetischer Wirkung (↗Re-

liefkarte). Diese Methode, ursprünglich nur für groß- und mittelmaßstäbige Hochgebirgskarten benutzt, hat E. ↗Imhof unter Verwendung moderner ↗Reproduktionsverfahren zur höchsten Vollendung geführt und sie dabei auch seit dem Jahr 1962 auf kleinmaßstäbige Atlaskarten angewandt. [WSt]

Luftpyknometer, Pyknometermethode (↗Kapillarpyknometer) zur Wassergehaltsbestimmung von Böden, welche als Schnellverfahren an Baustellen eingesetzt werden kann.

Luftqualität, Maß für die Reinheit der Luft, zu deren Festlegung und Beschreibung die Konzentrationen bestimmter ↗Luftbeimengungen herangezogen werden. Die Luftqualität ist insbesondere im Hinblick auf deren Wirkungen auf die Biosphäre, Gesteine und Metalle von Bedeutung.

Luftreinhalteplan, Instrument der ↗Raumplanung, welches alle Maßnahmen zur Erfassung, Prognose und Reduzierung bestimmter Inhaltsstoffe der Luft mit schädigenden Auswirkungen auf Mensch, Tier, Pflanze und Sachgüter enthält. Der Luftreinhalteplan zeigt auf, wo Gebiete starker Luftverunreinigungen liegen und wo Emissionen vermindert werden sollten. Bis jetzt ist die Aufstellung eines solchen Plans in Deutschland nicht gesetzlich vorgeschrieben. Daher existieren bisher nur für einzelne Teilgebiete lokale oder regionale Luftreinhaltepläne, obwohl ein solcher Plan für Umweltplanungen eigentlich unabdingbar wäre.

Luftreinhaltung, technische und gesetzgeberische Vorgaben und Maßnahmen zum Schutz der natürlichen Zusammensetzung der Luft. Anthropogene Emissionen durch Hausbrand, Verkehr und Industrie sollen dabei verhindert oder soweit als möglich gemindert werden. Das Bundes-Immissionsschutzgesetz mit Verordnungen und Verwaltungsvorschriften regelt die Maßnahmen zur Luftreinhaltung. Diese sind anlagenbezogen, wobei geprüft werden muß, ob durch die Errichtung für die Bewohner benachbarter Grundstücke erhebliche Nachteile, Gefahren oder Belästigungen zu erwarten sind. Sie können auch den produktbezogenen Immissionsschutz betreffen (regelt die Inhaltsstoffe von Produkten und Erzeugnissen) oder den gebietsbezogenen Immissionsschutz (Überwachung der ↗Luftqualität in Untersuchungsgebieten und Aufstellen von ↗Luftreinhalteplänen).

Luftschadstoffe ↗Luftbeimengungen.

Luftspiegelung, Licht gelangt von einem Sichtziel auf mehreren Wegen (bei terrestrischer ↗Refraktion auf nur einem Weg) durch die Atmosphäre zu einem Beobachter, und deshalb wird das Sichtziel mehrfach, manchmal auch auf dem Kopf stehend, gesehen (Abb. 1). Eine Luftspiegelung wird verursacht durch ungewöhnliche Krümmung der Ausbreitungsrichtung des Lichtes von einem Sichtziel beim Weg durch die Atmosphäre infolge ↗Refraktion, wenn die Luftdichte wegen Temperaturänderungen und damit der ↗Brechungsindex der Luft besonders ungewöhnliche vertikale Profile aufweist. Der physikalische Prozeß ist keine ↗Spiegelung an festen

Luftspiegelung 1: mehrfache Luftspiegelung nach oben.

Luftspiegelung 2: Lichtwege bei einer Luftspiegelung.

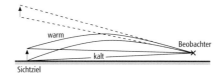

oder flüssigen Oberflächen, sondern ist ↗Totalreflexion an Luft mit ungewöhnlicher vertikaler Schichtung. Eine Luftspiegelung nach unten läßt sich oft an heiteren, windschwachen Sommertagen über asphaltierten Straßen oder über Wüste beobachten, wenn infolge sehr starker Temperaturabnahme mit der Höhe der Beobachter nicht die dunkle Straße sieht, sondern vielmehr das Licht vom hellen Himmel, das an der Luft über der Straße reflektiert wurde, wodurch man den Eindruck hat, eine Wasserfläche zu sehen. Eine Luftspiegelung nach unten ist auch die Ursache, wenn man in der Wüste die Silhouette einer fernen Ortschaft samt dem Himmel über ihr wie an einer Wasserfläche reflektiert sieht. Wenn die Lufttemperatur vom Boden nach oben ungewöhnlich stark zunimmt, tritt Luftspiegelung nach oben auf (Abb. 2), wodurch das Sichtziel einmal am Horizont und ein zweites Mal in den Himmel gehoben gesehen wird. Besonders komplizierte Luftspiegelungen haben manchmal eigene, vom Volksmund geprägte Bezeichnungen erhalten, wovon die bekannteste die *Fata Morgana* (Abb. 3 im Farbtafelteil) ist. Sichtziele hinter dem Horizont werden sichtbar, und durch Verzerrungen der Objekte erscheinen die seltsamsten Bilder, z. B. sieht man in Wüstengebieten durch Spiegelung des Himmels Wasserflächen oder Burgen und Gebirge, die es nicht gibt. Die Menschen in Kalabrien glaubten, die Fee Morgana (eine Gestalt der Mythologie) gaukele ihnen Trugbilder vor. [HQ]

Luftstickstoffbindung ↗biologische Stickstoff-Fixierung.

Lufttemperatur, Temperatur der Luft mit dem Formelzeichen T und der ↗SI-Einheit Kelvin (K). Gebräuchliche Temperaturskalen (↗Skalentemperatur) sind die Celsius-Skala (x°C = 273,15 K+x K) und die Fahrenheit-Skala (x°F = 273,15 K+0,5556 (x−32) K). Die Lufttemperatur ändert sich bei Zufuhr oder Abfuhr von Wärmeenergie (↗fühlbare Wärme) oder bei der Umwandlung anderer Energieformen in innere Energie. Bei ↗adiabatischen Prozessen ändert sich die innere Energie eines thermisch abgeschlossenen Systems, z. B. eines ↗Luftpakets, nur durch Zufuhr oder Entzug mechanischer Arbeit. Die geleistete Arbeit bei der Kompression oder Dekompression des Luftpakets ist gleich der Änderung der inneren Energie:

$$U = m \cdot c_v \cdot (T_2 - T_1),$$

die wiederum proportional zur Temperaturänderung ist. Dies geschieht in der ↗Atmosphäre in absinkender oder aufsteigender Luft, die wegen der Druckabnahme mit der Höhe komprimiert bzw. dekomprimiert wird und sich deshalb erwärmt bzw. abkühlt. Bei ↗diabatischen Prozessen wird einem Luftpaket thermische Energie von außen zugeführt oder von diesem nach außen abgegeben. An der Erdoberfläche gelangt Wärmeenergie auf Grund von Wärmeleitung aus dem Erdboden in die Luft (Temperaturzunahme) oder wird an den Erdboden abgegeben (Temperaturabnahme). Auch die Absorption kurz- oder langwelliger Strahlungsenergie, d. h. ihre Umwandlung in Wärmeenergie, führt zu einer Erhöhung der Lufttemperatur. Umgekehrt sinkt die Temperatur, wenn Wärme in Form langwelliger Strahlung abgestrahlt wird. Temperaturänderungen finden auch bei Phasenumwandlungen des Wasser statt. Bei der Verdunstung (z. B. von Wolken- oder Regentropfen) oder beim Schmelzen (z. B. von Schneeflocken) wird der Luft fühlbare Wärme entzogen (↗Verdunstungswärme, ↗Schmelzwärme) und die Temperatur sinkt. Bei Kondensation und Gefrieren wird ↗latente Wärme in ↗fühlbare Wärme umgewandelt und die Temperatur nimmt zu. Lokale Temperaturänderungen erfolgen auch infolge des An- oder Abtransports von Wärmeenergie mit dem Wind (↗Advektion) oder bei diffusiven Austauschprozessen infolge der ↗Turbulenz. Vielfach laufen mehrere Prozesse gleichzeitig ab. So wird die Abkühlung aufsteigender Luft teilweise kompensiert, wenn es zur Kondensation, d. h. zur Wolkenbildung kommt und entsprechend latente Wärme frei wird. [DH]

Luftverunreinigung ↗Luftbeimengungen.

Luftvolumen, Anteil des ↗Porenvolumens am Gesamtvolumen des Bodens, der mit ↗Bodenluft erfüllt ist.

Lugeon, Einheit zur Angabe einer auf einen Druck von 1 MPa und 1 m Versuchsstrecke bezogenen Verpreßrate [l/(min · m)], die bei der Durchführung eines ↗Wasserdruck-Tests ermittelt wird: 1 Lugeon = l/(min · m) bei 1 MPa.

Lugeon, *Maurice*, Geologe, * 10.7.1870 in Poissy bei Lausanne, † 26.10.1953 in Chevilly (Waadt, Schweiz); wurde 1898 Professor in Lausanne und verhalf durch seine Forschungen und Veröffentlichungen der Theorie vom ↗Deckenbau der ↗Alpen zur allgemeinen Anerkennung.

Lugeon-Versuch ↗*Wasserdruck-Test.*

Lu-Hf-Methode, relativ selten verwendete Methode der ↗Altersbestimmung nach dem Prinzip der ↗Anreicherungsuhr. Verwendet wird der β^--Zerfall des ^{176}Lu zum ^{176}Hf mit einer ↗Halbwertszeit von $3{,}55 \cdot 10^{11}$ Jahren. Die Verwendung der Methode zur Datierungen ist beschränkt durch die geringe Variation der Lu/Hf-Werte in Gesteinen und hohe Anforderungen an die Analytik bei der kontaminationsarmen Präparation des Hf. Die zuvor problematische Messung des *Hf-Isotops* ^{176}Hf wird neuerdings durch Verwendung der Sektorfeld-ICPMS erleichtert. Die Methode wird vorwiegend bei Fragestellungen zur Magmengenese, der Mantelentwicklung und in der Kosmochemie verwendet.

Lulangische Orogenese ↗Proterozoikum.

Lumachelle, *Coquina, Schillkalk*, ein fast ausschließlich aus Fossilschalen bestehender Kalk (bioklastischer Packstone/Rudstone). Obwohl Lamellibranchiatenschille vorherrschen, werden Lumachellen auch von Gastropoden, Brachiopoden oder gar Nautiliden aufgebaut. Allochthonschille werden in hochenergetischen Ablagerungsräumen, z. B. auf Carbonatsandbarren, angehäuft oder bilden sich durch Sturmflutereignisse (↗Tempestit). Autochthonschille sind in situ entstandene, biostromale Bildungen, z. B. Muschelbänke oder Auster-Biostrome.

Lumineszenz, Emission von Licht im sichtbaren, UV- und IR-Spektralbereich von Gasen, Flüssigkeiten und Festkörpern nach Energiezufuhr. Manche Minerale haben die Eigenschaft, kurz- oder langzeitig sichtbares Licht auszusenden (zu lumineszieren). Erfolgt das Leuchten nur während der Anregung (der Energiezufuhr), so spricht man von ↗Fluoreszenz, tritt es auch noch später und länger auf, nennt man die Lichterscheinung ↗Phosphoreszenz. Je nach dem energetischen Charakter der Anregung unterscheidet man: a) *Photolumineszenz* bei Anregung durch (meist unsichtbare ultraviolette) Lichtstrahlung. Besonders kräftig und häufig fluoreszieren die Minerale Fluorit, Scheelit, Sphalerit und Willemit, während Diamant, Baryt, auch Calcit und Gips verschiedentlich phosphoreszieren; b) ↗*Radiolumineszenz* bei Einwirkung von α-, β- und γ-Strahlen; c) ↗*Kathodenlumineszenz* oder *Kathodolumineszenz* bei Anregung durch Kathodenstrahlen. Neben den oben genannten Mineralen reagieren auch Apatit, Halit, Zirkon, Diamant und andere; d) *Thermolumineszenz*, die verschiedentlich schon bei der Erwärmung eines Minerals in der Hand auftritt (z. B. Diamant, Fluorit und Topas), meist aber Temperaturen um und über 100°C erfordert (z. B. bei den Mineralen Apatit, Baryt, Quarz, Calcit, Korund, Spinell); e) ↗*Tribolumineszenz*, die bei einer mechanischen Einwirkung (z. B. Reiben, Kratzen, Zerbrechen) auf bestimmte Minerale, wie z. B. Sphalerit, Dolomit und Marmor, festzustellen ist.
Die Kathodolumineszenzfarben der Minerale sind z. T. recht charakteristisch und lassen sich zur Mineralerkennung und -bestimmung heranziehen. Mit einer geeigneten Einrichtung (Abb.), in Verbindung mit einem Mikroskopphotometer, lassen sich auch quantitative Messungen und Bestimmungen durchführen. Sie geben vor allem Auskunft über Wachstumsstrukturen, Umbildungs- und Zersetzungsbereiche in Mineralphasen, Entmischungserscheinungen, Reliktstrukturen usw. An gezüchteten Kristallen können Wachstumszonen an der unterschiedlichen Färbung oder durch Schwankungen der Leuchtstärke erkannt werden. Eine gezielte Dotierung mit Luminophoren führt zu zahlreichen weiteren Anwendungsmöglichkeiten, auch an Gläsern und Kunststoffen. [GST]

Lumineszenzanalyse, Methode, die Anwendung als Fluoreszenzmikroskopie beim Erkennen von bitumenhaltigen fossilen Resten in Gesteinen findet, die im UV-Licht fluoreszieren, als Thermolumineszenz bei der Altersbestimmung von keramischen Erzeugnissen und bei der quantitativen Phasenanalyse, insbesondere von Quarz z. B. in grubenechten Stäuben des Steinkohlenbergbaues, sowie als ↗Kathodenlumineszenz. ↗Luminszenz.

Lumineszenzdatierung, ↗physikalische Altersbestimmung für quartäre Proben aufgrund eines mit dem Probenalter anwachsenden Strahlenschadens, der durch die emittierte Lumineszenz quantifiziert wird. Innerhalb der Lumineszenz-Datierungsmethoden unterscheidet man nach der verwandten Stimulationsenergie die ↗Thermolumineszenz-Datierung und die ↗Optisch Stimulierte Lumineszenz-Datierung. Alle Verfahren beruhen darauf, daß durch die Einwirkung ionisierender Strahlung, die in der Natur im wesentlichen von den instabilen Isotopen von U, Th und K ausgeht, Ladungsdefekte im Kristallgitter akkumuliert werden. Dabei werden Elektronen angeregt und in einem energetisch höheren Niveau als sog. Lumineszenzzentren fixiert, indem sie mit primären (Fremdatome, Gitterschäden) oder sekundären Defekten (durch α-Strahlung entstanden) rekombinieren. Die Anzahl der Ladungsdefekte wächst in Abhängigkeit von der Dosisleistung und der Stabilität der Lumineszenzzentren zeitabhängig an. Bei Erreichen des Gleichgewichts von Neubildung und Zerfall der Zentren wird eine Sättigung erreicht, bei der das Lumineszenzsignal nicht weiter mit dem Alter anwächst und welche die theoretische Datierobergrenze definiert.
Die Rückstellung des Signals erfolgt durch Belichtung, Erhitzung oder Mineralbildung, so daß Sedimentations-, Abkühlungs- bzw. Kristallisationsalter bestimmt werden können. In der Datierpraxis ist besonders der Grad der Signalrückstellung, der auch vom Ablagerungsmilieu und von der Sedimentationsgeschwindigkeit abhängt, zu bestimmen, wofür sich die kombinierte Anwendung von Thermolumineszenz-Datierung und Optisch Stimulierter Lumineszenz-Datierung bewährt hat. Generell werden die durch die Optisch Stimulierte Lumineszenz-Datierung angeregten Zentren schneller als die thermisch angeregten zurückgestellt. Daher ist die Thermolumineszenz-Datierung gegenwärtig eine Standarddatierung für gut gebleichte äolische Sedimente oder Keramik, während sich die Optisch Stimulierte Lumineszenz-Datierung

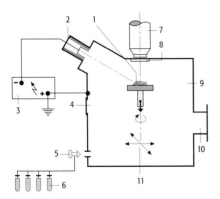

Lumineszenz: Einrichtung für Kathodenlumineszenz (schematisch): 1, 11 = dreh- und verschiebbarer Probenhalter, 2 = Elektronenkanone, 3 = Hochspannungsversorgung, 4 = Nadelschlußstutzen für Beschichten und Kontrastieren, 5 = Nadelventil, 6 = Gasflaschen, 7 = Objektiv, 8 = Beobachtungsfenster, 9 = Vakuumkammer, 10 = Anschlußstutzen für Vakuumpumpe.

auch für fluviatiles oder kolluviales Material eignet.
Für die Altersbestimmung wird die interne und externe Dosisleistung Do spektrometrisch, dosimetrisch, mit Neutronenaktivierungsanalyse oder Atomabsorptionsspektrometrie ermittelt (↗analytische Methoden). Die akkumulierte Dosis AD als Maß für die Menge der Strahlenschäden innerhalb der Probe wird durch künstliche Signalrückstellung unter Aufzeichnung der freigesetzten Lumineszenzstrahlung bestimmt. Hierzu wird der natürliche Vorgang zu simulieren versucht, indem durch künstliche Bestrahlung von Unterproben eine Aufbaukurve erstellt wird. Aus ihrem Schnittpunkt mit dem Integral des natürlichen Probensignals NTL wird die Äquivalenzenergiedosis ED abgeleitet. Aus der ED und der Stärke der benutzten Bestrahlungsquelle errechnet sich die akkumulierte Dosis AD. Aus dieser und der Dosisleistung Do läßt sich das Alter bestimmen, bei dessen Berechnung und Interpretation der natürliche Wassergehalt, mögliche radioaktive Ungleichgewichte und weitere oben genannte Faktoren zu berücksichtigen sind. Die Datierobergrenze der Lumineszenzmethoden liegt allgemein bei etwa 100.000–120.000 Jahren, kann jedoch in Abhängigkeit von Dosisleistung, Probenmaterial und Sedimenttyp höher oder geringer sein. Die Reproduzierbarkeit der Altersdaten wird durch die *Single-Aliquot-Technik*, bei der eine statt mehrerer Unterproben zur Erstellung einer Aufbaukurve verwandt wird, sowie durch die *Single-Grain-Technik* zu verbessern versucht. Hier wird nur ein Mineralkorn der Probe den geschilderten Verfahren unterworfen, um den statistischen Fehler zu minimieren. [RBH]

Lumps ↗Aggregatkörner.

lunare Variationen, die durch die Mondgezeiten relativ zum Erdmagnetfeld bewegten Ionosphärenschichten erzeugen Lorentzströme, deren Magnetfelder an der Erdoberfläche lunare Variationen genannt werden.

Lundegardh, *Henrik*, schwedischer Pflanzenökologe, * 23.10.1888 Stockholm, † 16.11.1969 Penningby (Schweden); 1935–1955 Professor in Uppsala-Ultuna; Arbeiten zur Bedeutung klimatischer und edaphischer Standortfaktoren für den Pflanzenwuchs; entwickelte eine Methode zur Bestimmung der Bodenatmung (Lundegardh-Glocke); in seinem Lehrbuch »Klima und Boden in ihrer Wirkung auf das Pflanzenleben« beschreibt er u. a. den Wasser-, Luft-, Wärme- und Nährstoffhaushalt verschiedener Bodenformen und deren Bedeutung für Pflanzenwuchs und Bodenorganismen.

Lunette ↗*Bogendüne*.

Lutet, *Lutetium*, nach dem römischen Namen für Paris benannte, international verwendete stratigraphische Bezeichnung für eine Stufe des ↗Eozäns. ↗Paläogen, ↗geologische Zeitskala.

Luv, die dem Wind zugewandte Seite eines Körpers (z. B. Schiff, Gebäude, Berg).

Luvisols, [von lat. luere = waschen], Böden der ↗WRB, Böden mit einem ↗Argic horizon als diagnostischem Horizont, dessen ↗Kationenaustauschkapazität (in 1 Mol NH_4-Acetat) mindestens 24 $cmol_c$/kg Ton beträgt; sie bedecken etwa 650 Mio. Hektar Fläche mit Konzentrationen in gemäßigten Klimagebieten Zentral- und Westeuropas, in den Mittelmeerregionen und in Nordamerika; sie sind meist vergesellschaftet mit ↗Cambisols und ↗Gleysols. Gleyic Luvisols entsprechen den Gley-Parabraunerden, albic Luvisols den ↗Fahlerden, chromic Luvisols der Parabraunerde-Terra fusca, dystric Luvisols den dystrophen ↗Parabraunerden und haplic Luvisols den eutrophen Parabraunerden.

Luvlage, Bezeichnung für die Lage eines Gebietes auf der Luvseite (↗Luv) eines Berges. In diesem Fall wird die anströmende Luft zum Aufsteigen im Luv gezwungen, was bei entsprechender Luftfeuchte zur Ausbildung von Staubewölkung und langanhaltenden Niederschlägen führen kann.

Lux, ↗SI-Einheit der Beleuchtungsstärke (Kurzzeichen: lx); 1 lx = 1 cd · s · sr · m^{-2}.

Luxmeter, Gerät zur Messung der Beleuchtungsstärke.

LVA ↗Landesvermessungsamt.

LVP ↗Landschaftsverträglichkeitsprüfung.

LVZ, low velocity zone, ↗Niedriggeschwindigkeitszone.

Lycopodiopsida, *Bärlappgewächse*, Klasse der ↗Pteridophyta. Der oft dichotom verzweigte, actinostelate bis siphonostelate ↗Sporophyt ist mit ↗Wurzeln im Boden verankert und mit Mikrophyllen beblättert. Dabei unterscheiden sich die assimilierenden ↗Trophophylle kaum von den ↗Sporophyllen. Die ↗Sporen werden in meist blattachselständigen Sporangien gebildet, die oft zu endständigen Sporophyllständen vereinigt sind, aus denen sich bei den Lepidodendrales Sporophyllzapfen und sogar ↗Samen entwickelten. Die Lycopodiopsida leiteten sich von den Zosterophyllales (↗Psilophytopsida) ab und hatten ihre Blütezeit im Jungpaläozoikum, als die Lepidodendrales-Bäume die Waldvegetation dominierten. Lycopodiopsida kommen vom ↗Devon bis rezent vor:

a) Die Asteroxylales hatten nadel- oder stachelähnliche, leitbündelfreie Emergenzen und eine Aktinostele, deren abzweigende Seitenstränge bis zum Ansatz der Emergenzen reichten. Die Sporangien standen direkt oder zusammen mit Emergenzen am Sproß und bildeten Isosporen. b) Bei den actinostelaten Protolepidodendrales (Devon) saßen die Sporangien auf kurzen, mit Leitbündeln versehenen Stielchen zwischen Blättern (Drepanophycaceae) oder auf der Oberseite von Sporophyllen (Protolepidodendraceae). c) Die mikrophyllen, plektostelaten, isosporen Lycopodiales (echte Bärlappe; Oberdevon bis rezent) veränderten ihren krautigen Habitus in der Erdgeschichte ebensowenig wie d) die Selaginellales (↗Karbon bis rezent). Diese Moosfarne sind heterospor, actinostelat bis siphonostelat und besitzen eine ↗Ligula. e) Die Lepidodendrales (Bärlappbäume, Riesenbärlappe, Rindenbäume, Schuppenbaumgewächse) (Oberdevon bis ↗Perm) sind heterospor. Die Pflanzen erreichten bis zu 50 m Höhe bei bis zu 5 m Stamm-Durchmesser und besaßen eine Siphonostele und ein nur schwach differnziertes Phloem. Besonders die fast ausschließlich aus Festigungsgewebe bestehende, außerordentlich dicke Rinde gab den Bäumen die erforderliche mechanische Stabilität. Sie war über die Ligulae an der Wasseraufnahme beteiligt. Die bis zu 1 m langen Mikrophylle waren in Längsreihen (Sigillariaceae, Siegelbäume) oder schraubig (Lepidodendraceae, Schuppenbäume) am Stamm angeordnet und hinterließen nach dem Abfallen charakteristische Narben und Blattpolster auf der Stammoberfläche. Die Verankerung der Bäume erfolgte über rhizomartige, dichotom verzweigte Wurzelträger (Stigmarien) mit sekundärem Dickenwachstum, denen viele schwach entwickelte Wurzeln, sog. Appendices, entsprangen. Die Sporangien lagen geschützt zwischen den zahlreichen, schuppenförmig verbreiterten und schraubig-dachziegelartig angeordneten Sporophyllen, die endständig an Zweigen hängende und bis 70 cm lange Sporophyllzapfen bildeten. Daraus entwickelten sich bei den Lepidocarpaceae (Samenbärlapp) den ↗Samen der ↗Spermatophyta homologe Organe, indem jedes Megasporangium von seinem Sporophyll bis auf eine Öffnung für bestäubende Mikrosporen umschlossen wurde und nach der Befruchtung dieses Organ auf der Mutterpflanze angeheftet blieb. Da diese Megasporophylle zapfenartig angeordnet waren, entstanden Samenzapfen, die denen der gymnospermen Spermatophyta ähneln. Die Lepidodendrales wuchsen in waldartigen Beständen in paralischen Küstensümpfen sowie kontinentalen Sümpfen und Auenwäldern und waren zusammen mit den Calamitaceae (↗Equisetopida) wichtigste Biomasselieferanten für die Karbonkohlen. Wahrscheinlich starben diese baumförmigen Bärlappe im Gegensatz zu den auch heute noch nahezu unveränderten krautigen Taxa im Perm aus, weil die Wurzelfunktion zur Wasseraufnahme und die Funktionalität der Wasserleitungsbahnen nicht gesteigert und so an das damals trockener werdende Klima angepaßt wurde. Deshalb konnten baumförmige Vegetationskörper der Bärlappe nicht mehr ausreichend mit Wasser versorgt werden. f) Die heterosporen, ligulaten, heute krautigen Isoetales (Brachsenkräuter) (↗Trias bis rezent) mit den fossilen Taxa Pleuromeia (↗Buntsandstein) und Nathorstia (Unterkreide) entwickelten sich unter zunehmender Stauchung des Stammes aus den Sigillariaceae entwickelt.

Die Fortpflanzungszellen der Bärlappgewächse, die *Bärlappsporen*, werden heute auch als Triftkörper zur Markierung von Grundwässern (↗Tracerhydrologie) bei Grundwasserleitern mit weitlumigen Wasserwegen, vornehmlich im Karst, eingesetzt. Die zumeist genutzten Sporen des Keulenbärlapp (*Lycopodium clavatum*, Durchmesser 30 μm) können unterschiedlich angefärbt und damit für zeitgleiche Mehrfachinjektionen (Multitracerexperimente) herangezogen werden.

Lyell, Sir *Charles*, schottischer Geologe, * 14.11.1797 Kinnordy (Tayside Region), † 22.2.1875 London; zunächst Jurist, 1831–33 Professor in London, dort anschließend Privatgelehrter. Lyell war einer der bedeutendsten Geologen des 19. Jh. Er setzte in der Geologie die bereits von J. ↗Hutton und K. E. A. von ↗Hoff skizzierte Auffassung des ↗Aktualismus durch, wonach die Ursachen für die Veränderungen der Erdoberfläche in langsam verlaufenden Prozessen der Gesteinsbildung durch Hitzeeinwirkung sowie nachfolgende Verwitterung und Erosion der Gesteine zu finden sind. Diese Erkenntnisse verdrängten die bis dahin herrschende Katastrophentheorie (Kataklysmenthorie) von G. de ↗Cuvier und hatten großen Einfluß auf die Entstehung der Deszendenztheorie (von Ch.R. ↗Darwin; Lyell war einer der ersten Anhänger der Darwinschen Abstammungslehre). Lyell begründete 1835 die (später von A. Ramsey und O. ↗Torell widerlegte) Drifttheorie (Beförderung eiszeitlicher Ablagerungen, insbesondere erratischer Blöcke, in Nordeuropa durch Eisberge). Werke (Auswahl): »Principles of Geology« (3 Bände, 1830–33).

Lyginopteridopsida, *Pteridospermae*, *Samenfarne*, ursprünglichste und schon zu sekundärem Dickenwachstum befähigte, morphologisch sehr plastische, aber noch blütenlose Klasse der ↗Cycadophytina mit den beiden Ordnungen Lyginopteridales und Caytoniales. Mehrere Pollensackgruppen sowie die Samenanlagen befinden sich an diskreten Abschnitten komplex und fiedrig verzweigter, farnähnlicher Wedel (Sporo-Trophophylle), selten sind sie zu ↗Sporophyllen zusammengefaßt. Lyginopteridopsida kommen vom ↗Karbon bis ↗Kreide vor, mit Hauptentwicklung im Oberkarbon bis Unterperm.

a) Bei den Lyginopteridaceae (Karbon), den ältesten Cycadophytina und Lyginopteridales, entwickelte sich der Stamm von protostelat ohne Mark zu eustelat mit zentralem Mark, die Wasser-Leitbündel von Schrauben- und Leiter-Tracheiden zu komplexen Hoftüpfel-Tracheiden. Die Laubblätter waren dichotom oder fiedrig geteilte Raumwedel, seltener flächig, und bildeten räumlich verzweigte Sporangienträger (Sporangiophoren) aus, die die ursprünglich miteinander noch wenig verwachsenen Pollensackgruppen und die Samenanlagen trugen. Die Höherentwicklung führte zu den polystelaten Medullosaceae (Oberkarbon bis Perm) mit zahlreichen, aber zunehmend miteinander verschmolzenen Pollensäcken an zunächst räumlich verzweigten und schließlich flächigen Trägern. Auch die bei den älteren Lyginopteridopsida noch dichotom und räumlich verzweigten Träger der Samenanlagen entwickelten sich weiter zu flächigen, blattähnlichen Fruchtblättern oder zu den schildförmigen Gebilden der Peltaspermaceae (Oberperm bis ↗Trias) oder zu den Megasporophyllen der Glossopteridaceae (Permokarbon ↗Gondwanas) aus fertilen und vegetativen, die ↗Samen einhüllenden Teilen.

b) Bei den pseudoangiospermen Caytoniales (↗Rhät bis Unterkreide) bargen helmartig eingerollte Sporophylle des Megasporophyllstandes

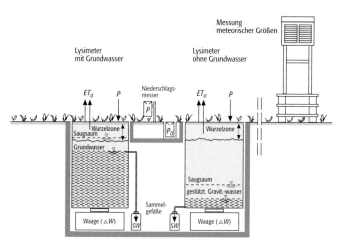

Lysimeter: schematische Darstellung des Aufbaus einer wägbaren Lysimeteranlage mit und ohne Grundwasser. (P = Niederschlag, P_0 = Niederschlag im Bodenniveau, Et_a = aktuelle Evapotranspiration, SW = Sickerwasser, ΔW = Gewichtsänderung).

mehrere Samenanlagen, die vom Megasporophyllgewebe bis auf einen dünnen Kanal umschlossen wurden, durch den bisaccate ↗Pollen, die jedoch noch keinerlei angiosperme Merkmale hatten, die Mikropyle der Samenanlage direkt bestäubten. Die Glossopteridaceae mit ihren gestielten, zungenförmigen Blättern und die handförmig gelappten Blätter der Caytoniales demonstrieren auch die fortschreitende Bildung flächiger, weniger stark zerteilter oder unzerteilter Blätter mit geschlossener Maschenaderung bzw. zentralem Mittelnerv und davon ausgehenden Sekundärnerven bei den jüngeren Samenfarnen. Die noch blütenlosen Lyginopteridopsida sind nach einer modifizierten Euantheridientheorie aber nicht nur Ausgangsgruppe für die Cycadophytina mit echten Blüten (↗Cycadopsida, ↗Bennettitopsida und Gnetopsida), worauf viele Ähnlichkeiten dieser sich parallel zueinander entwickelnden Taxa beruhen, sondern auch für die ↗Angiospermophytina. [RB]
Lyman-Alpha-Verfahren ↗Feuchtemessung.
Lyogel ↗Gel.
lyophil ↗hydrophob.
lyophob, aus der Kolloidchemie abgeleiteter Begriff, der ausdrückt, daß die Neigung eines dispergierten Teilchens zur Wechselwirkung mit gleichartigen Teilchen größer ist, als zur Wechselwirkung mit dem Dispersionsmittel. ↗hydrophob.

lyotrop ↗flüssige Kristalle.
Lysimeter, Meßanlage zur Bestimmung des ↗Wasserhaushaltes eines in einen Auffangbehälter eingebrachten Bodenkörpers mit bekannten Abmessungen, Eigenschaften und Vegetationsverhältnissen. Der Bodenkörper in Lysimetern kann ungeschichtet oder geschichtet eingebracht worden sein. Heute wird bei den Standardlysimetern der Bodenmonolith meist ausgestochen, wobei die natürliche Bodenstruktur erhalten bleibt. Je nach Versuchsziel und Untersuchungsbedingungen werden Lysimeter auch mit künstlich gehaltenem Grundwasserstand im Bodenkörper betrieben, um den Einfluß des Grundwasserflurabstandes auf die tatsächliche Verdunstung zu untersuchen (Abb.). Dabei kann der Grundwasserstand konstant gehalten oder variabel sein. Zur Vermeidung von Staueffekten an der Lysimetersohle wird gelegentlich ein Unterdruck angelegt (Unterdrucklysimeter). Es wird zwischen wägbaren und nicht wägbaren Lysimetern unterschieden. Bei nicht wägbaren Lysimetern wird v. a. durch Messung des Sickerwasserablaufes die ↗Grundwasserneubildung gemessen. Die ↗tatsächliche Verdunstung läßt sich nur für einen längeren Zeitraum ermitteln, wobei die Vorratsänderung des Bodenwasserhaushaltes vernachlässigt wird. Mit zusätzlicher Bodenwasservorratsmessung durch ↗Tensiometer oder durch ↗time domaine reflectometry läßt sich der Bodenwassergehalt des Bodenkörpers bestimmen, wodurch über die Anwendung der Gleichung zur ↗Wasserbilanz die Verdunstung ermittelt werden kann. Mit wägbaren Lysimetern wird der Bodenkörper in regelmäßigen Zeitabschnitten (z. B. täglich) gewogen. Zwischen Anfang und Ende des Zeitabschnittes wird aus der Gewichtsdifferenz die Änderung des Wasservorrates bestimmt. Wägbare Lysimeter sind die genauesten Geräte für die Verdunstungsmessung. [HJL]
Lysokline, Wassertiefe in den Ozeanen, in der eine deutlich verstärkte Lösung von Calcit einsetzt. Das Tiefenniveau der Lysokline variiert von Ozean zu Ozean analog der Tiefenlage der Calcit-Kompensationstiefe (↗Carbonat-Kompensationstiefe). Heute liegt sie im äquatorialen Bereich des Pazifiks bei ca. 4 km und des Atlantiks bei ca. 5 km.

Mäander, *Mäanderbogen*, *Mäanderschlinge*, stark gewundene Abschnitte eines ↗ *mäandrierenden* Flusses, bestehend aus einer Abfolge aufeinanderfolgender Flußschleifen. Eine einzelne Flußschlinge im Flußlauf wird nicht als Mäander bezeichnet. Der Abstand zweier aufeinanderfolgender Mäanderbögen wird *Mäanderlänge* genannt. Die größte Schwingungsbreite zweier aufeinanderfolgender gegenüberliegender Mänderbögen ist die Mäanderschwingungsbreite. Die Mäanderbildung und -weiterentwicklung wird induziert durch die Lage des Stromstrichs sowie diesen überlagernde ↗ helikale Turbulenzen in einer bestehenden Flußkrümmung. Dadurch treten kurz unterhalb des Scheitelpunkts der Krümmung nahe der Gewässeroberfläche höhere Fließgeschwindigkeiten auf, die die Seitenerosion (↗ fluviale Erosion) und ↗ Kapazität am ↗ Prallhang wirksam verstärken. Da der angegriffene Prallhangabschnitt i.d.R. etwas unterhalb der Stelle der stärksten Krümmung liegt (↗ Stromstrich Abb.), wird der Prallhang mehr oder weniger kontinuierlich seitlich und/oder flußabwärts versetzt. Zugleich wird am ↗ Gleithang mitgeführte ↗ Geschiebefracht seitlich anwachsend sedimentiert (Abb. 1). Der Dualismus aus Prallhang-Erosion und Gleithang-Sedimentation wird sichtbar in der Verlagerung der Mäanderkurve, d.h. der Gerinnelauf mäandriert. Der Prozeß der Mäandermigration ist an bestimmte Bedingungen gebunden (Abflußmenge, Regime, ↗ Flußfracht usw.) und kann sich besonders gut in Lockergesteinen in Form von freien Mäandern entwickeln. Die *Mäanderamplitude* (Abb. 2) ist die Distanz zwischen zwei gegenüberliegenden Mäandern, die *Mäanderwellenlänge* der mittlere Abstand zwischen zwei gleichsinnigen Krümmungen. Die Ausprägung von Mäanderradius, -amplitude und -wellenlänge ist im wesentlichen eine Funktion der Abflußmenge bei ufervollem Abfluß, der Menge und der Korngrößenverteilung der Flußfracht und dem ↗ Sohlgefälle. ↗ Flußgrundrißtypen, ↗ Flußtypen.   [PH]

Mäanderamplitude ↗ Mäander.
Mäanderdurchbruch ↗ mäandrierender Fluß.
Mäandergürtel ↗ mäandrierender Fluß.
Mäanderhals ↗ mäandrierender Fluß.
Mäanderkarren ↗ Karren.
Mäanderlänge ↗ Mäander.
Mäanderschlinge ↗ Mäander.
Mäanderwellenlänge ↗ Mäander.

mäandrierender Fluß, *Mäanderfluß*, ein durch eine Abfolge von ↗ Mäandern gekennzeichneter Flußlauf. Daneben existieren zahlreiche Begriffsdefinitionen, die restriktiv geometrische Merkmale (Mäanderamplitude, -wellenlänge, -radius usw.) zueinander in Bezug setzen. Als Anhaltspunkt kann der Sinuositäts-Index:

$$P = D_F/D_T$$

mit P = Sinuosität, D_F = Flußlauflänge des betrachteten Talabschnitts und D_T = Talstrecke des betrachteten Talabschnitts dienen. Bei $P \geq 1{,}5$ kann von einem mäandrierenden Fluß ausgegangen werden. Entscheidend für den mäandrierenden Fluß ist die Dynamik der Mäandermigration. Die mehr oder weniger kontinuierlich seitlich und flußabwärts gerichtete Verlagerung der Flußschlingen führt zur Entwicklung von *freien Mäandern* (Abb. a). Im Bereich eines *Mäanderhalses* resultiert die konvergente Verlagerung zweier ↗ Prallhänge im *Mäanderdurchbruch*. Der Verkürzung des Flußlaufes an dieser Stelle folgt eine rasche Plombierung der abgeschnürten Mäanderbogenenden mit feineren Sedimenten (channel plug). Es entsteht ein durch Grundwasser gespeister ↗ Altlaufsee, der aufgrund seiner bisweilen jochartigen Form auch als oxbow lake bezeichnet wird. Dieses Stillgewässer verlandet (↗ Verlandung) i.d.R. zusehends, wird aber bei Hochwasserereignissen geflutet und daher sporadisch mit minerogem Material beliefert. Der *Mäandergürtel* bezeichnet den Bereich, der bei vollem Ausgreifen der Mäanderamplitude überstrichen wird. Der aktive Mäandergürtel entspricht der ↗ Aue. Das *Hochgestade* stellt die über der Aue gelegenen Flächen einer ehemaligen Talsohle (im allgemeinen ältere ↗ Flußterrassen) dar. Die Ausbildung von freien Mäandern ist assoziert mit einer Talsohle oder Ebene aus Lockergesteinen, häufig aus ↗ Alluvionen des mäandrierenden Flusses selbst bestehend. Hingegen bezeichnet der gelegentlich verwendete Begriff *Wiesenmäander* einen mäandrierenden Flußlauf im sehr bindigen ↗ Alluvium. Dadurch wird der Prozeß der Mäandermigration stark gehemmt und ist nur über größere Zeiträume hinweg erkennbar. Die Ausbildung von *Wiesenmäandern* ist häufig gekoppelt mit der Aufschüttung ausgeprägter ↗ Uferwälle, so daß parallel auch Flußlaufverlegungen durch ↗ Avulsion auftreten können. Den freien Mäandern wird die Entwicklung von *Talmäandern* in Festgesteinen gegenübergestellt (Abb. b). Talmäander werden bei der tektonischen Hebung eines ursprünglich frei mäandrierenden Flußabschnittes weiter geformt. Die Tiefenerosion des Flusses in das feste Untergrundgestein kompensiert die Hebung (↗ Antezedenz, ↗ Epigenese, ↗ Durchbruchstal), und ein mäandrierender Talzug entsteht. Die Gesteinseigenschaften bedingen wesentlich die weitere Formung der Talmäander. Bei Gleitmäandern

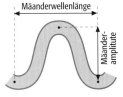

Mäander 2: Mäanderamplitude.

Mäander 1: Mäander-Modell eines klassischen »mixed« bis »suspended load« mäandrierenden Flusses.

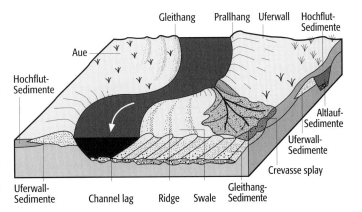

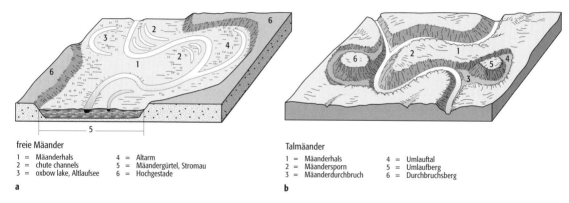

mäandrierender Fluß: a) freie Mäander, b) Talmäander.

freie Mäander			
1 =	Mäanderhals	4 =	Altarm
2 =	chute channels	5 =	Mäandergürtel, Stromau
3 =	oxbow lake, Altlaufsee	6 =	Hochgestade

Talmäander			
1 =	Mäanderhals	4 =	Umlauftal
2 =	Mäandersporn	5 =	Umlaufberg
3 =	Mäanderdurchbruch	6 =	Durchbruchsberg

kommt es trotz der relativen Festlegung zu einer allmählichen Mäandermigration, die eine Verstärkung von Mäanderamplitude und -sinuosität sowie die Ausformung eines asymmetrischen Talquerprofils mit steilem Prall- und abgeflachtem Gleithang bewirkt. Die Versteilung im Prallhangbereich fördert überdies die Hangdenudation. Schließlich kann es im Bereich eines Mäanderhalses zum Mäanderdurchbruch, der Bildung eines ↗Umlauftales und eines isoliert stehenden ↗Umlaufberges kommen. Dagegen entsteht ein *Durchbruchsberg* aufgrund eines Durchbruchs zwischen einem Haupt- und einem Nebenfluß. Unterbinden die Gesteinseigenschaften des Anstehenden die Seitenerosion eines mäandrierenden Laufes, spricht man von *Zwangsmäandern*. ↗Flußgrundrißtypen. [PH]

Maar, [Volksausdruck in der Eifel], subaerische Vulkanform, die durch phreatomagmatische Explosionen (↗Vulkanismus) i. d. R. basaltischen Magmas im Kontakt zu Grundwasser entsteht. Durch die heftigen Explosionen wird Nebengestein bis in mehrere hundert Meter Tiefe fragmentiert und aus dem Vulkan herausgeschleudert. Gleichzeitig rutschen instabile Gesteins- oder Sedimentpakete von den Wänden in das aktive Maar herab. Maare sind ↗monogenetische Vulkane, die i. d. R. nur wenige Tage bis Wochen aktiv sind. Nach der Eruption entsteht häufig ein Maarsee. Das Maar ist von einem flachen ↗Tuffring umgeben, der aus den eruptierten Fragmenten aufgebaut ist. Unter dem Maar befindet sich das mit vulkanischer Brekzie gefüllte ↗Diatrema.

Maarleveldsche Linie, von H. Kuster & K. D. Meyer 1979 benannte nördliche Verbreitungsgrenze alter Kiese der Weser bzw. der mitteldeutschen Flüsse, die etwa von Nienburg über Vechta bis Lingen verläuft.

Maastricht, *Maastrichtium,* nach der holländischen Stadt Maastricht benannte, international verwendete stratigraphische Bezeichnung für die oberste Stufe der ↗Kreide. ↗geologische Zeitskala.

MAB, *Man And Biosphere,* internationales, von der UNESCO 1971 lanciertes Programm für eine rationelle und nachhaltige Nutzung der natürlichen Ressourcen (↗Ressourcenmanagement). Es zielt auf die Errichtung eines globalen Netzwerkes von ↗Biosphärenreservaten, in denen der Mensch dank nachhaltiger Nutzungsformen das Überleben der ↗Biodiversität ermöglicht. Der Ansatz von MAB ist interdisziplinär und partizipativ. Natur- und Sozialwissenschaften sollen zusammen mit den Regierungen und der lokalen Bevölkerung obengenannte Ziele erreichen.

Macchie, [von ital. macchia = Gebüsch], vegetationsgeographische Sammelbezeichnung für die zu den Felsenheiden gehörende, dicht wachsende, immergrüne Hartlaubgebüschform des Mittelmeerraumes. Sie besteht aus 1–3 m hohen Sträuchern und Baumsträuchern (↗Hartlaubwald), eine Bodenflora fehlt meist. Trotz des xeromorphen Aussehens (↗Xerophyten) stellt die Macchie relativ hohe Ansprüche an Wasser und Boden, weshalb sie v. a. im feuchteren Mediterranbereich (westliche Mittelmeer- und Atlantikküste) auftritt. Nach Osten zu verarmt sie oder tritt nur an feuchten und schattigen Plätzen in Schluchten des Küstenreliefs auf. Die Macchie wird teils als natürliche Vegetation, teils als anthropogen entstanden (als Relikt früherer Stein- und Korkeichenwälder) betrachtet. Sie ist ein stark vom ↗Feuer geprägter Lebensraum. Macchie zeichnet sich durch Reste einer aus dem Tertiär stammenden holarktischen Flora aus (↗Holarktis) und war während des Pleistozäns in größeren Teilen des Mittelmeerraumes als heute verbreitet. Alte Florenelemente der Macchie sind der Erdbeerbaum (*Arbutus unedo*), der Lorbeer (*Laurus nobilis*) und die Pistazie (*Pistacia lentiscus*). Ökologisch und physiognomisch der Macchie verwandt sind die ↗Garigues und die ↗Tomillares. [DR]

Maceral, kleinster im Lichtmikroskop erkennbarer Bauteil der Kohle (dem Mineral im Gestein vergleichbar), wird nach seinen optischen Eigen-

Maceral (Tab. 1): Unterteilung der Maceralgruppe Vitrinit.

Maceralgruppe	Maceral-Subgruppe	Maceral
Vitrinit	Telovitrinit	Telinit
		Collotelinit
	Detrovitrinit	Vitrodetrinit
		Collodetrinit
	Gelovitrinit	Corpogelinit
		Gelinit

Maceralgruppe		Maceral
Inertinit	Macerale mit Zellstruktur:	Fusinit Semifusinit Funginit
	Macerale ohne Zellstruktur:	Secretinit Macrinit Micrinit
	fragmentarische Reste:	Inertodetrinit

Maceral (Tab. 2): Unterteilung der Maceralgruppe Inertinit.

schaften, die auf bestimmten chemischen Strukturen beruhen, bestimmt. Es lassen sich drei Maceralgruppen unterscheiden: a) *Huminit* in ↗Braunkohlen bzw. *Vitrinit* in ↗Steinkohlen (Tab. 1): durch intensiven chemischen Ab- und Umbau aus Holz und dessen ↗Detritus hervorgegangene Objekte mittlerer Reflexion. Während der chemischen Veränderungen (Cellulose – Lignin – Huminsäuren – Humate – Humine) bleiben die Pflanzenstrukturen weitgehend erhalten, werden aber schon im Torfstadium unter Wasserbedeckung und später durch sog. *Vitrinitisierung* von amorpher huminitischer Substanz durchtränkt und sind im Anschliff bei Auflichtmikroskopie unsichtbar; b) *Inertinit* (Tab. 2): kohlenstoffreiche (aber wasserstoff- und sauerstoffarme) Verwitterungs- bzw. Oxidationsreste vorwiegend ehemals humoser Bestandteile mit hoher Reflexion, die auf starke Kondensations- und Aromatisierungsprozesse zurückzuführen sind. Die Oxidierung (*Fusinitisierung*) ist eine Teilverbrennung bei Torf- und Waldbränden. Verwitterung tritt durch zeitweises Trockenfallen des Torfs ein. Pilzbefall führt ebenfalls zur Entstehung stark reflektierender Kohlenbestandteile; c) Liptinit (↗Exinit) (Tab. 3): schwach reflektieren-

Maceralgruppe	Maceral	Maceral-Varietät
Liptinit	Cutinit Suberinit Sporinit Resinit Chlorophyllinit Alginit Bituminit Liptodetrinit	Fluorinit Colloresinit (?) Telalginit Lamalginit

de Objekte aus vorwiegend (wasserstoffreichen) aliphatischen Verbindungen (↗aliphatische Kohlenwasserstoffe), die die relativ verwitterungsunempfindlichen Wachse und Öle (Sporen, Pollen, Kutikulen, Algen) sowie Harze und sekundär gebildete Bitumina aufbauen. Die Verwachsungsarten verschiedener Macerale miteinander werden nach ↗Mikrolithotypen geordnet. [HFl]

Mächtigkeit, Dicke einer Gesteinsschicht, eines Flözes, einer Bank, eines Ganges usw. Die »wahre« Mächtigkeit ist der senkrechte Abstand von Ober- und Unterfläche einer Gesteinsbank. Als »scheinbare« Mächtigkeit wird der breitere Ausstrich (↗Ausbiß) einer schrägeinfallenden Schicht an der Erdoberfläche bezeichnet.

Mackowski, *Marie-Therese*, deutsche Mineralogin, * 7.12.1913 Koblenz, † 4.8.1986 Bad Mergentheim; 1940–1978 an der Bergbau-Forschung GmbH in Essen (mit Vorläuferinstitutionen), zuletzt als Abteilungsleiterin und außerplanmäßige Professorin in Münster; bekannt durch umfangreiche Arbeiten auf dem Gebiet der Kohlenpetrographie, insbesondere der vergesellschafteten Mineralien und der Kokse.

Madagaskarstrom, ↗Meeresströmung im ↗Indischen Ozean. Der ↗Südaquatorialstrom trifft auf die Küste von Madagaskar und spaltet sich bei 17° bis 18°S in zwei Arme. Der Nordmadagaskarstrom umströmt die Insel nach Norden und speist den ↗Ostafrikanischen Küstenstrom und den ↗Mosambikstrom. Der südwärts strömende Ostmadagaskarstrom speist den ↗Agulhasstrom, bildet aber zeitweise südlich der Insel eine Retroflektion mit starker Wirbelbildung.

Madagassis, Subregion der ↗biogeographischen Region der ↗Paläotropis. Sie umfaßt Madagaskar, die Seychellen, die Komoren und die Maskarenen. Es handelt sich um eine artenarme, aber an Endemiten (↗Endemismus) reiche Flora und Fauna. Charakteristische Tiergruppen sind die Halbaffen (Lemuren) und die Borstenigel. Es bestehen Beziehungen zu den Südspitzen der Südkontinente Südafrika, Südamerika (Leguane) und Ozeanien, die auf ältere Landverbindungen hindeuten (↗Gondwana).

Madelung-Konstante, den jeweiligen Strukturtyp kennzeichnende Konstante zur Berechnung der potentiellen Energie (Potential) eines Ions in einer Kristallstruktur mit überwiegend ionischer Bindung. Das Potential u_i irgendeines Ions, das dann für alle Ionen übereinstimmt, erhält man, indem man die Potentiale aller Ionenpaare aufsummiert:

$$u_i = \sum_j u_{ij} = \frac{\alpha\, z_1 z_2 e^2}{d_{12}} + B\exp(-d_{12}/m).$$

Dabei bedeuten α die Madelung-Konstante, in der die Summation über die Ionen in verschiedenen Abständen, bezogen auf den kürzesten Abstand d_{12} zwischen benachbarten Ionen, enthalten ist, z_1e bzw. z_2e die effektive Ionenladung, wenn die Kristallstruktur z.B. aus zwei Ionen aufgebaut wird. Der zweite Summand beschreibt ein Abstoßungspotential, da sich die Ionen nicht beliebig annähern können. Die Madelung-Konstante für die NaCl-Struktur (Tab.) z.B. berechnet sich aus folgender Summe:

$$\alpha_{NaCl} = 6 - \frac{12}{\sqrt{2}} + \frac{8}{\sqrt{3}} - \frac{6}{\sqrt{4}} + \frac{24}{\sqrt{5}} - \dots,$$

denn jedes Ion ist in der ersten Koordinationssphäre (Abstand d_{12}) von sechs Nachbarn mit entgegengesetztem Ladungsvorzeichen, in der zweiten Koordinationssphäre von zwölf Nachbarn mit gleichem Ladungsvorzeichen im Abstand $d_{12}/\sqrt{2}$ usw. umgeben. Zur Berechnung des

Maceral (Tab. 3): Unterteilung der Maceralgruppe Liptinit.

Madelung-Konstante (Tab.): Madelung-Konstanten einiger Kristallstrukturtypen.

Strukturtyp	α
Steinsalz NaCl	1,74756
Caesiumchlorid CsCl	1,76267
Zinkblende ZnS	1,63806
Wurtzit ZnO	1,64132
Fluorit CaF$_2$	5,03878
Rutil TiO$_2$	4,816
Korund Al$_2$O$_3$	25,031

Graslandtyp	Nutzung/Pflege	Düngung
Steppen- und Trockenrasen	1 Schnitt pro Jahr/alle 2 bis 3 Jahre, evtl. Wanderschäferei oder periodisch entbuschen (oder z.T. keine Nutzung)	keine
Halbtrockenrasen	1–2 Schnitte pro Jahr; evtl. alternierend Teile stehen lassen	keine
verbrachte Flächen	Entbuschen und/oder Wiederaufnahme einer minimalen periodischen Schnitt- oder Weidenutzung im Sinne einer gezielten Biotoppflege	keine
trockener Gluthafer/ Goldhaferwiesen	2–3 Schnitte pro Jahr	evtl. wenig Rindermist

Magerwiese (Tab.): unterschiedliche Typen von Magerwiesen in Abhängigkeit der Nutzung oder notwendigen Pflege.

Grenzwertes solcher Summen sind spezielle mathematische Verfahren entwickelt worden. Die Madelung-Konstanten der Strukturtypen gleicher Stöchiometrie haben jeweils sehr ähnliche Werte; zwischen den Strukturtypen verschiedener Stöchiometrie gibt es kennzeichnende Unterschiede. [KH]

Maerl, ein flachmariner, küstennaher Sand oder Kies, der zu mehr als 50%, oft zu mehr als 75% aus verzweigten, lebenden und toten Corallinaceen (Rotalgen) besteht. Bryozoen und Mollusken können weitere wichtige Bestandteile sein. Die sich verhakenden Komponenten bilden z.T. rigide, biostromähnliche Strukturen. Die Maerlfazies ist an den temperierten nordwesteuropäischen Atlantikküsten weit verbreitet. Ähnliche Faziestypen finden sich auch im Mittelmeer.

mafisch, *femisch,* mnemotechnischer Begriff aus Magnesium und Ferrum (bzw. umgekehrt), gebildet für die charakteristischen Hauptelemente der meisten dunklen Minerale und damit Bezeichnung für die dunklen Minerale der magmatischen Gesteine (im wesentlichen Olivin, Pyroxene, Amphibole, Biotit, Phlogopit, Chlorit). Dazugerechnet werden auch, obwohl nicht dunkel gefärbt, Melilith und primäre Carbonate sowie die ↗akzessorischen Minerale wie Zirkon, Apatit, Titanit, Magnetit, Ilmenit und Sulfide. Der Begriff wird ebenfalls verwendet für magmatische Gesteine, die überwiegend aus einem oder mehreren mafischen Mineralen bestehen.

Mafit, mafisches Mineral (↗mafisch).

Mafitit, magmatisches Gestein, das überwiegend aus mafischen Mineralen (↗mafisch) besteht.

Magcrete, carbonatische ↗Duricrust; zu den terrestrischen Bodenbildungen gezählte Kruste, die außerhalb des Einflusses des Grundwassers entsteht. In ariden Klimaten mit geringer Vegetation und hoher Verdunstungsrate wird gelöstes Magnesiumcarbonat aus tieferen Bodenbereichen nach oben geführt und bei Verdunstung des Wassers ausgeschieden. ↗regolith carbonate accumulation.

Magenstein ↗*Gastrolith.*

Magerhumus, *F-Rohhumus, Streunutzungs-Rohhumus,* in früherer Zeit wurden vielerorts die Auflagehorizonte der Waldböden für die Einstreu der Haustiere abgetragen. Die Folge war eine verminderte Humusneubildung und damit Nährstoffmangel.

Magerkohle, ↗Steinkohle aus der Reihe der ↗Humuskohlen mit einer ↗Vitrinitreflexion von ca. 1,9–2,2% R_r (hier Überschneidung mit neuer Abgrenzung des ↗Anthrazits) und einem korrespondierenden Gehalt an ↗flüchtigen Bestandteilen von 10–14% (waf).

Magerwiese, sehr artenreiche ↗Wiese, die nur ein- bis zweimal im Jahr gemäht und kaum gedüngt wird (Tab.). Charakterart auf kalkreichen Standorten ist in Mitteleuropa *Bromus erectus,* die Aufrechte Trespe (↗Halbtrockenrasen), auf kalkarmen Böden das Haar-Straußgras (*Agrostis tenuis*). Wegen der geringen Erträge ist die Magerwiese heute ein sehr gefährdeter Lebensraum, ihre Erhaltung ist daher ein wichtiges Anliegen des ↗Naturschutzes. Zur Ertragssteigerung werden Magerwiesen häufig gedüngt und öfter gemäht, wodurch sehr viele Arten durch konkurrenzstärkere Gräser verdrängt werden und die Magerwiese in eine artenarme, aber produktivere ↗Fettwiese überführt wird. Häufig werden Magerwiesen auch in Forste oder Bauland umgewandelt.

Maghemit, Mineral mit der gleichen chemische Formel (γ-Fe_2O_3) wie ↗Hämatit, das jedoch in einem kubisch flächenzentrierten Gitter mit der Gitterkonstante (↗Gitterparameter) $a_0 = 0,835$ nm kristallisiert. Strukturell unterscheidet sich Maghemit von ↗Magnetit durch Leerstellen (L) auf den Oktaeder-Plätzen eines Spinellgitters. Die Verteilung der Ionen und der Leerstellen auf Tetraeder(A)-Plätzen und Oktaeder(B)-Plätzen (eckige Klammern) sieht wie folgt aus:

$$Fe^{3+}[Fe^{3+}Fe^{3+}{}_{2/3}L_{1/3}]O^{4-}.$$

Mit einem Wert von $M_S = 420 \cdot 10^3$ A/m ist die ↗Sättigungsmagnetisierung etwas geringer als bei Magnetit. Für die ↗Curie-Temperatur werden in der Literatur Werte von 580°C bis 675°C angegeben. Bedingt durch die Leerstellen im Gitter ist Maghemit bei Temperaturen größer als 300–400°C instabil und wandelt sich in Hämatit (α-Fe_2O_3) um. Die spezifische ↗Suszeptibilität χ_{spez} hat Werte von 10^5-$10^6 \cdot 10^{-8}$ m³/kg und liegt damit in der gleichen Größenordnung wie bei Magnetit, ebenso wie die ↗Koerzitivfeldstärke H_C. In der Natur entsteht Maghemit durch eine ↗Oxidation von Magnetit bei tiefen Temperaturen, z.B. während der ↗Verwitterung (Maghemitisierung) und durch die Umwandlung von Eisenhydroxiden, z.B. FeO(OH), bei hohen Temperaturen. [HCS]

Magma, in der Erde natürlich entstandene, intrusions- oder extrusionsfähige, meist silicatische Gesteinsschmelze, die i.d.R. eine feste und fluide Phase (Kristalle und Gasblasen) enthält, aus der durch Kristallisations- oder andere Erstarrungsprozesse bei Abkühlung die ↗Magmatite entstehen. Selten kommen auch carbonatische, sulfidische, (Fe-, Ti-) oxidische oder phosphatische Magmen vor. Die physikalischen Eigenschaften (Temperatur, Dichte, Viskosität, Fluidgehalt) sind für die verschiedenen Magmatypen sehr unterschiedlich und zudem über komplexe Wechselwirkungen miteinander gekoppelt (↗Magmatismus). Die Liquidustemperatur (Temperatur, oberhalb der eine homogene Schmelze vorliegt) beträgt für ↗basische silicatische Magmen 1200–1400°C, die Solidustemperatur (Temperatur, unterhalb der die Schmelze vollkommen kristallisiert ist) beträgt ca. 980°C; für intermediäre und saure Magmen (↗intermediäre Gesteine, ↗saure Gesteine) liegen die Temperaturen etwa 200–300°C niedriger. Hohe Fluid-Gehalte (H_2O, CO_2) verschieben die Temperaturen generell zu niedrigeren Werten und haben neben dem SiO_2-Gehalt auch einen starken Einfluß auf die Viskosität. Carbonatit-Magmen können bei Temperaturen bis herab zu 590 °C existieren. Bezüglich der fluiden Phase sind Magmen zunächst untersättigt. Bei fortschreitender Kristallisation kommt es durch Bildung von überwiegend wasserfreien Mineralen zu einer relativen Anreicherung der Fluide in der restlichen Schmelze, und durch Aufstieg in Regionen mit geringerem Umgebungsdruck kann es zum Sieden und nahe der Oberfläche, eventuell zum explosionsartigen Entweichen kommen (↗Vulkanismus). Bei den festen Bestandteilen wird unterschieden zwischen Kristallisationsprodukten des Magmas (einzelne Kristalle = Phänokristalle (↗Einsprengling); größere Kristall-Aggregate = ↗Kumulate) und Fremdmaterial, das als Bruchstücke von Nebengestein beim Aufstieg des Magmas mitgerissen wird (einzelne Kristalle = ↗Xenocryste, Gesteinsfragmente = ↗Xenolithe). Hinsichtlich der genetischen Stellung innerhalb des magmatischen Geschehens unterscheidet man zum einen ↗Primärmagmen, die ggf. gleichzeitig ↗Stamm-Magmen sein können, und zum anderen ↗Residualmagmen. Magma, das durch vulkanische Prozesse die Erdoberfläche erreicht, wird sowohl in geschmolzenem als auch in glasig oder mikrokristallin erstarrtem Zustand als ↗Lava bezeichnet. [RH]

Magmakammer, *Magmareservoir, Vulkanherd*, allgemein für einen Ort in der Kruste, von dem Magma zu einem Vulkan aufsteigt.

Magmareservoir ↗*Magmakammer.*

magmatic arc ↗*magmatischer Bogen.*

magmatisch, aus einem ↗Magma entstanden, den ↗Magmatismus oder die ↗Magmatite betreffend.

magmatische Abfolge ↗*Gesteinsassoziation.*

magmatische Assoziation ↗*Gesteinsassoziation.*

magmatische Bänderung ↗*magmatische Foliation.*

magmatische Differentiation, alle Prozesse, welche die chemische Zusammensetzung eines Systems (Magmas) durch physikalische Abtrennung eines chemisch anders zusammengesetzten Teils des Systems (Kristalle und Teilschmelzen) verändern. Der wichtigste Prozeß ist die ↗fraktionierte Kristallisation. Von nur untergeordneter Bedeutung sind die Entmischung einer Teilschmelze und Diffusionsvorgänge entlang steiler Temperaturgradienten (Soret-Effekt) in den Randbereichen eines Magmenkörpers. Durch magmatische Differentiation entstehen verschiedene Gesteine aus einem ↗Magma. ↗Differentiation.

magmatische Eruption ↗*Vulkanismus.*

magmatische Fluide, Fluide magmatischen Ursprungs. Dazu zählen neben H_2O auch leicht flüchtige Komponenten (↗volatile Phase) wie CO_2 und CH_2. Magmen, aus denen das in der Erdkruste am weitesten verbreitete magmatische Gestein, der ↗Basalt, entsteht, können bis zu 2 % H_2O enthalten. In granitischen Magmen kann der Anteil volatiler Komponenten 6 % und mehr erreichen. Abkühlung oder Druckabfall kann zur Entmischung einer H_2O-reichen Phase aus dem Magma führen. Die Gesamtheit der volatilen Phasen mit darin enthaltenen Alkali-Chloriden und Metallverbindungen, die bei hohen Temperaturen im überkritischen Zustand vorliegen, werden als ↗Fluide bezeichnet. Sie spielen in den Geowissenschaften eine wichtige Rolle, da sie die Schmelztemperatur von Gesteinen erniedrigen, z.B. schmilzt wasserfreier Granit bei 1035°C, dagegen wassergesättigter Granit schon bei ca. 650°C (bei einem Druck von 0,5 GPa). Schon die Entstehung basaltischer Magmen durch teilweise Aufschmelzung des Erdmantels wird durch Fluide begünstigt, und sie sind bei Abkühlung das wichtigste Transportmittel für Metalle als Sulfid- oder Chlorid-Komplexe (↗hydrothermale Lösungen, ↗Pegmatit, ↗Porphyry-Copper-Lagerstätten). Bei lagerstättenbildenden Vorgängen in der Erdkruste kann es zur Mischung von verschiedenen Fluiden oder zur Interaktion mit den durchströmten Gesteinen und mit ↗meteorischen Wässern kommen. Hier hat die Untersuchung der stabilen Isotope der Elemente Sauerstoff, Kohlenstoff, Wasserstoff und Schwefel wesentliche neue Erkenntnisse gebracht. Magmatische Fluide können in ↗Flüssigkeitseinschlüssen in Mineralen erhalten bleiben und zur Rekonstruktion der Bildungsbedingungen von Lagerstätten verschiedener mineralischer Rohstoffe, wie z.B. Gold, Platin, Kupfer oder Magnesit, beitragen. [EFS]

magmatische Foliation, durch magmatische Fließvorgänge und damit einhergehende Einregelung von tafelförmigen Mineralen bedingtes Flächengefüge in magmatischen Gesteinen, v.a. in ↗Plutoniten. Wird das magmatische Flächengefüge durch einen Materialwechsel im Magma hervorgerufen (z.B. ein Wechsel von hellen und dunklen Mineralen), spricht man auch von *magmatischer Bänderung*.

magmatische Gase, in einem ↗Magma aufgrund des hohen ↗lithostatischen Druckes gelöste Gase. Wenn das Magma aufsteigt, so nimmt der Druck ab, die Gase entweichen aus dem Magma und bilden Blasen. Die Gasblasen expandieren beim weiteren Aufstieg des Magmas und sind die treibende Kraft bei Vulkanausbrüchen (↗Vulkane). Die Gase entweichen jedoch nicht nur bei Vulkanausbrüchen, sondern gelangen auch bei ruhigen Entgasungsvorgängen aus einer ↗Magmakammer in die Erdatmosphäre. Man geht davon aus, daß die gesamte Erdatmosphäre letztendlich durch Entgasung des Erdinneren ent-

Magmatismus 1: Druck–Temperatur-Diagramm mit Soliduskurven für trockenen Peridotit, Peridotit mit CO_2 und Peridotit mit H_2O. Die Temperaturen im oberen Erdmantel liegen sowohl unter den Ozeanen als auch unter den Kratonen (gestrichelt eingetragene konduktive Geothermen) weit unterhalb des trockenen Solidus, so daß unter normalen Bedingungen Aufschmelzung nicht möglich ist. Schon die Anwesenheit geringer Mengen an H_2O verursacht aber eine erhebliche Temperaturerniedrigung des Solidus; mithin kommt es in den Tiefen, in denen die Geothermen über dem Solidus liegen, zur partiellen Aufschmelzung. Außerdem ist in die Skizze ein adiabatischer Dekompressionspfad für einen aus der Tiefe aufwallenden, heißen Peridotit eingetragen; in diesem Fall ist Teilaufschmelzung selbst von trockenem Erdmantel möglich.

standen ist. Bis heute beeinflussen Großeruptionen kurzfristig das Wettergeschehen und haben auch langfristige Auswirkungen auf das irdische Klima.

Magmatische Gase bestehen überwiegend aus Wasser (35–90 Mol-%), CO_2 (5–50 Mol-%) und SO_2 (2–30 Mol-%), wobei der Schwefel in Abhängigkeit von Magmatemperatur und ↗Sauerstoffugazität als SO_2 oder H_2S vorliegt. Hinzu kommen HCl und HF sowie Spuren weiterer Gase. In den verschiedenen Magmen sind die Zusammensetzung und absolute Konzentration der Gase sehr unterschiedlich. Sie hängen vom Magmachemismus und der unterschiedlichen Magmagenese ab. Wieviel Gas in einem Magma gelöst werden kann, ist abhängig von der Struktur der Schmelze sowie vom Druck und der Temperatur. Wasser ist der häufigste Bestandteil der Gase, die aus einem Vulkan entweichen. Jedoch ist nur ein Teil dieses Wassers juvenilen, d. h. magmatischen Ursprungs (↗juveniles Gas). Das meiste Wasser ist erhitztes ↗Grundwasser. Wie groß der ursprüngliche Wassergehalt eines Magmas ist, läßt sich nur schwer feststellen, da Wasser auch in krustalen Magmakammern aus dem Umgebungsgestein direkt ins Magma diffundiert. CO_2 ist besonders in basaltischen Magmen von Bedeutung und scheint dort die wichtigste Gasphase zu sein. Schwefel in Form von SO_2 oder H_2S ist als unangenehmer Geruch wahrnehmbar. Etwa 10 % der heutigen globalen SO_2-Produktion stammen von Vulkanen. Der größte Teil wird bei kleinen Ausbrüchen und aus ↗Fumarolen emittiert. Die Verweildauer dieses Schwefels in der Atmosphäre ist gering. Von Bedeutung für das globale Wettergeschehen sind jedoch die durchschnittlich ein bis zwei Großeruptionen pro Jahr, bei denen mehrere tausend Tonnen täglich bis in die Stratosphäre gelangen können, wo das SO_2 bei Anwesenheit von Wasser und Ozon zu SO_4^{2-} oxidiert wird und einen Nebel von Schwefelsäureaerosolen bildet. Vulkanische Aerosole erhöhen die optische Dichte der Stratosphäre, so daß die Sonneneinstrahlung auf die Erdoberfläche vermindert wird, was für wenige Jahre nach dem Ausbruch zu einer geringfügigen Abkühlung an der Erdoberfläche um rund 0,5–1°C führen kann. Lokal kann die Abkühlung jedoch auch mehrere Grad erreichen, was beispielsweise zu Ernteausfällen führen kann. Auch HCl und HF nehmen Einfluß auf das Klima. Gelangen sie in die Stratosphäre, so tragen sie zum Abbau der ↗Ozonschicht der Erde bei. [MKE]

magmatische Gesteine ↗*Magmatite.*

magmatische Lagerstätten, in Zusammenhang mit magmatischen Prozessen entstandene Lagerstätten, von ↗liquidmagmatischen Lagerstätten über ↗Pegmatitlagerstätten und ↗pneumatolytischen Lagerstätten bis zu ↗hydrothermalen Lagerstätten. Nach neueren Vorstellungen gehen letztere nur selten aus der Anreicherung von ↗Fluiden in Schmelzen hervor.

magmatische Provinz ↗*Gesteinsassoziation.*

magmatischer Bogen, vulkanischer Bogen, *magmatic arc* (engl.), der in kleinmaßstäblichen Karten sich meist bogenförmig darstellende, durch subduktionsbedingten ↗Plutonismus und ↗Vulkanismus geprägte Bereich der ↗Oberplatte am konvergenten ↗Plattenrand. Er scheidet den auf seiner konvexen Seite vor der ↗vulkanischen Front liegenden Forearc-Bereich (↗forearc) vom Backarc-Bereich (↗backarc) auf seiner konkaven Seite, wo die Begrenzung insofern unscharf ist, als der Magmatismus bis in den Backarc-Bereich hineinreichen kann. Der magmatische Bogen ist sowohl am ↗aktiven Kontinentalrand als auch als ↗Inselbogen am Rande ozeanischer Oberplatten entwickelt. Der überwiegend kalkalkaline Magmatismus wird dadurch generiert, daß in der ↗Unterplatte freigesetzte Fluide in den ↗Mantelkeil der Oberplatte aufdringen, wo es infolge Schmelzpunkterniedrigung zu partiellem Erschmelzen basaltischen Materials kommt. Der Aufstieg dieser Primärschmelzen durch die Kruste der Oberplatte führt zu Veränderungen der Zusammensetzung der Magmen infolge magmatischer Differenzierungen sowie Assimilationen von Nebengestein zu kieselsäurereicheren Schmelzen, die Diorite oder Quarzdiorite als Plutonite und Andesite oder Dacite als Vulkanite ergeben. Die häufig sehr großen Plutone solcher Zusammensetzungen dringen in mittlere und flache Krustenniveaus bis wenige Kilometer unterhalb der Oberfläche ein. Das Verhältnis von Vulkaniten zu Plutoniten im magmatischen Bogen wird auf 1:10 bis 1:5 geschätzt. Diese sind damit die Hauptbereiche rezenter Bildung kontinentaler Kruste. [KJR]

magmatische Reihe ↗*Gesteinsassoziation.*
magmatischer Zyklus ↗*Orogenese.*
magmatische Sequenz ↗*Gesteinsassoziation.*
magmatische Sippe ↗*Gesteinsassoziation.*
magmatische Suite ↗*Gesteinsassoziation.*
magmatisches Wasser ↗*juveniles Wasser.*

Magmatismus, zusammenfassender Begriff für die Prozesse, die zur Bildung von ↗Magmen in der Erde (und in anderen Planeten) führen, die ihre Bewegung verursachen und die Kristallisation steuern. Da diese Prozesse nur in wenigen Fällen direkt beobachtet werden können, ist man bei ihrer Aufklärung auf die Interpretationen angewiesen, die sich aus dem Studium der ↗Magmatite ergeben, auf experimentelle Untersuchungen und auf Modellrechnungen. Die Temperaturverteilung in der Erde ist nicht radialsym-

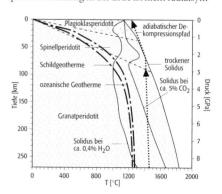

metrisch, sondern sehr komplex; es gibt also keine einheitliche Beziehung zwischen Temperatur und Tiefe. In der rigiden ↗Lithosphäre wird die Temperatur durch Wärmeleitung kontrolliert, in der ↗Asthenosphäre durch ↗Konvektion. Um ein Magma zu erzeugen, muß ein größeres Gesteinsvolumen auf eine Temperatur oberhalb des ↗Solidus erhitzt werden. Dies kann geschehen durch a) Aufstieg heißen Materials aus der Tiefe und adiabatische Druckentlastung, b) Senken der Solidustemperatur bei Infiltration eines Gesteins mit H_2O oder CO_2 oder c) Aufheizen eines Gesteins infolge radioaktiven Zerfalls seiner wärmeproduzierenden Elemente (U, Th, K), aber auch durch Kontaktheizung in der Nähe magmatischer Intrusionen. Die Umwandlung von kinetischer und Gravitationsenergie in Wärme war im Frühstadium der Entwicklung des Sonnensystems bedeutsam (Bildung von Impaktschmelzen und eventuell tiefen Magmenozeanen). Während große Impakte die Temperatur des Targetmaterials über den ↗Liquidus erhöhen, mithin eine völlige Aufschmelzung oder gar Verdampfung hervorrufen, verursachen die magmatischen Prozesse im Erdinnern lediglich eine Teilaufschmelzung, d. h. eine Temperaturerhöhung, die über dem Solidus, aber unter dem Liquidus liegt. Wenn der Schmelzanteil (abhängig von der Viskosität und dem Benetzungsverhalten der Minerale des ↗Restits) genügend hoch ist, kann er segregieren und aufsteigen.

Mechanismus a) wird als Ursache der Teilaufschmelzung im ↗Erdmantel an konstruktiven ↗Plattenrändern angesehen, z. B. den ↗Mittelozeanischen Rücken, unter denen ↗Peridotit aus einigen 100 km Tiefe aufsteigt (adiabatischer Dekompressionspfad in Abb. 1) und Teilschmelzen mit der Zusammensetzung von ↗Basalt oder ↗Pikrit oberhalb von ca. 1200 °C bildet. Ozeaninseln inmitten stabiler Lithosphärenplatten wie Hawaii oder Tahiti als Teile von ↗hot spots sowie große kontinentale und ozeanische Flutbasalte (↗Flutlava) verdanken ihre Entstehung einem Material, das aus noch größerer Tiefe emporringt, insbesondere der Grenze zwischen unterem Erdmantel und flüssigem äußerem ↗Erdkern. Da der Solidus in größerer Tiefe als unter Mittelozeanischen Rücken geschnitten wird, werden höhere Aufschmelzgrade erreicht (adiabatische Druckentlastung). Die Magmen sind ebenfalls basaltisch. Ebenso wird die Entstehung der peridotitischen ↗Komatiite im ↗Archaikum auf einen aus sehr großer Tiefe aufsteigenden Erdmantel zurückgeführt.

Mechanismus b) bestimmt die Teilaufschmelzung an destruktiven Plattenrändern: Durch Abbau von OH-haltigen Mineralen (insbesondere Glaukophan) in der subduzierten Ozeankruste gelangt H_2O in den heißen ↗Mantelkeil über der kühleren subduzierten Platte. Die dadurch verursachte Erniedrigung der Soliduskurve um mehrere 100 °C ist groß genug, um den Peridotit teilaufzuschmelzen und Basaltmagmen zu produzieren (Abb. 1). ↗Adakit stellt möglicherweise ein direktes partielles Aufschmelzprodukt der subduzierten Ozeankruste dar. Bei der Kollision von Lithosphärenplatten, insbesondere kontinentaler Platten, verdickt sich die Kruste stark. Da Gesteine schlechte Wärmeleiter sind und da SiO_2-reiche Magmatite und viele klastische Sedimente (↗terrigene Sedimente) recht hohe Gehalte an U, Th und K aufweisen, können im unteren Teil der verdickten Kruste einige 10^7 Jahre nach der Kollision Temperaturen erreicht werden, die ausreichen, um über den Zerfall von ↗Muscovit und ↗Biotit H_2O freizusetzen. Dieses verursacht in sauren ↗Metamagmatiten und v. a. in ↗Metapeliten Teilaufschmelzung (↗Anatexis) bei Temperaturen ab ca. 700 °C. Intrusionen mafischer Schmelzen aus dem Erdmantel in die Kruste/Mantel-Grenze oder in die tiefe Kruste bieten eine weitere Möglichkeit, Teilaufschmelzung in solchen Nebengesteinen zu erzeugen. Dieser Mechanismus c) führt zur Bildung granitischer Magmen, vornehmlich den S-Typ-Graniten (↗Granit).

Die Aufschmelzung eines Gesteins beginnt am Ort, der die niedrigste Schmelztemperatur aufweist (↗Eutektikum). Für einen Spinell-Peridotit wären dies die Korngrenzen, an denen sich die Minerale Klinopyroxen, Orthopyroxen, Spinell und Olivin berühren. Bevor aber eine Schmelze den Ort ihrer Entstehung verlassen kann, muß sie sich sammeln. Insbesondere beim geochemischen Modellieren von Spurenelementverteilungen zwischen Schmelze und Residuum bedient man sich u. a. zweier extremer Modelle, dem Aufschmelzen im »Batch-Prozeß« und dem ↗fraktionierten Schmelzen. Beim *Batch-Schmelzen* wird davon ausgegangen, daß die Schmelze über den gesamten Verlauf des Prozesses in Kontakt mit dem Residuum bleibt; dieser Prozeß mag im Erdmantel unter den Mittelozeanischen Rücken annähernd verwirklicht sein. Beim fraktionierten Schmelzen wird dagegen jeder infinitesimal kleine Schmelzanteil sofort vom Residuum entfernt, eine Annahme, die für Silicatschmelzen sicherlich unrealistisch ist.

Eine wichtige Größe, welche die Verteilung der Schmelze in einem teilaufgeschmolzenen Gestein beschreibt, ist die des dihedralen Winkels Θ (Abb. 2 a, 2 b). Wenn Θ kleiner als 60° ist, kann die Schmelze auch bei sehr geringen Aufschmelzgraden ein zusammenhängendes Netzwerk entlang der Korngrenzen bilden. Wenn Θ größer als 60° ist, sind höhere Schmelzanteile erforderlich, bevor die Schmelztröpfchen sich sammeln können. In teilaufgeschmolzenem Peridotit liegt Θ unter 60°, so daß bereits sehr geringe Schmelzanteile von 1 % und weniger durch den residualen Peridotit fließen können. Für Granite scheint Θ dagegen erheblich über 60° zu liegen; der Aufschmelzgrad muß daher beträchtlich sein, bevor die hochviskose Schmelze entweichen kann. Silicatschmelzen haben – zumindest im obersten Erdmantel und in der Erdkruste – eine geringere Dichte als die Gesteine, aus denen sie entstanden sind, und somit eine Auftriebskraft gegenüber diesen. Für die niedrigviskosen Basaltschmelzen scheint eine effektive Separation vom residualen

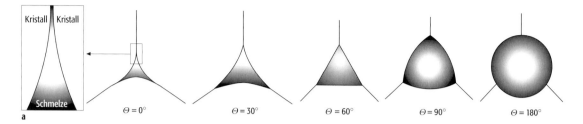

$\Theta = 0°$ $\Theta = 30°$ $\Theta = 60°$ $\Theta = 90°$ $\Theta = 180°$

Magmatismus 2: a) schematische Darstellung des dihedralen Winkels Θ um einen Punkt, an dem sich drei Minerale berühren. b) Bei $\Theta < 60°$ kann sich entlang von Kornkanten schon bei geringen Aufschmelzgraden ein zusammenhängendes Netzwerk von Schmelze ausbilden, während bei größeren Winkeln kleine Schmelzanteile isoliert bleiben.

Peridotit durch Kompaktion (Wanderung der Schmelze nach oben und des nahe des Schmelzpunktes plastisch reagierenden residualen Peridotits nach unten) leicht möglich, für SiO_2-reiche Schmelzen dagegen nicht. Granitische Magmen mögen daher ein Gemisch aus Schmelze und Residuum und/oder Produkte hoher Aufschmelzgrade (> 30 %) darstellen.

Magmen steigen in der Lithosphäre auf, indem sie in den auf mechanische Beanspruchung mit Bruch reagierenden Gesteinen Risse erzeugen, die mit Magma erfüllt werden und sich dabei erweitern und fortpflanzen. Durch fraktionierte Kristallisation und die Trennung von Kristallen und Restschmelze in diesen Gängen oder in krustalen ↗Magmenkammern, eventuell einhergehend mit der ↗Assimilation von Nebengestein, verändert sich die Zusammensetzung der Schmelze, und aus wenigen Stamm-Magmen entsteht die Vielfalt der Vulkanite und Plutonite.

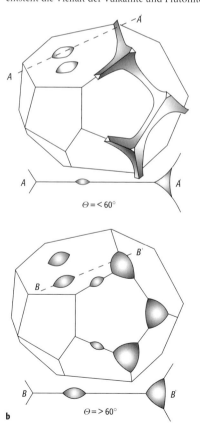

$\Theta = < 60°$

$\Theta = > 60°$

b

Der Dichteunterschied zwischen ausgeschiedenen Kristallen und Schmelze bewirkt die Sedimentation (Akkumulation) der Kristalle (Plagioklas kann allerdings eine geringfügig niedrigere Dichte haben als basaltische Magmen und folglich aufschwimmen; eine solche Entstehung gilt für die ↗Anorthosite der Hochländer des Mondes als wahrscheinlich). Massive Kristallisation wird eine Schmelze lokal an den chemischen Hauptkomponenten verarmen, aus denen die Kristalle bestehen. Der dadurch erzeugte Dichteunterschied kann eine Konvektion der Schmelze fort von den Kristallen auslösen. In der Konsequenz wird sich die am stärksten differenzierte Schmelze im oder nahe des Dachs einer Magmenkammer ansammeln; dies ist aus ↗Lagenintrusionen bekannt, in denen sich durch fraktionierte Kristallisation granitoide Restschmelzen aus einem basaltischen Ausgangsmagma entwickeln können. Bei der Assimilation von Nebengestein wird Energie verbraucht, die teilweise durch Energiefreisetzung bei der Kristallisation kompensiert werden kann. Assimilation wird besonders dann auftreten, wenn ein heißes mafisches Magma in leicht schmelzbare SiO_2- und H_2O-reiche Gesteine der Kruste eindringt. Mischen von Magmen unterschiedlicher Zusammensetzung ergibt ein hybrides Magma (↗hybrid). Wenn die physikalischen Eigenschaften (Viskosität, Dichte) der beiden Magmen voneinander sehr verschieden sind, kann ihre Identität erhalten bleiben, indem das eine in dem anderen diskrete Körper oder ↗Xenolithe bildet. Ein nicht sehr häufiger Mechanismus der Differenzierung ist die Entmischung einer zweiten Schmelze. So kann sich z. B. eine Carbonatschmelze aus einer Silicatschmelze entmischen und Veranlassung zur Bildung von ↗Carbonatiten geben. Auch Sulfid- und Oxidschmelzen können sich aus Silicatschmelzen entmischen (↗Liquation). Welche Rolle die Diffusion in einem thermischen Gradienten (Soret-Effekt) bei der Differenzierung in Magmenkammern spielt, ist unklar.

Bei der Differenzierung eines Magmas konzentrieren sich Elemente und Komponenten in den Restschmelzen, die nicht in die ausgeschiedenen Minerale eingebaut wurden, für diese mithin inkompatibel sind. Beim Aufstieg eines fluidreichen, meist sauren oder intermediären Magmas oder bei fortgeschrittener Differenzierung in einer Magmenkammer kann es bei geringen Drücken zur Separation einer wäßrigen Phase kommen. An oder nahe der Erdoberfläche kann dies eine vulkanische Explosion verursachen. Reicht der Druck nicht aus, um einen Weg zur Oberfläche zu sprengen, können sich aus solchen, an flüchtigen und anderen ↗inkompatiblen Elementen angereicherten pneumatolytischen Lösungen (bei Temperaturen oberhalb des kritischen Punktes von ca. 400°C) oder hydrothermalen Lösungen (unterhalb des kritischen Punktes) wirtschaftlich wichtige Minerale, z. B. von Li, Be, As, Nb, Mo, Ag, Sn, Sb, Pb, Th und U, ausscheiden. [HGS]

Literatur: [1] PHILPOTTS, A. R. (1990): Principles of Igneous and Metamorphic Petrology. – New Jersey. [2] SPARKS, S. J. (1992): Magma Generation in the Earth. In: BROWN, G. C., HAWKESWORTH, C. J. & WILSON, R. C. L. (Eds.) (1992): Understanding the Earth. – Cambridge. [3] SPEAR, F. S. (1993): Metamorphic Phase Equilibria and Pressure–Temperature–Time Paths. – Washington.

Magmatite, *magmatische Gesteine, Massengesteine* (veraltet), durch Abkühlung aus einem ↗Magma, das vom Ort seiner Bildung im Erdmantel oder in der tiefen Erdkruste aufsteigt, entstandene Gesteine. Nach der Tiefe ihrer Erstarrung unterscheidet man zwischen ↗Plutoniten (plutonische Gesteine, Tiefengesteine), die unterhalb von einigen 100 m erkalten, und ↗Vulkaniten (vulkanische Gesteine, Ergußgesteine), die ruhig oder – wenn das Magma reich an Gasen (H_2O, CO_2) ist – explosiv an die Erdoberfläche austreten. Dazwischen werden als Übergangstypen noch die ↗Subvulkanite gestellt; sie erstarren oberflächennah und zeigen Gefügemerkmale sowohl von Plutoniten als auch von Vulkaniten. Mengenmäßig unbedeutend sind heute auf der Erde Impaktschmelzen (↗Suevit), die durch Einschläge von ↗Meteoriten erzeugt werden. Infolge langsamer Abkühlung der Magmen sind Plutonite mit bloßem Auge erkennbar vollständig auskristallisiert oder ↗holokristallin, während Vulkanite durch rasche Abkühlung eine feinkörnige bis dichte Grundmasse ausbilden, in welche variable Mengen gröberer, schon in der Tiefe gebildeter Kristalle (↗Einsprenglinge) eingebettet sind; dieses Gefüge wird als ↗porphyrisch bezeichnet (Abb. 1a, 1b). Bei Abschreckung kann eine Schmelze auch glasig erstarren, z. B. eine Basaltschmelze in Kontakt zu Meerwasser. Hochviskose, SiO_2-reiche Schmelzen erstarren selbst bei langsamerer Abkühlung an der Erdoberfläche glasig (↗Obsidian). In Subvulkaniten tritt die feinkörnige Matrix zugunsten größerer Kristalle in den Hintergrund. ↗Ganggesteine können selbst bei Erstarrung in größerer Tiefe noch Merkmale von Subvulkaniten oder gar Vulkaniten aufweisen, wenn sie geringmächtig sind, in kühles Nebengestein eindringen und daher rasch abkühlen.

Ein Magma besteht i. d. R. aus einer Schmelze und Kristallen sowie eventuell noch aus Gasblasen. Die weitaus meisten Schmelzen auf der Erde sind silicatisch mit SiO_2-Gehalten zwischen ca. 40 % und 75 %. Außerdem gibt es carbonatische, sulfidische, oxidische und phosphatische Schmelzen. Die silicatischen Magmatite werden häufig unterschieden in ↗ultramafisch oder ↗ultrabasisch (< 45 % SiO_2), ↗mafisch oder ↗basisch (45–52 % SiO_2), intermediär (↗intermediäre Gesteine; 52–66 % SiO_2) und ↗felsisch oder sauer (↗saure Gesteine; > 66 % SiO_2). Zusammen mit den Gehalten der Alkalioxide (Na_2O + K_2O) dient der SiO_2-Anteil zur Klassifizierung der Vulkanite im ↗TAS-Diagramm. Die Klassifizierung der Plutonite erfolgt dagegen nach dem Mineralbestand im ↗QAPF-Doppeldreieck und anderen Diagrammen. Auch auf der Grundlage von chemischen Analysen durchzuführende ↗Normberechnungen eignen sich zur Klassifizierung der Magmatite.

Die meisten Magmatite werden aus nur wenigen Hauptmineralen (↗Hauptgemengteil) aufge-

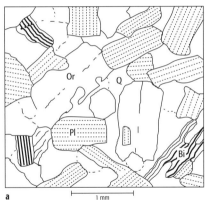

Magmatite 1: a) grobkörniges Gefüge eines Plutonits (Granit) mit Orthoklas (Or), Plagioklas (Pl), Quarz (Q) und Biotit (Bi); b) porphyrisches Gefüge eines Vulkanits (Andesit) mit Einsprenglingen von Plagioklas (Pl), Hornblende (Hbl) und Biotit (Bi) in einer feinkörnigen Grundmasse.

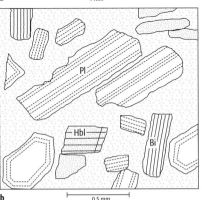

Magmatite 2: ungefähre Häufigkeiten wichtiger Minerale in verschiedenen Magmatiten. Chemisch äquivalente Vulkanite und Plutonite stehen untereinander.

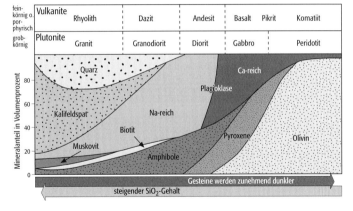

Magmatite

Gew. -%	Peridotit	Komatiit	Mond-basalt	Tholeiit	Alkali-basalt	Phonolith	Carbonatit	Andesit	Diorit	Tonalit	Grano-diorit	Granit
SiO_2	39,1	39,3	39,75	50,7	45,2	55,8	2,08	52,7	54,7	58,8	63,5	71,3
TiO_2		0,17	10,50	1,49	2,8	0,49	0,04	1,06	1,17	0,84	0,72	0,23
Al_2O_3	1,77	5,91	10,43	15,6	14,0	20,3	0,49	18,2	18,2	17,3	15,8	14,3
Fe_2O_3	0,22	3,68	0[2]		3,4	2,77	3,6	3,6	1,69	1,95	2,14	2,58[3]
FeO	10,2	3,31	19,80	9,85[4]	7,6	0,81		5,3	5,25	4,62	3,03	
MgO	45,9	33,9	6,69	7,69	9,9	1,20	1,21	5,2	5,34	3,34	2,28	0,72
CaO	0,96	2,58	11,13	11,45	10,4	4,61	49,5	8,1	6,45	6,58	4,72	1,05
Na_2O	0,09	0,20	0,40	2,66	3,2	5,34	0,40	4,1	2,97	2,62	3,32	3,28
K_2O	0,16	0,12	0,06	0,17	1,6	4,52	0,51	0,8	2,56	2,04	3,22	5,32
P_2O_5		0,03		0,12	0,42	0,03	1,62	0,26	0,47	0,22	0,17	0,12
H_2O	0,12	9,2	0[2]		1,1	2,97	0,21	0,7	1,00	1,16	0,88	0,80
CO_2						0,75	37,1					
Cr_2O_3	0,16	0,29	0,25									

[1] magmatischer Peridotit: Great Dyke/Simbabwe; periotitischer Komatiit: Ontarion/Kanada (hoher H_2O-Gehalt infolge hydrothermaler Verwitterung zu Serpentinmineralien); Mondbasalt: Ti-reicher Mare-Basalt von Apollo 11; Tholeiit: Basaltglas des mittelatlantischen Rückens; Alkalibasalt: Eifel; subvulkanischer Phonolith: Kaiserstuhl; intrusiver Carbonatit: Kaiserstuhl; Andesit: Zentralchile; Diorit: Oberfranken; Tonalit: Adamello/italienische Aplen; Granodiorit: Sierra Nevada/Kalifornien; Granit: Schwarzwald [2] Mondgesteine sind unter stark reduzierenden Bedingungen und bei Abwesenheit von H_2O gebildet, so daß kein Fe^{3+} vorliegt. [3] gesamtes Fe als Fe_2O_3 berechnet [4] gesamtes Fe als FeO berechnet

Magmatite (Tab.): typische Hauptelement-Zusammensetzungen einiger Magmatite.

baut, und zwar insbesondere aus Quarz, Alkalifeldspat und Plagioklas, Biotit und Muscovit, Amphibolen (meist Hornblende), Pyroxenen, Olivin sowie Magnetit. In einem Gestein treten selten mehr als vier oder fünf Hauptminerale auf. Deren relative Häufigkeiten (Abb. 2) sind eine Funktion der chemischen Zusammensetzung der Magmatite, die typischerweise acht bis zehn Hauptkomponenten umfaßt (SiO_2, TiO_2, Al_2O_3, Fe_2O_3 + FeO, MgO, CaO, Na_2O, K_2O, H_2O). Eine grobe Vorstellung über die Reihenfolge der Ausscheidung der Minerale vermittelt das ↗Reaktionsprinzip nach Bowen.

Magmatite lassen sich i.d.R. nach der tektonischen Umgebung, in der sie auftreten, zu Magmen- oder ↗Gesteinsassoziationen zusammenfassen; der Gesteinsname gibt darüber keinen Aufschluß. Konstruktive ↗Plattenränder in den Ozeanen, z. B. der mittelatlantische Rücken, sind durch tholeiitische Basalte (↗tholeiitisch) und ↗Gabbros als plutonisches Äquivalent gekennzeichnet. Innerhalb von mächtiger ozeanischer Kruste können die Basaltmagmen differenzieren bis zur Bildung geringer Volumina saurer Magmen. Auf Ozeaninseln innerhalb stabiler Platten wie Hawaii oder Réunion treten neben tholeiitischen auch alkalibasaltische Magmen auf. Die primären Basaltmagmen in Subduktionszonen differenzieren im fortgeschrittenen Stadium des Aufbaus eines ↗Inselbogens oder ↗aktiven Kontinentalrandes innerhalb der Kruste über ↗Andesite zu ↗Daciten und ↗Rhyolithen, wobei in Inselbögen die SiO_2-ärmeren Varietäten überwiegen, in aktiven Kontinentalrändern die intermediären Magmen. ↗Tonalite und ↗Granodiorite sind dort unter den Plutoniten besonders häufig; sie bauen ↗Batholithe auf, die – wie an der Westküste des amerikanischen Doppelkontinents – Hunderte von Kilometern lang sein können. Kollisionszonen zwischen zwei kontinentalen Platten zeichnen sich durch granitischen Magmatismus aus; ein geologisch junges Beispiel dafür ist der Himalaja, ein älteres der Schwarzwald. In kontinentalen ↗Riftzonen dominieren alkalireiche Magmatite. Die Vulkanite reichen von primären SiO_2-untersättigten basaltischen Gesteinen (↗Basanite, ↗Nephelinite) bis zu daraus durch Differenzierung entstandenen ↗Phonolithen und ↗Trachyten; als Beispiel sei der Oberrheingraben mit den benachbarten Vulkangebieten der Eifel, des Westerwaldes und des Vogelsberges genannt. Die äquivalenten Plutonite lassen sich in alten erodierten kontinentalen Riftzonen studieren, z. B. dem Oslograben. Magmatismus innerhalb stabiler kontinentaler Platten (Intraplattenmagmatismus) ist im Vergleich zum Ozeaninselvulkanismus seltener. In alten Kratonen findet man ↗Kimberlite als ultramafische brekziöse Vulkanite; sie sind als primäre Träger von Diamant wichtig. Ohne erkennbare geotektonische Stellung ist auch ein Teil der A-Typ-Granite (↗Granit). Eine Übersicht über typische Hauptelementzusammensetzungen wichtiger Gesteinstypen zeigt die Tabelle.

Ob ein Magma als Vulkanit die Erdoberfläche erreicht oder als Plutonit in der Tiefe erstarrt, hängt von Parametern wie der Temperatur, dem Dichtekontrast zwischen Magma und umgebendem Gestein, dem Fluidgehalt und der Viskosität ab. Letztere ist eine Funktion der Struktur der

Schmelze (Vernetzungsgrad der (Si,Al)O$_4$-Tetraeder) und steigt für Silicatschmelzen mit zunehmendem SiO$_2$-Gehalt stark an, z. B. um drei bis vier Zehnerpotenzen zwischen fluidfreien basaltischen Schmelzen mit 50 % SiO$_2$ und rhyolithischen Schmelzen mit 75 % SiO$_2$. Eine wasserfreie Rhyolithschmelze von 1000 °C hat z. B. eine Viskosität von ca. 10^7 Pa · s, vergleichbar der Konsistenz von kaltem Asphalt. Fluidarme Rhyolithe sind daher in der Natur selten, die SiO$_2$-reichen Magmen bleiben vielmehr in der Tiefe als granitische Körper stecken. Die niedriger viskosen SiO$_2$-armen Schmelzen (z. B. Basaltschmelzen an der Erdoberfläche ca. 50 Pa · s, am Entstehungsort im Erdmantel ca. 1–10 Pa · s; zum Vergleich: Wasser hat 10^{-3} Pa · s), die zudem heißer sind, fließen dagegen häufig an der Erdoberfläche aus. Zugabe von Wasser senkt die Viskosität der Silicatschmelzen stark und macht auch SiO$_2$-reiche Schmelzen extrusionsfähig. Da andererseits die H$_2$O-Löslichkeit mit fallendem Druck sinkt, wird sich in einer adiabatisch aufsteigenden Schmelze eine fluide Phase entwickeln, die sich an oder nahe der Erdoberfläche explosionsartig separieren kann. ↗Klassifikation der Gesteine. [HGS]

Literatur: [1] WIMMENAUER (1985): Petrographie der magmatischen und metamorphen Gesteine. – Stuttgart. [2] Basaltic Volcanism Study Project (1981): Basaltic Volcanism on the Terrestrial Planets. – New York.

Magnesit, *Bandisserit, Baudisserit, Bitterspat, Giobertit, Magnesitspat, Morpholit, Pinolit, Roubschit, Talkspat*, nach dem Element Magnesium benanntes Mineral mit der chemischen Formel MgCO$_3$ und ditrigonal-skalenoedrischer Kristallform; Farbe: gelblich, graulich- bis reinweiß, bräunlich, seltener farblos klar oder schwarz (durch kohlige Substanzen); Glasglanz (meist matt); Strich: weiß; Härte nach Mohs: 4–4,5 (spröd); Dichte: 2,9–3,1 g/cm^3; Spaltbarkeit: vollkommen nach (*1011*); Aggregate: grob- bis feinkörnig, spätig (Spatmagnesit), mikrokristallin (↗Gelmagnesit); vor dem Lötrohr wird er rissig, schmilzt aber nicht; keine Flammenfärbung, in Säuren erst nach Erhitzen löslich; durch Salzsäure kein Aufbrausen; Begleiter: Dolomit, Opal, Chalcedon, Talk, Gips; Vorkommen: als hydrothermale Metasomatose aus Dolomitmarmoren entstanden in Olivinfels, ferner als Verwitterungsprodukt in Melaphyren und gesteinsbildend im Bereich der Regionalmetamorphose in der Epizone von Chlorit- und Talkschiefern; Fundorte: Radenthein (Kärnten, Österreich), Kraubath (Steiermark, Österreich), Chalilovo (Südural, Rußland). [GST]

Magnesium, Metall der Erdalkaligruppe, chemisches Symbol Mg, Anteil an der Erdkruste 1,95 %, mittlere Gehalte in Böden zwischen 0,05 % (sandige Substrate) und 0,5 % (tonige Substrate). Am häufigsten ist Magnesium in den Silicaten verbreitet; zu den wichtigsten Vertretern gehören die leicht verwitterbaren Amphibole, Olivine, Pyroxene und Glimmer sowie die Tonminerale Chlorit und Vermiculit. Magnesium kann in alkalischen Böden als Bestandteil von Dolomit, Magnesit und Calcit auftreten. In küstennahen Gebieten kommt es durch Aerosole zu Mg-Einträgen. Eine erhebliche Bedeutung hat Mg für den Pflanzenstoffwechsel als Bestandteil des Chlorophylls und als Aktivator für eine Reihe von Enzym-Reaktionen. Die Mg-Aufnahme durch die Pflanze ist abhängig vom Mg-Gehalt der ↗Bodenlösung und vom an den ↗Austauschern adsorbierten Magnesium. Böden mit hohen Schluff- und Tonanteilen weisen die höchste Mg-Sättigung auf. Insbesondere auf sandigen Böden und stark versauerten Waldböden kommt es aufgrund von Auswaschung zu Mg-Mangelerscheinungen, die in Form von chlorotischen und nekrotischen Symptomen an Blatträndern und -adern auftreten. Weiterhin kann die Mg-Aufnahme von Pflanzen durch ↗antagonistische Wirkungen von K-, NH$_4$- und Ca-Ionen bei Ackerböden und durch Al- und Mn-Ionen bei Waldböden blockiert werden. Eine Kennzahl für die Mg-Verfügbarkeit ist das Ca/Mg-Verhältnis in der Bodenlösung, das für eine optimale Versorgung < 7 sein sollte. Die Bestimmung des pflanzenverfügbaren Magnesiums erfolgt entweder durch Extraktion des Bodens mit einer CaCl$_2$-Lösung oder durch Blattanalysen. Anzustreben sind für Ackerböden Gehalte von 50 mg/kg Magnesium (CaCl$_2$) und 0,2 % Magnesium in der Trokkensubstanz von Pflanzen. Zur Gewährleistung der Mg-Versorgung wird auf landwirtschaftlich genutzten Böden eine Düngung mit Mg-Salzen oder Mg-haltigen NPK-Düngern durchgeführt, bei sauren Waldböden erfolgt eine Kompensationskalkung mit Dolomit. [AH]

Magnesiumlagerstätten, Mineralsationen durch linsen-, schicht- und stockförmige ↗metasomatische Verdrängungen von Kalkstein durch spätigen ↗Magnesit, meist mit Beteiligung von ↗Dolomit, wie z. B. in Veitsch (Steiermark), Satka (Ural, Rußland) oder Serra de Eguas (Brasilien). Weiterhin kommt abbauwürdiger Magnesit dicht auf Gängen in serpentinisierten basischen Magmatiten, wie z. B. in Kraubath (Steiermark), Nordgriechenland und Serbien, vor. Beigewinnung von Magnesit ist auch aus Salzmineralien wie ↗Carnallit in Kalisalzlagerstätten (↗Kalisalze) bekannt, wie z. B. in Deutschland und Rußland. In den USA wird Magnesium auch aus Solen und Meerwasser gewonnen. Für schichtförmige Vorkommen wird z. T. auch eine sedimentäre Entstehung diskutiert.

Magnetstriktion ↗*Joulescher Effekt*.

Magnetfeld, *magnetisches Feld*, wird sowohl durch elektrische Ströme nach dem Ampereschen Gesetz als auch durch magnetisierte Materie (Eisen, Magnetit) erzeugt. Es gilt:

$$B = \mu_0 I / 2\pi r$$

für einen Strom I im Abstand r von einem unendlich langen, geraden Draht,

$$\vec{B}(\vec{r}) = \mathrm{grad} \int_V \vec{M}(\varrho)\, \mathrm{grad}\, \frac{1}{|\varrho|}\, d\tau$$

für einen magnetisierten Körper des Volumens V, mit $\vec{M}(\varrho)$ = Magnetisierung am Ort ϱ des

Volumenelements $d\tau$, $\vec{e} = \vec{r} \cdot \varrho$ und V = Volumen des ganzen magnetisierten Körpers im Abstand r. Auf der Erde existieren magnetische Felder sowohl natürlichen als auch technischen Ursprungs. Natürliche magnetische Felder sind die erdmagnetischen Felder, technische magnetische Felder werden z. B. durch elektrifizierte Eisenbahnen, oft weitab (> 100 km) der Eisenbahnschienen, durch Straßenbahnen, Haushalte und Industrie erzeugt. Da Magnetometer stets die Summe der natürlichen und technischen Felder messen, wird es in industrialisierten Ländern zunehmend schwieriger, natürliche, geomagnetische Felder zu erkennen und zu registrieren. ↗Magnetfeldeinheit. [VH, WWe]

Magnetfeldeinheit, im gesetzlich vorgeschriebenen SI-System verwendete Einheit für das Magnetfeld B (auch *magnetische Flußdichte* genannt). Sie ist *Tesla* (Tesla = T = Weber/m^2 = Vs/m^2). In der Geophysik gebräuchlich ist das *Nanotesla* (1 nT = 10^{-9} T). Die magnetische Erregung $H = B/\mu_0$ hat die Einheit A/m, mit μ_0 = $4\pi \cdot 10^{-7}$ Vs/Am. Das magnetische Moment (Dipolmoment) hat die Einheit Am^2, die Magnetisierung die Einheit A/m. Gauß (Γ), Oersted (*Oe*) und Gamma (γ) sind Einheiten im älteren cgs-System für das Magnetfeld und die Magnetisierung.

Magnetfeldkomponenten, das geomagnetische Hauptfeld ist als konservatives Kraftfeld $\vec{B}$ aufzufassen, das sich aus dem Potential V über $-\nabla V = \vec{B}$ herleiten läßt. Im quellenfreien Raum gilt $\Delta V = 0$. Für die üblichen Komponentenbeziehungen im geodätisch orientierten x, y, z-System ist $B_x = X$ (positiv nach geodätisch Nord), $B_y = Y$ (positiv nach geodätisch Ost), $B_z = Z$ (positiv nach unten). Dabei ist die *Totalintensität*:

$$F = T = \sqrt{X^2 + Y^2 + Z^2},$$

die *Horizontalintensität*:

$$H = \sqrt{X^2 + Y^2},$$

die Deklination:

$$D = \arctan Y/X$$

und die Inklination:

$$I = \arctan Z/H.$$

In geozentrischen Polarkoordinaten r, θ, λ, wenn r den radialen Abstand vom Zentrum der Referenzkugel, θ den Polabstand oder $\theta = 90° - \beta$ mit β als der geographischen Breite, und wenn λ die geographische Länge ostwärts von Greenwich aus bezeichnet, erhält man für die Feldkomponenten durch Gradientenbildung:

$$X = \frac{1}{r}\frac{\partial V}{\partial \theta}, \; Y = \frac{-1}{r\sin\theta} \cdot \frac{\partial V}{\partial \lambda}, \; Z = \frac{\partial V}{\partial r}.$$

Ein potentialloser Anteil des Hauptfeldes gilt als nicht gesichert, sondern wird als Rechenergebnis infolge der Unvollkommenheit des Beobachtungsmaterials, der Unschärfe der magnetischen Weltkarten und möglicherweise auch der statistischen Effekte der Ausgleichsmethode gewertet. [VH, WWe]

Magnetfeldmeßverfahren, Verfahren zur Messung des Magnetfeldes, die in absolut und relativ messende Verfahren eingeteilt werden. C. F. ↗Gauß hat als erster ein Experiment angegeben, mit dem die Horizontalintensität H (↗Magnetfeldkomponenten) absolut gemessen werden konnte (»H-nach-Gauß-Methode«). Das Experiment besteht aus einem Schwing- und einem Ablenkversuch. Das Verfahren wurde später von Johann von Lamont noch verbessert und bis in die heutige Zeit in ↗geomagnetischen Observatorien im Absoluthaus angewandt. Abgelöst wurde es erst durch das Protonenpräzessionsmagnetometer (↗Protonenmagnetometer) und neuerdings durch Kalium-Tandem-Magnetometer (↗optisch gepumpte Magnetometer). Die beiden letzteren Magnetometer messen den Betrag des Gesamtvektors. Durch zusätzliche Messungen mit dem D,I-Fluxgate-Theodolit können die weiteren Elemente D und I absolut bestimmt werden. ↗Fluxgate-Magnetometer und Induktionsspulenmagnetometer messen die zeitlichen oder räumlichen Variationen der Magnetfeldkomponenten. [VH, WWe]

Magnetik-Log, magnetische Sonde, die zur Messung des Erdmagnetfeldes in einem Bohrloch dient. Diese magnetischen Sonden ermittelt mit Hilfe eines modifizierten ↗Fluxgate-Magnetometers (Förstersonde) die ↗Suszeptibilität der durchbohrten Gesteine. Es gibt Sonden, die nur die vertikale Komponente des erdmagnetischen Feldes erfassen, aber auch solche für alle drei Komponenten. Zusätzlich muß die Sonde mit einem Kreiselkompaß ausgestattet sein, um die Orientierung der Sonde im Bohrloch zu registrieren. Durch magnetische Bohrlochmessungen können vorwiegend magnetische Erze und Erzlagerstätten erkannt werden. Derartige Sonden werden aber auch zur Auffindung abgerissener Rohrtouren eingesetzt.

magnetische Anomalie, *Anomalienfeld*, kleinräumiger und betragsmäßig im allgemeinen kleinerer Magnetfeldanteil im Vergleich zu einem globalen oder regionalen Normalfeld/Referenzfeld, das räumlich begrenzten Feldquellen zugeordnet wird. Magnetische Anomalien werden analytisch modelliert durch geeignete mathematische Ansätze, wie z. B. die höheren Terme einer Kugelfunktionsentwicklung (SHA), nachdem ein globales Referenzfeld subtrahiert wurde (etwa das IGRF/DGRF), oder z. B. durch geeignete zweidimensionale Reihenentwicklungen für das Magnetfeld. Physikalische Ursachen der Anomalien sind räumlich begrenzte Strukturen, z. B. in der Erdkruste, die in der Inversionstheorie im allgemeinen durch Störkörper modelliert werden können. Da die Bestimmung der Quelle des Feldes (Störkörper) aus dem Feld ein kompliziertes, i. a. nicht eindeutiges mathematisches Problem ist, bedarf es detaillierter Untersuchungen und zusätzlicher Informationen bzw. auch Annahmen, wenn das Anomalienfeld physikalisch interpretiert wird. [VH, WWe]

magnetische Brechung, entsteht, wenn eine magnetische Feldlinie von einem Material 1 der ↗Permeabilität μ_1 in ein Material 2 der Permeabilität μ_2 eintritt (Abb.). Wenn α_1 und α_2 die entsprechenden Winkel zwischen der Feldlinie und dem Lot an der Grenzfläche sind, so gilt: $\tan\alpha_1/\mu_1 = \tan\alpha_2/\mu_2$. Wenn das Material 2 eine wesentlich höhere Permeabilität als das Material 1 besitzt ($\mu_2 \gg \mu_1$), so ist $\alpha_2 \gg \alpha_1$, und die Feldlinien werden in Richtung parallel zur Grenzfläche hin stark abgelenkt. Dies macht man sich bei der Abschirmung von Magnetfeldern mit Hilfe von Blechen aus hochpermeablem Material (Permalloy, μ-Metall mit $\mu_r > 10^4$) zunutze. Eine schwache magnetische Brechung wird auch bei Gesteinen und archäologischen Materialien (Vasen, Keramik) gelegentlich beobachtet. Sie bewirkt, daß die thermoremanente Magnetisierung in diesen Materialien nicht exakt parallel zum äußeren Feld während der Abkühlung unter die ↗Curie-Temperatur orientiert ist. Der Effekt kann im ↗Paläomagnetismus in der Regel vernachlässigt werden, spielt aber im ↗Archäomagnetismus eine gewisse Rolle. [HCS]

magnetische Eigenschaften, bei Mineralen eine Eigenschaft, der eine große technische Bedeutung zukommt, insbesondere in der Aufbereitungsindustrie, bei mineralischen Trennungsprozessen, in der Lagerstättenprojektion, zur Auffindung von Eisen- und Nickelvorkommen und bei metallurgischen Prozessen, wo die magnetischen Anisotropieeffekte der Metallkristalle ausgenützt werden, um besondere technologische Effekte, z.B. bei Transformatorenblechen, zu erzielen. Eine große praktische Bedeutung haben auch die als Ferrite (↗Ferrimagnetismus) bezeichneten magnetischen Werkstoffe erlangt, die als Kerne von Hochfrequenzspulen und als Ferritantennen in der Rundfunk- und Fernsehtechnik Verwendung finden. Die Kristalle lassen sich hinsichtlich ihres magnetischen Verhaltens in drei Gruppen einteilen, und zwar in diamagnetische, paramagnetische und ferromagnetische Kristalle (↗Diamagnetismus, ↗Paramagnetismus, ↗Ferromagnetismus). Als ↗magnetische Suszeptibilität S bezeichnet man die Größe, die sich als Quotient aus M/H ergibt. Dabei bedeutet M die Magnetisierung, die einem Kristall in einem magnetischen Feld der Stärke H zukommt. Die Suszeptibilität ist eine richtungsabhängige Materialkonstante, die für jeden Kristall eine bestimmte, vom magnetischen Feld unabhängige Größe besitzt. Kristalle, bei denen S größer ist als 1, werden von den Polen eines Magneten angezogen und heißen ferromagnetisch.

a) Dia- und Paramagnetismus: Die kleinsten Bausteine paramagnetischer Kristalle haben bereits in ihrem ursprünglichen Zustand, also schon vor der Einwirkung eines magnetischen Feldes, eine gewisse magnetische Orientierung, die jedoch nur unvollkommen ist. Hierher gehören die Minerale Beryll ($Be_3Al_2Si_6O_{18}$), Dioptas ($Cu_3(Si_3O_9) \cdot 3\,H_2O$) und zahlreiche eisenhaltige Minerale wie Siderit ($FeCO_3$), Olivin, Granat, Hornblende und Augit. In der Aufbereitungstechnik lassen sich daher diese Mineralarten durch starke Elektromagneten von den eisenfreien trennen. Minerale, die von den Polen eines Magneten abgestoßen werden, heißen diamagnetisch. Hierbei ist S kleiner als 1, und eine magnetische Ordnung der Atome bzw. Ionen dieser Kristalle wird erst durch Induktion in einem magnetischen Feld erzeugt. Diamagnetisch verhalten sich z.B. Kalkspat, Steinsalz, Flußspat, Bleiglanz, Bismut und Silber. Zur Untersuchung des magnetischen Verhaltens hängt man ein dünnes Glasröhrchen mit dem Pulver des betreffenden Minerals zwischen die Pole eines starken Hufeisenmagneten. Handelt es sich um paramagnetische Kristalle, dann richtet sich das Röhrchen so aus, daß seine Längsrichtung mit der Verbindungslinie zwischen den Magnetpolen übereinstimmt, während es bei diamagnetischen Mineralen eine äquatoriale Lage einnimmt, d.h. es steht senkrecht auf dieser Verbindungslinie. Sowohl para- als auch diamagnetische Minerale zeigen eine z.T. recht starke Suszeptibilitätsanisotropie. Während die Suszeptibilität isometrisch aufgebauten Kristallstrukturen, wie z.B. bei den Gerüstsilicaten oder beim Quarz, gering ist, kann sie in einigen Fällen, z.B. beim Antimon, Bismut und Magnetkies, beträchtliche Maße annehmen. Auch für den rhombischen Aragonit ist sie so stark ausgeprägt, daß sie für die Unterscheidung von Natur- und Zuchtperlen herangezogen werden kann. Während sich die in ihrem Keim parallel orientierten Zuchtperlen in einem Magnetfeld entsprechend ihrer Struktur drehen, verändern die konzentrisch aufgebauten Naturperlen ihre Lage nicht (Abb.).

b) Ferromagnetismus: Nur sehr wenige Minerale zeigen einen aktiven Magnetismus wie das Magneteisen, der ↗Magnetit (Fe_3O_4) oder der ↗Magnetkies (FeS). In diesen speziellen Fällen handelt es sich jedoch auch um eine magnetische Induktion, hervorgerufen durch das stets vorhandene Magnetfeld der Erde. Diesen bleibenden Magnetismus bezeichnet man auch als magnetische Remanenz, Kristalle, die sich durch permanenten Magnetismus auszeichnen, als ferromagnetisch. Meist genügt schon ein sehr schwaches magnetisches Feld, um in diesen Kristallen eine relativ starke Magnetisierung herbeizuführen. Auch Blitzeinschläge in eisenhaltige Silicatgesteine können Ursache eines permanenten Magnetismus sein, wie es z.B. von den Magnetklippen von Frankenstein bei Darmstadt bekannt ist. Solche Gesteine weisen dann immer mit ihrem Nordpol nach dem magnetischen Südpol der Erde. Die Ursache des Ferromagnetismus bei Kristallen ist in der parallelen Ausrichtung kleinster Gitterbauteilchen zu suchen. Die Suszeptibilität ferromagnetischer Stoffe ist im allgemeinen recht groß und stets positiv. Als ↗Antiferromagnetismus bezeichnet man die magnetischen Momente in Kristallstrukturen, z.B. in den Spinellen, die in diesen zwar vorhanden sind, als magnetische Wirkung

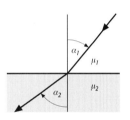

magnetische Brechung: magnetische Brechung einer Feldlinie an einer Grenze zwischen zwei Materialien unterschiedlicher Permeabilität μ.

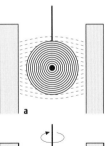

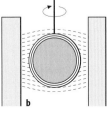

magnetische Eigenschaften: Anisotropie der Suszeptibilität von Aragonit. Unterscheidung von a) Natur- und b) Zuchtperlen im Magnetfeld.

nach außen jedoch nicht in Erscheinung treten. Große technische Bedeutung hat die als Ferrimagnetismus bezeichnete Art des Ferromagnetismus. Ferrimagnetische Stoffe, vor allem die Ferritspinelle, werden heute in großen Mengen als Dauermagneten, Kerne für Hochfrequenzspulen, Ferritantennen usw. hergestellt. [GST]
magnetische Feldumkehr ↗Feldumkehr.
magnetische Flußdichte ↗Magnetfeldeinheit.
magnetische Permeabilität ↗magnetische Suszeptibilität.
magnetische Phasenumwandlung ↗Ferromagnetismus.
magnetische Polarisation ↗ *Magnetisierung*.
magnetische Prospektion, in der Angewandten Geophysik ein Verfahren, durch die Vermessung lokaler magnetischer Anomalien Körper höherer Magnetisierung zu lokalisieren und ihre Geometrie (Gehalt und Tiefenlage) zu erkunden. Anwendungsgebiete sind Erzprospektion, Altlasten-Kartierung und Archäologie.
magnetische Quantenzahl ↗Quantenzahl.
magnetischer Äquator, Linie in der Nähe des geographischen Äquators, an der das Erdmagnetfeld horizontal gerichtet ist (Dip-Äquator).
magnetischer Druck ↗magnetische Spannung.
magnetische Reinigung ↗ *Entmagnetisierung*.
magnetischer Mittelpunkt, Raumkoordinate eines exzentrischen magnetischen Dipols (etwa 500 km vom Erdmittelpunkt entfernt).
magnetischer Pol, *Magnetpol*, geographischer Ort, an dem die Magnetfeldlinien senkrecht auf der Erdoberfläche stehen. Nord- und Südpol stehen nicht adjungiert gegenüber, sie wandern aufgrund der ↗Säkularvariation etwa 0,3° pro Jahr (ca. 30 km pro Jahr).
magnetischer Sturm, *erdmagnetischer Sturm*, durch solare Teilcheneruptionen ausgelöster Störungszustand der ↗Magnetosphäre. ↗Weltraumwetter.
magnetisches Moment ↗Moment.
magnetische Spannung, jede zeitlich-räumliche Änderung der Magnetfeldlinien-Geometrie gegenüber der Gleichgewichtslage erzeugt über die Induktionsströme eine rückstellende Kraft. Im Falle eines homogenen Hintergrundfeldes wirkt vorwiegend der *magnetische Druck* $p_B = B_0^2/2\mu_0$ auf die geladenen Teilchen. Bei gekrümmter Feldgeometrie kommt zusätzlich die magnetische Spannung zum Tragen $T_m = (\vec{B} \cdot \nabla) \vec{B}$. Magnetischer Druck und Spannung können in gleiche, aber auch entgegengesetzte Richtung wirken.
magnetische Steifigkeit, entspricht dem Impuls pro Ladung eines Teilchens und ist gleich dem Produkt von Magnetfeld und Gyrationsradius (↗Gyration).
magnetische Suszeptibilität, physikalische Eigenschaft, die die ↗Magnetisierung J unter dem Einfluß eines magnetischen Feldes H beschreibt. Der Effekt ist in Kristallen anisotrop. Die lineare Beziehung:

$$J_k = \sum_l \chi_{kl} H_l$$

reicht zur quantitativen Beschreibung des Effektes in dia-, para- und antiferromagnetischen Substanzen aus. Die magnetische Suszeptibilität χ_{kl} ist ein symmetrischer, polarer ↗Tensor 2. Stufe: $\chi_{kl} = \chi_{lk}$, da zwei axiale Vektoren, die Magnetisierung und das Magnetfeld, in Beziehung gesetzt werden. Die Eigensymmetrie gegen Vertauschen der Indizes folgt aus thermodynamischen Gründen der Energieerhaltung. Die Tensorkomponenten in den verschiedenen ↗Kristallklassen unterscheiden sich daher nicht von den Tensorkomponenten der ↗dielektrischen Suszeptibilität. Analog zum Verhalten eines dielektrischen Materials wird im magnetischen Fall eine magnetische Flußdichte oder magnetische Induktion definiert:

$$\vec{B} = \mu_0 \mu \vec{H}.$$

Dabei ist μ_0 die magnetische Permeabilität des Vakuums ($\mu_0 = 1{,}256 \cdot 10^{-6}$ Vs/Am) und μ die (relative) *magnetische Permeabilität* oder *Permeabilitätszahl* eines magnetischen Materials. Da $\vec{B} = \mu_0(\vec{H} + \vec{J})$ gilt: $\mu = 1 + \chi$, analog zum dielektrischen Fall. [KH]
Magnetisierung, *magnetische Polarisation*, M, die Summe Σm der magnetischen Elementardipole m [Am^2] pro Volumeneinheit V:

$$M = \Sigma m/V \text{ [A/m]}.$$

Man unterscheidet fünf Arten der Magnetisierung: ↗Diamagnetismus, ↗Paramagnetismus, ↗Ferromagnetismus, ↗Antiferromagnetismus und ↗Ferrimagnetismus. Bei einer unmagnetischen Substanz ist $\Sigma m = 0$. Bei der spezifischen Magnetisierung wird das magnetische Moment auf die Masse bezogen und in der Einheit Am^2/kg angegeben. Die Magnetisierung ist eine wichtige Meßgröße im ↗Gesteinsmagnetismus und im ↗Paläomagnetismus und wird mit Hilfe von ↗Magnetometern bestimmt.
Die ↗spontane Magnetisierung oder ↗Sättigungsmagnetisierung M_S wird erreicht, wenn alle magnetischen Elementardipole parallel orientiert sind. Dies ist die maximal mögliche Magnetisierung eines Materials. Die thermische Agitation bewirkt eine zunächst langsame, dann bei Annäherung an die ↗Curie-Temperatur stärkere Abnahme von M_S, die dann bei der Curie-Temperatur T_C verschwindet. In einem äußeren Magnetfeld H kommt es zu einer gewissen Einregelung der Elementardipole in Richtung von H, und es entsteht eine induzierte Magnetisierung $M_i = \chi \cdot H$, die parallel und bei kleinen Feldern proportional zu H ist. Die Größe χ ist die ↗magnetische Suszeptibilität. Bei Gesteinen mit ferrimagnetischen Materialien kann neben der induzierten Magnetisierung auch eine ↗remanente Magnetisierung M_r auftreten, die natürliche remanente Magnetisierung $NRM = M_{NRM}$. Diese kann durch verschiedene Prozesse und in unterschiedlichen Zeiten während der geologischen Geschichte eines Gesteins gebildet werden. Im Lauf der Zeit klingt eine remanente Magnetisierung M_r exponentiell nach folgendem Gesetz ab:

$$M_r(t) = M_{ro} \cdot e^{-t/\tau}.$$

Dabei ist τ eine ↗Relaxationszeit, die bei Gesteinen einige Milliarden Jahre betragen kann. Als Anteile der natürlichen remanenten Magnetisierung M_{NRM} unterscheidet man bei Gesteinen folgende Arten von Remanenzen, die angenähert vektoriell addiert werden können: Thermoremanenz (TRM; ↗thermoremanente Magnetisierung), partielle Thermoremanenz (PTRM), Sedimentationsremanenz (DRM) und Post-Sedimentationsremanenz (PDDRM), chemische Remanenz (CRM) sowie Piezoremanenz (PRM). Die isothermale Remanenz (IRM) und die bohrinduzierte Remanenz (DIRM) treten sehr selten auf, während die anhysteretische Remanenz (ARM) nur im Labor erzeugt werden kann.

Magnetit, *Magneteisenerz*, *Magneteisenstein*, *Siegelstein*, nach der Stadt Magnesia bei Smyrna (Izmir) in der Türkei benanntes Mineral (Abb.) mit der chemischen Formel (Fe^{3+},Fe^{2+})Fe^{3+}O$_4$ und kubisch-hexoktaedrischer Kristallform; Farbe: eisenschwarz; meist fettiger Metallglanz; undurchsichtig; Strich: schwarz; Härte nach Mohs: 5,5–6 (spröd); Dichte: 4,9–5,2 g/cm³; Spaltbarkeit: unvollkommen nach (*111*); Bruch: muschelig; Aggregate: derb, grob- bis feinkörnig, dicht massig, eingesprengt, lagenförmig, lose oder abgerollte Körner; Kristalle aufgewachsen; vor dem Lötrohr unschmelzbar; nur gepulvert in Salzsäure löslich; Begleiter: Ilmenit, Chlorit, Hämatit, Pyrit, Galenit, Sphalerit, Chalkopyrit, Löllingit; Vorkommen: als Hauptgemenge oxidischer Erze in den meisten Gesteinen, vor allem in kristallinen Schiefern und Kontaktgesteinen sowie lagenweise in fluviatilen wie marinen Sanden; Fundorte: Kirunavaara und Luossavaara (Nordschweden), Kusa (Ural) und Krivoj Rog (Ukraine).

Magnetit ist das wichtigste natürliche ferrimagnetische Mineral (↗Ferrimagnetismus) und findet sich in allen Gesteinstypen. Seine chemische Formel Fe$_3$O$_4$ setzt sich additiv aus den beiden Oxiden FeO (Wüstit) und Fe$_2$O$_3$ (↗Hämatit) zusammen, es enthält also sowohl dreiwertiges Eisen (Fe^{3+} mit fünf ↗Bohrschen Magnetonen μ_B) als auch zweiwertiges Eisen (Fe^{2+} mit vier Bohrschen Magnetonen). Der kubisch flächenzentrierte Magnetit mit einer Gitterkonstante $a_0 = 0,8395$ nm zählt zu den inversen Spinellen und besitzt zwei antiparallel magnetisierte magnetische Untergitter in Form der Oktaederlücken (B-Plätze, besetzt mit den Fe^{2+}-Ionen und der Hälfte der Fe^{3+}-Ionen) und der Tetraederlücken (A-Plätze, besetzt mit der anderen Hälfte der Fe^{3+}-Ionen). Die Verteilung der Ionen auf Tetraeder(A)-plätzen und Oktaeder(B)-plätzen (eckige Klammern) sieht folgendermaßen aus: Fe^{3+}[Fe^{2+}Fe^{3+}]O^{4-}. Durch die antiferromagnetische Kopplung sind die magnetischen Momente der B-Plätze mit insgesamt 5μ_B + 4μ_B = 9μ_B antiparallel zu den Momenten der A-Plätze mit 5μ_B orientiert. Dadurch entsteht ein Restmoment von 9μ_B - 5μ_B = 4μ_B pro Formeleinheit. Magnetit hat bei Raumtemperatur eine ↗Sättigungsmagnetisierung von $M_S = 480 \cdot 10^3$ A/m und ist einer der wichtigsten Träger einer ↗remanenten Magnetisierung in Gesteinen. Die ↗Curie-Temperatur T_C beträgt 578°C, die ↗Koerzitivfeldstärke H_C hat Werte von höchstens 0,2 T. Magnetit zählt deshalb zu den weichmagnetischen Ferriten, deren remanente Magnetisierung auch durch magnetische Wechselfelder bis 0,2 T = 200 mT zerstört werden kann. Die Stabilität der remanenten Magnetisierung wird aber stark von der Korngröße der Minerale beeinflußt. Die spezifische Suszeptibilität χ_{spez} hängt von der Korngröße ab, kann Werte von 10^6–$10^7 \cdot 10^{-8}$ m³/kg erreichen und übertrifft dabei diejenige der paramagnetischen Minerale um Größenordnungen. Die dadurch im Erdmagnetfeld entstehende starke induzierte ↗Magnetisierung parallel zum örtlichen Erdmagnetfeld führt bei magnetithaltigen Gesteinen in der Regel zu starken ↗magnetischen Anomalien. [GST, HCS]

Magnetkies, *Pyrrhotin*, *Magnetopyrit*, Mineral mit der chemischen Formel FeS bis Fe$_1$S$_{1+x}$ und dihexagonal-dipyramidaler Kristallform; Bei $x = 0,14$ (Fe$_7$S$_8$) bildet sich eine ferrimagnetische Phase durch ein Defektmoment (↗Ferrimagnetismus). Magnetkiese anderer Zusammensetzung, z. B. Fe$_9$S$_{10}$ ($x = 0,11$), sind antiferromagnetisch (↗Antiferromatnetismus). Ferrimagnetischer Magnetkies hat eine ↗Curie-Temperatur von 325°C und eine ↗Sättigungsmagnetisierung $M_S = 62 \cdot 10^3$ A/m. Die spezifische Suszeptibilität χ_{spez} liegt im Bereich von 10^3–$10^5 \cdot 10^{-8}$ m³/kg, die ↗Koerzitivfeldstärke H_C hat Werte von höchstens 0,5 T; Farbe: bronzegelb, mit Stich ins Rötliche bis Braune, gelegentlich Anlauffarben; Metallglanz; undurchsichtig; Strich: grau-schwarz; Härte nach Mohs: 4 (spröd); Dichte: 4,58–4,77 g/cm³; Spaltbarkeit: teilbar nach (*0001*) und (*1120*); Aggregate: Kristalle rosettenartig gruppiert, sonst meist derb, eingesprengt, auch massig, grobkörnig bis grobblätterig, schalig, körnig, feinkörnig bis dicht; wird von Magneten unterschiedlich stark angezogen; vor dem Lötrohr zu schwarzer, magnetischer Masse schmelzend; in Salpetersäure und Salzsäure schwer löslich; Begleiter: Pyrit, Chalkopyrit, Sphalerit, Galenit, Magnetit; Vorkommen: in plutonischen Magmatiten, besonders in ultrabasischen bis basischen, weniger häufig in intermediären und sedimentären Gesteinen; Fundorte: Bodenmais (Bayern), Hundholmen und Iveland (Norwegen), Tunaberg (Schweden), Outokumpu (Finnland), Herja (Rumänien) und Merensky-Reef (Südafrika).

Magnetkompaß ↗Kompaß.

magnetoelektrischer Effekt, Erzeugung einer Magnetisierung durch ein elektrisches Feld. Der in Kristallen anisotrope, lineare Effekt wird durch die Gleichung:

$$J_k = \sum_l p_{kl} E_l$$

beschrieben. p_{kl} ist ein axialer ↗Tensor 2. Stufe, da er einen polaren Vektor, das elektrische Feld E,

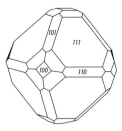

Magnetit: Magnetitkristall.

Magnetogramm: a) Magnetogramme für einen magnetisch ruhigen Tag (26.2.1999), b) Magnetogramme für einen magnetisch unruhigen Tag (18.2.1999), der den Ablauf eines erdmagnetischen Sturmes zeigt.

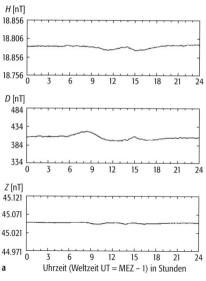

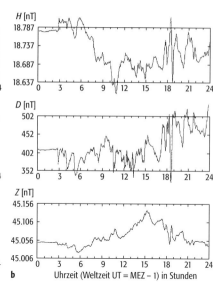

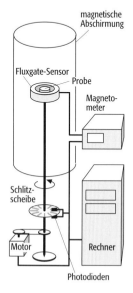

Magnetometer 1: Fluxgate-Spinner-Magnetometer.

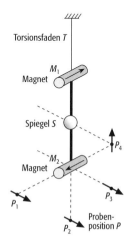

Magnetometer 2: astatisches Magnetometer mit den Probenpositionen P_1 bis P_4.

Magnetometer 3: Induktions-Spinner-Magnetometer.

mit einem axialen Vektor, der Magnetisierung J, in Beziehung setzt. Der Effekt existiert nur in magnetischen Kristallen. Es gibt auch den inversen Effekt, daß unter der Einwirkung eines magnetischen Feldes H eine dielektrische Polarisation P, d.h. ein elektrisches Dipolmoment pro Volumen, erzeugt wird:

$$P_l = \sum_k p'_{lk} H_k$$

Dabei gilt für die Tensorkomponenten: $p_{kl} = p_{lk}'$.

Magnetogramm, graphische Aufzeichnung der zeitlichen Änderungen des Erdmagnetfeldes, meist in den ↗Magnetfeldkomponenten H, D und Z (Abb.).

Magnetohydrodynamik, *MHD*, Fachgebiet, das ebenso wie die *Plasmaphysik* elektrodynamische Prozesse in einem von Plasma erfüllten Magnetfeld beschreibt (↗Plasma, ↗Magnetosphäre). Während in der Plasmaphysik sehr hochfrequente Änderungen der Ladungsdichte eine wichtige Rolle spielen, sind es in der MHD tieffrequente Oszillationen der Plasmabewegungen insgesamt; es werden nur großskalige Bewegungen wie eines Fluids (»hydro«) der Ladungsträger in Betracht gezogen, nicht einzelne Bewegungen (↗Gyrationen etc.). In der Plasmaphysik wird in den Maxwellgleichungen der Verschiebungsstromterm berücksichtigt, in der MHD wird der Verschiebungsstromterm (↗Induktionsgleichung) vernachlässigt.

magneto-hydrodynamische Wellen ↗Alfvén-Wellen.

Magnetometer, Gerät, das im ↗Gesteinsmagnetismus und ↗Paläomagnetismus zur Vermessung der magnetischen Eigenschaften von Gesteinen (↗Suszeptibilität, ↗remanente Magnetisierung) verwendet wird. Es gibt es eine Reihe von Magnetometern unterschiedlicher Bauart. Die Gesteinsproben sollten bei diesen Messungen möglichst Kugelgestalt haben, um bei einer homogenen Magnetisierung einen idealen ↗Dipol darstellen zu können. Um Formanisotropie-Effekte (↗Formanisotropie) zu vermeiden, eignen sich auch würfelförmige Proben oder Zylinder mit einem Verhältnis von Zylinderlänge zu Durchmesser von 0,85:1,0. Das älteste Meßgerät ist das astatische Magnetometer (Abb. 1). Mit ihm können die kleinen statischen Magnetfelder im Außenraum von Proben in verschiedenen Probenpositionen bestimmt und anschließend die Gesamtmagnetisierung sowie der induzierte und der remanente Anteil getrennt berechnet werden. Das gleiche Meßprinzip verwenden die Geräte mit einem Saturationskern-Magnetometer (*Fluxgate-Magnetometer*) als Magnetfeld-Feldsensor. Bei langsam rotierenden Proben und einer Signalmessung in kleinen Winkelschritten (Fluxgate-Spinner-Magnetometer) kann auch über viele Umdrehungen gemittelt und das Verhältnis von Nutzsignal zu Störsignal dadurch erheblich verbessert werden (Abb. 2). Bei den Induktions-Spinner-Magnetometern (Abb. 3) rotiert eine Probe im Innern einer Induktionsspule und induziert somit ein Signal, aus dem die Remanenz bezogen auf ein probeninternes Koordinatensystem abgeleitet wird. Die Kryogen-Magnetometer sind die Geräte mit der höchsten Empfindlichkeit im Paläomagnetismus in Verbindung mit einer hohen Meßgeschwindigkeit. Hier ist der Magnetfeld-Sensor eine supraleitende Induktionsspule (Tab.). [HCS]

Magnetopause, *MP*, Grenzschicht, die die Magnetosphäre vom solaren Wind trennt. Unter

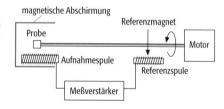

Magnetometer	physikalisches Prinzip	Empfindlichkeit	Meßzeit für eine Ablesung
astatisches Magnetometer	Ablenkung eines aufgehängten Magnetsystems	$1 \cdot 10^{-5}$ A/m	bis zu 300 s
statisches Fluxgate-Magnetometer	Induktion, Saturationskerne	$1 \cdot 10^{-3}$ A/m	20 s
Fluxgate-Spinner-Magnetometer	Induktion, Saturationskerne	$1 \cdot 10^{-5}$ A/m	bis zu 200 s
Induktions-Spinner-Magnetometer	Induktion	$1 \cdot 10^{-4}$ A/m ... $1 \cdot 10^{-5}$ A/m	bis zu 150 s
Kryogen-Magnetometer	Induktion, Josphson-Effekt	$1 \cdot 10^{-6}$ A/m	3 s

Magnetometer (Tab.): Eigenschaften von Magnetometern zur Messung der Magnetisierung von Gesteinen.

normalen Bedingungen des Sonnenwindes beträgt ihre Entfernung von der Erde auf der der Sonne zugewandten Seite etwa zehn Erdradien, kann bei erdmagnetischen Stürmen bis auf weniger als fünf Erdradien an die Erdoberfläche herankommen.

Magnetosome, kleine, biogen gebildete Einkristalle von ↗Magnetit in Einzellern. Sie haben die ideale Größe von ↗Einbereichsteilchen (ca. 100 nm) und bilden häufig eine oder mehrere Ketten. Die Mikroorganismen können sich in ihrem Lebensraum mit Hilfe des Magnetfeldes orientieren (↗magnetotaktische Bakterien). Ob diese Magnetitkristalle auch noch andere Funktionen haben, die mit dem Stoffwechsel und dem Sauerstoffhaushalt zu tun haben, ist noch nicht geklärt. Magnetosome finden sich auch in zum Teil recht alten Sedimenten und weisen damit auf eine lange Geschichte von Mikroorganismen dieser Art hin.

Magnetosphäre, der von der ↗Magnetopause abgegrenzte Raum des irdischen Magnetfeldes (es kann keine Magnetfeldlinie die Magnetopause kreuzen), oberhalb der ↗Ionosphäre. Die Magnetosphäre ist angereichert mit Plasma unterschiedlicher Dichte und Temperatur. Die ↗elektrische Leitfähigkeit in der Magnetosphäre ist anisotrop, wobei die Leitfähigkeit parallel zu den Magnetfeldlinien extrem hoch ist.

Magnetosphärenschweif, der von der Sonne abgewandte Teil der ↗Magnetosphäre, der als Schweif weit über die Mondbahn hinausreicht. Diese Region der Magnetosphäre wird durch den großflächigen Magnetopausenstrom (↗Magnetopause) umschlossen, der von West über die nördliche und südliche Hälfte nach Osten fließt und sich im Neutralschichtstrom über die mittlere Ebene von Ost nach West schließt. Hier liegt auch die Plasmaschicht, die etwa zehn Erdradien dick ist und sich entlang der Magnetfeldlinien bis in die obere Ionosphäre der Polarlichtzonen fortsetzt.

Magnetostratigraphie, Methode der ↗Stratigraphie unter Verwendung der für einzelne Zeitabschnitte in der Erdgeschichte typischen Muster der Umkehrungen der Polarität des Erdmagnetfeldes (↗Feldumkehr). Es sind nur Datierungen in den Zeitbereichen möglich, in denen die Abfolge der Feldumkehrungen lückenlos dokumentiert ist, nämlich bis zum mittleren Jura vor ca. 150 Mio. Jahre.

Magnetostriktion, Entstehung einer elastischen Deformation durch Einwirken eines Magnetfeldes. Der Effekt ist in Kristallen anisotrop und wird in erster Ordnung (linearer Effekt) durch einen axialen ↗Tensor dritter Stufe (m_{ijk}) dargestellt:

$$\varepsilon_{ij} = \sum_k m_{ijk} H_k,$$

(mit $i, j, k = 1, 2, 3$), da er einen axialen Tensor erster Stufe, das Magnetfeld H_k, mit einem polaren Tensor zweiter Stufe, der elastischen Dehnung ε_{ij}, in Beziehung setzt.
Magnetisierungsänderungen verursachen Längenänderungen $\delta l/l$ der ferro- und ferrimagnetischen Kristalle. Die relativen Längenänderungen $\delta l/l$ zwischen dem unmagnetischen Zustand und dem Zustand der magnetischen Sättigung bezeichnet man als Sättigungs-Magnetostriktionskonstante λ_s (Tab.). Die Größe ist dimensionslos und ihre Werte liegen bei ferro- und ferrimagnetischen Substanzen im Bereich von 10^{-5} bis 10^{-6}. Bei Einkristallen haben die Magnetostriktionskonstanten in unterschiedlichen kristallographischen Richtungen verschiedene Werte, zuweilen auch Vorzeichen. Umgekehrt werden durch mechanische Spannungen die magnetischen Eigenschaften von Gesteinen verändert (↗Piezomagnetismus, ↗piezoremanente Magnetisierung). [HCS]

magnetotaktische Bakterien, Bakterien, die eine oder mehrere Ketten von ↗Magnetosomen im Innern der Zelle enthalten. Mit deren Hilfe ist eine Orientierung im Erdmagnetfeld möglich. Die Organismen kommen rezent in Böden und in den obersten Schichten am Grunde von Gewässern in einem eng begrenzten Tiefenbereich mit geringem Sauerstoffgehalt sowohl im Süßwasser als auch im Salzwasser vor. Sie sind auch in alten Sedimenten nachgewiesen worden.

Magnetotellurik, MT, ein passives ↗elektromagnetisches Verfahren zum Studium der elektrischen Leitfähigkeit in Erdkruste und oberem Erdmantel. Die natürlichen erdmagnetischen Variationen induzieren im leitfähigen Erdinnern ein erdelektrisches (tellurisches) Feld, das wiederum ein sekundäres Magnetfeld hervorruft. An der Erdoberfläche werden die Variationen der horizontalen Komponenten des magnetischen und elektrischen Feldes (B_x, B_y bzw. E_x, E_y) gemessen. Als Sensoren für das Magnetfeld dienen dabei Fluxgate-, Induktionsspulen- oder auch SQUID-Magnetometer (↗Magnetometer). Üblicherweise wird auch die magnetische Vertikal-

Mineral	λ_s (10^{-6})
Magnetit	35
Titanomagnetit (TM60)	100
Maghemit	35
Hämatit	8
Magnetkies, Pyrrhotin	7

Magnetostriktion (Tab.): Sättigungs-Magnetostriktionskonstanten λ_s einiger natürlicher Ferrite.

komponente mitregistriert (↗erdmagnetische Tiefensondierung). Zur Messung der erdelektrischen Variationen werden unpolarisierbare Sonden wie z. B. Ag/AgCl-Sonden benutzt. Durch eine statistische Analyse der Daten wird ein ↗Impedanztensor Z mit:

$$E_x(T) = Z_{xx}(T)B_x(T) + Z_{xy}(T)B_y(TY),$$
$$E_y(T) = Z_{yx}(T)B_x(T) + Z_{yy}(T)B_y(T)$$

als komplexe frequenz- oder periodenabhängige Übertragungsfunktion bestimmt, woraus sich scheinbare spezifische Widerstände $\varrho_a(T)$ und die Phasenverschiebung $\varphi(T)$ zwischen elektrischem und magnetischem Feld berechnen lassen. Für einen eindimensionalen Untergrund ist die Hauptdiagonale identisch 0 und $Z_{xy} = -Z_{yx} = Z$. Den scheinbaren spezifischen Widerstand und die Phase erhält man dann aus:

$$\varrho_a(T) = \frac{\mu_0}{2\pi} T |Z|^2,$$

$$\varphi(T) = \tan^{-1}\left(\frac{\operatorname{Im} Z}{\operatorname{Re} Z}\right).$$

Für zweidimensionale Leitfähigkeitsverteilungen entkoppeln die ↗Maxwellschen Gleichungen. Entspricht die y-Richtung der Streichrichtung der Anomalie, gilt:

$$\frac{\partial B_x}{\partial z} - \frac{\partial B_z}{\partial x} = \mu_0 \sigma E_y \qquad \frac{\partial B_y}{\partial x} = \mu_0 \sigma E_z$$
$$\frac{\partial E_y}{\partial x} = -\frac{\partial B_z}{\partial t} \qquad \frac{\partial B_y}{\partial z} = -\mu_0 \sigma E_x$$
$$\frac{\partial E_y}{\partial z} = \frac{\partial B_x}{\partial t} \qquad \frac{\partial E_x}{\partial z} - \frac{\partial E_z}{\partial x} = -\frac{\partial B_y}{\partial t}.$$

Die Gleichungen auf der linken Seite enthalten nur eine horizontale E-Feldkomponente parallel zum Leitfähigkeitskontrast (E_y), man spricht in diesem Fall auch von *E-Polarisation* oder *TE-Mode*. Das horizontale Magnetfeld B_x ist senkrecht zur Grenze gerichtet, und in diesem Mode existiert ein vertikales Magnetfeld B_z. Die rechte Seite stellt den Fall der *B-Polarisation* (*TM-Mode*) dar: Das horizontale Magnetfeld B_y schwingt parallel zum Leitfähigkeitskontrast, E_x ist senkrecht dazu gerichtet und es existiert ein vertikales elektrisches Feld E_z. Im Koordinatensystem der Streichrichtung der Anomalie gibt es damit zwei unterschiedliche spezifische Widerstände und Phasen; im 3D-Fall sind alle Elemente des Impedanztensors besetzt.

Da die natürlichen erdmagnetischen Variationen einen weiten Periodenbereich umfassen (ausgenutzt werden Periodenlängen von etwa 10^{-4}–10^5 s), wird auch ein entsprechend großer Tiefenbereich erfaßt (↗Eindringtiefe). Die Anwendungsgebiete der Methode liegen somit sowohl im Studium der elektrischen Leitfähigkeit in der tiefen Erdkruste und im oberen Erdmantel als auch in der Untersuchung tektonischer und hydrogeologischer Fragestellungen sowie der Erzexploration. Als passives Verfahren ist die Magnetotellurik technischen Störeinflüssen unterlegen, die Registrierungen in der unmittelbaren Nähe von Ortschaften unmöglich machen. Im Frequenzbereich der ↗Audiomagnetotellurik setzt man daher auch eigene Sendeeinrichtungen ein (CSAMT). [HBr]

Magnetpol ↗ *magnetischer Pol*.

Magnetscheidung, Mineraltrennung aufgrund der ↗magnetischen Eigenschaften der Minerale. Ferromagnetische Minerale können mit Handmagneten abgetrennt werden, für Laborzwecke finden auch Labormagnetscheider als Trommelmagnetscheider Verwendung. Die Trennung erfolgt nach der ↗Suszeptibilität im Magnetfeld der Magnetscheider. Voraussetzung ist eine günstige Korngrößenklassierung im Bereich von 0,05–0,5 mm. Für großtechnische Aufbereitungszwecke finden auch elektrostatische Magnetscheider und Starkfeld-Magnetscheider Anwendung.

Magnettheodolit, *D-I-Fluxgatetheodolit*, ein in geomagnetischen Observatorien und bei Landesvermessungen eingesetztes Gerät, das aus einem eisenfreien Theodoliten und einem Inklinometer und Deklinometer besteht, mit dem die ↗Inklination und die ↗Deklination absolut gemessen wird. Zusammen mit einer Absolutmessung des Totalfeldes ist der gesamte magnetische Vektor absolut festgelegt.

Magnitude, in der Geophysik ein logarithmisches Maß (zur Basis 10) für die Stärke eines Erdbebens (*Erdbebenmagnitude*). Sie ergibt sich aus Messungen der Maximalamplitude seismischer Phasen, die an einer Erdbebenstation aufgezeichnet werden. Es gibt verschiedene Definitionen für die Magnitude. Die bekannteste ist die ↗Richter-Magnitude M_L, die allerdings nur für Flachbeben der Tiefe $h \leq 20$ km und im Entfernungsbereich bis 1000 km anwendbar ist. Gutenberg hat die Raumwellenmagnitude m_b eingeführt, die auch in größeren Entfernungen und für tiefere Erdbeben berechnet werden kann:

$$m_b = \log(A/T) + q(\Delta, h).$$

Hier ist A die maximale Raumwellenamplitude in μm, T ist die Periode der Raumwelle in s und $q(\Delta, h)$ ist ein von Entfernung Δ und Herdtiefe h abhängiger Korrekturfaktor, der die ↗Dämpfung der seismischen Welle für den Laufweg vom Erdbebenherd zur seismischen Station berücksichtigt. Meistens werden für die Bestimmung von m_b kurzperiodische P-Wellen benutzt, deren Periode etwa 1 s beträgt. Das Maximum von A wird in der Auswertepraxis in den ersten fünf Sekunden nach dem P-Wellen-Einsatz bestimmt. Die Oberflächenwellen-Magnitude M_S wird aus langperiodischen Oberflächenwellen im Entfernungsbereich $20° \leq \Delta \leq 160°$ und Periodenbereich $18 \leq T \leq 22$ s nach folgender Beziehung abgeleitet:

$$M_S = \log(A/T)_{max} + 1{,}66 \cdot \log(\Delta) + 3{,}3.$$

Hier ist A die maximale Oberflächenwellenamplitude auf der Vertikal- oder Horizontalkompo-

nente (gemessen in Mikrometer). M_S kann nur für Flachbeben berechnet werden, da Tiefherdbeben keine starken Oberflächenwellen erzeugen.
Ein Nachteil der Magnitudenskalen M_L, m_b und M_S ist die Tatsache, daß sie nur in einem sehr engen Periodenbereich definiert sind. Die Magnitudenwerte nähern sich einer Sättigungsgrenze, die von der ↗Eckfrequenz der Herdspektren abhängig ist, so daß für sehr starke Erdbeben keine sinnvollen Angaben mehr zu machen sind. In diesem Fall ist die Momentenmagnitude Mw den anderen Magnitudenskalen überlegen. Sie wird aus dem ↗seismischen Moment M_0, gemessen in dyn-cm, abgeleitet:

$$Mw = (2/3) \cdot \log M_0 - 10{,}7.$$

Das Chile-Erdbeben von 1960 und das San-Francisco-Erdbeben von 1906 hatten die gleichen Werte $M_S = 8{,}3$, jedoch betrug für das Chilebeben $Mw = 9{,}5$ und für das Beben in San Francisco $Mw = 7{,}9$. [GüBo]

Magnituden-Häufigkeitsbeziehung, von Gutenberg und Richter 1944 für Erdbeben in Kalifornien eingeführte statistische Beziehung, die für bestimmte Gebiete und einen festgelegten Zeitraum die Zahl N der Erdbeben im Magnitudenintervall von $M - \delta M$ bis $M + \delta M$ angibt, wobei δM in der Größenordnung von 0,2 liegt. Die Beziehung hat die Form:

$$\log_{10} N = a - bM.$$

Der Parameter a ist eine Konstante für ein bestimmtes Erdbebengebiet. Eine andere, häufig benutzte Form der Gleichung ist die kummulative Magnituden-Häufigkeitsbeziehung. In ihr ist N die Zahl der Erdbeben, die in einem festgelegten Zeitintervall die Magnitude M überschreiten. Typische Werte für b liegen zwischen 0,8 und 1,2, mit Variationen nach oben und unten. Je höher der b-Wert ist, umso größer ist der Anteil von schwachen zu stärkeren Beben. Umgekehrt weist ein niedriger b-Wert darauf hin, daß relativ viele starke Beben im Verhältnis zu Beben mit kleinerer Magnitude auftreten. Für das Gebiet des Oberrheingraben wird $b = 0{,}9$ und $a = 5{,}2$ für die Zeit zwischen 1800 und 1970 angegeben. Legt man diese Werten zugrunde, treten in diesem Gebiet mit einer Fläche von 75.000 km^2 im Mittel über 170 Jahre fünf Erdbeben der Magnitude $M = 5$ und 40 Erdbeben der Magnitude $M = 4$ auf. Die Magnituden-Häufigkeitsbeziehung für ein bestimmtes Gebiet ist ein wichtiger Parameter für das ↗seismische Risiko. [GüBo]

Magnoliopsida, *Niedere Dikotylen*, ursprüngliche ↗Angiospermophytina mit monosulcaten ↗Pollen und zwei Keimblättern. Mit heute ca. 8000 Arten hat diese Klasse einen Anteil von etwa 3 % am Artenspektrum der Angiospermophytina. Magnoliopsida kommen vom ↗Hauterive bis rezent vor. Es sind zweikeimblättrige (dicotyle), eustelate Tracheenholzpflanzen oder krautige Land-, Sumpf- und Wasserpflanzen. Tracheen fehlen nur im Holz der ursprünglichsten Taxa. Die Laubblätter sind einfach, meist gestielt und netzadrig. Stipulae sind am Blattstiel miteinander verwachsen oder fehlen. Blattscheiden sind sehr selten. An den Seitenknospen folgt auf das Deckblatt nur ein einziges, der Mutterachse zugewandtes (adossiertes), oft zweiadriges Vorblatt als unterstes Blatt des Seitensprosses. Durch Verkürzung der Blütenachse entwickelt sich bei den Magnoliopsida die primär schraubige Anordnung der zahlreichen Blütenorgane zu einer zyklischen Anordnung, bei der die schließlich dreizähligen Blütenorgane wirtelig stehen. Die einfache Blütenhülle (Perianth) besteht meist nur aus undifferenzierten Hüllblättern (Perigon) oder fehlt. Die vielzähligen Staubblätter sind nur teilweise in Stiel (Filament) und Staubbeutel (Anthere) gegliedert, sonst aber massiv und blättrig. Wie bei den gymnospermen ↗Spermatophyta haben die Pollen nur eine einzige distale, als einfache, langgestreckte Keimfalte gebaute Keimstelle (monosulcate Apertur) für den Pollenschlauch, die sich sekundär zum kreisförmigen, distalen Ulcus verengen kann. Die Fruchtblätter sind nicht verwachen (chorikarpes Gynoeceum). Die Samenanlagen sind crassinucellat, d.h. sie haben einen vielzelligen Gewebekern sowie fast immer zwei Integumente. Die ↗Embryonen sind klein. Aus den Magnoliopsida entwickelten sich die eudicotylen ↗Rosopsida und die monocotylen ↗Liliopsida. [RB]

Magnus-Formel, nach H. Magnus (1802–1870), praxistaugliche Näherungsgleichung zur Berechnung des ↗Sättigungsdampfdrucks p_{ds} (↗Luftfeuchte) in Abhängigkeit von der ↗Lufttemperatur T. Sie lautet für Sättigung über Wasseroberflächen:

$$p_{dsw} = 610{,}8 \; Pa \cdot 10^{\frac{7{,}5\,T - 2048{,}6\,K}{T - 38{,}25\,K}}$$

und für Sättigung über Eisoberflächen:

$$p_{dse} = 610{,}8 \; Pa \cdot 10^{\frac{9{,}5\,T - 2594{,}9\,K}{T - 7{,}65\,K}}.$$

Den in der Tabelle zur ↗Luftfeuchte enthaltenen Werten des Sättigungsdampfdrucks bei bestimmten Lufttemperaturen liegt eine Formel zu Grunde, die genauer ist als die Magnus-Formel.

Mahalanobis-Abstand, MA, wesentlicher Bestandteil der ↗Maximum-Likelihood-Klassifizierung:

$$MA = (X - M_C)^T (K_C^{-1})(X - M_C).$$

Dabei ist c = Klasse, X = gemessener Vektor des zu klassifizierende Bildelements, M_c = Mittelwertvektor der Klasse c, T = Transpositionsfunktion, K_c = ↗Kovarianzmatrix der Klasse c, K_c^{-1} = Inverse von K_c. Im Rahmen der Klassifizierung dient dieser Wert vielfach auch als ↗Rückweisungsschwelle, bei deren Überschreitung ein Pixel keiner der vorgegebenen Klassen, sondern der ↗Rückweisungsklasse zugewiesen wird. Auch bei Überlappungen der ↗Merkmalsräume der Klassen wird diese Distanz als Grenzwert genutzt. Die Zuweisung erfolgt in diesen Fällen zu der Klasse mit dem geringsten Mahalanobis-Wert.

Mahlbusen, Speicherbecken, das zur Vergleichmäßigung des Betriebes vor einem ↗Schöpfwerk angeordnet ist.

Maillet-Formel, eine von Maillet (1905) formulierte Gleichung, die den exponentiellen Verlauf der meisten ↗Trockenwetterfallinien gut beschreibt. Sie lautet:

$$Q_t = Q_0 \cdot e^{-\alpha \cdot t},$$

wobei Q_t = Abfluß nach t (in Tagen), die seit der maximalen Schüttung Q_0 verstrichen sind, und α = quellenspezifischer Auslaufkoeffizient.

Mainzer Becken, Sedimentationsraum, der bis Ende der 1960er Jahre wesentlich größer als heute interpretiert wurde und der den nördlichen ↗Oberrheingraben und die rechts- und linksrheinisch daran angrenzenden tertiären Senkungsgebiete einschloß. Seit Golwer (1968) wird als Mainzer Becken nur noch das linksrheinische, rheinhessische Gebiet bezeichnet (Abb.). Die im Osten angrenzenden Senkungsgebiete sind der Nördliche Oberrheingraben und das Hanauer Becken. Das Mainzer Becken und auch das Hanauer Becken sind relative Hochschollen innerhalb der Oberrheingrabenstruktur und durch vergleichsweise geringe Mächtigkeiten gekennzeichnet (bis 520 m im Beckenzentrum). Die tertiäre Sedimentation begann etwa zeitgleich mit der ersten Absenkung des Oberrheingrabens im ↗Eozän. Im Unteroligozän wurden die brakkischen mittleren Pechelbronn-Schichten abgelagert. Im weiteren Verlauf des Unteroligozäns (Rupel) wurde die Sedimentation im Zusammenhang mit einem globalen Meeresspiegelhochstand marin. Die Küstensedimente dieser Zeit sind die durch ihren Fossilreichtum (u. a. Haizähne, Gastropoden) berühmten Meeressande, die Beckensedimente sind der Rupelton und der Schleichsand. Cyrenenmergel und Süßwasser-Schichten spiegeln den Rückzug des Meeres und die nachfolgende Aussüßung wieder. Die gesamte Abfolge von den eozänen Basistonen bis zu den Unteren Cerithien-Schichten ist durch Tone, Tonmergel und Sande geprägt und wird deshalb auch als Mergeltertiär bezeichnet. Eine zweite Phase der Sedimentation erfolgte im späten Oberoligozän und im Untermiozän und wird durch einen erneuten Meeresvorstoß eingeleitet, der ebenfalls mit einem globalen Meeresspiegelhochstand korreliert werden kann. Marine Fazies bestand jedoch nur kurzzeitig, brackische Fazies herrschte vor. Es wurden überwiegend Kalke und Kalkmergel gebildet, weshalb die Schichtenfolge von den mittleren Cerithien-Schichten bis zu den unteren Hydrobien-Schichten auch als Kalktertiär bezeichnet wird. Die Benennung der Schichten beruht auf den jeweils massenhaft auftretenden Gastropoden-Arten, den »Cerithien«, der *Hydrobia inflata* und der *Hydrobia paludinaria*. Früher wiesen die meisten Bearbeiter dem Kalktertiär ein untermiozänes Alter zu und stellten die Abfolge vollständig in das ↗Aquitan. Heute ist aufgrund von Nannoplankton, Fischen und Säugetieren gesichert, daß der älteste Teil des Kalktertiärs in das Oberoligozän gehört und der jüngste Teil in das späte Untermiozän (↗Burdigal). Nach einem Hiatus wurden im Obermiozän und im ↗Pliozän Sande, Kiese und Tone sedimentiert, die als Ablagerungen eines Ur-Rheins und eines Ur-Mains gelten und die tertiäre Sedimentation im Mainzer Becken abschließen. [BR]

Literatur: Beichenbacher, B. (2000): Das bracklakustrine Oligozän und Unter-Miozän im Manzer Becken und Hanauer Becken: Fischfaunen, Paläoökologie, Biostratigraphie und Paläoogeographie. – ZSS 222. Frankfurt a. Main.

Maiolica, porzellanartige, dichte, cremefarbene bis weiße, dünn- und ebenbankige pelagische Kalksteine in Oberjura und Kreide der Südalpen und des Apennin. ↗Aptychenkalk.

major midwinter warming ↗Stratosphärenerwärmung.

major soils groups, Hauptbodeneinheiten der ↗FAO-Bodenklassifikation und der ↗WRB.

Maket, aus dem lat. stammende bezeichnung für das Einbandmuster eines Buches oder eines ↗Atlas. Das Maket soll u. a. das Format und den Umfang eines Druckerzeugnisses veranschaulichen. Es kann als Blindband nur aus leeren Seiten bestehen oder auf einigen Seiten Vorschläge für das ↗Layout enthalten, wobei Karten evtl. als Umrißskizzen gezeigt werden, um die verwendeten Maßstäbe zu verdeutlichen. Liegt bereits eine inhaltliche Konzeption für den Atlas vor, sind Layoutskizzen auf allen Seiten möglich, die den Anteil und den Umfang der vorgesehen Themen demonstrieren. Das Maket hat vor allem als Hilfsmittel der redaktionellen Konzeption und für weitere Planung kartographischer Arbeiten Bedeutung.

Makrobenthon, Lebensgemeinschaft der auf und im Gewässerboden lebenden Organismen, überwiegend Wasserinsekten.

Makroelemente, *Grundnährstoffe, Hauptnährele-*

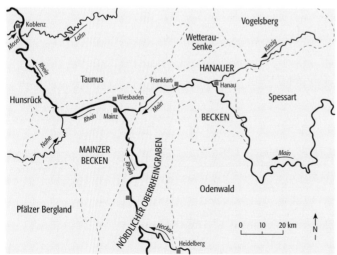

Mainzer Becken: geographische Lage von Mainzer Becken, Hanauer Becken und nördlichem Oberrheingraben.

mente, essentielle Nährstoffe, die am Aufbau der Körpersubstanz von Lebewesen beteiligt sind und dabei im Gegensatz zu den ↗Mikroelementen den größten Massenanteil ausmachen. Zu den Makroelementen zählen Wasserstoff (H), Sauerstoff (O), Kohlenstoff (C), Stickstoff (N), Phosphor (P), Schwefel (S), Kalium (K), Calcium (Ca) und Magnesium (Mg). ↗Nährelemente Tab.

Makrofauna, Bodentiere mit einer Körpergröße von 4–80 mm. Dazu gehören die ↗Regenwürmer, Enchytraeiden, Schnecken, Hundert- und Tausendfüßler und ↗Asseln sowie Käfer- und Fliegenlarven. Die meisten Vertreter der Makrofauna sind ↗Bodenwühler.

Makrofeingefüge, ↗Aggregatgefüge, bei dem durch Absonderungs- oder Aufbauprozesse das ↗Makrogrobgefüge in kleinere Gefügeelemente mit einer Querachse < 50 mm untergliedert wird. Man unterscheidet ↗Krümel-, ↗Subpolyeder-, ↗Polyeder-, ↗Prismen-, ↗Platten- und ↗Fragmentgefüge.

Makrofossil, ein makroskopisch, d. h. mit bloßem Auge erkenn- und bearbeitbares ↗Fossil, i.d.R. mehrzellige tierische und pflanzliche Organismen der »klassischen Fossilgruppen«, z. B. Trilobiten, Ammoniten, Echiniden, Vertebraten, fossile Blätter und Hölzer. Der Übergang zu den ↗Mikrofossilien ist fließend und nicht streng festgelegt.

Makrogefüge, Gefügemerkmale, die im Gelände ohne zusätzliche optische Hilfsmittel angesprochen werden können. In Analogie zur ↗Korngrößenverteilung wird die Grenze zum ↗Mikrogefüge manchmal bei 2 mm gesetzt.

Makrogrobgefüge, *Grobgefüge*, ↗Aggregatgefüge, das durch Absonderungsprozesse (Wechsel von Quellung und Schrumpfung) in bindigen Böden entsteht und aus Gefügeelementen mit Querachsen > 50 mm besteht. Man unterscheidet ↗Riß-, ↗Säulen- und ↗Schichtgefüge.

Makroklima, Klima großer Gebiete, dessen Einordnungsmerkmale die Verteilung der Sonnenstrahlung, die absolute Geländehöhe, die Land-Meer-Verteilung und die ↗Allgemeine atmosphärische Zirkulation sind. Gebiete mit gleichem Klima lassen sich entsprechend einer ↗Klimaklassifikation zu ↗Klimazonen zusammenfassen.

Makronährelemente, Hauptnährelemente, die im Gegensatz zu den ↗Mikronährelementen in größerer Menge für die pflanzliche und tierische Ernährung notwendig sind und in mineralischer Form als Anionen (NO_3^-, $H_2PO_4^-$, SO_4^{2-}) oder Kationen (NH_4^+, K^+, Ca^{2+}, Mg^{2+}) aufgenommen werden. Nicht mineralische Hauptnährstoffe sind Kohlenstoff (C), Sauerstoff (O) und Wasserstoff (H).

Makrophyten, höhere Wasserpflanzen, inklusive der Charophyten (Armleuchteralgen), exclusive der ↗Algen. Makrophyten werden nach Art ihres Vorkommens in ↗submerse und ↗emerse Makrophyten untergliedert.

Makroplankton, Plankton von 2 mm bis 2 cm Körpergröße.

Makroporen, ↗Bodenporen, die mit bloßem Auge erkennbar und einen Äquivalentporendurchmesser von etwa > 0,5 mm aufweisen. In der Bodenhydrologie werden mit Makroporen auch oft die nicht kapillaren, gröberen Poren bezeichnet. Im Gegensatz dazu bezieht sich die Einteilung der ↗Porengrößenverteilung in weite (> 0,05 mm) und enge (0,05–0,01 mm) ↗Grobporen, ↗Mittelporen und ↗Feinporen (< 0,2 μm) auf den kapillaren Porenbereich.

Makroporenfluß, Wasserbewegung im groben, kontinuierlichen Inter-Aggregat Porensystem und in überkapillaren Hohlräumen, wie z. B. Regenwurmgänge, Wurzelkanäle, Schrumpf- oder Trockenrisse und Klüfte. Bei stärkeren Niederschlägen kann ein großer Teil des infiltrierenden Wassers schnell in ↗Makroporen unter weitgehender Umgehung des Porenraums der porösen Matrix versickern (bypass flow, preferential flow). Gelöste und mitgeführte und sogar reaktive Stoffe können so entgegen den Vorhersagen auf der Basis der Richards- und Konvektions-Dispersions-Gleichung in tiefere Bodenzonen oder in das Drän- und Grundwasser gelangen. Modelle zur Beschreibung von Wasser- und Stoffverlagerung in Böden mit Makroporen basieren auf der Annahme von zwei (Dual) oder mehreren miteinander wechselwirkenden und einander durchdringenden kontinuierlichen Porensystemen oder auf der Annahme diskreter einzelner Makroporen. Derartige Dual-Porositätsmodelle unterscheiden sich hauptsächlich in der Beschreibung des Flusses im gröberen Porensystem sowie des Massentransfers zwischen Makroporen und Bodenmatrix. Die Wasserbewegung in Makroporen wird zum einen mit der kinematischen Wellengleichung, bei der Gesetzmäßigkeiten für den Überlandfluß auf den Makroporenfluß übertragen werden, beschrieben. Zum anderen werden die Wasserbewegungen unter Annahme von Kapillarität auch mit den Darcy-Gesetz oder für Einzelporen mit der Hagen-Poiseuillschen Gleichung für zylindrische Poren oder dem »cubic law« für Fluß in plattigen Klüften beschrieben. [HG]

Makroporeninfiltration, übersteigt die Niederschlagsrate die Infiltrationsrate der Bodenmatrix, kommt es zu einem Aufstau und der Bildung von freiem, nicht kapillar gebundenem Wasser an der Bodenoberfläche, welches schließlich direkt in die ↗Makroporen infiltrieren kann. Makroporeninfiltration ist besonders häufig bei fein-texturierten Tonböden oder bei verschlämmten Schluffböden mit Schrumpfrissen und Klüften anzutreffen.

Makrosegregation, Veränderung der Zusammensetzung eines Kristalls mit fortschreitendem Wachstum. Ist der ↗Gleichgewichtsverteilungskoeffizient in einem ↗Mehrstoffsystem ungleich eins, dann würde die Konzentration im wachsenden Kristall nur dann gleich bleiben, wenn die ↗Kristallisation aus einer unbegrenzt großen oder sich ständig erneuernden Ausgangsphase erfolgt. Hat jedoch die Ausgangsphase eine endliche Menge, dann verschiebt sich mit fortschreitender Kristallisation die Konzentration in der Ausgangsphase und damit im Kristall.

makroseismische Intensität, *Intensität*, aus Beobachtungen abgeleitetes Maß für die Wirkung eines Erdbebens in einem begrenzten Gebiet auf den Menschen, Gebäude und Veränderungen der Form der Erdoberfläche. Die *Erdbebenintensität* ist oft (aber nicht immer) am stärksten im Epizentralgebiet und nimmt meistens mit wachsender Epizentralentfernung ab. Intensitätsskalen mit unterschiedlichen Abstufungen wurden seit Beginn des 20. Jahrhundert in verschiedenen Ländern entwickelt, die nach vorgegebenen Merkmalen die Effekte eines Erdbebens erfassen. Die in Japan benutzte, von Omori entwickelte Intensitätsskala kommt mit sieben Stärkegraden aus, während die in Nordamerika benutzte ↗Mercalli-Skala und die in Europa entwickelte ↗MSK-Skala zwölf Stärkegrade definieren. Die neueste makroseismische Intensitätsskala, die Europäische Makroseismische Skala ↗EMS-98, ist ebenfalls zwölfstufig. Die Intensitäten in den verschiedenen zwölfstufigen Intensitätsskalen sind weitgehend kompatibel; die Unterschiede ergeben sich aus der Art und Weise, wie die Bausubstanz berücksichtigt wird. Die Intensitäten werden meistens in römischen Zahlen von I bis XII angegeben, um die Intensität von der ↗Magnitude abzugrenzen. In letzter Zeit werden aber auch vermehrt arabische Ziffern zur Intensitätsangabe benutzt, da sich diese besser als römische Ziffern im Computern verarbeiten lassen. Die Verteilung der Intensitäten an der Erdoberfläche wird durch Linien gleicher Intensität (*Isoseiste*) in Karten dargestellt. Das Epizentrum liegt meistens im Zentrum der höchsten beobachteten Intensität, der *Maximalintensität*. Das *Schüttergebiet* ist die Fläche der gespürten Bebenwirkungen. Die mittlere Entfernung, bis zu der das Beben gespürt wurde, wird als *Schütterradius* bezeichnet. Der Schütterradius ist bei gleicher Maximalintensität und gleichen Bedingungen der Wellenausbreitung für tiefe Erdbebenherde größer als für flache Herde.

Es wurde versucht, quantitative Beziehungen zwischen Maximalintensitäten und maximalen horizontalen Bodenbeschleunigungen herzustellen. Ohne eine instrumentelle Datenbasis von herdnahen Beobachtungen der Bodenbeschleunigungen durch ↗Beschleunigungsaufnehmer ist dies allerdings schwierig, da die Intensität in komplexer Weise auch von anderen Faktoren abhängt (z. B. lokale Geologie, Signalperiode, räumliche Ausdehnung des Erdbebenherdes, Herdmechanismus, Abstrahlcharakeristik usw.). Trotzdem sind makroseismische Beobachtungen für die seismische Risikoanalyse enorm wichtig, da instrumentelle Beobachtungen bestenfalls einen Zeitraum von 100 Jahren umfassen und man auf historische Überlieferungen angewiesen ist, um einen Überblick über das stärkste bisher beobachtete Beben einer bestimmten Region zu erhalten. Es ist daher notwendig, historische Erdbebendaten zu nutzen und die abgeleiteten Maximalintensitäten I_0 unter plausiblen Annahmen mit maximalen horizontalen Bodenbeschleunigungen A_0 (Einheit: cm/s^2) zu korrelieren. Eine oft benutzte Beziehung zwischen A_0 und I_0 nach der modifizierten Mercalli-Skala wurde für die westlichen USA abgeleitet:

$$\log_{10} A_0 = 0{,}01 + 0{,}3 \cdot I_0 \text{ für IV} \leq I_0 \leq \text{X}.$$

Diese Beziehung allein ist aber nicht ausreichend für planende Bauingenieure, da sie große Streuungen nach unten und oben aufweist und außerdem keinerlei Angaben über die spektralen Bodenbeschleunigungen macht. In den meisten Fällen werden für ein bestimmtes Gebiet keine Messungen vorliegen. Es ist dann sinnvoller, die vorhandenen Beobachtungen makroseismischer Intensitäten mit einer Intensitätsskala, wie z. B. EMS-98, auszuwerten, die die Bausubstanz in vielfältiger und wohldefinierter Weise berücksichtigt, und das ↗seismische Risiko in Abhängigkeit von der räumlichen Verteilung der Intensitätswerte anzugeben. [GüBo]

makroskopisch ↗*megaskopisch*.

Makrosolifluktion, *Gelisolifluktion* tiefgründige periglaziale ↗Solifluktion. Die eigentliche korrekte Bezeichnung hierfür ist heute ↗Gelifluktion oder Gelisolifluktion, da Makrosolifluktion im Gegensatz zur ↗Mikrosolifluktion ↗Permafrost oder tiefgründigen jahreszeitlichen ↗Bodenfrost voraussetzt.

Makrozoobenthos, wirbellose Tiere, die den Gewässergrund besiedeln, z.B. Schlammröhrenwurm (*Tubifex tubifex*), Dreikantmuschel (*Dreissena polymorpha*).

MAK-Wert, M̲aximaler A̲rbeitsplatzk̲onzentrations-Wert, maximal erlaubte Konzentration eines gesundheitsschädlichen Arbeitsstoffs, bei der ein gesunder Erwachsener nach Exposition von täglich 8 Stunden an 5 Wochentagen über sein gesamtes Arbeitsleben hinweg nicht mit Gesundheitsrisiken rechnen muß. Da ständig neue toxikologische Kenntnisse gewonnen werden, unterliegen die MAK-Werte einer fortlaufenden Überarbeitung. Die bei der Deutschen Forschungsgemeinschaft angesiedelte Senatskommission zur Prüfung gesundheitsschädlicher Arbeitsstoffe gibt jährlich eine aktualisierte Liste mit Angaben der maximal zulässigen Konzentrationen für die betreffenden Gase und Stäube am Arbeitsplatz heraus. Die MAK-Liste enthält auch eine Klassifizierung bestimmter Arbeitsstoffe nach deren bewiesener oder vermuteter Kanzerogenität.

Malachit, [von griech. malakós = weich], *Atlaserz, Silver Peak Jade, Weichstein*, Mineral mit der chemischen Formel $Cu_2[(OH)_2|CO_3]$ und monoklin-primatischer Kristallform; Farbe: smaragd-, span- bis schwärzlich-grün; matter Seidenglanz; Strich: hellgrün; Härte nach Mohs: 3,5–4 (spröd), Dichte: 4 g/cm^3; Spaltbarkeit: gut nach (*001*); Bruch: muschelig; Aggregate: meist Anflüge bzw. Überzüge, seltener büschelig, aber auch nierig, traubig, achatähnlich gebändert; Kristalle sind selten; vor dem Lötrohr schmilzt er in der Reduktionsflamme und gibt ein Cu-Korn; Färbung nach Befeuchten der Flamme; in Salzsäure unter Aufbrausen löslich; Begleiter: Azurit, Chalkopyrit, Bornit, Tetraedrit, Chalkosin, Cuprit, gediegenes Kupfer, Hämatit, Limonit; Vorkommen: in der Oxidationszone kupferführender Lagerstätten; Fundorte: St. Avold und Wallerfangen bei Saarlouis/Saar, Lubetová (Libethen) in der Slowakei, Moldava (Banat, Rumänien), Gumeschevo bei Sverdlovsk und Mednorudjansk bei Nischnij Tagilsk (Rußland), Tsumeb (Namibia), ansonsten weltweit. [GST]

Malakkastraße, *Malacca Strait* (engl.), Meeresstraße im ↗Pazifischen Ozean zwischen Sumatra und der Halbinsel Malakka.

Mallardsche Formeln, in der Kristallographie näherungsweise geltende Beziehungen zur Berechnung des ↗Achsenwinkels V_γ, der die größte Hauptachse von n_γ der ↗Indikatrix als Winkelhalbierende hat:

$$\sin^2 V_\gamma = \frac{n_\beta - n_\alpha}{n_\gamma - n_\alpha},$$

$$\cos^2 V_\gamma = \frac{n_\gamma - n_\beta}{n_\gamma - n_\alpha},$$

$$\tan^2 V_\gamma = \frac{n_\beta - n_\alpha}{n_\gamma - n_\beta}.$$

Mallungen, Bezeichnung für windschwache Gebiete. In der Nähe des Äquators sind dies die Zonen der ↗Kalmen, in 30° nördlicher und südlicher Breite die ↗Roßbreiten.

Malm, *Weißer Jura*, in England im 19. Jh. vage gebraucht und durch Oppel 1856 konkretisierte, regional verwendete stratigraphische Bezeichnung für die jüngste Periode (164,4–142 Mio. Jahre) des ↗Jura in Mittel- und Nordwesteuropa. Die Bezeichnung Weißer Jura stammt von der vorherrschend hellen Gesteinsfarbe des Malm in Süddeutschland. ↗geologische Zeitskala.

Malojawind, atypisches Berg- und Talwind-System (↗Berg- und Talwind) im Ober-Engadin. Aufgrund der besonderen orographischen Situation im Bereich des Malojapasses entwickelt sich tagsüber im Bergell ein besonders starker Talwind, der über den Paß hinübergreift und im Engadin als ein talab wehender Wind in Erscheinung tritt.

Malstrom, *Moskentraumen*, starker Gezeitenstrom bei den Lofoten, der besonders im Zusammenhang mit Weststurm zu einer kurzen brechenden See führt und für kleinere Schiffe gefährlich werden kann.

Malten, derjenige Anteil des ↗Erdöls, der in einer 30fachen Menge an Heptan löslich ist. Die unlöslichen Komponenten werden als ↗Asphaltene bezeichnet. Maltene bestehen aus ↗aliphatischen Kohlenwasserstoffen und ↗aromatischen Kohlenwasserstoffen sowie ↗Harzen.

Mammoth-Event, kurze Zeit inverser Polarität des Erdmagnetfeldes (↗Feldumkehr) von 3,22–3,33 Mio. Jahren im normalen ↗Gauß-Chron.

Mammutpumpe, *Air-lifting*, Verfahren zur Förderung von Wasser aus Brunnen und Bohrungen. Dabei wird über ein Luftgestänge, manchmal auch Luftschlauch, Preßluft das Innere eines Förderrohrs unterhalb des Wasserspiegels eingeleitet. Das dabei im Förderrohr entstehende Wasser-Luft-Gemisch ist spezifisch leichter als die umgebende Wassersäule, so daß eine Aufwärtsbewegung bzw. ein Förderstrom entsteht. Das Wasser tritt dabei schwallweise zutage (↗Brunnenentsandung). Die Förderrate ist nur begrenzt und abhängig von Einpreßtiefe und Förderhöhe, verfügbarem Luftvolumen, verfügbarem Luftdruck und von den Leitungsquerschnitten.

Mandelstein, gasblasenreicher, generell basaltischer Vulkanit, bei dem die ↗Blasenhohlräume sekundär durch Carbonate, Kieselsäure (Opal, Calcedon, Achat) oder ↗Zeolithe ausgefüllt sind. Dies ist v. a. zu beobachten in »alten«, sekundär umgewandelten (↗Anchimetamorphose) Basalten (↗Diabasen = Diabasmandelstein und ↗Melaphyren = Melaphyrmandelstein) sowie in ↗Spiliten.

Manebacher Gesetz, Zwillingsgesetz bei Orthoklas mit (001) als Verwachsungsfläche. Die Kristalle sind nach der *a*-Achse gestreckt. ↗Feldspäte, ↗Zwilling.

Mangan, chemisches Element mit dem Symbol Mn. Mangan diente in der Form von Braunstein schon im Altertum zum Reinigen des Glases (Glasmacherseife) und wurde im Gegensatz zu Magnetit (magnes) als weiblicher magnes bezeichnet. Hieraus leiteten die Glasmacher in Anklang an das griechische magganisein = reinigen den Namen lapis manganensis ab. Das Metall selbst wurde 1774 von K. W. Scheele erkannt und im gleichen Jahr von J. G. Gahn isoliert. Um die Mitte des 19. Jh. entdeckte man seine metallurgische Verwendbarkeit in der Stahlfabrikation, 1882 wurde in Sheffield von R. Hadfield ein Verfahren zur Herstellung von Ferromangan entwickelt.

Manganbakterien, ubiquitäre Bakterien mit hoher phylogenetischer Diversität, die durch Oxidation zweiwertiger zu schwerlöslichen drei- und höherwertigen Manganverbindungen ihren Energiebedarf decken. Sie kommen ähnlich den ↗Eisenbakterien insbesondere in sauren aquatischen bzw. Bodenhabitaten vor. In ihnen haben sie eine beträchtliche Bedeutung im biogeochemischen Kreislauf, indem die ausgefällten höherwertigen Manganoxide sich im Sediment oder der ↗anaeroben Zone ablagern und dort die Oxidation anderer Verbindungen wie Fe(II), H_2S und organischem Material ermöglichen. Verwendung finden Manganbakterien u. a. auch bei der Manganausfällung aus Trinkwasser.

Manganerze, aus einer großen Anzahl im wesentlichen oxidischer manganführender Minerale, die häufig aus ↗amorphen Phasen hervorgegangen sind, beteiligen sich an lagerstättenbildenden Vererzungen von Mangan v. a. Minerale der ↗Braunsteine (↗Pyrolusit und Manganomelan), weiterhin ↗Manganit und ↗Rhodochrosit, untergeordnet Braunit (3 $Mn_2O_3 \cdot MnSiO_3$), *Hausmannit* (Mn_3O_4) und ↗Rhodonit ($CaMn_4[Si_5O_{15}]$).

Manganerzgänge, Manganvorkommen, gebunden an selbständige Gänge mit ↗Manganit, dazu Braunit und Hausmannit (↗Manganerze) als Erzkomponente sowie ↗Baryt und ↗Calcit als Gangminerale in diagenetisch alterierten Vulkaniten, wie z. B. das Vorkommen bei Ilfeld am Harz, wirtschaftlich jedoch ohne Bedeutung. ↗Manganerzlagerstätten.

Manganerzlagerstätten, Vielzahl von ↗Lagerstätten und ↗Lagerstättentypen, in denen überwiegend Mangan gewonnen werden kann. Lagerstättenbildend sind dabei nur noch die ↗syngenetischen schichtigen Manganmineralisationen bzw. deren metamorphe Äquivalente, des weiteren ↗Residuallagerstätten mit überwiegend oxidisch gebundenen Erzen. ↗Manganerze aus vulkanosedimentärer Entstehung sind weltweit verbreitet, aber seltener abbauwürdig, wie z. B. Kusimovo im südlichen Ural (Rußland). Nicht so häufig, aber von großer Bedeutung, sind die marin-sedimentären Vorkommen ohne vulkanogenen Einfluß. Die mit Abstand wichtigste Lagerstättenprovinz ist dabei an klastische Sedimente (Quarz-Glaukonit-Sand-Ton-Assoziation) der marinen Randfazies im ↗Oligozän der Umrandung des Schwarzen Meeres gebunden, wobei allein das südukrainische Becken mit der Lagerstätte von Nikopol ca. 70 % der bekannten Weltreserven beinhaltet. Weitere wichtige Lagerstätten sind Tschiaturi (Georgien) und Groote Eylandt (Nordaustralien). Die ↗Manganknollen der Tiefsee stellen bisher nur eine nicht einzurechnende Ressource dar. Kleinere Lagerstätten, wie z. B. in Rußland und Marokko, sind an Kalkstein-Dolomit-Abfolgen geknüpft, wobei die Abtrennung von Karstvererzungen nicht ohne weiteres deutlich ist. Bei den ↗Residuallagerstätten werden auf den Südkontinenten Verwitterungskrusten über manganhaltigen Metamorphiten abgebaut, wie z. B. die bekannten Lagerstätten in Westafrika Moanda (Gabun) und Nsuta (Ghana). Die geochemische Ähnlichkeit des Mangans mit dem Eisen hat verschiedentlich dazu geführt, daß beide zusammen auftreten und Mangan beim Eisenerz mitgefördert wurde. [HFl]

Manganit, *Braunmanganerz*, *Glanzmanganerz*, nach dem chemischen Element Mangan benanntes Mineral (Abb.) mit der chemischen Formel γ-MnOOH und monoklin-prismatischer Kristallform; Farbe: braunschwarz, wenn frisch, stahlgrau, wenn verwittert; halbmetallischer Glasglanz; durchscheinend, wenn sehr dünn; Strich: dunkelbraun bis rötlich-braunschwarz; Härte nach Mohs: 4 (spröd); Dichte: 4,3 g/cm^3; Spaltbarkeit: vollkommen nach (010); deutlich nach (110); Bruch: uneben; Aggregate: gewöhnlich in Kristallgruppen stengelig, wirr- oder radialstrahlig, säulig, stark gestreift, ansonsten derb, strahlig, körnig, nadelig; vor dem Lötrohr unschmelzbar; in konzentrierter Salzsäure löslich (Chlor-

Manganit: Manganitkristalle.

entwicklung); Begleiter: Pyrolusit, Baryt, Calcit, Siderit, Braunit, Hausmannit, Psilomelan, Limonit; Vorkommen: in hydrothermalen Gängen niedriger Bildungstemperatur; Fundorte: Ilfeld (Harz), Öhrenstock und Elgersburg (Thüringen), Nicopol (Ukraine) und Tschiaturi (Kaukasus). [GST]

Manganknollen, schwarze, i. a. rundliche hochporöse ↗Konkretionen von meist einigen Zentimetern Durchmesser mit schaligem Aufbau um einen detritischen Kern durch millimeterfeinen Wechsel von Mangan- und Eisenhydroxiden, an die adsorptiv weitere ↗Schwermetalle, insbesondere Nickel, Kupfer und Kobalt, angelagert sind. Die durchschnittlichen Gehalte von Manganknollen z. B. aus dem Ostpazifik betragen ca. 30 % Mn, 6 % Fe, 1,4 % Ni, 1,2 % Cu, 0,2 % Co. Sie sind aus allen Ozeanen bekannt, wobei Manganknollen mit den höchsten Mangankonzentrationen im Pazifik vorkommen. Sie entstehen auf der Oberfläche oder im Sediment von Ozeanböden oder seltener von großen Seen (Nordamerika) bei geringer Sedimentationsrate durch hydrogenetische Prozesse beim Zusammentreffen von gelöstem Mangan (Mn^{2+}) mit sauerstoffreichem Tiefenwasser durch zunächst röntgenamorphe Ausfällung in Gelen und späterer ↗Rekristallisation zu Hydroxiden oder durch diagenetische Prozesse. Dabei sind die Metallgehalte aus der kontinentalen Verwitterung oder aus dem vulkanischen Ozeanboden abzuleiten. Die Bildung erfolgt unter Beteiligung von ↗chemotrophen Manganbakterien und inkrustierenden ↗heterotrophen ↗Foraminiferen mit einer Zuwachsrate von rund 1 mm pro 1 Mio. Jahre. Bei intensivierter Zufuhr von organischer Substanz kann es zur bakteriellen Reduktion des MnO$_2$ und damit zur Wiederauflösung des gefällten Mangans kommen. Die Bildungsbedingungen sind bisher nicht vollständig erforscht. Manganknollen gelten oft als große Metallreserve für die Zukunft, wobei die ökologischen Folgen eines Abbaus (staubsaugermäßiges Einsammeln) noch gar nicht abzuschätzen sind.

Manganminerale, die wichtigsten Vertreter von über 150 Manganmineralen sind: Pyrolusit (MnO$_2$, tetragonal, 60–65 % Mn), ↗Manganit (MnOOH, monoklin, 63 % Mn), Braunit (Mn^{2+}Mn$^{3+}_6$[O$_8$|SiO$_4$] tetragonal, 64 % Mn), Hausmannit (Mn$_3$O$_4$, tetragonal, 72 % Mn), Manganspat (Rhodochrosit, MnCO$_3$, trigonal, 48 % Mn), Rhodonit ((Mn,Fe,Ca)[SiO$_3$], triklin), Tephroit (Mn$_2$[SiO$_4$], rhombisch), Hübnerit (Mn[WO$_4$], monoklin) und Spessartin (Mn$_3$Al$_2$[SiO$_4$], kubisch). Pyrolusit, auch Weichmanganerz genannt, ist chemisch und kristallographisch mit Polianit identisch, obwohl auf Grund äußerer Eigenschaften beide Minerale früher unterschieden wurden. Ähnliche Minerale der Zusammensetzung MnO$_2$, zum Teil allerdings mit Gehalten großer Kationen wie K, Ba, Pb u. a., sind die kolloidal gebildeten und noch amorph erscheinenden Manganomelane, die alle Übergänge zwischen dem traubig-nierigen Psilomelan (Hartmanganerz, Schwarzer Glaskopf) bis zum federleichten, zellig-porösen, zerreiblichen Wad bilden. Asbolane sind Wad mit Gehalten an Co und Cu. Alle diese Minerale sind schwarz bis grauschwarz, in feinkristallinen komplexen Gemengen durch Brauneisengehalte auch braun. Der Manganspat ist ein typisches Mineral hydrothermaler Mn-führender Gänge und ein örtlich wichtiges Manganerz. Es bildet rosarote, oft derbe, traubige Massen und wird als Schmuckstein geschätzt. Rhodonit, ein dekoratives rotes Mn-Silicat, wird neben Manganspat auf epithermalen Gängen gebildet und findet sich sonst in den Paragenesen der metamorphen Manganerze. Tephroit ist ein Mn-Olivin, Hübnerit das Mn-Endglied der Wolframitreihe und Spessartin ein Mn-Granat. Mangansulfide sind Alabandin (MnS) und Hauerit (MnS_2). [GST]

Mangerit, zu den ↗Charnockiten gehörendes Gestein mit hypersthen-monzonitischer Zusammensetzung.

Mangrove, Vegetationsformation der immergrünen Gehölze im geschützten Gezeitenbereich der tropischen Meeresküsten (Buchten, Lagunen und Flußmündungen). Die manchmal strauchigen, oft aber bis 20 m hohen Bestände werden zweimal am Tag überflutet und fallen bei Ebbe weitgehend trocken. Typisch für die Mangrove sind hochspezialisierte Baumarten (*Avicennia*, *Bruguiera*, *Sonneratia*, *Rhizophora*), welche über spezielle Drüsen überschüssiges Salz ausscheiden können (↗Halophyten) und über Stelzwurzeln (*Rhizophora*) (↗Helophyten) und spezielle, nach oben wachsende Atemwurzeln (*Avicennia*) verfügen. Viele Arten zeigen außerdem Viviparie, d. h. der Embryo der reifenden Samen wächst noch auf der Mutterpflanze zu einem bis 1 m langen Keimling heran, der sich bei der Ablösung von der Mutterpflanze in den Schlick bohrt. Die Mangrove ist am reichsten im indo-westpazifischen Raum entwickelt, dagegen ist die sog. westliche Mangrove an den atlantischen Küsten Afrikas und Südamerikas wesentlich artenärmer. Die Mangrove bietet einen vielfältigen dreidimensionalen Lebensraum, der eine sehr artenreiche Tiergemeinschaft trägt. Durch die zunehmende Nutzung des Holzes sowie durch Tourismusprojekte und Crevetten-Zuchtanstalten sind die Mangroven in letzter Zeit stark zurückgedrängt worden. [DR]

Mangrovenküste, durch ↗Mangroven bestandene Wattflächen (↗Watt) an tropischen ↗Gezeitenküsten. Die Mangroven sind an den Lebensraum besonders angepaßte Buschwaldformationen mit einem dichten Geflecht von Stelzwurzeln. Die Mangrovenbestände begünstigen zusätzlich die Wattsedimentation und bremsen deren Erosion.

Man-Machine-Mix, Mensch-Maschine-Wechselwirkung, ein von amerikanischen Meteorologen in den 1960er Jahren geprägter Begriff eines grundsätzlich neuen methodischen Herangehens an die praktische ↗Wettervorhersage. Es wurde ermöglicht und erzwungen, als die ↗numerische Wettervorhersage und das ihr nachfolgende ↗Postprocessing in der Lage waren, zuvor »manuelle« Produkte der klassischen, synoptischen Arbeitsweise automatisch zu erzeugen. Als Trend der letzten sieben Jahre ergab sich eine kontinuierliche Zunahme des Gewichts automatischer Wettervorhersagen in ihrer Einheit von Numerik und statistischem Postprocessing (Abb. 1).

Mit Hilfe einfacher Optimierungsansätze, wie z. B. minimieren den Vorhersagefehler ↗rmse der Consens-(MIX-) Vorhersage = $\alpha \cdot VOR_1 + (1-\alpha) VOR_2$, mit VOR_1 = objektive Vorhersage und VOR_2 = subjektive Vorhersage, ließ sich z. B. das Gewicht α der Maschine in Abhängigkeit vom vorherzusagenden Wetterelement, des Vorhersagezeitraumes, den Fähigkeiten des Vorhersagemeteorologen und der Qualität des Maschinenprodukts bestimmen. Dabei zeigte sich, daß α im Verlaufe weniger Jahrzehnte bei den meisten Vorhersagen lokalen Wetters um so schneller gegen 1 tendierte, je länger der Vorhersagezeitraum ist.

Mit den unübersehbaren Fortschritten der numerischen Wettervorhersage und des nachfolgenden statistischen Post-Processing wurde es für den traditionellen Vorhersagemeteorologen immer schwieriger, Eigenständiges veredelnd hinzuzufügen. Dieser dramatische Prozeß begann zunächst in der Mittelfristvorhersage. Er setzt sich inzwischen auch im Kurzfristbereich fort (Abb. 2). [KB]

Mannigfaltigkeit ↗Biodiversität.

Manning, *Robert*, irischer Wasserbauingenieur, *1816 Normandy, †1897; zunächst Mitarbeiter, später Chef-Ingenieur im Büro für Öffentlichkeitsarbeit. Er war verantwortlich für Planung, Entwürfe und Ausführung der verschiedenen Entwässerungs-, Schiffahrts- und Hafenbauprojekte. Er fühlte sich als Hydrologe, veröffentlichte 1889 sein bedeutendstes Werk »On the flow of water in open channels and pipes«. Er hat die in der Praxis viel angewandte, nach ihm benannte Formel für die Berechnung der Fließvorgänge in Fließgerinnen (Fließgesetz) entwickelt.

manometrische Förderhöhe ↗Förderhöhe.

Manschettenrohrinjektion, Ventilrohrinjektion, ↗Injektion von Verpreßmaterial in ↗Lockerge-

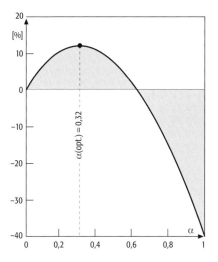

Man-Machine-Mix 1: Gewinn und Verlust (Ordinate) einer kombinierten Mensch-Maschine-Vorhersage ($= \alpha \cdot$ Maschine$+(1-\alpha) \cdot$ Mensch) am Beispiel der morgigen Tageshöchsttemperatur in Potsdam im Sommer 1992. Auf der Abszisse ist das Gewicht α (Maschine, hier: DMO(EM)) aufgetragen mit $\alpha = 0$ = das Maschinenprodukt wird vollständig ignoriert, $\alpha = 1$ = die automatische Prognose wird vollständig übernommen; α(opt.) $= 0,32$ = optimales Gewicht mit maximalem Gewinn von etwas über 10 %.

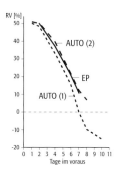

Man-Machine-Mix 2: Status-quo (1998, sechs deutsche Orte, sechs verschiedene Wetterelemente) in der Mittelfristvorhersage. Die Graphik stellt die Vorhersageleistung RV als Funktion der Vorhersagedauer (Abszisse) dar. AUTO(1) = automatische Vorhersage auf der Grundlage eines Modells der numerischen Wettervorhersage (hier EZMW), EP = ausgegebenes End-Produkt, AUTO(2) = automatische Vorhersage (hier AFREG-MIX), basierend auf Modelloutputs zweier Zentren (EZMW, DWD).

Manschettenrohrinjektion: Aufbau eines Manschettenrohres.

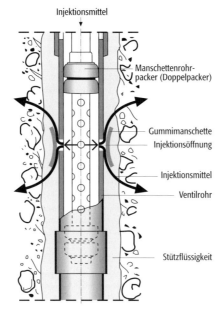

steine mittels eines perforierten Rohres, dessen Bohrungen mit Gummimanschetten (Ventilen) abgedichtet sind. Das Rohr wird in eine durch Stützflüssigkeit stabilisierte Bohrung eingebracht (Abb.). Die Injektion erfolgt abschnittsweise unter Verwendung von ↗Packern. Bei einem bestimmten Druck im Inneren des Rohres öffnen sich die Manschetten, die Stützflüssigkeit wird aufgesprengt und das Injektionsgut in den Boden gepreßt.

Mantel ↗*Erdmantel*.

Manteldiapir, von der Erdkern/Erdmantel-Grenze durch duktiles Fließen in festem Zustand konvektiv in den oberen ↗Erdmantel diapirartig (↗Diapir) aufsteigendes heißes Mantelmaterial, das dort einen ↗hot spot bildet (Abb.). Es ist gegenüber dem umgebenden Mantel stofflich angereichert, da in ihm möglicherweise bis zum äußeren Kern in 2900 km Tiefe abgesunkenes subduziertes Gesteinsmaterial wieder aufgearbeitet ist. Manteldiapire sind damit Teile eines den gesamten Erdmantel umfassenden Konvektionssystems. Ihre Verankerung im unteren Mantel läßt sie gegenüber den sich darüber hinwegbewegenden Lithosphärenplatten, auf denen der hot spot seine Spur hinterläßt, als relativ stationär erscheinen.

Mantelgesellschaft, in der Ökologie Bezeichnung für mehr oder weniger lichtliebende, zum Freiland hin abgrenzende, d. h. »ummantelnde« gebüschreiche Pflanzengesellschaften am Waldrand. Durch diese Randlage kann die Mantelgesellschaft mit weiteren Pflanzengesellschaften einen ↗Saumbiotop bilden. Der ökologische Wert der Mantelgesellschaft liegt in der größeren Vielfalt (↗Biodiversität) gegenüber den Pflanzengesellschaften innerhalb des ↗Bestandes. Beispiele für Mantelgesellschaften sind das Brombeer-Schlehengebüsch beim Eichen-Hainbuchenwald, das Traubenkirschen-Haselgebüsch beim Hartholz-Auewald, das Mandelweidengebüsch beim Weichholz-Auewald oder die Grauweidengebüsche als Mantelgesellschaften der Erlen-Bruchwälder.

Mantelkeil, der Mantel der ↗Oberplatte, der am konvergenten ↗Plattenrand im Querprofil keilförmig in Richtung auf die Tiefseerinne über der abtauchenden ↗Unterplatte ausspitzt. ↗Asthenosphärenkeil.

Mantelmetasomatose, ein Prozeß der Anreicherung ↗inkompatibler Elemente und/oder flüchtiger Komponenten in ↗Peridotiten des Erdmantels. Partielle Aufschmelzprozesse und Extraktion der Teilschmelzen verursachen eine Verarmung der residualen Peridotite an diesen chemischen Bestandteilen. Dennoch zeigen zahlreiche Peridotite, v. a. ↗Xenolithe aus basaltischen Vulkaniten, Anreicherungen an inkompatiblen Elementen und/oder flüchtigen Komponenten, die einer sekundären lokalen Infiltration von Fluiden oder Schmelzen zugeschrieben werden. Die Metasomatose heißt modal, wenn sie in OH-haltigen Mineralen wie Amphibolen, Phlogopit oder Apatit manifestiert ist. Sie heißt kryptisch, wenn solche Minerale fehlen, aber hoch inkompatible Elemente wie die leichten ↗Seltenen Erden über mäßig inkompatible Elemente wie die schweren Seltenen Erden angereichert sind.

Mantelperidotit, ↗Peridotit aus dem oberen ↗Erdmantel, je nach Tiefenlage Plagioklas-Peridotit, Spinell-Peridotit oder Granat-Peridotit bezeichnet. Durch Teilaufschmelzung an basaltischer Komponente verarmte Mantelperidotite liegen als ↗Harzburgit vor (Plagioklas-Harzburgit, Spinell-Harzburgit, Granat-Harzburgit), primitive, d. h. weniger stark verarmte Mantelperidotite entsprechen dem ↗Lherzolith (*Plagioklas-Lherzolith*, *Spinell-Lherzolith*, *Granat-Lherzolith*). In der Erdkruste oder an der Erdoberfläche tauchen Mantelperidotite als ↗Xenolithe in Vulkaniten auf (z. B. ↗Alkalibasalte, ↗Kimberlite). Größere Fragmente von Mantelperidotiten in der Erdkruste sind Bestandteile von Orogenen; sie sind dort Teile hochdruckmetamorpher Deckeneinheiten oder bilden die Basis von ↗Ophiolithen.

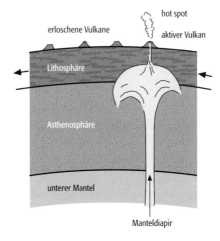

Manteldiapir: Der von der Basis des unteren Mantels aufsteigende Manteldiapir erzeugt einen hot spot mit aktivem Vulkanismus auf der über ihm in Pfeilrichtung driftenden Lithospärenplatte. Sich anreihende erloschene Vulkane markieren ältere Positionen der Platte über dem Diapir.

Mantel-Plume, [von engl. plume = Rauchfahne], bezeichnet das diapirartige Aufdringen von heißem Material durch den ↗Erdmantel. Ein Plume hat seinen Ursprung an der Grenze zwischen dem ↗Erdkern und Erdmantel. ↗Hot spots werden als vulkanischer Ausdrucks dieser schlauchartig den Erdmantel durchsetzenden Strömungskörper angesehen. Aus der seismologischen Tomographie zeigt sich, daß sie im Erdmantel im allgemeinen eine Breite von 100–200 km haben. Während des Aufstiegs verstärkt sich insbesondere der positive Temperaturkontrast zum umgebenden Mantelgestein.

Manto, ein großflächiger, ↗stratiformer Erzkörper, der i. d. R. an einen stratigraphischen Horizont gebunden ist (↗schichtgebundene Erze).

Manuskriptkarte, manuell hergestellte historische Karte. Alle kartographischen Dokumente aus der Zeit vor der Nutzung von Druckverfahren (↗Holzschnitt, ↗Kupferstich) sind Manuskriptkarten; auch danach überwiegen sie zahlenmäßig den gedruckten Karten noch bis etwa Anfang des 19. Jahrhunderts.

Margalef-Modell, nach dem spanischen Ökologen Margalef benannte Adaption der Informationstheorie auf ↗Ökosysteme. Prinzipiell wird in der Informationstheorie versucht, den minimalen Aufwand für eine sichere Datenübertragung herauszufinden, wodurch mit der Information die Komplexität des Systems indiziert wird. Mit dem Margalef-Modell wird die Sprache der elektrischen Schaltkreise als Analogon für die Organisation ökologischer Systeme beschrieben. Die Information wird über eine Kette von Gliedern der Biozönose als Coder und Decoder übertragen. Im übertragenen Sinne werden alle ökologischen Prozesse und Aktivitäten als Informationsquellen verstanden, das System sendet also »Nachrichten« sowohl nach innen als auch nach außen. Die Optimierung des Informationsgehalts eines Ökosystems kann daher als Zielfunktion seiner gerichteten Entwicklung (↗Sukzession) betrachtet werden. [DS]

Margarit, *Kalkglimmer*, *Perlglimmer*, ein Silicat der Glimmergruppe (↗Glimmer) mit der chemischen Formel $CaAl_2(OH)_2(Si_2Al_2O_{10})$ und monokliner Kristallform; Farbe: weiß, perlgrau, rötlichweiß; Härte nach Mohs: 3–4; Dichte: 3,0 g/cm³; Aggregate: dünntafelig, blättrig, pseudohexagonal; Spaltbarkeit: vollkommen; Bruch: spröde; Vorkommen: in Chloritschiefern und auf Smirgellagerstätten; Fundorte: Tirol (Österreich), Griechenland, USA u. a.

marginales Orogen ↗Orogen.

Margules, *Max*, österreichischer Meteorologe, * 23.4.1856 Brody (Galizien), † 4.10.1920 Perchtoldsdorf/Wien an Hungerödem; 1882–1906 Beamter an der Zentralanstalt für Meteorologie in Wien; nach der frühen Pensionierung chemische Studien; veröffentlichte 1890–06 grundlegende Arbeiten zur ↗theoretischen Meteorologie, über die ↗Eigenschwingung der Atmosphäre, die Rolle von warmen und kalten Luftmassen bei den Witterungsvorgängen; entdeckte die ↗potentielle Energie der vertikalen Massenverteilung als Energiequelle der Stürme; stellte die Margules-Formel auf. Seine Arbeiten wurden von V. ↗Bjerknes in Bergen fortgeführt. Werke (Auswahl): »Über die Energie der Stürme« (1905), »Über Temperaturschichtung in stationär bewegter und in ruhender Luft« (1906).

marin, [von lat. mare = Meer], durch das Meer entstanden, zum Meer gehörend, im Meer lebend.

marine Erosion, ↗Erosion im marinen Bereich durch die Wirkung von ↗Brandung, ↗Gezeiten und ↗Meeresströmungen.

marine Ökosysteme, Sammelbezeichnung für alle dem Meer angehörende, im Meer entstandene und existierende ↗Lebensräume und ↗Biozönosen.

marine Seifen, mechanische Konzentration von resistenten Schwermineralen im marinen Strandbereich.

marine Tone, rote oder braune Tiefseetone, die ca. 40 % der Meeresböden bedecken. Ihr Tonmineralanteil liegt bei ca. 90 %. Häufigste Tonminerale in rezenten marinen Sedimenten sind ↗Illit bei einer Hauptverbreitung im Atlantik und im Nordpazifik mit 60 bis 80 % der Tonminerale, ↗Kaolinit in der Äquatorialzone, wobei nach Norden und Süden der Kaolinitanteil abnimmt, Chlorit (↗Chlorit-Gruppe) mit weniger als 20 % im gesamten Nordpazifik und ↗Montmorillonit im Südatlantik und Südpazifik, häufiger als im Nordatlantik und im Nordpazifik, wo die Gehalte selten 20 % erreichen.

marin-sedimentäre Lagerstätten, in marinem Milieu (im Gegensatz zu terrestrischem Milieu) entstandene Lagerstätten.

Mariotte, *Edme*, Seigneur de Chazeuil, franz. Physiker, *um 1620 Dijon, †12.5.1684 Paris; zunächst Geistlicher und Prior des Klosters St. Martinsous-Beaume bei Dijon, ab 1666 in Paris und Mitglied der Académie des sciences; Arbeiten über Stoßprozesse, Hydrostatik und Hydrodynamik; entdeckte 1666 den blinden Fleck im Auge; stellte 1679 mit Hilfe des von R. ↗Boyle experimentell gefundenen und von ihm selbst theoretisch begründeten Gasgesetzes (Boyle-Mariottesches Gesetz) die barometrische Höhenformel auf und nahm barometrische Höhenmessungen vor; außerdem Forschungen über die Erdatmosphäre, die Entstehung von Regentropfen, über den Wasserkreislauf auf der Erde und das Wachstum und die Ernährung der Pflanzen; erklärte (1681) die Entstehung der größeren Höfe um Sonne und Mond. Werke (Auswahl): »Traité de la percussion ou choc des corps« (1673), »Traité du mouvement des eaux et des autres corps fluides« (1686). Seine posthum veröffentlichten Arbeiten auf den Gebieten der Hydraulik und Hydrostatik haben die spätere Entwicklung dieser Disziplinen wesentlich beeinflußt. Die Zusammenhänge zwischen Niederschlag und Abfluß untersuchte er über einen größeren Teil des Einzugsgebiets der Seine und genauer als P. ↗Perrault. [HJL]

maritime Meteorologie, Teilgebiet der Meteorologie, das sich mit Wetter und Klima über den Ozeanen befaßt. Die maritime Meteorologie beschäftigt sich mit den Wechselwirkungen zwischen Atmosphäre und Ozean, der Wettervorhersage über See und in küstennahen Gebieten und dem Eisdienst.

Maritimität, klimatologische Gegebenheiten, bei denen aufgrund der Ozeannähe die Jahresamplitude der bodennahen Lufttemperatur relativ gering ist. Das Gegenteil ist ↗Kontinentalität. ↗Kontinentalitätsindex.

Markasit, [von arabisch = Feuerstein], *Binarit, Binarkies, Blätterkies, Graueisenkies, Hydro-Pyrit, Poliopyrit, Strahlkies, Wasserkies, Weicheisenkies, Zellkies*, Mineral mit der chemischen Formel FeS_2 und rhombisch-dipyramidaler Kristallform; Farbe: lichtmessinggelb, ins Gelbe oder Grünliche; Metallglanz; undurchsichtig; Strich: schwarz (ins Grünliche); Härte nach Mohs: 6–6,-5 (spröd); Dichte: 4,8–4,9 g/cm^3; Spaltbarkeit: undeutlich nach (*110*); Bruch: uneben; Aggregate: hahnenkammartig (↗Hahnenkämme), grobstrahlig bis feinfaserig, radialstrahlig, nierig, knollig, kugelig, stalaktitisch, lagenförmig, Zwillinge werden nach ihrem Aussehen als *Kammkies* und *Speerkies*, grobstrahlige bis feinfaserige Aggregate als *Strahlkies* und völlig dichte Massen als *Leberkies* bezeichnet; vor dem Lötrohr wird er rissig und schmilzt zu magnetischen Kügelchen; in Salpetersäure schwer, in Salzsäure besser löslich; Begleiter: Pyrit, Galenit, Sphalerit, Fahlerze, Quarz, Calcit, Limonit; Vorkommen: in saurem Milieu in Sedimenten, wo Ablagerung oder Diagenese unter reduzierenden Bedingungen erfolgte, ferner in marinen Ablagerungen von Tongesteinen und in kohligen Sedimenten, in Sedimentgesteinen (z. B. in Tonsteinen, Mergeln und Kalken), als Ausscheidungen auf Stein- und Braunkohlen (»Kohlenpyrit«), hydrothermal in vulkanogenen Sulfiderz-Lagerstätten, in Pb-Zn-Lagerstätten in Carbonatgesteinen (z. B. Missouri und Oklahoma, USA) und in Schwarzen Rauchern (↗black smoker); Fundorte: Clausthal-Zellerfeld (Harz), Wiesloch (Baden), bei Aachen (Nordrhein-Westfalen), Komorany (Kommern bei Brüx) in Böhmen, Gorny Slask und Kuri Kamenskoe (Rußland), ansonsten weltweit. [GST]

Marken, anorganisch entstandene, primäre Sedimenttexturen auf Schichtoberflächen wie Strömungsmarken, Rippelmarken oder Regentropfeneindrücke. Damit unterscheiden sich Marken von biogen gebildeten ↗Spuren. Zu den Marken gehören auch schichtdurchsetzende sekundäre Gefüge wie Belastungsmarken oder Trockenrisse.

Markierung ↗Vermarkung.

Markierungsisotop, künstlicher, dem Wasser hinzugefügter, oder natürlicher, im Wasser bereits enthaltener Markierungsstoff (↗Tracer). Er ist meist ein Isotop eines der im Wasser enthaltenen Elemente, wie z. B. schweres Wasser, deuteriertes (↗Deuterium) oder tritiertes Wasser (↗Tritium). Als künstliche Tracer sind schwach radioaktive Isotope geeignet. Wegen der hohen Meßgenauigkeit von Strahlungsmeßgeräten können im Wasser noch geringste Konzentrationen gemessen werden.

Markierungsstoff ↗*Tracer*.

Markierungsversuch, *Tracerexperiment*, ↗Tracer.

Marmarameer, *Sea of Marmara*, Binnenmeer, das durch den Bosporus mit dem ↗Schwarzen Meer und durch die Dardanellen mit dem Europäischen Mittelmeer (↗Europäisches Mittelmeer Abb.) verbunden ist.

Marmor, in der Petrographie ein überwiegend aus Calcit (Calcitmarmor) oder Dolomit (Dolomitmarmor) bestehendes ↗granoblastisches metamorphes Gestein. Marmore bilden sich aus sedimentären Carbonatgesteinen sowohl bei der ↗Regionalmetamorphose als auch bei der ↗Kontaktmetamorphose (Kontaktmarmor). Aufgrund der richtungslos gleichkörnigen Textur wurden und werden monomineralische, rein-weiße Calcitmarmore für Bildhauerarbeiten besonders geschätzt.

Marmorierung, auffällige Fleckung im Boden durch den kleinräumigen Wechsel von gebleichten Partien mit gelben bis rostroten, eisenoxidreichen Partien, die das Resultat von Oxidations- und Reduktionsprozessen und damit von Stau- und Grundwassereinfluß sind; kommen häufig in den Bodentypen ↗Pseudogley und ↗Gley vor.

Marmorlösungsversuch, Versuch zur Bestimmung des CO_2-Gehaltes im Grundwasser. Die Grundwasserprobe wird mit hydrogencarbonatfreiem Marmorpulver versetzt und in einem geschlossenen Behälter unter Luftabschluß geschüttelt. Das im Wasser gelöste CO_2 reagiert mit dem Marmorpulver und löst dieses auf.

Marschen, **1)** *allgemein*: an gezeitenaktiven ↗Seichtwasserküsten, in ↗Flußmündungen oder im Schutz von ↗Nehrungen gebildete Ablagerungen aus Feinsand und Schlick; bilden die Marschen, sobald sie wenig über die regelmäßig überfluteten Wattflächen (↗Watt) aufragen. An vom Menschen unbeeinflußten Wattküsten geht das Watt über die ↗Salzmarsch zum *Marschland* über. Im Rahmen von Maßnahmen der ↗Landgewinnung wird Marschland durch ↗Deiche eingegrenzt und damit zu landwirtschaftlich nutzbarem Land. **2)** *Bodenkunde*: Bodenklasse nach der ↗deutschen Bodenklassifikation. Sie bestehen aus feinsand-, schluff- und tonreichen Sedimenten in von Gezeiten bestimmten küstennahen Räumen. Sie sind grundwasserbeeinflußt und ähneln den ↗Gleyen. Durch Melioration nach Eindeichung können sie landwirtschaftlich nutzbar gemacht werden. Aufgrund seines Mischcharakters mineralischer und organischer Bestandteile ist es ein fruchtbarer, kalkhaltiger, semiterrestrischer Grundwasserboden. In der Klasse der Marschen unterscheidet man verschiedene Bodentypen, wie z. B. ↗Rohmarsch (schwache Bodenentwicklung), ↗Kalkmarsch (carbonathaltig bis in Oberflächennähe), ↗Kleimarsch (carbonathaltig unterhalb 0,4 m Bodentiefe), ↗Haftnässemarsch (rostfleckig, zur Verschlämmung neigend), ↗Dwogmarsch, ↗Knickmarsch (stark verdichtet) und ↗Organomarsch (aus humosem Ton mit Torf- und Muddelagen). ↗Brackmarsch Abb.

Marschinsel, in der Wattfläche (↗Watt) aus Marschland (↗Marschen) entstandene Insel, an der Nordseeküste auch Hallig genannt.

Marschkompaß ↗Kompaß.
Marschland ↗Marschen.
Marshsche Probe, *Marsh-Test*, von James Marsh (1790–1846) entwickelte Methode zur Bestimmung von ↗Arsen.
Martit, Pseudomorphose von ↗Magnetit. ↗Hämatit.
Martitisierung, Bildung von ↗Hämatit durch Oxidation von ↗Magnetit.
Martonne, *Emmanuel-Louis-Eugène* de, französischer Geograph, * 1.4.1873 Chabris, † 24.7.1955 Sceaux; Professor in Paris von 1909 bis 1944; Wegbereiter der Physischen Geographie und Geomorphologie in Frankreich; folgte zunächst der ↗Zyklentheorie von Davis und wandte sich später klimamorphologischen Ansätzen zu (↗Klimageomorphologie). Martonne führte zahlreiche Arbeiten zur Glazialmorphologie der Alpen durch, v.a. zur Bedeutung präglazialer Strukturen auf die Talbildung; wichtige regionalmorphologische Beiträge zu Rumänien, Frankreich und Brasilien. Werke (Auswahl): »Traité de Géographie Physique. Vol.2 Le Relief du Sol« (1925).
MAS ↗*M*ono*a*romatische *S*terane.
Maschenweite, diskreter Abstand benachbarter Punkte in einem ↗Gitterpunktsystem. Die Maschenweite bestimmt, welche atmosphärischen Phänome noch aufgelöst und somit bei den Rechnungen berücksichtigt werden können. Mit zunehmender Leistungsfähigkeit der Großrechenanlagen kann auch bei den ↗numerischen Simulationen eine immer kleinere Maschenweite verwendet werden. Betrug sie noch vor einigen Jahren bei der ↗numerischen Wettervorhersage 100–200 km, so verwendet man heute nur noch Maschenweiten von 1–10 km.
maschineller Tunnelvortrieb, Tunnelvortrieb, der mit Hilfe einer Tunnelvortriebsmaschiene erfolgt. Hierunter fallen die Vollschnittmaschinen, d.h. die gesamte Ortsbrust wird auf einmal bearbeitet, und die Teilschnittmaschinen. *Tunnelvortriebsmaschinen* arbeiten mit rotierenden, mehrfach rotierenden oder oszillierenden Bohrsystemen, wobei als Bohrwerkzeuge Schneidmesser, Schneidzähne, Fräßmeißel, Zahnrollen, Diskenrollen und Warzenrollen zum Einsatz kommen (Abb. 1).
Vollschnittmaschinen werden mit Schreitwerken bewegt. Während das Gestein gelöst wird, ist die Maschine mittels Pratzen am umgebenden Gebirge verspannt. Ist der Arbeitshub beendet, wird die Verspannung ein- und die Abstützeinrichtung ausgefahren. Die Maschine wird nachgefahren, verspannt und ein neuer Arbeitshub beginnt (Abb. 2). Der Einsatz von Vollschnittmaschinen wird durch die Beschaffenheit des Gebirges und den Tunneldurchmesser (maximal 14–16 m) beschränkt. *Teilschnittmaschinen* bearbeiten immer nur einen relativ kleinen Bereich des Ausbruchprofils. Schneid- und Lösewerkzeuge sind an einem schwenkbaren Ausleger montiert, so daß die Maschine maximal einmal umgesetzt werden muß, um das gesamte Profil bearbeiten zu können. Als Teilschnittmaschinen werden Bagger,

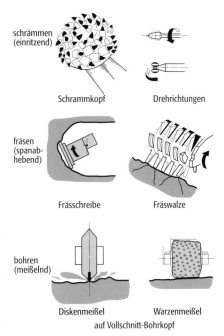

Fräswalzen-Geräte, Fräskopf-Geräte und Hinterschneid-Geräte eingesetzt. Fräsend arbeitende Maschinen kommen am häufigsten zum Einsatz. ↗Sprengvortrieb. [TF]

maskierte Kaltfront, eine ↗Kaltfront mit Abkühlung nur in der Höhe, am Boden tritt mit ihrem Durchgang Erwärmung ein. Dieses Phänomen

maschineller Tunnelvortrieb 1: Bohrwerkzeuge zum Lösen von Festgestein.

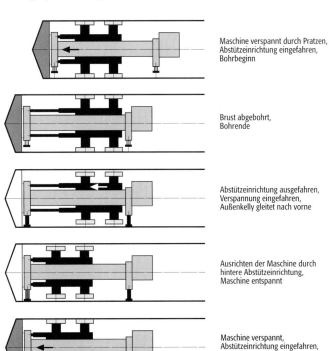

maschineller Tunnelvortrieb 2: Schreitfolge einer Vollschnittmaschine.

Massenaustausch

Bewegungsvorgang	Festgesteine	Felsgüteklasse E	Lockergesteine
FALLEN, STÜRZEN	Steinschlag Felssturz Bergsturz Anbruchsform: Nischenanbruch		selten, wenn Lockergesteinabbruch Anbruchsform: Plattenanbruch
GLEITEN rotationsförmig	Felsgleitung ohne vorgezeichnete Gleitfläche Anbruchsform: Nischenanbruch	Rotationsrutschung Anbruchsform: Muschelanbruch	Rotations-Rutschung in Lockergesteinen Anbruchsform: Muschelanbruch
translationsförmig	Felsgleitung mit vorgezeichneter Gleitfläche Anbruchsform: Nischenanbruch		Translations-Rutschung in Lockergesteinen Anbruchsform: Blattanbruch
FLIESSEN schnell (m/Jahr)		Schuttstromfließen	Schuttstromfließen
sehr schnell (5 bis 20 m/s)		Mure Anbruchsform: Rinnenanbruch	Mure Anbruchsform: Rinnenanbruch
KRIECHEN (sehr langsame Bewegung, cm/Jahr)	Talzuschub/Sackung	Felskriechen	Lockergesteinskriechen

Massenbewegungen (Tab.): Klassifikation der Massenbewegungen nach Moser (1978).

Massenspektrometrie: schematische Darstellung der drei prinzipiellen Funktionseinheiten eines Massenspektrometers.

ist typisch für den Winter, wenn eine Kaltfront mit gemäßigter Meereskaltluft von See her eine vorgelagerte Warmluftmasse über Land wegräumt, in der sich am Boden eine flache interne Kaltluftschicht gebildet hat.

Massenaustausch, turbulente Durchmischung von Luftpaketen unterschiedlicher Eigenschaften, wie z.B. ↗Temperatur, Feuchte oder Impuls.

Massenbewegungen, ↗Hangbewegungen, schnelle oder langsame, schwerkraftbedingte Massenverlagerung von Fest- oder Lockergesteinen von höher zu tiefer gelegenen Bereichen. Es gibt zahlreiche Klassifikationsschemata, die die Bewegungsart und die verschiedenen Materialien in ihre Betrachtung einbeziehen, z.B. die englischsprachigen Klassifikationen nach Varnes (1978), Hutchinson (1988) und Epoch (1993) und die deutschsprachige, für den Alpenraum entwickelte Klassifikation nach Moser (Tab.).

Massenbilanz ↗Massenhaushalt.

Massenerhaltung, Axiom aus der Physik, welches besagt, daß ohne innere Quellen oder Senken weder Masse gewonnen noch vernichtet werden kann. Die Massenerhaltung ist Grundlage für die ↗Kontinuitätsgleichung.

Massengesteine, veraltet für ↗Magmatite.

Massenhaushalt, *Massenbilanz*, bei einem ↗Gletscher die Differenz zwischen ↗Akkumulation und ↗Ablation in einem Jahr (*Massenhaushaltsjahr*). Ist der Differenzbetrag (*Jahresbilanz*) gleich null, befindet sich ein Gletscher im Gleichgewicht. Massenhaushaltsjahre reichen in der Regel von einem Winterbeginn zum nächsten.

Massenhaushaltsjahr ↗Massenhaushalt.

Massenkalkfazies, Riffkalkfazies des höheren Mitteldevons und tieferen Oberdevons (Frasne), im wesentlichen im Bereich des Rheinischen Schiefergebirges und des Harzes benutzter Ausdruck. Die typische Assoziation der mittelpaläozoischen Riffbildner (Stromatoporen, rugose und tabulate Korallen sowie mikrobielle Organismen und Kalkalgen) bildete auf dem Flachschelf des nordwestlichen Rheinischen Schiefergebirges ausgedehnte ↗Biostrome, auf tektonisch hochliegenden Schollen des Flachschelfs sowie auf Vulkanbauten des Tiefschelfs im südöstlichen Rheinischen Schiefergebirge (»Hochschwellen«) auch z.T. atollartige ↗Bioherme.

Massenkristallisation, Art der Materialherstellung, bei der nicht die Produktion einzelner größerer Kristallindividuen im Vordergrund steht, sondern ein kristallines Produkt, wie es z.B. bei der Zuckerherstellung gewünscht wird. In diesem Fall geschieht die Herstellung von Material durch ↗Kristallzüchtung aus Lösungen in Mengen von Tausenden von Tonnen. Von der Massenkristallisation sind alle Bereiche der chemischen, industriellen Fertigung betroffen, bei denen ein Kristallisationsprozeß während der Herstellung zum Tragen kommt. In der organischen Chemie und bei der Arzneimittelherstellung sind das v.a. auch Zwischenschritte der Umkristallisierung für ein besonders reines Endprodukt. Auch die Kleinstpartikel in der Farbherstellung fallen darunter oder diejenigen für die Magnetspeicherbänder und -platten. Die Verfahrenstechnik hat große Kristallisatoren entwickelt, die einen kontinuierlichen Betrieb bei einer konstanten Partikelgröße gewährleisten. [GMV]

Massenspektrometer ↗Massenspektrometrie.

Massenspektrometrie, *MS*, Methode zur Bestimmung von Isotopenhäufigkeiten (Isotopenverhältnissen) unter Verwendung des Kriteriums Atommasse in einem Massenspektrometer. Ein *Massenspektrometer* (Abb.) erzeugt aus Gasen, Flüssigkeiten oder Feststoffen freie Ionen, beschleunigt sie mittels eines elektrischen Feldes,

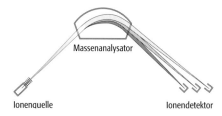

trennt sie in einem Ionentrennsystem nach Masse/Ladung und führt sie einem Registriersystem zur Häufigkeitsbestimmung zu. Je nach Anforderung wie Probenart, -durchsatz, Genauigkeit und Richtigkeit können Probenzuführung, Ionisierungseinheit, Trenn- und Nachweissystem sehr unterschiedlich ausgeführt sein. Im Gasmassenspektrometer werden gasförmige Proben in Elektronenstoßquellen ionisiert, beschleunigt und zur Ionentrennung einem magnetischen Sektorfeld zugeführt. Die Registrierung erfolgt in einem oder zwei Faradayauffängern oder speziellen Einrichtungen zur Verstärkung der Meßsignale. Diese Geräte sind mit Probeneinlaßsystemen versehen, welche den schnellen Wechsel zwischen Probe und einem Referenzgas gestatten. In einem *Thermionen-Massenspektrometer (TIMS)* werden Feststoffproben auf 1–3 Filamenten verdampft und thermisch ionisiert, beschleunigt und zur Ionentrennung einem magnetischen Sektorfeld (seltener einem Quadrupol-Massenfilter) zugeführt. Die Registrierung erfolgt (unter Umständen nach Passieren eines zusätzlichen Energiefilters) in einem oder mehreren Faradayauffängern oder speziellen Einrichtungen zur Verstärkung der Meßsignale. Diese Instrumentenbauart erlaubt es, Isotopenverhältnisse schwerer Elemente (ca. Masse 40 und höher) mit höchster Genauigkeit und Richtigkeit zu bestimmen. Sie wird vor allem in der ↗Geochronometrie und ↗Isotopengeochemie verwendet. In einem *Inductive Coupled Plasma Mass Spectrometer (ICP-MS)* wird die gelöste Probe als Aerosol eingebracht, elektrothermisch verdampft und in einer an einen Hochfrequenzgenerator angeschlossenen Induktionsspule bei ca. 8000 K in ein Plasma überführt. Bei der gebräuchlichen Variante wird die Ionentrennung in einem Quadrupolmassenfilter durchgeführt und die Ionenhäufigkeit mittels Faradayauffänger, Sekundärelektronenvervielfacher oder Ionenzählung durchgeführt. Der Vorteil dieses Geräts liegt in der ähnlichen Ionisierungswahrscheinlichkeit in nahezu aller Elemente und der kurzen Analysenzeit.

Nachteilig ist die geringe Genauigkeit und Richtigkeit, welche für die Bestimmung von Elementhäufigkeiten ausreicht, aber den Anforderungen von Isotopenhäufigkeitsbestimmungen in der Geochronometrie und Isotopengeochemie nur in Ausnahmefällen entspricht. Eine neue für Geochronometrie und Isotopengeochemie vielversprechende Bauart ist die Kombination der Erzeugung von Ionen im Plasma und deren Trennung im magnetischen Sektorfeld (SF-ICP-MS). Diese Technik erlaubt u.a. die Isotopenanalyse einiger Elemente (wie z.B. Hf), die wegen ihres hohen Ionisierungspotenitials mit der TIMS nur schwer analysiert werden können. Verschiedene Arten von Massenspektrometern (Gas-MS für die K-Ar-Methode, ICP-MS und Sektorfeld-ICP-MS für Pb und andere Elemente) wurden mit Vorrichtungen zur Laserablation (LA) (oder Laserprobe, LP) versehen, was die In-situ-Analyse weniger μm-großer Bereiche in Feststoffen erlaubt. Diese Techniken sind z.T. noch mit systematischen Problemen behaftet, werden aber in der Zukunft zweifellos an Bedeutung gewinnen. In-situ-Analysen von Isotopenhäufigkeiten im Mikrobereich gestattet auch das *Sekundärionen-Massenspektrometer (SIMS, Ionensonde)*. Bei diesem Gerät wird eine Feststoffprobe mit einem Primärionenstrahl (Ar^+, O^-) beschossen und die dabei entstehenden Sekundärionen einem (einfachen) Massenanalysator unterschiedlicher Bauart zugeführt. Die Genauigkeit und Richtigkeit dieser Instrumente ist zur Bestimmung von Elementkonzentrationen meist ausreichend, erlaubt aber i.a. keine genaue Isotopenanalytik. Die SHRIMP (Sensitive High Resolution Ion Micro Probe) ist ein Hochleistungs-SIMS. In diesem Instrument werden Feststoffpräparate mittels eines fokussierten, 10–40 μm breiten $^{16}O_2^-$-Strahls beschossen, die entstehenden Ionen beschleunigt und einem doppelt fokussierenden Massenspektrometer zur Registrierung zugeführt. Die SHRIMP wird überwiegend zur Altersbestimmung an Zirkonen nach der ↗U-Pb-Methode eingesetzt. [SH]

Massensterben und Massenaussterben

Wighart von Koenigswald, Bonn

Anhäufungen von ↗Fossilien erwecken oft Vorstellungen von Katastrophen oder Massensterben. Ein echtes Massensterben liegt aber nur dann vor, wenn innerhalb einer kurzen Zeit sehr viele Tiere den Tod finden. Eine Massenansammlung von Fossilien braucht allerdings nicht durch eine Katastrophe in kurzer Zeit entstanden zu sein, sondern kann sich über eine längere Zeit akkumuliert haben. Für die Interpretation ist deswegen entscheidend, in welchem Zeitraum eine Massenansammlung entstanden ist.

Echte Massensterben sind lokale Katastrophen wie etwa Dürren, Sturmereignisse oder gar Meteoriteneinschläge. Stürme können in küstennahen Sedimenten durch Lagen losgerissener Muschelschalen dokumentiert werden. Relativ häufig kommen Massensterben in flachen Gewässern vor, wenn diese durch intensive Sonneneinstrahlung aufgeheizt werden. In Lagunen steigt mit der Verdunstung der Salzgehalt, gleichzeitig sinkt die Sauerstoffkonzentration, was zum Absterben der meisten Lagunenbewohner führt. Im Fossilbericht liegen dann viele ↗Fische auf einer Schichtfläche. Im terrestrischen Bereich können u.a. Überschwemmungen zum gleichzeitigen Tod vieler Tiere führen, dabei werden jedoch selten die Leichen zu Massenvorkommen zusammengeschwemmt. Dagegen führen großen Dürren in Trockengebieten zu auffallenden Konzentrationen. Zunächst sammeln sich die Tiere an Wasserstellen, wo die schwächsten Tiere zuerst verenden. Falls die Wasserstelle völlig versiegt, können auch die übrigen Tiere verdursten. Diese Beispiele zeigen, daß Massensterben meist nur einige Tiere der Population, maximal eine lokale Population betreffen. In der Regel haben derartige Ereignisse aber keinerlei Auswirkung auf den Bestand der Art.

Der fließende Übergang zu vorgetäuschten Katastrophen läßt sich aber auch am Beispiel der Wasserstellen demonstrieren. Da ihre Lage von der Morphologie der Landschaft bestimmt wird, bilden sie sich über einen recht langen Zeitraum immer an der gleichen Stelle. Deswegen akkumulieren sich an diesen Plätzen bei wiederkehrenden Dürren die Reste vieler Tiere, obwohl jeweils nur ein oder zwei Tiere umgekommen zu sein brauchen. Weil es schwer ist, im geologischen Bericht ein einmaliges Ereignis von wiederkehrenden, gleichförmigen Ereignissen zu unterscheiden, wird vielfach ein Massensterben vorgetäuscht. Das hier beschriebene Modell der Akkumulation an einer Wasserstelle gilt für einige der großen Dinosaurierfundstellen Nordamerikas und erklärt ebenso die Akkumulation von Großsäugerknochen im miozänen Agate National Monument von South Dakota (Abb. 1). Wahrscheinlich ist es auch für die meisten der große Ansammlungen von Mammutresten im östlichen Mitteleuropa und Rußland relevant. Ihre vielen großen Knochen boten dem frühen Menschen ein willkommenes Material, um Hütten zu bauen, wie sie z. B. in Krakau und Menzin am Don gefunden wurden. Die anthropozentrische Interpretation, daß diese Mammutknochen Zeugnisse der spezialisierten Jagd sein könnten, erscheint unter diesem Aspekt äußerst fraglich. In den Höhlen Europas finden sich oft Tausende von Höhlenbärenknochen. Da diese Bären regelmäßig Höhlen zur Winterruhe aufsuchten, brauchte nur alle paar Jahre ein Tier in der Winterzeit zu verenden. Bei der geringen Sedimentationsrate in Höhlen führte das über längere Zeit zu einem Massenvorkommen. Nach dem gleichen Muster sammelten sich Knochen an den Schlafplätzen von Fledermäusen. Derartige Massenansammlungen haben nichts mit einem Massensterben zu tun. Der Zeitraum, in dem eine Fossilansammlung entstand, ist für die Interpretation von entscheidender Bedeutung, aber am schwersten abzuschätzen.

Mit dem Begriff Massensterben wird häufig auch das Phänomen des Massenaussterbens bzw. des Faunenschnittes umschrieben. Paläozoikum, Mesozoikum und Känozoikum werden durch bedeutende Faunenschnitte an der Perm/Trias-Grenze bzw. der Kreide/Tertiär-Grenze voneinander abgetrennt. Darüber hinaus gibt es eine Fülle kleinerer Faunenschnitte, die aber nicht streng periodisch auftreten (Abb. 2). An der Perm/Trias-Grenze verlöschen etwa 75–90 % aller damals vorhandenen Arten. Besonders starke Verluste zeichnen sich bei den ↗Korallen, ↗Crinoidea, ↗Brachiopoda, ↗Bryozoa und Ammonoideen (↗Cephalopoda) ab. An der Kreide/Tertiär-Grenze verschwinden in der marinen Fauna die Ammoniten, Rudisten und viele ↗Foraminiferen. Im terrestrischen Bereich fällt das völlige Erlöschen der ↗Dinosaurier zuerst ins Auge. Das Massenaussterben an der Kreide/Tertiär-Grenze hat zu vielerlei Spekulationen und gegensätzlichen Hypothesen geführt. Der Einschlag eines Meteoriten auf die Erde soll kurzfristig die Atmosphäre so stark gestört haben, daß die genannten Formen diese Krisenzeit nicht überleben konnten. Eine andere Begründung wird in einer langfristigen Klimaverschlechterung gesucht. Entscheidend für die Interpretation ist auch hier die Frage, über welchen Zeitraum sich die Reduktion der Biodiversität erstreckt hat. Das Szenario eines großen Meteoriteneinschlages läßt ein gleichzeitiges Ausstreben erwarten, und es sollte die entsprechenden Tiergruppen in ihrer vollen Blüte treffen. Eine langfristige klimatische Abkühlung dürfte sich hingegen durch einen Wandel der ökologischen Bedingungen abzeichnen, bei dem die einzelnen Gruppen zu verschiedenen Zeitpunkten verschwinden. In der Tat erloschen bereits in der Oberkreide die Rudisten, die Ichtyosaurier und Flugsaurier. Bei den Ammoniten und Dinosauriern läßt sich bereits vor dem postulierten Ereignis ein Rückgang in der Diversität beobachten. Dieser abgestufte Rückgang verschleiert sich allerdings, weil die meisten stratigraphischen Tabellen etwas vereinfacht werden müssen und deswegen alle Tiergruppen, die innerhalb einer Stufe vorkommen, so darstellen, als ob sie bis zu deren Ende vorgekommen seien. Deswegen kann die Ursache für den auffälligen Faunenschnitt besser durch eine feinstratigraphische Analyse überprüft werden, als mit dem Nachweis eines tatsächlichen Meteoriteneinschlages an der Kreide/Tertiär-Grenze, dessen Wirkung auf die Biosphäre kaum abzuschätzen ist. Im Mittelmiozän hat der Einschlag des Ries-Meteoriten bei Nördlingen einen Krater von immerhin 20 km Durchmesser hinterlassen. Im Bereich der Schuttmassen kam es zu immensen lo-

Massensterben und Massenaussterben 1: Massenansammlung von Knochen aus dem Miozän von Agate (South Dakota). Die zahlreichen Reste von Säugetieren, hier die Schädel mehrerer Nashörner, haben sich in mehreren Dürren an einem Wasserloch angesammelt.

kalen Zerstörungen, nicht aber zum Aussterben von Arten.
Das Verschwinden vieler großer Landsäugetiere an der Pleistozän/Holozän-Grenze wird oft auch als Massenaussterben bezeichnet. Hier kann aber gezeigt werden, wie sehr das Verschwinden der Arten regional und zeitlich gegliedert war. Bereits während des Mittelpleistozäns gab es eine typische warmzeitliche und eine kaltzeitliche Faunenvergesellschaftung. Der vielfache klimatische Wechsel von Warm- und Kaltzeiten führte in Mitteleuropa zu einem Austausch, der jeweils mit einem lokalen Aussterben und einem Wiedereinwandern verbunden war. Das Wiedereinwandern setzt allerdings voraus, daß die Arten in einer anderen Region, also in einem Reliktareal, überdauern konnten. Warmzeitliche Arten, etwa Waldelefant, Waldnashorn und Damhirsch, überlebten während der Kaltzeiten im Mittelmeergebiet und wanderten bei entsprechender Klimaverbesserung wieder nach Mitteleuropa ein. Die kaltzeitlichen Arten wie Mammut, Wollnashorn und Rentier fanden ihre Reliktareale im Sibirien, von wo sie bei einer Abkühlung ihr Areal wieder nach Mittel- und Westeuropa ausweiten konnten. Bereits im Laufe des Mittelpleistozäns läßt sich eine deutliche Verringerung der Biodiversität in den einzelnen Gruppen erkennen, weil diese Arealreduktionen zu erhöhten Streßsituationen führten. Am Ende der letzten Warmzeit starben Waldelefant und Waldnashorn in Mitteleuropa aus. Sie kamen zwar noch etwas länger im Mittelmeergebiet vor, überdauerten aber die ↗Weichsel-Kaltzeit in ihren Reliktarealen nicht. Ähnlich erging es den kaltzeitlichen Faunen, die am Ende der Weichsel-Kaltzeit aus Europa verschwanden, sich aber noch länger in Sibirien halten konnten. Die jüngsten Mammute starben erst vor etwa 5000 Jahren im nördlichen Sibirien aus. Entscheidend für das endgültige Aussterben einer Art sind also die Reliktareale.
Damit ist aber noch nicht gesagt, ob das Aussterben primär durch ökologische Veränderungen verursacht wurde oder durch die Jagd des frühen Menschen (Homo sapiens), wie sie die »Overkill«-Hypothese« postuliert. Der eiszeitliche Jäger hat sicher Großwild bejagt, ob er allerdings regelmäßig Mammute und Nashörner erlegte, bleibt sehr ungewiß. Weiter ist höchst fraglich, ob die Bevölkerungsdichte der Jäger in Mitteleuropa überhaupt ausgereicht hat, um diese Arten vernichten. Noch weit fraglicher ist es, ob in Sibirien jemals hinreichend viele Jäger lebten, um durch ihre Beute entscheidend zum Aussterben beizutragen. Auffallend ist dagegen, daß sich die holozäne Flora in Sibirien signifikant von der des letzten Interglazials unterscheidet. Dies läßt erkennen, daß sich die ökologischen Verhältnisse der beiden Warmzeiten in Sibirien erheblich unterscheiden. Deswegen dürfte darin der Grund gelegen haben, daß die kaltzeitlichen Tiere, die noch während des letzten Interglazials in Sibirien ein geeignetes Reliktareal fanden, im Holozän sukzessiv und regional differenziert aussterben. Die starken Veränderungen in den ökologischen Bedingungen, wie sie in einigen Faunenschnitten zu beobachten sind, wirken auf sehr vielfältige Weise auf die Biosphäre ein. Deswegen ist die unmittelbare Ursache für das Aussterben nur sehr selten zu ermitteln. Der Begriff Massenaussterben dramatisiert meist einen zeitlich und räumlich stark gestaffelten Prozeß und suggeriert durch die zeitliche Raffung eine unzutreffende Monokausalität.
Literatur: STANLEY, S. M. (1988): Krisen der Evolution, Artensterben in der Erdgeschichte. – Heidelberg.

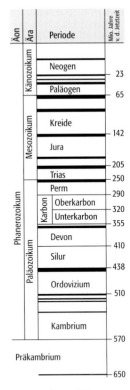

Massensterben und Massenaussterben 2: Im Laufe der Erdgeschichte hat es vielfach Faunenschnitte gegeben, an denen wichtige Tiergruppen erloschen sind (Balken).

Massentransport, 1) *Geomorphologie*: die Verlagerung von Lockermaterial gleich welcher Größe durch verschiedene ↗Agenzien (Wasser, Eis, Wind) in Abgrenzung zur ↗gravitativen Massenbewegung ohne Anteil bewegter Agenzien. **2)** *Ozeanographie*: mit den Strömungen im Ozean ist auch ein Transport von Masse $\vec{M}$ verbunden. Er ergibt sich aus dem Produkt von Strömungsgeschwindigkeit $\vec{v}$, Dichte des transportierten Wassers ϱ und durchströmter Fläche A. Es gilt also:

$$\vec{M} = \varrho \cdot A \cdot \vec{v}.$$

Da die Dichte über weite Teile des Ozeans lediglich im Promillebereich variiert, wird sie häufig unberücksichtigt gelassen. Dieses drückt sich auch in der Einheit Sverdrup (Sv) aus, die in der Ozeanographie allgemein gebräuchlich ist (1 Sv = 10^6 m^3/s).

Massenversetzungen ↗gravitative Massenbewegungen.

Massenwirkungsgesetz, Gesetz, das das thermodynamische Gleichgewicht zwischen den Edukten und Produkten einer chemischen Reaktion beschreibt. Für die Reaktion der Stoffe A und B zu den Stoffen C und D: $aA + bB \rightarrow cC + dD$ ist das Massenwirkungsgesetz:

$$K = \frac{\{C\}^c \cdot \{D\}^d}{\{A\}^a \cdot \{B\}^b}$$

mit a, b, c, d = stöchiometrische Koeffizienten, $\{A\}$, $\{B\}$, $\{C\}$, $\{D\}$ = Aktivitäten gelöster Stoffe bzw. Gaspartialdrücke und K = Gleichgewichtskonstante.

Massivsulfid-Lagerstätten, *massiv-sulfidische Lagerstätten*, durch Exhalation gebildete syngenetische-sedimentäre (↗syngenetisch) und ↗stratiforme Erze von Sulfiden. Sie sind immer mit submarinen ↗Vulkaniten (Abb. 1) oder ↗Plutoniten assoziiert und kommen weltweit vor. Genetisch sind sie auf einen gemeinsamen Prozeß der Zirkulation von ↗hydrothermalen Lösungen magmatischen Ursprungs und/oder Meerwasser zurückzuführen (Abb. 2). Die Metalle werden während der Zirkulation aus dem Nebengestein her-

Massivsulfid-Lagerstätten 1: schematische Darstellung einer an Vulkanite gebundenen Massivsulfid-Lagerstätte mit Stockwerkerzen im Liegendem (Py = Pyrit, Sp = Zinkblende, Ga = Bleiglanz, Cp = Kupferkies, Au = Gold, Ag = Silber).

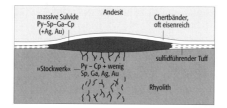

ausgelöst und am Meeresboden ausgefällt. Die ältesten Massivsulfid-Lagerstätten sind archaisch (↗Archaikum), die jüngsten die derzeitig aktiven weißen und schwarzen Raucher (↗white smoker, ↗black smoker). Sie sind aus submarinen-hydrothermalen Lösungen am Ozeanboden entstanden, daher häufig als ↗exhalative Lagerstätten bezeichnet. Erzminerale sind vorwiegend ↗Pyrit und ↗Magnetkies, ↗Kupferkies, ↗Sphalerit und ↗Bleiglanz. Neben Kupfer und Zink treten häufig auch Blei, Gold und Silber in abbauwürdiger Konzentration auf. Die meisten stratiformen Sulfidkörper besitzen eine charakteristische Zonierung. In den unteren und inneren Zonen des Erzkörpers ist das Cu/(Zn + Pb)-Verhältnis größer, nach oben und außen hin nimmt es zugunsten von Pb und Zn ab. Im ↗Liegenden werden die konkordanten Sulfidanreicherungen durch diskordante, kupferkiesführende Stockwerkerze unterlagert. Sie enthalten zusätzlich fein verteiltes ↗disseminiertes Erz. Eine ↗Alteration des Nebengesteins ist in den epigenetischen Stockwerk-

Massivsulfid-Lagerstätten 2: vereinfachte Darstellung der Zirkulation von hydrothermalen Lösungen durch ozeanische Kruste und der dadurch hervorgerufenen Bildung von Massivsulfid-Lagerstätten am Ozeanboden.

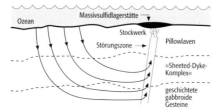

erze (↗epigenetisch) stark ausgebildet, häufig sind Chloritisierung (↗hydrothermale Alteration), ↗Sericitisierung und ↗Turmalinisierung. Proximale Erze liegen direkt über den Stockwerkerzen, bei distalen Erzen können keine Stockwerkerze identifiziert werden bzw. zeigen eine räumliche Entfernung. Die gebräuchlichste Klassifikation von Massivsulfiden beinhaltet mindestens vier unterschiedliche Typen: ↗Zypern-Typ, ↗Besshi-Typ, ↗Kuroko-Typ und ↗primitiver Typ. Dieser Gruppe ist häufig der ↗Sullivan-Typ oder die sogenannten ↗sedimentär-exhalativen Lagerstätten zugeordnet, die zwar an Sedimente gebunden sind, jedoch zu den Massivsulfid-Lagerstätten keine unterschiedliche Genese aufweisen. [RKl]

Maßstab, 1) *Kartenmaßstab*: das lineare Verkleinerungsverhältnis von Zeichnungen, Abbildungen, Modellen und kartographischen Darstellungen. Bezugsfläche für großmaßstäbige Karten ist die die Meeresoberfläche repräsentierende Niveaufläche, das ↗Erdellipsoid, für kleinmaßstäbige Karten das verebnete Gradnetz der Erdkugel. Mehrere Formen der Maßstabsangabe sind gebräuchlich. Der numerische Maßstab ist neben dem Kartentitel das wesentlichste Merkmal einer Karte und sollte deshalb in der Randausstattung nicht fehlen (↗Kartenlayout). Das Verkleinerungsverhältnis der in der Karte dargestellten Länge zu ihrer wahren Länge in der Natur wird numerisch als Bruch oder als Proportion ausgedrückt. Hierbei wird die *Maßstabszahl* als Modul mit M bezeichnet. Eine kleine Maßstabszahl (z. B. 25.000) bedeutet einen großen Maßstab und eine große Maßstabszahl (z. B. 25.000.000) einen kleinen Maßstab, da im ersten Fall die Wirklichkeit linear tausendmal größer abgebildet wird als im zweiten Fall. Bei Karten gelten Maßstäbe über 1:50.000 als große, 1:500.000 bis etwa 1:1.000.000 als mittlere und Millionenmaßstäbe als kleine Maßstäbe. Bei ↗topographischen Karten und auch bei ↗Atlanten sind *Maßstabsreihen*, bei denen auf einen *Grundmaßstab Folgemaßstäbe* folgen üblich. Nach dem Verallgemeinerungsgrad der Wirklichkeit in Karten lassen sich ↗Maßstabsbereiche definieren, die mit den geographischen Dimensionsstufen korrespondieren. Die gebräuchliche Form des graphischen Maßstabes ist die ↗Maßstabsleiste, auf historischen Karten meist in Form des Meilenmaßstabes für kleinmaßstäbige oder des Rutenmaßstabes für großmaßstäbige Karten; diesem kann zum exakten Entnehmen von Strecken ein ↗Transversalmaßstab beigegeben werden. Auf kleinmaßstäbigen Karten ist die maßstäbliche Darstellung einer Vergleichsfläche als Quadrat (↗Flächenmaßstab) oder als Umriß in seinen Dimensionen als gut bekannt vorauszusetzenden Gebietes zweckmäßig. Dem Maßstab als linearem Verkleinerungsverhältnis entsprechen bei Flächenvergleichen stets die Quadrate der Maßstabszahlen. Bei linearer Verkleinerung auf die Hälfte reduziert sich die Kartenfläche auf 1/4. Bei Verkleinerung auf 1/5 entsprechend die Fläche auf 1/25. Zur Kennzeichnung der Maßstäbe topographischer Karten ist es sinnvoll, der Naturdimension von 1 km das Kartenmaß in Zentimetern gegenüberzustellen. Bei kleinmaßstäbigen Atlaskarten ist es zweckmäßig, dem Kartenmaß von 1 mm die Naturdimension in Kilometer gegenüberzustellen. Auf kleinmaßstäbigen Karten gilt der Maßstab exakt nur für das Entwurfszentrum und bestimmte längentreu abgebildete Netzlinien. Das kann zum Ausdruck gebracht werden durch Angaben wie Mittelpunktsmaßstab für azimutale ↗Kartenentwürfe, Äquatormaßstab für die meisten Zylinderentwürfe oder Kugelmaßstab für flächentreue Erdkarten (↗Weltkarten). Bei winkeltreuen Kartennetzen vergrößert sich der Maßstab gesetzmäßig vom Entwurfszentrum bzw. v. einer längentreuen Linie (z. B. Äquator) aus, so daß an der Stelle einer einfachen Maßstabsleiste ein Maßstabsdiagramm für die abgebildeten Breiten tritt. Fehlt auf Karten eine Maßstabsangabe, so bestehen verschiedene Möglichkeiten der ↗Maßstabsbestimmung. (↗Bildmaßstab, ↗Wertmaßstab, ↗Böschungsdiagramm). Für ↗Stadtpläne und andere auf ein differenziert darzustellendes Zentrum bezogene

Karten kann eine mathematisch bestimmte oder frei gewählte Maßstabsreduzierung vom Zentrum nach den Rändern sinnvoll sein, was als *gleitender Maßstab* bezeichnet wird; ein entsprechend gestaltetes Kilometergitter kann das Maßstabsgefälle durch sich verkürzende Abstände veranschaulichen. Bei digitalen Karten kann der *numerische Kartenmaßstab* nur Hinweis auf die herkömmliche Bezugskarte sein, der tatsächliche Abbildungsmaßstab kann nur über eine Maßstabsleiste bzw. einen graphischen Flächenmaßstab in die Bildschirmdarstellung eingeblendet werden (↗Bildschirmmaßstab, ↗Auflösungsvermögen), da solche Darstellungen durch ↗Zoomen verändert werden. Digitale Kartenelemente können auch als maßstabslose Datenbasis für einen ↗Maßstabsbereich angelegt werden.

2) Längenmaß mit Teilung. Die stabförmige Maßverkörperung hat Marken, deren Abstand bestimmte Längen angibt. Die Qualitätsmerkmale der Maßstäbe sind genormt. ↗Transversalmaßstab. [WSt]

Maßstabsbereich, im Verkleinerungsverhältnis kartographischer Darstellungen fest umrissene Maßstabsspannen mit erkennbar gleichwertiger Verallgemeinerung charakteristischer Züge der Wirklichkeit. Bei normalem Feinheitsgrad der Abbildung werden fünf Maßstabsbereiche unterschieden: a) Der topometrische Maßstabsbereich erfaßt die größten Maßstäbe von 1:500 bis 1:5000. Häuser und Grundstücke erscheinen im Grundriß, Straßen und Fließgewässer in ihrer maßstäblichen Breite. Aus solchen Karten können mit dem ↗Transversalmaßstab Naturmaße in Dezimeter- bis Metergenauigkeit entnommen werden. b) Der Maßstabsbereich topographischer Detailkarten, der von 1:5000 bis 1:50.000 reicht, läßt eine weitgehend vollständige Darstellung topographischer Einzelheiten einschließlich Relief und Bodenbedeckung zu, wobei Gebäude, Straßen und Eisenbahnen unmaßstäblich mittels ↗Signaturen wiedergegeben werden. c) Der Maßstabsbereich topographischer Übersichtskarten, dessen Spanne von ca. 1:70.000 bis etwas unter 1:200.000 reicht, verlangt eine deutlich stärkere ↗Generalisierung der Topographie, insbesondere eine stark vereinfachte Grundrißdarstellungen der Siedlungen. d) Der chorographische Maßstabsbereich reicht von etwa 1:220.000 bis nahe an 1:1.000.000. Der wesentliche Bruch liegt im Darstellungsumschlag der Siedlungen vom Grundriß zur Siedlungssignatur. Vom dichten Netz linearer topographischer Elemente kann nur ein geringer Teil erhalten werden. Höhenlinien vermitteln bei großer Äquidistanz nur noch ein grobes Reliefbild. e) Der geographische Maßstabsbereich umfaßt die kleinen Maßstäbe ab 1:1.000.000. Mit der Reduktion von Kilometern auf Millimeter im Kartenbild lassen sich große Räume zusammenhängend abbilden, wobei die millionenfache Verkleinerung einen hohen Verallgemeinerungsgrad bei Erhaltung wesentlicher Züge der Landschaft verlangt. Bei ↗Bildschirmkarten und taktilen Karten liegen die Bereiche auf Grund der im Vergleich zur Papierkarte wesentlich geringeren Auflösung und deshalb gröberen kartographischen Darstellung anders. [WSt]

Maßstabsbestimmung, die Feststellung des Verkleinerungsverhältnisses auf Karten ohne ausreichende oder fehlende Maßstabsangabe, insbesondere auf historischen Karten. Es kann der Abstand der Breitenkreise zur Grundlage genommen werden, indem 1° zu 111 km gerechnet und dann analog verfahren wird (↗Nomogramm). Nur bei sehr kleinmaßstäbigen Darstellungen ist dabei der benutzte Kartennetzentwurf zu berücksichtigen. Fehlen auch Gradnetz und Gradleisten an der Randlinie, so kann bei mittel- und großmaßstäbigen Karten der Maßstab über Vergleichsstrecken ermittelt werden, indem zwischen eindeutig zu identifizierenden Örtlichkeiten (Ortslagen, Flußmündungen, Straßenkreuzungen) die Strecken auf einer Karte mit Maßstabsangabe und auf der zu untersuchenden Karte gemessen und als Summe in Beziehung zueinander gesetzt werden, wodurch Verzerrungen weitgehend gemittelt werden. Eine tiefgründige Ermittlung der Darstellungsfehler läßt sich erreichen, indem für die identifizierten Punkte Koordinaten bestimmt und deren zufällige und systematischen Abweichungen mittels Rechenprogrammen ermittelt werden können. ↗Längenbestimmung. [WSt]

Maßstabsfolge, verschiedentlich neben dem Begriff der Maßstabsreihe gebrauchter Terminus für eine Abfolge von ↗Maßstäben (Kartenmaßstäben) bei der die Maßstabszahlen der einzelnen Karten durch einen einfachen Faktor (z. B. 2) oder eine festgelegte Folge von Faktoren miteinander systematisch und vergleichbar in Beziehung stehen. Meist werden beide Begriffe als Synonyme verwendet.

maßstabsfrei, *maßstabslos*, *maßstabsunabhängig*, in der digitalen Kartographie und Geoinformatik verwendete Bezeichnung für die Eigenschaft georäumlicher bzw. kartographischer ↗Datenmodelle aufgrund ihrer quasi ungeneralisierten und nicht kartographisch kodierten (signaturierten) Form, keinen ↗Maßstab (Kartenmaßstab) im üblichen Sinne zu besitzen. Kartographische Datenmodelle sind jedoch charakterisiert durch eine vor allem von der Datenerfassung abhängige Auflösung, Feinheit und Genauigkeit, die mit derjenigen einer analogen Karte verglichen werden kann und somit verschiedentlich angegeben wird. So hat beispielsweise das ↗ATKIS-DLM als DLM-25 oder DLM-1 000 eine Inhaltsdichte und Genauigkeit, die etwa der amtlichen deutschen ↗topographischen Karten 1:25.000 bzw. der ↗Übersichtskarte von Deutschland in 1:1.000.000 entspricht.

Maßstabsleiste, die graphische Form des Längenmaßstabes auf Karten in Form einer einfachen Linie oder Doppellinie mit bezifferter Teilung und Angabe der Maßeinheit. Neben der Kilometerteilung werden auf Seekarten die Seemeile, auf englischen und US-amerikanischen Karten verschiedentlich neben der metrischen Teilung die Landmeile (statute mile) als Maßeinheit benutzt. Auf historischen Karten ist häufig eine Maßstabsleiste in geographischen Meilen, die in der Regel in einem Zollmaß aufgetragen sind, vorhanden.

Maßstabsreihe ↗Maßstab.

Maßstabszahl ↗Maßstab.

Matching, Suchstrategie in einem Informationssystem, die eine strukturierte Suche nach ↗Daten oder ↗Medien beschreibt. Gegenüber dem ↗Browsing wird eine Informationsquelle aufgrund von Abfrageparametern und Suchbegriffen nach Übereinstimmungen durchsucht. Das Matching ist die wichtigste Grundlage zur Suche innerhalb von ↗Datenbanken, wobei die Suche über eine ↗raumbezogene Abfragesprache formuliert werden muß. In raumbezogenen Informationssystemen (↗Geoinformationssystem) dient eine solche Abfrage häufig der Selektion von ↗Geodaten, die in einer ↗Karte dargestellt werden sollen.

match point, ein bei der Auswertung von hydraulischen Versuchen mittels ↗Typkurvenverfahren auszuwählender Punkt auf den Kurvenblättern. Der match point wird im überlappenden Bereich der beiden Kurvenblätter bestimmt, nachdem die Typkurve und die Datenkurve durch achsenparalleles Verschieben zur Deckung gebracht wurden. Anschließend werden die Koordinaten des match points sowohl für die Typkurve als auch für die Datenkurve bestimmt und in die entsprechenden Formeln zu Berechnung der gesuchten Größen eingesetzt. ↗Theissches Typkurvenverfahren.

Materialeigenschaften, Gesamtheit der bei einem technologischen Material wesentlichen Merkmale. Kristalle sind neuartige Werkstoffe, die aufgrund ihrer besonderen chemischen und physikalischen Eigenschaften in der modernen Technologie eine immer breitere Verwendung finden. Während früher die mechanische und chemische Widerstandsfähigkeit im Vordergrund stand, sind heute die elektrischen, optischen, elektrooptischen oder magnetischen Eigenschaften der Grund für ihre Verwendung.

Materialkreislauf, Begriff aus der Güterproduktion, der das Rückführen von Altmaterial oder Abfallstoffen in die Produktion bezeichnet. ↗Recycling.

mathematische Modelle, Beschreibung der physikalischen Prozesse mittels mathematischer Gleichungen im Sinne der Erhaltung von Masse und Energie. Dabei werden einige physikalische Phänomene vernachlässigt oder vereinfacht. Bei entsprechend starker Vereinfachung kann ein komplexes Problem auch analytisch gelöst werden. Ist dieser Ansatz nicht ausreichend, ist eine Approximation durch numerische Lösungsverfahren wie die ↗Finite-Differenzen-Methode oder die ↗Finite-Elemente-Methode notwendig.

Matrix, **1)** *Geologie*: *Gesteinsmatrix*, beschreibt den sedimentierten Feinanteil, in den gröbere Komponenten (Sandkörner, Klasten, biogene Partikel, Ooide usw.) eingebettet sind bzw. der den Zwickelraum zwischen den Komponenten ausfüllt. Bei Carbonaten besteht die Matrix vorwiegend aus ↗Mikrit (Carbonatpartikel < 4 µm). Bei Sandsteinen setzt sich die Matrix im allgemeinen aus Tonmineralen und kleinsten Quarzkörnern zusammen. Hier werden Partikel, die kleiner als 30 µm bzw. 20 µm sind, als Matrix definiert. Der Matrixgehalt eines Sandsteines wird in erster Linie durch Verfügbarkeit und die hydraulischen Eigenschaften des Transportmediums bestimmt. ↗Zement, ↗Grundmasse. **2)** *Kristallographie*: rechteckiges Zahlenschema M aus z Zeilen und s Spalten:

$$\begin{pmatrix} m_1^1 & m_2^1 & \cdots & m_s^1 \\ m_1^2 & m_2^2 & \cdots & m_s^2 \\ \vdots & \vdots & \ddots & \vdots \\ m_1^z & m_2^z & \cdots & m_s^z \end{pmatrix}.$$

Die Indizes können dabei auch nebeneinander geschrieben werden, wenn klar ist, welcher Index die Zeilen und welcher die Spalten zählt. Solche Zahlenschemata sind universell verwendbar. Häufig bedeuten ihre Spalten oder Zeilen Komponenten von Vektoren bezüglich einer entsprechend hoch-dimensionalen Basis. Von besonderer Bedeutung sind quadratische Matrizen, mit deren Hilfe lineare Abbildungen eines Raumes auf sich dargestellt werden können. So werden etwa die Symmetrieoperationen der Kristallpolyeder durch (3×3)-Matrizen beschrieben.

Matrixdurchlässigkeit, *Gesteinsdurchlässigkeit*, Durchlässigkeit, die durch die Porenräume des nicht von Trennfugen (Klüfte) zerlegten Gesteinskörpers bedingt ist. Ton- und Schluffsteine, Vulkanite, Plutonite und Metamorphite besitzen keine bedeutungsvolle Matrixdurchlässigkeit. Deren ↗Gebirgsdurchlässigkeit wird praktisch ausschließlich von der ↗Trennfugendurchlässigkeit bestimmt. Die Matrixdurchlässigkeiten der psephitisch-psammitischen Sedimentgesteine und Carbonatgesteine ist dagegen sehr unterschiedlich ausgeprägt. Sandsteine, Konglomerate und Grauwacken besitzen Porositäten zwischen 0,4–35 % und Matrixdurchlässigkeiten um k_f = 2,2 · 10^{-14} bis 4 · 10^{-4} m/s. Carbonatgesteine besitzen Porositäten von 0,1–66 %, wobei die Nutzporositäten allerdings erheblich geringer ausfallen (Marmor 1–2 %). Die Matrixdurchlässigkeiten liegen um k_f = 1 · 10^{-8} bis 1 · 10^{-2} m/s.

Matrixpotential, das Potential des Bodenwassers unter dem Einfluß der Matrixkräfte. Es entspricht dem Betrag an Arbeit, der verrichtet werden muß, um dem Boden unter den Gasdruck- und Temperaturbedingungen in einer bestimmten Höhe eine Mengeneinheit Bodenlösung zu entziehen. Es entsteht infolge des Wirkens von Adhäsions- und Kapillarkräften und ist negativ (positiv wäre das Druckpotential).

Matrixspur ↗*Spur*.

Matrixwasser, Wasser, welches sich in den Porenräumen eines ↗Festgesteinsgrundwasserleiters befindet, i. d. R. aufgrund der geringen ↗Matrixdurchlässigkeit im gesättigten Zustand immobil.

Mattbraunkohle ↗*Lignit*.

Matte, zu den ↗Wiesen gehörende, baumlose, natürliche Pflanzenformation. Eines ihrer Hauptverbreitungsgebiete ist die alpine Stufe der Hochgebirge (/Höhenstufen). Die Mattenstufe der Alpen, bestehend aus Stauden, Zwergsträuchern und artenreichen Wiesen in einer Höhe von 2400–3200 m NN wird bei der Almwirtschaft als Weidegebiet genutzt.

Matthes, *Siegfried*, deutscher Mineraloge, * 7.9.1913 Pausa (Vogtland), † 2.5.1999 Würzburg; Studium in Berlin und Leipzig, danach wissenschaftlicher Assistent in Münster, 1950 Habilitation in Frankfurt a. M.; von 1955–1981 Professor für Mineralogie in Würzburg, wo er das Fach Mineralogie als eigenständigen Studiengang etablierte. Matthes leistete in nahezu 100 wissenschaftlichen Publikationen wichtige Beiträge zur Petrologie metamorpher und magmatischer Gesteine (insbesondere zur metamorphen Entwicklung der süddeutschen /Varisziden). Auf experimentellem Gebiet gelang ihm erstmals die Hydrothermalsynthese von Spessartin-Granat und Spessartin-Almandin-Mischkristallen. Sein 1982 erschienenes Lehrbuch »Mineralogie« erlebte bisher sechs Auflagen.

Matthews-Tabellen, tabellarische Zusammenfassung der Umrechnungswerte zur Bestimmung der Wassertiefe aus Messungen der Laufzeiten eines Schallimpulses mit dem /Echolot. Sie berücksichtigen die regionalen Unterschiede der /Schallgeschwindigkeit im Meerwasser. Sie wurden 1982 von der International Hydrographic Conference durch die »NP 139-Echo-sounding correction tables« ersetzt.

Mattkohle /*Durain*.
Maturation /*Reifung*.
Maturitätsindex /kompositionelle Reife.
Matuyama-Chron, Zeitabschnitt von 0,78–2,58 Mio. Jahre mit überwiegend inverser Polarität des Erdmagnetfeldes (/Feldumkehr). Es enthält von 0,99–1,07 Mio. Jahre das /Jaramillo-Event, bei 1,62 Mio. Jahre das /Gilsa-Event und von 1,77–1,95 Mio. Jahre das /Olduvai-Event normaler Polarität.

Maucher, *Albert*, deutscher Geologe und Lagerstättenkundler, * 22.12.1907 Freiberg (Sachsen), † 1.4.1981 München; ab 1947 Professor in München; arbeitete v. a. über schichtgebundene Lagerstätten, insbesondere von Scheelit in Carbonaten; Werk (Auswahl): »Die Lagerstätten des Urans« (1962).

Maulwurfdränung, *Erddräne*, rohrlose Dränung, Verfahren zur /Entwässerung bindiger Böden. Maulwurfdränung nimmt überschüssiges freies Bodenwasser auf und führt es durch horizontale Maulwurfdräne ab. Diese werden mit einem Maulwurfdränpflug, bestehend aus Schwert und Preßkörper, ausgebildet. In Abhängigkeit vom /Plastizitätsindex und der /Konsistenz sowie mechanischer und hydraulischer Belastung zerfallen Maulwurfdräne zumeist innerhalb von 5 Jahren. Aufgrund der begrenzten Haltbarkeit hat Maulwurfdränung als preiswerte Alternative oder als Ergänzung zur /Rohrdränung mit Ausnahme von Großbritannien kaum nennenswerte Verbreitung gefunden.

Maupertuis, *Pierre Louis Moreau* de, französischer Mathematiker, Physiker und Philosoph mit hohem Interesse für Geodäsie, * 28.9.1698 Saint-Malo (Bretagne), † 27.7.1759 Basel; bedeutendste Leistung für Geodäsie: 1736–37 Leitung der Expedition der Pariser Akademie der Wissenschaften nach Lappland (Teilnehmer u. a. A. /Clairaut, A. /Celsius) zu einer /Gradmessung, die im Streit zwischen der französischen Schule um G. D. /Cassini und der englischen Schule um Sir I. /Newton über die Figur der Erde (am Äquator oder an den Polen abgeplattet?) entscheiden sollte (Newtons Theorie erwies sich als richtig). Das Ergebnis erregte hohes Aufsehen und brachte Weltruhm. Maupertuis hatte zahlreiche Mitgliedschaften inne: 1723 Pariser Akademie der Wissenschaften, 1728 Royal Society London, 1735 preußische Akademie der Wissenschaften zu Berlin; 1742 Präsident der Pariser Akademie und 1743 Aufnahme unter die 40 Unsterblichen; 1746–53 Präsident der Berliner Akademie und Vertrauter Friedrichs des Großen; die letzten Berliner Jahre waren überschattet von unerfreulichen Prioritätsstreitigkeiten und von Querelen u. a. mit L. /Euler und mit Voltaire. Seine letzten Lebensjahre verbrachte er ohne Ämter in Basel. Werke (Auswahl): »Essai de cosmologie« (1759), »La figure de la Terre, déterminée par les observations de Mr. Maupertuis, Clairaut ….au cercle polaire« (1738). [EB]

Mauritius-Orkan /tropische Zyklonen.
maximale Abstandsgeschwindigkeit /Abstandsgeschwindigkeit.
Maximum-Likelihood-Klassifizierung, *Methode der größten Wahrscheinlichkeit*, ist eine /überwachte Klassifizierung. Dabei prüft eine statistische Entscheidungsregel die Wahrscheinlichkeitsdichte $[p(X|K_i)]$, mit der ein Pixel zu den Klassen mit der vorgegebenen A-priori-Wahrscheinlichkeit $[p(K_i)]$ gehört und weist es der Klasse i mit dem höchsten Wert zu. Dementsprechend lautet die Maximum Likelihood-Entscheidungsregel:

$$p(X|K_i)p(K_i) \geq p(X|K_j)p(K_j) \; \forall j = l, \ldots ,k.$$

Bei diesem Verfahren handelt es sich um eine rechenintensive Klassifizierungsmethode, die auf der Bayesschen Entscheidungstheorie basiert. Die grundlegende Gleichung geht zunächst von der Annahme aus, daß diese Wahrscheinlichkeiten für alle Klassen gleich sind und die /Grauwerte der Pixel einer Objektklasse in den einzelnen /Spektralbändern Normalverteilung um den Mittelwert der entsprechenden /Trainingsgebiete aufweisen, was zu einer eingeschränkten Nutzbarkeit des Verfahrens beiträgt. Es ergibt sich bei Normalverteilungen folgende Trennfunktion:

$$D_c(X) = \frac{p_c}{(2\pi)^{\frac{n}{2}} |K_c|^{\frac{1}{2}}} \cdot$$

$$\cdot \exp\left[-\frac{1}{2}(X - M_c)^T K_c^{-1}(X - M_c) \right].$$

Dabei ist $D_c(X)$ = Trennfunktion der Klasse i, c = Klasse, X = gemessener Vektor des zu klassifizierenden Bildelements, M_c = Mittelwertvektor der Klasse c, p_c = Wahrscheinlichkeit, mit der das zu klassifizierende Bildelement zur Klasse c gehört (setzt A-priori-Kenntnisse voraus), K_c = ∕Kovarianzmatrix der Bildelemente der Klasse c, $|K_c|$ = Determinante von K_c, K_c^{-1} = Inverse von K_c, T = Transpositionsfunktion. Bei der Klassifizierung muß lediglich der rechte Teil der Trennfunktion, der auch als ∕Mahalanobis-Abstand bezeichnet wird, für jedes Bildelement neu berechnet werden. Bei gleichen A-priori-Wahrscheinlichkeiten wird ein Pixel der Klasse mit dem geringsten Mahalanobis-Abstand zugeordnet. [HW]

Maximumthermometer, Meßgerät zur Bestimmung der Höchsttemperatur innerhalb eines definierten Zeitraums. Gebräuchliche Maximumthermometer sind Quecksilberthermometer (∕Flüssigkeitsthermometer), bei denen eine Verengung in der Kapillare dazu führt, daß der Quecksilberfaden bei sinkender Temperatur abreißt. Das Ende des abgerissenen Fadens zeigt an der Skala das erreichte Temperaturmaximum an. Durch eine heftige Bewegung des Maximumthermometers läßt sich der Faden wieder vereinigen, so daß die nächste Messung der Höchsttemperatur erfolgen kann.

Maxwellsche Gleichungen, von Maxwell aufgestelltes System von Grundgleichungen der Elektrodynamik, mit denen zusammen mit den sog. Materialgleichungen und unter Einbeziehung bestimmter Anfangs- und Randbedingungen alle elektrodynamischen Phänomene erklärt werden können. Sie lauten in differentieller Form:

$$\nabla \times \vec{H} = \frac{\partial \vec{D}}{\partial t} + \vec{J} \quad (1)$$

$$\nabla \times \vec{E} = -\frac{\partial \vec{B}}{\partial t} \quad (2)$$

$$\nabla \cdot \vec{B} = 0 \quad (3)$$

$$\nabla \cdot \vec{D} = Q \quad (4).$$

Die 1. Gleichung beschreibt das magnetische Wirbelfeld $\vec{H}$ als Summe einer Leitungsstromdichte $\vec{J}$, die über das ∕Ohmschen Gesetz $\vec{J} = \sigma \vec{E}$ mit der elektrischen Leitfähigkeit σ und der elektrischen Feldstärke $\vec{E}$ zusammenhängt, und einer Verschiebungsstromdichte $\partial \vec{D}/\partial t$, wobei D die dielektrische Verschiebung bezeichnet. Die 2. Gleichung setzt das elektrische Wirbelfeld mit der zeitlichen Ableitung der magnetischen Induktionsflußdichte $\vec{B}$ in Beziehung (*Induktionsgesetz*). Die 3. Gleichung beschreibt die Divergenz- (Quellen-) Freiheit der Induktionsflußdichte $\vec{B}$, während die 4. Gleichung die elektrischen Ladungen (mit der Dichte Q) als Quellen der dielektrischen Verschiebung identifiziert. Aus (1) und (4) folgt die Kontinuitätsgleichung:

$$\nabla \cdot \vec{J} = -\frac{\partial Q}{\partial t}$$

als weitere fundamentale Beziehung der Elektrodynamik. Außer dem Ohmschen Gesetz werden noch die Beziehungen:

$$\vec{D} = \varepsilon_0 \varepsilon_r \vec{E} = \varepsilon_0 \vec{E} + \vec{P}$$

und:

$$\vec{B} = \mu_0 \mu_r \vec{H} = \mu_0 (\vec{H} + \vec{M})$$

als Materialgleichungen bezeichnet; dabei ist $\vec{P}$ die elektrische Polarisation, $\vec{M}$ die Magnetisierung, ε_r und μ_r die relative Dielektrizitätskonstante bzw. Permeabilität, ε_0 ist die ∕Influenzkonstante und μ_0 die ∕Induktionskonstante. Je nach Anwendungsgebiet vereinfachen sich die Gleichungen (1) bis (4): So sind etwa in der ∕Gleichstromgeoelektrik alle zeitlichen Ableitungen gleich Null und in den ∕Induktionsverfahren wird der Verschiebungsstrom vernachlässigt. [HBr]

MBE, *Molecular Beam Epitaxy*, Molekularstrahlenepitaxie, besondere Kristall-Züchtungsmethode aus der Gasphase (∕Gasphasenzüchtung). In einem UHV-Rezipienten werden aus Effusionszellen einzelne Atom- oder Molekularstrahlen auf ein ∕Substrat gerichtet. Die dort kondensierenden Schichten sind unter bestimmten Bedingungen einkristallin zu erhalten. Durch die geringe Dichte der Molekularstrahlen sind zwar die Wachstumsgeschwindigkeiten recht niedrig (etwa 1 µm/h), aber durch Verschließen und Öffnen der Zellen lassen sich glatte, bis zu monoatomar dünne Schichten in unterschiedlichen Reihenfolgen präparieren. Ebenfalls sind scharfe Dotierprofile zu erzeugen. So gelingt die Herstellung von Bauelementen in ∕Multischichtstrukturen, die als Substrat ein Material verwenden, das in hoher kristalliner Perfektion hergestellt werden kann und das die nötige mechanische und thermische Stabilität liefert. Die epitaktisch aufgewachsenen Schichten enthalten als integrierte optische Strukturen die Materialien, die für die Verwendung als Bauelement wesentlich sind, z. B. als Dioden, Halbleiterlaser oder magnetische Speicher. ∕Epitaxie. [GMV]

MC ∕*Metric Camera*.

Mc-Horizont, ∕Bodenhorizont entsprechend der ∕Bodenkundlichen Kartieranleitung, entstanden aus fortlaufend sedimentiertem holozänem Solummaterial, erkennbar mit Sekundärcarbonat angereichert. ∕M-Horizont.

MDF ∕*Median Destructive Field*.

Méchain, *Pierre François André*, französischer Astronom, * 17.8.1744 Laon, † 20.9.1804 Castellón de la Plana (Spanien); zeitweise Direktor des Pariser Observatoriums; führte 1792–99 zusammen mit ∕Delambre die französische ∕Gradmessung zwischen Dünkirchen und Barcelona zur Ableitung des Meters als neuer Einheit der Länge aus (die französische Nationalversammlung hatte 1791 beschlossen, daß künftig ein Meter gleich dem zehnmillionsten Teil des durch Paris verlaufenden Meridianquadranten sein soll); Méchain maß den Bogenteil südlich von Paris; in der Astronomie bedeutend durch die Entdeckung mehrerer Kometen. Werke (Auswahl): Méchain et Delambre: »Base du système métrique décimal …« 3 Bände 1806, 1807, 1810, deutsche Übersetzung (auszugsweise) von W. Block: »Grundlagen des dezimalen metrischen Systems« (Leipzig 1911).

mechanische Abplattung, Verhältnis der Differenz von polarem ↗Trägheitsmoment und mittlerem äquatorialen Trägheitsmoment zum polaren Trägheitsmoment der Erde:

$$H = \frac{C - \frac{A+B}{2}}{C}.$$

Dabei wurde angenommen, daß das zugrunde gelegte Koordinatensystem mit dem Haupträgheitsachsensystem übereinstimmt.

mechanische Deformation, *Dehnung*, Reaktion eines Körpers auf eine wirkende Spannung. Im allgemeinen unterscheidet man zwei Bereiche, den der linear ↗elastischen Deformation und den der ↗plastischen Deformation. Das Dehnungs- oder Deformationsverhalten wird schematisch in einem sog. Spannungs-Dehnungs-Diagramm wiedergegeben (Abb.).

mechanische Distanzmessung, das älteste Verfahren der Streckenbestimmung. Zur ↗Vermarkung der zu messenden ↗Distanz werden auf dem Anfangs- und Endpunkt ↗Fluchtstäbe senkrecht aufgestellt und ggf. einige eingefluchtet. Die Distanz wird durch Vergleich mit einem bekannten Maß, z. B. einem ↗Meßband, durch ein- oder mehrmaliges Anlegen bestimmt. Man unterscheidet Messungen in ebenem oder geneigtem

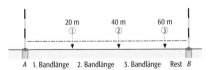

Gelände. Bei der Messung im ebenen Gelände wird das Meßband mit seiner Nullmarke an den Anfangspunkt A angelegt, in die signalisierte Fluchtlinie eingewiesen und die straffgezogene erste Meßbandlänge abgesetzt, d. h. das Meßbandende wird z. B. mit Kreide oder einer Zählnadel, gekennzeichnet. Danach wird die Nullmarke des Meßbandes an die erste Markierung, z. B. 20 m-Marke, angehalten und die zweite Bandlage abgesetzt (Abb. 1). Der Ablauf wiederholt sich, bis nur noch die Restdistanz zum Endpunkt B gemessen und abgelesen werden muß. Die Anzahl der Meßbandlagen plus die Restdistanz ergibt die Gesamtdistanz.

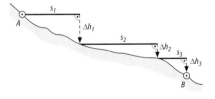

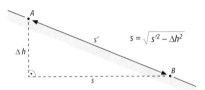

Um im geneigten Gelände die Distanzen in ↗Strecken zu überführen, muß man eine ↗Staffelmessung vornehmen (Abb. 2). Dazu muß der horizontale Abstand zweier Punkte, z. B. der Anfangs- und Endpunkt eines Meßbandes oder eines Teils davon auf die geneigte Ebene, z. B. mit einem Schnurlot abgelotet werden. An dem abgeloteten Punkt muß danach die Nullmarke des Meßbandes wieder angelegt werden. Die Gesamtstrecke ergibt sich aus den horizontal abgesetzten Teilstrecken plus der Reststrecke (Abb. 3). Es können auch die schrägen Distanzen s' unmittelbar auf dem Gelände gemessen werden. Mit Hilfe der bestimmten Geländeneigung oder des Höhenunterschiedes Δh ist die schräge Distanz auf die Horizontale s zu reduzieren. Mit einem Stahlmeßband und einfachen Hilfsmitteln läßt sich eine Strecke von ca. 100 m mit einer Genauigkeit von 3 bis 4 cm bestimmen. Für genauere mechanische Streckenbestimmungen muß das Stahlmeßband geprüft, die Meßtemperatur und weitere Einflußfaktoren berücksichtigt werden. Zur Präzisionsdistanzmessung werden Meßbänder oder -drähte aus ↗Invar eingesetzt. [KHK]

mechanische Reinigungsstufe, Verfahren der ↗Abwasserreinigung, bei dem das Rohabwasser mechanisch vorgereinigt wird (1. Reinigungsstufe). Dabei werden die festen Fremdstoffe durch ↗Siebanlagen und ↗Rechen und die Sink- und Schwimmstoffe im ↗Absetzbecken aus dem Abwasser separiert. Dies erfaßt etwa 30 % aller Verschmutzungen. Moderne Kläranlagen verfügen über eine 2. und 3. Reinigungsstufe (↗biologische Reinigungsstufe, ↗chemische Reinigungsstufe).

mechanische Stabilisierung, Verfahren zur Baugrundverbesserung, das zur Erhaltung bzw. Erhöhung der Tragfähigkeit von Lockergesteinen eingesetzt wird. Bei der mechanischen Stabilisierung wird in rolligen Böden durch Einbringen von Bodenmaterial der entsprechenden Korngröße die Korngrößenverteilung verbessert und der Boden anschließend verdichtet.

mechanische Uhr, Uhr, bei der der Uhrentakt durch einen mechanischen, periodischen Vorgang erzeugt wird, beispielsweise durch ein Pendel oder eine Unruhe. Auch gleichmäßig mit der Zeit ablaufende Vorgänge wie das Rinnen von Sand oder Wasser durch eine enge Röhre dienten früher als Zeitmeßperiode, die allerdings immer wieder neu initialisiert werden mußte (z. B. durch Umdrehen der Sanduhr).

mechanische Verwitterung ↗Verwitterung.

mechanische Zwillingsbildung, homogener Verformungsprozeß durch Bildung von ↗Zwillingen. Im Gegensatz zu ↗Versetzungen, durch die sich ein Kristall nur auf bestimmten Gleitebenen

mechanische Distanzmessung 3: Reduzierung der Schrägstrecke.

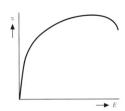

mechanische Deformation: schematischer Verlauf der Spannung (σ) als Funktion der Dehnung (ε) während eines Zugversuchs an einer duktilen Probe.

mechanische Distanzmessung 1: im ebenen Gelände.

mechanische Distanzmessung 2: Staffelmessung.

mechanische Zwillingsbildung: Prinzip der mechanischen Zwillingsbildung. Durch nur relativ kleine Bewegungen eines Teils der Atome gegeneinander wird ein Zwillingskristall gebildet ($\vec{b}$ = Gleitvektor).

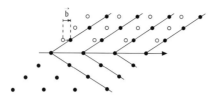

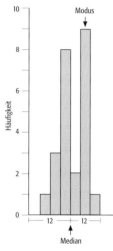

Median: Häufigkeitsverteilung mit Median und Modus.

konzentriert verformt, stellt die mechanische Zwillingsbildung bei Anwesenheit einer Scherspannung einen homogenen Verformungsprozeß dar. (Abb.). Die relative Bewegung der einzelnen Atome erstreckt sich nur über sehr kleine Distanzen gegenüber ihren ursprünglichen Positionen. Für den atomistischen Mechanismus dieser Zwillingsbildung gibt es mehrere Vorschläge, die alle auf der Mithilfe von Partialversetzungen basieren.

Median, statistische Maßzahl, die eine ↗Häufigkeitsverteilung in zwei gleich große Hälften aufteilt (Abb.). Ist $F(x)$ die zugehörige (kumulative) ↗Verteilungsfunktion, so ist der Median der x-Wert, für den $F(x) = 0,5$ gilt. Dies entspricht dem Integral der ↗Wahrscheinlichkeitsdichtefunktion von $-\infty$ bis 0,5.

Median Destructive Field, *MDF*, Feld H, mit dem bei der ↗Wechselfeld-Entmagnetisierung die natürliche remanente Magnetisierung (*NRM*) auf die Hälfte ihrer Ausgangsintensität reduziert werden kann. Die Größe des *MDF* wird von der Verteilung der ↗Koerzitivfeldstärken H_C der ferrimagnetischen Minerale (↗Ferrimagnetismus) im Gestein bestimmt und ist damit ein qualitatives Maß für die Stabilität einer ↗remanenten Magnetisierung (Abb.).

mediane Abstandsgeschwindigkeit ↗Abstandsgeschwindgkeit.

Medien, Mittel zur Weitergabe von Informationen. In den Informations- und Kommunikationswissenschaften werden folgende Medien unterschieden: Video, ↗Animation, Audio (Ton), Text, Bild und Graphik. Ein Video ist eine in der Realität aufgenommene Sequenz von Einzelbildern. Videos zeigen daher reale Objekte mit ihren individuellen Ausprägungen. Eine Animation ist eine am Computer oder Zeichentisch konstruierte Sequenz von Enzelbildern. Animationen können somit auch Objekte und Phänomene zeigen, die nicht real sichtbar sind. Audio (Ton) sind akustische Signale, die entweder als Einzelton oder als Tonfolge vorkommen. Audio kann ein natürlicher Ton (z. B. in Form von Umweltgeräuschen) oder ein abstrakter Ton (z. B. zur akustischen Visualisierung von Daten) sein. Text ist eine Ansammlung von alphanumerischen Zeichen, die in Form von Fließtext, Tabellen oder Einzelangaben auftreten. Bilder sind in der Realität aufgenommene Darstellungen von Objekten oder Objektgruppen. Sie lassen sich entsprechend ihres Aufnahmespektrums, z. B. in Photo, Radarbild oder Infrarotbild, gliedern. Graphiken sind konstruierte Darstellungen von gedanklich überarbeiteten Modellen von Objekten oder Sachverhalten. Zu den Graphiken zählen Schemazeichnungen, Diagramme und Karten. Die einzelnen Medien sind *Medientypen* zuzuordnen. Diese können gegliedert werden: a) nach dem Wahrnehmungssinn in visuelle und auditive Medien, b) nach dem Symbolsystem in bildhafte, verbale und tonale Medien, c) nach der Zeitabhängigkeit in zeitabhängige (dynamische) und zeitunabhängige (statische) Medien und d) nach der Erzeugung in beispielsweise Rasterbild, Vektorgraphik, Video oder Animation. [DD]

Medienfunktion, Funktion, die die ↗Medien bei der Informationsvermittlung in einer ↗multimedialen Präsentation erfüllen. Die Funktion des Mediums bestimmt die Auswahl und Kombination von Medien. Medien können folgende Funktionen haben: Unterstützung der Wahrnehmung (z. B. Lenkung der Wahrnehmung durch gesprochenen Text: »vergleichen Sie«, »betrachten Sie zuerst«), Unterstützung der Wissensgenerierung (z. B. Bildung unterschiedlicher Abstraktionsstufen durch die Darstellung der Information in realistischen Bildern bis hin zu abstrahierenden Graphiken), Unterstützung eines bestimmtes Kommunikationszieles (z. B. Unterstützung der Entscheidungsfindung im Planungsprozeß durch realistische Präsentation des Planungsvorhabens mittels ↗Computeranimation).

Medientypen ↗Medien.

Mediterranböden, Böden der subtropischen, sommertrockenen Winterregengebiete, oft rote, lehmige oder lessivierte Böden (↗Terra rossa, ↗Cambisols, ↗Luvisols). Im Mittelmeerraum sind die Böden im Verlauf der viele Jahrhunderte andauernden Phase intensiver Landnutzung auf den Hängen oft stark bis vollständig erodiert.

Mediterrane Sippe, durch K-Vormacht ausgezeichnete Alkalikalk- und Alkali-Gesteine nach P. ↗Niggli (1933).

medizinische Geographie ↗*Geomedizin*.

Medizinmeteorologie, Teilgebiet der ↗Biometeorologie bzw. ↗Bioklimatologie, gleichbedeutend mit Human-Biometeorologie, das sich mit den Einflüssen der ↗Atmosphäre auf den gesunden oder kranken Menschen beschäftigt. Dabei werden die folgenden Wirkungskomplexe unterschieden: lufthygienisch, aktinisch und ther-

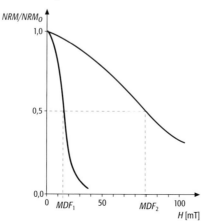

Median Destructive Field: Definition des *MDF* bei zwei Gesteinsproben mit unterschiedlich großen Koerzitivkräften.

misch, teilweise mit Überschneidungen. Aufgrund unterschiedlicher Konstitution (einschließlich möglicher Vorschädigung) bzw. je nach Training reagieren die Menschen jedoch recht unterschiedlich auf die atmosphärischen Gegebenheiten. Der ↗lufthygienische Wirkungskomplex betrifft die Auswirkungen der Zusammensetzung der atmosphärischen ↗Luft. Dabei können Mangelerscheinungen auftreten, z. B. bei zu geringer Sauerstoffversorgung, insbesondere beim Aufenthalt in relativ großer Höhe (Höhenkrankheit), oder aber bei Belastungen durch Schadstoffe wie z. B. ↗Schwefeldioxid, ↗Ozon oder Feinstäube (z. B. Ruß; ↗Luftreinhaltung). Solche Belastungen sind typische Kennzeichen von Ballungsräumen, insbesondere des ↗Stadtklimas (photochemischer ↗Smog). Unter Umständen können als belastend geltende Faktoren bei vorsichtiger Dosierung auch therapeutisch eingesetzt werden, z. B. ein Aufenthalt im Gebirge (↗Gebirgsklima), weil oberhalb der sog. Reizschwelle, aber unterhalb der sog. Reaktionsschwelle der Mangel an Sauerstoff-Versorgung langfristig eine kompensatorische Zunahme des Hämoglobins (roter Blutfarbstoff) bewirkt, der die Sauerstoff-Versorgung des Körpers verbessert; dieser Effekt hält nach dem Verlassen dieses Höhenbereichs eine gewisse Zeit an (Tab. 1). Eine Besonderheit des lufthygienischen Wirkungskomplexes ist die allergische Reaktion auf Pollenflug, die sich z. B. in Pollinosen (Heuschnupfen) äußert, wobei beim einzelnen Menschen i. a. Allergien gegenüber ganz bestimmten Pollenarten bestehen. Außer klimatologischer Orientierung (Pollenflugkalender, Abb.) kann von diesen Personen die Pollenflugvorhersage des ↗Deutschen Wetterdienstes in Anspruch genommen werden. Der aktinische Wirkungskomplex umfaßt die Strahlung-Vorgänge des gesamten ↗elektromagnetischen Spektrums (Tab. 2), insbesondere aber hinsichtlich des UV-Anteils der Sonneneinstrahlung (↗ultraviolette Strahlung). Auch in diesem Fall gibt es sowohl positive Wirkungen (z. B. Vitamin-D-Synthese, Neurodermitis-Behandlung, Immunsuppression, bakterizide Effekte, d. h. Abtötung von bakteriellen Krankheitserregern), die auch künstliche nachgeahmt werden können (z. B. durch Höhensonne), als auch negative (z. B. Hautkarzinom, Sehschädigungen). Moderate IR-, d. h. Wärmebestrahlung wirkt z. B. entzündungshemmend. Der thermische Wirkungskomplex betrifft die ↗physiologische Wärmeempfindung des Menschen, die nicht nur von der Lufttemperatur, sondern auch von der Luftfeuchte, vom Wind und den kurz- und langwelligen Strahlungsflüssen (als Teil des aktinischen Wirkungskomplexes) beeinflußt wird. Da diesen Bedingungen prinzipiell jeder Mensch ausgesetzt ist, sei es unter Freilandbedingungen oder in Gebäuden, handelt es sich um einen zentralen Problemkreis der Medizinmeteorologie. Um im Einzelfall oder auch im klimatologischen Mittel die daraus resultierende Belastung (Belastungsklima, Reizklima) bzw. Schonung (Schonklima,

	Febr.	März	April	Mai	Juni	Juli	Aug.	Sept.
Birke			▓	▓				
Buche				▓				
Eiche				▓	▓			
Erle	▓	▓						
Esche			▓	▓				
Gerste					▓	▓		
Glatthafer				▓	▓	▓		
Goldhafer				▓	▓			
Hafer					▓	▓		
Haselnuß	▓	▓						
Holunder				▓	▓			
Honiggras				▓	▓	▓		
Kammgras				▓	▓	▓		
Kiefer/Pinus				▓	▓			
Knäuelgras				▓	▓	▓		
Lieschgras				▓	▓	▓		
Linde					▓	▓		
Löwenzahn								▓
Lolch					▓	▓		
Mais						▓	▓	
Pappel		▓	▓					
Roggen				▓	▓			
Ruchgras				▓	▓			
Schwindel				▓	▓	▓		
Spitzwegerich				▓	▓	▓	▓	
Straußgras					▓	▓		
Ulme		▓	▓					
Weide		▓	▓					
Weizen					▓	▓		
Wiesenrispengras				▓	▓	▓		

Medizinmeteorologie: Pollenflugkalender.

Höhe	Stufenbezeichnung	oberhalb davon auftretende Effekte
ca. 1 km	Reizschwelle, vollständige Kompensation nach Anpassungszeit von Stunden[1]	Erhöhung von Herz- und Atemfrequenz, Herabsetzung der Reizschwelle für Sinnesfunktion, Verkürzung der Reflexzeit, langfristig Zunahme des Hämoglobins
ca. 3 km	Reaktionsschwelle, vollständige Kompensation nach Anpassungszeit von Tagen/Monaten[1]	wie oben, zusätzlich Lichtreizdämpfung (»Verdunkelungsgefühl«), Gesichtsfeldeinengung, Verlängerung der Reaktionszeit, Herabsetzung der physischen und psychischen Leistungsfähigkeit, Kopfschmerzen, Frieren, Schwindelgefühl, Nachtblindheit, Euphorie, Wahnvorstellungen
ca. 4,5 km	Störungsschwelle, auch nach langer Zeit nur unvollständige Kompensation	wie oben, häufig jedoch intensiver bzw. vielfältiger
ca. 7 km	kritische Schwelle	wie oben, Lebensgefahr

[1] bei gesunden Menschen

Medizinmeteorologie (Tab. 1): typische medizinmeteorologische Effekte von Sauerstoff-Mangelerscheinungen beim Aufenthalt im Gebirge oder Flug (ohne künstliche Sauerstoff-Versorgung).

Medizinmeteorologie (Tab. 2): medizinmeteorologische Wirkungen der Sonneneinstrahlung.

UV-Bereich	Wirkungen
UV-C (100–280 nm)	– bakterizide Wirkung – Zellzerstörung – Erythem
UV-B (280–315 nm)	– Erythemreaktion – sekundäre Pigmentierung – Lichtschwiele – Alterung der Haut – antirachitische Wirkung – bakterizide Wirkung – Hautkarzinom – Katarakte – Keratitis
UV-A (315–400 nm)	– Sofortpigmentierung – Psoriasisbehandlung
sichtbares Licht (380–780 nm)	– Lichtwirkung über Auge – Wirkung auf Hypothalamus – Wärmewirkung
Infrarot (780 nm–100 μm)	– Wärmewirkung – erythemverringernde Wirkung

Medizinmeteorologie (Tab. 3): meteorotrope Reaktionen in Abhängigkeit von der Wettersituation nach einer Erhebung 1968–1976 in Baden-Württemberg.

Wetterreaktionen	Absinken (Hochdruckgebiet) oder Abgleiten	Aufgleiten (z.B. vor Warmfrontdurchgang)	labile Temperaturschichtung (z.B. nach Kaltfrontdurchgang)
Gesamtmortalität	○	●	◐
infektiöse u. parasitäre Krankheiten	○	●	○
Krankheiten des Kreislaufsystems	○	(●)	◐
akuter Herzmuskelinfarkt	○	●	◐
chronische nichtrheumatische Herzmuskelkrankheiten	○	●	◐
Hirngefäßkrankheiten	○	●	◐
Krankheiten der Atmungsorgane	○	●	◐
Bronchitis	○	●	○
Grippe	○	●	◐
Altersschwäche	○	(●)	◐
Suizid	○	○	○

● = über dem Erwartungswert   ◐ = unter dem Erwartungswert
○ = kein Effekt   ( ) = Irrtumswahrscheinlichkeit 0,4%

Rahmen der Klimawirkungsforschung werden bei der Betrachtung von Gesundheitsrisiken bei Klimaänderungen (↗anthropogene Klimabeeinflussung), z. B. im Fall von größerer Häufigkeit und Intensität von Hitzwellen, solche Modelle eingesetzt. Die demgegenüber sehr simplen Begriffe ↗Behaglichkeit und ↗Schwüle (für keine bzw. relativ hohe physiologische Wärmebelastung, quantifiziert z. B. anhand der ↗Äquivalenttemperatur) sind veraltet. Um die Einflüsse des Wetters auf die Gesundheit (früher als synoptischer Wirkungskomplex bezeichnet) statistisch untersuchen zu können, sind sog. Wetterphasenschemen entwickelt worden. Später kamen dynamische Charakterisierungen dazu, wie Aufgleiten von Warmluft über Kaltluft, Abgleiten (z. B. bei ↗Föhn) oder Turbulenz-Effekte bei ↗Labilität der Temperaturschichtung der Atmosphäre. Die medizinmeteorologischen Effekte dieser sog. Meteorotropie (Tab. 3) werden noch immer vorwiegend empirisch-statistisch beschrieben, auch wenn es ursächliche Hypothesen z. B. in Zusammenhang mit elektrischen Erscheinungen in der Atmosphäre (z. B. ↗Spherics) gibt. Jeder Mensch reagiert auf das Wetter zur Aufrechterhaltung seines physiologischen Gleichgewichtes (Homöostase). Beim Gesunden dringt die autonome Regulation des menschlichen Wärmehaushalts jedoch i. a. nicht ins Bewußtsein. Erst bei empfindlichen Personen tritt Wetterfühligkeit in Form von Befindensstörungen auf. Unter Wetterempfindlichkeit versteht man dagegen die Reaktionen von z. B. durch Operationsnarben u. ä. vorbelastete Menschen (z. T. in Form der sog. Wettervorfühligkeit, d. h. die Effekte treten vor der jeweils als beeinträchtigend eingestuften Wetterphase ein). [CDS]

Literatur: [1] JENDRITZKY, G. (1993): Wirkungen von Wetter und Klima auf die Gesundheit des Menschen. In WICHMANN H.-E. et al. (Hrsg.): Handbuch Umweltmedizin. – Landsberg. [2] TRENKLE, H. (1992): Klima und Krankheit. – Darmstadt.

Meere, die sechs Kontinente und die ihnen vorgelagerten Inseln gliedern den zusammenhängenden Meeresraum in drei *Ozeane*: ↗Atlantischer Ozean (mit Arktischem), ↗Pazifischer und ↗Indischer Ozean, die zusammen 70,8 % der Erdoberfläche bedecken und damit eine Fläche von 361.059 Mio. km² einnehmen. Ihr Wasserinhalt beträgt $1350 \cdot 10^9$ km³. Topographische Großformen der Meere sind die ↗Kontinentalränder, die ↗Tiefseebecken und die ↗Mittelozeanischen Rücken, die jeweils ein Drittel der Fläche des Meeres einnehmen. Die Grenzen der Ozeane, ihrer ↗Nebenmeere und ↗Randmeere sind durch das Internationale Hydrographische Bureau festgelegt worden. Während die Kartierung des prinzipiellen Küstenverlaufes mit den Vermessungen der antarktischen Küsten durch J. C. Ross 1843 ihren Abschluß fand, stand eine grobe Karte der Tiefenverteilung erst 1904 mit der 1. Ausgabe der General Bathymetric Chart of the Ocean des Internationalen Hydrographischen Bureaus zur Verfügung. Mit der jüngsten Ausgabe der Gene-

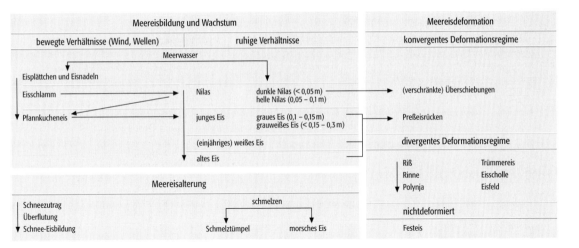

Meereis 1: Meereistypen und ihre Entwicklung.

ral Bathymetric Chart of the Ocean ist sichergestellt, daß sich keine einschneidenden Veränderungen unserer Kenntnisse von der Tiefenverteilung mehr ergeben können. Im ↗Meerwasser ist eine Salzmenge von $4861 \cdot 10^{16}$ t enthalten, die bei völliger Durchmischung mit dem vorhandenen Meerwasser von $1400 \cdot 10^{18}$ t einen ↗Salzgehalt von 34,72 psu (practical salinity units) ergibt. Dampfte man das Meerwasser ein, verbliebe eine Salzschicht von 50 m Mächtigkeit am Meeresboden. Die mittlere Temperatur des Meerwassers beträgt 3,8° C, das Meer erhält demzufolge seine Wassermasseneigenschaften überwiegend durch Kontakt mit der Atmosphäre in subpolaren und polaren Breiten während der ↗Konvektion, die auch die ↗Tiefenzirkulation antreibt. Das System der ↗Oberflächenzirkulation wird überwiegend von den vorherrschenden Windsystemen angetrieben. Das hohe Löslichkeitsvermögen des Meerwassers für Gase macht das Meer zum Puffer für den Anstieg der anthropogen verursachten, steigenden Emissionen von klimawirksamen Gasen, wie z.B. Kohlendioxyd, und dämpft damit den globalen Treibhauseffekt. Das Meer als Verkehrsträger bewerkstelligt 80 % des Welthandels, der jährliche Fischfang beträgt derzeit 115 Mio. t Lebendgewicht, von denen ca. 60 % direkt der menschlichen Ernährung dienen. Die Entsalzung von Meerwasser ist seit 1920 um das 20fache auf heute ca. 22 Mio. m³ Frischwasser pro Tag gestiegen und trägt zur Deckung des steigenden Bedarfes regional erheblich bei. Über 30 % der Welt-Öl- und -Gasförderung erfolgt vom Meeresuntergrund, und Schätzungen der Welt-Bruttoproduktion aus marinen Aktivitäten liegen bei 4 % des Gesamtwertes. [JM].

Meereis, durch Gefrieren von Meerwasser z.T. unter Beteiligung von atmosphärischem Niederschlag gebildetes Eis. Aufgrund der Gefrierpunktserniedrigung, die sich aus der im Meerwasser gelösten Salzfracht ergibt, setzt die Meereisbildung erst bei Temperaturen unterhalb 0°C ein. Für Wasser mit einem Salzgehalt von 34 psu (practical salinity units) liegt der Gefrierpunkt bei –1,8°C. Bei Salzgehalten oberhalb von 24,7 psu fällt das Dichtemaximum von Meerwasser mit dem Gefrierpunkt zusammen. Es kommt daher im offenen Ozean, im Gegensatz zu Süß- oder Brackwasserkörpern (z.B. der Ostsee), im Verlaufe der Abkühlung nicht zu einer stabilen Dichteschichtung, sondern zur ↗thermohalinen Zirkulation der Deckschicht. Nach Erreichen des Gefrierpunkts bzw. einer Unterkühlung um meist wenige Hundertstel Kelvin bildet sich Neueis in verschiedenen Formen (Abb. 1). Unter ruhigen Wachstumsbedingungen entsteht eine ebene Eisdecke von zunächst wenigen Zentimetern Mächtigkeit, die sogenannten *Nilas*. Bei durch Wind und Wellen stark bewegter Meeresoberfläche bilden sich in der freien Wassersäule Eisplättchen und -nadeln. An der Meeresoberfläche aggregieren diese Kristalle zu einem Eisbrei, der bei anhaltenden Starkwinden oder Seegang (z.B. im Südpolarmeer) zu *Pfannkucheneis* (Abb. 2 im Farbtafelteil) erstarrt, das aus rundlichen Eistafeln von wenigen Zentimetern bis wenigen Metern Durchmesser mit aufgebogenen Rändern besteht. Durch Überschieben und Ausfrieren von Eisbrei in den Zwischenräumen können hohe Eiswachstumsraten erreicht werden. Im Gegensatz dazu erfolgt die Verdickung von Nilas unter ruhigen Bedingungen durch Anfrieren an der Eisunterseite. Die dabei freigesetzte Wärme wird durch Wärmeleitung oder konvektiven Wärmetransport nach oben an die Eisoberfläche abgeführt. Mit zunehmender Dicke steigt die ↗Albedo des Eises von rund 0,15 für Nilas von 0,05 m Dicke zu Werten größer 0,7 für mehr als 1 m dickes Eis oder oberhalb von 0,8 bei Schneebedeckung. Die hohe Albedo und das milchig-durchscheinende Aussehen der Eisdecke sind auf die Lichtstreuung an (sub-) millimetergroßen Sole- und Gaseinschlüssen zurückzuführen. Da es für die im Meerwasser gelösten Salzionen nicht zu einer Eis-Mischkristallbildung kommt, wird ein Großteil der Salze beim Eiswachstum in die Wassersäule ausgestoßen, während ein kleinerer Teil in Form von solegefüllten Poren im Eis zurückbleibt. Form, Größe und Anordnung dieser Flüssigkeitseinschlüsse haben einen erhebli-

Meereis 3: maximale Ausdehnung der antarktischen Meereisdecke im Sommer (gestrichelte Linie) bzw. Winter (gepunktete Linie) von 1975 bis 1995.

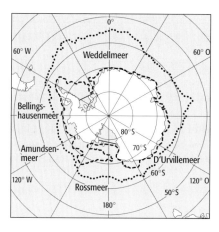

chen Einfluß auf die Eiseigenschaften (Wärmeleitfähigkeit, dielektrische Eigenschaften, Festigkeit). Pfannkucheneis oder ein verfestigter Eisbrei besteht zumeist aus plattigen oder rundkörnigen, einschlußfreien Kristallen von wenigen Millimetern Durchmesser (in der Antarktis vorherrschender Eistyp). Unter ruhigen Wachstumsbedingungen kommt es zur Ausbildung säulenförmiger Kristalle von mehreren Zentimetern Durchmesser und einigen Zentimetern bis Dezimetern in der vertikalen Erstreckung (in der Arktis vorherrschender Eistyp). Diese säuligen Kristalle zeigen eine charakteristische Substruktur aus einer Wechsellagerung von Soleeinschlüssen und Eislamellen (wenige Zehntel Millimeter weit). Diese Segregation ergibt sich aus der morphologischen Instabilität einer planaren Eis-Wasser-Grenzfläche und wird in ähnlicher Form bei der Erstarrung von Metallschmelzen beobachtet. Der Ausstoß kalter, dichter Sole im Verlaufe des Eiswachstums führt zu einer Durchmischung und Vertiefung der ozeanischen Deckschicht. In Regionen ausgeprägter Neueisbildung, so z. B. in der Grönlandsee oder in küstennahen Bereichen der Antarktis, kann diese Durchmischung eine tiefgreifende ↗Konvektion mit großflächigem Absinken von kalten, im Gasaustausch mit der Atmosphäre befindlichen Wassermassen bedingen oder zumindest vorbereiten. Andererseits stabilisiert eine Freisetzung von niedrig salinem Schmelzwasser bei der Eisschmelze die Deckschicht durch die Herabsetzung der Dichte.

Das *Treibeis* oder ↗*Packeis* insbesondere der Polarregionen setzt sich aus Eisschollen unterschiedlicher Größe (wenige Meter bis mehrere Zehner Kilometer Durchmesser) und Mächtigkeit (wenige Dezimeter bis mehrere Meter) zusammen. Im Gegensatz zum ↗Festeis befindet sich das Packeis in dauernder Bewegung. Die *Meereisdrift* mit Geschwindigkeiten im Bereich von meist wenigen Kilometern pro Tag wird in erster Linie durch das Oberflächenwindfeld bestimmt. Durch den Impulsübertrag an der Ober- und Unterseite des Eises kann es bei höheren Eiskonzentrationen oder in Küstennähe zum Aufbau innerer Spannungen kommen, die durch Deformation (Bruch oder Kriechen) der Eisdecke abgebaut werden (Abb. 1). Im divergenten Fall (↗Divergenz) entstehen Risse, die sich häufig zu Rinnen oder Waken weiten. Solche Öffnungen im Packeis sind für den Wärmeaustausch zwischen Ozean und Atmosphäre und die Neueisbildung von erheblicher Bedeutung. Im Bereich einer Küste, Festeisdecke oder eines ↗Schelfeises öffnen sich bei ablandiger Eisdrift im Winter große Wasserflächen (↗Polynjas), die insbesondere in der Antarktis und in der sibirischen Arktis signifikant zum Eismassenhaushalt beitragen. Polynjas können sich auch als Folge eines Warmwassereintrags in die Deckschicht bilden. Bei konvergenter Eisbewegung führt die Deformation zu Überschiebungen (meist auf Eisdicken unter 0,5 m und kleine Deformationsbeträge beschränkt) oder zur Bildung von Preßeisrücken. Preßeis ist häufig an Rinnen gebunden, in denen Neueis zu großen Mächtigkeiten (in der Arktis zu mehr als 30 m Dicke) aufgepreßt werden kann. Diese dynamische Form des Eisdickenwachstums ist in erster Linie vom Impulsübertrag durch Wind und Strömung sowie von der Eisfestigkeit abhängig und trägt entscheidend zur Eismassenbilanz bei. Meereis bedeckt rund ein Zehntel der Gesamtfläche der Weltmeere. Das antarktische Meereis bildet hierbei mit einer maximalen Ausdehnung von rund $20 \cdot 10^6$ km² während des Südwinters die größte zusammenhängende Eisfläche. Im Südsommer schrumpft die antarktische Meereisdecke auf unter $4 \cdot 10^6$ km². Das Meereis des Südpolarmeeres ist überwiegend saisonal, mit ausgedehnten, ganzjährig eisbedeckten Flächen im Weddellmeer und in der Bellingshausenmeer (Abb. 3). Das Nordpolarmeer ist zu einem Großteil ($8 \cdot 10^6$ km²) ganzjährig von Meereis bedeckt. Während der Wintermonate erstreckt sich die Eisdecke mit einer Gesamtfläche von $15 \cdot 10^6$ km² über den gesamten arktischen Ozean einschließlich der Randmeere und Teilbereiche der subarktischen Meeresgebiete. Ein Großteil dieses saisonalen Eises bildet sich über den breiten Schelfgebieten der Laptew- und Ostsibirischen See und wird mit der Transpolardrift im Laufe von 2–3 Jahren in die Grönlandsee transportiert. In der nordamerikanischen Arktis ist die Eiszirkulation durch den antizyklonalen Beaufortwirbel bestimmt, der mehrjähriges Eis in die Transpolardrift einspeist. Im Mittel ist das ebene Meereis in der Zentralarktis etwa 2–4 m mächtig. Im Sommer werden durch oberflächliches Schmelzen etwa 0,2–0,7 m Eis entfernt. Ein Teil dieses Schmelzwassers sammelt sich an der Eisoberfläche in Pfützen, die eine deutliche Senkung der sommerlichen Eisalbedo auf Werte unter 0,6 bewirken. Aufgrund seiner hohen Albedo und der großflächigen Ausdehnung ist Meereis von erheblicher Bedeutung für das globale ↗Klimasystem. Während der offene Ozean mehr als 90 % der kurzwelligen solaren Einstrahlung absorbiert, reflektieren Eisoberflächen bis 80 % der Strahlungsenergie. Hieraus ergibt sich die Möglichkeit eines sog. Eis-Albedo-Rückkopplungseffektes: Ein durch regionale oder globale Erwärmung ausgelöster Rückgang der Eisbedeckung würde demnach den Anteil offenen Wassers erhöhen, was wiederum den Wärmeeintrag in den oberen Ozean ansteigen läßt und dadurch den Meereis-Rückgang verstärkt. Es ist nicht völlig geklärt, welche Rolle diese Rückkopplungsprozesse im Klimasystem spielen. Modelle prognostizieren eine überdurchschnittliche Erwärmung der Polargebiete – insbesondere der Arktis – im Zuge einer globalen Erwärmung als Folge erhöhter Treibhausgaskonzentrationen (↗Treibhauseffekt). Diese Ergebnisse sind derzeit noch mit Unsicherheiten behaftet, da die Simulation des Meereises in den Berechnungen unzulänglich ist. Die Suche nach einem frühzeitig erkennbaren Signal einer globalen Erwärmung im Packeis der Polargebiete wird zudem durch die Variabilität des gekoppelten Systems Meereis-Ozean-Atmosphäre erschwert. So zeigt die Eisausdehnung des Nordpolarmeeres und der angrenzenden Meeresgebiete einen statistisch signifikanten Rückgang der Eisbedeckung um 2,5 % pro Jahrzehnt (bezogen auf die Monatsmittel der Eisausdehnungsanomalie) für den Zeitraum 1979 bis 1995. Dieser Abnahme können allerdings auch natürliche, systeminhärente Schwankungen zugrunde liegen. Neben der Wechselwirkung mit der Atmosphäre ist die Freisetzung kalter, dichter Sole ein ganz erheblicher Beitrag zur thermohalinen Durchmischung der Polarmeere. Die durch Neueisbildung ausgelöste Tiefenkonvektion in der Grönlandsee ist für den Gas- und Wärmeaustausch des Weltozeans von großer Bedeutung. Demgegenüber vermindert die Stabilisierung der Deckschicht durch den Süßwassereintrag bei der Meereisschmelze den Austausch mit tieferen Wasserschichten. Diese Prozesse sind auch für die Biologie der Polarmeere von erheblicher Bedeutung und beeinflussen u. a. die Primärproduktion in polaren Gewässern. Das Meereis selbst stellt darüber hinaus einen wichtigen Lebensraum für eine Vielzahl von Organismen dar.

In der Arktis ist Meereis als geologischer Faktor von Bedeutung. So kommt es in Flachwasserbereichen (Wassertiefen weniger als 30 m), insbesondere im Bereich der sibirischen Schelfe und der Beaufort- und Tschuktschensee, zum Einschluß von Sediment in die Neueisdecke. Mit der Eisdrift wird dieses Material aus der eurasischen oder nordamerikanischen Arktis bis in die Grönlandsee verfrachtet. Darüber hinaus spielt Meereis eine bedeutende Rolle in der geomorphologischen Entwicklung arktischer Meeresküsten und der Bildung von Eisschubwällen. Für die Schiffahrt und industrielle Entwicklung in eisbedeckten Regionen stellt Meereis ein erhebliches Hindernis bzw. einen Gefahrenfaktor dar. Dies gilt sowohl für subarktische und gemäßigte Breiten (Ostsee, kanadische Ostküste) als auch für die nordamerikanische und sibirische Arktis. Während die moderne Meereisforschung zunehmend auf Fernerkundungsdaten zurückgreift, ist der Einsatz von Forschungseisbrechern und Meßbojen sowie die Ausrüstung von Driftstationen ebenfalls von großer Bedeutung für die Erhebung von Daten zur Wechselwirkung zwischen Ozean, Eis und Atmosphäre sowie für die Untersuchung von Wachstums-, Deformations- und Schmelzprozessen. [HE]

Meereisdrift ↗Meereis.

Meeresatlas, *oceanographischer Atlas*, ↗thematischer Atlas, in dem oceanographische Erscheinungen und Sachverhalte (Kartengegenstand) für die Weltmeere oder Teile davon dargestellt sind. Erfaßt werden beispielsweise Aspekte der Meeresbodentopographie und -morphologie, der Wasser- und Wärmehaushalt, Schichtung von Temperatur, Salzgehalt und Sauerstoff, Meeresströmungen, Wellencharakteristika, Flora und Fauna, aber auch Aspekte der Fischerei, der Fischwirtschaft und zum Verkehr; neben Karten illustriere Profile, ↗Diagramme und mitunter Bilder der Kartenthemen. Das bis heute umfangreichste Werk ist der sowjetische Morskoi-Atlas (1950–1958) in drei Bänden.

Meeresboden, Übergangsgebiet zwischen den ozeanischen Wassermassen und dem festen Untergrund.

Meeresbodengliederung ↗Meeresbodentopographie.

Meeresbodentopographie, *Meeresbodengliederung*, läßt sich in drei Großformen gliedern: die ↗Kontinentalränder, die ↗Tiefseebecken und die ↗Mittelozeanischen Rücken, die jeweils etwa 1/3 der Fläche einnehmen. Die Großformen sind augenfälliges Ergebnis der ↗Plattentektonik: Das Auseinanderdriften ozeanischer Platten hat zur Bildung der Mittelozeanischen Rücken geführt, während Kontinentalränder mit vorgelagerten Tiefseegräben Ergebnis des Abtauchens von ozeanischer Kruste unter eine Kontinentalplatte sind. Tiefseebecken und insbesondere Tiefseeebenen sind Bereiche ozeanischer Krustenplatten, deren ursprünglich rauhes Relief durch Sedimentablagerungen extrem geglättet wurde. Die Meeresbodengliederungen des Atlantiks und des Pazifiks zeigen die Abb. 1 u. 2. im Farbtafelteil.

Meeresforschung, Objekt der Meeresforschung ist das Meer als Komponente im Klimasystem, als weltumspannendes Ökosystem und Eiweißlieferant, als geochemischer Reaktor und Lieferant mineralischer Rohstoffe, als Verkehrsweg, Deponie, Energiequelle und Erholungsraum. Entsprechend sind die Disziplinen Physik, Chemie, Biologie, Meteorologie, Geographie, Geologie und Geophysik an der Meeresforschung beteiligt. Die Entwicklung der Meeresforschung begann 1853 mit der systematischen Aufzeichnung ozeanischer Beobachtungen durch die Handels- und Marineschiffe und der Sammlung und Auswertung dieser Daten in den ↗hydrographischen Ämtern. Als Startpunkt der wissenschaftlichen Meeresforschung gilt die Weltreise des englischen Forschungsschiffes »Challenger« 1872–1875. Der Phase der ersten Erkundung der Tiefsee folgte die systematische Aufnahme ganzer Ozeanräume, u. a. des Südatlantiks durch das deutsche Forschungsschiff »Meteor« 1925–1927 bzw. des Indischen Ozeans durch die Internationale Indische Ozean-Expedition 1959–1965 mit über 40

Forschungsschiffen. Es folgte die Phase der Prozeßuntersuchungen, u. a. die Quantifizierung der Wechselwirkungen zwischen Ozean und Atmosphäre im Entstehungsgebiet atlantischer Hurrikans im Jahr 1974. Eine erste moderne Zustandsbeschreibung des Weltmeeres, die als Voraussetzung für die Initialisierung und den Test von Klimamodellen notwendig ist, konnte in den Jahren 1990–1998 im Rahmen des Globalen World Ocean Circulation Experimentes mit Hilfe von Schiffs- und Satellitenbeobachtungen erstellt werden. Aufbauend darauf begann 1999 ein weltweites Langzeitprogramm zur Erfassung saisonaler, zwischenjährlicher und dekadischer Schwankungen des Ozeans. Zusammen mit gekoppelten Modellen des Ozeans und der Atmosphäre wird angestrebt, die Vorhersagbarkeit von Klimaveränderungen von einigen Monaten wie für ↗El Niño auf Dekadenzeiträume auszudehnen. Meeresforschung in Deutschland wird schwerpunktmäßig von ca. 3000 Wissenschaftlern und Technikern an zehn Standorten in den fünf norddeutschen Küstenländern betrieben. Die Hauptwerkzeuge sind ↗Meßplattformen, wie z. B. ↗Forschungsschiffe, satellitengestützte und akustische Fernerkundung (↗Fernerkundung des Meeres) sowie Großrechenanlagen. ↗Deutsche Wissenschaftliche Kommission für Meeresforschung. [JM]

Meeresgeodäsie, ein objektgerichtetes, auf Meeresgebiete der Erde bezogenes Aufgabenfeld der ↗Geodäsie. Ihre Ziele sind die Vermessung und Abbildung von Meeresoberfläche und Parametern des Erdschwerefeldes (Äquipotentialflächen) sowie deren zeitlichen, z. B. gezeitenbedingten Änderungen. Höhenunterschiede zwischen Meeresoberfläche und einer mittleren Äquipotentialfläche sind das Oberflächenrelief, oft ungenau als ↗Meerestopographie bezeichnet. Die Messungen erfolgen heute fast ausschließlich mittels künstlicher Erdsatelliten (↗Altimetrie). Es bestehen enge Verbindungen zur ↗Ozeanographie. Ortung und Führung von Fahrzeugen auf den Meeren gehören nicht zur Meeresgeodäsie, sondern zur Navigation und Nautik; Seekarten dafür schafft das Seevermessungswesen.

Meeresgezeiten ↗Gezeiten.

Meeresgletscher, vom Festland stammender, über die Küste auf die Meeresfläche hinausreichender ↗Gletscher.

Meereshöhe, Höhe des Meeresspiegels über einem ↗mittleres Erdellipsoid.

Meeresnebel, über Meeroberflächen auftretender Nebel, der entsteht, wenn die Luft von einer warmen über eine kalte Meeresfläche strömt und sich dabei unter den Taupunkt abkühlt. Häufig kommt der Meeresnebel im Bereich der Neufundlandbänke am Zusammenfluß des warmen Golf- und des kalten Labradorstromes vor.

Meeresspiegel, *Meeresoberfläche*, Grenzfläche zwischen ↗Atmosphäre und ↗Hydrosphäre. Der aktuelle Meeresspiegel unterliegt zahlreichen räumlich und zeitlich stark variierenden Einflüssen. Oberflächenwellen werden durch Schwankungen des Wind- und Luftdruckfeldes angeregt. Der Meeresspiegel steigt und fällt vor allem an den Küsten durch die Anziehungskräfte von Sonne und Mond im etwa halb- und ganztägigen Rhythmus (↗Gezeiten). Er tendiert dazu, Luftdruckschwankungen auszugleichen (↗inverser Barometereffekt). Schließlich ergeben sich Wasserstandsänderungen durch Verlagerung von Meeresströmungen und Dichteunterschiede des Wassers, die durch Veränderungen von Temperatur- und Salzgehalt verursacht werden. Sekundärkräfte wie die ↗Corioliskraft, Reibung und Reflexion beeinflussen ebenfalls den Meeresspiegel. Der ↗mittlere Meeresspiegel richtet sich in erster Näherung nach dem Erdschwerefeld, d. h. senkrecht zur Lotrichtung aus. [WoBo]

Meeresspiegelschwankungen, das Meeresniveau oder die Lage des Meeresspiegels wird durch die Messung des ↗Wasserstands bestimmt. Seit 1682 liegen direkte Wasserstandsmessungen vor. Zur Bestimmung von Meeresspiegelschwankungen über längere Zeiträume werden geomorphologische Strukturen herangezogen. Die Schwankungen unterliegen unterschiedlichen Zeitskalen und räumlichen Verteilungen, die auf unterschiedliche Ursachen schließen lassen: 1) Kurzfristige Meeresspiegelschwankungen, die meist lokal oder regional sind, treten durch die ↗Gezeiten, ↗Wellen, Luftdruckschwankungen, Windstau, Veränderung der Flußzufuhr und des ↗geostrophischen Stroms auf. 2) Längerfristige, globale Schwankungen (↗eustatische Meeresspiegelschwankungen) können durch die Veränderung der Form der Ozeanbecken im Rahmen tektonischer Vorgänge (Kontinentaldrift), der Masse des ↗Meerwassers durch Bildung oder Schmelzen kontinentaler Eiskörper (z. B. ↗glaziale Meeresspiegelschwankungen), durch die Veränderung der auf dem Festland gebundenen flüssigen Wassermenge oder durch die Veränderung des Wasservolumens durch Dichteveränderungen, z. B. durch Erwärmung, verursacht werden. 3) Längerfristige, regionale Schwankungen können durch Hebung oder Senkung des Festlands (*isostatische Meeresspiegelschwankungen*) und durch die Veränderung der Rotation und der Gravitation erfolgen.

Seit dem Maximum der letzten Eiszeit vor etwa 21.000 Jahre erfolgte ein eustatischer Meeresspiegelanstieg durch Abschmelzen des Festlandeises und Erwärmung des Ozeanwassers um 120±20 m. Allerdings erfolgte gleichzeitig durch die Entlastung ein isostatischer Anstieg ehemals eisbedeckter Gebiete und deren Umgebung. Dadurch ergibt sich eine starke räumliche Variation, die die genaue Bestimmung des eustatischen Anstiegs unmöglich macht. Für die letzten 100 Jahre wird ein Meeresspiegelanstieg von 10–25 cm ermittelt. Er setzt sich zusammen aus 2–7 cm durch die Erwärmung des Ozeans, 2–5 cm durch Schmelzen von Gletschern und kleiner Eisschilder, der Einfluß des grönländischen Eisschildes wird mit ± 4 cm, des antarktischen mit ± 14 cm und die Veränderung des festländischen Wasserhaushalts wird mit -5 bis +7 cm abgeschätzt, woraus sich ein Bereich von -19 bis 37 cm in den letzten 100 Jahren ergibt. Der vom ↗Intergovernmental Panel on Climate Change (IPCC) geschätzte Anstieg bis 2100 wird mit 27 cm angegeben. Er ergibt sich aus 15 cm durch die Erwärmung des Ozeans, 12 cm durch Schmelzen von Gletschern und kleinen Eisschilden, 7 cm durch Schmelzen des grönländischen Eisschildes und -7 cm durch verstärkten Niederschlag über dem antarktischen Eisschild. [EF]

Meeresströmungen, stellen Wasserbewegungen im Ozean dar, die im Gegensatz zu ↗Wellen und ↗Turbulenz längere Zeit andauern und sich über ein größeres Gebiet erstrecken (Abb. im Farbtafelteil). Man spricht häufig von mittleren Strömungen, wobei der Mittelungszeitraum der Fragestellung angepaßt werden muß und Tage bis Jahre umfassen kann. Meeresströmungen werden durch den Impulseintrag des Windes (↗Ekmanstrom) oder durch Druckgradientkräfte, die durch die Neigung der Meeresoberfläche (↗barotrope Strömung) oder die Schrägstellung der Linien gleicher ↗Dichte (↗barokline Strömung) bedingt sind, hervorgerufen. Das Zusammenwirken der Kräfte wird in den ↗Bewegungsgleichungen beschrieben. Im Inneren der Ozeane sind die Meeresströmungen weitgehend durch das Kräftegleichgewicht der ↗Geostrophie bestimmt, das einen direkten Zusammenhang zwischen den Strömungs- und Schichtungsverhältnissen bewirkt. Meeresströmungen verursachen durch ↗Advektion Wärme- und Stofftransporte. Sie sind daher die Grundlage der ↗thermohalinen Zirkulation und bewirken die Verteilung von Nährstoffen, gelösten Gasen (z. B. CO_2) und Schadstoffen. Deshalb werden sie im Rahmen der Klimaforschung und zur Beschreibung der Funktion von Ökosystemen untersucht. Dazu werden Messungen und Rechnungen mit ↗numerischen Modellen durchgeführt. Meeresströmungen wurden ursprünglich wegen ihrer Bedeutung für die Schifffahrt gemessen, da sie bei langsamen Schiffen einen erheblichen Einfluß auf die Reisedauer haben. Starke Strömungen, z. B. in den ↗Randströmen wie im ↗Golfstrom und im ↗Somalistrom, erreichen Geschwindigkeiten von mehreren m/s, schwache im Inneren der großräumigen Wirbel wenige cm/s. Strömungen wurden auf der Grundlage von Schiffsbeobachtungen zur Auswahl der günstigsten Route ermittelt. Dabei wird der Versatz zwischen dem angesteuerten Punkt, der durch den Kurs und die Geschwindigkeit des Schiffes im Wasser gegeben ist, und dem tatsächlich erreichten, der durch die ↗Navigation bestimmt wird, berechnet (Besteckversetzung) und daraus die Meeresströmung abgeleitet. Durch die Vielzahl der Schiffsbeobachtungen, die in den ↗hydrographischen Ämtern aufgearbeitet wurden, konnten zuverlässige Karten der Strömungen an der Meeresoberfläche bestimmt werden. Moderne Methoden der Strömungsmessung zeigten, daß Strömungen neben den schon bekannten jahreszeitlichen Variationen auch anderen Fluktuationen mit unterschiedlichen Zeitskalen unterliegen. Sie werden hauptsächlich durch mesoskalige ↗Wirbel und großräumige ↗Wellen, z. B. Rossbywellen und ↗Kelvinwellen, hervorgerufen. Ferner zeigten die Strömungsmessungen, daß Strömungen nicht nur an der Meeresoberfläche, sondern in der ganzen Wassersäule vorhanden sind und sich in Abhängigkeit von der Tiefe in Geschwindigkeit und Richtung ändern. So gibt es unter den Randströmen entgegengesetzte Unterströme, z.B unter dem Golfstrom den ↗Tiefen Westlichen Randstrom. Auch im ↗äquatorialen Stromsystem treten Unterströme auf, die stärker sein können, als die Strömung an der Meeresoberfläche. Meeresströmungen bilden bedingt durch räumliche Verteilung der Antriebskräfte die Küstenform und teilweise durch die Form der ↗Meeresbodentopographie großräumige Systeme. So entstehen durch Passate und ↗Westwinddrift die beckenweiten antizyklonalen subtropischen Wirbel, die jeweils einen intensiven äquatorwärtigen westlichen Randstrom (z. B. ↗Kuroschio) speisen. Am östlichen Rand der Becken sind häufig Randströme zu finden, in denen ebenfalls höhere Strömungsgeschwindigkeiten als in den Wirbeln auftreten. Auch unter den östlichen Randströmen sind häufig entgegengesetzt gerichtete Unterströme zu finden. Zwischen diesen Wirbeln liegt das äquatoriale Stromsystem. Polwärts der subtropischen befinden sich die subpolaren Wirbel (z. B. der Grönlandseewirbel oder der Weddellmeerwirbel). Eine besondere Rolle spielt der ↗Antarktische Zirkumpolarstrom, der die Strömungssysteme der einzelnen Ozeane verbindet und damit die Grundlage der globalen thermohalinen Zirkulation darstellt. Mit abnehmender Intensität der vertikalen Schichtung gewinnen die Strukturen des Meeresbodens zunehmend Einfluß auf Richtung und Geschwindigkeit der Strömung bis an die Meeresoberfläche, was z. B. die Führung von Stromarmen an untermeerischen Rücken bewirken kann.

Strömungsmessungen können mit verankerten Strömungsmessern erfolgen, die Zeitreihen an festen Punkten messen (Eulersche Messung), oder mit ↗Driftkörpern, die der Wasserbewegung folgen und durch ihre Verlagerung die räumliche Verteilung der Strömung aufzeigen (Lagrangesche Messung). Durch die weitgehende Gültigkeit der ↗Geostrophie können aus Messungen der räumlichen Verteilung von Temperatur und ↗Salzgehalt Strömungen berechnet werden. Dabei fehlt meist die Information über die Meeresoberflächenneigung, was zur Annahme eines Referenzniveaus zwingt. Dessen Lage ist normalerweise nicht bekannt, so daß sie mit unterschiedlichem Aufwand bestimmt werden muß. Durch die zunehmende Genauigkeit der Messungen mit ↗Altimetern im Rahmen der ↗Fernerkundung mit Satelliten können Strömungen in Zukunft großflächig bestimmt werden. Durch die Lösung der hydrodynamischen Bewegungsgleichungen mit elektronischen Rechnern können Meeresströmungen mit unterschiedlicher horizontalen und vertikalen Auflösung berechnet werden. [EF]

Literatur: [1] GRANT, M. & GROSS, E. (1996): Oceanography. A View of Earth. – New Jersey. [2] SCHMITZ, W. J. (1996): On the World Ocean Circulation. Vol. I. Wood Hole Oceanog. Inst. Tech. Rept. [3] SCHMITZ, W. J. (1996): On the World Ocean Circulation. Vol. II. Wood Hole Oceanog. Inst. Tech. Rept.

Meerestiefen, Abstand zwischen Meeresoberfläche und ↗Meeresboden, wird ermittelt durch ↗Lotungen; regionale Sammlung der Lotungen in den ↗hydrographischen Ämtern, globale Zusammenführung in der General Bathymetric Chart of the Oceans (GEBCO) im Maßstab 1 : 10 Mio. durch das International Hydrographic Bureau mit Sitz in Monaco. Die Statistik der Meerestiefen finden sich in der hydrographischen Kurve.

Meerestopographie, Differenz zwischen dem aktuellen ↗Meeresspiegel und dem ↗Geoid. Sie beträgt ca. 1–2 m und bildet sich durch nicht gravitative Kräfte wie hydrostatische und hydrodynamische Vorgänge aus. Die Meerestopographie läßt deshalb grundsätzlich Rückschlüsse auf Meeresströmungen zu, ist aber mit ausreichender Genauigkeit schwierig zu bestimmen. Eine geometrische Bestimmung durch Differenzbildung von Meeresspiegel und Geoid ist nur für langwellige Strukturen sinnvoll, solange das Geoid für kurze Wellenlängen keine cm-Genauigkeit aufweist. Mit Hilfe der Bahnverfolgung von Satelliten (↗Gravitationsfeldbestimmung mittels Satellitenmethoden) und den Messungen der ↗Altimetrie werden Meerestopographie und Schwerefeld gemeinsam geschätzt. Das Fehlerbudget erzwingt dabei jedoch auch eine Beschränkung der Meerestopographie auf großskalige Strukturen. Die ↗dynamische Topographie liefert nur relative Höhen und beruht nur auf hydrostatischen Annahmen. [WoBo]

Meerwasser, umfaßt rund 97 % aller Wasservorräte unseres Planeten. Da Meerwasser zum überwiegenden Teil (96,5 %) aus reinem Wasser besteht, sind seine physikalischen Eigenschaften vor allem von denen des reinen Wassers bestimmt. Die Farbe des Meerwassers wird bestimmt durch das aus dem Wasserkörper zurückgestreute Licht, wobei das von der Oberfläche reflektierte Licht ausgeschlossen ist. Reines Meerwasser ist blau wegen des Minimums der ↗Attenuation und hoher ↗Streuung bei einer Wellenlänge von ca. 475 · 10⁻⁹ m (Wüstenfarbe des Meeres). Bei zunehmender Menge insbesondere organischer Substanzen verschiebt sich das Minimum der Attenuation und damit die Wasserfarbe in Richtung gelb/grün.

Über Jahrhunderte war das Wasser »die Flüssigkeit« schlechthin (Substanzen wie Öl oder Quecksilber spielten nur eine untergeordnete Rolle), so daß man seine Eigenschaften schon frühzeitig in der Wissenschaft der Neuzeit als Eichwerte verwendete, wie z. B. die Celsius-Temperaturskala oder die Maßsysteme für Volumen und Gewicht. Erst mit der physikalischen Untersuchung weiterer Flüssigkeiten erkannte man, daß Wasser keine »typische Flüssigkeit« ist und z. B. die feste Phase, das Eis, eine um etwa 10 % geringere Dichte hat als flüssiges Wasser und daher auf dem Wasser schwimmt. Im Gegensatz zu normalen Flüssigkeiten nimmt die Dichte von Wasser nach dem Schmelzpunkt zu und erreicht bei 4°C ein Dichtemaximum (↗Meerwasserdichte). Diese Tatsache ist in der Natur von außerordentlicher Bedeutung. So kühlt sich das Wasser von Seen bei Frostperioden nur bis 4°C ab, sinkt als schwereres Wasser nach unten und verdrängt dabei das leichtere wärmere Wasser, das dann an die Oberfläche kommt. Bei Abkühlung unter 4°C bleibt das kältere Wasser an der Oberfläche und erstarrt dort zu bleibendem Eis, das als isolierende Schicht ein weiteres Abkühlen des darunter liegenden Wassers fast vollständig verhindert, so daß tiefere Gewässer nie bis zum Grund frieren. Sind Wassermassen unterschiedlicher Temperatur und unterschiedlichen Salzgehaltes, aber ähnlicher Dichte, übereinandergeschichtet, kann der Unterschied in der Diffusion von Wärme und Salz zu Instabilitäten führen. Dabei können ↗Salzfinger und damit Treppenstrukturen in der Schichtung entstehen, deren vertikale Ausdehnung in der Größenordnung von Metern liegt. Bei Meerwasser weicht die maximale Dichte um so stärker von 4°C ab, je salzhaltiger das Wasser ist. Bei ozeanischem ↗Salzgehalt von 3,5 % gefriert das Wasser sogar vor Erreichen seiner maximalen Dichte, d. h. theoretisch könnte der Ozean bis zum Grund gefrieren. Allerdings verhindert in der Natur sein großer Wärmehaushalt ein Gefrieren. Eisbildung tritt daher bevorzugt in sehr flachen Meeresgebieten sowie in den Polargebieten auf (↗Meereis). Eine besonders eindrucksvolle Anomalie des Wassers läßt sich beim Vergleich der Schmelz- und Siedetemperaturen mit den Daten verwandter Substanzen erkennen. Daraus läßt sich ableiten, daß Wasser als »normale« Flüssigkeit eigentlich einen Siedepunkt von ca. -100°C haben sollte und bei den vorherrschenden Temperaturen nur als Gas existieren könnte. Die Schmelz- und Verdampfungswärmen sind beträchtlich höher als bei anderen Flüssigkeiten. Meerwasser-Eindampfung führt zur Kondensation und Ausfällung der gelösten Salze und anderer Verbindungen und zur Ablagerung von ↗Evaporiten. Marine Evaporite bilden eine Ausscheidungsabfolge, die den jeweiligen Grad der Eindampfung widerspiegelt und sich umgekehrt zur Löslichkeit verhält. Auf eine klastische, tonige Sedimentation folgt die chemische Carbonatbildung (↗Calcit, ↗Dolomit), dann die Gipsfällung (Eindampfung von 70 % des Meerwassers), Halitfällung (89 % Eindampfung) und Kalisalzbildung (↗Carnallit). Den Abschluß der Ausfällung bildet der am leichtesten lösliche Bischoffit ($MgCl_2 \cdot 6\,H_2O$). Umgekehrt werden auch größere Wärmemengen frei, wenn Wasser gefriert oder Wasserdampf kondensiert. So können von den Ozeanen große Wärmemengen gespeichert und wieder abgegeben werden. Das Meerwasser stellt deshalb einen Wärmepuffer dar, der extreme Temperaturschwankungen, wie z. B. auf der Mondoberfläche, verhindert und mit

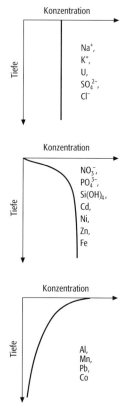

Meerwasser 1: die Vertikalverteilung der chemischen Elemente im Ozean.

Meerwasser

Ionen	G/kg	%-Salinität
Kationen		
Na	10,47	30,0
Mg	1,28	3,7
Ca	0,41	1,2
K	0,38	1,1
Sr	0,013	0,05
Anionen		
Chloride	18,97	55,2
Sulfate	2,65	7,7
Bromide	0,065	0,2
Bicarbonate	0,14	0,4
Borate	0,027	0,08

Meerwasser (Tab.): Kationen- und Anionengehalt von Meerwasser.

Hilfe von ↗Meeresströmungen und atmosphärischen Strömungen für einen Wärmeausgleich zwischen den niedrigen und hohen Breiten unseres Planeten sorgt.

Die Ursache für diese wichtigen Anomalien des Wassers bildet die Polarität des Wassermoleküls. Sie läßt sich dadurch erklären, daß die stärkere Anziehung der Bindungselektronen durch den Kern des Sauerstoffs (O) zu einer Verschiebung der Elektronen der O-H-Bindungen führt (mit einem Winkel von 105°). Als Folge verhält sich das Wassermolekül wie ein Dipol, d.h. es trägt eine positive und eine negative Partialladung. Durch dieses Dipolmoment des Wassermoleküls kommt es zu einer Wechselwirkung mit anderen Wassermolekülen, bei der ein Wasserstoff-Atom so etwas wie eine »Vermittlerrolle« übernimmt, die man als Wasserstoff-Brückenbindung bezeichnet. So kommt es zur Verknüpfung von mehreren Molekülen, die das anomale Verhalten des Wassers qualitativ erklären kann. Allerdings ist es bisher nicht gelungen, die genaue Struktur des flüssigen Wassers aufzuklären, wohingegen das Kristallgitter des Eises bekannt ist. Alle vorgeschlagenen Modelle beschreiben nur einen Teil der beobachteten Wassereigenschaften. Es besteht also die kuriose Situation, daß die Struktur der Substanz, auf deren Eigenschaften das irdische Leben beruht, weitgehend unbekannt geblieben ist.

Durch das Auftreten unterschiedlicher Isotope beim Wasserstoff (^1H, ^2H, ^3H) und Sauerstoff (^{16}O, ^{17}O, ^{18}O) besteht das in der Natur vorkommende Wasser aus einem Gemisch verschiedener Wasserarten, deren Häufigkeiten gegenüber dem normalen Wasser ($^1H^{16}O$) allerdings relativ gering sind. Aufgrund ihrer unterschiedlichen physikalischen Eigenschaften kommt es aber in der Natur zur partiellen Fraktionierung des Wassergemisches bei der Verdunstung, so daß die Veränderung der Isotopenverhältnisse Rückschlüsse auf die Herkunft des Wassers und auch auf das Klimageschehen erlaubt. Aufgrund der erwähnten hohen Polarität besitzt Wasser ein großes Dissoziationsvermögen, d.h. die Fähigkeit zur Aufspaltung gelöster Stoffe in elektrisch geladene Ionen. Im Meerwasser sind inzwischen alle natürlich vorkommenden chemischen Elemente nachgewiesen worden, in einem Konzentrationsbereich, der mehr als 15 Zehnerpotenzen umfaßt. Nur 11 Elemente bzw. ihre Verbindungen bilden mehr als 99% des Salzgehaltes (Tab.). Man bezeichnet sie als die Hauptbestandteile des Meersalzes oder auch als die konservativen Elemente, da sie stets im gleichen Mengenverhältnis untereinander auftreten. Die verbleibenden Anteile werden als ↗Spurenelemente bezeichnet. In den Ozeanen verläuft die Konzentrationsverteilung der Elemente mit der Tiefe im wesentlichen nach drei Mustern mit allen möglichen Übergängen (Abb. 1). Die im Weltmeer berechneten Aufenthaltszeiten der einzelnen Elemente liegen zwischen 10^6-10^8 Jahren bei den Hauptbestandteilen und bei z.T. weniger als 100 Jahren für einige Spurenelemente. Es gilt heute als gesichert, daß dieses Verhalten verursacht wird durch die unterschiedliche chemische Affinität der Elemente zu den Partikeln der Wassersäule (↗Schwebstoffe, ↗Detritus), was als Folge davon zu einer mehr oder weniger schnellen Sedimentation der Komponenten aus der Wassersäule führt. Im Meerwasser enthaltene Gase lassen sich grundsätzlich unterteilen in Gase, die sich inert verhalten, d.h. im Meerwasser keinen oder vernachlässigbaren biologisch-chemischen Reaktionen unterliegen, und in reaktive Gase, die beim Auf- und Abbau von organischer Materie in den obersten Wasserschichten beteiligt sind oder von den Organismen als Stoffwechselprodukte gebildet werden oder die einfach nur mit H_2O reagieren. Es herrscht Gleichgewicht, wenn die Partialdrucke eines Gases in Atmosphäre und Wasseroberfläche identisch sind. Nach dem Henryschen Gesetz ist dann die Löslichkeit eines Gases im Wasser c bei gegebener Temperatur proportional seinem Partialdruck p in der Gasphase:

$$c = k \cdot p.$$

Der Löslichkeitskoeffizient k ist gasspezifisch und temperaturabhängig. Er steigt mit wachsendem Molekulargewicht der Gase. Grundsätzlich gilt, daß die Löslichkeit eines Gases mit zunehmender Temperatur und steigendem Salzgehalt abnimmt, aber mit zunehmendem Druck ansteigt. Die Konzentrationsverhältnisse der Gase können sich beim Übergang von der Atmosphäre ins Meerwasser stark verändern (Abb. 2). So beträgt das Verhältnis der gelösten Gase von Stickstoff (N_2) und Sauerstoff (O_2) im Gleichgewicht (bei 24°C) etwa 1,7:1, während das Partialdruckverhältnis dieser beiden häufigsten Gase in der Atmosphäre bei etwa 4:1 liegt, d.h. O_2 ist im Meerwasser doppelt so gut löslich wie N_2. Kohlendioxid ist im Mittel rund 30 mal löslicher als Argon (Ar). Die Ursache hierfür liegt in der chemischen Reaktion des CO_2 mit dem Wasser bzw. ↗Carbonatsystem. Der Transport der Gase aus der Oberflächenschicht in größere Tiefen des Ozeans erfolgt hauptsächlich durch Strömung und Vermischungsprozesse, weniger durch ↗Diffusion. Bei den reaktiven Gasen O_2 und CO_2 wird der Konzentrationsverlauf mit der Tiefe jedoch weitgehend beherrscht von biologischen Abbauprozessen, die in einigen Regionen zu starken Sauerstoffdefiziten und sogar zur Bildung von

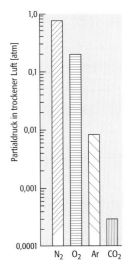

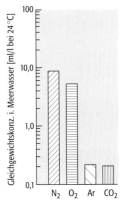

Meerwasser 2: Partialdrucke der vier häufigsten Gase in der Atmosphäre und ihre Gleichgewichtskonzentrationen im Meerwasser.

Meerwasser 3: Dargestellt sind die innerhalb von Jahrzehnten bis Jahrtausenden austauschenden Kohlenstoffreservoire Atmosphäre, Ozean und terrestrische Biosphäre, die geschätzten Vorräte an fossilen Brennstoffen sowie die anthropogene Verbrennung fossiler Brennstoffe und eine geänderte Landnutzung (rechts), mit Reservoirgrößen (in Gt) für den heutigen, anthropogen gestörten Kohlenstoffkreislauf (fett) und den vorindustriellen, natürlichen Zustand (in Klammern). Die Pfeile zeigen die jährlichen Austauschflüsse. Für die terrestrische Biosphäre sind die Kohlenstoffreservoire des Pflanzenbestandes oberhalb des Bodens sowie des Kohlenstoffs im Boden (Humus) getrennt dargestellt (kursiv = anthropogen).

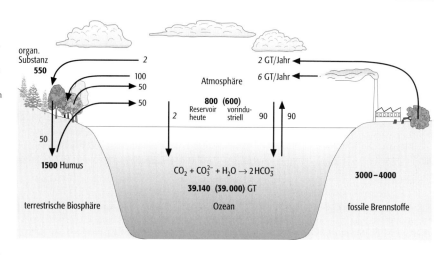

Schwefelwasserstoff führen können (↗ anaerobe Bedingungen). Eine dauerhafte Übersättigung gegenüber den atmosphärischen Konzentrationen findet man dagegen für eine Reihe von Spurengasen. Sie entstehen hauptsächlich bei der Planktonbildung und durch Bakterientätigkeit in der Oberflächenschicht von Gewässern, so daß zur Einstellung des Gleichgewichts ein ständiger Gastransport in die Atmosphäre stattfindet. Zu diesen Gasen gehören z. B. Kohlenmonoxid (CO), Distickstoffmonoxid (N_2O) oder Dimethylsulfid (($CH_3)_2S$) und eine Reihe von halogenierten Kohlenwasserstoffen wie Methyliodid (CH_3I) oder Bromoform ($CHBr_3$). Die schwefel- und halogenhaltigen Verbindungen werden allerdings in der Atmosphäre unter dem Einfluß der ultravioletten Strahlung relativ schnell abgebaut. Das Meerwasser enthält auch eine große Gruppe gelöster organischer Spurenstoffe, deren Gesamtkonzentration (im Bereich von ca. 1 mg/L) in der Oberflächenschicht des Ozeans starken räumlichen und zeitlichen Schwankungen unterworfen ist und weitgehend von den internen biochemischen Stoffkreisläufen im Ozean kontrolliert wird. Den Hauptanteil bilden in ihrer Zusammensetzung bisher unbekannte hochmolekulare Verbindungen wie die ↗ Huminstoffe. Von den bekannten Verbindungen (ca. 10–15 %) sind Kohlenhydrate, Aminosäuren und Peptide am besten untersucht. Daneben hat man Lipide, Fettsäuren, Kohlenwasserstoffe, Sterole, Vitamine und zahlreiche andere Verbindungen nachweisen können. Die Geochemiker gehen davon aus, daß für die meisten anorganischen chemischen Komponenten des Weltmeeres seit Jahrmillionen das »steady state«-Prinzip gilt, d. h. daß sich die Zufuhr der Elemente und Verbindungen, die hauptsächlich über die Flüsse, Atmosphäre und hydrothermale Quellen erfolgt, im Gleichgewicht befindet mit ihrer Entfernung aus der Wassersäule (z. B. durch Sedimentation). Dadurch bleibt die Gesamtmenge in den Ozeanen konstant. Dieses Gleichgewicht kann durch massive anthropogene Störungen außer Kraft gesetzt werden. Beispiele hierfür bilden die über mehrere Jahrzehnte stattgefundene erhöhte Bleizufuhr infolge immittierter Autoabgase, die in der Deckschicht des Weltmeeres zu einer ca. 25fachen Konzentrationserhöhung dieses Elementes geführt hatten. Eine Störung des natürlichen Gleichgewichts läßt sich auch beim globalen ↗ Kohlenstoffkreislauf beobachten (Abb. 3). Es zeigt sich, daß der Ozean das bei weitem größte natürliche Kohlenstoffreservoir darstellt, das aufgrund der dargestellten chemischen Reaktion ein gewaltiges Aufnahmepotential für anthropogenes Kohlendioxid besitzt. Aufgrund der langen Durchmischungszeiten der Ozeane kann dieses allerdings nur in Zeitskalen von Jahrhunderten ausgeschöpft werden. Die Verweilzeit des Meerwassers ist die durchschnittliche Dauer von der Bildung einer von der Meeresoberfläche abgeschnittenen Wassermasse bis zur Rückführung an die Oberfläche oder der Mischung in andere Wasserkörper (↗ Zirkulationssystem der Ozeane). Die Meerwasserverweilzeit der Tiefenwässer im Atlantik und Indischen Ozean beträgt etwa 250 Jahre, im Pazifik rund 500 Jahre. Die dichtesten Bodenwässer erreichen Verweilzeiten von mehr als 1000 Jahre. Im Entstehungsgebiet der Tiefenwassermassen ist der Sauerstoffgehalt noch hoch und die Nährstoffkonzentration gering. Biologische und sedimentologische Prozesse bewirken mit zunehmendem Alter eine Abnahme des Sauerstoffgehaltes bei zunehmender Nährstoffanreicherung.

Literatur: [1] LIBES, S. M. (1992): An Introduction to Marine Biogeochemistry. – New York. [2] SUMMERHAYES, C. P. & THORPE, S. A. (1996): Oceanography – An Illustrated Guide. – Southampton. [3] GRASSHOFF, K., KREMLING, K. & EHRHARDT, M. (eds.)(1999): Methods of Seawater Analysis. – Weinheim.

Meerwasserdichte, hängt von Temperatur, ↗ Salzgehalt und Druck ab. Dieser Zusammenhang wird numerisch in der ↗ Zustandsgleichung beschrieben, die empirisch bestimmt wurde. Da sich die Dichte r im Ozean nur gering ändert, wird in der Ozeanographie der Begriff Dichteparameter oder Dichteanomalie $s = r\text{-}1000$ in kg/m³ verwendet (z. B. für $r = 1027{,}355$ kg/m³ ist $s = 27{,}355$ kg/m³). Früher wurde die Dichte des Meerwassers als dimensionslose Zahl relativ zur Dichte von Süßwasser angegeben. Die Ersetzung von s durch den numerisch gleichen Term g hat sich aber nicht durchgesetzt. Zur Berücksichtigung des ↗adiabatischen Prozesses bei der vertikalen Verlagerung von Wassermassen wird die Dichte häufig auf bestimmte Druckniveaus bezogen, z. B. s_θ auf die Meeresoberfläche oder s_4 z. B. auf 40 MPa. Die Meerwasserdichte nimmt mit abnehmender Temperatur zu und erreicht in Abhängigkeit vom Salzgehalt zwischen -1,33°C und +3,98°C ein Maximum. Bei einem Salzgehalt von 24,7 psu liegt das Dichtemaximum beim Gefrierpunkt von -1,33°C. Durch die Dichtezunahme bei der Abkühlung oberhalb des Dichtemaximums sinkt das kältere Wasser ab und es erfolgt ↗Konvektion. Hat die ganze Wassersäule das Dichtemaximum erreicht, so wird die Konvektion unterbrochen und es bildet sich eine kältere Wasserschicht über der wärmeren aus, so daß diese erhalten bleibt. Bei Gewässern mit einem Salzgehalt über 27,4 psu wird die Konvektion nicht unterbrochen und kann große Tiefen erreichen. [EF].

Meerwassersschwinde, Versickerung von Meerwasser im Küstenbereich. Bisher bekanntes Beispiel sind die Meerwasserschwinden von Argostilion auf der Insel Kephallinia im Ionischen Meer, die dort zum Betreiben der berühmten Meeresmühlen genutzt werden. Ursache ist das Karstentwässerungsytem der Insel, das noch auf tiefere eustatische Meeresspiegelstände eingestellt ist und durch Sogwirkung das Meerwasser zu Brackwasserquellen auf der anderen Seite der Insel abzieht.

Megafauna, Bodentiere über 80 mm. Dazu gehören die bodenbewohnenden Wirbeltiere, wie z. B. der Maulwurf, aber auch große ↗Regenwürmer, Schnecken, Hundert- und Doppelfüßler.

Megaplankton, ↗Plankton von über 2 cm Größe.

Megarippel, große ↗Windrippel mit Höhen um 20–50 cm und Kammabständen im Meterbereich. Megarippel haben die für Windrippel typische bimodale ↗Korngrößenverteilung, allerdings mit einer mittleren Korngröße im Grobsandbereich. Im Gegensatz zu normalen Windrippeln charakterisiert sie diese Korngrößenverteilung als Residuen starker ↗Deflation.

megaskopisch, *makroskopisch*, wird für Objekte und Phänomene verwandt, die ohne Zuhilfenahme eines Mikroskopes oder einer Lupe beobachtet werden können. ↗mikroskopisch.

Meggen, bedeutende deutsche Zinklagerstätte mit Bleizink-Erzen, Pyrit, Schwefelkies und Schwerspat.

Mehnert, *Karl Richard*, deutscher Mineraloge, * 19.6.1913 Berlin; † 12.4.1996 Berlin; 1954–1996 Professor in Berlin; schrieb international bedeutende Arbeiten über die Petrographie und Geochemie von anatektischen Gesteinen (↗Anantexis).

Mehrausbruch, Ausbruch von Gestein, welcher über den ↗Sollausbruch hinausgeht.

Mehrbereichsteilchen, ferromagnetische (↗Ferromagnetismus) oder ferrimagnetische (↗Ferrimagnetismus) Teilchen, die aus mehreren magnetischen ↗Domänen aufgebaut sind.

Mehrbildauswertung, Verfahren der photogrammetrischen Bildauswertung von mehr als zwei analogen oder digitalen Bildern zur Bestimmung der Daten der ↗äußeren Orientierung, der Bestimmung der ↗Objektkoordinaten ausgewählter Punkte oder der dreidimensionalen Ausmessung des aufgenommenen Objektes.

Mehrdeutigkeitssuchfunktionen, Algorithmen zur Festsetzung der ↗Phasenmehrdeutigkeiten beim ↗Global Positioning System.

Mehrdimensionale Geodäsie ↗Geodäsie.

mehrfache Symmetriegruppen, Symmetriegruppen von Kristallen, Kristallstrukturen und anderen Gegenständen, die mit Gruppen von Permutationen physikalischer oder sonstiger Eigenschaften dieser Objekte gekoppelt sind. Man findet in der Literatur auch weniger restriktive Definitionen für mehrfache Symmetriegruppen. Sind n Gruppen miteinander verknüpft, dann spricht man von einer n-fachen Symmetriegruppe. Die verschiedenen Gruppen (die allesamt Symmetriegruppen sind – die gewählte Nomenklatur dient lediglich der besseren Unterscheidung) müssen zueinander kompatibel sein. Kompatibilität wird erreicht, wenn dem Produkt zweier Symmetrieoperationen stets auch das Produkt der diesen Operationen zugeordneten Permutationen entspricht. Diese Forderung bedingt, daß die Permutationsgruppe ein homomorphes Bild der Symmetriegruppe sein muß. Damit ist die Permutationsgruppe isomorph zu einer Faktorgruppe der Symmetriegruppe. Der Normalteiler enthält jeweils die eigenschaftserhaltenden Permutationen, und sein Index in der Symmetriegruppe ist gleich der Anzahl der Realisationen der betreffenden Eigenschaft.

In der Abb. wird als Beispiel eine dreifache Symmetriegruppe eines Hexakisoktaeders betrachtet, das sowohl mit Graustufen als auch mit Streifung als zwei zusätzlichen Eigenschaften versehen ist. In der Punktgruppe $m\bar{3}m$ (O_h) bilden diejenigen Permutationen, welche gestreifte Flächen wieder in gestreifte Flächen überführen, die Untergruppe (Normalteiler) 432 (O) vom Index zwei, während die graustufenerhaltenden Operationen die Untergruppe (Normalteiler) 23 (T) vom Index vier bilden. Die zweifachen Symmetriegruppen sind die ↗Farbgruppen, unter denen die ↗Schwarz-Weiß-Gruppen eine wichtige Rolle spielen. [WEK]

Mehrfachextensometer ↗Extensomter.

Mehrfachgleitung ↗Gleitkurve.

Mehrfachooide ↗Ooide.

Mehrfachregression, multiple Regression, Beschreibung des Zusammenhanges zwischen einer abhängigen Kenngröße y und mehreren unabhängigen Kenngrößen $x_1, \ldots, x_n$ (↗Regression). Dieser wird wie bei der Einfachregression mit Hilfe der Methode der kleinsten Quadrate berechnet. Für einen linearen Zusammenhang zwischen der abhängigen und der unabhängigen

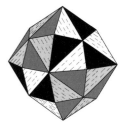

mehrfache Symmetriegruppen: die dreifache Symmetriegruppe eines Hexakisoktaeders.

Mehrfachüberdeckung

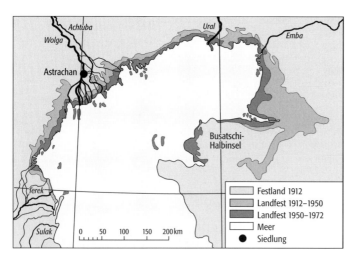

Mehrphasendarstellung: Veränderung der Küstenlinie im Nordteil des Kaspischen Meeres.

Kenngröße gilt die Beziehung $y = a + b_1x_1 + b_2x_2 + \ldots + b_nx_n$, wobei $b_1, b_2, \ldots, b_n$ die partiellen Regressionskoeffizienten bedeuten. Häufig wird die Mehrfach-Regression schrittweise angewandt. Dabei gehen zunächst nicht alle unabhängigen Kenngrößen in die zu bestimmende Gleichung ein, sondern es wird schrittweise jeweils eine zusätzliche Kenngröße in die Berechnung einbezogen. Die Mehrfach-Regression wird sowohl zur Erklärung komplexer Zusammenhänge als auch zur Prognose herangezogen.

Mehrfachüberdeckung, seismisches Meßschema, mit dem Reflexionen von einem Punkt im Untergrund von mehreren seismischen Spuren »gesehen« werden. Die dabei entstehende Redundanz wird ausgenutzt, um die Reflexionen zu verstärken und Störwellen zu unterdrücken. ↗Common-Midpoint-Methode, ↗Überdeckungsschema.

Mehrfarbendruck, Druckverfahren zum Herstellen von Druckerzeugnissen mit mehr als einer Druckfarbe und dessen Ergebnis.

Mehrkomponentenanalyse, Analyse der verschiedenen Arten (Komponenten) von ↗remanenten Magnetisierungen einer natürlichen remanenten Magnetisierung (NRM), die in einem Gestein während seiner langen Geschichte gebildet wurden. In magmatischen Gesteinen besteht die NRM meist hauptsächlich aus einer primären, während der Abkühlung des Magmas entstandenen ↗thermoremanenten Magnetisierung (TRM). Im Lauf der Erdgeschichte kann durch Mineralumwandlungen eine chemische remanente Magnetisierung (CRM) sowie durch eine lange Lagerung im Erdmagnetfeld selbst noch eine viskose remanente Magnetisierung (VRM) aufgeprägt worden sein. Bei Sedimenten besteht die NRM hauptsächlich aus einer ↗Sedimentationsremanenz (DRM), andere Remanenzarten (z. B. VRM, CRM) können ebenfalls an der NRM beteiligt sein. Durch die Verfahren der ↗Wechselfeld-Entmagnetisierung, der ↗thermischen Entmagnetisierung und (seltener) der ↗chemischen Entmagnetisierung ist es möglich, die einzelnen Remanenzarten (Komponenten) aufgrund ihrer unterschiedlichen ↗Koerzitivfeldstärken H_C bzw. ↗Blockungstemperaturen T_B voneinander zu trennen. Graphische Verfahren der Mehrkomponentenanalyse verwenden hierzu lineare Segmente der ↗Zijderveld-Diagramme, mit denen die einzelnen Remanenzkomponenten in den Fällen getrennt voneinander dargestellt werden können, in denen sie sich deutlich durch unterschiedliche Koerzitivkraft- bzw. Blockungstemperaturintervalle unterscheiden. Das gleiche ist auch rechnerisch möglich. [HCS]

Mehrnutzendruck, eine Druckform enthält mehrere Exemplare eines Druckerzeugnisses. Dies bietet sich an, wenn das Druckerzeugnis einen Druckbogen nicht füllt, aber mehrfach auf diesen Bogen paßt. Es kann in zwei oder mehreren Nutzen gedruckt werden. Für den Mehrnutzendruck muß bereits die Kopiervorlage für den Druck bzw. die Druckform die benötigten Nutzen enthalten. Dies erfolgt durch rechnergesteuertes Belichten eines Druckfilms bzw. einer Druckform in mehreren Nutzen.

Mehrphasendarstellung, *Mehrphasenkarte*, eine Möglichkeit der ↗Entwicklungsdarstellung mit gleichzeitiger Wiedergabe von zwei oder mehr Zuständen in einem Kartenbild. Aus Gründen der eindeutigen Lesbarkeit sollten solche Darstellungen möglichst mehrfarbig erfolgen, und zwar mit einer ordinal geprägten Farbfolge von dunklen nach hellen Farben (z. B. Schwarz, Schwarzblau, Violett, Rot, Orange). Einfarbige Darstellungen sind stets nur ein Behelf, weil die möglichen Ausdrucksmittel (z. B. von voll bis hohl bei Signaturen, von vollen über gerissene bis zu punktierten Linien) meist als Sachunterschied, nicht aber als Zeitpunktfolge einer Ordinalskala aufgefaßt werden. Eine Ausnahme bilden Darstellungen mittels ↗Pfeil in Karten zu Kampfhandlungen. Mehrphasendarstellungen sind möglich für punktförmig lokalisierte Objekte, z. B. der Altersfolge frühgeschichtlicher Funde; für lineare Objekte, z. B. Entwicklungsetappen von Küstenlinien und Flußnetzen, sowie bei flächig dargestellten Objekten, z. B. Veränderung der Waldverbreitung, Flächenveränderung von Seen. Bei primär linearen Veränderungen lassen sich teilweise gleichzeitig die eingetretenen Flächenveränderungen graphisch durch ↗Flächenfüllungen kennzeichnen, so etwa die Veränderung einer Küstenlinie (Abb.). Besondere Schwierigkeiten der Kartengestaltung treten bei der Wiedergabe rückläufiger Erscheinungen auf. Problematisch ist die Mehrphasendarstellung nach der ↗Punktmethode, weil die einen Zeitpunkt ausdrückenden Teilmengen auch bei farbiger Darstellung wegen der geringen Größe der Punktelemente nur schwer wahrnehmbar sind. Ebenso bietet ein die Gesamtfläche füllendes ↗Flächenmosaik (z. B. die Bodennutzung) besondere Probleme, weil hier von Zeitpunkt zu Zeitpunkt die Nutzung jeder Fläche zu jeder anderen in der jeweiligen Legende ausgewiesenen Nutzung werden kann und damit eine große Kombinationsfülle auftritt. Zwei Phasen einer solchen Darstellung lassen sich durch farbigen Flächenton und durch Überlagerung einfarbiger Flächenmuster graphisch noch hinreichend trennen, wobei der ↗Tonwert der Flächenmuster möglichst exakt auf die Helligkeit des Farbtons abgestimmt werden muß. [WSt]

Mehrphaseneinschluß, aus mehreren Phasen bestehender Einschluß. Ein *Zweiphaseneinschluß* besteht z. B. aus einer Flüssigkeit und einer Gasblase oder einem ↗Tochtermineral, ein *Dreiphaseneinschluß* z. B. aus zwei Flüssigkeiten und einer Gasphase. Kommt noch ein oder mehrere Tochtermineral hinzu, spricht man generell von Mehrphaseneinschlüssen.

Mehrphasenfluß, tritt im Untergrund bei der Strömung im wasserungesättigten Bereich und der Strömung in Gegenwart von flüssigen und gasförmigen ↗Kohlenwasserstoffen auf. Der Durchlässigkeitsbeiwert eines Fluides hängt von der Durchlässigkeit des festen Mediums K, von der Dichte ϱ_{fl} und der dynamischen Viskosität η_{fl} des Fluides ab. Für ein beliebiges Fluid läßt sich daher für eine gegebene Temperatur und ein gegebenes Untergrundmaterial mit der Durchlässigkeit K der Durchlässigkeitsbeiwert k_{fl} dieses Fluides errechnen und mit demjenigen von Wasser k_{fw} vergleichen. Der Durchlässigkeitsbeiwert der reinen Phasen ist bei ↗Benzin, ↗Benzol und den meisten ↗Chlorkohlenwasserstoffen (Ausnahme ↗Tetrachlorethan) deutlich größer als derjenige von Wasser, während diese Werte bei den Mineralölen erheblich niedriger sind. Im allgemeinen bewegen sich daher reine Mineralölphasen im porösen Medium langsamer und reine Phasen von Benzin, Benzol und Chlorkohlenwasserstoffen schneller als Wasser. Da die Benetzbarkeit der festen Untergrundmaterialien gegenüber organischen Fluiden durchweg niedriger ist als gegenüber Wasser, nimmt das Wasser die kleinsten Porenräume und die organischen Fluide die großen Porenräume ein. Etwaige an den Körnern haftende organische Flüssigkeiten werden durch zutretendes Wasser von der Kornoberfläche in die Porenräume verdrängt. Diese Umbenetzung kann durch chemische und biologische Vorgänge wie Verharzung und mikrobieller Abbau behindert werden. Bei der Strömung mehrerer Fluide durch ein poröses Medium gilt für jede dieser Phasen eine effektive Durchlässigkeit, die von ihrem Sättigungsgrad abhängt. Da die nicht benetzende Phase bevorzugt die großen Kanäle besetzt, ist ihr Gehalt im fließenden Gemisch immer relativ höher als es ihrem prozentualen Anteil an der Füllung des Porenraumes entspricht. Mit zunehmender Konzentration an nicht benetzender Phase nimmt die relative Permeabilität der benetzenden Phase schnell ab, da diese immer mehr in die kleinsten Hohlräume des Porenraumes verdrängt wird. Bei einer bestimmten Sättigung an benetzender Phase wird die Permeabilität dieser Phase schließlich unmeßbar klein. Diese Flüssigkeitsmenge kann sich trotz eines äußeren Druckgefälles nicht bewegen (Restsättigung). Die Bewegung von drei nicht mischbaren Fluiden in einem porösen Medium kann in entsprechender Weise beschrieben werden, wobei drei verschiedene Grade der relativen Permeabilität in Abhängigkeit vom Sättigungsgrad auftreten.

Versickern organische Fluide wie Mineralöle und Chlorkohlenwasserstoffe etwa bei Tankunfällen als geschlossene Phase im Untergrund, so breiten sich diese im ungesättigten Porenraum unter dem Einfluß der Schwerkraft und von Kapillar- und Adsorptionskräften aus. Bei Erreichen der Grundwasseroberfläche sammeln sich dort die spezifisch leichten organischen Fluide (z. B. Mineralöle) an, während die spezifisch schweren Phasen (z. B. Chlorkohlenwasserstoffe) bei Überschreitung der Rückhaltekapazität zur Sohlschicht absinken. Auf der Grundwasseroberfläche bzw. auf der Sohlschicht entstehen mehr oder weniger flache Imprägnationskörper, die sich entsprechend dem hydraulischen Gefälle der Grundwasseroberfläche bzw. entsprechend den Druckgradienten im Körper und der Gestalt der unteren Grenzfläche des Grundwasserleiters ausbreiten, bis Restsättigung erreicht ist. Die löslichen Anteile der organischen Fluide diffundieren in das Grundwasser. Im Unterstrom eines Imprägnationskörpers bildet sich so eine Verunreinigungszone. Die Wanderung der gelösten Substanzen kann mit Hilfe der Gesetzmäßigkeiten der hydrodynamischen Dispersion beschrieben werden. [ME]

Mehrschichtendichtwand, ↗kombinierte Dichtwand.

mehrschichtige Darstellung, ↗Darstellungsschicht.

mehrschichtige mineralische Basisabdichtung, mehrschichtige Tonbarrieren aus unterschiedlichen ↗Tonmineralien zur ↗mineralische Basisabdichtung von Deponien. Bei der sog. ↗Doppelten mineralischen Basisabdichtung soll die oberste Schicht aus Dreischichttonmineralien, die untere Schicht aus Zweischichttonmineralien bestehen. Dies verursacht eine Schadstoffrückhaltung durch die quellfähigen Tonminerale mit hohem Kationenaustauschvermögen der oberen Schicht (aktive Schicht) und eine langfristige Schadstoffrückhaltung durch die nicht quellfähigen Zweischichttonminerale der unteren Schicht (inaktive Schicht). Bei dem sog. Hannover-Modell soll der obere Teil der Dichtung aus einem unempfindlichen, nicht zu Rissen neigendem Tonmineral hergestellt werden und die untere Schicht aus quellfähigen Tonen mit hoher Adsorptionskapazität.

Mehrschichtprofil, Böden mit mindestens zwei Schichten, die unterschiedliche Substrateigenschaften besitzen. In ↗Jungmoränenlandschaften haben sich ↗Parabraunerden oft in einer Schichtfolge aus Geschiebedecksand über Grundmoränen entwickelt. Im deutschen Mittelgebirgsraum bildeten sich Braunerden häufig in verschiedenen jungpleistozänen Schuttdecken.

Mehrstoffsystem, System aus mehreren Komponenten. Solche ternären (drei Komponenten), quaternären (vier Komponenten) oder multiternären Systeme kommen in der Natur bei geologischen ↗Kristallisationen von Mineralien vor.

Aber auch zur ↗Kristallzüchtung aus Lösungen oder Lösungsschmelzen von Kristallen komplexerer Verbindungen werden sie verwendet. Der Verlauf von ↗Liquiduskurve und ↗Soliduskurve mit der Temperatur, dem Druck und der Zusammensetzung bestimmt die Parameter, unter denen eine erfolgreiche Kristallzüchtung angewendet werden kann und wie ein effektiver ↗Stofftransport durch die Lösungskomponente zur ↗Wachstumsfront aufrecht erhalten werden kann. Endliche Volumen erzeugen normalerweise durch ↗Makrosegregation eine Veränderung der Konzentration im wachsenden Kristall, es sei denn, man hat eine Lösungszone wie beim THM-Verfahren (↗THM), bei dem auf der einen Seite Material angelöst und auf der anderen Seite abgeschieden wird. [GMV]

Mehrstrahlfall, bei der Beugung an Kristallen der Fall, daß neben dem Strahl in Richtung der einfallenden Welle gleichzeitig mehrere abgebeugte Strahlen auftreten, die die Beugungsbedingungen (↗Braggsche Gleichung, ↗Laue-Gleichungen) erfüllen. ↗Renninger-Effekt.

Meilenblatt, das Aufnahmeblatt der von 1780 bis 1806 und 1818 bis 1825 durchgeführten topographischen Landesaufnahme von Sachsen; ausgeführt auf der Grundlage einer Triangulation als ↗Meßtischaufnahme mit Schraffendarstellung (↗Schraffen). Jedes der 441 Blätter umfaßt eine sächsische Vermessungsquadratmeile von 12.000 Ellen Seitenlänge (6792 m) reduziert auf eine Elle (56,6 cm) = 1 : 12.000.

Meinzer, *Oscar Edward*, amerikanischer Hydrogeologe, * 28.11.1876 in Davis (Illinois), † 14.6.1948 in Washington D. C.; 1905 Studium der Geologie an der Universität Chicago, ab 1907 Geologe beim U. S. Geological Survey, ab 1912/13 bis 1946 Chef der Abteilung Grundwasser, 1922 Dissertation, 1930/31 Präsident der Geological Society of Washington, 1936 Präsident der Washington Academy of Sciences, 1944/45 Vizepräsident und Präsident der Society of Economic Geologists; Mitglied u. a. der American Geophysical Union und International Association of Scientific Hydrology.

Mejonit, [von griech. meion = weniger], *Calcio-Cancrinit, Ersbyrit, Kalk-Labrador, Meionit, Nuttalit, Skolexerose, Tetraklasit*, Mineral mit der chemischen Formel $Ca_8[(Cl_2,SO_4,CO_3)_2|(Al_2Si_2O_8)_6]$; Ca-Endglied der Skapolith-Mischkristall-Reihe; Kristallform: tetragonal-dipyramidal; Farbe: farblos bis weiß, trüb, grüngrau, grau, blau; Glas- bis Perlmutterglanz; durchsichtig bis durchscheinend; Strich: weiß; Härte nach Mohs: 5–6; Dichte: 2,7 g/cm³; Spaltbarkeit: vollkommen nach (*100*), deutlich nach (*110*); Bruch: muschelig; Aggregate: kurzprismatische, dicksäulige bzw. stengelige Kristalle, sonst körnig, faserig, strahlig, dicht; vor dem Lötrohr bläht er sich auf und schmilzt zu weißem Glas; in Salzsäure löslich; Begleiter: Granat, Epidot, Vesuvian; Fundorte: Laacher See (Eifel), Oberzell bei Passau (Bayern), klare Kristalle bei Pianura bei Neapel (Italien), Lago Tremorgio (Tessin, Schweiz), Baikalsee-Gebiet (Rußland). [GST]

mela-, Vorsilbe, die gemäß der ↗IUGS-Klassifikation zur Kennzeichnung ↗leukokrater oder ↗mesokrater Magmatite mit erhöhten Gehalten ↗mafischer Minerale verwendet wird, z. B. Melagranit (ein Granit mit einem Anteil mafischer Minerale von über 20 %).

Mélange, *tektonische Mélange*, intensiv von Scherbahnen durchsetzte, meist ausgedehnte Gesteinsmasse, die weitgehend ungeregelt Komponenten unterschiedlicher Lithologie und sehr variabler Größe in toniger oder kataklastischer ↗Matrix enthält. Die im Querprofil im Meter- bis Kilometerbereich meist linsenförmig anschwellenden und wieder auspitzenden Mélangekörper können von Überschiebungsbahnen (↗Überschiebung) begrenzt sein, teilweise gehen sie in geordnetere Gesteinsverbände über. Die festeren, oft hausgroßen Komponenten sind meist Bruchstücke von spröde deformierten Sedimentgesteinen oder Vulkaniten, ihre heterogene Zusammensetzung spiegelt häufig eine schon primär angelegte lithologische Vielfalt des Ausgangsmaterials wider. Tektonische Mélange findet sich in Bereichen starker Einengung durch einfache ↗Scherung wie Gebirgen mit ↗Deckenbau und ↗Akkretionskeilen. In beiden Fällen treten gelegentlich Ophiolith-Mélangen auf (↗Ophiolithkomplex). Tektonische Mélangen zeigen sowohl phänomenologische als auch genetische Übergänge zu sedimentären Mélangen (↗Olisthostrom). [KJR]

Melanismus, dunkle oder schwarze Färbung der Körperoberfläche des Organismus, meist bedingt durch Melanine, Pigmente, die durch enzymatische Oxidation der Aminosäure Tyrosin entstehen. Die biologische Funktion liegt im Schutz vor zu starker Sonnenstrahlung, insbesondere vor UV-Strahlen. Das Auftreten melanistischer Individuen in einer ↗Population kann einen Selektionsvorteil bedeuten. Beim sog. Industriemelanismus z. B. sind aufgrund der in Industriegebieten verbreiteten dunkleren Färbung des Untergrundes durch Ruß dunklere Varietäten besser vor Freßfeinden getarnt als hellere Individuen derselben ↗Art.

melanokrat, [von griech. melanos = schwarz], *dunkel*, Bezeichnung für magmatische Gesteine, die einen hohen Gehalt an ↗mafischen Mineralen haben und deshalb dunkel gefärbt sind (z. B. ↗Gabbro). Der für die Einstufung als melanokrat maßgebliche Mindestwert für mafische Minerale ist nicht exakt festgelegt, er schwankt je nach Quelle zwischen 60 % und 67 %, bei Gehalten über 90 % ist das Gestein holomelanokrat oder ↗ultramafisch.

Melanosom, der dunkle, an ↗mafischen Mineralen angereicherte Teil eines ↗Migmatites.

Melaphyr, nur noch im deutschsprachigen Raum benutzte Bezeichnung für sekundär veränderte, im frischen Zustand schwarz aussehende, basaltische (olivintholeiitische) Gesteine, speziell aus dem Oberkarbon und Perm; oft blasenreich (↗Mandelstein).

Melierterz, sulfidisches Erz aus der schichtgebundenen Lagerstätte vom Rammelsberg bei Goslar

(Oberharz) mit flammenartiger Verwachsung von Kupferkies, Pyrit, Bleiglanz und Sphalerit.

Melilith, [von griech. méli = Honig und lithos = Stein], Mineral mit der chemischen Formel $(Ca,Na)_2[Al,Mg,Fe][(Si,Al)_2O_7]$; Mischkristallreihe mit den Endgliedern Åkermanit und Gehlenit (↗Melilithreihe); Kristallform: tetragonal-skalenoedrisch; Farbe: farblos, braun, gelb, grau; Fettglanz; Härte nach Mohs: 5–5,5; Dichte: 2,9–3,0 g/cm³; Spaltbarkeit: deutlich nach (001); Aggregate: dicktafelig bis kurzsäulig; Kristalle meist in Drusen; von Säuren unter Gelatinisierung angreifbar; Begleiter: Perowskit; Vorkommen: in vielen stark unterkieselten Ergußgesteinen als Gemengteil, meist als Plagioklas-Vertreter; Fundorte: Hochbohl bei Owen im Uracher Vulkangebiet (Württemberg), Hohentstoffeln (Hegau), Bergakanda (Kola, Rußland), Beaver Creek und Iron-Hill (Colorado, USA), Mt. Elgan (Ostafrika).

Melilithit, ein vulkanisches Gestein, das neben Foiden (↗Feldspatvertreter) ↗Melilith, Klinopyroxen und ↗Olivin als Hauptgemengteile führt.

Melilithreihe, Mischkristalle von Åkermanit $(Ca_2Mg^{[4]}[Si_2O_7]$, Melilith $((Ca,Na)_2(Mg,Al,Fe)^{[4]}[Si_2O_7])$ und Gehlenit $(Ca_2(Al,Mg)^{[4]}[(Al,Si)Si_2O_7])$. Es sind kieselsäurearme Silicate, die eine wichtige Rolle als Bestandteile von Schlacken und ↗Zementen spielen, sich aber auch häufig in sehr basischen und Ca-reichen Erguß- und Kontaktgesteinen, fast nie aber in Tiefengesteinen finden. Im Schmelzdiagramm besteht zwischen Åkermanit (Schmelzpunkt = 1454°C) und Gehlenit (Schmelzpunkt = 1590°C) unbeschränkte Mischbarkeit mit Schmelzpunktminimun ($Åk_{70}Ge_{30}$–Schmelzpunkt) bei ca. 1400°C.

Melioration, kulturtechnische Maßnahme zur Bodenverbesserung in Hinblick auf Ertragssteigerung und Flächengewinnung für die Agrarwirtschaft. Maßnahmen sind die Trockenlegung versumpfter und vernäßter Flächen durch ↗Drainage und ↗Entwässerung, die Moor- und Ödlandkultivierung sowie die Beregnung von Wassermangelgebieten. Die Melioration von Moorflächen zur landwirtschaftlichen Nutzung begann in Deutschland verstärkt im 18. Jh., um Flächen für die Grünlandwirtschaft zu gewinnen. Großflächige Meliorationen von Niedermooren für ackerbauliche Zwecke gab es in den 70er Jahren des 20. Jh. Dabei wurden verschiedene Meliorationsverfahren angewandt, z.B. ↗Fehnkultur und ↗Sanddeckkultur. Folgen der Entwässerung und damit der Veränderung des Wasserhaushaltes im Boden ist die Degradation der ↗Torfe. Durch die Absenkung des Wasserspiegels kommt es zur ↗Mineralisierung der organischen Torfsubstanz, zur sogenannten Vererdung. Es werden Nährstoffe freigesetzt, eine gute landwirtschaftliche Nutzung ist zunächst möglich. Bei fortschreitender Degradation entsteht ein pulvriger, kaum vernäßbarer ↗Mulm, der auch sehr erosionsanfällig ist. Des weiteren kommt es bedingt durch die Melioration zu Torfverdichtungen und Torfsackungen. Durch die Mineralisierung werden Nähr- und Schadstoffe freigesetzt, die im Torf gespeichert waren. Das melioriete Moor verliert auf diese Weise seine Wasser- und Stoffspeicherfunktion. [GS]

Meliorationskalkung, Kalkung zur Bodenverbesserung auf meliorierten Flächen. Die ↗Kalkung von Torfen führt zu einer Erhöhung des ↗pH-Wertes und damit zu einer verstärkten ↗Mineralisation und Degradation der Torfe.

Melteigit, ein ↗Foidolith mit Nephelin und 70–90% Pyroxen.

member, *Schichtglied*, Einheit der ↗Lithostratigraphie unterhalb des Ranges einer ↗Formation; i.d.R. die kleinste auf geologischen Karten ausscheidbare Einheit.

Membranpolarisation ↗induzierte Polarisation.

Membranpotential, *Diffusionspotential*, ↗Nernstsche Gleichung.

Memory-Effekt, Effekt, der in Gesteinen mit ↗Hämatit als Träger einer ↗remanenten Magnetisierung beim ↗Morin-Phasenübergang verschwindet, sich aber beim Erwärmen wieder teilweise regenerieren kann.

Menap-Kaltzeit, von W.H. Zagwijn 1957 nach dem Volk der Menapier im Bereich der Niederlande benannte, durch ein Interstadial unterteilte ↗Kaltzeit des Unterpleistozäns (↗Quartär). Die Hattem-Schicht des Menap in den Niederlanden führt skandinavische Gerölle, die als Hinweise auf eine älteste Vereisung in Norddeutschland gedeutet werden.

Mendelevium, künstliches radioaktives Element mit dem chemischen Symbol Md.

Mendeleyevit, pyrochlorähnlicher ↗Uranglimmer vom Ladogasee.

Mengenpunkt, *Wertpunkt*, ↗Punktmethode.

Mengensignatur, Zahlenwertsignatur, größengestufte geometrische ↗Positionssignatur, deren Größe an einen ↗Wertmaßstab gebunden ist. Am häufigsten wird die Größenabstufung flächenproportional (flächenäquivalent) zum bezeichneten Wert vorgenommen, wobei die Signaturen kontinuierlich (stufenlos) wachsend oder nach einer vorgenommenen Gruppenbildung gestuft zum Einsatz gelangen. Für die Darstellung von Volumen (z.B. Stauinhalt von Talsperren, Fördermengen) sind der dritten Potenz folgende Größenabstufungen gerechtfertigt, die dann aber auch mittels körperlich wirkenden Figuren (Würfel, Pyramide, Kugel) wiederzugeben sind. Für in der Wirklichkeit eindimensionale Größen (z.B. Niederschlagshöhen) sind linear wachsende Mengensignaturen sachgerecht; sie können als Stäbchen, Balken oder Säulen gestaltet werden. Mit der Füllung der Mengensignaturen können zusätzlich Sachgliederungen (Qualitäten) vorgenommen bzw. Intensitäten (quantitative Differenzierungen, Anteile) ausgedrückt werden, wobei sich die zweite Aussage auf das mit der Mengensignatur ausgedrückte Grundmerkmal bezieht, z.B. Waldanteil (durch Farbe) an der Gesamtfläche einer administrativen Einheit. Als zusätzliche Merkmale können die Veränderung der Konturen (gerissen, dünn, verstärkt) und der Wechsel der Form (Kreis, Quadrat, Rechteck) genutzt werden. Mengensignaturen können auch als einfache, nicht untergliederte ↗Diagrammfiguren aufgefaßt werden. [WSt]

Mengenwert ↗Punktmethode.

Meniskus, konkave Wasser-Luft-Grenzfläche in ↗Kapillaren, entsteht im Ergebnis der Wechselwirkung von hydratationsbedingten Oberflächenvergrößerungen und Oberflächenspannungen von Wasser (Kapillarkräften). Je enger die Kapillare, desto stärker ist die Krümmung der Menisken. Über den Menisken herrscht im Vergleich zu einer ebenen Wasseroberfläche gleicher Temperatur ein verminderter Dampfdruck, unter ihnen ein verminderter Oberflächendruck.

Mensch-Umwelt-Systeme, der eigentliche Forschungsgegenstand der ↗Landschaftsökologie. Das Wirkungsgefüge Mensch-Umwelt wird im ↗Landschaftsökosystem beschrieben. Dies belegt einerseits die naturwissenschaftliche Grundlage der Landschaftsökologie, andererseits muß jedoch gleichzeitig die Landnutzung mit einbezogen werden, daher wird die menschliche Gesellschaft und ihre technologischen Wirkungen analysiert. Letzteres wird beispielsweise aus dem Begriff ↗Humanökologie deutlich. In einem interdisziplinären Fachgebiet wie der Landschaftsökologie sind wegen dieser Mitberücksichtigung von ↗Wertmaßstäben daher zumindest in Teilbereichen unterschiedliche, manchmal scheinbar gegensätzliche Sichtweisen möglich.

mental map, *Vorstellungskarte, gedankliche Karte*, ↗kognitive Karte.

Mercalli-Skala, zwölfteilige Skala für die ↗makroseismische Intensität (↗Erdbeben), ursprünglich 1897 vom italienischen Vulkanologen und Seismologen Mercalli entworfen und seitdem häufig modifiziert. Spätere Modifikationen sind im deutschen Sprachraum unter dem Namen Mercalli-Sieberg-Skala und in den USA als MM-Skala (Modified Mercalli Intensity Scale) bekannt. Die unteren Stärkegrade von I (»nur von Seismographen registriert«) bis V (»viele Schlafende erwachen, hängende Gegenstände pendeln«) klassifizieren die Vibrationen, die in Gebäuden oder im Freien vom Menschen wahrgenommen werden. Die mittleren Grade von VI (»leichte Verputzschäden«) bis IX (»an einigen Gebäuden stürzen Wände und Dächer ein«) beschreiben die Erdbebenwirkung auf Bauwerke unterschiedlicher Ausführung und Qualität. Katastrophale Auswirkungen eines Erdbebens werden durch die höchsten Stärkegrade von X (»Einsturz vieler Gebäude«) bis XII (»starke Veränderungen an der Erdoberfläche«) beschrieben. Wie bei den anderen Intensitätsskalen auch (↗MSK-Skala, ↗EMS-98) wird Intensität XII in der Praxis nie erreicht. Die Intensitätsgrade X und XI sind schwer zu unterscheiden, so daß in der Praxis Intensität XI sehr selten benutzt wird. [GüBo]

Mercator, *Gerard*, (Gerhard Kremer) latinisiert aus Krämer, Humanist, Kalligraph, Kartograph und Kupferstecher, * 5.3.1512 Rupelmonde (Flandern), † 2.12.1594 Duisburg; philosophische und mathematische Studien in Löwen (1532 Magister artium), zuletzt unter Gemma Frisius (1508–1555); danach widmete sich Mercator geographischen Studien und stach 1537 eine Karte von Palästina in 6 Blättern und nach Geländeaufnahmen eine Karte von Flandern (Kupferstich, 1:172.000, Löwen 1540). 1541 folgte sein »Globus terrestris« (41,5 cm Durchmesser) – verzeichnet sind die »Magnetum insula« und Kurslinien (Loxodromen). Erst 1551 war der Himmelsglobus fertig. Seine Schrift zur Kartenkursive erlebte von 1540 bis 1557 fünf Ausgaben. Seit 1546 fertigte Mercator im Auftrag von Kaiser Karl V. wissenschaftliche Instrumente. Nach 16jähriger Arbeit vollendete Mercator – seit 1552 in Duisburg ansässig – 1554 seine große Karte »Europae descriptio« im Maßstab 1:4.280.000 (132 × 159 cm, 15 Sektionen), die erst 1889 wieder aufgefunden wurde. Eine 2. korrigierte und vervollständigte Ausgabe gab C. Plantijn (1520?-1589) in Antwerpen 1572 heraus. Seine kosmographischen Vorlesungstexte publizierte 1563 sein Sohn B. Mercator. Seit 1561 war G. Mercator an Grenzvermessungen des Herzogtums Westfalen beteiligt und mit der Vermessung von Lothringen beschäftigt. Kartographisch folgte nach dreißigjähriger Arbeit nach Entwurf und Stich 1569 die große Erdkarte »Nova et aucta orbis terrae descriptio ad usum navigantium« in 18 Sektionen (Äquatormaßstab 1:21.000.000), die, in der nach ihm benannten Zylinderprojektion der wachsenden Breiten entworfen, besonders für die Seefahrt geeignet ist, so daß bis in die Gegenwart nahezu alle ↗Seekarten in Mercatorprojektion (↗Zylinderentwürfe) entworfen sind. Als Alterswerk arbeitete er an einer umfassenden »Cosmographie«, von der 1568 in Köln die »Chronologie« erschienen ist; ihr folgte eine gründlich bearbeitete Ptolemäus-Ausgabe (27 Karten, Köln 1578; mit lateinischem Text der »Geographie«, 2. Ausgabe 1584). Vom Teil »moderne Karten« erschien die erste Lieferung 1585 (51 Karten von Frankreich, Deutschland u. a. Ländern), die 2. 1589 (23 Karten von Italien und Südosteuropa); den 3. Teil »Atlantis pars altera« mit 33 Karten gab sein Sohn R. Mercator (1546/48–1614) 1595 heraus mit dem Gesamttitel »Atlas sive Cosmographicae Meditationes de Fabrica Mundi et fabricati figura«. Die Bezeichnung Atlas wurde seitdem zum stehenden Begriff für solche systematisch geordneten Kartenfolgen. G. Mercator war als Philosoph, Humanist und Kupferstecher mit seinen kartographischen und textkritischen Werken maßgeblich an der Herausbildung eines modernen Erd- und Weltbildes beteiligt. Der Mercator-Atlas mit 107 Kartenblättern kam 1602 neu heraus; 1604 gingen die Kupferplatten an Gerard II. Mercator (ca. 1563–1627/28) über, der sie an ↗Hondius verkaufte. [WSt]

Mercatorentwurf, ein winkeltreuer ↗Zylinderentwurf, spielt eine wichtige Rolle in der Seefahrt, weil die ↗Loxodrome zwischen zwei Punkten der Karte als Gerade abgebildet wird.

Mergel, aus Tonen und feinkörnigen Carbonaten zusammengesetztes Sedimentgestein. Der Kalkgehalt liegt zwischen 35 und 65 %. Weiterhin können je nach Carbonat/Ton-Verhältnis folgen-

	Kalkgehalt	Tongehalt
Kalkstein	100–95 %	0–5 %
mergeliger Kalk	95–85 %	5–15 %
Mergelkalk	85–75 %	15–25 %
Kalkmergel	75–65 %	25–35 %
Mergel	65–35 %	35–65 %
Tonmergel	35–25 %	65–75 %
Mergelton	25–15 %	75–85 %
mergeliger Ton	15–5 %	85–95 %
Ton	5–0 %	95–100 %

Mergel (Tab.): Nomenklatur der natürlichen Carbonat/Ton-Mischgesteine.

de Carbonat-Ton-Mischgesteine unterschieden werden: Kalkstein, mergeliger Kalk, Mergelkalk, Kalkmergel, Tonmergel, Mergelton, mergeliger Ton, Ton (Tab.).

Meridian, Halbellipse, die durch den Schnitt des ↗ Rotationsellipsoids mit einer Halbebene entsteht, die von der kleinen (polaren) Ellipsoidhalbachse begrenzt wird. Jedem Meridian ist eindeutig eine geographische Länge L ($0 \leq L < 360°$) zugeordnet. Die Meridiane bilden zusammen mit den ↗ Parallelkreisen ein orthogonales Parameternetz auf dem Rotationsellipsoid. ↗ Gradnetz der Erde.

Meridiandurchgang, Durchgang eines Gestirn durch den lokalen ↗ Meridian des Beobachters.

Meridianellipse, Ellipse, die durch den Schnitt des ↗ Rotationsellipsoids mit einer Ebene entsteht, die die kleine (polare) Ellipsoidhalbachse enthält.

Meridiankonvergenz, 1) sphärische bzw. ellipsoidische Meridiankonvergenz, ↗ geodätische Parallelkoordinaten, 2) Gaußsche bzw. ebene Meridiankonvergenz, ↗ Gauß-Krüger-Koordinaten.

Meridianstreifensystem ↗ Gauß-Krüger-Koordinaten.

meridionaler Energietransport, Transport von fühlbarer und latenter Wärme über die Breitenkreise hinweg. Dieser wird in den Passatregionen durch die ↗ Hadley-Zirkulation und in den mittleren Breiten durch die Zyklonen bewerkstelligt. Wegen des permanenten Temperaturgefälles zwischen Äquator und Pol findet der meridionale Energietransport im Mittel zu den Polen hin statt. Der Gesamtenergietransport über einen Breitenkreis hinweg beträgt in der Atmosphäre etwa 10^{15} W.

Meridionalschnitt, Darstellung atmosphärischer Parameter wie Windgeschwindigkeit oder Lufttemperatur in einer Ebene senkrecht zu den Meridianen. Als Vertikalachse wird dabei die Höhe oder der Luftdruck verwendet. Meridionalschnitte finden besonders bei der Darstellung der ↗ allgemeinen atmosphärischen Zirkulation Verwendung.

Meridionalzirkulation, 1) *Klimatologie:* großräumiges Windsystem, dessen Hauptströmungsrichtung senkrecht zu den Meridianen (Breitenkreisen) verläuft, wie z. B. die ↗ Hadley-Zirkulation. 2) *Ozeanographie:* die großräumige Umwälzbewegung der ozeanischen Wassermassen, die in gleichem Maße wie die Meridionalzirkulation der Atmosphäre den Ausgleich im globalen ↗ Wärmehaushalt zwischen den Überschußgebieten der ↗ Tropen und ↗ Subtropen und den Defizitregionen der polaren und subpolaren Breiten bewerkstelligt. Der Wärmetransport erfolgt in den polwärts gerichteten ↗ Meeresströmungen der ↗ Warmwassersphäre. Nach Abkühlung und damit verbundener Dichteerhöhung erfolgt in den hohen Breiten ein Prozeß der Vertikalkonvektion des Absinkens der Wassermassen in mittlere und große Tiefen und die Rückführung in die niedrigeren Breiten als ↗ Tiefen- und ↗ Bodenwasser in der ↗ Kaltwassersphäre des Ozeans.

MERKIS, maßstabsorientierte einheitliche Raumbezugsbasis für ↗ kommunale Informationssysteme. Vom Deutschen Städtetag 1988 für die Mitgliedsstädte empfohlenes Konzept einer bundesweiten Rahmendefinition für kommunale Informationssysteme. Das Datenmodell ist bezogen auf das ↗ Gauß-Krüger-Koordinatensystem. Es umfaßt alle topographischen und fachthematischen ↗ Geodaten einer Kommune, gegliedert nach unterschiedlichen Raumbezugsebenen (RBE). Es sind die Raumbezugsebenen 1:500 und 1:1000 (sog. Grundstufe, RBE 500), 1:2500 und 1:5000 (erste Folgestufe, RBE 5000) sowie 1:10.000 und 1:50.000 (zweite Folgestufe, RBE 10.000). Anwendungsbereiche von MERKIS sind die Herstellung und Aktualisierung kommunaler Kartenwerke und seine Nutzung als Informationsbasis.

Merkmal, *feature* (engl.), in der ↗ digitalen Bildverarbeitung bezeichnet man damit meist die in den jeweiligen ↗ Spektralbändern eines ↗ Sensors aufgezeichneten ↗ Grauwerte, aber auch ihr Zusammenwirken als ↗ Texturen. Sie dienen zur Kennzeichnung der zu klassifizierenden ↗ Bildelemente.

merkmalsbasierte Bildzuordnung, Verfahren der ↗ Bildzuordnung aufgrund extrahierter Merkmale. Ziel der merkmalsbasierten Bildzuordnung ist das Auffinden und Zuordnen homologer Merkmale (Punkte, Linien, Flächen) in einem digitalen ↗ Bildpaar. Die Bildzuordnung erfolgt in mehreren Schritten. Basis ist eine unabhängige ↗ Merkmalsextraktion in beiden Teilbildern. Eine vorläufige Zuordnung der Merkmale wird an Hand der Attribute der Merkmale und anderer Informationen vorgenommen und führt zu einer Liste möglicher Zuordnung homologer Merkmale als Grundlage für eine geometrische Transformation. Funktionales Modell einer flächenhaften Transformation ist in der Regel eine Affintransformation mit dem Ziel der Minimierung der Quadrate der Lagedifferenzen nach der Methode der kleinsten Quadrate. Eine robuste Schätzung führt zur Eliminierung falsch zugeordneter Merkmale. [KR]

Merkmalsextraktion, *feature extraction* (engl.), ein Vorgang, Objekte und Bereiche auf dem Bo-

Merkmalsraum 1: zweidimensionaler Merkmalsraum.

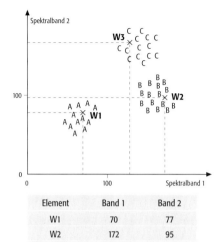

Merkmalsraum 2: dreidimensionaler Merkmalsraum.

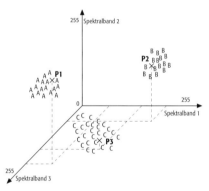

den zu studieren und ausfindig zu machen, zu denen man auf der Grundlage von Fernerkundungsdaten bzw. -bildern nützliche Information gewinnen kann. Sie stellt den Übergang von einer ikonischen (Rasterdaten) zu einer symbolischen Beschreibung eines ↗digitalen Bildes durch Merkmale (Vektordaten) und ihre Attribute dar. Punkte, Linien und Flächen werden als Merkmale anhand lokaler Intensitätsverteilungen extrahiert. Die Attribute der Merkmale können geometrischer, radiometrischer oder relationaler Natur sein. Punkte und Linien lassen sich mit Hilfe von Interest-Operatoren aus den Grauwertgradienten eines digitalen Bildes extrahieren. Flächen sind durch genähert gleiche Grauwerte definiert und aus dem ↗Histogramm oder durch Vergleich der Grauwerte benachbarter Pixel mit anschließender morphologischer Überarbeitung der Begrenzungen ableitbar.
Merkmalspyramide, in der ↗Bildverarbeitung eine durch ↗Merkmalsextraktion aus den Bildern einer ↗Bildpyramide abgeleitete Pyramide mit symbolischen Bildbeschreibungen eines ↗digitalen Bildes unterschiedlicher Auflösung.

Merkmalsraum, *feature space* (engl.), analog zu bekannten zwei- oder dreidimensionalen geometrischen Räumen durch Koordinatenachsen gebildeter Raum. Im Falle digitaler Fernerkundungsdaten entsprechen meist die ↗Spektralbänder diesen Achsen. Die vom ↗Sensor aufgezeichneten Signale, die auch als ↗Grauwerte bezeichnet werden, stellen dabei die Meßdimension dar. Die Darstellung erfolgt vielfach mittels ↗Streuungsdiagrammen. Der Merkmalsraum kann eine beliebige Dimensionalität annehmen, die von der Anzahl der verwendeten Spektralbänder bestimmt wird (Abb. 1 u. 2). Jedes ↗Bildelement kann mit Hilfe seiner Grauwerte, die mit dem Achsenursprung einen Merkmalsvektor bilden, in diesem Raum eindeutig eingeordnet werden.
Meroedrien, Untergruppen der ↗Holoedrien, also der Punktsymmetriegruppen der Gitter.
meroedrische Verzwillung ↗Zwilling.
meromiktischer See, ↗See, dessen Tiefenzone (↗Monimolimnion) nie durchmischt wird. Meromiktische Seen zirkulieren nur teilweise und sind in gemäßigten oder temperierten Klimaten verbreitet. Ihre tiefen Wasserschichten werden nie ausgetauscht oder nur teilweise umgewälzt, weil sie entweder durch große Mengen gelöster Substanzen eine sehr hohe Dichte aufweisen, oder weil der See zu windgeschützt liegt. Typisch sind anaeroben Bakterien im Tiefenwasser, die Methan oder Schwefelwasserstoff bilden.
Meromixis, Prozeß der ↗Zirkulation eines Sees, bei dem nur Teile des Wasserkörpers erfaßt werden.
Meroplankton, Lebewesen, die nur einen Teil ihres Lebenszyklus im Plankton verbringen.
Merzlota ↗Permafrost.
Mesa, *Tafelberg,* flaches Plateau, das von flachlagernden, morphologisch harten Schichten gebildet und allseits von einer Steilstufe (↗Schichtstufe) begrenzt wird (Abb. im Farbtafelteil). Die von den resistenten Schichten gebildete Oberfläche entspricht annähernd einer Schichtfläche. Kleinere Ausläufer und Restplateaus werden als Tafelberge (engl. butte) bezeichnet. Lavadecken können vergleichbare Formen verursachen. ↗Schichttafellandschaft.
Mesalava, subaerische, SiO_2-reiche ↗Lava mit flachem/durchförmigem Top und hohem Höhen/Durchmesser-Verhältnis. Das magmatische Fördersystem der Lava befindet sich i. d. R. unter dem Zentrum der Mesalava (↗Lavadom).
Meseta, weitgespannte, sehr ebene Fläche; von französischen Autoren vielfach für ↗Rumpfflächen verwendet; teilweise in der Literatur auch als Synonym für ↗Mesa auftretend.
mesodesmische Kristallstruktur, ionare Kristallstruktur, für die der Quotient $p = z/n$ aus der Ladungszahl z eines Kations und der Anzahl n der Anionen der Ladungszahl y, die das Kation koordinieren, gleich $y/2$ ist. Ein Beispiel für mesodesmische Strukturen sind die Silicate, in denen ein Si-Atom an vier Sauerstoffatome zu einem $[SiO_4]^{4-}$-Komplex gebunden ist. Diese komplexen Anionen können – anders als bei anisodes-

Mesomerie: unterschiedliche Darstellung des Benzolmoleküls. Valenzstrichformel (a), zwei mesomere Grenzstrukturen des Benzols (b, c) und alternative Darstellung als aromatisches System (d).

mischen Strukturen – miteinander zu größeren Komplexen und Baueinheiten verknüpft sein, wobei einzelne Sauerstoffatome Bestandteil zweier miteinander verknüpfter $[SiO_4]^{4-}$-Einheiten sind. Das Vorliegen verknüpfter oder verknüpfbarer Komplexe ist typisch für mesodesmische Kristallstrukturen.

Mesoeuropa, Begriff für die europäischen ↗Variszidien. Er bezeichnet den im Zug der variszischen Ära (Oberdevon bis Oberkarbon) orogenetisch versteiften Krustenbereich West- und Mitteleuropas sowie der Moesischen Plattform (nördliches Bulgarien und südöstliches Rumänien). Mesoeuropa entstand durch Anfaltung der europäischen Variszidien an ↗Paläoeuropa. Dies war das Ergebnis der Kollision der Kontinentalplatten ↗Laurussia und ↗Gondwana unter Schließung des zwischenliegenden Ozeans der Paläotethys und ihrer Nebenmeere, d. h. den Akkumulationsräumen der alt- bis jungpaläozoischen Abfolgen Mesoeuropas. Hauptgebiete sind weite Teile der Iberischen Halbinsel und Frankreichs, Südirland, Südwestengland, Mitteleuropa sowie Sardinien, Korsika und Moesische Plattform. ↗Araeoeuropa.

Mesofauna, Bodentiere mit einer Körpergröße von 0,2–4 mm. Ihre wichtigsten Vertreter sind die ↗Collembolen und ↗Milben, aber auch ↗Nematoden und ↗Rotatorien sowie kleine ↗Enchyträen gehören in diese Gruppe. Der größte Teil der Mesofauna gehört zu den ↗Bodenkriechern.

Mesohemerobie, halbnatürliche Stufe der ↗Hemerobie. Der menschliche Einfluß auf den Standort ist mäßig stark, höchstens zeitweise stärker. In der Vegetationsdecke dominieren vom Menschen eingeführte Lebensformen, wobei 5–12 % ↗Neophyten auftreten und ein Verlust von 1–5 % der ursprünglichen Pflanzenarten feststellbar ist. Leichte Reliefveränderungen sind verbreitet. Die Gewässer sind leicht eutrophiert und schwach ausgebaut, Bodenveränderungen sind geringfügig.

Mesoklima, *Regionalklima,* räumlich eng begrenzte Klimabesonderheit, die durch natur- und kulturräumliche Gliederungen geprägt wird. In der Hauptsache wird das Mesoklima durch die Geländeform und durch die Landnutzung bestimmt, und daher wird auch die Bezeichnung ↗Geländeklima verwendet.

mesokrat, *mesotyp,* wenig verwendete Bezeichnung für magmatische Gesteine mit etwa gleichen Anteilen an hellen (↗felsischen) und dunklen (↗mafischen) Mineralen (z. B. ↗Gabbro).

Mesokumulat ↗Kumulatgefüge.

Mesolithikum, *Mittelsteinzeit,* ↗Steinzeit.

Mesomerie, nach L. Pauling auch als *Resonanz* bezeichnete Lehre zur Beschreibung der Bindungsverhältnisse in Molekülen, für die eine Zuordnung von einsamen und bindenden Valenzelektronenpaaren durch eine Valenzstrichformel nicht in befriedigender Weise möglich ist. Der Grundzustand dieser Moleküle wird durch Überlagerung der angebbaren Valenzstrichformeln (mesomere Grenzstrukturen, Valenzstrukturen) beschrieben. Die Grenzstrukturen stellen keine real existierenden Zustände des Moleküls dar, sondern dienen lediglich als Hilfsmittel, um die wirkliche Elektronenstruktur zu veranschaulichen. Die Überlagerung der Grenzstrukturen wird durch den Mesomeriepfeil (↔) zum Ausdruck gebracht. Die Mesomerie dient besonders zur Erklärung der Bindungsverhältnisse von Molekülen mit konjugierten Doppelbindungen, speziell aromatischer Verbindungen, z. B. des Benzols (Abb.). Von den jedem Kohlenstoff des Benzols zur Verfügung stehenden vier Elektronen bilden drei Elektronen Einfachbindungen zu den beiden benachbarten Kohlenstoffatomen und dem Wasserstoffatom. Das jeweils verbleibende Elektron der sechs Kohlenstoffe gehört einer ringübergreifenden Bindung an, welche als π-Bindung bezeichnet wird. Aufgrund der durch Mesomerie gebildeten π-Elektronen-Bindung erhält das aromatische Molekül eine besondere Stabilität. [SB]

Mesometeorologie, Teilgebiet der Meteorologie das sich mit den Vorgängen in der Mesoskala (↗Scale) beschäftigt. Hierzu zählen Prozesse und Phänomene mit einer typischen Längenausdehnung von einigen Kilometern und charakteristische Zeiten im Stundenbereich. Zum Studium dieser Vorgänge müssen Meßexperimente mit besonders dichter Anordnung der Geräte durchgeführt werden oder aber besondere ↗numerische Modelle (Mesoskalenmodelle) zum Einsatz kommen. Typische Anwendungsbereiche der Mesometeorologie sind die Verbesserung der lokalen Wettervorhersage und das Studium der Verteilung meteorologischer Größen in komplexem Gelände unter dem Einfluß von Orographie und Landnutzung. Gerade der letzte Punkt hat in der Praxis bei der Untersuchung der Schadstoffausbreitung in der Atmosphäre, der Bestimmung optimaler Standorte für Windenergie- oder Solarenergieanlagen sowie der Beurteilung von Landnutzungsänderungen im regionalen und lokalen Bereich große Bedeutung.

Mesopause ↗Atmosphäre.

Mesophyten, Pflanzen mittelfeuchter ↗Standorte der gemäßigten Klimazonen.

Mesophytikum, ↗Ära im Anschluß an das ↗Paläophytikum, dessen Beginn im ↗Perm die weltweite und schnelle Ausbreitung der gymnospermen ↗Spermatophyta, darunter v. a. der Pinidae (↗Pinopsida) und der ↗Ginkgoopsida (beide ↗Coniferophytina), markiert. Mit der Entfaltung der ↗Angiospermophytina in der höheren Unterkreide endet das Mesophytikum an der Unterkreide/Oberkreide-Grenze. Durch das trockener werdende Klima bedingt, wurden die überwiegend an feuchte Standorte gebundenen Pteridophytafloren des Paläophytikums im Perm durch ↗Gymnospermae abgelöst, die wegen wesentlich funktionstüchtigerer ↗Wurzeln und Wasserleitgefäße (↗Leitbündel) auch auf trockenen Standorten wachsen konnten und diesen Anpassungsvorteil neben differenzierteren Vermehrungs- und Verbreitungs-Strategien zu einer weitflächigeren Besiedlung neuer Landoberflächen nutzten. Im Oberperm, in der Untertrias und in der Mitteltrias bestimmten überwiegend Pinidae das Vegetationsbild, in der Obertrias zusätzlich ↗Cycadopsida und ↗Bennettitopsida. Im ↗Hauterive erschienen die ersten ↗Angiospermophytina, deren Diversität und Anteil an den Floren bis zum Beginn der Oberkreide rapide zunahm, entsprechend rückläufig entwickelte sich die Verbreitung der Gymnospermen. Dabei wurden die Cycadopsida und die Ginkgoopsida auf wenige Relikte reduziert, die Bennettitopsida starben aus. Nur die Pinidae setzten ihre Evolution erfolgreich bis zur Gegenwart fort. Auch die ↗Algen entwickelten sich weiter und begannen in einigen Gruppen fossilisationsfähige Skelette auszuscheiden, die sich seitdem weltweit und oft gesteinsbildend in marinen und limnischen Sedimenten anreicherten. Das sind die Zysten der ↗Dinophyta seit dem ↗Anis sowie Sklerite von Coccolithophorida seit der Obertrias, von ↗Bacillariophyceae seit der höheren Unterkreide und von ↗Silicoflagellales seit dem ↗Apt. [RB]

mesosaprob, Bezeichnung für die organische Belastung eines Fließgewässers nach dem ↗Saprobiesystem. Danach entspricht β-mesosaprob in etwa der ↗Gewässergüte der Klasse II (mäßig belastet), α-β-mesosaprob entspricht der Zwischenstufe II-III (kritisch belastet). α-mesosaprob bezeichnet etwa die Gewässergüteklasse III (stark verschmutzt). Der mesosaproben Stufe werden die ↗oligosaprobe und die ↗polysaprobe Stufe gegenübergestellt.

Mesosiderit ↗Meteorit.

mesoskopisch, von Dennis (1967) eingeführter Begriff für tektonische Objekte und Phänomene, deren Beobachtung ohne Zuhilfenahme eines Mikroskopes mit freiem Auge als Ganzes noch möglich ist. ↗megaskopisch.

Mesosom, *Paläosom*, der metamorph aussehende Teil eines ↗Migmatites.

Mesosphäre ↗Atmosphäre.

mesothermale Lagerstätten, nicht mehr gebräuchlicher Begriff für hydrothermale (Gang-) Lagerstätten mit Bildungstemperaturen zwischen 200 und 300°C, zurückgehend auf die Vorstellungen einer Bindung der hydrothermalen ↗Erzlagerstätten an einen ↗Pluton in einer magmatischen Abfolge und daraus folgender Klassifikation mit abnehmender Temperatur.

mesotroph, mittlerer Nährstoffzustand, d. h. allgemein ein Lebensraum mit mittlerer ↗Produktivität. Auf Gewässer bezogen bezeichnet mesotroph einen mittleren Gehalt an gelösten Nährstoffen und organischer Substanz und liegt somit zwischen dem ↗eutrophen und dem ↗oligotrophen Zustand. Die Produktivität P_{tot} beträgt nach der Vollzirkulation 10–30 µg/l, der Gesamtphosphor-Gehalt 10–30 mg/m^3 Wasser und die Sichttiefe 3–6 m. Auf den Stoffgehalt des Bodens bezogen entspricht mesotroph einem mittleren Nährstoff- und Basengehalt und liegt somit ebenfalls zwischen nährstoffarm und nährstoffreich. In der Moorkunde werden sog. ↗Übergangsmoore mit nährstoffarmem Grundwasser als mesotrophe Moore bezeichnet.

mesotropher See, See mit geringen Nährstoffgehalten und mäßiger Produktivität. Meist handelt es sich um Seen mit großer Wassertiefe, Nährstoffe und Biomasse werden am Seeboden festgehalten und damit dem Kreislauf entzogen. Den mesotrophen Seen werden die ↗oligotrophen Seen und die ↗eutrophen Seen gegenübergestellt.

Mesozoikum, stratigraphische Bezeichnung für den mittleren Abschnitt des ↗Phanerozoikums, umfaßt die Systeme ↗Trias, ↗Jura und ↗Kreide. ↗geologische Zeitskala.

Mesozone, mittlere Tiefenstufe der ↗Metamorphose nach Grubenmann (1904), heute dank des Konzeptes der ↗metamorphen Fazies überflüssig. Typische Minerale in Gesteinen der Mesozone sind: Muscovit, Biotit, Hornblende, Almandin, Disthen, Staurolith, Anthophyllit und albitreicher Plagioklas.

Meßabweichung, Abweichungen eines aus Messungen gewonnenen und der ↗Meßgröße zugeordneten Wertes vom ↗wahren Wert.

Meßband, *Stahlmeßband, Bandmaß, Rollbandmaß*, Meßgerät zur ↗mechanischen Distanzmessung. In der ↗Geodäsie werden aufrollbare Meßbänder aus Bandstahl, Bandstahl mit Kunststoffüberzug oder Glasfaser verwendet. Die gebräuchlichsten Meßbandlängen sind 20, 30 und 50 m. Die Teilung und Ziffern sind beim Meßband aus Stahl durch Hochätzung aufgetragen. Aufgetragen ist meist eine durchgehende Zentimeterteilung. Beziffert sind die ↗Meter und Dezimeter. Der erste Dezimeter weist eine Millimeterteilung auf. Der Meßbandanfang (0-Marke) kann als Bandüberstand oder an der vorderen Beschlagkante der Halterung ausgebildet sein. Für Präzisionsdistanzmessungen werden aufgrund des geringen thermischen Ausdehnungskoeffizienten von ↗Invar Meßbänder oder -drähte aus diesem Material verwendet (*Invarmeßband*). Sie sind gegen Verbiegen und Schläge sehr empfindlich.

Meßbild, in der Photogrammetrie ein Bild, dessen Daten der ↗inneren Orientierung bekannt sind. Meßbilder werden mit einer ↗Meßkamera aufgenommen und enthalten die einkopierten Rahmenmarken (Bildmarken) oder die Kopie eines ↗Reseaus zur Definition des Bildkoordinatensystems (↗Bildkoordinaten) sowie in der Regel die Angabe der ↗Kamerakonstanten. Die Daten der inneren Orientierung gestatten die Rekonstruktion des ↗Aufnahmestrahlenbündels des Bildes.

Messel, ehemaliger Tagebau in Hessen zwischen Darmstadt und Frankfurt, in dem von 1884 bis 1962 tertiäre Ölschiefer abgebaut wurden. Seit 1995 ist die Grube Messel als Weltnaturerbe in die World Heritage List der UNESCO eingetragen. Die Wichtigkeit der Messeler Ölschiefer beruht auf dem Reichtum an sehr gut erhaltenen Fossilien, die u. a. den Übergang von den archaischen Säugetieren, die Ende des Eozäns aussterben, zu der Frühfauna der heutigen Säugetiere dokumentieren. Die Grube Messel liegt im Übergang zwischen Odenwald und Rhein-Main-Ebene inmitten permischer Sedimente. Der Messeler Ölschiefer wurde als Faulschlamm am Grunde eines eozänen Süßwassersees abgelagert. Der Ablagerungszeitraum umfaßte 1–2 Mio. Jahre im Mitteleozän vor 49–50 Mio. Jahren. Paläomagnetische Messungen lassen eine Lage bei etwa 38° n.Br. annehmen, was der heutigen Position des südlichen Mittelmeerraumes entspricht. Das wärmere feuchtere Klima wird durch die fossile Pflanzenwelt belegt, die u. a. Palmen- und Teestrauchgewächse enthielt. Das Wasser des Sees wurde unter den warmen Klimaverhältnissen wahrscheinlich nur teilweise, vermutlich im Sommer, umgewälzt, wodurch eine geschichtete Wassersäule entstand, der in tieferen Bereichen Sauerstoff fehlte. Untergrund und ehemalige Größe des Sees sind nicht bekannt. Diskutiert werden tektonische Erscheinungen, z. B. ein Grabeneinbruch im Rotliegenden, Vulkanismus (War der See ein ↗Maar?) und Meteoriteneinschläge. Die Seesedimente sind laminiert, was möglicherweise durch saisonale (jahreszeitliche) Wechsel zwischen algen- und tonreichen Lagen zu erklären ist. Das Gestein setzt sich zusammen aus 30–35 % Tonmineralen (Smektite), 25–30 % organischem Material und 25–45 % Wasser. Ein hoher Prozentsatz der organischen Substanz (etwa 80 % des Kerogens) besteht aus Überresten der Alge *Tetraedron minimum*. Auffälliger Bestandteil des Gesteins sind dünne Sideritlagen und Einschlüsse von Phosphatmineralen wie Messelit und Montgomeryt. Der hohe Wassergehalt des Gesteins und die Reaktivität des organischen Materials erfordern besondere Präparationsmethoden.

Typische Messelfossilien sind Fledermäuse und Urpferde. Fossile Fledermäuse sind weltweit selten, aber in Messel wurden allein 300 Exemplare gefunden. Sie haben bereits alle Mittelohrknochen, die für Ultraschallortung notwendig sind, und dokumentieren die schnelle Entwicklung dieser Kleinsäuger. Zwei Arten von Urpferden (*Propalaeotherium*) kommen in Messel vor, beide waren Waldbewohner, die weiche Nahrung fraßen und mehrere Zehen hatten. Über 2000 Funde wurden bisher gemacht. Messel ist auch eine bedeutende Fundstätte für Insekten, bei denen z. T. sogar die Strukturfarben noch erhalten sind. Die größten Ameisen der Welt, alle beflügelt, kommen hier vor. Die häufigsten Wirbeltiere sind Fische, die mit sechs Arten vertreten sind. Alle sind Raubfische, anscheinend waren keine Friedfische im Messelsee vorhanden. Die meisten der Messelarten sind auch aus dem heutigen Amazonasbecken bekannt und tolerieren sauerstoffarme Gewässer. Unter den Amphibien sind Frösche häufig, deren Umriß durch das Wachstum von Bakterienrasen auf der Haut oft gut erkennbar ist. Die größten Fossilien von Messel sind die oft meterlangen Krokodile. Sie sind wichtige Klimaindikatoren, da sie sich nur bei Durchschnittstemperaturen von über 25°C vermehren können. Weitere Reptilien sind Schildkröten, Warane, Leguane und andere Echsen sowie Baum- und Würgeschlangen. Interessanterweise werden Wasservögel nur sehr selten in den Messeler Ölschiefern gefunden, während Flugvögel fast die Hälfte aller gefundenen Landwirbeltiere ausmachen. Es wird angenommen, daß diese beim Überfliegen des Sees in eine sauerstoffarme Gasglocke gerieten und ins Wasser stürzten. Durch die Einrichtung eines Schutzgebietes ist der ehemalige Tagebau von Messel jetzt auch ein artenreiches Biotop für rezente Floren und Faunen geworden. [SP]

Meßergebnis, aus Messungen gewonnener Schätzwert für den ↗wahren Wert einer ↗Meßgröße.

Meßfehler, Abweichung eines Meßwertes vom meist unbekannten realen Wert der betreffenden Meßgröße. Man unterscheidet systematische und zufällige Meßfehler. Systematische Meßfehler bewirken Abweichungen vom Realwert in bevorzugten Richtungen und können, sobald sie erkannt sind, unterdrückt werden (z. B. falsches Anbringen einer Zahlenskala am Meßgerät oder falsche Meßgeräteichung bzw. -aufstellung). Dagegen lassen sich zufällige Meßfehler nicht abstellen. Sie bewirken unsystematische Abweichungen vom Realwert und bestimmen die Genauigkeit (bzw. Unschärfe) einer Meßreihe. Die Abschätzung ihres quantitativen Ausmaßes erfolgt mit Hilfe der ↗Fehlerrechnung, z. B. in Form des Standardfehlers.

Meßfeld, in der Klimatologie der Aufstellungsort der Meßinstrumente für die Beobachtung und Registrierung der verschiedenen meteorologischen Größen. Routinemäßig werden an einem Meßfeld Temperatur, Wind, Niederschlag und Strahlungsgrößen gemessen. Damit diese Beobachtungen auch als repräsentativ für den Standort angesehen werden können, soll das Meßfeld eine Mindestgröße haben und die Unterlage aus einer Rasenfläche bestehen. In der näheren Umgebung dürfen sich keinen Hindernisse wie Bäume oder Gebäude befinden.

Meßfernrohr ↗Fernrohr.

Meßflügel, Gerät zur Messung der ↗Fließgeschwindigkeit eines strömenden Mediums. Er wird in erster Linie zur ↗Durchflußmessung an Fließgewässern eingesetzt. Über eine Eichkurve ergibt sich die Fließgeschwindigkeit aus der Zahl der Umdrehungen eines Flügelrades innerhalb eines vorgegebenen Zeitintervalls. Für Durchflußmessungen an kleinen oder mittleren Gewässern mit geringer Fließgeschwindigkeit wird der Flügel an einer Stange geführt (Stangenflügel). Bei größeren Gewässern und bei Gewässern mit größerer Fließgeschwindigkeit wird der Flügel als sog. Schwimmflügel über eine Seilkrananlage in die jeweilige Meßposition gebracht.

Meßgröße, physikalische Größe, der die Messung gilt.

Messin, *Messinium*, nach der Stadt Messina benannte, international verwendete stratigraphische Bezeichnung für die oberste Stufe des Miozän. ↗Neogen, ↗geologische Zeitskala.

Messinian-Event ↗Neogen.

Meßkamera, speziell für die Aufnahme von ↗Meßbildern eingerichtete Kamera mit bekannter ↗innerer Orientierung (↗Luftbildmeßkamera, ↗terrestrische Meßkamera, CCD-Kamera, ↗Multispektralkamera). Die Meßkamera besitzt Vorrichtungen zur Definition eines Bildkoordinatensystems (↗Bildkoordinaten) in Form von Rahmenmarken oder eines ↗Reseau zur Planlage des photographischen Aufnahmematerials in der Bildebene und zur Einstellung oder Messung der ↗äußeren Orientierung der Kamera im Objektraum.

Meßplattformen, werden als Instrumententräger und als Meßgeräte benutzt. Zu den Instrumententrägern gehören ↗Forschungsschiffe und ↗Verankerungen. Als Meßgeräte sind sie in Form von ↗Driftkörpern im Einsatz.

Meßpunkthöhe, die Höhe des Meßpunktes einer ↗Grundwassermeßstelle über oder unter einer waagrechten Bezugsfläche, z. B. Geländeoberfläche, oder fest definierte Bezugsfläche für Höhenmessungen. In Deutschland wird die Meßpunkthöhe meist in Meter über Normalnull (NN) angegeben.

Meßreihe, auf Einzelmessungen zurückgehende Daten einer Meßgröße.

Meßtischaufnahme, eine tachymetrische Geländeaufnahme mit Hilfe von Meßtisch und Kippregel (↗Meßtischausrüstung), bei der die Messungen sofort im Felde ausgewertet und auf dem Meßtisch im Kartenmaßstab kartiert werden. Dabei wird das Kartenbild angesichts des Geländes als Bleientwurf entwickelt. Die unmittelbare Verbindung des Kartenentwurfs mit den Messungen gestattet es, fehlende oder fehlerhafte Meßpunkte leicht zu erkennen und im Zuge des ↗Krokierens zu beseitigen. Art und Umfang der Messungen werden dadurch auf das für den Kartenentwurf erforderliche Minimum beschränkt. Die klassische Meßtischaufnahme hat sich bis zum Anfang des 20. Jh. zu einer international üblichen ↗topographischen Aufnahmemethode für Karten im Maßstab 1 : 25.000 und kleinerer Maßstäbe entwickelt. Die Meßtischaufnahme wird heute nur noch selten, z. B. für topographische Ergänzungsmessungen in unwegsamen Gelände, angewendet. Für die rechnergestützte Weiterverarbeitung der analogen Daten ist die Analog/Digital-Wandlung nach dem Digitalisierverfahren erforderlich. [GB]

Meßtischausrüstung, eine Ausrüstung für die ↗topographische Geländeaufnahme, die aus Meßtisch, Kippregel und Zubehör besteht. Die Messungen werden als Vertikalwinkel-, Richtungs- und Streckenmessungen tachymetrisch ausgeführt. Die Entfernungsmessung erfolgt entweder optisch mit Hilfe Reichenbachscher Distanzfäden oder Diagrammkreisen oder elektronisch nach dem Phasenvergleichsverfahren (↗elektronische Distanzmessung). Der Höhenunterschied wird entweder aus der gemessenen Strecke und dem Höhen- oder Zenitwinkel berechnet oder durch Ablesung der Höhenkurve ermittelt. Die Lage des angemessenen Geländepunktes wird sofort im Kartenmaßstab kartiert. Seine Höhe wird durch ↗trigonometrische Höhenbestimmung im Zuge der Messung ermittelt. Der kartierte Geländepunkt wird als Kote (Punkt mit Höhenangabe) bezeichnet.

Meßtischblatt, das Original-Aufnahmeblatt bei Kataster- und topographischen Aufnahmen nach dem Meßtischverfahren. Der Topograph erhält für die ↗Meßtischaufnahme ein Blatt mit Rahmen und kartierten ↗Festpunkten, in das er, auf dem Meßtisch aufgezogen, im Gelände nach Messungen mit der Kippregel die topographischen Objekte und das Relief einträgt und so das topographische Original schafft; später, hauptsächlich in Preußen und dem Deutschen Reich 1871–1945, Kurzbezeichnung für die im Blattschnitt der Originalaufnahmeblätter von 6' Breite und 10' Länge publizierte ↗Topographische Karte 1 : 25.000.

Messungslinie, eine in der Örtlichkeit eindeutig definierte Linie, auf die sich geodätische Messungen beziehen. Die Festlegung einer Messungslinie kann durch ↗Festpunkte, durch eindeutig identifizierbare topographische Gegenstände oder durch festgelegte optische Bezugslinien, z. B. mit Hilfe eines ↗Theodoliten oder eines ↗Lotes, vorgenommen werden. Eine in der ↗Geodäsie bevorzugte Messungslinie ist die Gerade, auf der durch die Festlegung eines Anfangs- und eines Endpunktes die ↗Distanz definiert wird. Terrestrische Geländeaufnahmen (↗topographische Geländeaufnahme) erfolgen meist bezüglich mehrerer in einem Netz verbundener Messungslinien.

Messungsriß, *Vermessungsriß*, ↗Feldriß.

Meßwehr, besondere Einrichtung zur ↗Durchflußmessung an ↗Fließgewässern. Dabei handelt es sich um Überfallwehre, deren Durchfluß nicht vom Unterwasser beeinflußt wird. Sie bestehen aus einer Meßrinne (Meßkanal), die durch eine meist dreieckige, scharfkantige, nach unten V-förmig ausgeschnittene Stahlplatte (Dreiecksmeßwehr, Thomson-Überfallwehr) abgeschlossen wird. Die scharfkantige Krone ist so geformt, daß das darüberfließende Wasser nur den oberstromigen Rand der Krone berührt und so einen gut belüfteten Überfallstrahl erzeugt. Der Wasserstand wird in der Meßrinne wegen der geforderten hohen Genauigkeit meist mit Stechpegeln gemessen. Da im Labor durchgeführte Kalibrierungen der Wehrplatten in der Natur häufig ihre Gültigkeit verlieren, sind die meisten Meßwehre zusätzlich mit einem verschließbaren Meßbecken ausgestattet. Bei Füllung wird durch Volumen- und Zeitmessung die Bestimmung der Durchflüsse und damit die Aufstellung der ↗Durchflußkurven ermöglicht. Meßwehre werden v. a. an Mittelgebirgsbächen mit geringer Wasserführung angewandt. Ein ökologischer Nachteil der Meßwehre besteht darin, daß sie die Durchgängigkeit des Fließgewässers für Fische und andere Organismen stören. [EWi]

Meßwert, Wert, der zur ↗Meßgröße gehört und der Ausgabe eines Meßgerätes oder einer Meßeinrichtung eindeutig zugeordnet ist.

MESZ, *Mitteleuropäische Sommerzeit*, in den Sommermonaten (derzeit Ende März bis Ende Oktober) wird die amtliche Zeit ↗MEZ um eine Stunde vorgestellt. Die Begründung, daß dadurch Energie eingespart würde, ist allerdings umstritten.

meta-, in der Petrologie verwendete Vorsilbe, die anzeigen soll, daß ein nachfolgend aufgeführtes Sediment- oder magmatisches Gestein metamorph überprägt wurde (z. B. Metaquarzit, Metabasalt).

Meta-Anthrazit, ↗Steinkohle aus der Reihe der ↗Humuskohlen mit einer ↗Vitrinitreflexion von $> 4\%R_r$ und einem Gehalt an ↗flüchtigen Bestandteilen von $< 4\%$ (waf); höchster ↗Inkohlungsgrad organischer Substanz.

Metabasit, ein Überbegriff für alle metamorphen Gesteine mit ↗basischer (basaltischer) chemischer Zusammensetzung. Ausgangsgesteine können einerseits magmatische Gesteine, wie z. B. Gabbros, Basalte, Andesite und deren Tuffe, andererseits Sedimente wie Mergel, Grauwacken und Tuffite sein.

metablastisch, Gefügebezeichnung für metamorphe Gesteine, in denen eine Mineralart durch bevorzugtes Wachstum größer kristallisiert als die Matrixminerale.

Metabolie ↗*Metamorphose*.

metabolischer Quotient, Kohlendioxidmenge, die je Einheit des mikrobiellen Kohlenwasserstoffes entsteht; Größe zur Darstellung der mikrobiellen Aktivität.

Metabolismus, der in der Zelle ablaufende Stoffwechsel in der Gesamtheit aller chemischen Reaktionen. Hierbei gewinnen Zellen Energie aus ihrer Umgebung und wandeln Nahrungsstoffe durch zahlreiche, miteinander verkoppelte Reaktionsschritte in Zellkomponenten um. Im weitesten Sinne werden Stoffe aufgenommen, eingebaut, umgewandelt, abgebaut und schließlich ausgeschieden. Wesentliches Ziel des Stoffwechsels ist die Erhaltung und Vermehrung der Körpersubstanz und die Energiegewinnung, und damit die Aufrechterhaltung der Lebensvorgänge. Man unterscheidet allgemein den intermediären Stoffwechsel, der in Zellen und Geweben stattfindet (»Zell-Gewebs-Stoffwechsel«) und sämtliche chemischen Umsetzungen von den Ausgangsstoffen bis zu den Endstoffen umfaßt, sowie den Energie- bzw. Betriebsstoffwechsel, der Energiegewinnung (z. B. Wärmeenergie, Körpertemperatur, Arbeitsleistung der Organe und Muskeln, chemische Synthese-Energie) durch chemische Umwandlung körpereigener Stoffe beschreibt. Neben dem eigentlichen Metabolismus existiert im Pflanzen- und Tierreich ein Sekundärstoffwechsel, der zwar zum Überleben primär nicht erforderlich ist, innerhalb dessen jedoch zahlreiche Naturstoffe (Blütenfarbstoffe, Gifte zum Schutz gegen Feinde, Harze, Riech- und Botenstoffe, Pheromone) in hierfür eigens spezialisierten Zellen gebildet werden. [ME]

Metabolite, Umwandlungsprodukte, die beim mikrobiellen Abbau organischer Substanz entstehen.

Metadaten, sind im Sinne von Beschreibungen Informationen über ↗Daten, die in einer Vielzahl von Anwendungsgebieten genutzt werden, um die Zugänglichkeit und Nutzungsmöglichkeiten von Daten zu dokumentieren. In Datenbanksystemen bilden Beschreibungen von Tabellen und Attributen im Sinne eines ↗Datenkatalogs Metadaten. Komplexere Anwendungsmöglichkeiten liegen in der Dokumentation von umfangreichen Datenbeständen, wie es etwa im Bereich von Umweltdatenbanken durch den UDK (Umwelt-Daten-Katalog) gewährleistet ist. Wichtige Metadatenkriterien betreffen die ↗Datenquelle, die ↗Datenqualität, die zugrundeliegenden Erfassungs- und Auswertungsmethoden und Angaben zu Möglichkeiten der Weiterverarbeitung oder der Zugriffsmöglichkeiten. Im Bereich der ↗Geodaten gibt es eine Reihe von Standardisierungen von Metadaten, der UDK z. B. geht auf eine Initiative des Umweltministeriums Niedersachsen zurück, in den USA ist das Federal Geographic Comitee (FGDC) mit einer solchen Aufstellung befaßt. Auf europäischer Ebene existiert das Geographic Data Description Directory (GDDD) als Umsetzung des CEN »Metadata Standard on Geographic Information« (MDS), das auch vom MEGRIN-Projekt der ↗CERCO verwendet wird. ↗Datenmodellierung. [AMü]

Metagabbro, ein metamorpher ↗Gabbro.

Metagenese, der ↗Katagenese folgender Prozeß der thermischen Zersetzung von organischer Materie. Aufgrund der fortschreitenden Bindungsbrüche entsteht ↗Erdgas und ein amorpher, fester Kohlenstoffrückstand, bei geeigneten physikalischen und chemischen Randbedingungen auch ↗Graphit oder ↗Diamant. Dieser Prozeß läuft in Tiefen von einigen Kilometern bei Temperaturen von etwa 150–200°C ab.

Metagranit, ein metamorpher ↗Granit.

Metahemerobie, künstliche Stufe der ↗Hemerobie. Der menschliche Einfluß ist übermäßig stark, was zur vollständigen Veränderung der ursprünglichen Verhältnisse führt. Die Lebewesen sind weitgehend vernichtet. Durch anthropogene Aufschüttungen ist das Relief oft überhöht und vollständig überbaut. Der Wasserkreislauf ist künstlich und kanalisiert, der Boden versiegelt.

Meta-Informationssystem, Datenbanksystem, das Informationen über in anderen Datenbanken enthaltene Fachdaten enthält, selbst aber keine gemessenen Daten besitzt.

Metakolloide ↗*Mineralwachstum*.

Metallhydroxide: pH-abhängige Löslichkeit von $Al(OH)_{3(s)}$, $Fe(OH)_{3(s)}$ und SiO_2.

Metalimnion, Wasserschicht, die in einem geschichteten See das ↗Epilimnion vom ↗Hypolimnion trennt (↗See Abb. 2). Das Metalimnion ist als Grenzschicht durch einen starken Temperaturgradienten (↗Sprungschicht) gekennzeichnet. Erst wenn im Jahresverlauf vertikal einheitliche Wassertemperaturen (Homothermie) ausgebildet werden, wird die Schichtung aufgehoben.

Metalldetektor, bezeichnet in der Angewandten Geophysik Varianten elektromagnetischer Verfahren – etwa von Zweispulensystemen oder auch der ↗Transienten-Elektromagnetik – zur Ortung von tiefer im Untergrund liegenden Metallgegenständen, z. B. Fässern, metallischen Rohrleitungen usw.

Metalle, werden aus metallführenden Erzen und Erzmineralen, insbesondere aus Sulfiden und Oxiden, nach deren Aufbereitung und Reinigung u. a. durch Rösten und andere Verfahren hergestellt. Nur selten treten sie, vor allem als Edelmetalle, in reiner Form auf. Metallische Minerale und Metalle haben mehr oder weniger die gleichen Eigenschaften (hoher Glanz, hohe Dichte, große Dehnbarkeit). Metalle mit metallischer Bindung besitzen meist kubisch flächenzentrierte Gitter. Da sich die Elemente gruppenweise im Periodensystem häufen (Fe-Co-Ni, Ru-Rh-Pd, Os-Ir-Pt, Cu-Ag-Au) und dadurch ähnliche Atomgrößen besitzen, haben ihre Kristalle ähnliche Eigenschaften. Dies äußert sich besonders durch die starke Tendenz, Mischkristalle zu bilden. Die Bildungsbedingungen der metallischen Minerale sind außerordentlich unterschiedlich und reichen vom magmatischen bis in den sedimentären Bereich. Die Halbmetall-Minerale besitzen meist ein verzerrtes kubisches Gitter, das zu einer trigonalen Symmetrie und damit ähnlichen Kristallformen führt. Auch die größere Sprödigkeit, bessere Spaltbarkeit sowie die relativ geringe Dichte ist eine Folge dieser strukturellen Besonderheit. Mischkristallbildung ist selten. Genetisch bestehen große Unterschiede (hydrothermal bis metamorph). An die metallischen Eigenschaften erinnern nur noch der relativ hohe Glanz und z. T. die hellen Farben. ↗Elementminerale. [GST]

Metallfaktor ↗Frequenzeffekt.

Metallgehalt, in Gewichtsprozent oder Gramm pro Tonne (ppm = parts per million) angegebener Anteil des Metalls im ↗Erz; wichtige Kennziffer für die wirtschaftliche Bewertung einer ↗Lagerstätte, wobei der Mindestmetallgehalt die ↗Bauwürdigkeitsgrenze bestimmt, abhängig von den zu erzielenden Erlösen.

Metallhydroxide, innersphärische Komplexe aus Metallzentralkation und Hydroxidionen, z. B. $Al(OH)_2^+$, $Al(OH)_3$ und $Al(OH)_4^-$. Ihr chemisches Verhalten ist amphoter. Polynukleare Hydroxidkomplexe, z. B. $Fe_2(OH)_2^{4+}$ und $Fe_3(OH)_4^{5+}$, haben erst in übersättigten Lösungen höhere Konzentrationsanteile und leiten die Bildung von Kristalliten und damit die Fällung z. B. von $Fe(OH)_{3(s)}$ ein. Besonders die Mobilität von Aluminium und Eisen in natürlichen Systemen wird durch die Bildung geringlöslicher Hydroxide des Typs M-$(OH)_{3(s)}$ bestimmt (Abb.).

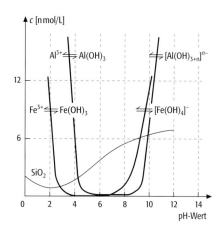

metallische Bindung, Packung von Atomrümpfen, zwischen denen sich die Valenzelektronen quasi frei bewegen können (↗Elektronengas). Zur anschaulichen Deutung der metallischen Bindung kann man vom Orbitalmodell der Atome ausgehen und annehmen, daß sich die Atomorbitale dicht gepackter Atome soweit überlagern, daß sie alle zusammenhängen und dem Atomverband als Ganzes angehören. Nach dem Pauli-Prinzip spalten sich dabei die Energieniveaus der einzelnen Atomorbitale jeweils in eine Vielzahl energetisch sehr dicht benachbarte Zustände unter Bildung sog. Energiebänder auf. Wenn besetzte mit unbesetzten Bändern überlappen, dann können thermisch angeregte Elektronen sich praktisch frei zwischen den Atomrümpfen bewegen (Elektronengas), was zur elektrischen und thermischen Leitfähigkeit führt. Die Bindungskräfte durch das Elektronengas sind relativ schwach; Einkristalle der Metalle sind deshalb duktil und leicht verformbar. Metallische Festkörper sind normalerweise polykristallin; Versetzungen, Fehlstellen und Einlagerungen verleihen ihnen eine erhöhte Festigkeit, die für ihre Anwendung als Werkstoff wichtig ist. Die metallische Bindung ist ungerichtet und für alle Atome attraktiv. Es gilt das Prinzip der maximalen Koordination und dichtesten Packung. Weder gibt es Beschränkungen durch Elektroneutralität (wie bei Ionenkristallen), noch durch Bildung gerichteter Bindungen (wie bei kovalenten Verbindungen). Metallische Elemente sind deshalb

metallische Bindung: schematische Darstellung der Aufspaltung der atomaren Energieniveaus bei Annäherung einer großen Anzahl gleicher Atome aus der ersten Achterreihe des Periodensystems. Der Abstand r_0 charakterisiert den Gleichgewichtsabstand der Atome im Metallverband. Die Überlappung des besetzten $2s$-Bandes mit dem leeren $2p$-Band verleiht den Elementen Be und Al elektrische Leitfähigkeit.

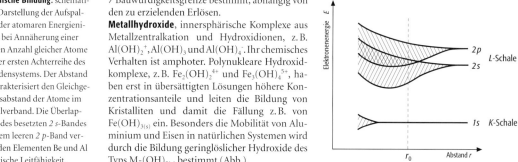

vielfältig zu Legierungen mischbar. Die stöchiometrische Zusammensetzung intermetallischer Phasen besitzt gewöhnlich einen breiten Stabilitätsbereich (Abb.). [KE]

metallischer Radius, Radius von Atomen in metallischen Strukturen. Diese lassen sich direkt aus den Elementstrukturen der Metalle herleiten, indem man die Abstände nächster Nachbarn halbiert. Metallische Radien wurden schon von V. M. ↗Goldschmidt (1928) ermittelt und später von F. ↗Laves (1937) ergänzt. Sie ändern sich mit der Koordinationszahl: $r[12]:r[8]:r[6]:r[4] = 1:0{,}97:0{,}96:0{,}88$. Meist wird der Radius für die Koordinationszahl 12 der dichtesten ↗Kugelpackung angegeben. Metallradien sind größer als die entsprechenden ↗Ionenradien oder ↗kovalenten Radien.

Metallisierung, Zunahme des metallischen Charakters. Den metallischen Charakter einer kovalenten Bindung kann man mit Hilfe einer durchschnittlichen Hauptquantenzahl:

$$\bar{n} = \sum_i c_i n_i / \sum_i c_i$$

beschreiben, wobei n_i die Hauptquantenzahl der beteiligten Atome und c_i deren Anzahl in der Formeleinheit ist. Mit zunehmendem $\bar{n}$ wird die Bindung metallischer. Zum Beispiel bedingen für $\bar{n} = 2$ (Kohlenstoffgruppe mit C, Si, Ge, Sn) die p-Orbitale einen kovalenten und durch sp^3-Hybridisierung einen ausgesprochenen Richtungscharakter der Bindungen. Mit steigendem $\bar{n}$ werden zunehmend d- und f-Elektronen an der Bindung beteiligt, und der Richtungscharakter der Bindungen nimmt ab. Einen gemischt kovalent-metallischen Bindungscharakter findet man beispielsweise bei Selen, Tellur, Arsen und vielen Sulfiden, Seleniden, Telluriden und Arseniden. ↗Dehybridisierung. [KE]

Metallogenese, *Metallogenie*, Teilaspekt der ↗Erzlagerstättenkunde, der unter Einbeziehung der verschiedenen geowissenschaftlichen Teildisziplinen aus der Synthese der geologischen Faktoren vor, während und nach Entstehung der Lagerstätten auf deren Bildungsprozesse schließt, um aus den Gesetzmäßigkeiten Grundlagen für die weiteren Such- und Erkundungsarbeiten zu schaffen.

metallogenetische Epochen, Zeitabschnitte in der Erdgeschichte, in denen bestimmte Erzlagerstättentypen bevorzugt oder sogar ausschließlich gebildet wurden. So treten global gesehen ↗Goldlagerstätten gehäuft im späten ↗Archaikum (z. B. goldführende ↗Grünsteingürtel in Ontario, Kanada) sowie im ↗Känozoikum auf, ↗Banded Iron Formations sind fast ausschließlich älter als 2 Mrd. Jahre usw. Für diese Zeitgebundenheit der ↗Lagerstättenbildung werden u. a. unterschiedliche physikochemische Bedingungen bei der präkambrischen Erdkrustenbildung und/oder unterschiedliche Zusammensetzung der präkambrischen Erdatmosphäre verantwortlich gemacht.

metallogenetische Karte, großmaßstäbige Karte zur Verdeutlichung der Zusammenhänge zwischen ↗Lagerstätten und den mit ihnen genetisch verknüpften Gesteinseinheiten, wobei die mehr oder weniger den verschiedenen tektonischen Stockwerken entsprechenden Gebiete vergleichbarer Entwicklung farblich zusammengefaßt werden. Dabei wird zwischen Sedimenten, Intrusiva und Extrusiva sowie Metamorphiten unterschieden. Bekannte Lagerstätten werden als Punkte dargestellt, die entsprechend der ↗Mineralisation und Genese in Farben und Formen variieren, falls sie nicht wegen ihrer flözartigen Verbreitung durch Raster gekennzeichnet sind.

metallogenetische Provinz, *Erzprovinz*, Region mit größerer Anzahl (↗syngenetischer und ↗epigenetischer) ↗Lagerstätten für bestimmte einzelne oder auch mehrere Metalle, z. B. Zinngürtel oder Blei-Zink-Lagerstätten in Europa. Eine Orientierung findet an geologisch definierten Zonen wie Subduktionszonen statt, die Lagerstättenbildung erfolgt häufig über mehrere geologische Epochen hinweg.

metallogenetisches Modell, Bildungsvorstellung für ↗Erzlagerstätten aus der Synthese von eventuell an verschiedenen Lagerstätten gewonnenen Einzelaspekten bzw. aufgrund mathematischer Modellberechnungen.

metallorganische Gasphasenabscheidung ↗MOCVD.

metallorganische Molekularstrahlenepitaxie ↗MOMBE.

Metallotekt, geologischer Körper, in dem es durch seine ↗Lithologie und ↗endogene Vorgänge (↗Tektonik, ↗Magmatismus, ↗Metamorphose) sowie ↗exogene Vorgänge (Paläoklima bzw. Klima) zu mineralischen Anreicherungen kommt oder gekommen ist (z. B. Bereich vulkanischer Exhalationen, Salzseen) und der als solcher in ↗metallogenetischen Karten gekennzeichnet wird.

Metallvorräte, Gesamtvorräte an gewinnbarer Metallmenge in einer ↗Lagerstätte oder einem Lagerstättenbezirk; bestimmen in Abhängigkeit von der ↗Bauwürdigkeitsgrenze den Wert der betreffenden Lagerstätte.

Metal Organic Chemical Vapour Deposition ↗MOCVD.

Metal Organic Molecular Beam Epitaxy ↗MOMBE.

Metals Data File, *METDF*, ↗Kristallstruktur.

Metamagmatit, ein aus einem beliebigen magmatischen Gestein entstandener ↗Metamorphit.

metamik, durch fortgesetzte ↗Strahlungseinwirkung völlig amorphisierter Kristall. Dieser Zustand befindet sich vom thermodynamischen Gleichgewicht sehr weit entfernt. Bei Zuführung einer ausreichenden Aktivierungsenergie (Erhitzen) wird die Gleichgewichtskristallstruktur unter Energieüberschuß wieder hergestellt.

metamorph, Bezeichnung für Vorgänge und Produkte der ↗Metamorphose.

metamorphe Abfolge, alle Umbildungen und Neubildungen, durch die Gesteine und Lagerstätten in tieferen Bereichen der Erde ganz oder teilweise im Mineralbestand und Gefüge wesentlich umgewandelt wurden. Die wichtigsten an der Bildung metamorpher Gesteine und Lager-

Olivin-Gruppe	Forsterit, Fayalit, Olivin, Knebelit, Tephroit, Monticellit
	Chondrodit, Andalusit, Disthen, Sillimanit, Staurolith
Granat-Gruppe	Pyrop, Almandin, Spessartin, Grossular, Andradit
	Epidot, Piemontit, Zoisit, Cordierit, Vesuvian
Pyroxen-Gruppe	Wollastonit, Rhodonit, Diopsid, Hedenbergit, Salit, Schefferit, Jadeit, Enstatit, Bronzit
Amphibol-Gruppe	Tremolit, Strahlstein (Aktinolith, Nephrit), Grünerit, Cummingtonit, Dannemorit, Anthophyllit, Gedrit
	Talk
Glimmer-Gruppe	Muscovit, Phlogopit, Biotit, Manganophyllit
	Chlorit, Chamosit, Serpentin
Feldspat-Gruppe	Orthoklas, Mikroklin, Albit, Plagioklase
	Diaspor, Korund, Eisenglanz
Magnetit-Spinell-Gruppe	Magnetit, Manganmagnetit, Jakobsit, Franklinit, Zinkspinell
	Braunit, Hausmannit, Sitaparit, Hollandit, Vredenburgit

metamorphe Abfolge: Minerale der metamorphen Abfolge.

metamorphe Fazies

metamorphe Fazies: Druck-Temperatur-Bedingungen der metamorphen Fazies.

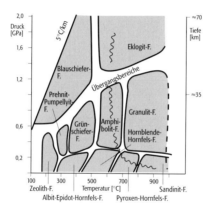

metamorphe Fazies (Tab.): diagnostische Minerale und Paragenesen der regionalmetamorphen Fazies.

stätten beteiligten Minerale ergeben sich aus der Tabelle.

metamorphe Fazies, *Mineralfazies,* Zusammenfassung aller ↗Mineralparagenesen, die wiederholt in Raum und Zeit zusammen auftreten, so daß eine regelmäßige und damit vorhersehbare Beziehung zwischen dem Mineralbestand und der chemischen Zusammensetzung eines metamorphen Gesteins besteht. Dieses Faziesprinzip wurde zu Beginn des 20. Jahrhunderts von dem finnischen Petrologen P. E. ↗Eskola entwickelt. Grundannahme war dabei, daß die beobachteten Mineralparagenesen chemische Gleichgewichte, die während des Metamorphosehöhepunktes eingefroren wurden, repräsentieren. Im Laufe der Zeit haben sich die in der Abbildung wiedergegebenen sieben regionalmetamorphen und vier kontaktmetamorphen Fazies eingebürgert. Die meisten Faziesnamen sind von den in der jeweiligen Fazies auftretenden metabasischen (↗Metabasit) Gesteinen hergeleitet. Die P-T-Grenzen zwischen den verschiedenen Fazies sind nicht scharf, da die dort ablaufenden Mineralreaktionen stark von den jeweiligen Zusammensetzungen der beteiligten Minerale abhängen. Geländebeobachtungen der Abfolgen von metamorphen Fazies, auf die der japanische Petrologe Akiho Miyashiro zwischen 1960 und 1970 hingewiesen hat, lassen drei prinzipiell verschiedene Faziesserien unterscheiden: a) eine *Hochdruckfaziesserie,* die von der *Blauschieferfazies* zur *Eklogitfazies* führt und die für die Metamorphose in Subduktionszonen (z. B. das Franciscan in Kalifornien) charakteristisch ist; b) eine *Mitteldruckfaziesserie,* die von *Zeolithfazies* und *Prehnit-Pumpellyit-Fazies* über die *Grünschieferfazies* zur Amphibolitfazies reicht und die besonders in Kontinent-Kontinent-Kollisionszonen verbreitet ist (z. B. die ↗Barrow-Zonen in Schottland); c) eine *Niederdruckfaziesserie,* die von der Zeolithfazies über die drei Hornfelsfazies (*Albit-Epidot-Hornfelsfazies,* Hornblende-Hornfelsfazies, *Pyroxen-Hornfelsfazies*) zur *Sanidinitfazies* führt und die für Bereiche mit Kontaktmetamorphose (z. B. um den Ballachulish-Pluton in Schottland) oder für regionalmetamorphe Gebiete mit einer hohen Rate von magmatischen Intrusionen typisch ist (z. B. Abukuma-Gebiet in Japan). Diese Zusammenstellung macht deutlich, daß es einen wichtigen Zusammenhang zwischen den metamorphen Ereignissen und den geotektonischen Verhältnissen gibt und daß man aus den Mineralparagenesen der metamorphen Gesteine wichtige Informationen über die in der Vergangenheit abgelaufenen geologischen Prozesse gewinnen kann (Tab.). [MS]

metamorphe Fluide, Fluide, die während der ↗Metamorphose von Gesteinen anwesend sind. Sie werden entlang von Mikrobrüchen und ↗Korngrenzen transportiert, nachdem sie durch z. B. Entwässerungsreaktionen (↗Dehydratisierungsreaktion) entstanden sind.

metamorphe Lagerstätten, natürliche Anhäufung von ↗Rohstoffen durch ↗metamorphe Prozesse. Abgesehen von ↗metasomatischen Prozessen am Kontakt von magmatischen Schmelzen zum Nebengestein (↗kontaktmetamorphe Lagerstätten, z. B. ↗Skarnlagerstätten) kommt es durch metamorphe Prozesse kaum zu Anreicherungsvorgängen. Umstritten ist, ob metamorphe Fluide, evtl. im offenen System, zu lagerstättenbildenden Stoffwanderungen führen. Dagegen kann die metamorphe Neubildung von Mineralien ein lagerstättenbildender Vorgang sein, wie z. B. die Entstehung von ↗Smirgel aus ↗Bauxit oder ↗Laterit (z. B. Lagerstätte bei Izmir in der Türkei und auf Naxos, Griechenland). Des weiteren können auf eine Metamorphose zurückzuführende Mineralneubildungen (z. B. Magnetit auf Kosten anderer Eisenmineralien) und Gefügeänderungen (z. B. Kornvergrößerungen) dazu geführt haben, daß vorher nicht als Lagerstätten anzusehende Mineralisationen bauwürdig geworden sind, indem sie eine günstige ↗Aufbereitung ermöglichen.

metamorpher Gradient, *P-T-Gradient, metamorpher Feldgradient,* eine Kurve im Druck-Temperatur-Diagramm, die aus den Mineralparagenesen und Mineralzusammensetzungen eines begrenzten, meist regionalmetamorphen Gebietes abgeleitet werden kann. Dieser Gradient, der nicht mit dem Verlauf irgendeiner stationären ↗Geotherme überstimmen muß, hängt

Fazies	diagnostische Minerale und Paragenesen
Zeolith	Laumontit, Wairakit
Prehnit-Pumpellyit	Prehnit + Pumpellyit Pyrophyllit
Grünschiefer	Albit + Epidot + Chlorit + Aktinolith Chloritoid
Amphibolit	Plagioklas + Hornblende Staurolith
Granulit	Orthopyroxen + Klinopyroxen + Plagioklas Sillimanit, Granat, *kein* Muscovit, *kein* Staurolith
Blauschiefer	Glaukophan, Lawsonit, jadeitischer Klinopyroxen, Aragonit Mg-Fe-Karpholith, *kein* Biotit
Eklogit	Omphacit + Granat, *kein* Plagioklas Talk + Disthen + Phengit

in erster Linie von der jeweiligen tektonischen Situation, in der die Metamorphose abläuft, ab.

metamorpher Kernkomplex, *Kernkomplex*, *metamorphicc core complex* (engl.), in Zentralgürteln von Gebirgen aus tiefen Krustenniveaus in das oberste Krustenstockwerk aufgestiegene metamorphe Gesteine, die von nicht metamorphen Gesteinseinheiten umgeben sind. Der Aufstieg erfolgt isostatisch bei Druckentlastung durch Oberflächenerosion (erosive Denudation) oder durch ↗tektonische Denudation. Bei Orogenen mit starker tektonischer Einengung besteht der metamorphe Kernkomplex aus ursprünglich durch tektonische Krustenverdickung (↗Orogen) zunächst in höhere Druck- und Temperaturbereiche versenkte und dort metamorphisierte sowie duktil verformte Gesteine (↗duktile Verformung), die nach ihrem Wiederaufstieg in ↗tektonischen Fenstern erscheinen. Bei starker Krustenaufheizung kann ein metamorpher Kern auch ohne vorhergehende Krustenverdickung der tektonischen Denudation unterliegen. [KJR]

metamorphes Gestein ↗*Metamorphit*.

metamorphes Lagengefüge ↗*Flächengefüge*.

metamorphe Subfazies, eine heute weniger gebräuchliche Untergliederung der ↗metamorphen Fazies.

metamorphe Zonen, kartierbare Bereiche in regionalmetamorphem Gelände (↗Regionalmetamorphose), die durch Isograden, an denen Indexminerale auftreten können, getrennt sind, z. B. die prograde Abfolge der ↗Barrow-Zonen in Schottland.

metamorphisierte Lagerstätten, Lagerstätte, die prämetamorph entstanden und durch P-T-Änderungen und Deformationsprozesse überprägt worden ist. Diese Änderungen machen sich z. B. durch eine ↗Rekristallisation bzw. ↗Mineralneubildungen bemerkbar.

Metamorphit, *metamorphes Gestein*, Gestein, das durch ↗Metamorphose entsteht. Ausgangsgesteine (↗Protolith) können Sedimente (*Paragesteine*), ↗Magmatite (*Orthogesteine*) oder andere Metamorphite sein (↗Klassifikation der Gesteine). Ursache für die Bildung von metamorphen Gesteinen sind Änderungen in den physikalischen (Druck, Temperatur) und chemischen Bedingungen (Anwesenheit und Zusammensetzung einer fluiden Phase). Die Klassifikation der Metamorphite erfolgt nach den im Handstück und unter dem Mikroskop erkennbaren Gefügen und Mineralbeständen.

Metamorphose, **1)** *Biologie/Ökologie*: allgemeiner Begriff für Gestaltwandel oder Verwandlung. a) In der Zoologie auch als *Metabolie* bezeichnete indirekte Entwicklung vom Ei zum geschlechtsreifen Tier. Bei vielen Tieren läuft diese Entwicklung unter Einschaltung von Zwischenstadien (z. B. Larvenstadien) unterschiedlicher Gestalt und Größe ab. b) In der Botanik wird mit Metamorphose die durch die Stammesentwicklung erfolgte Umbildung der pflanzlichen Organe (Wurzel, Spross, Blatt) als Anpassung an die Veränderungen der Umweltbedingungen bezeichnet. **2)** *Petrologie*: mineralogische und texturelle Umwandlung von überwiegend festen Gesteinen (*Gesteinsmetamorphose*) unter physikalischen und chemischen Bedingungen im Erdinneren (d. h. oberflächennahe Prozesse wie ↗Verwitterung und ↗Diagenese werden ausgeschlossen), die anders sind als diejenigen, die zur ursprünglichen Bildung der Gesteine geführt haben. Der Begriff Metamorphose leitet sich aus dem Griechischen ab und bedeutet wörtlich übersetzt »Änderung der Form«. Die sich bildenden Gesteine werden als ↗Metamorphite oder metamorphe Gesteine bezeichnet. Kommt es während der Metamorphose zu deutlichen Änderungen in der chemischen Zusammensetzung der Gesteine (mit Ausnahme von H_2O, CO_2 oder anderen flüchtigen Komponenten), so spricht man von ↗Metasomatose oder weniger gebräuchlich allochemischer Metamorphose. Schon aufgrund des Auftretens im Gelände lassen sich folgende prinzipielle Ursachen von metamorphen Prozessen unterscheiden: a) die Intrusion von heißen Magmen in kühleres Nebengestein = ↗Kontaktmetamorphose, b) großräumige tektonische Bewegungen der Lithosphärenplatten, die zu Änderungen in den Druck-Temperatur-Bedingungen der Gesteine führen = ↗Regionalmetamorphose, c) starke, auf schmale Störungszonen beschränkte Gesteinsdeformation = ↗kataklastische Metamorphose und d) ↗Impakte extraterrestrischer Körper, die kurzzeitig zu starken Druck- und Temperaturerhöhungen führen = ↗Stoßwellenmetamorphose.

Die Minerale in den Ausgangsgesteinen (↗Edukte) reagieren auf die sich ändernden äußeren Bedingungen, in dem sie neue, thermodynamisch stabile ↗Mineralparagenesen bilden. Diese ↗Umkristallisation läuft im festen Zustand ab, allerdings in vielen Fällen unter Beteiligung einer sich auf den Korngrenzen befindenden fluiden Phase. Zu hohen Temperaturen hin wird der metamorphe Bereich von der magmatischen Gesteinsbildung dadurch abgegrenzt, daß sich je nach Gesteinszusammensetzung und Anwesenheit von Wasser Teilschmelzen bilden (↗Anatexis). Solange die entstehenden Gesteine (z. B. ↗Migmatite) überwiegend fest bleiben, werden sie zu den Metamorphiten gerechnet. Zu tiefen Temperaturen hin gibt es ebenfalls keine scharfe Grenze zu den diagenetischen Prozessen in Sedimenten. Je nach Gesteinszusammensetzung erfolgen erste metamorphe Mineralneubildungen schon ab 150 °C. Der Druckbereich der Metamorphose reicht von oberflächennahen Bedingungen (z. B. am Kontakt von extrudierenden Magmen) bis zu den Drücken von mehr als 3 GPa, wie sie im oberen Erdmantel herrschen.

Da metamorphe Gesteine Produkte sich ändernder Druck-Temperatur-(P-T-)Bedingungen sind, treten sie in solchen Gebieten, die eine besonders hohe geodynamische Aktivität besitzen, auch besonders häufig auf, wie z. B. in Kollisionsorogenen entlang von Kontinenträndern. Besonders die Gesteine der Regionalmetamorphose bilden häufig langgestreckte Gürtel, die parallel zu den heutigen (oder auch früheren) Kontinenträn-

Metamorphose

Metamorphose 1: Druck-Temperatur-Bedingungen und prinzipielle Typen der metamorphen Prozesse in der Lithosphäre (in Bezug zu möglichen geothermischen Gradienten und mit einem typischen Metamorphoseverlauf im Uhrzeigersinn).

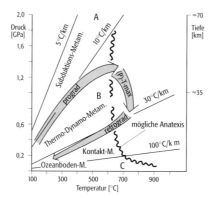

dern angeordnet sind. In Kollisionszonen, wo eine ozeanische Lithosphärenplatte unter eine kontinentale abtaucht (wie z. B. im zirkumpazifischen Raum), ergeben sich besondere thermische Verhältnisse. Diese führen zum Nebeneinander von langgestreckten Gebieten (paired metamorphic belts) mit hochdruckmetamorphen Gesteinen (↗Hochdruckmetamorphose), die auf der Kontinentseite von hochtemperaturmetamorphen Gürteln (↗Hochtemperaturmetamorphose) gesäumt werden. Gerade für die Rekonstruktion von geotektonischen Vorgängen, die in der Vergangenheit abgelaufen sind, spielt die Erforschung der metamorphen Gesteine eine wichtige Rolle. Aber auch überall im Erdmantel laufen metamorphe Prozesse ab, nur kommen deren Produkte viel seltener an die Erdoberfläche und ins Blickfeld (die diamantführenden Peridotit- und Eklogit-Xenolithe in ↗Kimberliten sind Beispiele dafür).

Die wichtigsten Parameter, die in einem komplexen Wechselspiel alle metamorphen Prozesse steuern, sind a) Temperatur, b) Druck, c) Anwesenheit und Zusammensetzung einer fluiden Phase, d) die chemische Zusammensetzung der Ausgangsgesteine und e) die Zeit. a) Der Temperaturbereich, in dem sich metamorphe Prozesse abspielen, reicht von etwa 150 bis 1100°C, je nach chemischer Zusammensetzung der beteiligten Gesteine. Er wird jeweils bestimmt durch das lokal herrschende Wärmefluß-Regime, welches als ↗geothermischer Gradient, d. h. Temperaturzunahme pro Kilometer Erdtiefe, ausgedrückt werden kann. Je nach geotektonischer Situation variieren die während der Metamorphose auftretenden Gradienten von 5 bis 10°C/km in Subduktionszonen über Werte von 20 bis 40°C/km, wie sie für stabile Kontinentbereiche typisch sind, bis zu mehr als 100°C/km in Zonen erhöhter magmatischer Aktivität (wie z. B. an ↗Mittelozeanischen Rücken oder unter den pazifischen ↗Inselbögen) (Abb. 1). Da sich die geotektonischen Verhältnisse und damit auch die thermischen Zustände in der Erde mit der Zeit ändern, können sich sehr vielfältige Temperaturvariationen während der Metamorphose ergeben. b) Der während der Metamorphose herrschende lithostatische Druck ergibt sich aus dem Gewicht der überlagernden Gesteinssäule (etwa 0,3 GPa in der Erdkruste in 10 km Tiefe). Der Druck kann von Atmosphärendruck am Kontakt von Extrusionen bis zu sehr hohen Werten in Subduktionszonen (2–3 GPa, entsprechend 70 bis 100 km Erdtiefe) oder noch höher im Erdmantel variieren. Druckveränderungen ergeben sich durch Versenkungs- und Heraushebungsprozesse, wobei neben der sedimentären Überlagerung von Gesteinsschichten und der Abtragung durch Erosion tektonische Vorgänge wie Überschiebungen oder großräumige Verfaltungen eine wichtige Rolle spielen. c) Wasserreiche Gesteinsfluide besitzen eine große Bedeutung als Transportmedium und für die katalytische Beschleunigung zahlreicher metamorpher Prozesse. Sie werden in Form von Porenwässern oder durch wasserhaltige Minerale (oder durch Carbonate im Fall von CO_2) in den metamorphen Bereich transportiert. Dort können sie unter prograden Bedingungen (↗prograde Metamorphose) freigesetzt werden und das Gestein entlang von Schwächezonen nach oben verlassen. Oder sie verbleiben im ↗Intergranularraum (unter dem jeweiligen lithostatischen Druck) und stehen dann für weitere z. B. retrograde Mineralreaktionen zur Verfügung. d) Trotz der großen Vielfalt möglicher sedimentärer und magmatischer Edukte lassen sich die chemischen Zusammensetzungen der metamorphen Gesteine zu fünf am weitesten verbreiteten Gruppen zusammenfassen: pelitisch (↗Pelit), ↗mafisch (basisch), ↗felsisch (aciditisch), kalkig und ↗ultramafisch (ultrabasisch). Für diese fünf chemischen Gruppen gibt die Tabelle einen Überblick über die möglichen Ausgangsgesteine, die wichtigsten auftretenden Minerale und die typischen Gesteine. e) Die Zeitspanne, innerhalb der metamorphe Prozesse ablaufen, reicht von wenigen Jahren im Fall von sehr kleinräumiger Kontaktmetamorphose nahe der Erdoberfläche bis zu Größenordnungen von 10–50 Mio. Jahren für die großräumige Regionalmetamorphose. Ein Ziel in der metamorphen Petrologie ist es daher, mit Hilfe von geochronologischen Methoden die Druck-Temperatur-Zeit-Pfade (P-T-t-Pfade), die metamorphe Gesteine genommen haben, zu rekonstruieren.

Auf die zeitlichen Änderungen in den physikalischen Parametern reagieren die metamorphen

Metamorphose 2: Druck-Temperatur-Diagramm der prograden Metamorphose eines Kaolinit-Quarz-Sandsteines zu einem Sillimanit-Quarzit. Die gestrichelten Linien zeigen zwei unterschiedliche P-T-Pfade vom Edukt zum Metamorphit.

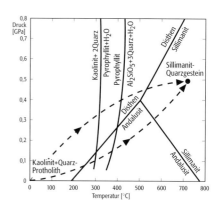

chemische Zusammensetzung	Protolith	wichtige metamorphe Minerale	typische metamorphe Gesteine	
			eingeregeltes Gefüge	massiges Gefüge
pelitisch	tonige Sedimente, stark verwitterte Vulkanite	Quarz, Muscovit, Biotit, Chlorit, Feldspäte, Granat, Cordierit, Staurolith, Al_2SiO_5-Minerale	Phyllit, Glimmerschiefer, Gneis	pelitischer Hornfels
mafisch (basisch)	basaltische und andesitische Vulkanite, Tuffe, Gabbros, Mergel	Chlorit, Epidot, Hornblende, Plagioklas, Pyroxen, Granat	Grünschiefer, Amphibolit, Blauschiefer	mafischer Hornfels, Eklogit
felsisch (aciditisch)	Akrosen, Sandsteine, saure Vulkanite und Plutonite	Quarz, Feldspäte, Muscovit, Biotit	Glimmerschiefer, Gneis	Hornfels
kalkig	Kalksteine, Carbonatite	Calcit, Dolomit, Wollastonit, Talk, Tremolith, Grossular, Vesuvian	Kalksilicatgestein	Marmor, Kalksilicatfels
ultramafisch	Peridotite	Talk, Serpentin, Anthophyllit, Forsterit, Enstatit	Talkschiefer, Serpentinit	ultramafischer Fels, Serpentinit

Metamorphose (Tab.): die fünf wichtigsten chemischen Gruppen der metamorphen Gesteine.

Gesteine durch ↗Mineralreaktionen. Neben reinen Gefügeänderungen, wie z. B. Kornvergrößerungen (Kalkstein → Marmor) oder Kornverkleinerungen (Granit → Gneis), lassen sich folgende Typen von chemischen Reaktionen unterscheiden: a) polymorphe Umwandlungen, wie z. B. Calcit = Aragonit, Andalusit = Sillimanit = Disthen oder Quarz = Coesit, b) Netto-Transfer-Reaktionen (ohne Beteiligung einer Fluidphase), die zu Zerfall und Neubildung einer oder mehrerer Phasen führen, wie z. B. Jadeit + Quarz = Albit, c) Austauschreaktionen, die nur zum Austausch von Atomen zwischen vorhandenen Phasen führen, wie z. B. der Eisen-Magnesium-Austausch zwischen Granat und Biotit (Almandin + Phlogopit = Pyrop + Annit), d) Reaktionen mit Beteiligung von volatilen Phasen, wie z. B. die ↗Dehydratisierungsreaktion Muscovit + Quarz = Kalifeldspat + Aluminiumsilicat + H_2O.

Ein sehr einfaches Beispiel für den Ablauf von metamorphen Mineralreaktionen ist in Abb. 2 illustriert: Ein nur aus Quarz und Kaolinit bestehendes Sedimentgestein wird versenkt und erfährt somit Druck- und Temperaturerhöhungen entsprechend den herrschenden geothermischen Gradienten. Bis zu einer Temperatur von 300°C kommt es nur zur Verringerung des Porenraumes durch Kompaktion und Wachstum der vorhandenen Minerale (↗Diagenese). Dann wird die Paragenese Kaolinit + Quarz instabil und der Kaolinit zerfällt in einer Dehydratisierungsreaktion in das weniger Hydroxylgruppen enthaltende Schichtsilicat Pyrophyllit und Wasser. Das in den Intergranularraum freigesetzte Wasser, das unter einem Druck steht, der dem lithostatischen entspricht, wird die Tendenz haben, das Gestein nach oben zu verlassen. Geht die Versenkung und Erwärmung weiter, so zerfällt bei 350–400°C auch der Pyrophyllit je nach geothermischem Gradienten unter Bildung von Disthen (bei niedrigeren) oder Andalusit (bei höheren Gradienten). Das wiederum frei werdende Wasser spielt für den Fortgang der Reaktion eine wichtige Rolle. Mit weiterer Erwärmung werden sowohl Disthen als auch Andalusit in Sillimanit umgewandelt. Im Gegensatz zu den rasch ablaufenden Entwässerungsreaktionen ist die Kinetik dieser polymorphen Transformationen jedoch sehr träge, so daß die Umwandlung nicht vollständig sein muß.

Um metamorphe Ereignisse untereinander vergleichen zu können, wurde zu Beginn des 20. Jahrhunderts das Konzept der ↗metamorphen Fazies entwickelt. Es besagt, daß zu einer metamorphen Fazies alle ↗Mineralparagenesen zusammengefaßt werden, die wiederholt in Raum und Zeit zusammen auftreten, so daß eine regelmäßige und damit vorhersehbare Beziehung zwischen dem Mineralbestand und der chemischen Zusammensetzung eines metamorphen Gesteins besteht. Benannt wurden die einzelnen Fazies nach den jeweiligen metabasischen Gesteinen (↗Metabasit). Das ↗Faziesprinzip beruht auf der Annahme, daß die beobachtbaren Mineralparagenesen chemische Gleichgewichte repräsentieren und daß unterschiedliche Druck-Temperatur-Bedingungen für ihre Entstehung verantwortlich sind. Untersuchungen der ↗experimentellen Petrologie haben den einzelnen metamorphen Fazies bestimmte P-T-Bereiche zugeordnet. Nicht zuletzt die Anwendung geochronologischer und geophysikalischer Methoden auf metamorphe Gesteine hat deutlich gemacht, daß jedes metamorphe Gestein seinen eigenen Weg im Druck-Temperatur-Zeit-(P-T-t)-Raum zurückgelegt hat. Die P-T-t-Pfade sind daher charakteristisch für die jeweiligen geotektonischen Verhältnisse, unter denen die Metamorphose abgelaufen ist, und sie müssen nicht notwendigerweise mit dem Verlauf von stationären Geothermen übereinstimmen. Zum Beispiel ergeben sich bei der schnellen Subduktion von ozeanischer Kruste zunächst sehr geringe Temperaturzunahmen mit der Tiefe (entsprechend den hochdruckmetamorphen Blauschiefer- und Eklogitfazies), während sich bei der anschließenden Heraushebung je nach tektonischem Mechanismus deutlich höhere geothermische Gradienten einstellen (entsprechend der Grünschieferfazies). Im P-T-Diagramm zeigen solche Gesteine einen Verlauf im Uhrzeigersinn (Abb. 1), während Gesteine, die in Gebieten mit großräumigen magmatischen Intrusionen versenkt werden, einen P-T-t-Verlauf entgegen dem Uhrzeigersinn zeigen können. Eines der Hauptziele in der modernen metamorphen Petrologie ist daher, mit Hilfe der ↗Geothermobarometrie solche P-T-t-Pfade zu rekonstruieren, um Aussagen über die Art der tektonischen Prozesse, welche die Bildung metamorpher Gesteine verursachen, zu gewinnen.

Aufgrund der großen Vielfalt an chemischen Ausgangszusammensetzungen und aufgrund des weiten Bereichs der Bildungsbedingungen zeigen die metamorphen Gesteine sehr unterschiedliche Gefüge und Mineralbestände. Es gibt daher keine einfache, allgemein akzeptierte Gesteinsklassifikation (wie bei den magmatischen Gesteinen mit dem Streckeisen-Diagramm (↗QAPF-Doppeldreieck) oder ↗IUGS-Klassifikation). Andererseits ist die Zahl der für Metamorphite verwendeten Gesteinsnamen relativ gering. Die wichtigsten Namen, die sich entweder auf das vorherrschende Gefüge oder den Mineralbestand beziehen, sind im folgenden kurz aufgelistet (zusätzlich haben sich die Vorsilben ortho- für aus magmatischen und para- für aus Sedimentgesteinen entstandene Metamorphite eingebürgert): a) Gesteinsnamen, die über das *Gefüge* definiert sind: ↗Phyllit (Parallelgefüge mit sehr guter Teilbarkeit im Millimeterbereich), ↗Glimmerschiefer (Parallelgefüge mit Teilbarkeit im Zentimeterbereich), ↗Gneis (Teilbarkeit im Dezimeterbereich), ↗Hornfels (feinkörnig-massig), ↗Mylonit (feinstkörnig-gebändert); b) Gesteinsnamen, die in erster Linie den Mineralbestand beschreiben: ↗Grünschiefer (Albit, Chlorit, Epidot, Aktinolith), ↗Amphibolit (Hornblende, Plagioklas), ↗Blauschiefer (Glaukophan), ↗Eklogit (Omphacit, Granat), ↗Marmor (Carbonate). [SMZ,MS]
Literatur: [1] WIMMENAUER, W. (1985): Petrographie der magmatischen und metamorphen Gesteine. – Stuttgart. [2] SELVERSTONE, J. (1988): Metamorphic Rocks. – London. [3] SPEAR, F. S. (1988): Metamorphic Phase Equilibria and Pressure-Temperature-Time Paths. – Washington. [4] BUCHER, K. & FREY, M. (1994): Petrogenesis of Metamorphic Rocks. – Berlin.

Metamorphosealter, durch ↗Geochronometrie bestimmter Alterswert, welcher die thermische oder dynamische Beanspruchung eines Gesteins im Verlauf einer ↗Metamorphose erfaßt. ↗Kristallisationsalter, ↗Schließtemperatur.

Metamorphosegrad, eine grobe Einteilungsmöglichkeit für metamorpher Prozesse und Produkte nach der Intensität der Umwandlungen, d. h. letztlich nach der Höhe der herrschenden Druck-Temperatur-Bedingungen. Man unterscheidet z. B. niedrig-gradige Bedingungen der Grünschiefer-Fazies von hochgradigen Bedingungen der Granulit-Fazies.

Metapelit, ein Überbegriff für alle metamorphen Gesteine, deren chemische Zusammensetzung der von tonigen Sedimenten (↗Peliten) entspricht.

Metapopulation, Begriff aus der ↗Populationsökologie. Eine Metapopulation besteht aus mehreren ↗Populationen, die zwar in getrennten ↗Lebensräumen vorkommen, aber miteinander im genetischen Austausch stehen. Das bedeutet, daß zwischen den geeigneten Lebensräumen ab und zu Individuen verkehren, wobei sie ↗Habitate durchqueren, die zur Ernährung oder Fortpflanzung ungeeignet sind, und somit das Risiko eingehen, keinen günstigen Lebensraum mehr zu finden. Es können aber auch gewisse Habitate nicht besiedelt sein, wenn eine lokale Population ausgestorben ist oder ein neu entstandener Lebensraum noch nicht besiedelt wurde. Um diese Gesetzmäßigkeiten zu beschreiben, wurden Modelle wie dasjenige der ↗Inseltheorie entwickelt. Das Konzept der Metapopulation fand auch Eingang in die Planung von ↗Biotopverbundsystemen.

metasomatisch, [von griech. meta = um umd somatosis = Verkörperung], Bezeichnung für metamorphe Prozesse, bei denen chemische Komponenten zu- oder abgeführt werden (↗Metasomatose), im Gegensatz zur isochemen ↗Metamorphose, bei der die pauschale chemische Zusammensetzung unverändert bleibt.

metasomatische Lagerstätten, Lagerstätten für eine Vielzahl von Metallen (Eisen, Kupfer, Wolfram u. a.) wie auch für Industriemineralien (z. B. Magnesit, Baryt, Fluorit), entstanden durch den Stoffaustausch (↗Metasomatose) zwischen ↗Fluiden und bereits vorhandenen Gesteinskörpern, in erster Linie Kalksteine. Metasomatische Prozesse können bereits im frühdiagenetischen Stadium (↗Diagenese) durch Porenlösungen in einem nicht verfestigten Sediment erfolgen und dadurch schwer zu erkennen sein, sie führen bei ↗stratiformen Lagerstätten leicht zu strittiger Deutung zwischen sedimentärer und metasomatischer Genese (z. B. bei stratiformen Magnesiten, ↗Magnesiumlagerstätten). Höhertemperierte Lösungen sind analytisch erfaßbar (z. B. durch ↗Flüssigkeitseinschlüsse). Die höchsttemperierten metasomatischen Lagerstätten sind die ↗Skarnlagerstätten.

Metasomatit, ein bei der ↗Metasomatose gebildetes Gestein, z. B. Phenite, Apogranite, Greisen und Skarne.

Metasomatose, allochemische Metamorphose, die Veränderung der chemischen Zusammensetzung (und damit auch des Mineralbestandes) eines Gesteins im festen Zustand. Die entstehenden Gesteine werden ↗Metasomatite genannt. Die Prozesse der ↗Verwitterung und der ↗Diagenese werden nicht zur Metasomatose gerechnet, ebenso wenig wie metamorphe Reaktionen, die nur zu einer Freisetzung oder Verbrauch von Wasser oder Kohlendioxid führen. Wesentlich für die metasomatischen Prozesse ist die Beteiligung einer meist wässerigen, fluiden Phase, die den notwendigen An- und Abtransport (meist entlang der Korngrenzen) der chemischen Komponenten ermöglicht und durch Lösungs- und Fällungsreaktionen zur Bildung der neuen Minerale führt.

Je nach Zusammensetzung der beteiligten Gesteine und Lösungen unterscheidet man z. B. ↗Alkalimetasomatose (entstehende Gesteine sind z. B. Fenite, Spilite oder Adinole), ↗Kalimetasomatose (z. B. Kalifeldspatsprossung an Granitkontakten) und ↗Skapolithisierung (durch chlorid- und sulfatführende Lösungen oder Blackwall-Reaktionen um Ultrabasitkörper). Ein Sonderfall der Metasomatose, der als Wechselwirkung zwischen abkühlenden Plutoniten und ihren eigenen Restlösungen auftreten kann, wird als ↗Automatasomatose bezeichnet. [MS]

metastabil, eine Phase, die nur zögernd eine in der jeweiligen Umgebung stabile Phase formt, d. h. sie ist stabil, aber bereit zu Reaktionen mit der Umgebung unter konstanten Druck-/Temperaturbedingungen.

metastabiler Bereich ↗Ostwald-Miers-Bereich.

Metatekt, der sich bei der ↗Metatexis bildende, helle, quarz-feldspatreiche Teil eines ↗Migmatites.

Metatexis, die beginnende ↗Anatexis (Aufschmelzung) eines metamorphen Gesteins. Sie führt zur Bildung von ↗Migmatiten (oder ↗Metatexiten) mit einem nur geringen Anteil an häufig lagig angeordneten ↗Leukosomen.

Metatexit, ein ↗Migmatit, der sich bei der ↗Metatexis gebildet hat.

Meteor, [von griech. meteoros = in der Luft schwebend], 1) Lichterscheinung am Nachthimmel, wenn ein außerirdischer Körper, ein Meteorid, in die Atmosphäre eintritt, in Höhen zwischen etwa 150 km und 80 km durch den Luftwiderstand erhitzt wird und dadurch der Meteorid selbst sowie die aufgeheizte Luft Licht emittieren. Meteoride, die nicht vollständig in der Atmosphäre verdampfen, sondern den Boden erreichen, heißen ↗Meteorite. Kleine Meteore heißen ↗Sternschnuppen, sehr helle heißen Feuerkugeln. Typische Meteoride, die 1 bis 6 mag (Magnitude) helle Sternschnuppen erzeugen, haben 2 mg bis 2 g Masse und sind 1 mm bis 1 cm groß. 2) In der Meteorologie bezeichnet man Wasser- und Regentropfen, Schnee, Hagel sowie Tau auch als Hydrometeore, Lichterscheinungen aus optischen Ursachen (z. B. ↗Regenbogen, ↗Halo, ↗Kranz, ↗Glorie) als Photometeore und Lichterscheinungen aus elektrischen Ursachen (z. B. ↗Blitz, ↗Elmsfeuer) als Elektrometeore.

METEOR, polarumlaufender ↗Wettersatellit aus Rußland. Er ist Teil des globalen ↗meteorologischen Satellitensystems. Instrumentierung und Aufgaben sind ähnlich wie bei den amerikanischen polarumlaufenden ↗TIROS-Satelliten. ↗polarumlaufender Satellit.

meteorische Diagenese, *Süßwasserdiagenese*, Zementation von Gesteinskomponenten unter Frischwassereinfluß. a) Die Diagenese in der ↗vadosen Zone ist über dem Grundwasserspiegel gelegen, unter Einfluß von Regen- und Kohäsionswässern. CaCO$_3$-armes Regenwasser löst Kalk in der ↗Infiltrationszone und fällt bei erreichter Übersättigung an CaCO$_3$ Niedrig-Mg-Calcit aus, der dann für die ↗Zementation der Komponenten, d. h. zur Diagenese, zur Verfügung steht. b) Die Diagenese in der ↗phreatischen Zone ist in und unter dem Grundwasserspiegel gelegen, wo Wasser die Porenräume gleichmäßig und stetig ausfüllt. Meteorische Diagenese kann zu ↗Dedolomitisierung (Recalcitisierung) von Dolomit führen. Die häufigsten Produkte meteorischer Diagenese sind subaerische Kalkkrusten, ↗Höhlencarbonate, Calichebildungen, vadoser Silt, Pisoide u. a.

meteorisches Wasser, *Umsatzwasser*, der Teil eines Grundwasserkörpers, der jährlich oder innerhalb weniger Jahre in den Umsatz des Wasserkreislaufes einbezogen ist. Meteorisches Wasser hat seinen Ursprung in der Atmosphäre und gelangte durch Niederschlag auf die Erdoberfläche.

Meteorit, *Meteoroid*, kleiner Festkörper außerirdischen Ursprungs, welcher die Erdatmosphäre durchdringt und auf die Erde trifft. Der mineralogische Aufbau der Meteorite ist deswegen von besonderem Interesse, weil sich daraus Rückschlüsse auf die Zusammensetzung des Erdinnern und des Planetensystems, aus dem die Meteorite wohl überwiegend stammen, ableiten lassen. Einige in Meteoriten gefundene Minerale sind aus irdischen Vorkommen nicht bekannt (Tab. 1). *Mikrometeorite* sind < 0,1 mm groß, noch kleinere Partikel heißen *kosmischer Staub*. Meteorite < 1 t werden in der Atmosphäre so stark gebremst, daß sie höchstens 1 m in den Erdboden eindringen; größere erzeugen Krater (↗Impakt) und verdampfen meist dabei.

Stofflich unterscheidet man mehrere Meteoritgruppen: a) *Steinmeteorite* (↗Silicatmeteorite): Sie sind bei weitem am häufigsten und bestehen im Mittel aus 42 % O$_2$, 20,6 % Si, 15,8 % Mg und 15,6 % Fe. Es gibt zwei Gruppen: *Chondrite* machen 79 % aller Meteorite überhaupt aus. Sie bestehen aus 0,2 mm bis wenige Millimeter großen Schmelztröpfchen (Chondren), welche ↗Olivin und/oder ↗Pyroxene, ↗Feldspäte und Glas enthalten. Die Chondren sind eingebettet in einer feinkristallinen Grundmasse, die außerdem noch weitere Minerale enthalten kann. So weisen kohlige Chondrite (↗C1-Chondrit) in der Grundmasse mehrere Prozent ↗Graphit und organische Verbindungen auf, daneben u. a. Carbonatminerale, ↗Gips und ↗Serpentin. Sie gelten als wenig veränderte Urmaterie unseres Sonnensystems und sind bei Temperaturen < 500°C erstarrt. Unter den irdischen Gesteinen sind Chondrite nicht bekannt. Sie sind wahrscheinlich während der Kondensierungsphase des solaren Nebels gebildet worden und weisen mit 4,57 Mrd. Jahren die höchsten jemals radiometrisch gemessenen Alter auf (↗radiometrische Altersbestimmung). *Achondrite* sind frei von Chondren. Sie sind hauptsächlich aus Pyroxenen, Feldspäten und Olivin zusammengesetzt und mit irdischen ↗Peridotiten, ↗Gabbros oder ↗Basalten vergleichbar.

b) *Eisenmeteorite*: Sie bestehen im wesentlichen aus Fe-Ni-Legierungen mit Ni-Gehalten von 4–62 %. Hinzu kommen geringe Gehalte von Co, Cu und Spuren von Platin und Palladium. Ferner treten die Minerale Troilit, Schreibersit, Dia-

Meteorit (Tab. 1): Minerale, die außer in Meteoriten nur synthetisch vorkommen.

Barringerit (Fe, Ni)$_2$P
Carlsbergit CrN
Chalypit Fe$_2$C
Daubréelith FeCr$_2$S$_4$
Farringtonit Mg$_3$(PO$_4$)$_2$
Lawrencit FeCl$_2$
Maskelynit, Glas von Bytownitzusammensetzung
Osbornit TiN
Perryit (Ni, Fe)$_5$(Si, P)$_2$
Sinoit Si$_2$N$_2$O
Ureyit NaCrSi$_2$O$_6$

Meteorit (Tab. 2): Minerale der Meteoriten, die auch auf der Erde vorkommen.

Meteorit 1: Olivin mit Facetten aus einem Pallasit von Krasnojarsk in Sibirien.

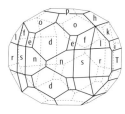

Meteorit 2: vollständig ergänzte Form des Olivinkristalls.

meteorologische Elemente (Tab): Überblick meteorologischer Elemente.

Mineral	Formel
Nickeleisen	(Fe, Ni, Co)
Kamacit	α-(Fe, Ni) (mit etwa 5,5 % Ni)
Tänit	γ-(Fe, Ni) (mit etwa 27–65 % Ni)
Kupfer	Cu
Gold	Au
Diamant	C
Graphit	C
Schwefel	S
Moissanit	SiC
Cementit	Fe_3C
Troilit	FeS
Oldhamit	CaS
Alabandit	MnS
Pentlandit	$(Fe, Ni)_9S_8$
Magnesit	$MgCO_3$
Calcit	$CaCO_3$
Ilmenit	$FeTiO_3$
Magnetit	Fe_3O_4
Chromit	$FeCr_2O_4$
Spinell	$MgAl_2O_4$
Quarz	SiO_2
Tridymit	SiO_2
Christobalit	SiO_2
Apatit	$Ca_5(PO_4)_3(Cl, F, OH)$
Epsomit	$MgSO_4 \cdot 7H_2O$
Olivin	$(Mg, Fe)_2SiO_4$
Orthopyroxen	$(Mg, Fe)_2SiO_4$
Klinopyroxen	$(Mg, Fe)_2Si_2O_6$
Plagioklas	$(Ca, Mg, Fe)_2Si_2O_6$
Serpentin	$(Na, Ca)(Al, Si)_4O_8$
	$Mg_6Si_4O_{10}(OH)_8$

Element	Definition	Maßeinheit
Lufttemperatur	mittlere molekularkinetische Energie der Luftmoleküle	°C, K (K = °C+273)
Luftfeuchte	Wasserdampfgehalt der Luft	hPa (falls als Wasserdampfpartialdruck angegeben), auch relativ in %
Niederschlagsmenge	auf die Erdoberfläche fallende Wassertropfen, Eispartikel u. a.	mm, entsprechen Liter pro Quadratmeter
Bewölkung	in der Atmosphäre schwebende, deutlich abgegrenzte Wassertropfen bzw. Eispartikel	Bedeckungsgrad in Achtel oder Zehntel der Himmelsfläche, Art gemäß Wolkenklassifikation
Wettererscheinung	z.B. Schneeschauer, Hagel, Gewitter u.v.a.	keine, Phänomene nach besonderer Klassifikation
Luftdruck	Gewicht der Luft pro Flächeneinheit	hPa
Wind	dreidimensionale Luftbewegung, speziell Horizontalwind	Richtung in Grad oder nach »Windrose«, Geschwindigkeit in m/s
Sonnenscheindauer	tägliche Zeit der Sonnenscheindauer	Stunden
Sichtweite	horizontale Sichtweite	m bzw. km
Schneedeckenhöhe	Höhe der Schneeablagerungen	cm

mant, Graphit, Magnetit, Chromit u. a. in ihnen auf (Tab. 2).
c) *Steineisenmeteorite*: Sie bilden eine Zwischengruppe zwischen den Stein- und den Eisenmeteoriten und sind sehr selten. Davon sind die *Pallasite* (*Lithosiderite*) etwa zu gleichen Teilen aus Olivin und Nickeleisen zusammengesetzt, während die *Mesosiderite* Silicat-Metall-Mischungen mit Brekzienstruktur darstellen. Die Olivinkristalle bilden bei den Steineisenmeteoriten tropfenartige Formen, die zum Teil mit Kristallfacetten bedeckt sind, was auf eine Volumenverminderung des Olivins bei der Kristallisation hinweist (Abb. 1 und 2). Ist der Eisengehalt geringer als der silicatische Anteil, dann bezeichnet man die Meteorite als *Siderolithe*. Hier finden sich in einer feinmaschigen Eisenstruktur Bronzit, Olivin, Feldspat und Gesteinsglas.
d) Hinzu kommt noch eine fragliche vierte Gruppe, die ⁊ Tektite, die oft auch als Glasmeteorite bezeichnet werden und deren Herkunft und Entstehung noch sehr umstritten ist. Nach ihren Hauptfundorten werden diese Gesteinsgläser als Moldavite, Australite, Billitonite oder Queenstonite usw. bezeichnet. Moldavite finden sich in Südböhmen in Schottern und Sanden, im Frühjahr auch auf den Feldern. Sie zeigen ein stark gegliedertes Relief, weichen in ihrer chemischen Zusammensetzung jedoch sowohl von den Meteoriten als auch von den irdischen magmatischen Gläsern weit ab. Dagegen zeigen sie eine gewisse Ähnlichkeit mit der Zusammensetzung von Sedimentgesteinen. Mit großer Wahrscheinlichkeit handelt es sich um ein Sedimentmaterial, das durch Meteoriteinschläge aufgeschmolzen und weggeschleudert wurde.

Kriterien einer weiteren Unterteilung sind das Gefüge und die Struktur der Meteorite. Hexaedrite sind Eisenmeteorite, die nach (100) spalten und in denen das Eisen mit nicht mehr als 6–7 % Nickel kubisch kristallisiert. Eisenmeteorite mit höherem Nickelgehalt entmischen sich und bilden ein schaliges Gefüge, bevorzugt nach (111). Diese sog. ⁊ Oktaedrite zeigen an angeschliffenen und geätzten Flächen die ⁊ Widmanstättenschen Figuren. Es handelt sich um ein Lamellensystem, in dem sich dunkelgraue Nickeleisenpartien mit 67 % Nickel, dem Kamacit, aus dem auch die Hexaedrite bestehen, von umsäumenden Ni-reichen Partien, dem Tänit, unterscheiden lassen. Dazwischen liegt ein dunkles, fein verwachsenes Aggregat von Kamacit und Tänit, der Plessit.
Literatur: HEIDE, F. & WLOTZKA, F.: Meteorites. Messengers from Space. – Berlin 1995.

Meteorkrater ⁊ Impakt.
Meteoroid ⁊ Meteorit.
Meteorologie, [von griech. meteoros = in der Luft schwebend], *Wetterkunde*, Wissenschaft von der ⁊ Atmosphäre der Erde. Sie befaßt sich mit den physikalischen und chemischen Vorgängen in der Atmosphäre sowie ihren Wechselwirkungen mit der festen und flüssigen Erdoberfläche und dem Weltraum. Die in der Meteorologie beschriebenen und untersuchten Themen beschäftigen sich mit deren vollständigem Verständnis, ihrer genauen Vorhersage und der Kontrolle atmosphärischer Phänomene. Zur Meteorologie gehört die ⁊ Klimatologie, die sich hauptsächlich mit gemittelten Werten, jedoch nicht mit den aktuellen Wetterbedingungen beschäftigt. Die Meteorologie wird nach ihren methodischen Ansätzen und der Anwendung auf menschliche Aktivitäten in größere Teilbereiche untergliedert.

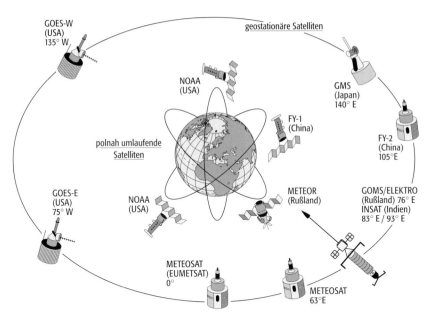

meteorologisches Satellitensystem: das globale meteorologische Satellitensystem.

meteorologische Elemente, können als ↗Hauptwetterelemente oder als ↗Klimaelemente von Bedeutung sein (Tab.). Es handelt sich um atmosphärische Größen, die mit Hilfe von meteorologischen Meßinstrumenten quantitativ bestimmt (z. B. Lufttemperatur), durch Beobachtung geschätzt (z. B. horizontale Sichtweite, Wolkentyp) oder als Phänomen ohne quantitative Angabe in ihrem Auftreten festgestellt werden (z. B. Gewitter). Die Unterscheidung nach Wetterelement bzw. ↗Klima erfolgt je nach zeitlicher Reichweite, ohne daß sich an der physikalischen Definition etwas ändert. Im erweiterten Sinn zählen auch Größen der ↗Strahlung, verschiedener Felder und Schadstoffkonzentrationen (↗Luftreinhaltung) zu den meteorologischen Elementen.

Meteorologischer Äquator, Bezeichnung für den Breitenkreis, auf dem man im Jahresmittel den niedrigsten Bodenluftdruck in den Tropen findet. Hier treffen die Passatwinde aus der nördlichen und südlichen Hemisphäre zusammen (↗innertropische Konvergenzzone)
Wegen des größeren Anteils der Landmassen auf der Nordhemisphäre und der damit verbundenen unterschiedlichen Erwärmung gegenüber der Südhemisphäre liegt der meteorologische Äquator bei 5° nördlicher Breite.

meteorologischer Lärm, Begriff aus der ↗numerischen Wettervorhersage, der die störenden Phänomene, die bei der Durchführung der Rechnungen auftreten, zusammenfaßt. Dabei handelt es sich um Vorgänge mit relativ kurzer Wellenlänge (z. B. Schallwellen oder ↗Leewellen), die hinsichtlich der Wettervorhersage von geringer Relevanz sind. Da diese Phänomene aber von dem verwendeten Gleichungssystem ebenfalls erfaßt werden, müssen spezielle Techniken zu deren Filterung angewendet werden. Nach dem Ausfiltern des meteorologischen Lärms können bei der numerischen Vorhersage wesentlich größere ↗Zeitschritte verwendet werden.

Meteorologischer Satellit ↗ *METEOSAT*.

meteorologische Sichtweite, a) Horizontalsicht: Entfernung, in der ein markantes Objekt gegen den Himmelshintergrund gerade noch erkennbar ist. Beobachtet wird die Rundumsicht von 360 Grad, angegeben wird die dabei beobachtete geringste Sichtweite. b) ↗Normsichtweite: die horizontale Entfernung, in der bei gleichmäßig getrübter Atmosphäre der Kontrast zwischen Sichtmarken und Himmelshintergrund einen bestimmten Schwellenwert erreicht. Sie ist am Tage weitgehend identisch mit der meteorologischen Sichtweite. c) Feuersicht, *Nachtsicht*: Sie wird für nachts angegeben. Es ist diejenige Entfernung, in der bei Nacht eine mäßig helle Lichtquelle gerade noch gesichtet und identifiziert werden kann. d) *Fernsicht*: Spezialfall, die bei einer meteorologischen Sichtweite von wenigstens 50 km benutzt wird. e) Bodensicht: Sie wird von einem Luftfahrzeug oder auch von einem Turm visuell bestimmt. Sie wird auch als maximal mögliche Sicht bezeichnet. f) *Schrägsicht*: die größte Entfernung aus der Luft zum Boden schräg in Flugrichtung, in der ein markantes Ziel gerade noch erkannt werden kann. g) *Vertikalsicht*: die vom Boden aus ermittelte größte senkrechte Entfernung, in der ein Objekt gerade noch erkennbar ist. h) *Pistensichtweite*, Landebahnsicht: in der Flugmeteorologie ist die Sichtweite entlang der Landebahn eines Flughafens mit Hilfe von Marken und/oder Befeuerung mit hellen Lampen (Runway Visual Range) entscheidend. Sie entspricht der Feuersicht und damit der bestmöglichen meteorologischen Sichtweite. [WW]

meteorologisches Satellitensystem, wird von der ↗Weltorganisation für Meteorologie koordiniert und ist als Bestandteil des globalen Beobachtungssystems (Abb.) ein Beitrag zur Welt-Wetter-

meteorologische Station

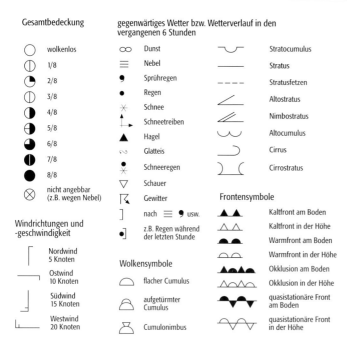

Gesamtbedeckung
- ○ wolkenlos
- ◐ 1/8
- ◐ 2/8
- ◐ 3/8
- ◐ 4/8
- ◐ 5/8
- ◐ 6/8
- ◐ 7/8
- ● 8/8
- ⊗ nicht angebbar (z.B. wegen Nebel)

Windrichtungen und -geschwindigkeit
- Nordwind 5 Knoten
- Ostwind 10 Knoten
- Südwind 15 Knoten
- Westwind 20 Knoten

gegenwärtiges Wetter bzw. Wetterverlauf in den vergangenen 6 Stunden
- ∞ Dunst
- ≡ Nebel
- Sprühregen
- Regen
- Schnee
- Schneetreiben
- ▲ Hagel
- Glatteis
- Schneeregen
- ▽ Schauer
- Gewitter
-] nach ≡ ● usw.
- ●] z.B. Regen während der letzten Stunde

Wolkensymbole
- flacher Cumulus
- aufgetürmter Cumulus
- Cumulonimbus

- Stratocumulus
- Stratus
- Stratusfetzen
- Altostratus
- Nimbostratus
- Altocumulus
- Cirrus
- Cirrostratus

Frontensymbole
- ▲▲▲ Kaltfront am Boden
- △△ Kaltfront in der Höhe
- ●● Warmfront am Boden
- ◠◠ Warmfront in der Höhe
- ▲●▲● Okklusion am Boden
- △◠△◠ Okklusion in der Höhe
- ▲●▲● quasistationäre Front am Boden
- △◠△◠ quasistationäre Front in der Höhe

meteorologische Symbole: die häufigsten Wetterkartensymbole.

METEOSAT 1: Bild eines METEOSAT-Satelliten.

Wacht. Es besteht aus zwei Teilsystemen, nämlich fünf geostationären und mindestens zwei polarumlaufenden Wettersatelliten. Das System ist derart abgestimmt, daß eine kontinuierliche und global lückenlose Erdbeobachtung gewährleistet ist. Die ↗geostationären Satelliten erfassen nahezu kontinuierlich das Gebiet der Erde zwischen ca. 70 Grad Nord und Süd, jedoch nicht die Polargebiete. Jeder sonnensynchrone, ↗polarumlaufende Satellit erfaßt dagegen zweimal pro Tag die gesamte Erde in einzelnen, zeitlich versetzten Beobachtungsstreifen, die im Falle der National Oceanic and Aeronautical Agency-Satelliten eine Breite von ca. 3000 km haben. Die operationellen geostationären Satelliten sind: ↗METEOSAT, ↗GOES, ↗GMS sowie ↗GOMS; die polarumlaufenden Satelliten sind stets zwei Satelliten der National Oceanic and Aeronautical Agency sowie ↗METEOR. [WBe]

meteorologische Station, Meßstation meteorologischer Elemente. ↗synoptische Wettermeldung.

meteorologische Symbole, Wetterkartensymbole, meteorologische Zeichen, in ↗Wetterkarten werden bestimmten Wettererscheinungen Symbole zugeordnet, ebenso den ↗Fronten (Abb.). Sie wurden von der WMO international verbindlich festgelegt und werden für die Eintragungen in die Wetterkarte als ↗Stationsmodell genutzt.

METEOSAT, *Meteorologischer Satellit*, ↗geostationärer Wettersatellit der ↗EUMETSAT (Europa). Er ist Teil des globalen ↗meteorologischen Satellitensystems (Abb. 1). METEOSAT ist das erste Wettersatellitensystem Europas, zunächst entwickelt und betrieben von der ↗ESA, ab 1986 in Zuständigkeit von der europäischen Wettersatellitenorganisation EUMETSAT. METEOSAT-1, der erste Satellit dieser sehr erfolgreichen Satellitenserie, wurde 1977 gestartet, der letzte, ME-TEOSAT-7, im Jahre 1997. Die Fortsetzung der bisherigen METEOSAT-Satelliten wird die ↗Zweite Generation Meteosat sein. Alle METEOSAT-Satelliten sind spin-stabilisiert (↗Spin-Stabilisierung), ihre Position ist über dem Schnittpunkt Äquator/Null-Meridian in 35.800 km Höhe über dem Golf von Guinea. Zur Satellitenbilderzeugung wird die Erde vom Radiometer an Bord der Satelliten der bisherigen METEOSAT-Serie in 2500 Zeilen mit je 2500 Bildpunkten (↗Pixel) von Süd nach Nord »abgetastet«. Dies dauert 25 Minuten, dann schwenkt das Radiometer in seine Ausgangsposition zurück und beginnt von neuem mit dem Abscannen. METEOSAT liefert daher alle 30 Minuten ein neues, aktuelles Bild der Erde (Abb. 2 im Farbtafelteil). Die horizontale Auflösung der einzelnen Bildpunkte beträgt genau unterhalb des Satelliten im infraroten und Wasserdampfspektralbereich 5 km und im sichtbaren Spektralbereich 2,5 km. METEOSAT erfüllt neben der meteorologischen Mission der Erzeugung von Wettersatellitenbildern auch noch eine Datenübertragungsmission. Im einzelnen sind seine Missionsziele: a) Erzeugung von Bildern der Erde im sichtbaren (0,5–0,9 μm) und infraroten Spektralbereich (10,5–12,5 μm) sowie von Daten zur Wasserdampfverteilung in der Troposphäre (5,7–7,1 μm); b) Übermittlung aufbereiteter ↗Satellitenbilder (nicht nur von METEOSAT, sondern auch von anderen geostationären ↗Wettersatelliten) an Empfangsstationen: die analogen Bilddaten an ↗SDUS, die hoch aufgelösten digitalen Daten an ↗PDUS; c) Übermittlung von Daten automatischer meteorologischer Meßstationen (↗DCP), wie z.B. Bojen, an Zentren; d) Übermittlung von weltweiten Wetterbeobachtungsdaten und Vorhersagen an ↗Wetterdienste, insbesondere in Afrika.

Beim Satellitenkontroll- und Betriebszentrum von EUMETSAT in Darmstadt erfolgt vor der Übertragung an die Endnutzer eine Vorverarbeitung der Bilddaten, insbesondere bezüglich einer korrekten geographischen Zuordnung der einzelnen Bildpunkte und deren Eichung. Aus den Bilddaten werden im Betriebszentrum bei EUMETSAT auch Zustandsparameter der Atmosphäre und Erdoberfläche abgeleitet. Dazu gehören Windvektoren aus der Verlagerung geeigneter Tracer (z. B. Wolken oder Wasserdampfstrukturen) in den Bilddaten, Meeresoberflächentemperaturen, Angaben zur Wolkenverteilung und -höhe, zur Wasserdampfverteilung in der oberen Troposphäre (↗Atmosphäre), zur Niederschlagsabschätzung oder spezielle Datensätze für klimatologische Zwecke. Alle METEOSAT-Bilddaten und abgeleiteten Produkte werden im Archivsystem bei EUMETSAT gespeichert. [WBe]

Meteosat Second Generation, MSG, ↗Zweite Generation Meteosat.

Meter, SI-Basiseinheit der Länge, Einheitenzeichen m. Seit 1983 (17. Generalkonferenz für Maß und Gewicht (CGPM)) definiert als Länge der ↗Strecke, die Licht im Vakuum während der Dauer von 1/299.792.458 Sekunden durchläuft. Von der französischen Nationalversammlung

(1795) ursprünglich als vierzigmillionster Teil des durch die Pariser Sternwarte verlaufenden Erdmeridians definiert, erfolgte 1889 die Festlegung des Meters als Abstand zweier eingeritzter Linien auf einem Platin-Iridium-Stab von *x*-förmigem Querschnitt (*Urmeter*). In Deutschland gilt das Meter seit 1872. Eine Kopie des Urmeters wird bei der Physikalisch-Technischen Bundesanstalt in Braunschweig aufbewahrt. Seit 1927 wird die Definition des Meters auf ein Wellenlängennormal zurückgeführt. Auf der 11. Generalkonferenz für Maß und Gewicht (CGPM) 1960 wurde beschlossen, das Meter über die Wellenlänge der Strahlung des Krypton-Atoms Kr 86 zu definieren. Diese Definition wurde 1983 durch die oben genannte Festlegung über die Lichtgeschwindigkeit abgelöst. [DW]

Methan, chemische Formel CH_4, farb- und geruchloses, brennbares Gas, einfachste Form eines ↗Kohlenwasserstoffes. In der Ingenieurgeologie auch als *Sumpfgas* oder *Grubengas* bezeichnet, besitzt Methan eine geringe Wasserlöslichkeit, ist aber gut löslich in Ether und Alkohol. Es ist mit ca. 84 % Hauptbestandteil des trockenen Erdgases und tritt häufig zusammen mit ↗Erdöl auf. Es kommt v. a. in Erd- und Grubengasen und beim Abbau von Abfällen in Deponien (Deponiegas) vor. Eine wachsende Rolle spielt die Methangewinnung durch Gärung (Faulgas). Zusammen mit Luft gibt Methan explosive Gemenge. Die globale Emission von Methan in die Umwelt beträgt jährlich ca. 1710 Mio. t, wovon ca. 1600 Mio. t auf natürliche Emissionen zurückzuführen sind. Starke Emissionen werden von der Rinderzucht und vom Reisanbau verursacht. Methan wird von ↗Methanbakterien bei Gärungsvorgängen unter Luftabschluß in wassergesättigten Böden von Sümpfen, im Naßreisanbau, in Kläranlagen, in Wirtschaftsdüngern (hauptsächlich bei anaerober Güllelagerung) sowie im Pansen von Wiederkäuern oder im Blinddarm von Pferden gebildet und ausgeschieden. Das mittlere globale troposphärische ↗Mischungsverhältnis von Methan betrug 1999 etwa 1,75 ppm. Sein ↗Trend, der im Zeitraum von 1940 bis 1980 von 5,0 ppb/Jahr auf über 15,0 ppb/Jahr angestiegen war, hat bis 1996 wieder auf etwa 6,0 ppb/Jahr abgenommen. Sein Anteil am derzeitigen ↗Treibhauseffekt liegt bei 13 %.

Methanbakterien, zur Gruppe der Archaebakterien gehörende, meist wärmeliebende Bakterien, die die organische Substanz im Faulschlamm von Sümpfen und Kläranlagen sowie im Pansen von Wiederkäuern oder im Blinddarm der Pferde als Elektronendonator verwenden und aus Kohlendioxid und molekularem Wasserstoff ↗Methan bilden. Sie werden auch zur Erzeugung von Biogas verwendet.

Methangärung, stellt eine Reaktion dar, bei der je nach Zusammensetzung des Ausgangsmaterials etwa 70 % ↗Methan (CH_4), 10 % Wasserstoff und 20 % Kohlendioxid von ↗Methanbakterien produziert werden. Die Methanbildner leben obligat anaerob und übertragen aktivierten Wasserstoff auf Kohlendioxid:

$$4 H_2O + CO_2 \rightarrow CH_4 + 2 H_2O + 132 \text{ kJ}.$$

Dieser Prozeß wird auch bei der Biogas-Erzeugung aus Klärschlamm oder Gülle genutzt.

Methanreihe, *Alkane*, einfache kettenförmige gesättigte Kohlenwasserstoffverbindungen, die mit ↗Methan (CH_4) als einfachster Verbindung beginnen. ↗Alkane.

Methode der finiten Differenzen, *FDM*, ↗Finite-Differenzen-Methode.

Methode der finiten Elemente, *FEM*, ↗Finite-Elemente-Methode.

Methode der größten Wahrscheinlichkeit ↗*Maximum-Likelihood-Klassifizierung*.

Methode der kleinsten Quadrate ↗*Ausgleichungsrechnung*.

Methode der kürzesten Entfernung ↗*Minimum-Distance-Verfahren*.

Methode des minimalen Abstands ↗*Minimum-Distance-Verfahren*.

Methode gleicher Höhen ↗*simultane astronomische Ortsbestimmung*.

Methodenbank, *Methodendatenbank*, eine ↗Datenbank oder Teil einer Datenbank, in der die Methoden zur ↗Datenverwaltung verwaltet und durch ↗Metadaten beschrieben werden. Methoden bezeichnen in diesem Zusammenhang vom Anwender erstellte Prozeduren, die als Folgen von Rechenanweisungen gespeichert und wiederverwendet werden sollen. Dazu stellt eine Methodenbank spezielle Verfahren zur Verfügung, über die der Anwender bei der Suche und der Auswahl einer geeigneten Methode unterstützt wird. In einem raumbezogenen Informationssystem (GIS) verwaltet die Methodenbank alle fachlichen Analyse- und Berechnungsverfahren, die sich aus den elementaren Operationen zur ↗Datenanalyse, inbesondere der ↗geometrischen Analyse, zusammensetzen.

Methodischer Atlas, ↗*Atlas*, dessen Karten nach didaktischen Grundsätzen gestaltet sind und pädagogische Ziele verfolgen. Für die methodische Atlas- und Kartenkonzeption ist neben soziokulturellen und der erkenntnistheoretischen die entwicklungspsychologische Betrachtung von grundlegender Bedeutung. Methodische Atlanten sind vornehmlich die ↗Schulatlanten.

Methodologie der Kartographie, Theorie der kartographischen Methoden und Verfahren; Teilgebiet des Bereichs wissenschaftstheoretische Grundlagen der ↗Kartographie. Die Methodologie ist für sog. Angewandte Wissenschaften ein wichtiger Erkenntnisbereich, der sich im Fall der Kartographie u. a. mit der Abgrenzung ihrer unterschiedlichen Methoden- und Verfahrensansätze bzw. den daraus resultierenden Beziehungen zwischen Theorieentwicklung, Modellbildung, Daten- und Kartenmodellierung sowie System- und Verfahrensentwicklung und -anwendung befaßt. Die Entwicklung kartographischer Methoden ist, ähnlich wie bei der allgemeinen kartographischen Theorie- und Modellentwicklung, vom wechselnden Stellenwert der Karten im gesellschaftlichen Kontext sowie von der fachlichen Einbindung der Kartographie in

Metric Camera (Tab.): technische Daten.

Mission:

Start	28. November 1983
Landung	08. Dezember 1983
Flughöhe	240–257 km
Inklination	57°
Geschwindigkeit	7,7 km/s
Bildmaßstab	ca. 1 : 820.000
Bodendeckung eines Bildes	ungefähr 189 x 189 km
Bildbewegung	Bei 1/5000 s Belichtungszeit 18 µm (= 16 m auf der Erdoberfläche)
Film	Kodak Double-X Aerographic Film 2405 S/W
	Kodak Aerochrome Infrarot-Film (Farbe)

Kamera:

Typ	modifizierte Zeiss RMK A 30/23
Objektiv	Topar A 1 mit 7 Linsenelementen
Kalibrierte Brennweite	305.128 mm
Maximale Verzerrung	6 µm (gemessen)
Auflösung	39 LP / mm Awar bei Aviphot Pan 30 Film
Filmanpressung	im Kameragehäuse integriertes Gebläse
Verschluß	rotierender Scheibenverschluß Aerotop
Belichtung	1/250–1/1000 s in 31 Stufen
Blenden	5,6–11,0 in 31 Stufen
Belichtungsfrequenz	4–6 s und 8–12 s
Bildformat	23 x 23 cm
Filmbreite	24 cm
Filmlänge	150 m (550 Aufnahmen)

Dimensionen:

Kamera	46 x 40 x 52 cm
Magazin	32 x 23 x 47 cm

Gewichte:

Kamera	54,0 kg
Magazin	24,5 kg mit Film
Aufnahmefeld	diagonal 56°, quer 41,2°

andere Wissensgebiete beeinflußt worden. Vergleichbar mit anderen Wissenschaftsdisziplinen, wie etwa der Biologie, Geologie und Geographie, wurden in der modernen Kartographie zu Beginn ihrer Entwicklung als eigenständiges Wissensgebiet neben der Unterscheidung von handwerklichen und künstlerischen Fertigkeiten vor allem vergleichende Kartensystematiken mittels deskriptiver Methoden erstellt (Kartensystematik). Erst durch die Ausrichtung der deskriptiven Methoden auf die vergleichend-analytischen und formalisierenden Methoden vor allem der ↗Semiotik und Kybernetik bzw. Informatik konnte sich ein zentraler kartographischer Theorie- und Methodenbereich entwickeln.

Die Theorie- und Modellbildung in der Kartographie erfolgt aus dem Gesamtzusammenhang von raumbezogenen Daten und deren fachlichen Bedeutungen, von graphischen Zeichen und deren visuellen Wirkungen sowie von Informationen und deren wissensbildender Funktionen im Kontext kommunikativer und handlungsorientierter Prozeßbedingungen. Die zu entwickelnden Modelle sind einerseits offen für die theoretische und empirische Erkenntnisbildung, so daß die dort erarbeiteten Erkenntnisse, z. B. in Form von Regeln, in die Modellbildung einfließen können. Andererseits sind sie auf die technologischen Methoden und Verfahren der kartographischen System- und Verfahrensentwicklung ausgerichtet und lassen sich dadurch für konkrete Modellierungsvorgänge im Rahmen der Kartenherstellung und -nutzung einsetzen. Im Bereich theoretischer und empirischer Erkenntnisbildung lassen sich in methodischer Hinsicht folgende kartographische Aufgabengebiete unterscheiden: a) Untersuchungen zur georäumlichen Verebnung und Georeferenzierung mit Hilfe mathematisch/geometrischer Methoden, b) klassenlogische Datensystematisierung und logische Datenstrukturierung mit Hilfe fachwissenschaftlich-formallogischer Methoden, c) Strukturierung von Zeichenrepertoires und semantischen Abbildungsreferenzen mit Hilfe semiotisch-graphischer Methoden, d) Analyse von informationsverarbeitenden, kommunikativen und wissensbildenden Prozessen im gesellschaftlichen Kontext mit Hilfe empirischer und sozialwissenschaftlicher Methoden sowie e) Untersuchung von tätigkeits- und handlungsorientierten Organisationsformen der kartographischen Informationsverarbeitung mit betriebswirtschaftlichen Methoden.

Insgesamt zeichnet sich die Theorie-, Modell- und Verfahrensentwicklung dadurch aus, daß der Großteil kartographischer Erkenntnisse unmittelbar für die Systementwicklung im Bereich ↗Kartographische Informatik oder ↗Geoinformatik genutzt werden kann. Die Situation in der ↗Empirischen Kartographie ist dagegen noch relativ ambivalent, da einerseits in wissenschaftstheoretischer Hinsicht eine einheitliche Erkenntnisgrundlage für die systematische Anwendung von empirischen Methoden geschaffen werden soll und andererseits die gewonnenen empirischen Erkenntnisse möglichst unmittelbar in operationalisierbarer Form zur Verfügung gestellt werden sollten. [JB]

METOP, *Meteorologischer Operationeller Satellit*, ↗polarumlaufender Satellit von ↗EUMETSAT für Meteorologie und Klimaüberwachung im Rahmen des ↗EUMETSAT Polar Systems (EPS) als Teil des globalen ↗meteorologischen Satellitensystems. Die Entwicklung des ersten METOP-Satelliten erfolgt gemeinsam von EUMETSAT und ↗ESA. Im Rahmen des EPS ist insgesamt der Bau und Betrieb von drei METOP-Satelliten vorgesehen. Start METOP-1 ist für Ende 2003 geplant, mit METOP-3 soll die Kontinuität bis mindestens 2014 gesichert werden. Die europäischen METOP und die polarumlaufenden amerikanischen ↗National Oceanic and Aeronautical Agency-Satelliten werden sich vom Aufgabenspektrum und den Überflugzeiten her gegenseitig ergänzen und tragen zum Großteil die selben Instrumente. Die wesentlichen Instrumente an Bord von METOP für Meteorologie, Ozeanographie und Klimaüberwachung sind ↗AVHRR, ↗ATOVS, ↗IASI, ↗ASCAT, ↗GOME und ↗GRAS. [WBe]

Metric Camera, *MC*, adaptierte Reihenmeßkamera RMK A 30/23, die 1983 bei der ESA Spacelab-Mission STS 9 an Bord eines NASA Space Shuttles für die Weltraumphotogrammetrie eingesetzt wurde (Tab.). Als Stereomodelle mit 40 %,

60 % und 80 % Überlappung liegen 550 Farbinfrarot- und 470 Schwarzweißphotographien von verschiedenen Teilen der Erde vor. Die Metric Camera bietet eine Reihe von Vorteilen. Bei Aufnahmen für thematische Übersichtskartierungen bis zu einem Maßstab von 1 : 100.000 bis 1 : 30.000 (je nach Flughöhe) sind es die Möglichkeiten der synoptischen Betrachtung einerseits und der Detailerkennung andererseits. Metric-Camera-Photographien sind den Photographien älterer Weltraummissionen aufgrund ihrer wohldefinierten Geometrie und der konsistenten Stereobedeckung überlegen.

metrische Höhe, durch ein Längenmaß charakterisierte Höhe. Sie kann nicht notwendigerweise als metrischer Abstand von einer ↗Höhenbezugsfläche interpretiert werden. ↗Geometrische Höhen sind immer metrischer Natur, während ↗physikalische Höhen i. a. keine metrischen Höhen sind; sie können aber durch geeignete Faktoren in metrische Höhen überführt werden. Man spricht dann von physikalisch definierten metrischen Höhen.

Metrologie, die Wissenschaft vom Messen, d. h. von der Quantifizierung qualitativer Sachverhalte. Ihr Ziel liegt in der Schaffung und dem richtigen Gebrauch der theoretischen, methodischen und instrumentellen Voraussetzungen und Mittel für die Bestimmung geordneter Mengen von Elementen gleicher Art und Eigenschaften. Ihre Hauptgebiete sind die Meßkunde als ein System von theoretischen Aussagen und methodischen Regeln sowie die Meßtechnik, bestehend aus den Meß- und Hilfsmitteln und methodischen Regeln für ihre Anwendung im konkreten Fall. Die Metrologie bietet das allgemeine wissenschaftliche Fundament für die unterschiedlich gearteten Meßaufgaben in verschiedenen Disziplinen von Wissenschaft und Technik, so in starkem Maße auch für die ↗Geodäsie.

METROMEX, Abkürzung für das in den Jahren 1971 bis 1975 im Raum Saint Louis (USA) durchgeführte Metropolitan Meteorological Experiment, bei dem die Auswirkungen einer großen Stadt auf die Verteilung der meteorologischen Größen untersucht wurde. Der Schwerpunkt lag bei diesem Experiment auf der Veränderung des Niederschlagsfeldes durch anthropogene Aktivitäten. Das Ergebnis war eine Erhöhung der Niederschlags bei lokal verursachtem Starkregen im Lee der Stadt.

Meydenbauer, *Albrecht*, Architekt und Baumeister, * 30.4.1834 Tholey, † 15.11.1921 Bad Godesberg; 1854–1858 Studium am Gewerbeinstitut und an der Bauakademie Berlin; 1858–1861 als Bauführer beauftragt mit manuellen Aufmaßarbeiten am Dom von Wetzlar, an der Marienkirche in Colberg und am Dom von Erfurt; Erfindung der Meßbildkunst (↗Photogrammetrie) mit ersten praktischen Ergebnissen 1865; seit 1867 Konstruktion photogrammetrischer Meßkameras (Bildformate 40 × 40 cm bis 12 × 12 cm); ab 1872 photogrammetrische Aufnahmen der Castorkirche in Koblenz, der Freitags-Moschee in Schiras (Persien), der Nikolaikirche und des Französischen Doms in Berlin, des Halberstädter Doms, Elisabethkirche in Marburg, Akropolis in Athen, der Ruinen von Baalbek u. a.; ab 1881 Vorlesungen über Photogrammetrie an den Technischen Hochschulen Aachen und Berlin; 1885 Gründer der Königlich Preußischen Meßbildanstalt als weltweit erstes photogrammetrisches Denkmälerarchiv; 1885 bzw. 1908 Ehrendoktorwürde der Universität Marburg bzw. Technischen Hochschule Hannover; 1912 Veröffentlichung des »Handbuch der Meßbildkunst«. [KR]

Meynen, *Emil*, deutscher Geograph, Kartograph und Wissenschaftsorganisator, * 22.10.1902 Köln, † 23.8.1994 Bonn. Auf deutsche Landeskunde geprägt von A. ↗Penck in Berlin wurde Meynen 1941 Leiter der neugegründeten Abteilung für Landeskunde im ↗Reichsamt für Landesaufnahme Berlin; fortbestehend als Amt, später Bundesanstalt, dann Institut für Landeskunde in Bonn-Bad Godesberg, stand er dieser Einrichtung bis 1969 vor; Begründer der »Berichte zur Deutschen Landeskunde« (seit 1941) und der »Forschungen zur Deutschen Landeskunde«, des »Geographischen Taschenbuches« (seit 1949), von »Orbis Geographicus« (seit 1960), »Bibliotheca Cartographica« (1957–73; seit 1974 »Bibliographia Cartographica«); 1962 Bibliographie und neues Musterblatt zu der von A. Penck 1891 angeregten ↗Internationalen Weltkarte 1 : 1.000.000 anläßlich der 3. Internationalen Kartenkonferenz als Technische Konferenz der Vereinten Nationen über die IWK in Bonn; trat als Herausgeber thematischer Atlanten (»Atlas östliches Mitteleuropa« 1959, »Die Bundesrepublik Deutschland in Karten« 1965–69, »Atlas der deutschen Agrarlandschaft« 1962–71, ferner »Handbuch der naturräumlichen Gliederung Deutschlands« 1953–62 und von Beiträgen zu Grundsatzfragen der thematischen Kartographie (Typenbildung, ↗Generalisierung, Diagrammformen und Kartogrammformen) in Erscheinung. Aus der Mitarbeit in der ↗Internationalen Kartographischen Vereinigung von 1962–82 ging das »Mehrsprachige Wörterbuch kartographischer Fachbegriffe« (1973), aus der IGU-Kommission »Internationale geographische Terminologie«, das »International Geographical Glossary« (1985) mit 2400 Haupt- und 11.000 Untergriffen hervor. Meynen war von 1955–72 Honorarprofessor für deutsche Landeskunde und Angewandte Kartographie an der Universität Köln. Seinem 50jährigen Lebenswerk gilt der Titel der Festschrift zum 70. Geburtstag: »Im Dienste der Geographie und Kartographie« (Kölner Geographische Arbeiten 30, 1973). [WSt]

MEZ, *Mitteleuropäische Zeit*, ↗Zeitzone entlang des 15. Längengrades (Ost), die um eine Stunde (später) von der ↗Weltzeit abweicht.

MHD ↗*Magnetohydrodynamik*.

M-Horizont, ↗Bodenhorizont entsprechend der ↗Bodenkundlichen Kartieranleitung, kennzeichnet den Mineralbodenhorizont eines Kolluviums, eines Äoliums oder eines Auenbodens, entstanden aus abgetragenem und sedimentiertem Bodenmaterial.

Miarole, [von miarolo = lokale italienische Bezeichnung für bestimmte Granite mit Hohlräumen bei Baveno am Lago Maggiore], Hohlraum in Graniten oder Pegmatiten, der durch ↗leichtflüchtige Bestandteile des Magmas gebildet worden ist; häufig mit idiomorph ausgebildeten Drusenfüllungen.

miarolitisch, Bezeichnung für Randpartien von Granitkörpern mit Hohlraum-Drusenfüllungen und Mineralen der pegmatitischen Abfolge. Ein Beispiel sind die mikropegmatitischen Zonen der Harzer Granite.

microbial loop ↗ *mikrobielle Schleife*.

Microchannel-Plate Photomultiplier, *MCP*, ↗Photomultiplier (↗Detektor), empfindlich für sehr geringe Lichtmengen, wandelt Lichtpulse in elektronische Impulse um; wird in der ↗Laserentfernungsmessung eingesetzt und zeichnet sich durch besonders hohe Lichtempfindlichkeit (Quanteneffizienz) und eine besonders konstante interne Laufzeit aus.

microtunneling ↗ *Horizontalbohrung*.

Microwave Sounding Unit ↗ *MSU*.

mid ocean ridge ↗ *Mittelozeanischer Rücken*.

Mid Ocean Ridge Basalt, *MORB*, *Ozeanbasalt*, *Ocean-Floor-Basalt*, ↗Basalt, der das Produkt partiellen Schmelzens von peridotitischen Gesteinen des oberen Mantels (↗Tholeiit) ist. Beim Auseinanderdriften ozeanischer Platten fließt durch das Aufdringen basaltischer Schmelzen an den ↗Mittelozeanischen Rücken ständig neues basaltisches Material nach und wird an den ↗Subduktionszonen wieder in den Mantel abgetaucht (↗ozeanische Erdkruste). Die durchschnittliche Zusammensetzung der Ozeanbasalte dient als ein geochemischer Standard (↗chemische Gesteinsstandards). Es können drei Typen unterschieden werden. Am häufigsten ist N-MORB (N = normal); diese Basalte zeichnen sich durch sehr niedrige Gehalte inkompatibler Elemente und insbesondere eine Verarmung der leichten Seltenen Erden gegenüber den schweren aus. Die entsprechenden Magmen stammen aus einem bereits verarmten Mantel. Der P-MORB (P = plume) weist keine Verarmung der leichten Seltenen Erden auf und hat insgesamt höhere Konzentrationen inkompatibler Elemente. Diese Basalte entstehen aus Magmen, die sowohl verarmtem als auch primitivem Mantel entstammen. Vermittelnd zwischen N- und P-MORB gibt es den Übergangstyp T-MORB (T = transitional).

Mie-Streuung, nach G. Mie benannte Streuung von elektromagnetischer Strahlung an kugelförmigen Teilchen, deren Radius von gleicher Größenordnung wie die Wellenlänge der auftreffenden Strahlung ist. In der Atmosphäre bedeutet dies in erster Linie die Streuung von Lichtstrahlen an den Aerosolpartikeln (↗Aerosole). Nach der Mie-Theorie ist der ↗Streukoeffizient umgekehrt proportional zu λ^a, wobei der Exponent a bei durchschnittlichen Verhältnissen in der Atmosphäre den Wert 1,3 annimmt. Im Gegensatz zur ↗Rayleigh-Streuung ergibt sich bei der Mie-Streuung demnach nur eine schwache Wellenlängenabhängigkeit. Als Folge davon verursacht die Mie-Streuung auch keine charakeristische Streufarbe des Himmels, sondern führt zu einem weißlich aufgehellten Himmel. Die Streufunktion, d.h. die Aufteilung der einfallenden Strahlung auf die verschiedenen Richtungen hat bei der Mie-Streuung den charakteristischen Vorwärtsstreupeak. Die Stärke der Vorwärtsstreuung hängt vom Verhältnis Teilchenradius zu Wellenlänge ab. Die Streufunktion ist nur dann eine glatte Kurve, wenn sie sich auf ein Größenspektrum von Aerosolteilchen bezieht. Als Folge der Vorwärtsstreuung ist der Himmel um die Sonne bei dunstigen Verhältnissen in der Atmosphäre aufgehellt. [HF]

Migmatit, ein in der kontinentalen Erdkruste weit verbreitetes, grob gemengtes Gestein, das aus deutlich unterscheidbaren, nach Mineralbestand und Gefüge verschiedenen Anteilen besteht, wobei ein Teil als metamorphes Gestein anzusprechen ist, während der andere Teil typische Merkmale von Magmatiten zeigt. Im einzelnen lassen sich folgende Bereiche unterscheiden (Abb. 1 im Farbtafelteil): a) das ↗Mesosom (oder Paläosom), welches das mehr oder weniger unveränderte, metamorphe Ausgangsgestein darstellt, b) das ↗Leukosom, das im Vergleich zum Mesosom meist deutlich heller, d.h. quarz- und feldspatreicher ist und das keine bevorzugte Orientierung

Migmatit 2: typische Texturen:
a) agmatitisch, b) diktyonitisch,
c) stromatitisch, d) verfaltete Lagen, e) Schlierentextur,
f) ptygmatische Faltung.

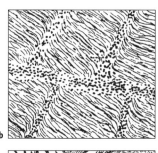

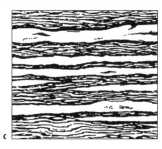

seiner Mineralkörner zeigt, und c) das ↗Melanosom, das an dunklen (mafischen) Mineralen, wie z. B. Biotit oder Amphibol, angereichert ist und das meist an der Grenze zwischen Mesosom und Leukosom auftritt. Als jüngere Bildungen werden Leukosom und Melanosom auch unter dem Begriff ↗Neosom zusammengefaßt. Obwohl zahlreiche andere Bildungsmöglichkeiten für Migmatite (wie z. B. metamorphe ↗Segregation, ↗Metasomatose oder ↗Injektion) diskutiert wurden, wird heute allgemein angenommen, daß sich die große Mehrzahl der Migmatitvorkommen während einer hochgradigen ↗Metamorphose durch teilweise Aufschmelzung (↗Anatexis) gebildet hat. Typische Texturen sind agmatitisch, diktyonitisch, stromatitisch, verfaltete Lagen, *Schlierentextur* und *ptygmatische Faltung* (Abb. 2). [MS]

Migration, *Wanderung,* **1)** *Geologie: Migration der Faltung,* Verlagerung des Faltungsprozesses mit der Zeit in Richtung auf das Vorland, oft festgestellt bei intrakratonischen ↗Orogenen. **2)** *Ökologie*: regelmäßige, aktive, räumliche Fortbewegung un Tieren, meist in größerer Zahl und zu bestimmten Zeitpunkten, um den jeweils geeignetsten ↗Lebensraum aufsuchen. Typisches Beispiel sind die Vogelzüge zwischen Brutgebieten im Norden und Winterquartieren im Süden. Es können zeitliche und räumliche Migrationsmuster differenziert werden. Migration kann von tageszeitlichen bis jahreszeitlichen Schwankungen abhängen, aber auch vom Lebenszyklus des Organismus. Von der Migration wird die Ausbreitung von Individuen unterschieden, eine ungezielte Bewegung, bei der neue Lebensräume erschlossen werden. **3)** *Geochemie*: Wanderung von ↗Erdöl oder ↗Erdgas vom ↗Muttergestein zum Speichergestein. ↗primäre Migration, ↗sekundäre Migration.

Migration seismischer Daten, spezielles Verfahren der ↗seismischen Datenbearbeitung, beschreibt die Transformation eines seismischen Wellenfeldes mit dem Ziel, Reflexionen und Diffraktionen in die korrekte laterale Position und an die richtige Laufzeit bzw. Tiefenposition zu verschieben. Diese Transformation basiert auf der Wellengleichung. Ein intuitiver, rein qualitativer Zugang zu diesem Verfahren ergibt sich über das ↗Huygenssche Prinzip, das jeden Punkt einer Wellenfront und damit auch eines Reflektors als Ausgangspunkt einer Kugel- oder Kreiswelle betrachtet. Migration kann als Rekonstruktion dieser Sekundärquellen durch Summierung von Diffraktionen entlang der zugehörigen Diffraktionskurven verstanden werden (engl. diffraction stack). Verschiedene Algorithmen stehen zur Verfügung, die auf diversen Vereinfachungen beruhen oder unterschiedliche Vorbearbeitung voraussetzen. Ein Geschwindigkeitsmodell muß jeweils vorgegeben werden. [KM]

Migrationsgeschwindigkeit, wird in der Geophysik benötigt, um Reflexionen, die primär als Zeitinformation gewonnen werden (Reflexionszeit), in ihre wahre Tiefenlage in eine 2D- oder 3D-Darstellung zu transformieren. Sie ergibt sich durch optimales Fokussieren von Diffraktionen. Das erklärte Ziel der Angewandten Seismik, eine direkte zuverlässige Abschätzung der Wellengeschwindigkeiten in geologischen Formationen zu ermöglichen, kann aus den genannten seismischen Geschwindigkeiten nur unter sehr restriktiven Voraussetzungen und mit relativ geringer Tiefenauflösung erreicht werden.

Mikrit, Kurzform von »mikrokristalliner Calcit«, von Folk 1959 geprägte Bezeichnung für sehr feinkörnige Matrix von Carbonatgesteinen oder auch die feinstkörnigen Bestandteile der carbonatischen Komponenten selbst. Die Korngrößen von Mikrit betragen 1–4 μm. Darunter spricht man von Minimikrit, darüber von Minisparit (↗Sparit). Minimikrit und Mikrit sind durch an- bis subhedrale Kristalle mit geraden oder gebogenen Kornkontakten gekennzeichnet. Unter Berücksichtigung der möglichen Genese können Orthomikrite (primärer, poly- und subhedraler Mikrit, der auf chemisch-biologischen Wege entsteht) und Pseudomikrite (sekundärer, auf neomorphe Vorgänge zurückgehender Mikrit) unterschieden werden. Mikrit hat vielfältige Genesemöglichkeiten, u. a. durch chemische $CaCO_3$-Fällung, Bakterientätigkeit und Abbau organischer Substanz, pflanzliche Assimilation, Algentätigkeit, zerfallende Hartteile tierischer Organismen, Bioerosionsfeinstschutt, Schalen von Mikroorganismen, Nannoorganismenschalen, umkristallisierte Peloide und Krümelgefüge. Mikrit kann durch diagenetische Alterationsprozesse in Sparit umkristallisiert werden. [EHa]

Mikritisierung, von Bathurst 1966 geprägter Begriff für den Prozeß der allmählichen Umwandlung von Carbonatkörnern in ↗Mikrit. Besonders im Gezeitenbereich können Bioklasten und andere carbonatische Komponenten allseitig von Mikroorganismen angebohrt werden. Die dabei entstehenden winzigen Hohlräume werden nach dem Zerfall der Organismen mit Mikrit verfüllt. Bei längerer Dauer dieses Prozesses entsteht eine aus Aragonit oder Mg-Calcit bestehende mikritische Ersatzstruktur, die bezüglich der Carbonatkomponenten von außen nach innen fortschreitend orientiert ist (Mikritrinden, ↗Rindenkörner). Die Grenze zwischen den angebohrten Bioklasten und den Mikritrinden ist i. a. unscharf. Eine totale Mikritisierung führt zur Auflockerung, Rundung und Zerstörung der Carbonatkörner.

Mikrit-Onkoide ↗Onkoide.
Mikrit-Ooide ↗Ooide.
Mikrobialith, laminiertes Gestein aus verfestigten mikrobiellen Matten. Die einfachsten Mikrobialithe sind lagige, domförmige, columnare oder komplexe ↗Stromatolithen, wie sie fossil aus dem Phanerozoikum bekannt sind. Rezente columnare Stromatolithen gibt es z. B. im Intertidal der Shark Bay (West Australien), auf den Bahamas und in alkalischen Seen Ostafrikas. Die hellen und dunklen Lagen von Mikrobialithen reflektieren das Wachstum der Mikrobenmatten (Cyanobakterienmatten, dunkle Lagen) im rhythmischen Wechsel mit Sedimentation (helle Lagen).

Sedimentkörner werden von filamentösen Cyanobakterienrasen eingefangen und fixiert, die wiederum von einer neuen Cyanobakterienlage überwachsen werden. /Onkoide stellen einen weiteren Typ von Mikrobialithen dar, die als kugelförmige bis unregelmäßige Massen auftreten.

mikrobielle Prozesse, Prozesse, an denen Mikroorganismen mittelbar oder unmittelbar beteiligt sind. Diese können z. B. in Böden und im Grundwasser ablaufen. Im Boden wandeln sie im Rahmen der Mineralisierung organische Substanz in anorganische Verbindungen um und setzen dabei pflanzenverfügbare Nährstoffe und CO_2 frei. Das im Boden produzierte CO_2 stammt zu ca. 30 % aus Wurzel- und Tieratmung und wird zu 70 % von den Mikroorganismen als Endprodukt aerober Atmungsvorgänge gebildet. Im Grundwasser ist die Bedeutung mikrobieller Prozesse mindestens genau so groß wie die chemischer und physikalischer Prozesse. Im Untergrund sind dabei im wesentlichen drei Gruppen von Mikroorganismen verbreitet: Bakterien, Aktinomyceten sowie Pilze. Sie bewirken zumeist den /Abbau organischer und anorganischer Verbindungen im Untergrund und können somit die Grundwasserbeschaffenheit entscheidend beeinflussen (z. B. mikrobielle Sulfat- und Nitratreduktion). Den mikrobiellen Prozessen ist ein wesentlicher Teil des Selbstreinigungsvermögens organisch belasteter Grundwässer zu verdanken. Selbst konzentrierte Belastungen, wie sie z. B. durch auslaufendes Öl oder Benzin entstehen, werden mit der Zeit durch Mikroorganismen beseitigt. Bei der biologischen /Altlastensanierung wird diese Fähigkeit gezielt eingesetzt.   [ME]

mikrobielle Schleife, *microbial loop*, Verbindungsweg im pelagischen Stoffkreislauf, der von der DOC-Abgabe (/DOC) durch Phytoplankter über DOC-Aufnahme durch Bakterien und bakterivore Protozoen zu den metazoischen Plankter verläuft; aus Mikroorganismen zusammengesetzte Nahrungskette, die gelöste organische Substanz (/DOM) zu Partikeln (/POM) transformiert und den tierischen Konsumenten zuführt.

mikrobiologischer Abbau, Abbau von Schadstoffen in kontaminierten Böden durch mikrobielle Stoffwechselvorgänge. Es werden z. B. Mineralölkohlenwasserstoffe, teilweise polycyclische aromatische Kohlenwasserstoffe sowie Cyanide über Zwischenprodukte zu CO_2 und H_2O umgewandelt. Schwermetalle werden nicht abgebaut. Auch die abbaubaren Schadstoffe reagieren sehr unterschiedlich auf mikrobiellen Abbau, wobei Temperatur, Bodenfeuchtigkeit und der verfügbare Sauerstoffgehalt eine erhebliche Rolle spielen.

mikrobiologische Sanierungsverfahren, Sanierungsverfahren, bei denen Mineralölprodukte, polycyclische aromatische Kohlenwasserstoffe sowie Cyanide über Zwischenprodukte zu CO_2 und H_2O abgebaut werden. a) In-situ-Verfahren: Dem Wasserkreislauf werden Sauerstoff und eine Nährlösung zugegeben, um die mikrobiellen Stoffwechselvorgänge im Boden zu aktivieren. Dieses Verfahren setzt einen relativ homogen durchlässigen Boden voraus. b) /Ex-situ-Verfahren: Der Boden wird ausgehoben und in Biobeete oder -reaktoren gebracht. Dort wird der Boden zuerst homogenisiert, um danach die mikrobiellen Abbauvorgänge aktivieren zu können.

Mikrochron, sehr kurze /Feldumkehrung mit einer Dauer von etwa 0,1 Mio. Jahre.

Mikrodüne, /Düne von wenigen Dezimetern Höhe, die in ihrer Gestalt den /Megarippeln ähnlich ist. Wegen der unimodalen /Korngrößenverteilung und des Schichtungsaufbaus gehört sie zu den Dünen. Ihre Oberfläche ist häufig durch gröbere Körner stabilisiert.

Mikroelemente, *Spurenelemente*, chemische Elemente, die für die menschliche, tierische oder pflanzliche Ernährung sowie den Stoffwechsel unentbehrlich (essentiell) sind, die jedoch im Gegensatz zu /Makroelementen nur in geringen Mengen von Lebewesen benötigt werden. Meist sind die Mikroelemente Bestandteile von Enzymen, Vitaminen und Hormonen. Zu den Mikroelementen für Menschen und Tiere zählen Eisen (Fe), Kupfer (Cu), Zink (Zn), Mangan (Mn), Kobalt (Co), Selen (Se), Fluor (F) und Iod (I), für Pflanzen Fe, Mn, Cu, Zn, Molybdän (Mo), Bor (B) und Chlor (Cl). In größerer als der benötigten Menge können Mikroelemente jedoch zur Schädigungen des Organismus führen, z. B. durch Bor bei Pflanzen und Kupfer bei Schafen, bis hin zu toxischen Wirkungen (/Schwermetalle). /Nährelemente Tab.

Mikroerdbeben, /Erdbeben der /Magnitude $M_L = 3$ und kleiner. Nur in seltenen Fällen werden Mikroerdbeben im unmittelbaren Bereich des /Hypozentrums von Menschen gespürt. Ihre Überwachung erfordert den Betrieb lokaler Netze von seismischen Stationen. Die Ergebnisse liefern wichtige Grundlagen für die Analyse des /seismischen Risikos in einem Gebiet.

Mikrofauna, Bodentiere mit einer Körpergröße unter 0,2 mm, hauptsächlich Protozoen (Einzeller), die häufigsten Bodentiere. Als /Bodenschwimmer leben sie in wassergefüllten Poren und im Wasserfilm um Bodenpartikel und Wurzeln. Sie sind in der Lage, Dauerstadien (Zysten) zu bilden, in denen sie Jahrzehnte überdauern können. Es werden drei Gruppen unterschieden: a) Flagellaten (Geißeltierchen), b) /Rhizopoden (Wurzelfüßler) und c) /Ciliaten (Wimpertierchen). Die Nahrung besteht aus Bakterien, kleinen Algen und Detritus.

Mikrofazies, die unter dem Mikroskop beobachtbaren Faziesmerkmale eines Gesteins. Obwohl prinzipiell alle Gesteine mikrofaziellen Untersuchungen offenstehen, sind die Carbonatgesteine aufgrund ihrer vielfältigen skeletären und nicht skeletären, der makroskopischen Beobachtung nicht zugänglichen Komponenten von besonderer Bedeutung. Die *Carbonatmikrofaziesanalyse* ermöglicht so über die Klassifikation der Einzelkomponenten und der sedimentären Strukturen eine /Carbonatklassifikation und auf diesem Gerüst aufbauend die detaillierte Interpretation fossiler carbonatischer Lebens- und Ablagerungsräume sowie deren Evolution in der Zeit.

Mikrofossil, ein mikroskopisch kleines, nur mit optischen Hilfsmitteln erkenn- und bearbeitbares ↗Fossil. In der Regel kommen lichtoptische Methoden bei Vergrößerungsfaktoren von 5- bis 100fach zum Einsatz. Der Übergang sowohl zu den noch kleineren ↗Nannofossilien als auch zu den mit bloßem Auge erkennbaren ↗Makrofossilien ist fließend. Zu den Mikrofossilien gehören bis auf die ↗Großforaminiferen alle Protozoen, insbesondere die wichtigen ↗Calpionellen, ↗Foraminiferen und ↗Radiolarien, mikroskopische kleine Metazoen (↗Cricoconariden, ↗Ostracoden, aber auch mikroskopisch kleine Vertreter von Gruppen, welche normalerweise als Makrofossilien auftreten wie ↗Brachiopoden oder ↗Crinoiden) sowie isolierte Hartteile von Metazoen (v. a. ↗Conodonten, ↗Scolecodonten, Holothurien, Schwammspiculae, Mikrovertebratenreste wie Zähne oder Schuppen und ↗Otolithen von Fischen sowie Zähne kleiner Säuger). Unter den autotrophen Organismen sind als Mikrofossilien v. a. zu nennen Diatomeen (↗Bacillariophyceae), die Oogonien der ↗Charophyceae und die Sammelgruppe der ↗Kalkalgen. Sporen (↗Sporae dispersa) und ↗Pollen sind Untersuchungsgegenstand der ↗Palynologie. Zunehmend werden zur Palynologie auch andere organisch-wandige Mikrofossilien gerechnet, z. B. ↗Chitinozoa, ↗Acritarchen, Zysten von ↗Dinophyta etc.

Das Studium von Mikrofossilien erfordert besondere Aufbereitungs- und Bearbeitungstechniken. Aus unverfestigten und leicht verfestigten Gesteinen lassen sie sich mit Sieben unterschiedlicher Korngröße ausschlämmen. Vor allem phosphatische Mikrofossilien (Conodonten, Mikrovertebraten) lassen sich mit Schweretrenntechniken anreichern und unter dem Binokular vom übrigen Gesteinsrückstand auslesen. Aus verfestigten Gesteinen können Mikrofossilien entsprechend ihres Skelettmaterials mit unterschiedlichen Säuren und anderen das Gesteinsgefüge durch Volumenänderung aufbrechenden chemischen oder physikalischen Methoden herausgelöst werden. Wegen ihrer Kleinheit sind Mikrofossilien auch aus kleinen Gesteinsmengen, z. B. Bohrkernen, gewinnbar und deshalb als ↗Leitfossilien für die ↗relative Altersbestimmung bzw. ↗Biostratigraphie von besonderer Bedeutung. Darüber hinaus sind viele Mikrofossilien sensible Indikatoren der Paläoumwelt (↗Fazies). [HGH]

Mikrogal, abgekürzt µgal, Meßeinheit in der Gravimetrie: 1 µgal = 10^{-3} mgal = 10^{-6} gal = 10^{-8} m/s².

Mikrogefüge, feines ↗Bodengefüge, das makroskopisch nicht erkennbar ist. Mikrogefüge können über mikroskopisch vergrößerte Dünnschliffe beschrieben werden.

Mikrogravimetrie, bezeichnet Schweremessungen mit Meßpunktabständen von nur wenigen Metern. Sie erlauben die Erkundung von Strukturen in sehr oberflächennahen Bereichen. So können z. B. abgedeckte, aber nicht mehr bekannte Schächte und Stollen aufgespürt werden. Auch in der Archäologie kann unter günstigen Verhältnissen die Mikrogravimetrie zur Aufdeckung verborgener Baustrukturen eingesetzt werden.

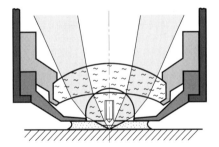

Mikrohärteprüfung, Härtemessung im Mikrobereich. Mikrohärteprüfungen sind nach den Verfahren von Vikkers und Knoop möglich. Hier können Härtemessungen bei einer Treffsicherheit von ± 0,3 nm durchgeführt werden. Dabei wird eine Diamantpyramide bei konstantem Druck über eine elektrische Meßanordnung in die Kristallfläche gepreßt, wodurch scharf begrenzte Eindrücke entstehen, die mikroskopisch ausgemessen das Maß für die Härte liefern (Abb.). Das Pyramidendruckverfahren liefert besonders für kubische Minerale sehr genaue quantitative Werte und spielt daher in der Erzmikroskopie und in der Metallographie für Materialprüfungen eine große Rolle. Bei Verwendung von Polarisationsmikroskopen mit Interferenzkontrasteinrichtungen kann die Empfindlichkeit der Methode noch verbessert werden. ↗Härte.

Mikroklima, Klimabesonderheit der bodennahen Luftschicht in den untersten Metern der Atmosphäre. In der Hauptsache wird das Mikroklima durch die kleinräumigen Unterschiede im Strahlungshaushalt verschiedener Unterlagen bestimmt. Daneben spielen auch die Unterschiede in den Feuchteverhältnissen und die Reibungseffekte auf die Luftströmung eine Rolle.

Mikroklin, [von griech. mikrós = wenig und klino = ich neige], *Amazonenstein*, *Amazonit*, Mineral (Abb.) mit der chemischen Formel K[AlSi$_3$O$_8$] und triklin-pinakoidaler Kristallform (↗Feldspäte); Farbe: licht- bis dunkelrötlich, bräunlich-rot, weißlich, graulich, gelblich; Perlmutterglanz; wasserklar bis trüb; Strich: weiß; Härte nach Mohs: 6; Dichte: 2,-56–2,63 g/cm³; Spaltbarkeit: gelegentlich nach (110), vollkommen nach (001); Aggregate: körnig, spätig, derb; Kristalle: säulig, tafelig, oft verzwillingt; vor dem Lötrohr nur an Kanten abrundend; in Flußsäure und Alkalilaugen löslich; Begleiter: Quarz, Albit, Nephelin, Muscovit, Biotit; Vorkommen: wie ↗Orthoklas, nur in Tiefengesteinen, nicht in Vulkaniten; Fundorte: bei Müden (Lüneburger Heide), Verzasca (Tessin, Schweiz), Strigom (Striegau) in Polen, Hundholmen und Iveland (Norwegen), Magnet Cove (Arkansas, USA) und Pikes Peak (Colorado, USA). [GST]

Mikrokosmos, kleinster Ausschnitte aus einem ↗Ökosystem, der als abgeschlossene Einheit unter Laborbedingungen experimentell untersucht

Mikrohärteprüfung: Schnitt durch einen Mikrohärteprüfer. In dem Objektiv sind die Linsen (Wellenlinien), der Strahlengang (heller Grauwert) sowie die Diamantspitze zu erkennen. Zwischen der Kristalloberfläche (unten) und der Frontlinse befindet sich eine Immersionsflüssigkeit (gepunktet).

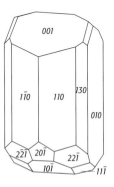

Mikroklin: Mikroklinkristall.

werden kann. Mikrokosmen sind zumeist möglichst ungestörte Bodenkörper definierter Größe, zusammen mit einer eventuellen Streuauflage oder der Vegetation. Von Prozessen (z. B. Mineralisierung und Respiration), die unter kontrollierten Milieuverhältnissen in solchen Versuchseinheiten stattfinden, kann bei genügender Anzahl Stichproben auf entsprechende Prozesse in der Landschaft geschlossen werden.

Mikrokristall, Kristall extrem kleiner Dimension. Technologisch sind mikrokristalline Polykristalle sehr bedeutsam, da ↗Korngrenzen sehr wirksame Hindernisse für ↗Versetzungen darstellen. Diese Festkörper besitzt demnach eine wesentlich höhere Festigkeit als in einem grob- oder einkristallinen Zustand.

Mikrolatero-Log ↗elektrische Bohrlochmessung.

Mikrolithe, **1)** *Allgemein*: mikroskopisch kleine Kristalle (Kristallite) mit bestimmbaren optischen Eigenschaften. **2)** *Petrographie*: kristalline Bildungen (Entglasungsprodukte) mit kugeligen, perlschnur-, haar- oder federartigen Formen in glasreichen (↗hyalinen) Vulkaniten; nicht zu verwechseln mit dem Pyrochlor-Mineral Mikrolith $(Ca,Na)_2Ta_2O_6(O,OH.F)$.

Mikrolithotyp, Verwachsungsart der ↗Macerale. Je nach Zahl der beteiligten Maceralgruppen werden mono-, bi- und trimacerale Mikrolithotypen unterschieden. Auch Verwachsungen von Maceralen mit Mineralien gehören bis zu einem Mineralgehalt von 60 Vol.-% zu den Mikrolithotypen.

Mikro-Log ↗elektrische Bohrlochmessung.

Mikrometeorit ↗Meteorit.

Mikrometeorologie, Teilgebiet der Meteorologie das sich mit den Vorgängen in der Mikroskala (↗Scale) beschäftigt. Hierzu zählen Prozesse und Phänomene mit einer typischen Längenausdehnung von einigen Metern und charakteristischen Zeiten im Minutenbereich. Zum Studium dieser Vorgänge müssen Meßexperimente mit extrem dichter Anordnung der Geräte durchgeführt werden oder aber besondere ↗numerische Modelle (Mikroskalenmodelle) zum Einsatz kommen. Typischer Anwendungsbereich der Mikrometeorologie ist das Studium der Verteilung meteorologischer Größen im Bereich einzelner Gebäude oder in Waldbeständen. In der Praxis ist die Untersuchung der Schadstoffausbreitung in einzelnen Straßen und die Verteilung der Temperatur in Stadtteilen von großer Bedeutung.

Mikronährelemente, Spurennährelemente, sind Mineralstoffe, die essentielle Nährstoffe für die pflanzliche und tierische Ernährung darstellen. Ihr Gesamtgehalt im pflanzlichen und tierischen Körper beträgt meist weniger als 1 %. Für das Pflanzenwachstum sind Eisen (Fe), Kupfer (Cu), Zink (Zn), Bor (B), Mangan (Mn), Molybdän (Mo) und Chlor (Cl) unentbehrlich. Die Aufnahme in die Pflanze erfolgt als Anion (Cl^-, $H_2BO_3^-$, MoO_4^{2-}) oder Kation (Fe^{2+}, Mn^{2+}, Zn^{2+}, Cu^{2+}). Die Düngung von Mikronährelementen erfolgt hauptsächlich über das Blatt (↗Blattdüngung).

Mikroorganismen, mikroskopische Kleinstlebewesen wie ↗Bakterien einschließlich ↗Actinomyceten, Cyanobakterien, und eukaryotische Einzeller, niedere Algen, Schleimpilze und ↗Pilze.

Mikropenitentes ↗Büsserschnee.

Mikrophotographie, die bildliche Darstellung von Mineralen und Mineralverwachsungen. Sie ist ein wichtiges Dokument und hat sich in diesem Rahmen zu einem bedeutungsvollen Hilfsmittel entwickelt. Die Kameras werden normalerweise auf den Tubus des Polarisationsmikroskops aufgesetzt. Während das sonstige optische System unverändert bleibt, wird das Okular durch ein Projektionsokular ersetzt. Für sehr hohe Ansprüche werden Plattenkameras eingesetzt, jedoch liefern moderne Kleinbildkameras gleichfalls bei richtiger Bedienung hervorragende Bilder. Auch gibt es spezielle Photomikroskope und digitale Systeme, die es erlauben, die Bilder in Vorlagen einzuscannen. Oft empfiehlt sich der Einsatz von Dokumentenfilmen, härterem Kopierpapier sowie Farbfiltern. Die Herstellung von guten Mikrophotos erfordert jedoch Wissen und viel Erfahrung sowie sehr gute mikroskopische Präparate. ↗Dünnschliff. [GST]

Mikroplankton, ↗Plankton von 20 bis 200 μm Größe.

Mikroplatte, relativ kleine Lithosphärenplatte im Gefüge der Plattentektonik, z. B. Cocos-Platte.

Mikroporen ↗*Feinporen*.

Mikroporenfluß, *Mikroporenabfluß*, *Matrixabfluß*, *Matrixfließen*, Wasserflüsse in gesättigter und ungesättigter Bodenmatrix mit Mikro- und Mesoporen (d≤0,1 mm) in vertikaler und horizontaler Richtung. Infolge der Kapillar- und Adsorptionskräfte erfolgt die Wasserbewegung nur langsam. Laterale Bodenwasserflüsse sind nur in geneigten Schichten hoher hydraulischer Leitfähigkeiten über solchen mit geringer Durchlässigkeit möglich. ↗Abflußprozeß, ↗Makroporenfluß.

Mikroproblematikum, körperlich oder im Dünnschliff auftretende Mikrofossilien mit unbekannter systematischer Stellung (»incertae sedis«). Zu den Mikroproblematika (Abb.) gehören wegen mangelnder morphologischer Vergleichsmöglichkeiten insbesondere merkmalsarme Organismen (z. B. sphärische Organismen bzw. zugehörige Kreisschnitte) sowie Organismen ohne rezente Nachkommen. In Dünnschliffen sind

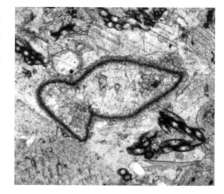

Mikroproblematikum: das Dünnschliff-Mikroproblematikum *Bisphaera*? (Oberfamenne, Velberter Sattel, nördliches Rheinisches Schiefergebirge). Die Gattung *Bisphaera* ist eine geschlossene, mehr oder minder ovale Hohlsphäre ohne Öffnung oder Wandporen. Ihre systematische Zugehörigkeit (Algen?, Foraminiferen?, Zystenstadium?, unbekannte Gruppe?) ist vollständig unklar. Im Gegensatz zu »normalen« Exemplaren von *Bisphaera* macht die eingeknickte Wand die Ansprache zusätzlich unsicher (95fache Vergrößerung).

ungünstige Schnittlagen sowie diagenetische Veränderungen ebenfalls für die Beschreibung »künstlicher Mikroproblematika« verantwortlich.

Mikrorelief, 1) *Geomorphologie*: In der Klassifikation der Größenordnung der Reliefformen besitzt das Mikrorelief eine Grundrißbreite von 10 m bis 1000 m und eine Höhe von 0,1 m bis 10 m, wie z. B. Toteislöcher, ⁊Dolinen. **2)** *Bodenkunde*: die Morphologie der Bodenoberfläche mit einer Höhe von 10–100 mm. In dieser Definition wird das Mikrorelief von der Bodenbearbeitung geprägt, ist ungerichtet und beschreibt die Größenverteilung und Anordnung von Aggregaten, Klumpen und Bröckeln an der Bodenoberfläche. Je nach Art und Intensität der Bodenbearbeitung, den Bodeneigenschaften (Korngrößenverteilung, Anteil organischer Substanz) und der Bodenfeuchte zum Zeitpunkt der Bearbeitung ergibt sich ein mehr oder minder grobes Mikrorelief, das durch Niederschlag, ⁊Oberflächenabfluß und z. T. Frost wieder eingeebnet wird. Wichtig ist das Mikrorelief für die ⁊Planschwirkung, ⁊Verschlämmung und ⁊Bodenerosion, weil ein grobes Mikrorelief mit einem hohen Anteil großer Aggregate und Bröckel die genannten Prozesse verzögert bzw. vermindert, da a) es eine große Oberfläche aufweist, so daß pro Flächeneinheit weniger Regentropfen auf die Oberfläche aufprallen, b) große Aggregate stabiler gegen ⁊Regentropfenaufprall sind, so daß die Planschwirkung vermindert und die Verschlämmung verzögert werden, c) kleine Mulden im Relief das Niederschlagswasser speichern und die Bildung von Oberflächenabfluß verzögern, d) große Aggregate und Bröckel Hindernisse für den Oberflächenabfluß darstellen, so daß die Abflußgeschwindigkeit und somit die Scherkraft verringert wird. Als Maßzahl für die Ausformung des Mikroreliefs werden verschiedene Größen angewendet, von denen die Standardabweichung der gemessenen Höhenwerte die gebräuchlichste ist. [KHe]

Mikroseismik ⁊Bodenunruhe.

Mikrosiebung ⁊Siebanlage.

Mikroskopie, Sammelbezeichnung für die mikroskopische Beobachtung und für die mit dieser verbundenen Hilfs- und Ergänzungstechniken. Der Einsatz eines optischen Mikroskopes kann durch verschiedene Techniken wie ⁊Polarisationsmikroskopie mit Phasenkontrasteinrichtung, Fluoreszenz- und Interferenz-(Kontrast)-Einrichtungen realisiert werden. Hinzu kommen die verschiedenen Beleuchtungsarten mit Auflicht- und Durchlichtbeleuchtung des Objekts, Dunkelfeldtechnik, Stereo-Mikroskopie und Zusatzeinrichtungen wie ⁊Mikrohärteprüfung u. a.

mikroskopisch, Bezeichnung, der für Objekte und Phänome verwandt wird, die wegen ihrer geringen Größe nur mit Hilfe eines Mikroskopes beobachtet werden können. ⁊megaskopisch.

Mikrosolifluktion, periglaziale Solifluktion (⁊Gelifluktion) im Mikrobereich. Dabei werden die obersten Bodenpartikel durch ⁊Kammeis hangabwärts verlagert. Früher wurde der Begriff als Synonym für ⁊Kryoturbation verwendet.

Mikrosonde, Gerät zur chemische Mineralanalyse. Es ist eine wichtige Analysenmethode bei der Untersuchung von mineralischen Rohstoffen, Metallen und Werkstoffen aller Art. Die Möglichkeit, die Verteilung der Elemente festzustellen, erlaubt wichtige Rückschlüsse auf die chemische Zusammensetzung und Verteilung der Elemente in Mineralen und Kristallen. Da die homogene oder inhomogene Verteilung der Elemente in einer Phase stark dessen Eigenschaften bestimmt, ist die Untersuchung mit Mikrosonden von wissenschaftlicher und praktischer Bedeutung. Bei der Elektronenstrahl-Mikrosonde werden sowohl wellenlängen- als auch energiedispersive Systeme eingesetzt. Dadurch ist es möglich, Punktanalysen mit Durchmessern um 1 μm durchzuführen oder Geraden bzw. Flächen abzutasten und die Häufigkeit und Verteilung eines oder mehrerer Elemente, z. B. an ungedeckten ⁊Dünnschliffen oder an Anschliffen, festzustellen. Die Laser-Mikrosonde eignet sich ebenfalls für die chemische Analyse von festen und pulverförmigen Substanzen. Das mit einem meist ND/YAG-Laser atomisierte und z. T. ionisierte Material der Probenoberfläche wird über Massenspektrometer nachgewiesen. Die Auflösung beträgt 1–3 μm. Die meisten Elemente können ab einer Konzentration von 1 ppm nachgewiesen werden. Laser-Mikrosonden sind unter den Bezeichnungen »lamma«, »sima« oder »lasma« auf dem Markt. [GST]

Mikrostruktur, tektonische Strukturen, die nur mikroskopisch, d. h. mit einem petrographischen Rasterelektronen- oder Transmissionselektronenmikroskop (⁊Elektronenmikroskop) sichtbar gemacht werden können.

Mikrotektonik, Analyse mikroskopischer tektonischer Strukturen.

Mikrothermometrie, Temperaturbestimmung von Phasenübergängen in ⁊Flüssigkeitseinschlüssen bzw. Schmelzeinschlüssen in Mineralen. Derartige Phasenübergänge können Schmelztemperaturen oder Homogenisierungstemperaturen sein. Die *Schmelztemperatur* eines Stoffes gibt Hinweise auf die Konzentration an zusätzlich vorhandenen Substanzen, welche eine Schmelzpunkterniedrigung bewirken würden. Die Schmelztemperatur von CO_2 beispielsweise zeigt an, ob reines CO_2 vorhanden ist oder ob andere Bestandteile (z. B. CH_4, N_2, H_2S) im CO_2 auftreten. Die Konzentration von Salzen in H_2O kann ebenfalls durch die damit verbundene Gefrierpunkterniedrigung ermittelt werden. Das erste Schmelzen (initiales Schmelzen) eines Stoffgemisches zeigt die eutektische Temperatur an und ist somit Indikator für die Zusammensetzung des Stoffsystems.

Die *Homogenisierungstemperatur* oder Schließungstemperatur eines Flüssigkeitseinschlusses ist die Temperatur, bei der der Einschlußinhalt vom Mehrphasenbereich in den Einphasenbereich übergeht. Im System H_2O (⁊Phasendiagramm) beispielsweise liegt bei Zimmertemperatur häufig eine Gasphase und eine flüssige Phase vor. Die Gasphase entsteht, wenn nach der Einschlußbildung eine Abkühlung erfolgt; durch Kontraktion bildet sich eine H_2O-Gasphase, deren Volumen bei weiterer Abkühlung zunimmt. Bei Erwärmung des Einschlusses wiederum verkleinert sich die Gasphase, um bei einer bestimmten Temperatur (Homogenisierungstemperatur) völlig zu verschwinden. Geht man davon aus, daß das Fluid zur Zeit der Einschlußbildung homogen war, so stellt demnach die Homogenisierungstemperatur die mindestmögliche Bildungstemperatur dar. Die Homogenisierungstemperatur hängt von der Dichte des Einschlußinhaltes ab. Geschieht die Einschlußbildung bei erhöhtem Druck, so erfolgt bei der Abkühlung erst eine Phasentrennung, wenn die Zweiphasenlinie erreicht ist. Bis dahin erfolgt der Druck-Temperaturverlauf entlang der Linie gleicher Dichte (Isochore). Demzufolge ist die Homogenisierungstemperatur nicht gleichzusetzen mit der Bildungstemperatur des Wirtsminerales. Aus der Homogenisierungstemperatur kann die wahre Bildungstemperatur bestimmt werden, wenn der Bildungsdruck abgeschätzt werden kann. Ebenso ist eine Druckbestimmung möglich, wenn die Bildungstemperatur anhand von anderen Faktoren (Geothermometern) bekannt ist.

Die wichtigste Apparatur für mikrothermometrische Untersuchungen ist der ↗ Heiz-Kühltisch. Dabei handelt es sich um ein Durchlichtmikroskop mit hoher Auflösung, auf dessen Objekttisch eine Heiz- und Kühlvorrichtung angebracht ist. Als Proben werden beidseitig polierte Schliffe (Dickschliffe) der zu untersuchenden Substanz verwendet. Phasenübergänge können im gesteuerten Temperaturverlauf in Abhängigkeit zur Temperatur beobachtet werden. Somit kann die Zusammensetzung der ↗ fluiden Phase ermittelt werden, die Dichte der Einschlüsse, die mindestmögliche Bildungstemperatur sowie Druck- und Temperaturabschätzungen (Bildungsbedingungen) abgeleitet werden. [AM]

Mikrotunnelbau ↗ Horizontalbohrung.

Mikrowellen-Gasspektroskopie ↗ analytische Methoden.

Mikrowellenradiometer, Instrumente zur passiven Mikrowellen-Fernerkundung zur Aufzeichnung der zwischen etwa 1 mm und 1 m (das entspricht Frequenzen zwischen rund 300 GHz und 300 MHz) liegenden ↗ elektromagnetischen Strahlung, die von den Materialien der Erdoberfläche aufgrund ihrer Temperatur abgegeben wird. Da die erfaßten Signale von sehr geringer Intensität sind, lassen sie sich nur in grober geometrischer Auflösung erfassen, und es lassen sich nur mit großem Aufwand Bilddaten erzeugen. Mittels Mikrowellenradiometern können Informationen über Bodenfeuchte, Ölverschmutzungen und v.a. Schneebedeckung gewonnen werden. Mikrowellenradiometer sind seit Ende der 1960er Jahren auf experimentellen Erdbeobachtungssatelliten im Einsatz. Für großräumige Kartierung bot das Scanning Multichannel Microwave Radiometer (SMMR) an Bord des Nimbus-7-Satelliten (1978–1986) gute Möglichkeiten. Im Jahr 1987 gelangte ein dem SSMR ähnlicher Sensor, der Special Sensor Microwave Imager (SSMI), mit einer geometrischen Auflösung von ungefähr 15 km auf dem amerikanischen DMSP-Satelliten in Erdumlauf. [MFB]

Mikrowiderstandsmessung, elektrisches Bohrlochverfahren (↗ elektrische Bohrlochmessung), das klein dimensionierte Elektrodenanordnungen mit Elektrodenabständen von 2,5–5 cm umfaßt, die auf einem Gleitkissen angebracht und gegen die Bohrlochwand gepreßt werden. Sie werden als Gradient- oder Normalsonde (Mikro-Log) oder als fokussierendes System mit konzentrischen Ringelektroden ausgeführt (Mikrolatero-Log).

MIK-Wert, <u>M</u>aximaler <u>I</u>mmissions<u>k</u>onzentrations-Wert, maximale Immissionskonzentration bestimmter Schadstoffe, die nach dem derzeitigen Kenntnisstand keine nachteiligen Wirkungen für Menschen, Tiere und Pflanzen haben. Die Werte sind so bemessen, daß nach dem aktuellen Kenntnisstand auch für Risikogruppen wie Schwangere, Kleinkinder, alte und kranke Personen keine gesundheitliche Gefährdung zu erwarten ist. Die MIK-Werte werden von der VDI-Kommission »Reinhaltung der Luft« erarbeitet. Es werden jeweils Konzentrationen für Dauerbelastung (MIK_D) und Kurzzeitbelastung (MIK_K) festgelegt. Die MIK-Werte unterliegen einer fortlaufenden Überarbeitung, da ständig neue toxikologische Kenntnisse gewonnen werden.

Milanković, *Milutin*, jugoslawischer Mathematiker und Astronom, * 28.5.1879 Dalj (Kroatien), † 12.12.1958 Belgrad; seit 1909 Professor für Angewandte Mathematik in Belgrad; astronomische Theorie der ↗ Klimaschwankungen (Milanković-Theorie). Werke: »Mathematische Klimalehre und astronomische Theorie der Klimaschwankungen« (1930). ↗ Eiszeit.

Milanković-Kurve ↗ Eiszeit.

Milben, formenreiche Bodentiergruppe der ↗ Mesofauna mit vier Laufbeinpaaren; zu den Spinnentieren gehörend. Sie haben besonders zahlreiche Tasthaare auf dem ersten Laufbeinpaar, das als Taster benutzt wird. Die Tiere sind meist blind. Wichtige Vertreter sind ↗ Oribatiden und Raubmilben.

milde Minerale, Minerale, deren Pulver beim Ritzen und Schaben mit der Messerspitze nicht fortspringt, sondern liegenbleibt. Beispiele sind Bleiglanz, Antimonglanz und Molybdänglanz. ↗ Elastizität.

MilGeoA, *Amt für Militärisches Geowesen*, Behörde im Zuständigkeitsbereich des Bundesverteidigungsministeriums für die Bereitstellung von Geländedaten, vor allem als Karten in analogem und digitalen Zustand für die Zwecke der Landesverteidigung.

Milieu ↗ Umwelt.

Militärperspektive, Grundrißschrägbild eines Landschaftsausschnitts in schiefer Parallelprojektion (Axonometrie). Dabei ist für die *z*-Achse ein besonderer Maßstab festzulegen. Er wird häufig dem Maßstab für die *x*- und *y*-Richtung gleichgesetzt, was einer Neigung der Projektionsstrahlen von 45° gegen die *xy*-Ebene entspricht. Diese Maßstabsgleichheit in *x*, *y* und *z* hat der Militärperspektive die mitunter übliche, aber zutreffende Bezeichnung als isometrische Darstellung verschafft. Bei der Konstruktion der Perspektive geht man meist von einem vorhandenen Kartengrundriß aus und trägt dann in den Grundrißpunkten die Höhen im vorgegebenen Maßstab auf. Deshalb ist die Militärperspektive wesentlich einfacher zu erzeugen als die ↗Kavalierperspektive, die jedoch ein gefälligeres und natürlicheres Aussehen aufweist. Das Verfahren ist schon seit Jahrhunderten im Gebrauch und besonders wirkungsvoll bei der raumbildlichen Wiedergabe von Städten und Bauwerken. [MFB]

Miller, *William Hallowes*, britischer Mineraloge, * 6.4.1801, † 20.5.1880 Cambridge; Professor für Mineralogie an der Universität Cambridge, Ehrendoktor der Universitäten Dublin und Oxford, seit 1870 Mitglied der internationalen Meterkommission, seit 1870 Mitglied der London Royal Society. Er führte die nach ihm benannten ↗Millerschen Indizes ein, das sind die Verhältniszahlen (*hkl*) der reziproken Achsenabschnitte einer Kristallfläche in einem kristallographischen Koordinatensystem, und entwickelte die ↗stereographische Projektion zur Darstellung der Kristallpolyeder. Werke (Auswahl): »A Treatise on Crystallography« (1839).

Millerit, *Gelbnickelkies, Haarkies, Haarnickelkies, Nadelstein, Nickelblende, Nickelkies, Schwefelnickel, Trichopyrit*, nach dem englischen Mineralogen H.W. ↗Miller benanntes Mineral mit der chemischen Formel β-NiS und ditrigonal-pyramidaler Kristallform; Farbe: messinggelb, auch grünlich-blau, bräunlich bis schwärzlich; Metallglanz; undurchsichtig; Strich: grünlichschwarz; Härte nach Mohs: 3–3,5 (spröd); Dichte: 5,3–5,6 g/cm^3; Spaltbarkeit: vollkommen nach (1011) und (0112) (selten wahrnehmbar); Aggregate: nadelig, haarig, büschelig, radialstrahlig, seltener derb bis körnig; vor dem Lötrohr auf Kohle schmilzt er zu einem glänzenden, spröden Korn unter Wahrnehmung von Knoblauchgeruch; in Salpetersäure unter Grünfärbung löslich; Begleiter: Siderit, Chalkopyrit, Calcit, Fluorit, Baryt, Gersdorffit, Rammelsbergit; Vorkommen: in der Oxidationszone gebildet und durch Verwitterung, meist auf Erzgängen in Drusen sowie in Kohleflözen; Fundorte: sächsisches Erzgebirge, Kladno (Böhmen), Cobalt (Ontario, Kanada), Beriku (Westsibirien). [GST]

Millersche Indizes, Indizierung der Kristallflächen nach W.H. ↗Miller (1839). Es sind die reziproken Werte der Weissschen Koeffizienten (Achsenabschnitte). ↗Flächensymbole nach Miller und Weiss.

Millibar, *mbar*, früher auch *mb*, veraltete Einheit für den ↗Luftdruck, die durch die Einheit ↗Hektopascal (1 hPa = 1 mbar) abgelöst wurde.

Milligal, *mgal*, auch *Mgal*, in der Angewandten Gravimetrie über Jahrzehnte verwendete Einheit für die Schwerebeschleunigung: 1 mgal = 10^{-5} m/s^2 = 10 µm/s^2. Diese Einheit entspricht nicht den Normen des SI-Systems. Hier wird die Einheit gravity unit (g.u.) verwendet: 1 g.u. = 1 µm/s^2 = 10^{-6} m/s^2. Die Umrechnung zu Milligal ergibt sich aus der folgenden Beziehung: 1 g.u. = 0,1 mgal. ↗Schwereeinheiten.

Millisekundensprengen ↗*Verzögerungszündung*.

mimetisch, Bezeichnung für eine besondere Art der Zwillingsbildung (↗Zwilling). Sind bei der polysynthetischen Verzwilligung die Zwillingslamellen sehr dünn, kann der Gesamtzwilling eine höhere Symmetrie vortäuschen, als sie dem Einkristall zukommt. Auch bei polytypen Substanzen wird eine höhere Symmetrie vorgetäuscht, wenn die Tieftemperatur-Phasen als Umwandlungsprodukte aus höher symmetrischen Hochtemperatur-Phasen entstehen. Insgesamt werden solche scheinbar höher symmetrischen Zwillingsstöcke als mimetische Zwillinge bezeichnet.

mimetische Struktur, Begriff für Nebengesteinsstrukturen, die auch nach Verdrängung durch Erz, nach metamorpher Überprägung oder nach ↗Rekristallisation erhalten geblieben sind.

Mindel-Kaltzeit, eine unterpleistozäne, mehrfach gegliederte ↗Kaltzeit des Alpenvorlandes, die von Penck und Brückner (1901–1909) an der Typregion des Grönenbacher Feldes (Illergletschervorland) definiert und nach dem Fluß Mindel (Bayern) benannt wurde. Einzelne ↗Gletscher des westlichen Alpenvorlandes erreichten während der Mindel-Kaltzeit ihre größte Vorstoßweite und hinterließen morphologisch wenig ausgeprägte ↗Altmoränen. Die Mindel-Kaltzeit wird mit der ↗Elster-Kaltzeit des nordischen Vereisungsgebietes korreliert (↗Pleistozän) und entspricht der Anglian-Kaltzeit in England und der Kansan-Kaltzeit in Nordamerika. Mit einer Vereisung auch der Mittelgebirge wie Schwarzwald und Vogesen ist zu rechnen, jedoch sind die Sedimente nur reliktisch überliefert und in ihrer Altersstellung bislang unsicher. ↗Klimageschichte, ↗Quartär.

Mineral, stofflich homogener Grundbestandteil der Erde, des Mondes, der ↗Meteoriten und aller übrigen Himmelskörper. Die meisten Minerale sind Festkörper und anorganischer Natur. Sie können wie Gold, Kupfer, Schwefel oder Diamant aus den Elementen selbst, überwiegend aber aus Verbindungen bestehen. Die Minerale der festen Erdkruste bestehen zu mehr als 90% aus ↗Silicaten. Verglichen mit der Anzahl der Tier- und Pflanzenarten ist ihre Zahl gering, bisher sind ca. 3500 exakt definierte ↗Mineralarten bekannt. Im vorwiegend älteren mineralogischen Schrifttum findet sich allerdings ein Vielfaches an Synonyma, Varietäten (↗Mineralvarietät) sowie an irreführenden, überflüssigen oder auch falschen Bezeichnungen.

Charakteristisches Merkmal der Minerale ist, daß sie als natürlich entstandene chemische Verbindungen nur sehr selten in reinem Zustand auftreten. Fast stets handelt es sich um Mischkristalle. Elemente, die sich in ihren Radien weitgehend ähnlich sind und sich auch in ihrem chemischen Verhalten nahestehen, vertreten sich in den Mineralien gegenseitig. Da bei dem physikochemischen Prozeß der Minerale in der Natur alle Elemente zur Verfügung stehen, kann sich eine Reinverbindung praktisch nicht bilden. Die für die Minerale angegebenen chemischen Formeln sind daher fast immer idealisiert. Die Namen der Minerale sind überwiegend der griechischen oder der lateinischen Sprache entliehen und führen häufig die Endsilbe »it« oder »lith« (von griech. lithos = Stein). Die Bezeichnung Mineral selbst geht auf das mittellateinische Wort mineralis = »zum Bergwerk gehörig« zurück. Die meisten Minerale sind kristallisiert, nur wenige wie Quecksilber liegen in flüssiger Form vor oder sind amorph wie ↗Lechatelierit (natürliches Kieselglas) oder ↗Opal. Minerale können auch künstlich hergestellt werden. Diese künstliche Herstellung dient in erster Linie der Erforschung der Bildungsbedingungen der Minerale und der Erzeugung von Einkristallen und von polykristallinen Aggregaten für technische Zwecke (↗Mineralsynthese, ↗Hydrothermalsynthese, ↗Hochdrucksynthese).

Die gesamte Menschheitsgeschichte ist mit Mineralen eng verknüpft, sei es für Schmuck und Amulette, für die Herstellung von Waffen oder in der Töpferei. Bis zur Gewinnung der Metalle bleiben die Gesteine und Minerale das bevorzugte Material für Werkzeuge. Quarz, Obsidian und Flint waren außerdem Rohstoff für Waffen. Die Entwicklung des Urmenschen zum *Homo habilis* und schließlich zum *Homo sapiens* ist ohne Mineralogie nicht denkbar. Erst der sinnvolle Einsatz der Minerale und Rohstoffe (↗mineralische Rohstoffe) ermöglichte die moderne Industrie und Technologie. Autobahnen, Hochhäuser, Kernkraftwerke, Raumfahrt und Mondlandung sind eng verknüpft mit der Entwicklung der Mineralogie. So umfaßt die Geschichte der Mineralogie einen Zeitraum von mehr als zwei Mio. Jahren, vom Material der Werkzeugbauer der Oldowayschlucht bis zum Kernenergierohstoff, und so ist der Standort der Mineralogie, die schon in ihren Ursprüngen eng mit den ersten technischen Entwicklungen der Menschheit verbunden war, heute und in ihrer Zukunft der einer technisch angewandten Wissenschaft und eines äußerst dynamischen Forschungsgebietes.

Etwa 1000 v. Chr. gelang es erstmals, elementares Eisen aus seinen Erzen zu gewinnen. Die Herstellung von Bronze aus Kupfer und Zinn war schon wesentlich früher bekannt (in der Bronzezeit 1800–750 v. Chr.). Erste schriftliche Erwähnung finden Erzminerale bei Thales von Milet um 580 v. Chr. ↗Aristoteles (384–322 v. Chr.) verfaßte ein Buch der Steine, Theophrastos (371–287 v. Chr.) beschrieb Bleiweiß, Glas und das Färben von Mineralen in der Kunst, und ↗Archimedes (287–212 v. Chr.) entdeckte grundlegende physikalische Eigenschaften der Minerale. Um 130 v. Chr. beschreibt Agantharchides die für die Hüttentechnik bedeutsame Trennung von Blei- und Silbererzen. Nach der »Historia Naturalis« von ↗Plinius dem Älteren (23–79) erschienen eine erste, 700 Spezies umfassende Mineralsystematik von Avicenna (980–1037) und die »Mineralogie in 5 Bänden« von ↗Albertus Magnus (1193–1280). Großen Einfluß hatte dann die Bergbaupraxis in Sachsen, Ungarn, Böhmen, Thüringen und Galizien auf die Entdeckung neuer Minerale und die zum großen Teil heute noch gültige Nomenklatur der Erzminerale. Georg ↗Agricola (1494–1555) legte in zahlreichen Schriften Bergbaukunde und Hüttenwesen dar und wurde damit zum eigentlichen Begründer der Mineralogie als Wissenschaft. Erstmals werden die diagnostischen Kennzeichen der Minerale, Farbe, Härte, Glanz u. a. ausführlich beschrieben und auch bereits die genetischen Probleme der Erzlagerstätten angedeutet. ↗Libavius (1560–1616) gelang erstmals die Bestimmung von Salzen mit Hilfe der Kristallformen, und ↗Snellius (1591–1626) entdeckte das für die Kristalloptik grundlegende Brechungsgesetz.

Mit dem Beginn der neuzeitlichen Chemie und Physik begann für die Mineralogie, die sich bisher nur mit äußeren Erkennungsmerkmalen, dem Vorkommen und der Verwertbarkeit von Mineralen und Gesteinen beschäftigt hatte, eine völlig neue Epoche. Abraham Gottlob ↗Werner (1749–1817) stellte ein neues System auf, das die chemische Zusammensetzung der Minerale zur Grundlage hatte. Gesteine und Fossilien wurden jetzt getrennt von den stofflich als einheitlich erkannten Mineralen behandelt. Zu der Erkenntnis der Beziehungen zwischen den Formen der Kristalle und ihrer chemischen Zusammensetzung kam nach Entdeckung der Röntgenstrahlen durch Wilhelm Conrad ↗Röntgen (1845–1923) der klassische Versuch des Nobelpreisträgers Max von ↗Laue im Jahre 1912, in dem zum ersten Male das Verhalten von polychromatischem Röntgenlicht beim Durchtreten kristallisierter Materie untersucht wurde. Die hierbei auftretenden Röntgeninterferenzen ermöglichen es, die innere Struktur der Kristalle zu erkennen und bilden heute die Grundlage der Diagnostizierung von Mineralen und Werkstoffen (zerstörungsfreie Materialprüfungsverfahren). Im Jahr 1896 beobachtete Becquerel als erster die radioaktive Strahlung an Uranverbindungen, und 1899 fanden Marie und Pierre Curie in der Pechblende von Joachimsthal das Element Radium. Die sich hieraus entwickelnde Kernphysik lieferte die Grundlagen zu den modernen Altersbestimmungsmethoden von Mineralen und Gesteinen. An die Stelle der früheren formalen Mineralbeschreibungen sind heute die kristallstrukturell exakten Definitionen mineralischer Stoffe getreten. [GST]

Mineralaggregate, beliebige, auch räumlich eng begrenzte natürliche Assoziationen der gleichen oder verschiedener ↗Mineralarten. Gut kristallisierte, frei wachsende Mineralaggregate bzw. Kristalldrusen werden auch *Mineralstufen* genannt. Das Erscheinungsbild der Mineralaggregate ist sehr vielfältig. Wichtige Kriterien sind neben Art und Zahl der Mineralaggregate ihre Größe und Ausbildung sowie ihre räumliche Anordnung (↗Gefüge). Die Mineralaggregate überwiegend kolloidaler Entstehung sind ↗Oolithe und ↗Konkretionen. Feinkörnige dünnste Überzüge, sogenannte ↗Anflüge und Beschläge sowie soge-

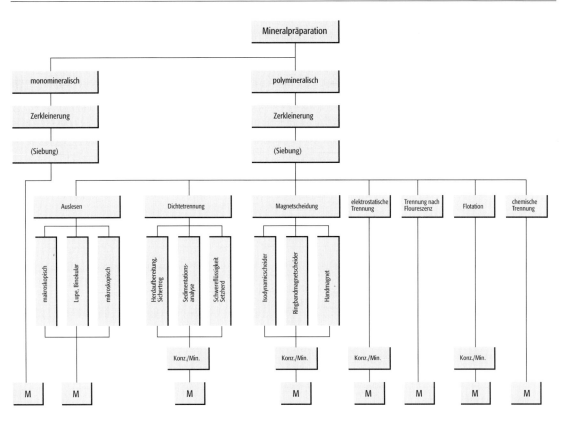

nannte ↗Ausblühungen sind meist lockere feinst-faserige Bildungen, die sich auf Gesteinen und Böden und deren Rissen und Hohlräumen während der Trockenzeiten bilden und sich bei Regenfällen wieder auflösen. Erdig-pulverige Verwitterungs- und Reaktionsprodukte sind meist Eisen- und Manganhydroxide, sogenannte Ocker. [GST]

Mineralalter, durch ↗Geochronometrie bestimmter Alterswert, welcher auf der Bestimmung ↗radiogener Isotope eines oder mehrerer Mineralpräparate eines Gesteins beruht (↗Anreicherungsuhr). Enthielt das oder die Minerale zum Zeitpunkt, der datiert werden soll, bereits radiogene Isotope, so wird die ↗Isochronenmethode angewandt. Werden hierbei ausschließlich verschiedene Mineralpräparate eines Gesteins verwendet, spricht man von einer *Mineralisochrone*. Viele Minerale lassen bei der Abkühlung nach ihrer Bildung noch bis zu einer bestimmten ↗Schließtemperatur einen Isotopenaustausch mit ihrer Umgebung zu. Ihre Alterswerte datieren das Durchschreiten dieser Temperaturmarke und sind Abkühlalter. Um die Auswirkung unterschiedlicher Schließtemperaturen auf die Isochrone zu vermeiden, wird häufig nur ein oder mehrere Präparate einer Mineralart und eine Gesamtgesteinsprobe zur Isochronenbildung herangezogen. [SH]

Mineralanalytik, *mineralanalytische Verfahren*, qualitative und quantitative Bestimmung der Mineralphasen (*Mineralphasenanalyse*) und ihrer Gefügeverhältnisse (↗Gefüge) von Gesteinen, Erzen, mineralischen Rohstoffen, Baustoffen, technischen Produkten etc. Die Bestimmung der Minerale erfolgt zunächst nach ihren äußeren Kennzeichen, nach ihren physikalischen Eigenschaften (↗Härte, ↗Glanz, ↗Spaltbarkeit, Farbe, Strichfarbe), nach ihren morphologischen Kennzeichen (↗Tracht, ↗Habitus), nach ihren Aggregatformen (↗Mineralaggregate) und nach ihren chemischen Kennzeichen. Die wichtigste Methode ist die ↗Polarisationsmikroskopie an Streu- und Körnerpräparaten sowie an Gesteinsdünnschliffen (↗Dünnschliff). In vielen Fällen ist bei verschiedenen mineralanalytischen Verfahren eine Trennung der Mineralgemenge in ihre einzelnen Mineralphasen (Sortierung) und in ihre Korngrößenordnungen sowie eine Anreicherung der Mineralphasen (↗Mineralanreicherung) erforderlich. [GST]

Mineralanreicherung, Methoden zur Gewinnung monomineralischer Fraktionen aus den meist polymineralischen Aggregaten (Gestein, Erz). Sie setzen eine Zerkleinerung des Ausgangsmaterials und eine Aufgliederung der Probe in Kornfraktionen (↗Klassierung) voraus. Zur Entscheidung über den ↗Aufschlußgrad wird zunächst durch eine polarisationsmikroskopische Untersuchung an Schliffpräparaten geklärt, welche Korngrößen- und Verwachsungsverhältnisse der verschiedenen Mineralarten vorliegen. Feinkörnige Mineralgemenge (< 63 μm), die nicht durch Siebung klassiert werden können, werden durch se-

Mineralanreicherung: präparative Methoden zur Gewinnung von monomineralischen Fraktionen aus mineralischen Rohstoffen, Gesteinen, Erzen u. a.

Mineralbestimmung 1: Methoden zur Mineralbestimmung (Mineralphasenanalyse).

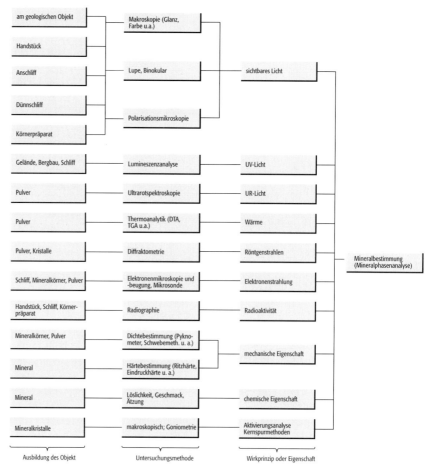

dimentationsanalytische Verfahren (/Sedimentationsanalyse) getrennt. Weitere Methoden sind die Trennung nach der Dichte mit Schwereflüssigkeiten oder mit Sicherträgen und Laborherden mittels /Magnetscheidung oder durch /Flotation (Abb.). [GST]

Mineralart, idealisierter Ausdruck für Mineralindividuen, deren Zusammensetzung und Struktur gleich ist. Die Mineralart repräsentiert das »Mineral« im allgemeinen Sinne (z. B. die Mineralart /Olivin mit der wechselnden Zusammensetzung $(Mg,Fe)_2[SiO_4]$ oder /Quarz mit der Konstanten SiO_2). Bei Mineralarten mit Mischkristallcharakter werden bestimmte chemische Bereiche der Mischung bzw. die Endglieder der Mischkristallreihe mit eigenen Namen belegt (z. B. bei Olivin die Endglieder $Mg_2[SiO_4]$ als /Forsterit und $Fe_2[SiO_4]$ als /Fayalit).

Mineralbestimmung, Bestimmung der Minerale nach äußeren Kennzeichen sowie nach kristallmorphologischen, kristallographischen, kristalloptischen, physikalischen, überwiegend phasenanalytischen und chemischen Verfahren. Zu den äußeren Kennzeichen der Minerale gehören Farbe, wobei zu unterscheiden sind Eigenfarbe, Strichfarbe, Anlauffarben, metallische Farben und nicht metallische Farben, weiterhin Art und Stärke des Glanzes und Fluoreszenz. Weiterhin zählen dazu, ob Minerale durchsichtig, durchscheinend oder opak sind, ihre Härteeigenschaften (/Härte), die Thenazität (spröd, mild, schneidbar), Spaltbarkeit, Teilbarkeit, Bruch, Absonderung, Güte der Spaltbarkeit (höchstvollkommen bis unvollkommen), Wärmeleitfähigkeit, Dichte, /Tracht und /Habitus. Für die Bestimmung der Minerale nach äußeren Kennzeichen werden auch Informationen über die magnetischen Eigenschaften, Radioaktivität, /Lötrohrprobierkunde u. a. herangezogen. Wichtige phasenanalytische Methoden sind die /Polarisationsmikroskopie, die /Thermoanalyse (DTA und TGA), Röntgenbeugungsuntersuchungen (Diffraktometrie) sowie elektronenmikroskopische Verfahren, insbesondere die /Elektronenbeugung und Mikrosondenuntersuchungen (/Mikrosonde) (Abb. 1). Zur Bestimmung der chemischen Zusammensetzung der Minerale, mineralischer Rohstoffe und anderer geologischer Objekte werden eine Reihe elementalanalytischer Verfahren angewandt (Abb. 2), wobei neben der klassischen naßchemischen Gravimetrie und maßanalytischer Verfahren heute weitgehend physikochemische und physikalische Verfahren, vor allem die Röntgenfluoreszenz-Spek-

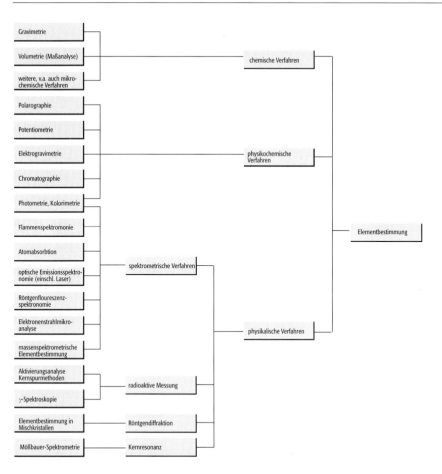

Mineralbestimmung 2: wichtige Elementbestimmungsmethoden für mineralische Rohstoffe, Minerale, Gesteine, Erze etc.

tralanalyse, Atomabsorption, optische emissionsspektrometrische Verfahren (Laser), Isotopenanalyse und die ↗Massenspektrometrie eingesetzt wird. [GST]

Mineralbildung, physikochemischer Prozeß, der sich unter den auf der Erde oder im Kosmos herrschenden Bedingungen abspielt. Minerale entstehen fast ausschließlich in Vielstoffsystemen und unter irdischen Verhältnissen in Anwesenheit von H_2O, was für die auch heute noch andauernden mineralbildenden Prozesse von außerordentlicher Bedeutung ist. Da bei der Mineralbildung aus wäßrigen Lösungen, schmelzflüssigen oder gasförmigen Phasen eine Vielzahl von Elementen beteiligt sein kann, treten nur sehr selten reine Verbindungen auf. Vielmehr entstehen fast ausschließlich ↗Mischkristalle. Da die Art der Mischkristallbildung oft von den Bildungsbedingungen, insbesondere von der Temperatur, dem Druck und den Konzentrationsverhältnissen abhängig ist, lassen sich daraus Hinweise auf die Genese der betreffenden Mineralart ableiten. Nur sehr wenige Mineralbildungsprozesse sind der direkten Beobachtung zugänglich. Bei solchen handelt es sich vor allem um mineralbildende Vorgänge, die sich an der Erdoberfläche oder in nicht allzu großen Tiefen abspielen. Hierzu zählen vulkanogene Prozesse, Mineralbildungen durch ↗Exhalationen und Sublimation, Mineralabscheidungen aus Geysiren, Thermen oder erzhaltigen Quellen.

Die weit überwiegende Mehrzahl aller mineralbildenden Prozesse spielt sich aber in der Erdkruste in größeren Tiefen, zum Teil bei sehr hohen Drucken und praktisch immer in Anwesenheit von H_2O ab. Um diese Vorgänge zu erforschen, müssen im Rahmen experimenteller Hochdruck-Hochtemperatur-Untersuchungen (↗Hydrothermalsynthese) synthetisierende Experimente (↗Hochdrucksynthese) durchgeführt werden. In Verbindung mit den auf analytischem Wege an Mineralen und ihren Lagerstätten gewonnenen Erkenntnissen können dann erst Schlüsse auf die Bildungsprozesse gezogen werden. Wertvolle Hinweise über die Bildungsbedingungen der Minerale und über die Zusammensetzung mineralbildender Lösungen geben vor allem ↗Flüssigkeitseinschlüsse, die in zahlreichen Kristallen zu finden sind. Wie Schmelzpunkte, Umwandlungspunkte, Entmischungserscheinungen usw. können auch sie als sogenannte ↗geologische Thermometer und Manometer neben den Ergebnissen experimentell synthetisierender Versuche (↗Mineralsynthese) als wichtige analytische Hilfsmittel zur Deutung mineralbildender Vorgänge herangezogen werden.

Wichtige Hinweise ergeben sich auch aus dem gleichzeitigen Vorkommen der Minerale, das häufig gesetzmäßig von den Bildungsbedingungen abhängt, und aus dem Fehlen oder Auftreten einer Mineralphase in einer Paragenese auf die Zustandsvariablen. Die Erforschung der ↗Mineralparagenesen und die Kenntnis über die Reihenfolge der Mineralbildung haben außer der Klärung der Mineralgenese vor allem auch den praktischen Zweck, die erkannten Gesetzmäßigkeiten auf die Prospektion von Erz- und anderen Minerallagerstätten anzuwenden. [GST]

Mineralboden, Teil eines Bodens, der sämtliche mineralischen Horizonte unterhalb einer evtl. vorhandenen organischen Auflage und oberhalb des Ausgangsgesteins umfaßt.

Mineralchemie, Erforschung der allgemeinen Gesetzmäßigkeiten der chemischen Zusammensetzung (einschließlich der Verteilung und Bindung der Atome) der Minerale, ihres Wachstums und ihrer Auflösung.

Mineraldaten, umfangreiche Daten über Minerale, die in Karteien, Tabellenwerken, Lexika, Datenbanken u. a. vorliegen, z. B. Alphabetical Mineral Reference, ATHENA, ASTM-Kartei etc. Ab 1930 begann die »American Society for Testing Materials« eine Kartei aller bis zu diesem Zeitpunkt bestimmten kristallinen Substanzen zusammenzustellen, die sog. ASTM-Kartei. Von jeder kristallinen organischen und anorganischen Substanz wurde eine Karteikarte mit den wichtigsten kristallographischen, physikalischen und chemischen Daten erstellt, wobei den aufgelisteten d-Werten und ihren relativen Intensitäten (I/I_{100}) die größte Bedeutung zukommt. Seit dem Jahr 1950 erfolgt die jährliche Erneuerung dieser Datenbank. Diese Datenbank, auch als PDF- (Powder Diffraction File) oder JCPDS-Datei (Joint Commitee of Powder Diffraction Standards) bezeichnet, wird heute vom »International Centre for Diffraction Data« (ICDD) vertrieben und beinhaltet in der Version 1998 rund 110.000 Einträge von kristallinen Phasen. Die Gruppe der Mineralien umfaßt dabei rund 5500 Datensätze. Aufgrund dieser Datenmenge werden heute CD-ROMS als Datenträger verwendet. In der Datei der IMA (Kommission der Internationalen Mineralogischen Gesellschaft) sind neue Minerale und Mineralnamen vertreten. Jedes neue Mineral ist beschrieben mit einer IMA-Nummer, der chemischen Zusammensetzung, Kristallsystem, Raumgruppe, Zellparameter, Farbe, optische Eigenschaften und röntgenographische Daten aus Pulverdiffraktometer-Aufnahmen. Daneben gibt es noch zahlreiche weitere Tabellen und Lexika, wie z. B. [1] ANTHONY et al. (1990, 1995, 1997): Handbook of Mineralogy, Vol. I-III. – Tucson (Arizona). [2] BLACKBURN, W.H & DENNE, W.H. (1997): Encyclopedia of Mineral Names. – Ottawa. [3] FLEISCHER & MANDARINO (1995): Glossary of Mineral Species. – Tucson (Arizona). [4] STRÜBEL & ZIMMER (1991): Lexikon der Minerale. – Stuttgart. [5] WEISS, S. (1998): Das große Lapis-Mineralienverzeichnis. – München. [GST]

Mineraldünger, bestehen aus einzelnen oder mehreren anorganischen Verbindungen, z. B. Salzen, Oxiden, die direkt oder nach Umsetzung (im Fall von Harnstoff) als Nährstoffe wirksam sind.

Mineraldüngeräquivalent, Bezugsmaßstab für die Nährstoffwirksamkeit von organischen Düngern, insbesondere Wirtschaftsdüngern (Stallmist, Jauche, Gülle). Die Nährstoffausnutzung einer organischen Düngergabe durch den Nährstoffentzug einer Kultur wird als Prozentsatz desjenigen einer gleich hohen Nährstoffgabe in Form von ↗Mineraldünger ausgedrückt.

Mineraleigenschaften, Eigenschaften der Minerale, zu denen Kristallstruktur und äußere Form (↗Tracht, ↗Habitus, ↗Mineralaggregate), chemische Eigenschaften (↗Mineralchemie, ↗Diadochie), physikalische Eigenschaften (↗Dichte, ↗Elastizität, ↗Glanz, ↗Härte, ↗Lumineszenz), magnetische Eigenschaften und optische Eigenschaften gehören.

Minerale im extraterrestrischen Raum, an ↗Meteoriten und an Proben von der Mondoberfläche bekannte und untersuchte Minerale. In beiden Fällen handelt es sich überwiegend um Minerale, die auch auf der Erde auftreten. Ein besonderes Kennzeichen ist, daß sie wasserfrei sind. Bereits die ersten Analysen der Mondoberfläche mit α-Strahlgeräten durch die unbemannten Surveyorsonden Nr. 5 am Südwestrand des Mare Tranquillitatis und Nr. 6 im Mare Sinus Medii haben ergeben, daß es sich in den dunklen Maregebieten um gabbroide bzw. basaltische Gesteine handelt, während die Analyse von Surveyor Nr. 7 im Gebiet nördlich des Kraters Tycho darauf schließen läßt, daß bei den Gesteinen der Hochländer eine anorthositische Zusammensetzung vorliegt. Die Untersuchungsergebnisse des Gesteinsmaterials der bemannten Landung von Apollo 11 im Mare Tranquillitatis, Apollo 12 im Oceanus Procellarum und Apollo 14 (Fra Mauro) sowie der unbemannten Sonde Luna 16 im Mare Fecunditatis und die Gesteinsproben von Apollo 15 in dem Gebiet des Hadleygebirges bestätigten diesen Befund. An Mineralphasen der Basalte des Oceanus Procellarum wurden 3,3 Mrd. Jahre, für die des Mare Tranquillitatis 3,6 Mrd. Jahre gemessen. Die älteste Mondgesteinprobe hat ein Alter von 4,66 Mrd. Jahren und ist damit also zu einer Zeit erstarrt, als das Planetensystem entstanden ist, nach neuesten Berechnungen vor 4,7 Mrd. Jahren. Während tertiäre oder palaeozoische Basalte auf der Erde durch die Zersetzung und Umwandlung ihres Mineralbestandes heute bereits als völlig veränderte Gesteine vorliegen, sind die lunaren 3–4 Mrd. Jahre alten Gesteine, sieht man von den charakteristischen Oberflächenerscheinungen ab, so frisch wie am Tage ihrer Erstarrung. Auf dem Mond hat man neben den primären Gesteinen Basalt, Gabbro und Anorthosit ebenfalls Lockerprodukte, die man als Regolith, Soils und Brekzien bezeichnet hat, gefunden. Sie entsprechen den Sedimentgesteinen der Erdoberfläche, jedoch sind die wirksamen Kräfte auf dem Mond, die zu ihrer heutigen Form

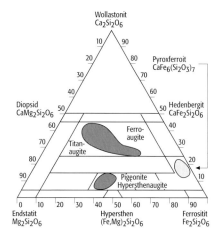

Minerale im extraterrestrischen Raum 1: Verteilung und Zusammensetzung der Pyroxenminerale in irdischen und lunaren Gesteinen. Pyroxferroit (helle Schraffur) tritt nur in lunaren Gesteinen auf, während die Gesteine der anderen Felder (dunkle Schraffur) sowohl in terrestrischen als auch lunaren Gesteinen vorkommen.

geführt haben, vor allem in dem unaufhörlichen hochenergetischen Meteoritenbombardement zu suchen, das auch zu den charakteristischen Erscheinungen der ↗Stoßwellenmetamorphose (↗Stoßwelleneffekt) geführt hat, die aus den Gebieten terrestrischer Meteoritenkrater ebenfalls bekannt sind.

Wie die irdischen, so zeigen auch die lunaren Basalte z. T. recht unterschiedliche Gefügemerkmale. Auch in ihrer Paragenese mit den Hauptmineralkomponenten Plagioklas, basaltischer Augit und Ilmenit gleichen sie auffallend den doleritischen Feldspatbasalten. Zwar zeigen auch die lunaren Plagioklase häufig einen ↗Zonarbau mit einem mehr basischen und anorthitreichen Kern, aber im Gegensatz zu der relativ großen Variationsbreite, durch die sich der ↗Feldspat der irdischen Basalte auszeichnet, ist sie hier recht klein und überschreitet selten mehr als 5%. Man hat dies als einen Hinweis darauf aufgefaßt, daß es sich bei den Plagioklasen der Mondbasalte um Endglieder einer intensiven fraktionierten Kristallisation handelt. Ihr Anorthitgehalt liegt selten unter 60%, er ist im allgemeinen mit 88–90% bestimmt worden und er kann sogar 100% erreichen. Eine weitere merkwürdige Eigenart der lunaren Plagioklase ist ihre nicht stöchiometrische Zusammensetzung, ihre Moldifferenz Si-Na ist stets größer als 6, die Differenz Al-Ca stets größer als 1. Plagioklaskristalle in lunaren Brekzien, die dem Einfluß der Stoßwellenmetamorphose ausgesetzt waren, zeigen charakteristische planparalle Deformationslamellen, die bei einem Druck von mindestens 20 GPa (200 kbar) entstanden sind, also bei einem Druck, der niemals im entferntesten bei vulkanischen Eruptionen oder tektonischen Prozessen erreicht werden kann. Diese Lamellensysteme sind Spuren innerkristalliner Translationsvorgänge bestimmter kristallographischer Orientierung, die sich deutlich vom Zonarbau und der Zwillingslamellierung terrestrischer Plagioklase unterscheiden. Dasselbe trifft auch für die übrigen kristallinen Phasen zu, etwa für die ↗Pyroxene, die ebenfalls schmale, stoßwellenbeanspruchte Deformationslamellen aufweisen können, deutlich unterscheidbar vom nicht stoßwellenbeanspruchten basaltischen Augit terrestrischer Gesteine.

Daß bei der Bildung der Mondböden und Brekzien zerstörende Prozesse sehr hoher Energie wirksam waren, zeigen vor allem auch röntgenographische Untersuchungen der einzelnen Mineralphasen, wobei die Auflösung des Kristallverbandes vielfach bis in die Größenordnung atomarer Bereiche reicht. Ein völlig neuartiges, auf der Erde unbekanntes Mineral, das dem irdischen Mineral Pseudobrookit ($Fe^{3+}TiO_5$) ähnlich ist, hat man nach den Apollo 11-Astronauten Armstrong, Aldrin und Collins, als Armalcolit bezeichnet. Es hat die Zusammensetzung (Fe^{2+}, Mg)Ti_2O_5 und findet sich sehr häufig in den Basaltgesteinen. Das Fe liegt gegenüber dem Fe im Pseudobrookit in zweiwertiger Form vor, was auf hochreduzierende Verhältnisse in den lunaren Gesteinsschmelzen hindeutet. Keine Mineralgruppe ist jemals so genau untersucht worden wie die Pyroxene des Mondes. Mehr als 20.000 Analysen lunarer Pyroxene sind in Abb. 1 zusammengefaßt. Pigeonite und basaltische Augite liegen im Bereich terrestrischer Mineralphasen, während ein auf der Erde völlig unbekanntes Pyroxenmineral nur in den lunaren Basalten auftritt und den Namen Pyroxferroit erhalten hat. Gemäß seiner Zusammensetzung ($(Fe,Mn)_7Si_7O_2$) entspricht es dem eisenreichen Analog des seltenen irdischen Minerals Pyroxmangit ($(Mn,Fe)_7Si_7O_{21}$). Mineralsynthetische Untersuchungen zeigen, daß Pyroxferroit sich erst bei Drucken von mehr als 1 GPa (10 kbar) bildet, was einer Tiefe von einigen 1000 km unter der Oberfläche des Mondes entspräche. Offenbar handelt es sich daher um eine metastabile Phase, die durch ungewöhnliche Kristallisationsverhältnisse in den Gesteinen des Mondes aus Fe^{2+}-reichen Silicatschmelzen im Spätstadium entstanden ist, da die Basalte, in denen Pyroxferroit gefunden wurde, mit Sicherheit oberflächennah kristallisierten. Sehr viel seltener als Armalcolit und Pyroxferroit ist ein weiteres, auf dem Mond erstmals gefundenes Mineral. Nach dem Fundort Mare Tranquillitatis als Tranquillityit bezeichnet, tritt es in sehr kleinen, leistenförmigen Kristallen auf, die sich durch eine strahlenförmige Anordnung zwischen den frühen Mineralbildungen Plagioklas, Pyroxen und Ilmenit finden. Es handelt sich um ein wahrscheinlich hexagonales Silicatmineral der Zusammensetzung $Fe_8(Zr,Y)_2Ti_3Si_3O_{24}$, das, wie Untersuchungen mit der Elektronenstrahlmikrosonde ergaben, noch Gehalte an Ca, Al, Mn, Cr, Nb, Seltenen Erden, Hf, U und Th aufweist. Experimentelle Untersuchungen haben auch hier ergeben, daß es sich um eine metastabile Phase handeln muß, die jedoch hier durch die Seltenen Erden im Gitter stabilisiert wurde. Es ist eines der zuletzt auskristallisierten Minerale in den Mondgesteinen neben den Mineralen Apatit, Whitlockit und Pyroxferroit.

Die lunaren Pyroxene zeigen keine Spur der ↗Uralitisierung, wie überhaupt Minerale mit Hydroxylgruppen, z. B. Hornblenden und Biotit, die in terrestrischen Basalten nicht gerade sel-

Mineraleinschlüsse

Minerale im extraterrestrischen Raum 2: Europiumanomalie: Häufigkeit der Seltenen Erden (SE) in den Mondgesteinen relativ zur Häufigkeit der SE in chondritischen Meteoriten (Ch) (oben) und Häufigkeit der SE in den Mineralphasen (SE-M) der Mondgesteine relativ zur Häufigkeit der im Gesamtstein (SE-G)(unten).

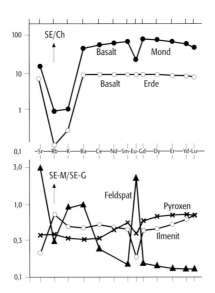

ten sind, bisher in keinem lunaren Gestein mit Sicherheit nachgewiesen wurden. ↗Olivin ist offenbar in den lunaren Basalten sehr viel seltener als in irdischen. Sehr interessant ist dabei, daß hier Chrom in der zweiwertigen Form als Cr_2SiO_4 auftritt, eine kristalline Phase, die auch synthetisch hergestellt worden ist. Auf einen Disproportionierungsprozeß dieses Chromolivins führt man das freie Eisen der Apollo 12-Basalte aus dem Oceanus Procellarum zurück; Disproportionierungen sind bei diesen lunaren Mineralphasen offenbar recht häufig. Freies Eisen gehört zu den seltensten und kostbarsten Mineralen, die man auf der Erde kennt. Außerirdisch – als Hauptgemengteil der Eisenmeteoriten und (wenn überhaupt) auch fein verteilt in den Mondbasalten – sind seine Bildungs- und Existenzbedingungen offenbar sehr viel besser. Während terrestrische Vorkommen, etwa das im Basalt von Bühl bei Kassel oder von Ovifak in Grönland, nur durch den sehr seltenen Zufall eines natürlichen Hochofenprozesses mit kohligen, also organischen Substanzen gebildet wurden, führen in den lunaren Basalten eine ganze Reihe von Reaktionen zur Entstehung von elementarem Eisen. So kann man z. B. erzmikroskopisch feststellen, daß der in den Mondbasalten oft vorkommende Ulvöspinell ($TiFe_2O_4$) zu Ilmenit und freiem Fe disproportioniert. Von petrologischem Interessse ist auch das Mineral Troilit (FeS), eine Spätbildung der lunaren Basalte, das stets freies Eisen enthält, und zwar im Verhältnis 1:6, denn man kann aus diesem Mengenverhältnis und aus den experimentell bekannten eutektischen Verhältnissen des Systems FeSFe Rückschlüsse auf den Kristallisationsendpunkt der Mondbasalte ziehen, der etwa 1200°C betragen haben muß. Ilmenit ($FeTiO_3$) ist in den Mondbasalten ungewöhnlich frisch und ohne Entmischungserscheinungen, in den Anschliffen der Brekzien finden sich aber auch hier häufig Druckzwillingslamellen.

Abweichend von den terrestrischen Basalten zeichnen sich alle bisher untersuchten Mondbasalte durch das Fehlen von Wasser und CO_2 aus. Eisen und auch Chrom treten fast nur in der niedrigsten Oxidationsstufe auf, was zu den erwähnten Disproportionierungsprozessen und zur Bildung des elementaren Eisens führt. Die lunaren Basalte enthalten im allgemeinen gegenüber irdischen, aber auch gegenüber silicatischen Meteoriten (↗Silicatmeteoriten), den Chondriten, ungewöhnlich hohe Anteile an Zr, Hf, SE und Y, jedoch sehr viel weniger leichtflüchtige Elemente wie Cd, Zn, In, Ti, Bi, Hg, Pb, Ge, Cl, Br usw., woraus man wiederum schließen kann, daß das basaltische Maremarerial das Resultat einer intensiven fraktionierten Kristallisation darstellt. Schließlich führen überraschenderweise die Mondbasalte auch viel geringere Mengen an siderophilen Elementen (↗geochemischer Charakter der Elemente) wie Ni, Co, Ir und Gold, wodurch man folgern kann, daß die silicatischen Magmen des Mondes, aus denen sich die lunaren Basalte der Maregebiete entwickelt haben, in frühester Zeit einmal mit einer Eisenschmelze in Berührung gestanden haben. Da der Mond aber wegen seiner geringen Gesamtdichte keinen Eisenkern hat, wäre dies ein Hinweis auf eine ursprüngliche Bildung der Mondmaterie aus der äußeren Silicathülle eines größeren Körpers.

Eine interessante Rolle spielen auch die Seltenen Erden (SE), die in den Mondbasalten ca. fünfmal häufiger sind als in den terrestrischen, und nimmt man als Standard chondritisches Meteoritenmaterial als Bezugseinheit, dann ergibt sich das Phänomen der Europiumanomalie (Abb. 2). Die Tatsache der relativen Verarmung des Elementes Europium in den lunaren Basalten gegenüber den anderen SE, die sich chemisch alle sehr ähnlich verhalten, kann man sich nur durch einen selektiven Abfangeffekt (↗Diadochie) im Verlauf der fraktionierten Kristallisation dieser Magmen erklären. In detaillierten Untersuchungen über die Verteilung der SE in den einzelnen Mineralphasen wurde nachgewiesen, daß in den Feldspäten eine positive, bei den Pyroxenen und den opaken Erzmineralen dagegen eine negative Europiumanomalie auftritt. Offenbar geht Europium bei dem sehr niedrigen Oxidationsgrad in zweiwertiger Form in den Feldspat, während die anderen nur dreiwertig auftretenden SE im Verlauf der Entmischung beim Auskristallisieren aus der Schmelze im Pyroxen und den Erzmineralen zurückbleiben. Auf einen intensiven Fraktionierungsprozeß bei der Kristallisation der Mondmagmen weist auch die außergewöhnlich geringe Temperaturdifferenz von nur 70°C zwischen ↗Solidus und ↗Liquidus der Mondbasalte hin, während dieses Intervall bei terrestrischen Basalten sehr viel größer ist. [GST]

Mineraleinschlüsse, *Inklusen, Dreiphaseneinschlüsse*, arteigene oder fremde Substanzen, feste, flüssige und glasförmige Stoffe, die in ↗Mineralen und in ↗Edelsteinen während ihres Wachstums umschlossen, sublimiert und ausgeschieden oder nachträglich durch Flüssigkeitsinfiltration in Risse und deren Ausheilen oder durch Entmischung sowie Rekristallisation in ihrem Inneren gebildet worden sind. Ferner zählen zu den Mineraleinschlüssen Hohlräume und negative Kristalle, Spuren früherer Wachstumsphasen (Phantome), Strukturstörungen, Strukturrelikte, Struktureigenheiten sowie Abnormitäten und sämtliche Arten von Rissen. Im weiteren Sinne werden auch Translationsebenen, Zwillingslamellen, isomorphe Schichten und alle anderen Inhomogenitäten, die entsprechende Eindrücke hervorrufen, zu den Einschlüssen gerechnet. Für genetische Aussagen (/Mineralbildung) wichtig sind syngenetische Einschlüsse, d. h. Einschlüsse, die gleichzeitig mit der Bildung des Minerals entstanden sind. Gleichzeitig mit der sie umschließenden Wirtskristallen entstanden sind auch Einschlüsse, die sich auf den Flächen wachsender Kristalle ablagern, von den richtenden Kräften des Wirtskristalls orientiert und vom nachfolgenden Wachstum umschlossen worden sind (orientierte Einschlüsse). /Mikrolithe, /Flüssigkeitseinschlüsse. [GST]

Mineralfazies /metamorphe Fazies.

Mineralfläche, äußere Begrenzung kristalliner Minerale, die den Netzebenen der betreffenden Kristalle entsprechen. /Tracht.

Mineralform, makroskopisch erkennbare äußere Form der Minerale. /Habitus, /Tracht, /Mineralaggregate.

Mineralformel, aus der chemischen Analyse berechnetes zahlenmäßiges Verhältnis der Atome zueinander. Bei komplex zusammengesetzten Mineralen enthält die Formel auch Angaben über Struktur, Koordinationsverhältnisse und Valenz. Voraussetzung für die Berechnung einer Mineralformel ist eine quantitative chemische Analyse, die die Menge der Atome bzw. Moleküle in Masseprozent (MA- %) angibt. Da in der Formel jedoch die zahlenmäßigen Verhältnisse der Atome zueinander wiedergegeben werden, muß man die analytisch bestimmten Komponenten durch die Atom- bzw. Molekularmase dividieren (Tab.). Die Berechnung der Formeln komplex zusammengesetzter Minerale, insbesondere der Silicate, bedarf eingehender Kenntnis der Kristallstruktur, der Bindungsverhältnisse und der Valenzladungen der beteiligten Atome. /Alumosilicate.

Mineralgang, Mineralanreicherung oder Ausfüllung von Gängen mit Mineralen oder Erzen.

Mineralgruppe, Zusammenfassung von Mineralen mit gemeinsamen chemischen, strukturellen und physikalischen Eigenschaften innerhalb einer /Mineralklasse. Beispiele sind die /Feldspäte oder die /Glimmer.

Mineralhäufigkeit, Häufigkeit der Minerale in der /Erdkruste. Zu mehr als 90% bestehen Minerale der Erdkruste aus /Silicaten. Die wenigen in der Tabelle angeführten Mineralgruppen umfassen ca. 96,5% der gesamten Minerale der Erdkruste. Auf die Gesamtzahl der ca. 3500 bekannten Mineralarten bezogen heißt das, daß nur ca. 0,5% aller Minerale mehr als 96% der Erdkruste aufbauen. Daß bei der Vielzahl von möglichen Elementkombinationen nur ca. 3500 Mineralarten in der Erdkruste auftreten, liegt vor allem in der unterschiedlichen Stabilität der Verbindungen unter den ungleichen Bedingungen.

Mineralindividuum, das an einem bestimmten Fundort anzutreffende konkrete Mineral mit allen, nur für dieses Individuum zutreffenden Besonderheiten wie Kristallausbildung, /Tracht, /Habitus, Spurenelemente u. a.

Mineralisation, 1) *Bodenkunde*: /Mineralisierung. 2) *Lagerstättenkunde*: bezeichnet das Vorhandensein von /Erzmineralen oder den Prozeß ihrer Bildung, ohne zeitliche oder genetische Spezifizierung.

Mineralisatoren, die in einem Magma gelösten flüchtigen Bestandteile (Gase, Dämpfe), die durch ihre Anwesenheit dazu führen, daß das Magma auch noch bei verhältnismäßig niedrigen Temperaturen leichtflüssig bleibt. Sie begünstigen damit das Auskristallisieren von Mineralen. /leichtflüchtige Bestandteile.

mineralische Basisabdichtung, Dichtung der Deponiesohle (/Deponie) und der Flanken, die für /Hausmüll oder industrielle Abfälle mindestens für einen Zeitraum von 30–50 Jahren eine Durchsickerung verhindern soll. Als *mineralische Dichtungsstoffe* kommen als natürliche Bodenarten v. a. Ton und schluffiger Ton bzw. tonige Lehme mit mehr als 20% Tonanteil in Betracht. Es dürfen Durchlässigkeitsbeiwerte (/k_f-Wert) von $k_f = 5 \cdot 10^{-10}$ m/s erreicht werden. Der Calciumcarbonatanteil soll höchstens 10–30%, der Gehalt an organischer Substanz höchstens 5–15% betragen. Festere Tonsteine können aufbereitet werden und ggf. durch Zugabe von Porenfüllern wie /Bentonit die benötigte Dichtigkeit erhalten. Mineralische Basisabdichtungen haben den Vorteil der Schadstoffrückhaltung und der Beständigkeit gegenüber dem Sickerwasser. Es muß aber zwischen den Dreischicht- und den Zweischichttonmineralen unterschieden werden. Die Vorteile der Dreischichttonminerale liegen in ihrer Quellfähigkeit und der hohen /Kationenaustauschkapazität. Sie haben allerdings den Nachteil, sich chemisch gegenüber den verschiedenen Sickerwasserinhaltsstoffen nicht besonders stabil zu verhalten. Somit weisen sie keine Langzeitbeständigkeit auf. Die nicht quellfähigen Zweischichttonminerale besitzen dagegen eine geringere Kationenaustauschkapazität, dafür aber sind sie chemisch weitaus stabiler. So wird dazu übergegangen, bei einschichtiger mineralischer Basisabdichtung eine gemischte Tonmineralogie zu verwenden. Als weitere Konsequenz wird häufig

Oxid	MA-%	Molekularmasse	Molekularmenge (· 1000)	Verhältnis
SiO_2	64,7	60,09	1077	6
Al_2O_3	18,4	101,96	180	1
K_2O	16,9	94,20	179	1
Summe	100			

Mineralformel: $K_2O \cdot Al_2O_3 \cdot 6\ SiO_2 = 2\ K[AlSi_3O_8]$

Mineralformel (Tab.): Berechnung der Formel eines K-Feldspates.

Mineralhäufigkeit (Tab.): Mineralzusammensetzung der Erdkruste.

Mineralgruppe	Anteil
Feldspäte	58 %
Pyroxene Amphibole Olivin	16,5 %
Quarz	12,5 %
Glimmer	3,5 %
Eisenerze	3,5 %
Calcit	1,5 %
Tonminerale	1,0 %
Dolomit Magnesit	0,1 %

mineralische Rohstoffe: regionale Verteilung der Weltrohstoffvorräte.

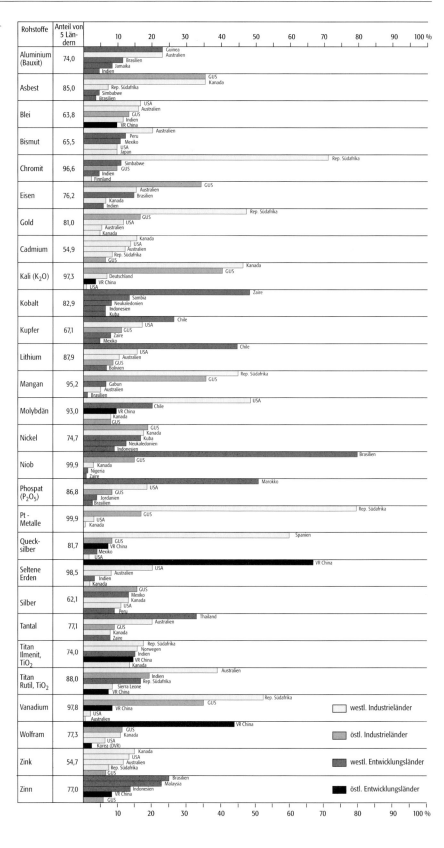

eine ↗mehrschichtige mineralische Basisabdichtung eingebaut.

Besondere Wichtigkeit besitzen die Kennwerte der Tragfähigkeit und der Dichtungseigenschaften. Das Material darf nicht zu grobstückig eingebaut und muß zusätzlich verdichtet werden. Die Dicke der Einbaulagen darf max. 20–25 cm betragen, wobei 4–6 Übergänge zu fahren sind. Der Einbau sollte möglichst mit natürlichem Wassergehalt erfolgen. Bei natürlichen Materialien sind die unvermeidbaren Streuungen in der Materialzusammensetzung zu beachten, da die Schwankungen die gestellten Forderungen, z. B. bei der Durchlässigkeit, nicht überschreiten dürfen. [SRo]

mineralische Dichtungsstoffe ↗mineralische Basisabdichtung.

mineralische Horizonte, ↗Bodenhorizonte mit < 30 Massenprozent organischer Substanz; dazu gehören terrestrische Oberbodenhorizonte (A), terrestrische Unterbodenhorizonte (B), terrestrische Untergrundhorizonte (C), terrestrische Unterbodenhorizonte aus Tongestein oder Tonmergelgestein (P, von ↗Pelosol), terrestrische Unterbodenhorizonte aus dem Lösungsrückstand von Carbonatgestein (T, von terra), terrestrische Unterbodenhorizonte mit Stauwasser (S), semiterrestrische Bodenhorizonte mit Grundwassereinfluß (G), Bodenhorizonte aus sedimentiertem, holozänem, humosem Solummaterial (M, von lat. migrare = wandern), Bodenhorizonte aus aufgetragenem Plaggenmaterial (E, von Esch), Mischhorizonte, entstanden durch tiefgreifende bodenmischende Meliorationsmaßnahmen (R, von ↗Rigolen), durch Reduktgas geprägte Horizonte (Y). ↗organische Horizonte, ↗subhydrische Böden. [MFr]

mineralische Rohstoffe, sind Energierohstoffe (↗Kohle, ↗Kohlenwasserstoffe, radioaktive Rohstoffe), Elementrohstoffe (überwiegend ↗Erze und Salzminerale) und ↗Eigenschaftsrohstoffe (Steine, Erden und Industrieminerale) (Abb.). Für die Nutzbarmachung von Elementrohstoffen sind detaillierte Kenntnisse der Mineralphasen, ihrer chemischen Zusammensetzung, ihrer Form und ihres inneren Aufbaues, der Korngrößen- und Verwachsungsverhältnisse u. a. erforderlich. Sie sind für die Verarbeitung, insbesondere für die vollständige Nutzung (Aufbereitung, Verhüttung) von grundlegender Bedeutung. Zur Anreicherung von nutzbaren Mineralkomponenten sind Aufbereitungsprozesse notwendig, insbesondere ↗Flotation nach vorhergehender Anreicherung, Korngrößenfraktionierung u. a. Zahlreiche Industrieminerale sind als Eigenschaftsrohstoffe ohne Wandlung des Rohstoffes nutzbar oder können durch mineralogische Untersuchungen mit wesentlich höherem Effekt genutzt werden (↗Mineralogie, ↗Technische Mineralogie). [GST]

Mineralisierer, Bakterien und Pilze, die tote organische Substanz in deren anorganische Bestandteile (CO_2, Wasser und mineralische Nährstoffe) zerlegen. Sie stehen an der Endstufe des ↗Abbaus und sind aufgrund ihrer Fähigkeit zum Recycling von Nährstoffen für die ↗Stoffkreisläufe von elementarer Bedeutung. Auch am Abbau der toten organischen Substanz beteiligt sind die Detritovoren, meist kleine Bodenlebewesen (Insekten, Milben, Regenwürmer), die sich fressend von abgestorbenem Material ernähren. Mineralisierer und Detritovoren zusammen bilden die ↗Destruenten.

Mineralisierung, *Mineralisation,* 1) *N-Mineralisation,* der mikrobielle Abbau von Stickstoff aus organischer Bindung in pflanzenverfügbare anorganische N-Verbindungen (NH_4^+, NO_3^-). Die Mineralisation erfolgt im Zuge der ↗Ammonifikation, die zur Bildung des mineralischen NH_4 führt. Sie kann sowohl unter ↗anaeroben wie ↗aeroben Bedingungen erfolgen. Die daran anschließende Bildung von Nitrat durch ↗Nitrifikation wird häufig noch zur Mineralisation gezählt. Die Mineralisation ist im ↗Stickstoffkreislauf der gegenläufige Prozeß zur ↗N-Immobilisierung. An der Mineralisierung ist eine Vielzahl physiologisch sehr unterschiedlicher Organismen beteiligt. Die Intensität der Mineralisierung ist von den Bedingungen für mikrobielle Aktivität abhängig, z. B. Temperatur, Durchlüftung, Wasserführung, Versorgungs- und Verfügbarkeitszustand mit organischer Substanz. Die durchschnittliche jährlich N-Minerlisierungsrate beträgt in gemäßigten Klimaten 1–3 % des organisch gebundenen N im Boden. 2) Umwandlung von abgestorbener organischer Substanz durch Bodenmikroorganismen zu anorganischen Komponenten (vgl. ↗Humifizierung). Der aerobe mikrobielle Abbau von Wurzeln, Streu, Körpersubstanz der Bodenflora und -fauna sowie organischem Dünger führt zur Bildung von CO_2, H_2O, NH_4^+, NO_3^-, SO_4^{2-}, PO_4^{3-} und u. a. zu Ionen der Elemente Ca, Mg, K und Fe. Die bei der Mineralisierung freigesetzten Stoffe gelangen entweder zurück in den Nährstoffkreislauf, werden an ↗Bodenkolloide gebunden oder aus dem Boden ausgewaschen. Die Abbaugeschwindigkeit ist von der Zusammensetzung (Zucker und Aminosäuren können leicht umgewandelt werden, Komponenten die Lignin oder Cellulose enthalten nur zum Teil) und dem Nährstoffgehalt der organischen Substanz (z. B. erhöhte Mineralisierung bei engem C/N-Verhältnis) abhängig.

Mineralisochrone ↗Mineralalter.

Mineralisograde, ↗Isograde, die durch das erste Auftreten eines ↗Indexminerals gekennzeichnet ist.

Mineralklasse, Einheit der ↗kristallchemischen Gliederung der Minerale. Da Minerale in erster Linie kristallin sind und durch chemische Reaktionen gebildet werden, ist für ihre systematische Einteilung ein chemisch-kristallstrukturelles Einteilungsprinzip zweckmäßig. Die systematische Einteilung der Minerale erfolgt nach der von H. Strunz (1941) erstmals vorgenommenen Einteilung der »Mineralogischen Tabellen«, die heute internationale Gültigkeit hat. Dabei wird das Prinzip der Strukturtypen mit dem chemischen Prinzip in Einklang gebracht und neun Mineralklassen unterschieden, wobei Strukturen gleichen Typs zu isotypen Reihen und solche ähnlichen Typs zu homöomorphen Gruppen zusammengefaßt werden.

Mineralkombination ↗ Kombination.

Mineralkorn, durch Wasser- oder Windtransport abgerollter, d. h. abgeriebener bis gerundeter mineralischer Kristall.

Minerallagerstätte, Teil der Erdkruste, in dem sich Minerale angereichert haben, die nach Qualität, Quantität und Lagerungsbedingungen zur industriellen Nutzung verwendbar sind (↗ mineralische Rohstoffe).

Mineralnamen, aus den verschiedensten Bereichen von Praxis und Wissenschaft stammende Bezeichnungen für Minerale. Eine Ordnung und Bezeichnung der Minerale in Familien, Gattungen und Arten, wie das bei biologischen Objekten vorgenommen wird, ist bei den Mineralen nicht zweckmäßig, da hier das übergeordnete historisch evolutionäre Prinzip fehlt. Mineralnamen sind keineswegs einheitlich. In der deutschen Literatur werden neben den heute international üblichen Bezeichnungen, z. B. Chalkopyrit, teilweise auch die historischen deutschen Namen, z. B. Kupferkies, verwendet. Die meisten Mineralnamen entstammen der lateinischen oder griechischen Sprache. Vielen Mineralen gemeinsam ist die Endsilbe »it« oder »lith«, wobei Minerale mit der Endsilbe »lith« stets abgeleitet sind von griech. lithos = Stein.

Mineralneubildung, Neuaufbau von Mineralen aus Zerfallsprodukten, die bei ↗ Verwitterungsprozessen entstanden sind. Dies kann sowohl in unmittelbarer Nähe der Ausgangsminerale als auch bei Verlagerung der Zerfallsprodukte weit entfernt davon stattfinden. Die Art der gebildeten Minerale ist dabei häufig sowohl von Art und Menge der Zerfallsprodukte und sonstigen Inhaltsstoffen der Bodenlösung als auch vom pH-Wert, dem Redoxpotential und der Umgebungstemperatur abhängig. So gebildete Minerale sind u. a. Tonminerale oder Eisenoxide (z. B. Goethit).

Mineralogie, ursprüngliche Bezeichnung für die Lehre von den Mineralen und bis zum Anfang dieses Jahrhunderts eine mehr beschreibende Naturwissenschaft. Sie ist heute ein höchst dynamisches Forschungsgebiet. Schon in ihren Ursprüngen, die mit der Entwicklung der Menschheit und den ersten technischen Entwicklungen einhergehen, ist ihr heutiger Stand und noch mehr ihre zukünftige Entwicklung der einer angewandten und technischen Wissenschaft. Kristall- und Mineralkunde werden heute durch die Wissenszweige Petrographie, Geochemie und Lagerstättenkunde ergänzt. Chemie, Physik, Geologie und Mathematik sind wichtige Nachbardisziplinen der Mineralogie, denn chemische, physikalische und mathematische Kenntnisse sind Voraussetzung für das Verständnis der mineralogischen Grundbegriffe. Im Gegensatz zur Geologie, welche die historische Entwicklung der Erde im Rahmen der Erdgeschichte, die zeitliche und räumliche Trennung der Gesteinsformationen (Stratigraphie) und das mechanische Verhalten der Gesteinskomplexe (Tektonik) verfolgt, besteht das Aufgabengebiet der Mineralogie im Studium des Verhaltens, der Bildung und des Auftretens der kleinsten stofflich einheitlichen Teile der Erde und des Kosmos, der Minerale. Darüber hinaus beschäftigt sich die Angewandte und ↗ Technische Mineralogie, mit den Eigenschaften der gesamten kristallisierten Materie, insbesondere mit dem vorwiegend anorganischen Festkörper. Die Mineralogie ist eine wichtige Hilfswissenschaft für die Bodenkunde (Tonmineralogie), Biologie (Biomineralisation), Bergbau und Hüttenkunde, Bauingenieurwesen, Landwirtschaft (Düngemittelindustrie), Keramik, Metallurgie, Aufbereitung, Archäologie usw. Allgemeine Mineraloge (Kristallkunde) und Mineralkunde (Spezielle Mineralogie) bilden die Grundlage zum Verständnis einer Reihe von Fachgebieten, die man heute allgemein als mineralogische Wissenschaften bezeichnet. Die Forschungsschwerpunkte in der Mineralogie haben sich heute von der rein systematischen Beschreibung von Strukturen und Zusammensetzungen von Mineralen und Mineralgruppen in Richtung auf das Verständnis des Verhaltens der Minerale innerhalb der Erde und auf ihre strukturellen und chemischen Reaktionen auf Veränderungen in der physikalischen und chemischen Umgebung im Verlauf geologischer Prozesse verlagert. Zunehmende Bedeutung gewinnen Aspekte der Umwelt, z. B. in der Tonmineralogie (z. B. Bindung von Schadstoffen, Abdichtung von Deponien), der Festkörperchemie und der Festkörperphysik. Die Mineralogie ist heute eine Materialwissenschaft, die sich zur Lösung ihrer Aufgaben insbesondere chemischer und physikalischer Verfahren bedient; sie hat darüber hinaus aber auch eigene spezifische Methoden entwickelt. Neben den Methoden der ↗ Polarisationsmikroskopie mit ihren vielfältigen Anwendungen im Durchlicht und Auflicht und dem Verfahren der Röntgenbeugung zur Bestimmung von Kristallstrukturen und zur Mineral- und Gesteinsanalyse werden heute z. T. routinemäßig in der Mineralogie eingesetzt: Elektronen- und Neutronenbeugung, Raster- und Transmissions-Elektronenmikroskop, IR-Spektroskopie, NMR-Spektroskopie, Raman-Spektroskopie, Massenspektrometrie, optische Spektroskopie (Farbursachen von Mineralen), Atomabsorptionsspektroskopie, Röntgenspektroskopie (mit EXAFS und XANES), Röntgenfluoreszenzspektroskopie, Elektronenstrahl-Mikroanalyse (ESMA, mit der Mikrosonde) und Mößbauer-Spektroskopie. Weitere aktuelle Forschungsgebiete der Mineralogie sind z. B. Phasenübergänge in Mineralen bei hohen Drücken im Zusammenhang mit der Erforschung von Zusammensetzung und Struktur des unteren Erdmantels, Ordnungs-/Unordnungs-Zustände in Mineralen, Ermittlung thermodynamischer Daten für Minerale und Mineralreaktionen und die Untersuchung von Mineraloberflächen sowie die Entwicklung neuer keramischer Werkstoffe, Baustoffe und Bindemittel.

Die *Angewandte Mineralogie* ist ein umfangreiches und wichtiges Teilgebiet der Mineralogie, das man untergliedern kann in Technische Mineralogie, ↗Biomineralogie, Gemmologie, ↗Industriegesteinskunde, ↗Lagerstättenkunde und ↗Archäometrie. Die Gemmologie oder Edelsteinkunde (↗Edelsteine) beschäftigt sich mit der Bestimmung der Edel- und Schmucksteine, der Verbesserung der Kenntnisse über die Herstellung von deren Synthesen und Imitationen, der Verbesserung von Edel- und Schmucksteinen durch Farb- und Eigenschaftsveränderungen und mit der Erforschung neuer Methoden und Verfahren zur Edelsteindiagnostik sowie mit der Entwicklung neuer Instrumente und Hilfsmittel zur Unterscheidung natürlicher und synthetischer Steine. Die moderne Gemmologie, die sich von einem wissenschaftlichen Teilgebiet der Mineralogie zu einer technisch-wissenschaftlichen Disziplin entwickelt hat, stützt sich zur Erfassung ihrer Objekte nicht nur auf Mineralogie, Chemie, Physik und Geologie, sondern auch auf Kulturgeschichte und Wirtschaftswissenschaften. Als Berufsgrundlage wird sie besonders von der Deutschen Gemmologischen Gesellschaft gefördert, die zu den ältesten gemmologischen Institutionen der Welt zählt. Als Folge der zunehmenden Mannigfaltigkeit der natürlichen Edelsteinvorkommen und der zunehmenden Syntheseproduktion, aber auch mit der steigenden Bedeutung der Edelsteine für technische Zwecke ist die moderne Gemmologie heute eine Disziplin mit eigener Forschung und Lehre. Da in Fragen der Graduierung und der Bestimmung von Edel- und Schmucksteinen großer Wert auf die Befunde neutraler Institutionen gelegt wird, ist die Diagnose der Steine und der sichere Nachweis von Synthesen, Imitationen und Fälschungen eine wichtige Aufgabe der Angewandten Mineralogie. Es gibt zahlreiche Syntheseprodukte, z. B. bei Smaragd, Rubin, Opal u. a., wo eine sichere Diagnose oft nur mit großem instrumentellem Aufwand möglich ist. Dasselbe gilt für den Nachweis einer künstlichen Verbesserung von Edel- und Schmucksteinen durch Bestrahlung, Erhitzung oder durch hydrothermale Diffusion, da solche Prozesse ja auch unter natürlichen Voraussetzungen stattfinden können. Auch die sichere Diagnose von Perlen und Zuchtperlen, die sich oft nur durch ihre Struktur und kaum durch ihren stofflichen Aufbau unterscheiden, zählt, wie auch die Herkunftsbestimmung, zu den Verfahren, die nur in gut ausgestatteten Laboratorien durchgeführt werden können. Eine wichtige Aufgabe der modernen Gemmologie ist auch die Festlegung klarer Begriffsanwendungen sowie die einheitliche und unmißverständliche Bezeichnung der Edel- und Schmucksteine als Handelsobjekte.

Im Bereich der Lagerstättenkunde sind mineralogische Kenntnisse zur Beurteilung der Abbauwürdigkeit mineralischer Rohstoffe eine wesentliche Voraussetzung. Für die Erkundung (Prospektion) und Ausbeutung einer Lagerstätte ist neben der vollständigen qualitativen und quantitativen Erfassung des Mineralinhaltes und der Paragenese (Mineralvergesellschaftung) die Klärung der Lagerstättengenese, also ihrer Entstehung und Bildungsbedingungen wichtig. Neben geochemischen Methoden werden geophysikalische Prospektionsverfahren eingesetzt, wobei die physikalischen Eigenschaften der Minerale wie Dichte, magnetische Eigenschaften, elektrische Leitfähigkeit oder Suszeptibilität von Bedeutung sind.

Eine weitere Anwendung mineralogischer Kenntnisse bezieht sich auf die Aufbereitungsverfahren, bei denen aufgrund des unterschiedlichen Verhaltens der Minerale, z. B. gegenüber Flotationsreagenzien, eine Sortierung nach Korngrößengruppen und eine anschließende Klassifizierung nach Erz- und Gesteinskomponenten durchgeführt wird. Hierbei sind die Verwachsungen der Minerale untereinander und ihre Korngrößenverhältnisse wichtig. Bei der ↗Flotation (Schwimmaufbereitung) werden die Erzminerale aufgrund ihrer unterschiedlichen Oberflächeneigenschaften von den Nichterzen (Bergen) abgetrennt. Auch bei anderen Aufbereitungsverfahren, z. B. mit Hilfe von Schüttelherden oder Magnetscheidern, spielen die morphologischen (↗Tracht und ↗Habitus) und physikalischen Eigenschaften der Minerale eine wesentliche Rolle. Zur Lösung von Problemen der Aufbereitung, die aus wirtschaftlichen Gründen rasch erfolgen muß, werden elektronisch arbeitende Quantometer in Verbindung mit der Erz- und Auflichtpolarisationsmikroskopie eingesetzt. Große Bedeutung für den Steinkohlebergbau und für die chemische und technologische Beurteilung der Kohle hat die Steinkohlepetrographie. Hier lassen sich aufgrund der unterschiedlichen Mineraleigenschaften der Steinkohlen aus polarisationsoptischen, erz- und auflichtmikroskopischen Untersuchungsergebnissen Vorausberechnungen über wirtschaftlich-technologische Daten wie Verkohlungsbedingungen, Koksfestigkeit, Teer-, Gas- und Benzolprodukte der Kohleausgangsgemische in der Kokereitechnik machen.

In der Erdölindustrie nimmt die Mineralogie weniger zu den Problemen der Ölverarbeitung selbst, als vielmehr zu denen der Speicherung in den Gesteinen bei der Erbohrung und Förderung des Rohöls Stellung. Petrographische Untersuchungen über das technologische Verhalten der Gesteine lassen sich auch bei der zunehmenden Mechanisierung im Streckenvortrieb im Bergbau anwenden, wo heute immer mehr Maschinen zur Auffahrung eingesetzt werden. Die Mannigfaltigkeit der Mineralzusammensetzung der Gesteine läßt die für den Tunnelbau so wichtigen technologischen Eigenschaften wie Verschleißverhalten, Zug- und Druckfestigkeit und andere vom Mineralbestand und vom Gefüge abhängigen Eigenschaften in weiten Grenzen sehen. Mineralogisch-petrographische Rohstoffuntersuchungen bei der Einsatzplanung von Streckenvortriebsmaschinen sind hier zur Vermeidung von Fehleinsätzen unerläßlich.

Bei der Gewinnung der Metalle aus ihren Erzen ergibt sich eine Vielfalt von Aufgaben, die mit mineralogischen Methoden lösbar sind. Dabei spielen Phasenaufbau und Paragenese der Erze für ihre Reduzierbarkeit bei der Verhüttung eine wesentliche Rolle. Auch sind die bei der Erzvorbereitung, insbesondere in der Eisenhüttenindustrie aus den Rohstoffen hergestellten Pellets und Sinter ein Untersuchungsobjekt des Mineralogen, wobei das Studium der für die Sintereigenschaften wichtigen Bindemittelphasen besonders bedeutsam ist. Bei den Verhüttungsprozessen fallen silicatische Schlacken an, die in vielfältiger Weise für Hochofenzement, Leichtbaustoffe und als Straßenbaumaterial eingesetzt werden können. Ihre Verwertbarkeit hängt wesentlich von Parametern wie Kristallisationsgrad, Abkühlungsgeschwindigkeit und von ihren hydraulischen Eigenschaften ab. Mineralische Flußmittel wie Bauxit, Colemanit und Fluorit haben einen wesentlichen Einfluß auf den Verfahrensablauf. Beim Stahlwerkskalk ist die durch den Brenngrad bedingte Körngröße der CaO-Kristalle für die Reaktionsgeschwindigkeit beim Sauerstoffaufblasverfahren wichtig. Bei den phosphorhaltigen Stahlwerksschlacken spielt der Apatitgehalt für ihre Löslichkeit und damit für die Düngewirksamkeit in der Landwirtschaft eine große Rolle. Bei Hüttenwerken aller Art tritt Hüttenrauch auf, der von der Zusammensetzung sog. Gießhilfsmittel abhängig ist. Unter ergonometrisch-medizinischen Gesichtspunkten durchgeführte mineralogische Untersuchungen sind ein wesentlicher Beitrag im Rahmen der Umweltsicherung. Die Hüttenindustrie ist der größte Verbraucher feuerfester Baustoffe. Bei Hochofenprozessen kommt es an Schamottesteinen durch die Einwirkung der alkalischen Schlacken zu Reaktionen und Mineralneubildungen, woraus sich eine Vielzahl mineralogischer Probleme ergibt. Neben Feldspatmineralien bilden sich hier Alkalicarbonate, Willemit, Sylvin, Steinsalz, Kalsilit, Leucit, Nephelin, Sodalith u. a. Mineralogische Untersuchungen an historischen Brennöfen erlauben Rückschlüsse auf früher angewandte Verhüttungsverfahren und über die damals eingesetzten Erze und Zuschlagstoffe. Sie sind ein wichtiger Teil der modernen archäometrischen Forschung. [GST]

mineralogische Sammlungen, sowohl für die spezielle (systematische und beschreibende) Mineralogie als auch zur Beschaffung von Standards für wissenschaftliche Untersuchungen wichtige Sammlungen. In ihnen ist Material aus Jahrhunderten enthalten, bei dem es sich fast immer oder ausschließlich um Unikate handelt. Entscheidend für den wissenschaftlichen Wert einer Sammlung ist die sorgfältige Dokumentation der Minerale und vor allem die exakte Angabe des Fundortes. Wissenschaftlich wertvolle Sammlungen finden sich daher meist nur an Bergakademien wie Clausthal oder Freiberg oder an Naturkundemuseen oder Universitäten, an denen eine kontinuierliche Betreuung von hauptamtlich dafür zuständigen Mitarbeitern über Jahrzehnte (besser Jahrhunderte) gewährleistet ist. Wichtig ist allerdings auch der Wert kleinerer lokaler Sammlungen, die von ortsansässigen Vereinigungen, die es in sehr vielen Ländern gibt, betreut werden. [GST]

Mineralöle, Sammelbezeichnung für die aus mineralischen Rohstoffen (Erdöl, Braun- und Steinkohlen, Holz, Torf) gewonnenen flüssigen Destillationsprodukte, die im wesentlichen aus Gemischen von gesättigten Kohlenwasserstoffen bestehen. Zu den Mineralölen bzw. Mineralölprodukten gehören z. B. Benzin, Dieselöle, Heizöle, Schmieröle, Leuchtpetroleum, Isolieröle, viele Lösungsmittel, Bitumen usw., die zusammen ca. 85 % der Erdöl-Produktion für sich beanspruchen. Manchmal versteht man unter Mineralölen lediglich die Motorenöle.
Erdöle und Mineralöle sind natürliche Vielstoffgemische aus überwiegend ↗aliphatischen Kohlenwasserstoffen und ↗aromatischen Kohlenwasserstoffen, deren Siedebereiche sich über mehrere hundert Grad erstrecken können. Diese Stoffvielfalt wird durch petrochemische Umsetzungen und durch biotische und abiotische Veränderungen bei Bodenkontaminationen noch komplexer. Grundsätzlich läßt sich die Vielzahl der unterschiedlichen Kohlenwasserstoffe in folgende drei Stoffgruppen ähnlicher Struktur unterteilen: aliphatische Kohlenwasserstoffe, aromatische Kohlenwasserstoffe, polarer Rest.

Mineralöl-Kohlenwasserstoffe, MKW, ↗Kohlenwasserstoffe, die zu den unchlorierten (organischen) Kohlenwasserstoffverbindungen gehören. ↗Mineralöle.

Mineralparagenese, [von griech. para = daneben und genesis = Entstehung], *Paragenese*, *Gleichgewichtsmineralparagenese*, *Mineralvergesellschaftung*, allgemein eine charakteristische Vergesellschaftung von Mineralen, die annähernd gleichzeitig, d. h. unter gleichen physikalisch-chemischen Bedingungen gebildet wurden. Sie stehen somit chemisch im Gleichgewicht und koexistieren stabil nebeneinander. Aufgrund der Kenntnis der Mineralparagenesen kann man bei bekannten Zustandsvariablen aus dem Auftreten eines Minerals das gleichzeitige Vorhandensein anderer vermuten oder umgekehrt die Existenz anderer ausschließen. Die schon von F. A. Breithaupt (1889) entwickelte Paragenesenlehre trug wesentlich dazu bei, die Probleme der Mineralparagenesen und die Beziehungen zwischen den sich bildenden Mineralen und den entsprechenden Bildungsbedingungen ihrer geologischen Umgebung zu erfassen und die Suche und Erkundung von Lagerstätten zu verbessern. Minerale, die für bestimmte Paragenesen charakteristisch sind und sich nur oder hauptsächlich unter den physikochemischen Bedingungen dieser Paragenese bilden, heißen ↗Leitminerale. In der metamorphen Petrologie wird unter Mineralparagenese eine Assoziation von Mineralen verstanden, die unter den vorgenannten Bedingungen im Kornkontakt zueinander auftreten. Die beobachteten Paragenesen bilden die Grundlage für die Einteilung der Metamorphite in verschiedene ↗metamorphe Fazies.

Mineralphasenanalyse ↗Mineralanalytik.

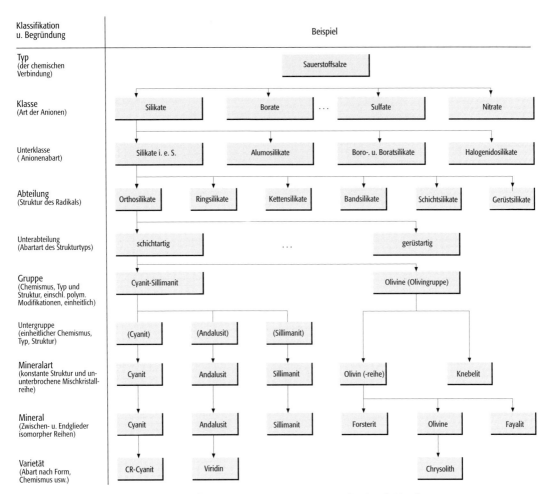

Mineralphysik, Erforschung der allgemeinen physikalischen Eigenschaften der Minerale und deren Beziehungen zum kristallstrukturellen Feinbau.

Mineralreaktion, während der ↗Metamorphose ablaufende Reaktion, die zur Veränderung des Mineralbestandes und/oder des Gefüges eines Gesteins führt. Neben reinen Gefügeänderungen, wie z. B. Kornvergröberungen, Kornzerkleinerungen oder der Einregelung von Mineralen, lassen sich folgende Typen von chemischen Reaktionen unterscheiden: a) *polymorphe Umwandlungen*, wie z. B. Calcit = Aragonit oder Andalusit = Sillimanit = Disthen, b) *Austauschreaktionen*, die nur zum Austausch von Atomen zwischen vorhandenen Phasen führen, wie z. B. der Eisen-Magnesium-Austausch zwischen Granat und Klinopyroxen: Almandin + Diopsid = Pyrop + Hedenbergit, und c) *Netto-Transfer-Reaktionen*, die zu Zerfall und Neubildung einer oder mehrerer Phasen führen, z. B. ohne Beteiligung einer Fluidphase (Jadeit + Quarz = Albit) oder mit Fluidbeteiligung (Calcit + Quarz = Wollastonit+CO_2 als ↗Decarbonatisierungsreaktion oder Muscovit + Quarz = Kalifeldspat + Al-Silicat + H_2O als ↗Dehydratisierungsreaktion).

Während die Reaktionen, die eine fluide Phase freisetzen, i. d. R. einen steilen Verlauf im Druck-Temperatur-Diagramm (P-T-Diagramm) haben, d. h. in erster Linie temperaturabhängig sind (aufgrund der Entropiezunahme durch die Freisetzung von strukturell gebundenen OH-Gruppen), zeigen die Kurven vieler Netto-Transfer-Reaktionen ohne Fluidbeteiligung einen flachen Verlauf im P-T-Diagramm, d. h. eine starke Druckabhängigkeit (aufgrund der Volumenänderungen). Die polymorphen Reaktionen können je nach der Art der beteiligten Mineralphasen ganz unterschiedliche Steigungen im P-T-Diagramm aufweisen. Die Austauschreaktionen hängen sehr von den Diffusionsgeschwindigkeiten der austauschenden Atome in den beteiligten Phasen ab. Sie sind, da die Diffusionsgeschwindigkeiten i. d. R. nur temperatur- und nicht druckkontrolliert sind, stark von der Temperatur abhängig. [MS]

Mineralsäuerling ↗Säuerling.

Mineralstoffe, bautechnische Bezeichnung für mineralische Baustoffe. Man unterscheidet natürliche und künstliche Mineralstoffe. Natürliche Mineralstoffe lassen sich in ungebrochene Mineralstoffe oder Rundkorn (Natursand und Kies)

Mineralsystematik: systematische Gliederung der Minerale.

und gebrochene Mineralstoffe oder Brechkorn (Gesteinsmehl, Brechsand, Splitt und Schotter) untergliedern. Zu den künstlichen Mineralstoffen zählen Hochofenschlacke, Hüttensand, Schmelzkammergranulat sowie andere durch Brennen, Aufschmelzen oder Sintern hergestellte Mineralstoffe.

Mineralstufe ↗Mineralaggregate.

Mineralsynthese, künstliche Herstellung von Mineralen. Versuche zur Darstellung von Mineralen reichen weit in die Geschichte zurück. N. Leblanc (1743–1806) und F. S. Beudant (1787–1850) stellten bereits systematische Versuche über die Beeinflussung der Kristalltracht verschiedener Minerale durch Zusätze von Lösungsgenossen zum mineralbildenden Medium an. E. Mitscherlichs Arbeiten zur Isomorphie erbrachten erste Erfahrungen zur Mineralsynthese aus Schmelzlösungen. Klassische Beiträge zu diesem Forschungsgebiet der Mineralogie leistete auch der Franzose G. A. ↗Daubrée (1814–1896), der schon 1849 aus einem Wasserdampfmedium die Oxide von Zinn, Silicium und Titan darstellte, und dem auch die Synthese von Feldspat und Glimmer gelang (1857). Daubrée führte die Mineralsynthese vor allem zur Unterstützung mineralgenetischer Auffassungen aus. Am Anfang des 20. Jahrhunderts hatten Arbeiten zur ↗experimentellen Mineralogie nicht nur für die Klärung der natürlichen Mineralbildungsprozesse Bedeutung. Die Erfordernisse der Technik führten zur synthetischen Produktion von Mineralen, wie z. B. Korund, Rubin, Quarz usw. In der letzten Zeit haben diese Arbeiten auch einen beträchtlichen quantitativen Umfang erreicht, wie sich das bei der wirtschaftlich bedeutenden Produktion synthetischer ↗Diamanten zeigt. Mit den Erkenntnisfortschritten in der Mineralogie auf der Grundlage physikalischer und chemischer Forschungsergebnisse wurde auch die Bearbeitung mineralgenetischer Fragen vorangebracht. Wesentlich förderten Erkenntnisse anderer geologischer Disziplinen wie der Geochemie, Lagerstättenlehre und besonders der Petrologie diese Arbeitsrichtung der Mineralogie. Schrittweise bildeten sich so theoretische Vorstellungen über die Prozesse der Mineralbildung und ihre geologischen Bedingungen heraus, die durch das Erkennen physikochemischer Zusammenhänge eine gesetzmäßige Fundierung erhielten. ↗Hochdrucksysnthese, ↗Hydrothermalsynthese, ↗Mineral. [GST]

Mineralsystematik, systematische Gliederung der Minerale in Typ, Klasse, Abteilung, Gruppe, Art, Mineral und Varietät (Abb. S. 399). ↗Mineralklassen, ↗Mineralnamen, ↗kristallchemische Gliederung.

Mineraltrennung, *Sortierung*, Aufgliederung polymineralischer Aggregate (Gesteine, Erze u. a. mineralische Stoffe) in monomineralische Fraktionen. ↗Mineralanreicherung.

Mineralvarietät, ↗Mineralindividuum einer ↗Mineralart, das zusätzliche bemerkenswerte Besonderheiten aufweisen, z. B. in Farbe, Kristallform oder Ausbildung.

Mineralverzerrung, in seiner Flächengröße und -form von der Idealgestalt abweichender Kristall (Abb. 1 u. 2). Durch die ungleichmäßige Entwicklung wird weder die Lage der Flächen, noch der Winkel zwischen ihnen verändert. Die unterschiedliche Erscheinungsform wird meist hervorgerufen durch besondere Wachstumsbedingungen, wodurch die Wachstumsgeschwindigkeit bzw. die seiner Flächen in bestimmten Richtungen bevorzugt ist. Dendritische Minerale zeigen eine durch Wachstumsstörungen extrem unvollständige, skelettartige Ausbildung. Auch der ↗Habitus kann sich in Abhängigkeit von den Bildungsbedingungen ändern.

Mineralwachstum, in der Natur ohne Zutun des Menschen ablaufender physikalisch-chemischer Prozeß. Die meisten Minerale bilden sich durch Kristallisation aus wäßrigen Lösungen oder in Anwesenheit von Wasser. Eine Entstehung aus wasserfreien Schmelzen ist äußerst selten und unter irdischen Verhältnissen praktisch nicht möglich. Vielfach entstehen Minerale auch durch die Entwässerung kolloidaler Lösungen über einen Gelzustand, durch Umkristallisation fester Stoffe oder auch aus Gasgemischen. Die Kristallwachstumsvorgänge selbst verlaufen völlig analog, gleichgültig, ob sie sich in übersättigten Dämpfen, unterkühlten Schmelzen oder in übersättigten Lösungen abspielen. Kristallwachstumserscheinungen, die zu Skelettformen oder Dendriten führen, nehmen bei der Mineralbildung einen breiten Raum ein. Eine Besonderheit im Kristallwachstum stellen auch die ↗Pseudomorphosen dar, bei denen es sich um eine besondere Art der Auflösung der Kristalle handelt. Dabei wird die ursprüngliche Substanz durch eine andere ersetzt, wobei die äußere Gestalt des zuerst vorhandenen Kristalls erhalten bleibt. So wird z. B. Baryt durch veränderte Druck- und Temperaturbedingungen in NaCl-haltigen Lösungen (Wässern) aufgelöst, wobei sich des weggeführten $BaSO_4$ gleichzeitig SiO_2 in Form von Quarz aus den Lösungen abscheidet. Die äußere Form der Barytkristalle bleibt dabei erhalten, und man bezeichnet dies als Pseudomorphose von Quarz nach Schwerspat. Sogenannte versteinerte Steinsalzkristalle sind ein weiteres Beispiel einer Pseudomorphose. Das in Wasser leicht lösliche NaCl der ursprünglich vorhandenen Kristalle wird weggeführt, und Sand oder Ton bleibt in den entstandenen Hohlräumen zurück. Im Laufe der Zeit verwittert das umgebende weichere Sedimentmaterial, während die härteren Pseudomorphosen von Sandstein oder Tonschiefer nach Steinsalz erhalten bleiben. Analoge Vorgänge, bei denen jedoch keine stoffliche Veränderung stattfindet, bezeichnet man auch als ↗Paramorphosen. Hier findet die Umwandlung durch Änderung von Druck und/oder Temperatur statt, und eine entsprechende Tieftemperaturform liegt dann oft in der Gestalt der Hochtemperaturmodifikation vor. Paramorphosen spielen eine bedeutende Rolle als ↗geologische Thermometer oder Barometer. So bildet sich beim Abkühlen von Hochquarz unter 573 °C der trigonale Tiefquarz, der jedoch in der äuße-

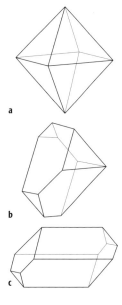

Mineralverzerrung 1: a) Oktaeder und b, c) zwei verzerrte Formen.

ren hexagonalen Form des Hochquarzes erhalten bleiben kann. Findet man daher in Gesteinen Quarze mit den Merkmalen der hexagonalen Symmetrie des Hochquarzes, dann läßt sich daraus schließen, daß bei der Bildung die Temperatur des Gesteins höher als 573°C gelegen haben muß. Weit verbreitet ist die Erscheinung, daß Hydrogele durch Koagulation mit der Zeit altern. Durch Dehydratisierungsvorgänge bilden sich z. B. aus der Kieselsäure die ↗Opale. Bei stärkerer Dehydratisierung entstehen Schrumpfungserscheinungen, durch Kristallisation kann das Wasser völlig abgegeben werden, es entstehen auf diese Weise z. B. die Hornsteine (↗Chert). Vielfach zeigen solche eingetrockneten Gele auch ein kugelig, traubig oder nierenförmiges Aussehen. Durch Kristallisation bilden sich später auch kryptokristalline Aggregate, die auch als *Metakolloide* (↗Kolloide) bezeichnet werden. Die ursprünglich knollige Form wird dabei beibehalten und die Oberfläche erhält häufig ein glänzendes Aussehen, weshalb solche ↗Mineralaggregate auch als Glaskopfbildungen bezeichnet werden. So unterscheidet man einen Schwarzen Glaskopf, der aus Hartmanganerz besteht, Braunen Glaskopf aus Brauneisen, Roten Glaskopf aus ↗Hämatit und Grünen Glaskopf aus ↗Malachit. Durch die Bildung zahlreicher Keime entstanden dabei viele kleine Kristalle, die eine idiomorphe Entwicklung eines Einzelkristalls nicht zuließen. Sie berühren sich beim Wachstum und begrenzen sich schließlich durch unregelmäßige Berührungsflächen, was als ↗xenomorphe Formentwicklung bezeichnet wird. Dabei bilden sich ebenfalls kristalline Aggregate, die sehr aufschlußreich hinsichtlich der Entstehungsgeschichte der Mineralbildungen sein können.

Am verbreitetsten sind körnige Aggregate, wie sie bei zahlreichen vollkristallinen magmatischen Gesteinen vorliegen. Je nach Größe unterscheidet man grobkörnige, mittelkörnige und feinkörnige Aggregate, was man in Kombination mit Korngrößenverteilung und Kornform auch als Struktur bezeichnet, während die räumliche Anordnung der Körner, die lagenförmig oder auch richtungslos sein kann, als Textur bezeichnet wird. Beide Eigenschaften zusammen werden unter dem Überbegriff ↗Gefüge zusammengefaßt. Das Gefüge ist bei den Gesteinen von großem Interesse, besonders was ihre technische Verwertbarkeit anbetrifft. Das Gefüge monomineralischer Aggregate, z. B. bei Marmor oder bei den Metallen, ist von großer Bedeutung für die physikalischen Eigenschaften, für das mechanische, thermische und elektrische Verhalten des betreffenden Mineralaggregates. Kristallbildungen, die sich frei in Hohlräumen der Gesteine entwickeln konnten, bezeichnet man auch als ↗Drusen. Viele gut ausgebildete Kristallstufen, z. B. Bergkristalle, wachsen in solchen Drusenhohlräumen. Findet ein Absatz der Mineralsubstanz in Hohlräumen durch eine unregelmäßige Ausfüllung mit kristallinen oder kolloidalem Material statt, häufig auch in Form konzentrischer Schichten, die sich in Farbe und Zusammensetzung ändern können, bezeichnet man dies als *Sekretionen*. Typische Beispiele sind die Achatbildungen in Mandeln oder ↗Geoden.

↗Konkretionen sind Mineralanreicherungen, die sich u. a. in Sedimenten durch nachträgliche diagenetische Konzentrationswanderungen gebildet haben. Konkretionen, die Schwundrisse aufweisen und ihrerseits wieder mit verschiedenen Mineralen aufgefüllt sein können, werden auch als ↗Septarien bezeichnet. Viele Konkretionen stellen eine örtliche Mineralauffüllung des freien Porenraumes dar, wie z. B. die Kalk-, Toneisenstein- oder Lyditkonkretionen. Konkretionen, die auf eine metasomatische Verdrängung (↗Metasomatose) des umgebenden Gesteins zurückzuführen sind, bestehen oft aus Feuerstein oder Phosphorit, und schließlich können Konkretionen auch durch ein wachsendes Kristallaggregat gebildet werden, das das umgebende Gestein durch den Kristallisationsdruck mechanisch verdrängt und zum Teil auch eingeschlossen hat. Zu dieser Kategorie zählen Faserkalke, Fasergipse, Tutenmergel, Calcit-, Markasit-, Gips- und Barytkonkretionen. Bei den Prozessen der Biomineralisation (↗Biomineralogie) spielen Konkretionen eine große Rolle. Hier sind es vor allem pathogene Bildungen wie Nieren-, Gallen-, Blasen- und Kieferhöhlensteine. Ähnlich den Konkretionen in der Form sind die konzentrisch schaligen ↗Oolithe und Pisolithe, die auf eine Bildung in Wasser und auf eine ständige Bewegung während des Wachstums hindeuten. Sie erreichen Größen von wenigen Bruchteilen von Millimetern bis zu 2 cm und weisen eine regelmäßig konzentrische Schichtung sowie einen meist schalenförmigen Bau auf. Ähnliche Bildungen, die aber keine konzentrischen Schichten haben, bezeichnet man auch als ↗Bohnerze. Sedimentgesteine aus Ooiden, die durch ein Bindemittel verkittet sind, heißen auch Erbsensteine oder ↗Rogensteine. Vielfach ist bei faserigen Aggregaten die Faserachse einer bevorzugten kristallographischen Richtung zugeordnet. Beispiele sind ↗Asbest, Fasergips und ↗Chalcedon. Solche von einem Aggregationskern aus radial gewachsenen, strahlig bis kugeligen Aggregationsformen werden auch ↗Sphärolithe genannt. Typisch sphärolithische Formen bilden die ↗Zeolithe, Limonit, Malachit, Wavellit und Antimonit. [GST]

Mineralwasserquelle, natürlicher Austritt eines Mineralwassers (↗natürliches Mineralwasser) an der Erdoberfläche. In der Mineralwasserbranche ist es jedoch z. T. üblich, auch künstliche Mineralwasser-Erschließungen (= Brunnen) als Quellen zu bezeichnen.

Minette, 1) *Historische Geologie*: oolithische Eisenerze des oberen Lias (Toarc) und unteren Dogger (Aalen) im südwestlichen Luxemburg und in Lothringen. Sie entstanden in einem ästuarinen Ablagerungsraum zwischen Ardennen und Hunsrück. Wenigstens teilweise bildeten sich die Eisenooide auch festländisch in hydromorphen Böden unter subtropischem Klima. Unter dem Einfluß von Gezeitenströmungen wurden sie in subtidalen Sandbarren als 2–3 m mächtige,

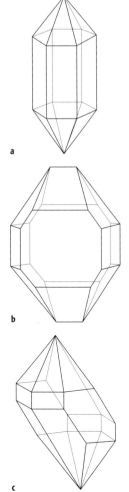

Mineralverzerrung 2: a) idealer Quarz und b, c) verzerrte Formen.

lokal bis 9 m mächtige Erzlager akkumuliert. Der Eisengehalt liegt bei etwa 30 %. Die Eisenerze bildeten sich jeweils im Top von Shallowing-upward-Kleinzyklen (/Sequenzstratigraphie), d. h. während der Regressionsmaxima. Sie sind in die ca. 10–65 m mächtige Minette-Formation eingeschaltet, die aus eisenoolithführenden, carbonatischen Silt- und Sandsteinen besteht. Vergleichbare eisenoolithische Sandsteine mit eingeschalteten Erzflözen sind im gesamten süddeutschen Raum (Schwäbischer und Fränkischer Jura) im Oberaalen entwickelt und zeichnen die Küstenlinie des süddeutschen Doggermeeres entlang des Vindelizischen Landes (/Vindelizische Schwelle) und der Böhmischen Masse nach. /Ironstone. **2)** *Petrologie*: ein /Lamprophyr, der überwiegend aus Kalifeldspat und Biotit besteht.

Miniatur-Frostmusterboden, Form des /Frostmusterbodens. Unter Bedingungen mit häufigen /Frost-Tau-Zyklen entstehen durch eine Materialsortierung Polygon- und Streifenformen, jedoch als Kleinformen im Dezimenterbereich.

Minimalabstandsverfahren /Minimum-Distance-Verfahren.

Minimalareal, *Minimumareal*, *Minimumsfläche*, Begriff aus der /Geobotanik, der die kleinste Fläche bei einer Vegetationsaufnahme bezeichnet, die untersucht werden muß, damit alle charakteristischen /Arten im betrachteten /Lebensraum erfaßt werden. Bei Flechten reichen oft 0,1–4 m^2, während für den mitteleuropäischen Laubwald 200–400 m^2 und für tropische Regenwälder bis 4000 m^2 notwendig sind. Das Minimalareal ist nicht identisch mit der Fläche, die ein Vegetationstyp zu seiner normalen Entwicklung benötigt, hierzu gehören auch Pufferzonen und Regenerationsflächen. Daher wird zwischen einem methodischen und einem biologischen Minimalareal differenziert.

Minimalbodenbearbeitung, Reduzierung der Bodenbearbeitung auf Ackerflächen auf ein Minimum, in der Regel völliger Verzicht auf wendende Bearbeitung mit dem Pflug, geeignet für strukturstabile und biologisch aktive, nicht verdichtete Böden, hilfreich bei starker Gefährdung durch Wasser- und Winderosion und der Gefahr zu starker Erwärmbarkeit. Des weiteren soll die Vorfruchtwirkung besser genutzt werden. Sie kann grundsätzlich in zwei Verfahren untergliedert werden, der zweiphasigen mit einer Saatbettbereitung und anschließender Saat sowie dem einphasigen Verfahren mit gekoppelter Saatbettbereitung und Saat in einem Arbeitsgang. Im Maisanbau kann mit einer speziell entwickelten Technik gleichzeitig eine Unterfußdüngung erfolgen. Ein zentraler Aspekt ist die Einsaat in eine weitgehend intakte Bodenoberfläche, auf der eine Mindestmenge an Mulch verbleiben soll, um der Erosion vorzubeugen und die positiven Eigenschaften der Vorfrucht zu erhalten. Als Sätechnik eignen sich hierzu die Dreischeiben-Drillsaat, bei der die Samen in einem Schlitz abgelegt werden, der durch die Scheibenschare in die Bodenoberfläche durch die Mulchschicht gezogen wurde, die Frässaat, bei die die Bodenoberfläche ganzflächig flach gefräst wird und die Saat mit unterschiedlicher Technik in den Boden eingebracht wird, die Fräsrillen- und Streifensaat, bei der nur ein schmaler Streifen gefräst wird, in den das Saatgut abgelegt wird. /conservation tillage.

minimalphasiges Signal /Signalphase.

Minimum-Distance-Verfahren, *Methode der kürzesten Entfernung*, *Methode des minimalen Abstands*, *Minimalabstandsverfahren*, /überwachte Klassifizierung, bei der zunächst die Mittelwerte aller durch /Trainingsgebiete vertretenen Objektklassen im /Merkmalsraum berechnet werden. Der euklidische Abstand der zu klassifizierenden Pixel zu diesen Klassenmittelwerten ist das wesentliche Entscheidungskriterium dieses Verfahrens. Die Zuweisung erfolgt zu jener Objektklasse, zu deren Mittelwert der geringste euklidische Abstand festzustellen ist:

$$SD_{xyc} = \sqrt{\sum_{i=1}^{n}(\mu_{ci} - X_{xyi})^2}$$

mit SD_{xyc} = spektrale Distanz des Bildelements x,y vom Mittelwert der Klasse c, i = Spektralband, n = Anzahl der Spektralbänder, μ_{ci} = Mittelwert der Grauwerte der Klasse c im Spektralband i, X_{xyi} = Grauwert des Bildelements x,y im Spektralband i. Neben dem vergleichsweise hohen Rechenaufwand hat dieses Verfahren den Nachteil, daß es keine ausreichende statistische Begründung für seine Anwendung gibt. So gehen die unterschiedlichen Streuungen der Trainingsgebiete um die Mittelwerte nicht in die Berechnungen ein. Durch die Verwendung des /Mahalanobis-Abstands wird diese Einschränkung jedoch teilweise aufgehoben. [HW]

Minimumfaktor, *limitierender Faktor*, ein /Ökofaktor, der sich im Vergleich mit den anderen Faktoren als Mangelfaktor herausstellt. Dadurch wirkt der Minimumfaktor als einschränkendes Element auf das Wachstum von Pflanzen, Tieren, Menschen und ganze Organismen-Gesellschaften. /ökologischer Begrenzungsfaktor.

Minimumgesetz, besagt, daß Wachstum und Ertrag einer Pflanze von demjenigen Nährelement oder Wachstumsfaktor bestimmt wird, der ihr in geringster Menge (Minimum) zur Verfügung steht.

Minimumthermometer, Meßgerät zur Bestimmung der Tiefsttemperatur innerhalb eines definierten Zeitraums. Gebräuchliche Minimumthermometer sind /Flüssigkeitsthermometer, bei denen ein dünnes Glasstäbchen am Ende des Flüssigkeitsfaden mit schwimmt. Nach Erreichen der Tiefsttemperatur bleibt das Glasstäbchen liegen und die Thermometerflüssigkeit strömt an ihm vorbei. Am oberen Ende des Glasstäbchens kann die Tiefsttemperatur abgelesen werden. Nach der Messung wird das Minimumthermometer geneigt, so daß das Glasstäbchen wieder zum Fadenende schwimmt.

Minkowskische Raumzeit, /Bezugssystem der speziellen /Relativitätstheorie Einsteins für

Raum und Zeit. Im Unterschied zur ↗Newtonschen Raumzeit ist in der Minkowskischen Raumzeit die Gleichzeitigkeit von Ereignissen relativ, d. h. vom Bezugssystem abhängig. Dagegen ist in der ↗Einsteinschen Raumzeit (Bezugssystem der allgemeinen Relativitätstheorie Einsteins) die Gleichzeitigkeit von Ereignissen vom Bezugssystem und vom Gravitationsfeld abhängig. In der Minkowskischen Raumzeit unterscheidet man wie in der Einsteinschen Raumzeit zwischen ↗Eigenzeit und ↗Koordinatenzeit. Es gibt kein globales Bezugssystem mehr für die Zeit, sondern viele lokale Bezugssysteme. Dagegen kann der Raumanteil der Minkowskischen Raumzeit noch als absolutes Element betrachtet werden. Des weiteren gilt die Minkowskische Metrik während in der Einsteinschen Raumzeit die Einsteinsche Metrik gilt. Die Struktur der Minkowskischen Raumzeit kann wie die der Newtonschen Raumzeit im Unterschied zur Struktur der Einsteinschen Raumzeit als flach angesehen werden. [KHI]

minor warming ↗Stratosphärenerwärmung.

Mintrop, *Ludger*, deutscher Geophysiker, * 18.7.1880 Essen, † 1.1.1956 Essen, führte in die Lagerstättenforschung 1919 die Refraktionsseismik, eine Methode der Sprengseismik, ein, bei der künstlich seismische Wellen erzeugt und die Laufzeiten und Intensitäten der an Schichtgrenzen gebrochenen Wellen ausgewertet werden; entdeckte die an Diskontinuitäten auftretenden, nach ihm benannten ↗Kopf- oder Grenzflächenwellen (Mintrop-Wellen).

Mintrop-Welle ↗Kopfwelle.

Minute, 1) der 60. Teil einer Stunde; dient zur Zeitmessung; 2) Einheit im ↗Gradnetz der Erde, 60. Teil eines Grades.

Minutenböden, übertriebene Bezeichnung für die Eigenschaft ↗bindiger Böden, nur innerhalb eines sehr kurzen Zeitraumes bearbeitbar zu sein. Typische Minutenböden sind Tonschluffe. Minutenböden sind bei Wassergehalten, die höher als die ↗Ausrollgrenze sind, zu naß zum Bearbeiten, verhärten jedoch an der Oberfläche nach Unterschreitung der Ausrollgrenze aufgrund von Verdunstung rasch. Bei sehr hoher Verdunstung tritt dieser Effekt bereits in einigen Stunden ein. Die treffendere Bezeichnung ist Stundenböden.

Minutenleiste, eine Doppellinie im Kartenrahmen ↗topographischer Karten, die die Minutenteilung der ↗geographischen Koordinaten (Breite und Länge) trägt. Der Zwischenraum der Doppellinie ist bei jedem Minutenfeld, das mit einer geradzahligen Minute beginnt, der Lesbarkeit halber durch einen parallel zur Doppellinie verlaufenden Mittelstrich gekennzeichnet.

Miogeosynklinale ↗Geosynklinale.

Miozän, [von griech. meion = weniger], international verwendete stratigraphische Bezeichnung für das untere Jungtertiär. ↗Neogen, ↗geologische Zeitskala.

MIS, *Marine Isotope Stage*, ↗OIS.

Mischbarkeit, *Isomorphie*, *Homöomorphie*, von Mitscherlich 1818 entdeckte Erscheinung, wonach chemisch verschiedene Substanzen eine prinzipiell gleiche Kristallstruktur besitzen können. Isomorphe Verbindungen können miteinander ↗Mischkristalle bilden. Je nachdem, ob sich die Strukturbestandteile vollständig oder nur in begrenztem Umfang durch andere ersetzen lassen, spricht man von vollständiger Isomorphie ohne Mischungslücke bzw. unvollständiger Isomorphie mit Mischungslücke (↗Entmischung). Je nach dem Grad der Übereinstimmung spricht man von isotyper, homöotyper und heterotyper Mischbarkeit. Vollständige Mischbarkeit ist dann zu erwarten, wenn die Gitterparameter praktisch gleich (isotyp) sind, z. B. beim kubisch flächenzentrierten Gitter von Gold ($a_0 = 4{,}078$ Å) und Silber ($a_0 = 4{,}086$ Å). Haben die beiden Mischungsendglieder etwas unterschiedliche Gitterparameter, so liegt die Größe der Gitterkonstante des Mischkristalls zwischen beiden Werten. Bei der sogenannten gekoppelten Substitution können sich in den isomorphen Molekülen verschiedenwertige Elemente austauschen. Bei den Plagioklasen in der Feldspatgruppe (↗Feldspäte) treten die Komponenten Albit Na[AlSi$_3$O$_8$] und Anorthit Ca[Al$_2$Si$_2$O$_8$] unter gekoppeltem Ersatz von Na$^+$Si^{4+} gegen Ca^{2+}Al^{3+} zusammen. Die Formeln von Mineralen (↗Mineralformeln) mit Mischkristallcharakter ähneln denen von Mineralen mit diadochem Einbau (↗Diadochie) eines Elementes. Mischt sich z. B. das Mineral Forsterit Mg$_2$[SiO$_4$] mit dem Mineral Fayalit Fe$_2$[SiO$_4$], so hat beim Überwiegen des Forsterits der Mischkristall Olivin die Formel (Mg,Fe)$_2$[SiO$_4$], im Falle des Überwiegens des Fayalits jedoch (Fe,Mg)$_2$[SiO$_4$]. Die Neigung zu Diadochie und Mischkristallbildung ist generell bei niedrigeren Temperaturen geringer als bei höheren, da bei höheren Temperaturen (Energiezufuhr) infolge größerer Beweglichkeit der Atome und Ionen derartige Fehlordnungen erzwungen werden können. Solche Mischkristalle sind theoretisch nur unter den Entstehungsbedingungen stabil und zerfallen bei Abkühlung in die Ausgangsphasen. Sie entmischen sich und bilden Entmischungsgefüge. [GST]

Mischfarben, *Sekundärfarben*, alle durch ↗Farbmischung aus ↗Grundfarben erzeugten Farben.

Mischkanalisation ↗Kanalisation.

Mischkerne, nennt man ↗Kondensationskerne, die verschiedene lösliche und unlösliche Stoffe enthalten. ↗Aerosol.

Mischkristall, Kristall, der aus Bausteinen mehrerer Substanzen besteht. Haben zwei Kristalle unterschiedlicher Verbindungen mit Bausteinen ähnlicher Größe und ähnlichem Bindungscharakter die gleiche Struktur, so lassen sich i. a. Kristalle von Mischungen mit unterschiedlichen Zusammensetzungen bilden. Typische Beispiele sind die Metalle, die oft den gleichen Bautyp aufweisen und als Legierungen z. T. über den ganzen Zusammensetzungsbereich als Mischkristalle erhalten werden können. Die Gitterkonstanten gehorchen dann meist der ↗Vegardschen Regel. Für die Mischbarkeit spielen Betrachtungen der Kristallchemie die wesentliche Rolle. Sind die Bausteine zu unterschiedlich in Größe oder Struktur, kann sich eine ↗Mischungslücke bilden. Ist die Breite der Mischungslücke zudem noch eine Funktion der Temperatur, treten beim Abkühlen ↗Ausscheidungen der Überschußkomponente auf. ↗Mischbarkeit. [GMV]

Mischkultur, gleichzeitiger Anbau mehrerer Kulturarten auf ein- und derselben landwirtschaftlichen Fläche. Verglichen mit der Reinkultur (nur mit einer Kulturart genutzte Parzelle) oder der ↗Monokultur erfordert die Mischkultur einen höheren manuellen Arbeitseinsatz. Als vielseitige, konzentrierte und flächensparende Nutzungsform führt die Mischkultur nicht nur zu hohen Flächenerträgen und einer Weg- und Zeitersparnis, sondern auch zu einer besseren ökologischen Ausgewogenheit durch natürlichen Bodenschutz und natürliche Schädlingsbekämpfung. Mischkulturen sind verbreitet in den tropischen und subtropischen agrarischen Selbstversorgungsgesellschaften, z. B. als cultura mista oder mixed cropping beim ↗Regenfeldbau, im Gartenbau sowie als Obstwiesen in den gemäßigten Breiten.

Mischpixel ↗*Mixel*.

Mischsignatur, bei Abtastbildern durch bestimmte geometrische Bedingungen entstandene, nicht objektspezifische, d. h. aus verschiedenen objektspezifischen Strahlungswerten zusammengesetzte, spektrale Signatur. Es entstehen Pixel mit gemischtem spektralem Signal, sogenannte ↗Mixel. Unter der Voraussetzung linearer Funktionen der betreffenden Ortsfrequenzen untereinander wird für das Mischpixel zumeist das arithmetische Mittel der betroffenen Pixel berechnet. Bei thermalen Aufnahmen ist das in dieser vereinfachten Form nicht anwendbar. Ein flächenhaftes Objekt mit hohem Kontrast zur Umgebung erzeugt in randlich gelegenen, angeschnittenen Pixeln Mischsignatur, die inneren Pixel erhalten die objektspezifischen Signaturen, ebenso die außerhalb liegende Umgebung. Hieraus ergibt sich eine gegenüber der Realität veränderte Konfiguration des Objektes. Die im Bild vorhandene Information kann durch rechnerische Unterteilung der Mischpixel nicht verbessert werden, da Teilen dann jeweils der Mischwert zugewiesen wird. Um ein solches Objekt zu erfassen, sind mindestens zwei Grundfrequenzen nötig. Sogenannte »mixing models« können hier Abhilfe schaffen.

Mischungsgesetze, Gesetze, die die effektive elektrische Leitfähigkeit σ_{eff} eines Gesteins beschreiben, das aus mehreren unterschiedlich leitfähigen Phasen zusammengesetzt ist (z. B. Gesteinsmatrix-Fluid). Dazu werden Grenzmodelle aufgestellt (z. B. die sog. Hashin-Shtrikman bounds), welche die oberen und unteren Grenzen von σ_{eff} bei Variation der Leitfähigkeit der Komponenten beschreiben.

Mischungslücke, tritt auf, wenn zwei Substanzen gemischt werden, deren Bausteine verschieden in Größe und Bindungscharakter sind und die eventuell auch unterschiedliche Strukturen besitzen. Es lassen sich dann ↗Mischkristalle meist nur mit Konzentrationen bis zu einem bestimmten Grenzwert der jeweiligen zugemischten Komponente erhalten. Dazwischen gibt es einen Konzentrationsbereich, für den man keine Mischkristalle erhält, die sog. Mischungslücke. In den Zusammensetzungen, in denen sich die beiden Komponenten mischen, treten bei den Gitterkonstanten Abweichungen von der ↗Vegardschen Regel auf.

Mischungsnebel ↗Nebelarten.

Mischungsschicht, Schicht in der Atmosphäre, in der eine vertikale oder horizontale Vermischung stattfindet. ↗Grenzschicht.

Mischungsverhältnis, ein Maß für die Luftfeuchtigkeit. Es ist definiert als die Menge Wasserdampf in g/kg trockener Luft und wird berechnet aus dem ↗Dampfdruck (e) und dem Luftdruck (p) durch:

$$m = 0{,}622\,\frac{e}{p-e}.$$

Da der Dampfdruck sehr viel geringer als der Luftdruck ist, wird in der Praxis die Beziehung $m = 0{,}622\ e/p$ verwendet. Diese unterscheidet sich nur wenig von derjenigen für die ↗spezifische Feuchte.

Mischungsweg, in der Theorie der ↗Turbulenz verwendeter Begriff für die mittlere Distanz, über die eine Vermischung von Fluideigenschaften wie Temperatur oder Impuls stattfindet.

Mischungszone, *Mischungsbereich*, in der Hydrologie eine Trennzone, in der zwei sich in ihren physikalischen oder chemischen Eigenschaften (z. B. Trübung) unterscheidende Wassermassen nebeneinander fließen und sich dabei mischen (↗Turbulenz). Solche Zonen sind v. a. für Fließgewässerabschnitte unterhalb von Flußeinmündungen zu beobachten.

Mischwald, Wald, der aus mehreren Baumarten besteht und dessen Zusammensetzung die verschiedenen ↗Standortansprüche der Bäume widerspiegelt. Mischwälder haben gegenüber ↗Monokulturen oft eine höhere Resistenz gegen Belastungen durch z. B. Insektenbefall, Sturm und Feuer. Darüber hinaus können sie vielfältige Funktionen übernehmen wie Schutz vor Lawinen und Steinschlag (↗Schutzwald), Lebensraumfunktion für Pflanzen und Tiere und Erholungs- und Nutzungsfunktion (Holzproduktion) für den Menschen. Die ↗Forstwirtschaft bemüht sich deshalb heute vermehrt, trotz aufwendigerer Pflege, wieder standortgerechte Mischwälder zu fördern, Naturverjüngung anzuwenden und so die Waldbewirtschaftung nachhaltig zu gestalten (↗Nachhaltigkeit). Umgangssprachlich ist Mischwald ein Begriff für eine Waldform, die sowohl Nadel- als auch Laubhölzer enthält.

Mischwasser, in der ↗Kanalisation gemeinsam abgeleitetes Schmutz- und Regenwasser. ↗Abwasser.

Mise-à-la-Masse, Methode der ↗Gleichstromgeoelektrik, wobei der Strom direkt in einen interessierenden, elektrisch gut leitfähigen Bereich eingespeist wird, z. B. in ein Bohrloch oder in einen an der Oberfläche aufgeschlossenen guten

Leiter. Dadurch kann der Einfluß oberflächennaher Inhomogenitäten und elektrisch abschirmender Schichten gegenüber der konventionellen geoelektrischen Kartierung reduziert werden.
Misoxschwankung, zeitlich um 4000 v. Chr. anzusetzende, aus dem Alpenraum beschriebene Phase von ↗Gletschervorstössen.
Missenboden, ↗*Stagnogley*.
missing link, Organismen, welche nach ihrem Bauplan zwischen höheren Taxa, i. d. R. zwischen Tierstämmen, vermitteln. Sie besitzen sowohl die Merkmale des phylogenetisch älteren als auch des abgeleiteten ↗Taxons. Solche Organismen sind damit konkrete Belege für die ↗Evolution. In der heutigen Tierwelt gelten unter den Invertebraten z. B. die fossil auch aus dem ↗Burgess Shale bekannten Onychophoren (Stummelfüßler, Abb. 1) als missing link. Obwohl sie noch einen typisch annelidenartig gegliederten Körperbau aufweisen, sind ihre stummelartigen, an jedem Körpersegment angeordneten Füßchen eine typische arthropodenartige Weiterentwicklung der Anneliden-Parapodien. Als missing link zwischen Reptilien und Säugern können die beiden eierlegenden Säuger (Prototheria) Australiens angesehen werden (Schnabeligel, Schnabeltier). Klassische fossile missing links sind das älteste bekannte Amphib *Ichthyostega* (Abb. 2) aus der oberdevonischen Old-Red-Fazies Grönlands und der Urvogel *Archaeopteryx* aus den oberjurassischen ↗Solnhofener Plattenkalken. Als Amphib besitzt *Ichthyostega* zwar Schulter- und Beckengürtel und vier fünfzehige Extremitäten, aber im Anklang an seine von den Quastenflossern (Crossopterygier) abzuleitende Herkunft einen mit Flossensaum versehenen Schwanz, ein geschlossenes Schädeldach und die für Crossopterygier typischen, stark zerfältelten Zähne. *Archaeopteryx*, als Bindeglied zwischen Reptilien und Vögeln weist als Reptilmerkmale u. a. Zähne im Schnabel, Klauen an den Vorderextremitäten und einen langen Schwanz auf, seine Befiederung beweist aber die eindeutige Zuordnung zu den Vögeln. [HGH]

Mississippium ↗Karbon.
Missourit, ein ↗Foidolith mit ↗Leucit und 70–90 % ↗Pyroxen.
Mißweisung ↗*Deklination*.
Mist, *Stallmist*, Gemisch aus tierischem Kot, Harn und Einstreu, zumeist Stroh. Seine günstigen Wirkungen auf Pflanzenwachstum und ↗Bodenfruchtbarkeit resultieren aus vielfältigen Effekten, z. B. Nährstoffwirkung, Humuswirkung, Wirkungen auf Bodenstruktur, -temperatur, mikrobielle Aktivität. Die durchschnittlichen Nährstoffgehalte schwanken zwischen 0,2–0,6 % N, 0,04–0,3 % P, 0,1–0,8 % K und 20–25 % org. Substanz. Je nach Lagerungsbedingungen findet eine vorrangig aerobe Rotte (Stapelmist, Warmmist, Edelmist, Mistkompost) oder eher anaerobe Vergärung (Tiefstallmist, Kaltmist) statt.

Mistral, böiger kalter Nordwind in Südfrankreich, der im Rhonetal kanalisiert wird und dabei im Winter und Frühjahr Sturmstärke erreichen kann.
Mitosehemmstoffe, Spindelgifte, die die normale Zellteilung in der Mitose durch Depolymerisation der Teilungsspindel hemmen. Sie werden in der Pflanzenzüchtung und Medizin verwendet. Der bekannteste Mitosehemmstoffe ist das Kolchizin, ein Alkaloid der Herbstzeitlose (*Calchicum autumnale*).
Mitscherlich, *Max Eilhard Alfred*, deutscher Bodenkundler und Agrarwissenschaftler, * 29.8.1874 Berlin, † 3.2.1956 Paulinenaue (Landkreis Nauen). Mitscherlich studierte ab 1895 Naturwissenschaften in Kiel und Berlin und promovierte 1898. Nach einer Assistenzzeit am landwirtschaftlichen Institut der Universität Kiel habilitierte er sich 1901. Im Jahr 1906 wurde Mitscherlich an die Universität Königsberg zum Professor für Pflanzenbaulehre und Bodenkunde berufen. Er formulierte das »Wirkungsgesetz der Wachstumsfaktoren« und erbrachte den Nachweis, daß nicht nur die Bodenmechanik für die Ertragshöhe entscheidend ist, sondern auch die Pflanze-Boden-Wechselwirkung. Mitscherlich schrieb u. a. das Lehrbuch der »Bodenkunde für Landwirte, Forstwirte und Gärtner …« (1905). Nach dem Zweiten Weltkrieg beteiligte er sich am Wiederaufbau der Landwirtschaftlich-Gärtnerischen Fakultät an der Humboldt-Universität in Berlin. Von 1945 bis zu seinem Tod leitete er das »Institut zur Steigerung der Pflanzenerträge« an der Deutschen Akademie der Wissenschaften.
Mitscherlich-Gesetz, Gesetz vom abnehmenden Ertragszuwachs, auch Wirkungsgesetz der Wachstumsfaktoren genannt. Besagt, daß die Steigerung eines Wachstumsfaktors den Ertrag nicht gleichmäßig erhöht. Der Ertragszuwachs nimmt mit zunehmendem Faktoreinsatz in dem Maße ab, wie der fehlende Nährstoff sich dem Höchstertrag nähert.
Mitschwingungsgezeit ↗*Gezeiten*.
Mittagslöcher ↗*Schmelzschalen*.
Mittelbreiten, beschreiben die Zone zwischen den Wendekreisen und den Polarkreisen. ↗*gemäßigte Breiten*.
Mitteldeutsche Kristallinschwelle, der im Ruhla-Kristallin (Thüringer Wald), in Spessart und Odenwald aufgeschlossene, nordwestlichste Teil des ↗Saxothuringikums (↗*Varisziden*). Die untertage mindestens vom Saarland bis in den Ostharz reichende Struktur besteht aus verschiedenartigen ↗Plutoniten (Granite, Granodiorite, Diorite, Gabbros) und ↗Metamorphiten der Amphibolitfazies (Para- und Orthogneise, Amphibolite, Glimmerschiefer, Quarzite). Jungpro-

missing link 2: *Ichthyostega* aus dem grönländischen Old Red.

Mitscherlich, *Max Eilhard Alfred*

missing link 1: der rezente Stummelfüßler *Peripatoides*.

terozoische, im wesentlichen aber altpaläozoische Sedimentserien wurden teils schon kaledonisch von granitoiden Magmen intrudiert. Schon im Unterdevon setzte Regionalmetamorphose ein, begleitet von syn- bis spätorogenen granitoiden Intrusionen. Die Intrusionen reichen lokal bis an die Wende Unter-/Oberkarbon. Spätestens seit Beginn des Oberdevons war die Mitteldeutsche Kristallinschwelle Hebungs- und Abtragungsgebiet. Sie lieferte als aktiver ↗Plattenrand die in nordwestliche Richtung geschütteten Flyschsedimente des ↗Rhenoherzynikums. In der variszischen Hauptfaltung überfuhr sie die Phyllitzone, den südlichsten Rand des Rhenoherzynikums. Beide Einheiten wurden gemeinsam auf weitere anchimetamorphen Serien des südlichen Rhenoherzynikums überschoben. [HGH]

Mitteldruckfaziesserie ↗metamorphe Fazies.

Mitteldruckkraftwerk, ↗Wasserkraftanlage mit einer Fallhöhe von 15–50 m, meist im Zusammenhang mit einer ↗Talsperre als Speicherkraftwerk oder auch an höheren ↗Wehren als ↗Laufwasserkraftwerk. Mitteldruckkraftwerke sind häufig Teil einer Mehrzweckanlage, die neben der Stromerzeugung noch anderen Zwecken dient wie z.B. Niedrigwasseraufhöhung, Hochwasserschutz, Trinkwasserversorgung oder Freizeit und Erholung. Charakteristisch für Mitteldruckkraftwerke ist ihre Dreiteilung in Einlauf mit Rechen und Turbinenschutz, verlängerter Einlaufschlauch bzw. Triebwasserleitung und Kraftwerk. Als hydraulischer Maschinentyp werden hauptsächlich Francis-Turbinen (↗Turbine) verwendet.

Mittelfristprognose, *mittelfristige Wettervorhersage,* sie schließt an die *Kurzfristprognose* (ein bis drei Tage) an und überbrückt einen Zeitraum von vier bis zehn Tagen. Typisch für die Mittelfristprognose ist deren geringere Detaillierung in Raum und Zeit im Vergleich zur Kurzfristprognose. Als Basis der Mittelfristprognose dienen die Ergebnisse ↗numerischer Modelle, die täglich von den Zentralen der wichtigsten nationalen ↗Wetterdienste veröffentlicht werden. Monte-Carlo-Simulation mit punktuell variierten Ausgangsfeldern und eine statistische Weiterverarbeitung führen zu einer deutlichen Verbesserung der Basis-Vorsageleistung. ↗Wettervorhersage.

Mittelkies ↗Kies.

mittelkörnig ↗Korngröße.

Mittellauf ↗Fließgewässerabschnitt.

Mittelmaßstäbige Landwirtschaftliche Bodenkartierung ↗MMK.

Mittelmeere, von Festland weitgehend umschlossene ↗Nebenmeere der Ozeane; unterschieden in interkontinentale und intrakontinentale Mittelmeere.

Mittelmeertief, ↗Tiefdruckgebiet mit einem oder mehreren Zentren im Mittelmeerraum. Das Mittelmeertief entsteht bevorzugt in den Monaten September bis Mai, also außerhalb der heißen Jahreszeit, und dabei oft auf der Vorderseite von ↗synoptisch-skaligen Trögen, die aus der westlichen ↗Höhenströmung der mittleren Breiten nach Süden ausscheren. Im Winterhalbjahr kann auch der südliche Zweig der nordatlantischen Hauptfrontalzone (↗Polarfrontalzone) mit den zugehörigen ↗Frontenzyklonen das Mittelmeergebiet erreichen. Das Mittelmeertief organisiert und produziert den maßgebenden Anteil der Niederschläge in diesem Gebiet.

Mittelmoräne, Typ einer ↗Moräne, die sich beim Zusammenfluß von zwei ↗Gletschern aus den sich vereinigenden ↗Seitenmoränen bildet (↗Moräne Abb.). Die Mittelmoräne verläuft dann gletscherabwärts »inmitten« der Zunge. Wird die Zunge eines großen Gletschers aus mehreren Gletschern gespeist, so kann sie auch mehrere Mittelmoränen aufweisen. Diese als dunkle Streifen oft gut sichtbaren Mittelmoränen zeigen an, aus wie vielen Seiten- und Nebengletschern der Hauptgletscher sein Eis bezieht. Wenn die Vereinigung der Gletscher im ↗Nährgebiet erfolgt, dann bleibt die Moräne als ↗Innenmoräne unterhalb der Gletscheroberfläche und ist nicht sichtbar. Erst im ↗Zehrgebiet taut sie auf und tritt in Erscheinung. Weniger deutlich ausgeprägte Mittelmoränen entstehen, wenn Felshindernisse in der Gletscherzunge an beiden Seiten umflossen werden. Unterhalb des Hindernisses vereinigt sich das durch die ↗glaziale Erosion in Form von ↗Detersion und ↗Detraktion beidseitig abgetragene Material durch den seitlichen Eisdruck. [JBR]

Mittelozeanischer Rücken, *Spreizungsrücken, mid ocean ridge, spreading ridge,* 1000–4000 km breiter, symmetrischer, submariner Rücken, der sich von den Tiefseebenen in ca. 5 km Tiefe mit äußerst geringer Steigung auf ca. 2,5 km Wassertiefe erhebt. Er bildet die Mitte von Ozeanen, die durch ↗passive Kontinentalränder begrenzt werden (z.B. Atlantik), nicht aber von solchen mit ↗aktiven Kontinentalrändern (z.B. Pazifik). Die Rücken bilden ein zusammenhängendes, alle großen Ozeane der Erde durchziehendes positives Relief von 60.000 km Länge, das insgesamt 23% der Oberfläche der festen Erde einnimmt. Die Axialzone eines Mittelozeanischen Rückens entspricht einem divergenten (oder konstruktiven ↗Plattenrand, an dem mittels ↗Ozeanbodenspreizung neue ozeanische Kruste entsteht. Sie liegt über dem aufsteigenden Ast einer Mantelkonvektionszelle, in dem Mantelmaterial in festem Zustand durch duktiles Fließen aufströmt. Infolge Druckentlastung kommt es in < 100 km Tiefe in diesem heißen Mantelmaterial zur Unterschreitung der Soliduskurve und damit zur Bildung großer Mengen basaltischer ↗Partialschmelzen, so daß in den Mittelozeanischen Rükken 77% der Magmen der Erde gefördert werden.

Mittelozeanischen Rücken sind seismisch sehr aktiv, Flachherdbeben zeigen eine senkrecht zum Rücken liegende horizontale Dehnungsachse an (↗aseismische Rücken). Das Relief der Mittelozeanischen Rücken ist weitgehend rauh, die Axialzone weist im Falle langsam spreizender Rücken (10–50 mm/a) einen ↗Zentralgraben auf, der bis 30 km breit und über 1000 m tief eingesenkt sein kann. Ein solcher fehlt in schnell spreizenden Rücken (> 90 mm/a). Ein morphologisches Charakteristikum der Mittelozeanischen Rücken ist ihre Zerschneidung in Abständen von meist 300–500 km zu gegeneinander versetzten Segmenten durch senkrecht zu ihnen verlaufende Transformstörungen (/Seitenverschiebungen) und deren Verlängerung in /fractures zones. Die Tiefenlage des Mittelozeanischen Rückens bis zur Tiefseeebene ist eine Funktion des Alters t der unterlagernden ozeanischen Kruste, soweit nicht Plateaus, aseismische Rücken oder /hot spots vorliegen (Überschlagsformel: $-h = 2500 + 350 \cdot \sqrt{t}$; wenn $t > 80$: $-h = 6400 - 3200 \cdot e^{-t/62,8}$; $-h$ = Meerestiefe in m, t = Alter in Mio. Jahren). In ähnlicher Weise verhält sich die /Wärmestromdichte, die mit wachsender Entfernung von der Axialzone und wachsendem Alter des Ozeanbodens abnimmt. Das positive Relief der mittelozeanischen Rücken ist isostatisch ausgeglichen, nicht durch eine Gebirgswurzel, sondern durch die infolge höherer Temperatur geringere Dichte des unterlagernden Mantels. /Meeresbodentopographie. [KJR]

Mittelporen, *Mesoporen*, Hohlräume mit einem Äquivalentporendurchmesser zwischen 0,2 und 10 μm. Mittelporen halten das Wasser gegen die Schwerkraft (/Haftwasser), sind die bedeutsamsten Poren für den /Kapillaraufstieg und speichern das pflanzennutzbare Bodenwasser (/nutzbare Feldkapazität). Bei a) Mittelporen (3–10 μm) ist das Bodenwasser leicht beweglich und leicht pflanzenverfügbar, bei b) Mittelporen (0,2–3 μm) ist das Bodenwasser schwer beweglich und schwer pflanzenverfügbar. Wurzeln können in Mittelporen nicht eindringen. Der Wassertransport erfolgt über Saugspannungsgradienten.

Mittelsand /Sand.

Mittelschenkel, der einem Faltenpaar aus Antiklinale und Synklinale (/Falte) gemeinsame Schenkel. /Überfaltungsdecken entwickeln sich unter starker Streckung und Verdünnung des Mittelschenkels.

Mittelschutt, *Metaschutt*, *Mittellage* der pleistozänen /periglazialen /Schuttdecken Mitteleuropas. Diese Schuttdecke ist stark lößlehmhaltig (/Lößlehm) und kann in unterschiedlicher Mächtigkeit auftreten. Im Gegensatz zum /Deckschutt ist der Mittelschutt nicht durchgehend vertreten.

mittelschwere Rammsonde, *DPM 10*, *MRS 10* (veraltet), eine der drei Arten von /Rammsonden. Die allgemeine Verwendung von Rammsonden ist nach DIN 4094 genormt. Der Sondenkopf hat eine Querschnittsfläche von 10 cm². Für die mittelschwere Rammsonde ist eine Eindringtiefe von 10 cm vorgegeben, über die die Schlagzahl N_{10} gezählt wird. Früher galten hier 20 cm Eindringtiefe (N_{20}). Die Untersuchungstiefen betragen bei der mittelschweren Rammsonde 20–25 m.

Mittelsilt /Silt.

Mitteltemperatur, zeitlich oder räumlich bzw. zeitlich-räumlich gemittelte Temperatur. /Mittelwert.

Mittelterrasse, über der /Niederterrasse und unter der /Hauptterrasse gelegene pleistozäne /Flußterrasse. In größeren Flußtälern mit differenzierten /Terrassentreppen sind oft mehrere Mittelterrassen entwickelt, die im Zuge der pleistozänen Taleintiefung entstanden.

Mittelwald, Form der /Forstwirtschaft des ausgehenden Mittelalters, welche bis Ende des 18. Jh. weit verbreitet war und zwischen /Niederwald und /Hochwald anzusiedeln ist (/Niederwald Abb.). Der Mittelwald besitzt eine zweischichtige Nutzungsform und eine altersmäßig stark heterogene Zusammensetzung. Einzelne Bäume, vorzugsweise Eichen, überragen den restlichen Bestand und dienen neben der Entnahme der Eicheln (Schweinemast) auch der Gewinnung als Bauholz. Die untere Baumschicht wird zur Brennholzproduktion genutzt. Der Mittelwald entstand v. a. in dicht besiedelten Lößgebieten, in denen das Holz schon frühzeitig knapp wurde und sind heute noch in Bauern- und kleineren Gemeindewäldern zu finden.

Mittelwasserregelung, bauliche Eingriffe in ein Fließgewässer mit dem Ziel, für den bettbildenden Mittelwasserabfluß ein gut ausgebautes Flußbett herzustellen, in dem ein Geschiebegleichgewicht herrscht (/Schleppspannung). /Niedrigwasserregelung.

Mittelwert, *Durchschnitt*, arithmetisches ($\bar{x}_a$), geometrisches ($\bar{x}_g$) oder harmonisches ($\bar{x}_h$) Mittel einer aus n Werten bestehenden Stichprobe $x_1, x_2, \ldots, x_n$:

arithmetisches Mittel:

$$\bar{x}_a = \frac{\sum x_i}{n},$$

geometrisches Mittel:

$$\bar{x}_g = \sqrt[n]{x_1 \cdot x_2 \cdot \ldots \cdot x_n},$$

harmonisches Mittel:

$$\bar{x}_h = \frac{n}{\sum \left(\frac{1}{x_i}\right)}.$$

Meist wird unter dem Begriff »Mittel« das arithmetische Mittel verstanden.

Mitternachtssonne, *Polartag*, die Sonne geht auch um Mitternacht (niedrigste /Sonnenhöhe des Tages) nicht unter. Sie tritt zwischen den /Polarkreisen und den Polen auf. Astronomische Dauer der Mitternachtssonne an den Polarkreisen ist 1 Tag, an den Polen ½ Jahr.

mittlere Abstandsgeschwindigkeit /Abstandsgeschwindigkeit.

mittlere Atmosphäre /Atmosphäre.

mittlere Normalschwere, Mittelwert der /Normalschwere auf dem /Niveauellipsoid. Die mittlere Normalschwere ist von den Parametern des /geodätischen Referenzsystems abhängig und nimmt für das /GRS 80 den Zahlenwert $\bar{\gamma} = 9{,}797\,644\,656$ m/s² an; oft verwendet man den Näherungswert $\bar{\gamma} = 9{,}80$ m/s².

mittlere Ortssternzeit, ↗mittlere Sternzeit, bezogen auf den lokalen Ort.

mittlere Ortszeit, *MOZ*, ↗mittlere Sonnenzeit des betreffenden Ortes.

mittlerer Meeresspiegel, *mean sea level*, die über längere Zeiträume gemittelte Meeresoberfläche. Sie richtet sich in erster Näherung nach dem Erdschwerefeld, d. h. senkrecht zur Lotrichtung aus, fällt jedoch nicht völlig mit einer Äquipotentialfläche des Erdschwerefeldes bzw. dem ↗Geoid zusammen. Durch stationäre Strömungssysteme bildet sich zusätzlich eine permanente ↗Meerestopographie von 1–2 m aus. Schließlich unterliegt der mittlere Meeresspiegel einer ständigen Deformation von ca. 0,1–0,2 m durch die permanente ↗Tide von Sonne und Mond. Der mittlere Meeresspiegel wird beschrieben durch ↗Meereshöhen, die als Abweichungen von einem ↗mittlerem Erdellipsoid ähnliche Beträge besitzen wie die Geoidundulationen. Die genaue Kartierung des mittleren Meeresspiegels ist durch ↗Satellitenaltimetrie möglich. Durch den dominanten Einfluß des Erdschwerefeldes und die unregelmäßige Verteilung der Erdmassen bilden sich im mittleren Meeresspiegel tektonische Strukturen wie Tiefseegräben, Bruchzonen und unterseeische Berge ab. [WoBo]

mittleres Erdellipsoid, globale Approximation des ↗Geoids durch ein ↗Niveauellipsoid. Man unterscheidet eine physikalische und eine geometrische Festlegung des mittleren Erdellipsoids. Bei der physikalischen Definition werden für die Parameter Masse M_{Ell}, ↗Schwerepotential U_0, ↗dynamische Abplattung J_2 und Rotationsgeschwindigkeit ω_{Ell} in den Formeln für das Niveauellipsoid die entsprechenden Werte für die Erde (W_0 = ↗Schwerepotentialwert des Geoids) eingesetzt:

$$M_{Ell} = M, \ U_0 = W_0, \ J_{2,Ell} = J_2, \ \omega_{Ell} = \omega.$$

Damit sind alle weiteren Größen des mittleren Erdellipoides und des Normalschwerefeldes bekannt. Bei der gleichwertigen geometrischen Definition werden Minimumsbedingungen für die ↗Geoidhöhen N, die ↗Lotabweichungen ξ, η oder die ↗Schwereanomalien Δg angesetzt (Φ = Erdoberfläche):

$$\iint_\Phi N^2 d\Phi = Min,$$

$$\iint_\Phi \left(\xi^2 + \eta^2\right)^2 d\Phi = Min,$$

$$\iint_\Phi \Delta g^2 d\Phi = Min.$$

Geoidhöhe, Lotabweichungen und Schwereanomalien können als Funktionen der Ellipsoidparameter ausgedrückt und daraus die definierenden Größen des mittleren Erdellipsoids berechnet werden. Realisierungen des mittleren Erdellipsoids sind die ↗geodätischen Referenzsysteme. Sie werden den gestiegenen Meßgenauigkeiten in gewissen Zeitabständen angepaßt. Das zur Zeit gültige Geodätische Referenzsystem ist das ↗GRS80. [KHI]

mittlere Sonnenzeit, unter Annahme einer sich gleichmäßig bewegenden Sonne (in Wirklichkeit einer gleichmäßig um die Sonne laufenden Erde) und einer gleichmäßig rotierenden Erde kann eine mittlere Sonnenzeit definiert werden, die dem um 12 erhöhten ↗Stundenwinkel (modulo 24) der mittleren Sonne entspricht.

mittlere Sternzeit, unter Annahme einer gleichmäßig rotierenden Erde, der ↗Stundenwinkel des ↗Frühlingspunktes von ↗Greenwich aus gesehen.

mixed load river ↗Flußtypen.

Mixel, [von Mixed Pixel], *Mischpixel*, radiometrische Bildelemente mit spektraler Mischsignatur, bei denen die spektralen Eigenschaften benachbarter Oberflächentypen in die Bildwerte miteinbezogen werden. Mixel treten äußerst häufig an Rändern von homogenen Flächen auf. Sie dienen der Kantenfindung in Fernerkundungsbildern und werden durch ↗Hochpaßfilter, welche Grauwertunterschiede hervorheben, unterstützt und auch verstärkt.

Mixis, die ↗Zirkulation des Wasserkörpers eines Sees. Nach der Häufigkeit der Zirkulationen lassen sich folgende Seetypen differenzieren: ↗amiktischer See, ↗dimiktischer See, ↗holomiktischer See, ↗monomiktischer See, ↗kalt-monomiktischer See, ↗warm-monomiktischer See, ↗oligomiktischer See und ↗polymiktischer See.

Mixolimnion, Teil eines ↗meromiktischen Sees, der von der Durchmischung erfaßt wird.

MJD, *Modified Julian Date*, ↗Modifiziertes Julianisches Datum.

MKF-6, *Multispektralkamera*, im Jahr 1978 entwickelte sechskanalige Kamera, die sowohl vom Flugzeug als auch vom Satelliten (Flughöhen 250–350 km) aus eingesetzt wurde. Die Aufzeichnung eines Gebietes der Erdoberfläche erfolgt geometrisch identisch in sechs Spektralkanälen. Für die Bänder eins bis vier werden panchromatische Filme verwendet, für die Bänder fünf und sechs Schwarzweißinfrarotfilme. Die spektrale Bandbreite beträgt für die Kanäle eins bis fünf 40 nm, für den Kanal sechs 100 nm. Die Verlaufsinterferenzfilter haben sehr hohe Durchlässigkeiten. Das Bildformat beträgt 55 × 81 cm, die Brennweite 125 mm. Die Kamera hat zur Optimierung der Bildschärfe eine Vorwärtsbewegungskompensation. Zur Beurteilung der Bildqualität wird in einer Nebenabbildung ein zehnstufiger Graukeil aufbelichtet, mit dessen Hilfe die Belichtungs- und Entwicklungsbedingungen bewertet werden können. Jedes Bildnegativ verfügt über neun Paßkreuze, mit deren Hilfe die exakte geometrische Justierung der Spektralkanäle, z. B. im Multispektralprojektor, möglich ist. Da zwischen den einzelnen Kanälen teilweise eine hohe Redundanz besteht, wurde in Folge die ↗Multispektralkamera MSK-4 entwickelt. [CG]

MKS-System, physikalisches Einheitensystem, das auf den Basiseinheiten Meter (m), Kilogramm (kg) und Sekunde (s) aufgebaut ist, erweitert durch das ↗SI-System.

MKW ↗Mineralöl-Kohlenwasserstoffe.

MMK, *Mittelmaßstäbige Landwirtschaftliche Bodenkartierung*, flächendeckend vorliegende Mittelmaßstäbige Landwirtschaftliche Standortkartierung im Maßstab 1:25.000 für die ostdeutschen Bundesländer Brandenburg, Mecklenburg-Vorpommern, Sachsen, Sachsen-Anhalt und Thüringen. Die Kartierungseinheiten sind die Standortregionaltypen, d.h. heterogene (chorische) Standorteinheiten, die durch ein charakteristisches Mosaik der Substrat-, Bodenwasser- und Hangneigungsverhältnisse bestimmt sind. Die Grundlage ist die Kenntnis der Gesetzmäßigkeiten räumlicher Verknüpfung der Bodenformen und die daraus ableitbare innere Differenzierung der Standortregionaltypen ohne Vorliegen der Kartierung der Einzelkonturen der beteiligten Bodenformen in großem Maßstab. Die Kartierung liegt für naturräumliche und administrative Einheiten vor und wird zur Erstellung thematischer Karten (Potentielle Wasser- und Winderosionsgefährdung, Potentielle Schadverdichtungsgefährdung) genutzt. Die Kartierungsergebnisse liegen inzwischen flächendeckend in digitaler Form vor. [MFr]

MMR-Verfahren, *magneto*metric *r*esistivity, geoelektrische Methode, in der die Messung des Spannungsabfalls durch eine Magnetfeldmessung ersetzt wird (/Geoelektrik).

mobiler Gürtel, tektonischer Gürtel, mobile belt, langgestreckte Zone (/Sutur) der kontinentalen Kruste, in der es in der Erdgeschichte wiederholt zu magmatischen und tektonischen Ereignissen gekommen ist. Sie stellen fossile /Plattenränder in unterschiedlicher und wechselnder Funktion dar. /Wilson-Zyklus.

Mobilisat, der mobile, (meist quarz- und feldspatreiche) Teilbereich eines Gesteins bei der Migmatitbildung (/Migmatit), unabhängig davon, ob die Mobilisierung durch Teilschmelzen oder durch eine fluide Phase hervorgerufen wurde.

Mobilisierung, Verlagerung von Schad- und Nährstoffen (*Nährstoffmobilisierung*) aus festen Bindungen in eine leicht verfügbare Form. Mobilisierungsprozesse werden durch die Faktoren Verwitterung, /Ionenaustausch, /Desorption und /Mineralisierung gesteuert. Der Mobilisierungsgrad ist abhängig von der chemischen Bindungsform, der Temperatur, der Bodenfeuchte und -durchlüftung, der mikrobiellen Aktivität, dem Gehalten an /Tonmineralen, an Metallhydroxiden, an organischer Substanz und insbesondere vom /pH-Wert. So nimmt z.B. die Mobilisierung von Schwermetallen mit abnehmendem pH-Wert zu und die Schadstoffe werden pflanzenverfügbar oder mit dem Sickerwasser ausgewaschen. Für die Abschätzung des Gefährdungspotentials sind Kenntnisse über die Schadstoffmobilisierung von erheblicher Bedeutung.

mobilistische Theorien /geotektonische Theorien.

Mobilität, [von lat. mobilitas = Beweglichkeit], beschreibt räumliche Bewegungsvorgänge von Stoffen im Boden bzw. Gestein. Schwermetalle, die v.a. auf den Oberflächen der Bodenteilchen adsorbiert sind oder dort chemisch gefällt sind, lassen sich relativ leicht mobilisieren und in die Bodenlösung überführen. Diese Mobilisierung ist für Schwermetalle von verschiedenen Bodenparametern abhängig. Allgemein haben der pH-Wert und Carbonatgehalt des Bodens den größten Einfluß. Um so höher diese sind, desto fester werden die Schwermetalle gebunden, die Mobilität sinkt. Weiterhin haben die Gehalte an Humus, Ton und Sesquioxiden, das Redoxpotential der einzelnen Metalle und deren Gesamtgehalt Einfluß auf die Mobilität. Mit einer Erhöhung des Gesamtgehaltes nimmt i.d.R. auch die Mobilität des jeweiligen Metalls zu. Die Beziehung zwischen dem gelösten und adsorbierten Anteil wird durch Adsorptionsisothermen (Abb.) beschrieben. Bei gleichen adsorbierten Anteilen sinkt die Löslichkeit der Schwermetalle in der Reihe:

Cd ≥ Zn ≥ Tl > Ni > Cu > As = Cr ≥ Pb ≥ Hg.

Schwer mobilisierbare oder immobile Schwermetalle sind z.B. in Mineralgitter eingebaut (z.B. Pb, Zn, Cd in Sulfiden), i.d.R. also geogenen Ursprungs. Durch langsam ablaufende /Diffusion können aber auch Schwermetalle anthropogenen Ursprungs an oberflächenfernen Bindungsstellen angereichert werden, z.B. in den Zwischenschichten von Tonmineralen. [CSch]

Möbius, Karl August, dt. Zoologe, * 7.2.1825 Eilenburg, † 26.4.1908 Berlin; ab 1853 Professor in Hamburg, ab 1868 in Kiel, seit 1887 Direktor des Museums für Naturkunde in Berlin, ab 1888 dort Professor; Mitbegründer der Meeresbiologie; Arbeiten über marine Tiere und künstliche Austernzucht; 1874–75 Expedition nach Mauritius und zu den Seychellen; prägte nach seinen Untersuchungen an Austern 1877 den Begriff »Biozönose« (Lebensgemeinschaft) und war entscheidend an der Etablierung des Faches Meeresökologie beteiligt (Errichtung des ersten Meeresaquariums in Hamburg, Aufbau des Zoologischen Museums in Kiel); erarbeitete zusammen mit J.V. Carus und L. Döderlein Regeln für die zoologische Nomenklatur. Werke (Auswahl): »Die Fauna der Kieler Bucht« (mit H.A. Meyer; 2 Bände, 1865/72), »Die Auster und Austernwirtschaft« (1877), »Die Fische der Ostsee« (mit F. Heincke; 1883).

MOCVD, *M*etal *O*rganic *C*hemical *V*apour *D*eposition, metallorganische Gasphasenabscheidung, Spezialverfahren der /chemischen Gasphasenabscheidung, bei dem als gasförmige Ausgangsmaterialien metallorganische Verbindungen gewählt werden. Diese haben den Vorteil, daß sie bei geringeren Temperaturen zerfallen und die einzelnen Bausteine für die zu züchtenden Kristalle liefern. Damit lassen sich deutlich gesenkte Wachstumstemperaturen erreichen, wodurch die Bildung von /Strukturdefekten verringert wird.

modal, sich auf den tatsächlichen Mineralbestand eines Gesteins (/modaler Mineralbestand) beziehend. Davon zu unterscheiden ist der /normative Mineralbestand.

Modalanalyse, ein Verfahren zur quantitativen Ermittlung des tatsächlichen Mineralbestandes eines Gesteins (/modaler Mineralbestand).

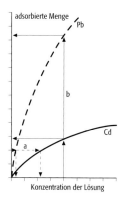

Mobilität: Beziehung zwischen gelösten und adsorbierten Schadstoffen (Adsorptionsisothermen schematisch für Blei = Pb und Cadmium = Cd).

Möbius, *Karl August*

Modellgeneralisierung: Modellgeneralisierung im Gesamtsystem der rechnergestützten Generalisierung topographischer Landschaftsinformationen.

Grundlage ist meist ein Gesteinsdünnschliff (/Dünnschliff), dessen Minerale mit einem Polarisationsmikroskop unter Verwendung von Hilfsgeräten, insbesondere Punktzählgeräten (point counter), gezählt werden. Alternativ bietet sich eine Auswertung mit Hilfe eines Bildverarbeitungsprogramms an einem Computer an. Sind die chemischen Zusammensetzungen sowohl des Gesteins als auch aller seiner Minerale bekannt, kann die Modalanalyse auch rechnerisch erfolgen.

modaler Mineralbestand, die mineralische Zusammensetzung eines Gesteins, unterschieden in /Hauptgemengteile, /Nebengemengteile und /akzessorische Minerale, als Ergebnis einer /Modalanalyse. Bei Plutoniten ist dieser tatsächliche Mineralbestand Grundlage für die Klassifikation (/IUGS-Klassifikation, Streckeisen-Diagramm, /QAPF-Doppeldreieck).

Modalwert, Wert mit der größten Häufigkeit einer eingipfligen /Häufigkeitsverteilung.

Modell, 1) *Allgemein*: a) verkleinerter, maßstabsgetreuer Nachbau eines Teiles der Landschaft. b) wissenschaftliche Vorstellung, durchdachte Theorie. c) Darstellung, mit der ein komplizierter Vorgang oder Zusammenhang erklärt werden soll. 2) *Geophysik*: stellt die mehr oder minder vereinfachte Darstellung der Struktur des Untergrundes mit den entsprechenden geophysikalischen bzw. geologischen Parametern dar. Man unterscheidet folgende Modelle: a) 1-D-Modell, z. B. der Verlauf der Dichte in einem Bohrloch. b) 2-D-Modell: Es wird angenommen, daß senkrecht zur Profilrichtung keine Änderung auftreten. Bei einem zweidimensionalen Modell wird die Struktur nur in einer Ebene, im allgemeinen einem vertikalen Schnitt, beschrieben. c) 2,5-D-Modell: Der /Störkörper hat senkrecht zum Profil eine endliche und gleiche Erstreckung. d) 3-D-Modell: Modellkörper beliebiger Form in alle drei Koordinatenrichtungen, also im Raum. Modell kann aber auch die Beschreibung eines Prozesses sein, z. B. der Prozeß der /Subduktion. Laborexperimente können auch als Modell betrachtet werden mit dem Ziel, die komplizierten Verhältnisse der Natur in vereinfachender Weise zu untersuchen. 3) *Hydrologie*: /hydrologisches Modell.

Modellalter, Alterswert, bei welchem modellhafte Annahmen in die Altersberechnung mit einbezogen werden. Modellalter haben üblicherweise den Charakter geochemischer Parameter und sollten deshalb nicht direkt mit geochronometrisch bestimmten Alterswerten verglichen werden.

Modelldiskretisierung, ein Modellgebiet wird diskretisiert, indem man das kontinuierliche Gebiet durch eine Anzahl von Knoten und Elemente ersetzt und so ein Finite-Differenzen- oder Finite-Elemente-Netz erhält (/Finite-Differenzen-Methode, /Finite-Elemente-Methode). Die Elemente können prinzipiell jede Größe und Form annehmen, die äußere Berandung und Größe eines Diskretisierungsnetzes sind nahezu beliebig. Für jeden Netzknoten oder jedes Netzelement

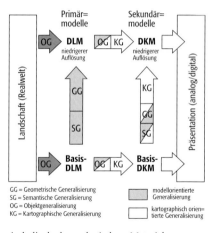

GG = Geometrische Generalisierung
SG = Semantische Generalisierung
OG = Objektgeneralisierung
KG = Kartographische Generalisierung

☐ modellorientierte Generalisierung
☐ kartographisch orientierte Generalisierung

sind die hydrogeologischen Materialparameter des Aquiferteils anzugeben. Je feiner ein Modellgebiet diskretisiert ist, desto genauer ist das Modellergebnis. Allerdings ist mit einer zunehmenden Knotenzahl ein zunehmend höherer rechnerischer und zeitlicher Aufwand verbunden.

Modellgeneralisierung, die /rechnergestützte Generalisierung kartographischer /Datenmodelle, d. h. die Ableitung von Datenmodellen geringerer semantischer und geometrischer Auflösung aus solchen höherer Auflösung. Die Modellgeneralisierung ist derzeit noch ein Forschungsgebiet, das weitgehend im topographisch-kartographischen Bereich (/topographische Kartographie) angesiedelt ist. In Deutschland sind die Arbeiten zur Modellgeneralisierung in /ATKIS eingebunden. Es wird eine Systemlösung angestrebt, die aus dem hochauflösenden /ATKIS-DLM (Basis-DLM 25) als dem Primärmodell der Landschaft flexibel digitale Landschaftsmodelle geringerer Auflösung für verschiedene Zwecke ableitet. Hierbei sind zuerst semantische und im Anschluß daran geometrische Teilvorgänge zu realisieren (/semantische Generalisierung, /geometrische Generalisierung). Entsprechend der jeweiligen Zielstellung sind zum einen nach dem klassischen Prinzip Ausgangskarte – Folgekarte digitale Landschaftsmodelle für kleinere Maßstäbe abzuleiten, die nach Bedarf in ein entsprechendes /ATKIS-DKM als Sekundärmodell überführt werden können; zum anderen lassen sich zur Verwendung als digitale /Basiskarten (topographische Basisinformation) niedrigauflösende digitale Landschaftsmodelle für unterschiedlichste Sachbereiche /thematischer Karten herstellen. Hier ist gleichfalls der Übergang zum ATKIS-DKM möglich, das dann wahlweise analog oder digital präsentiert werden kann. Im weiteren Sinne wird verschiedentlich auch die Generalisierung eines digitalen kartographischen Modells (z. B. ATKIS-DKM) höherer Auflösung bzw. größeren Maßstabs zu einem kartographischen Modell geringerer Auflösung bzw. kleineren Maßstabs zur Modellgeneralisierung gerechnet (Abb.) oder es werden alle Generalisierungsvorgänge, die keine /Erfassungsgeneralisierung darstellen als Modellgeneralisierung bezeichnet, wobei das Modell auch analog sein kann. [WGK]

Modellierung, **1)** *Geophysik:* *Modellrechnung*, beschreibt das Bemühen, die Struktur des Untergrundes durch ein zwei- oder dreidimensionales Gerüst von Zahlen oder einfachen Modellkörpern zu erfassen. Einfache Modellkörper können z. B. Schichten, Quader und Vielecke beliebiger Form und Kugeln oder Ellipsoide sein. Auch Prozesse können einer Modellierung unterworfen werden. Hierbei ist man bemüht, die Zahl der den Prozeß bestimmenden Parameter klein und überschaubar zu halten. **2)** *Klimatologie:* Nachbildung eines Objektes, eines Prozesses, eines Phänomens oder eines Systems mit dem Ziel diese Vorgänge zu verstehen oder Vorhersagen zu machen. Die der Modellierung zugrundeliegenden Modelle können konzeptioneller, physikalischer oder mathematischer Natur sein. Da Modelle nur eine mehr oder minder grobe Darstellung der realen Vorgänge erlauben, haften der Modellierung spezifische Nachteile und Fehler an. Bei physikalischen Modellen wie dem Windkanal können Untersuchungen sehr schwach windiger Situationen, die Berücksichtigung der thermischen Schichtung der Atmosphäre oder die zeitlichen Änderungen der meteorologischen Situationen nur schwer realisiert werden. Bei den mathematischen Modellen kann aufgrund der verwendeten ↗Maschenweite nicht das gesamte Spektrum, sondern nur ein Teil der atmosphärischen Vorgänge berücksichtigt werden. Trotz der Nachteile bietet die Modellierung die Möglichkeit, Wetter- und Klimavorhersagen und Aussagen zu den Effekten einer Veränderung unserer Umwelt auf das Mikro- und das Mesoklima zu machen.

Modellierungsmethode, Methode der räumlichen ↗Modelldiskretisierung. Die Wahl der Modellierungsmethode wird in erster Linie durch die Komplexität und Geometrie des Modellgebietes bestimmt. Die in der numerischen Grundwassermodellierung meist verwendeten Verfahren sind die ↗Finite-Differenzen-Methode und die ↗Finite-Elemente-Methode.

Modellkalibrierung, *Modellanpassung*, *Modelleichung*, Ausrichtung eines numerischen Modells auf die in einem Feldversuch gemessenen Daten. Die Modellkalibrierung wird oft auch synonym mit Eichung verwendet. Ein kalibriertes Modell liefert unter den getroffenen Annahmen und Voraussetzungen die im Feld oder Labor gemessenen Resultate. Ein großer Teil der für die Simulation notwendigen Parameter sowie Anfangs- und Randbedingungen stehen einer direkten Bestimmung durch Messungen nicht zur Verfügung. Ein Vergleich der simulierten Größen mit den Beobachtungsdaten eröffnet aber einen Weg zur indirekten (inversen) Bestimmung der Modellparameter. Variationen der Modellparameter liefern während der Kalibrierphase Informationen über die Sensitivität einzelner Kenngrößen und erhöhen die Einsicht in die spezielle Problematik. Insbesondere bei der Transportmodellierung (↗Transportmodell) ist es schwierig, die relevanten Größen im Feld zu bestimmen. Hier ist die Modellkalibrierung über den Vergleich der Rechenergebnisse mit den im Feld ermittelten Konzentrationsverteilungen nahezu unerläßlich. Generell ist die Kalibrierung eines Strömungs- oder Transportmodells die zeitintensivste Aufgabe des Modellierungsprozesses. Eine zu oberflächliche Kalibrierung führt i. d. R. zu Fehlern in der Ergebnisaussage. [RO]

Modellkoordinaten, räumliche rechtwinklige Koordinaten diskreter Punkte in einem ↗photogrammetrischen Modell. Die Orientierung der Koordinatenachsen ist entweder durch die Achsen des photogrammetrischen Aufnahmesystems oder des photogrammetrischen Auswertegerätes gegeben.

Modellkurve, ist ebenso wie eine Modellfläche das Ergebnis der Berechnung eines geophysikalischen Feldparameters aus einem vorgegebenen Modell (z. B. das Schwerefeld eines ↗Störkörpers). Modellkurven dienen dazu, sie mit Meßkurven zu vergleichen mit dem Ziel, die unbekannte Untergrundstruktur zu bestimmen.

Modellsysteme, aus nur wenigen wesentlichen Komponenten bestehende Systeme, die in der magmatischen und metamorphen Petrologie benutzt werden, um die Phasenbeziehungen in den viel komplexeren natürlichen Systemen zu beschreiben. Nach der ↗Gibbsschen Phasenregel hat die Reduzierung der Komponenten eine Verringerung der Freiheitsgrade und damit des experimentellen oder rechnerischen Aufwandes zur Folge. So eignet sich z. B. zum Verständnis der Bildung alkalireicher Granite das System mit den Komponenten Albit-Kalifeldspat-Quarz (-Wasser), die zugleich die Phasen dieses Systems darstellen. Die Metamorphose von Peliten kann mit dem System K_2O-FeO-MgO-Al_2O_3-SiO_2-H_2O (KFMASH) hinreichend beschrieben werden.

Modelltriangulation, Verfahren der ↗Mehrbildauswertung von Meßbildern eines ↗Bildverbandes zur Bestimmung der Daten der ↗äußeren Orientierung und der ↗Objektkoordinaten von ↗Paßpunkten in der ↗Photogrammetrie. Geometrisches Grundelement der Modelltriangulation sind die aus den ↗Aufnahmestrahlenbündeln von jeweils zwei benachbarten Bildern, ↗Bildpaaren, eines Bildstreifens gebildeten Modelle. In die Ausgleichung gehen die gewichteten ↗Modellkoordinaten der ↗Projektionszentren und der ausgewählten Verbindungspunkte der Modelle, die geodätisch bestimmten Objektkoordinaten der Paßpunkte sowie die bei Luftbil-

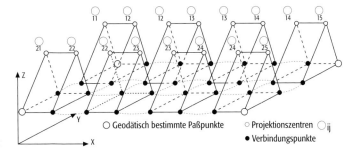

Modelltriangulation: geometrische Grundelemente der Modelltriangulation.

Modulationsübertragungsfunktion: Modulationsübertragungsfunktion des Weitwinkelobjektivs einer Luftbildmeßkamera für zwei radiale Abstände.

dern aus GPS-Messungen ermittelten Objektkoordinaten der Projektionszentren bei der Bildaufnahme ein (Abb.).

Modellvalidierung, Überprüfen eines Modells durch Vergleich gerechneter und gemessener Kenngrößen anhand eines Datensatzes des gleichen Gebietes, jedoch für einen Zeitraum außerhalb des Modellkalibrierungszeitraumes.

Modellverifizierung, Überprüfen eines Modells in einem fremden Gebiet durch Vergleich von gerechneten Werten mit Meßwerten.

Modell von Gutenberg, beschreibt die Zone verringerter Geschwindigkeit im oberen ↗Erdmantel in ca. 100–200 km Tiefe, die in moderner Beschreibung auch als ↗Asthenosphäre bezeichnet wird.

Model-Output-Statistics ↗MOS.

Moder, aeromorphe Humusform, Auflagehumusform, die sich vor allem unter krautarmen Laub- und Nadelwäldern auf relativ nährstoffarmen Gesteinen unter kühlfeuchtem Klima bildet. Der Moder entsteht dort, wo die Standortverhältnisse für die Entwicklung von ↗Mull zu ungünstig sind, jedoch noch günstiger als bei der Rohhumusbildung. Der typische Modergeruch gab der Humusform den Namen. Gegenüber dem Mull treten Regenwürmer stärker zurück und Arthropoden und Enchyträen überwiegen. Sie wandeln die Vegetationsrückstände in Losung um. Je nach Intensität der Aufbereitung von Pflanzenresten unterscheidet man ↗Grobmoder und ↗Feinmoder oder ↗rohhumusartigen Moder und ↗mullartigen Moder. Die Übergänge zwischen den ↗Auflagehorizonten sind unscharf (verfilzt), darunter folgt ein deutlich ausgeprägter humoser Mineralboden.

Moderhumus ↗Feinhumus.

Moderrendzina, Varietät, die nach der ↗Humusform benannt wurde. Der Moderrendzina, der vor allem bei flachgründigen, häufig austrocknenden ↗Syrosem-/↗Rendzinen auftritt, besitzt eine Auflage, die ein leicht staubendes, dunkelgefärbtes, lockeres Gemisch aus Milbenlosung, zerkleinerten Pflanzenresten und einzelnen Mineralpartikeln darstellt. In seiner Reaktion ist der Moderrendzina fast neutral, da er auf kalkreichen Mineralböden entsteht und wegen der zoogenen Vermischung mit diesen bereits dunkel gefärbte Kalkhumate bildet. Die drei Horizonte der Humusauflage sind hier nicht mehr scharf gegeneinander abgegrenzt.

Modifikation, Bezeichnung für die Zustandsformen chemischer Komponenten, die sich in ihren physikalischen Eigenschaften unterscheiden. Zum Beispiel sind die Modifikationen der Komponente SiO_2 im ↗Einstoffsystem ↗Quarz, Hochquarz, Tridymit, Cristobalit, Keatit, Coesit, Stishovit, Lechatelierit (SiO_2-Glas) und Chalcedon. Varietäten von Quarz sind Bergkristall, Amethyst, Citrin, Rosenquarz, Kappenquarz usw. Varietäten von Chalcedon sind Karneol, Onyx, Heliotrop, Moosachat usw. Das Auftreten in verschiedenen Modifikationen bezeichnet man allgemein auch als ↗Polymorphie. Polymorphe Modifikationen unterscheiden sich in ihrer Stabilität und in ihren Druck- und Temperaturabhängigkeiten (↗Gibbssche Phasenregel, ↗Phasenbeziehung). Bei ↗Enantiotropie können die Modifikationen unmittelbar z. B. durch Überschreiten eines Umwandlungspunktes reversibel ineinander übergeführt werden, während bei der Monotropie nur eine feste Modifikation stabil ist. Die Umwandlung von anderen metastabilen Modifikationen in diese ist irreversibel. Für solche Übergänge existiert kein reversibler Umwandlungspunkt. Beispiele sind die monotropen Umwandlungen von ↗Aragonit in ↗Calcit oder von ↗Markasit in ↗Pyrit. [GST]

modifizierter Proctorversuch ↗Proctorversuch.

Modifiziertes Julianisches Datum, *MJD, Modified Julian Date*, wurde eingeführt, um das Julianische Datum (↗Julianische Tageszählung) mit den relativ großen Tageszahlen etwas handlicher zu gestalten. Außerdem beginnt das MJD um Mitternacht.

Modular Optoelektronischer Multispektral-Scanner ↗MOMS.

Modulationsübertragungsfunktion, *MÜF, Modulation-Tranfer-Funktion, MTF, Kontrastübertragungsfunktion,* Qualitätsmerkmal eines optischen Systems zur Beurteilung der Bildgüte. Ausgehend von einer sinusförmigen Helligkeitsver-

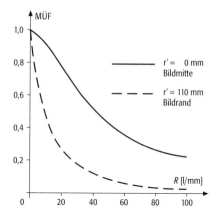

teilung bei unterschiedlicher ↗Ortsfrequenz R eines Testobjektes wird der Quotient MÜF = k'/k punktweise aus dem ↗Bildkontrast und ↗Objektkontrast als Funktion der Ortsfrequenz R ermittelt. Die Modulationsübertragungsfunktion kann auch im Frequenzraum anhand des bei der Abbildung einer Kante erzeugten Signals durch eine ↗Faltung gewonnen werden. Die Funktion MÜF entspricht in diesem Fall der Transferfunktion H in Abhängigkeit von den Ortsfrequenzen R. Die MÜF kann für die wirksamen Systemkomponenten (Objektiv, Film u. a.) getrennt ermittelt werden. Die Gesamtfunktion ergibt sich aus dem Produkt der MÜF der einzelnen Komponenten. Im Gegensatz zur Beschränkung der Angaben der ↗Auflösung auf die Wiedergabequalität kleinster Objektdetails beschreibt die Modulationsübertragungsfunktion auch die Wiedergabe größerer Objektstrukturen (Abb.). [KR]

Modulation-Tranfer-Funktion ↗*Modulationsübertragungsfunktion*.

modulierte Strukturen, ↗Kristallstrukturen, deren Beugungsbild (↗Beugung) außer der Intensitätsverteilung auf dem ↗reziproken Gitter (Hauptreflexe) mit der Basis $\{q^1, q^2, q^3\}$ noch weitere (scharfe) Reflexe (*Satellitenreflexe*) aufweist, die sich nach Einführung zusätzlicher reziproker »Basisvektoren« q^{3+i} sämtlich ganzzahlig indizieren lassen. Sind die Vektoren q^{3+i} rationale Bruchteile von reziproken Gittervektoren:

$g = h_1 q^1 + h_2 q^2 + h_3 q^3 + \ldots + h_{3+i} q^{3+i} + \ldots = 1/m\, g'$,

so spricht man von *kommensurablen modulierten Strukturen*, andernfalls von *inkommensurablen modulierten Strukturen*. Da der strenge Nachweis der mathematischen Eigenschaft der Rationalität der Komponenten von q^{3+i} experimentell grundsätzlich nicht durchgeführt werden kann, wurde von P. M. de Wolff die stetige Abhängigkeit einer der Komponenten h_j von der Temperatur oder einem anderen physikalischen Parameter als Kriterium für Inkommensurabilität angegeben. Das Auftreten der Satellitenreflexe zeigt einerseits, daß die Translationssymmetrie der Kristallstruktur gestört ist, andererseits aber auch, daß diese Störung wiederum Translationssymmetrie besitzt, es handelt sich also um eine periodische Störung der Kristallstruktur. Ausgehend von einer gewöhnlichen dreidimensionalen Kristallstruktur kann man sich eine modulierte Kristallstruktur dadurch entstanden denken, daß ein Parameter p eines Atoms von Elementarzelle zu Elementarzelle periodisch modifiziert wird. Der Parameter p kann dabei eine Ortskoordinate sein (displazive Modulation), ein magnetisches Moment (magnetische Modulation) oder die periodische Änderung der Besetzung einer Punktlage durch unterschiedliche Atomsorten (substitutionelle Modulation). Die Untersuchung modulierter Strukturen erfordert die Erweiterung und Umformulierung einiger Begriffe der Strukturbestimmung, z.B. des Strukturfaktors oder des atomaren Streufaktors sowie der Symmetrietheorie (*n*-dimensionale Raumgruppen und $\mathbb{Z}$-Modul). Ein klassisches Beispiel einer modulierten Kristallstruktur ist die von de Wolff und van Aalst untersuchte Struktur des Na_2CO_3. Das CO_3-Ion besitzt in dieser Struktur einen Freiheitsgrad und nimmt mit einer Periodizität, die nicht mit der Kristalltranslation verknüpft ist, verschiedene Positionen ein, wodurch auch die Nachbaratome in der Struktur beeinflußt werden. Diese Periode ist für das Auftreten von Satellitenreflexen verantwortlich. [HWZ]

Modus, statistische Maßzahl, die das Maximum einer ↗Häufigkeitsverteilung angibt.

Mofette, kühle (unter 100°C), CO_2-reiche ↗Fumarole.

Mögel-Dellinger-Effekt, Ansteigen der Elektronendichte der ↗D-Schicht nach einer Sonneneruption um ein Vielfaches für die Dauer etwa einer Stunde. In dieser Zeit beobachtet man eine anomal starke Dämpfung der Radiowellen.

Mogote (kuban.) ↗*Karstturm*.

Moho ↗*Mohorovičić-Diskontinuität*.

Mohorovičić, *Andrija*, jugoslawischer Geophysiker, * 23.1.1857 Volosko (bei Rijeka), † 18.12.1936 Zagreb; ab 1882 Professor in Bakar, ab 1891 in Zagreb und Direktor der dortigen Landesanstalt für Meteorologie und Geodynamik; bekannt durch die 1910 von ihm entdeckte erdumspannende Grenze zwischen Erdkruste und Erdmantel. ↗*Mohorovičić-Diskontinuität*.

Mohorovičić-Diskontinuität, *Moho*, bezeichnet die Grenze sowohl zwischen der ↗kontinentalen Erdkruste und dem ↗Erdmantel als auch zwischen der ↗ozeanischen Erdkruste und dem Erdmantel. ↗*petrologische Moho*.

Mohrscher Spannungskreis, wird aus der größten und kleinsten ↗Hauptnormalspannung σ_1 und σ_3 konstruiert. Die maximalen Hauptnormalspannungen σ_1 und σ_3 werden durch einen Versuch ermittelt und als Spannungskreis im Koordinatensystem aufgetragen. Je nach Material und Intention gibt es verschiedene Versuchsanordnungen, z. B. einaxialer Druckversuch (↗*einaxiale Druckfestigkeit*), ↗*Triaxialversuch* und den ↗*Rahmenscherversuch*.

Auf der Abszisse wird von $(\sigma_1 + \sigma_3)/2$ aus der Radius mit $(\sigma_1 - \sigma_3)/2$ geschlagen. Somit erhält man den Mohrschen Spannungskreis. Trägt man mehrere aus einer Versuchsreihe ermittelte Spannungskreise auf, ergibt sich als tangentiale Einhüllende die Mohr-Coulombsche Schergerade als ↗*Coulomb-Mohrsche Bruchbedingung*. In jeden Spannungskreis läßt sich zu jeder möglichen Scherspannung τ der zugehörige Reibungswinkel φ ablesen. [SRo]

Mohssche Härteskala, *Mohs-Härte*, *Ritzhärte*, von F. Mohs 1822 in die Mineralogie eingeführte und heute noch übliche und zweckmäßige Härtebestimmungsmethode (↗*Härte*) nach zehn Härtegraden, nach der jeder Härtegrad durch ein häufig vorkommendes Mineral vertreten wird. Jedes in dieser Härteskala eingeordnete Mineral ritzt die vorangehenden und wird selbst von den nachfolgenden geritzt. Wird ein unbekanntes Mineral beispielsweise von Apatit (Härte 5) geritzt und kann dieses selbst Flußspat (Härte 4) noch ritzen, so liegt es mit seinem Härtegrad zwischen 4 und 5. Die Härtegrade der Minerale sind so groß, daß die Richtungsabhängigkeit der Minerale (mit Ausnahme von Disthen mit den Härtegraden 4 und 6 in verschiedenen Richtungen) keine Rolle spielt. Minerale bis zur Härte 2 sind mit dem Fingernagel ritzbar, solche bis zur Härte 4 mit dem Messer, während Fensterglas von allen Mineralen mit einer Härte > 6 geritzt wird. [GST]

Mohs-Skala, im Amerikanischen häufige Angabe der spezifischen elektrischen Leitfähigkeit von Wässern. Sie wird abgeleitet aus dem Kehrwert des spezifischen elektrischen Widerstandes in $1/(\Omega \cdot m)$. Die abgeleitete SI-Einheit der spezifischen elektrischen Leitfähigkeit ist Siemens pro Meter. Es gilt: 1 mho/m = 1 S/m = 10 mS/cm.

Moiré, störendes Muster im Druck eines gerasterten Bildes. Beim Übereinanderdruck von zwei

Härtegrad	Standardmineral
1	Talk
2	Gips oder Halit (Steinsalz)
3	Calcit (Kalkspat)
4	Fluorit (Flußspat)
5	Apatit
6	Orthoklas
7	Quarz
8	Topas
9	Korund
10	Diamant

Mohssche Härteskala (Tab.): Ritzhärte nach Mohs.

oder mehreren Farben überlagern sich bei ungünstigen Rasterwinklungen die Rasterelemente derart, daß sich ein mehr oder weniger störendes Moiré ergibt. Eine exakte ↗Rasterwinkelung der einzelnen Rasterbilder verhindert die Bildung eines Moirés. Die Gefahr eines Moirés besteht auch beim Nachdruck bereits gedruckter Vorlagen, wenn vorher keine Entrasterung des ↗Farbauszugs erfolgte.

Mojsisovics, *Edmund*, auch: Edler von Mojsvár, österreichischer Geologe, * 18.10.1839 Wien, † 2.10.1907 Mallnitz (Kärnten). Mojsisovics studierte ab 1858 Jura, 1864 promovierte er zum Dr. jur. Schon während des Studiums hörte Mojsisovics nebenbei geologische Vorlesungen. Im Jahr 1865 erhielt er die Genehmigung, sich im Fach Geologie als Privatdozent zu habilitieren, trat jedoch als Volontär in die K.u.K. Geologische Reichsanstalt ein und wurde dort 1867 Praktikant, 1869 Hilfsgeologe, 1870 Bergrat und Chefgeologe, 1879 Oberbergrat und 1892 bis zu seinem Ruhestand 1900 Vizedirektor der Anstalt. Seine Hauptarbeitsfelder waren u.a. die Kalkalpen Vorarlbergs (Rätikon), das Karwendelgebirge in Nordtirol sowie die Südtiroler Dolomiten. Mojsisovics verband mit biostratigraphischen Methoden geologische und paläontologische Forschung. Seine Hauptwerke sind u.a.:»Das Gebirge von Hallstatt …« (1873–1902), »Die Dolomit-Riffe in Südtirol und Venetien« (1878–79) und »Die Cephalopoden der mediterranen Triasprovinz« (1882). [EHa]

Molasse, terrigene Sedimentfüllungen (↗terrigene Sedimente) von ↗Randsenken und ↗intramontanen Becken, oft reich an ↗Konglomeraten (z.B. ↗Nagelfluh im Vorland der Alpen). Molasse entsteht infolge rascher Abtragung bei der Heraushebung von ↗Orogenen (↗orogene Sedimente). ↗nordalpines Molassebecken.

Moldanubische Zone, eine der stratigraphisch-lithologisch-tektonisch von F. Kossmat 1927 definierten Zonen der europäischen ↗Varisziden. Sie ist die ursprünglich wohl aus mehreren ↗Terranen zusammengesetzte, weithin von Metamorphiten (Gneisen, Migmatiten, Amphiboliten) und Magmatiten geprägte Axialzone des bipolaren Orogens und streicht übertage in weiten Bereichen der Böhmischen Masse, des Schwarzwalds und der Vogesen aus. Sie findet ihre Fortsetzung im Zentralmassiv, dem südlichen Armorikanischen Massiv sowie in der Galizisch-Kastilischen Zone (zentraliberische Zone). Tektonisch und metamorph wurde die Moldanubische Zone wenigstens teilweise cadomisch und frühkaledonisch geprägt. Es mehren sich aber die Hinweise auf eine größere Bedeutung variszischer Metamorphosevorgänge und einen weitreichenden variszischen Deckenbau. Spät- bis posttektonische variszische (karbonzeitliche) Granitintrusionen sind häufig; intramontane oberkarbonisch-permische Molassetröge treten auf. Im Böhmischen Massiv unterscheidet man das hochmetamorphe, von variszischen Granitintrusionen geprägte Moldanubikum, welches das Bohemikum (Tepla-Barrandium) im Südosten, Süden und Südwesten umrahmt. Das Bohemikum besteht zum größten Teil aus einem nur schwach metamorphen jungproterozoischem Untergrund mit überlagernden kambrisch-mitteldevonischen Sediment-Serien. Diese in dem großen Synklinorium der Prager Mulde aufgeschlossene Abfolge ist nach ihrem Erforscher J. ↗Barrande unter dem Namen Barrandium bekannt. Moldanubikum und Bohemikum sind durch tiefgreifende Störungszonen sowie durch zum Bohemikum gehörende Ultrabasit-Komplexe voneinander getrennt. [HGH]

Moldavit, lichtgrüner ↗Tektit, der in der Umgebung von Budweis und Brünn (Tschechien) gefunden werden. ↗Meteorit.

Mole, dammartiges Bauwerk mit einer Verbindung zum Ufer. Es wird meist zum Schutz eines Hafens oder einer Hafeneinfahrt angelegt, um diese gegen Wellen, Strömungen oder Versandung zu schützen. Das wasserseitige Ende wird als Molenkopf bezeichnet.

Molecular Beam Epitaxy ↗MBE.

molekulare Diffusion ↗Diffusion.

molekulare Fosslien ↗Biomarker.

molekularer Diffusionskoeffizient ↗Diffusionskoeffizient, ↗Diffusion.

molekularer Wärmetransport, durch die Bewegung der Moleküle bewirkter Wärmetransport in Flüssigkeiten und Gasen.

Molekulargewicht, veraltet für ↗Molekularmasse.

Molekularmasse, *Molekulargewicht* (veraltet), Summe der relativen Atommassen aller Atome eines Moleküls. Die *relative Atommasse* ist definitionsgemäß das Verhältnis der mittleren Atommasse eines Elements zu einem Zwölftel der Masse eines $^{12}_{6}C$-Atoms.

Molekularsieb, *Molekülsieb*, Bezeichnung für einen Feststoff mit starkem Adsorptionsvermögen für Gase, Dämpfe und gelöste Stoffe. Molekurlarsiebe haben Porendurchmesser in der Größenordnung der Durchmesser von Molekülen (Abb.) und große innere Oberflächen von 600–700 m^2/g, wodurch eine Trennung von Molekülen nach ihrer Größe und Form möglich ist. Molekularsiebe werden auch als Katalysatoren verwendet.

Molekularstrahlenepitaxie ↗MBE.

Molekülorbitaltheorie, auf Hund und Mullikan zurückgehendes Verfahren zur Beschreibung der chemischen Bindung innerhalb von Molekülen, das Ein-Elektronenorbitale verwendet, die dem gesamten Molekül angehören. Bindungen werden durch Elektronen vermittelt, die bindende Molekülorbitale besetzen. Im Unterschied zur ↗Valenzbindungstheorie ordnet die Molekülorbitaltheorie den Elektronen eines Moleküls Orbitale zu, die durch alle Elektronen eines Moleküls bestimmt werden. Die gemeinsamen Molekülorbitale werden durch Linearkombination atomarer Orbitale erhalten (sog. LCAO-Näherung: Linear Combination of Atomic Orbitals). Die einzelnen Molekülorbitale werden in Analogie zu den s-, p-, d-Atomorbitalen als σ-, π-, δ-Orbitale etc. bezeichnet.

Moler, Formation aus dem Untereozän Dänemarks. Die Molerformation ist im Limfjordge-

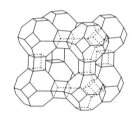

Molekularsieb: struktureller Aufbau eines synthetischen Zeoliths der Formel $Na_{12}(Si_{12}Al_{12}O_{48}) \cdot 27\,H_2O$. Der Hohlraum im Zentrum hat einen Durchmesser von 11,4 Å.

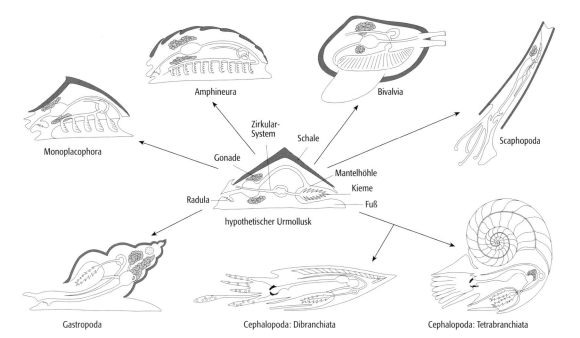

Molluska 1: Baupläne wichtiger Molluskenklassen in Relation zum hypothetischen Urmollusken.

biet klassisch entwickelt. Sie besteht aus einer Wechsellagerung von hellem Kalkzement mit Diatomeen und dunklem Basalttuff. Das Vulkangebiet lag vermutlich im Bereich des Skagerraks. Als Geschiebe findet man die Moler besonders in Nordwestdeutschland und auf der Greifswalder Oie. Die Sedimente der Molerformation enthalten u. a. hervorragend erhaltene ↗Insecta.

Molkenboden ↗Stagnogley.

Möller, *Fritz*, deutscher Meteorologe, * 16.5.1906 Rudolstadt/Thüringen, † 21.3.1983 München; 1935 Habilitation in Frankfurt/Main, zusammen mit Gustav Stüve und Ratje Mügge Führer »Frankfurter Synoptikerschule«; 1948–60 Professor in Mainz und 1960–1972 in München; wegweisende Arbeiten über Strahlungsforschung in der Atmosphäre und die Wechselwirkung zwischen Luftbestandteilen und ↗Sonnenstrahlung sowie der ↗anthropogenen Klimabeeinflussung; 1959–1967 Präsident der Strahlungskommission der ↗IAMAP; Pionier der globalen Untersuchung und Überwachung der Atmosphäre, der mit seinem Verfahren aus den ersten ↗Strahlungsmessungen eines meteorologischen ↗Satelliten (↗TIROS-1 Start 1960) die Feuchtigkeit der oberen ↗Troposphäre bestimmt. Werke: »Einführung in die Meteorologie« (2 Bde. 1973).

mollic epipedon, [von lat. mollis = weich] diagnostischer Oberbodenhorizont der ↗Soil taxonomy, dunkler, weicher, mindestens 25 cm mächtiger Horizont mit > 2,5 % Kohlenstoff, > 50 % ↗Basensättigung und einem pH-Wert von > 5.

mollic horizon, [von lat. mollis = weich], diagnostischer Horizont der ↗WRB, ist ein gut strukturierter, dunkel gefärbter Horizont mit hoher ↗Basensättigung und mittleren bis hohen Gehalten an organischer Substanz. Mollic horizons kommen vor in ↗Cryosols, ↗Leptosols, ↗Fluvisols, ↗Solonchaks, ↗Gleysols, ↗Andosols, ↗Ferralsols, ↗Solonetzen, ↗Planosols. Mollic horizons treten oft in Vergesellschaftung mit ↗andic horizons auf. Ein spezieller Typ des mollic horizon ist der chernic horizon (↗Chernozems).

Mollisols, [von lat. mollis = weich], Ordnung der ↗Soil taxonomy, Böden mit mächtigem, dunklem humusreichem (↗Mull) und krümligem Ah-Horizont. ↗mollic horizon, ↗mollic epipedon.

Molluska, [von lat. mollis = weich], Weichtiere, sehr großer, heterogener und vielgestaltiger Stamm der wirbellosen Metazoen. Mollusken besitzen ein komplexes Nervensystem; bei heutigen ↗Cephalopoden mit räuberischer Lebensweise ist ein von einer Knorpelkapsel geschütztes Gehirn entwickelt. Der Molluskenkörper ist – abgesehen von einigen ursprünglichen Vertretern – nicht segmentiert und zeigt i. d. R. vier Abschnitte: Kopf, Fuß, Eingeweidesack und Mantel. Der Kopf ist meist deutlich vom restlichen Körper abgesetzt und trägt wichtige Sinnesorgane (Augen, Fühler). Hinter der Mundöffnung liegt die Radula, das mit zahlreichen hornigen Zähnchen besetzte »Zungenband« (außer bei Muscheln) zum Abraspeln der Nahrung. Der Fuß ist eine muskulöse Bildung des Hautmuskelschlauches. Er diente zunächst zum Kriechen, wurde jedoch als Lokomotionsorgan vielfach abgewandelt (Graben, Schwimmen). Der Eingeweidesack enthält das Herz, den Darm, die Nephridien (»Nieren«) und den Geschlechtsapparat. Der Mantel ist eine Hautfalte, die für die Abscheidung der Schalensubstanz verantwortlich ist. Die Atmung erfolgt über innerhalb der Mantelhöhle liegende Kiemen (außer bei Landschnecken). In die Mantelhöhle mündet auch der Anus. Die meisten Mollusken besitzen eine ein- oder mehrteilige Au-

Molluska 2: Merkmale eines Gastropodengehäuses am Beispiel der Gattung *Latirus*.

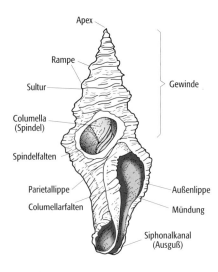

ßenschale aus wechselnden Anteilen von Calcit und/oder Aragonit. Diese kann jedoch auch reduziert sein (Nacktschnecken), oder sie wurde sekundär zum Innenskelett wie bei der rezenten Gattung *Sepia* und bei den fossilen Belemniten.

Die Abstammung der Mollusken ist noch ungeklärt. Aufgrund der Segmentierung bei den Polyplacophoren und Monoplacophoren wird eine Verwandtschaft zu den erdgeschichtlich etwas älteren ↗Annelida (Ringelwürmern) angenommen. Beide Gruppen könnten gemeinsame Vorfahren gehabt haben. Dafür spricht auch die Ähnlichkeit der Aplacophora zu den Anneliden. Die Stammeszugehörigkeit sowie die verwandtschaftlichen Verhältnisse der Molluskenklassen sind nicht in allen Fällen völlig geklärt. Hier werden die einzelnen Klassen kurz im Vergleich zu einem hypothetischen »Urmollusken« betrachtet (Abb. 1):

1. Klasse Aplacophora (Wurmmollusken): Es sind marine, wurmförmige Tiere von meist wenigen Zentimetern Körperlänge. Die rezenten Solenogastres (Furchenfüßer) tragen außen eine Cutikula mit eingelagerten aragonitischen Skelettelementen; Kiemen fehlen, doch wird die mit wenigen Zähnen besetzte Radula als sicheres Molluskenmerkmal gewertet. Die kambrischen Sachitiden werden teilweise als fossile Vertreter dieser Gruppe, teilweise aber auch als Anneliden gedeutet.

2. Klasse Polyplacophora (Amphineura, Vielplatter, Käferschnecken): Polyplacophora sind marine Mollusken mit sieben- bis achtteiliger, bilateralsymmetrischer Schale, die von einem biegsamen Gürtel umgeben wird. Der Weichkörper ist sehr einfach gebaut, mit vorderem Mund, Radula, hintenliegendem After und zahlreichen Kiemen in seitlichen Mantelfurchen sowie großem ventralen Fuß. Sie kommen ab dem oberem Kambrium vor. Fossil werden meist nur isolierte Schalenplatten gefunden. Die meisten rezenten Formen leben als herbivore Weidegänger auf Felssubstraten des ↗Intertidals.

3. Klasse Monoplacophora (Einplatter): Seit dem Kambrium auftretende, marine Mollusken mit einklappiger, mützenförmiger Schale, auf deren Innenseite paarige Muskelabdrücke sichtbar sind. Der kreisförmige Fuß wird beiderseits von der Mantelhöhle umgeben, in welcher die Kiemen liegen. Eine Radula ist vorhanden. Anfang der 1950er Jahre konnte mit der Entdeckung der rezenten, in der Tiefsee lebenden Gattung *Neopilina* die innere Segmentierung (paarige Muskeln, Kiemen und Nephridien) dieser Klasse nachgewiesen werden, bis dahin galt sie spätestens seit Mitteltrias als ausgestorben. Wegen ihrer inneren Segmentierung kommen die Monoplacophoren dem hypothetischen Urmollusken hinsichtlich ihres Körperbaus am nächsten. Die meisten fossilen Monoplacophoren waren vermutlich herbivore Weidegänger im flachen Wasser.

4. Klasse *Gastropoda* (Schnecken): Seit dem Kambrium vorkommende, artenreichste Klasse der Mollusken mit ca. 40.000 rezenten und ca. 130.000 fossilen Vertretern (Abb. 2). Ursprünglich rein marin, treten seit dem Karbon zahlreiche limnische und terrestrische Arten auf. Die Fortbewegung ist meist kriechend mit muskulösem, abgeflachten Fuß, doch wird dieser bei wenigen planktonisch lebenden Gruppen (Heteropoda, Pteropoda, Flügelschnecken, ab Jura) zu einem flossensaumartigen Schwimmorgan umgewandelt. Die Kopfregion ist wohlentwickelt mit Augen und anderen Sinnesorganen, die Mündung mit Radula, seltener auch mit hochspezialisierten Elementen zum Nahrungserwerb (räuberische Bohrschnecken, bekannt ab Trias, häufig ab mittlerer Kreide). Das Gehäuse ist einteilig, mützenförmig, plan- oder trochospiral gewunden. Die inneren Organe haben bei vielen marinen Formen eine Drehung (Torsion) von 180° erfahren, nachweisbar durch eine Überkreuzung bestimmter Nervenstränge. Dadurch wurde die Mantelhöhle nach vorne verlagert und gewährleistet, daß frisches Atemwasser an die Kiemen gelangen konnte und die Exkretionsprodukte die Mantelhöhle rasch und ungehindert verlassen konnten. Die seit dem Karbon bekannten Lungenschnecken sind terrestrisch. Bei ihnen erfolgt die Atmung über gut durchblutete Mantelhöhlen, wie auch bei sekundär aquatischen Formen (heutige Teichschnecken z. B. atmen an der Wasseroberfläche). Schnecken sind teilweise gute Faziesfossilien. Ihre biostratigraphische Bedeutung für das Tertiär und Quartär geht hauptsächlich

Molluska 3: Orientierung und wichtige Klappenmerkmale einer grabenden Muschel; a) von oben, b) Innenansicht der rechten Klappe.

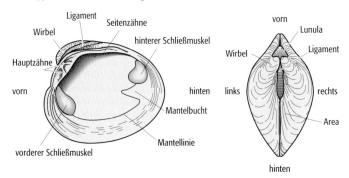

darauf zurück, daß die Ammonoideen, die bis zur Oberkreide die wichtigsten Makroleitfossilien waren, an der Wende Kreide/Tertiär ausstarben. Außerdem ist für die Schnecken im Zeitraum Tertiär/Quartär eine enorme Steigerung der Diversität zu verzeichnen.

5. Klasse *Bivalvia* (*Lamellibranchiata*, Pelecypoda, *Muscheln*): Seit dem unteren Kambrium auftretende, marine und (seit Karbon) limnische, bilateralsymmetrische, am oder im Substrat lebende Mollusken (Abb. 3) mit zweiklappigem Gehäuse (meist gleichklappig mit ungleichseitigen Klappen). Der die Klappen bildende, zweilappige Mantel berührt die Klappen entlang der Mantellinie. Die Kopfregion mit Radula ist vollständig reduziert. Die paarigen Kiemenblätter sind groß und dienen neben der Atmung dem Ausfiltern von Nahrungspartikeln (Suspensionsfresser). Der ventrale Fuß wird zum Kriechen, bei einigen Formen auch zum Bohren eingesetzt. Rechte und linke Klappe sind durch ein Schloß (oft mit Schloßzähnen und -gruben) artikuliert und mit ein bis zwei Schließmuskeln versehen. Das in der Schloßregion liegende Ligament aus organischer Substanz hält die Klappen zusammen und kann sie bei Erschlaffen der Schließmuskeln (z. B. postmortal) öffnen. Grabende Muscheln besitzen einen Verbindungsstrang (Sipho) zwischen Mantelhöhle und Außenwelt, die Mantellinie ist dann am Hinterende sinusförmig ausgebuchtet (Mantelbucht, sinupalliate Mantellinie), im Gegensatz zur integripalliaten, einfach geschwungene Mantellinie bei nicht grabenden Formen. Sessile Muscheln sind über zähe Byssusfäden mit dem Substrat verbunden oder mit einer Klappe daran festgewachsen. Solche Formen sind auch Riffbildner (Placunopsiden-Riffe der ↗ Germanischen Trias, kretazische Rudistenriffe, känozoische Austern-Biostrome). Die systematische Unterteilung fossiler Muscheln richtet sich im wesentlichen nach Schloßbau, Schließmuskelabdrücken sowie Verlauf der Mantellinie, daneben spielen äußere Merkmale wie Umriß und Skulptur eine gewisse Rolle. Muscheln sind oft gute Faziesanzeiger. Einige Gruppen sind auch biostratigraphisch interessant (z. B. limnische Arten im Karbon, Austern und Trigonien im Jura, Inoceramen und Rudisten in der Kreide).

6. Klasse Scaphopoda (Kahnfüßer, Grabfüßer): Scaphopoda treten seit dem Devon auf und sind marine Mollusken mit konisch-röhrenförmiger Schale, die an beiden Enden offen ist. Die Schale wird von zwei Mantellappen gebildet, die frühontogenetisch zusammenwachsen.

7. Klasse Rostroconchia (Schnabelschaler): Schnabelschaler kommen vom Kambrium bis zum Perm vor und sind marine Mollusken von muschelähnlicher Gestalt, jedoch ohne Ligament. Beide Klappen sind dorsal fest miteinander verwachsen. Das Vorderende blieb offen, und das Hinterende ist zu einem Rostrum verlängert.

8. Klasse ↗ Cephalopoda (Kopffüßer): Cephalopoda sind Mollusken mit vergleichsweise kompliziert gebautem, gekammerten Gehäuse bzw. Innenskelett.

9. Klasse Tentaculitida (*Tentaculiten*, von lat. tentaculum = Fühler): Tentaculiten (Abb. 4) sind vom Ordovizium bis zum Oberdevon auftretende, marine Organismen mit spitzkonischer Schale von meist einigen Millimetern bis Zentimeter Länge. Die Feinstruktur des kalkigen Gehäuses deutet auf die Zugehörigkeit zu den Mollusken hin. Die systematische Unterteilung basiert auf Außenmerkmalen sowohl juveniler als auch adulter Gehäuseabschnitte. Wichtig ist die Ausprägung verschiedenartiger transversaler und longitudinaler Skulpturelemente sowie die Ausbildung der Gehäusespitze. Tentaculiten sind z. T. stratigraphisch verwertbar.

Einige Molluskengruppen waren in ihrer phylogenetischen Entwicklung ausgesprochen konservativ (z. B. paläozoische Gastropoden), während andere sich zeitweise in sehr rascher Entwicklung befanden, sehr weit verbreitet waren und somit gute ↗ Leitfossilien abgeben. Das gilt insbesondere für die Ammonoideen (Devon bis Oberkreide), daneben für manche Nautiliden (Ordovizium, Silur), Belemniten (Jura, Kreide), Muscheln (ab mittlerer Kreide) und Schnecken (ab Tertiär). [MG]

Literatur: [1] CLARKSON, E. N. K. (1986): Invertebrate Paleontology and Evolution. – London. [2] LEHMANN, U. & HILLMER, G. (1997): Wirbellose Tiere der Vorzeit. – Stuttgart. [3] MÜLLER, A. H. (1976–1981): Lehrbuch der Paläozoologie, Bd. II, Teil 1–3. – Jena.

Molluskizide, werden zur Bekämpfung der in der Landwirtschaft und Gartenbau schädigenden schlanken Nacktschnecken (Egelschnecken) und gedrungenen Nacktschnecken (Wegschnecken) eingesetzt.

Mollweides unechter Zylinderentwurf, wurde 1805 von K. B. Mollweide (1774–1825) publiziert. Er ist das Ergebnis einer geometrischen Konstruktion des Kartennetzes mit dem Ziel, eine möglichst formtreue Erdkarte in einem flächentreuen Entwurf zu schaffen. In der Einordnung zählt der Mollweideentwurf zu den ↗ Planisphären. Das Kartennetz ist charakterisiert durch geradlinige Parallelkreisbilder und elliptische Meridianbilder (Abb. 1). Die Abbildungsgleichungen des flächentreuen Mollweideschen unechten Zylinderentwurfs lauten

$$X = R \cdot \sqrt{2} \cdot \sin\varphi',$$
$$Y = \frac{2 \cdot R \cdot \sqrt{2}}{\pi} \cdot arc\lambda \cdot \cos\varphi',$$

wobei X und Y die rechtwinkligen ebenen Koordinaten in der Abbildung, R der Kugelradius und λ die geographische Länge bedeuten. Der Ellipsenparameter φ' ist durch folgende transzendente Gleichung festgelegt:

$$\pi \cdot \sin\varphi = 2 \cdot arc\varphi' + \sin 2\varphi'.$$

Die Verzerrungen in Mollweides Entwurf sind, insbesondere in den Randgebieten, sehr groß, wie man an den Verzerrungsellipsen in Abbildung 2 sieht. Um die Abbildung der Kontinente

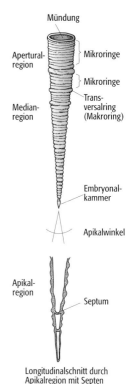

Molluska 4: Merkmale eines Tentakulitengehäuses.

Mollweides unechter Zylinderentwurf 1: Mollweides unechter Zylinderentwurf.

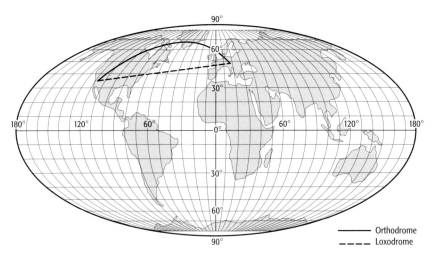

beim Mollweideentwurf zu verbessern, schlug J. P. Goode (1862–1932) 1923 eine abgewandelte Variante vor, bei der nicht nur ein Meridian (z. B. der von Greenwich) als Mittelmeridian verwendet wird. Vielmehr gibt es mehrere Mittelmeridiane, durch die das Gesamtbild der Erde aufgetrennt wird. Das geschieht so, dass die großen Kontinentalblöcke zusammenhängend mit gleichartigen und möglichst klein gehaltenen Verzerrungen dargestellt werden. Die bei dieser Abbildung entstehenden Klaffungen fallen im wesentlichen in die Ozeane. [KGS]

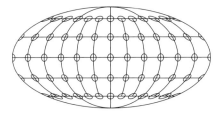

Mollweides unechter Zylinderentwurf 2: Tissotsche Verzerrungsellipsen des Mollweide-Entwurfs.

Molodensky, *Michail Sergejewitsch*, russischer Geodät und Geophysiker, * 16.6.1909 Epiphan (Gebiet Tula), † 12.11.1991 Moskau; Studium der Mechanik, Mathematik und Astronomie an Universität Moskau; 1932–60 Mitarbeiter von F. N. ↗Krassowski am Zentralen Wissenschaftlichen Forschungsinstitut für Geodäsie, Aerophotogrammetrie und Kartographie (ZNIIGAiK) Moskau; ab 1945 auch und später nur im »Institut für Physik der Erde« der Akademie der Wissenschaften. Dissertation mit weltweiter Beachtung: »Grundlegende Probleme der geodätischen Gravimetrie« Moskau 1945. Umwälzende Änderung der Theorie zur Bestimmung der Erdfigur und des äußeren Erdschwerefeldes aus gravimetrischen, astronomischen und geodätischen Messungen an der Erdoberfläche; Einführung des ↗Quasigeoids als Bezugsfläche; ↗astronomisch-gravimetrisches Nivellement zur Geoidbestimmung; vielfältige Studien zu den Beziehungen zwischen geodätischen Erkenntnissen und geophysikalischen Feldern und Prozessen (Schwerefeld, Erdgezeiten, Eigenschwingungen, Erdrotation). Weitere Monographien sind »Methoden zum Studium des äußeren Schwerefeldes der Erde und der Erdfigur« (Moskau 1960), »Allgemeine Theorie der Eigenschwingungen der Erde« (Moskau 1989). [EB]

Molodensky-Badekas-Modell, Modell zur ↗Transformation zwischen globalen Koordinatensystemen.

Molodensky-Problem, *Problem von Molodensky*, *freies geodätisches Randwertproblem*, die von M. S. ↗Molodensky in den Jahren 1940–1950 erstmals formulierte Aufgabe, die Geometrie der Erdoberfläche und das äußere Schwerefeld der Erde aus geodätischen Beobachtungen auf der Erdoberfläche zu bestimmen. Die für die Praxis der Erdmessung wichtigste von verschiedenen Varianten ist die Formulierung auf der Grundlage des skalar freien ↗geodätischen Randwertproblems (Abb. 1). Auf der Erdoberfläche S, die alle Massen des Erdkörpers einschließt, sind ↗Schwerewerte $g(B, L)$ und ↗geopotentielle Koten $C(B, L)$ als kontinuierliche Funktionen der ↗geographischen Koordinaten B, L gegeben. Die geographischen Breiten B und Längen L beziehen sich auf ein dem Erdkörper mittels einer geodätischen Datumsfestlegung (↗geodätisches Datum) angeheftetes Referenzellipsoid E, dessen kleine (polare) Halbachse in Richtung der Erdrotationsachse zeigt. Der Erdkörper rotiere mit der konstanten Winkelgeschwindigkeit ω um die

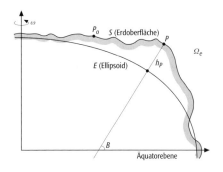

Molodensky-Problem 1: graphische Darstellung.

raum- und körperfeste Rotationsachse. Die meßbaren Schwerewerte g_P und geopotentiellen Koten C_P in beliebigen Punkten $P \in S$ dienen als Randwerte, die mit dem Schwerepotential W durch Randbedingungen funktional verknüpft sind:

$$G_P = |\text{grad } W|_P,$$
$$C_P = W_0 - W_P.$$

$W_0 = W_{P0}$ bezeichnet den (in der Regel unbekannten) Potentialwert im (globalen) Referenzpunkt P_0, dem Ausgangspunkt des Nivellements. Ziel des Molodensky-Problems ist die Bestimmung der auf die Ellipsoidnormale durch $P \in S$ bezogenen ellipsoidischen Höhe h_P sowie des Schwerepotentials $W(\vec{x})$ im Außenraum Ω_e der Erde, welches die erweiterte Laplacesche Differentialgleichung:

$$\Delta W(\vec{x}) = 2\omega^2, \ \vec{x} \in \Omega_e$$

erfüllt. Um die geforderte Ausgangssituation herzustellen, sind an den meßtechnisch bestimmten Schwerewerten und geopotentiellen Koten zunächst Gezeiten- und atmosphärische Reduktionen anzubringen, um rechnerisch die Wirkungen der im Außenraum der Erde tatsächlich existierenden Massen von Sonne und Mond sowie der Atmosphäre zu beseitigen. Auch geodynamische Effekte sind ggf. durch Reduktionen der Randwerte zu berücksichtigen. Da die ellipsoidische Höhe der Randpunkte $P \in S$ unbekannt ist, gehört das Molodensky-Problem zur Klasse der freien Randwertprobleme. Die durch die Randbedingungen hergestellten Beziehungen zwischen den Unbekannten und den beobachtbaren Größen (Observablen) sind nichtlinear und können durch Einführung von Näherungen für die unbekannte Potentialfunktion $W(\vec{x})$ und die unbekannte ellipsoidische Höhe $h(B,L)$ linearisiert werden. Als Approximation für das Potential W benutzt man ein ↗Normalschwerepotential, i.a. das Potential U eines ↗Niveauellipsoids, so daß W aus dem bekannten Normalpotential U und dem noch unbekannten Störpotential T zusammengesetzt ist:

$$W = U + T.$$

Da die Zentrifugalanteile in W und U identisch sind, ist das Störpotential im Außenraum der Erdoberfläche S harmonisch, d.h. $\Delta T(\vec{x}) = 0 \ \forall \vec{x} \in \Omega_e$, und im Unendlichen regulär. Eine Approximation der Randfläche S wird mit Hilfe einer Telluroidabbildung konstruiert: Zu jedem Oberflächenpunkt $P \in S$ wird ein Telluroidpunkt Q bestimmt, der auf derselben Ellipsoidnormalen liegt ($B_Q = B_P$, $L_Q = L_P$) und für den weiter gilt (Abb. 2):

$$U_0 - U_Q = C_P$$

mit U_0 Normalpotential auf dem Referenzellipsoid E. Aus dieser Bedingung folgt die ↗ellipsoidische Höhe h_Q des Punktes Q, die mit der ↗Normalhöhe $\overset{N}{H}_P$ des Punktes P zahlenmäßig identisch ist. Die Menge aller den Punkten $P \in S$ zugeordneten Bildpunkte Q erzeugt das Telluroid $\Sigma \ni Q$ als Näherung der Erdoberfläche. Damit läßt sich die ellipsoidische Höhe h_P in die bekannte Normalhöhe $\overset{N}{H}_P = h_Q$ und ein unbekanntes Reststück, die Höhenanomalie ζ_P zerlegen:

$$h_P = \overset{N}{H}_P + \zeta_P.$$

Nach Linearisierung und weiteren Vereinfachungen (sphärische Approximation) ergeben sich aus den Randbedingungen das ↗Theorem von Bruns:

$$\zeta_P = \frac{T_P}{\gamma_Q}$$

(mit der auf den Punkt Q bezogenen Normalschwere γ_Q) sowie die Fundamentalformel der Physikalischen Geodäsie:

$$\left(-\frac{\partial T}{\partial r} - \frac{2}{r} T\right)_Q = g_P - \gamma_Q =: \Delta g$$

mit der Schwereanomalie Δg, welche in diesem Zusammenhang auch als ↗Freiluft-Anomalie bezeichnet wird. Die Fundamentalformel der Physikalischen Geodäsie ist als Randbedingung zu der außerhalb des Telluroids gültigen Feldgleichung $\Delta T(\vec{x}) = 0$ aufzufassen; dieses Randwertproblem gehört zur Klasse der schiefachsigen ↗Randwertprobleme der Potentialtheorie. Eine analytische Lösung dieses geodätischen Randwertproblems ergibt sich in Form einer Reihenentwicklung, deren Hauptterme durch die Stokessche Integralformel gegeben werden:

$$\zeta_P = \frac{R}{4\pi\bar{\gamma}} \cdot \iint_\sigma \left(\Delta g + G_1\right) \cdot S(\psi) \cdot d\sigma.$$

Das gravimetrische Zusatzglied G_1:

$$G_1 = \frac{R^2}{2\pi} \iint_\sigma \frac{h' - h}{l_0^3} \cdot \Delta g \cdot d\sigma,$$

$$l_0 = 2R \cdot \sin\frac{\psi}{2},$$

beschreibt den Einfluß der unregelmäßigen Geländegestalt und ist im wesentlichen der Geländereduktion äquivalent. R ist der mittlere Erdra-

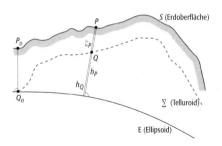

Molodensky-Problem 2: graphische Darstellung.

dius ($R = 6371$ km), $\bar{\gamma}$ die ↗mittlere Normalschwere, $S(\psi)$ die ↗Stokessche Funktion, die vom Winkel ψ zwischen den geozentrischen Radiusvektoren des ↗Aufpunkts und des variablen Integrationspunktes, dem die Schwereanomalie Δg zugeordnet ist, abhängt. σ ist der Parameterbereich der Einheitskugel mit dem Flächenelement $d\sigma$. Eine entsprechende Formel kann auch für das Störpotential T angegeben werden. Verfeinerungen der hier skizzierten Theorie von Molodensky betreffen die Berücksichtigung von nichtlinearen Termen der Reihenentwicklungen sowie die Einbeziehung der Elliptizität der Erde. Während in der klassischen Geodäsie das Molodensky-Problem im Zusammenhang mit der Bestimmung von ellipsoidischen Höhen für Punkte der Erdoberfläche gesehen wurde, liegt nunmehr, nachdem die ellipsoidischen Höhen über Satellitenmethoden ermittelt werden können, der Schwerpunkt auf der Ermittlung von ↗Normalhöhen mittels der umgestellten Formel:

$$H_P^N = h_P - \zeta_P.$$

Wenn ζ_P nach der Theorie von Molodensky aus gravimetrischen Messungen bestimmt wird, sind hierfür keine zeitaufwendigen Nivellements mehr notwendig. [BH]

Molybdän, chemisches Element mit dem chemischen Zeichen Mo. Das Wort, von dem sich der Name ableitet, findet sich schon bei Homer als molybdaina, doch wurde damit das Blei gemeint. Soweit im Altertum Molybdänglanz gefunden wurde, unterschied man ihn nicht vom Graphit und verwechselte außerdem beide mit Bleiglanz. Im Wort »Bleistift« ist dieser Irrtum bis heute erhalten. 1878 isolierte P. J. Helm schließlich das Metall, das jedoch erst um 1913 größere Verwendung fand und seit dem Ende der 1920er Jahre seine große technische und wirtschaftliche Bedeutung besitzt.

Molybdänit, *Eutomglanz, Molybdänglanz, Molybdänkies, Schreibblei, Schwefelmolybdän, Töpferblei, Wasserblei*, nach dem chemischen Element ↗Molybdän benanntes Mineral mit der chemischen Formel MoS_2 und dihexagonal-dipyramidaler Kristallform; Farbe: rötlich-bleigrau; Metallglanz; in dünnen Blättchen durchscheinend; Strich: bleigrau (glänzend); fein zerrieben ist Molybdänit schmutzig-lauchgrün; Härte nach Mohs: 1–1,5; Dichte: 4,6–5,0 g/cm³; Spaltbarkeit: höchst vollkommen nach (*0001*); Aggregate: meist derb, eingesprengt, blätterig, schuppig, aber auch dicht bzw. glaskopfartig in Schrotkorngröße; vor dem Lötrohr unschmelzbar; Flammenfärbung: schwach gelblich-grün; in Salpetersäure schwer zersetzbar; Begleiter: Cassiterit, Wolframit, Fluorit, Apatit, Turmalin; Genese: kontaktpneumatolytisch; Fundorte: Auerbach bei Bensheim (Hessen), Altenberg, Ehrenfriedersdorf und Johanngeorgenstadt (sächsisches Erzgebirge), Cinovec (Zinnwald, Böhmen) sowie Krupka (Graupen, Böhmen), Knabengrube (Telemarken, Südnorwegen), Climax (Colorado, USA). [GST]

Molybdänlagerstätten, im wesentlichen Teilbereich der ↗porphyrischen Lagerstätten mit einerseits vorherrschenden Molybdänitvererzungen (z. B. Climax und Henderson in Colorado, USA), z. T. mit beigemengtem Zinn und Wolfram, das ebenfalls gewonnen werden kann, andererseits mit zusätzlichen Kupfergehalten im Übergang zu molybdänhaltigen Kupferlagerstätten, untergeordnet als Beiprodukt von ↗Skarnlagerstätten, ↗Ganglagerstätten und ↗Red-Bed-Lagerstätten.

Molybdänminerale, die wichtigsten Molybdänminerale sind Molybdänglanz (MoS_2, hexagonal, 60 % Mo), Wulfenit (Gelbbleierz, $PbMoO_4$, tetragonal, 26 % Mo) und Molybdänocker (Ferrimolybdit, $(FeMoO_4)_3 \cdot 7\ H_2O$, rhombisch). Molybdänglanz ist das wichtigste Molybdänerz. Infolge seines Schichtgitters zeigt er ausgezeichnete Spaltbarkeit nach der Basis und kommt daher meist in schuppigen, aus dünnen, biegsamen Blättchen bestehenden Aggregaten vor. Vom Graphit ist er durch den stärkeren Metallglanz und den SO_2-Geruch beim Erhitzen zu unterscheiden. Wulfenit ist nur lokal als Erz von Bedeutung. Er besitzt gelbe bis orangerote, oft gut ausgebildete Kristalle und entsteht meist in der Oxidationszone von Bleierzlagerstätten. Molybdänocker kommt als weiße bis gelbliche Krusten vor. Er entsteht als Oxidationsprodukt auf Molybdänlagerstätten durch Reaktion von Molybdänsäure auf Limonit. [GST]

Molybdate, Minerale aus der ↗Mineralklasse »Sulfate, Chromate, Molybdate und Wolframate«, in deren Kristallstruktur stets ein sechswertiges Kation S^{6+}, Cr^{6+}, Mo^{6+} oder W^{6+} tetraedrisch von Sauerstoff umgeben ist. ↗Sulfate.

MOMBE, *Metal Organic Molecular Beam Epitaxy, metallorganische Molekularstrahlenepitaxie*, Besonderheit der ↗MBE, bei der statt der Verdampfung aus Effusionszellen metallorganische Verbindungen von außen in das UHV-System eingelassen werden. Die Zersetzung der metallorganischen Verbindungen an der Substratoberfläche kann durch Verwendung von Laserlicht oder elektrischen Plasmaentladungen unterstützt und gesteuert werden. Damit lassen sich qualitativ hochwertige Schichten erzeugen. ↗Epitaxie.

Moment, 1) *magnetisches Moment*: Produkt von ↗Magnetisierung und Volumen eines magnetischen Körpers (↗Magnetfeldeinheit). Das magnetische Moment der Erde beträgt zur Zeit $7{,}8 \cdot 10^{22}$ Am². 2) *seismisches Moment*: M_0, im Jahr 1966 vom amerikanischen Seismologen K. Aki eingeführtes physikalisches Stärkemaß für ↗Erdbeben, die durch einen Scherbruchmechanismus verursacht werden. M_0 kann aus Erdbebenregistrierungen bestimmt werden (z. B. ↗Eckfrequenz, ↗Momententensor). Für M_0 ergibt sich folgende Beziehung:

$$M_0 = \mu \cdot S \cdot D.$$

Dabei ist S die Bruchfläche, D die mittlere Dislokation und μ der ↗Schermodul im Herdgebiet. Die physikalische Einheit von M_0 ist die eines Drehmoments (Kraft mal Länge). Die in der

↗Seismologie gemessenen Werte von M_0 umfassen für Erdbeben einen weiten Bereich von etwa 10^5 bis 10^{23} Nm (Newton-Meter). Mikrobrüche in Laborexperimenten an Gesteinsproben haben Werte von etwa 10^{-2} Nm. Aus M_0 läßt sich die Momentenmagnitude M_w berechnen (↗Magnitude). 3) *statistisches Moment*: Maßzahl einer ↗Häufigkeitsverteilung einer ↗Stichprobe bzw. einer ↗Wahrscheinlichkeitsdichtefunktion einer ↗Population, gemäß der Formel:

$$M_k = 1/n \, \Sigma x_i^k,$$

sog. *k*-tes Moment mit n = Stichprobenumfang und x_i = Daten, bzw.:

$$ZM_k = 1/n \, \Sigma \, (x_i - m)^k,$$

sog. *k*-tes zentrales Moment mit m = Mittelwert. Das erste Moment ist offenbar der arithmetische ↗Mittelwert, das zweite Moment näherungsweise die ↗Varianz. Höhere Momente, speziell die sog. Momentkoeffizienten, dienen u. a. der Quantifizierung von ↗Schiefe und ↗Exzeß.

Momententensor, *seismischer Momententensor, Tensor der seismischen Momente*, generelle Beschreibung des Herdmechanismus einer seismischen Punktquelle durch einen symmetrischen Tensor zweiter Ordnung. Das Konzept des Momententensors basiert auf der Anordnung von Einzelkräften, um die allgemeine ↗Abstrahlcharakteristik einer ↗seismischen Quelle zu beschreiben. Zwischen den Elementen des Momententensors und den Seismogrammen im Fernfeld besteht eine lineare Beziehung, die zur ↗Inversion des Herdmechanismus aus Fernfeld-Seismogrammen genutzt werden kann. Der Momententensor setzt sich generell aus drei verschiedenen Anteilen zusammen: isotrope Volumenänderung, Scherdislokationen und linear angeordnete, kompensierte Vektordipole. Welcher Anteil überwiegt, hängt von der Art der seismischen Quelle ab. So wird z. B. für eine Explosionsquelle der isotrope Volumenanteil überwiegen. Die Dekomposition in die Einzelanteile ist unter bestimmten Annahmen möglich. Dabei zeigt sich, daß nahezu alle Erdbeben im wesentlichen durch einen Scherbruchmechanismus erklärt werden können. Die Dekomposition in einen Scherbruch ergibt neben der Orientierung der Herdflächen auch die Größe des ↗seismischen Moments (Abb.). [GüBo]

MOMS, *Modularer Optoelektronischer Multispektral-Scanner*, ein von einem deutschen Konsortium entwickeltes Sensorsystem (MOMS-01, MOMS-02, MOMS-2 P) auf Basis eines ↗optoelektronischen Scanners mit modularer Anordnung von CCD-Zeilen (Tab.). MOMS-02 besitzt drei CCD-Zeilen und fünf optische Systeme, von denen zwei in Flugrichtung um ± 21,4° verschwenkt sind. Diese fünf sind für den Stereomodus, für den multispektralen Modus und für den hochauflösenden Modus der Datengewinnung notwendig. Insgesamt können sieben operationell verfügbare Kombinationsmöglichkeiten unterschieden werden: Modus A (Along-track-Stereoskopie durch Kombination der beiden Stereokanäle mit dem in Nadirrichtung aufzeichnenden hochauflösendem Kanal, Aufbau hochauflösender digitaler Geländemodelle), Modus B (Aufnahme in Nadirrichtung mit zwei optischen Systemen in jeweils zwei multispektralen Kanälen, Erfassung von durch spektrale Reflexion determinierten Oberflächenparametern), Modus C (zwei Kombinationsmöglichkeiten des hochauflösenden Pan-Kanals mit jeweils drei multispektralen Kanälen, Erfassung von kleinräumigen Mustern der Landbedeckung und Landnutzung, insbesondere in bebauten Gebieten) und Modus D (drei Kombinationsmöglichkeiten beider Stereokanäle oder eines Stereokanals mit zwei oder

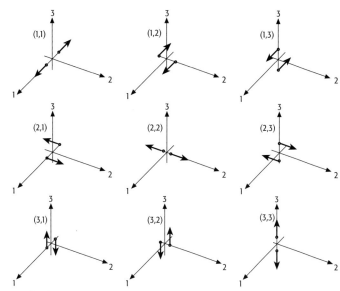

Momententensor: die neun Kräftepaare, aus denen sich der Momententensor zusammensetzt. Der isotrope Volumenanteil ist durch die Paare (1,1), (2,2) und (3,3) gegeben, die Scherbruchanteile durch die Paare (1,2), (1,3) usw.

MOMS (Tab.): Daten der MOMS.

Parameter	MOMS-01	MOMS-02	MOMS-2P (Priroda)
Kanäle			
Band 1 (MS)	575 – 625 nm	449 – 511 nm	440 – 505 nm
Band 2 (MS)	825 – 975 nm	532 – 576 nm	530 – 575 nm
Band 3 (MS)		645 – 677 nm	645 – 680 nm
Band 4 (MS)		772 – 815 nm	770 – 810 nm
Band 5 (HR)		512 – 765 nm	520 – 760 nm
Band 6 (Stereo)		524 – 763 nm	520 – 760 nm
Band 7 (Stereo)		524 – 763 nm	520 – 760 nm
Bodenauflösung (MS)	20 m	13,5 m	18 m
Bodenauflösung (HR)		4,5 m	6 m
Bodenauflösung (Stereo)		13,5 m	18 m
FOV (MS)	138 km	78/43 km	105/60 km
FOV (HR)		37/27 km	60/50 km
FOV (Stereo)		78/43 km	105/60 km
radiometrische Auflösung	7 bit	8 bit (6 bit compressed)	8 bit
Flughöhe	289 – 300 km	296 km	380 – 405 km
Einsatzzeit	18.6. – 24.6.1983 3.6. – 11.2.1984	26.4. – 6.5.1993	ab 4.1996
Plattform	Shuttle STS-7, Shuttle STS-10	Shuttle STS-55	Priroda (MIR-Station)

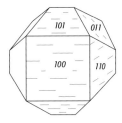

Monazit: Monazitkristall.

Mond (Tab.): Zusammensetzung des Mondes in Gewichtsprozent (Gew.-%) im Vergleich zur Erde. Die beiden rechten Spalten geben die durchschnittliche Zusammensetzung von Kruste und Mantel (ohne Kern) der Erde bzw. des Mondes an.

drei multispektralen Kanälen, gemeinsame Auswertung von topographischer und multispektraler Information). [EC]

Monadnock ↗Härtling.

Monat, im Mittel der 12. Teil eines Jahres. Einige Monate umfassen 31 Tage, einige 30, der Monat Februar variabel 29 oder 28 Tage, je nach dem ob ein Schaltjahr vorliegt oder nicht. ↗Gregorianischer Kalender.

Monazit, [von griech. monázo = einzeln sein, wegen des seltenen Vorkommens], *Edwardsit*, *Eremit*, *Monazitoid*, *Phosphocerit*, *Urdit*, Mineral (Abb.) mit der chemischen Formel $(Ce,La,Nd,Th)[PO_4]$ und monoklin-prismatischer Kristallform; Farbe: hellgelb bis dunkelbraun, rotbraun, aber auch gelb, rot; starker Harzglanz bzw. fettiger Diamantglanz; durchscheinend; Strich: grauweiß; Härte nach Mohs: 5–5,5; Dichte: 4,8–5,5 g/cm^3; Spaltbarkeit: vollkommen nach (*001*); weniger vollkommen nach (*100*); Bruch: muschelig; Aggregate: Kristalle ein- und aufgewachsen oder lose; zuweilen größere Massen, Geröllе, abgerollte Körner; vor dem Lötrohr fast unschmelzbar, pulverig färbt es die Flamme grün; in Salzsäure nur schwer löslich; im UV grün fluoreszierend; vielfach radioaktiv; Begleiter: Ilmenit, Cassiterit, Zirkon, Rutil, Sanidin, Xenotim, Sillimanit, Thorit; Vorkommen: in fast allen sauren magmatischen Gesteinen und ihren Pegmatiten, manchmal auch in Kontaktlagerstätten und hochhydrothermalen Gängen; Fundorte: Laacher See (Eifel), Antsirabé, Ambatofotsikely und Ankasoba (Madagaskar, Afrika), Travancore (Indien), Westküste von Sri Lanka. [GST]

Monchiquit, ein z. T. glasig ausgebildeter ↗Lamprophyr, der zur Gruppe der anchibasaltischen ↗Ganggesteine gehört.

Mönchskarte, in Klöstern von Mönchen gefertigte ↗Manuskriptkarte (*Klosterkartographie*). Mönchskarten umfassen mehrere unterschiedliche Sachbereiche: a) Veranschaulichung des christlichen Weltbildes durch »Imago mundi«, überwiegend Klimazonenkarten und ↗Radkarten unterschiedlicher Größe, bis hin zu dekorativen Altarbildern (↗Ebstorfer Weltkarte); b) dem praktischen Gebrauch dienende Itinerare, graphisch aufgetragene Stationsverzeichnisse, aber auch flächendeckende Karten. Dieser Kartentyp leitet zur weltlichen Gelehrtenkartographie über. c) Detailpläne wie Klostergrundrisse, die selten überliefert sind.

Mond, 1) Bezeichnung für einen Himmelskörper, der sich um einen Planeten bewegt. Im Sonnensystem sind 31 Monde bekannt (Erde: 1, Mars: 2, Jupiter: 12, Saturn: 9, Uranus: 5 und Neptun: 2). 2) der Erdmond. Er ist ca. 384.400 km von der Erde entfernt, hat einen Durchmesser von 3476 km und seine Masse beträgt ca. 1/8 der Erdmasse (3,34 g/cm^3). Eine Erdumrundung dauert 27,32 Tage. Aufgrund der Beleuchtung durch die Sonne erscheint er von der Erde aus in verschiedenen Beleuchtungsphasen. Es herrschen große Temperaturschwankungen im Tagesgang (von –150°C bis +130°C). Er hat keine eigene Lufthülle und ist wasserfrei. Nach heutiger Erkenntnis verdankt der Mond seine Entstehung der Kollision der Erde mit einem Planetoid, etwa von der Größe des Planeten Mars. Bei diesem Zusammenstoß wurde ein Teil der Erdmasse und ein Teil der Masse des Kollisionsplanetoiden in die Erdumlaufbahn herausgeschleudert und formte den Erdmond. Man nimmt an, daß etwa 85 % des heutigen Stoffbestandes des Mondes vom Kollisionsplanetoiden und der Rest vom Erdmantel stammt. Deshalb ist zu erwarten, daß die Zusammensetzung des Mondes in etwa der chemischen Komposition der primitiven Erde, im Akkretionsstadium, entspricht (Tab.) Demnach ist der Mond einerseits verarmt an Na und K. Andererseits, ist der Fe-Gehalt des gesamten Mondes wesentlich geringer als der Fe-Gehalt der gesamten Erde, obwohl die FeO–Anteile des Mondes höher als die der Erde sind. Dies wird durch den sehr kleinen Mondkern im Vergleich zum Erdkern erklärt. Aus diesem Grund ist der Mond auch an anderen siderophilen und chalkophilen Elementen (↗geochemischer Charakter der Elemente) gegenüber der Erde verarmt. Auch die hoch ↗volatilen Elemente sind an der Zusammensetzung des Mondes zu einem geringeren Teil beteiligt als am Aufbau der Erde. ↗Minerale im extraterrestrischen Raum.

Mondatlas, ↗Atlas, in dem Erscheinungen oder Sachverhalte der Mondoberfläche dargestellt sind.

Mondbasalt, das die dunklen Tiefländer (Maria) des Mondes ausfüllende Gestein. Im Vergleich zu irdischen Basalten zeichnen sich Mondbasalte z. B. durch niedrigere Gehalte an Al, Na und K, durch höhere Gehalte an Fe und die Abwesenheit von Fe^{3+} aus. Die Basalte der Tiefländer sind jünger als die Anorthosite der Hochländer des Mondes. ↗Mondgestein.

Mondfinsternis, ein vollständiges oder teilweises Unsichtbarwerden des Vollmondes. Dabei wird die Mondscheibe nicht vollständig schwarz, sondern es entsteht dadurch, daß die Erdatmosphäre den roten Anteil des Sonnenlichts in den Erdschatten hineinbeugt, ein schwach rotes Leuchten. Eine Mondfinsternis entsteht, wenn die Erde genau auf einer Linie zwischen Sonne und Mond

Oxid/Element	Gesamt – Erde	Gesamt – Mond	Mantel- und Krustenzusammensetzung der Erde	Mantel- und Krustenzusammensetzung des Mondes
SiO_2	30,38	43,4	45,0	44,4
TiO_2	0,14	0,3	0,201	0,31
Al_2O_3	3,0	6,0	4,45	6,14
FeO	5,43	10,7	8,05	10,9
MgO	25,52	32,0	37,8	32,7
CaO	2,4	4,5	3,55	4,6
Na_2O	0,24	0,09	0,36	0,09
K_2O	0,02	0,01	0,029	0,01
Fe	28,43	2,166	87,5	
Ni	1,75	0,134	5,4	
S	1,62		5,0	
Kern	32,5 %	2,3 %		
Mantel	67,5 %	97,7 %		

liegt, wodurch sich der Mond im Kernschatten der Erde befindet. Man unterscheidet verschiedene Arten der Mondfinsternis. Bei einer sogenannte Halbschattenfinsternis bedeckt die Erde, vom Mond aus gesehen, nur einen Teil der Sonne. Die dabei zu beobachtende Finsternis macht sich aber kaum bemerkbar. Von einer partiellen Mondfinsternis spricht man, wenn der Mond nur teilweise vom Kernschatten der Erde getroffen wird. Bei der totalen Mondfinsternis zieht der Mond durch den ca. 9000 km breiten Kernschatten der Erde. Da der Durchmesser des Mondes nur 3476 km beträgt, kann die Mondfinsternis bis zu eindreiviertel Stunden dauern. Da die Fläche der Mondumlaufbahn gegenüber der Fläche der Erdumlaufbahn schief steht (↗Ekliptik), kommt es nicht bei jedem Umlauf des Mondes zu einer Finsternis. Nur in den sogenannten Knotenpunkten, auch *Drachenpunkten* genannt, trifft die geforderte Konstellation zu, denn hier schneiden sich die beiden Umlaufbahnen. Hinzu kommt, daß der Mond die Drachenpunkte genau in seiner Voll- oder Neumondposition passieren muß. Eine Finsternis des Mondes tritt in fast gleicher Weise im Abstand von 18 Jahren und elf Tagen auf.

Mondgeodäsie, *Selenodäsie* (benannt nach Selene, der griechischen Mondgöttin), ein objektgerichtetes Aufgabenfeld der ↗Geodäsie. Ziele sind die Vermessung und Abbildung von Figur, Oberfläche und Schwerefeld des Erdmondes im Rahmen der Selenologie (Mondforschung). Die Messungen erfolgten früher aus astrometrischen Methoden, heute fast ausschließlich von unbemannten Raumsonden aus nach Methoden der ↗Photogrammetrie, ↗Fernerkundung und ↗Gravimetrie auf bewegten Trägern.

Mondgestein, Gesteine des ↗Mondes. Die Mondoberfläche besteht aus kraterdurchsetzten Hochebenen (Terrae) und flachen, dunkel erscheinenden Ebenen (Maria). Erstere bestehen aus Anorthositen, in die hochdifferenzierte Basalte (angereichert an K, REE und P) eingedrungen sind. Mare bestehen aus Basalten, wobei Ti-reiche und Ti-arme Basalte unterschieden werden können. Hauptunterschied zu irdischen Basalten sind die höheren Ti und Fe-Gehalte bei niedrigeren Si, Al- und Alkalien-Gehalten. Schwerflüchtige Elemente (Sc, Y, Zr, Hf, SEE) sind in Mondbasalten angereichert. Dagegen kommen chalcophile und siderophile Elemente (↗geochemischer Charakter der Elemente) in geringerer Konzentration als in irdischen Basalten vor.

Mondzeit ↗Gezeiten.

Mondkalender, Zeitzählung, die sich am Mondlauf orientiert. Der Mondkalender ist insbesonders in der islamischen Welt gebräuchlich.

Mondregenbogen, heller, nicht-farbiger, kreisförmiger Streifen um den Gegenpunkt des Mondes in 42° Abstand und manchmal auch ein zweiter Streifen in 51° Abstand um den Gegenpunkt des Mondes. Es ist ein ↗Regenbogen, der wegen seiner geringen Helligkeit vom Auge nicht farbig wahrgenommen wird.

Monera, Regnum, zu dem die ↗Archaea, Bacteria (↗Bakterien) und ↗Cyanophyta mit einzelliger prokaryotischer Zellorganisation zählen. Monera kommen vom ↗Archäophytikum bis rezent vor.

Monimolimnion, von der Durchmischung ausgeschlossene Tiefenzone ↗meromiktischer Seen.

Monin-Obukhov-Theorie, nach den russischen Physikern Monin und Obukhov benannte Gesetzmäßigkeit für Wind- und Temperaturprofile in der bodennahen Grenzschicht(↗Prandtl-Schicht). Diese besagen, daß die entsprechend normierten dimensionslosen Gradienten von Wind und Temperatur eine universelle Funktion der dimensionslosen Höhe z/L sind. So gilt z. B. für die Windgeschwindigkeit u der Zusammenhang:

$$\frac{\varkappa z}{u_*} \frac{\partial u}{\partial z} = \varphi_m\left(\frac{z}{L}\right).$$

Hierbei ist L die sog. Monin-Obukhov-Länge, die definiert ist als:

$$L = -\frac{\bar{\theta} u_*^3}{\varkappa g \overline{\omega' \theta'}}.$$

Hierbei ist u_* = Schubspannungsgeschwindigkeit, $\overline{\omega' \theta'}$ = turbulenter Temperaturfluß, $\varkappa$ = ↗Karman-Konstante. Die dimensionslose universelle Funktion φ_m muß aus Messungen bestimmt werden.

Monitoring, 1) *Fernerkundung*: Beobachtung und Kontrolle von qualitativen und quantitativen Veränderungen mittels Zeitreihenuntersuchungen im lokalen, regionalen und globalen Maßstab. Diese Prozesse können in verschiedenen zeitlichen Ebene ablaufen: kurzfristig (z. B. Vulkanausbruch), saisonal (z. B. Ernteertragsvorausberechnungen), mittelfristig (Holzeinschlag im tropischen Regenwald) und langfristig (z. B. Landschaftswandel in Folge zunehmender Flächennutzungsintensität, Abschmelzen der Gletscher, Flußdeltaentwicklung). Ein Monitoring setzt den Vergleich von mindestens zwei Zeitschnitten voraus, zumeist werden jedoch Daten mehrerer Zeitschnitte (multitemporale Datensätze) ausgewertet. Ausgehend von einem Ist-Zustand werden sowohl retrospektive als auch perspektivische Entwicklungen untersucht. Fernerkundungsdaten stellen eine ausgezeichnete Datengrundlage für die unterschiedlichsten Monitoringaufgaben dar, da sie aktuell, flächendeckend, zeitsynchron und in regelmäßigen Abständen verfügbar sind und zu einem einheitlichen Zeitpunkt eine synoptische Übersicht über die interessierenden Regionen ermöglichen. In Abhängigkeit von der spezifischen Thematik finden Flugzeug- oder Satellitendaten Verwendung. Luftbilder sind in Deutschland regelmäßig seit den 1950er Jahren verfügbar, regional unterschiedlich unregelmäßig jedoch auch schon seit den 1920er Jahren. Dieser Zeitraum ist mit wesentlichen und zum Teil einschneidenden wirtschaftlichen und in Folge auch landschaftsökologischen Veränderungen verbunden. Mit dem Landsat MSS steht seit 1972 erstmals kommerziell ein regelmäßig operierender Fernerkundungssensor zur Verfü-

monoaromatische Sterane: Strukturformeln der monoaromatischen Sterane, welche a) aus Steranen gebildet wurden, b) aus Diasteranen gebildet wurden (R = Wasserstoff, Methylgruppe, Ethylgruppe, Propylgruppe).

a

b

gung. Damit existiert ein Sensor, dessen Daten geeignet sind, auch großräumig oder in wenig erforschten bzw. schwer zugänglichen Gebieten regelmäßig Daten zu erhalten. Die Erfassung einer Vielzahl raum-zeitlicher Veränderungen ist häufig nur mit Fernerkundungsdaten möglich, da zumeist keine adäquaten thematischen Karten existieren. Voraussetzung für ein erfolgreiches Monitoring ist ein an die verfügbaren Daten angepaßtes Auswertekonzept nach einheitlichen Parametern und einheitlichen Regeln der Bildvorverarbeitung. Zumeist erfolgt die Auswertung der Fernerkundungsdaten im Kontext mit anderen Sach- und Raumdaten, die wiederum häufig in einem Geographischen Informationssystem verwaltet werden. Die integrierte Raster- und Vektordatenverarbeitung trägt wesentlich zur Verbesserung der Ergebnisse des Monitorings bei und eignet sich besonders auch zur Entwicklung von Szenarien für mögliche künftige Entwicklungen. Die ständige Verbesserung der geometrischen und spektralen Auflösung von Fernerkundungsdaten erweitern die Anwendungsmöglichkeiten auch für kleinräumig strukturierte Gebiete, wie z.B. Stadtregionen oder naturschutzrelevante Prozesse. **2)** *Landschaftsökologie*: langjährige Beobachtung und Analyse von Lebewesen, der Umweltsituation, bestimmter Bereiche daraus (↗Kompartimente) oder einzelner Umweltprozesse mit dem Ziel einer flächendeckenden Überwachung der Veränderungen und des Belastungszustandes (z.B. Entwicklung des Verschmutzungsgrades eines Fließgewässers). Werden Organismen (Monitororganismen) als Indikatoren für den Belastungszustand eingesetzt (↗Bioindikatoren), spricht man von Biomonitoring.

Monnardsche Regel, *Monnardsches Prinzip*, ökologisches Prinzip, das sich auf die biogeographische Verteilung der Arten bezieht (↗Biogeographie). Nach der Monnardschen Regel sind in gleichförmigen, flächenmäßig begrenzten ↗Lebensräumen die Tiergattungen mit nur einer Art vertreten. Nahe verwandte Arten schließen sich somit durch ↗interspezifische Konkurrenz gegenseitig aus (Konkurrenz-Ausschluß-Prinzip). Eine große Bedeutung kommt damit der Idee der ökologischen ↗Nische zu. Die Monnardsche Regel gilt sowohl für die terrestrischen als auch für die aquatischen ↗Ökosysteme.

monoaromatische Sterane, *MAS*, ↗Sterane, die aus drei Sechsringen und einem Fünfring, zwei Alkylgruppen am Ringsystem und einer Alkyl-Seitenkette an der C-17-Position bestehen. MAS werden mit zunehmender thermischer ↗Reife gebildet und treten in zwei unterschiedlichen Grundstrukturen auf. Ausgehend von den Steranen wird eine Gruppe von MAS mit Methylgruppen an der C-10-Position und der C-17-Position und ausgehend von den ↗Diasteranen eine Gruppe von MAS mit Methylgruppen an der C-5-Position und der C-17-Position gebildet. Hauptsächlich treten C_{27}- bis C_{30}-MAS in beiden Grundstrukturen und unterschiedlichen Konfigurationen auf. Durch fortschreitende thermische Reifung kommt es zur Bildung von ↗triaromatischen Steranen (Abb.).

Monodeponie, ↗Deponie, in der nur eine bestimmte Altlast abgelagert wird. Dies geschieht dann, wenn nachteilige Reaktionen mit anderen Abfällen ausgeschlossen werden sollen, wie z.B. für Rauchgasrückstände oder Flugaschen. Standorte sind oftmals ehemalige Salzbergwerke oder Gipsbergwerke als ↗Untertagedeponien.

Monodurverfahren, chemisches Injektionsverfahren, eingesetzt in feinkörnigen Böden bis zu Feinsanden. Das Wasserglas wird vor der ↗Injektion mit Säurebildnern gemischt, die in regelbaren Zeiten zu einer Ausfällung von Kieselsäure in gipsartiger Konsistenz führen.

Monoeder, Fläche an einem Kristall, die unter allen Symmetrieoperationen auf sich abgebildet wird, zu der also keine zweite symmetrieäquivalente Fläche existiert.

monogenetischer Vulkan, wenige Tage bis Jahre aktiver, einfach aufgebauter Vulkan (z.B. ↗Schlackenkegel); im Gegensatz zu einem ↗komplexen Vulkan).

Monohydrol, in der Hydrologie Bezeichnung für ein einzelnes Wassermolekül als Baustein des Kontinuums ↗Wasser. Durch seine gewinkelte Struktur und die Verteilung der Elektronendichte innerhalb des Moleküls weist das Monohydrol ein ↗Dipolmoment auf. Dieses führt zur Bildung von ↗Polyhydrolen und bedingt die physikalisch-chemischen Eigenschaften des Wassers (↗Wasserchemismus).

monoklin, eines der sieben ↗Kristallsysteme.

Monoklinalkamm, *Isoklinalkamm*, ↗Schichtkammlandschaft.

Monoklinalstruktur, in eine Richtung einfallender Schichtbau des Untergrundes. Bei der Taleintiefung in Form eines *Monoklinaltals* tritt verbreitet ↗Talasymmetrie auf.

Monoklinaltal, ↗Monoklinalstruktur.

Monokline, *Monoklinalfalte*, Verbiegung von Gesteinsschichten über ↗Aufschiebungen. Ähnliche Strukturen über ↗Abschiebungen werden genau genommen als ↗Flexur bezeichnet.

monoklines Prisma, durch die allgemeine Flächenform in der monoklinen holoedrischen Punktgruppe $2/m$ gebildetes Prisma. Dieses Prisma besitzt für sich allein orthorhombische Symmetrie und wird deshalb als ↗rhombisches Prisma bezeichnet. Da es aber an einem Kristall monokliner Symmetrie auftritt, wird es im Kontext der monoklinen Formen auch als monoklines Prisma bezeichnet.

Monokultur, langjähriger Anbau ein und derselben Kulturart auf überwiegend ausgedehnten land- oder forstwirtschaftlichen Flächen. Die Monokultur ist somit eine langjährige Wiederholung der *Reinkultur* (nur mit einer Kulturart genutzte Parzelle) und kann der ↗Mischkultur gegenüber gestellt werden. Die Konzentration auf nur eine Kulturart ermöglicht eine kostensenkende Rationalisierung des Anbaus (z.B. Arbeitseinsatz-, Betriebsmittelsparnis). Nachteile liegen in der Bodenermüdung (z.B. durch einseitigen Nährstoffentzug), der Gefahr von Pflanzenkrankheiten und Schädlingsbefall, im dadurch erhöhten Dünger- und Pflanzenschutzmittelbedarf sowie in der einseitigen Abhängigkeit des Betriebes von Witterung und Absatzmarkt.

Mono-Lake-Exkursion, kurzzeitige Umkehr des Erdmagnetfeldes vor 27.000–28.000 Jahren im normalen ↗Brunhes-Chron. ↗Feldumkehr.

monomikt, aus Bruchstücken nur eines Gesteins bestehend (↗Psephite).

monomiktisch, 1) *Hydrologie*: Bezeichnung für Seen mit nur einer Durchmischungsperiode des Wassers im Jahr. **2)** *Sedimentologie*: Bezeichnung für ein Sedimentgestein, welches aus nur einer Mineralart besteht (↗monomineralisch, ↗polymikt).

monomiktischer See, ↗See mit einer Vollzirkulation pro Jahr. Monomiktische Seen zirkulieren entweder im Sommer (arktische Seen) oder im Winter (tropische Seen).

monomineralisch, Bezeichnung für Gesteine, die vollständig oder ganz überwiegend (keine exakten Grenzen festgelegt) aus einer Mineralart bestehen, z. B. ↗Marmor, ↗Quarzit, ↗Dunit.

monomineralische Gesteine ↗Gesteine.

Monoplotting, in der photogrammetrischen ↗Einbildauswertung Methode der ↗digitalen Kartierung auf der Basis von ↗Orthophotos. Die Raster/Vektor-Überlagerung ermöglicht die Visualisierung des Ortophotos und des aktuellen Auswerteergebnisses auf dem Bildschirm.

Mono-Pol, ist die Quelle eines Kraftfeldes, also ein Massenpunkt, eine elektrische Ladung oder ein idealisierter magnetischer Einzelpol.

Monosemie, Eigenschaft von ↗Zeichen nur eine Bedeutung zu besitzen. ↗Kartenzeichen sind innerhalb einer ↗Karte bzw. eines Kartenzeichensystems (↗Zeichensystem) monosem. Infolge großer ↗Ikonizität kann sich die Monosemie von Kartenzeichen auch auf einen weiten Themenbereich erstrecken. Das ↗Kartenbild kann nach Bertin als monosemes System angesehen werden, da sich dieses aus eindeutig definierten Einzelkartenzeichen zusammensetzt. Sind Zeichen mehrdeutig bzw. mit verschiedenen Bedeutungen belegbar, spricht man von *Polysemie*. Kartenzeichen, insbesondere solche mit einer geringen Ikonizität im Sinne von ↗arbiträren Zeichen, sind insofern polysem, daß dasselbe Zeichen entsprechend der Festlegung in verschiedenen Karten verschiedene Bedeutungsinhalte besitzen kann und daß umgekehrt gleiche Objekte in verschiedenen Karten oft durch unterschiedliche Kartenzeichen dargestellt werden. [WGK]

Monosolverfahren, ein Injektionsverfahren für Böden, bei dem nur eine Lösung injiziert wird (↗Injektion). Sie enthält neben stark verdünntem Wasserglas Natriumaluminat. Dieses Aluminiumsilicatsol erstarrt in regelbarer Zeit unter Beibehaltung des Volumens zu einer Gallerte aus Aluminiumsilicat. Das Verfahren wird für Abdichtungen angewendet. Die Durchlässigkeit k_f des behandelten Bodens beträgt ca. 10^{-7}–10^{-9} cm/s. Die Verfestigungswirkung ist gering.

Monoterpane, durch Synthese von zwei ↗Isopreneinheiten gebildete, verzweigte gesättigte Kohlenwasserstoffe (↗Terpane) mit zehn Kohlenstoffatomen.

Monotropie, Beziehung zwischen zwei unterschiedlichen Mineralvarietäten, wie z. B. ↗Pyrit und ↗Markasit.

Monsun, halbjährlicher Wechsel der bodennahen Windrichtung in einem größeren Gebiet. Der Monsun ist (insbesondere im Sommerhalbjahr) eine Folge der unterschiedlichen Erwärmung von Kontinenten und Ozeanen und der damit verbundenen Verlagerung der ↗innertropischen Konvergenzzone in kontinentale Bereiche, wie es für Südasien und Nordafrika zutrifft. So entsteht der Sommer- oder Südwestmonsun, der von tropischen Meeresgebieten her feuchte Luftmassen insbesondere nach Südasien, in ähnlicher Weise auch ins tropische Nordafrika bis in die Sahelzone bringt und damit eine nordwärts gerichtete Ausweitung der Postzenitalregen ermöglicht (↗Zenitalregen). In Südasien erreicht die zugehörige Regenzeit mit der Entwicklung und Nordwestwärtsverlagerung des ↗indischen Monsuntiefs ihren Höhepunkt. Der Wintermonsun (Nordostmonsun) ist dagegen nichts weiter als ein z. T. durch kalte kontinentale Antizyklonen beschleunigter, trockener ↗Passat. [MGe]

Monsunklima, vom ↗Monsun beherrschtes Klima.

Monsunregen, intensive Regenfälle während des Sommermonsuns besonders über den Landmassen Süd- und Südostasiens.

Monsunwald, subtropischer bis tropischer ↗Laubwald in Gebieten mit ausgeprägten jahreszeitlichen Trocken- und Regenperioden. Der feuchte Monsunwald zeichnet sich durch immergrünes Unterholz, eine laubwerfende Baumschicht und den Reichtum an ↗Epiphyten aus und wird daher auch als halbimmergrüner ↗Regenwald bezeichnet. Wichtiges Nutzholz ist Teak. Ihm gegenüber steht der trockene Monsunwald, der auch als Trockenwald bezeichnet wird und in der ↗Trockensavanne zu finden ist. Er bildet den Übergang zur Dornbuschsavanne. Die Bezeichnung des in Asien durch den ↗Monsunregen entstehenden Monsunwäldes wird auch für entsprechende Wälder andere Kontinente verwendet.

Monsunzirkulation, die vom ↗Monsun windgetriebene Zirkulation des nördlichen und äquatorialen Indischen Ozeans. Während des passatartigen Wintermonsuns (NE-Monsun) entspricht das Stromsystem dem der anderer Ozeane mit dem Unterschied, daß der äquatoriale Gegenstrom südlich des Äquators verläuft (↗äquatoriales Stromsystem). Mit dem Wechsel auf den SW-Monsun wechseln die Oberflächenströmungen die Richtungen, der ↗Somalistrom wird besonders verstärkt. ↗Meeresströmungen.

Mont, *Montium*, nach der Stadt Mons (Belgien) benannte, regional verwendete stratigraphische Bezeichnung für eine Stufe des Paleozäns. Das Mont entspricht dem höheren ↗Dan der internationalen Gliederung ↗Paläogen, ↗geologische Zeitskala.

montane Stufe ↗Höhenstufen.

Monte-Carlo-Methode, *Monte-Carlo-Vorhersage, Monte-Carlo-Simulation*, der Name geht auf die in Monte Carlo durchgeführten Glücksspiele zurück, bei denen unter idealen Bedingungen allein der ↗Zufall über den Ausgang eines Spiels entscheidet. Die Monte-Carlo-Methode ist ein Verfahren der Statistik, bei dem komplexe Problemstellungen nicht vollständig »exakt«, sondern »nur« mit Zufallszahlen exemplarisch durchgerechnet werden. Die Menge aller möglichen Werte dieser Zufallsvariablen wird dabei durch eine geeignete Stichprobe ersetzt.
Die Monte-Carlo-Methode ist das Verfahren der Wahl, um die Wirkung und Macht des Zufalls quantitativ abzuschätzen. Dies ist notwendig bei Tests auf ↗Erwartungstreue statistischer Modelle, der klassischen Signifikanz-Theorie und anderen Prüfverfahren der mathematischen Statistik. Eine zielorientierte Weiterentwicklung der Monte-Carlo-Methode machte sich bei der Ensemble-Vorhersagetechnik notwendig. ↗ensemble prediction system. [KB]

Montmorillonit, *Magny-Montmorillonit, Smegmatit, Steargillit, Walkerit, Walkton*, nach dem französischen Fundort Montmorillon benanntes Mineral mit der chemischen Formel $(Al_{1,67}Mg_{0,33}[(OH)_2|Si_4O_{10}]^{0,33} \cdot Na_{0,33}(H_2O)_4$. Die chemische Formel ist nur angenähert. Da Montmorillonit ein großes Ionenaustauschvermögen besitzt, kann Al gegen Mg, F^{2+}, Fe^{3+}, Zn, Pb (z. B. aus Schadstoffen in Abwässern), Cr, Cu u. a. ausgetauscht werden; die daraus resultierende negative Ladung der Oktaederschichten wird durch Kationen, besonders Na^+ (Natrium-Montmorillonit) und Ca^{2+} (Calcium-Montmorillonit, nur sehr wenig quellfähig) in Zwischenschichtpositionen ausgeglichen; monokline Kristallform; Farbe: graulich-weiß, rötlich, bräunlich, gelblich, grünlich; meist matt; fettig anfühlend; undurchsichtig; Strich: strohgelb bis grünlich-gelblich; Härte nach Mohs: 1–2 (mild), Dichte: 1,7–2,7 g/cm³; Spaltbarkeit: sehr vollkommen nach (*001*); Aggregate: nur derbe, dichte, erdige, zerreibbare, wechselnd plastische Massen; in H_2O quellend; Fundorte und Vorkommen: als Tonbestandteil vor allem in tropischen Böden, häufig auch in Tiefseeböden. Der quellfähige Na-Montmorillonit ist Hauptbestandteil der vor allem in Wyoming (USA) vorkommenden Natrium-Bentonite (sog. Typ Wyoming), Ca-Montmorillonit ist Hauptonmineral der nicht quellenden Calcium-Bentonite (Cheto-Typ, in Großbritannien als Fuller-Erden bezeichnet), z. B. im Gebiet von Moosburg, Mainburg und Landshut in Bayern, Mississippi und Texas (USA). Montmorillonite entstehen auch durch hydrothermale Zersetzung magmatischer Gesteine. Aus der Verwitterung basischer magmatischer Gesteine (z. B. Basalte) kann sich Montmorillonit bis zu bauwürdigen Lagerstätten anreichern. ↗Smectite. [GST]

Montmorillonitisierung, Umwandlung von ↗Muscovit zu ↗Montmorillonit durch hydrothermale Prozesse oder Verwitterungsprozesse.

Montreal-Protokoll, internationale Vereinbarung zur Regelung von Produktion und Verbrauch der Substanzen, die zum Abbau der ↗Ozonschicht führen können. Das Montreal-Protokoll wurde am 16.9.1987 in Montreal, Kanada unterzeichnet und betraf ursprünglich nur die wichtigsten ↗FCKW. Zusatzvereinbarungen, die anläßlich der sog. Nachfolgekonferenzen in London (1990), Kopenhagen (1992) und Wien (1995) getroffen wurden, regeln auf der Grundlage des Montreal-Protokolls auch die Reduzierung von Produktion und Verbrauch für ↗Halonen, ↗FCHKW und Methylbromid. Die Vereinbarungen sehen vor, daß in den industrialisierten Ländern die Produktion der wichtigsten Halone bis zum 1.1.1994 und die der meisten halogenierten Kohlenwasserstoffe abgesehen von unentbehrlichen Anwendungen, wie z. B. für medizinische Sprays, bis zum 1.1.1996 vollständig eingestellt werden sollte. Ausnahmeregelungen gelten für Entwicklungsländer. Die Produktion von Methylbromid sollte auf dem Stand von 1995 eingefroren und bis 2010 vollständig eingestellt werden. [USch]

Montroseit, nach dem amerikanischen Fundort Montrose benanntes Mineral mit der chemischen Formel (V,Fe)O(OH) und rhombisch-dipyramidaler Kristallform; Farbe: schwarz; Dichte: 4,41 g/cm³; Aggregate: winzige Kristalle; Fundort: Montrose (Colorado, USA).

Monzodiorit, ein ↗Diorit, der mehr als 10 Vol.-% Alkalifeldspat führt (↗QAPF-Doppeldreieck).

Monzogabbro, ein ↗Gabbro, der mehr als 10 Vol.-% Alkalifeldspat führt (↗QAPF-Doppeldreieck).

Monzonit, ein plutonisches Gestein, das überwiegend aus Plagioklas und Alkalifeldspat zu gleichen Anteilen besteht (↗QAPF-Doppeldreieck).

Moore, Ökosysteme, in denen ↗organische Substanz, vor allem im Wurzelbereich unter ↗anaeroben Zersetzungsbedingungen schneller produziert als abgebaut wird. *Natürliche Moore* stellen eine Abteilung in der ↗deutschen Bodenklassifikation dar. Die gleichnamige Klasse unterteilt sich in zwei Typen, ↗Niedermoor und ↗Hochmoor, die sich jeweils noch in verschiedene Subtypen untergliedern lassen (Abb. 1). Die Vegetation wachsender Moore bzw. ihr äußeres Erscheinungsbild führte landläufig zu unterschiedlichen Bezeichnungen wie Filz, Moos, Ried, Fenn, Luch oder Bruch. 1) Als Landschaftsbegriff bezeichnet Moor ein Gebiet, das von Moorböden bzw. ↗Torfen und den sie unterlagernden meist organischen Sedimenten (↗Mudden) eingenommen wird, einschließlich ihrer spezifischen Vegetation. 2) Geologisch gesehen sind Moore Bildungen der Erdoberfläche (i. d. R. quartäre, meist holozäne), die unter Mitwirkung von Pflanzen entstanden sind, und stets eine Massenanhäufung kohlenstoffreicher Zersetzungsprodukte der fast reinen Pflanzensubstanz darstellen. 3) Moore sind Böden aus Torfen, die mindestens 30 Massenprozent organische Substanz besitzen und mehr als 3 dm mächtig sind, einschließlich zwischengelagerter mineralischer Schichten und Mudden. Die Moore stellen eine selbständige bodensystematische Abteilung dar, weil, wie bei keinem anderen Boden, mit ihrer Bildung zugleich das Ausgangsmaterial entsteht. Die Moorbildung ist daher sowohl ein geologischer- als auch ein bodengenetischer Vorgang. Böden mit ↗H-Horizonten von weniger als 3 dm an der Oberfläche werden bei den ↗Moorgleyen eingeordnet. Natürliche mineralische Überdeckungen von Moorböden mit weniger als 2 dm Mächtigkeit werden als Zusatz bezeichnet. Bei 2 bis 4 dm Mächtigkeit der Überdeckung werden die sich überlagernden bodensystematischen Einheiten angeführt z. B. ↗Gley über Niedermoor. Sind die Überdeckungen mächtiger als 4 dm, erfolgt eine Zuordnung der betroffenen Böden zu den entsprechenden Mineralbodentypen. Moore nehmen auf der Erde ca. 1 % der gesamten Landfläche ein. Insbesondere in Nordeuropa, Westsibirien, Nordamerika und in den feuchten Tropen befinden sich, klimatisch bedingt, die größten Moorvorkommen. In Finnland wird sogar ein Drittel der Landesfläche von Mooren eingenommen, in Deutschland 4,5 % der Gesamtfläche. Im maritim beeinflußten nordwestdeutschen Raum dominieren die lediglich vom relativ nährstoffarmen Regenwasser (ombrotroph) gespeisten Hochmoore, in den Talniederungen des relativ niederschlagsarmen Nordostdeutschlands hingegen hauptsächlich die vom oft mineralstoffreichen Grundwasser (minerotroph)ernährten Niedermoore. Hauptkriterium für die Einteilung der Moore ist der Ursprung des für die Moorbildung verantwortlichen Wassers. Demzufolge unterscheidet man zwischen Niedermooren (minerotroph, ↗topogen), Hochmooren (ombrotroph, ↗ombrogen) und den wegen ombrominerotropher Entstehungsbedingungen zwischen beiden erstgenannten Typen stehenden ↗Übergangsmooren. Darüber findet eine ganze Reihe von Merkmalen für eine präzisere Charakterisierung Verwendung. Nach den hydrologischen Verhältnissen und dem damit in Verbindung stehenden Aufbau des Moorkörpers lassen sich sog. hydrologische Moortypen wie Verlandungsmoor, Versumpfungsmoor, Überflutungsmoor, Durchströmungsmoor, ↗Quellmoor, ↗Hangmoor, Kesselmoor und Regenmoor voneinander unterscheiden. Diese können teilweise in charakteristischen Vergesellschaftungen auftreten, oder im Laufe der Moorentwicklung können verschiedene hydrologische Moortypen infolge natürlicher Torfbildungsvorgänge oder anthropogener Einflüsse einander ablösen. Darüber hinaus erfolgt auch eine Einteilung in ökologische Moortypen. Hierbei werden Nährstoff- und Säure-Basen-Verhältnisse, die für die Moorvegetation von entscheidender Bedeutung sind, zur Klassifizierung verwendet. Für die Eingruppierung werden entweder das aktuelle Vegetationsbild oder die Ansprache der abgelagerten Torfarten bzw. die Resultate bodenchemischer Untersuchungen (Nährstoffe, pH-Wert) herangezogen. Zu den ökologischen Moortypen gehören beispielsweise die oligotroph-sauren Moore (Sauer-Armmoore), die mesotroph-sauren Moore (Sauer-Zwischenmoore), die mesotroph-subneutralen Moore (Basen-Zwischenmoore), die mesotroph-

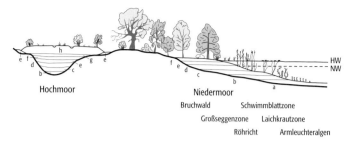

kalkhaltigen Moore (Kalkzwischenmoore) und die eutrophen Moore (Reichmoore). Aus der Kombination von ökologischen und hydrologischen Moortypen ergeben sich chorische Naturraumtypen, wie z. B. eutrophes Versumpfungsmoor (Abb. 2 im Farbtafelteil) oder oligotroph-saures Mittelgebirgs-Regenmoor. Eine weitere Möglichkeit zur Untergliederung stellt der Säurestatus dar. Stärker entwässerte, pedogen veränderte Moore werden bei pH-Werten unter 4,8 als Sauermoore und bei pH-Werten über 4,8 als Basenmoore bezeichnet. Der ökologische Status während der Moorwachstumsphase, der sich aus der Ansprache der abgelagerten Torfarten und bodenchemischen Befunde ableitet, wird dabei mit angegeben. Beispiele hierfür sind Basenmoor aus primär eutrophem Moor oder Sauermoor aus primär mesotroph-saurem Moor. Aufgrund höherer Nährstoffgehalte (Trophie) findet man auf den Niedermooren meist eine üppigere Vegetation als auf den mineralstoffärmeren Hochmooren. In den Verlandungsgürteln von Seen z. B. kommen als Niedermoorvegetation massenwüchsige Arten wie Schilf (*Phragmites australis*), Rohrkolben (*Typha latifolia*), verschiedene Seggenarten (*Carex sp.*) oder Bruchwald mit Erlen (*Alnus sp.*) und Birken (*Betula sp.*) vor. Häufig sind breite Talauen und -mulden(Urstromtäler) von Niedermooren bedeckt, da sie Zuflußgebiete mit ständigem Wasserüberschuß sind. Die Vegetation des Hochmoore ist relativ artenarm und eher spärlich. Hauptsächlich kommen Torfmoose (*Spagnum sp.*) vor, aber auch Zwergsträucher (Heidekraut, *Calluna vulgaris* oder *Erica tetralix*), Wollgräser (*Eriopherum sp.*), Moosbeere (*Oxicoccus palustris*), schmalblättrige Seggenarten (*Carex sp.*) und Sonnentau (*Drosera sp.*) zu finden. Zum überwiegenden Teil waren die Moore im mitteleuropäischen Raum gehölzfeindliche Standorte. Bruchwälder kamen auf den nur phasenhaft überstauten Standorten vor, bzw. nach klimabedingten Trockenphasen, teilweise auch wenn Moore aus ihrem Grundwasserbereich herauswuchsen oder in jüngerer Zeit nach Entwässerungen. Die ersten Moore des mitteleuropäischen Spätglazials begannen vor etwa 13.000 Jahren aufzuwachsen, zunächst durch Sedimentation von Mudden und später mit der einsetzenden Klimaverbesserung durch die Torfakkumulation. Es handelte sich hierbei um Niedermoorbildungen. Das Wachstum von Hochmoortorfen setzte erst einige tausend Jahre später ein, frühestens im Atlantikum. Aus den unterschiedlich al-

Moore 1: Moortypen und ihre Bildungsbedingungen.
HW = Hochwassergrenze,
NW = Niedrigwassergrenze,
a = Kalkmudde oder Seekreide,
b = Feindetritusmudde,
c = Grobdetritusmudde,
d = Schilftorf, e = Seggentorf,
f = Bruchwaldtorf, g = älterer Bleichmoostorf (stark zersetzt),
h = jüngerer Bleichmoostorf (schwach zersetzt).

ten Torfschichten der Moore läßt sich die Vegetationsentwicklung der letzten Jahrtausende ableiten. Die Pflanzenreste bzw. Sporen und Pollen sind hier ausgezeichnet konserviert worden. Mit Hilfe von Radiokarbondatierungen ist es möglich, den Vegetationswandel mit zeitlichem Bezug zu rekonstruieren und so Rückschlüsse auf die Klimaentwicklung zu ziehen. Erdgeschichtlich betrachtet fanden die ersten Moorbildungen im Devon, vor etwa 400 bis 320 Mio. Jahren statt. Aus dem Unterdevon ist das schottische zu Hornstein verkieselte Psilophytenmoor bekannt. Alle heutigen Kohlelagerstätten sind aus ehemaligen Mooren entstanden. Auf der Bäreninsel bei Spitzbergen existiert vermutlich das älteste zu Steinkohle umgewandelte Moor. Es stammt aus dem Oberdevon. Großräumige Moorentwicklungen erfolgten zu dieser Zeit vorwiegend in binnenländischen Becken (limnische Fazies) und in den Regionen der Meeresküsten (paralische Fazies). Zu einer räumlichen Verlagerung der Moor- bzw. der sich anschließenden Kohlebildung nach Norden kam es mit der Wanderung der Faltung im Ruhr-Karbon. Die Mächtigkeit resultierender Steinkohleflöze liegt meist unter 6 m. In Senkungsgebieten kommen jedoch mitunter gewaltige Schichtfolgen vor (z. B. im Ruhrbecken, 3000 m mit 70 abbauwürdigen Flözen). Erdgeschichtlich zumeist wesentlich jünger sind die gleichfalls aus Mooren entstandenen Braunkohleflöze von 100 m Mächtigkeit wie z. B. aus dem Rheinland (Miozän) und dem Geiseltal (Eozän). Die ⁊Inkohlung erfolgt von der Vertorfung bis zum Stadium der ⁊Braunkohle vorwiegend in Form biochemischer Vorgänge. Daran schließt sich ein geochemischer Prozeß an (Diagenese), der maßgeblich von großer Wärme und hohem Druck gekennzeichnet ist. Hierbei kommt es zu einer weiteren Erhöhung des Kohlenstoffgehaltes als Folge des Verlustes an Wasser und flüchtigen organischen Verbindungen. Die Torfschicht schrumpft bis zum Stadium der Braunkohle auf ein Drittel und bis zum Stadium der Steinkohle auf ein Siebentel ihrer ursprünglichen Mächtigkeit. Verschiedene Indizien sprechen dafür, daß fossile und rezente Moore wegen ihrer großen Bedeutung für die globalen Kreisläufe der Treibhausgase ⁊Kohlendioxid, ⁊Lachgas und ⁊Methan die zukünftige Entwicklung des Klimas wesentlich mitbestimmen könnten. So stellen natürliche Moore aufgrund der anaeroben Bodenverhältnisse eine der wichtigsten Methanquellen dar (ca. 17 % des globalen Methanaufkommens). Darüber hinaus sind allein in den rezenten Mooren ca. ein Drittel der terrestrischen Kohlenstoff- und Stickstoffvorräte akkumuliert. Die zunehmende Verbrennung der Kohlevorräte für die Energiegewinnung und die weltweit fortschreitende Entwässerung der Moore – in Südasien und Europa sind davon bereits mehr als 50 % der Moorstandorte betroffen – trägt aber bereits jetzt maßgeblich zum anthropogen bedingten Anstieg des Kohlendioxid- und Lachgasgehaltes in der Atmosphäre bei. Dieser Trend könnte sich zukünftig infolge eines beschleunigten Austrocknens der Moore bei der sich andeutenden globalen Erwärmung noch weiter verstärken. [AB, JA]
Literatur: [1] GÖTTLICH, K. (1990): Moor- und Torfkunde. – Stuttgart. [2] OVERBECK, F. (1975): Botanisch-geologische Moorkunde. – Neumünster.

Moorgley, Bodentyp nach der ⁊deutschen Bodenklassifikation in der Klasse der ⁊Gleye. Der Unterschied zu den ⁊Mooren besteht in der geringeren Torfmächtigkeit (H-Horizont < 3 dm, > 30 % ⁊organische Substanz). Moorgleye besitzen charakteristische Horizontmerkmale, welche durch den Grundwassereinfluß geprägt wurden. Deshalb gehören sie in die Abteilung der ⁊semiterrestrischen Böden. Die Moorgleye lassen sich in die Subtypen Niedermoorgley (nH/Gr-Profil), Hochmoorgley (hH/Gr-Profil), Hang-Moorgley (H/sGr-Profil),und Quellen-Moorgley (H/qGr-Profil) untergliedern. Moorgleye sind meist in den Randbereichen der Moore zu finden (natürliche Vorstufe der Moore). Nach Entwässerung und tiefer Bodenbearbeitung kann als Folgeboden ein ⁊Anmoor entstehen.

Moormarsch, *Torfmarsch*, Subtyp der ⁊Marsch, ältere Bezeichnung für die flache ⁊Organomarsch über ⁊Niedermoor. Die Moormarsch findet man in unterschiedlicher Breite entlang des Geestrandes. Sie kommt jedoch auch kleinflächig in Gebieten der ⁊Flußmarsch vor. Dem tiefgelegenen Geestsaum fließt hauptsächlich Süßwasser zu, so daß sich im Flachwasser eine Niedermoorvegetation ansiedeln konnte, die sogar in einigen Fällen von einer Übergangsmoor- bzw. Hochmoorvegetation abgelöst wurde. Die Moorbildungen und Aufschlickungen haben hier gleichzeitig oder nacheinander stattgefunden. Besitzen die Marschauflagen über dem Torf Mächtigkeiten von 2 bis 4 dm, bezeichnete man in früherer Zeit diese Böden als Moormarschen. ⁊Brackmarsch Abb.

Moräne, vom Eis (⁊Gletscher oder Inlandeis) transportiertes und abgelagertes Material, wobei der Begriff das auf, im oder unter dem Eis bewegte, noch nicht abgelagerte, Material mit einschließt. Der Begriff Moräne bezieht sich sowohl auf die Form, als auch auf das ⁊Sediment, unabhängig von Zeit, Ort und Art des Transportes und der Ablagerung. Rein ⁊glazigene Moränen, d. h. ohne ⁊fluvioglaziale oder ⁊limnische Beimengungen, bestehen aus einem weitgehend unsortierten, ungeschichteten Gemisch unterschiedlichster Korngrößen. Das Feinmaterial wird als ⁊Geschiebelehm oder ⁊Geschiebemergel bezeichnet, die Grobkomponente als ⁊Geschiebe. Das Material wird entweder vom Eis, am Untergrund (vor allem vom Inlandeis) und an den Seiten durch ⁊Detersion, ⁊Detraktion oder ⁊Exaration, aufgenommen, oder es gelangt durch ⁊Steinschlag oder ⁊Lawinen (vor allem bei Gletschern im Hochgebirge) auf die Gletscheroberfläche. Je nach Lage zum oder im Eis kann unterschieden werden in: ⁊Obermoräne, ⁊Mittelmoräne, ⁊Untermoräne, ⁊Innenmoräne, ⁊Seitenmoräne, ⁊Grundmoräne und ⁊Endmoräne (Abb.). Weite Teile des ehemaligen nordischen und alpenländischen Vereisungsgebietes sind mit Moränen überdeckt. Als charakteristische Reliefformen bilden sie, in der Vergesellschaftung mit ↗fluvioglazialen Ablagerungen und Formen, ↗Grundmoränenlandschaften oder Endmoränenlandschaften aus, welche je nach Alter und Erhaltungszustand der Moränen in ↗Altmoränenlandschaft und ↗Jungmoränenlandschaft unterschieden werden. Moränenmaterial ist in den genannten Gebieten Ausgangssubstrat für die Bodenbildung und ergibt, im Vergleich zu den fluvioglazialen Ablagerungen, i.d.R. nährstoffreichere Böden. [JBR]

Moränenlandschaft, eine von ↗Moränen geprägte Landschaft, die als flache oder kuppige ↗Grundmoränenlandschaft oder stärker reliefierte Endmoränenlandschaft (↗Endmoräne) spezifiziert werden kann. Je nach Alter und Erhaltungszustand der Moränen wird darüber hinaus in ↗Altmoränenlandschaft und ↗Jungmoränenlandschaft unterschieden. Große Teile Schleswig-Holsteins, Niedersachsens, Mecklenburg-Vorpommerns und Brandenburgs sind ↗glazial geformte Moränenlandschaften ebenso wie das glazial überformte Bayerische Alpenvorland.

Moränenstausee, durch Wälle aus ↗Moräne, vor allem der ↗Endmoräne, aufgestauter See nach Rückschmelzen des Gletscherrandes, dann auch als Endmoränenstausee bezeichnet.

Moränenwall, langgestreckte, rückenförmige Gestalt einer ↗Moräne, zumeist in Zusammenhang mit deutlich ausgeprägten ↗Endmoränen gebräuchlich. Moränenwälle liegen oft parallel in sog. Staffeln hintereinander. Hohe ↗Seitenmoränen können auch Moränenwälle ausbilden.

Moravosilesische Zone, die südöstlich an das Moldanubikum (↗Moldanubische Zone) angrenzende Zone. Die von Kossmat 1927 als moravosilesische benannte Zone bildet die südöstlichste stratigraphisch-lithologisch-tektonische Einheit der europäischen ↗Variszides. Sie kann als verkleinertes Spiegelbild von ↗Saxothuringikum und ↗Rhenoherzynikum verstanden werden; eine direkte, bogenartige Faltenverbindung zum Rhenoherzynikum gilt als wahrscheinlich. Die moravosilesische Zone wird in das intern gelegene, weitflächig vom hochmetamorphen Moldanubikum überschobene Moravosilesikum sowie das extern anschließende Sudetikum mit einem nur z.T. in die variszische Faltung einbezogenem proterozoischem Kristallinfundament (Bruno-Vistulikum) unterteilt. Das Moravosilesikum ist ein schmaler Streifen mittelgradig metamorpher Gesteine mit eingeschalteten granitoiden Intrusiva. Die Faltenzüge des weniger komplex gestalteten Sudetikums bestehen aus devonisch-karbonischen Sedimenten, welche mit der rhenoherzynischen Abfolge vergleichbar sind. Es geht extern in das Oberschlesische Kohlebecken über. [HGH]

MORB ↗Mid Ocean Ridge Basalt.

Mordichnion, [von lat. mordare = beißen und griech. ichnos = Spur], *Raubspuren*, ↗Spurenfossilien.

Morey-Apparatus ↗Hot-Seal-Apparatus.

Morgenrot ↗Dämmerungserscheinungen.

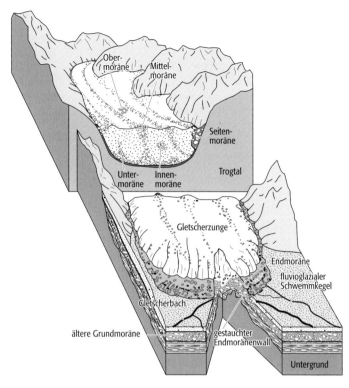

Moräne: Talgletscher und Gletscherzunge im Vorland.

Morgenweite, Winkel zwischen Aufgangspunkt eines Gestirns (insbes. der Sonne) und dem Ostpunkt des Horizonts. Entsprechend bezieht sich die Abendweite auf den Westpunkt des Horizonts.

Morin-Phasenübergang, Phasenübergang beim ↗Hämatit (α-Fe$_2$O$_3$) bei 263 K (-10°C). Unterhalb dieser für Hämatit charakteristischen Temperatur ist das Mineral rein antiferromagnetisch (↗Antiferromagnetismus) und verliert seinen schwachen ↗Ferrimagnetismus, den es durch Verkanten (↗spin canting) der magnetischen Elementardipole oberhalb 263 K besessen hatte. Die Elementardipole klappen unterhalb 263 K von einer Richtung in der Basalebene in die dazu senkrechte *c*-Achse um. Hämatit wird beim Unterschreiten dieser Temperatur magnetisch anisotrop und die ↗Suszeptibilität nimmt ab. Eine vorhandene ↗remanente Magnetisierung verschwindet bei Unterschreitung der kritischen Temperatur, kann sich aber beim Erwärmen wieder teilweise regenerieren. Dies wird als ↗Memory Effekt bezeichnet.

Morphodynamik, *Geomorphodynamik*, alle reliefbildenden Prozesse. Im Gegensatz zur Morphogenese beschreibt die Morphodynamik die aktuellen geomorphologischen Prozesse, nicht die vorzeitlichen. ↗Geomorphologie.

Morphogenese ↗Geomorphogenese.

Morphographie ↗Geomorphographie.

Morphologie, **1)** *Allgemein*: *Gestaltlehre*, Lehre von der äußeren Form oder Gestalt geo- und biowissenschaftlicher Gegenstände. Darunter wird aber auch der Aufbau von Pflanzen, Tieren oder

Georeliefformen sowie die Lagebeziehungen der Organe oder Reliefteile verstanden. ↗Geomorphologie. **2)** *Kristallographie*: ↗*Kristallmorphologie*.

Morphosphäre, *Geomorphosphäre, Reliefsphäre, Geodermis,* im Sinne der einzelnen Teilsphären der Geo-Biosphäre (↗Lithosphäre, ↗Atmosphäre, ↗Biosphäre usw.) Begriff für das ↗Relief als Grenzfläche zwischen Lithosphäre und Atmosphäre.

Morphostruktur, die den »Baustil« des Reliefs prägenden geologisch-tektonischen Gegebenheiten.

Morphostrukturtypen, *morphostrukturelle Großeinheiten*, Großformentypen des Reliefs der Kontinente, die durch eine vergleichbare geologisch-(platten-) tektonische Geschichte ein in den Grundzügen ähnliches Relief aufweisen. Hierzu gehören die Kontinentalkerne, die Bruchschollenländer (labile geologische ↗Schelfe), die ↗Faltengebirge und die jungen Aufschüttungsflächen (sedimentäre Ebenen). In dieselbe Kategorie gehören auch die stukturellen Großeinheiten der Ozeanbecken (↗Meeresbodentopographie), die aber bei der Darstellung der Morphostrukturtypen in der ↗Geomorphologie meist keine Berücksichtigung finden.

Morphosystem, *Geomorphosystem,* Teilbereich des ↗Geosystems, das als funktionelle Einheit die im oberflächennahen Untergrund ablaufenden ökologischen und geomorphogenetischen Prozesse beinhaltet. Die Prozesse im Morphosystem werden primär durch die Merkmale des Georeliefs (z. B. Wölbungsform, Hangneigung) gesteuert. Auf der räumlichen Betrachtungsebene wird die funktionelle Einheit Morphosystem als ↗Morphotop angesprochen.

Morphotop, *Geomorphotop,* räumliche Manifestation des ↗Morphosystems. Das Morphotop ist die kleinste räumlich ansprechbare, durch geomorphographische Merkmale (Neigung, Exposition usw.) definierbare homogene Einheit des Georeliefs. Innerhalb eines Morphotops laufen die ökologischen und geomorphogenetischen Prozesse des oberflächennahen Untergrundes einheitlich ab und geben dem Morphotop eine einheitliche Ausprägungsform.

Mortalität ↗*Letalität.*

Mörtelanker, ↗Haftanker, bei dem der Verpreßkörper aus Mörtel, d. h. einem Gemisch aus Kies, Sand, Zement und Wasser, besteht.

Mortensen, *Hans,* deutscher Geograph, * 17.1.1894 Berlin, † 27.5.1964 Göttingen; 1920 Promotion und 1922 venia legendi in Königsberg; ab 1924 in Göttingen, mit kurzen Unterbrechungen in Riga, Marburg und Freiburg; ab 1934 Institutsleiter in Göttingen; Forschungsreisen nach Chile, Spitzbergen und Nordamerika. Forschungsschwerpunkte: Geomorphologie, Siedlungsgeographie (insbesondere Wüstungsforschung) und Ostforschung. Werke (Auswahl): »Die Morphologie der samländischen Steilküste« (1221), »Siedlungsgeographie des Samlandes« (1923), »Der Formenschatz der nordchilenischen Wüsten« (1927), »Neues zum Problem der Schichtstufenlandschaft. Einige Ergebnisse einer Reise durch den Südwesten der USA« (1953), über »Interimswüstungen« (1964).

MOS, *Model Output Statistic,* ein Anfang der 1970 er Jahre von den amerikanischen Meteorologen Glahn und Lowry geprägter Begriff des statistischen ↗Postprocessing. Im Gegensatz zum sog. »Perfect-prog-Ansatz«, der die benötigten statistischen Relationen mittels diagnostischer Prediktoren herstellt, bedient sich MOS prognostischer Prediktoren, meist in Gestalt von archivierten Variablen, die im Rahmen der ↗numerischen Wettervorhersage anfallen. Jeder der beiden Ansätze hat seine Vor- und Nachteile. Die statistischen Relationen werden weltweit überwiegend mithilfe multivariater Regressionsanalysen erzeugt, doch kommen auch andere moderne Verfahren, wie Entscheidungsbaum, Neuronales Netz, Mustererkennung, Diskriminanzanalyse u. a. zum Einsatz. Fälschlicherweise wird manchmal MOS als Synonym für die statistische Interpretation schlechthin verwendet.

Mosaik, **1)** *Fernerkundung*: ein aus mehreren benachbarten Fernerkundungsbildern zusammengesetztes Übersichtsbild. Dieses behält den hohen Informationsgehalt und die Auflösung der Originalbilder weitestgehend bei. Nach dem Grad der ↗Geocodierung der verwendeten Bilder unterscheidet man zwischen Bildskizze (engl. uncontrolled mosaic), die aus nicht geokodierten Bildern hergestellt und daher nur beschränkt ausmeßbar ist, Bildplanskizze (engl. semi-controlled mosaic) aus grob entzerrten Bildern, die auch kartographisch mit Beschriftung, Randbearbeitung, Höhenangaben und Gitternetz überarbeitet sein kann, und Bildplan oder kontrolliertem Mosaik (engl. controlled mosaic) aus entzerrten Bildern mit kartographischer Bearbeitung und meist in gebräuchlichen Kartenmaßstäben. **2)** *Landschaftsökologie*: *Gefüge*, charakteristische, von der Kombination der ↗Standortfaktoren bedingte Verteilung von Bodentypen, geoökologischen Einheiten (↗Geoökotop) oder Vegetationseinheiten im Raum. Es gibt auch anthropogene Mosaike, die durch starke, räumlich differenzierte menschliche Nutzung der Vegetation entstehen und ein räumliches Nebeneinander von kleinflächigen Sukzessionsmosaiken bilden (↗Sukzession). Die ↗Pflanzengesellschaften solcher Mosaike werden auch als Mosaik-Komplex angesprochen.

Mosaikbildung, in der ↗Photogrammetrie geometrisches Zusammenfügen und radiometrisches Angleichen benachbarter digitaler ↗Orthophotos zu einem, meist gekachelt (in rechtwinkligen Sektionen) abgespeicherten, blattschnittfreien Orthophoto eines vorgegebenen Teils der Erdoberfläche. Mosaike sind in der Regel die geometrische Grundlage von ↗Bildkarten.

Mosaikblock, *Subkorn,* ↗*Mosaikkristall.*

Mosaikgefüge, Bezeichnung für gleichkörnige, ungeregelte (↗granoblastische) Mineralaggregate, meist durch ↗Rekristallisation entstanden (Abb. im Farbtafelteil).

Mosaikkarte, abgeleitet aus der kartographischen ↗Zeichen-Objekt-Referenzierung ein ↗Kartentyp zur Repräsentation von nominalskalierten Daten mit Bezug zu zweidimensional definierten natürlichen Arealen (Abb.). Die Repräsentation der Daten in der Mosaikkarte erfolgt auf der Grundlage des ↗kartographischen Zeichenmodells durch flächenförmige Zeichen, die mit Hilfe der ↗graphischen Variablen Form, Farbe oder Richtung variiert werden können. Der Begriff der Mosaikkarte basiert auf der Assoziation der Flächennutzungsstruktur als mosaikförmig aus kleinen Teilen zusammengesetzter räumlicher Einheit. Typische Mosaikkarten sind die Flächennutzungskarte, der ↗Flächennutzungsplan und die ↗Bodenkarte. ↗Flächenmethode.

Mosaikkristall, ↗Einkristall, der ↗Kleinwinkelkorngrenzen enthält und aus einer Reihe von *Mosaikblöcken* aufgebaut ist, die nur geringfügig zueinander fehlorientiert sind.

Mosambikstrom, *Straße von Mosambik* ↗Meeresströmung im ↗Indischen Ozean zwischen der Küste des afrikanischen Festlands und Madagaskar.

Moseleysches Gesetz ↗charakteristische Röntgenstrahlung.

Moskov, *Moscovium*, nach der Stadt Moskau benannte, international verwendete stratigraphische Bezeichnung für eine Stufe des ↗Karbons. ↗geologische Zeitskala.

mother lode, (engl.) 1) Hauptgang, der durch einen Erzdistrikt streicht. 2) primäre ↗Ganglagerstätte, aus deren ↗Mineralisation sich nach Abtragung, Transport und Sedimentation eine Seifenlagerstätte (↗Seifen) gebildet hat.

Mott-Gleichung ↗Atomstreufaktor.

mottled zone, (engl.) ↗Fleckenzone.

MOZ ↗*mittlere Ortszeit*.

M-Region, ein von Julius Bartels eingeführter Begriff, um die Existenz von magnetisch ruhigen und magnetisch aktiven Zeitabschnitten durch eine entsprechende Einteilung der Sonne in magnetisch (M) unterschiedlich aktive Regionen zu erklären.

MS ↗*Massenspektrometrie*.

MSG, *Meteosat Second Generation*, ↗Zweite Generation Meteosat.

MSK-Skala, im Jahr 1964 festgelegte zwölfteilige Skala für die ↗makroseismische Intensität, die hauptsächlich in Europa benutzt wurde. Die Übertragung der MSK-Skala auf andere Gebiete mit unterschiedlicher Bausubstanz ist nicht ohne weiteres möglich. Der Name der Skala weist auf ihre Schöpfer, Medwedew, Sponheuer und Karnik. Die Kurzbeschreibung der MSK-Skala ist ähnlich wie bei der neueren Skala ↗EMS-98. ↗Erschütterung.

MSP-4, Farbmischprojektor zur Erzeugung von Farbmischbildern nach dem additiven Farbmischprinzip. Es werden bis zu vier multispektrale Bildnegative oder Diapositive beliebig mit Farbfiltern kombiniert und mit weißem Licht durchleuchtet; durch die variabel einstellbaren Beleuchtungsintensitäten ergeben sich weitere Variationsmöglichkeiten. Auf eine Mattscheibe wird das additive Mischbild projiziert. Bei ausschließlicher Interpretation am Projektor können neben Farbfiltern der additiven Grundfarben Rot, Blau und Grün zusätzlich auch weitere Farbfilter verwendet werden, die zudem jeweils noch in ihrer Helligkeit reguliert werden können. Damit kann aufgabenbezogen eine sehr vielfältige Farbnuancierung erzielt werden.

MSS, *Multispektral Scanner*, optomechanischer Scanner auf ↗Landsat 1–5 (Tab.). MSS zeichnet in vier Spektralkanälen im sichtbaren und nahinfraroten Bereich des elektromagnetischen Spektrums auf. Wichtiges Anwendungsgebiet ist die Dokumentation und Analyse der Dynamik von Landnutzung und Landbedeckung über größere Zeiträume hinweg (multitemporal change detection). MSS-Daten liegen seit dem Beginn der operationellen Phase von Landsat-1 im Jahre 1972 vor.

Mosaikkarte: Beispiel einer Mosaikkarte.

MSS (Tab.): Daten des MSS.

Bodenauflösung	80 m
radiometrische Auflösung	8 bit (6 bit)
FOV	185 km
Spektralkanäle	1 (4) 0,50–0,60 µm
	2 (5) 0,60–0,70 µm
	3 (6) 0,70–0,80 µm
	4 (7) 0,80–1,10 µm
Wiederholrate	16 (18) Tage

MSU, *Microwave Sounding Unit*, Instrument an Bord polarumlaufender ↗Wettersatelliten zur Bestimmung von Atmosphärenparametern. ↗TOVS, ↗polarumlaufender Satellit.

MT ↗*Magnetotellurik*.

MTF ↗*Modulationsübertragungsfunktion*.

MTLRS, *Modulares Transportables Laser Ranging System*, mobiles Laserentfernungsmeßsystem für den Einsatz in geodynamischen Projekten, wie z. B. im östlichen Mittelmeer (Wegener, MEDLAS), zur punktuellen Beobachtung von Bewegungen der Erdkruste. Es gibt nur zwei Systeme vom Typ MTLRS. Es wurde als Gemeinschaftsprojekt der Technischen Universität Delft und dem Institut für Angewandte Geodäsie (IfAG) entwickelt (↗Bundesamt für Kartographie und Geodäsie).

MTSAT, *Multi-functional Transport Satellite*, Nachfolgesystem für ↗GMS, Telekommunikations- und ↗Wettersatellit, Teil des globalen ↗meteorologischen Satellitensystems.

M-Typ-Granit ↗Granit.

Mucigel, Schleimschicht auf der Oberfläche von *Wurzeln*. Bestandteil der ↗Rhizosphäre, setzt sich aus hydratisierten ↗Polysacchariden und verschiedenen niedermolekularen organischen Verbindungen zusammen.

Mudde, bezeichnet alle schlammigen Sedimente, die viel organisches Material enthalten. Sie entstehen in Warmzeiten am Grunde stehender Gewässer. Je nach Zusammensetzung werden *organische Mudden* (> 30 % organische Substanz) und *organomineralische Mudden* (5 bis 30 % organische Substanz) unterschieden. Vertreter der organischen Mudden sind die ↗Lebermudde, die

↗Torfmudde und die ↗Detritusmudde. Zu den organomineralischen Mudden gehören die ↗Sandmudde, die ↗Schluffmudde, die ↗Tonmudde, die ↗Diatomeenmudde und die ↗Kalkmudde. Mudden stellen entwicklungsgeschichtlich das erste Stadium topogener Moorbildungen dar (↗Moore). In Versumpfungsmooren hingegen, die in der Regel durch Grundwasseranstieg entstanden sind, fehlen die Mudden. Bodentypen wie ↗Gyttja, ↗Dy und ↗Sapropel (↗subhydrische Böden der ↗deutschen Bodenklassifikation) zählen unter geologischem und geomorphologischem Gesichtspunkt zu den Mudden. [AB]

mud mound, ↗reef mound mit weitgehend fehlenden skelettbildenden Organismen. Die meisten mud mounds dürften auf Kieselschwamm-Mikroben-Biokonstruktionen zurückgehen. Vielfach verwesen die Schwämme unter mikrobieller Beteiligung vollständig und es bleiben agglutiniert-peloidale Gefüge zurück. Mikrobielle Automikrit-Bildung an organischen Matrizen (Organomikrite) führen zu verschiedenen peloidalen Strukturen, zu mikrobiellen stromatolithischen Krusten, Thrombolithen und bei zusätzlichem sedimentärem Eintrag von Kalkschlamm zu massiveren Mikriten. Mud mounds sind ultrakonservative, langsam wachsende Strukturen. Deswegen werden sie im Laufe des Phanerozoikums zunehmend von anderen Rifftypen ersetzt. Die jüngsten, weit verbreiteten mud mounds sind die jurassischen Kieselschwamm-Mounds des nördlichen Tethysschelfes (↗Tethys) in Keltiberien, im französisch-schweizer-süddeutschen Jurageberge, in Polen und Rumänien sowie im marokkanischen Atlas-Gebirge (Abb. im Farbtafelteil).
Rezente Mud-mound-Fazies ist anscheinend auf Riffhöhlen beschränkt. Besonders auffällig sind steilflankige mud mounds im Unterkarbon Belgiens, der Britischen Inseln und New Mexikos (Waulsortian Mounds), wo Durchmesser bis 1 km und Mächtigkeiten von mehreren hundert Metern bei einem synsedimentären Relief von über 200 m erreichen werden. Das Wachstum der Waulsortian Mounds beginnt in Tiefen zwischen 150 und 300 m und läßt sich unter Abwandlung des Organismenspektrums sowie genereller Zunahme der Organismendiversität und -häufigkeit bis in die euphotische Zone verfolgen. Die mächtigsten, unterhalb der Wellenbasis, vermutlich auch unter der euphotischen Zone liegenden Anteile der Waulsortian Mounds zeichnen sich durch fenestellide Bryozen, Kieselschwämme und Stromatactisgefüge aus. [HGH, EM]

MÜF ↗*Modulationsübertragungsfunktion*.

Mugearit, ein ↗Basalt, dessen ↗Plagioklas Oligoklaszusammensetzung hat und der neben ↗Klinopyroxen häufig ↗Olivin führt.

mulchen, Bedecken des Bodens mit organischer Substanz aus ↗Bestandsabfall wie Blattmasse, Gras oder Stroh, auch mit oberflächlicher Einarbeitung. Mulchen schützt den Boden vor Verdunstung und Gareverlusten sowie gegen Erosion im Zusammenspiel mit der ↗Minimalbodenbearbeitung.

Mulde ↗Falte.

Muldenrückhalt, *Muldenspeicherung*, *Oberflächenrückhalt*, kurzzeitige Speicherung von Wasser nach einem Niederschlagsereignis in kleinen Vertiefungen der Landoberflächen, wie z. B. Akkerfurchen. ↗Abflußprozeß.

Muldental ↗Talformen.

Mull, ideale aeromorphe ↗Humusform nährstoffreicher, biologisch aktiver Böden. Der Bestandsabfall wird rasch zersetzt, humifiziert und von der Bodenfauna (hauptsächlich von Regenwürmern) mit Mineralpartikeln vermischt. So entstehen Ton-Humus-Komplexe (↗organomineralische Komplexe), in denen organische und mineralische Bestandteile kaum noch trennbar sind. Der ↗Ah-Horizont besitzt ein poröses, wasserstabiles ↗Krümelgefüge. Bei der biologischen Streuumwandlung herrscht weniger die ↗Mineralisierung als die ↗Humifizierung vor. Die gebildeten Humusstoffe (vor allem ↗Grau- und ↗Braunhuminsäuren und ↗Humine) sind hochpolymer und kaum wanderungsfähig. Ein durchgehender ↗Oh-Horizont ist nie vorhanden, ein ↗Of-Horizont kann auftreten und der ↗L-Horizont ist mitunter schon vor Beginn des neuen Streufalls aufgezehrt. Es lassen sich ↗F-Mull, ↗L-Mull, Kalkmull, ↗Kryptomull, Sandmull und ↗Wurmmull unterscheiden. [AB]

mullartiger Moder, ↗Moder mit geringmächtiger Humusauflage (↗Oh-Horizont), welche deutlich hinter der Mächtigkeit des ↗Ah- Horizontes zurückbleibt. Er tritt auf, wenn die Mischung der Humushorizonte durch Bodentiere intensiver wird.

Mülldeponieboden, entsteht durch starke mikrobielle Umsetzungen unter anaeroben Bedingungen, die zur Methanentstehung unter Sauerstoffverbrauch führen. Dadurch entstehen vorrangig metallsulfid-geschwärzte ↗Yr-Horizonte und später auch rotbraune ↗Yo-Horizonte der ↗Reduktosole. Mit dem Abbau der organischen Substanz entwickeln sich aus den Reduktosolen im Laufe von 40 bis 60 Jahren besser belüftete, tiefgründige humose Böden.

Müller, *Leopold*, österreichischer Geologe und Bodenmechaniker, * 9.1.1908 Salzburg, † 1.8.1988 Salzburg; 1932 Diplom-Ingenieur, 1933 Doktorat in Technischer Geologie, beides an der TH Wien, bis 1946 insgesamt zwölf Jahre leitende Tätigkeit in der Baupraxis, 1946–48 Oberbauleiter beim Kraftwerksbau in Kaprun, 1948 eigenes Büro für Geologie und Bauwesen in Salzburg; 1951 Mitgründung einer Arbeitsgemeinschaft für Geomechanik, aus der sich später der »Salzburger Kreis« als »Österreichische Schule der Felsmechanik«, die »Österreichische Gesellschaft für Geomechanik« (1968) und die »Internationale Gesellschaft für Geomechanik« (1962) entwikkelten; Mitwirkung u. a. am Bau der Großglockner Hochalpenstraße, der U-Bahnen in München und Frankfurt und an verschiedenen Wasserkraft- und Tunnelbauprojekten; 1960 Gründung der »Internationalen Versuchsanstalt für Felsmechanik«, 1964–66 Lehrbeauftragter für Felsmechanik an der TH München, 1966 Berufung zum

Leiter des Instituts für Bodenmechanik und Felsmechanik an der Universität Karlsruhe. [TL]

Mullion-Struktur, welliges Muster in planaren Strukturen von parallelen, V-förmigen Vertiefungen und runden Rücken. Der Abstand zwischen den Rücken und Vertiefungen kann wenige Millimeter bis mehrere Meter betragen und ist relativ konstant. Eine Mullion-Struktur bildet sich durch lagenparallele Verkürzung bei signifikantem Kompetenzkontrast zwischen den Lagen (Abb.).

Mullit, *Porcellianit*, *Porcit*, nach dem schottischen Fundort auf der Insel Mull benanntes Mineral mit der chemischen Formel $Al_8[O_3(OH_{0,5},OH,F)|AlSi_3O_{16}]$ und rhombisch-dipyramidaler Kristallform; faserige, nadelige oder stengelige, meist zu radialstrahligen Büscheln gruppierte, farblose, weiße, gelbe oder rosa- bis lilafarbene Kristalle; Härte nach Mohs: 6–7; Dichte: 3,11–3,26 g/cm^3; Schmelzpunkt oberhalb von 1800°C; hohe Feuerfestigkeit, niedrige thermische Ausdehnung, gute Temperatur-Wechselbeständigkeit; Vorkommen: in Fremdgesteinseinschlüssen in Basalten (u. a. Insel Mull, Schottland) und in basaltischen Schlacken in der Eifel, in abbauwürdiger Menge nur in Transvaal (Südafrika), synthetisch als Sintermullit oder Schmelzmullit durch Erhitzen geeigneter Mischungen von Ton (außer ↗Kaolinit gehen u. a. auch ↗Sillimanit (oberhalb von 1500°C), Kyanit (↗Disthen) und Andalusit beim Erhitzen in Mullit über); Verwendung: Bestandteil von keramischen Werkstoffen, Feuerfestmaterialien (Mullitsteine, Schamottesteine). Mullit ist wesentliche kristalline Komponente von ↗Porzellan. [GST]

Müllkompost, Abfälle werden nach Vorsortierung und Zerkleinerung meist mit ↗Klärschlamm versetzt (Müll/Klärschlammkompost), unter Belüftung durch thermophile Mikroorganismen auf Rottetemperaturen von 60°C gebracht, wobei Krankheitserreger und Parasiten abgetötet werden. Aus diesem Frischkompost entsteht nach 3–5monatiger Rotte der Reifekompost, der in seiner Nährstoffzusammensetzung dem Stallmist entspricht und als Dünger eingesetzt werden kann. Probleme stellen die potentiellen Schadstoffgehalte (Schwermetalle, chlorierte Kohlenwasserstoffe) dar, für die in der ↗Klärschlammverordnung entsprechende Höchstmengen vorgeschrieben sind.

Mullrendzina, Subtyp der ↗Rendzina mit einem oft humusreichen, dunklen und mächtigen ↗Ah-Horizont. Ist die Mullbildung z. B. in kühlfeuchten Hochlagen oder nach Streunutzung gestört, bildet sich statt der Mullrendzina mit einer Humusauflage die ↗Moderrendzina oder im Hochgebirge die ↗Tangelrendzina.

Mulm, Bodentyp am Ende der Moorbodenentwicklung. Mulm stellt eine für den Wasserhaushalt und die Nährstoffdynamik sehr ungünstige Gefügeform dar. Sie entsteht meist auf lange intensiv entwässerten und oft bearbeiteten Niedermoorböden im ↗Ap-Horizont. Mit fortdauernder Austrocknung und Durchlüftung des Torfes entsteht ein ascheiches, schwer benetzbares (↗hydrophob) und trockenes, leicht ausblasbares Feinkorngefüge. Unter dem Vermulmungshorizont (Tm bzw. nHmu) bildet sich meist ein Torfbröckelhorizont (Ta bzw. nHag) bzw. Torfaggregierungshorizont aus. Bei sehr tiefer ↗Entwässerung kommt es im Untergrund zur Ausbildung eines polyedrischen bzw. prismatischen Absonderungsgefüges. Tiefe Schrumpfrisse (Torfschrumpfungshorizont Ts bzw. nHts) können sich mit dem vermulmten Torf auffüllen.

multi anvil press, englischer Ausdruck für eine ↗Vielstempel-Presse.

Multibarrierenkonzept, Sicherheitskonzept für ↗Deponien, das eine nachteilige Veränderung der Biosphäre langzeitig verhindern soll. Es wurde Mitte der 1980er Jahre eingeführt. Dieses Gesamtsicherheitskonzept umfaßt drei Barrieren: a) die stoffliche Barriere = Auswahl des Deponiegutes, b) die ↗technische Barriere = die technischen Dichtungs- und Kontrollsysteme und c) die ↗geologische Barriere = möglichst dichter Untergrund.

Die technische Barriere besitzt eine begrenzte Dicke, ist kontrollierbar und reparierbar. Die Sicherung von Deponien allein durch technische Barrieresysteme, unabhängig vom geologischen Untergrund, ist bezüglich einer Langzeitsicherheit jedoch nicht finanzierbar. Dagegen kann eine geologische Barriere aufgrund der natürlichen Inhomogenitäten nie ausreichend daraufhin untersucht werden, ob sie eine zuverlässige Abdichtung bildet. Die Kombination beider Barrieren ist also notwendig um eine möglichst zuverlässige Basisabdichtung zu erhalten. Entsprechend der Auswahl des Deponiegutes unterscheiden sich die Anforderungen an die technische und geologische Barriere. [NU]

Multi-functional Transport Satellite ↗*MTSAT*.

Multimedia, Technik, die eine integrierte Verarbeitung verschiedener ↗Medien wie Bild, Video, Audio an einem Computer bzw. an computergestützten Geräten ermöglicht. Zugleich ist Multimedia eine Form der Mediennutzung, die verschiedene Medien für eine verbesserte Informationspräsentation kombiniert. Multimediasysteme sind durch folgende Eigenschaften charakterisiert: a) die rechnergestütze, integrierte Informationsverarbeitung: Die Erzeugung, Manipulation, Darstellung, Speicherung und Kommunikation von Information erfolgt am Computer; b) die Unabhängigkeit der Medien: Die einzelnen Medien sind nicht aneinander gekoppelt (wie Bild und Ton im traditionellen Film), sondern unabhängig voneinander bearbeit- und speicherbar; c) Multitasking und Parallelität: Verschiedene Prozesse und Medien können gleichzeitig am Computer bearbeitet und dargestellt werden; d) Interaktivität: Die einzelnen Medien können interaktiv aufgerufen, kombiniert und manipuliert werden; e) Multicodierung und Multimodalität: Information wird durch verschiedene Symbolsysteme (Schrift, Bild, Ton) in verschiedenen Medien codiert und damit über verschiedene Sinneskanäle (Sinnesmodalitäten) wahrnehmbar; f) Medienkombination: Die ein-

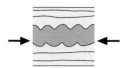

Mullion-Struktur: Mullion in kompetenter Lage. Die Pfeile geben die Einengungsrichtung an.

zelnen Medien werden nach inhaltlichen und funktionsbezogenen Kriterien (↗Medienfunktion) sinnvoll kombiniert. Multimedia findet in allen Bereichen der Kommunikation, des Lernens und der Unterhaltung Anwendung. Zunehmend wird Multimedia auch in der Kartographie eingesetzt (↗Multimedia-Kartographie). [DD]

Multimedia-Atlas, ↗elektronischer Atlas mit einer multidimensionalen Darstellungstechnik zur Integration unterschiedlicher Informationstypen wie Karte, Text, Graphik und Bild, Bewegtbild (Video und ↗Animation), Ton und Sound (Audio) (↗Multimedia-Kartographie). Entscheidend dabei ist die Einbeziehung dynamischer Medien wie Video, Animation und Audio. Damit wird in diesen Atlanten mittels Computer der Faktor Zeit als eine neue Dimension in die Informationsverarbeitung eingeführt. Der Computer als integrierendes und steuerndes Zentrum ermöglicht eine aktive Beteiligung der Atlasnutzer, d.h. durch interaktive Dialogabfragen können Art und Form der Präsentation von Informationen am Bildschirm bestimmt werden. Multimediaatlanten erleichtern die Aufnahme und Verarbeitung räumlicher Informationen, in dem sie z.B. das audio-visuelle Wahrnehmungssystem des Menschen durch die multidimensionalen Darstellungstechniken nutzen. [WD]

Multimedia-GIS, *MM-GIS*, ein ↗Geoinformationssystem, mit dem unabhängige raumbezogene Daten mehrerer zeitabhängiger (dynamischer) und zeitunabhängiger (statischer) ↗Medien integriert digital erfaßt, gespeichert und reorganisiert, modelliert und analysiert sowie mittels der verschiedenen Medien präsentiert werden können. In einem MM-GIS werden die Medien so eingesetzt, daß sie die verschiedenen Aufgabenbereiche des GIS, die Erfassung, Verwaltung, Analyse und Präsentation von räumlichen Daten, unterstützen. Anwendungsmöglichkeiten von MM-GIS sind beispielsweise die realitätsnahe Präsentation von Planungsszenarien durch ↗Computeranimation, die Anwendung von Audio und Video für Analyse von Lärm- und Verkehrsproblemen oder die Datenerfassung mittels Video für Verkehrsnavigationssysteme. Die Verbindung von GIS mit Multimedia ist bisher nur in Ansätzen realisiert. Der Großteil an kommerziell verfügbarer GIS-Software bietet Multimediafunktionalitäten nur im Bereich der Datenpräsentation durch Einbinden von Photos, Videos und Animationen. Für die Erfassung und Analyse von Daten stehen dagegen kaum Multimediafunktionalitäten zur Verfügung. Auch die Methodik der Verarbeitung und inhaltlichen Erschließung der zeitabhängigen Medien, Video, Animation und Audio ist im Kontext von GIS noch lückenhaft. Hier ist auf Ansätze der Informatik zurückzugreifen. [DD]

Multimedia-Kartographie, Bezeichnung für einen Teilbereich der angewandten Kartographie, der sich mit der Nutzung von ↗Multimedia und ↗Hypermedia für die ↗Visualisierung und Kommunikation raumbezogener Daten befaßt. In der Multimedia-Kartographie werden neue Präsentationsformen entwickelt und angewandt, die durch ausschließliche Nutzung am Computer, hohe Interaktivität und die Kombination der verschiedenen ↗Medien gekennzeichnet sind. Multimedia-Kartographie ist ein sehr junger Bereich, der sich in den 1980er Jahren entwickelt und in den 1990 er Jahren aufgrund der weiten Verbreitung der Multimediatechnik etabliert hat. Die Theorie- und Methodenbildung befindet sich erst in den Anfängen und muß durch intensive Forschung systematisch weiterentwickelt werden. Kartographische multimediale Präsentationen enthalten neben der traditionellen Karte zusätzliche Medien wie Audio, ↗Animation und Video, um Information anschaulich und nutzergerecht zu vermitteln. Die verschiedenen Medien werden dem Nutzer häufig in Verbindung mit Hypermaps zur Verfügung gestellt. Kartographische multimediale Präsentationen, wie z.B. hypermediale Atlanten, sind nur auf CD-ROM oder über das Internet verfügbar. [DD]

multimediale Präsentation, Darstellung von Information mittels verschiedener ↗Medien auf einem Computer.

Multipath, Mehrwegeausbreitung von Meßgrößen, insbesondere beim ↗Global Positioning System von Bedeutung. In der Umgebung der Empfangsantenne kann es durch reflektierende Oberflächen zu Umwegsignalen und Signalüberlagerungen kommen. Multipath hängt von der geometrischen Anordnung der verwendeten Satelliten ab und zeigt typische Periodenlängen von etwa 15 bis 30 Minuten. Für einen gegebenen Aufstellungsort wiederholt sich der Mutlipatheffekt nach 24 Stunden Sternzeit. Bei Trägerphasenmessungen können die Positionsergebnisse durch Multipath um wenige Zentimeter und bei Codemessungen bis zu einigen Metern verfälscht werden. Multipath gehört damit zu den am meisten kritischen Fehlerquellen beim GPS. Einzelne Hersteller von ↗GPS-Empfängern bieten Optionen zur Multipathunterdrückung an. Durch längere Meßdauer lassen sich die Effekte weitgehend herausmitteln. [GSe]

multiple Reflexion, kurz: *Multiple*, seismische Welle, die mehr als einmal reflektiert wurde. Zur geologischen Interpretation sind nur die primären Reflexionen geeignet.

Multiplikationskonstante, 1) bei der ↗elektronischen Distanzmessung nach der Bestimmungsgleichung $D = k_0 + k \cdot D^*$ (mit D^* = vorläufige ↗Distanz, k_0 = ↗Additionskonstante und D = gesuchte Distanz) zu berücksichtigende Größe k, die eine Abweichung von den bei der Konstruktion des jeweiligen Instrumentes zugrunde gelegten mittleren atmosphärischen Verhältnissen korrigiert; 2) bei der ↗optischen Distanzmessung mittels ↗Distanzstrichen nach der Bestimmungsgleichung $s = c + k \cdot l$ (mit s = gesuchte Distanz, c = Additionskonstante und l = Lattenabschnitt) zu berücksichtigende Größe k, die dem Quotienten f/p = const. (mit f = Brennweite des ↗Objektivs und p = Abstand der Distanzstriche) entspricht. Durch geeignete Wahl von f und p wird konstruktiv meist der Wert $k = 100$ realisiert.

Multipolentwicklung, die auf der Gaußschen Reihenentwicklung nach Kugelfunktionen für das geomagnetische Potential V des Innenfeldes beruhende Darstellung (↗International Geomagnetic Reference Field), die auch als Multipolentwicklung des Potentials bzw. des Innenfeldes bezeichnet wird:

$$V = a \sum_{n=1}^{\infty} \sum_{m=0}^{n} \left(\frac{a}{r}\right)^{n+1} \cdot$$
$$\cdot \left(g_n^m \cos m\lambda + h_n^m \sin m\lambda\right) P_n^m(\cos\theta).$$

Zerlegt man die äußere Summe über n, so ergeben sich nacheinander für die ↗Magnetfeldkomponenten für $n = 1$ das Dipolfeld, für $n = 2$ das Quadrupolfeld, für $n = 3$ das Octopolfeld bzw. für den jeweiligen Wert des Index 'n der Multipol vom Grade n. Wegen der deutlich größeren numerischen Werte für die Gauß-Koeffizienten für $n = 1$ gegenüber allen übrigen bildet der Feldanteil für $n = 1$ eine erste Näherung für die Modellierung des Feldes überhaupt, so daß auch unterschieden werden kann zwischen dem ↗Dipolfeld und dem *Nichtdipolfeld*. Wegen der unzureichenden und unsicheren Daten zu früheren Epochen können die entsprechenden Feldmodellierungen über das Dipolfeld hinaus nur wenige Multipole des Nichtdipolfeldes einigermaßen gesichert bestimmen, und dies um so weniger, je weiter man in die Vergangenheit zurückgeht. Andererseits ist bekannt, daß sich in geologischen Zeiträumen der Größenanteil des Dipolfeldes gegenüber dem des Nichtdipolfedes mehrfach deutlich verschoben hat, Vorgänge, die in Zusammenhang mit der mehrfachen ↗Feldumkehr in der geologischen Vergangenheit stehen. Die Mechanismen dafür sind bis heute nicht ausreichend bekannt. Insofern ist aus einer langsamen Verschiebung in den Größenrelationen zwischen Dipolfeld und Nichtdipolfeld keineswegs zwingend auf eine bevorstehende Feldumkehr zu schließen. Verfolgt man die Veränderungen des Dipolfeldes und damit die räumliche Position des Dipols, so ist mit guter Näherung die Lage der ↗Pole (↗virtueller geomagnetischer Pol) des Magnetfeldes der Erde über geologische Zeiträume zu ermitteln, eine nennenswerte Größe in der Entwicklungsgeschichte des Erdkörpers. [VH, WWe]

Multischichtstruktur, auf Substrate aufgebrachte Abfolge kristalliner Schichten unterschiedlicher Zusammensetzung mit meist ähnlicher Gitterstruktur (Abb.). Aus der Struktur des Leistungstransistors mit kompakten Bereichen, die eine elektrische n- und p-Leitung aufweisen, wurde im Zuge der Miniaturisierung und Integrierung auf dem Mikrochip eine mikroskopische Struktur, die, aufgebracht mittels kristalliner, leitender und amorpher isolierender Schichten, die elektrisch- oder optisch-aktiven Bauelemente enthält. Die Prozessierung der Schichten nimmt den überwiegenden Herstellungsaufwand ein. Elektrooptische Bauelemente wie Leuchtdioden oder Laserdioden benötigen heutzutage nur noch die Aufeinanderfolge von dünnen kristallinen Schichten, mit denen der p-n-Übergang hergestellt wird, und Kontaktschichten. Allerdings ist im Zusammenspiel mit Substraten, Schichten, Dotierung, Kontaktierung und optischer Wellenführung eine komplizierte Heterostruktur aufzubauen, die nur Verfahren zur Abscheidung aus der Gasphase unter Ultrahochvakuum leisten können, wie z. B. die ↗MBE. [GMV]

Multisensorbild, Abdeckung eines Gebietes durch Bilddaten verschiedener Fernerkundungssensoren, die in einem Verarbeitungsprozeß analysiert werden.

Multishotgerät, ein Meßgerät zur Durchführung von ↗Bohrlochabweichungsmessungen. Das Gerät besteht aus einem Kompaß-Pendelteil und einem Kamerateil, die in einem druckdichten Außengehäuse untergebracht sind. Zur Meßwerterfassung dient das Kompaß-Pendelteil. Es bestimmt die Neigung der Bohrung durch ein kardanisch aufgehängtes Pendel, welches sich mit seinem Fadenkreuz über einem Ringlas bewegt. Unter dem Ringlas befindet sich eine Kompaßrose, mit der das Azimut der Bohrung angezeigt wird. Das Kamerateil enthält eine Filmkamera, welche in jeder Minute eine Aufnahme von Ringlas mit Fadenkreuz und Kompaßrose ausführt. Zur Messung wird das Gerät im Minutenabstand von Meßpunkt zu Meßpunkt in die Bohrung eingelassen. Der Zeitpunkt der Aufnahmen wird mit einer Stoppuhr registriert. In einem Vermessungsformular werden Meßtiefe und Zeit notiert, so daß bei der späteren Auswertung der Aufnahmen eine Tiefenzuordnung möglich ist. [EFe]

Multispektralaufnahme, Prozeß der Aufnahme von multispektralen analogen (photographischen) oder digitalen ↗Satellitenbildern oder ↗Luftbildern in ausgewählten Kanälen (Wellenlängenbereichen) des elektromagnetischen Spektrums mit einer ↗Multispektralkamera oder einem Multispektralscanner.

multispektrale Klassifizierung, *Multispektral-Klassifizierung*, Klassifizierung digitaler Fernerkundungsdaten mit mehreren ↗Spektralbändern.

Multispektralkamera, analoges Kamerasystem. Multispektralkameras bestehen aus vier, sechs oder neun auf einem Träger montierten Meßkameras mit genähert gleicher ↗innerer Orientie-

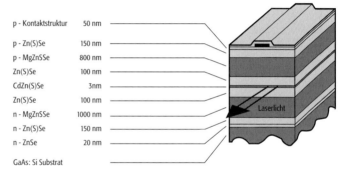

Multischichtstruktur: Beispiel einer Multischichtstruktur für eine moderne Laserdiode auf ZnSe-Basis, die im Bereich des blauen Spektrums leuchtet. Alle Schichten sind einkristallin und mittels MBE gewachsen. Zur Überbrückung der Gitterfehlanpassung zwischen GaAs-Substrat und ZnSe sowie zwischen einzelnen Schichtabfolgen sind Anpassungsschichten eingefügt, die die Spannungen innerhalb der Schichten abbauen, dabei aber chemisch, elektrisch und optisch verträglich sein müssen.

rung. Die ↗Aufnahmeachsen sind exakt parallel ausgerichtet, um eine Kongruenz der aufgenommenen Bilder zu gewährleisten. Die Objektive werden mit verschiedenen Filtern und Filmen (panchromatisch, schwarzweiß, infrarot) kombiniert. Es entstehen von einer Szene geometrisch identische schwarzweiße Fotos, die durch die jeweiligen ↗Film-Filter-Kombinationen unterschiedliche spektrale Inhalte aufzeichnen. Der Informationsgewinn gegenüber Farb- und Farbinfrarotfilmen ist relativ gering, da die Aufzeichnung nur im sichtbaren Licht und im Bereich des fotographisch erfaßbaren nahen Infrarots erfolgen kann (zumeist bis ca. 900 nm). Vorzüge liegen in der wesentlich geringeren spektralen Bandbreite, der variablen Auswahl von ↗Spektralbändern für die jeweiligen Interpretationsaufgaben und vor allem in der sehr guten geometrischen Auflösung. Die Auswertung erfolgt zumeist analog. Häufig werden mittels ↗Farbmischprojektoren Farbmischbilder erzeugt, um die Informationen verschiedener Aufnahmekanäle zu verknüpfen. Es ist jedoch auch eine Analog-digital-Wandlung (z. B. mittels Trommelscanner) mit nachfolgender digitaler Bildverarbeitung möglich, womit allerdings Verluste in der geometrischen Auflösung verbunden sind. Mulitispektralkameras werden zumeist auf dem Flugzeug eingesetzt; es gibt jedoch auch Anwendungen vom Satelliten aus (z. B. MKF-6 auf Sojus). Dies setzt jedoch voraus, daß ein regelmäßiger Wechsel der Filmkasetten gewährleistet ist.

Multistoffdeponie, ↗Deponie, auf der im Gegensatz zur ↗Monodeponie mehr als ein Stoff abgelagert wird.

multitemporale Klassifizierung, Klassifizierung von Fernerkundungsdaten mehrerer Aufnahmezeitpunkte. Vielfach sind mit Hilfe einer einzelnen Aufnahme nicht alle wünschenswerten Klassifizierungsergebnisse erreichbar. Dies führt dazu, daß häufig Aufnahmen des gleichen Gebiets, aber von unterschiedlichen Aufnahmezeitpunkten ausgewertet werden. Gerade bei Klassifizierungen von Landnutzungs- oder Vegetationstypen sind die Darstellungen der verschiedenen phänologischen Aspekte mit den daraus resultierenden spektralen Reflexionsunterschieden hilfreich. In Abhängigkeit vom Untersuchungsgegenstand kann der zu betrachtende Zeitraum aber sehr unterschiedlich sein. So weichen die Aufnahmezeitpunkte bei Vegetationsuntersuchungen oft nur um wenige Wochen oder Monate ab, wodurch einerseits Verbesserungen der Vegetationsdifferenzierung zu erreichen sind und andererseits die Entwicklung der Vegetation in einer Wachstumsperiode dokumentiert werden kann (z. B. sog. »wave of greenness« zur Darstellung der jahreszeitlichen Vegetationsentwicklung). Dagegen können sich die Beobachtungszeiträume aber auch über mehrere Jahre erstrecken, wie dies beispielsweise bei Fragen der Schnee- und Eisflächenentwicklung im Rahmen der Gletscherforschung notwendig ist. [HW]

multivariate Klassifizierung, Kategorisierung von Objekten auf der Basis mehrerer Merkmale. In Verbindung mit der ↗digitalen Bildverarbeitung handelt es sich bei diesen Merkmalen in der Regel um radiometrische Intensitäten, d. h. Reflexionswerte in mehreren ↗Spektralbändern.

Mulvaney, *Thomas James*, irischer Bauingenieur, * 1822, † 1892; entwickelte als erster eine empirische Formel zur Berechnung des Hochwasserabflusses. Er hat als erster das Konzept der ↗Konzentrationszeit verstanden und in eine rationale Methode umgewandelt. Er entwickelte ferner den ersten automatischen Schreibregenmesser. In seinem im Jahre 1851 an das Institut für Bauingenieure von Irland gerichtete Werk »On the use of self-registering rain and flood gauges in making observations of the relations of rainfall and of flood discharges in a given catchment« publizierte er das Konzept der empirischen Hochwasserformeln.

Mündungsbarre, Sedimentakkumulation im Bereich von ↗Flußmündungen.

Mündungsstufe ↗Hängetal.

Mündungstrichter, trichterförmiges Flußmündungsgebiet, wie es sich beispielsweise an ↗Gezeitenküsten entwickelt. ↗Ästuar.

Mündungsverschleppung, paralleler Verlauf von Haupt und Nebenfluß vor der ↗Flußmündung.

Munsell-Farbkarten, *Munsell Standard Soil Color Charts*, weltweit eingesetzte Farbtafeln zur Charakterisierung der ↗Bodenfarbe mit standardisierter Benennung nach drei Farbparametern, die ein dreiachsiges Koordinatensystem bilden. Dazu gehört der Farbton (engl. hue), worin die Hauptfarben R (red), Y (yellow), G (green), B (blue), P (purple) und N (farbneutral) sowie einige ihrer Übergänge (z. B. YR) in eine je 10stufige Skala unterteilt sind, der Farbwert bzw. Helligkeit (engl. value), worin innerhalb der Farbtöne von 1 (schwarz) bis 10 (weiß) unterschieden wird, und die Farbsättigung, -intensität bzw. -tiefe (engl. chroma), worin innerhalb jedes Farbtons und Farbwertes von 1 (blaß) bis 10 (gesättigt) unterschieden wird. Jeder Parameterkombination ist ein individueller Farbname zugeordnet. Die Farbbestimmung verlangt indirektes Licht. Heterogene Bodenproben werden durch mehrere Farben beschrieben. [CD]

Münster, *Sebastian*, Theologe, Hebraist und Kosmograph, * 20.1.1488 Ingelheim (Pfalz), † 26.5.1552 Basel. 1524 an die Heidelberger Universität als Professor für Hebräisch berufen, lehrte er nach Übertritt zum Protestantismus seit 1529 in Basel. Münster bemühte sich um Erkenntnis und Darstellung deutscher Regionen; publizierte 1525 die »Landtafel deutscher Nation« und forderte Gleichgesinnte auf, ihm dazu Material und Karten für moderne Regionalkarten zuzusenden. Als Beispiel gab er 1528 auf dem Einblattdruck »Erklerung des newen Instruments der Sunnen« die kleine Holzschnittkarte »Heydelberger becirck« (ca. 1:650.000) heraus. Dabei verwendete er erstmals abstrakte Kartenzeichen (Ortsringe, Baumsymbole für Wald) und Maulwurfshügel für das Relief. 1540 erschien die »Geographia universalis« mit den üblichen 27 Ptolemäus-Karten (↗Ptolemäus) und 48 von ihm entworfenen modernen Regional- und Länderkarten. Bis 1552 folgten noch fünf weitere Ausgaben. Anderen Charakter trägt die von ihm neu erarbeitete und zuerst 1544 veröffentlichte »Cosmographia universalis«, eine reich mit 471 ↗Holzschnitten, meist von Städten, und 26 Holzschnittkarten ausgestattete Länderkunde; 1550 deutsch als »Kosmographey«. Bis 1620 kamen mehrfach erweitert weitere 27 deutsche und 19 fremdsprachige Ausgaben heraus. Münster wurde mit diesem Werk zum Wegbereiter deutscher Regionalkarten, von denen im Jahr 1570 viele Eingang in das »Theatrum« von A. ↗Ortelius fanden. [WSt]

Murchison, *Roderick Impey*, britischer Geologe, * 19.2.1792 Tarrandale (Eastern Ross), † 22.10.1871 London. Murchison besuchte die Grammar School in Durham und das Militärkolleg in Great Marlow. Mit 17 Jahren trat er in die Armee ein, ließ sich nach seiner Heirat 1814 jedoch aus der Armee entlassen. Von 1816 bis 1818 reiste Murchison in Begleitung seiner Frau durch Europa und siedelten sich nach ihrer Rückkehr nach England in Barnard Castle an. Die Bekanntschaft mit Sir Humphry Davy inspirierte ihn zur Beschäftigung mit Naturwissenschaften und schließlich 1824 zum Umzug nach London. Murchison begann Vorlesungen am Royal Institute zu hören und wurde bereits 1825 Mitglied der Geological Society. Ebenfalls 1825 nahm er seine erste Geländearbeit auf, deren Resultate er in seiner ersten Publikation mit dem Titel »Geological Sketch of the Northwestern extremity of Sussex and the adjoining parts of Hants and Surrey« (1825) vorstellte. Weitere Forschungsreisen und Publikationen sorgten dafür, daß Murchison bald ein prominentes Mitglied der Geological Society wurde. Von 1826 bis 1831 war er als Sekretär, und danach als Präsident der Geological Society tätig. Während er sich bis dahin mit karbonischen und jüngeren Gesteinen beschäftigte, wechselte er nach 1831 sein Forschungsschwerpunkt und widmete sich der Erforschung devonischer und älterer Gesteine. Im Sommer 1831 begannen ↗Sedgwick und Murchison mit der Kartierung von Wales. Während sich Sedgwick aus den ältesten, kambrischen Schichten des nördlichen Wales kommend in Richtung der auflagernden, jüngeren Gesteine im Süden vorarbeitete, begann Murchison mit den jüngeren Gesteinen im Süden und arbeitete sich in entgegengesetzter Richtung vor. Die Geländearbeiten nahmen mehrere Sommer in Anspruch. Im Jahr 1835 führte Murchison den Begriff ↗Silur für die von ihm bearbeiteten Schichten ein, bemerkte aber nicht, daß der untere Teil seines Silurs identisch mit dem oberen Teil der von Sedgwick als Kambrium identifizierten Schichten war. Das Problem wurde 1879 durch Ch. ↗Lapworth gelöst, der den unteren Teil von Murchisons Silur als das eigenständige System ↗Ordovizium einführte. »The Silurian System« von Murchison erschien 1838 mit einer farbigen geologischen Karte und einem Fossilatlas. 16 Jahre später widmete er sich erneut diesem Thema in seiner neubearbeite Darstellung des Systems in »Siluria« (1854). Gestützt auf die Ergebnisse von H. ↗de la Beche erkannten Murchison und Sedgwick 1839, daß der Großteil der Gesteine in SW-England, Devonshire und Cornwall jünger ist als Silur, aber älter als Karbon und nannten die neu erkannte Abfolge »Devonian System« (↗Devon).

In den Jahren 1839/40 reiste Murchison dreimal nach Rußland, wo er hoffte, die paläozoischen Gesteine in weniger gestörter Form vorzufinden. Seine wichtigste Publikation in dieser Phase, »The Geology of Russia and the Ural Mountains«, erschien 1845 (zusammen mit von Kayserling und de Verneuil). Im Jahr 1843 wurde Murchison zum Präsident der Geographical Society gewählt. Eine wichtige Veränderung in seinem Leben erfolgte 1855, wo er als Nachfolger von de la Beche zum Generaldirektor des Geological Survey berufen wurde. Neben seinen administrativen Aufgaben fand Murchison dennoch Zeit für weitere Forschung in den schottischen Highlands. Nach 1861 unternahm er keine größeren Reisen mehr aber seine Publikationstätigkeit behielt er bei. Murchison veröffentlichte insgesamt über 180 Schriften (teilweise in Zusammenarbeit mit anderen Autoren). Aufgrund seiner besonderen Verdienste erhielt er die Ehrendoktorwürden der Universitäten in Cambridge und Dublin. Er war Ehrenmitglied in vielen Gesellschaften weltweit, darüber hinaus empfing er die Wollaston-Medaille der Geological Society, die Copley-Medaille der Royal Society, die Brisbane-Medaille der Royal Society of Edinburgh und den Prix Cuvier. [EHa]

Mure, *Murgang, Murbruch*, Schuttbrei aus Grobschutt, Feinmaterial und Wasser, der sich vorwiegend in Dellen oder Rinnen von Hängen im Hochgebirge mit großer Geschwindigkeit hangabwärts bewegt. Muren entstehen, wenn Wasser den ↗Porenraum größerer Akkumulationen von Hangschutt oder Moränenmaterial ausfüllt und das Lockermaterial in Bewegung gerät. Sie treten insbesondere nach starken Regenfällen und Schneeschmelzen auf. Sie können erhebliche Zerstörungskräfte entwickeln, da sie mit großer Geschwindigkeit bedeutende Förderweiten erreichen können. Die Mure folgt dabei meist präexistenten Tiefenlinien des Hanges und kann diese zu Murbahnen vertiefen. Durch austretendes Wasser an den Rändern der Massenbewegung erhöht sich die innere Reibung, wodurch die Geschwindigkeit dort abnimmt. In der Folge bilden sich die randlichen Murendämme. Bei nachlassendem Gefälle am Hangfuß akkumuliert der Schutt zu einem ↗Murkegel. Eine Bekämpfung wird durch Maßnahmen der ↗Wildbachverbauung versucht. ↗Massenbewegung, ↗Hangbewegungen.

Murkegel, halbkegelförmige Ablagerungsform aus kaum sortiertem Grob- und Feinmaterial einer ↗Mure, die meist aus mehreren Murschuttzungen aufgebaut ist. Mit Hangneigungswinkeln von 8–12° nimmt der Murkegel eine Zwischenstellung zwischen den steileren ↗Sturzkegeln und den flacheren ↗Schwemmkegeln ein.

Muschelkalk, mittlere Gruppe der ↗Germanischen Trias, die aus vorwiegend flachmarinen Kalk-Mergel-Tonfolgen, v. a. im mittleren Muschelkalk auch aus Dolomiten und Evaporiten besteht.
Muscheln ↗Mollusca.
Muscovit, *Amphilogit, Antonit, Aluminiumglimmer, Batchelorit, Katzensilber, Moskauer Glas, Russisches Glas, Schernikit, Serikolith*, nach dem ehemaligen Fundort Moscovia (Rußland) benanntes Mineral der Glimmergruppe (↗Glimmer) mit der chemischen Formel $KAl_2[(OH,F)_2| AlSi_3O_{10}]$ und monoklin-prismatischer Kristallform; Farbe: farblos, silbrig-weiß, grau, hellbraun; Perlmutterglanz; durchsichtig bis durchscheinend; Strich: weiß: Härte nach Mohs: 2–2,5 (mild bis spröd); Dichte: 2,77–2,88 g/cm³; Spaltbarkeit: höchst vollkommen nach (*001*), Aggregate: großblättrig, grob- bis feinschuppig, dicht, derb, kugelig; vor dem Lötrohr schwer schmelzbar; in Säuren unzersetzbar; H_2O-Abgabe erst bei Rotglut; Begleiter: Quarz, Orthoklas, Oligoklas, Granat, Staurolith, Disthen, Chloritoid, Turmalin u. a.; Vorkommen: in granitischen Drusen, Pegmatiten, Gneisen und Glimmerschiefern, ferner sekundär bei pneumatolytischer und hydrothermaler Umbildung von Silicaten; Fundorte: Middletown (Connecticut, USA), Uluguru (Ostafrika), Alice Springs (Australien), ansonsten weltweit. [GST]
Musgravian-Orogenese ↗Proterozoikum.
Muskingum-Verfahren, Näherungsverfahren zur Berechnung des Wellenablaufes in Fließgewässern, basierend auf der Kontinuitätsgleichung für einen Flußabschnitt und einer Speichergleichung, welche die lineare Abhängigkeit des Wasservolumens im Flußabschnitt von den gewichteten Zu- und Ausflüssen ausdrückt. Grundlage ist die Annahme, daß die Speicherung S in einem rückstaufreien Flußabschnitt linear vom Zufluß Q_z und vom Ausfluß Q_a abhängt, mit $S = k(g \cdot Q_z + (1 - g) Q_a)$, wobei k die Laufzeit zwischen Zufluß- und Ausflußquerschnitt charakterisiert, g ist ein dimensionsloser Wichtungsfaktor, der zwischen $0 \leq g \leq 0,5$ liegt und den Einfluß der Retention im Flußabschnitt beschreibt. ↗Wellenablaufmodelle.
Mustagh-Typ ↗Firnkesseltyp.
Musterausschnitt, *Kartenmuster*, zur Erprobung eines Legendenentwurfs bzw. eines Zeichenschlüssels hergestellte kleinformatige Karte von 0,5–3 dm² Fläche. Der Musterausschnitt dient der Überprüfung einer bis ins Detail konzipierten Gestaltungslösung. Er muß deshalb ein für die Gesamtkarte repräsentatives Gebiet darstellen und die vollständige ↗Legende enthalten. Zur Ermittlung der günstigsten Gestaltung einer Karte werden mitunter Musterausschnitte in verschiedenen Gestaltungsversionen bearbeitet. Vor dem allgemeinen Einzug der Computergraphik in die Kartographie wurden Musterausschnitte in exakter Anwendung des für den späteren Druck entwickelten Zeichenschlüssels gezeichnet und koloriert (↗Kolorierung) oder aber durchgängig kartographisch bearbeitet und bis zum Andruck geführt. Die Einführung von interaktiven Graphikprogrammen und ↗Kartenkonstruktionsprogrammen hat die Herstellung von Musterausschnitten zurückgedrängt, da das gestalterische Experiment meist an der gesamten Karte ausgeführt und sein Ergebnis anhand von Farbausdrucken beurteilt werden kann (↗Musterblatt). [KG]
Musterblatt, ein fiktives ↗Kartenblatt, das beispielhaft Inhalt und Darstellung eines topographischen oder thematischen Kartenwerkes veranschaulicht. Das Musterblatt ist i. d. R. Bestandteil einer ↗Zeichenvorschrift oder eines anderen Standards.
Mutabilität, in der Landschaftsökologie allgemeine Bezeichnung für Veränderlichkeit, die bei Lebewesen meist im Zusammenhang mit Erbänderungen (*Mutationen*) stehen. Diese gehen auf äußere Einflüsse durch Umwelteinwirkungen (↗Umwelt) zurück. Dagegen beschreibt die Mutagenität, ob und wie stark diese äußeren Einflüsse auf Organismen wirken. Mutationen und Mutagenität spielen bei der ↗Evolution eine wesentliche Rolle. Die Evolutionstheorie besagt, daß Nachkommen aufgrund von Mutationen neue Merkmale erwerben können, wovon infolge der natürlichen ↗Selektion nur die besseren an nachkommende Generationen weitergegeben werden (↗Fitneß).
Mutation ↗Mutabilität.
muting, spezieller Schritt in der ↗seismischen Datenbearbeitung; bei der CMP-Stapelung die Eliminierung von bestimmten Bereichen der Daten vor der Summation bzw. ↗Stapelung.
Mutterboden, landläufige Bezeichnung für ↗Oberboden.
Muttergestein, 1) Ausgangsgestein, aus dem durch spätere Prozesse Lagerstätten (↗Erdölmuttergesteine, ↗Protore) entstehen; 2) Ausgangsgestein für die ↗Bodenbildung.
Mutternuklid, Ausgangsnuklid eines radioaktiven Zerfalls, z. B. ^{87}Rb, welches durch β^--Zerfall zu ^{87}Sr zerfällt.
Mutualismus, *mutualistische Symbiose*, in der Ökologie die Bezeichnung für eine Wechselbeziehung zwischen artverschiedenen Organismen, bei der im Gegensatz zu ↗Konkurrenz, ↗Räuber-Beute-System oder ↗Parasitismus beide Partner aus Strukturen, Produkten oder Verhaltensweisen Nutzen ziehen (↗Symbiose). Die Organismen leben dabei weitgehend getrennt voneinander. Beispiele für Mutualismus sind die Bestäubung von Pflanzen durch nektarsammelnde Insekten, die Verbreitung von Pflanzensamen durch Landtiere über deren Nahrung oder die Beziehung zwischen Einsiedlerkrebsen und Seerosen: der Krebs setzt sich als Schutz vor Feinden Seerosen auf sein Gehäuse (meist leere Schneckenhäuser) und die Seerosen profitieren von abfallenden Resten bei der Nahrungsaufnahme des Krebses.
m-Wert, Kennwert für die Säurekapazität (+m-Wert) und für die Basekapazität (-m-Wert) bei einem Titrationsendpunkt von pH = 4,3 (Methylorange-Indikator).

Mycel, *Mycelium*, *Pilzgeflecht*, Gesamtheit der von einem ↗Pilz gebildeten fadenartigen, meist farblosen Zellfäden (Hyphen), die den vegetativen Grundkörper (Thallus) des Pilzes darstellt. Das Mycel kann sich im Substrat entwickeln (Substratmycel) und dient der Nahrungsaufnahme und dem Anheften. Das Luftmycel wächst in den Luftraum und trägt die Fortpflanzungs- und Vermehrungsorgane. Außerdem kann das Mycel besonders spezialisierte Strukturen bilden, z.B. Sklerotien. Diese dickwandigen, dicht verflochtenen Hyphen überdauern ungünstige Lebensbedingungen. Für die Unterscheidung vieler Pilzgruppen ist die Septierung der Hyphen wichtig: ↗Ascomyceten, ↗Basidiomyceten und ↗Deuteromyceten besitzen septierte Hyphen, deren Querwände Öffnungen (Poren) besitzen.

Mykoplankton, pilzliches ↗Plankton.

Mykorrhiza, [von griech. mykos = Pilz und rhiza = Wurzel], ↗Symbiose zwischen Pilzen und den Wurzeln höherer Pflanzen. In dieser engen physiologischen und morphologischen Gemeinschaft wird der Pilz von den Pflanzen mit Kohlenhydraten und Aminosäuren versorgt. Er begünstigt dagegen die Wasser- und Mineralstoffaufnahme der Pflanze (v.a. Phosphat) und hemmt die Schwermetallaufnahme. Durch ↗Schadstoffe, die auf den Pilz einwirken, kann es auch zu einer anhaltenden Schwächung der Bäume kommen. Für einige Baumarten ist die Mykorrhiza unter natürlichen Bedingungen zur normalen Entwicklung notwendig, besonders an extremen Standorten. Es werden drei Typen von Mykorrhiza unterschieden (Abb.): Die ektotrophe Mykorrhiza bildet um die Wurzeln v.a. von Waldbäumen eine dichte Hülle aus Pilzmycel. Bei der endotrophen Mykorrhiza dringen die Hyphen in tiefere Regionen der Wurzel und in die Zellen ein. Dieser Typ ist v.a. bei Orchideen und Heidekrautgewächsen verbreitet. Bei der vesikulär-arbuskulären Mykorrhiza, die auf zahlreichen Kulturpflanzen vorkommt und auch besonders in den Tropen verbreitet ist, bilden die Hyphen in den Wurzelzellen sack- und baumartige Saugorgane aus. [DR]

Mylonit, feinkörniger, foliierter Tektonit, der sich in duktilen Scherzonen bildet, gewöhnlich mit deutlicher Dehnungslineation. Mylonite bestehen aus einer duktil deformierten, feinkörnigen ↗Matrix (Korngröße < 50 μm), die rigide (spröd deformierte oder undeformierte) Porphyroklasten umgibt. Je nach Anteil der Matrix am Gesteinsvolumen und damit nach dem Grad der Verformung unterscheidet man schwach verformte *Protomylonite* (Matrix < 50 Vol.-%), stark verformte Mylonite i.e.S. (50–90 Vol.-%) und extrem stark verformte *Ultramylonite* (Matrix > 90 Vol.-%).

mylonitische Foliation ↗Foliation.

Myrmekit, ein mikroskopisches Plagioklas-Quarz-Verwachsungsgefüge in Graniten, Migmatiten und Gneisen. Der Plagioklas bildet gegen umgebenden Kalifeldspat konvexe, warzenförmige Gebilde mit wurmartigen Quarzeinschlüssen. Das Gefüge entsteht durch eine ↗Verdrängung von Kalifeldspat durch Plagioklas (Abb. im Farbtafelteil).

Myxobakterien, *Schleimbakterien*, gramnegative, ↗aerobe, flexible, lange, spindelförmige Bodenbakterien der Gattungen Myxococcus, Chondrococcus, Chondromyces u.a., die mit Hilfe von gebildetem Schleim gleitend beweglich sind. Sie bilden auf zerfallendem Pflanzenmaterial, verrottendem Holz, Baumrinde und Kotballen von Pflanzenfressern kleine Fruchtkörper (< 1 mm), die sich in Form, Größe und Pigmentierung unterscheiden, wodurch sich Gattungen und Arten identifizieren lassen. Myxobakterien ernähren sich chemoheterotroph. Die meisten Arten können Bakterien durch Exoenzyme auflösen. Die Gattung *Polyagium* enthält auch cellulolytische Arten.

Myxomyceten, *Schleimpilze*, artenreichste Klasse der Myxomycota, deren vegetativer Thallus aus amöboid beweglichen, vielkernigen Protoplasmamassen (Plasmodien) ohne Zellwände besteht. Unter günstigen Bedingungen bilden sich Sporophoren mit Sporen, die meist durch den Wind verbreitet werden und zu Myxamöben oder begeißelten Planosporen auskeimen. Diese können sich asexuell durch Spaltung teilen oder sich sexuell vermehren. Myxomyceten sind weit verbreitet und leben sehr häufig auf feuchtem und faulendem Holz und anderen Pflanzenmaterialien. Sie ernähren sich saprophytisch, parasitär oder phagotroph, indem sie Bakterien- und Pilzzellen umfließen und ins Protoplasma aufnehmen.

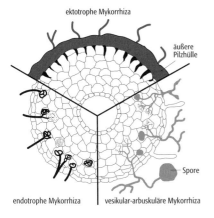

Mykorrhiza: Mykorrhizatypen.

¹⁴N ↗Stickstoffisotope.

Nabarro-Herring-Kriechen, beschreibt eine Form des Diffusionskriechens, bei der die ↗Diffusion der Atome und Ionen durch das Volumen der Kristalle erfolgt.

Nachankerung, Verankerung (↗Anker), die nachträglich erfolgt, um Verformungen zu verringern. Dabei kann die Ankerdichte verstärkt oder längere Anker eingebracht werden. Oft werden Füllmörtelanker mit schnell abbindenden Kunststoffpatronen eingesetzt.

Nachbarschaftswirkung, ökologische Funktionsbeziehungen durch Stoff- und Energieflüsse zwischen benachbarten Natur- und/oder Kulturräumen, z. B. die ↗klimaökologische Ausgleichsfunktion. Benachbarte Natur- und Kulturräume beeinflussen sich z. B. durch ↗landschaftsökologische Nachbarschaftsbeziehungen gegenseitig, wobei hier ausgleichende Nachbarschaftswirkungen, d. h. systemstabilisierende Wirkungen am wertvollsten sind und gefördert werden sollten. ↗ökologische Ausgleichswirkung.

Nachbeben, ↗Erdbeben, die nach einem großen Erdbeben, dem Hauptbeben, im gleichen Gebiet auftreten. Durch das Hauptbeben wird gewöhnlich nicht die gesamte im ↗Herdvolumen angestaute Deformationsenergie frei gesetzt. Außerdem kommt es durch Spannungsumlagerung zur Erhöhung von Spannungen an benachbarten Punkten bis in die Nähe der Bruchgrenze. Die genaue Lokalisierung von Nachbeben mit lokalen seismischen Netzen ermöglicht es, die Geometrie der Bruchfläche des Hauptbebens und ihre genaue räumliche Ausdehnung zu erfassen. Diese Daten liefern wichtige Hinweise zum Verständnis des Herdprozesses und über mögliche Ursachen von Schäden und Zerstörungen. Hunderte bis tausende von Nachbeben können über eine Zeit von Wochen bis mehreren Monaten nach dem Hauptbeben auftreten. Dabei nimmt die Zahl der Nachbeben meistens rasch ab. Nach einer empirischen Beziehung des japanischen Seismologen Omori ergibt sich für die Zahl N der Nachbeben zur Zeit t nach dem Hauptbeben folgende Beziehung:

$$N = C/(K + t)^P.$$

K, C und P sind Konstanten, die von der Größe des Hauptbebens abhängen. Werte für P liegen im Bereich von 1 bis 4. Es kommt aber auch manchmal vor, daß ein zweites, großes Erdbeben von ähnlicher Stärke innerhalb von Stunden oder Tagen dem ersten, starken Erdbeben folgt. In den meisten Fällen ist aber die Stärke von Nachbeben deutlich geringer als die des Hauptereignisses. Das gesamte ↗seismische Moment, das in Nachbeben freigesetzt wird, erreicht gewöhnlich nicht mehr als 10 % des im Hauptbeben freigesetzten Moments. [GüBo]

Nachbruch, *nachbrüchiges Gebirge*, Gesteinsablösung von freien Flächen beim Auffahren eines Hohlraums untertage. Der Nachbruch wird u. a. durch eine hohe Zerklüftung und ↗Auflockerung, ↗Erschütterungen, Spannungsumlagerungen und Durchnässung begünstigt. Einzelne Schwachstellen bzw. die Kalotte als Gesamtes müssen gesichert werden. Als nachbrüchig gelten v. a. feste, aber intensiv geklüftete und/oder unter hohen Spannungen stehende Gesteine sowie spröde Gesteine, vergruste Granite und Gneise, schwach gebundene und dünnplattige Sedimentgesteine.

nachbrüchiges Gebirge ↗Nachbruch.

Nacheiszeit ↗Holozän.

Nachfall, Gesteinsausbrüche aus der Bohrlochwand. Nachfall tritt v. a. in den oberen Bereichen einer Bohrung auf, wo oft lockere, rollige Deckschichten vorliegen. Auch schräg einfallende, plattige Schichten neigen dazu. Bindige Böden verengen oft durch ihre quellenden Eigenschaften das Bohrloch, was ebenfalls zu Nachfall führen kann. Nachfall erschwert die Bergung von Bohrwerkzeugen und kann die geologische Zuordnung des Bohrgutes behindern. Das Nachfallproblem läßt sich verhindern, indem man das Bohrloch in nicht standfestem Gebirge sichert. Eine Hilfsverrohrung des Bohrloches führt zu einer mechanischen Sicherung, eine Stützflüssigkeit (↗Spülbohrung) zu einer hydraulischen Stabilisierung der Bohrlochwand.

Nachfolgefluß ↗konsequenter Fluß.

Nachhall, ↗Wasserschall, der durch Streuprozesse im Meer entsteht, hauptsächlich an Meeresoberfläche und -boden.

nachhaltige Nutzung, ursprünglich aus der ↗Forstwirtschaft stammender Begriff, Form der Nutzung, bei der die ↗Regenerationsfähigkeit oberste Priorität besitzt. ↗Nachhaltigkeit.

nachhaltige Wasserwirtschaft, ausgewogene wasserwirtschaftliche Planung und Bewirtschaftung (↗Wasserbewirtschaftung) mit dem Ziel, für die nachfolgenden Generationen eine intakte Umwelt und uneingeschränkt nutzbare Wasserressourcen zu erhalten. Eckpunkte einer nachhaltigen Wasserwirtschaft sind der Schutz der Wasservorräte, Vermeidung von Konflikten zwischen verschiedenen Nutzergruppen und Flußanliegern sowie die Erhaltung der Artenvielfalt. Für eine nachhaltige Bewirtschaftung der Wasservorräte gelten folgende Prinzipien: a) gleichwertige Berücksichtigung ökologischer, ökonomischer und sozialer Belange bei der wasserwirtschaftlichen Planung und Bewirtschaftung (Integrationsprinzip), b) Schutz regionaler Ressourcen und Lebensräume (Regionalitätsprinzip), c) Anlasten von Kosten für Ressourcennutzung und Gewässerverschmutzung bei den Verursachern (Verursacherprinzip), d) Verminderung des direkten und indirekten Ressourcen- und Energieverbrauches (Ressourcenminimierungsprinzip), e) Ausschließen von Extremschäden und unbekannten Risiken (Vorsorgeprinzip), f) Unterbindung von Schadstoffemissionen am Entstehungsort (Quellenreduktionsprinzip), g) Vermeidung irreversibler Folgen wasserwirtschaftlicher Anlagen (Reversibilitätsprinzip), h) Berücksichtigung des zeitlichen Wirkungshorizontes bei wasserwirtschaftlichen Planungen und Entscheidungen (Intergenerationsprinzip), i) Beteiligung einer breiten Öffentlichkeit bei wasserwirtschaftlichen Entscheidungen (Kooperations- und Partizipationsprinzip). ↗Nachhaltigkeit. [HJL]

Nachhaltigkeit, *sustainability*, ursprünglich aus der ↗Forstwirtschaft stammendes Prinzip, wonach für eine ressourcenschonende Nutzung nur von den Zinsen eines Kapitals gelebt werden soll, d. h. nur soviel Holz geerntet werden darf, wie in dem jeweiligen Anbaugebiet nachwächst. Diese Idee wurde von einer UN-Kommission unter der Leitung der früheren norwegischen Ministerpräsidentin Brundtland übernommen. Mit dem Begriff der Nachhaltigkeit hat dieses Gremium eine Entwicklung gekennzeichnet, bei der die folgende Generation die gleichen Chancen zur wirtschaftlichen Entfaltung besitzen müsse wie die heute lebende Generation. Mit der internationalen Umweltkonferenz in Rio (1992) ist das Konzept der nachhaltigen Entwicklung (sustainable development) dann global zu einem ↗Leitbild für zukünftige wirtschaftliche und gesellschaftliche Entwicklung geworden (↗Agenda 21). Nachhaltigkeit wird allgemein in eine ökologische, eine ökonomische und eine soziale Komponente gegliedert. Unter ökologischer Nachhaltigkeit wird eine Nutzung verstanden, bei der das ↗Leistungsvermögen des Landschaftshaushaltes und die Regenerationsfähigkeit von Ressourcen nicht geschädigt werden. Die ökonomische Nachhaltigkeit ist eine Entwicklung, die wirtschaftliche Prosperität und Vollbeschäftigung auch für kommende Generationen ermöglicht. Soziale Nachhaltigkeit bedeutet schließlich, daß die Grundbedürfnisse des Menschen auch in Zukunft gestillt werden und größere Verteilungskonflikte ausgeschlossen sind. Problematisch ist an dieser vordergründig plausiblen Aufteilung, daß die vorhandenen Zielkonflikte zwischen den drei Entwicklungselementen unerwähnt bleiben. Auf wissenschaftlicher Ebene im Vordergrund steht heute noch immer das Suchen nach geeigneten Kriterien und Indikatoren für Nachhaltigkeit. Solchen Indikatoren sollten einfach zu erheben sein und gleichzeitig eine inhaltliche und räumlich umfassende, quasi globale Bedeutung besitzen. Fortschritte sind bezüglich Indikatoren der Umweltbelastung und dem Bemühen um das Festlegen von Umweltqualitätszielen gemacht worden. Ebenso wurden Konzepte zur Überwachung und Prognose von Umweltveränderungen im globalen Maßstab entwickelt (↗IGBP). Ausgangspunkt und Bezug zu politischen Handlungen stellt dabei v. a. die Frage nach den möglichen Folgen einer Erwärmung der Erdatmosphäre dar. Die Entwicklung von ökonomischen und sozialen Nachhaltigkeitskriterien und -indikatoren steht noch weitgehend in einer konzeptionellen Anfangsphase. [SMZ]

Nachinjektion, Verfahren zur Erhöhung der Ankerkräfte (↗Anker). Nach Erhärten des ersten Verpreßkörpers wird durch Nachverpreßrohre erneut Injektionsgut eingepreßt. Der erhärtete Verpreßkörper wird aufgesprengt und damit eine größere Verspannung und Verzahnung im Baugrund erreicht. ↗Injektion.

Nachleuchten, *Larmor-Präzession* (nach dem engl. Physiker Sir J. Larmor, 1857–1942), in der Atomphysik die Präzessionsbewegung eines elementaren magnetischen Dipols. In Anlehnung an ähnliche Bewegungsvorgänge eines mechanischen Kreisels im Schwerefeld der Erde findet in einem Magnetfeld Lamor-Präzession mit der zugehörigen Larmor-Frequenz statt, die u. a. dem angelegten Magnetfeld poroportional ist. Anwendung findet dieses Prinzip im ↗Protonenmagnetometer zur Bestimmung der Totalintensität des erdmagnetischen Feldes. ↗Luftleuchten.

Nächste-Nachbarschaft-Verfahren ↗Nearest-Neighbour-Verfahren.

Nachtdauer, Zeitdauer zwischen dem Ende der bürgerlichen ↗Dämmerung nach Sonnenuntergang und dem Beginn der bürgerlichen Dämmerung vor Sonnenaufgang.

Nachtfrost, nächtlicher Temperaturrückgang unter den Gefrierpunkt, während am Tage kein Frost herrscht. Dies geschieht bevorzugt bei trockener Luft und wolkenarmem Himmel in den Übergangsjahreszeiten.

Nachthimmelshelligkeit, das Licht vom Nachthimmel nach Ende der astronomischen ↗Dämmerung. Es besteht zu etwa 20 % aus dem Licht der etwa 300 sichtbaren und vielen Mio. mit bloßem Auge nicht sichtbaren Sterne und dem ↗Zodiakallicht und zu etwa 80 % aus dem ↗Nachthimmelslicht.

Nachthimmelslicht, *Erdlicht*, mehr oder weniger starke Aufhellung des Himmels, die bei sehr klarer Atmosphäre nach Ende der astronomischen ↗Dämmerung (bei Sonnenstand mehr als 18° unter dem Horizont) etwa 15° über dem nördlichen Horizont sichtbar ist. Das Nachthimmelslicht ist ein Selbstleuchten von Atomen und Molekülen in der Atmosphäre (v. a. Sauerstoff, Stickstoff, Natrium, Wasserstoff) aus Höhen über 100 km, wo sie Sonnenstrahlung, die sie tagsüber aufgenommen haben, wieder ausstrahlen.

nächtliche Ausstrahlung, die nächtliche Energieabgabe der Erdoberfläche und der Atmosphäre an den Weltraum in Form von langwelliger elektromagnetischer Strahlung. In klaren Nächten führt die nächtliche ↗Ausstrahlung zu einer starken Abkühlung warmer Landoberflächen.

Nachtsicht ↗meteorologische Sichtweite.

Nachweistiefe, in der Geophysik die maximale Tiefe, in der eine Struktur noch einen deutlichen Anomalie-Effekt erzeugt.

Nacken-Kyropulous-Verfahren, *Kyropoulos-Verfahren*, Kristallzüchtungsmethode, die zu den Verfahren der ↗Schmelzzüchtung gehört. Derartige Verfahren zählen zu den wirtschaftlich wichtigsten Techniken der Einkristallgewinnung. Das Verfahren von Nacken (1915) und Kyropoulos (1926) (Abb.) bedient sich dabei einer Punktkühlung, d. h. die Substanz wird in einem Gefäß aufgeschmolzen und mit Hilfe eines gekühlten Impfkristalles zur Kristallisation gebracht und gleichzeitig aus dem Schmelzgefäß herausgezogen. Als Gefäß dient ein Tiegel, der je nach der zu züchtenden Substanz aus Kieselglas, Korund oder aus Edelmetallen besteht. Um eine homoge-

Nacken-Kyropulous-Verfahren: Einkristallzüchtung aus schmelzflüssiger Phase nach Nacken und Kyropoulos.

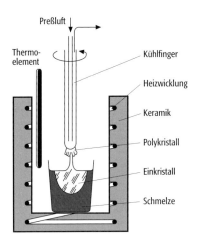

ne Temperaturverteilung zu gewährleisten, läßt man den Keimstab mit dem Kühlfinger rotieren, wodurch ein halbkugelförmiger Einkristall entsteht. Da die Kristalle aus einer überhitzten dünnflüssigen Schmelze von oben nach unten wachsen, kommen sie nicht mit der Tiegelwand in Berührung, wodurch Spannungen und Verunreinigungen weitgehend vermieden werden. Nach dem Nacken-Kyropulous-Verfahren werden vor allem große Einkristalle von NaCl und anderen Alkalihalogeniden sowie Erdalkalihalogenidkristalle von Durchmessern bis 50 cm hergestellt. Das Verfahren ist ansonsten vergleichbar mit dem ↗Czochralski-Verfahren. ↗Mineralbildung, ↗Mineralsynthese.

Nadelabweichung, *Deklination*, der Winkel zwischen magnetisch Nord (↗Nordrichtung) und Gitternord. Da sich das Magnetfeld kurz- und langperiodisch ändert, ist die Nadelabweichung nur für kurze Zeit als konstant zu betrachten. Angaben zur Nadelabweichung befinden sich auf ↗topographischen Karten als Kartenrandangaben. ↗Deklination.

Nadeleis, *Haareis, needle ice, pipkrake*, ↗Kammeis.

Nadelstichkopie, *Nadelkopie*, ein manuelles, heute nur noch selten angewandtes Übertragungsverfahren zur Vervielfältigung von Plänen, Netzen und großmaßstäbigen Karten. Unter das zu kopierende Original wird der ↗Zeichnungsträger, meist Zeichenkarton, gelegt, dann werden alle Eck-, Knick- und Kreuzungspunkte der Zeichnung mit einer Kopiernadel in das untergelegte Blatt durchgestochen. Im visuellen Vergleich kann dann Linie für Linie nachgezeichnet werden. Bis zur Einführung der Reproduktionsphotographie und mechanischer ↗Kopierverfahren war das Durchnadeln das exakteste kartographische Übertragungsverfahren.

Nadelwald, Pflanzengemeinschaft, die im Gegensatz zu ↗Mischwald und ↗Laubwald aus Nadelhölzern (Coniferen) besteht. Diese sind reich verzweigte, oft harzreiche Bäume mit kleinen nadel- oder schuppenförmigen Blättern und getrenntgeschlechtlichen Blüten in verschieden gestalteten Zapfen. Nadelbäume sind entwicklungsgeschichtlich älter als Laubbäume. Wichtigste Vertreter sind Kiefer (*Pinus*), Fichte (*Picea*), Tanne (*Abies*), Lärche (*Larix*), Zypresse (*Cupressus*), Lebensbaum (*Thuja*) und Eibe (*Taxus*). Nadelwald kommt natürlicherweise in den kühl-gemäßigten Breiten mit tiefer Wintertemperatur und kurzer Vegetationszeit vor (in Eurasien besonders in der ↗Taiga), ist aber auch auf der Südhalbkugel sowie als Gebirgswald (↗Höhenstufen) zu finden. Außerhalb des natürlichen Verbreitungsgebietes wird Nadelwald durch die ↗Forstwirtschaft gefördert. Die Gründe dafür liegen in der wirtschaftlichen Bedeutung der Nadelhölzer als Bau-, Möbel- und Papierholz. Meist sind künstlich begründete Nadelwälder dicht gepflanzte ↗Monokulturen (z. B. Fichtenmonokulturen). Nadelwaldmonokulturen stellen für Tiere keinen günstigen Lebensraum dar, eine Kraut- und Strauchschicht kann aufgrund des Lichtmangels oft nicht oder nur sehr schwach ausgebildet werden und auch auf die Bodenentwicklung wirkt sich ein derartiger Nadelwald negativ aus. [DR]

Nadelwaldklima, Klimazone, in der als ↗potentiell natürliche Vegetation der Nadelwald vorherrscht. Sie deckt sich größtenteils mit dem Schneewaldklima. ↗Klimaklassifikation.

Nagelfluh, [von schweizer. Fluhe = Fels], Bezeichnung für silicatisch oder carbonatisch gebundenes ↗Konglomerat des ↗Tertiärs oder ↗Quartärs. Das Gestein entsteht dort, wo der im Grundwasser gelöste Anteil an Carbonat oder Kieselsäure durch Änderungen der Temperatur oder des pH- und Eh-Wertes zur Ausfällung gebracht wird.

Nagssugtoqidische Gebirge ↗Proterozoikum.

Nahbereichsphotogrammetrie, *Industriephotogrammetrie*, Teilgebiet der ↗terrestrischen Photogrammetrie zur meßtechnischen Erfassung natürlicher oder anthropogener Objekte im Nahbereich (Aufnahmen im Mikro- und Makrobereich bei Aufnahmeentfernungen bis zu mehreren Metern).

Naherholungsgebiet, verkehrstechnisch leicht erreichbare, in der Nähe von Siedlungsgebieten gelegene Landschaften, die dem Bewohner von Verdichtungsräumen zur kurzfristigen Erfüllung seiner physischen und psychischen Erholungsbedürfnisse dienen (↗Erholungsnutzung). Als Naherholungsgebiet eignen sich vielgestaltige, abwechslungsreiche Landschaften mit einem hohen ↗Erlebniswert und einer rudimentären Infrastruktur (z. B. Wanderwege, Gaststätten, Skilifte). Beispiele für Naherholungsgebiete sind Baggerseen und Parklandschaften.

Nahfeld, beschreibt die Verteilung von Feldgrößen in unmittelbarer Nähe des ↗Störkörpers. Das Nahfeld ist im allgemeinen durch starke Gradienten der Meßwerte gekennzeichnet.

Nahfeldkorrektur, Korrekturen des Meßwertes in unmittelbarer Umgebung des Meßpunktes, z. B. Gelände-Reduktion.

Nahordnung ↗Kristallstruktur.

Nährelemente, chemische Elemente (*Nährstoffe*), welche von den Organismen zum Leben benötigt werden. Neben den Hauptelementen Sauerstoff

Hauptnährelement	Aufnahme als	Bedeutung	Spurenelement	Aufnahme als	Bedeutung
C	Kohlendioxid CO_2 bzw. Wasser H_2O	in allen Kohlenstoffverbindungen, Aufbau von Aminosäuren, Eiweißen, Nukleinsäuren (DNA / RNA)	Fe	Eisenion Fe^{2+} oder Fe^{3+}	in den Molekülen Cytochrom, Hämoglobin, Ferredoxin
O			Mn	Manganion Mn^{2+}	
H			B	Borat BO_2^-	
N	Nitrat NO_3^-, teils als Ammonium NH_4^+		Zn	Zinkion Zn^{2+}	bei Enzymreaktionen beteiligt bzw. Enzymbestandteil
S	Sulfat SO_4^{2-}	in den Aminosäuren Cystin, Cystein und Methionin, Co-Enzym A	Cu	Kuperion Cu^{2+}	
P	Phosphat $H_2PO_4^-$	Nukleotide, (DNA / RNA) Phospholipide	Mo	Molybdat MoO_4^{2-}	
K	Kaliumion K^+	Co-Faktor bei Enzymreaktionen	Cl	Chloridion Cl^-	
Ca	Calciumion Ca^{2+}	als Salz gelöst, Einlagerungen	Na	Natriumion Na^+	
Mg	Magnesiumion Mg^{2+}	Chlorophyllmolekül			

(O), Kohlenstoff (C) und Wasserstoff (H) benötigen Lebewesen eine weitere Zahl von Nährstoffen, welche von Pflanzen in Ionenform aus dem Boden aufgenommen werden (Tab.). Dazu gehören Stickstoff (N), Phosphor (P), Calcium (Ca), Magnesium (Mg), Schwefel (S), Kalium (K) (↗Makronährelemente = Hauptnährelemente) und in kleineren Mengen z. B. Mangan (Mn), Kupfer (Cu), Chlor (Cl), Zink (Zn), Molybdän (Mo) und Bor (B) (↗Mikronährelemente = Spurenelemente).
Nährfläche, derjenige landwirtschaftlich und teilweise auch forstwirtschaftlich genutzte Teil der Erdoberfläche, der zur Nahrungsmittelproduktion und somit zur Ernährung der Weltbevölkerung beiträgt.
Nährgebiet, *Akkumulationsgebiet*, Bereich oberhalb der ↗Gleichgewichtslinie eines ↗Gletschers, in dem die ↗Akkumulation die ↗Ablation überwiegt und damit über das Massenhaushaltsjahr gesehen Massenzuwachs des Gletschers stattfindet (Abb.). Nährgebiete werden überwiegend

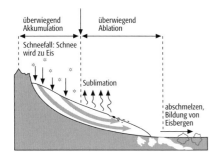

durch Schneefall und im Gebirgsrelief zusätzlich durch ↗Lawinen von den umgebenden Bergflanken gespeist.
Nährhumus, Humusart, die mikrobiell leicht umsetzbare Stoffe repräsentiert, welche vorwiegend physiologisch und chemisch günstig auf das Pflanzen- und Mikrobenwachstum wirken; im Gegensatz zum ↗Dauerhumus, der sich vorwiegend aus schwer zersetzbarer ↗organischer Substanz zusammensetzt und eine langsam fließende Nährstoffquelle darstellt.

Nährschicht ↗*trophogene Schicht*.
Nährstoffabtrag, erfolgt in der Regel durch ↗Oberflächenabfluß oder Sedimenttransport infolge ↗Wasser- oder ↗Winderosion. In den Abtragsbereichen verschlechtern sich dadurch in der Regel die Wachstumsbedingungen, die Flächenheterogenität nimmt zu. ↗Nährstoffauftrag, ↗Nährstoffeintrag.
Nährstoffauftrag, erfolgt in den Sedimentationsbereichen ohne Vorfluter. Er kann zu Nährstoff- und Schadstoffanreicherungen auf Erosionsflächen führen. ↗Nährstoffabtrag, ↗Nährstoffeintrag.
Nährstoffauswaschung, ↗Nährstoffverlust.
Nährstoffeintrag, kann auf verschiedenen Eintragspfaden erfolgen: in gelöster Form auf durchlässigen Böden vertikal in tiefere Schichten oder in das Grundwasser, oder aus Acker- und Grünlandflächen über die ↗Drainage oder in gelöster Form durch den ↗Oberflächenabfluß in angrenzende Gewässer. Der Eintrag kann weiterhin in partikulärer Form mit dem Sedimenttransport innerhalb der Transporte durch Wasser- und Winderosion erfolgen. Weiterhin ist punktuell ein Direkteintrag in Vorfluter möglich. Eine regional differenzierte Stickstoffmenge von etwa 25 bis 50 kg je Hektar und Jahr wird über die Niederschläge in Böden eingetragen.
Nährstoffentzug, findet durch das Wachstum von Pflanzen aus dem Boden oder Nährsubstrat statt. Durch die Entnahme von Ernteprodukten erfolgt eine Abfuhr an Nährstoffen. Die Kenntnis über deren Höhe ist für die Erstellung von Nährstoffbilanzen und für die Ermittlung des Düngebedarfs zur ↗Entzugsdüngung relevant. Kulturspezifische Durchschnittswerte für unterschiedliche Standorte werden auf Grundeinheiten des *Ernteentzuges*, z. B. pro t Korn, angegeben und mit dem jeweiligen Ertragsniveau entsprechend multipliziert.
Nährstoffhaushalt, Begriff aus der Landschaftsökologie für die Gesamtheit der Transport-, Umlagerungs- und Umsetzungsvorgänge von Nährstoffen, welche an einem Standort, in einem abgegrenzten Ausschnitt der Landschaft oder einem Landschaftskompartiment (Boden, Pflanzendecke, Gewässer) ablaufen. Der Nährstoff-

Nährelemente (Tab.): Nährelemente der Pflanze.

Nährgebiet: schematische Darstellung des Nähr- und Zehrgebietes eines Gletschers.

Nährstoffkreislauf

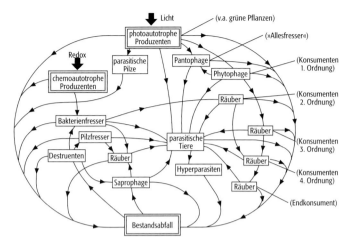

Nahrungskette: verschiedene Nahrungsketten im Nahrungsnetz eines Ökosystems. Die Pfeile symbolisieren die Weitergabe von energiehaltiger, organischer Substanz. Der Beginn von Nahrungsketten ist doppelt eingerahmt.

haushalt umfaßt sowohl anorganische als auch organische Prozesse. Anorganische nährstoffhaushaltliche Prozesse sind der Nährstoffeintrag durch den Niederschlag oder die Nährstofffreisetzung durch ↗Verwitterung, zu den organischen gehört die Nährstoffaufnahme durch die Vegetation oder die ↗Mineralisierung. Nährstofftransport kann in partikulärer (z. B. Staubverfrachtung) oder in gelöster Form stattfinden. Bei letzterem besteht eine enge Beziehung zum landschaftlichen ↗Wasserhaushalt. Die Kennzeichnung des Nährstoffhaushalts oder ausgewählter Teile davon ist eine wichtige Indikatorgröße zur Charakterisierung von ↗Landschaftsökosystemen, denn der Nährstoffhaushalt ist Ausdruck der am jeweiligen Standort wirkenden Ökofaktorenkombination (↗Ökofaktoren). Daher erfolgt durch die Landschaftsökologie eine systematische Erfassung des Nährstoffhaushalts im Rahmen der ↗komplexen Standortanalyse. Wichtige Einzelfragestellungen der Untersuchungen sind die Ein- und Austräge von Nährstoffen, beispielsweise der Verlust von Stoffen über das Sickerwasser des Bodens (Auswaschung) mit der Folge einer möglichen Belastung des Grundwassers, insbesondere durch Nitrat oder Schwermetalle. Die Bilanzierung von Nährstoffflüssen erfolgt für einzelne Raumausschnitte eines Untersuchungsgebietes (Aufstellen von Nährstoffbilanzen) und unter Berücksichtigung von Erkenntnissen über die Mechanismen der Nährstoffmobilisierung und ihre Wirkung auf andere betroffene Komponenten des Geoökosystems. Eine Bilanzierung ist wichtig, um ↗stoffhaushaltliche Quellen und ↗Senken in der Landschaft identifizieren zu können. [SMZ]

Nährstoffkreislauf, bezeichnet den Zyklus, bei dem ein Nährelement von einem Ausgangspunkt über aufeinanderfolgende Zwischenstationen wieder zu seinem Ausgangspunkt zurückkehrt. Dieser Kreislauf gilt für alle Nährelemente, wobei in vereinfachter Form in einem kleinen Nährelementkreislauf das Nährelement zuerst in der wäßrigen Bodenlösung vorliegt, dann von der Wurzel aufgenommen und in der Pflanze in or-

ganische Verbindungen eingebaut wird, und zuletzt nach Absterben der Pflanze oder einzelner Teile der Pflanze nach biologischem Abbau der Pflanzensubstanz durch Bodentiere und Mikroorganismen das Nährelement wieder in die Bodenlösung gelangt. Solange keine Stoffe aus dem System dauerhaft entfernt werden, ist der Kreislauf geschlossen und das System stabil. In landwirtschaftlichen Nutzungssystemen ist die Nährstoffrücklieferung durch wirtschaftseigene Dünger (↗Mist, Gülle, Jauche) oder ↗Müllkompost gegeben. Die Entwicklung eines weitgehend geschlossenen Nährstoffkreislaufes ist ein zentrales Ziel des ↗ökologischen Landbaus. [HPP]

Nährstofflimitierung, ein ↗ökologischer Begrenzungsfaktor, der die ↗Biomassenproduktion aufgrund des Nährstoffangebotes begrenzt.

Nährstoffmobilisierung ↗Mobilisierung.

Nährstoffsperre, im Gegensatz zur langfristigen ↗Immobilisierung durch Festlegung in Huminstoffen oder Bildung von Ca-Phosphaten oder Fe-Phosphat vorübergehende Festlegung von mineralischen Nährstoffen durch Mikroorganismen beim Abbau von mineralstoffarmer organischer Substanz. So besteht z. B. beim Abbau von Stroh für die Mikroorganismen ein zusätzlicher Bedarf an den Elementen N, P und S zum Aufbau ihrer Körpersubstanz. Da die Mikroorganismen den Pflanzen in der Aneignung verfügbarer Nährstoffe überlegen sind, werden diese erst nach Zersetzung der Mikroorganismen wieder frei.

Nährstoffverlust, basiert auf verschiedenen Prozessen: a) ↗Nährelemente werden mit dem Erntegut dem ↗Nährstoffkreislauf entzogen und nicht wieder zurückgeführt; b) Nährelemente verschwinden durch Auswaschung aus dem durchwurzelbaren Bereich; c) Nährelemente werden durch chemische Prozesse (↗Immobilisierung) in eine nicht mehr pflanzenverfügbare Form überführt, z. B. N_2, Fe-Phosphat.

Nahrungskette, eine Abfolge von Organismen, die bezüglich ihrer Ernährung direkt voneinander abhängig sind. Autotrophe Organismen (↗Autotrophie), v.a. grüne Pflanzen, sind in der Lage, sich durch ↗Photosynthese selbst zu ernähren. Sie bauen als Produzenten (↗Primärproduzenten) organische Substanz auf, die von heterotrophen Organismen (↗Heterotrophie) verwertet wird (↗Konsumenten, ↗Sekundärproduktion). In einem ↗Ökosystem wird die Nahrungskette zwischen autotrophen und heterotrophen Komponenten über den Energiefluß verbunden (↗Energiekaskade). Im Minimum besteht eine Nahrungskette aus autotrophen Organismen und Zersetzern (↗Destruenten), welche die abgestorbene organische Substanz wieder in die Ausgangsbestandteile zurückverwandeln. Meist sind jedoch als weitere Glieder Pflanzenfresser (↗Herbivore), Fleischfresser (↗Karnivore) und Allesfresser (↗Omnivore) auf unterschiedlichen Trophiestufen (↗Trophie) eingeschaltet. Zwischen Produzenten und Konsumenten stellt sich i. d. R. ein ↗ökologisches Gleichgewicht ein.

Da sich viele Organismen an verschiedenen Stellen in Nahrungsketten einordnen können (Parasiten sogar in allen Gliedern), werden zwischen den Hauptketten vernetze Nebenketten aufgebaut. In natürlichen /Biozönosen liegen die Nahrungsketten daher als komplexes Netzwerk von Stoff- und Energieflüssen vor, wofür auch die Bezeichnung /Nahrungsnetz verwendet wird (Abb.). Quantitativ darstellen lassen sich die Nahrungsmengenverhältnisse einer Nahrungskette in Form einer Nahrungspyramide (z. B. mittels der Eltonschen Zahlenpyramide). Daraus geht hervor, daß die Individuenmenge und die /Biomasse i. d. R. von den primären über die sekundären Konsumenten zu den Raubtieren an der Spitze der Nahrungspyramide abnimmt. Als zunehmendes Umweltproblem stellt sich die Anreicherung von schlecht abbaubaren Substanzen (Gifte, Schwermetalle, natürliche oder künstliche Radionuklide) in Nahrungsketten dar. Die steigenden Konzentrationen von Glied zu Glied können bei dieser /Bioakkumulation bei den Endgliedern zu Gesundheitsschäden führen. [DS]

Nahrungsnetz, komplexe Beziehungen von /Nahrungsketten in einem netzartigen Verbund. Nur selten liegen die Ernährungsbeziehungen in einem /Ökosystem als lineares Modell der Verknüpfung von /Produzenten, /Konsumenten und /Destruenten durch die Nahrungsaufnahme vor, vielmehr weisen die Ernährungsbeziehungen eine weitverzweigte Struktur auf, die über Stoff- und Energieflüsse miteinander verwoben sind. Dabei herrscht aber auch in den Nahrungsnetzen eine Dominanz einzelner Hauptketten der Nahrungsaufnahme.

Nahseismik, refraktionsseismische Messungen zur Bestimmung von /statischen Korrekturen für reflexionsseismische Profile.

Naledj /Aufeisbildung.

Namensstellung /Schriftplazierung.

Namur, *Namurium*, nach einer Stadt in Belgien benannte, regional verwendete stratigraphische Bezeichnung für die unterste Stufe des mitteleuropäischen Oberkarbons. Das Namur entspricht dem /Serpukhov und unteren /Bashkir der internationalen Gliederung. /Karbon, /geologische Zeitskala.

Nannofossil, [von griech. nannos = Zwerg], winzige /Fossilien, die nur mit mehrerer hundertfacher Vergrößerung, i. d. R. mit dem Rasterelektronenmikroskop (/Rasterelektronenmikroskopie) untersucht werden können. Der Übergang zu den etwas größeren /Mikrofossilien ist fließend und künstlich. Nannofossilien sind ein wichtiger Bestandteil des einzelligen /Phytoplanktons bzw. des /Nannoplanktons. Charakteristische Nannofossilien mit mineralischer Schale sind kalkwandige Dinoflagellaten-Zysten (Calcisphaeren pro parte, Pithonellen; /Dinophyta), die ebenfalls kalkwandigen Coccolithen (/Coccolithophorales) und die kieseligen /Silicoflagellales. Zahlreiche organisch-wandige Protophyta werden ebenfalls oft zu den Nannofossilien gestellt. Im jüngeren Mesozoikum und Känozoikum sind Nannofossilien wichtige /Leitfossilien für die /relative Altersbestimmung bzw. /Biostratigraphie ozeanischer Sedimente. [HGH]

Nannoplankton, *Nanoplankton*, kleinste Vertreter des Planktons, deren Größe weniger als 0,05 mm beträgt. Zu den wichtigsten Gruppen zählen Coccolithoporiden (/Coccolithophorales), Dinoflagellaten (/Dinophyta) und deren Zysten und die nur fossil bekannten /Acritarchen. Vertreter des Nannoplanktons sind seit dem Präkambrium bekannt und besonders seit der Kreide in pelagischen Sedimenten (v. a. im Rahmen der Tiefseebohrprogramme) für die Biostratigraphie und Interpretation der jüngeren Klimageschichte von großer Bedeutung.

Nanopodsol, /Podsol im subpolaren Klimagebiet mit geringer Mächtigkeit auf Ca- und Mg-reichem Gestein (z. B. Glimmerschiefer-Fließerden). Nanopodsol ist dort mit Permafrostböden vergesellschaftet.

Nanotesla, nT, /Magnetfeldeinheit.

Nansen, *Fritjof*, norwegischer Zoologe, Polarforscher, Politiker, Humanist, * 10.10.1861 Christiania, † 13.5.1930 Lysaker; Grönlanddurchquerung von Ost nach West 1888, Polarexpedition mit der »FRAM«, die er 1893 im sibirischen Sektor der Arktis einfrieren ließ und die während ihrer Eisdrift bis 1896 bis auf 85°55' nördlicher Breite vorstieß. Nansen verließ das Schiff 1895 per Ski und Kanu und erreichte 1896 Spitzbergen. Es folgten zahlreiche meereskundliche Expeditionen im Nordmeer und im Nordatlantik, die u. a. zum Konzept der Tiefenwasserbildung durch Konvektion in der Grönlandsee führten; später Aufgaben als Staatsmann, Hochkommissar der Vereinten Nationen und des Internationalen Roten Kreuzes für Flüchtlingsangelegenheiten; Friedensnobelpreis 1922.

NAO, /N̲ordatlantik-O̲szillation.

Napier-Komplex /Proterozoikum.

Narbenzone /orogene Sutur.

Naßböden, Böden, die unter dem Einfluß von Grund- oder Stauwasser stehen und im unteren Wurzelraum dauernd oder zeitweise wassergesättigt sind. /Moore, /Stauwasserböden, /Grundwasserböden.

naßchemische Analytik /analytische Methoden.

nasse Deposition /Deposition.

Nässegrenzen, Grenzwerte des Bodenwassergehaltes, bei deren Überschreiten das Wachstum von Kulturpflanzen oder die Bodenbearbeitung eindeutig gehemmt sind. Als ökologische Nässegrenze kann für Oberböden derjenige Wassergehalt gelten, bei dem mindestens 10 Volumenprozent Luft im Boden (/Bodenluft) enthalten sind. In Unterböden sind mindestens 5 % Bodenluft erforderlich. Als Grenzwert für Nässe mit technologischer Wirkung kann für die meisten Verfahren der /Bodenbearbeitung, für /Gefügemelioration oder /Dränung etwa die /Ausrollgrenze gelten.

nässender Nebel, /Nebel mit Nieseltropfen, der zu /Niederschlag am Boden führt. Dieser bildet sich erst nach einigen Tagen ununterbrochenen Nebels und entsteht ausschließlich durch /Koaleszenz.

nasser Strand, bis zur ⁊Strandlinie reichender Bereich einer Sandschorre (⁊Schorre), der regelmäßig von Schwall und Sog auflaufender Wellen überfahren wird und wenigstens gelegentlich trockenfällt. Es ist der Teil des ⁊Strandes, der zwischen mittlerem Tideniedrigwasser und mittlerem Tidehochwasser (⁊Tidekurve) liegt. ⁊litorale Serie.

nasse Veraschung, Oxidation organischer Substanz im wäßrigen Milieu, meist mit Kaliumdichromatlösung, wird zur Bestimmung des organischen Kohlenstoffgehaltes in wäßrigen Bodenextrakten genutzt (u. a. Tjurin).

Naßgley, Bodentyp der ⁊deutschen Bodenklassifikation, dem der eigentliche ⁊Go-Horizont fehlt, weil der Grundwasserspiegel zeitweilig die Bodenoberfläche erreicht. Der ⁊Ah-Horizont des Naßgleys hat oft verrostete Wurzelröhren. Ein Subtyp ist der Hangnassgley mit gleichem Erscheinungsbild in Hanglagen > 9 % Hangneigung. ⁊Gleye.

Naßphase, Zeitabschnitt, in dem der Boden Nässe (⁊Bodennässe) aufweist.

Naßschnee, ist die Bezeichnung für eine ⁊Schneedecke mit hohem Wassergehalt. Sie kann entstehen a) durch Schneefall, der gelegentlich mit Regen vermischt ist, und b) durch eine Schneedecke, auf die Regen fällt.

Naßschneelawine, ⁊Lawine aus einer sehr dichten und schweren Schneedecke mit einem hohen Feuchtegehalt.

Naßsiebung ⁊Siebanalyse.

Natichnion, [von lat. natare = schwimmen und griech. ichnos = Spur], *Schwimmspuren*, ⁊Spurenfossilien.

Nationalatlas, *Landesatlas*, ein komplexer ⁊thematischer Atlas, der einen Staat nach seinen natürlichen und gesellschaftlichen Erscheinungen und Sachverhalten in einer Folge von Karten – meist Übersichtskarten – darstellt. Tendenziell sind diese ⁊Atlanten auf eine größtmögliche Vollständigkeit der Bearbeitung ihres Gegenstandes ausgerichtet. Die Fülle des Faktischen, von der Geologie bis zum Tourismus, wird oft nach dem »länderkundlichen Schema« geordnet: Den Übersichten zur Natur folgen Darstellungen zu Bevölkerung, Siedlung, Wirtschaft, Handel und Kultur. Das länderkundliche Schema bedeutet nicht schon automatisch Schematismus. Ein Vorteil liegt darin, die Manipulierbarkeit durch bewußte oder unbewußte Fakten- und Problemauswahl zu reduzieren. Nationalatlanten haben einen Doppelcharakter. Zum einen sind sie Forschungsergebnis und Grundlage für weitere Forschungen; sie repräsentieren den Entwicklungsstand auf den Gebieten der Geographie, der Geowissenschaften, der Kartographie und der Informationstechnologie. Zum anderen sind Nationalatlanten Informations- und Nachschlagewerke, die in Wissenschaft und Lehre, für raumplanerische Zwecke, aber auch in der Öffentlichkeit über einen längeren Zeitraum als verläßliche Quelle genutzt werden. Nationalatlanten sind von hohem Wert, in dem sie Prozesse und Probleme visualisieren, die in Raum und Geschichte eines Landes ihre tieferen Wurzeln haben. Die Bearbeitung wird zumeist von raum- und geowissenschaftlichen sowie behördlichen Einrichtungen eines Landes durchgeführt und erstreckt sich häufig über einen Zeitraum von mehreren Jahren. Die Herausgabe obliegt oft zentralen wissenschaftlichen Institutionen oder Gesellschaften. Die Geschichte der Nationalatlanten beginnt im Jahre 1899 mit der Veröffentlichung des »Atlas de Finlande/Atlas öfver Finland«. 1906 erschien mit dem Atlas of Canada der zweite Nationalatlas. Diese Atlanten – wie auch die folgenden bis ca. 1945 – dienten vornehmlich der Repräsentation nach außen bzw. zur politischen Selbstdarstellung. Die nach 1945 erschienen Nationalatlanten orientieren sich mehr und mehr an der Nutzbarkeit des Dargestellten. Durch eine möglichst vollständige Darstellung der komplexen Raumstruktur betonen sie ihre Planungs- und Entscheidungsfunktion. Die 1956 innerhalb der Internationalen Geographischen Union (IGU) gegründete, später in die ICA integrierte Kommission für Nationalatlanten, erarbeitete Empfehlungen, die sich im Bereich der thematischen Gliederung an der länderkundlichen Betrachtungsweise anlehnen; im Sinne einer enzyklopädischen Sammlung sind Themen zu Natur, Bevölkerung, Wirtschaft, Kultur und Politik aneinandergereiht. Typische Beispiele dafür sind: Atlas of Hungary (1967), Atlas Nacional do Brasil (1966, 1972), Atlas Nacional de Espana (1965–1969). Neuere Nationalatlanten orientieren sich stärker am Zustand der Gesellschaft und der Umwelt, an Lebensverhältnissen der Bevölkerung, an deren Problemen und Problemlösungen und verzichten oft bewußt auf Vollständigkeit des Themenspektrums. Zunehmend enthalten die neueren Atlanten mehr synthetische als analytische Karten. Mit Blick auf eine Erweiterung des Nutzerkreises sind die Karten oft einfacher gestaltet, mit zahlreichen Photos, Diagrammen, Grafiken, Luft- und Satellitenbildern und nicht zuletzt mit umfassenden Textdarstellungen ausgestattet.

Mehr und mehr ergänzen ⁊elektronische Atlanten auf Diskette, CD-ROM und z. T. im Internet die Papieratlanten und unterstützen diese in ihrer Nachschlage- und Analysefunktion. Beispiele dafür sind der PC-National Atlas of Sweden (seit 1990) und der elektronische Atlas of Canada (seit 1994 übers Internet zugänglich). Der gleichzeitige Aufbau von Atlasinformationssystemen eröffnet zudem neue Möglichkeiten einer multifunktionalen Nutzung der raumbezogenen Daten. Die in Nationalatlanten verwendeten Maßstäbe und Kartenformate ergeben sich aus der Größe des Darstellungsgebietes, hängen aber auch von der Atlaspräsentationsform ab. So werden Nationalatlanten als großer, gebundener Atlas (z. B. Atlas Nacional de Espana 1994), als mehrbändiger Atlas (z. B. National Atlas of Sweden, seit 1990 mit 16 Bänden) oder als ⁊Loseblattatlas (z. B. Atlante Tematico d'Italia 1989–1992) herausgegeben. Auf die früher üblichen Großformate wird zumeist zugunsten handlicherer Formate verzichtet. Aber nach wie vor erscheinen großformatige Papieratlanten mit hohem wissenschaftlichen Anspruch (z. B. Atlas of the Republic of Poland / Atlas Rzeczypospolitej Polskije, seit 1993, National Atlas of Japan 1990). Deutschland verfügt derzeit über keinen Nationalatlas, ein Nationalatlas der Bundesrepublik Deutschland ist aber in Bearbeitung. Als dessen Vorläufer gelten: der Physikalisch/Statistische Atlas des Deutschen Reiches (1876, 1878), Die Bundesrepublik Deutschland in Karten (1965–1970), der Atlas zur Raumentwicklung (1976–1987) und der ↗Atlas Deutsche Demokratische Republik (1976–1981). [WD]

National Oceanic and Atmospheric Administration ↗NOAA.

Nationalpark, durch Rechtsvorschrift geschütztes Gebiet, welches besonders schöne und seltene ↗Naturlandschaften oder naturnahe ↗Kulturlandschaften umfaßt und in dem der Erhalt der natürlichen Abläufe absoluten Vorrang vor Nutzung und Inanspruchnahme durch den Menschen hat. Damit soll vornehmlich dem Schutz eines möglichst artenreichen heimischen Pflanzen- und Tierbestandes in seinem natürlichen oder quasinatürlichen ↗Lebensraum gedient werden. Weil dies nur in einem großräumigen ↗Naturschutzgebiet möglich ist, beträgt die Mindestgröße für Nationalparks in Deutschland 1000 ha. Die Schutzbestimmungen und die Voraussetzungen für die Ausweisung eines Nationalparks sind in den einzelne Nationalstaaten sehr unterschiedlich. In vielen Naturschutzgebieten Nordamerikas und Afrikas ist eine Tourismus- und ↗Erholungsnutzung zugelassen. Diese Art von Nationalparks entspricht daher eher den ↗Naturparks. Im dicht besiedelten mitteleuropäischen Raum geht es dagegen vielmehr darum, bisher wenig veränderte Gebiete zum Schutzgebiet zu erheben oder andere Gebiete auf diese Weise in einen naturnahen Zustand zurückzuführen. Nationalparks besitzen dadurch auch eine Bedeutung für die wissenschaftliche Umweltbeobachtung. Da manche dieser Gebiete zugleich traditionelle Lebens- und Wirtschaftsräume der ansässigen Bevölkerung darstellen, sind Nutzungskonflikte nicht auszuschließen. Aus diesem Grund wurden auch Modelle eines weniger weitreichenden Schutzgedankens entwickelt, ohne die Prinzipien einer umweltgerechten, nachhaltigen Entwicklung (↗Nachhaltigkeit) aufgeben zu müssen. Ein entsprechendes Beispiel sind die ↗Biosphärenreservate. [SMZ]

NaTl-Struktur, kubische Kristallstruktur, die sich aus zwei um die halbe Raumdiagonale gegeneinander verschobenen Diamant-Anordnungen der Na-Atome und der Tl-Atome zusammensetzt. Daraus resultiert eine Überstruktur des kubischen I-Gitters.

natric horizon, diagnostischer Horizont der ↗WRB, besteht aus einem dichten Unterbodenhorizont mit einem höheren Tongehalt als in den darüber liegenden Horizonten. Er ist vergleichbar dem ↗argic horizon, darüber hinaus treten hohe Gehalte an austauschbarem Natrium und/oder Magnesium auf. Er kommt als diagnostischer Horizont in ↗Solonetzen vor.

Natrium, Element der I. Hauptgruppe des Periodensystems (Alkalimetalle) mit dem Symbol Na und der Ordnungszahl 11; Atommasse: 22,9897; Wertigkeit: I; Härte nach Mohs: 0,4; Dichte: 0,968 g/cm^3. Natrium ist ein weiches, oberhalb von −163°C in kubisch-raumzentriertem Gitter kristallisierendes Metall. Es weist eine ausgeprägte Tendenz zur Bildung von Na$^+$-Kationen auf, die sich mit Nichtmetallen zu typischen Salzen verbinden. Mit Wasser reagiert Natrium (oftmals explosionsartig) zu Wasserstoff und Natronlauge (NaOH). Natrium ist eines der häufigsten Elemente der ↗Erdkruste und hat einen Massenanteil von 2,63 % (durchschnittlich 26,8 g/l NaCl). Die wichtigsten natriumreichen Mineralien sind die ↗Alumosilicate (↗Feldspäte), aber auch ↗Halit (NaCl), Mirabilit (Na$_2$SO$_4 \cdot$ 10 H$_2$O), Natrit (Na$_2$CO$_3 \cdot$ 10 H$_2$O), Chilesalpeter (NaNO$_3$), Kryolith (Na$_3$AlF$_6$), Borax (Na$_2$B$_4$O$_7 \cdot$ 10 H$_2$O) u.a. ↗Meerwasser enthält durchschnittlich 26,8 g/l NaCl. Natrium wird in vielen verschiedenen Bereichen verwendet. So dient es unmittelbar als Ausgangsmaterial zur Herstellung von Natriumamid, Natriumhydrid, Natriumperoxid und Natriumcyanid. Flüssiges Natrium wird als Kühlmittel in Kernreaktoren eingesetzt. Des weiteren findet es Anwendung bei der Metallveredelung und als Reduktionsmittel.

Natriumboden, Salzboden der subtropischen und der gemäßigten Trockengebiete. ↗Solonetz.

Natronfeldspat, *Natriumfeldspat*, ↗Albit.

Natur, ursprünglich die Gesamtheit der nicht vom Menschen geschaffenen oder durch ihn nicht beeinflußten belebten und unbelebten Erscheinungen. Diese strenge Auslegung übersieht jedoch die Tatsache, daß die Einwirkung des Menschen fast überall gegenwärtig ist, so daß beinahe alle natürlichen Erscheinungen (z. B. Boden, Wasser, Lebensgemeinschaften, Landschaften, Ökosysteme) anthropogen verändert oder zu mindestens beeinflußt sind. Daher wird auch bei ↗Kulturlandschaften von verschiedenen Natürlichkeitsgraden (↗Hemerobiestufe) gesprochen. ↗Umwelt.

Naturdenkmal, bemerkenswerte, objekthafte oder kleinflächige (< 1 ha), klar von der Umgebung abgrenzbare Einzelschöpfungen der Natur, die aufgrund ihrer Schönheit, Seltenheit oder Eigenart erhalten bleiben sollen und deshalb unter Schutz gestellt worden sind. Zu den Naturdenkmalen zählen u.a. Felsen, Quellen, Wasserfälle, erdgeschichtliche Aufschlüsse, Bodenformen, Mikrostandorte alter Bäume, seltener Pflanzen oder Tiere. Ihnen wird wissenschaftliche, kulturelle, geschichtliche, ästhetische oder ökologische Bedeutung beigemessen. In der Bundesrepublik Deutschland sind zur Zeit über 35.000 Naturdenkmale ausgeschieden.

Naturdünger, im engeren Sinn Wirtschaftsdünger (↗Mist, Jauche, ↗Gülle) landwirtschaftlicher Betriebe und organische Abfälle oder Produkte wie Hornspäne, Blutmehl, Rizinusschrot; im weiteren auch mineralische Dünger, die keinem weiteren chemischen Aufschluß unterworfen wurden wie Kalke, Rohphosphate oder Kaliumsalze.

Naturereignis, in der Natur ablaufender, ungewöhnlicher, zeitlich begrenzter Vorgang, der vom Menschen nicht beeinflußt werden kann. Die Dauer reicht von Bruchteilen einer Sekunde (Blitzschlag) bis zu mehreren Monaten (Trockenheit).

Naturerscheinung, *Naturphänomen*, in der Natur meist im Zusammenhang mit einem ↗Naturereignis auftretende, auf physikalischen Gesetzen beruhende Erscheinung, wie z. B. ↗Polarlicht, ↗Wetterleuchten, ↗Regenbogen, ↗Luftspiegelung (Fata Morgana), ↗Sonnenfinsternis und ↗Mondfinsternis.

naturfarbennahe Darstellung, Form der Farbkomposite (↗Farbcodierung) mit dem Ziel, eine den natürlichen Farben ähnliche Abbildung zu erstellen. Um dies zu erreichen, werden von den jeweiligen Sensoren diejenigen ↗Spektralbänder verwendet, die im sichtbaren Licht aufzeichnen. Dem jeweiligen Spektralband wird dann die entsprechende Farbe zugeordnet, so daß auf dem Weg der additiven Farbmischung eine naturfarbennahe Darstellung entsteht. Verwendet man z. B. Daten des Landsat-TM-Systems, so werden die Bänder TM 1, 2 und 3 ausgewählt und mit den Farben blau, grün und rot codiert. Den Vorteilen, eine den natürlichen Sehgewohnheiten ähnliche Abbildung zu erreichen, stehen jedoch auch Nachteile gegenüber. Zu nennen sind insbesondere die starken Auswirkungen atmosphärischer Streuung im blauen Licht, durch vielfältige Aerosole in urbanen Gebieten sowie eine eingeschränkte Unterscheidbarkeit von Vegetationsbeständen. [CG]

Naturfarbenskala, *wirklichkeitsnahe Farben*, ↗Farbskala, nach der im Kartenmaßstab flächenhafte Landschaftselemente oder ganze Landschaftsgürtel ihre in der Natur zeitlich und räumlich vorherrschende Farbe erhalten: Ackerland = braun; Wiesen, Weiden, Steppen = gelbgrün, hell; Laubwald = grün; Nadelwald = grün, schwärzlich; Sand, Wüsten = gelblich bis orange; Fels = grau oder der Farbe des Oberflächengesteins angenähert; Gewässer = hellblau; Schnee- und Eisgebiete = bläulich, weiß; Siedlungsflächen = dunkelgrau oder rot. Die Naturfarbenskala betont damit im Unterschied zur Darstellung von ↗Höhenschichten nicht das Relief, sondern die ↗Bodenbedeckung. Das Relief kann jedoch in schattenplastischer Darstellung ergänzt werden. Wirklichkeitsnahe Farben werden nicht selten auf ↗Reliefmodellen verwendet. Weit verbreitet sind ↗Satellitenbildkarten in der Naturfarbenskala, die die anfänglich falschfarbigen ↗Satellitenbilder weitgehend abgelöst haben. Darstellungen in der Naturfarbenskala werden auf kartographischem Wege (vektoriell) und/oder durch ↗Bildverarbeitung hergestellt. Unabhängig von der Entstehungsweise empfiehlt sich eine deutliche Unterscheidung des Offenlandes (in hellen Farben) von dunkler zu haltenden Wald- und Siedlungsflächen. [KG]

Naturgefahr ↗Naturkatastrophe.

Naturgesetz, feste Regel, nach der das Naturgeschehen verläuft und sich auch meist mathematisch beschreiben läßt, z. B. Gesetz der Massen- oder der Energieerhaltung.

Naturhaushalt, Wirkungsgefüge aus naturbürtigen ↗abiotischen Faktoren und ↗biotischen Faktoren, die im ↗Geoökosystem zusammenwirken. ↗Landschaftshaushalt.

Naturkatastrophe

Richard Dikau & Holger Voss, Bonn

Am Anfang der Definition der Naturkatastrophe (engl. *natural hazard, natural disaster*) steht das eigentliche Naturereignis. Dieses Ereignis kann exogenen Ursprungs (z. B. Starkniederschlag, Hochwasser, Meteoriteneinschlag) oder endogenen Ursprungs (z. B. Ausbruch eines ↗Vulkans, ↗Erdbeben) sein. Ist dieses Ereignis in Raum und Zeit in der Lage, dem Menschen und seinen Errungenschaften einen potentiellen Schaden zuzufügen, spricht man von einer *Naturgefahr*. Deutlich wird dieses Verhältnis durch den Vergleich der Konsequenzen eines Lawinenereignisses. Ereignet sich solch ein Ereignis in einem unbewohnten und unzugänglichem Bergtal, stellt diese Situation keine Gefahr für den Menschen dar. Eine andere Situation liegt in einem stark frequentierten Ferienort vor. Der potentielle Schaden, und damit die Naturgefahr, kann hier extrem hoch sein. In Fortsetzung dieser Begriffsbestimmungen spricht man von einer Naturkatastrophe, wenn ein gefährliches Naturereignis eingetreten ist und Schäden nach sich gezogen hat. Die Beziehung zwischen Mensch und Naturgefahr bzw. Naturkatastrophe wird in Abb. 1 deutlich. Die Naturkatastrophe entsteht im Konfliktbereich zwischen dem natürlichen und dem humanen System. Der Mensch ist in der Lage, durch die Komponente der Rückkopplung Naturereignisse und Naturkatastrophen zu beeinflussen. So ist es auf der einen Seite möglich, daß die globale Klimaerwärmung zu einer gesteigerten Sturmaktivi-

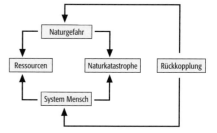

Naturkatastrophe 1: die Beziehung zwischen System Mensch und den Naturereignissen.

tät führt. Auf der anderen Seite bringt sich der Mensch durch eine veränderte Siedlungsaktivität selbst in Gefahr. So sind bestimme Räume trotz ihrer extremen Gefährdung durch Erdbeben, aber aufgrund der landschaftlichen und wirtschaftlichen Attraktivität (z. B. San Francisco) gefragte Siedlungsgebiete. Neben diesen mehr oder weniger natürlichen Gefahren bzw. Katastrophen gibt es auch technologischen Katastrophen, wie z. B. ein Reaktor- oder Chemieunfall, und »schleichenden Katastrophe«, zu denen man die ↗Bodenerosion und ↗Desertifikation zählt. Eng verbunden mit dem Begriff der Naturkatastrophe sind die Begriffe der Verwundbarkeit bzw. der Vulnerabilität und der Begriff des Risikos.

Verwundbarkeit und Vulnerabilität

Die *Verwundbarkeit* bezeichnet den Grad der Fähigkeit eines Individuums, eines Haushaltes, einer Gemeinde oder einer ganzen Gesellschaft einer Naturkatastrophe zu begegnen und sich von ihr zu erholen (»coping capacity«). Bestimmt wird die Verwundbarkeit von den Faktoren der Exposition des Menschen und Sachgütern in bezug auf die Naturgefahr. Mögliche Indikatoren für die Verwundbarkeit von Menschen sind ihr Alter, ihr Geschlecht, ihre Bildung und ihre soziale Stellung innerhalb der Gesellschaft. Diese Indikatoren werden auch als die interne Seite der *Vulnerabilität* bezeichnet, während das drohende Risiko die externe Seite der Verwundbarkeit beschreibt. Indikatoren für die Verwundbarkeit von Sachgütern können ihre Statik oder ihr Schutz durch andere Bauwerke (z. B. Dämme) sein.

Risiko und Naturgefahr

Der Risikobegriff umfaßt mehrere Aspekte. Er bezeichnet allgemein gesehen die zu erwartenden Verluste durch eine Naturgefahr für ein bestimmtes Gebiet. In einer mathematischen Gleichung ausgedrückt, ist das Risiko ein Produkt der Gefahr und der Verwundbarkeit. Weitere Aspekte des Risikobegriffes sind die soziale und psychische Risikoerfahrung und Risikowahrnehmung. Im Rahmen einer sozioökonomischen Betrachtung liegt der Schwerpunkt auf dem Risiko der Überlebenssicherung und der Deckung der Grundbedürfnisse. Im Gegensatz zur Naturgefahr ist Risiko ein mentales Konstrukt, um Gefahren näher zu bestimmen und nach dem Grad der Bedrohung zu ordnen, und keine Beschreibung des Tatbestandes einer objektiven Bedrohung durch ein zukünftiges Schadensereignis. Der Umfang, in dem sich eine Gesellschaft einem Risiko aussetzten kann, dem sogenannten Restrisiko, hängt von ihrer Verwundbarkeit ab. So ist es möglich, mittels des Risikos Schwellenwerte für schleichende Katastrophen festzulegen, deren Überschreitung zur Katastrophe führen.

Globale Verteilung, Klassifikation und Zahlen

Eine Übersicht über die globale Verteilung der Naturgefahren zeigt Abb. 2 im Farbtafelteil. Naturgefahren unterscheidet man in Naturgefahren der Atmosphäre und Hydrosphäre, wie z. B. ↗Zyklone, ↗Tornado, ↗Sturmflut, ↗Überschwemmung, ↗Meeresspiegelschwankungen, ↗Dürre, ↗Gewitter und ↗Blitz sowie ↗Lawinen, der Lithosphäre, wie z. B. ↗Erdbeben, ↗Vulkanismus und ↗Massenbewegungen, und der Biosphäre (Tab. 1). Eine weitere Möglichkeit der Analyse ist die Bestimmung folgender Faktoren: Magnitude (hoch – gering), Frequenz (regelmäßig – selten), Dauer (lang – kurz), Ausdehnung (weit verbreitet – begrenzt), Ausbruchsgeschwindigkeit (langsam – schnell), räumliche Verteilung (gestreut – konzentriert) und der zeitliche Abstand (regelmäßig – zufällig).

In Tab. 2 sind einige der größten Naturkatastrophen aufgelistet. In der zweiten Hälfte des 20. Jahrhunderts wurden ca. vier Millionen Menschen durch Naturkatastrophen getötet. Dabei fallen ca. 66 % der Todesfällen auf die zehn schwersten Ereignisse. Untersuchungen haben ergeben, daß die Zahl der durch Naturkatastrophen betroffenen Menschen jährlich um sechs Prozent ansteigt. Fraglich ist allerdings, ob es sich hier um einen absoluten Anstieg der Naturkatastrophen handelt, oder ob dieser Anstieg ein Ergebnis einer verstärkte Wahrnehmung und verbesserte Informationslage ist. Im Zeitraum 1960 bis 1990 verursachten Naturkatastrophen einen direkten Schaden von ca. 140 Milliarden US-Dollar, was auf der Basis der Weltbevölkerung von 1990 einem Betrag von über 30 US-Dollar pro Person entspricht. Wenn man nicht nur die direkten Schäden, sondern auch die Folgeschäden mit einbezieht, beträgt der jährliche Schaden durch Naturkatastrophen ca. 50 Milliarden US-Dollar. Bei einem Vergleich von Entwicklungsländern und Industrieländern fällt auf, daß ca. 90 % der monetären Schäden in den Industrieländern entstehen, wobei über 90 % der Todesopfer in den Entwicklungsländern zu beklagen sind.

Paradigma der Naturgefahren bzw. Naturkatastrophen

Der Bereich der Naturgefahrenforschung ist ein interdisziplinäres Arbeitsfeld. Beteiligt sind u. a. Geo- und Umweltwissenschaften, Ingenieurwissenschaften, die Medizin, Ethnologie, Psychologie, Soziologie, Wirtschaftswissenschaften und die politischen Wissenschaften. Diese Interdisziplinarität fokussiert den Konflikt zwischen Natur und Gesellschaft. In früheren Jahrhunderten wurden die Naturkatastrophen als »Akt Gottes« angesehen, gegen den der Mensch keine Handhabe zu besitzen schien. Im Laufe der Zeit rückte

Atmosphäre und Hydrosphäre	Lithosphäre	Biosphäre
tropische und außertropische Zyklone Tornados und andere Windstürme Sturmflut Überschwemmungen Meeresspiegelanstieg Dürre Gewitter und Blitze Lawinen	Erdbeben Vulkanausbrüche Massenbewegungen Tsunamis	Waldbrände Insektenplagen Bakterien- und Virenplage

Naturkatastrophe (Tab. 1): Klassifikation der Naturgefahren.

Naturkatastrophe (Tab. 2): große Naturkatastrophen.

	betroffenes Gebiet	Datum	Tote
Erdbeben	Portugal, Azoren, Lissabon (Tsunami)	1.11.1755	30.000
	USA, San Francisco	18.4.1906	3000
	Japan, Tokio, Yokahama	1.9.1923	142.807
	China, Tangshan	27.–28.7.1976	290.000
	Iran, Kaspisches Meer, Manjil	21.6.1990	40.000
	Japan, Kobe	17.1.1995	6348
	Türkei, Izmit	17.8.1999	17.200
Vulkanausbrüche	USA, Washington, Mt. St. Helens	18.5.1980	
	Indonesien, Java, Sumatra (Krakatau), Tsunami	20.5.1882–28.2.1883	36.400
	Japan, Kiuschu (Unzen)	3.–8.6.1991	43
	Philippinen, Luzon (Pinatubo)	9.6.–30.9.1991	875
Zyklone	Bangladesch, Khulna, Chittagong (Überschwemmung)	12.11.1970	300.000
	Bangladesch, Chittagong	29.–30.4.1991	139.000
	Honduras, Nicaragua	2.10.–5.11.1998	9200
Überschwemmungen	China, Yangtsekiang	Juli–August 1931	1.400.000
	China, Yangtzekiang	Mai–September 1998	3650
	Venezuela	13.–16.12.1999	20.000
Sturmfluten	Deutschland, Nordsee (Große Manndränke)	Januar 1362	100.000
	Deutschland, Hamburg	16.–17.2.1962	347
Winterstürme/Kältewellen	Zentral- und Westeuropa	2.–4.1.1976	82
	Kanada, USA (Eisregen)	5.–10.1.1998	23
	West-, Zentraleuropa	25.1.–1.3.1999	230
	Europa (Westen und Norden), Schweiz, Deutschland (Wintersturm)	3.–4.12.1999	20
	Frankreich, Schweiz, Spanien	27.–28.12.1999	30
Lawinen	Österreich, Galtür	Februar 1999	30
Waldbrände	Indonesien, Singapur, Malaysia	21.8.–20.11.1997	240

immer mehr die technische und naturwissenschaftliche Betrachtungsweise und die damit verbundenen technischen Errungenschaften in den Vordergrund. Die Bedeutung der Naturkatastrophen und deren Konsequenzen fand ihren Niederschlag in der »Internationalen Dekade zur Reduzierung der Naturkatastrophen« (IDNDR) der UN (1990–1999), welche seit dem Jahr 2000 von der »Internationalen Strategie zur Reduzierung der Naturkatastrophen« (ISDR) fortgesetzt wird. Der deutsche Beitrag zur ISDR wird u. a. vom »Deutschen Komitee zur Katastrophenvorsorge« (DKKV) geleistet. Ziel der ISDR ist es, eine Strategie zum Umgang mit Naturkatastrophen zu entwickeln, wobei neben der Reaktion auf Naturkatastrophen die Katastrophenprävention an Bedeutung gewinnen soll.
Literatur: [1] ALEXANDER, D. (1993): Natural Disaster. – London. [2] BLAIKIE, P., CANNON, T., DAVIS, I. & B. WISNER (1994): At risk. Natural Hazards, Peoples Vulnerability and Disasters. – London. [3] CHAPMANN, D. (1994): Natural Hazards. – Oxford. [4] SMITH, K. (1992): Environmental Hazards. Assessing risk and reducing disasters. – London. [5] Wissenschaftlicher Beirat der Bundesregierung Globale Umweltveränderungen (1998): Welt im Wandel. Stratgeien zur Bewältigung globaler Umweltrisiken. – Berlin.

Naturkoks ↗Inkohlung.
Naturkonstante, fundamentale physikalische Konstante in den ↗Naturgesetzen, z. B. ↗Gravitationskonstante.
Naturlandschaft, *natürliche Landschaft*, von menschlichen Aktivitäten unbeeinflußt gebliebene und daher nur vom Zusammenwirken der naturbedingten ökologischen Faktoren bestimmte ↗Landschaft. Der Begriff Naturlandschaft wird der ↗Kulturlandschaft gegenübergestellt. In Mitteleuropa gibt es Naturlandschaften nur noch kleinräumig in den höchsten Stufen des Hochgebirges, sofern sie einem strikten ↗Naturschutz unterstehen. Ausgedehntere Naturlandschaften gibt es noch in Randgebieten von Kontinenten mit geringer Bevölkerungsdichte. In Gebieten, in denen eine effektive Naturlandschaft im Sinne einer ↗Urlandschaft nicht mehr existiert, wird mit Naturlandschaft auch eine naturnahe Kulturlandschaft mit einem hohen Natürlichkeitsgrad (↗Hemerobiestufe) bezeichnet, deren Naturhaushalt allgemein von Naturfaktoren bestimmt wird.
Naturlehrpfad, Umsetzungskonzept im Bereich der Umwelterziehung und Naturpädagogik, die das Wissen über die ↗Natur in spielerischer und ganzheitlicher Form zu vermitteln versucht. Für einen Naturlehrpfad werden Wege in einer reprä-

sentativen natürlichen ↗Landschaft so angelegt, daß wichtige biologische und geographische Objekte präsentiert und durch ergänzende Tafeln erläutert werden können. Das didaktische Ziel des Naturlehrpfades geht über die Vermittlung der einzelnen Naturfaktoren hinaus und möchte Verständnis für ihren Zusammenhang und die Verknüpfungen nach außen vermitteln.

natürliche Koordinaten, im Schwerefeld der Erde definierter Satz von drei Koordinaten. Er setzt sich aus den ↗astronomischen Koordinaten (φ, λ) und dem Wert des ↗Schwerepotentials W in einem Punkt P zusammen. Die astronomische Breite φ wird vom Äquator aus nach Norden positiv und nach Süden negativ gezählt. Die astronomische Länge λ ist der Winkel zwischen den Meridianebenen von Greenwich und des Punktes P und wird nach Osten positiv gezählt. Der Einheitsvektor der Zenitrichtung im Punkt P lautet in astronomischen Koordinaten:

$$\vec{n} = \cos\varphi\cos\lambda\, \vec{e}_1^{\,G} + \cos\varphi\sin\lambda\, \vec{e}_2^{\,G} + \sin\varphi\, \vec{e}_3^{\,G} = n_i\, \vec{e}_i^{\,G}.$$

Der in Richtung des Nadirs weisende Schwerevektor (Lotrichtung) kann mit dem Zenitrichtungseinheitsvektor $\vec{n}$ dargestellt werden:

$$\vec{g} = -g\vec{n} = g_i\, \vec{e}_i^{\,G}.$$

Bei bekanntem ↗Schwerefeld der Erde ist mit den natürlichen Koordinaten die Lage eines Punktes P bezüglich des ↗globalen geozentrischen Koordinatensystems bekannt: P liegt im Schnittpunkt der gekrümmten Koordinatenflächen:

$$\varphi_P = \text{const}, \lambda_P = \text{const}, W_P = \text{const}.$$

Mit dem Gradienten des Schwerepotentials $\vec{g} = \nabla W$ kann ein Zusammenhang zwischen den natürlichen Koordinaten (φ, λ, W) und den rechtwinklig kartesischen Koordinaten ($\overset{G}{x_i}$) hergestellt werden:

$$\varphi = \arctan\frac{-\partial_3 W}{\sqrt{(\partial_1 W)^2 + (\partial_2 W)^2}},$$

$$\lambda = \arctan\frac{-\partial_2 W}{-\partial_1 W},$$

$$W = W\left(\overset{G}{x_i}\right).$$

Die Methoden der ↗geodätischen Astronomie liefern im Prinzip die Breite und Länge (↗astronomische Breitenbestimmung, ↗astronomische Zeit- und Längenbestimmung). Das ↗Schwerepotential läßt sich (bezogen auf das ↗Vertikaldatum) mit Hilfe des ↗geodätischen Nivellements messen. Die Genauigkeit einer Positionsbestimmung des Punktes P hängt davon ab, wie genau die Funktion $W(\overset{G}{x_i})$ bekannt ist. In diesem Zusammenhang spricht man häufig auch von astronomischer bzw. geographischer Ortsbestimmung (↗astronomische Ortsbestimmung, ↗simultane astronomische Ortsbestimmung). Eine weitere Möglichkeit besteht in der ↗Transformation natürlicher Koordinaten in ellipsoidische Koordinaten und der anschließenden Transformation in das ↗globale geozentrische Koordinatensystem (↗Transformation zwischen globalen Koordinatensystemen). Auch hierfür sind die Methoden der geodätischen Astronomie erforderlich. [KHI]

natürliche Moore ↗Moore.

natürliche Remanenz ↗remanente Magnetisierung.

natürliche Ressourcen, weitgefaßte Sammelbezeichnung für alle natürlichen Rohstoffe, Produktionsmittel und Hilfsquellen. Unterscheiden läßt sich zwischen zwei Grundtypen, den nichtregenerierbaren und den ↗regenerierbaren Ressourcen. Nichtregenerierbare natürliche Ressourcen sind die erschöpfbaren Rohstoffe wie Erze, Kohle und Erdöle. Sie bilden sich derart langsam, daß vom menschlichen Standpunkt aus von einem fixen Umfang der Vorräte ausgegangen werden muß. Regenerierbare natürliche Ressourcen sind der Boden mit seiner Fruchtbarkeit, das Wasservorkommen, die Luft, in beschränktem Maße die Pflanzen- und Tierwelt (↗Biodiversität) sowie die erneuerbaren Energiequellen (z. B. Sonne, Wind, Gezeiten). Auch die Landschaft kann mit ihrem Erholungswert als natürliche Ressource betrachtet werden. Einen wichtigen Beitrag zum Schutz der natürlichen Ressourcen leistet das ↗Ressourcenmanagement. [SR]

natürliches Mineralwasser, qualitativ besonders hochwertiges Grundwasser, das vielfach aus größeren Tiefen aufsteigt oder gefördert wird. Nach früherer Definition im deutschsprachigen Raum mußten in 1 kg Wasser mindestens 1000 mg gelöste Salze oder mindestens 250 mg gelöstes freies Kohlendioxid (Säuerling) enthalten sein. Entsprechend der EG-Mineralwasserrichtlinie wird es heute definiert als bakteriologisch einwandfreies Wasser, das seinen Ursprung in einem unterirdischem Grundwasservorkommen hat und sich durch seine Eigenart in seinem Gehalt an Mineralien, Spurenelementen oder sonstigen Bestandteilen sowie durch seine ursprüngliche Reinheit vom gewöhnlichen Trinkwasser unterscheidet.

natürliche Vegetation, die vom Menschen unbeeinflußte, im Gleichgewicht mit klimatischen und edaphischen Faktoren und der Tierwelt stehende ↗Vegetation. In Mitteleuropa ist sie heute nur noch selten vorhanden, z. B. in alpinen Urwiesen, auf Felsfluren, Steinschutt- und Geröllflächen, in Röhrichten, Großseggensümpfen, Salzwiesen, Hochmooren und Schluchtwäldern. Die anthropogene Veränderung der natürlichen Vegetation wird in ↗Hemerobiestufen gemessen. Wo die natürliche Vegetation vom Menschen grundlegend verändert wurde, kann die ↗ursprüngliche Vegetation nur noch indirekt erschlossen werden. Dafür ist der Begriff ↗potentiell natürliche Vegetation geprägt worden. Statt der historischen Rekonstruktion ist dies die Vege-

Natürlichkeitsgrad 452

naturräumliche Gliederung: Karte der naturräumlichen Gliederung eines Landschaftsausschnittes.

tation, die sich ohne menschlichen Einfluß wieder in einem Gebiet einstellen würde.
Natürlichkeitsgrad ↗Hemerobie.
Naturpark, in sich geschlossener, naturnaher, möglichst weiträumiger Landschaftsbereich, der sich aufgrund seiner Schönheit, Vielfalt und Eigenart für die Erholung der Menschen besonders eignet und der im gegenwärtigen Zustand erhalten bleiben soll. Im Gegensatz zu ↗Naturschutzgebieten hat im Naturpark die ↗Erholungsnutzung den Vorrang und wird zudem durch spezielle Planungsmaßnahmen gefördert (↗Naturlehrpfade, Wanderwege, Schutzhütten usw.). Die erstmalige (1909) und für längere Zeit einzige Gründung in Deutschland war der Naturschutzpark Lüneburger Heide. Heute gibt es 65 Naturparks in der Bundesrepublik Deutschland; einige von ihnen greifen als internationale Naturparks über die Grenze hinaus. In Österreich bestehen zur Zeit 19, in der Schweiz 4 Naturparks.
Naturraum, Bezeichnung für eine durch abiotische und biotische Faktoren und ihr Wirkungsgefüge gekennzeichnete Raumeinheit, die überhaupt nicht oder mehr oder weniger extensiv durch den Menschen beeinflußt sein kann. Von Naturraum spricht man i. a., wenn nur die natürlichen Komponenten einer ↗Landschaft (↗Kulturlandschaft oder ↗Naturlandschaft) gemeint sind. Das Verhältnis zum Naturraum und die Bindung des Menschen an den Naturraum hat sich mit der gesellschaftlichen Entwicklung und dem Wandel der Produktionsweisen verändert. In den Industrie- und Dienstleistungsländern ist z. B. der direkte Bezug zum Naturraum auf die Urlaubszeit und die Naherholung beschränkt.
naturräumliche Gliederung, Verfahren zur Ausscheidung von räumlichen Landschaftseinheiten, die als Typen dargestellt werden und sich nach der ↗Theorie der geographischen Dimensionen hierarchisch ordnen lassen. Die naturräumliche Gliederung als traditionelle Methodik der Landschaftsökologie orientiert sich an naturräumlichen Grundeinheiten, die überwiegend nach den visuell wahrnehmbaren Kriterien ausgewählter Einzelmerkmale von ↗Ökofaktoren begründet werden, wie z. B. Hangneigung, Oberflächenformen und Natürlichkeitsgrad der Vegetation (Abb.). Es handelt sich demnach um einen physiognomischen Ansatz, der davon ausgeht, daß bestimmte Geoökofaktorenmerkmale das landschaftshaushaltliche Geschehen als Indikatoren ausdrücken und daher keine aufwendige quantitative Untersuchung vorgenommen werden muß. Die naturräumliche Gliederung wird in Kartenwerken dargestellt. Bekanntes Beispiel ist die »Karte der naturräumlichen Gliederung Deutschlands« 1 : 200.000. Bis heute ist eine Vielzahl methodischer Beiträge zur Ausscheidung der naturräumlichen Einheiten erschienen. Trotzdem bleibt häufig Unklarheit darüber zurück, nach welchen Kriterien die naturräumlichen Einheiten ausgeschieden werden sollen. Entsprechend werden bei einer naturräumlichen Gliederung auch keine Aussagen über das Funktionsgefüge des ↗Landschaftshaushaltes ge-

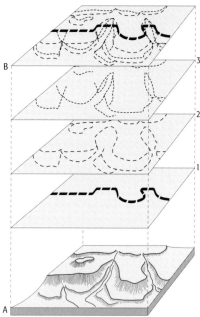

A Landschaftsausschnitt 1 - 3 Grenzlinienziehung
B Karte der naturräumlichen Gliederung von A

macht, sie steht somit als Gliederungsmethodik im Gegensatz zur prozeßorientierten ↗naturräumlichen Ordnung, mit deren Grundeinheiten allenfalls in kleineren und mittleren Maßstäben Übereinstimmung besteht. Für die naturräumlichen Einheiten werden in beiden Fällen die gleichen Begriffe verwendet, wobei jedoch die Inhalte v. a. in der ↗topischen Dimension jeweils anders definiert sind. [SMZ]
naturräumliche Ordnung, Verfahren zur Ausscheidung von geographisch homogenen, ökologischen Funktionseinheiten, basierend auf der ↗Theorie der geographischen Dimensionen. Ausgehend von den landschaftsökologischen Grundeinheiten weisen die durch die naturräumliche Ordnung ausgeschiedenen Raumeinheiten einen für sie charakteristischen Stoff- und Energiehaushalt auf. Die inhaltliche Charakterisierung erfolgt durch die Bestimmung der landschaftsökologischen Hauptmerkmale Bodenwasserhaushalt, Boden und Vegetation. ↗naturräumliche Gliederung.
Naturraumpotential, Begriff aus der Landschaftsökologie. Er bezeichnet das aus Substanzen, Strukturen und energetischen Prozessen resultierende Leistungsvermögens des ↗Naturraumes, welches für bestimmte Nutzungen des Menschen von Interesse sein kann, aber nicht unbedingt sein muß. Beispiele für Potentiale im Naturraum sind: a) Rohstoffpotential (wirtschaftlich nutzbare mineralische Rohstoffe), b) Entsorgungspotential (Eignung zur Aufnahme von Abfallstoffen), c) Bebauungspotential (Eignung zur Realisierung von Siedlungen und Infrastruktureinrichtungen), d) Wasserdargebotspotential (nutzbare Grund- und Oberflächengewässer), e) biotisches Ertragspotential (natürliche land- und

forstwirtschaftliche Ertragsfähigkeit), f) Naturschutzpotential (schutzwürdige Einzelobjekte oder Flächen; ↗Naturschutz, ↗Naturschutzgebiete), g) klimatisches Regenerationspotential (Verbesserung der lufthygienischen Situation, ↗klimaökologische Ausgleichsfunktion), h) Erholungspotential (Eignung des Raumes für Freizeit und Erholung).
Zur getrennten oder gemeinsamen Erfassung der einzelnen Naturraumpotentiale stehen unterschiedliche Methoden zur Verfügung. Die verschiedenen Naturraumpotentiale werden in der Praxis aggregiert und als Naturraumpotentialkarten (↗Naturraumtypenkarten) zur Gliederung des Raumes verwendet (↗ökologische Raumgliederung). Für darauf abgestimmte ökologische Planungsmaßnahmen müssen die Naturraumpotentiale zusätzlich bewertet und vergleichbar gemacht werden, erst dann können Vorschläge für eine sinnvoll erscheinende, möglichst konfliktfreie Planung hinsichtlich bestimmter menschlicher Nutzungsinteressen erfolgen. Weil in der Praxis in kurzer Zeit große Flächen angesprochen werden, sind die Methoden zur Bewertung der Naturraumpotentiale eher grob und kommen mit einem relativ einfachen Aufnahme-, Analyse und Bewertungsinstrumentarium aus. In der landschaftsökologischen Grundlagenforschung wie auch in der Planungspraxis wird der Begriff Naturraumpotential zunehmend durch den Begriff ↗Leistungsvermögen des Landschaftshaushaltes ersetzt. [SR]

Naturraumtypenkarte, Begriff aus der Landschaftsökologie. Er bezeichnet einerseits eine Karte mit den in der ↗naturräumlichen Gliederung ausgeschiedenen naturräumlichen Einheiten, wobei die ausgewiesenen naturräumlichen Einheiten zu physiognomisch-strukturell ähnlichen ↗Landschaftstypen zusammengefaßt werden. Die Naturraumtypenkarte kann für alle Stufen der ↗Dimension naturräumlicher Einheiten erstellt werden. Eine Naturraumtypenkarte kann andererseits aber auch eine Karte von Landschaftstypen mit ähnlichen Prozessen und Funktionen des Naturhaushaltes, also mit einer mehr oder weniger gleichen Ausprägung der ↗Naturraumtypen sein. Erst diese auf die ↗Leistungsfähigkeit des Landschaftshaushaltes ausgerichtete Art von Naturraumtypenkarten ist praxisrelevant für die Bewertung der ↗Nutzungseignung von Landschaften und somit Grundlage für eine ökologisch orientierte Planung (↗ökologische Planung). Als Beispiel sind die Naturraumtypenkarten der ehemaligen DDR im mittleren Maßstab zu nennen. [SR]

Naturschutz, Gesamtheit aller Maßnahmen, die dem Schutz, der Regeneration, der Pflege und der Förderung der ↗Natur in all ihren Erscheinungsformen dienen. Der Naturschutz beruht auf einem Zusammenspiel aus objektiven Erkenntnissen der ↗Ökologie und ↗Landschaftsökologie sowie den subjektiven Wertsetzungen durch die Gesellschaft. Kernpunkt ist die Erhaltung der freilebenden Pflanzen- und Tierarten und der von ihnen aufgebauten ↗Biozönosen. Deren Gefährdung liegt fast immer in einer Zerstörung ihrer ↗Lebensräume; diese zu schützen ist daher die entscheidende Aufgabe. Darüber hinaus sollen die ↗Leistungsfähigkeit des Landschaftshaushalts, die Nutzungsfähigkeit der ↗natürlichen Ressourcen sowie die »Vielfalt, Eigenart und Schönheit von Natur und Landschaft« nachhaltig gesichert werden (Bundesnaturschutzgesetz vom 20.12.1976).
Die Notwendigkeit des Naturschutzes kann mit verschiedensten Argumenten begründet werden: ethisch (Recht auf Leben der nichtmenschlichen Organismen), theoretisch-wissenschaftlich (Naturschutz ist Gegenstand unseres Erkenntnisstrebens), pragmatisch (der Mensch braucht die Naturgüter und die ↗Naturraumpotentiale zum Leben und Überleben), anthropobiologisch (Bereicherung, Regenerierung des menschlichen Geistes) und historisch-kulturell (Schutz historisch gewachsener ↗Kulturlandschaften). Die Dringlichkeit des Naturschutz beruht auf dem rapiden Schwund von freier Landschaft durch Überbauung, den schleichenden Veränderungen der Vegetation und damit der Tierwelt durch Intensivierung der Nutzung und Zerstörung von wenig genutzten Kleinstandorten und schließlich auf der Irreversibilität der meisten Eingriffe.
Naturschutzplanung bezieht sich traditionell v. a. auf die Schutzgebietsplanung mit der konzeptionellen Planung, der Bedarfs-, Pflege- und Entwicklungsplanung. Die klassischen Instrumente des Naturschutzes sind der ↗Artenschutz und der Flächen- oder ↗Biotopschutz; hinzugekommen sind landschaftspflegerische Möglichkeiten. Gewiß lassen sich nur verhältnismäßig kleine Flächen (derzeit ca. 1 % der Fläche Deutschlands) formell unter Schutz stellen (↗Naturschutzgebiete); und auch diese Gebiete sind vielfach durch anderweitige Nutzungen wie Tourismus und Landwirtschaft geschädigt. Die bloße Neuanlage geeigneter ↗Biotope (Kiesgruben, Strauchstreifen) bewirkt nichts, wenn nicht Lebewesen erhalten geblieben sind oder aus der Nachbarschaft einwandern können. So ist auch die moderne Forderung zu verstehen, für eine Vernetzung einander ähnlicher ↗Standorte in der Landschaft zu sorgen (↗Biotopverbundsystem), auch wenn dies ohnehin nur mit linienhaften und häufigen Standorttypen wie Böschungen und Gräben möglich ist. Bei Sonderstandorten wie Mooren und ↗Trockenrasen sind die Ungestörtheit und eine ausreichende Ausdehnung der Schutzgebiete umso wichtiger. Solange sich die allgemeinen Bewirtschaftungsziele in der freien Landschaft nicht mit den Zielen des Naturschutzes decken, bleibt die Ausweitung von Naturschutzgebieten eine absolute Notwendigkeit. Nur so besteht die Chance, Arten und Lebensgemeinschaften zu erhalten und im günstigsten Falle eine von dort ausgehende spätere Ausbreitung zu ermöglichen. [SR]

Naturschutzgebiete, *NSG*, rechtsverbindlich festgesetzte Landschaftsteilräume, in denen laut Bundesnaturschutzgesetz (BNatSchG) vom 20.12.1976 ein besonderer Schutz von ↗Natur und ↗Landschaft in ihrer Ganzheit oder in einzelnen Teilen erforderlich ist, a) zur Erhaltung von ↗Biozönosen oder Lebensstätten bestimmter wildwachsender Pflanzen oder wildlebender Tierarten, b) aus wissenschaftlichen, naturgeschichtlichen oder landeskundlichen Gründen oder c) wegen ihrer Seltenheit, besonderer Eigenart oder hervorragenden Schönheit (§ 13 I BNatSchG).

Die Schutzvorschriften sind in NSG besonders weitreichend; verboten sind alle Handlungen, die zu einer Zerstörung, Beschädigung oder Veränderung des NSG oder seiner Bestandteile führen können oder dessen nachhaltige Störung bewirken können (§ 13 II BNatSchG). Für Besucher bedeutet dies, daß das Ausgraben und Pflücken von Pflanzen, das Sammeln von Mineralien und Versteinerungen, das Reiten und Zelten verboten ist, es gilt ein Sperrverbot für Kraftfahrzeuge, Feuerstellen sind zu beachten und jedes Lärmen zu vermeiden. In der BRD gibt es über 1200 NSG, die ca. 1 % der Landesfläche umfassen, neben wenigen großen ist die Mehrzahl der NSG kleinflächig. ↗Landschaftsschutzgebiet, ↗Nationalpark, ↗Naturschutz, ↗Naturpark. [SR]

Natur-Technik-Gesellschaft, Konzept für das Zusammenwirken von Mensch und ↗Natur, das von dem deutschen Lanschaftökologen E. ↗Neef (1908–1984) geprägt und später in der englischen Fachliteratur als ↗Total Human Ecosystem übernommen wurde. Das Konzept der Natur-Technik-Gesellschaft weist auf den Einbezug der technischen Möglichkeiten des Menschen bei der Gestaltung seiner Lebensumwelt im Sinne der ↗Noosphäre hin. Dies bedeutet die Abkehr der ↗Ökologie von der reinen Betrachtung natürlicher oder naturnaher ↗Landschaften. Der »Stoffwechsel« zwischen technisierter Gesellschaft und Natur kann, durch die Befriedigung der menschlichen Nutzungansprüche, zu einer problematischen Beanspruchung der natürlichen Ressourcen führen, wenn dabei das ↗Leistungsvermögen des Landschaftshaushaltes überfordert wird. Dem entgegengesetzt wird das Prinzip der ↗Nachhaltigkeit. [MSch]

Naturversuch, *Feldversuch, Freilandversuch*, in der Natur durchgeführter wissenschaftlicher Versuch oder Untersuchung.

Naturwissenschaften, Oberbegriff für die Wissenschaften von den Naturerscheinungen und den Naturgesetzen. Die Naturwissenschaften können in zwei Gruppen unterteilt werden, und zwar in die Grundnatur- und in die Realwissenschaften. Zu den Grundnaturwissenschaften gehören die Physik und die Chemie. In beiden Bereichen werden im wesentlichen die Grundgesetze der Natur unabhängig von der in der Natur realisierten Erscheinungsformen erforscht. Die Anwendung der Gesetze und Methoden der Grundnaturwissenschaften erfolgt in den Realwissenschaften, z. B. in den sich mit der ↗Geosphäre (↗Lithosphäre, ↗Hydrosphäre, ↗Atmosphäre) befassenden ↗Geowissenschaften. Auch die sich mit der ↗Biosphäre befassenden Biowissenschaften und die technischen (Ingenieur-) Wissenschaften gehören dazu. In den Realwissenschaften werden die in der Natur unter natürlichen Bedingungen ablaufenden und die anthropogen beeinflußten Prozesse erforscht.

Naumann, *Einar*, schwedischer Hydrobiologe, * 13.8.1891 Hörby (Schweden), † 22.9.1934 Aneboda (Schweden); gilt als einer der Begründer der modernen ↗Limnologie; Studium an der Universität Lund; Promotion 31.5.1917; zunächst Untersuchungen an Sedimenten (Gyttja) im See Tåkern, schwedische Seeerzbildung, gotländische Kalkablagerungen; ab 1913 Leitung des fischereibiologischen Labors in Aneboda, Småland. Seine dortigen produktionsbiologischen Untersuchungen machten den kleinen Ort weltbekannt. Ab Mai 1929 war Naumann Professor für Limnologie an der Universität Lund. Zusammen mit A. ↗Thienemann setzte er sich für eine internationale Limnologenvereinigung ein. Diese gemeinsame Aktivität führte im August 1922 in Kiel zur Gründung der Internationalen Vereinigung für Theoretische und Angewandte Limnologie (SIL). Naumann betrieb angewandte Forschungen auf dem Gebiet der Fischkrankheiten, der Wasserversorgung und Abwasserbeseitigung. Er schrieb zahlreiche, z. T. grundlegende Veröffentlichungen über biologischen Arbeitsmethoden, zum Stoffhaushalt von Seen und über Sedimente des Süßwassers. Ihm gelang erstmals der Nachweis von Planktonsukzessionen in periodisch geschichteten Sedimentablagerungen und führte die Begriffe »eutroph« und »oligotroph« zur Kennzeichnung von Seentypen ein. Zusammen mit Thienemann entwickelte er die Seentypenlehre weiter. [MW]

Nautiloideen ↗Cephalopoda.

nautische Dämmerung ↗Dämmerung.

nautisches Dreieck ↗astronomisches Dreieck.

Navier, *Claude Louis Marie Henri*, franz. Physiker, * 15.2.1785 Dijon, † 23.8.1836 Paris; ab 1819 Professor in Paris. Navier begründete um 1820 die Theorie der Biegung und gab 1826 die erste systematische Darstellung der Baustatik und Festigkeitslehre. Daneben schrieb er auch Beiträge zur Hydrodynamik. Nach ihm und G. G. ↗Stokes sind die Navier-Stokes-Gleichungen (↗Bewegungsgleichungen) der Hydrodynamik benannt.

Navier-Stokes-Gleichungen, nach den Physikern Navier und Stokes benannte Form der ↗Bewegungsgleichung, in die die Reibungskraft auftritt.

Navigation, Verfahren zur Orts-, Kurs- und Geschwindigkeitsbestimmung von Schiffen, Unterwasser-, Luft- und Raumfahrzeugen. Die *terrestrische Navigation* verwendet Chronometer, Sextant, Kompaß, Logge und ↗Lotungen in Verbindung mit ↗Seekarten, in denen Landmarken und Seezeichen sowie Tiefenangaben für Peilungen eingetragen sind (Anwendung in Küstennähe bei guten Sichtverhältnissen). Bei der *astronomischen Navigation* werden mit Hilfe von Chronometer, nautischen Tafeln, Sextant und astronomischen Tafeln über Höhenwinkelmessungen von Sonne und Fixsternen Schiffsorte weltweit bestimmt. Unter *Funknavigation* werden die Verfahren zusammengefaßt, bei denen die Richtung zu einem landfesten Funkwellensender als Funkpeilung ermittelt wird bzw. sich der Ort aus dem Feld der Phasendifferenzen bzw. Laufzeiten einer Kette von synchronisierten Lang- oder Mittelwellensendern ergibt (Hyperbelnavigationsverfahren wie DECCA, LORAN, OMEGA, HI-FIX). Die *Radarnavigation* erlaubt Richtungs- und Entfernungsbestimmung zu Objekten, die Radarwellen reflektieren. *Trägheitsnavigation* nutzt die Stabilität der Orientierung der Achse eines rotierenden Kreisels im Raum, um ausgehend von einem bekannten Ort die Geschwindigkeit und den Kurs eines Fahrzeuges (insbesondere für Unterwasser- und Luftfahrzeuge) fortlaufend anzugeben. Für die ↗akustische Navigation wird zur Ortsbestimmung eines Wasserfahrzeuges ein Netz von am Meeresboden verankerten ↗Transpondern benötigt. Damit ist die hochgenaue Positionierung (cm-Bereich) möglich, die bei Bohrungen und Unterwasserarbeiten notwendig ist. Rasche Verbreitung für alle Navigationsaufgaben hat die *Satellitennavigation* gefunden. Das in den 1970er Jahren verbreitete Transitverfahren bestimmte den Ort eines Fahrzeuges aus der Dopplerverschiebung einer Funkfrequenz, die sich durch die Relativbewegung des sendenden Satelliten zum empfangenden Fahrzeug ergab. Es wurde in den 1980er Jahren abgelöst durch ein Hyperbelverfahren, das auf der Laufzeitmessung von Funkwellen zwischen den Sendern eines weltumspannenden Satellitennetzes und dem Fahrzeug beruht und Ortsgenauigkeiten bis in den Dezimeterbereich erlaubt. Diese Systeme wurden für militärische Zwecke installiert, zivilen Nutzern steht eine reduzierte Genauigkeit zur Verfügung (↗Global Positioning System der USA, ↗GLONASS Rußlands). [JM]

Navigationselement, ein ↗Steuerelement in ↗graphischen Benutzeroberflächen, das zur Unterstützung des Nutzers bei der Navigation in den ↗Daten und ↗Medien von Informationssystemen (z. B. GIS) eingesetzt wird. Die Navigation beschreibt in diesem Zusammenhang die Tätigkeiten des Nutzers, sich in einem Bestand von Daten und Medien entsprechend der Suchstrategien des ↗Browsing und des ↗Matching zu bewegen. In hypermedialen Kartensystemen existieren eine Vielzahl von Navigationselementen, die unterschiedliche Aufgaben der ↗Nutzerführung übernehmen.

NAVSTAR-GPS ↗Global Positioning System.

Navy Navigation Satellite System, NNSS, ↗Transit.

NBP, *Nichtbaumpollen*, Pollen, die nicht von Gehölzen stammen. Der Anteil von NBP an der Gesamtzahl von Pollen, die z. B. in ↗Torfen erhalten sind, gibt Hinweise auf die Wald-Offenlandverteilung in der Vergangenheit. Die Disziplin der ↗Palynologie erforscht die räumliche und zeitliche Verteilung von Nichtbaumpollen und Baumpollen.

NDVI ↗*Normalized Difference Vegetation Index*.

Nearest-Neighbour-Verfahren, Nächste-Nachbarschaft-Verfahren, Resamplingverfahren (↗Resampling), bei dem jeder neuen Pixelposition der Grauwert der nächstgelegenen alten Pixelposition zugeordnet wird. Es kann dabei vorkommen, daß einzelne Grauwerte mehrmals zugeordnet werden. Dies führt zu einer blockigen Struktur des korrigierten Bildes. Probleme können darüber hinaus vor allem dann auftreten, wenn multitemporal gearbeitet wird, denn Landschaftsgrenzen sind evtl. leicht gegeneinander verschoben. Die Vorteile des Nearest-Neighbour-Verfahrens liegen im geringen Rechenzeitaufwand und in der Tatsache, daß keine neuen Grauwerte berechnet werden. Die ursprüngliche spektrale Signatur der verschiedenen Objektklassen bleibt unverfälscht erhalten, was zur Durchführung einer multispektralen Klassifikation von Vorteil ist.

Nearktis, *nearktische Region*, eine ↗biogeographische Region der ↗Holarktis. Sie umfaßt den nordamerikanischen Subkontinent bis zum mexikanischen Staat Sonora, wo die Nearktis an die nach Süden anschließende ↗Neotropis grenzt. Nach dem Auftauchen der mittelamerikanischen Landbrücke gegen Ende des Tertiärs wurde Südamerika von der Nearktis aus besiedelt. Während der pleistozänen Vereisungen und der damit verbundenen Absenkung des Meeresspiegels (↗eustatische Meeresspiegelschwankung) war die Nearktis über die Beringbrücke landfest mit der ↗Paläarktis, d. h. mit Eurasien, verbunden. Die Tier- und Pflanzenwelt der Nearktis und der Paläarktis weisen daher vielfach enge Beziehungen auf.

Nebel, reicht von der Erdoberfläche aufwärts und besteht aus in der Luft schwebenden sehr kleinen Wassertröpfchen (0,01 bis 0,04 mm) oder Eiskristallen (↗Eisnebel), die so zahlreich sind, daß die horizontale ↗Sichtweite unter 1000 m sinkt. Die Tröpfchen sind kondensierter ↗Wasserdampf, sind also prinzipiell eine am Boden aufliegende Wolke. Bei der ↗synoptischen Wetterbeobachtung wird eine Sichtweite zwischen 1000 und 500 m als leichter, zwischen 500 und 200 m als mäßiger und von weniger als 200 m als starker Nebel bezeichnet.

Nebelarten, je nach Zusammensetzung bzw. Entstehungsart vorgenommene ↗Nebelklassifikation. So kann es sich um Wassernebel, bestehend aus Wassertropfen, Eisnebel, bestehend aus Eiskristallen oder auch um Sichttrübung durch ↗Aerosole (z. B. Sand oder Rauch) handeln. *Abkühlungsnebel* bildet sich, a) wenn bei ↗nächtlicher Ausstrahlung die Temperatur bis zum ↗Taupunkt sinkt und ↗Kondensation einsetzt. Man spricht dann von *Strahlungsnebel*. Hierzu gehören ↗Bodennebel, ↗Talnebel und auch ↗Hochnebel; b) wenn feuchtwarme gegen kühlere Luft und/oder über eine kältere Unterlage weht und sich dabei bis zum Taupunkt abkühlt. Man spricht dann von *Advektionsnebel*. Hierzu gehört auch der ↗Küstennebel. *Mischungsnebel* entstehen z. B. im Bereich von Warmfronten (daher auch Frontalnebel), bei dem sich eine relativ warme und feuchte Luftmasse mit einer kälteren mischt. *Verdunstungsnebel* bildet sich durch ↗Verdunstung von Wasserdampf über Wasserflächen bei gleichbleibender Temperatur bis zur Wasserdampfübersättigung, insbesondere wenn kalte Luft über warmes Wasser weht und ↗Seerauch verursacht.Schließlich ist zwischen natürlichem und künstlichem Nebel zu unterscheiden.

Nebelauflösung, erfolgt durch Verdunstung der Nebeltröpfchen. Dies kann a) durch Erwärmung der Luft, z. B. durch Sonneneinstrahlung, geschehen, b) durch Vermischung mit trockenerer Luft, z. B. bei zunehmendem Wind. Physikalisch erfolgt jeweils der Übergang von mit Wasserdampf gesättigter Nebelluft zu ungesättigter Luft, in der die Nebeltröpfchen verdunsten und die Sichtweite sich dementsprechend verbessert.

Nebelbank, *Nebelschwade*, flaches und zum Teil linienförmig angeordnetes bodennahes Nebelfeld. Nebelbänke bilden sich bei nur geringer nächtlicher Abkühlung, z. B. im Sommer, bevorzugt in feuchten Wiesen und Mulden. In ihnen sinkt die Sichtweite in nur kleinen Bereichen unter 1000 m (↗Nebel), in der Umgebung herrscht ↗Dunst mit Sichtweiten von 1–4 km.

Nebelbildung, Nebel bildet sich durch Kondensation von Wasserdampf an ↗Kondensationskernen. Folgende physikalische Vorgänge können Nebel verursachen: 1) Zunahme des Wasserdampfgehaltes durch ↗Verdunstung, z. B. über warmem Wasser (Verdunstungsnebel), oder 2) Abkühlung feuchter Luft bis zum ↗Taupunkt, z. B. bei ↗Advektion kälterer Luft (wurde früher fälschlicherweise auch Mischungsnebel genannt) oder bei nächtlichem Temperaturrückgang. ↗Nebelarten.

Nebelbogen, heller, nicht farbiger, kreisförmiger Streifen auf einer Nebelwand (oder, vom Flugzeug aus gesehen, auf einer Wasserwolke) um den Gegenpunkt der Sonne in 42° Abstand, manchmal auch ein zweiter Streifen in 51° Abstand. Der Nebelbogen ist ein ↗Regenbogen, der von besonders kleinen Wassertropfen (< 0,06 mm Radius) gebildet wird. Auch der ↗Mondregenbogen ist ein nichtfarbiger Regenbogen.

Nebelfänger, bei auch nur schwacher Luftbewegung fangen Netze o. ä. die kleinen Nebeltröpfchen auf, die nach und nach als größere Tropfen abwärts fließen: a) Nebelfänger nach Grunow, Hohenpeißenberg: Ein engmaschiges Drahtgazenetz fängt die Nebeltröpfchen auf und leitet den Niederschlag zur Messung ab. b) Am Flughafen Charles de Gaulle bei Paris wurden nach seiner Eröffnung im Jahre 1974 entlang der Landebahnen in die Erde versenkte Ventilatoren genutzt, um bei Nebel die Luft über ein engmaschiges Drahtnetz anzusaugen und damit den Nebel zu beseitigen. Bei geringer Luftbewegung wirkte das System innerhalb weniger Minuten soweit, daß der Sichtflugbetrieb wieder aufgenommen werden konnte. Die Blindflugeinrichtungen der modernen Flughafenausrüstung machten dieses System überflüssig. c) Netze, die im Bereich der Nebel-Küsten der Atacama in Peru und Chile aufgestellt werden, streifen soviel Feuchtigkeit aus der Luft, daß an mehreren Orten hiermit Trinkwasser gewonnen werden kann. d) Pinien auf den Kammlagen der Kanarischen Inseln, die besonders lange Nadeln entwickelt haben, kämmen aus den dort häufig aufliegenden Wolken (= Nebel) soviel Wasser, daß die Vegetation gut gedeihen kann. [WW]

Nebelfrost, Bezeichnung für die abgesetzten Niederschläge ↗Rauheis, ↗Rauhreif und ↗Klareis. Nebelfrost entsteht durch unterkühlte Nebeltröpfchen, die an Hindernissen, deren Oberflächentemperatur ebenfalls unter 0°C liegt, spontan gefrieren. Die hierbei entstehenden Ablagerungen können vor allem in Hochlagen der Mittelgebirge großes Gewicht erreichen und gefährden damit Wälder, Stromleitungen und Masten, zumal oft bei derartigen Wetterlagen auch größere Windgeschwindigkeiten auftreten.

Nebelklassifikation, üblicherweise unterscheidet man Nebel entsprechend seiner Entstehung. Dabei werden zwei Nebeltypen bezeichnet, nämlich Abkühlungsnebel und Verdunstungsnebel, die wiederum in weitere ↗Nebelarten unterteilt werden können.

Nebelnässen, *nässender Nebel*, *Nebeltraufe*, vom Wind herangetriebene Wolken und Nebeltröpfchen setzen sich an Gegenständen (Pflanzen, Gebäude etc.) ab. Dies geschieht häufig in Kammlagen von Gebirgen und bringt dort größere Wassermengen als abgesetzten Nebelniederschlag.

Nebelobergrenze, deutlich abgegrenzte Fläche an der Oberseite einer Nebelschicht, die der Untergrenze einer ↗Inversion entspricht. An dieser Stelle wird die niedrigste Temperatur erreicht, darüber wird es rasch wärmer und vor allem erheblich trockener mit oftmals ausgezeichneter Fernsicht.

Nebelreißen, im Unterschied zu ↗Nebelnässen verstärkt sich die ↗Nebelbildung, z. B. durch advektiv verursachte Abkühlung der Luft insbesondere in Gebirgsregionen. Dabei werden die Nebeltröpfchen nach und nach größer, und es fällt sehr feiner Niederschlag als Vorstufe von ↗Niesel aus, der bei längerer Dauer auch größere Niederschlagsmengen bringen kann.

Nebeltag, bei der Wetter- und Klimabeobachtung ein Tag, an dem mindestens einmal zwischen 0 und 24 Uhr ↗Nebel beobachtet wurde.

Nebeltröpfchen, *Nebeltropfen*, spezielle Bezeichnung für ↗Wolkentröpfchen in ↗Nebel. Der Durchmesser von Nebeltröpfchen beträgt meistens nur einige Mikrometer, im nässenden Nebel (↗Nebelnässen) bis 100 µm.

Nebeluntergrenze, ist definitionsgemäß der Boden. Eine meist nur diffus ausgeprägte Unterseite wird bei ↗Hochnebel in bodennaher Schicht beobachtet.

Nebelwald, immergrüner ↗Regenwald der tropisch-subtropischen Gebirgsstufe, vor allem im Luv von quer zur Hauptrichtung der Meereswinde stehenden Gebirgsriegeln. Ihre Höhenlage wechselt je nach Wassersättigung und Temperatur der feuchtigkeitsbeladenen Meereswinde, übersteigt aber selten den Bereich zwischen 2000–3000 m. Durch die adiabatische Abkühlung der aufsteigenden Luftmassen bilden sich bei Unterschreitung des Taupunkts zahlreiche Wassertröpfchen, die von der Vegetation ausgekämmt werden. Der Nebelwald ist daher ganzjährig oder während langer Zeitabschnitte im Jahr von ständigem Nebel, Sprühregen oder Taufall beherrscht, weshalb die Vegetation des Nebelwaldes sehr reich an epiphytischen Moosen, Flechten und Baumfarnen ist (↗Epiphyten).

Nebelwaldklima ↗Regenklima.

Nebelwüste, ökologische Sonderform der ↗Küstenwüste, die sich im Bereich der Wendekreise an der Westseite mancher Kontinente ausbildet, wo kalte Meeresströmungen auftreten. Das kalte Auftriebswasser hat zur Folge, daß landeinwärts dringende Treibnebel und nächtliche Bodennebel sowie verstärkte Taubildung das Wettergeschehen bestimmen. Sie sorgen durch die Erhöhung der Luftfeuchte für eine lokale Aufbesserung des Klimas, das sonst gekennzeichnet ist durch geringe und oft über mehrere Jahre völlig aussetzende Niederschläge. Die Nebelfeuchte kann von wenigen spezialisierten Pflanzen (Nebelvegetation) genutzt werden. Der Bereich der Nebelwüste ist i. d. R. ein auf wenige km Breite begrenztes Band entlang der Küste, die Küstenwüste kann jedoch Zehner Kilometer oder breiter sein. Zu den Nebelwüsten zählen z. B. die küstennahen Bereiche der Namib in Südwestafrika oder der Atacama in Südamerika.

Nebengemengteil, *Nebenmineral*, ein Mineral, das mit zwischen einem und fünf Prozent in einem Gestein vorhanden ist. Nebengemengteile können dem Gesteinsnamen mit dem Zusatz »führend« vorangestellt werden, wenn ihr Auftreten eine Besonderheit darstellt, z. B. cordieritführender Granit.

Nebengestein, 1) *Geologie*: Gestein in der ↗Kontaktaureole eines magmatischen Intrusionskörpers, das durch die Wärme des Magmas meist kontaktmetamorph verändert wurde (↗Kontaktmetamorphose). Als Nebengestein kommen in Betracht Sedimentgesteine, bereits erstarrte magmatische Gesteine (↗Magmatite) oder metamorphe Gesteine (↗Metamorphite). 2) *Lagerstättenkunde*: das einen Erzkörper oder ein Mineralvorkommen unmittelbar umgebende Gestein, in das die ↗Erzminerale ↗syngenetisch oder ↗epigenetisch eingebettet sind.

Nebengesteinsalteration ↗hydrothermale Alteration.

Nebenmeere, von Festlandsflächen und Inselketten abgeschnürte Teilbereiche der betreffenden Ozeane, unterschieden in ↗Randmeere und ↗Mittelmeere.

Nebenmineral ↗Nebengemengteil.

Nebenquantenzahl ↗Quantenzahl.

Nebenregenbogen ↗Regenbogen.

Nebensonne, helle, manchmal farbige Flecken am Himmel (Abb. im Farbtafelteil), die in gleicher Höhe wie die Sonne außerhalb des ↗kleinen Ringes auftreten; spezieller ↗Halo aus der Fülle der Halo-Erscheinungen.

Nebenvalenzbindung, schwächere, attraktive Wechselwirkungen zwischen Atomen, Ionen und Molekülen, die nicht auf ionischer Bindung (↗heteropolare Bindung), kovalenter Bindung (↗homöopolare Bindung) oder ↗metallischer Bindung beruhen. Beispiele für Nebenvalenzbindungen sind die ↗van-der-Waals-Bindung, die Wasserstoffbrückenbindung und die koordinative Bindung in Metallkomplexen.

Nebka, *Nebcha* (arab.), *Kupste*, spitzer Sandhügel, durch Vegetation ↗gebundene Düne. ↗Kupste.

needle ice ↗Kammeis.

Neef, Ernst, dt. Geograph und Landschaftsökologe, *16.4.1908 Dresden, †7.7.1984 Dresden; Studium in Innsbruck und Heidelberg, Professuren in Leipzig (1949) und an der TU Dresden (1959), wo er das Geographische Institut bis zu seiner Emeritierung 1973 leitete. Neef war zudem von 1954 bis 1979 Herausgeber der traditionsreichen »Petermanns Geographischen Mitteilungen«. Er steuerte mit seinen Arbeiten wesentliche methodische Grundlagen für die ↗Geoökologie und die ↗Landschaftsökologie bei. Ausgangspunkt war dabei die Physische Geographie. Zum Ausdruck kommt dies in seinem Kompendium »Das Gesicht der Erde« (1956), das einen Überblick über die regionale physische Geographie der Kontinente mit geomorphologischem Schwerpunkt und ein umfassendes Verzeichnis von Begriffen aus der physischen Geographie enthält. Die folgenden Arbeiten zu den ↗geographischen Dimensionen und zur ↗Komplexanalyse führten zu den viel beachteten theoretischen Grundlagen der Landschaftslehre (1967). Neef sah die Landschaftsökologie nie als rein akademische Disziplin, sondern betonte stets ihre Bedeutung für die praktische Lösung bei der nachhaltigen Nutzung (↗Nachhaltigkeit) der natürlichen Ressourcen. Schon früh bezog er daher den »Systemregler« Mensch in seine ökologischen Betrachtung ein, wich also von der in der Ökologie damals gängigen Konzentration auf natürliche oder quasinatürliche Landschaften ab. Ausgehend von geomorphologischen Studien und detaillierten Felduntersuchungen in verschiedenen Naturräumen im Süden der DDR, interessierten ihn die Entwicklung und die aktuellen Probleme der ↗Kulturlandschaft. Die gesellschaftliche Wirklichkeit und die zunehmende technische Gestaltung der Erdoberfläche standen im Mittelpunkt dieser Arbeiten (↗Natur-Technik-Gesellschaft). Später wird diese Betonung der Lebensumwelt des Menschen als ↗Total Human Ecosystem quasi wiederentdeckt. Aufnahmen in der ↗topischen Dimension (Physiotope) leiteten zur geoökologischen Prozeßforschung und zur Bestimmung von ökologischen Hauptmerkmalen über. Mit dieser induktiven Arbeitsweise erweiterte Neef die Möglichkeiten der Raumanalyse von der ↗naturräumlichen Gliederung zur ↗naturräumlichen Ordnung. Die Bemühungen, praktische Lösungen für landschaftliche Probleme zu erarbeiten, zeigen sich in Publikationen zum ↗Naturschutz und der ↗Landespflege. Die Landschaftsökologie im Sinne von Neef verbindet naturwissenschaftliche Erkenntnisse mit ihrer gesellschaftlichen und insbesondere ökonomischen Verwertung (↗Naturraumpotential).

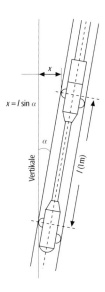

Neigungsmessung: Meßprinzip der Neigungsmessung mit dem Inklinometer (α = Neigungswinkel, x = Verschiebung quer zur Vertikalen, l = Meßlänge des Gerätes).

Dieser Ansatz kam auch in der Mitarbeit bei internationalen wissenschaftlichen Organisationen wie der UNESCO, des Programms ↗MAB, der internationalen Geographischen Union und des Rates für gegenseitige Wirtschaftshilfe zum Ausdruck. Werke (Auswahl): »Das Gesicht der Erde« (5 Aufl. 1956–1981), »Landschaftsökologische Untersuchungen zu verschiedenen Physiotopen in Nordwestsachsen« (1961, zusammem mit G. Schmidt und M. Lauckner), »Die theoretischen Grundlagen der Landschaftslehre« (1967). [MSch]

Néel-Temperatur, T_N, ↗Curie-Temperatur antiferromagnetischer Substanzen (↗Antiferromagnetismus). Oberhalb T_N verschwindet die magnetische Ordnung und das Material verhält sich paramagnetisch (↗Paramagnetismus). Die Temperaturabhängigkeit der ↗magnetischen Suszeptibilität χ wird für $T > T_N$ mit dem ↗Curie-Weiss-Gesetz beschrieben.

negative Mantelreibung, Mantelreibung, die zwischen Boden und ↗Pfählen wirkt und die letzteren belastet, anstatt die Last von den Pfählen in den Boden zu übertragen. Wenn in stark setzungsfähigen oder weichen Böden eine seitliche Belastung auftritt, hat dies Verformungen zur Folge, welche auf den Pfahl wirken und damit die negative Mantelreibung hervorrufen.

negative Rückkopplung 1) *Klimatologie*: ↗Rückkopplung. **2)** *Landschaftsökologie*: ↗Rückkopplungssysteme.

Negentropie, negative ↗Entropie, Modellvorstellung zur Beschreibung des Zustandes eines ↗Ökosystems basierend auf Grundideen der Thermodynamik (Boltzmann-Theorem). Durch die wachsende Strukturierung eines Ökosystems im Verlaufe seiner ↗Sukzession steigt sein Bedarf an Erhaltungsenergie und damit die Produktion von Entropie. Wird die Entropie als Maß der irreversiblen strukturellen Differenzierung eines Ökosystems betrachtet, so drückt die Negentropie als deren Kehrwert dessen Ordnungsgrad aus, der umso höher ist, je länger das System einer selbstorganisierten Dynamik ausgesetzt ist. Damit steigt auch die Entfernung des Systems vom Zustand des thermodynamischen Gleichgewichtes (↗Stabilität).

Nehden, nach einem Ort im Sauerland benannte, regional verwendete stratigraphische Bezeichnung für eine Stufe des Oberdevons im Rheinischen Schiefergebirge. Das Nehden ist Teil des ↗Famenne der internationalen Gliederung. ↗Devon, ↗geologische Zeitskala.

Nehrung, *Nehrungsinsel*, vorwiegend an gezeitenschwachen Küsten durch sedimentäre Aufhöhung von ↗Sandriffen als Nehrungsinseln (*freie Nehrung*) oder durch ↗Strandversetzung als landfeste Nehrung von einem Küstenvorsprung aus entstandene, langgestreckte und über den Meeresspiegel aufragende Akkumulationskörper aus Lockermaterial. Eine Nehrung entsteht als Weiterentwicklung eines ↗Hakens und führt zur fast vollständigen Abtrennung einer Meeresbucht und zur Bildung eines ↗Haffs (↗Lagune). Im Schutz von Nehrungen bestehen bei gleichzeitigem Sedimenteintrag günstige Bedingungen zur Bildung von Marschland (↗Marschen).

Nehrungsinsel ↗Nehrung

Neigungskompensator ↗*Kompensator*.

Neigungsmeßgerät, ↗*Inklinometer*, Gerät, das der Messung von Neigungsänderungen an Bauwerken oder in Bohrungen dient.

Neigungsmessung, ein Verfahren, um mit einem ↗Klinometer bzw. ↗Inklinometer Neigungsänderungen an Bauwerken oder in Bohrungen zu messen. Das Hauptanwendungsgebiet von Neigungsmessungen sind Beobachtungen an rutschverdächtigen Böschungen oder Hängen. Um Neigungsmessungen in Bohrungen durchzuführen, werden diese mit Nutrohren ausgebaut. Diese werden in vertikale oder nahezu vertikale Bohrungen so installiert, daß eine Nut in Richtung der Fallinie des Hanges zeigt. Der Ringspalt zwischen Rohr und Bohrlochwand wird mit einem Zementmörtel verfüllt, dessen Festigkeit der Gebirgsfestigkeit angepaßt ist. Das Inklinometer, welches an einer vermaßten Meßleitung in das Bohrloch eingelassen wird, besteht aus einem 0,5 oder 1 m langen Sondenkörper, in dem in zwei zueinander senkrechten Ebenen Neigungssensoren eingebaut sind. An den beiden Sondenenden sind gefederte Wippen mit je zwei Laufrädern angeordnet, deren Spur genau in die Nuten der Verrohrung paßt. Wird beim Meßvorgang das Bohrloch in halben oder ganzen Meterschritten durchfahren, ist durch die Laufnuten sichergestellt, daß die Meßposition des Inklinometers bei jeder Messung dieselbe ist. Treten zwischen zwei Messungen Verschiebungen des Gebirges ein, so wird sich die Neigung der Verrohrung ändern. Diese Änderung bedingt einen unterschiedlichen Neigungswinkel α zwischen der Vertikalen und der Meßachse, der mit einem Anzeigegerät gemessen wird (Abb.).

Der Meßwert wird analog als Sinus des Neigungswinkels oder als Verschiebung in Millimeter angezeigt. Zur Auswertung werden die einzelnen Meßwerte als Polygonzug aneinandergereiht. Die Meßgenauigkeit liegt bei sorgfältiger Messung bei $\pm 2 \cdot 10^{-4}$ pro Meßschritt ($\pm 0,2$ mm/m). Neigungsmeßrohre können auch zusammen mit ↗Extensometern in einem Bohrloch eingebaut werden, so daß Verschiebungen parallel und quer zur Bohrlochachse gemessen werden können. Auch gibt es Inklinometer, die mit einem Sondenextensometer kombiniert sind. Für diese muß aber eine spezielle Verrohrung eingebaut werden. Bei lokalen Bewegungen von mehr als 30–80 mm kann die Krümmung des Nutrohres zu stark werden, so daß die 1,0 bzw. 0,5 m lange Sonde nicht mehr weiter eingefahren werden kann. Es kommen auch Anwendungsfälle vor, wo Neigungsmessungen in horizontalen oder nahezu horizontalen Bohrungen ausgeführt werden. Für solche Bohrungen werden nur Inklinometer mit einer Meßachse benötigt und das Meßgerät wird dort mit einem Schubgestänge in die Verrohrung eingeschoben. [EFe]

Nekromasse, Bestand an abgestorbener organischer Substanz in einem ↗Ökosystem, z. B. Laub, abgestorbenes Holz oder Wurzelteile auf oder im Boden eines Waldes.

Nekrophagen, *Nekrotrophe, Nekrovore, Aasfresser,* Bezeichnung für Tiere, die von den verwesenden Leichen anderer Tiere leben, z. B. Aaskäfer. Es wird unterschieden zwischen Sakrophagie (Fraß an frisch abgestorbener Substanz tierischen Ursprungs) und der Saprophagie (↗Saprophagen). Pflanzen, welche auf toten Organismen leben, werden als ↗Nekrophyten bezeichnet. Nekrophagen sind wichtige ökologische Bindeglieder im ↗Stoffkreislauf, da sie die Nährstoffe toter Organismen für den ↗Abbau durch Bakterien und Pilze verfügbar machen.

Nekrophyten, heterotrophe Pflanzen (↗Heterotrophie), welche von abgestorbener organischer Substanz leben. Nekrophyten spielen in der ↗Nahrungskette und bei der Bodenbildung ein Rolle, da sie abgestorbene Organismen wieder in den ↗Stoffkreislauf einbinden. ↗Nekrophagen.

Nekrose, beschreibt Ursache und Verlauf des Todes eines Organismus. Diese Prozesse sind vielfach wesentlich für die Art und Weise der Fossilisation. Nur wenige Organismen sterben aufgrund hohen Alters, die meisten aufgrund biotischer oder abiotischer Faktoren. Zu den biotischen Faktoren gehören z. B. Gefressenwerden, Parasitenbefall, Krankheiten, Ersticken, Verdursten etc. Abiotische Faktoren wie Temperatur- oder Salinitätsschwankungen, Licht- oder Sauerstoffmangel, Vergiftungen (z. B. durch H_2S), Verschüttetwerden führen oft zu Ereignissen von Massensterben und somit zu ↗Fossillagerstätten.

Nekrosole, mächtige, humose anthropogene Böden der Friedhöfe und Grabstätten.

Nekton, alle aquatisch lebenden, aktiv schwimmenden Tiere. Seit dem Devon haben sich die heutigen Hauptvertreter des Nektons, die ↗Fische, überaus erfolgreich entwickelt. Aquatisch lebende ↗Reptilien (Ichthyosaurier, Mosasaurier u. a.) entwickelten sich während des Mesozoikums und werden heute noch durch Schildkröten vertreten. Seit dem Tertiär kommen Mammalia (Seekühe, Robben, Delphine, Wale) hinzu. Die ↗Cephalopoda sind die wichtigsten Vertreter des wirbellosen Nektons. Verschiedene Anpassungen optimierten die Entwicklung einer relativ raschen und zielgerichteten Fortbewegung der sich häufig karnivor ernährenden Tiere. Von besonderer Bedeutung war neben der Perfektion der Antriebs- und Steuerungsorgane (Flossen) die Entwicklung einer ergonomische Stromlinienform mit geringem Wasserwiderstand. Funktionsmorphologisch lassen sich z. B. beim Vergleich der Körperformen von Haien, Ichthyosaurier und Delphinen (Säugetieren) große Analogien feststellen (Abb. 1). Die Vielfalt der Körperformen brachten andere effektive Fortbewegungsprinzipien mit sich (z. B. schlängelnde Fortbewegung der Seeschlangen und Aale, Rückstoßprinzip bei den Cephalopoden). Bei den Cephalopoden ist im Lauf der stammesgeschichtlichen Entwicklung das Verschwinden von hinderlichen Skeletten zu beobachten. Bodenbezogenes Nekton ist dagegen häufig durch eine abgeplattete Körperform und oftmals starke Panzerung gekennzeichnet (Abb. 2).

Bei der fossilen Erhaltung spielt die ↗Taphonomie eine besondere Rolle, da die Zersetzung des Körpers bereits beim Absinken in der Wassersäule beginnt. Detailreiche Erhaltung, z. B. mit Hautschatten, nahezu kompletter Skelette sind überlieferungsfähig, wenn der Körper vor seinem Zerfall sauerstoffarmes, benthosfeindliches Bodenwasser erreicht (z. B. ↗Posidonienschiefer, ↗Solnhofener Plattenkalk). [EM]

nematische Phase ↗flüssige Kristalle.

Nematizide, chemische Verbindung zur Bekämpfung von ↗Nematoden, vornehmlich gegen im Boden lebende Arten (z. B. Rüben- oder Kartoffelzystenälchen). Nematizide wirken allerdings nicht spezifisch auf Nematoden und können somit die gesamte Bodenfauna schädigen.

nematoblastisch, Bezeichnung für durch metamorphe Kristallisation oder ↗Rekristallisation erzeugte Gefüge von stengeligen oder nadeligen Mineralen mit Vorzugsregelung ihrer Längsachsen, z. B. für Amphibol oder Sillimanit verwendet.

Nematoden, *Fadenwürmer,* ↗Bodenschwimmer, nach Protozoen die häufigsten Bodentiere, 0,5–2 mm Körperdurchmesser, gehören zur ↗Mikrofauna. Sie besitzen einen wurmförmigen Körper mit glatter Cuticula. Ihre Längsmuskulatur ermöglicht ihnen eine schlängelnde Fortbewegung. Es gibt verschiedene Nahrungstypen: a) Aufnahme flüssiger Nahrung, b) Verschlingen ganzer Mikroorganismen, c) Räuber von größeren Tieren. Nematoden tragen erheblich zum Stoffabbau und zum Nährstoffkreislauf im Boden bei.

nemorale Laubwälder, [von lat. nemus = Wald], *sommergrüne Laubwälder,* zonale Vegetation der nemoralen Klimazone mit warmer, relativ regenreicher Vegetationszeit von 4–6 Monaten und einer kurzen Frostperiode. Die nemoralen Laubwälder kommen in West- und Mitteleuropa so-

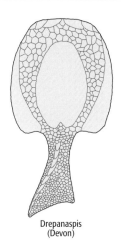

Drepanaspis (Devon)

Scophthalmus (Steinbutt, rezent)

Nekton 2: Beispiele für bodenbezogene Vertreter des Nektons aus dem mittleren Paläozoikum und heute.

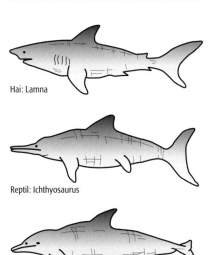

Hai: Lamna

Reptil: Ichthyosaurus

Säugetier: Phocaena

Nekton 1: Beispiel für funktionsmorphologische Analogie in der »Stromlinien«-Körperform bei unterschiedlichen Wirbeltier-Klassen.

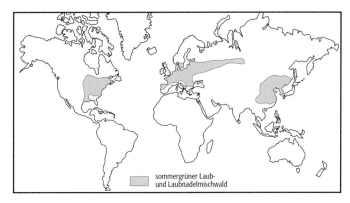

nemorale Laubwälder: Verbreitung der nemoralen Laubwälder.

Neodymisotope 1: Isotopenentwicklungsdiagramm des Neodyms der Gesamterde (CHUR), einer 3,5 Mrd. Jahre alten Erdkruste und des entsprechenden verarmten Erdmantels (DM), dargestellt als ε-Nd-Wert (Ga = Mrd. Jahre).

Neodymisotope 2: Isotopenentwicklungsdiagramm des Neodyms der Gesamterde (CHUR) und eines Gesteins des Erdmantels (DM) in der Zeit. Durch Extrapolation kann aus den heutigen Nd-Isotopenverhältnissen auf die Zeit der Abspaltung von der CHUR- oder DM-Entwicklung geschlossen werden (Modellalter = T_{CHUR}, T_{DM}) (Ga = Mrd. Jahre).

wie im Osten von Nordamerika und in Ostasien vor (Abb.). ↗Laubwald.

Neodym, metallisches Element der Lanthanoidengruppe mit dem Symbol Nd (↗Seltene Erden). Es kommt als Begleiter von ↗Cer in den Cerit-Erden Allanit, Bastnäsit und ↗Monazit vor und findet Verwendung beim Färben von Emaille, ↗Porzellan und Glas. Ebenso wird es für Nd-Glas und Nd-Y-Ag-Laser sowie für künstliche ↗Edelsteine gebraucht.

Neodymisotope, das Element Neodym (Nd) besitzt sieben natürlich vorkommende stabile ↗Isotope: ^{150}Nd (Häufigkeit ca. 5,6%), ^{148}Nd (ca. 5,7%), ^{146}Nd (ca. 17,2%), ^{145}Nd (ca. 8,3%), ^{144}Nd (ca. 23,9%), ^{143}Nd (ca. 12,2%), ^{142}Nd (ca. 27,1%). Die genauen Anteile der jeweiligen Isotope hängen im wesentlichen von der Häufigkeit des ^{143}Nd, welches z.T. aus dem α-Zerfall des ^{147}Sm stammt, ab (Halbwertszeit: $1{,}06 \cdot 10^{11}$ Jahre). Man geht davon aus, daß das Nd der Erde zur Zeit ihrer Entstehung ein einheitliches primordiales ^{143}Nd/^{144}Nd von 0,50583 besaß (↗CHUR). Die Entwicklung der Nd-Isotope auf der Erde ist davon geprägt, daß die Seltenerdelemente Sm und Nd in der Erdkruste gegenüber dem Erdmantel angereichert werden, Nd gegenüber dem Sm aber bevorzugt wird. Dies führt dazu, daß das Sm sich im Erdmantel im Laufe der Zeit relativ anreichert und dort mehr ^{143}Nd gebildet wird, also höhere ^{143}Nd/^{144}Nd-Werte entstehen als in der Erdkruste. So liegt das Verhältnis ^{143}Nd/^{144}Nd des CHUR heute bei 0,512638, das des ↗DM bei 0,51305, während archaische Krustengesteine Werte bis herab zu 0,51024 aufweisen. Nd-Isotopenverhältnisse sind deshalb natürliche Tracer, welche zur Beantwortung petrogenetischer Fragen herangezogen werden können. Besonders vorteilhaft ist dabei, daß sich die Seltenerdelemente Sm und Nd geochemisch sehr ähnlich verhalten, so daß geologische Prozesse wie Metamorphose oder Abtragung üblicherweise zu keiner wesentlichen Elementfraktionierung führen und damit mit dem Nd-Isotopensystem durch solche Prozesse hindurch geblickt werden kann. Wegen der hohen Halbwertszeit des ^{147}Sm und der daraus folgenden verhältnismäßig geringen Variation der Nd-Isotopenverhältnisse werden an Stelle der ^{143}Nd/^{144}Nd-Werte meist ε-Nd-Werte (Abb. 1) verwendet, welche den Abstand der Isotopenverhältnisse einer Probe zu denen des Erdmantels ausdrücken:

$$\varepsilon - Nd = \left[\frac{^{143}Nd/^{144}Nd_{Probe}}{^{143}Nd/^{144}Nd_{Res}} - 1 \right] \cdot 10^4$$

Res ist hier das jeweilige Mantelreservoir, auf das bezogen wird, z.B. CHUR (^{143}Nd/^{144}Nd = 0,512638, ^{147}Sm/^{144}Nd = 0,1966) oder DM. Ist durch eine unabhängige Altersbestimmung die Platznahme eines Magmas datiert, so kann aus dem ^{143}Nd/^{144}Nd-Verhältnis und dem ^{147}Sm/^{144}Nd-Verhältnis der Probe das ε-Nd zu dieser Zeit berechnet und auf die Herkunft des Magmas geschlossen werden. Der Zeitpunkt, zu dem der ε-Nd-Wert 0 ist, also die Entwicklungslinie der Probe die des Erdmantels schneidet, wird als das *Neodym-Modellalter* bezeichnet (Abb. 2). Nd-Modellalter markieren damit die Zeit der Abkopplung einer Probe von der isotopischen Entwicklung des Erdmantels und sind ein Maß für die mittlere ↗Krustenverweilzeit. Zu beachten ist, daß die sich ergebenden Alterswerte stark abhängig sind von der isotopischen Entwicklung des jeweiligen Erdmantels, welche für einen be-

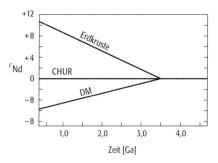

trachteten Fall zwar nicht genau bekannt, aber meist sinnvoll eingrenzbar ist. Ein Extrem, welches zu minimalen Modellaltern führt, stellt die CHUR-Mantelentwicklung dar, die von einem weitgehend undifferenzierten Mantel ausgeht.

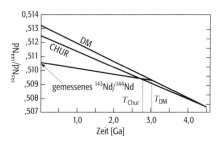

DM-Modelle beschreiben die Isotopie des real existierenden Erdmantels zutreffender und führen zu Modellaltern, welche in aller Regel recht gut mit Altern krustenbildender Ereignisse zu korrelieren sind. [SH]

Neodym-Modellalter ↗Neodymisotope.

Neoeuropa, Bezeichnung für das alpidische Europa, der im Zug der alpidischen Ära (im wesentlichen Kreide bis Jungtertiär) orogenetisch versteifte Krustenbereich Süd- und Südosteuropas. Neoeuropa entstand durch Anfaltung der alpidischen Gebirge an ↗Mesoeuropa. Dies war das Ergebnis der Öffnung der ozeanischen ↗Tethys zwischen Mesoeuropa und ↗Gondwana während der Trias und des Juras und ihrer Schließung ab der Kreide. Damit war die Tethys und die daraus hervorgehenden känozoische Strukturen die Akkumulationsräume der die alpidischen Gebirge Europas aufbauenden Schichtfolgen. Die Gebirge haben zum großen Teil einen variszischen Unterbau (Pyrenäen, Betische Kordillere, Alpen, Karpaten, Balkan, Korsika, Süd-Apennin), der mehr oder weniger stark metamorph überprägt und in die Prozesse der alpidischen Orogenese einbezogen wurde. ↗Archaeoeuropa.

Neogaea, früher gebräuchliche ↗biogeographische Region, die ganz Amerika umfaßt. Sie wird heute in die ↗Nearktis und die ↗Neotropis unterteilt.

Neogen, jüngere Periode des ↗Tertiärs von 23,8–1,6 Mio. Jahren; sie folgt auf das ↗Paläogen. Das Neogen wird in zwei Epochen unterteilt, das ↗Miozän (23,8–5,2 Mio. Jahre) und das ↗Pliozän (5,2–1,6 Mio. Jahre). Die Miozän/Pliozän-Grenze ist durch einen globalen Meeresspiegelanstieg gekennzeichnet. Nach dem Neogen folgt das ↗Quartär bzw. die Epoche des ↗Pleistozäns. Von einigen Autoren werden das Pleistozän und das ↗Holozän ebenfalls dem Neogen zugerechnet, was sich bisher aber nicht durchgesetzt hat. Der ↗GSSP für die Paläogen/Neogen-Grenze, welche gleichzeitig auch die Oligozän/Miozän-Grenze ist, befindet sich innerhalb des Lemme-Carrosio-Profils in Norditalien (Allessandria Provinz). Er fällt mit einer Polaritätsumkehr des Magnetfeldes (↗Feldumkehr) zusammen und markiert die Grenze zwischen den Chrons C6Cn2r und C6Cn2n. Mit den Methoden der ↗Magnetostratigraphie und ↗Biostratigraphie ist der GSSP (und damit die Untergrenze des Neogens) weltweit in andere Profile korrelierbar. Die Obergrenze des Neogens ist gleichzeitig die Pliozän/Pleistozän-Grenze. Der GSSP dieser Grenze befindet sich im Vrica-Profil in Italien (Calabrien), sein Alter beträgt etwa 1,6 Mio. Jahre. Dieser GSSP fällt nicht genau mit einer Umkehr des Magnetfeldes zusammen und befindet sich gerade noch innerhalb des Chrons C2n.

Die Bezeichnung Neogen als zusammenfassende Kategorie für Miozän und Pliozän wurde von Hörnes (1853) eingeführt, weil die ↗Mollusca aus den Sedimenten des Miozäns und Pliozäns des Wiener Beckens einander sehr ähnlich waren, sich aber deutlich von den Faunen aus dem ↗Eozän unterschieden (das ↗Oligozän wurde zu jener Zeit noch nicht unterschieden). Heute wird das Neogen in acht Stufen unterteilt, von denen sechs auf das Miozän und zwei auf das Pliozän entfallen (↗geologische Zeitskala). Für die ↗Paratethys wurden aufgrund von Besonderheiten der dortigen Faunen eigene Stufen definiert.

Die Biostratigraphie der neogenen Abfolgen basiert in marinen Sedimenten v. a. auf planktonischen Einzellern wie dem kalkigen ↗Nannoplankton (Coccolithophoriden und Discoasteriden), den kieseligen Silicoflagellaten, Diatomeen und ↗Radiolarien und den kalkschaligen ↗Globigerinen. Mit Hilfe des kalkigen Nannoplanktons wird das Neogen in 18 Biozonen, sog. NN-Zonen, unterteilt. Die Globigerinen ermöglichen eine Zonierung in bis zu 20 Biozonen. Die kieseligen Organismen sind besonders für die Biostratigraphie von Tiefseesedimenten, die unterhalb der CCD (↗Carbonat-Kompensationstiefe) abgelagert wurden, wichtig. In marginal-marinen und brackischen Sedimenten werden Lamellibranchiaten, Gastropoden (↗Mollusca), ↗Ostrakoden und ↗Otolithen für die relative Altersbestimmung verwendet, so z. B. in den Abfolgen der Paratethys und im ↗Mainzer Becken. In lakustrinen und terrestrischen Abfolgen sind es außer pflanzlichen Fossilien (↗Charophyceae, ↗Pollen, ↗Sporen) v. a. die ↗Säugetiere, die biostratigraphische Aussagen ermöglichen; das gesamte Neogen wird in 17 sogenannte Mammalier-Zonen (MN-Zonen) unterteilt.

Im Neogen setzte sich der seit dem Oligozän bestehende Trend zu einem kühleren und trockeneren Klima fort. Zum einen handelte es sich dabei um einen weltweiten Trend, der auf die Isolation der Antarktis seit dem Obereozän und die seither bestehenden zirkumantarktischen Meeresströmungen zurückgeführt wird und zu einer zunehmenden Vergletscherung der Antarktis führte. Zum anderen wurden die Klimaänderungen regional durch tektonische Ereignisse verstärkt, so z. B. im Westen Nordamerikas und in Ostafrika. Die Temperaturabnahme und die verminderten Niederschläge führten dazu, daß im Laufe des Neogens die zuvor weit verbreiteten tropischen Wälder durch offene Wälder und Graslandschaften (Savannen) verdrängt wurden und Kräuter und Gräser sich erstmals über weite Flächen ausbreiteten. Trotz der Abkühlung kann das Klima für die meiste Zeit des Neogens noch als subtropisch bezeichnet werden. Erst im jüngsten Neogen (Oberpliozän) vor etwa 3 Mio. Jahren erfolgte eine besonders rasche Abkühlung, in deren Gefolge auf dem nordamerikanischen und auf dem nordeuropäischen Kontinent (Grönland, Skandinavien) die ersten Inlandeismassen akkumulierten. Diese Abkühlung ist besonders durch Sauerstoffisotopen-Messungen an Foraminiferenschalen nachgewiesen.

Wichtige gebirgsbildende Ereignisse während des Neogens waren die Entstehung der Mittelmeergebirge (Atlas, Betische Kordillere, Pyrenäen, Schweizer Jura, Alpen, Karpaten, Apennin, Dinariden und Helleniden) und der Aufstieg des Himalajagebirges. Der Deckenbau und die Hebung der Mittelmeergebirge resultierten aus der Konvergenz der afrikanischen und der adriatischen Platte mit der europäischen Platte, die schon in der ↗Kreide begonnen hatte und während des Neogens weitgehend ihren Abschluß fand. Im Gefolge der alpinen Gebirgsbildungen, und auch durch die Nordost-Drift Arabiens mit Bildung des Zagrosgebirges, wurde die ehemalige ↗Tethys vom Indischen Ozean abgetrennt und zerfiel in das Mittelmeer und das Binnengewässer der ↗Paratethys im Vorland der Alpen und Karpaten. Durch die entstandene Landverbindung zwischen Afrika und Eurasien kam es im Unter- und Mittelmiozän zu großen Faunenwanderungen. Der Himalaja entstand durch die Kollision von Indien mit der eurasischen Platte (vor etwa 50 Mio. Jahren) und die nachfolgende starke Deformation innerhalb der Indischen Platte zu Beginn des Neogens.

In Nordamerika führten neogene tektonische Prozesse zur erneuten Hebung der Rocky Mountains, der Sierra Nevada, des Colorado-Plateaus sowie der Appalachen. In das Neogen fällt auch die Extensionstektonik der Basin-and-Range-Provinz. In Mittelamerika kam es im jüngeren Neogen vor etwa 3,5 Mio. Jahren zur Hebung der Landenge von Panama und zur Trennung von Karibischem Meer und Pazifischem Ozean. Dadurch wurde der seit der ↗Kreide isolierte südamerikanische Kontinent mit Nordamerika verbunden, was ebenfalls zu einer großen Faunenwanderung führte. Neben den Auswirkungen auf die Tierwelt hatte die Hebung der Landenge von Panama auch ozeanographische Konsequenzen, da der Golfstrom nunmehr nach Nordosten abgelenkt wurde.

In Ostafrika etablierte sich zu Beginn des Neogens ein ↗Riftsystem, welches zur Öffnung des Roten Meeres und des Golfes von Aden sowie zur Entstehung der Afar-Senke führte. An die Afar-Senke schließen nach Südwesten die ebenfalls im Neogen entstandenen ostafrikanischen Gräben an, Intra-Plattenstrukturen, welche sich im Scheitel einer weitspannigen Aufwölbung der ↗Asthenosphäre befinden. Große Süßwasserseen wie der Viktoria-See, der Tanganjika-See und der Malawi-See sind innerhalb dieses Grabensystems entstanden. Außerdem wurden seit dem Oligozän Vulkanite (v.a. Alkali-Basalte) im Zusammenhang mit den Grabenbrüchen gefördert. Bekannte Vulkane dieser Region sind der Mt. Kenia und der Kilimandscharo.

Der globale Meeresspiegel war im Neogen zunächst niedriger als zur Zeit des zurückliegenden Paläogens, entsprechend reicht die Verbreitung miozäner Sedimente rund um den Atlantik und das Mittelmeer nur wenig landeinwärts. Am Ende des Miozäns, etwa vor 6 Mio. Jahren, führte ein globales Absinken des Meeresspiegels um rund 50 m zur Isolation des Mittelmeeres vom Atlantik und nachfolgend zur Austrocknung des Mittelmeeres (sog. *Messinian-Event*). Es entstanden evaporitische Abfolgen, im Zentrum des östlichen Mittelmeeres auch Steinsalz. Die Flüsse, welche in dieses trocken gefallene Becken entwässerten, schnitten tiefe Täler ein und zapften durch rückschreitende Erosion die Paratethys an. Das führte schließlich zur Entwässerung der Paratethys in das Mittelmeerbecken und zum endgültigen Zerfall der Paratethys in isolierte Wasserkörper, die heute noch in Form des Schwarzen Meeres, des Kaspischen Meeres und des Aralsees vorliegen. Das globale Absinken des Meeresspiegels wird im Zusammenhang mit einer verstärkten Ausdehnung von Gletschereis in der Antarktis gesehen. Mit Beginn des Pliozäns kam es wieder zu einem globalen Meeresspiegelanstieg (bis vor etwa 4 Mio. Jahre), das Klima wurde noch einmal wärmer und das Mittelmeerbecken wurde wieder geflutet. In den an das Mittelmeer, an die Nordsee und an den Atlantik angrenzenden Gebieten sind pliozäne marine Ablagerungen weit landeinwärts der heutigen Küstenlinien verbreitet.

In Nordwestdeutschland hinterließ die neogene Nordsee mächtige Abfolgen aus Glimmertonen und Sanden. Ab dem Mittelmiozän zog sich die Nordsee allmählich in ihre heutige Begrenzung zurück und es kam zunehmend zur Ablagerung von fluviatilen Sanden, Kiesen und Tonen. Im Zuge dieser ↗Regression entstanden in der Niederrheinischen Bucht mächtige miozäne Braunkohlen, die in ausgedehnten Tagebauen abgebaut werden. Die ↗Transgression der Nordsee zu Beginn des Pliozäns, im Zusammenhang mit dem globalen Meeresspiegelanstieg, reichte nur noch in das Unteremsgebiet und bis Hamburg. Im übrigen norddeutschen Tiefland war die Sedimentation im Pliozän lakustrin und fluviatil und hinterließ eine Wechselfolge von Sanden und Kiesen, gelegentlich mit Tonen und Braunkohlen. Im Gebiet der heutigen Ostsee und im angrenzenden Nordostdeutschland und polnischen Flachland entstanden während des Neogens fluviatile Schwemmfächer und ausgedehnte Süßwasserablagerungen (v.a. Tone). In diese sind mächtige Braunkohlenflöze, wie z. B. die der Niederlausitz und des Weißelster Beckens, eingeschaltet. Neogene Sedimentationsräume waren in Mitteleuropa außerdem die Hessische Senke und die Rhön, deren miozäne lakustrine und fluviatile Bedeckungen heute jedoch weitgehend erodiert sind, sowie das ↗Mainzer Becken und das Hanauer Becken, der ↗Oberrheingraben, das ↗nordalpine Molassebecken und das Gebiet des Eger-Grabens im Böhmischen Massiv.

Ein besonderes neogenes Ereignis war in Süddeutschland der Einschlag eines Meteoriten zu Beginn des Mittelmiozäns (vor 14,9 Mio. Jahren). Der Meteorit, der kurz vor dem Einschlag in mindestens zwei Teile zerbrach, hinterließ die Krater des Nördlinger Rieses und des kleineren Steinheimer Beckens. Sogenannte exotische, durch den Meteoriteneinschlag entstandene Gesteine sind der ↗Suevit, eine Kristallinbrekzie, und die Bunten Trümmermassen. Die Kraterhohlformen füllten sich nachfolgend mit Wasser und es entstanden mittelmiozäne Seeablagerungen, die eine reiche Gastropoden- und Wirbeltierfauna geliefert haben.

Außer den durch Meeresspiegelschwankungen beeinflußten Prozessen erfolgten in vielen Regionen tektonische Hebungen, bruchtektonische Verstellungen und vulkanische Ereignisse. In Mitteleuropa wurden das Rheinische Schiefergebirge, das nordhessische Bergland, der Harz und im jüngsten Neogen auch die Rhön, der Spessart

und der Odenwald sowie der Schwarzwald und die Vogesen gehoben. Intensiver Vulkanismus fand während des Neogens (Miozän) im Vogelsberg, im nordhessischen Bergland, in der Rhön und im Hegau statt; es entstanden v. a. Alkali-Olivin-Basalte, Nephelinite, Tephrite, Basanite und phonolithische Quellkuppen. Der Vogelsberg ist mit rund 2500 km^2 das größte zusammenhängende Vulkangebiet Mitteleuropas. Weitere neogene Vulkangebiete, die allerdings schon seit dem Oberoligozän existierten, waren Westerwald und Siebengebirge, hier wurden basaltische Laven und Trachyttuffe gefördert. Ein kleineres Vulkangebiet ist der unter- bis mittelmiozäne Kaiserstuhl, der im Zusammenhang mit den Grabenbrüchen des Oberrheingrabens entstanden ist. Weiter im Osten sind der 400 m mächtige Vulkanitkomplex des Duppauer Gebirges im Bereich des Eger-Grabens (innerhalb des Böhmischen Massivs) sowie die Vulkanite des nordöstlich anschließenden Böhmischen Mittelgebirges zu erwähnen. Die basaltischen Laven wurden dort ebenfalls v. a. im Untermiozän gefördert.
Die Paläogen/Neogen-Grenze ist nicht durch ein besonderes Aussterbeereignis gekennzeichnet. Unter den Einzellern wurden die Globigerinen erstmals seit der Wende Eozän/Oligozän wieder artenreicher. Einzellige Kieselalgen, die Diatomeen, sind seit dem Neogen bis heute die wichtigsten Planktonproduzenten im Süßwasser. Die Molluskenfauna ist wie schon während des Paläogens durch die Vorherrschaft der Lamellibranchiaten und v. a. der Gastropoden charakterisiert, die Übereinstimmung mit den Gattungen der Gegenwart war im Neogen beinahe erreicht. Dagegen waren die ↗Cephalopoda im Rückgang begriffen, und die ↗Bachiopoda und ↗Bryozoa waren wie schon im Paläogen nur noch reliktisch vertreten. Die ↗Korallen jedoch, besonders die Scleractinia, erlebten zu Beginn des Neogens nochmals einen Aufschwung. Unter den Echinodermata waren besonders die irregulären Seeigel weit verbreitet. Die Wirbeltiere des Neogens sind durch zahlreiche adaptive ↗Radiationen gekennzeichnet, die Frösche, Schlangen, Singvögel, Nagetiere, Wale, Primaten und viele weitere Säugetiergruppen betraf. Unter den Paarhufern (Artiodactyla) ist z. B. eine Radiation bei den Familien der Hirsche, Giraffen und Rinder zu verzeichnen. Die Radiationen der Wirbeltiergruppen resultierten v. a. aus der Klimaänderung während des Neogens und den dadurch entstandenen offenen Wäldern und Savannen, die eine Vielzahl von neuen Lebensräumen boten.
Schließlich erfolgte während des Neogens die Entwicklung des Menschen aus den Menschenaffen. Die ältesten Fossilien aus der Familie der Menschen (Hominidae) stammen aus dem Unterpliozän von Ostafrika und sind etwa 4 Mio. Jahre alt. Sie gehören zu der Art *Australopithecus afarensis*, von der u. a. ein weitgehend vollständiges Skelett bekannt ist (»Lucy«). Aus der Struktur des Beckens ist ersichtlich, daß diese Art bereits vollständig an einen aufrechten Gang (Bipedie) angepaßt war. Der Schädel hatte dagegen noch zahlreiche affenähnliche Züge. Vertreter der Gattung *Homo* haben sich vermutlich aus den Australopithecinen entwickelt. Die älteste Art ist *Homo habilis* und stammt mit einem Alter von etwa 2 Mio. Jahren aus dem jüngsten Neogen. Die nachfolgende Art *Homo erectus* wurde im ältesten Pleistozän gefunden und ist etwa 1,6 Mio. Jahre alt. [BR]

Neogenese ↗*Authigenese*.

Neoichnologie, [von griech. neos = neu, ichnos = Spur und logos = Wort, Lehre], der Teil der ↗Ichnologie, der sich mit zeitgenössischen ↗Spuren befaßt.

Neoklimatologie, im Gegensatz zur ↗Paläoklimatologie der Teil der ↗Klimatologie, der auf direkte Meßdaten der ↗Klimaelemente zurückgreift (seit 1659: bodennahe Temperatur im zentralen England, global aber erst seit den letzten 100–150 Jahren, dreidimensional seit 40–50 Jahren).

Neokom, *Neocomium*, nach dem lateinischen Namen der Stadt Neuchatel (Schweiz) benannte, regional verwendete stratigraphische Bezeichnung für einen Zeitabschnitt innerhalb der Unterkreide. Das Neokom umfaßt das ↗*Valangin* und ↗*Hauterive* der internationalen Gliederung. ↗*Kreide*, ↗*geologische Zeitskala*.

Neolithikum, *Jungsteinzeit*, ↗*Steinzeit*.

Neomorphose, von Folk 1965 geprägte Bezeichnung für einen diagenetischer Prozeß von Mineraltransformationen, bei denen das Mineral erhalten bleibt oder ein Mineral in ein polymorphes Mineral überführt wird. Bei der Sammelkristallisation (Umkristallisation) wachsen größere Kristalle auf Kosten kleinerer (»aufsteigend«), besonders ↗Mikrit in ↗Sparit, oder kleinere Kristalle auf Kosten von größeren (»absteigend«), z. B. bei Echinodermenresten. Bei der Transformation (Inversion) im wäßrigen Milieu wird durch Lösung und In-situ-Abscheidung Aragonit in Calcit umgewandelt. Bei der Rekristallisation wachsen nicht beanspruchte Kristalle auf Kosten von beanspruchten Kristallen desselben Minerals unter erhöhten P-T-Bedingungen (↗*Metamorphose*).

Neon, Edelgas mit dem chemischen Symbol Ne. Auf der Erde, in ↗*Meteoriten* und auf der Sonne herrschen unterschiedliche Isotopenverhältnisse. Neon gehört in der Lufthülle zu den seltenen Elementen, im Weltraum (auf den Fixsternen) ist es nach Wasserstoff und Helium jedoch das dritthäufigste Element.

Neophyten, *Adventivpflanzen* (Ansiedler), die erst in jüngerer historischer Zeit, v. a. nach der Entdeckung der Neuen Welt im 16. Jh., fester Bestandteil unserer Flora geworden sind. Sie wurden dabei entweder absichtlich eingeführt, zumeist aber unbeabsichtigt mit Handelsschiffen von Amerika oder Südostasien nach Europa eingeschleppt. Neophyten sind z. T. in ökologischer Hinsicht problematisch, da sie in der neuen Umgebung ohne Konkurrenten oder an sie angepaßte Schadinsekten sehr starkwüchsig sind, zu ↗Monokulturen neigen und deshalb großflächig die ursprüngliche einheimische Vegetation verdrängen, z. B. Kanadische Goldrute (*Solidago ca-*

nadensis) auf Ruderalstandorten oder der Japanische Staudenknöterich (*Reynoutria japonica*) entlang von Bach- und Flußläufen.

Neophytikum, *Känophytikum*, jüngste ↗Ära der Erdgeschichte, die v. a. durch die enorme Radiation der ↗Angiospermophytina bestimmt wurde, in der sich aber auch die Pinidae (↗Pinopsida) erfolgreich fortentwickelten. Die ersten Angiospermophytina erschienen bereits im ausgehenden ↗Mesophytikum. Nach nur ca. 25 Mio. Jahren zwischen ihrem Erstnachweis durch ↗Pollen im ↗Hauterive und der Alb/Cenoman-Grenze erlangten die Bedecktsamer die Vorherrschaft in den meisten terrestrischen Floren gegenüber ↗Pteridophyta und gymnospermen ↗Spermatophyta. Schon im frühen Neophytikum differenzierten sich Hauptgruppen der Angiospermophytina mit zwei bzw. einem Keimblatt, mit holzigem oder krautigem Sproß, und auch ihre frühe hohe Anpassungsfähigkeit bei der Besiedlung feuchter tropischer bis semiarider trockener Standorte ist sicher. Da Pangäa in der frühen Oberkreide noch nicht in weit auseinandergedriftete Kontinentalschollen zerfallen war, konnten sich viele dieser älteren Bedecktsamergruppen weltweit verbreiten. Erst mit einer größeren räumlichen Trennung durch für Landpflanzen vielfach unüberwindlich breite Meere setzten auf isolierten Kontinentalschollen voneinander unabhängige Fortentwicklungen einzelner Angiospermengruppen ein. Im ↗Paläogen setzte sich unter einem die Erde beherrschenden warmen und ausgeglichenen (sub)-tropischen Klima die Diversifizierung v. a. der Angiospermophytina rasch fort. Immergrüne tropisch-subtropische (paläotropische) Regenwaldfloren gediehen auch in heute nur gemäßigt temperierten Breitenlagen und wurden nach Norden von sommergrünen Laub- und Nadelmischwäldern der arktotertiären Flora abgelöst, die bis zum 80. Breitengrad nachgewiesen ist. Im ↗Neogen führten weltweite Abkühlung, ↗Orogenesen und eustatisch bedingte Meeresspiegeltiefstände zu kühleren und trockeneren Klimaten mit erheblichen Folgen für die Vegetation, z. B. auf der Nordhalbkugel: a) Verschiebung der ↗Vegetationszonen nach Süden, b) fortschreitende Arealschrumpfung arktotertiärer Verwandtschaftsgruppen auf Refugialräume, c) ausgedehnte Verbreitungslücken vieler holarktischer Laubwaldsippen in den kontinentalen Gebieten des nördlichen Nordamerikas und Asiens und d) Umprägung von immergrünen Regenwaldfloren zu Hartlaubfloren unter dem Regime warm-kontinentaler, sommertrockener Klimate im Bereich der submeridionalen Floren-Zonen. Weltweite Folgen sind e) eine fortschreitende Differenzierung und globale Verbreitung der Trockenfloren der waldfreien ↗Savannen, ↗Steppen und (Halb-)Wüsten (↗Wüste). Schließlich haben die extremen Klimaschwankungen des ↗Quartärs das Vegetationsbild der Erde nachhaltig beeinflußt. Die Pflanzenwelt reagierte auf die wiederholten und auch sehr schnellen Veränderungen von Temperatur und Niederschlag mit drastischen Verschiebungen von Vegetationszonen und Arealen, wobei zahlreiche tertiäre Elemente ausstarben. Andererseits forcierten aber gerade diese Florenwanderungen die Entwicklung neuer Pflanzensippen durch Polyploidie und v. a. durch Kreuzung (Hybridisierung). [RB]

Neosom, der neu gebildete Teil eines ↗Migmatites, bestehend aus ↗Leukosom und ↗Melanosom.

Neotektonik, relativ neues Fachgebiet innerhalb der Geowissenschaften, das sich in der ↗Geologie mit der Erforschung der jüngsten Deformationsstrukturen und Deformationsprozessen befaßt. Der Begriff Neotektonik wurde erstmalig von Obruchev (1948) definiert, der darunter die Deformationen der Erdkruste verstand, die zwischen dem Ende des ↗Tertiärs und der ersten Hälfte des ↗Quartärs stattgefunden haben. Andere Wissenschaftler verwenden den Begriff für spröde und duktile Deformationen, die den Zeitabschnitt ↗Neogen bis Gegenwart umfassen. Wie weit der mit der Vorsilbe »neo« bezeichnete Zeitraum der »jüngeren« Deformationsgeschichte in die geologische Vergangenheit zurückreicht, wird bislang sehr unterschiedlich gehandhabt. Im geologischen Sprachgebrauch setzt sich die Definition durch, deren Argumente von Steward & Hancock (1994) zusammengefaßt wurden: Neotektonik ist der Zweig der Tektonik, der sich mit den Bewegungen und Kräften in der Erdkruste befaßt, die im gegenwärtig herrschenden tektonischen Regime Krustenspannungen und Deformationsstrukturen erzeugen, die den derzeitig vorherrschenden Deformationszustand einer Region charakterisieren. Eine neotektonische Deformationsphase kann bereits in der geologischen Vergangenheit eingesetzt haben und unter den selben Rahmenbedingungen bis in die Gegenwart andauern. Dies bedeutet, daß, abhängig vom tektonischen Regime, neotektonische Deformationsphasen in unterschiedlichen Regionen zu verschiedenen Zeiten begonnen haben können und je nach Region, unter der Voraussetzung eines unveränderten tektonischen Spannungsfeldes, unterschiedlich lange Zeiträume umfassen. Mit dieser Definition wird die Zuordnung des Begriffs Neotektonik zu einer bestimmten Zeit vermieden.

Enge Wechselbeziehungen in der Erforschung neotektonischer Phänomene ergeben sich in den Schwerpunkten folgender Disziplinen: a) Fernerkundung: Identifikation von ↗Lineamenten und Deformationsstrukturen auf Luft- und Satellitenbildern; b) Tektonik/Strukturgeologie: Bestimmung des relativen Alters von Deformationsstrukturen und deren Kinematik; Ableitung lokaler und regionaler Deformations- und Spannungsfelder; c) Morphotektonik: Analyse von Geländeformen, die Hinweise auf junge Bewegungen geben (z. B. Störungen in Strandlinien, Flußterrassen usw.); d) Seismotektonik: Erfassung der Beziehungen zwischen Erdbeben und tektonischen Prozessen; e) Geodäsie: GPS-Messungen (↗Global Positioning System), Very Long Baseline Interferometry (↗Radiointerferometrie) und Lasermessungen liefern rezente Deformationswerte und Deformationsraten. [CDR]

Neotethys ↗Tethys.

Neotropis, *Neotropisches Reich*, ↗biogeographische Region und ↗Florenreich, welches die Tropen und teilweise die Subtropen der neuen Welt umfaßt. Dazu gehört der größte Teil der Mittelamerikanischen Landbrücke und der größte Teil des Südamerikanischen Kontinentes. Die Neotropis zeichnet sich durch eine Anzahl endemischer Pflanzenfamilien aus (↗Endemismus). Zu ihnen gehören z. B. die Bromeliaceae, Marcgraviaceae und die Cactaceae (ausgenommen wenige Arten, die auch in Afrika vorkommen). Zu den wichtigsten ausschließlich in der Neotropis vorkommenden Gattungen gehören die *Agave*, *Yucca* und *Fuchsia*. Die Neotropis wird auf Grund vieler lokaler Endemiten weiter in Florenregionen unterteilt.

Neozoikum. ↗Känozoikum.

Nephelin, [von griech. nephéle = Nebel, wegen der wolkigen Trübung bei der Zersetzung durch Säuren], *Fettstein*, *Pseudosommit*, Mineral (Abb.) aus der Gruppe der ↗Feldspatvertreter mit der chemischen Formel $KNa_3[AlSiO_4]_4$ und hexagonal-pyramidaler Kristallform; Farbe: meist trüb, wolkig, selten farblos klar, auch weiß, lichtgrau, grünlich-grau, gelblich, rötlich, bräunlich, blaugrün; Glasglanz; durchsichtig bis durchscheinend; Strich: weiß; Härte nach Mohs: 5,5–6; Dichte: 2,56–2,66 g/cm^3; Spaltbarkeit: unvollkommen nach (*0001*), deutlicher nach (*1010*); Bruch: muschelig uneben; Aggregate: nur selten lose Kristalle, sonst körnig; vor dem Lötrohr ziemlich leicht schmelzend (gelbe Flammenfärbung); in Salzsäure Zersetzung unter Kieselgallerte-Ausfall; Begleiter: Aegirin, Albit, Mikroklin, Sodalith, Zeolith, Titanit, Ilmenit, Apatit, Biotit; Vorkommen: als charakteristisches Hauptgemengteil in vielen Gesteinen, besonders der ↗atlantischen Sippe, in Plutoniten sowie in Gang- und Effusivgesteinen, aber auch aus dem Bereich der Regionalmetamorphose (Mariupolit, Canadit, Lakarpit, Lujavrit u. a.); Fundorte: Katzenbuckel im Odenwald (Hessen), Kaiserstuhl (Baden), Löbauer Berge (Lausitz), Vesuv und Monte Somma bei Neapel (Italien), Viezzenna-Tal bei Predazzo (Trentino, Italien), Ditró (Rumänien), Sierra de Monchique (Portugal), Ilmengebirge sowie Lujavr-Urt (Kola-Halbinsel, Rußland). [GST]

Nephelinbasanit, ein ↗Basanit, der als wesentliches Foidmineral ↗Nephelin führt.

Nephelinit, ein vulkanisches Gestein, das überwiegend aus ↗Nephelin und ↗Klinopyroxen besteht. ↗Foidit.

Nephelinphonolith, ein ↗Phonolith, der als wesentliches Foidmineral ↗Nephelin führt.

Nephelintephrit, ein Tephrit (↗Basanit), der als wesentliches Foidmineral ↗Nephelin enthält.

Nephrit, [von griech. nephros = Niere, da früher als Amulett gegen Nierenleiden verwendet], *Russisch Jade*, *Punamunstein*, dichte Varietät von Aktinolith oder auch Anthophyllit (↗Amphibolgruppe); Kristallform: monoklin-prismatisch; Farbe: lauchgrün bis grüngrau; matter Metallglanz; durchscheinend; Strich: grau; Härte nach Mohs: 5,5–6; Dichte: ca. 3,0 g/cm^3; Bruch: splittrig; Aggregate: mikrokristallin, verfilzt, völlig dicht, zäh; Fundorte: Harzburg (Harz), Niederschlesien, Oberhalbstein (Graubünden, Schweiz), La Spezia (Ligurien, Italien), Baikalsee (Rußland), British Columbia (Kanada), Kuen-Lun-Gebirge (China), Neuseeeland. ↗Jade.

neptunische Spalten, in Carbonatgesteinen auftretende zement- und/oder sedimenterfüllte submarine Spalten und (horizontale) Lagergänge von Millimeter bis mehren Dezimetern Breite (Abb. im Farbtafelteil). Sie sind das Ergebnis distensiver Spannungen und entstehen z. B. bei der Anlage großräumiger Horst- und Grabenstrukturen während des Zerbrechens von Carbonatplattformen oder aber gravitativ an den Rändern von Schwellen oder an Schelfrandriffen. Neptunische Spalten können viele Zehner Meter in das Anstehende eingreifen. Entsprechende Beispiele sind aus devonischen ↗Cephalopodenkalken, devonischen Flachwasserriffen sowie Obertrias und Jura des Mittelmeergebietes (↗Tethys) exemplarisch belegt. Typisch sind die Ränder der Spalten auskleidende, oft mehrphasige, marine Faserzemente, die damit ein wiederholtes Aufreißen anzeigen. Die i. d. R. pelagischen Sedimentfüllungen können ebenfalls mehrphasig sein und mehrere ↗Biozonen umfassen. Mitunter fehlen wegen ↗Omission oder ↗Subsolution zeit- und fäziesäquivalente Ablagerungen im Normalprofil. Die Sedimentfüllungen bestehen meist aus pelagischen Kalken mit monotonen Fossilanreicherungen (Brachiopoden, Ammonoideen, Gastropoden), die als Juvenilstadien, spezialisierte kryptobiontische Zwergfaunen oder generell als ↗Kryptobionten interpretiert werden. [HGH]

Neptunismus, von dem Namen des römischen Meeresgottes Neptun abgeleitete, besonders von A. G. ↗Werner (1749–1817) vertretene Theorie, daß alle Gesteine der Erdkruste aus wäßrigen Lösungen abgesetzt worden seien. Danach kristallisierten in der Frühzeit der Erde aus einem heißen Ozean zunächst die Granite und danach die übrigen Gesteine in bestimmter Folge. Die rezenten Vulkane wurden als oberflächliche, durch brennende Kohlenlager gespeiste Erscheinungen angesehen. Diese Thesen standen im Gegensatz zu den Erkenntnissen des ↗Plutonismus.

Neptunium, radioaktives Element der Aktinoidenreihe (Trans-Uran) mit dem chemischen Symbol Np. Es tritt spurenweise in Pechblendekonzentraten (↗Pechblende) des Kongogebietes auf, in denen es aus Uran durch Neutronen-Einfangprozesse entsteht.

neritisch, Bezeichnung für den Bereich des Schelfmeeres, synonym zu ↗Subtidal.

Nernstsche Gleichung, Grundgleichung der Elektrochemie. Sie beschreibt das elektrochemische Redoxpotential U_H als Maß für das Vermögen, Oxidations- und Reduktionsreaktionen hervorzurufen:

$$U_H = U_0 + \frac{RT}{nF} \ln \frac{C_1}{C_2}.$$

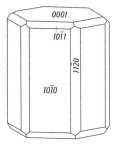

Nephelin: Nephelinkristall.

Dabei sind C_1 und C_2 die Elektrolytkonzentrationen, n die Wertigkeit, F die *Faraday-Konstante*, R die universelle *Gaskonstante* und T die Temperatur; U_0 ist das Normalpotential. Auch *Membranpotentiale* und *Diffusionspotentiale* U_D werden durch eine Nernstsche Gleichung beschrieben:

$$U_D = \frac{v-u}{v+u} \frac{RT}{nF} \ln \frac{C_1}{C_2},$$

wobei v und u die Beweglichkeiten der Kationen und Anionen bezeichnen. Diese Potentiale im Erduntergrund werden durch das ↗Eigenpotential-Verfahren untersucht.

Nernstscher Verteilungskoeffizient ↗Nernstsches Verteilungsgesetz.

Nernstsches Verteilungsgesetz, Gesetz, das besagt, daß die Konzentration eines Stoffes, der sich ohne chemische Reaktion zwischen zwei Phasen verteilt, im dynamischen Gleichgewicht bei gegebener Temperatur konstant ist, d. h.:

$$K = \frac{\{A_{Phase1}\}}{\{A_{Phase2}\}}.$$

Die Gleichgewichtskonstante K wird als *Nernstscher Verteilungskoeffizient* bezeichnet und hat bei gegebenen Phasen für jeden Stoff einen charakteristischen Wert. Große Bedeutung hat in der Altlastenbearbeitung die Bestimmung des Oktanol-Wasser-Verteilungskoeffizienten, insbesondere für gering bis schwer wasserlösliche Aromate.

Nesosilicate, [von griech. nesos = Insel], *Inselsilicate*, *Edelsilicate*, ↗Silicate mit inselartigen [SiO_4]-Tetraedern, einschließlich der Neso-Subsilicate mit tetraederfremden Anionen O, OH, F, mit den typischen Vertretern Phenakit $Be_2[SiO_4]$, Olivin $(Mg,Fe)_2[SiO_4]$, Zirkon $Zr[SiO_4]$, Granat $Ca_3Al_2[SiO_4]_3$, Andalusit $Al_2[F_2SiO_4]$, Topas $Al_2[O|SiO_4]$ usw. Sie umfassen Glieder mit dichter Packung der Sauerstoffe, mit hohem spezifischem Gewicht (> 3 g/cm^3, auch bei den Be- und Al-Silicaten), mit hoher Härte nach Mohs (6,5–8) und hohen Brechungsindizes ($> 1,6$). Es herrschen pseudohexagonale und pseudokubische Symmetrien vor.

Nettleton-Verfahren, ein Verfahren, das es ermöglicht, aus Schweremessungen die Dichte oberflächennaher Gesteine zu bestimmen. Wird bei der Anwendung der ↗topographischen Reduktion der richtige Dichtewert eingesetzt, so ergibt sich eine minimale Korrelation zur Topographie. Auf diese Weise kann iterativ eine mittlere Dichte über dem Bezugsniveau ermittelt werden (Abb.).

Netto-Entzugsdüngung, die Zufuhr an Nährelementen, die tatsächlich vom Feld in Form von Ernteprodukten abgefahren wird, im Gegensatz zur Brutto-Entzugsdüngung, die eine Nährstoffzufuhr in Höhe der gesamten Nährstoffaufnahme einschließlich der Wurzel und des ↗Bestandsabfalls vorsieht.

Netto-Primärproduktion, Gesamtheit der auf einer bestimmten Fläche erzeugten organischen Substanz der Pflanzen. Sie ergibt sich aus der ↗Primärproduktion abzüglich der Verluste aus der ↗Respiration der Pflanzen. Die Nettoprimärproduktion bildet die Basis der Nahrungspyramide (↗Nahrungskette) und entscheidet wesentlich über Umsatz und Akkumulation von ↗Biomasse in einem ↗Ökosystem. Die Nettoprimärproduktion steigt mit den mittleren Jahresniederschlägen und -temperaturen. Sie wird gemessen in g Trockensubstanz je m^2 und Jahr. Tropische ↗Regenwälder haben die höchste Nettoprimärproduktion von durchschnittlich 2200 g/m$^2 \cdot$ Jahr. Sommergrüne ↗Laubwälder produzieren 1200 g/m$^2 \cdot$ Jahr, Kulturland 650 g/m$^2 \cdot$ Jahr, extreme Wüsten hingegen nur 3 g/m$^2 \cdot$ Jahr (↗Produktion Tab.). ↗Biomassenproduktion.

Netto-Transfer-Reaktion ↗Mineralreaktion.

Netzausgleichung, Auswertung der in einem ↗geodätischen Netz gemessenen Beobachtungen mit Hilfe der ↗Ausgleichungsrechnung. In der Regel werden auf den Punkten geodätischer Netze mehr Beobachtungen durchgeführt, als zur eindeutigen Festlegung der Punktkoordinaten und ggf. weiterer Parameter erforderlich sind. Die aus den unvermeidbaren Beobachtungsungenauigkeiten entstehenden Widersprüche in den Beobachtungsgleichungen werden durch Hinzufügen von Beobachtungsverbesserungen $\vec{v}$ unter der Minimumsbedingung der Ausgleichungsrechnung $\vec{v}^T P \vec{v} = $ min (P = Matrix der Beobachtungsgewichte) beseitigt. Da die Koordinaten der geodätischen Netzpunkte aus geodätischen Beobachtungen erst nach Festlegung eines geodätischen Datums definiert sind, enthält die Normalgleichungsmatrix einen ↗Datumsdefekt, der durch Einführung von externen Bedingungsgleichungen aufgehoben wird. Führt man die für die Beseitigung des Datumsdefekts exakt notwendige Zahl und Art von Bedingungen, die sog. Datumsbedingungen ein, so bezeichnet man diese Vorgehensweise als freie Netzausgleichung;

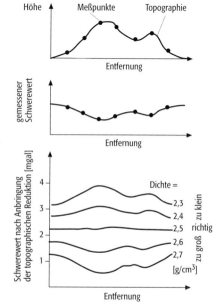

Nettleton-Verfahren: Prinzip des Nettleton-Verfahrens zur Bestimmung der Dichte oberflächennaher Gesteine. Wird bei der rechnerischen Beseitigung der Topographie die richtige Dichte verwendet, so ergeben sich nach Berücksichtigung der Freiluft-Reduktion Schwerewerte, die annähernd unabhängig von der Höhe der einzelnen Meßpunkte sind.

wird eine größere Anzahl von Bedingungen gewählt, so spricht man von einem Netz mit Zwangsanschluß. [BH]

Netzdienste, eine Reihe von Kommunikationsprogrammen aus dem Bereich Systemsoftware, die häufig in einem Rechnernetz verwendet werden. Da die Netzdienste von allgemeinem Nutzen für viele Anwender sind, werden sie in der Regel als international standardisierte Dienste angeboten, die auf unterschiedlichen Betriebssystemen identische Funktionalität und Bedienung aufweisen. Es handelt sich um Programme wie z. B. die Netzwerkprotokolle NFS und FTP zur Datenübertragung, lpd für das Drucken in Netzwerken, httpd für Datenübertragungen im world wide web usw. Letztgenannter Dienst hat derzeit besondere Bedeutung, da viele Informations-, Auskunfts- und Recherchesysteme aus dem geographisch-geowissenschaftlichen Bereich als WWW-Systeme implementiert sind.

Netzebene, Ebene, die durch drei nicht auf einer Geraden liegenden Punkte eines Punktgitters bestimmt wird und die unendlich viele Gitterpunkte enthält. Zu jeder Netzebene gibt es eine Schar paralleler Netzebenen, von denen eine den Nullpunkt des Gitters enthält. Charakteristisch für eine Netzebene ist die Richtung ihrer Normalen und der Abstand d der parallelen Netzebenen (*Netzebenenabstand*). Gibt man den Normalvektoren die Länge $1/d$, so sind diese Vektoren spezielle Vektoren des ↗ reziproken Gitters. Netzebenen können durch Linearformen mit ganzzahligen Koeffizienten beschrieben werden. Diese Koeffizienten sind die ↗ Millerschen Indizes der Netzebene.

Netzebenenabstand ↗ Netzebene.

Netzkarte, *Netzdarstellung*, die isolierte Darstellung bestimmter topographischer Elemente in komprimierter Form. Die netzbildenden linearen und punktförmigen topographischen Objekte sind Bestandteil ↗ topographischer Karten. Ihre für Forschungszwecke relevanten regionalstrukturellen Eigenschaften sind in der Fülle der Zeichen einer komplexen Darstellung aller Geländeobjekte nicht isoliert erkennbar. Durch Herausziehen eines Elementes tritt in der selektiven Abbildung dessen Struktur klar hervor. Zugleich wird dabei das Kartenbild stark aufgelichtet, so daß eine Verkleinerung linear auf ein Viertel bis ein Zehntel ohne Auswahl bei Vergrößerung der Signaturen zur graphischen Verdichtung führt, die auf der gleichen Kartenfläche ein wesentlich größeres Gebiet (16–100fache Fläche) erfaßt. So läßt sich das vollständige Gewässernetz einer topographischen Karte 1:50.000 durch Verkleinerung bis zum Maßstab 1:500.000 vollständig erhalten, das einer Karte 1:200.000 bis etwa 1:2.000.000 und das einer Karte 1:2.500.000 bis 1:20.000.000. Die deutlich hervortretende regionale Struktur solcher Elemente bildet ein wesentliches Mittel zur Erforschung der Territorialstruktur und ermöglicht reale Raumgliederungen. Netzkarten sind aber auch ein wirkungsvolles Anschauungsmittel und liefern auch die topographische Basis für andere Themen in einer entsprechend feingliedrigen regionalen Differenzierung, zum Beispiel Bevölkerungsverteilung in bezug auf das Gewässernetz (Abb.). [WSt]

Netzwerkanalyse ↗ topologische Analyse.

Neuartige Waldschäden, Bezeichnung für ↗ Waldschäden, die v. a. in höheren Mittelgebirgslagen und den Alpen ab 1970 massiv zunahmen und zum flächendeckenden Waldsterben führten. Hauptverantwortlich dafür ist wahrscheinlich der erhöhte Stickstoffeintrag über den Niederschlag (↗ saurer Regen). Der aus Landwirtschaft und Verkehrsabgasen stammende Stickstoff führt im ↗ Waldökosystem zur Überdüngung, zur Störung des Nährstoffgleichgewichts und dadurch zu einer Vitalitätsminderung der Wälder. Alles in allem ist die Schädigung des Waldes eine Folge komplex zuzuordnender Ursachen, die in Wechselwirkung miteinander stehen. Weitere Ursachen für dieses vernetzte Krankheitsgeschehen sind die saure Deposition von Schwefel- und Salpetersäure, Säureeintrag durch Niederschlag, Ozon und Kohlenwasser-

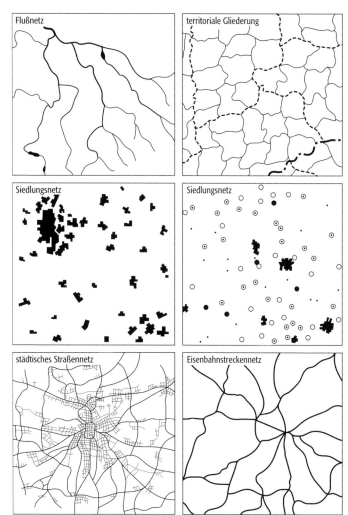

Netzkarte: Beispiele für verschiedene Netzkarten.

stoffimmissionen, aber auch waldbauliche Fehler (z. B. Fichtenmonokulturen). [SR]
Neubildungsgefüge, mechanischer Tontransport und chemische Ausfällung führen in verhärteten Horizonten und in ↗Saproliten zur Überprägung des bisherigen Gefüges und zur Bildung eines neuen Gefüges.
Neueis, Begriff für die beim Gefrieren einer Wasserfläche aus dem Zusammenwachsen von initialen Eisplättchen oder ↗Eisbrei entstandene, zusammengefrorene Eisdecke.
Neue Österreichische Tunnelbauweise, *NÖT, NÖTM*, im Jahr 1963 von Rabcewicz eingeführte Bezeichnung für eine Tunnelbaumethode, deren Grundsätze auf Grundlage praktischer Erfahrung und geotechnischer Erkenntnisse entstanden sind. Bei der NÖT wird die Wechselwirkung zwischen Gebirge, Sicherung und Verbau verstärkt berücksichtigt. Das Gebirge wird in den Grundsätzen der NÖT als das wesentlich tragende Bauteil einer Tunnelkonstruktion betrachtet. Ziel ist es daher, die ursprüngliche Gebirgsfestigkeit weitgehend zu erhalten, wobei Gebirgsdeformationen bis zu einem gewissen Grad zugelassen werden, um Formänderungswiderstände hervorzurufen. Der Verbau muß zeitlich so abgestimmt sein, daß die Ausbildung einer Schutzzone gefördert wird, es aber zu keiner entfestigenden Gebirgsdeformation kommt. Deformationsmessungen in der Tunnelröhre während des Baues sind daher ein wichtiger Bestandteil dieser Tunnelbauweise.
Die Sicherung des Gebirges erfolgt i. a. mit Spritzbeton in Verbindung mit ↗Ankern, Bewehrungsmatten und/oder Tunnelbögen, so daß eine hohlraumfreie Verbundkonstruktion zwischen Bauwerk und Gebirge erreicht wird und die Tragwirkung hauptsächlich im Gebirge verbleibt. Um Spannungskonzentrationen zu vermeiden, werden nach den Grundsätzen der NÖT möglichst runde oder ovale Tunnelquerschnitte gewählt. Der Ausbruch soll in möglichst wenigen Zwischenstadien erfolgen, da so unerwünschte Spannungsumlagerungen vermieden werden. [TF]
Neugrad ↗*Gon*.
Neukurve, Anfangsteil der Hysteresekurve (↗Hysterese) mit einem linearen Anstieg der induzierten ↗Magnetisierung M_i bei zunehmendem äußeren Magnetfeld H. Die Steigung der Neukurve wird als Anfangssuszeptibilität $\chi_a = M_i/H$ bezeichnet (↗Suszeptibilität).
Neulandgewinnung, *Landgewinnung*, Gewinnung neuer Landflächen für Nutzungen durch die ↗Landwirtschaft und ↗Forstwirtschaft oder als Bauland. Neulandgewinnung geschieht in großem Ausmaß an Meeres- oder Binnenseeküsten durch Aufschüttungen oder Trockenlegungen. Dabei wird die Landoberfläche über das mittlere Hochwasserniveau hinausgehoben. Große Neulandgewinnung findet an der Nordseeküste in zwei verschiedenen Ausprägungen statt. In Friesland entstehen Köge, nachdem Lahnungen in das Meer hinausgebaut wurden, zwischen denen sich dann das Neuland bildet. Hat dieses eine ausreichende Höhe über dem Mittelwasser erreicht, wird es anschließend eingedeicht (↗Deich). In den Niederlanden dagegen werden ↗Polder angelegt, welche im Gegensatz zum Marschland der Köge meist unter dem Meeresspiegel liegen. Eine weitere Form der Neulandgewinnung ist die Urbarmachung von ↗Halbwüsten, ↗Steppen und ↗Savannen zur landwirtschaftlichen Nutzung durch Bewässerungsanlagen und Umnutzung der bisherigen natürlichen Ökosysteme. Letztlich ist auch die ↗Rekultivierung von industriellen Ablagerungsflächen (Halden, Deponien etc.) eine Neulandgewinnung, weil damit aus Sicht der Land- und Forstwirtschaft oder heute vermehrt auch des ↗Naturschutzes eine Umwidmung der Nutzung stattfinden kann. [SMZ]
Neumann, *Franz Ernst*, deutscher Physiker und Mineraloge, Vater von C.G. Neumann, * 11.9.1798 Joachimsthal, † 23.5.1895 Königsberg (Preußen); ab 1829 Professor in Königsberg. Neumann verfaßte zahlreiche Arbeiten zur mathematischen Physik, Optik, Elektrodynamik und Kristallphysik. Er stellte die Formel für das Induktionsgesetz auf, bearbeitete theoretisch und experimentell Probleme der Reflexion, Brechung und Doppelbrechung des Lichts sowie der Wärmeleitung (1831 Aufstellung der Neumann-Koppschen Regel). Des weiteren schuf er die Theorie der Kristallelastizität, ferner die Zonendarstellung durch Linearprojektion und führte Untersuchungen zahlreicher Kristalle und Mineralien durch. Er richtete eines der ersten physikalischen Laboratorien in Deutschland ein und hielt die ersten Vorlesungen über Theoretische Physik. Werke (Auswahl): »Kristallonomie« (1823), »Theorie der Kugelfunktionen« (1878), »Vorlesungen über mathematische Physik« (7 Bände, 1881–94).
Neumannsche Linien, Scharen sehr feiner paralleler Linien in nickelarmen Eisenmeteoriten, die fast nur aus Kamazit (↗Nickeleisen) bestehen. Sie spalten nach den Würfelflächen (Hexaedrite) und zeigen im Anschliff Querschnitte durch sehr dünne Zwillingslamellen (↗Zwillinge), die wahrscheinlich nur bei sehr hohen Aufprallgeschwindigkeiten entstehen. ↗Stoßwelleneffekt.
Neumannsches Prinzip ↗*Symmetrieprinzip*.
Neumayer, *Georg Balthasar von*, deutscher Nautiker und Geopysiker, Hydrograph und Meteorologe, * 21.6.1826 Kirchheimbolanden, † 24.5.1909 Neustadt/Pfalz; gründete 1857 in Melbourne (Australien) das Flagstaff Observatory für meteorologische und magnetische Messungen und leitete es bis 1864. Nach seiner Rückkehr nach Deutschland propagierte er die Aussendung einer deutschen Südpolexpedition; seit 1876 Direktor der von ihm eingerichteten Deutschen Seewarte in Hamburg; Organisator des von C. Weyprecht initiierten 1. Internationalen Polarjahres (1882–83); 1883–1888 Vorsitzender der ↗Deutschen Meteorologischen Gesellschaft. Werke (Auswahl): »Die internationale Polarforschung. Die deutschen Expeditionen und ihre Ergebnisse« (2 Bände, 1890–91), »Atlas des Erdmagnetismus« (1891), »Auf zum Südpol!« (1901).

Neumayersches Prinzip, besagt, daß alle Teile des Reliefs um so stärker der Abtragung unterliegen, je höher sie exponiert wurden. Alle Abtragungs- und Aufschüttungsprozesse (/exogene Dynamik) sind in ihrer Tendenz aufgrund der wirkenden Schwerkraft auf eine Nivellierung der Erdoberfläche hin gerichtet, deren Endergebnis theoretisch ein /Rotationsellipsoid wäre. Die durch die /endogene Dynamik induzierten reliefschaffenden Kräfte (/Plattentektonik) wirken dieser Nivellierung entgegen.

Neupunkt, /Vermessungspunkt, der im Rahmen einer Vermessung ausgehend von einem bereits festgelegten Punkt (/Altpunkt) erstmals lage-, höhen- oder schweremäßig bestimmt wird.

neuronales Netz, *neural network, neural net*, statistische Methode, ähnlich der multiplen Regression, wobei jedoch in einer Art Training prinzipiell nichtlineare Beziehungen (sog. sigmoide Funktionen) zwischen Einfluß- und Wirkungsgrößen ohne Kenntnis des deterministischen Hintergrunds erlernt werden. Im Fall des überwachten Lernens wird mit der Wirkungsgröße verglichen (Backpropagation-Netzwerke mit Fehlerkorrektur), oder Strukturen werden erkannt und zugeordnet (Kohonen-Netzwerke). Daneben kommen noch andere Strategien zur Anwendung und befinden sich in der Entwicklung.

Neuschnee, aktuell fallender Schnee, im Gegensatz zum /Altschnee, der auf früher gefallenen Schnee zurückgeht. Bei der /synoptischen Wetterbeobachtung wird der in 24 Stunden gefallene Schnee morgens um sieben Uhr Ortszeit mit dem Schneepegel auf einem dafür vorgesehenen Brett gemessen.

Neuschneedecke, *Primärschneedecke*, frische und damit noch wenig verdichtete, aus Kristallen mit hexagonal verzweigten Strukturen bestehende Schneeauflage.

Neuschneegrenze, Höhenlinie, bis zu der hinab Neuschnee gefallen (/Schneefallgrenze) und zumindest temporär auch auf der Erdoberfläche liegengeblieben ist.

Neuston, Lebensgemeinschaft des Oberflächenfilms, eine pflanzlich dominierte Organismengesellschaft, die sich aus Kleinalgen und Protozoen zusammensetzt. Diese leben in der Grenzlamelle Wasser/Luft (Epineuston) oder unten (Hyponeuston) an dem Oberflächenhäutchen.

neutraler Wasserweg /Grenzstromlinie.

neutrale Spannung, reibungsunwirksame Spannung bei der Bestimmung der Scherfestigkeit von bindigen Böden. Der Einfluß des Wassergehaltes spielt die ausschlaggebende Rolle, die zur Entstehung der neutralen Spannungen führt. Die Scherparameter /Reibungswinkel φ und /Kohäsion c werden davon beeinflußt. Wenn auf einem wassergesättigten, konsolidierten, bindigen Boden, der unter einer Normalspannung σ steht, eine zusätzliche Spannung $\Delta\sigma$ aufgebracht wird, so überträgt sich diese zunächst vollständig auf das Porenwasser und erzeugt so einen Porenwasserdruck $u = \Delta\sigma$. Für das Korngerüst ist somit $\Delta\sigma$ unwirksam geblieben und der Reibungsanteil kann nicht ansteigen. Die Spannung ist »neutral«, weil sie keinen zusätzlichen Reibungsanteil erzeugt. Zeitabhängig wird sich dann eine Entwässerung einstellen, und allmählich entspannt sich der Porenwasserüberdruck bis auf den normalen hydrostatischen Druck. [KC]

Neutralgas, bezeichnet den Anteil der nicht ionisierten Komponente in der Atmosphäre. /Exosphäre.

Neutronenaktivierungsanalyse /analytische Methoden.

Neutronenbeugung, bei gerichteter Bestrahlung von Kristallen mit Neutronen durch Interferenz entstehende räumliche Intensitätsverteilung (Beugungsmuster bzw. -diagramm), die für die Kristallstruktur charakteristisch ist (/Beugung). Die Beugung von Neutronen folgt denselben geometrischen Gesetzmäßigkeiten wie die Beugung von /Röntgenstrahlung an Kristallen (/Laue-Gleichungen, /Braggsche Gleichung), da man nach de Broglie einem Teilchen mit der Masse m und der Geschwindigkeit v eine Welle mit der (De-Broglie-) Wellenlänge $\lambda = h/mv$ (h = Plancksches Wirkungsquantum) zuschreiben kann. Für Beugungsexperimente an Kristallen benötigt man thermische Neutronen mit einer Energie von 0,025 eV, das entspricht einer De-Broglie-Wellenlänge von rund 0,15 nm. Die Neutronen werden durch Kernreaktionen in speziellen Forschungsreaktoren erzeugt und durch Moderatoren auf Raumtemperatur abgekühlt. Neutronen werden nicht nur an den Atomkernen gestreut (/Atomstreufaktor), sondern wegen ihres magnetischen Moments wechselwirken sie auch mit dem magnetischen Moment der ungepaarten Hüllenelektronen. Das Beugungsbild wird dann nicht nur von der chemischen, sondern auch von der magnetischen Ordnung der Struktur bestimmt. Es können somit magnetische Phasenübergänge mit Neutronenbeugung beobachtet werden. Ein weiterer Vorteil der Neutronenbeugung liegt in der Tatsache, daß die Streulängen unabhängig von der Kernladungszahl vergleichbar groß sind. Deshalb tragen Wasserstoffatome neben anderen schweren Atomen, im Gegensatz zur /Röntgenbeugung, erhebliche Anteile zur Beugungsintensität bei und können deshalb bei der Strukturanalyse lokalisiert werden. [KH]

Neutronenporosität, Begriff aus der /Bohrlochgeophysik, bezeichnet die im /Neutron-Log erfaßte Porosität der durchteuften Formation.

Neutronenquelle, erzeugt schnelle Neutronen (4 MeV) aus Kernreaktionen, z. B. Radium-Beryllium, Polonium-Beryllium bzw. Americium-Beryllium. /kernphysikalische Bohrlochmeßverfahren.

Neutronensonde, Sonde, die eine /Neutronenquelle enthält (Abb.). Sie emittiert schnelle Neutronen, deren Geschwindigkeit durch Zusammenprall mit massengleichen H^+-Ionen infolge elastischen Stoßes soweit vermindert wird, daß sie von diesen eingefangen werden. Dabei werden γ-Strahlungsquanten frei, deren Intensität gemessen wird. Die so entstandene (Sekundär-)In-

Neutronensonde: schematische Darstellung.

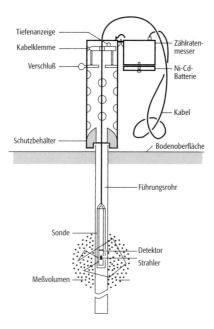

tensität ist ein Maß für den Gehalt an H$^+$-Ionen im Gebirge oder Lockergestein und damit auch ein Maß für den Wassergehalt und die Porosität. Nach Abzug der γ-Eigenstrahlung des Gebirges kann somit die Porosität und damit die Grundwasserführung gemessen werden. Neutronensondenmessungen werden häufig im Rahmen von geophysikalischen Bohrlochmessungen eingesetzt. Die Neutronensonde, die in ein vorgebohrtes Loch in den Untergrund eingeführt wird, erlaubt die Bestimmung der Feuchtigkeitsänderungen in der wasserungesättigten Zone. Von einer Neutronenquelle werden schnelle, energiereiche Neutronen (10 MeV bis 10 keV) in den Untergrund abgestrahlt, die von Wasserstoffkernen gebremst werden, bis sie energiearm (thermisch, 1 eV bis 0,01 eV) werden. Als Neutronenquelle dient häufig ein hochsicherer ^{241}Americium-^{9}Beryllium-Strahler. ^{241}Am ist ein α-Strahler ($^4_2$He), dessen Partikelstrahlung bei der Fusion mit Beryllium zu elementarem Kohlenstoff schnelle Neutronen mit einer Reaktionsenergie von ungefähr 3–10 MeV emittiert. Diese thermischen Neutronen werden von Kalium-, Eisen-, Chlorid- und anderen Element-Kernen aufgefangen, wobei eine γ-Strahlung auftritt. Für das Abbremsen von Neutronen (n) sind ausschließlich Wechselwirkungsprozesse mit den Atomkernen maßgebend. Die induzierte γ-Strahlung oder die langsamen Neutronen werden mit einem Szintillometer gemessen. Als Detektor wird ein Boritfluorit-Gas-Proportionalzählrohr verwendet, zum Nachweis führen die durch folgende Kernreaktionen erzeugten α-Teilchen:

$$^1_0n + ^{10}_5B \rightarrow ^7_3Li + ^4_2\alpha.$$

Da das Wasser die Hauptmenge des Wasserstoffes stellt, ist die gemessene Aktivität oder die Dichte thermischer Neutronen dem Wassergehalt des Untergrundes in der Bohrlochumgebung proportional. ↗Neutronenstreuungsmethode. [ME]

Neutronenstreuung, inkohärente und/oder inelastische Streuung von Neutronen an Materie. Diese Streuung führt nicht zu einem räumlichen Interferenz- oder Beugungsmuster, da die gestreuten Neutronenwellen keine konstante Phasenbeziehung untereinander haben (↗Neutronenbeugung). Ein Grund für das Auftreten inkohärenter Streuung besteht in der relativen Stellung des Neutronenspins $^1/_2$ zum Kernspin I, so daß zwei Spinzustände des »Compound-Kerns« betrachtet werden müssen: $I + ^1/_2$ und $I - ^1/_2$. Diese beiden Zustände tragen statistisch mit bestimmten Wahrscheinlichkeiten zur gesamten Streuamplitude bei. Die statistische Verteilung führt im Mittel zu einem kohärenten Streuanteil. Der inkohärente Anteil liefert einen gleichmäßigen Streuuntergrund. Ein ähnlicher Grund ist die statistische Verteilung der Isotope eines Elements, da die Streuphase von den Kernzuständen der Isotope abhängt. Da die Masse der Neutronen vergleichbar ist mit der Masse der Atomkerne, gibt es auch inelastische Streuung, bei der die gestreuten Neutronen Energie abgeben, welche die Atome des Kristalls zu gekoppelten Schwingungen, wie z. B. Schallwellen (Phononen), anregt. Die inelastische Streuung von Neutronen wird deshalb zur Untersuchung des Phononenspektrums (Energie in Abhängigkeit von der Wellenlänge) herangezogen. Dabei wird der Energieverlust der Neutronen als Funktion des Streuwinkels gemessen. [KH]

Neutronenstreuungsmethode, *Neutron-Neutron-Verfahren*, Methode zur Messung der Bodenfeuchte, basierend auf der Rückstreuung und Verzögerung schneller Neutronen aus einer umschlossenen radioaktiven Quelle. Die von dieser Quelle ausgesandten schnellen Neutronen kollidieren mit dem im Boden befindlichen Wasserstoffatomen. Die dabei rückgestreuten Neutronen werden abgebremst und können als langsame Neutronen mit Zählrohren gemessen werden. Derartige Detektoren sind nur für thermische (langsame) Neutronen empfindlich. Neutronenquelle und Detektor werden in einer Tiefensonde untergebracht, die in den Boden eingetrieben wird. Die Zahl der gemessenen Impulse ist Maß für das im Boden vorhandene Wasser. Die Sonde muß für verschiedene Wassergehalte des Bodens im Labor geeicht werden. ↗Neutronensonde.

Neutron-Gamma-Sonde ↗kernphysikalische Bohrlochmessung.

Neutron-Gamma-Spektroskopie ↗kernphysikalische Bohrlochmessung.

Neutron-Log, *Porositäts-Log*, bohrlochgeophysikalische Aufzeichnung der Reaktion der Formation auf den Beschuß mit schnellen Neutronen. Das Log gibt dabei den gesamten Formationswasserstoffgehalt (↗Hydrogen-Index, HI) wieder. Da Wasserstoff in Sedimenten überwiegend im Porenwasser vorliegt, stellt das Log einen Porositätsanzeiger dar und wird in Neutronenporositätseinheiten (NPU) ausgedrückt. Unter der

Annahme einer vollständigen Wassersättigung liefert die Neutronenmessung ein direktes Maß für die nutzbare Gesteinsporosität. Dies gilt jedoch nur für tonfreie Gesteine, da die Abbremsung der Neutronen nicht nur durch den Wassergehalt im Porenraum bestimmt wird, sondern auch wesentlich durch Minerale, die Wasserstoff in ihr Kristallgitter in Form von OH-Gruppen einbauen (z. B. Glimmer) oder zusätzlich Wasser kolloidal binden (Tonminerale). Insbesondere Tonminerale erzeugen hohe Meßwerte im Neutronenporositäts-Log, die eine erhöhte nutzbare Gesteinsporosität vortäuschen. Diese nur scheinbaren Porositäten müssen bei der Berechnung des Porenraums berücksichtigt werden. [JWo]

Neutron-Neutron-Verfahren ↗*Neutronenstreuungsmethode.*

Newton, N, nach Sir I. ↗Newton (1643–1727) benannte ↗SI-Einheit für die Kraft: 1 N = 1 kg · m/s².

Newton, Sir *Isaac*, englischer Physiker, Mathematiker und Astronom, * 4.1.1643 Woolsthorpe (bei Grantham), † 31.3.1727 Kensington (heute zu London); studierte 1661–64 am Trinity College in London, war 1669–1701 als Nachfolger seines Lehrers I. Barrow Professor für Mathematik in Cambridge, 1699 königlicher Münzmeister in London, zweimal Vertreter der Universität im Parlament, 1672 Mitglied und 1703–27 Präsident der Royal Society. Newton, einer der größten Wissenschaftler, gilt als Begründer der klassischen Theoretischen Physik. Seine größten Leistungen waren die Aufstellung eines in sich geschlossenen Systems der Mechanik (Newtonsche Axiome, Newtonsche Bewegungsgleichungen, nach ihm ist die Einheit der Kraft, das ↗Newton, benannt) und die Entdeckung der Gravitation, der allgemeinen Massenanziehung, die in der Aufstellung des Newtonschen Gravitationsgesetzes (1666) und der quantitativen Deutung der ↗Keplerschen Gesetze für die Planetenbahnen gipfelte und auf die die gesamte Himmelsmechanik aufbaut; er erklärte die Entstehung der Gezeiten, der Präzession und Nutation der Erdachse, schuf die Grundlagen der Potentialtheorie und berechnete die Massen des Mondes und der Planeten. Newton lieferte weitere bedeutende Arbeiten und Erkenntnisse zu Strömungslehre, Optik, Theorie des Lichts, Differentialrechnung, Interpolation; konstruierte 1668 ein Spiegelteleskop (Newton-Teleskop). Seine Gravitationstheorie, nach der die Erde die Form eines an den Polen und nicht am Äquator abgeplatteten Rotationsellipsoids haben müßte, wurde nach langem Streit mit der französischen Schule um G. D. ↗Cassini durch die Gradmessung von P. L. M. ↗Maupertuis in Lappland 1636–37 bestätigt. Werke (Auswahl): »Arithmetica universalis« (1673–74), »Philosophiae naturalis pricipia mathematica« (1687). [EB]

Newtonsche Flüssigkeit ↗*Viskosität.*

Newtonsche Raumzeit, ↗*Bezugssystem der Newtonschen Mechanik für Raum und Zeit.* Die Newtonsche Raumzeit ist charakterisiert durch ein absolutes Bezugssystem für die Zeit und ein davon unabhängiges absolutes Bezugssystem für den Raum. In der Newtonschen Raumzeit ist die Gleichzeitigkeit von Ereignissen möglich. Es gilt die Euklidsche Metrik, weshalb man auch von einem ebenen Raum spricht. Als globales Bezugssystem kann ein ↗Inertialsystem zugrunde gelegt werden.

Newtonsches Gravitationsgesetz ↗*Gravitation.*

Newton-System, rein translatorisch sich bewegendes, frei fallendes ↗*Bezugssystem mit beliebig beschleunigtem Ursprung.* Das Newton-System stellt ein lokales ↗Inertialsystem in der Umgebung des Urspungs des Bezugssystems dar. Man bezeichnet es auch als Quasi-Inertialsystem. Ein Inertialsystem wird durch ein Newton-System um so besser approximiert, je homogener das Gravitationsfeld ist, in dem das Newton-System frei fällt. Man erhält zunehmend bessere Approximationen für ein Inertialsystem, wenn der Ursprung des Newton-Systems sich in den folgenden Massenzentren befindet: Geozentrum bzw. Massenzentrum der Erde, Baryzentrum bzw. Massenzentrum des Erde-Mond-Systems, Heliozentrum bzw. Massenzentrum des Sonnensystems, Galaktisches Zentrum bzw. Massenzentrum der Milchstraße.

N₂-Fixierung ↗*Stickstoff-Fixierung.*

NH₃ ↗*Ammoniak.*

NH₄⁺ ↗*Ammonium.*

NH₄⁺-Fixierung ↗*Ammoniumfixierung.*

NIBIS ↗*Niedersächsisches Bodeninformationssystem.*

nichtaustauschbares Kalium, ist in spezifischen Bindungspositionen an den Randzonen, im Inneren des Schichtzwischenraums und im Kristallgitter primärer und sekundärer Silicate (Tonminerale, Glimmer) positioniert. Das nichtaustauschbare Kalium ergibt sich aus der Differenz zwischen dem Gesamt-Kalium, durch Aufschluß mit HF + H₂SO₄, und dem ↗austauschbaren Kalium, es kann aber auch direkt durch Extraktion mit heißer 0,1 M HCl bestimmt werden.

Nichtbaumpollen ↗*NBP.*

nichtbindige Lockergesteine, *rollige Lockergesteine*, ↗*Lockergesteine ohne plastischen Eigenschaften.* Beim Knetversuch nach DIN 4022 Teil 1 (↗bindige Lockergesteine) läßt sich ein nichtbindiger Boden nicht zu einer 3 mm dicken Walze ausrollen. Nach DIN 1054 sind Lockergesteine nichtbindig, wenn der Gewichtsanteil an Korngrößen unter 0,06 mm 15% nicht übersteigt. Dem entsprechen Sand, Kies, Steine und ihre Mischungen mit nur geringen Anteilen an Ton und Schluff.

Nichtcarbonathärte, *bleibende Härte*, Anteil der Gesamthärte (↗Wasserhärte), für den eine äquivalente Anionenkonzentration an Sulfat, Nitrat, Phosphat und Chlorid vorliegt.

Nichtdipolfeld ↗*Multipolentwicklung.*

Nichtinertialsystem, ↗*Bezugssystem, in dem die Bedingungen für ein ↗Inertialsystem nicht erfüllt sind.*

nichtlineare Beziehung, bedeutet, daß in einer quantitativen Beziehung zwischen Ursache und Wirkung neben möglichen linearen Gliedern

Newton, Sir *Isaak*

noch weitere nichtlineare Glieder zu berücksichtigen sind, z. B. quadratische oder exponentielle Glieder. Beispielsweise sind die allgemeinen Deformationsgesetze der ↗Rheologie nichtlineare Gesetze.

nichtlineare optische Effekte, optische Effekte in Kristallen, die durch die ↗dielektrische Suszeptibilität 2. Ordnung beschrieben werden. Die optischen Eigenschaften der Kristalle sind auf die Erzeugung einer dielektrischen Polarisation P durch Einwirkung elektrische Felder E zurückzuführen. Der quantitative Zusammenhang wird durch eine Potenzreihe dargestellt. Die Materialparameter, die die optischen Eigenschaften beschreiben, sind die dielektrischen Suszeptibilitäten verschiedener Ordnung:

$$P_j = \sum_k \chi_{jk} E_k + \sum_k \sum_l \chi_{jkl} E_k E_l + \ldots$$

Die dielektrische Suszeptibilität 1. Ordnung χ_{jk} bestimmt den ↗Brechungsindex und damit die normalerweise beobachteten linearen optischen Eigenschaften. Die dielektrische Suszeptibilität 2. Ordnung χ_{jkl} ist ebenso wie der Tensor des ↗piezoelektrischen Effektes ein polarer ↗Tensor 3. Stufe und bestimmt die nichtlinearen optischen Eigenschaften. Nichtlineare optische Effekte werden wegen des ↗Symmetrieprinzips nur in Kristallklassen ohne Symmetriezentrum (Inversion) beobachtet, jedoch nicht in der nichtzentrosymmetrischen kubischen Kristallklasse 432. In nichtkristallinen, isotropen Materialien kann der nichtlineare Effekt 2. Ordnung ebenfalls nicht vorkommen, es wären jedoch aus Symmetriegründen Effekte höherer Ordnung möglich.

Haben die Felder verschiedene Frequenzen ω_2 und ω_3, so schwingt die nichtlineare Polarisation $P^{(2)}$ i. a. in einer dritten Frequenz ω_1 nach der Gleichung:

$$P_j^{(2)}(\omega_1) = \sum_k \sum_l \chi_{jkl} E_k(\omega_2) E_l(\omega_3).$$

Die drei Frequenzen sind voneinander abhängig. Nach den Produktregeln trigonometrischer Funktionen, wenn man die Frequenzabhängigkeit der Felder als $\sin\omega t$ bzw. $\cos\omega t$ darstellt, erscheint die Summenfrequenz $\omega_1 = \omega_2 + \omega_3$ und die Differenzfrequenz $\omega_1 = \omega_2 - \omega_3$. Darauf beruht die Generation einer Welle mit der Summenfrequenz der in einen nichtlinear optischen Kristall eingestrahlten Lichtwellen, so z. B. auch eine Frequenzverdopplung, was man als Generation der zweiten Harmonischen bezeichnet. Durch Überlagerung zweier Lichtstrahlen, deren Frequenzen nahe beieinander liegen, läßt sich mit der Differenzfrequenz eine intensive Strahlung im Infrarot oder sogar fernen Infrarot erzeugen. Die Feldstärken müssen groß genug sein, damit der Effekt zu beobachten ist. Daher wird meistens Laserstrahlung verwendet. Außerdem müssen die Phasengeschwindigkeiten der beiden Wellen gut übereinstimmen, damit ihre Phasendifferenz über eine große Kohärenzlänge konstant bleibt. Wegen der Frequenzabhängigkeit des Brechungsindex ist das aber im allgemeinen nicht der Fall. In doppelbrechenden Kristallen läßt sich eine Phasenanpassung in bestimmten Richtungen erreichen, in denen die eine Welle als ↗ordentlicher Strahl, die andere als ↗außerordentlicher Strahl schwingt. Mit einer zusätzlichen Laserstrahlung als »Pumpfrequenz« kann man Laserlichtquellen konstruieren, die über einen großen Frequenzbereich kontinuierlich abstimmbar sind. Man bezeichnet solche nichtlinearen optischen Phänomene als *parametrische Effekte*. [KH]

Nichtmetall-Rohstoffe, Begriff, unter dem Steine, Erden und Industrieminerale zusammengefaßt werden. Sie stellen mengenmäßig den weitaus größten Teil der weltweit erzeugten Mineralrohstoffe dar. Hierzu gehören z. B. Sand und Kies, Natursteine, Gips, Ton und Kalkstein, die die Basisrohstoffe für die Steine-und-Erden-Industrie (↗Steine-und-Erden-Lagerstätten) darstellen, aber auch Kalisalz, Kaolin, Flußspat, Baryt, Graphit und Kieselgur, die man zu den Industriemineralen zählt. Steine, Erden und Industrieminerale sind Rohstoffe für die Baustoffindustrie, die Eisen- und Stahlindustrie, die chemische Industrie, die keramische und Glasindustrie und die Landwirtschaft, aber auch die Papier- und Farbenindustrie. Nichtmetall-Rohstoffe werden überwiegend im ↗Tagebau gewonnen.

nichtsymbiontische Stickstoff-Fixierung, eine Art der ↗biologischen Stickstoff-Fixierung. Dazu sind einige blaugrüne Algen (z. B. *Nostoc*, *Calothrix*) befähigt, die besonders in Reisfeldern 30–50 kg N_2/ha jährlich binden können. Ferner sind Mikroorganismen wie streng aerob lebende *Azotobacter chroococum*, *Azotomonas insolita*, *Aerobacter aerogens*, anaerobe Formen wie *Bacillus amylobacter*, *Bacillus asteropus* sowie fakultativ anaerobe Formen wie *Clostridium*-Arten oder auch Hefen und Pilze zu nennen, die alle N-autroph leben können. Allen ist gemeinsam, daß sie auf leicht umsetzbare Kohlenhydrate angewiesen sind. Unter humiden Klimabedingungen beträgt die N-Fixierungsleistung etwa 10–25 kg N/ha und Jahr, in den Tropen können 100 kg N/ha jährlich gebunden werden.

Nickel, chemisches Element mit dem Symbol Ni. Im Jahr 1751 erkannte A. F. Cronstedt das Metall und nannte es nach dem Mineral Kopparnikkel (schwedisch = Rotnickelkies) Nickel. Die alten Bergleute nannten Minerale, die äußerlich wie Metalle aussehen, beim Versuch sie zu verhütten aber kein Metall, sondern nur giftige Dämpfe ergaben, nach bösen Geistern, die sich einen Schabernack mit ihnen erlaubten. Solche Berggeister waren Kobolde und Nickel (↗Blende). Davon abgeleitete Namen sind Kupfernickel, Scherbenkobalt (gediegen Arsen), Speiskobalt und Kobaltglanz. Analog hieß der Arsenkies, der schon beim Anschlagen mit dem Pickel den verräterischen Arsengeruch erkennen ließ, Mißpickel. Obgleich schon J. J. ↗Berzelius die Möglichkeit der galvanischen Vernickelung erkannte, setzte eine größere Verwendung von Nickel erst um die Mitte des 19. Jahrhunderts ein, als die Kupfernickellegierung Neusilber in verschiedenen Ländern als Münzmetall eingeführt wurde. Zuerst kam die Hauptmenge aus dem Erzgebirge, vor allem aus Schneeberg als Nebenprodukt des Kobaltbergbaues. Im Jahr 1874 begann der Bergbau auf Neukaledonien und kurz vor der Jahrhundertwende der von /Sudbury in Kanada. [GST]

Nickeleisen, kosmisches Material. Irdisch tritt dagegen nickelarmes Eisen auf. Nickeleisen kommt sowohl in den Stein- als auch in den Eisenmeteoriten vor (/Meteorit). Die Phasen *Kamazit* (α-Fe, < 7 % Ni) und *Taenit* (γ-Fe, bis 35 % Ni) bilden dabei orientierte Verwachsungen (/Widmannstättensche Figuren). Dazwischen findet sich Plessit (Fülleisen).

Nickellagerstätten, natürliche Anhäufung von Nickel, zum überwiegenden Teil /liquidmagmatischer Entstehung, v. a. durch Entmischungen von Sulfidschmelzen (/Nickel-Magnetkies-Lagerstätten) mit zusätzlich wichtigen Kupfergehalten in basischen bis ultrabasischen Intrusivkomplexen (z. B. /Sudbury in Kanada), untergeordnet auch in /Platinlagerstätten (z. B. /Bushveld-Komplex in Südafrika). Von Bedeutung sind auch /Residuallagerstätten durch lateritische Verwitterung von nickelreichen, meist serpentinisierten Ultrabasiten mit Bindung des Nickels adsorptiv an Eisenoxide oder in /Phyllosilicaten und mit wichtigen Kobaltgehalten.

Nickel-Magnetkies-Lagerstätten, zur Gruppe der /liquidmagmatischen Vererzungen gehörende Lagerstätte. Sie bilden sich in basisch bis ultrabasischen Intrusionen, seltener in Laven, wenn sich Tröpfchen einer Eisen-Kupfer-Nickel-Sulfidschmelze von der Silicatschmelze trennen und durch den Dichteunterschied abseigern. Sie kristallisieren sich später im wesentlichen zu /Magnetkies, /Pentlandit und /Kupferkies, mit Gehalten an Platinmetallen, dazu /Magnetit, und reichern sich zu massiven, nach oben ausdünnenden Erzlagern an. Nickel-Magnetkies-Lagerstätten stellen den größter Teil an /Nickellagerstätten mit /Sudbury in Kanada als wichtigstem Bezirk, weitere wichtige Vorkommen finden sich in Kanada, Westaustralien und Sibirien.

Nickelminerale, die wichtigsten Nickelminerale sind: Pentlandit ((Fe,Ni)$_9$S$_8$, kubisch, 10–45 % Ni), Rotnickelkies (NiAs, hexagonal, 44 % Ni), Chloanthit (NiAs$_{2–3}$, kubisch, ca. 28 % Ni), Gersdorffit (NiAsS, kubisch, 35 % Ni) und Garnierit ((Ni,Mg)$_6$[OH]$_8$|Si4 O$_{10}$), monoklin, bis 25 % Ni). Nickelminerale sind, soweit es sich um Primärbildungen handelt, Sulfide, Arsenide und Antimonide. Pentlandit bildet mikroskopisch kleine Einlagerungen in Magnetkies. Bei Abwesenheit von Arsen nimmt die Magnetkiesschmelze den ganzen Ni-Gehalt, auf und beim Abkühlen entmischt sich aus dem Magnetkies der Pentlandit. Ist Arsen zugegen, bilden sich statt dessen Nickelarsenide wie Rotnickelkies, wegen seiner kupferroten Farbe auch Kupfernickel genannt, oder Chloanthit, der eine lückenlose Mischkristallreihe mit dem Speiskobalt (CoAs$_{2–3}$) bildet. Weitere sulfidische Nickelminerale, normalerweise ohne wirtschaftliches Interesse, sind z. B. Gersdorffit (Nickelglanz), Millerit (NiS), Breithauptit (NiSb) und Rammelsbergit (NAs$_2$). Eine Verwitterungsbildung ist die hellgrüne Nickelblüte (Ni$_3$(AsO$_4$) · 8 H$_2$O), deren Beschläge und Krusten ein typisches Kennzeichen der meist silbergrauen Nickelarsenidminerale sind. Garnierit, Hauptbestandteil des sogenannten silicatischen Nickelerzes, ist ein aus Olivin über /Serpentin entstandenes Verwitterungsmineral analog dem /Chrysotil. [GST]

Nicolaysendiagramm /Isochronenmethode.

Nicolsches Prisma, Prismenkombination zur Erzeugung linear polarisierten Lichts (/Polarisation). Damit wird eine effektive Trennung der senkrecht zueinander linear polarisierten Lichtbündel des /ordentlichen Strahls und /außerordentlichen Strahls bewirkt. Es besteht aus zwei /optisch einachsigen Kristallprismen, z. B. Spaltrhomboeder aus Calcit. Dazwischen befindet sich eine dünne Schicht eines Materials mit kleinerem Brechungsindex als der des ordentlichen Strahls, meistens Kanadabalsam oder auch Luft. Der Schnitt der Kristallprismen und die Strahlrichtungen sind so gewählt, daß der ordentliche Strahl unter einem Winkel, bei dem er /Totalreflexion erfährt, auf die Schicht auftrifft und zur Seite auf die absorbierende Wand der Fassung abgelenkt wird. Der außerordentliche Strahl sollte möglichst ungebrochen durch Anpassung der Brechungsindizes der Schicht und des außerordentlichen Strahls durch das Prisma laufen (Abb.). Es gibt noch andere Varianten von Polarisationsprismen nach dem gleichen Prinzip, z. B. nach Hartnack/Praznowski oder nach Glan/Thompson. [KH]

Niederdruckfaziesserie /metamorphe Fazies.

Niedere Geodäsie /Geodäsie.

niederländische Liste /Hollandliste.

Niedermoor, *Flachmoor* (veraltet), *topogenes Moor* (gelände- oder reliefabhängig), *minerotrophes Moor, limnisches Moor, subaquatisches Moor, Tiefmoor, Talmoor, Wiesenmoor, Grünlandmoor, Grasmoor, Seggenmoor, Riedmoor* (veraltet, nach dem Ausgangsmaterial benannt), *Fen, Fenn, Fehn, Veen, Luch, Bruch, Moos*, den Namen Niedermoor trägt dieser Moortyp wegen seiner größtenteils niederen Erscheinungsform (waagerechte oder schüsselförmige Oberfläche). Es existieren in der Literatur jedoch auch Meinungen, die die Bezeichnung »Nieder-« darauf zurückführen, daß diese /Moore am häufigsten in Niederungen anzutreffen sind. Im älteren Schrifttum ist sogar die Bezeichnung Niederungsmoor zu

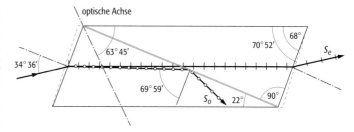

Nicolsches Prisma: Nicolsches Prisma aus Spaltrhomboeder des Calcits (S_o bzw. S_e sind die Strahlrichtungen des ordentlichen bzw. außerordentlichen Strahls).

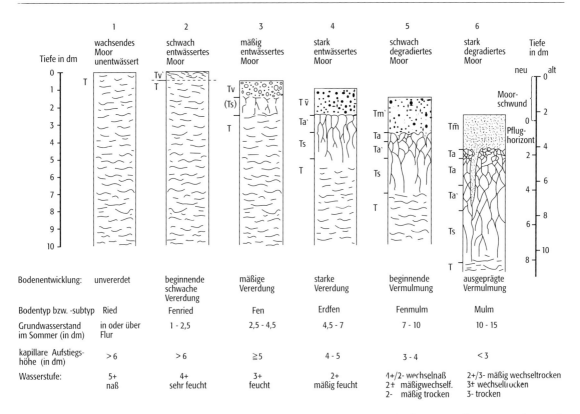

Niedermoor 2: Bodenentwicklungsverlauf von Niedermooren.

finden, die jedoch nicht mehr gebräuchlich ist. In früherer Zeit war auch der Name ↗Flachmoor anzutreffen, womit der Gegensatz zum meist aufgewölbten ↗Hochmoor deutlicher wurde. Niedermoore entstehen z. B. bei der Verlandung von Gewässern (*Verlandungsmoore*), unter dem Einfluß von ansteigendem Grundwasser (*Versumpfungsmoore*), im Quellwasserbereich (↗Quellmoore), in kesselförmigen Senken kleinerer Einzugsgebiete, wo sich das Wasser sammelt (*Kesselmoore*), oder im Auenbereich von Flüssen, wo es häufig zu Überflutungen kommt (Abb. 1 im Farbtafelteil). In Mittelgebirgen findet man an Stellen, wo ständig Hangwasser zufließt und die Versickerung eingeschränkt ist, die meist geringmächtigen ↗Hangmoore. Das für die Niedermoorbildung ausschlaggebende Wasser, welches immer relativ reich an löslichen Stoffen ist, die es dem von ihm durchströmten oder überrieselten ↗Mineralboden entnommen hat, ist entscheidend für seinen Nährstoffstatus. Je nach Nährstoffgehalt dieses Wassers und der damit gebildeten ↗Torfe kann man eutrophe (nährstoffreiche) sowie meso- und oligotrophe (mäßig nährstoffreiche und nährstoffarme) Moore unterscheiden. Dabei kann hoher Calciumgehalt mit Armut an anderen wichtigen Nährstoffen, wie z. B. Stickstoff, Phosphor und Kalium einhergehen, so daß es kalkreich- und kalkarm-oligotrophe bzw. -mesotrophe Niedermoore gibt. Entwässerte Niedermoore sind im allgemeinen reich an Stickstoff, der durch die ↗Mineralisierung der ↗organischen Substanz freigesetzt wird, und arm an Kalium, weil Kalium im Torf kaum gespeichert wird. Entsprechend den Nährstoffverhältnissen ist auch die Vegetation der Niedermoore anspruchsvoller als die der Hochmoore. Überwiegend sind Schilf- (*Pragmithes*) und Seggenriede (*Carex*) die Pflanzengesellschaften, die den ↗Niedermoortorf bilden. In Gebieten mit sehr kalkreichem Grundwasser kann auch Schneidenvegetation (*Cladium mariscus*) mächtige Torfschichten bilden. Ferner sind u.a. noch verschiedene Wollgras-, Binsen- und Moosarten an der Torfbildung beteiligt. Eine Pioniervegetation bei der Moorentstehung bzw. nach der Wiedervernässung trockengefallener oder künstlich entwässerter Niedermoore bildet mit der Rohrkolben (*Thypa latifolia*), dessen pflanzliche Strukturen beim Vertorfungsprozeß jedoch größtenteils verlorengehen. Durch das Herauswachsen des Moores über den mittleren Grundwasserspiegel bzw. künstliche Absenkung des Wasserspiegels kann die Mooroberfläche trockenfallen. Es siedeln sich Gehölze an, aus denen Weiden-(*Salix sp.*), Erlen- (*Alnus sp.*), Birken- (*Betula sp.*) oder Eschenbruchwälder (*Fraxinus excelsior*) werden, die typische Bruchwaldtorfe bilden. Nach ihrer Entwässerung weisen Niedermoore einen typischen Bodenentwicklungsverlauf vom ↗Ried über ↗Fen zum ↗Mulm auf (Abb 2.) [AB]

Niedermoorkultur, ↗Entwässerung und Nutzung von ↗Niedermooren vorwiegend für die Landwirtschaft. Wegen ihrer seit alters her bekannten, natürlichen Futterwüchsigkeit werden die deutschen Niedermoore nahezu vollständig landwirtschaftlich genutzt, hauptsächlich als Grünland. Zum weitaus größten Teil werden sie als Schwarzkultur genutzt. Das heißt, die Moore werden entwässert, umgepflügt, gedüngt und in der Regel mit Futtergräsern neu angesät. Der schwarze, stark humifizierte ↗Niedermoortorf, der bei der Bodenbearbeitung zu Tage tritt, gab diesem Kulturverfahren seinen Namen. Weitere Niedermoorkulturverfahren sind die Niedermoor-Sanddeckkultur, die Tiefpflug-Sanddeckkultur und die Niedermoor-Sandmischkultur. Die Namen dieser Niedermoorkulturen weisen darauf hin, daß der ↗Torf mit einer Sandschicht überdeckt bzw. durchmischt ist.

Niedermoortorf, *Flachmoortorf*, bodenkundliche Torfartengruppe, die durch Reste der Niedermoorvegetation gekennzeichnet ist. Diese Pflanzenreste weisen auf die nährstoff- und basenreichen, teilweise auch carbonathaltigen Standorte hin. Als kennzeichnende Pflanzenreste kommen vor allem Schilf (*Pragmithes australis*), Seggenarten (*Carex sp.*), Schneide (*Cladium mariscus*), Erlen (*Alnus sp.*), Birken (*Betula sp.*) und Weiden (*Salix sp.*) in Frage. Niedermoortorfe sind im Vergleich zu Hochmoortorfen meist stärker zersetzt (dunkelbraun bis schwarz gefärbt), haben höhere Aschegehalte (5–15 %), insbesondere höhere Kalkgehalte (2–4 % CaO), sind basenreicher (pH 4–6, gelegentlich über 7), haben einen höheren Stickstoffgehalt (2,5–4,5 %) und eine höhere Lagerungsdichte (0,2–0,4 g/cm^3). Bodenkundlich gibt es die Unterteilung in Torfarteneinheiten (z. B. Kräutertorfe), in Torfartenuntereinheiten (z. B. Riedtorfe) und in Torfarten (z. B. Schilftorf). [AB]

Niedersächsisches Bodeninformationssystem, *NIBIS®*, Informationssystem, das beim Niedersächsischen Landesamt für Bodenforschung geführt wird. Im NIBIS® finden sich alle Informationen zum Boden, seinen Eigenschaften und seiner Verbreitung in hochauflösenden Maßstäben. Das System ist gemäß den Empfehlungen der Umweltministerkonferenz der Bundesrepublik Deutschland aufgebaut. Die Besonderheit des Systems liegt in seiner Offenheit und in der Integration eines sogenannten Methodenbanksystems, das es ermöglicht, nicht nur Daten zu recherchieren, sondern diese auch mit zur Zeit 100 Auswertungsmethoden zu verknüpfen. Wesentliche Nachfragen zu Daten und Auswertungen des NIBIS® kommen heute aus der Regionalen Raumordnung, der Landschaftsrahmenplanung, dem Trinkwasserschutz und der Agrarstrukturplanung. Das System wird auch in anderen Bundesländern und europäischen Nachbarländern eingesetzt.

Niederschlag, 1) die Menge aller fallenden und den Boden erreichenden Niederschlagspartikel. 2) Menge des Stoffes H_2O, flüssig oder fest, die an einem Ort während einer vorgegebenen Zeit gefallen ist. Gemessen wird Niederschlag als ↗Niederschlagshöhe in Millimeter flüssigen Niederschlags pro Quadratmeter bzw. in Zentimeter ↗Schneehöhe.

Niederschlags-Abfluß-Modell, *N-A-Modell*, ↗hydrologisches Modell zur Berechnung des

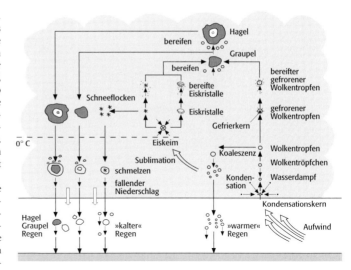

↗Durchflusses in einem Fließgewässer aus einzelnen Niederschlägen (Ereignismodell) unter Berücksichtigung der Gebietseigenschaften. Es besteht aus Teilmodellen der ↗Abflußbildung und der ↗Abflußkonzentration. Die Simulation des Bodenwasserhaushaltes wird in solchen Modellen im Gegensatz zu den Modellen zum ↗Wasserhaushalt nicht durchgeführt. Sie dient der Hochwasserberechnung aus einzelnen Niederschlagsereignissen.

Niederschlagsarten, drei Hauptarten werden unterschieden: a) fallender und gefallener Niederschlag wie ↗Regen, ↗Schnee, ↗Graupel, ↗Hagel usw.; b) abgesetzter Niederschlag wie ↗Tau, ↗Reif, ↗Nebelnässen; c) abgelagerter Niederschlag wie Decken aus ↗Schnee, ↗Hagel, ↗Eis usw.

Niederschlagsbildung, 1) Prozeß, durch den der Atmosphäre Wasserdampf entzogen und dem Erdboden oder Meer als ↗Niederschlag in flüssiger oder fester Form wieder zugeführt wird; 2) mikrophysikalische Vorgänge der Transformation eines Ensembles von kleinen und nahezu nicht fallenden ↗Wolkentröpfchen und/oder ↗Eiskristallen zu fallenden Niederschlagspartikeln mit Durchmessern größer 40 μm. Die Niederschlagsbildung setzt die Wolkenbildung voraus, jedoch fällt nur aus den wenigsten Wolken Niederschlag. Es gibt zwei prinzipiell verschiedene Entwicklungsmöglichkeiten der Bildung von Niederschlag (Abb.): a) Niederschlagsbildung durch Zusammenstoßen und -fließen flüssiger Tröpfchen (↗Koaleszenz). Dieser Prozeß ist immer an der Niederschlagsbildung beteiligt, jedoch mit unterschiedlicher Effizienz. Er ist bei Temperaturen über Null Grad Celsius, wie z. B. in den Tropen, der einzige niederschlagsbildende Prozeß (warmer-Regen-Prozeß) und ist auch die Ursache von ↗Niesel in Stratuswolken und ↗Nebel. Durch Koaleszenz auf Durchmesser größer 50 μm angewachsene Tropfen können bei Temperaturen unter Null Grad als ↗unterkühltes Wasser zu gefährlicher ↗Flugzeugvereisung füh-

Niederschlagsbildung: Entstehung von Niederschlag.

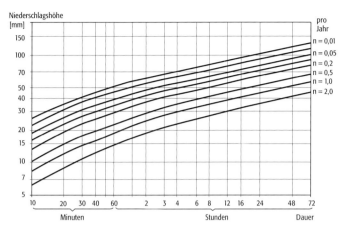

Niederschlagshöhe-Dauer-Häufigkeits-Beziehung: Niederschlagshöhe als Funktion der Niederschlagsdauer für verschiedene Unterschreitungshäufigkeiten.

ren. b) Niederschlagsbildung unter Beteiligung der Eisphase: ↗Eiskristalle bilden sich primär durch homogenes ↗Gefrieren unterkühlter Tröpfchen oder heterogene Nukleation an ↗Eiskeimen. Die Zahl der so erzeugten Eiskristalle steigt durch Auseinanderbrechen oder ähnliche sekundäre Prozesse bis um den Faktor 10^4 weiter an (Eismultiplikation, sekundäre Eiskristalle). Eiskristalle wachsen weiter an durch ↗Sublimation (Diffusionswachstum) und Ausbildung regelmäßiger Strukturen (Eiskristalle, ↗Schneeflocken) oder Bereifen durch Aufsammeln von Wolkentröpfchen zu unregelmäßigen ↗Graupeln. Schneeflocken können ggf. auch vergraupeln. Die Verweilzeit im Aufwind und der Wolke bestimmt die Größe des Niederschlagspartikels. Niederschlagspartikel verlieren an Höhe, wenn sie in einen Abwind gelangen oder sie so schwer geworden sind, daß sie nicht mehr vom Aufwind getragen werden (↗Fallgeschwindigkeit). Unterhalb der Null-Grad-Grenze beginnen die Niederschlagspartikel zu schmelzen und erreichen den Boden in flüssiger Form als ↗Regen oder ggf. auch noch in fester Form als ↗Graupel oder ↗Hagel. Allgemeine Voraussetzungen für die Niederschlagsbildung in einer Wolke sind eine Lebensdauer der Wolke von mindestens 10 Minuten und eine hinreichend große Wolkendicke von einigen hundert Metern. [TH]

Niederschlagsdauer, Andauer eines nicht unterbrochenen Niederschlagsereignisses in Minuten oder Stunden.

Niederschlagsdefizit, die fehlende Menge ↗Niederschlag eines bestimmten Gebietes, wenn die potentielle ↗Evapotranspiration dort größer als die Niederschlagshöhe ist. Ein Niederschlagsdefizit existiert im klimatologischen Mittel in den Gebieten zwischen Äquator und 40° Breite, jedoch nicht in der ↗innertropischen Konvergenzzone.

Niederschlagsgerade ↗^{2}H/^{1}H.

Niederschlagshöhe, Höhe in Millimeter des gefallenen oder abgesetzten Niederschlags, die zustande käme, wenn die gesamte Menge auf einer ebenen Fläche gesammelt und dabei nichts verdunsten oder abfließen würde. Die Niederschlagshöhe von einem Millimeter entspricht daher einer Flüssigkeitsmenge von 1 l/m^2. Bei festem Niederschlag gilt dies für die aufgetaute Menge.

Niederschlagshöhe-Dauer-Häufigkeits-Beziehung, Darstellung der Wahrscheinlichkeit des Auftretens verschiedener kurzfristiger Niederschlagshöhen für unterschiedliche Niederschlagsdauern an einem bestimmten Ort. Meist handelt es sich um eine Kurvenschar, wobei jeder Kurve eine bestimmte Vorkommenshäufigkeit oder Wiederkehrzeit in Jahren zugeordnet ist (Abb.).

Niederschlagsintensität, *Niederschlagsrate, Niederschlagsstärke*, Regenrate im Falle von ↗Regen, Menge gefallenen Niederschlags pro Zeit, ↗Niederschlagshöhe pro ↗Niederschlagsdauer.

Niederschlagsmenge, Regen, Schnee, Hagel pro Zeiteinheit in l/m^2. Dabei entspricht ein Liter Niederschlag auf einem Quadratmeter einer Regenhöhe von einem Millimeter.

Niederschlagsmessung, klassische Niederschlagsmesser (*Pluviometer, Regenmesser*) bestehen aus einem Auffanggefäß mit einer definierten Öffnungsfläche (↗Hellmann-Niederschlagsmesser). Das Niederschlagswasser wird gesammelt und sein Volumen wird regelmäßig gemessen. Die in einem Zeitraum gemessene Niederschlagsmenge wird in mm Wasserhöhe oder l/m^2 angegeben (1 mm = 1 l/m^2). Registrierende Niederschlagsmesser (*Niederschlagsschreiber*, Pluviographen) verfügen über einen Schwimmer oder eine Wiegevorrichtung, mit denen die Wassermenge laufend bestimmt wird. Niederschlagsmesser, die das Niederschlagswasser über einen langen Zeitraum (z. B. einen Monat, ein Jahr) sammeln, nennt man *Totalisatoren*. Sie werden vor allem in unzugänglichen Gebieten (z. B. Gebirgen) aufgestellt. Eine dünne Ölschicht, die auf dem gesammelten Niederschlagswasser schwimmt, verhindert dessen Verdunstung. Mit Hilfe eines ↗Wetterradars läßt sich die Niederschlagsmenge in einem Radius von ca. 100 km um die Radarantenne flächendeckend bestimmen. Hierfür werden empirische Beziehungen zwischen der Radarreflektivität des Niederschlags, der Tröpfchengröße und -dichte, sowie der Fallgeschwindigkeit verwendet. Instrumente zur Bestimmung der Tröpfchengrößenverteilung des Niederschlags nennt man *Distrometer*. [DH]

Niederschlagspartikel, fallende ↗Hydrometeore außerhalb einer ↗Wolke in flüssiger oder fester Form.

Niederschlagsschreiber, *Regenschreiber*, ↗Niederschlagsmessung.

Niederschlagsspende, in l/sec · km^2 umgerechnete ↗Niederschlagsmenge.

Niederschlagstypen, Typisierung der Charakteristika des ↗Jahresganges des Niederschlages (Abb.). Es gibt Trockenzonen, Gebiete mit ein oder zwei sommerlichen ↗Regenzeiten, wie z. B. ↗Tropen, Gebiete mit winterlicher Regenzeit, wie z. B. mediterranes Klima, und Gebiete mit ganzjährig annähernd gleichmäßigem Niederschlag, wie z. B. innere Tropen bzw. immerfeuchte gemäßigte ↗Klimazonen. ↗Aridität, ↗Humidität.

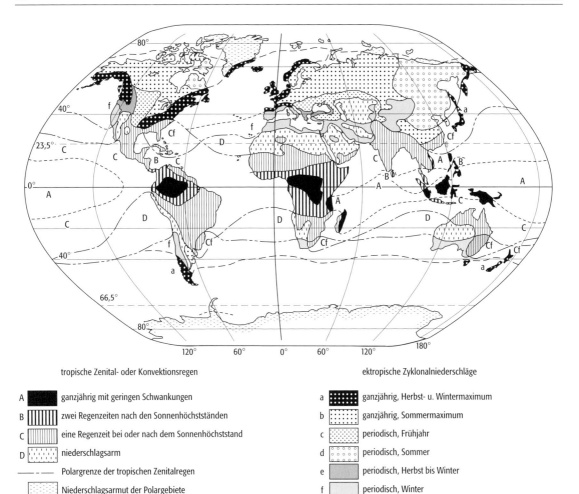

tropische Zenital- oder Konvektionsregen

A ganzjährig mit geringen Schwankungen
B zwei Regenzeiten nach den Sonnenhöchstständen
C eine Regenzeit bei oder nach dem Sonnenhöchststand
D niederschlagsarm
--- Polargrenze der tropischen Zenitalregen
Niederschlagsarmut der Polargebiete
------ Grenzlinien der Typareale

ektropische Zyklonalniederschläge

a ganzjährig, Herbst- u. Wintermaximum
b ganzjährig, Sommermaximum
c periodisch, Frühjahr
d periodisch, Sommer
e periodisch, Herbst bis Winter
f periodisch, Winter
------ Äquatorialgrenze der ektrop. Zyklonalniederschläge

Niederschlagsverteilung, räumliche Unterscheidung (definierte Region oder global) der aktuellen bzw. zeitlich gemittelten Tages-, Monats- oder Jahressummen des Niederschlages an der Erdoberfläche (Abb. 1 u. 2 im Farbtafelteil). Auch Betrachtungen spezieller statistischer Methoden, wie z. B. absolute oder mittlere Extremwerte, ↗Trends, ↗Varianz, ↗Häufigkeitsverteilung oder Verlauf des Niederschlages im Tages- bzw. Jahresgang charakterisieren die Niederschlagsverteilung.

Niederterrasse, jüngste, über der rezenten Talsohle gelegene, letztkaltzeitliche Terrasse, die von Hochflutlehm bedeckt ist, aktuell aber nur noch bei starken Hochwasserereignissen überflutet wird. Häufig kann eine ältere, etwas höher gele-

Niederschlagstypen: Weltkarte der Niederschlagstypen, tropisch und außertropisch.

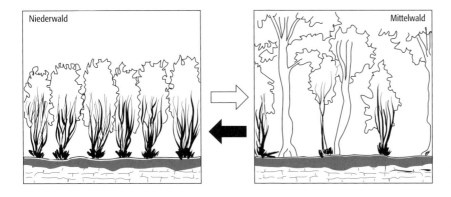

Niederwald: Niederwald und Mittelwald.

gene Terrassenstufe von einer jüngeren, tiefergelegenen unterschieden werden. Darüber folgt die ↗Mittelterrasse und die ↗Hauptterrasse.

Niederwald, seit der Jungsteinzeit übliche Form der ↗Forstwirtschaft, die den leistungsfähigeren Systemen des ↗Hochwaldes und des ↗Mittelwaldes gegenübersteht. Es handelt sich um eine bäuerliche (Brennholz) oder vorindustrielle Nutzungsweise (Gerbrinde). Die Bäume werden alle zwei bis drei Jahrzehnte zur Holzgewinnung geschlagen und erreichen so nie ihr volle Größe (Abb.). Die Erneuerung des Niederwaldes erfolgt dabei durch Stockausschläge. Da diese Nutzungsweise v. a. von Nadelhölzern (↗Nadelwald) nicht vertragen wird, findet dabei eine allmähliche Auslese statt, hin zu niedrigen buschartigen Bäumen wie Erlen, Hainbuchen und Eichen. Heute findet man Niederwälder noch an den Steilhängen des Mosel- und Rheintales.

Niedrigdruck-Hochtemperaturmetamorphose ↗*Hochtemperaturmetamorphose.*

Niedriggeschwindigkeitszone, *low velocity zone,* LVZ, Zone in der Erde, in der die seismische Geschwindigkeit mit der Tiefe abnimmt. Gründe hierfür sind Änderungen der chemischen Zusammensetzung und des Aggregatzustands (äußerer ↗Erdkern), rasch mit der Tiefe ansteigende Temperaturen und partielle Schmelzen oder Flüssigkeiten in der ↗Erdkruste und im ↗Erdmantel. Als LVZ bezeichnet man heute meistens die Schicht erniedrigter Geschwindigkeit zwischen etwa 50 und 200 km im oberen Erdmantel, die die ↗Asthenosphäre markiert. Sie wurde zuerst von ↗Gutenberg postuliert, weswegen sie manchmal auch als Gutenberg-Schicht bezeichnet wird. Anomalien der Laufzeiten von Raumwellen gaben die ersten klaren Hinweise auf die Existenz einer LVZ im oberen Mantel, die später durch Analyse von ↗Oberflächenwellen bestätigt wurden. Die Zone oberhalb der LVZ ist die ↗Lithosphäre. In der LVZ werden vor allem *S*-Wellen stark gedämpft (niedriger Q-Faktor). Die LVZ ist stärker ausgeprägt in den Geschwindigkeiten von *S*-Wellen als in denen von *P*-Wellen. Die Dicke und Ausprägung der LVZ zeigt starke regionale Schwankungen. Unter sehr alten präkambrischen Kratonen ist die LVZ wenig ausgeprägt oder nicht vorhanden, während sie in tektonisch aktiven Gebieten mit etwa 10% Geschwindigkeitsminderung deutlich erkennbar ist. Unter ↗Mittelozeanischen Rücken beginnt die Niedriggeschwindigkeitszone schon nahe der Oberfläche, während sie unter sehr alten Schildregionen, wie z. B. unter Zentralaustralien, erst in Tiefen von etwa 200 km beginnt und bis in Tiefen von etwa 330 km wenig ausgeprägt ist. Die Unterkante der LVZ ist als seismische Diskontinuität nicht klar erkennbar, da der Übergang zu höheren Geschwindigkeiten meistens sehr langsam erfolgt. In einigen kontinentalen Gebieten beobachtet man in etwa 220 km Tiefe eine sprunghafte Geschwindigkeitszunahme, die manchmal als *Lehmann-Diskontinuität* bezeichnet wird und wahrscheinlich die Untergrenze der Asthenosphäre markiert. [GüBo]

Niedrig-Niedrig-SST ↗SST.

niedrigstgradige Metamorphose ↗Anchimetamorphose.

Niedrigwasser, niedrigster ↗Wasserstand während einer ↗Tide bzw. Phase eines erniedrigten Wasserstandes gegenüber einem Mittelwert; in Meeren durch Gezeiten (Ebbe), in Flüssen und Seen durch Niederschläge und Jahreszeiten bedingt.

Niedrigwasserregelung, bauliche Eingriffe in Teilabschnitte eines Fließgewässers, in dem in Zeiten geringer Wasserführung (Niedrigwasser) keine ausreichende Wassertiefe z. B. für Zwecke der Schiffahrt besteht. Da mit zunehmender Wassertiefe die ↗Schleppspannung steigt, wird durch die Niedrigwasserregelung auch die Ablagerung von Feststoffen verhindert. Die Niedrigwasserregelung erfolgt dann bezogen auf einen Regelungsniedrigwasserstand (RNW), der sich aus den Bedürfnissen der Schiffahrt einerseits und den natürlichen Gegebenheiten des Gewässers andererseits ergibt. Der Ausbau erfolgt durch Regelungsbauwerke, in erster Linie ↗Buhnen und ↗Leitwerke. Dabei wird versucht, so in den Fluß einzugreifen, daß dieser sich von selbst in der gewünschten Weise umbildet und sich stabile Verhältnisse entwickeln, die ein Minimum an Unterhaltungsaufwand erfordern. Mit einer Niedrigwasserregelung allein ist allerdings eine Umgestaltung des Flußbettes meist nicht zu erreichen, da die sogenannten bettbildenden Wasserstände durchweg höhere Wasserstände sind. Daher ist gleichzeitig über eine ↗Mittelwasserregelung auch ein gut ausgebautes Mittelwasserbett anzustreben. Ergänzende Maßnahmen können Sohlbaggerungen sein oder die Beseitigung von Schiffahrtshindernissen durch Sprengungen (z. B. Rheinstrecke am Binger Loch). In Einzelfällen kann auch eine zeitweilige Niedrigwasseraufhöhung durch eine Abgabe von Zuschußwasser aus Talsperren erfolgen (z. B. Bezuschussung der Oberweser aus der Edertalsperre). Kann durch eine Niedrigwasserregelung allein die für die Schiffahrt erforderliche Wassertiefe nicht erreicht werden, dann erfolgt ein Ausbau durch eine ↗Stauregelung. [EWi]

Niedrigwasservorhersage, Vorhersagen von Wasserständen in Fließgewässern bei geringer Wasserführung (↗hydrologische Vorhersagen). Solche Vorhersagen dienen meist der Schiffahrt, der es dadurch ermöglicht wird, den Einsatz der Schiffe hinsichtlich Befahrbarkeit der Flußstrecken und Abladetiefe zu optimieren.

Niesel, *Nieseltropfen, Nieseltröpfchen, Sprühregen*, durch ↗Koaleszenz gewachsene und aus einer Stratuswolke (↗Wolkenklassifikation) fallende Tröpfchen. Ihr Durchmesser liegt bei maximal 500 μm. Bei Temperaturen unter 0°C führt Niesel in der Luft zu Flugzeugvereisung und am Boden als ↗gefrierender Niesel zu ↗Glatteis.

Nieve penitente ↗*Büßerschnee.*

Nife ↗Kontinentalverschiebungstheorie.

Niggli, *Paul*, schweizerischer Mineraloge und Petrograph, * 26.6.1888 Zofingen, † 13.1.1953 Zürich; 1914–18 Professor in Leipzig, danach in Tübingen, ab 1920 in Zürich; arbeitete unter anderem an Mineralverwandtschaft, Paragenese von Gesteinen und Mineralen, Gesteinsmetamorphose, magmatische Kristallisation und Differentiation, Lagerstättenkunde, Stereochemie und Kristallchemie; führte umfangreiche Untersuchungen zum Phasengesetz in der Mineralogie und Petrographie durch; klassifizierte die Magmatite mit Hilfe eines petrochemischen Parameters (↗Niggli-Norm); führte eine vereinfachte Schreibweise (↗Niggli-Werte) für die Angabe der Koordinationsverhältnisse der Atome in Kristallstrukturen ein. Werke (Auswahl): »Geometrische Kristallographie des Diskontinuums« (1918–19), »Lehrbuch der Mineralogie« (1920), »Die leichtflüchtigen Bestandteile im Magma« (1920), »Kristallographische und strukturtheoretische Grundbegriffe« (1928), »Das Magma und seine Produkte« (1937), »Lehrbuch der Mineralogie und Kristallchemie« (3 Teile, 1941–44), »Gesteine und Minerallagerstätten« (2 Bände, 1948–52).

Niggli-Norm, eine von dem Schweizer Mineralogen P. ↗Niggli ab 1933 entwickelte, später in Äquivalentnorm umbenannte Norm für Magmatite und Metamorphite. Bei der Berechnung werden zunächst »Basisverbindungen« gebildet, das sind einfache, z. T. hypothetische Verbindungen und z. T. Minerale. Für diese werden Äquivalentgewichte errechnet, die ihrem Molgewicht, dividiert durch die Anzahl der Summe aller Kationen (mit Ausnahme von H und C), entsprechen. Dies erlaubt anschließend die Formulierung von Reaktionsgleichungen und die Verrechnung der Basisverbindungen zu Normmineralen, weil die Summe der Reaktionskoeffizienten auf beiden Seiten der Gleichung identisch ist, z. B. 3Ne + 2Q = 5 Ab (Ne = $^1/_3$ NaAlSiO$_4$, Q = 1 SiO$_2$, Ab = $^1/_5$ NaAlSi$_3$O$_8$). Die Äquivalentnorm ist im Gegensatz zur ↗CIPW-Norm flexibel in der Wahl der zu berücksichtigenden Minerale. Dadurch wird eine bessere Übereinstimmung zwischen normativem und modalem Mineralbestand erreicht. Unterschieden wird zwischen einer Katanorm für Magmatite und Hochtemperaturmetamorphite, einer Mesonorm für Metamorphite mittlerer Bildungstemperaturen und einer Epinorm für Niedrigtemperaturmetamorphite. [HGS]

Niggli-Werte, eine von dem Schweizer Mineralogen P. ↗Niggli definierte Vorschrift, um chemische Komponenten in einem Magmatit vereinfachend zusammenzufassen und für eine Interpretation aufzubereiten. Die molekularen Anteile an FeO, Fe$_2$O$_3$ (als FeO$_{1,5}$ zu berechnen), MgO und MnO werden zu einer Komponente fm' zusammengefaßt, die Alkalien Na$_2$O und K$_2$O zur Komponente alk'; aus dem molekularen Anteil an CaO wird c' und aus dem von Al$_2$O$_3$ wird al'. Diese vier Komponenten werden summiert und ergeben auf 100 % normiert fm, alk, c und al. Auf die Summe fm' + alk' + c' + al' werden weitere Oxide bezogen, insbesondere SiO$_2$ und TiO$_2$, für die die Komponenten si bzw. ti durch Division ihrer molaren Anteile durch diese Summen errechnet werden. Mit den Niggli-Werten lassen sich u. a. Differentiationsreihen graphisch verdeutlichen, indem si als Differentiationsindex aufgetragen wird.

Nilas, ↗Meereis.

Nimbostratus, ↗Wolkenklassifikation.

Nimbus, Serie amerikanischer Wettersatelliten mit sonnensynchroner polarer Umlaufbahn in Höhen von ca. 940–1350 km. Die Serie von Nimbus-Missionen wurde am 28. August 1964 mit NIMBUS 1 begonnen. Der letzte Satellit der NIMBUS-Serie war NIMBUS 7, der bis dahin von allen Satelliten der Erdbeobachtung am längsten im Einsatz war, und zwar bis Mai 1993 (TOMS) respektive bis Januar 1994 (ERB, SAM II). NIMBUS 7 führte unter anderen den Coastal Zone Color Scanner (↗CZCS, im Einsatz bis 1986) und das Total Ozone Mapping Spectrometer (↗TOMS) an Bord.

N-Immobilisierung, *Stickstoff-Immobilisierung*, kann a) durch eine vorübergehende ↗Nährstoffsperre durch Mikroorganismen bei einem C/N-Verhältnis > 25, b) durch dauerhaften Einbau von N in organische Makromoleküle oder c) Einbau von NH$_4^+$ in die Zwischenschichten von Tonmineralen (Illite) erfolgen. ↗Mobilisierung.

Niob, chemisches Element mit dem Symbol Nb. Niob wurde im Jahr 1801 von dem englischen Chemiker C. Hatchett entdeckt und Columbium genannt. Der Name Niobium stammt von H. Rose, der 1844 glaubte, ein neues Element entdeckt zu haben. Etwa gleichzeitig wurde Tantal 1802 von dem Schweden A. G. Ekeberg aufgefunden. W. v. Bolton stellte 1905 die reinen Metalle dar.

Nioblagerstätten, ↗Seltene-Erden-Lagerstätten.

Niobminerale, die wichtigsten Niobminerale sind: Niobit ((Fe,Mn)(Nb,Ta)$_2$O$_6$, rhombisch, 40–75 % Nb$_2$O$_5$, 1–42 % Ta$_2$O$_5$), Tantalit ((Fe,Mn)(Ta,Nb)$_2$O$_6$, rhombisch, 3–40 % Nb$_2$O$_5$, 42–84 % Ta$_2$O$_5$) und Pyrochlor ((Ca,Na)$_2$Nb$_2$O$_6$(F,OH,O), kubisch, 47–70 % Nb$_2$O$_5$, 0,2–21 % Ta$_2$O$_5$). Außer den genannten gibt es noch weitere 60 Niobminerale, vorwiegend Mischoxide, vielfach zusammen mit ↗Zinnstein in Seifen abgelagert. Mit Tantal, Mangan, Seltenen Erden und anderen Elementen vergesellschaftet ist Nb in Pegmatiten und pneumatolytischen Gängen als Pyrochlor enthalten, dem heute wichtigsten Rohstoff. Die Glieder der lückenlosen Mischkristallreihe zwischen Niobit und Tantalit werden auch als Columbit bezeichnet. Es sind fast opake, schwarze bis bräunliche Minerale mit metallähnlichem Glanz. Durch den großen Unterschied in ihrer Dichte (Niobit 5,3 g/cm^3, Tantalit 8,1 g/cm^3) lassen sich die einzelnen Mischungsverhältnisse leicht feststellen. Pyrochlor ist meist braun oder gelb, doch variiert die Farbe stark mit der Zusammensetzung, da außer den in obiger Formel angegebenen Kationen noch wechselnde Mengen Fe, Ti, Seltene Erden und auch Th und U enthalten sein können. [GST]

Nipptide, ↗Tide bei astronomisch bedingtem niedrigsten Tideniedrigwasserstand innerhalb eines Mondzyklus (Abb. 1). Die entsprechende Eintrittszeit wird als Nippzeit bezeichnet. An der deutschen Nordseeküste tritt die Nipptide fast drei Tage später ein als das erste oder letzte Viertel

Niggli, *Paul*

Nipptide 1: Stellung von Sonne und Mond bei Nipptiden.

Nische: unterschiedliche Nahrungsnischen einiger Vögel des Nadelwaldes.

die Bedeutung des ↗Standortes oder Wohnraumes einer Organismengemeinschaft, der sich durch die spezielle Ausprägung der Ökofaktoren von seiner Umgebung abhebt. [SMZ]

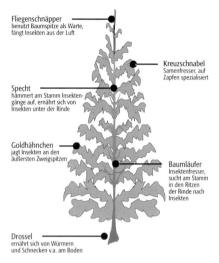

des Mondes. Die zur Nippzeit eintretenden Tidewerte werden als Nipptidehochwasser (NThw), Nipptideniedrigwasser (NTnw) und Nipptidehub bezeichnet (Abb. 2). ↗Tidekurve.

Nippurkarte, Stadtplan von Nippur, älteste bekannte kartographische Darstellung einer Stadt. Der Plan ist in eine etwa 21 × 18 cm große Tontafel eingeritzt. Auf dem maßstäblichen Plan sind vom kulturellen Zentrum der Sumerer im Süden des heutigen Irak der Euphrat und ein Kanal, die Tore der Stadtmauer sowie ein Park in summerischer Keilschrift beschriftet. Die aus mittelbabylonischer Zeit stammende Tontafel ist etwa 3500 Jahre alt und wird in der Hilprecht-Sammlung in Jena aufbewahrt.

Nische, *ökologische Nische*, in der Landschaftsökologie die Position, die eine ↗Art in ihrer ökologischen Umgebung einnimmt. Diese Position läßt sich aus trophischer (↗Trophie) und räumlicher Sicht beschreiben. Im ersten Falle (nach dem amerikanischen Ökologen Elton auch als Eltonsche Nische bezeichnet) werden darunter die Beziehungen einer Tierart zur Nahrung, zu Parasiten (↗Parasitismus) und zu Feinden verstanden. Aus dem Zusammenwirken der ↗Ökofaktoren geht die ökologische Nische, als multidimensionaler Funktionsraum hervor, in dem diese Art weitestgehend vor Wettbewerb geschützt leben kann. Anders ausgedrückt werden mit dem Begriff ökologische Nische ihre Existenzansprüche umschrieben (Abb.). Im zweiten Fall, der in der ↗Geoökologie gebräuchlicher ist, hat die Nische

nitic horizon, [von lat. *nitidus* = glänzend], diagnostischer Horizont der ↗WRB, ein tonreicher Unterbodenhorizont, dessen Hauptmerkmal mittel bis stark ausgeprägte, polyedrische bis nußförmige (nutty) Aggregate mit zahlreichen glänzenden Oberflächen sind und dessen Entstehung nur teilweise einer Toneinwaschung zugeschrieben werden kann.

Nitisols, Böden der ↗WRB, tiefgründige, kräftig rote, lessivierte Böden der semihumiden Tropen und Subtropen mit Tonverarmungshorizont und Tonanreicherungshorizont, entwickelt in silicatreichen Gesteinen (z. B. Basalt). Weitere Merkmale sind starke ↗Bioturbation im Oberboden, lockeres Gefüge, Tonhäutchen im tonangereicherten Unterboden (hier Tongehalt über 30 %), und durch höhere Gehalte an verwitterbaren Mineralien und durch höhere ↗Kationenaustauschkapazität (↗Basensättigung über 50 %) ist er nährstoffreicher und damit fruchtbarer als ↗Acrisols und ↗Ferralsols.

Nitratammonifikation, Reduktion von Nitrat (NO_3^-) zu Ammonium (NH_4^+), erfolgt durch Bakterien (Enterobacteriacea) unter ↗anaeroben Bedingungen. Zur Nitratammonifikation ist das Enzym Nitratreduktase A notwendig. Im Gegensatz zur ↗Denitrifikation handelt es sich um einen assimilatorischen Prozeß, bei dem das gebildete Ammonium zum Aufbau von Biomasse genutzt wird (↗N-Immobilisierung):

$$NO_3^- \rightarrow NO_2^- \rightarrow NH_4^+ \rightarrow R\text{-}NH_2$$

R-NH_2 steht für ein Amin, wobei R organischer Rest heißt.

Nitratatmung ↗*Denitrifikation*.

Nitratauswaschung, Transport von leicht wasserlöslichem Nitrat mit dem Sickerwasser aus der Wurzelzone ggf. bis zum Grundwasser. Unter

Nipptide 2: durch Stellung von Sonne und Mond bedingter Nipptidenhub.

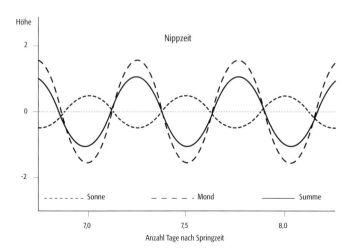

mitteleuropäischen Klimabedingungen wird Nitrat vorwiegend während des Winterhalbjahres ausgewaschen. Durch fehlende oder geringe N-Aufnahme durch Pflanzen in den Herbst- und Wintermonaten wird Nitrat, welches durch Stickstoff-Mineralisation (↗Mineralisierung) und ↗Nitrifikation im Boden gebildet wird oder durch überschüssige N-Düngung im Boden verblieben ist, mit dem Sickerwasser aus dem Wurzelraum ausgetragen. Die Höhe der Auswaschung ist meist bei Ackerland größer als bei Grünland bzw. bei Wald, jedoch hat das Düngungsniveau starken Einfluß darauf. Für Trinkwasser ist ein Grenzwert von 50 mg NO_3^-/l zulässig. Im Jahr 1995 wiesen in Deutschland 11 % der untersuchten Grundwässer Konzentrationen > 50 mg NO_3^-/l auf. [KCK]

Nitrate, 1) *Bodenkunde*: ↗Salz der ↗Salpetersäure. Nitrate entstehen beim Abbau organischer Stickstoff-Verbindungen durch den Prozeß der ↗Mineralsierung. In exothermer Reaktion wird dabei durch hydrolytische Desaminierung bzw. oxidative Desaminierung oder auf anaerobem Weg Ammoniak freigesetzt (↗Ammonifikation) und bildet mit Wasser NH_4^+-Ionen. Anschließend erfolgt die Nitrifizierung mit Hilfe von aerob lebenden Bakterien, wobei die Gattung ↗*Nitrosomonas* den Schritt der Oxidation von Ammonium zu Nitrit vollzieht, die Gattung ↗*Nitrobacter* das Nitrit zu Nitrat umwandelt. Das NO_3^--Ion ist im Boden sehr beweglich und damit in hohem Maß auswaschungsgefährdet.
2) *Mineralogie*: Gruppe von Mineralen, die sich kristallchemisch mit den ↗Carbonaten und Boraten zusammenfassen läßt, weil es sich hier stets um Sauerstoffverbindungen mit Sauerstoff in Dreierkoordination handelt, wobei der Sauerstoff planar um die sehr kleinen Kationen N^{5+}, C^{4+} und B^{3+} angeordnet sind. Untereinander zeigen die Minerale dieser Gruppen, die z. T. recht unterschiedliche chemische Zusammensetzung haben, ausgeprägte Isomorphiebeziehungen. Die Nitrate finden sich überwiegend als leichtlösliche Salze in Form rezenter Bildungen in Wüstenregionen. Unter Beteiligung bakterieller Vorgänge bilden sich hier durch biogene Oxidationsreaktionen die Nitrate von K und Na, während Erdalkali-Nitrate relativ selten sind. Kupfer-Nitrate entstehen auch in den Oxidationszonen der Kupferlagerstätten. Wirtschaftlich bedeutend sind Salpeterlagerstätten mit Nitronatrit ($NaNO_3$) und Nitrokalit (KNO_3), die häufig auch tierischer Herkunft sind.

Nitride, Verbindungen aus Stickstoff und einem Metall. Sie werden zusammen mit den Boriden, Carbiden und Siliciden zu den metallischen Hartstoffen gerechnet und finden Verwendung als Hochtemperaturwerkstoffe für Feuerfestkeramik und Sinterhart-Legierungen.

Nitrifikanten, Bakterien, die zur ↗Nitrifikation fähig sind. Die Nitrifikanten werden zur Familie der Nitrobacteriaceae zusammengefaßt. Für die Oxidation des Ammonium-Ions (NH_4^+) zum Nitrit (NO_2^-), dem ersten Schritt der Nitrifikation, sind im Boden und Süßwasser *Nitrosomonas europaea* und in marinen Ökosystemen *Nitrocystis oceanus* verantwortlich. Der zweite Schritt, die Oxidation vom Nitrit zum Nitrat (NO_3^-), wird durch verschiedene Arten der Gattung *Nitrobacter* durchgeführt. Nitrifikanten können in durchlüfteten Böden eine Ansäuerung bewirken und damit die Löslichkeit verschiedener Mineralien (Kalium, Magnesium, Calcium und Phosphat) erhöhen. Der als Depotdünger auf landwirtschaftlichen Böden eingebrachte Ammoniumstickstoff wird durch Nitrifikanten in mobiles Nitrat überführt. Hierdurch steht es den Kulturpflanzen nur begrenzt für das Wachstum zur Verfügung. Die Anreicherung des Grundwassers mit Nitrat ist eine weitere unerwünschte Folge. Nitrifikanten sind durch die Bildung von Salpetersäure indirekt an der Zerstörung von Bauwerken aus Beton, Kalk- und Zementsteinen beteiligt. ↗Stickstoffkreislauf. [MW]

Nitrifikation, *Nitrifizierung*, ↗Oxidation des Ammoniumstickstoffs über ↗Nitrit zu ↗Nitrat durch Bakterien (↗Nitrifikanten), nach den folgenden Gleichungen:

$$2\,NH_4^+ + 3\,O_2 \rightarrow 2\,NO_2^- + 4\,H^+ + 2\,H_2O$$

durch die ↗*Nitrosomonas spec.*,

$$2\,NO_2^- + O_2 \rightarrow 2\,NO_3^-$$

durch die ↗*Nitrobacter spec.* Die Gesamtreaktion lautet:

$$NH_4^+ + 2\,O_2 \rightarrow NO_3^- + H_2O + H^+.$$

Die Nitrifikation wird durch niedrige ↗pH-Werte im Boden gehemmt, optimal ist ein pH von 6–8. Die optimale Temperatur schwankt je nach Klimaregion und liegt in Mitteleuropa zwischen 25 und 35°C. Auch nahe dem Gefrierpunkt ist noch Nitrifikation zu beobachten. Die Geschwindigkeit der Umsetzung liegt meist über derjenigen der Mineralisation, so daß die Ammoniumgehalte im Boden meist gering bleiben.

Nitrifikationshemmer, *Nitrifizierungshemmer*, chemische Zusatzstoffe für Gülle und Ammoniumdünger (z. B. Dicyandiamid), die eine ↗Nitrifikation des Ammoniumanteils hemmen. Die Verzögerung bei der Nitratbildung soll die Gefahr der ↗Nitratauswaschung bei einer frühen Gülle- oder Mineraldüngerausbringung noch vor dem Einsetzen der N-Aufnahme durch die Pflanzen vermindern, da Ammonium auf Grund seiner ↗Adsorption an der Bodenmatrix nur wenig verlagert wird.

Nitrifizierung ↗Nitrifikation.

Nitrit, anionische Stickstoffverbindung mit der chemischen Formel NO_2^-, bei der Stickstoff die Oxidationsstufe +4 einnimmt. Nitrit entsteht als Zwischenstufe bei der ↗Nitrifikation durch Oxidation von Ammonium durch ↗*Nitrosomonas* oder bei der Reduktion von Nitrat bei der ↗Denitrifikation bzw. ↗Nitratammonifikation. Es tritt daher nur selten in nachweisbarer Menge im Boden auf.

Nitrobacter, chemolithotrophe grampositive Bakteriengattung, die bei der ↗Nitrifikation den Schritt der Oxidation des durch ↗Nitrosomonas gebildeten ↗Nitrits (NO_2^-) zum ↗Nitrat (NO_3^-) vollzieht. Wichtige Arten sind *Nitrobacter winogradskyi, Nitrobacter agilis, Nitrobacter hamburgensis.*

Nitrogenase, Enzym zur ↗biologischen Stickstoff-Fixierung. Die Nitrogenase besteht aus zwei Proteinen, einem Mo-Fe-Protein und einem Fe-Protein. Obwohl ein Großteil der ↗Stickstoffbinder ↗aerobe Bedingungen benötigt, ist die Nitrogenase selbst extrem empfindlich gegen O_2, so daß das Enzym zellintern gegen Sauerstoff abgeschirmt wird.

Nitroliberanten, Bodenorganismen (z. B. ↗Regenwürmer, ↗Collembola, ↗Enchyträen), die sich in erster Linie von stickstoffhaltigen organischen Stoffen ernähren. Durch die Zerkleinerung des organischen Materials und seine Vermischung mit Mineralbodenmaterial wird der Stoffumsatz der Mikroorganismen und damit die Stickstoff-Mineralisation erhöht.

nitrophil, Bezeichnung für die Neigung von Organismen, insbesondere Pflanzen, zu hoher Stickstoffversorgung. Nitrophile Pflanzenarten werden als Zeigerpflanzen für stickstoffreiche Standorte bezeichnet. Zu den nitrophilen Pflanzen gehören die Große Brennessel (*Urtica dioica*), Holunder (*Sambucus nigra*), Him- und Brombeere (*Rubus idaeus, Rubus fruticosus*) und die Salweide (*Salix caprea*).

Nitrosomonas, chemolithotrophe grampositive Bakteriengattung, die bei der ↗Nitrifikation den Schritt der Oxidation des Ammoniums zu ↗Nitrit vollzieht. Wichtigste Art ist *Nitrosomonas europaea.*

nival, von Schnee beinflußt oder geprägt.

nivale Stufe ↗Höhenstufen.

Nivation, lokale ↗Erosion von Hängen ähnlich der ↗Gelifluktion, verursacht durch perennierende und temporäre Schneefelder. Sie ist das Ergebnis von Frosteinwirkung, ↗gravitativer Massenbewegung und ↗Flächenspülung (↗Abspülsolifluktion) oder Rillenerosion durch Schmelzwasser am Rande oder unterhalb dieser Schneefelder. Starke Durchfeuchtung durch Schmelzwasser führt lokal zu intensivierter Gelifluktion, wodurch Hohlformen (↗Nivationsnischen) und Verflachungen (↗Nivationsterrassen) gebildet werden.

Nivationsformen, Oberflächenformen, gebildet durch Schnee- oder Firnerosion (↗Nivation), beim Zusammenspiel von ↗Frostverwitterung, Schmelz- und Gefriervorgängen sowie Erosion, Materialtransport und Sedimentation durch Schmelzwasser, wie z. B. Schneebarflecken, Schneeblockwälle, Schneehaldenschuttwälle, Wächtenhohlkehlen etc.

Nivationsnische, *Nivationswanne*, Hohlform, die durch über viele Jahre andauernde ↗Nivation an der Stelle eines jährlich auftretenden Schneefeldes entsteht. Dadurch, daß in der Hohlform mehr Schnee aufgenommen wird, ergibt sich ein Selbstverstärkungseffekt. Durch das Zusammenwachsen von mehreren nebeneinander liegenden Nivationsnischen können ↗Kryoplanationsterrassen entstehen.

Nivationsterrasse, Bezeichnung für die Verebnung in einer ↗Nivationsnische, die eine geringere Hangneigung als der sie umgebende Hang aufweist.

Nivationswanne ↗*Nivationsnische.*

Niveauellipsoid, Erdmodell, welches sowohl die Figur als auch das Schwerefeld der Erde global annähert. Nach dem *Theorem von Stokes* ist das Schwerepotential im Außenraum einer gegebenen, um eine raumfeste Achse mit konstanter Winkelgeschwindigkeit ω rotierenden Fläche S eindeutig bestimmt, wenn das Schwerepotential auf S bekannt ist. Da ein an den Polen abgeplattetes ↗Rotationsellipsoid mit der großen Halbachse a und der kleinen Halbachse b die Figur der Erde bereits recht gut annähert, wird in der Regel ein solches Ellipsoid als geometrisches Erdmodell gewählt. Ferner wird vorausgesetzt, daß dieses Rotationsellipsoid um die kleine, polare Halbachse mit der konstanten Winkelgeschwindigkeit ω rotiert und das aus Gravitations- und Zentrifugaltermen zusammengesetzte Normalschwerepotential auf der Oberfläche des Rotationsellipsoids konstant ist. Ein mit diesen Eigenschaften ausgestattetes Rotationsellipsoid nennt man Nıveauellipsoid. Über die das Normalschwerefeld im Außenraum des Niveauellipsoids erzeugende innere Massenverteilung wird nichts ausgesagt. Nach der *Theorie von Somigliana-Pizzetti* gelingt eine geschlossene Darstellung des zugehörigen ↗Normalschwerepotentials im System der elliptischen Koordinaten. Mit der linearen Exzentrizität:

$$\varepsilon = \sqrt{a^2 - b^2}$$

des Rotationsellipsoids gilt zwischen den elliptischen Koordinaten u, β, λ und den kartesischen Koordinaten x, y, z des $\mathbb{R}^3$ die folgende Beziehung:

$$\begin{pmatrix} x \\ y \\ z \end{pmatrix} = \begin{pmatrix} \sqrt{u^2 + E^2} \cdot \cos\beta \cdot \cos\lambda \\ \sqrt{u^2 + E^2} \cdot \cos\beta \cdot \sin\lambda \\ u \cdot \sin\beta \end{pmatrix}$$

mit u = kleine Halbachse, β = reduzierte Breite und λ = geographische Länge. Für das Normalschwerepotential U im Außenraum gilt die Darstellung:

$$U = \frac{GM}{\varepsilon} \cdot \arctan\frac{\varepsilon}{u} + \frac{\omega^2}{2} a^2 \cdot \frac{q}{q_0} \left(\sin^2\beta - \frac{1}{3} \right)$$
$$+ \frac{\omega^2}{2} \left(u^2 + \varepsilon^2 \right) \cos^2\beta$$

mit den Hilfsgrößen q und q_0:

$$q = \frac{1}{2} \left(\left(1 + 3\frac{u^2}{\varepsilon^2} \right) \arctan\frac{\varepsilon}{u} - 3\frac{u}{\varepsilon} \right),$$

$$q_0 = q(u = b)$$

und der geozentrischen Gravitationskonstanten *GM*. Das auf der Ellipsoidoberfläche konstante Normalschwerepotential $U = U_0$ besitzt den Potentialwert:

$$U_0 = \frac{GM}{\varepsilon} \arctan \frac{\varepsilon}{b} + \frac{\omega^2}{3} a^2.$$

Durch Festlegung der vier Parameter a,b,U_0,ω ist das Normalpotential eindeutig festgelegt; anstelle dieses Parametersatzes kann auch das Quadrupel a,J_2,GM,ω benutzt werden, wobei $J_2 = -C_{20}$ der zonale ↗Kugelfunktionskoeffizient zweiten Grades ist. Numerische Werte dieser vier Fundamentalparameter sind von der ↗Internationalen Assoziation für Geodäsie offiziell in den ↗geodätischen Referenzsystemen, zuletzt ↗GRS80, festgelegt worden. Durch Ableitung des Normalpotentials U entsteht der *Normalschwerevektor* $\vec{\gamma}$ = grad U, dessen Betrag als ↗Normalschwere bezeichnet wird. Der Normalschwerevektor $\vec{\gamma}$ steht in jedem Punkt P senkrecht auf der durch P laufenden Äquipotentialfläche $U = U(P)$ = const. Eine solche, durch einen beliebigen Punkt P verlaufende Äquipotentialfläche des Normalschwerefeldes wird auch als *Sphärop* bezeichnet; mit Ausnahme der Randfläche des Niveauellipsoids sind diese Äquipotentialflächen keine Ellipsoide. Aus der Theorie von Somigliana und Pizzetti folgt das *Theorem von Clairaut*:

$$f + f^* = \frac{\omega^2 a}{\gamma_{\ddot{A}}} \left(\frac{5}{2} + O\left(f^2\right) \right),$$

welches die geometrische Abplattung $f = (a-b)/a$ mit der *gravimetrischen Abplattung*:

$$f^* = \frac{\gamma_P - \gamma_{\ddot{A}}}{\gamma_{\ddot{A}}}$$

verbindet, mit $\gamma_{\ddot{A}},\gamma_P$ Normalschwere am Äquator bzw. an den Polen. Da die elliptischen Koordinaten u,β,λ wenig anschaulich sind, geht man gewöhnlich auf die in der Praxis häufig verwendeten Polarkoordinaten λ, r = geozentrischer Abstand und ψ = geozentrische Breite über, wodurch die geschlossene Darstellung des Normalpotentials U in eine unendliche Reihe der Form:

$$U = \frac{GM}{r}\left(1 - \sum_{n=1}^{\infty} \left(\frac{a}{r}\right)^{2n} \cdot J_{2n} \cdot P_{2n}(\sin \psi)\right)$$
$$+ \frac{\omega^2}{2} \cdot r^2 \cdot \cos^2 \psi,$$

mit $P_{2n}(\sin\psi)$ = ↗Legendresche Polynome geraden Grades, übergeht. Alle ↗Kugelfunktionskoeffizienten J_{2n} mit $n > 1$ können als Funktion der ersten numerischen Exzentrizität e des Ellipsoids und des Kugelfunktionskoeffizienten zweiten Grades J_2 dargestellt werden:

$$J_{2n} = (-1)^{n+1} \frac{3e^{2n}}{(2n+1)(2n+3)} \cdot \left(1 - n + 5n \frac{J_2}{e^2}\right)$$
$$e^2 = \frac{a^2 - b^2}{a^2}.$$

Diese Reihe konvergiert sehr rasch, so daß in der Regel eine Summation bis $n = 4$ ausreicht. [BH]

Niveaufläche, 1) *Geodäsie*: ↗Äquipotentialfläche. **2)** *Klimatologie*: Fläche, der ein charakteristischer Wert (z. B. Luftdruck, ↗Geopotential) oder eine bestimmte Eigenschaft der Luft (z. B. Kondensation) zugeordnet werden kann.

Niveausphäroid ↗Sphäroid.

Nivellement, 1) *Ingenieurgeologie*: geodätische Messung von Hebungen der Tunnelsohle bei quellendem und schwellendem Gebirge oder Senkungen der Firste beim Vortrieb. **2)** *Kartographie*: ↗geometrisches Nivellement.

Nivellementlinie, *Niv-Linie*, ↗Nivellementstrecke.

Nivellementnetz, ↗Höhennetz, in dem die Punkte des ↗Höhenfestpunktfeldes durch die Methode des ↗geodätischen Nivellements bzw. des ↗geometrischen Nivellements verbunden sind. ↗Nivellementpunktfeld.

Nivellementpunkt, *NivP*, ↗Höhenfestpunkt, der im amtlichen »Nachweis der Nivellementpunkte« geführt wird. Die Gesamtheit der in einem Höhenbezugssystem bestimmten Nivellementpunkte bildet ein ↗Nivellementpunktfeld. Dieses ist Grundlage der amtlichen Höhenvermessung und anderer Vermessungen.

Nivellementpunktfeld, Gesamtheit der durch ↗geodätisches Nivellement bestimmten Höhenfestpunkte (↗Nivellementpunkte) eines ↗Höhenfestpunktfeldes. Das Nivellementpunktfeld ist die Grundlage der amtlichen Höhenvermessungen. Es ist nach Ordnungen von 1 bis 4 gegliedert (1 repräsentiert die genaueste Ordnung). ↗Nivellementnetz.

Nivellementschleife, *Niv-Schleife*, ↗Nivellementstrecke.

Nivellementstrecke, *Niv-Strecke*, nivellitische Verbindung zweier benachbarter ↗Höhenfestpunkte, die durch ↗Wechselpunkte unterteilt ist. Die Zusammenfassung von mehreren aufeinanderfolgenden Nivellementstrecken bezeichnet man als *Nivellementlinie* und eine in sich geschlossene Folge mehrerer Nivellementlinien oder Nivellementstrecken wird als *Nivellementschleife* bezeichnet. Die Länge einer Nivellementstrecke ist gleich der Länge des einfachen Meßweges, d. h. der Summe der ↗Zielweiten. Ein Höhenfestpunkt an dem mindestens drei Nivellementlinien zusammengeführt werden, wird Knotenpunkt genannt.

Nivellier ↗Nivellierinstrument.

Nivellierinstrument, *Nivellier*, geodätisches Instrument zur Bestimmung von Höhenunterschieden nach dem Verfahren des ↗geometrischen Nivellements. Dabei realisieren Nivellierinstrumente den horizontalen Zielstrahl, auf dem das Nivellierprinzip beruht. Optisch-me-

Nivellierinstrument

Einteilung nach Genauigkeitsstufen	Standardabweichung σ_H für 1 km Doppelnivellement	Einteilung nach Verwendungszweck
höchste Genauigkeit	$\sigma_H \leq 0{,}5$ mm	Präzisionsnivelliere
hohe Genauigkeit	$\sigma_H \leq 2$ mm	Ingenieurnivelliere
einfache Genauigkeit	$\sigma_H \leq 6$ mm	Baunivelliere

Nivellierinstrument (Tab.): Klassifikation der Nivellierinstrumente.

chanische Nivellierinstrumente bestehen im wesentlichen aus einem Meßfernrohr, einer Einrichtung zur Feinhorizontierung der ↗Zielachse (Röhrenlibelle oder Neigungskompensator) und einem Dreifuß als Unterbau. Der Fernrohrträger ist im Dreifuß drehbar gelagert, so daß die Zieloptik horizontal um die Stehachse geschwenkt werden kann. Das Fernrohr kann durch eine Klemmschraube in jeder gewünschten Stellung arretiert und mittels eines Seitenfeintriebes präzise ausgerichtet werden. Mit Hilfe einer Dosenlibelle und der drei Fußschrauben wird die Stehachse lotrecht gestellt. Darüber hinaus können Nivellierinstrumente mit ↗Distanzstrichen und Horizontalkreis sowie einem ↗Planplattenmikrometer (Präzisionsnivelliere) ausgerüstet sein. Wird das Okular des Meßfernrohres gegen ein Laserokular mit integriertem Diodenlaser ausgetauscht, so kann der horizontale Zielstrahl mittels Laserlicht sichtbar gemacht werden (aktiver Zielstrahl).

Nivellierinstrumente können nach drei Kriterien (Bauart, Genauigkeit oder Verwendungszweck) klassifiziert werden (Tab.): a) Einteilung nach Bauart: Je nach Art der Horizontiereinrichtung für die Zielachse wird zwischen Libellen- und Kompensatornivellieren unterschieden. *Libellennivelliere* sind Nivellierinstrumente, deren Zielachse mit Hilfe einer Röhrenlibelle horizontiert wird. Je nach Konstruktion der Fernrohrlagerung unterscheidet man Libellennivelliere mit Kippschraube und Libellennivelliere mit festem Fernrohr. *Kompensatornivelliere* besitzen an Stelle einer Röhrenlibelle einen in den Strahlengang integrierten Neigungskompensator (↗Kompensator), der den Zielstrahl selbsttätig horizontiert, nachdem das Instrument durch Einspielen der Dosenlibelle vorhorizontiert wurde. Mit einem Kompensator ausgerüstete Nivelliere werden daher auch als automatische Nivelliere bezeichnet. Die Kompensatoren moderner Nivellierinstrumente bestehen sowohl aus beweglich als auch fest im Strahlengang angeordneten optischen Bauteilen (z. B. Spiegeln, Prismen oder Linsen). Die beweglichen Bauteile sind dabei so an dünnen Drähten aufgehängt oder an starren bzw. federnden Pendeln befestigt, daß sie bei Neigung des Instrumentes der Schwerkraft folgen und rasch eine neue Ruhestellung einnehmen können. Dadurch wird ein horizontal einfallender Zielstrahl so abgelenkt, daß er durch den Horizontalstrich des ↗Strichkreuzes verläuft. Kleine, innerhalb des Arbeitsbereiches des Kompensators liegende Abweichungen der Zielachse von der Horizontalen werden so automatisch ausgeglichen. Das erste Nivellierinstrument mit einer »selbsthorizontierenden Ziellinie« wurde im Jahre 1950 vorgestellt.

Digitalnivelliere basieren konstruktiv auf dem Prinzip der Kompensatornivelliere und können daher auch wie herkömmliche Nivelliere mit optischer Ablesung verwendet werden. Zusätzlich zu den oben genannten optisch-mechanischen Bauteilen verfügen Digitalnivelliere jedoch über einen CCD-Detektor (digitale Kamera) zur Abtastung der nichtbezifferten Teilung einer entsprechend codierten ↗Nivellierlatte. Dies ermöglicht eine objektive und automatisierte Ablesung an der Latte. Hierzu wird der im Fernrohr abgebildete Ausschnitt des Strichcodes auf den CCD-Detektor projiziert, in ein digitales Meßsignal umgewandelt und mit Hilfe von Bildverarbeitungsalgorithmen ausgewertet. Die Höhe des Zielstrahls über dem Lattenaufsetzpunkt wird dabei entweder nach dem Prinzip der Korrelation oder auf der Grundlage eines Bi-Phasencodes, der einem pseudostochastischen Code überlagert ist, bestimmt. Die Auflösung des Meßsystems beträgt ca. 0,1 mm. Der Meßwert wird digital im Display angezeigt und kann mittels integrierter Speicher- und Rechenmodule registriert und weiterverarbeitet werden. Als Rotationsnivelliere bezeichnet man nach dem Prinzip des geometrischen Nivellements eingesetzte Rotationslaserinstrumente. Diese *Rotationslaser* bestehen im Prinzip aus einem im sichtbaren oder infraroten (IR) Wellenlängenbereich arbeitenden Diodenlaser, einem Kompensator und einem motorisch angetriebenen, um die Vertikalachse des Instrumentes rotierenden Umlenkprisma. Ist das ↗Prisma in Drehbewegung, so erzeugt der Laserstrahl eine horizontale Bezugsebene, die den waagerechten Zielstrahl eines konventionellen Nivellierinstrumentes ersetzt. Bei Instrumenten mit sichtbarem Laserlicht kann der Schnitt dieser Ebene mit der Nivellierlatte direkt (visuell) beobachtet werden. IR-Laser erfordern dagegen spezielle Sensoren, um den rotierenden Strahl zu detektieren. Obwohl Rotationslaser eher für den stationären Gebrauch konzipiert sind, können sie auch für ↗Liniennivellements genutzt werden.

b) Einteilung nach Genauigkeit: Neben der Bauart ist auch die mit einem Nivellier erreichbare Genauigkeit ein Merkmal zur Klassifizierung der Instrumente. Als Maß für die Genauigkeit dient die Standardabweichung σ_H eines im Hin- und Rückgang über 1 km ↗Nivellementstrecke gemessenen Höhenunterschiedes. Die Genauigkeit wird dabei im wesentlichen durch die Qualität des Meßfernrohres (Fernrohrvergrößerung), die Horizontiergenauigkeit und die Ablesegenauigkeit bestimmt. c) Einteilung nach Verwendungszweck: Der Verwendungszweck der Nivellierinstrumente orientiert sich an ihrer Meßgenauigkeit. *Baunivelliere* finden z. B. bei einfachen technischen Nivellements auf Baustellen, zur Aufnahme von Längs- oder Querprofilen, bei ↗Flächennivellements und anderen Aufgaben geringer Genauigkeit Verwendung. *Ingenieurnivelliere* werden u. a. für amtliche Nivellements im

↗Nivellementnetz 3. Ordnung und im Straßen-, Brücken- und Tunnelbau eingesetzt. *Präzisionsnivelliere* benutzt man im Rahmen geometrischer Nivellements höchster Genauigkeit, z. B. im Nivellementnetz 1. und 2. Ordnung oder zur Überwachung von Staumauern, Brücken und Maschinenfundamenten. Sie sind entweder mit Präzisionslibellen (Libellenangabe 6"-10"/2 mm) oder mit Präzisionskompensatoren, die den Zielstrahl auf 0,1"-0,2" genau horizontieren, ausgerüstet, verfügen über Planplattenmikrometer, eine etwa 40fache Fernrohrvergrößerung und Keilstriche im Strichkreuz. [DW]

Nivellierlatte, *Latte*, metrisch unterteilter oder mit einem nicht bezifferten Strichcode versehener Maßstab zur Messung des lotrechten Abstandes zwischen einem horizontalen Zielstrahl und dem Aufsetzpunkt der Latte (↗geometrisches Nivellement). Man unterscheidet einfache Nivellierlatten und Präzisionsnivellierlatten. Bauart, Länge, Material und Ausführung der Latten orientieren sich an ihrem Verwendungszweck. Einfache Nivellierlatten werden in Verbindung mit Bau- oder Ingenieurnivellieren bei geometrischen Nivellements geringer bis mittlerer Genauigkeit verwendet. Sie sind aus Holz, Kunststoff oder Aluminium gefertigt, bis zu 4 m lang und 8 cm breit und haben einen rechteckigen Querschnitt, der zur Versteifung mit Rippen versehen sein kann. Die Latten sind durch Beschichtung oder Lackierung gegen Feuchtigkeit geschützt. Zur Transporterleichterung sind die Latten so konstruiert, daß sie zusammengeklappt (Klappplatte), -gesteckt oder -geschoben (Teleskoplatte) werden können. Die Vorderseiten einfacher Nivellierlatten sind i. d. R. in cm-Felder geteilt, nach dm beziffert und mit einer E-Teilung oder Schachbretteilung versehen, deren Nullpunkt in der Ebene der Aufsetzfläche liegt. Häufig ist die Teilung für die ungeraden Meter in schwarzer und für die geraden Meter in roter Farbe aufgebracht. Sofern als Lattenteilung ein nichtbezifferter Strichcode aufgebracht ist, können die Latten nur mit den dazugehörigen elektronischen ↗Nivellierinstrumenten (Digitalnivellieren) verwendet werden. Für Vermessungsarbeiten mit sehr geringen Genauigkeitsanforderungen kann auch ein Nivellierzollstock, d. h. ein Gliedermaßstab mit aufgetragener E-Teilung benutzt werden.

Präzisionsnivellierlatten werden immer dann verwendet, wenn sehr hohe Anforderungen an die Genauigkeit der nivellitischen ↗Höhenmessung gestellt werden (↗Liniennivellement). Man setzt sie i. d. R. paarweise, entweder in Verbindung mit einem optisch-mechanischen Nivellierinstrument (mit ↗Planplattenmikrometer) oder mit einem Digitalnivellier vergleichbarer Präzision ein. Der Lattenkörper einer Präzisionsnivellierlatte besteht aus einem verwindungssteifen, 1–3 m langen, kastenförmigen Holz- oder Leichtmetallrahmen, in der Teilungsträger mittels einer Feder eingespannt ist. Als Teilungsträger wird ein temperaturunempfindliches Metallband mit geringem Längenausdehnungskoeffizient, z. B. aus ↗Invar, verwendet. Sofern sie nicht mit einem nichtbezifferten Strichcode versehen sind, tragen Präzisions-Nivellierlatten eine doppelte Strichteilung (Zweiskalenlatte). Während eine Teilung in der Ebene der Aufsetzfläche mit Null beginnt, ist die andere Teilung um einen runden Betrag, die Lattenkonstante, versetzt aufgetragen. Es gibt außerdem Zweiskalenlatten, die je eine Teilung auf der Vorder- und Rückseite der Latte tragen; diese Latten bezeichnet man als Wendelatten. Werden auf jedem Lattenstandpunkt beide Teilungen einer Zweiskalenlatte abgelesen, so werden im Prinzip zwei parallele Nivellements ausgeführt, wodurch die Genauigkeit gesteigert und der Schutz gegen Ablesefehler erhöht werden. Zur Kontrolle ihrer lotrechten Aufstellung, kann an die Rückseite einer Nivellierlatte entweder eine Dosenlibelle montiert oder ein ↗Lattenrichter angehalten werden. Beim Aufstellen einer Nivellierlatte ist stets auf eine feste Unterlage zu achten. Der Aufsetzpunkt muß der eindeutig höchste Punkt der Unterlage sein, damit sich die Höhenlage der Latte bei einer Drehung zwischen ↗Rückblick und ↗Vorblick nicht ändert. An ↗Wechselpunkten wird die Latte auf einem ↗Lattenuntersatz aufgestellt. [DW]

Nivellierprinzip ↗geometrisches Nivellement.

Nivologie, *Niveologie*, *Schneekunde*, in den Bereich der ↗Schnee- und Lawinenforschung fallende Lehre von den Erscheinungsformen und der Verbreitung des Schnees sowie seiner geomorphologischen Wirksamkeit.

NMO ↗*normal moveout*.

NMO-Geschwindigkeit, in der Geophysik korrekte Geschwindigkeit für die ↗dynamische Korrektur bei kleinem Offset, stimmt überein mit V_{rms} bei isotropen horizontalen Schichten.

NO$_x$ ↗Stickoxide.

NOAA, 1) National Oceanic and Atmospheric Administration, 1970 gegründeter Wetter- und Ozeandienst für die USA für die Konsolidierung eines Forschungsprogramms zur Untersuchung von Phänomenen des Ozeans und der Atmosphäre. 2) Serie von Wettersatelliten der USA. Die Wettersatelliten bauen auf der TIROS-Serie (Television and Infrared Observation Satellite) auf und befinden sich auf polaren, sonnensynchronen Umlaufbahnen in Höhen von ca. 800–870 km. Mitgeführte Sensorsysteme der Fernerkundung sind u. a. ↗AVHRR (Advanced Very High Resolution Radiometer) und TOVS (TIROS Operational Vertical Sounder). Das TOVS besteht aus mehreren Sensoren, die das vertikale Temperatur- und Feuchteprofil der Atmosphäre aufzeichnen und u. a. zur Bestimmung des Ozongehalts in der Atmosphäre benutzt werden.

Nobelium, künstliches Element der Aktinoiden-Reihe mit dem chemischen Symbol No. Seine Eigenschaften entsprechen denen von Calcium und Strontium.

nodules ↗regolith carbonate accumulation.

noise, *Störung*, bezeichnet unerwünschte Signale, die die Messung oder Auswertung beeinträchtigen. Zum Beispiel können seismische Registrierungen, erzeugt durch die ↗Bodenunruhe, durch Bewegungen der Bäume im Wind, durch Verkehr

nontemporale Animation: Beispiele nontemporaler Animation: a) sukzessiver Aufbau einer kartographischen Darstellung, b) Variation der Klassenanzahl.

oder Industrie gestört werden. Elektrische Störungen werden durch Überlandleitungen, elektrisch betriebene Bahnen oder andere Stromverbraucher verursacht. Natürliche Ströme im Untergrund können auch als noise auftreten. Auf der Seite der Meßgeräte ist das elektronische Rauschen ein Störsignal. Als struktureller noise werden kleinräumige Änderungen der Struktur im Untergrund bezeichnet, die durch die Meßpunktdichte der geophysikalischen Messungen nicht erkannt werden und in einem Modell nicht berücksichtigt oder aufgeklärt werden können. Bei geophysikalischen Messungen und der Datenverarbeitung werden spezielle Verfahren verwendet, um das Nutzsignal aus verrauschten Registrierungen herauszufiltern. Dies kann bereits bei den Feldmessungen durch spezielle Anordnungen der Sender und Empfänger geschehen, aber auch besonders beim anschließenden processing (↗seismische Datenbearbeitung) der registrierten Daten. [PG]

Nomogramm, graphische Darstellung funktionaler Zusammenhänge zwischen veränderlichen Größen. Die Werte werden auf durch Teilung gegliederten Geraden oder Kurven, die in bestimmter Weise angeordnet sind, aufgetragen. Nomogramme dienen dem graphischen Rechnen, sie sind meist handlicher als Tabellen und gestatten es, gesuchte Werte annäherungsweise zu entnehmen. Durch Anlegen eines Lineals auf den zusammengehörigen Werten von zwei Teilungen einer Leitertafel wird der gesuchte Wert auf einer dritten Skala gefunden, z. B. zur Berechnung von Diagrammaßen. Mit dem *Kartometer*, einem einfachen Leiternomogramm, läßt sich mit dem einer Karte entnommenen Breitenkreisabstand des Kartennetzes unmittelbar der Kartenmaßstab (↗Maßstab) ablesen. Eine besondere Form des Nomogramms ist die Netztafel. ↗Böschungsdiagramme.

Non-effect-level, wird zur Bestimmung der zulässigen Höchstmenge von Wirkstoffen (Pflanzenschutzmittel) ermittelt und gibt die unwirksame Höchstdosis in mg/kg Futter an. Der Wert wird in Tierversuchen ermittelt, wobei biochemische, histologische und verhaltensmäßige Kriterien untersucht werden. Der für den bestimmten Wirkstoff gefundene Wert wird auf mg pro kg Tier pro Tag umgerechnet. Wegen der Schwierigkeiten, die im Tierversuch ermittelten Daten unmittelbar auf den Menschen zu übertragen, wird ein Sicherheitsfaktor von 1/100 eingeschaltet. Damit wird die höchste duldbare Tagesdosis je kg Körpergewicht Mensch (acceptable daily intake) errechnet.

non-skeletal grains, Carbonatkomponenten, die nicht auf Mikroorganismen, Invertebraten u. a. oder deren Reste zurückzuführen sind. Dazu zählen

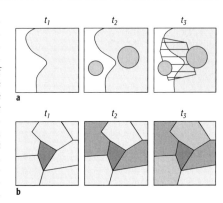

↗Peloide, ↗Lithoklasten, ↗Ooide, ↗Onkoide und ↗Aggregatkörner.

nontemporale Animation, ↗kartographische Animation, die räumliche Daten eines Zeitpunktes in unterschiedlicher Aufbereitung und graphischer Darstellung wiedergibt. Bei der nontemporalen Animation wird die Präsentationszeit für die variable ↗Visualisierung räumlicher Daten eingesetzt; damit wird eine vielseitige und umfassende Repräsentation dieser Daten möglich. Beispiele nontemporaler Animationen sind der sukzessive Aufbau einer kartographischen Darstellung, die Variation der Klassenanzahl in ↗Kartogrammen oder die Veränderung des Betrachtungsstandpunktes in dreidimensionalen Darstellungen (Abb.).

Noosphäre, Begriff aus der Landschaftsökologie für den gesamten, die Erde umspannenden Wirkungsbereich des menschlichen Geistes. Dieser manifestiert sich durch die technischen Möglichkeiten des wirtschaftenden Menschen immer stärker in der ↗Landschaft und den ↗Ökosystemen. Der Geochemiker Vernadsky prägte diesen Begriff 1945. Er sprach von einer Welt, die vom Menschen dominiert wird und in der die Noosphäre immer mehr die ↗Biosphäre ersetzt. Der Ökologe Odum kritisierte diese Denkweise, die den Menschen und seine wissenschaftlichen und technologischen Fertigkeiten über die Naturgesetze stelle. Die Landschaftsökologen Naveh und Liebermann hingegen sehen im Prozeß der »Noogenese« eine mögliche konstruktive Entwicklung. Ökologisches Denken und Handeln könnte es der Menschheit erlauben, sich dadurch als einen Teil der Biosphäre zu sehen und entsprechend für sie Sorge zu tragen. [MSch]

Nor, *Norium*, international verwendete stratigraphische Bezeichnung für eine Stufe der Obertrias, benannt nach der römischen Bezeichnung »Noricum« für den Landstrich südlich der Donau in Ober- und Niederösterreich. ↗Trias. ↗geologische Zeitskala.